农药化学

NONG YAO HUA XUE

编 著 者

唐除痴 李煜昶
陈 彬 杨华铮
金桂玉

南 开 大 学 出 版 社

内 容 简 介

本书系统地介绍了现代农药化学各个主要方面的内容,包括杀虫剂、杀螨剂、杀线虫剂、杀鼠剂、杀软体动物剂、杀菌剂、除草剂、植物生长调节剂以及农药剂型和助剂。书中叙述了上述各类农药的合成方法、结构与活性、作用机制、代谢过程以及有代表性的品种。全书共分六部分:1. 总论,2. 杀虫剂及其它动物害物防治剂,3. 杀菌剂,4. 除草剂,5. 植物生长调节剂,6. 农药剂型与助剂。

本书适合作为大学农药学专业本科生及研究生教材,也宜于用作有机化学、应用化学专业的教学参考书。从事农药研究、生产和应用(植物保护)人员也可以从中得到许多农药知识,并扩大知识面。

图书在版编目(CIP)数据

农药化学 / 唐除痴等编著. —天津:南开大学出版社,
1998.3(2016.12重印)
 ISBN 978-7-310-01010-3

 Ⅰ.农… Ⅱ.唐… Ⅲ.农药—基本知识
Ⅳ.TQ45

中国版本图书馆 CIP 数据核字(2000)第 42926 号

南开大学出版社出版发行
出版人:刘立松
地址:天津市南开区卫津路 94 号 邮政编码:300071
营销部电话:(022)23508339 23500755
营销部传真:(022)23508542 邮购部电话:(022)23502200

*

天津泰宇印务有限公司印刷
全国各地新华书店经销

*

1998 年 3 月第 1 版 2016 年 12 月第 7 次印刷
787×1092 毫米 16 开本 41.75 印张 4 插页 1064 千字
定价:48.00 元

如遇图书印装质量问题,请与本社营销部联系调换,电话:(022)23507125

序 一

在已故杨石先校长的组织领导下,早在 50 年代,南开大学就开展了农药教学和科研工作,成为国内建立农药学科最早的基地之一。40 年来,目睹我校农药学科的发展壮大,倍感欣慰。进入 90 年代以后,随着南开大学农药学博士点和农药国家工程研究中心(天津)的建立,南开大学在农药教学和科研方面又跃上了一个新台阶。几十年来,在农药教材建设和专著的出版方面,虽然我们曾几度撰写过讲义,出版过编译著作《国外农药进展》(1—3 册)和专著《有机磷农药化学》,但全面介绍各类农药的合成、分析、代谢、作用机制、结构与活性方面的书,即使在国内也尚未见到。《农药化学》的出版,填补了这个空白,这对南开大学以至全国的农药研究和农药学科的发展也有重要意义,我在此表示衷心祝贺!

陈茹玉
1997 年五一节于南开园

序 二

纵观历史，不少国家曾多次发生蝗虫、鼠疫、疟疾、伤寒等严重灾害，给广大人民造成很大损失。1845～1849年爱尔兰主要粮食作物马铃薯受到晚疫病的侵袭，使该国饿殍遍野，死亡人数竟达到100多万人，并且迫使另外100多万人逃亡美国谋生。这次严重的灾害导致了一个民族进行跨国大迁移，是一个典型例子。自从科学家发明了农药，人类才能对很多传染病的媒介如鼠、蚊、虱、螨等进行控制，进而有效阻止上述灾害的传播。可以毫不夸张地说，农药和医药一样同是人类文明和社会进步的两大保护伞，农药对国民经济的影响则更为巨大，因此农药科技与工业一样，对一个国家现代化的重要性是不言而喻的。

医药和农药研究的主要目的都是为了寻找具有优异药效的新结构分子。迄今为止，人类已经创造出1500万个新化学结构，从中找到的优异生物活性分子不到万分之一。国际上公认创制新药是一项投资大、周期长、风险高的高技术。创制新农药比新医药在环境保护、生态平衡、抗药性等问题上有更严格的要求，而新农药研究的重要基础即是农药化学。

1939年Müller发现DDT和1950年Butcnandt发现家蚕雌蛾性外激素，因而分别获得了诺贝尔医学奖和化学奖，这标志着农药化学系统研究的开始。半个世纪以来，农药化学大量研究成果推动了有机化学和生命科学向更新的高度发展，目前它正在汲取其他领域最新的科技成果，向发现对环境友好、保护生态平衡、具有更高选择性的生物调控物质的方向发展。本书将农药化学近年来所取得的巨大成就分门别类地展现在读者面前，其出版为我国农药界做了一件很有益的事。我对本书作者比较熟悉，他们都曾在农药科技领域的教学和科研第一线上辛勤劳动了三十多年，他们所积累的丰富实践经验必将对本书的内容和特色作出贡献。本书除了对农药科技人员有重要参考价值外，还将对我国农药学的人才培养和学科建设有所帮助。希望本书的出版能够推动我国更多的农药工作者著书立说，进一步繁荣我国的农药科技事业，为21世纪我国农药工业跻身于世界强国之林而共同努力。

李正名

1997年5月1日于南开园

前　言

在南开大学已故老校长、元素有机化学研究所创始人杨石先教授的大力倡导和亲自指导下，早在50年代南开大学就开展了农药研究和教学工作。1962年南开大学元素有机化学研究所建所以后，始终把农药研究作为全所主要的研究方向之一，农药教学工作也得到应有的重视。60年代初曾在化学系高年级开设过农药专门化课程，并编写过讲义。70年代又为当时的工农兵学员开设过农药课程，并编写了第二本农药讲义。80年代初期，研究生教学制度全面恢复以后，农药化学作为有机化学专业的硕士生选修课程被再次推上讲台。随着1992年农药药剂学博士点的建立，农药化学又成为该专业研究生的必修课。为配合这一时期的教学工作，农药化学讲义于1992年问世。经过几年的教学试用和校外交流，普遍反映良好。现在呈现在读者面前的《农药化学》是在此讲义的基础上，经编著者反复讨论、修改而成的。今天《农药化学》的出版，是我校从事农药研究和教学的几代人不断努力的结果，这里面包含着他们的心血和智慧。

根据现代农药界定的范围，本书主要包括杀虫剂及其它动物害物防治剂、杀菌剂、除草剂、植物生长调节剂以及农药剂型和助剂。农药化学作为一门综合性的边缘学科，几乎涉及化学的各个方面，特别是有机化学和生物化学。所以本书着重从这个角度来阐述各类农药的化学性质、合成方法、结构与活性、代谢、作用机制等。作为教材，我们力求在基本概念和基础理论方面叙述得更清楚些。为适合全国数以万计的从事农药科研、生产和应用的人员阅读，我们也注意在书中收进一些新进展、新品种和新方法，并将较多的原始文献列于每章之末，以便读者进一步查阅。

本书共分六部分：1. 总论，2. 杀虫剂及其它动物害物防治剂，由唐除痴执笔；3. 杀菌剂，由李煜昶、金桂玉执笔；4. 除草剂，5. 植物生长调节剂，由陈彬、杨华铮执笔；6. 农药剂型和助剂，由唐除痴、李煜昶执笔。全书由唐除痴总校审。

本书在编写过程中得到南开大学元素有机化学研究所领导、同行以及资料室同志的帮助，中国科学院院士陈茹玉教授和中国工程院院士、农药国家工程研究中心（天津）主任李正名教授在百忙中为本书写序，在此一并致谢。

由于作者水平所限，书中错误与不妥之处在所难免，希望得到广大读者指正。

唐除痴

1997年五一节于南开园

目　录

1
总　论

1.1　农药的发展历史

农药是用于防治危害农作物及农副产品的病虫害、杂草及其它有害生物的化学药剂的统称。它们中有些还广泛用来防治卫生、畜牧、水产、森林等方面的病虫害。此外，控制作物生长的植物生长调节剂、提高药剂效力的辅助剂、增效剂等也属于农药的范畴。

化学药剂用于防治害虫可追溯到古希腊罗马时代。生于公元前 9 世纪的古希腊诗人 Homer 曾提到燃烧的硫磺可作为熏蒸剂。古罗马学者 Pliny 长老曾提倡用砷作为杀虫剂，并言及用苏打和橄榄油处理豆科植物的种子。公元 79 年，维苏威火山爆发，Pliny 死于带有燃烧硫磺气味的火山烟雾，从而真正体验了硫磺烟雾的非选择性毒杀作用。早在 16 世纪，我国已开始有限地使用砷化物作为杀虫剂。此后不久，从烟叶中提取的烟碱（尼古丁）也成功地用于象鼻虫的防治。虽然 16 世纪初就有人知道除虫菊花的杀虫作用，但直到 19 世纪，两种除虫菊和肥皂才实际用于防治害虫。随后，烟草、硫磺和石灰的混合液也开始用于害虫和病菌的防治。

通常认为，19 世纪中叶是作物化学保护方面第一次系统地科学研究的开始。在砷化合物方面的工作，导致 1867 年巴黎绿—— 一种不纯的亚砷酸铜的应用。在美国，亚砷酸铜用于控制科罗拉多甲虫的蔓延，使用范围十分广泛，早在 1900 年就成为世界上第一个立法的农药。波尔多液（硫酸铜与石灰的混合液）于 1885 年开始用于防治葡萄藤的茸毛霉菌。上世纪末到本世纪初，石灰与硫磺混合物（石硫合剂）也已开始在欧洲和美国用来作为杀菌剂防治果树的病害。

1896 年，一位法国葡萄种植主将波尔多液用于葡萄藤时，结果观察到长于近旁的黄色野芥的叶子变黑了。这一偶然发现证明，化学药剂用于除草是可能的。不久以后，当在谷类作物与双子叶杂草混生的田间喷洒硫酸铁时，结果杂草死了，而作物却没有受到危害。其后 10 年之中，还发现了其它数种无机化合物，在适当浓度下，同样具有这种选择性作用方式。第一次世界大战前的另一个重要事件是 1913 年在德国首次应用有机汞化合物作为种子处理剂。在此之前，有机汞化合物曾在医药上用于治疗梅毒。

两次世界大战之间的那些年，作物保护化学药剂不但在数量上而且在复杂程度上都有较大增长。例如，焦油用于防治休眠树木的蚜虫卵；二硝基邻甲酚于 1932 年在法国获得专利，用于谷类作物的杂草防除；第一个二硫代氨基甲酸酯杀菌剂——福美双（thiram）于 1934 年在美国获得专利等等。

30 年代以后的一段时期，由于世界各国在新农药的研制方面相继取得许多突破性的进展，从而开创了现代有机合成农药的新纪元。除了上述二硝基邻甲酚和福美双之外，在第二次世界大战期间，强力杀虫剂 DDT 诞生于瑞士；有机磷杀虫剂在德国得到开发。大约与此同时，苯氧羧酸类除草剂在英国进入商品化。1945 年第一个通过土壤作用的氨基甲酸酯类除草剂被英国人发现；而有机氯杀虫剂氯丹却在美国和德国首先应用。其后不久，氨基甲酸酯类杀虫剂在瑞士开发成功。

大规模农药工业的建立始于第二次世界大战末期，其主要标志是具有选择性的苯氧乙酸除草剂、有机氯和有机磷杀虫剂等进入商品应用阶段。其后，1955～1960 年间，在瑞士开发了三氮苯类除草剂,在英国发展了季胺盐类除草剂。1960～1965 年期间,继敌草腈(dichlobenil)、氟乐灵(trifluralin)和溴苯腈(bromoxynil)投入使用以后,还出现了几类新的作物保护药剂。其中最重要的是 1968 年出现的内吸杀菌剂苯菌灵(benomyl)以及不久以后在美国发现的通过土壤作用的除草剂草甘磷(glyphosate)。英国和日本的研究人员一直在光稳定的拟除虫菊酯杀虫剂方面进行工作,它导致 70 年代以后多种用于田间的高效拟除虫菊酯杀虫剂的出现。寻找新的内吸杀菌剂的研究工作,也同时在许多国家中进行着,并已取得了一些可喜的进展。70 年代以来,各国的农药工作者一方面在寻找低毒、低残留的超高效农药新品种,另一方面对作用机制、抗性机理以及其它许多理论问题进行深入的研究,有些工作已经达到分子水平。这必将为今后农药科学的发展奠定坚实的理论基础[1,2]。

我国的农药工业是新中国成立以后逐步建立和发展起来的。解放前,我国有机化学农药还是空白,只有少量无机农药及天然产物。50 年代初,六六六和 DDT 等有机氯杀虫剂首先在我国投入生产。50 年代末开始建立有机磷杀虫剂的生产装置。60 年代以后,除草剂和杀菌剂的生产逐步发展,改变了以往基本上单一生产杀虫剂的状况。70 年代以来,农用抗菌素、内吸杀菌剂以及多种拟除虫菊酯相继投入生产,使我国的农药生产形成了多品种、门类较为齐全的新格局。1989 年,我国农药产量已达 20 万吨,生产品种 140 多个,加工制剂 350 多种。从产量来说,仅次于美国和原苏联,占世界第三位。

近 40 年来,我国在农药研究方面也取得了长足的进步,相继开发了包括杀菌剂、农用抗菌素、除草剂、杀虫剂和植物生长调节剂在内的 15 种新农药,其中农用抗菌素井岗霉素、杀菌剂乙基大蒜素 1 和多菌灵 2 以及杀虫剂杀虫双 3 等都有相当规模的生产,在农业生产中起了重要作用[4]。

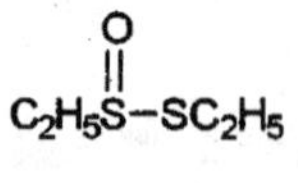

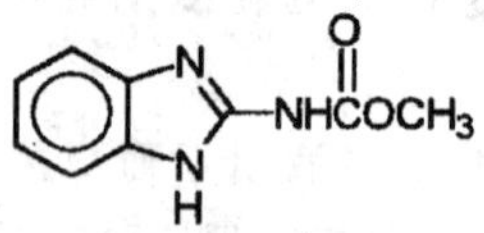

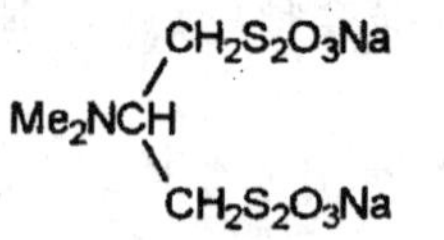

尽管如此,在农药生产和研究方面,我国与先进国家的差距还是十分明显的:工艺设备落后,产品质量差,品种制剂少;现在生产的大品种中几乎全部从国外复制,很少有自己创制的品种;农药基础理论的研究也还相当薄弱。这些落后面貌有待于尽快改观,才能使农药的发展适合于我国农业生产和发展外向型经济的需要。

1.2 农药的重要作用

1988 年世界人口突破 50 亿,现在还以 2% 的年增长率在递增,预计到 2000 年,小小的地球将会达到 64 亿居民。在现有的地球居民中,估计大约有 7 亿人处于营养不良状态,有 13 亿人不能得到充足的、配置合理的食物供应。粮食生产不能满足人口增长的需要,这种状况还将继续下去。要解决人类的食物问题,仅仅寄希望于耕地的扩大是不现实的,因为扩大耕地的可能性已很有限。但是,另一方面,由于各种害物的侵扰,给农作物造成的损失,大体相当于世界每年收获量的三分之一。如果不使用农药,这种损失还会成倍地增加。由此可见,合理地使用农药,已经成为增加粮食生产、改善人类食物供应的一种重要手段。

农作物在整个生长过程中会不断遭受各种害物,其中主要是病菌、害虫和杂草的侵扰,特别是那些持续单一耕作的作物更易受到危害。因此,为了保持作物可能的最高产量,精心使用化学植保药剂即农药是很重要的。在高度发达的农业地区,农药还可以节省劳动力、便利收获,从而降低农产品的成本,提高经济效益。其次,农药在农产品收获以后的储存、保鲜、运输、销售以及加工等过程中也起着重要作用[5]。

日本的水稻生产就是一个具有说服力的实例。1946～1950年间,在日本,稻谷的单位面积产量大约为2000kg/ha。1952年以后,由于使用有机磷杀虫剂,使水稻螟虫得到有效的防治,同时,使用新的杀菌剂后可怕的稻瘟病得到了控制,单位面积的产量很快提高到6250 kg/ha[5]。在我国,农药已得到广泛应用并在农业生产中发挥了巨大的作用。第六个五年计划期间(1981～1985年),每年病、虫、草害防治面积达1.3亿公顷次以上,年平均挽回粮食损失约2250万吨,占产量的6%;挽回棉花损失约40万吨,占产量的10%;挽回蔬菜损失2800万吨,占产量的20%;挽回果品损失250万吨,占产量的20%;使用农药的投入与产出比约为1∶5～6[3]。

农药的另一个重要作用是防治疾病的传播媒介,例如,疟疾、黄热病、锥虫病等的媒介。特别是在热带和亚热带地区,农药曾挽救了上百万人的生命,为发展卫生事业,保护人们的身体健康起过决定性的作用。

在世界卫生组织(WHO)的大力赞助下,曾开展了大规模消灭传播疾病的昆虫的运动,结果使世界许多地区的发病率大为降低。在印度,死于疟疾的人数曾高达每年75万,由于使用了杀虫剂,到60年代末死亡人数已下降到每年1500人。1946年斯里兰卡的疟疾患者为280万,因为广泛使用了杀虫剂DDT,到1961年,患疟疾者仅有110人。1963年由于停止防治工作,疟疾患者以极快的速度增加,到1968年又达到100万人。1948年毛里求斯登记在册死于疟疾的人数为1589人,由于防治疟蚊计划的推行,到了60年代,疟疾在毛里求斯已得到根除[5]。

综上所述,农药不但是人类和饥饿作斗争的重要武器,同时也是人类预防疾病的有力武器。

1.3　农药分类

农药的分类方法多种多样,但最常见和最有用的是按防治对象分类。由于害虫、病菌、杂草等害物,不论在形态、行为、生理代谢等方面均有很大差异,因此,一种农药往往仅能防治一类对象,一种药剂能防治多种对象的尚属少数。根据防治对象的不同,我们常将防治害虫的农药称为杀虫剂,防治红蜘蛛的称为杀螨剂,防治作物病菌(包括真菌、细菌及病毒)的称为杀菌剂,防治杂草的称为除草剂(或除莠剂),防治鼠类的称为杀鼠剂等等。

作为防治虫、病、草害的化学物质大都通过化学方法合成,个别也有从植物中提取的,还有一部分是用微生物培养的。因此,根据来源不同,可将农药分为化学农药(如DDT、敌百虫、乐果等)、植物农药(如从除虫菊中提取的除虫菊素、从鱼藤中提取的鱼藤酮、从烟叶中提取的烟碱等)、微生物农药(如春雷霉素、井岗霉素等抗菌素,苏云金杆菌、青虫菌等细菌杀虫剂)等。

作为农药的化学物质,通常都有确定的组成和化学结构。因此,根据化学组成和结构对农药进行分类也是常见的分类方法。这种分类方法对农药化学工作者更为方便和一目了然。在农药中除少部分为无机化合物外,其余绝大部分为有机化合物,其中包括元素有机化合物(如有机磷、有机砷、有机硅、有机氟)、金属有机化合物(如有机汞、有机锡)以及一般有机化合物(如卤代烃、醛、酮、酸、酯、酰胺、脲、腈、杂环)等等,多种多样。

根据药剂作用方式分类农药,也是很重要的一种分类方法,例如杀虫剂可按药剂对虫体的作用方式分为:胃毒剂——昆虫摄食带药的作物,通过消化器官将药剂吸收而显示毒杀作用;触杀剂——药剂接触到虫体,通过昆虫体表侵入体内而发生毒效;熏蒸剂——药剂以气体状态分散于空气中,通过昆虫的呼吸道侵入虫体使其致死;内吸剂——药剂被植物的根、茎、叶或种子吸收,在植物体内传导分布于各部位,当昆虫吸食这种植物的液汁时,将药剂吸入虫体内使其中毒死亡。以上四种是杀虫剂中最常见的作用方式。除此之外,还有引诱剂——药剂能将昆虫诱集在一起,以便捕杀或用杀虫剂毒杀;驱避剂——将昆虫驱避开来,使作物或被保护对象免受其害;拒食剂——昆虫受药剂作用后拒绝摄食,从而饥饿而死;不育剂——在药剂作用下,昆虫失去生育能力,从而降低虫口密度。除草剂按作用方式也可以分为触杀剂和内吸剂。杀菌剂亦有内吸与非内吸之分。

此外,还可以根据使用方法、防治原理以及其它许多种方法分类农药,在此不再一一赘述。

根据以上叙述,可将农药分类列表,如表1-1所示[6]。

表 1-1 农药分类

按防治对象	分类根据	类 别		
杀虫剂	作用方式	胃毒剂、触杀剂、熏蒸剂、内吸剂、引诱剂、驱避剂、拒食剂、不育剂、几丁质抑制剂、昆虫激素(保幼激素、蜕皮激素、信息素)		
	来源及化学组成	合成杀虫剂	无机杀虫剂(无机砷、无机氟)	
			有机杀虫剂(有机氯、有机磷、氨基甲酸酯、拟除虫菊酯等)	
		天然产物杀虫剂(鱼藤酮、除虫菊素、烟碱、沙蚕毒等)		
		矿物油杀虫剂		
		微生物杀剂(细菌毒素、真菌毒素、抗菌素)		
杀螨剂	化学组成	有机氯、有机磷、有机锡、氨基甲酸酯、偶氮及肼类、甲脒类、杂环类等		
杀鼠剂	作用方式	速效杀鼠剂、缓效杀鼠剂(抗凝血剂)、熏蒸剂、驱避剂、不育剂		
	化学组成	无机杀鼠剂		
		有机杀鼠剂(氟乙酸类、硫脲素、脲类、香豆素类、杂环类、有机硅类等)		

按防治对象	分类根据	类　　别		
杀软体动物剂	化学组成	无机药剂		
		有机药剂		
杀线虫剂	化学组成	卤代烃、氨基甲酸酯、有机磷、杂环类		
杀菌剂	作用方式	内吸剂、非内吸剂		
	防治原理	保护剂、铲除剂、治疗剂		
	使用方法	土壤消毒剂、种子处理剂、喷洒剂		
	来源及化学组成	合成杀菌剂	无机杀菌剂(硫制剂、铜制剂)	
			有机杀菌剂(有机汞、铜、锡；有机磷、砷；二硫代氨基甲酸类；取代苯类；酰胺类；取代醌类；硫氰酸类；取代甲醇类；杂环类等)	
		细菌杀菌剂(抗菌素)		
		天然杀菌剂及植物防卫素		
除草剂	作用方式	触杀剂、内吸传导剂		
	作用范围	选择性除草剂、非选择性(灭生性)除草剂		
	使用方法	土壤处理剂、叶面喷洒剂		
	使用时间	播种除草剂、芽前除草剂、芽后除草剂		
	化学组成	无机除草剂		
		有机除草剂(有机磷、砷；氨基甲酸酯类；脲类；羧酸类；酰胺类；醇、醛、酮、醌类；杂环类；烃类等)		
植物生长调节剂	来源及化学组成	合成植物生长调节剂(羧酸衍生物、取代醇类、季胺盐类、杂环类、有机磷等)		
		天然的植物激素(赤霉素、吲哚乙酸、细胞分裂素、脱落酸等)		

1.4　农药毒理

　　农药毒理学是研究作为农药的化学物质对有机体有害作用的学科。这些研究不但包括质的方面，尤其包括量的方面。所谓有害作用，主要表现为机体组织结构及功能的改变。毒理学也包括把这些研究成果应用于对农药的安全评价以及预防对人及所有有用生物的危害。

　　农药对机体的毒害作用可以分为急性毒性和慢性毒性两种。急性毒性是指药剂一次进入体内后短时间引起的中毒现象。毒害作用的大小取决于物质本身固有的毒性以及作用于有机体的方式和部位。例如，对大多数动物来说，较小剂量的三氧化二砷(砒霜)所产生的中毒症状比大剂量的氯化钠(食盐)要严重得多。又如，一滴硫酸置于皮肤上所产生的危害比滴入眼睛内要小得多。对大多数毒性试验来说，其目的都是替代性的。通常，兴趣不在某种农药对供试动物的LD_{50}（半致死剂量）值本身，而是通过这些试验了解此农药对人或家畜可能产生多大的毒性。由于急性中毒作用往往引起可辨认的生化或生理系统的破坏，因此，中毒现象易于察觉和量度。

急性毒性最常用的测量尺度是半致死剂量，即LD_{50}。也就是随机选取一批指定的实验动物，用特定的试验方法，在确定的实验条件下，求取杀死一半供试动物时所需的药剂的量，通常以毫克/公斤（mg/kg）表示。毫克是给药的剂量，公斤是实验动物的体重。给药方式有经口（灌胃）、经皮（涂到皮肤上）、经呼吸道（从空气中吸入）三种。常用的实验动物为大白鼠和小白鼠。不同种属、年龄和性别的动物对有毒物质的敏感性是不一样的，在毒性测量中，这些因素也要加以考虑。

测量急性毒性的另一个常用指标是LC_{50}。它是指杀死一半供试动物时所需的药剂浓度。当围绕供试动物的空气或水中含有药剂时，动物从空气中吸入药剂蒸气或者鱼与溶有药剂的水接触，这些情况下，应用LC_{50}比较方便。LC_{50}常用毫克/立方米（mg/m^3）表示。

根据对大白鼠口服施药测得的LD_{50}值，可以将化学物质分为六个不同的毒性级别（表1-2）[7]。不同国家对农药急性毒性有不同的分级标准。表1-3是我国暂用的分级标准[8]。

表1-2　化学物质的毒性分级标准

毒性级别	LD_{50}(mg/kg)
剧毒	<1
高毒	1～50
中等毒	50～500
低毒	500～5000
微毒	5000～15000
无毒	>15000

表1-3　农药急性毒性分级标准

	高毒	中等毒	低毒
大鼠经口 LD_{50}(mg/kg)	<50	50～500	>500
大鼠经皮 LD_{50}(mg/kg)	<200	200～1000	>1000
大鼠吸入 LC_{50}(mg/m^3)	<2	2～10	>10

农药的慢性毒性是指药剂长期反复作用于有机体后，引起药剂在体内的蓄积，或者造成体内机能损害的累积而引起的中毒现象。有些药剂小剂量短期给药未必会引起中毒，但长期连续摄入后，中毒现象就会逐步显现。对农药来说，它们对人类的慢性毒性大体上是由于具有较大的稳定性所致。农产品虽经加工，食品虽经烹调，仍然会有一些农药残留其中，经过不断摄入体内造成慢性毒性。

农药的慢性毒性试验，用大白鼠、小白鼠检测时要观察其一生（通常2年），用狗试验时要观察其寿命的十分之一时间。在试验中，通常在饲料中加入多种不同浓度的农药，将动物分组喂食，在试验开始后的不同时期，各组取出一定数量的动物，做下述各种试验后，再进行解剖，做病理组织学检查。在整个试验期间，要测定体重、饲料摄取量、饮水量，观察动物的行为、一般症状及死亡率。试验项目包括血液、尿及其它排泄物。动物解剖后，还要对肝、肾、肺和脑等器官进行组织学检查,考察是否有异常。根据上述检查结果进行综合判断,最后决定该药的最大无作用量、最小中毒量、确实中毒量。最大无作用量,是指完全没有作用的最大浓度;最小中毒量,是指表现出中毒性变化的最小浓度;确实中毒量,是指确实发生中毒致死的浓度。根据这些浓度可以计算出供试动物每公斤体重相应的药剂毫克数。此外,经过二代三代,在药剂作用下使其繁殖,检查该药剂对于出生率的影响和有无畸形儿产生。

农药慢性毒性的大小,一般用最大无作用量或每日允许摄入量(ADI)表示,这些标准的制定应以动物慢性毒性试验结果为依据。所谓 ADI,是指将动物试验终生,每天摄取也不发生不利影响的数量。其数值的大小是根据最大无作用量再乘以 100 乃至几千的安全系数而算出的量,单位是每公斤体重的药剂毫克数(mg/kg)。在确定安全系数时,应主要考虑两个因素。首先是动物种属间的差别,人体往往比用测定最大无作用量的动物更具敏感性。其次是在种属内存在的统计性质方面的因素。对某一个体的临界值可能远远低于另一个体,因此,安全系数必须考虑对最高敏感个体可能产生的不利影响,而不是对人敏感性的平均值。世界卫生组织(WHO)和联合国粮农组织(FAO)曾多次联合召开农药残留专家会议,根据世界各国动物试验结果,制订、修订或暂订各种农药的 ADI 值,向全世界公布推荐。表 1—4 列举了部分农药的 ADI 值(截止到 1976 年的资料)[9]。

农药对生物体的毒害作用方式,可分为非特异性作用和特异性作用,也可以分为物理性作用和化学性作用。某些化学药剂在适当浓度下的腐蚀毒害作用,可作为非特异性作用或物理性作用的典型。农药的大多数有害作用都属于特异性作用或化学作用。因为它们可以与某种已知酶,某一要害分子或某些生物膜等发生化学反应;并且它们对人体的作用可以用与这些特异性受体发生的这类反应来解释。

药剂与酶的作用是特异性的化学损伤或生化损伤。在这方面只有少数几个例子是完全清楚的,其中有些涉及酶的抑制,如砷化物抑制巯基酶,有机磷化合物及某些氨基甲酸酯类抑制胆碱酯酶,氰离子抑制细胞色素氧化酶等。生物体内的要害分子有时能促进其它分子的传递,也能和酶一样调节变化的速率而本身并无消耗。化学毒物对要害分子毒作用的一个明显的例子是一氧化碳使血红蛋白的失活作用,从而导致氧气输送的停止。化学药剂对生物膜毒作用的最好实例是对轴突的影响。DDT 的毒作用,可能与其对神经轴突钾钠通道的影响有关。

除此之外,有些药剂对生物体的作用方式尚不清楚,但其效应表现出高度特异性毒作用的不乏实例。譬如,对细胞的作用以及对生物体各种器官的作用。药剂对机体的一切中毒损伤都会波及细胞,许多中毒损伤常对特种细胞有相对的特异性,因而对存在该种细胞的特殊器官和组织也有相对的特异性。对农药来说,大家比较关心的致突变、致癌和致畸作用,都是药物潜在地影响各种细胞、器官和组织造成的。

致突变是指体细胞或生殖细胞内的遗传结构发生变化。虽然致突变作用和致癌作用至今尚未确切阐明,但已有证据说明,两者均与 DNA 的改变有关。有一种学说认为,致癌作用乃是致突变作用的一种特殊形式。也有人认为,癌来源于体细胞染色体的突变,而一种异常的染色体的复合必将形成肿瘤,等等。在农药中,许多品种都已进行过致突变性研究[10~12],农药与肿瘤关系的研究也已有许多报道[14]。

致畸是药剂对生殖系统毒作用的结果,是指怪胎和畸形儿的形成,亦即人或动物生出畸形的胎儿。"致畸"一词是指因胚胎发育的异常而致的畸形,它是可以用肉眼看到的,因此,它不包括显微镜下的异常和胎儿完全形成以后所遭受的中毒性损伤。在农药慢性毒性试验中,致畸往往需要对供试动物观察 2～3 代,才能得出结论。

　　农药对生物体各种器官的毒作用大都具有特异性。例如,除草剂伐草快,若以急性中毒剂量给予大鼠和狗,可使这些动物肾脏的近曲小管发生退行性变和坏死。又如,以任何途径接受除草剂百草枯一次剂量致死的大多数大鼠、小鼠、狗和少数家兔,其重要病损仅局限于肺脏。类似的例子还很多,在此不再一一赘述。

表 1-4　某些农药的人体每日允许摄入量(ADI)

农药名	ADI(mg/kg)	农药名	ADI(mg/kg)
保棉磷	0.0025	氯杀螨	0.01
克菌丹	0.1	杀虫脒	0.01
西维因	0.01	杀螨酯	0.01
氯丹	0.001	毒虫畏	0.02
DDT	0.005	2,4-滴	0.3
二嗪农	0.002	内吸磷	0.005
DDV	0.004	育畜磷	0.1
乐果	0.02	三氯杀螨醇	0.025
林丹(γ-666)	0.01	敌恶磷	0.0015
马拉硫磷	0.02	杀草快	0.05
对硫磷(1605)	0.005	硫丹	0.0075
甲基对硫磷	0.001	艾氏剂	0.0001
磷胺	0.001	乙硫磷	0.005
增效醚	0.03	促长啉	0.06
除虫菊素	0.04	倍硫磷	0.0005
狄氏剂	0.0001	杀螟松	0.005
六六六	0.0025	灭菌丹	0.1
敌菌丹	0.05	七氯	0.0005
甲氧DDT	0.1	残杀威	0.02
氧化乐果	0.0005	甲基托布津	0.08
百草枯	0.02	杀草强	0.00003
五氯硝基苯	0.007	百菌清	0.03
涕必灵	0.05	抑菌灵	0.3
敌百虫	0.005	多果定	0.01
乐杀螨	0.0025	福美铁	0.005
溴硫磷	0.006	代森锰	0.005
三硫磷	0.005	代森锌	0.005
矮壮素	0.05	福美双	0.005
毒死蜱	0.0015	福美锌	0.005
异狄氏剂	0.0002	苯腈磷	0.005
皮蝇磷	0.01	溴苯磷	0.001
三苯基锡	0.0005	乙酰甲胺磷	0.02
速灭磷	0.0015	呋喃丹	0.03
久效磷	0.0006	杀螟丹	0.05
伏杀磷	0.06	克瘟散	0.003
三环己基锡	0.007	甲胺磷	0.002
溴螨酯	0.008	抗蚜威	0.004
乙拌磷	0.002	安定磷	0.01

农药毒理学是一门综合性学科,涉及面广,现已有专著出版[13、15],可供参考。

1.5　农药代谢原理

代谢一词可用以概括与维持生命有关的化学反应的总和.整个代谢又可细分为蛋白代谢、脂肪代谢、酶介代谢等。农药代谢是指作为外源化合物的农药进入生物体后,通过多种酶对这些外源化合物所产生的化学作用,这类作用亦称生物转化。

所有生物体都具有防御机制,以便保护自己免受各种少量外源化合物的毒害作用。如果一个有毒物质进入有机体的速度大于其排出速度,那么毒物将在体内积累,直到作用部位达到中毒浓度。组织学上、生理学上及生物化学上的各种因素的影响,决定了药剂单位时间的吸入量、药剂在体内的分布状况以及代谢途径和排出机制。

酶在代谢外源化合物方面起着两种相关的作用。首先,代谢引起化合物分子结构的变化。通常,这种变化的产物,即代谢产物,比原化合物具有较小的毒性。其次,代谢产物更具极性,更易溶于水,从而导致容易从体内排出。

大多数农药难溶于水,它们的氧化或水解可以引起极性基团的插入或显露,这些反应称为初级代谢反应。初级代谢反应产物可能与生物体的内源物质发生结合作用形成更易排出的分子,这一过程称为次级代谢反应。

代谢对农药的影响是多方面的。首先,代谢对农药的选择活性具有重要意义,它在药剂对人或家畜的安全性上起着决定性作用。其次,农药的代谢程度是它们在土壤、植物和动物体内产生持效的决定因素之一。代谢越快、代谢程度越高,持效将越短,对环境的污染也越小。最后,代谢作用往往与害物抗性的增加有关,这是一种有害作用。当有机体,特别是能快速繁殖的有机体(如昆虫)暴露于不足以使整个种群都死亡的剂量中时,残存的昆虫相互交配、繁殖,能够产生比原来种群抗性更大的种群。曾发现,在抗性较大的种群中,具有失活作用的酶的效力和水平都较高。

对外源化合物的初级代谢反应起作用的大都是水解酶和氧化酶。在各种内源化合物正常代谢过程中,这些酶可能起着催化作用。农药作为外源化合物,它在生物体中的代谢,当然也是水解酶和氧化酶起主要作用。

水解酶广泛分布于动物和植物的各种组织中以及细胞的不同部分。在脊椎动物中,血浆中的水解酶有能力进攻各种外源物,虽然这些酯酶的天然底物仍不甚清楚。此外,膜缚水解酶(membrane-bound hydrolases)存在于微粒体组分中。微粒体是用适当转速的离心分离组织匀浆时得到的。可溶性水解酶主要存在于细胞溶胶中。图1—1用图式描述了一个粗的匀浆怎样被分离成各种亚细胞粒子的过程。微粒体组分相当于细胞原生质中网状组织的残余物。

许多农药含有酯、酰胺和磷酸酯等基团,它们或多或少易于被水解酶所进攻。与氧化酶及转移酶不一样,水解酶不需要任何辅酶,但有时需要阳离子使之活化。

水解酶可以根据它作用对象的特征来命名。例如,对 R—O—P 键起作用的水解酶称为磷酸酯酶,对 RCO—OR′ 起作用的称为羧酸酯酶;对 RCONHR′ 起作用的称为酰胺酶等。

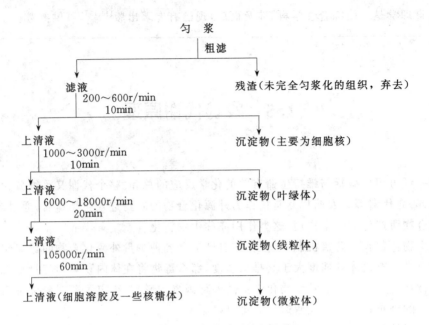

图1-1　离心分离亚细胞粒子

酯酶可以根据它们对有机磷化合物的行为区分为三类。A类酯酶可以水解有机磷酸酯，而B类酯酶可以被有机磷酸酯所抑制。大多数羧酸酯酶能专一性地被苯硫磷(EPN)所抑制，微粒体蛋白中7%以上属膜缚酯酶，这些主要属于B类。在有机磷酸酯存在下，A类和B类酯酶的不同行为，可以用磷酸酯与酶的键合反应以及进而去磷酰化反应的速度常数的相对大小来解释。C类酯酶既不被磷酸酯所抑制，也不会降解磷酸酯，但它们可以优先地与醋酸酯起作用。

酯酶在农药代谢降解中的作用是广为人知的。例如，有机磷杀虫剂马拉松在动物体中的解毒代谢，就是由羧酸酯酶催化的羧酸乙酯键的断裂造成的。这一作用可以帮助我们解释为什么马拉松对温血动物具有很低的毒性。

$$
\underset{\text{马拉松}}{(\text{MeO})_2\text{P}\overset{\text{S}}{\underset{}{||}}\begin{array}{c}\\\text{S-CHCOOC}_2\text{H}_5\\\text{CH}_2\text{COOC}_2\text{H}_5\end{array}} \xrightarrow[\text{H}_2\text{O}]{\text{羧酸酯酶}} (\text{MeO})_2\text{P}\overset{\text{S}}{\underset{}{||}}\begin{array}{c}\\\text{S-CHCOOH}\\\text{CH}_2\text{COOC}_2\text{H}_5\end{array} + \text{C}_2\text{H}_5\text{OH}
$$

羧酸酯酶催化的另一个重要反应是在植物体内2,4-D酯的水解反应。这些酯易于渗入杂草中，然后经酯酶催化水解放出具有生物活性的二氯苯氧乙酸(2,4-D)，从而发挥除草作用。

$$
\underset{\text{2,4-D酯}}{\text{Cl}-\underset{\text{Cl}}{\bigcirc}\text{-OCH}_2\text{COOR}} \xrightarrow[\text{H}_2\text{O}]{\text{羧酸酯酶}} \underset{\text{2,4-D}}{\text{Cl}-\underset{\text{Cl}}{\bigcirc}\text{-OCH}_2\text{COOH}} + \text{HOR}
$$

酰胺键通常是酰胺酶进攻的对象。有机磷杀虫剂乐果在酰胺酶作用下的水解按如下反应进行：

$(MeO)_2P\overset{S}{\underset{}{}}SCH_2CONHCH_3$ 乐果 $\xrightarrow[H_2O]{\text{酰胺酶}}$ $(MeO)_2P\overset{S}{\underset{}{}}SCH_2COOH$ 乐果酸 $+$ CH_3NH_2

有时候存在这样的可能性,那就是某些酰胺酶实际上只是有能力选择酰胺作为底物的羧酸酯酶。这种可能性将引起一些药剂如马拉松(含酯基)和乐果(含酰胺基)之间的交互抗性问题。也就是说同一种酶可以对不同药剂中的不同基团发生降解失活作用,导致对两种药剂均产生抗性。

环氧水解酶是另一类在代谢外源化合物中起着重要作用的水解酶。这种酶存在于肝微粒体或其它细胞中,它可以将环氧化物水解成二醇。例如杀虫剂西维因的代谢途径之一是首先被微粒体氧化酶氧化成环氧化物,然后在环氧水解酶催化下生成反式二醇。

西维因 $\xrightarrow[O_2]{NADPH}$ $\xrightarrow[H_2O]{\text{环氧水解酶}}$

微粒体单氧化酶也称为微粒体氧化酶或多功能氧化酶(mfo),主要存在于微粒体组分,特别是肝微粒体组分中。这类酶能够将氧分子中的一个氧原子插入适当的底物R—H中,另一个氧原子最终成为水分子的组成部分:

$$R-H+O_2+[2H]\longrightarrow ROH+H_2O$$

这类酶系的第一个特征是具有间接的还原能力(上式中用[2H]表示),这种能力源于辅酶 II (NADPH,即烟酰胺腺嘌呤二核苷酸磷酸)。另一个特征是微粒体电子传输系统的最终电子载体是一种称为细胞色素 P_{450} 的血红蛋白。这个细胞色素的作用是活化氧,但活化机理尚不清楚。

单氧化酶氧化外源化合物 RH 的主要过程如图1—2所示[16]。底物 RH 可能连接于细胞色素 P_{450} 的三价铁离子上,来自 NADPH 的电子代为还原络合物成二价铁离子,作为氧化剂的分

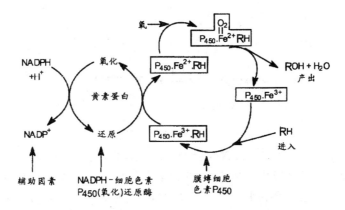

图1—2　微粒体氧化酶对外源化合物 RH 的氧化过程

子氧与细胞色素 P_{450}-底物络合物中的二价铁结合。两个氧原子之间的键可能由于第二个电子

的加入而变弱。随后,分子内的电子移动引起〔过氧化物-RH-Fe^{3+}·P$_{450}$〕络合物的形成。在介质中,络合物失去一个氧离子与质子结合,留下高活性的氧原子与底物 RH 反应形成代谢物 R—OH。然后细胞色素 P$_{450}$的三价铁准备接受另一个底物。

将来自 NADPH 的电子传给细胞色素 P$_{450}$的酶是黄素蛋白。因此,在微粒体电子传输系统中,至少包含三个组分,即还原的吡啶核苷酸、黄素蛋白和细胞色素。

单氧化酶系在农药代谢中的重要反应可分为五类:

(1)C—H 键中插入氧

烷烃的羟基化　　　　$R-CH_2-H \xrightarrow{[O]} R-CH_2-OH$

芳烃的羟基化

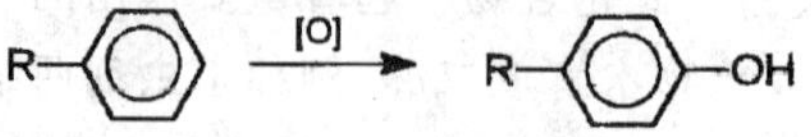

(2)O-或 N-去烷基反应

O-去烷基反应　　　　$R-O-CH_3 \xrightarrow{[O]} R-O-CH_2O-H \rightarrow R-OH$

N-去烷基反应　　　　$R-NH-CH_3 \xrightarrow{[O]} R-NH-CH_2O-H \rightarrow R-NH_2$

(3)环氧化反应

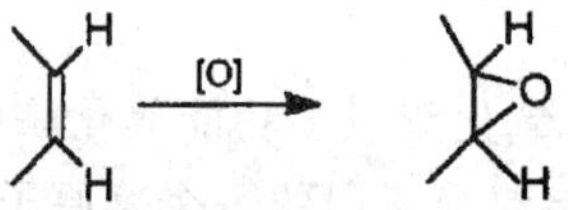

(4)硫被氧取代

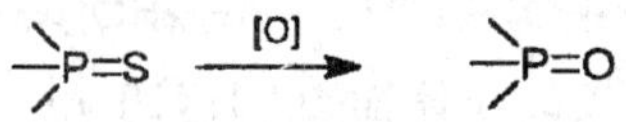

$$\diagup\!\!\!\diagdown\!P=S \xrightarrow{[O]} \diagup\!\!\!\diagdown\!P=O$$

(5)氧与硫或氮原子配位

亚砜和砜的形成

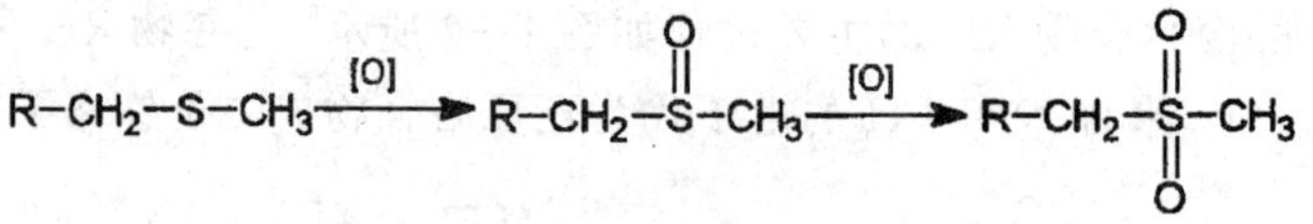

$$R-CH_2-S-CH_3 \xrightarrow{[O]} R-CH_2-\overset{O}{\underset{}{S}}-CH_3 \xrightarrow{[O]} R-CH_2-\overset{O}{\underset{O}{S}}-CH_3$$

氮氧化物的形成

$$R-N(CH_3)_2 \xrightarrow{[O]} R-\overset{}{\underset{O}{N}}(CH_3)_2$$

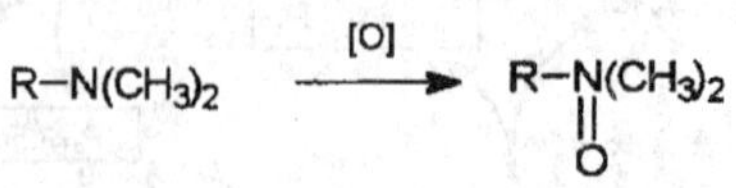

谷胱甘肽(GSH)在农药降解中也起着重要作用。GSH 是含有甘氨酸、半胱氨酸和谷氨酸的三肽。它常常与侵入生物体内的外源化合物形成结合物,而其它具有结合作用的体内物质,只有当外源化合物进行了初级代谢反应(水解或氧化)以后,才能在次级代谢过程中形成结合物。GSH 的结合作用往往在谷胱甘肽 S-转移酶存在下进行,但也有些反应不涉及这些酶。

谷胱甘肽 S-转移酶主要存在于动物肝脏的可溶细胞组分中(见图 1—1),其分子量大体为 45000 左右。已发现了多种类型的谷胱甘肽 S-转移酶,但在农药解毒降解中有着重要作用的是以下三类:

(1)谷胱甘肽 S-环氧转移酶

环氧化物开环，谷胱甘肽的巯基对其发生加成。

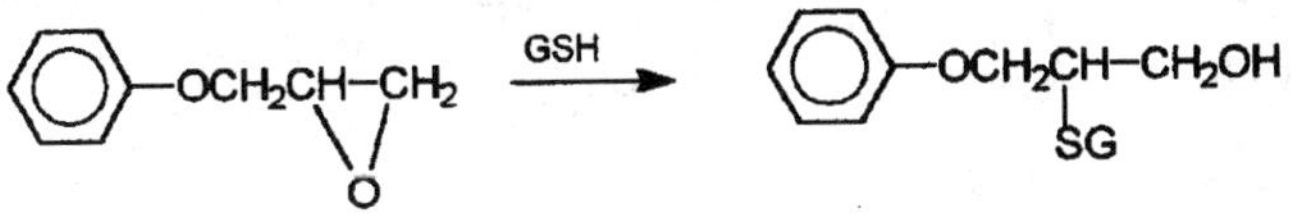

(2)谷胱甘肽 S-芳基转移酶

谷胱甘肽与芳基底物结合的同时，消去一分子的卤化氢或其它酸性化合物。

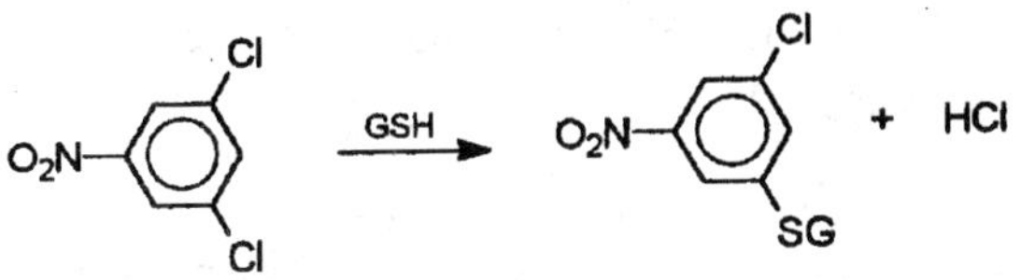

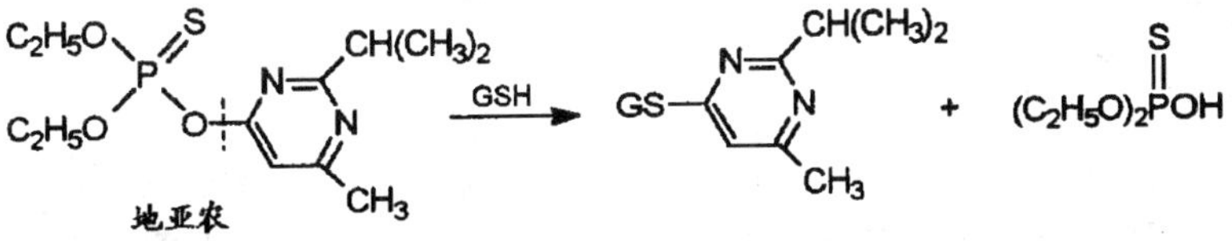

地亚农

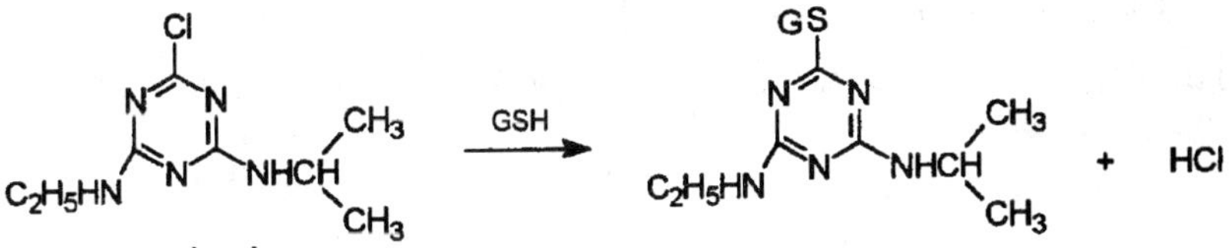

阿特拉津

(3)谷胱甘肽 S-烷基转移酶

典型反应是与卤代烷的反应，但更重要的是在有机磷农药降解中发生去烷基作用。

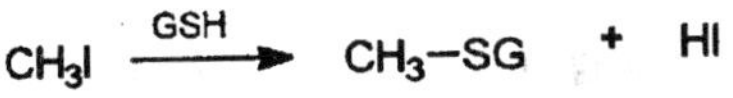

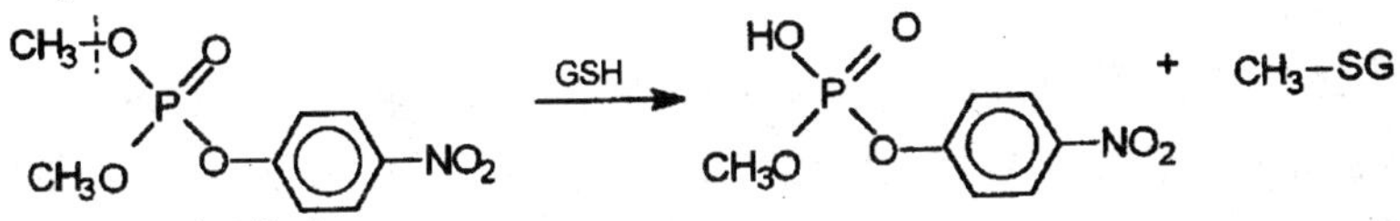

甲基对氧磷

前面已提到，也存在不涉及 S-转移酶的谷胱甘肽解毒反应。一个重要的例子是 DDT 在谷胱甘肽催化下脱氯化氢生成 DDE。可能通过形成图 1—3 那样的谷胱甘肽结合物中间体，并由此游离出谷胱甘肽，得到代谢产物 DDE。但此中间体并未分离得到[17]。

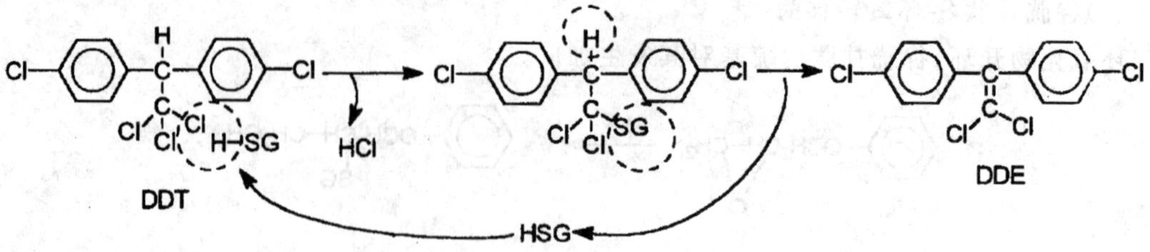

图 1-3　DDT 在 GSH 催化下的降解

在非酶情况下,谷胱甘肽有时也能与一些亲电分子发生反应,得到谷胱甘肽结合物,扑草胺(Propachlor)的降解就是一例:

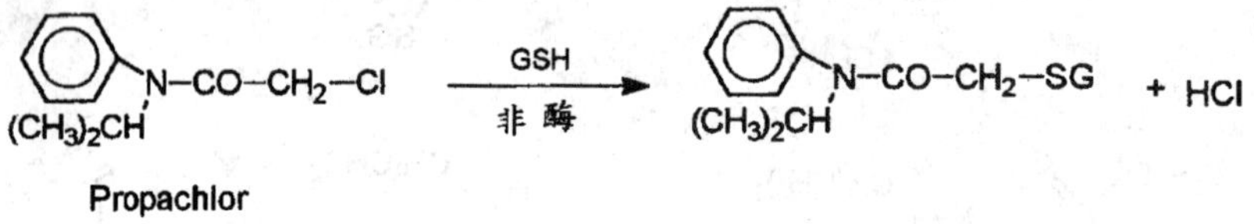

其它结合作用一般都在外源化合物发生了初级代谢反应以后才进行。在大多数脊椎动物中,葡糖苷酸是主要的结合物。葡糖醛酸的给予体是尿苷二磷酸葡糖醛酸(UDPGA),当发生反应时,葡糖醛酸从一个有机分子转移到另一个有机分子,并且需要葡糖醛酸转移酶存在。这种酶大量地与微粒体共生,而 UDPGA(图 1-4)是水溶性的。并且存在于细胞溶胶中。

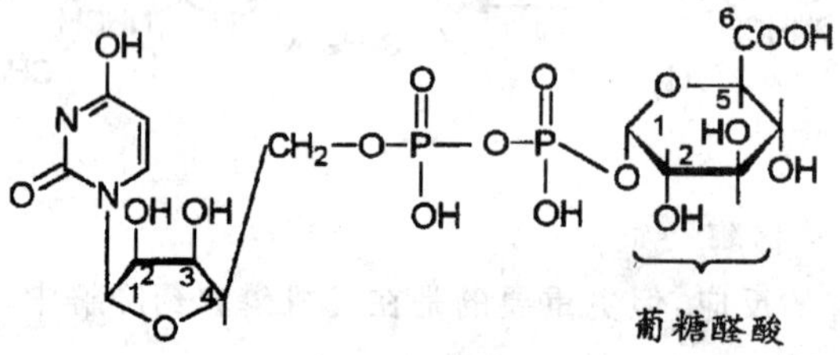

图 1-4　UDPGA 的结构

许多农药由动物的肝微粒体酶发生了初级代谢以后可以转化成葡糖醛酸结合物。例如,在大鼠中,西维因首先被转化成 4-羟基西维因和 1-萘酚,随后发生结合反应,主要以 O-葡糖苷酸的形式排出体外。

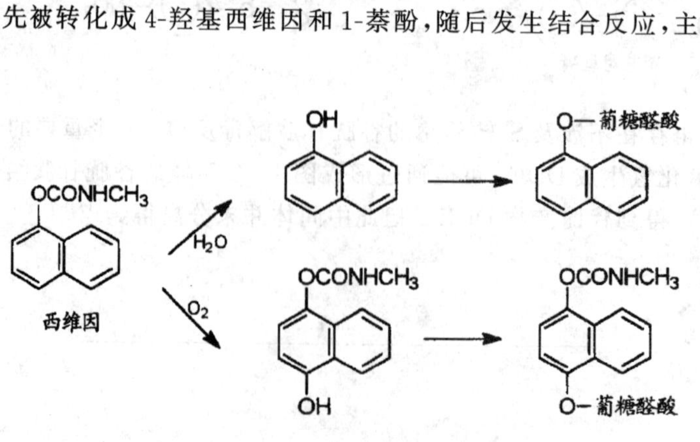

在某些动物中,杀菌剂福美铁(ferbam)可以部分地转化成 S-葡糖苷酸:

$$[(CH_3)_2NCS]_3 Fe \xrightarrow[\text{UDPGA 转移酶}]{\text{UDPGA}} 3\ (CH_3)_2NCS\text{—葡糖醛酸}$$
Ferbam

与在大多数脊椎动物中不一样，在昆虫或植物中往往生成葡萄糖结合物。反应机理类似于葡糖苷酸的形成，但尿核苷二磷酸葡糖（UDPG，图 1—4 中葡糖醛酸部分出葡萄糖所代替）代替 UDPGA 作为葡萄糖的给予体。在此类反应中，葡萄糖与醇、硫醇或胺通过 β-葡糖苷键结合，相应的酶称为葡萄糖转移酶。例如，用除草剂二氯丙酰苯胺（Propanil）处理稻苗时，首先水解成 3,4-二氯苯胺，然后与葡萄糖结合成 N-3,4-二氯苯基葡糖基胺。

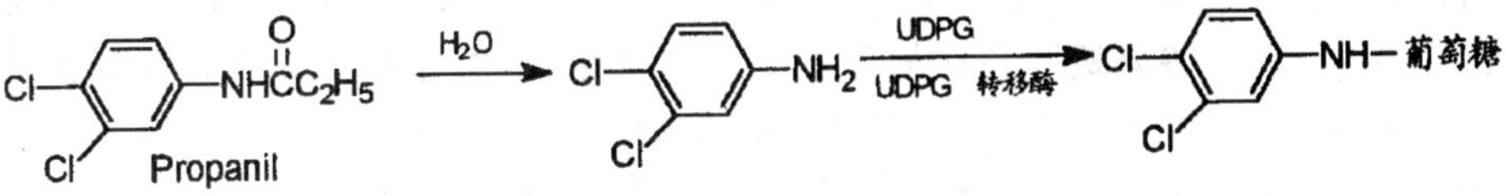

$$Cl\text{—}Cl\text{—}NHCOC_2H_5 \xrightarrow{H_2O} Cl\text{—}Cl\text{—}NH_2 \xrightarrow[\text{UDPG 转移酶}]{\text{UDPG}} Cl\text{—}Cl\text{—}NH\text{—葡萄糖}$$
Propanil

硫酸酯结合物往往可以在许多脊椎动物及水陆两栖生物对外源化合的代谢物中找到。实际上它们是单硫酸酯阴离子 $ROSO_3^-$，而不是硫酸酯 $ROSO_3R'$。硫酸酯结合物是在硫酸酯转移酶催化下生成的，这些酶存在于动物肝、肾的可溶细胞组分中。在结合反应中，还需要一个可溶性辅助因素的参与才能进行。这个辅助因素就是 3-磷酸腺苷基 5′-磷酸硫酸酯（PAPS，图 1—5）。PAPS 是一种活化的硫酸酯，它可以在酶存在下按下式合成：

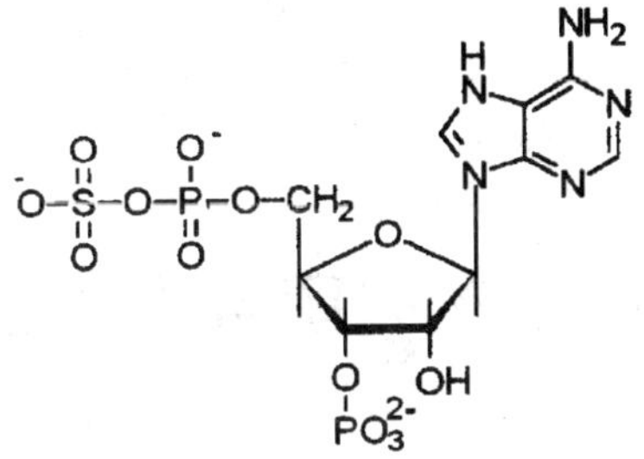

图 1—5　PAPS 的结构

$$2\ ATP + SO_4^{2-} \xrightarrow[\text{酶}]{Mg^{2+}} PAPS + ATP + \text{焦磷酸酯}$$

农药初级代谢生成的酚可以结合成硫酸酯。在高级动物中，这一代谢途径不是主要的，但在昆虫中要重要得多。

氨基酸结合物大多在脊椎动物代谢中可以找到。那些具有芳基的农药在初级代谢后往往可以与某些氨基酸形成结合物，这些氨基酸主要是甘氨酸、精氨酸、谷氨酸和谷酰胺。例如，除草剂草克乐（Chlorthiamid）首先降解成除草剂敌草腈（Dichlobenil），然后水解得到 2,6-二氯苯甲酸再和甘氨酸结合：

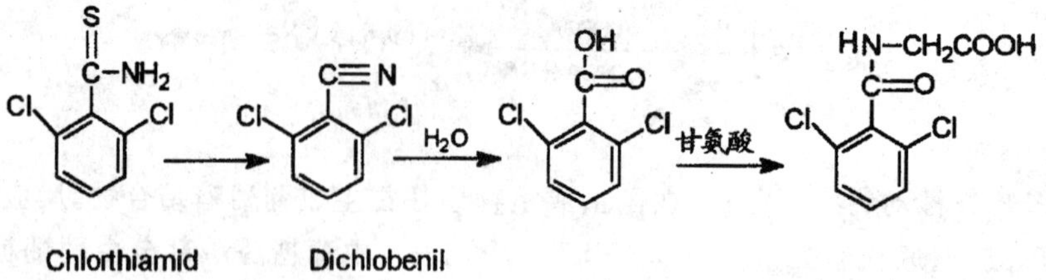

Chlorthiamid　　　　Dichlobenil

前面已提到,谷胱甘肽可以与外源化合物直接生成结合物。但在许多有机体中,排出的产物并不是谷胱甘肽结合物,而是这些结合物经过再次变化后的巯基尿酸衍生物。当谷胱甘肽与外源化合物 R 形成结合物 A 后,其中的甘氨酸和谷氨酸可能被水解除去,得到外源化合物的半胱氨酸衍生物 B,B 中游离氨基往往易于进一步乙酰化,从而导致在许多高等动物中的排出产物是 N-乙酰半胱氨酸衍生物 C,即巯基尿酸衍生物。但是,在昆虫中,主要倾向于以未变化的谷胱甘肽结合物 A 或半胱氨酸衍生物 B 排出,而不是乙酰化产物 C。

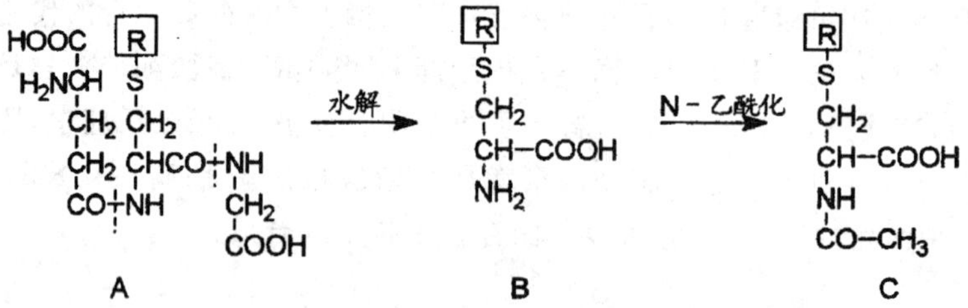

A　　　　　　　　　B　　　　　　　　　C

1.6　农药残留与环境污染

农药残留是指一部分农药由于其很强的化学稳定性,施用后不易分解,仍有部分或大部分残留在土壤中、作物上以及其它环境中。这些残留农药在食物上达到一定浓度(即残留量,通常用 ppm 表示)后,人或其它高等动物长期进食这些食物,就会使农药在体内积累起来,引起慢性中毒,这就是农药的残留毒性,亦称残毒。

农药残毒的三个主要来源是:

(1)施用农药后药剂对作物的直接污染

一些性质稳定的农药在田间使用后,它可能粘附在作物外表,也可能渗透到植物表皮蜡质层或组织内部,还可能被作物吸收、输导分布于植株汁液中。这些农药虽然受到外界环境条件如光照、雨、露、气温的影响以及植物体内酶的作用,逐渐分解消失,但速度是缓慢的。在收获时,农产品中往往尚有微量的农药及其有毒的代谢产物的残留,特别是施药不适当,例如在农作物接近收获期施用过多、过浓的农药,更会造成农产品中有过量的农药残留。

农药对作物的污染程度取决于农药的性质、剂型与施药方式等,此外也与作物的品种特性有关。

农药的性质与它引起的污染程度息息相关。例如内吸性药剂能被植物的根、茎、叶所吸收,并随植物体内水分、养分的输导而传播,所以它们引起植物的污染程度是突出的。那些性质稳定的内吸剂,如氟乙酰胺,或消失缓慢的内转毒性内吸剂如乙拌磷、内吸磷等,它们造成的污染问题更为严重。穿透性强的农药能透过植物表皮组织深入到植物内部积累起来,这种药剂对作物的污染也较为突出。穿透性差的农药仅污染作物表面,污染程度应该低一些。但穿透能力差的某些无机农药如砷酸铅,由于它们在自然界中十分稳定,因此污染程度仍然是严重的。有机汞制剂的情况也是如此,因此这些农药已被淘汰。

从加工剂型来看,乳剂对植物表皮组织的穿透能力比粉剂或可湿粉剂大。由于穿透至植物组织内的药剂的消失比遗留在植物表面的逸失缓慢,因而,乳剂的残留时间通常比粉剂或可湿粉剂长。

作物种类不同对农药表现出的吸收情况差异悬殊,造成的污染程度也很不一样。例如,茄子对六六六基本不能吸收,但胡萝卜却很容易吸收六六六。此外,作物不同部位对农药的吸收程度也有明显差异,例如西瓜对狄氏剂的吸收顺序是根＞茎＞果皮＞叶＞种子＞果肉。

(2)作物对污染环境中农药的吸收

在田间施用农药时,有很大部分农药散落在农田中和飞散于空气中。它们有些随空气飘移,有些残存于土壤,也有些被雨水冲刷至池塘、湖泊、河流中,造成对自然环境的污染。有些性质稳定不易消失的农药,甚至可以在土壤中残留数年至数十年。如果在有农药污染的土壤中再种植作物,残留的农药又会被作物吸收,这也是作物中残留农药的来源之一。

有报道表明[18],某茶区在禁用DDT、六六六多年后,采收的茶叶中尚可检出高含量的DDT及其降解产物以及六六六。据认为茶园中的六六六的污染主要来源可能是通过稻田用药随空气飘移来的。当然,土壤中的残留农药也有一定作用。

作物从土壤中吸收残留农药的能力也与作物种类有关,最易吸收的作物是胡萝卜,其次是草莓、菠菜、萝卜、马铃薯、甘薯等。水生植物从污水中吸收农药的能力比陆生植物从土壤中吸收农药的能力要强得多。所以水生植物中的农药残留量往往比其生长环境(水)中的农药含量高出许多倍。

(3)生物富集与食物链

生物富集也称生物浓集,是指生物体从生活环境中不断吸收低剂量的农药,并逐渐在其体内积累的能力。食物链是指动物体吞食有残留农药的作物或生物体后,农药在生物体间转移的现象。食物链有时也是造成生物体内农药富集的原因之一。它们都是促使食品含有残留农药的一个甚为重要的原因。

一般肉、乳品中含有的农药主要是禽畜摄食了被农药污染的饲料,造成农药在有机体内的蓄积,尤其易于积累在动物的脂肪、肝、肾等组织中。动物体内的农药有些也能随奶汁排出,有些也能转移至卵、蛋中。

水产品中含有的残留农药主要是施撒在农田或生活环境中的农药排放冲刷至塘、湖、江、河,以及农药厂的废水废渣排入河流后污染了水质与江河底质(淤泥),同时通过生物效应,使在水生植物体内(如水草、藻类等)浓集起来。鱼、虾等水生动物取食了这些有农药污染的植物,或者在淤泥中以有机质为养料的螺、贝等,农药即转入它们体内。大鱼、水鸟等吞食了小鱼和虾后又转入大鱼、水鸟体中。生物富集与食物链的模式可见图1—6和图1—7。

农药残毒所造成的污染是多方面的,主要有以下几个方面:

(1)对环境的污染

农药对环境的污染主要包括毒化大气、水系和土壤。

在田间喷洒农药时,药剂的微粒在空中飘浮造成对大气的污染。有机氯杀虫剂中,DDT、

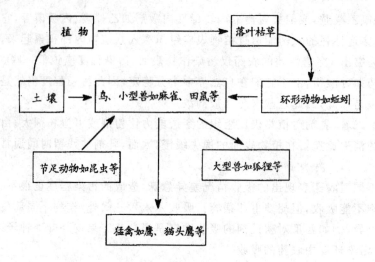

图 1—6　陆生动物的生物富集与食物链模式途径

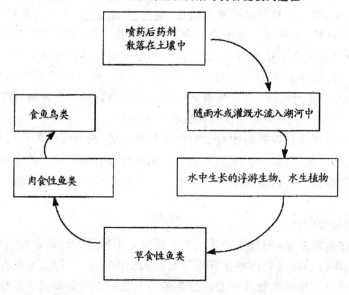

图 1—7　水生动物的生物富集与食物链模式途径

狄氏剂等大部分能被漂浮的煤尘粒子所吸附,而六六六等约有半数可被吸附。另外,大气的污染也可能由于某些农药厂排出的废气所造成。

日本以前农用六六六较多,使用六六六的农村,大气中六六六的含量高达几十个 ppt,其它地区多在 1 ppt 以下。在美国,1966 年的调查表明,在农村,DDT 的平均检出量为 0.004ppt,而在东部城市却高达 37.3ppt,比农村高一万倍左右。这是由于城市频繁使用 DDT 作为卫生害虫防治剂所造成的。

有机磷农药对大气的污染远不如有机氯严重,其原因是有机磷的性质不如有机氯稳定,它在空气中较易降解消失。但在施药时或施药不久的大气中,有机磷的含量同样也是很高的。

大气中悬浮的农药粒子,经雨水溶解和洗净最后降落到地表。因而雨水中农药的含量是调查大气污染情况的很好材料,人们对此已进行了大量的测定。

造成水质污染的原因主要是农田用药时,散落在田地里的农药随灌溉水或雨水冲刷流入江、河、湖泊，最后归入大海。此外，像工厂废水的排放与经常在河边洗涤施药工具等情况，也能造成对水质的污染。

在使用有机氯杀虫剂十多年以后，美国在 60 年代已发现，主要河流中 DDT 及其代谢物含量高达 8.2ppt，狄氏剂为 6.9ppt。

各种环境水被污染程度是不一样的。1969～1970 年对日本东京附近各种环境水的分析结果表明，有机氯杀虫剂的污染顺序是：

河水＞海水＞自来水＞地下水

田间施药时大部分农药落入土壤中，而附着在作物上的那部分农药，有些也因风吹雨淋落入土壤中，这是造成土壤污染的主要原因。使用浸种、拌种等施药方式，实际上是将农药直接撒至土壤中，造成的污染程度更大。

耕地土壤受农药污染的程度与栽培技术和作物种类有关。通常，栽培水平高、复种指数高的土地农药的残留量也大。果树一般施药量高，因而果园土壤中农药污染更为严重。

农药种类不同，性质各异，对土壤的污染程度也不一样。有机氯杀虫剂由于性质稳定，在土壤中残留可达几年甚至十几年（表 1—5）。有机磷农药在土壤中较易降解，残留时间为数天或数月（表 1—6）。农药在土壤中的消失机制一般与农药的气化作用、地下渗透、氧化水解以及土壤微生物的作用等因素有关。

（2）对自然界各类动物的污染

由于农药可以污染自然环境，势必影响生活在自然界中的各种动物，引起动物相的改变、敏感种的减少与消失、污染种的增多与加强。

农药对昆虫的影响主要表现在害虫对药剂的抵抗能力增强，出现害虫的抗药性品系。这种情况已成为当前害虫防治上一个非常棘手的问题。其次，农药在杀死害虫的同时，也可能杀死害虫的天敌，使自然界害虫与天敌间失去平衡，结果可能使害虫增殖过快造成更大危害。

表 1—5　有机氯杀虫剂在土壤中的消失情况

农药	消失 95％需要的时间（年）	
	界限	平均
DDT	4～30	10
狄氏剂	5～25	8
林丹	3～10	6.5
氯丹	3～5	4
碳氯特灵	2～7	4
七氯	3～5	3.5
艾氏剂	1～6	3

农药对水生动物的影响主要是食物链所引起的。食物链引起农药对鱼类的污染是目前农药对水生动物影响中较突出的问题。鱼类作为人类、哺乳动物以及鸟类所需蛋白质的重要来源之一，这一问题占有重要的位置。其它水生动物如虾、螺、贝、蟹等被农药污染程度比鱼小，有机氯农药在它们体内的含量比鱼体中也少得多。

表 1-6 有机磷农药在土壤中的残留时间

有机磷制剂	残留时间（天）
乐果	4
马拉松	7
对硫磷	7
甲拌磷	15
乙拌磷	30
二嗪农	50～180

农药对飞禽的污染主要起因于它们取食含有农药的作物种子和谷物,或取食经过生物富集和食物链的鱼类和无脊椎小动物。1962 年在英国的调查表明,在野鸽、山鹌鹑的组织中检出狄氏剂的浓度高达 46ppm,七氯氧化物浓度高达 91ppm。应该指出,虽然不合理使用农药引起飞禽污染的事实是存在的,应引起注意,但不能认定自然界中有些鸟类的减少都归罪于农药。

一般说来,农药对野兽的污染并不像对水产品、飞禽、人畜那么严重。对野兽的污染,主要是由于野兽捕食了受农药污染的鱼、鸟而造成的体内农药的积累。人们曾发现,加拿大和苏格兰沿海虽离农药使用地区很远,但那里的海豹和海豚脂肪中均有较高含量的 DDT、狄氏剂残留,这可能是由于农药污染扩散造成的。

（3）对食品的污染

农药对食品的污染包括对农副产品的污染和对乳肉制品的污染。过去由于大量使用残留性能长的农药,从而引起食物污染的实例是很多的。通常,动物性食品中有机氯的含量大于植物性食物。在动物性食品中,含脂肪多的样品,其有机氯含量高于含脂肪少的样品。在家畜中,牛羊肉及兔肉中有机氯含量远远低于猪肉,这可能与饲料的污染有关。在家禽中,有机氯残留量较少的是鹅,而鸭与鸡都较高;就鸡而言,鸡蛋、肫和肝中的含量均高于肉。个别植物样品也含某些有机磷农药,一般说来其含量都极微。

（4）对人体的污染

滥用农药必然会造成对环境、作物、水产品、禽畜的污染;通过食品、饮料、呼吸等渠道,又使残留农药进入人体。在农药侵入人体的途径中,从食物摄入是主要途径。长期取食污染的食品,可以造成人体内某些农药的积累。当然,农药进入人体的途径还与各国人民取食习惯有关。目前,在我国每人每日谷物的取食量很大,因而,谷物是否受到农药污染,对我国人民的健康关系极大。

关于农药污染人体的最早报道是在 1948 年,美国从人体脂肪中检测出 DDT 的积累,继而在人体脂肪中还发现有其它有机氯杀虫剂的残留。70 年代以来,我国医学工作者也在研究人体内有机氯农药积累与肿瘤发病率的相关性。初步结果表明,二者之间并没有明显的关系。

尽管农药残留污染十分广泛,但并不是不可防止的。关于农药残毒的防止,概括起来有以下几方面:

（1）现有农药的合理使用

如何根据现有农药的性质、病虫草害的发生发展规律,合理地使用农药,即以最少的用量获取最大的防治效果,既经济用药又减少污染,这是防止农药残毒的一个重要方面。

（2）农药的安全使用

　　制定一些安全用药制度，也是防止农药残毒的一个非常重要的措施。安全制度包括以下方面：

　　①通过在作物、食品、自然环境中农药残留量的普查，以及农药对人畜慢性毒性的研究，制定出各种农药的允许应用范围。

　　②了解农药对人畜生理的毒害特点，制定各种农药的每日允许摄入量（ADI），并根据人们的取食习惯，制定出各种作物与食品中农药最大残留允许量。

　　最大残留允许量是指按适宜的施药方法规定的供消费食品中可允许的农药残留浓度。它是一种从食品卫生保健角度考虑防止农药残毒的安全措施。一种农药的最大残留允许量可从该农药的 ADI 值推算而得：

$$最大残留允许量 = \frac{ADI 值 \times 人体标准体重}{食品系数}$$

其中食品系数是根据各地取食情况，通过调查后考虑各方面因素制定的。

　　制定食品中农药最大残留允许量的程序简示如下：

动物慢性毒性试验

↓

对动物的最大无作用剂量（MNL）

↓乘以安全系数（10^{-2}或 10^{-3}）

人每日允许摄入量（ADI，mg/kg）

↓食品系数（地区性的）

某种食品中某农药允许含量（科学性）

↓考虑多方面因素

某食品中某农药允许含量标准（法规性）

　　由联合国粮农组织（FAO）及世界卫生组织（WHO）联合组成的农药残留委员会及食品规格委员会聘请专家定期讨论制定各种农药的 ADI 值和最大残留极限[9]，对安全用药起着推动和指导作用。

　　③了解农药在作物上的动态，制定出施药安全等待期，即最后一次施药离作物收割的间隔天数，亦称安全施药间隔期。

　　这一措施就是在一种农药大面积推广应用之前通过试验摸清它在作物上的吸收、转移等力学动态；氧化、降解等代谢动态；以及原始吸收量和沉积量在自然环境中的消失动态。根据研究结果，并考虑它对人畜生理毒害等特点，制定出安全用药必需的间隔天数。

　　一般来说，安全等待期的推算可以这样进行，首先按一种农药实际需要的用药方法在作物上喷洒，然后隔不同天数采样测定，根据测出的各个残留量绘出此农药在供试作物上的消失曲线，再按最大残留极限（X），从曲线中找出禁用的间隔天数，也就是安全等待期（图1-8）。

　　（3）发展无污染农药

　　发展无污染农药是从根本上防止农药残毒的一种方法，也是今后农药的发展方向。下一节我们将作进一步讨论。

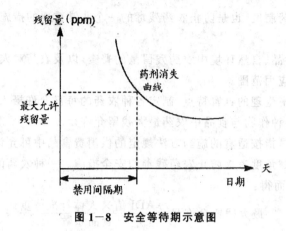

图 1—8　安全等待期示意图

1.7　农药的未来

半个世纪以来有机合成农药的发展历史表明,尽管目前的农药仍然存在许多明显的缺点,特别是对环境的污染,进而造成对人类健康的威胁是不容忽视的,但它给人类带来的好处更为明显。人类从使用农药中得到的利益是巨大的,也是有目共睹的。早在 60 年代初,美国作家 L. Carlson 以其名著《寂静的春天》为先导,在世界范围内掀起了非难农药,甚至主张取消农药的浪潮。但 30 多年过去了,农药并未取消,而是朝着更健康的方向在发展。世界人口 33 年之间增加了一倍,是以几何级数在增加。对于增加的人口所需食粮起保证作用的主要还是农药。如果粮食不足,在议论可否使用农药之前,人类的几分之一非饿死不可。所以不应单纯地提出放弃农药,而应该把现在的农药努力改造成安全性更高的无污染农药,或称无公害农药。也有人将无公害农药称为软农药,而把现有的高毒高残留的农药称为硬农药[19]。

从农药引起的种种毒害来看,大致可以分为两类。一类是由于农药的无选择性毒性,对人畜表现出高毒,如有机磷杀虫剂中的对硫磷、乙拌磷、甲胺磷等。另一类由于农药的稳定性,在环境中不易消失,通过蓄积、富集等形式造成残毒,如有机氯杀虫剂中的 DDT、六六六等。更为理想的农药应该是高效、低毒、低残留,即不对动物细胞而只对防治对象的昆虫、微生物、杂草特有的酶系起抑制作用,同时易于被日光和微生物分解,这样即使大量使用也不会污染环境。对这一目标的要求是很严格的,从现有农药品种来看,符合这一目标的为数尚少。

通常,高残毒农药对人类的危害是群体的,其严重性大大高于高毒农药的毒害。高毒农药引起的中毒往往是个体的,主要是生产和使用过程中的不安全。通过生产过程的自动化以及加工成低毒化剂型,这种缺陷是可以弥补的。因此,也有人认为农药的发展方向主要是高效无污染性。作为农药的发展方向,无论是高效、低毒、低残留,还是高效无污染,看来残毒的问题都是值得特别重视的。

一般来说,如果按自然界不存在的化学结构合成的物质作为农药,如 DDT、六六六等,微生物往往难以分解。相反,当农药的化学结构选用了自然界存在的物质结构,那么由于自然界原有物质一般都有相应分解它们的微生物群,因而这类农药易被分解,不易造成残留污染。基于此点,所以有人认为,今后农药的开发,首先是具有生理活性的天然产物,如抗菌素、激素、动物毒素、植物碱等等。其次是与天然物十分相似的合成化合物,或称仿生合成化合物。当然在仿生合成中,应避免引入重金属元素,而尽可能使用构成活体物质的那些元素。

对未来农药的设想,除主要考虑发展无公害农药之外,还应该考虑综合防治措施。

迄今的农业有些过分依赖农药,因而造成一些不良后果。人们反省之后,最近出现了将农药以外的各种方法与农药配合起来的防治方法,即所谓综合防治思想[20]。所谓综合防治,不是把病虫害完全消灭,而是把病虫害的密度抑制在经济上可以允许的被害水平以下。利用可能的各种手段,互相取长补短,组织起病虫害管理体系。综合防治包括生物防治和物理防治。生物防治是利用天敌昆虫、天敌微生物等生物农药的方法,以及利用作物抗性品种和设计栽培措施等耕作防治方法;物理防治方法主要是利用光、电、声以及放射性等物理手段。这些方法与化学防治方法(即农药)相配合,将会收到更好的防治效果。

从 60 年代高残留汞制剂的禁用以及代汞剂的出现,70 年代某些有机氯农药在许多国家的被禁用,以及 70～80 年代许多超高效药剂,如溴氰菊酯杀虫剂,Nustar 杀菌剂,Arsenal 除草剂等的出现,这些事实有力地说明,农药在其发展过程中,正在不断地克服自身的缺点,朝着发展无公害农药的方向稳步前进。可以预料,未来的农药将会比今天的农药更安全、更高效,它们对人类的贡献也会更大。

参 考 文 献

[1]K. A. Hassall, The Chemistry of Pesticides——Their Metabolism Mode of Action and Uses in Crop Protaction, The Macmillan Press Ltd., London, 1982, p. 1.

[2]R. Cremlyn, Pesticides——Preparation and Mode of Action, John Wiley & Sons, Chichester, 1978, p. 2.

[3]赵忠华,新农药创制研讨会论文集,(中国化工学会农药学会主办),1990 年,天津,p. 1。

[4]尚尔才,新农药创制研讨会论文集,(中国化工学会农药学会主办),1990 年,天津,p. 188。

[5]K. H. Buchel(Ed.),Chemistry of Pesticides, John Wiley & Sons, New York, 1983, p. 6.

[6]樊德方,黄幸舒,农药的污染与防治,科学出版社,北京,1982,p. 2。

[7]同[2],p. 13.

[8]同[6],p. 12.

[9]同[6],p. 129～214.

[10]L. Fishbein, W. G. Flamm, H. L. Falk, Chemical Mutagens, Academic Press. Inc., New York, 1970.

[11]S. S. Epstein, M. S. Legator, The Mutagenicity of Pesticides, MIT Press, Cambridge, Mass, 1971.

[12]H. Kalter, Chemical Mutagens: Principles and Methods of Their Detection (Ed. by A. Hollaender), Vol. 1, p. 57～82, Plenum Press, New York, 1971.

[13]W. J. Hayes, Jr. 编著(冯致英等译),农药毒理学,化学工业出版社,北京,1982。

[14]同[13],p. 192～195。

[15]W. J. Hayes, Jr. 编著(陈炎磐等译),农药毒理学各论,化学工业出版社,北京,1990。

[16]同[1],p. 54.

[17]同[1],p. 61.

[18]同[6],p. 44.

[19]见里朝正著(王怡霖译),无公害农药,农业出版社,北京,1982。

[20]见里朝正编(梁来荣等译),植物保护的新领域,广东高等教育出版社,广州,1987。

2
杀虫剂
及其它动物害物防治剂

2.1 有机氯杀虫剂

2.1.1 引言

有机氯杀虫剂是具有杀虫活性的氯代烃的总称。这类杀虫剂在第二次世界大战前后开始出现,首先是六六六,后来是 DDT 及其它有机氯化合物。由于它们具有较高的杀虫活性,杀虫谱广,对温血动物的毒性较低,持效性较长,加之生产方法简便,价格低廉,因此这类杀虫剂的一些品种,在世界上许多国家相继投入大规模生产和使用,其中 DDT、六六六等成为红极一时的杀虫剂品种。

在历史上,有机氯杀虫剂曾在植物保护和防止人类疾病方面立过汗马功劳。但由于它们具有较大的化学稳定性以及长期过分使用,导致残留污染严重,害虫的抗性增加,因而引起世界舆论的批评。从 70 年代初开始,许多工业化国家相继限用或禁用有机氯杀虫剂,其中主要是 DDT、六六六及狄氏剂。然而,这一禁用措施也带来一些问题,主要是一些发展中国家和地区,在这些地方,以前由于执行世界卫生组织(WHO)的防病计划,大量使用 DDT 杀死疟疾等流行病的媒介昆虫。这一计划曾使世界各地亿万人免于病害。如果没有足够的 DDT 及其它有机氯制剂,将有可能造成疟疾等疾病重新流行。所以在 DDT 等的禁用上,始终存在两种截然不同的意见。事实上,有些地方仍然在使用 DDT 以及少量其它有机氯杀虫剂,只是限制使用而已。

通常,有机氯杀虫剂可分为三种主要类型,即 DDT 及其类似物、六六六和环戊二烯衍生物。这三类化合物均含有被氯原子取代的碳环结构,除六六六外,其余两类中有些成员还含有碳、氢、氯以外的元素,如氧或硫。这三类不同的氯代烃在物理化学性质上也有些共同点。首先,由于它们中大多数成员的分子中只含有 C—C、C—H 和 C—Cl 键,使之具有较高的化学稳定性,在正常环境中不易分解,因而在世界许多地方的空气和水中,能够检出微量有机氯的存在。这种稳定性也是造成残留和持效的根本原因。另一个特性是大多数有机氯杀虫剂具有极低的水溶性,在常温下为蜡状固体物质,有很强的亲脂性,因而易于通过食物链在生物体脂肪中富集和积累。

2.1.2 作用机制

2.1.2.1 神经毒剂的作用部位

三类有机氯杀虫剂均为神经毒性物质。在叙述它们的作用机制之前先简单介绍一下神经毒剂对神经功能的作用部位。

以一个最简单的反射弧为例(图 2—1)[1],当输入任何一种刺激(化学物、光、电、机械作用)时,都会对感觉神经元起作用,并且将这一刺激通过换能作用改变为一个电信号,其振幅与刺激强度成比例。此感觉神经元是某些神经毒剂如拒食剂苦楝等的作用部位,即第一类作用部位。这

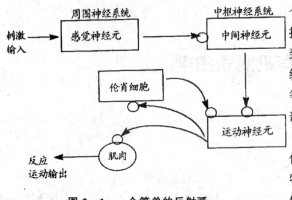

图 2-1 一个简单的反射弧

个电信号在神经细胞体与轴突的连接处转换为神经冲动,以脉冲形式沿着轴突传递到中枢神经系统。轴突传导在整个神经系统都存在,它是 DDT、除虫菊酯、河豚毒素等神经毒剂的作用部位,称为第二类作用部位。

感觉神经的轴突末端与中枢神经元部位没有直接接触,而是存有间隙,并以化学物质作为联系物,这种连接部位叫做突触。例如,轴突末端放出的乙酰胆碱到达后一神经元的树突或细胞体上时,后一神经元将产生一个电反应。这里也是某些神经毒剂的作用部位,如六六六、狄氏剂等环戊二烯类杀虫剂能引起轴突末端大量释放化学传递物质,这类作用发生在突触前膜,称为第三类作用部位。有机磷及氨基甲酸酯能使释放的化学传递物质积累在突触间,影响突触后膜的换能作用。这类作用发生在突触后膜,称为第四类作用部位。烟碱与巴丹使突触后膜不敏感,因而不能产生电反应,这也属于第四类作用部位,但为另一作用方式。

由中枢神经元的轴突出发,在其上电反应以脉冲的方式传递到运动神经元。同样地,轴突传导受到第二类作用部位杀虫剂的作用。当到达运动神经元时,也形成一个突触,突触的传导也受到第三、第四两类作用部位杀虫剂的作用。运动神经元接受的冲动,可由两条途径送出脉冲。一条是通过运动神经直接到达肌肉或其它反应器;另一条通过侧分支神经,到达一个抑制性的联系神经元(伦肖细胞),再到达肌肉神经。在神经与肌肉连接处也同样形成突触,产生的化学传递物质可能是谷氨酸,而不像上述两神经元连接突触那样产生乙酰胆碱。有的神经元间的连接处也可能产生其它化学传递物质。不同的传递物有不同的抑制剂,即有不同的杀虫剂对它们起作用。例如,杀虫脒可能是对某些神经胺(如章鱼胺)起作用,也可能是抑制能分解神经胺的单胺氧化酶。这又是一种作用方式,但仍在第三类作用部位。

神经冲动送入抑制性的联系神经元(伦肖细胞)后,再回到运动神经元,送回的脉冲使运动神经元受到抑制。这里也涉及两个突触,它们的化学传递物迄今尚不完全明了,可能是 γ-氨基丁酸,因此这也是一个作用部位,即第五作用部位。马钱子碱及破伤风毒素都是对这一部位起作用的。

2.1.2.2 DDT 的作用机制

神经轴突可以看作是一种与细胞外液体隔离的流体"电缆",这种隔离作用是通过一种脂蛋白膜即神经细胞原浆膜来实现的。膜内 K^+ 浓度高于膜外,而膜外 Na^+ 浓度高于膜内。当神经处于静止状态时,离子不能穿透神经

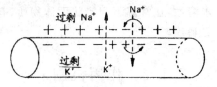

图 2-2 轴突静止及动作电位的变化

膜,通常,膜内对膜外存在约 70mV 的负电压。刺激在神经轴突中的传导是以 1~20m/s 的高速去极化波的形式进行的。当刺激通过轴突的某一部位(图 2-2)时,膜内此部位的负电荷由于膜外 Na^+ 迅速流入而变成正电荷。此后,由于膜对 Na^+ 低通透性的恢复以及 K^+ 的流出使膜内电位迅速回到正常状态。这种由刺激引起的膜内外电位的变化,可以通过电生理的方法记录下来[2]。

如图 2-3(a)所示,正常的神经受到电刺激 S 后,可以将静止电位 1 转化为一个单一的动

作电位——尖峰脉冲2,接着是一个短暂的负后电位3。图2-3(b)是受DDT毒化的神经的放电过程。刺激S产生的单一尖峰之后,紧接一个延续的负后电位4,随后出现一连串的动作电位5和6,也称为重复后放。

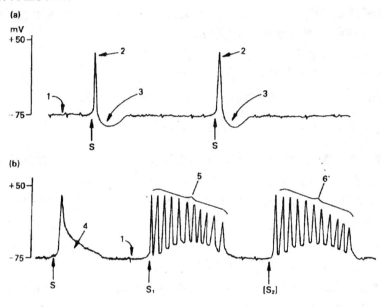

图2-3   正常神经(a)及DDT毒化神经(b)的放电现象

在DDT的作用机制中,关键问题是阐明重复后放是如何产生的。重复后放时期是昆虫的中毒初期,即兴奋期,然后转入不规则的后放,有时产生一连串的动作电位,有时停止,这是昆虫转入痉挛及麻痹阶段,到重复后放变弱时乃进入完全麻痹,而传导的停止即为死亡的来临 。

对重复后放的解释,存在多种学说,如Na$^+$通道学说、受体学说、对Ca^{2+}ATP酶的抑制学说以及神经毒素的产生等等。我国著名昆虫毒理学家张宗炳将DDT的作用机制归结为以下几方面(图2-4)[3]:

①DDT是对兴奋组织(神经、肌肉),主要是对轴突膜,最敏感的是感觉神经轴突膜起作用;

②在神经膜上,可能存在一种DDT受体,DDT对它起作用,引起膜的三维结构改变,从而影响到离子通道。主要影响Na$^+$通道,使其关闭延迟,加强了负后电位;

③负后电位的加强造成了重复后放,这种一连串的动作电位的产生即为兴奋期;

④DDT能抑制神经膜外表的Ca^{2+}ATP酶,使膜外表的Ca^{2+}浓度降低,因而降低了电位差,造成不稳定化,使得在刺激时,更易产生重复后放;

⑤重复后放使神经产生一种神经毒素,同

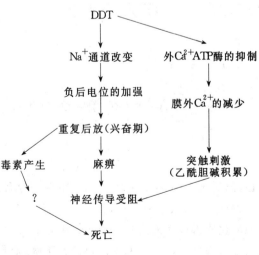

图2-4 DDT的作用机制

时，重复后放引起了松弛性的麻痹；

⑥这一神经毒素极可能是酪胺，它的积累将会影响到章鱼胺激性的突触的传递，造成传递的阻断；

⑦重复后放必然也引起突触处的过分刺激，突触处的传递可能在后期也受到抑制，乙酰胆碱有所积累，由麻痹期进入到完全神经传导的阻断。

可能由于上述许多因素的共同作用，但真正造成死亡的原因尚不明确。显然，DDT 毒理机制的全部阐明还有许多问题有待解决。DDT 类似物的作用机制与 DDT 不尽相同，似乎结构稍有改变，毒理作用也有相应的改变，在此不再详细讨论，请参考文献[3]。

2.1.2.3　六六六及环戊二烯类杀虫剂的作用机制

尽管有机氯杀虫剂都属神经毒物，但六六六和环戊二烯类杀虫剂的作用机制与 DDT 完全不同，DDT 主要作用于周围神经系统，引起轴突传导的变化，而六六六和环戊二烯主要作用于中枢神经系统，对周围神经系统也有作用，作用部位是突触。多方面的试验表明，六六六及环戊二烯对突触的作用方式主要是促使突触前膜过多地释放乙酰胆碱，从而引起典型的兴奋、痉挛、麻痹等征象。

六六六、环戊二烯引起乙酰胆碱释放的生化机制尚不十分清楚。用七氯环氧化物的试验表明，其作用可能主要是使细胞内游离 Ca^{2+} 浓度增加，这种增加主要是在突触前膜内，从而造成大量释放乙酰胆碱。这一学说的前提是认为乙酰胆碱的释放与 Ca^{2+} 进入膜内有关。最近的研究还证明，对狄氏剂等有抗性的昆虫对苦毒宁（Picrotoxinin）也有抗性，而后者是 γ-氨基丁酸（GABA）的抑制剂。因此，狄氏剂等的毒性可能与 GABA 的抑制有关。

总之，六六六和环戊二烯的主要作用机制是加强乙酰胆碱的释放，它与毒性密切相关。但是，它只造成麻痹，进一步造成死亡必然涉及其它因素。已经证明，六六六中毒时也有神经毒素产生，因此，后期的中毒征象与 DDT 确有相似之处，后期的征象很可能是由于神经毒素所引起[3]。

2.1.3　DDT 及其类似物

2.1.3.1　DDT

2,2-双(对氯苯基)-1,1,1-三氯乙烷

早在 1874 年 Zeidler 首次合成了 DDT[4]，但直到 60 多年以后，Müller 才发现了它的杀虫活性；随后于 1940 年他获得了第一个瑞士专利[5]。商品 DDT 于 1942 年面市，用于植物保护和卫生方面。第二次世界大战期间和战后的一段时期，世界许多地方传染病流行，DDT 在卫生方面的应用取得极大的成功。在许多国家，由于使用 DDT，使疟蚊、虱子和苍蝇得到有效的防治，从而使疟疾、伤寒、霍乱的发病率急剧下降，而疟疾实际上已被根除。由于在防止传染病方面的重大贡献，Müller 于 1948 年获得了诺贝尔医学奖。

DDT 的合成是由氯苯与氯醛(三氯乙醛)的缩合反应来实现的，反应需要在硫酸或发烟硫

酸存在下进行,DDT 的产率几乎是定量的[6]。

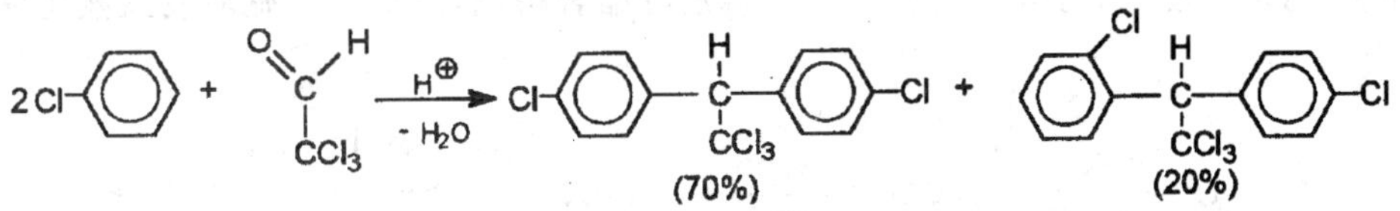

工业品 DDT 为微黄或白色固体,软化点约为 90℃,含有约 70% 的 p,p'-DDT 及约 20% 的 o,p'-DDT,后者是主要副产物,杀虫活性较弱。

DDT 对光、空气和酸均很稳定,但在碱性条件下可以失去一分子氯化氢,得到 1,1-双(对氯苯基)-2,2-二氯乙烯 DDE,在强烈水解条件下可以生成 α-(4-氯苯基)-4-氯苯乙酸 DDA。

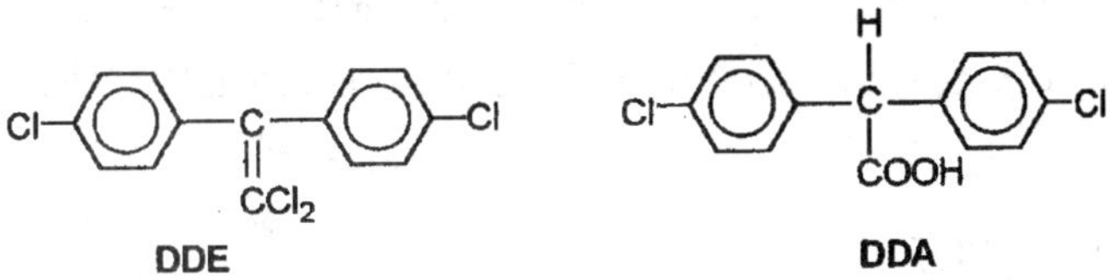

DDT 可以转化为四硝基衍生物,然后进行比色测定[7],也可以做 GC 分析,用电子捕获检测器,测定范围可达毫微克(10^{-9}g)[8]。

DDT 是一种杀虫谱较广的药剂,但它的主要防治对象是双翅目昆虫(如蝇、蚊等)和咀嚼口器害虫(如棉铃虫、玉米螟、午毒蛾等)。对这两类昆虫具有突出的活性,而对蚜虫的活性很低,对螨类几乎无效。DDT 是一种长效触杀药剂,也有胃毒作用。其长效是由于它具有较高的亲脂性,使之容易穿透昆虫表皮,进入虫体。DDT 与除虫菊酯的混合物可增加对昆虫的击倒速度,便于家庭使用。关于 DDT 在防治卫生害虫方面的重大作用,前面已有叙述。

DDT 对温血动物的急性毒性是相当低的,对大白鼠的口服急性毒性 LD_{50} 为 250～500 mg/kg。问题在于,DDT 本身以及其主要代谢产物 DDE 容易在动物脂肪中积累。由于在法律上采取限制使用的措施,DDT 的残留量已有明显的降低,因此 DDT 慢性中毒的事件尚很少发现。

DDT 的主要代谢产物是 DDE,它也能储存于脂肪组织中。亲水性的 DDA 是代谢的最终产物,它可以随尿排泄出动物体外。进一步代谢的主要产物是 DDD(见 2.1.3.3),它已在昆虫体内及其它动物组织中被发现。

长期使用 DDT 已产生了抗性,造成抗性的原因可能是由于昆虫体内的脱氯化氢酶的催化作用,促使 DDT 转化成没有活性的 DDE[9]。当加入 N,N-二丁基对氯苯磺酰胺时,至少可以部分地减轻 DDT 的抗性。

DDT 首先在斯堪的那维亚、加拿大和美国开始限制使用,随后扩大到几乎所有的西方国家,我国也于 70 年代后期加入这一行列,但直到现在许多第三世界国家仍然在使用 DDT。世界卫生组织(WHO)最近的报告表明第三世界国家是 DDT 的最大用户,如果禁止第三世界国家使用 DDT,将很难找到如此便宜的杀虫剂,因而将会危及疟疾等传染病的预防。

2.1.3.2　甲氧 DDT

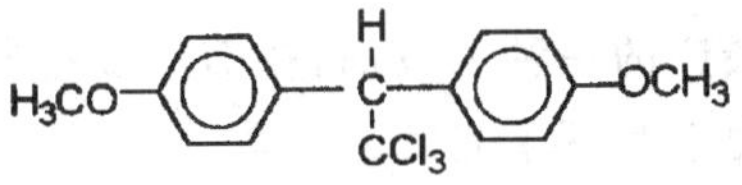

2,2-双(对甲氧苯基)-1,1,1-三氯乙烷

甲氧DDT是DDT类似物中最重要的一个品种,1972年美国原药的产量曾达到5000t.其合成方法与DDT类似,可以用茴香醚与三氯乙醛缩合得到,反应需有硫酸或三氟化硼存在下进行[10]。

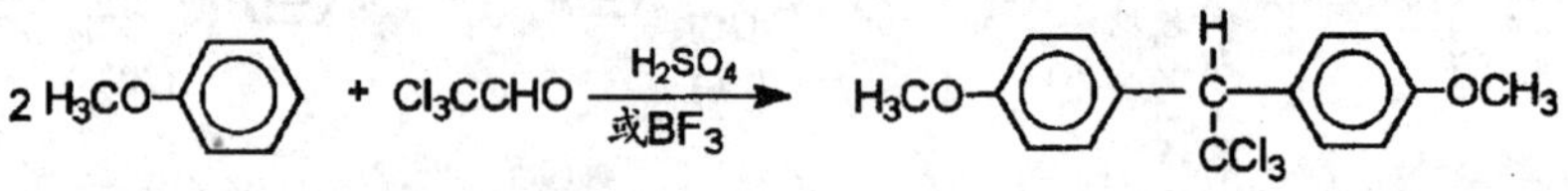

甲氧DDT对氧较稳定,对碱也比DDT稳定,不容易与醇钠发生脱氯化氢反应。

甲氧DDT用于防治奶牛、猪等家畜的体外寄生虫、卫生害虫,也可用于饲料、蔬菜等作物以及谷仓、畜舍的害物防治,对甘蓝荚象甲和樱桃实蝇效果很好。甲氧DDT对温血动物毒性相当低,如大白鼠口服急性毒性LD_{50}为5000～7000mg/kg,对一个成年人的致死剂量高达450g.此外,甲氧DDT不会在动物脂肪中积蓄。它在毒理性质上的这些优点,使它至今仍然应用广泛。

2.1.3.3　DDD(TDE)

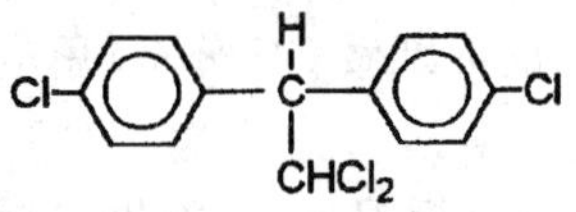

2,2-双(对氯苯基)-1,1-二氯乙烷

DDD是DDT的主要代谢产物之一。1943年首先由Geigy公司合成[11],后来由Rohm Haas公司开发为商品。它可以由二氯乙醛与氯苯的缩合而制得。

DDD主要用于果树和蔬菜害虫的防治,它对苹角纹卷叶蛾、烟草天蛾以及甘蓝上的毛虫的药效均比DDT好。其毒性也很低,大鼠口服急性毒性LD_{50}为3400mg/kg。

2.1.4　六六六(BHC)及林丹(γ-六六六)

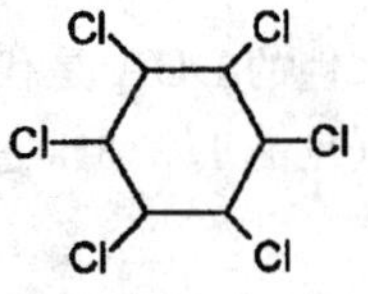

1,2,3,4,5,6-六氯环己烷(多种立体异构体的混合物)

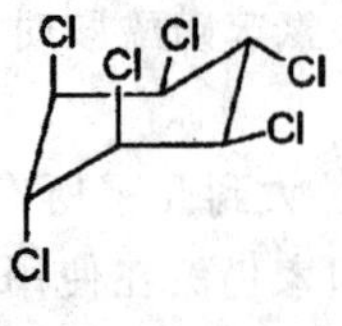

γ-1,2,3,4,5,6-六氯环己烷,氯原子在环上的位置为a,a,a,e,e,e位(a＝直立位,e＝平伏位)

1825年Faraday发现苯和氯在日光下反应可以得到一种固体产物[12]。1912年Linden指出,在六六六混合物中存在4种立体异构体[13]。直到1935年六六六的杀虫活性才由Bender发现[14]。随后Dupire[15]和Slade[16]也各自发现了六六六的杀虫活性。Slade还进一步指出,六六六的生物活性几乎完全是由于γ-六六六异构体的存在所引起的。

五、六十年代,六六六曾是我国生产最多、应用最广的一种杀虫剂,在确保农业丰收和预防传染病等方面起了巨大的作用,它在我国农药发展史上写下了光辉的一页。

六六六的合成十分简单,在光照下,当氯气通入纯苯中时,就能得到工业品六六六[17]。

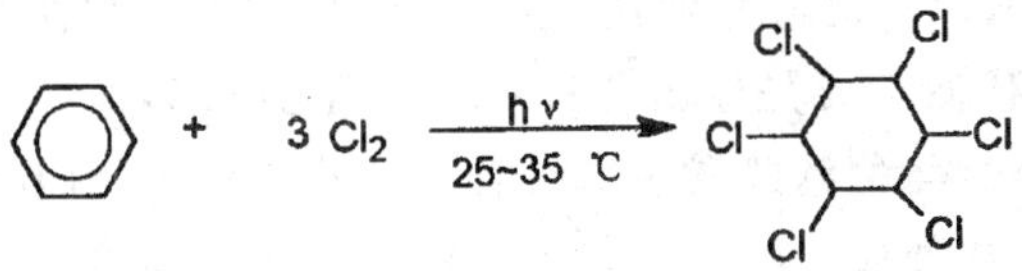

工业品六六六为白色固体,65℃开始熔化。它是多种异构体的混合物(见表2—1),其中活性组分γ-六六六仅占12～16％,其余均为无效组分。工业品具有强烈刺鼻恶臭,而纯γ-六六六却是白色无臭的结晶。根据各异构体在有机溶剂中不同的溶解度,可以用溶剂提取的方法从工业品六六六中得到高含量γ-六六六。当含量达到99％以上时称为林丹。最常用的提取溶剂是甲醇。

表 2－1　工业品六六六的组成

化合物	熔点(℃)	含量(％)
α-BHC(甲体)	159～160	55～70
β-BHC(乙体)	309～310	5～14
γ-BHC(丙体)	112～113	12～16
δ-BHC(丁体)	138～139	6～8
ε-BHC(戊体)	219～220	2～5
七-氯环己烷	85～86	4
八-氯环己烷	147～149	0.6

六六六对光、热、氧化以及酸性介质均很稳定,但在碱性介质中会发生氯化氢的消除反应,最终得1,2,4-三氯苯[18]。林丹可在热硝酸中重结晶,说明其化学稳定性是很高的。

六六六中的异构体是由于其构型和构象的变化造成的,有关立体化学的详细介绍,可参考综述[19,20]。

一种比色测定六六六的方法是基于脱氯化氢、硝化等反应后得到的1,3-二硝基苯与丁酮形成的有色配合物[21],而电子捕获GC的测定可达毫微克量。这些方法均适合于其残留量的测定。

六六六以 γ-六六六作为杀虫有效成分,对昆虫有触杀、胃毒及熏蒸作用。γ-六六六具有较高的蒸气压(20℃为 9.4×10^{-4}Pa),这是它能够通过呼吸致毒(熏蒸作用)的主要原因。六六六还微溶于水(5～10ppm),所以在水稻上和多水的土壤中表现出内吸杀虫作用。六六六是一种广谱性杀虫剂,杀虫谱与DDT相类似,主要对象是咀嚼和刺吸口器害虫,但对蚜螨效果不好。它可用来防治水稻、经济作物、果树、蔬菜等多种害虫,如水稻三化螟、稻飞虱、稻苞虫、稻蓟马等。六六六也是一种重要的土壤杀虫剂,用于防治蝼蛄、地老虎、金针虫、甜菜象甲等。

林丹的大鼠口服急性毒性LD$_{50}$为76～200mg/kg,比DDT高。给药后曾在动物的奶、脂肪和肺中发现有林丹存在,但能相当快地排出体外,积蓄体内的危险性是很小的。然而,工业品六六六由于含有一定量的β-六六六,使积蓄的可能性及慢性毒性大为提高,因此直接使用工业品是不适当的。在我国六六六早已停止使用,但林丹仍然在生产和使用。

林丹在动物体内的代谢主要是经由各种中间过程生成1,2,4-三氯苯,然后进一步转化成三氯酚的各种异构体,通过与葡糖醛酸生成结合物后排出体外。在昆虫体内主要降解为五氯环己烯,然后与谷胱甘肽形成加成产物。二氯硫酚的存在可能是这种加成物的水解产物。

关于林丹生物活性的详细情况,可参考专著[22]。

2.1.5　毒杀芬

 莰烯的氯代混合物(含氯量67%～69%)

毒杀芬是C_{10}烃(莰烯)的氯代混合物,通常含有5～12个氯原子,氯含量为67%～69%。毒杀芬于1945年合成,1948年由Hercules Power公司作为杀虫剂面市。

毒杀芬的制备可通过莰烯的光照氯化反应来实现,此反应可在四氯化碳中进行[23]。原料莰烯来源于松节油蒎烯的异构化产物。工业品毒杀芬为微黄色蜡状固体,有松脂香味。用GC-Ms对毒杀芬的分析表明,它是一种极复杂的混合物,其组分高达180种[24],已经确定结构的组分仅4种[25]。

毒杀芬的化学性质很稳定,挥发性小。但在高温(>150℃)、紫外光照以及有铁及碱性物质存在下,它仍能发生分解,放出氯化氢。

毒杀芬是一种胃毒、触杀药剂,挥发性弱,持效性长,主要用于防治棉花害虫,如棉铃虫等。对DDT不能防治的棉蚜、棉红蜘蛛也有较好的效果。还可防治果树害虫,如果树锈壁虱,以及其它害虫,如斜纹夜蛾、粘虫、稻苞虫、玉米螟等。它还可以制成毒饵,用于防治地下害虫。毒杀芬可以与DDT混用,但不能与碱性物质混用。对蜜蜂安全,但对鱼其毒性较高。

毒杀芬的急性毒性比DDT约高4倍,大鼠口服LD_{50}为40～120mg/kg。它可在动物脂肪中积蓄,但积累毒性不大。

2.1.6　环二烯类杀虫剂

2.1.6.1　合成方法

环二烯类杀虫剂是高度氯化的环状碳氢化合物,通常可以用双烯加成反应制取。六氯环戊二烯(HCCP)是制备这类杀虫剂共同必需的原料,大多数情况下,用它作为双烯组份与亲双烯的另一组份发生Diels-Alder反应或二聚反应得到杀虫产物。亲双烯组份可以是无环、单环或双环化合物。这类杀虫剂中的两个重要代表Dieldrin(狄氏剂)和Aldrin(艾氏剂)就是为了表彰Diels和Alder这两位化学家发现的同一反应(Diels-Alder反应)在合成这类化合物中的重要作用而命名的。

HCCP可以通过环戊二烯与氯反应合成[26]。这个反应可分三步进行。首先,环戊二烯与氯在 40～60℃发生加成反应得到四氯环戊烷;然后在 160℃进一步氯化得到六氯环戊烷;最后在高温下发生氯化和脱氯化氢反应生成 HCCP。

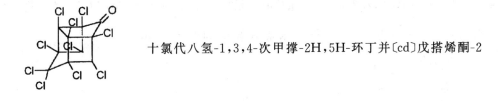

制备 HCCP 更实用的方法是以直链、支链或环状的 C_5 饱和或烯烃(C_5H_{12} 或 C_5H_{10})为原料,在适当接触剂如漂白土存在下,发生高温氯化反应,经过多种中间过程得到 HCCP[27]。

$$n,iso\ 或\ cyc\text{-}C_5H_{12}(C_5H_{10}) \xrightarrow[\text{高温}]{Cl_2} HCCP$$

环二烯类杀虫剂大都是 40 年代中期以后面市的,比 DDT 和六六六问世都晚,但它们同样都面临残留问题,目前也限制使用。下面我们将根据合成方法分类,讨论这类化合物中的重要品种。

2.1.6.2 HCCP 的二聚反应产物

(1)开蓬(Chlordecone)

十氯代八氢-1,3,4-次甲撑-2H,5H-环丁并[cd]戊搭烯酮-2

1950 年由 Allied 公司合成[28],但其结构被错误地认为是十氯代四氢-4,7-甲撑茚。后来 McBee 将其结构加以校正[29]。1958 年作为杀虫、杀螨剂以 Kepone(开蓬)为商品名而投放市场。

在磺化剂如发烟硫酸、氯磺酸或三氧化硫存在下,HCCP 二聚成含有磺酸基的产物,然后水解成稳定的开蓬水合物[28]。

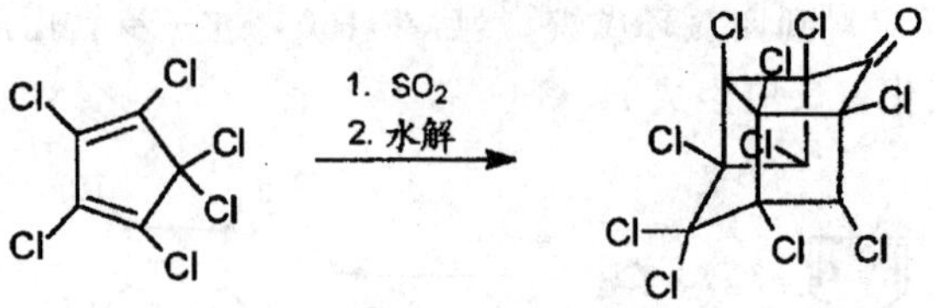

开蓬中的羰基易于形成各种溶剂化物,如水合物、醇合物或胺合物。水合物往往含有 1～3 个水分子。开蓬与五氯化磷反应,羰基也会被氯化,生成灭蚁灵。

开蓬有较强的胃毒活性,但触杀活性较弱,因此它对咀嚼口器害虫有效,对刺吸口器害虫低效。它可作为蝇类的杀幼虫剂和杀螨剂;也可以毒饵的形式用于防治蟑螂和蚂蚁。

开蓬对大鼠的口服急性毒性 LD_{50} 为 95～140mg/kg。

(2)灭蚁灵(Mirex)

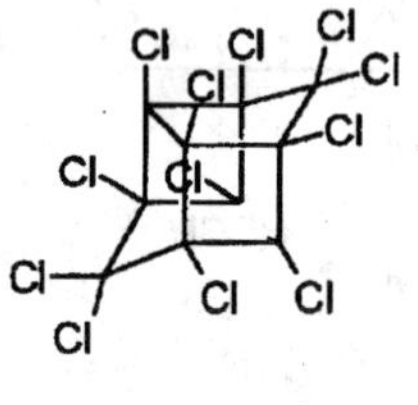

十二氯代八氢-1,3,4-次甲撑-2H-环丁并〔cd〕双茂

首先由 Prins 所报道[30],Allied 公司于 1954 年取得专利[31],1959 年开发为杀虫剂。

在三氯化铝存在下,以氯代烃为溶剂(如二氯甲烷、四氯化碳或六氯丁二烯等),HCCP 能够顺利地二聚成灭蚁灵。

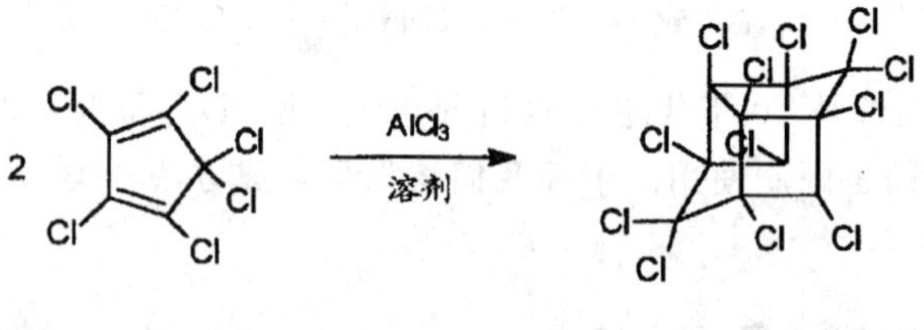

这类笼状化合物具有难以置信的高熔点(485℃),由此不难预料其化学的稳定性。

灭蚁灵是一种胃毒杀虫剂,略有触杀活性,广泛用于防治多种蚁,如火蚁、收获蚁等。灭蚁灵具有中等急性毒性,LD_{50} 为 235～702mg/kg(大鼠口服)。它对鸟类、鱼类以及甲壳动物安全。

2.1.6.3 HCCP 与无环或单环亲双烯物的加成产物

(1)氯丹(Chlordan)

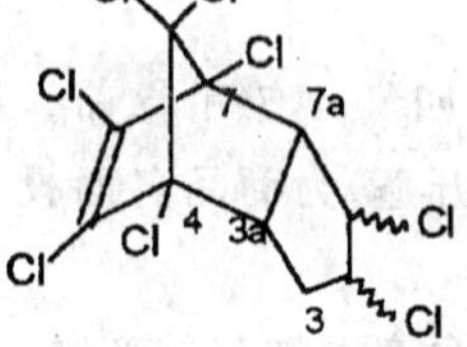

1,2,4,5,6,7,8,8-八氯-2,3,3a,4,7,7a-六氢-4,7-亚甲桥苗(八氯化苗)

1944 年由 Velsicol 公司合成[32],随后发现其杀虫活性[33]。

HCCP 与环戊二烯发生 Diels-Alder 反应生成桥环加成产物氯烯 1,随后与氯气在四氯化碳中回流[38]或者在三氯化铁存在下与氯化硫酰反应[34]得到氯丹。

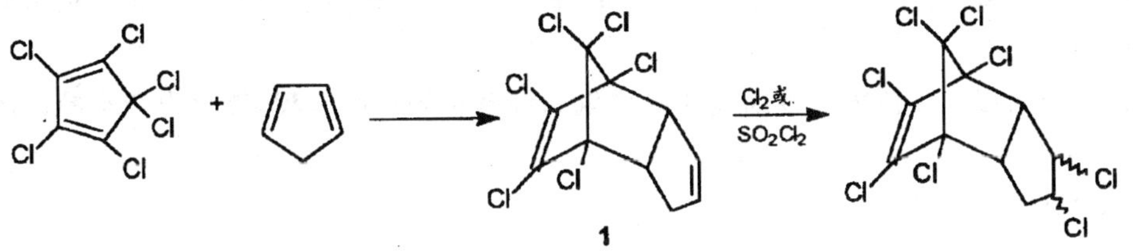

1

工业品为琥珀色粘稠液,不溶于水,但溶于包括石油醚在内的大多数有机溶剂,具有樟脑气味。挥发性介于 DDT 和林丹之间,纯品蒸气压为 1.3×10^{-3}Pa。氯丹对酸稳定,在碱作用下失去氯化氢生成没有杀虫活性的产物。

工业品氯丹是一个复杂的混合物,GC 分析表明,至少有 14 种成分[35]。关于它的分离和鉴定有过一些报道[36~38]。主要成分有两个八氯异构体($C_{10}H_6Cl_8$),一个七氯衍生物($C_{10}H_5Cl_7$)和一个九氯衍生物($C_{10}H_5Cl_9$)。

最初原药中两个八氯(氯丹)异构体的总含量只有 45% 左右。α-氯丹是反式异构体,1,2-位上的两个氯原子的取向为 1-外(exo)2-内(endo)。β-氯丹是顺式异构体,氯原子取向为 1-外 2-内。纯的 α-氯丹可以通过氯烯 1 专一性的反式氯化得到,氯化剂为三氯甲基氯化硫[39]。

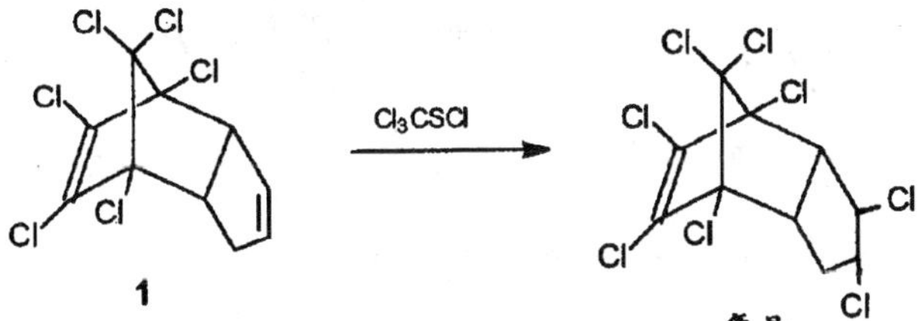

α-氯丹

通过 α-二氢七氯 2 和 β-二氢七氯 3 的氯化反应均能生成 β-氯丹,由此可以证明 β-氯丹中两个氯原子的构型。从用氢氧化钠醇溶液的脱氯化氢反应的结果中,也可以证明氯原子的构型[40]。

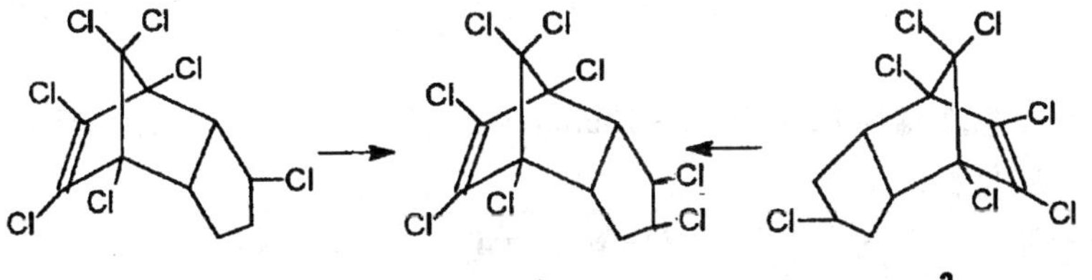

2　　　β-氯丹　　　**3**

氯丹工业品中第三个主要成分七氯约占 10% 左右,而九氯的含量约占 7%。九氯中有三个氯原子处于环戊烷环上,氯原子的构型为顺-exo[41]。

由于不断地改进合成工艺,后来氯丹工业品可以达到含 75% 的 β-异构体和 25% 的 α-异构体。

氯丹的残留量可以通过比色法[42]或电子捕获 GC 法[43]测定。比色法是通过与甲醇钾和二乙醇胺生成的化合物,测定在 521nm 处的最大吸收。

氯丹是一个有持效、无内吸的杀虫剂,其主要作用方式为胃毒和触杀,适合于防治蝼蛄、金针虫、蛴螬等地下害虫，也可以用于防治蝗虫、棉象鼻虫、棉红蜘蛛、棉蚜、马铃薯甲虫等。

氯丹大鼠口服急性毒性 LD_{50} 为 283～590mg/kg。它具有一定的慢性毒性和积累毒性，能在人体脂肪中贮存。

氯丹在动物或昆虫体内可以通过脱氯化氢和羟基化等代谢过程，转化为亲水的代谢物，然后排出体外。

（2）七氯（Heptachlor）

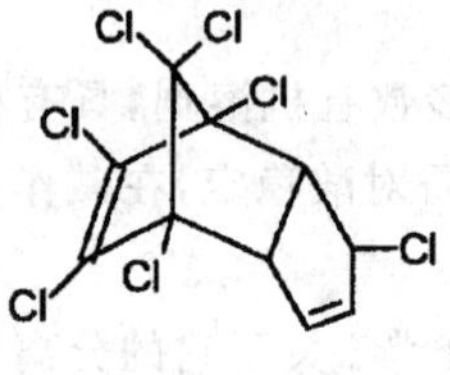

1,4,5,6,7,8,8-七氯-3a-,4,7,7a-四氢-4,7-甲撑-1H-茚

Hyman[32]在研究氯丹与磺酰氯的游离基反应时，发现主要产物是七氯。

七氯的工业制备方法是用氯烯 1 在苯溶液中漂白土存在下与氯气反应[44]，此法不用光照。除此之外，还有别的方法可以合成七氯[45、46]。

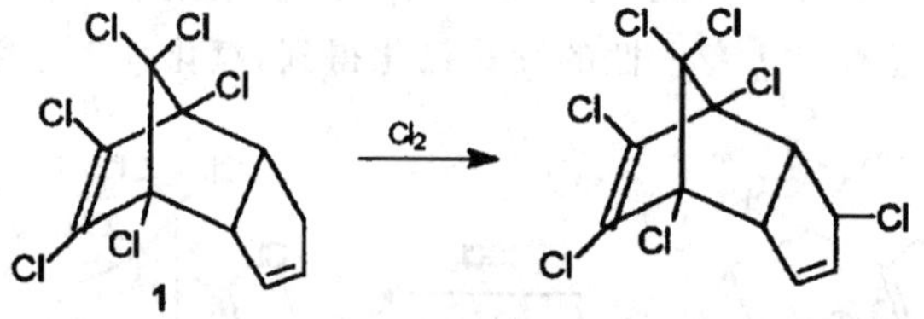

工业品七氯为棕色蜡状固体，含大约 72% 的七氯，余下的主要是 α-氯丹。七氯对光、空气、酸和碱均较稳定[47]。

七氯与乙醇胺和氢氧化钾在乙二醇单丁醚中所形成的紫色物质，可以用于比色测定[48]，此外，它也可以用 GC 进行测定[49]。

七氯是一个广谱的胃毒和触杀药剂，许多情况下，其杀虫活性比氯丹好，例如对蝇和蟑螂。它主要用于防治地下害虫、棉花后期害虫和禾本科作物及牧草害虫，如苜蓿象虫、棉铃象虫、蝼蛄、金针虫、稻大蚊等，还可防治蝗虫。与氯丹不同，七氯可用于种子处理，但对甲虫和红蜘蛛没有活性。

七氯大鼠口服急性毒性 LD_{50} 为 90～135mg/kg。它可以在动物脂肪中产生积累，在牛奶中曾发现七氯的环氧化物[43]。

七氯在动物体中通过氧化代谢生成环氧化物 4[50]，它比七氯具有更高的杀虫活性。从昆虫的中毒症状来看，杀虫活性与环氧物的生成有平行关系[51]。亲水代谢物 5 可能是七氯在动物体内降解的最后一步产物[52]。七氯被土壤微生物降解的主要产物是 1-羟基氯烯 6[53]。

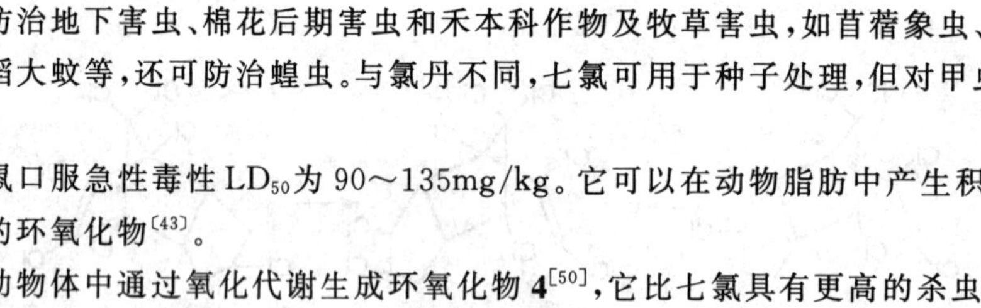

4　　　　　　　5　　　　　　　6

（3）碳氯灵（Isobenzan）

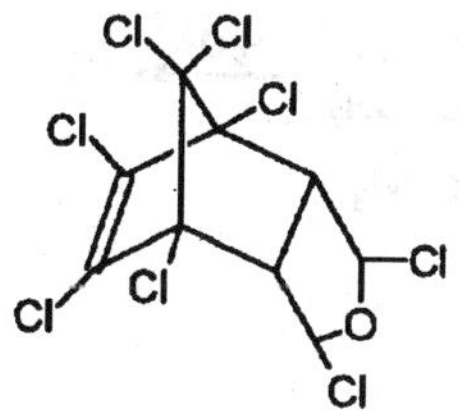

1,3,4,5,6,7,8,8-八氯-1,3,3a,4,7,7a-六氢-4,7-甲撑异苯并呋喃

1955 年由 Ruhrchemie 公司合成[55]，1962 年由 Shell 公司生产。

在高沸点溶剂（$C_{12}\sim C_{18}$ 烃类）中，于 120℃～180℃，HCCP 与 2,5-二氢呋喃发生 Diels-Alder 加成得到高产率的加成产物 **7**[54,55]，然后在紫外光照下，**7** 进一步被氯化，几乎以定量的产率得到碳氯灵[56,57]。

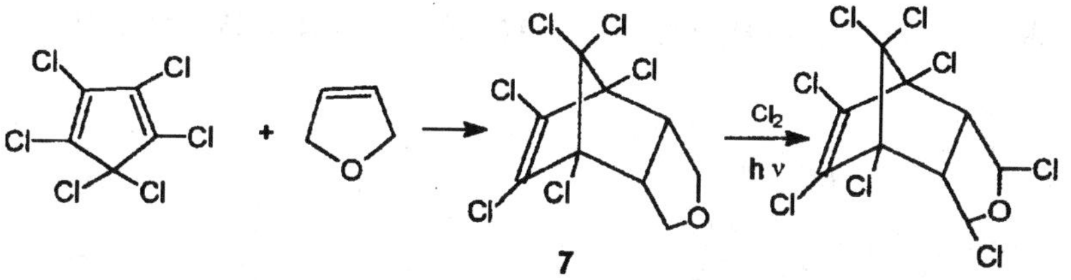

其工业品为奶油色晶状物，在空气中、高温下以及在酸性条件下均较稳定，但对碱不稳定。

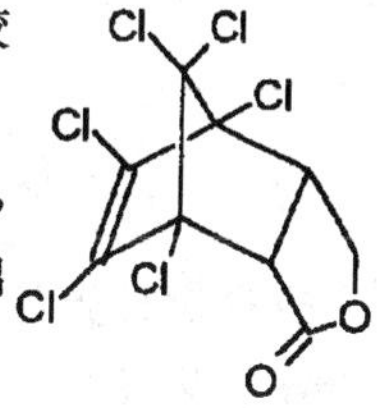

碳氯灵是环二烯类杀虫剂中活性最高的品种，具有胃毒和触杀活性，残效较长。它是一个优良的土壤杀虫剂，残效长达 5 个月，可用于防治棉花、甘蔗、玉米、咖啡、可可、烟草等作物的害虫。

碳氯灵的急性毒性很高，LD_{50} 为 7～8mg/kg（大鼠口服）。在大鼠体内它可以经由一亲水中间体转化成内酯衍生物 **8**。后者的毒性小得多，LD_{50} 为 306mg/kg（大鼠口服）。由于毒性关系，碳氯灵已于 1965 年被停止生产和使用。

（4）硫丹（Endosulfan）

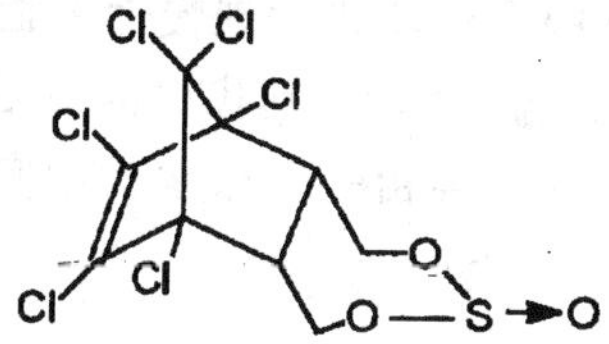

6,7,8,9,10,10-六氯-1,5,5a,6,9,9a-六氢-6,9-甲撑-2,4,3-苯并〔e〕-二氧硫庚-3-氧化物

硫丹于 1950 年投放市场，在有机氯杀虫剂中，由于它的低残留毒性而受到重视。

HCCP 与顺式-1,4-二乙酰氧基丁烯-2 发生 Diels-Alder 反应，得到加成产物 **9**，进一步皂化得到产物二醇 **10**，后者在二甲苯中与氯化亚砜一起加热，得到硫丹[58]。

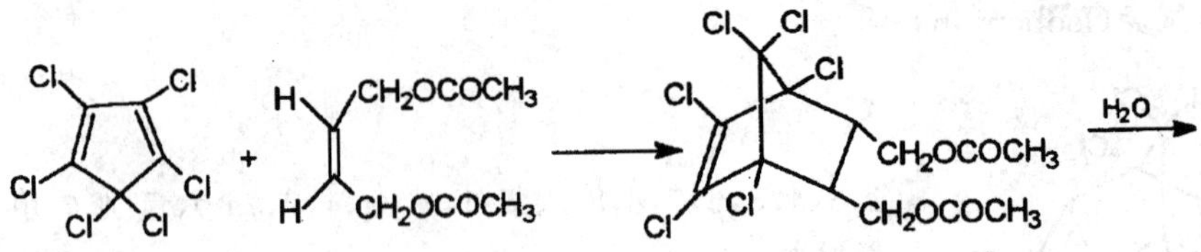

工业品硫丹是两种立体异构体的混合物。根据亚硫酸酯基中两个键的位置的不同,可以分为 α-硫丹(约占 70%)**11** 和 β-硫丹(约占 30%)**12**。这些异构体的结构可用 IR 及 NMR 等光谱来确定[59]。

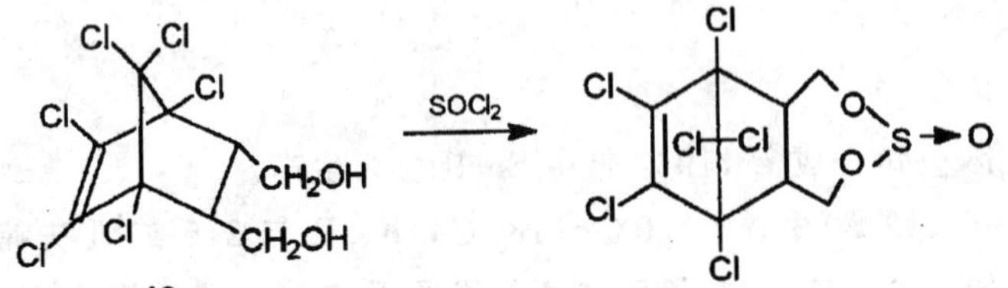

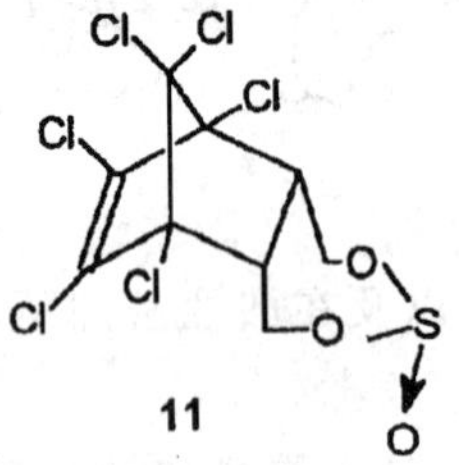

硫丹对日光稳定,遇酸、碱、湿气分解,放出二氧化硫并形成水解产物二醇 **10**。两个异构体均能被氧化成相应的硫酸酯。

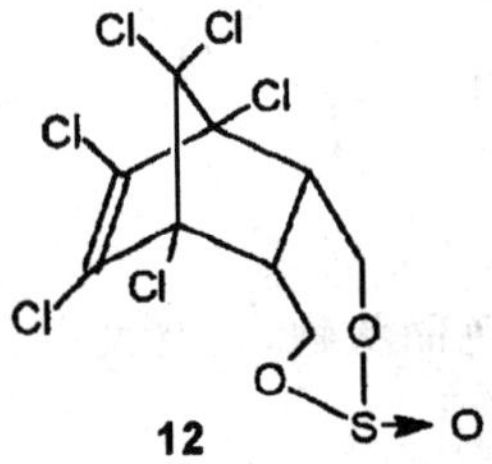

硫丹是一种具有触杀和胃毒作用的广谱杀虫剂,广泛用于观赏植物、农作物和森林害虫(如金龟子、蚜虫、盲椿象、玉米食心虫、蓟马、斜纹夜蛾等)的防治。近年来发现它对棉铃虫有很好的防治效果。

其工业品的大鼠口服急性毒性 LD$_{50}$ 为 100mg/kg,α-硫丹为 76mg/kg,β-硫丹为 240 mg/kg。硫丹能在有机体内迅速降解,没有积累的危险,长期喂食试验未发现慢性中毒。

被动物摄入体内的硫丹,至少有一部分可以不发生变化而排出体外。其代谢的主要产物为环状硫酸酯和环状二醇 **10**,已通过分离得到。它在虫体中的代谢经由一个亲水的中间体生成内酯 **8**[60]。

2.1.6.4　HCCP 与双环亲双烯物的加成产物

(1)艾氏剂(Aldrin)

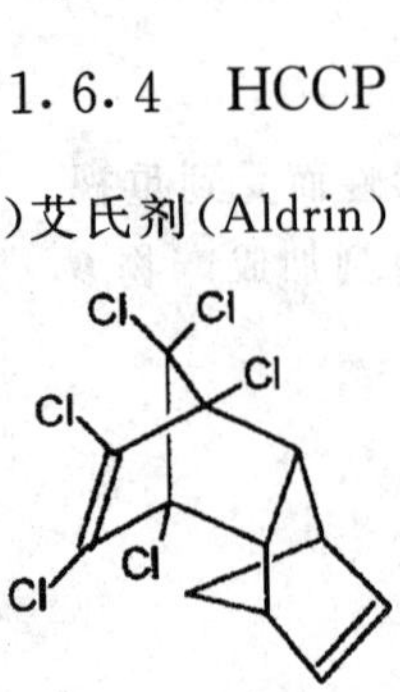

1,2,3,4,10,10-六氯-1,4,4a,5,8,8a-六氢-1,4,5,8-桥,挂-二甲撑萘

　　艾氏剂是 HCCP 与双环〔2,2,1〕庚二烯-2,5（降冰片二烯）的 Diels-Alder 反应的产物,于 1948 年进入市场,有关杀虫活性,在文献〔61〕中已有评述。

　　降冰片二烯 **13** 可以在 $1 \times 10^5 \sim 2 \times 10^6 Pa$ 时于 $150 \sim 400 \text{℃}$ 通过环戊二烯与过量的乙炔发生双烯加成反应以很好的产率得到[62]。**13** 与 HCCP 的 Diels-Alder 反应需在甲苯中回流,为避免形成双加成产物,可将 **13** 过量,这样得到的工业产品艾氏剂的含量在 95% 以上[63]。

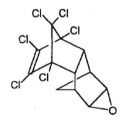

13

　　其工业产品为棕褐色固体,对热、碱和弱酸稳定,但遇到氧化剂、强酸能与未氯化部分的环的双键发生反应,如与卤代酸、卤素加成反应,形成环氧化物的反应等(见下节)。氯化部分的环在化学上几乎是惰性的。

　　电子捕获 GC 方法[64]和比色方法[65]均可作为艾氏剂的残留测定方法。后一种方法的原理是艾氏剂和苯基叠氮化物与 2,4-二硝基苯胺的重氮化物形成有色物质,于 515nm 处测定最大吸收。

　　由于艾氏剂具有较高的蒸气压,因此可以颗粒剂的形式作为土壤杀虫剂。它的作用方式以熏蒸作用为主,也有良好的胃毒与触杀活性。除作为土壤杀虫剂外,艾氏剂还能防治某些大田、果实作物害虫(如稻、麦的根蚜,稻大蚊,小麦和马铃薯金针虫,蝼蛄,大豆根潜蝇,蔬菜种蝇,洋葱蝇,曲条跳甲,蚁,甘薯象虫等)。

　　艾氏剂大鼠口服急性毒性 LD_{50} 为 67mg/kg。对大鼠以 0.5ppm 剂量喂食两年,可引起其肝肿大。由于它在血液中有较高的溶解度,因此易于扩散到所有组织中,特别是脂肪组织[66]。

　　在动物、昆虫、微生物和植物体中,艾氏剂可被酶氧化成狄氏剂而使活性增加,亲水的代谢物也可以形成,并以葡糖醛酸结合物的形式从尿中排出。有关艾氏剂及其它环二烯类杀虫剂的代谢可参考文献〔67,68〕。

　　(2)狄氏剂(Dieldrin)

1,2,3,4,10,10-六氯-6,7-环氧-1,4,4a,5,6,7,8,8a-八氢-1,4-挂-5,8-挂-二甲撑萘

　　对艾氏剂,曾经希望通过降低其挥发性来提高它的持效性,但经过多方面的结构改造未能奏效。1948 年当进行环氧化反应时,导致狄氏剂的合成[69],此后不久便发展成商品。

　　狄氏剂的合成存在两条路线:一条是 HCCP 与降冰片二烯的环氧化物 **14** 发生双烯加成,另一条是由艾氏剂的环氧化。实践证明,后一路线是比较成功的。过氧化氢/醋酸酐或过氧醋酸、过氧苯甲酸等均可以作为环氧化试剂,其产率可达 90% 左右。这样得到的工业产品狄氏剂的纯度可达 85% 以上。

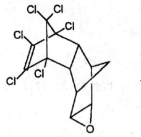

其工业品为微棕色鳞状结晶,蒸气压为 2.4×10^{-5}Pa/25℃,比艾氏剂(8×10^{-4}Pa/25℃)低。狄氏剂对光、碱和稀酸稳定,但浓酸能使其环氧环断裂。

和艾氏剂一样,狄氏剂的残留测定可采用比色法和 GC 法,详细情况可参考 Shell 公司的有关手册[70]。

狄氏剂具有较低的蒸气压和较好的化学稳定性,因此它有很好的持效。与 DDT 相比,它具有较高的杀虫活性,因而使用剂量较低。对大多数昆虫具有高的触杀和胃毒活性,而无植物药害。在农作物上可用作种子处理剂,和其它杀虫剂结合,用于防治森林害虫;由于较好的持效,所以特别适合于防治爬行害虫(如蟋蟀、蟑螂等)。狄氏剂大量用于防治疟蚊和非洲的采采蝇,以便控制传染病的流行。和 DDT 一样,由于残留积累问题,狄氏剂的使用也受到限制。

狄氏剂的急性毒性 LD_{50} 为 $40\sim87$mg/kg(大鼠口服)。与大多数其它环二烯类杀虫剂一样,狄氏剂也易于被皮肤吸收,在脂肪中富集。曾发现在动物奶中有狄氏剂排出,对大鼠两年的喂养试验表明,会导致大鼠肝部病变。

狄氏剂在动物组织中主要代谢成反式二羟基二氢艾氏剂,大多数其它亲水性代谢物的结构尚不清楚(参见〔67、68〕)。

(3)异狄氏剂(Endrin)

1,2,3,4,10,10-六氯-6,7-环氧-1,4,4a,5,6,7,8,8a-八氢-1,4-挂-5,8-挂-二甲撑萘

异狄氏剂于 1951 年作为实验性品种投入市场,关于其杀虫活性在最早的专利中已有叙述[69]。

异狄氏剂可以通过艾氏剂的异构体即异艾氏剂 15 的环氧化来合成。HCCP 与乙炔或氯乙烯加成得到六氯降冰片二烯 16[71],进一步与环戊二烯发生 Diels-Alder 反应生成异艾氏剂 15[72]。

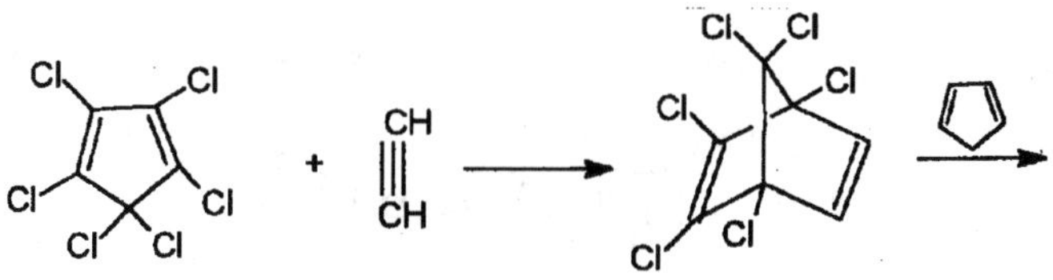

异狄氏剂是狄氏剂的一种异构体,它们在物理化学性质上有许多相同之处,如对碱、稀酸稳定等。一个重要区别在于异狄氏剂存在内-内(endo-endo)结构,使得它可能发生热或光化学重排反应,生成无杀虫活性的半笼状酮 **17** 和五环醛 **18**[73、74]。

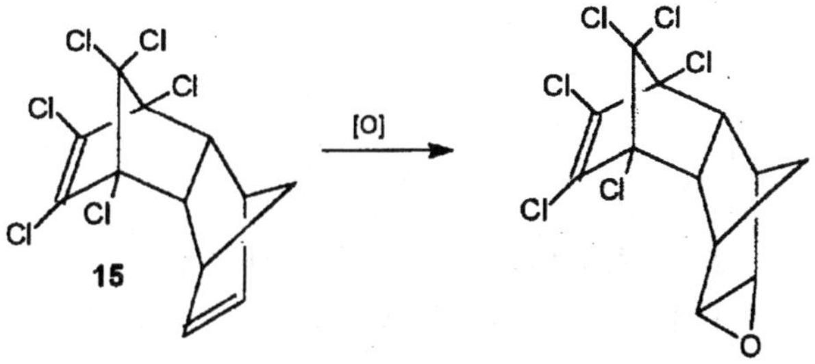

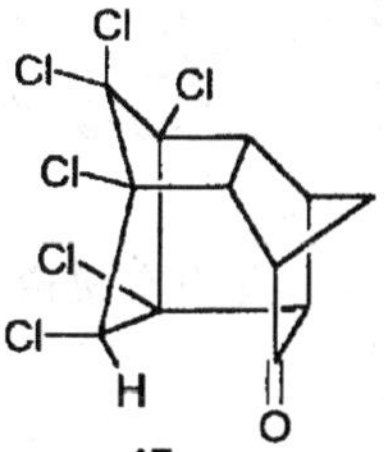

异狄氏剂也可以用电子捕获 GC 法和 2,4-二硝基苯腙衍生物的比色法进行残留分析[70]。

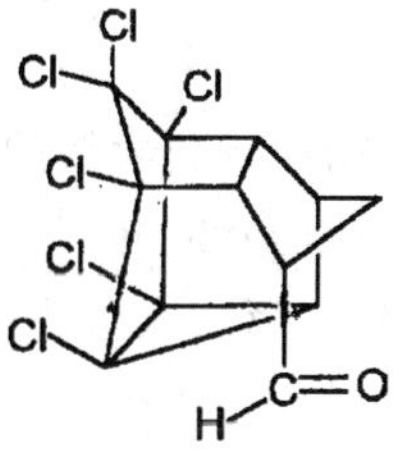

异狄氏剂主要用于棉花作物,可以单独使用,也可以与 DDT、毒杀芬、久效磷、百治磷等混合使用。产量的 70% 用于棉花,约 12% 用于水稻。作为一个叶面喷洒剂,异狄氏剂对蚜虫、毛虫和刺吸口器害虫的活性比狄氏剂高,某些螨类也能被杀死。异狄氏剂还可以用作杀鼠剂。

异狄氏剂和碳氯灵是环二烯类杀虫剂中对温血动物毒性最大的两个品种,其大鼠口服急性毒性 LD_{50} 为 7～17.5mg/kg,但它比艾氏剂和狄氏剂易于被动物排出体外,因此在脂肪中积累的可能性很小。

异狄氏剂的代谢与艾氏剂和狄氏剂类似,主要转化成亲水的代谢产物。在家蝇中半笼状酮 **17** 可能是主要代谢产物[75]。

2.2　有机磷杀虫剂

2.2.1.　引　言

　　磷是一个与生命过程关系密切的元素,其有机化合物是细胞原生质的必要组分,对生命的维持起重大作用(如核酸、核苷酸、辅酶、代谢中间产物及磷脂等)。许多人工合成的有机磷化合物已广泛用作石油、橡胶、塑料添加剂和稀有金属萃取剂。有机磷化合物更重要的应用是作为生物活性物质用于农药和医药领域。在农药方面,它不但可以作为杀虫剂、杀菌剂,而且也可以作为除草剂和植物生长调节剂。如此多种多样,千变万化的化学、物理和生物性能,仅仅取决于在磷原子上选择不同的基团,真是令人惊叹!

　　有机磷化学起始于 1820 年 Lassaigne 用磷酸与醇反应制备磷酸酯的工作。随后,在 19 世纪末和 20 世纪初,德国的 Michaelis 学派进行过许多开拓工作,为有机磷化学的发展奠定了基础。20 世纪初以后,俄国 Arbuzov 学派的工作主要集中在三价磷酸酯方面,从而导致著名的 Arbuzov 反应的发现。到本世纪 30 年代,有机磷化学经历了 100 年的缓慢发展过程,这期间主要集中于实验室的基础研究。第二次世界大战前后,由于发现有机磷化合物具有强烈的生物活性,才使这一领域的研究工作,真正得到飞速的发展。

　　1932 年,Lange 首先在二烷基磷酰氟上发现有机磷化合物异常的生理作用[76]。二次大战期间,英国的 Saunders 合成了神经毒剂,其中二异丙基磷酰氟(DFP)**1** 就是一个很好的实例[77]。Schrader 等在研究有毒磷化合物时,于 1937 年发现若干具有通式 **2** 结构的化合物对昆虫表现触杀作用[78]。自此以后,他们获得了多种有效成果,为有机磷杀虫剂的发展作出了卓越的贡献。

$$(i - C_3H_7O)_2P\!\!\begin{array}{c}O\\\|\\\end{array}\!\!F \qquad \begin{array}{c}R^1\\R^2\end{array}\!\!N-\!\!\begin{array}{c}O\\\|\\P\\|\\OR^3\end{array}\!\!-A$$

$$\textbf{1} \qquad\qquad\qquad \textbf{2}$$

$$R^1,R^2,R^3 = 烷基 \quad A = 酰基(Cl、F、SCN、CH_3COO)$$

　　1941 年 Schrader 等发现内吸杀虫剂八甲磷(OMPA)**3**,还发现一些具有杀虫作用的焦磷酸酯,如四乙基焦磷酸酯(特普,TEPP)**4**,并于 1944 年在德国商品化。1944 年 Schrader 等发现 605 号化合物即对硫磷 **5**。这是农药研究上的一大成就,它开创了有机磷杀虫剂结构与活性关系的研究。虽然对硫磷(E-605)有很高的毒性,但只要结构上稍加变化就可获得低毒杀虫剂,如 1952 年发现的氯硫磷 **6**、1958 年的倍硫磷 **7**[79]和 1959 年的杀螟松 **8**[80]等。所有上述化合物

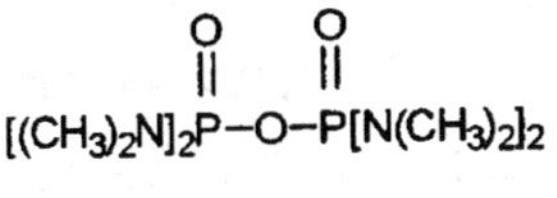

3

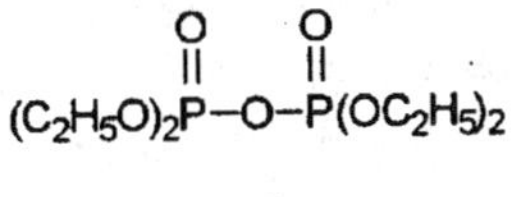

4

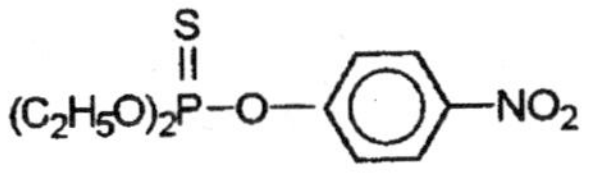

5

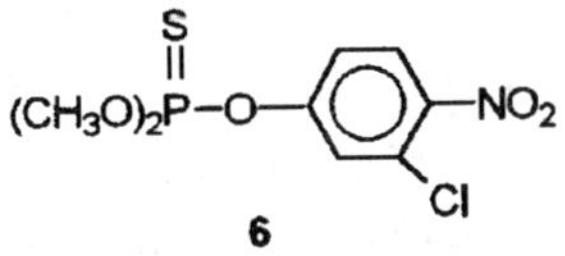

6

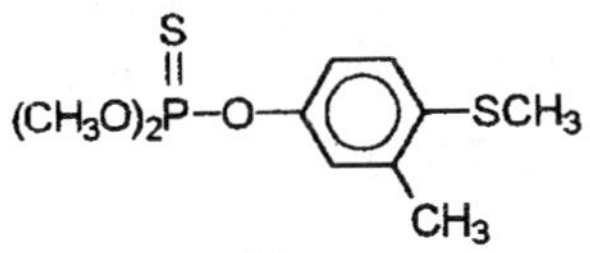

7

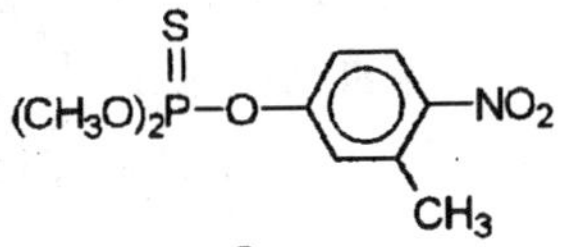

8

都含有一个酸酐键，因此 Schrader 对有机磷生物活性化合物提出了如下通式[78]：

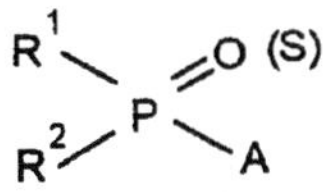

R^1，R^2＝烷基、烷氧基、胺基

A＝酰基（酸根）

1950 年美国氰胺公司推出重要的低毒杀虫剂马拉硫磷 **9**，1951 年德国 Bayer 公司开发的具有植物内吸作用的杀虫剂内吸磷 **10**，这两个化合物在有机磷杀虫剂的发展过程中也具有重要意义。

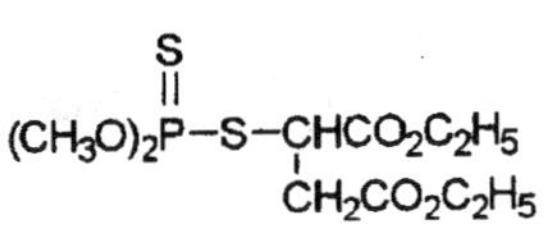

9

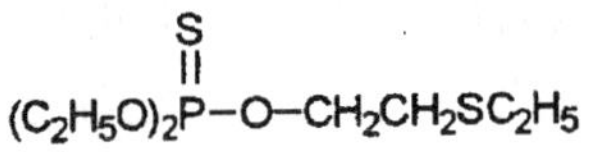

10

1952 年 Perkow 反应的出现，为乙烯基磷酸酯类杀虫剂的合成提供了一个便利的方法，促进了这类化合物的开发和应用，如 DDV**11**，久效磷 **12** 等。

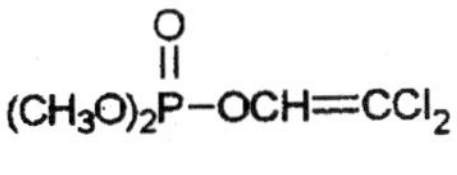

11

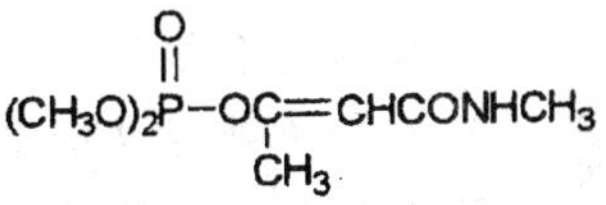

12

70 年代以来，出现含手性磷原子的丙硫基磷酸酯类杀虫剂。这类化合物毒性较低，但对抗性害虫效果较好，如丙硫磷 **13**、甲丙硫磷 **14**、丙溴磷 **15** 等。

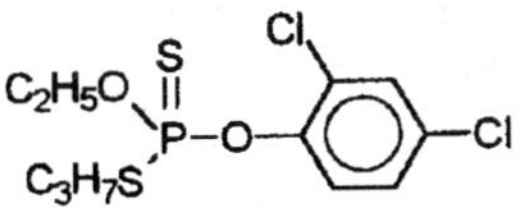

13

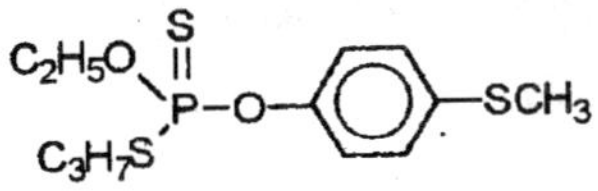

14

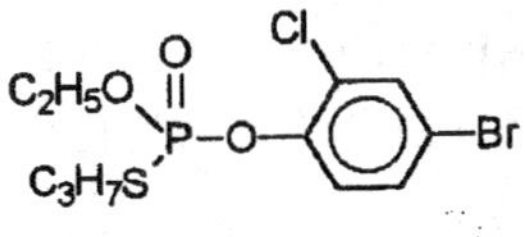

15

1941 年 Adrian 等首先发现磷酸酯对胆碱酯酶的抑制作用[81]。1949 年 Balls 认为抑制作用是由于酯基部位的磷酰化造成的[82]。1953 年 Gage 证明了对硫磷在体内产生的胆碱酯酶抑制剂是其氧化类似物对氧磷[83]。这些研究工作大大地促进了有机磷杀虫剂作用机制、代谢和选择毒性的研究。

有机磷化合物的优点在于,它可以通过改变磷原子上的取代基团和基团之间的互相搭配,来寻找具有各种可贵生物活性的化合物。这种变化的可能性是非常巨大的。除此之外,有机磷杀虫剂由于药效高,易于被水、酶及微生物所降解,很少残留毒性等,因而从 40 年代到 70 年代得到飞速发展,在世界各地被广泛应用,有 140 多种化合物正在或曾被用作农药。但是,有机磷杀虫剂也存在抗性问题,某些品种存在急性毒性过高和迟发性神经毒性问题。这些问题的存在,特别是近 20 年来拟除虫菊酯杀虫剂的异军突起,从 70 年代以后,有机磷杀虫剂的研究和开发速度大大放慢了,但目前在杀虫剂的使用方面,它仍然起着主力军的作用。

2.2.2　磷化合物的结构、分类与命名

2.2.2.1　磷原子的电子结构[84]

磷在元素周期表中处于第三周期第五族第二行,和同族的氮有许多相似之处。它们都能生成三价化合物如 PH_3、NH_3,都能生成鏻盐正离子 R_4P^+、R_4N^+ 等等。其区别在于磷可利用 d 轨道而氮却不能。

中性磷原子的电子结构是 $1s^2 2s^2 2p^6 3s^2 3p^3$。这意味着磷的 M 层有 5 个价电子,即 $3s$ 轨道上一对电子,$3p$ 轨道上 3 个电子。电子从 $3s$ 进到 $3p$,从 $3p$ 进到 $3d$,活化能比较小,分别为 7.5 和 9eV。氮原子虽有类似的电子结构,但相应地从 $2s$ 进到 $2p$,从 $2p$ 进到 $3d$ 的活化能却高得多,分别为 10.9 和 12eV。因此,磷的 d 轨道容易参与杂化轨道的形成。这就是磷能形成四配位五价或更高配位化合物而氮却不能的原因。

2.2.2.2　磷化合物的分类[84]

磷化合物可以按照连在磷原子上 σ 键的数目加以区分。磷原子上连一个 σ 键的称为一配位磷化合物,连两个 σ 键的称为二配位磷化合物,依此类推。按此分类法,目前已知有六类磷化合物(表 2—2)。一、二配位磷化合物是近 20 年来磷化学中迅速发展的一个新领域[85]。其中一配位磷化合物大多不稳定,具有炔键结构 P≡C—。二配位磷化合物具有双键结构 —P=X(X=C、N、P 等),这类化合物大多数在常温下是稳定的。这些不同寻常的低配位磷化合物,目前尚无实际应用价值,但具有重要的理论意义。五、六配位化合物属磷的高配位化合物,是 60 年代末开始出现的[86],由磷的 d 轨道参与成键而形成,许多化合物都是很稳定的,有些还是三、四配位磷化合物某些反应的中间体或中间产物。这在理论上也是很重要的。三、四配位磷化合物是磷化学中研究得最早和最详细的两类化合物,它们具有广泛的实际用途。有机磷杀虫剂基本上都是四配位的磷酰基化合物,但在有机磷杀虫剂的合成中,也大量涉及三配位磷化合物。下面我们将分别介绍这两类化合物的结构。

表 2－2　磷化合物的分类

配位数	一配位	二配位	三配位	四配位	五配位	六配位
σ 键数	1	2	3	4	5	6
π 键数	2	1	0	0　1	0	0
杂化轨道	sp	sp^2	p^3 或 sp^3	sp^3	sp^3d	sp^3d^2
立体构型	P—L（直线）	（三角平面）	（三角锥）	（四面体）	（三角双锥）	（八面体）
化合物举例	$RC\equiv P$	$RP{=}C{<}^{R^1}_{R^2}$	R_3P	R_4P^+　$R_3P{=}O$	R_5P	R_6P^-

2.2.2.3　三配位磷化合物

三配位磷化合物呈三角锥构型，磷原子处于锥体的顶点，具有 p^3 杂化及一定程度的 sp^3 杂化特性。键角一般在 93.5°（PH_3）和 100°（PCl_3）范围内，不是纯 p^3 杂化的 90°，也不是纯的 sp^3 杂化的 109°28′。这些键角均小于氮化合物相应的值。这是因为磷原子具有较大的半径（P：0.19nm，N：0.15nm），而且磷的 3p 轨道比氮的 2p 轨道更扩散，使磷上孤电子对与其它三个成键电子对之间的排斥力大于成键电子对之间的排斥力。

三配位磷化合物可以分为两个系列，一个以磷化氢 PH_3 为母体，当氢原子被烷基或芳基取代后，得到伯膦 RPH_2、仲膦 R_2PH 和叔膦 R_3P。PH_3、RPH_2 和 R_2PH 中的氢原子也可以被卤素或胺基所取代，从而得到相应的卤化膦或胺基膦。另一类以亚磷酸 $P(OH)_3$ 为母体，当羟基被烷基或芳基取代后，得到亚膦酸 $RP(OH)_2$ 和次亚膦酸 R_2POH。$P(OH)_3$、$RP(OH)_2$ 和 R_2POH 中的氢原子被烷基或芳基取代，分别得到这些酸的酯。就亚磷酸来说，有一酯 $ROP(OH)_2$，二酯 $(RO)_2POH$ 和三酯 $(RO)_3P$。这些酸中的 OH 也可以被卤素或胺基取代，从而得到相应酸的酰卤和酰胺。除此之外，上述这些三配位化合物中的氧均可以被一个或多个硫原子代替，得到相应的硫代类似物。

含游离酸的三配位磷化合物，都存在互变异构平衡。由于 $P{=}O$ 键的稳定性，常使平衡偏向含 $P{=}O$ 键的四配位化合物。但它们在成盐时，却表现为三配位：

在具有 Lewis 碱特性的溶剂 B：（如二氧六环）中，平衡也移向三配位方向：

$$\text{(RO)}_2\text{P(=O)H} \quad + \quad \text{B:} \quad \rightleftharpoons \quad \text{(RO)}_2\overset{-}{\text{P}}\text{-O}\overset{+}{\text{B}}\text{H} \quad \rightleftharpoons \quad \text{(RO)}_2\text{P-OH} \quad + \quad \text{B:}$$

三氯化磷、亚磷酸二烷基酯和三烷基酯是有机磷杀虫剂合成的重要中间体。亚磷酸三酯是强亲核剂，亚磷酸二烷基酯反应活性虽然较差，但它的盐则是足够强的亲核剂。下一节将要讨论它们在合成上的应用。

2.2.2.4　四配位磷化合物

(1)鏻盐

鏻盐是仅含四个 σ 键不含 π 键的四配位磷化合物，磷原子为 sp^3 杂化，呈四面体构型。它的第四个键是由 Lewis 酸与三价磷化合物的未成键电子对配位而来，因此磷原子带有正电荷 R_4P^+，这与铵盐的形成是一致的。

由磷化氢 PH_3 转化为鏻，即由 p^3 杂化转变为 sp^3 杂化，键角由 93.5° 变为 109°，这在能量上是不利的。未取代的 PH_3 碱性过弱，难于测量 pK_b 值，用间接方法估计为 22～28（NH_3 为 4.75）。因此未取代的鏻盐极不稳定，在水中即分解成原来的组分，而铵却是十分稳定的。

$$\overset{+}{\text{H}_4}\overset{-}{\text{P}}\text{X} \quad \longrightarrow \quad \text{PH}_3 \quad + \quad \text{HX}$$

但叔膦则是强得多的碱，和相应的胺相仿佛。例如 Me_3P 的 pK_b 为 5.35，Me_3N 为 4.20。显然叔膦里 sp^3 杂化成分大了，键角约在 100° 左右，而不是纯 p^3 的 90°。因此它们形成的鏻盐与铵盐一样稳定。

然而，在四苯基衍生物中，鏻盐是可以形成的，铵盐却不能。这是由于三苯胺中氮上的未共用电子对能与苯环上的 π 电子交盖形成大的共轭体系，降低了碱性。而磷原子原子半径大，并且 $3p$ 轨道比 $2p$ 轨道延伸较长，使 $p\pi\text{-}p\pi$ 交盖不良（图 2—5），碱性降低较少。

当鏻盐中四个基团互不相同时，形成手性鏻盐，通过拆分可以得到一对对映异构体[87]。有些鏻盐具有生物活性，如植物激素、杀菌、除草等（将在后面有关章节讨论）。

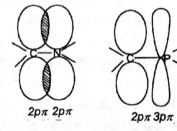

2pπ 2pπ　　　　*2pπ 3pπ*

图 2—5　C,N,P 上 $p\pi$ 电子分布图

(2)磷酰基化合物

四配位磷化合物中的另一类是含有 4 个 σ 键和一个 π 键的化合物，其通式为：

$$\text{—P=X} \qquad \text{X=O,S,CR}_2\text{,NR 等}$$

当 X＝O，S 时为磷酰基化合物，是本节讨论的主要对象；当 X＝CR$_2$ 时为磷叶立德，它可以进行著名的 Wittig 反应，在有机合成上具有重要意义[88]；当 X＝NR 时为磷氮烯（phosphazenes），它可以分为单磷氮烯即亚胺基磷烷（iminophosphoranes）和多磷氮烯，后者是由多个 ＼P＝N— 结构单元所组成的直链或环状化合物[89]。下面将以磷酰基化合物为例，讨论这类化合物的结构和性质。

磷酰基化合物中 P＝O 键的性质曾引起广泛注意[90]。这类化合物为 sp^3 杂化，具有四面体构型。如果只考虑 s 和 p 轨道,磷酰基化合物 **16** 的结构应与胺氧化物 **17** 类似。但从偶极矩来看,在磷酰基化合物中不大可能存在这种强极性的给电子 σ 配键。因为大多数磷酰基化合物的偶极矩都较小,有些几乎近于 0 （如 $POCl_3$）。另外,P＝O 也不像是纯粹的 σ 单键。从键

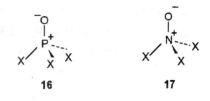

16　　　　　　**17**

长来看,P—O 键为 0.171nm,而 P＝O 键较短,为 0.144～0.155nm。从键能来看,P—O 键为 400 kJ/mol,而 P＝O 键为 560kJ/mol,比较大。因此 P＝O 应有部分双键的性质。

　　大量的物理化学证据表明,P＝O 是在一个 σ 键上附着 π 键的复杂体系。这种 π 键是由电负性取代基或原子提供的未共用电子对进入磷的 $3d$ 空轨道形成的,称为 $p\pi$-$d\pi$ 键或 $p\pi$-$d\pi$

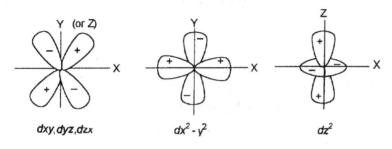

图 2—6　d 轨道的对称结构

反馈键。从图 2—6 所示的六个 d 轨道形状可以看出,它们是极具方向性的。只有那些在方向上有利的轨道才能与氧上适当的 p 电子交盖。从图 2—7 来看,首先是氧的 $2p_z$ 与磷的 $3d_{xz}$ 交盖形成 π 键。其次,$2p_y$ 与 $3d_{xy}$ 也能交盖。因此,P＝O 实际上是一个 P—O σ 键上附有互相垂直的两个 π 键,与炔键相类似,但为了方便,仍然写作 P＝O。

这种 $p\pi$-$d\pi$ 键使 $\overset{+}{P}$—$\overset{-}{O}$ 上极化的电子通过 d 轨道返回到磷上去,使 P＝O 键稳定性大大加强。稳定的 P＝O 键是多种化学反应的动力和归宿。

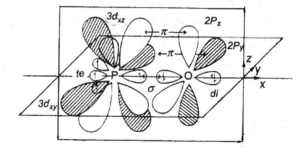

图 2—7　P—O $d\pi$-$p\pi$ 键

　　在叶立德、亚胺基磷烷及硫代磷酰基化合物中,P＝C、P＝N 及 P＝S 键也都或多或少有 $d\pi$-$p\pi$ 交盖作用,这些键的性质与 P＝O 是类似的。凡与磷相连的杂原子上有未共用电子对的,都可以和磷的 $3d$ 轨道发生交盖,尽管有些交盖不是很有效的。图 2—8 是以磷酸酯为例的示意图,这些酯键均有双键性质,而使 P—O 键得到加强,同时也使磷上的有效正电荷适当减少。

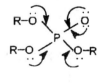

图 2—8

　　所有天然存在的磷化合物几乎都是磷酰基化合物,绝大多数有机磷农药也具有 P＝O 键或 P＝S 键。

　　磷酰基化合物可视为磷酸的衍生物,当其中的 OH 被有机基团取代时,可以逐步得到膦酸 **18**,次膦 **19** 和氧化膦 **20**。当磷酸中的 H 被有机基团取代时,可以逐步得到磷酸二氢酯 **21**、磷

酸氢二酯 **22** 和磷酸三酯 **23**。以上是磷酰基化合物中两个基本系列,除此之外,当磷酸或上述各类酸性化合物中的 OH 被卤素或胺基取代后,将分别得到各自的酰卤和酰胺衍生物。上述化合物中的氧原子被硫原子取代后,可以得到相应的硫代类似物。

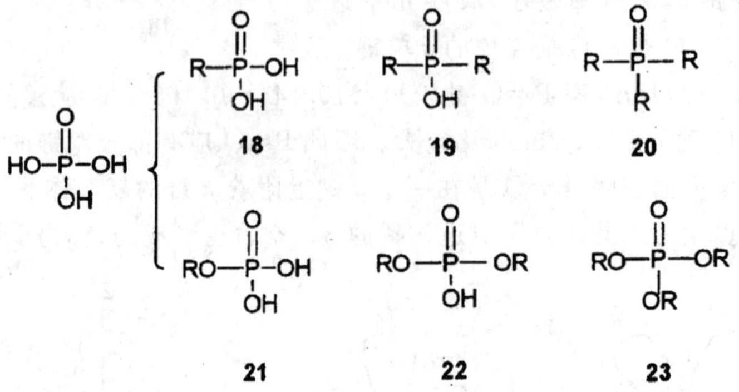

当磷原子上的四个基团互不相同时,得到含手性磷原子的磷酰基化合物,它们的对映体可以通过拆分来合成。这些对映体之间往往具有不同的杀虫活性。

2.2.2.5 磷化合物的命名

(1)命名原则与范围

由于大量使用俗名,加上有些国家有自己的系统,所以有机磷化合物的命名十分混乱,中文命名也尚无明确的规则可循。在中文命名中,我们将主要以《英汉化学化工词汇》(科学出版社,1987 年)为依据,同时考虑国内比较流行、能为多数人接受的命名原则。英文名尽可能采用 IUPAC、CA. 及美国方式。本命名范围主要包括三配位磷化合物及四配位磷化合物中的磷酰基化合物,其它磷化合物的命名将从略。

(2)磷氢化合物及其衍生物

在中文命名中,凡化合物分子中含一个以上 P—C 键或 P—H 键的用"膦",否则用"磷"。磷的季盐称为"鏻"。

磷氢化合物:

PH_3	Phosphine	膦(磷化氢)
H_3PO	Phosphine Oxide	氧化膦
H_3PS	Phosphine Sulfide	硫化膦
PH_5	Phosphorane	磷烷(正膦)
P^+H_4	Phosphonium	鏻(磷鎓)

膦化物中氢原子被有机基团取代的化合物,以氢化物为母体,加上取代基为前缀。

RPH_2	Primary Phosphine	伯膦
R_2PH	Secondary Phosphine	仲膦
R_3P	Tertiary Phosphine	叔膦
Me_3P	Trimethyl Phosphine	三甲基膦
Et_3PO	Triethyl Phosphine Oxide	三乙基氧化膦
Bu_3PS	Tributyl Phosphine Sulfide	三丁基硫化膦
Ph_5P	Pentaphenyl Phosphorane	五苯基磷烷(正膦)

$Pr_4\overset{+}{P}\overset{-}{Cl}$　　　　　Tetrapropyl Phosphonium Chloride　　　四丙基氯化鏻

（3）三价磷酸及其衍生物

英文中亚磷酸以"-orous"结尾，其酯以"-ite"结尾。含一个 P—C 键时，酸和酯分别以"-onous"和"-onite"结尾。含两个 P—C 键时，酸以"-inous"、酯以"-inite"结尾。酯基通常以"O-Alkyl"或"Alkyl"置于前面与母体分隔不连写，直接连于磷上的有机基团与母体连写不分隔。三价磷酸可分为：

P(OH)₃	Phosphorous acid	亚磷酸
HP(OH)₂	Phosphonous acid	亚膦酸
H₂POH	Phosphinous acid	次亚膦酸

亚磷酸衍生物：

(RO)₃P	Trialkyl phosphite	三烷基亚磷酸酯
(RO)₂POH	Dialkyl phosphite	二烷基亚磷酸酯
(R₂N)₃P	Hexaalkyl phosphorous triamide	六烷基亚磷酰三胺
(RO)₂PCl	Dialkyl phosphorochloridite	氯代二烷基亚磷酸酯
ROPCl₂	Alkyl phosphorodichloridite	二氯代烷基亚磷酸酯
(HO)₂PSH	Thiophosphorous acid	硫代亚磷酸
(RO)₂PSR	O,O,S-Trialkyl phosphorothioite	O,O,S-三烷基硫代亚磷酸酯

亚膦酸衍生物：

RP(OR)₂	Dialkyl alkylphosphonite	二烷基烷基亚膦酸酯
RP(OR)Cl	Alkyl alkylphosphonochloridite	烷基烷基氯代亚膦酸酯
RPCl₂	Alkylphosphine dichloride	烷基二氯化膦
RP(SH)(OH)	Alkylphosphonothious acid	硫代烷基亚膦酸
RP(SR)(OR)	O,S-Dialkyl alkylphosphonothioite	O,S-二烷基硫代烷基亚膦酸酯

次亚膦酸衍生物：

R₂POR	Alkyl dialkylphosphinite	烷基二烷基次亚膦酸酯
R₂PCl	Dialkyl phosphine Chloride	二烷基氯化膦
R₂PSR	S-Alkyl dialkylphosphinothioite	S-烷基硫代二烷基次亚膦酸酯
R₂PNR₂	N,N-Dialkyl dialkylphosphinous amide	N,N-二烷基二烷基次亚膦酰胺

（4）磷酰基化合物

磷酸以"-oric"结尾，含一个 P—C 键的酸以"-onic"结尾，含两个 P—C 键的酸以"-inic"结尾。它们的酯以"-ate"结尾。"-thion-"代表硫酮，"-thiol-"代表硫醇。五价磷酸可分为：

(HO)₃PO	Phosphoric acid	磷酸
HP(O)(OH)₂	Phosphonic acid	膦酸
H₂P(O)(OH)	Phosphinic acid	次膦酸

磷酸衍生物：

$(RO)_3PO$	Trialkyl phosphate	三烷基磷酸酯
$(R_2N)_3PO$	Hexaalkyl phosphoric triamide	六烷基磷酰三胺
$ROP(O)Cl_2$	Alkyl phosphorodichloridate	O-烷基磷酰二氯
$(RO)_2P(O)Cl$	Dialkyl phosphorochloridate	O,O-二烷基磷酰氯
$(RO)_2P(S)Cl$	Dialkyl phosphorochloridothionate	O,O-二烷基硫(酮)代磷酰氯
$(RO)_2P(O)NR_2$	N,N-Dialkyl-O,O-dialkyl phosphoramidate	N,N-二烷基 O,O-二烷基磷酰胺
$(RO)_2P(O)SR$	O,O,S-Trialkyl phosphorothiolate	O,O,S-三烷基硫(醇)代磷酸酯
$(RO)_3PS$	O,O,O-Trialkyl phosphorothionate	O,O,O-三烷基硫(酮)代磷酸酯
$(RO)_2P(S)SH$	O,O-Dialkyl phosphorodithioic acid	O,O-二烷基二硫代磷酸

膦酸衍生物：

$RP(O)(OR)_2$	Dialkyl alkylphosphonate	O,O-二烷基烷基膦酸酯
$RP(O)(NR_2)_2$	N,N,N',N'-Tetraalkyl alkylphosphonodiamidate	N,N,N',N'-四烷基烷基膦酰二胺
$RP(O)(OR)Cl$	Alkyl alkylphosphonochloridate	O-烷基烷基膦酰氯
$RP(S)(OR)F$	Alkyl alkylphosphonofluoridothionate	O-烷基烷基硫(酮)代膦酰氟
$RP(O)(OR)(SR)$	O,S-Dialkyl alkylphosphonothiolate	O,S-二烷基烷基硫(醇)代膦酸酯
$RP(S)(OR)(SR)$	O,S-Dialkyl alkylphosphonodithioate	O,S-二烷基烷基二硫代膦酸酯

次膦酸衍生物：

$R_2P(O)OR$	Alkyl dialkylphosphinate	O-烷基二烷基次膦酸酯
$R_2P(O)NH_2$	Dialkylphosphinamide	二烷基次膦酰胺
$R_2P(O)SH$	Dialkylphosphinothiolic acid	二烷基硫(醇)代次膦酸
$R_2P(S)SH$	Dialkylphosphinodithioic acid	二烷基二硫代次膦酸
$R_2P(S)Cl$	Dialkylphosphinochloridothioate	二烷基硫代次膦酰氯

焦磷酸衍生物或磷酸酐：

通常当两个磷原子上所联基团相同即对称的情况下，可以称焦磷酸酯或磷酸酐，在不对称情况下，只能称磷酸酐。例如：

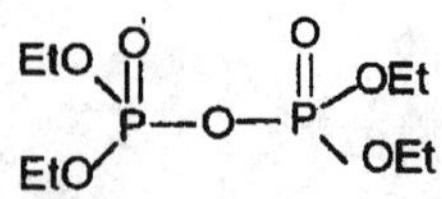

Tetraethyl pyrophosphate　四乙基焦磷酸酯

也可以用：(O,O-Diethyl phosphoric acid)(O,O-Diethyl phosphoric acid) anhydride (O,O-二乙基磷酸)(O,O-二乙基磷酸)酸酐。

（O, O-Dialkyl phosphorothioic acid）（N，N，N′，N′-tetraalkylphosphoroamidic acid）anhydrosulfide（O,O-二烷基硫代磷酸）(N,N,N′,N′-四烷基二胺基磷酸)硫代酸酐。

2.2.3　有机磷杀虫剂的合成

2.2.3.1　含磷原料及中间体[91]

(1)元素磷

磷是制备一切含磷原料如三氯化磷、五硫化二磷等的起始物。

磷有黄磷和赤磷之分。黄磷为蜡状固体,呈浅黄色,熔点 $44\,^{\circ}\!C$,蒸气的分子组成为 P_4 ,溶于二硫化碳,不溶于水。它的化学性质活泼,易被氧化,在空气中能自燃,储运中要浸没在水里。赤磷为暗红色粉末,化学性质较稳定,加热到 $260\,^{\circ}\!C$ 才着火。

黄磷的生产以磷矿石(磷酸钙)为原料,配以石英石及焦炭,在电炉内加热到约 $1500\,^{\circ}\!C$,即有磷蒸气随同一氧化碳逸出,经冷却并在熔点以上温度下静置、澄清,可得到高纯度的产品。反应过程如下:

$$Ca_3(PO_4)_2 + 3SiO_2 + 5C \longrightarrow 3CaSiO_3 + \frac{1}{2}P_4 + 5CO$$

(2)三氯化磷

三氯化磷是多种含磷中间体的原料,三氯氧磷、三氯硫磷、五氯化磷、烃基二氯化膦以及亚磷酸二酯、三酯均要用三氯化磷来合成。

三氯化磷是一种具有强烈刺激性的无色透明液体,在湿空气里发生白色烟雾。这是由于湿气能与它反应分解为亚磷酸和盐酸的缘故。

三氯化磷以黄磷与氯气为原料,反应按下式进行:

$$P_4 + 6Cl_2 \longrightarrow 4PCl_3$$

反应过程中产生大量的热(314kJ/mol),通常将熔化的黄磷浸没在三氯化磷中,再通入氯气,产生的热量使三氯化磷气化,经冷却得到产物。反应中还要防止水分和氧气的带入,否则有如下副反应发生:

$$2PCl_3 + O_2 \longrightarrow 2POCl_3$$
$$PCl_3 + H_2O + Cl_2 \longrightarrow POCl_3 + 2HCl$$

(3)三氯氧磷

亦称磷酰氯(Phosphoryl Chloride),无色透明液体,具有强烈刺激味,沸点 $105.8\,^{\circ}\!C$ 。遇水分解成磷酸和氯化氢:

$$POCl_3 + 3H_2O \longrightarrow H_3PO_4 + 3HCl$$

三氯氧磷以三氯化磷为原料,经氧化制得。氧化剂可用氧气或用氯气加水,也可能用氯气与二氧化硫为氧化剂,三种方法各有优劣。

$$2PCl_3 + O_2 \longrightarrow 2POCl_3$$
$$PCl_3 + H_2O + Cl_2 \longrightarrow POCl_3 + 2HCl$$
$$PCl_3 + Cl_2 + SO_2 \longrightarrow POCl_3 + SOCl_2$$

（4）三氯硫磷

无色透明液体，沸点126℃，不溶于水，可溶于有机溶剂，遇冷水反应缓慢，与甲醇、乙醇反应激烈。

三氯化磷与硫在金属铝存在下反应，可以制得三氯硫磷：

$$PCl_3 + S \xrightarrow{Al} PSCl_3$$

（5）五硫化二磷

纯品为淡黄色结晶，工业品为灰至黄色，熔点280℃～283℃。对五硫化二磷的蒸气密度测定表明，它的分子组成在P_5S_{10}和P_2S_5之间，液体状态下，基本上由P_4S_{10}组成。

熔融的磷和硫在高温400℃～450℃下反应可以制得五硫化二磷。此反应很简单，但过程是很复杂的，有时还有一些低硫的磷化合物P_4S_3、P_4S_7等生成：

$$P_4 + 10S \longrightarrow P_4S_{10}$$

（6）五氯化磷

淡黄色固体，易升华，在空气中易潮解和发烟，结果生成磷酸和氯化氢：

$$PCl_5 + 4H_2O \longrightarrow P(O)(OH)_3 + 5HCl$$

三氯化磷与氯气反应得到五氯化磷

$$PCl_3 + Cl_2 \longrightarrow PCl_5$$

（7）O,O-二烷基二硫代磷酸

工业上大规模的制备方法是由五硫化二磷与醇反应，常用的醇为甲醇或乙醇：

$$P_2S_5 + 4ROH \longrightarrow 2(RO)_2 \overset{\overset{\displaystyle S}{\|}}{P} SH + H_2S\uparrow$$

这个反应里有许多副反应，产物中杂质也较多。我们曾对二乙氧基二硫代磷酸的中性副产物进行过分离鉴定，发现以下六个化合物为其主要成分[92]：

$$(EtO)_2\overset{\overset{\displaystyle S}{\|}}{P}H \qquad (EtO)_2\overset{\overset{\displaystyle S}{\|}}{P}SEt, \qquad (EtO)_3P=S, \qquad (EtO)_2\overset{\overset{\displaystyle S}{\|}}{P}-(S)_n-\overset{\overset{\displaystyle S}{\|}}{P}(OEt)_2$$

$$n= 1,2,3$$

以上副产物在产物中含量高达15%～20%。

（8）硫代磷酰氯

有两个比较实用的方法，一个方法是以三氯硫磷为原料与过量的醇反应得到O-烷基硫代磷酰二氯，然后在缚酸剂氢氧化钠存在下与醇反应得到产物：

$$PSCl_3 + ROH \xrightarrow{-HCl} RO\overset{\overset{\displaystyle S}{\|}}{P}Cl_2 \xrightarrow{NaOH/ROH} (RO)_2\overset{\overset{\displaystyle S}{\|}}{P}Cl$$

三氯硫磷与醇钠反应可以一步得到O,O-二烷基硫代磷酰氯：

$$PSCl_3 + 2RONa \longrightarrow (RO)_2\overset{\overset{\displaystyle S}{\|}}{P}Cl$$

另一个方法是以五硫化二磷为原料，与醇反应得到O,O-二烷基二硫代磷酸（见上节），然后与氯气反应得到磷酰氯：

$$2(RO)_2\overset{\overset{\textstyle S}{\|}}{P}-SH + 3Cl_2 \longrightarrow 2(RO)_2\overset{\overset{\textstyle S}{\|}}{P}Cl + 2HCl + S_2Cl_2$$

在有机磷杀虫剂中最常用的为 $(MeO)_2P(S)Cl$ 和 $(EtO)_2P(S)Cl$。

（9）亚磷酸酯

亚磷酸二烷基酯和三烷基酯，特别是甲酯和乙酯，是有机磷杀虫剂合成中的重要中间体。当甲醇或乙醇与三氯化磷反应时，很容易得到相应的亚磷酸二烷基酯：

$$PCl_3 + 3ROH \longrightarrow (RO)_2\overset{\overset{\textstyle O}{\|}}{P}H + RCl + 2HCl$$

此反应被认为是通过亚磷酸三酯的过程。由于反应中生成的 HCl 不能及时移出，它很快与三酯反应，经由中间体鏻盐 **24**、**25**，得到产物。

在醇与三氯化磷的反应中，如果加入缚酸剂叔胺，使生成的 HCl 能及时除去，将会以很好的产率得到亚磷酸三烷基酯。常用的叔胺为二甲苯胺和三乙胺：

$$PCl_3 + 3ROH + 3R'_3N \longrightarrow (RO)_3P + 3R'_3N \cdot HCl$$

除上述方法之外，亚磷酸三甲酯在工业上还可以用酯交换的方法制备。首先，三氯化磷与苯酚反应生成三苯酯，然后在甲醇钠催化下与甲醇发生酯交换反应：

$$PCl_3 + 3C_6H_5OH \xrightarrow{160℃} (C_6H_5O)_3P + 3HCl\uparrow$$

$$(C_6H_5O)_3P + 3MeOH \xrightarrow[催化]{MeONa} (MeO)_3P + 3C_6H_5OH$$

（10）磷酰氯

三氯氧磷与醇反应，首先生成磷酰二氯 **26**，产生的 HCl 可用真空或通入氮气赶掉；进一步与醇反应，最好在碱存在下，这样可以得到磷酰氯 **27**：

$$POCl_3 + ROH \xrightarrow{-HCl} RO\overset{\overset{\textstyle O}{\|}}{P}Cl_2 \xrightarrow[-B\cdot HCl]{R'OH/B} \overset{RO}{\underset{R'O}{}}\overset{\overset{\textstyle O}{\|}}{P}Cl$$
$$\qquad\qquad\qquad\qquad\quad \textbf{26}\qquad\qquad\qquad \textbf{27}$$

对于两个烷氧基相同的磷酰氯 **28**，一个便利的合成方法是亚磷酸二烷基酯的氯化法：

$$(RO)_2\overset{\overset{\textstyle O}{\|}}{P}H + Cl_2 \longrightarrow \overset{RO}{\underset{RO}{}}\overset{\overset{\textstyle O}{\|}}{P}Cl + HCl$$
$$\qquad\qquad\qquad\qquad\qquad\qquad \textbf{28}$$

（11）硫（醇）代磷酸盐

这是制备硫（醇）代磷酸酯类杀虫剂的关键中间体，工业上最常用的方法是用亚磷酸二酯加硫成盐制备：

$$(RO)_2P\overset{O}{\underset{H}{}} + S + NH_3 \longrightarrow \begin{array}{c} RO \\ RO \end{array} P\overset{O}{\underset{SNH_4}{}}$$

此外,通过硫代磷酰氯 **29** 的碱性水解[93],磷酰氯 **30** 与硫化钾反应,或者磷酸三酯 **31** 与硫氢化钠反应[93],均能得到硫(醇)代磷酸盐:

$$\begin{array}{c} RO \\ R'O \end{array} P\overset{S}{\underset{Cl}{}} \quad \underset{H_2O}{\overset{NaOH}{\longrightarrow}} \quad \left[\begin{array}{c} RO \\ R'O \end{array} P\overset{S}{\underset{O}{}} \right]^- \quad Na^+ \quad \longrightarrow \quad \begin{array}{c} RO \\ R'O \end{array} P\overset{O}{\underset{SNa}{}}$$

29

$$\begin{array}{c} RO \\ R'O \end{array} P\overset{O}{\underset{Cl}{}} + K_2S \longrightarrow \begin{array}{c} RO \\ R'O \end{array} P\overset{O}{\underset{SK}{}} + KCl$$

30

$$(RO)_2P\overset{S}{\underset{O}{}} \!\!-\!\!O\!\!-\!\!\langle\!\!\rangle\!\!-\!\!Xn + NaSH \longrightarrow \begin{array}{c} RO \\ NaS \end{array} P\overset{O}{}\!\!-\!\!O\!\!-\!\!\langle\!\!\rangle\!\!-\!\!Xn$$

31

(12)膦酰氯及硫代膦酰氯

这类中间体中最重要的是 O-烷基烷基(芳基)膦酰氯 **32** 及其硫代类似物 **33**。大规模制备这类化合物的一种便利的方法是三氯化磷与卤烷烃或卤芳烃在三氯化铝存在下形成配合物 **34**,当用水分解时,得到膦酰二氯[94],进一步与醇/碱反应得到 **32**;当 **34** 与醇反应时,可以直接生成 **32**[94~96];**34** 与硫醇在氯化钾存在下反应,得到硫代膦酰二氯[97],进一步与醇/碱反应得到 **33**。

$$RCl + PCl_3 + AlCl_3$$

$$\begin{array}{c} R \\ Cl \end{array} P\overset{O}{\underset{Cl}{}} \quad \overset{H_2O}{\longleftarrow} \quad [\overset{+}{R}PCl_3\overset{-}{AlCl_4}] \quad \overset{RSH/KCl}{\longrightarrow} \quad \begin{array}{c} R \\ Cl \end{array} P\overset{S}{\underset{Cl}{}} + EtCl$$

34

$$\downarrow -R'Cl \downarrow 2R'OH \qquad\qquad \downarrow R'OH/B:$$

$$\begin{array}{c} R \\ R'O \end{array} P\overset{O}{\underset{Cl}{}} \qquad\qquad \begin{array}{c} R \\ R'O \end{array} P\overset{S}{\underset{Cl}{}}$$

32 **33**

$$\begin{array}{c} R \\ R'O \end{array} P\overset{O}{\underset{Cl}{}} \quad \overset{R'OH/B:}{\longleftarrow}$$

O-烷基苯基硫代磷酰氯 **35** 可以通过三氯化磷与苯在三氯化铝存在下的反应制备,此反应也可以看作三氯化磷的付氏反应[98,99]。

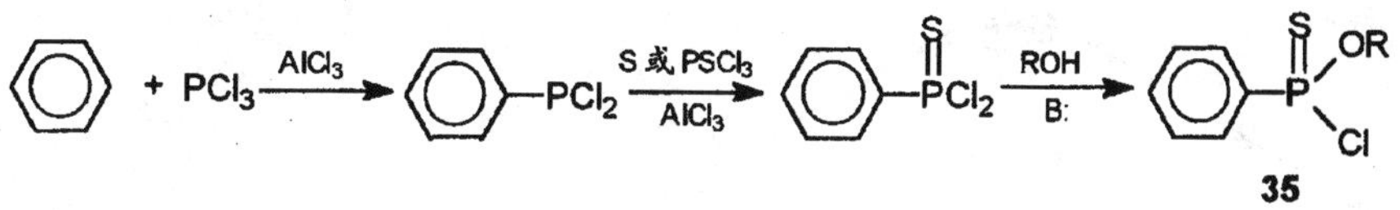

35

(13)磷酰胺

这类中间体中最常见的是 N,N,N′,N′-四烷基磷酰氯 **36** 和 O-烷基 N,N-二烷基磷酰氯 **37** 以及它们的硫代类似物。制备方法都是从三氯氧磷或三氯硫磷出发，与仲胺或伯胺反应，也可以与胺的盐酸盐反应。它分两步进行：首先得到磷酰二氯 **38**，然后进一步与胺或醇反应得到 **36** 和 **37**[100~105]。

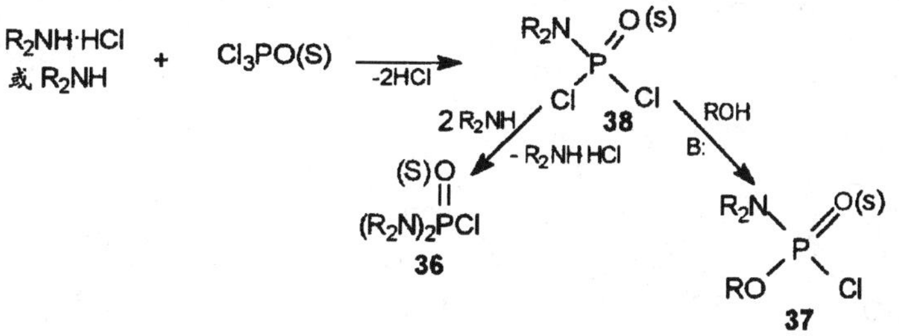

图 2—9(见第 60 页)列出了用于杀虫剂合成的重要的含磷原料和中间体以及它们之间的联系[106]，以此作为小结。

2.2.3.2 磷酸酯

作为杀虫剂的磷酸酯主要包括芳基酯 **39**、乙烯基酯 **40** 和肟酯 **41**，其中最重要的是取代乙烯基磷酸酯。它们主要通过磷酰氯与羟基化合物的反应、硫(酮)代磷酸酯的氧化反应、Perkow 重排反应以及膦酸酯重排反应来制备。

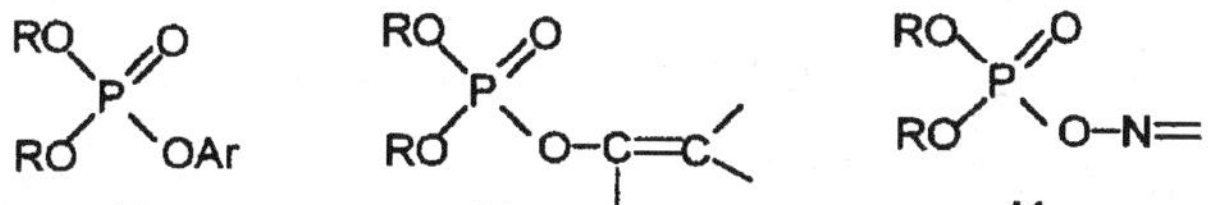

39　　40　　41

(1)芳基磷酸酯

O,O-二烷基磷酰氯与酚的反应是制备这类化合物最重要的方法。反应需要在缚酸剂(如碳酸盐、叔胺等)存在下进行，也可以用酚钠与磷酰氯反应而不用缚酸剂，但都需要溶剂。

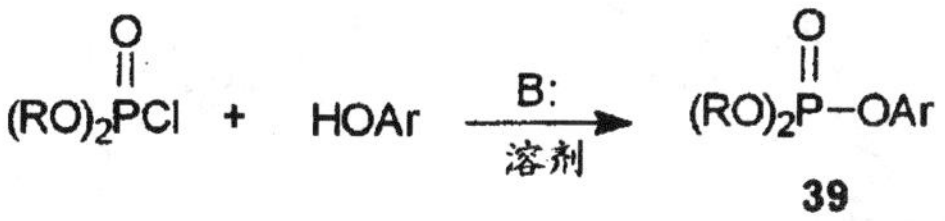

39

对氧磷 **42** 的合成可以作为一个例子。

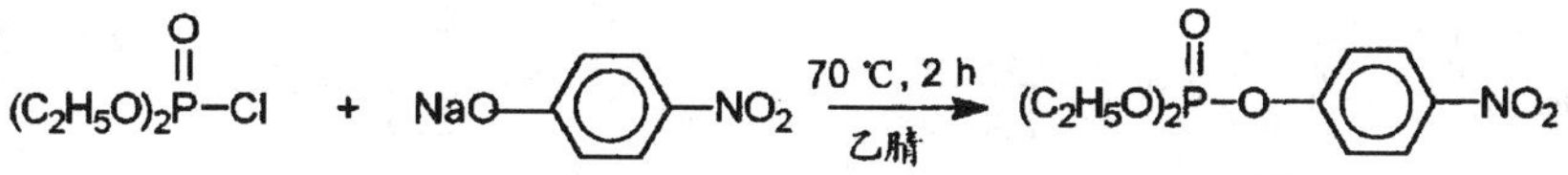

42

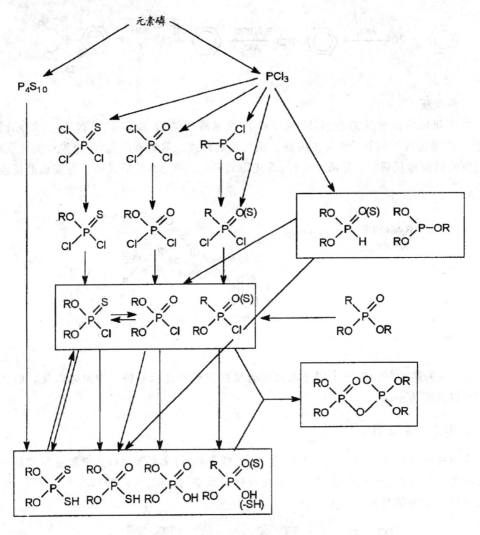

图 2—9 重要含磷原料和中间体的合成

另一个方法是将硫(酮)代磷酸酯氧化成相应的磷酸酯,即

$$P=S \longrightarrow P=O$$

实现这一过程,主要的氧化剂有硝酸、氧化氮、过氧化氢等。如蝇毒磷在硝酸氧化下得到氧化蝇毒磷 **43**,对硫磷用 N_2O_4 氧化得到对氧磷 **42**[107]。

（2）乙烯基磷酸酯

1952 年 Perkow 发现[108]，当亚磷酸三烷基酯与 α-氯化羰基化合物反应时，生成乙烯基磷酸酯 **44**，而不是 Arbuzov 反应产物 **45**。这就是 Perkow 反应或叫 Perkow 重排。在此反应中，α-卤代羰基化合物的反应活性顺序为：α-卤醛＞α-卤酮＞α-卤酯。卤素不同，反应活性也不一样。活性顺序为：Cl＞Br≫I。

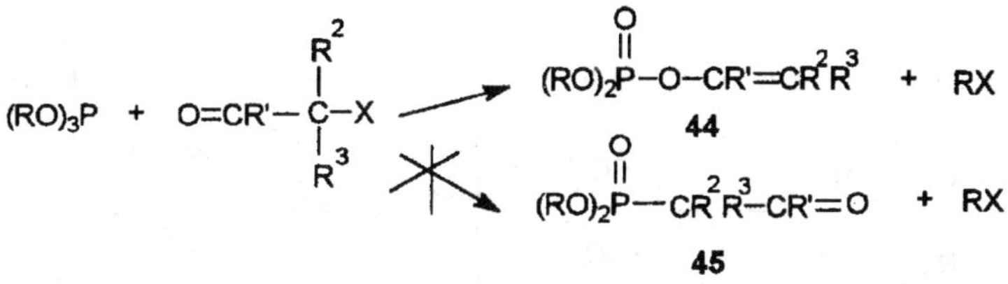

Perkow 反应已成为乙烯基磷酸酯类杀虫剂制备中最重要的方法。毒虫畏、DDV、速灭磷、久效磷、磷胺等都是通过该反应制备的，例如，亚磷酸三甲酯与三氯乙醛反应得到 DDV。

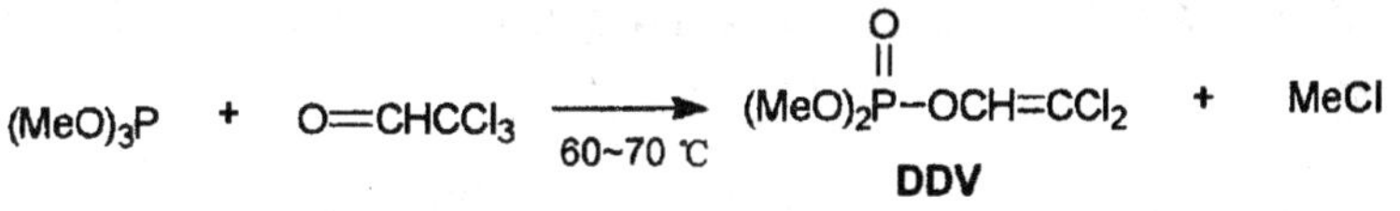

关于 Perkow 反应机理有许多争论，读者如有兴趣可参考[109]及其所列文献。

在灭蚜净 **46** 的合成中，如果用 Perkow 反应，则得到的产物为 73％的 E-体和 27％的 Z-体的混合物；当 O,O-二甲基磷酰氯与乙酰乙酸乙酯的烯醇钠盐反应时，几乎定量地得到 Z-体；当三氯化磷在三乙胺存在下与乙酰乙酸乙酯反应，然后再甲酯化时，可得到 94％的 E-体[110]。

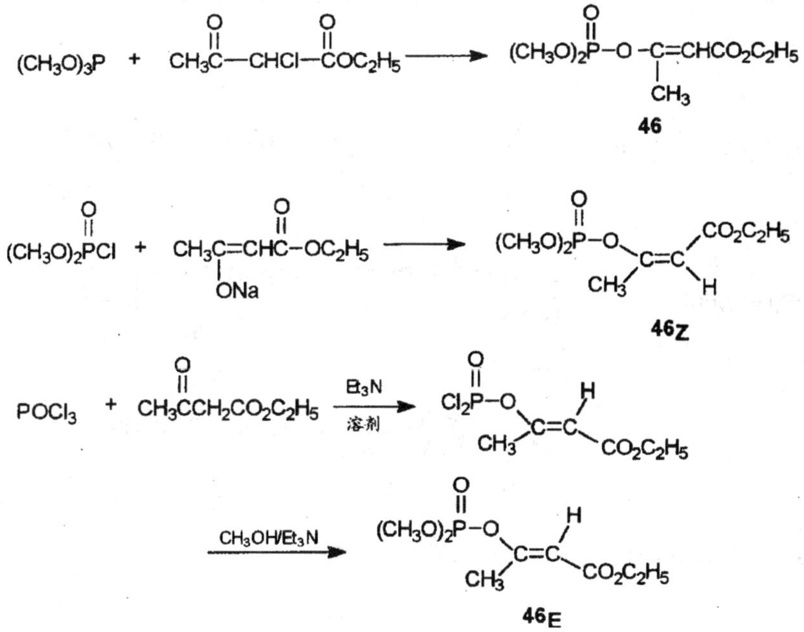

（3）磷酸肟酯

二烷基磷酰氯也能与肟在缚酸剂存在下或与其碱金属盐反应，生成磷酸肟酯，如驱虫磷

47[111]。

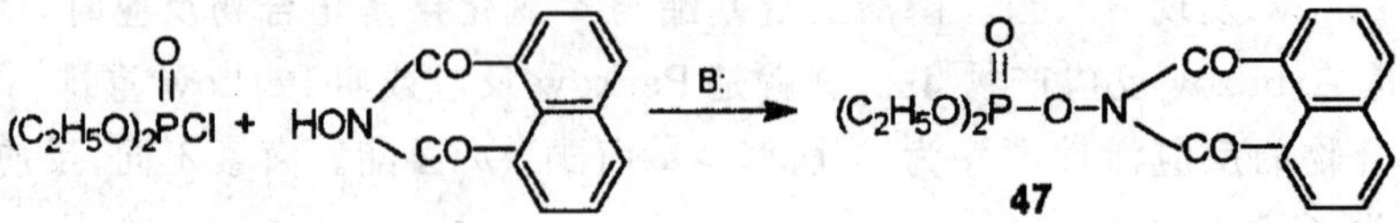

2.2.3.3　硫代磷酸酯

硫代磷酸存在如下互变异构平衡,因此它的酯也可分为硫(酮)和硫(醇)两种类型:

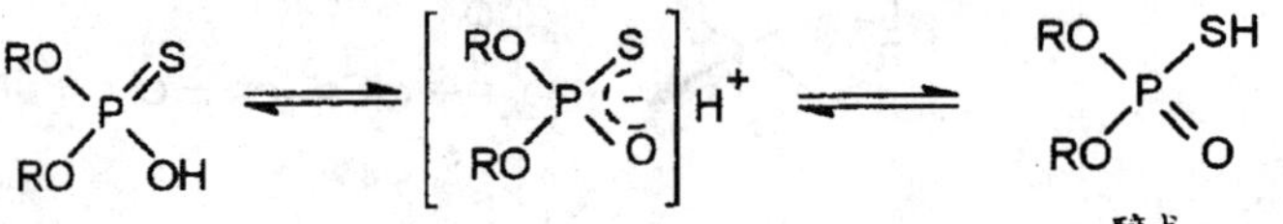

(1)硫(酮)代磷酸酯

这类化合物是有机磷杀虫剂中最重要的类型,常见的有芳基酯(包括芳杂环酯)**48**、β-烷基硫乙基酯 **49**、肟酯 **50** 等。

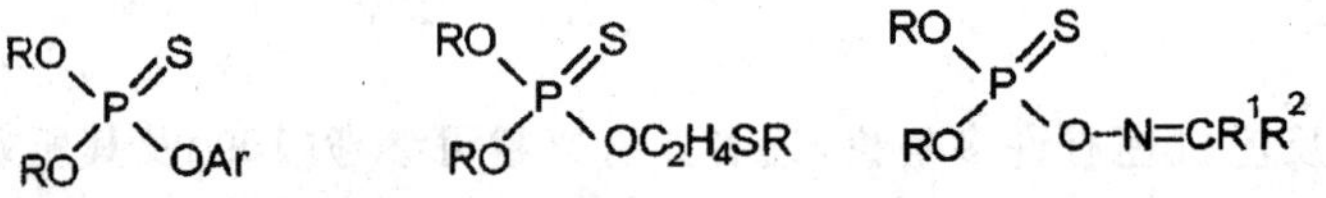

合成硫(酮)代磷酸酯的主要方法是用硫代磷酰氯与羟基化合物反应,缚酸剂可以是无机碱也可以是有机碱,还可以用羟基化合物的钠盐进行反应。例如杀螟松 **51**[112]、噁唑磷 **52**[113]和辛硫磷 **53**[114]的合成。

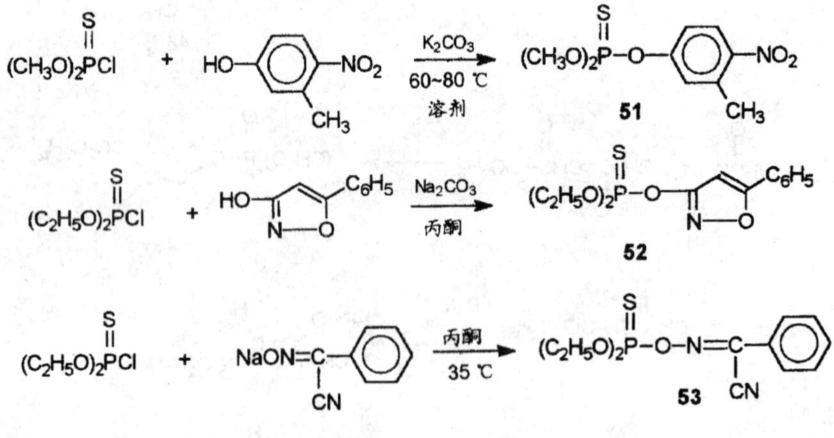

内吸磷 **54** 在合成中,还会生成部分硫(醇)代酯 **55**。

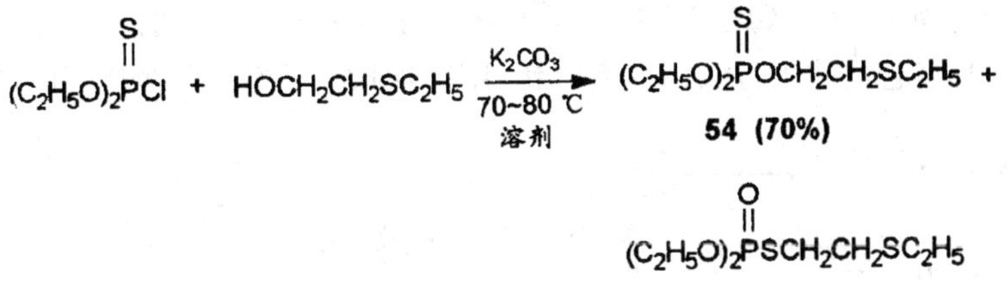

$$(C_2H_5O)_2\overset{\underset{\|}{S}}{P}Cl \ + \ HOCH_2CH_2SC_2H_5 \ \xrightarrow[\substack{70\sim80\ ℃ \\ 溶剂}]{K_2CO_3} \ (C_2H_5O)_2\overset{\underset{\|}{S}}{P}OCH_2CH_2SC_2H_5 \ +$$

54 (70%)

$$(C_2H_5O)_2\overset{\underset{\|}{O}}{P}SCH_2CH_2SC_2H_5$$

55 (30%)

蔬果磷 **56** 是一类含磷杂环硫（酮）代磷酸酯，它可以从水杨醇与硫代磷酰二氯反应合成[115]。

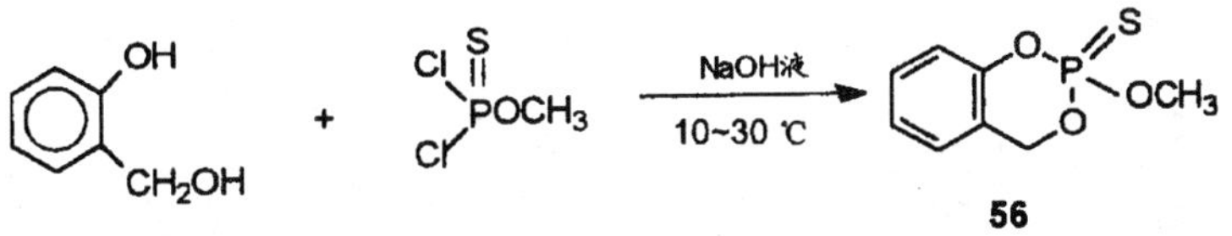

56

(2)硫（醇）代磷酸酯

硫（醇）代磷酸酯类杀虫剂主要包括 **57**、**58** 两类。70 年代以后发展的含手性磷原子的不对称硫（醇）代磷酸酯 **59**，主要是含丙硫基的化合物。这些化合物的合成方法主要有硫（醇）代磷酸盐与卤代烷的反应、三价磷化合物与烷基氯化硫的反应以及磷酰氯与巯基化物的反应。

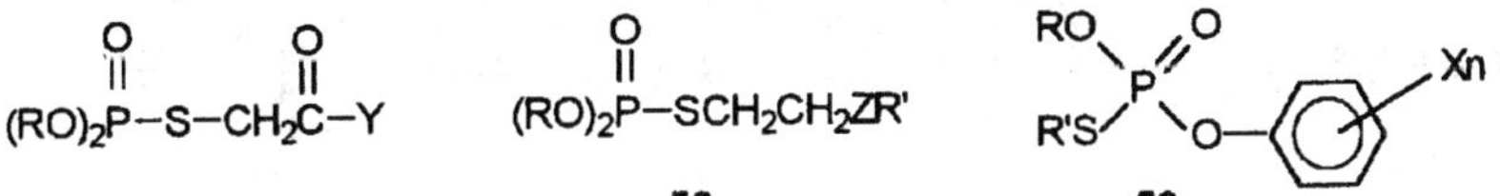

57   **58**   **59**

Y=烷氧基，烷胺基   Z=O,S

硫（醇）代磷酸盐与卤代烷的反应是制备这类化合物最重要的方法，如氧化乐果 **60** 和异甲

$$(CH_3O)_2\overset{\underset{\|}{O}}{P}SNa \ + \ ClCH_2CONHCH_3 \ \longrightarrow \ (CH_3O)_2\overset{\underset{\|}{O}}{P}SCH_2CONHCH_3$$

60

$$(CH_3O)_2\overset{\underset{\|}{O}}{P}SK \ + \ ClCH_2CH_2SC_2H_5 \ \longrightarrow \ (CH_3O)_2\overset{\underset{\|}{O}}{P}SCH_2CH_2SC_2H_5$$

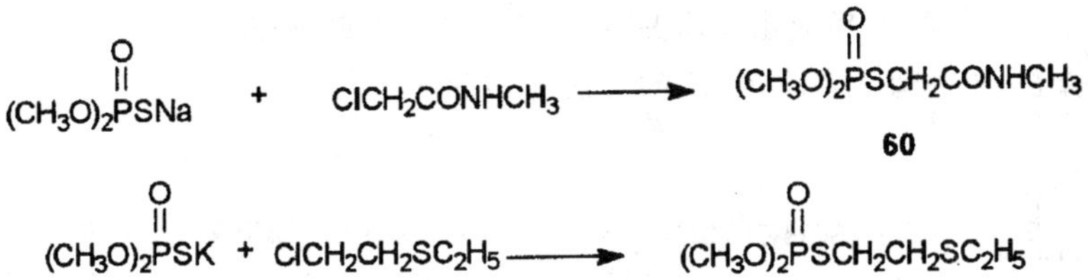

61

基内吸磷 **61** 的合成。不对称硫（醇）代磷酸酯 **62** 可以从 O-乙基 O-取代苯基硫代磷酸钾盐制得[93]。

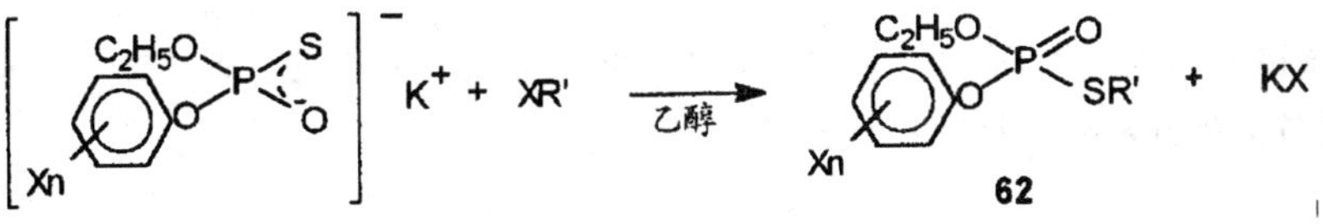

62

X=Cl, Br; R'=烷基，取代烷基

三价磷化物如(RO)₂PCl[116]、ROPCl₂[117]及三氯化磷[118,119]均能与烷基氯化硫反应,得到关键中间体**62**,当它进一步与取代酚反应就可以得到**59**类型的化合物,如**63**[120]。化合物**64**

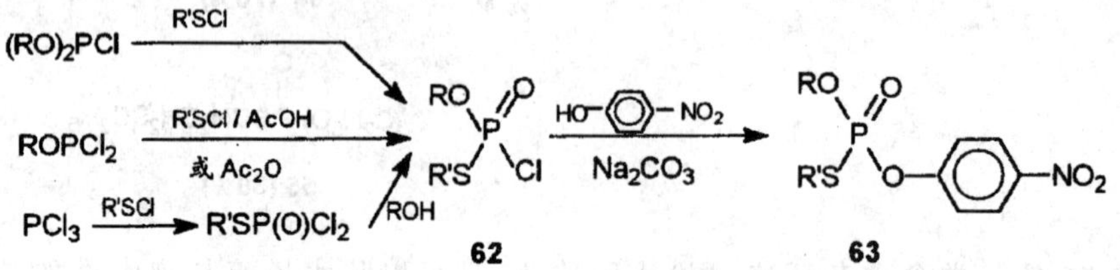

(**62**,R=C₂H₅,R′=C₃H₇)是制备丙硫基不对称磷酸酯的关键中间体,用它可以合成新杀虫剂RH-0994[121]。

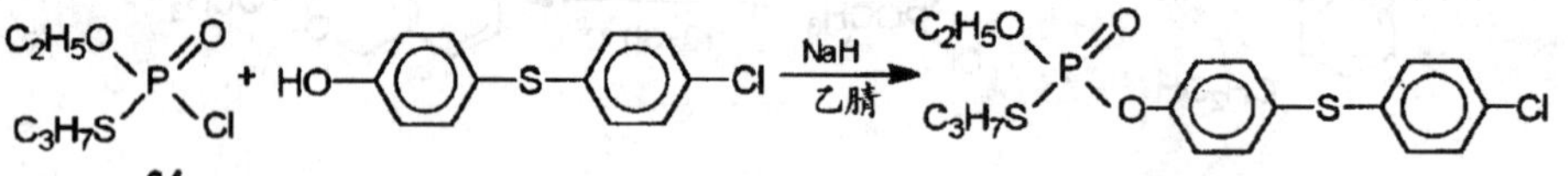

在制备杀虫剂 Pyraclofos**65** 时也可以利用三价磷与 R′SCl 的反应,但此反应放在最后一步[122]。

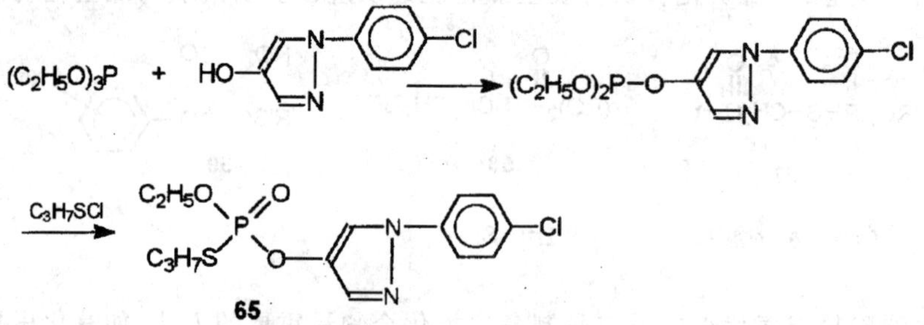

磷酰氯与巯基化合物的反应由于容易引起产物磷上烷氧基的脱烷基副反应,因而较少应用。但异内吸磷**66**和杀菌剂克瘟散**67**的合成可用此法[123]。

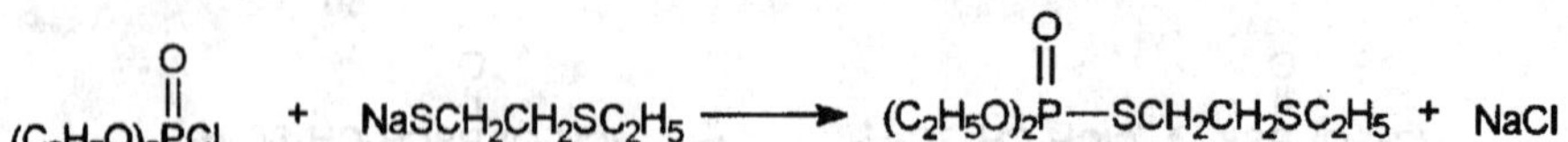

2.2.3.4　二硫代磷酸酯

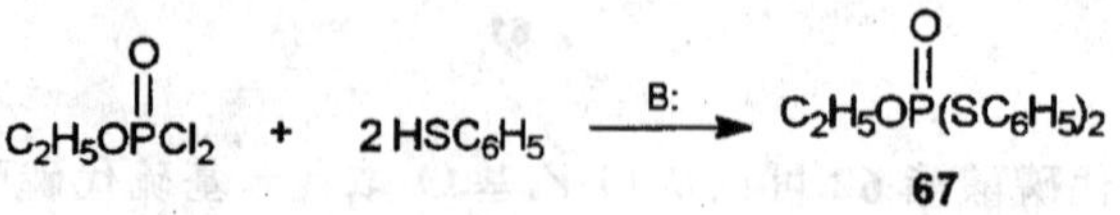

二硫代磷酸也存在互变异构平衡,所以它的酯也存在两种类型,即二硫(酮、醇)代磷酸酯(简称二硫代磷酸酯)**68**和二硫(醇)代磷酸酯**69**。

68

69

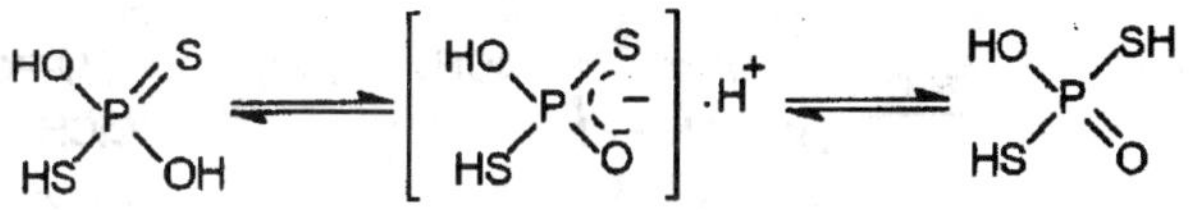

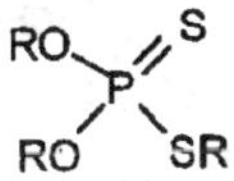

(1)二硫(酮、醇)代磷酸酯

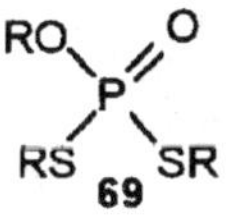

这是有机磷杀虫剂中最重要的一类,其结构特点是在S-烷基的α-或β-碳原子上有一个杂原子基团,构成羧酸酯 **70**、酰胺 **71**、胺基酯 **72**、杂环酯 **73** 以及硫醚 **74** 或亚砜 **75**。主要制备方法是以O,O-二烷基二硫代磷酸为原料的烷基化、类Mannich反应以及和烯烃的加成反应等。

70

71

72

73

74 (n=1,2)

75 (n= 1,2)

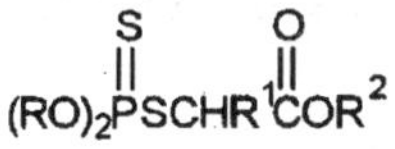

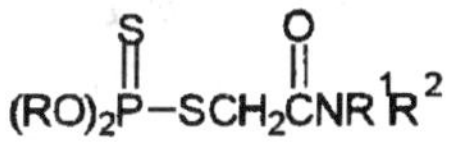

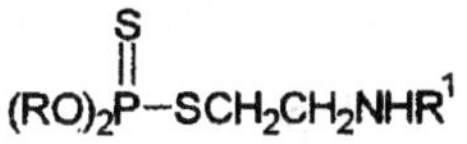

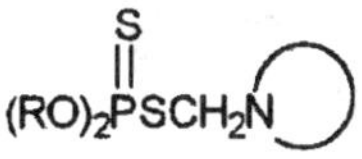

许多二硫代磷酸酯可以用二硫代磷酸盐与卤代烷反应制备,如二甲硫吸磷 **76**、家蝇磷 **77**、保棉磷 **78** 等。

76

77

78

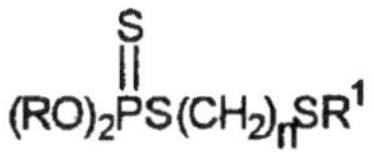

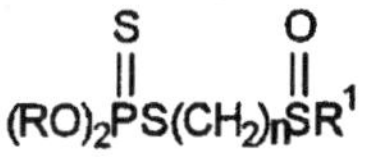

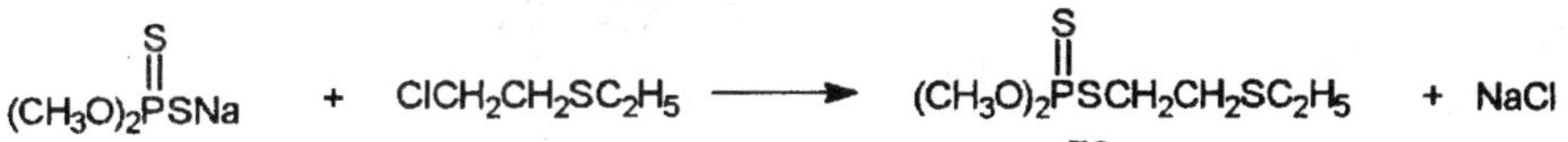

杀扑磷 **79** 的合成可以像保棉磷那样先制得氯甲基噻二唑酮,然后与二硫代磷酸钾盐反应(方法a),也可以从羟甲基噻二唑酮与二硫代磷酸脱水(方法b),更便利的方法是噻二唑酮与二硫代磷酸在甲醛存在下发生类Mannich反应,一步得到 **79**(方法c)[124]。后一种方法也用于制备甲拌磷 **80**[125]。

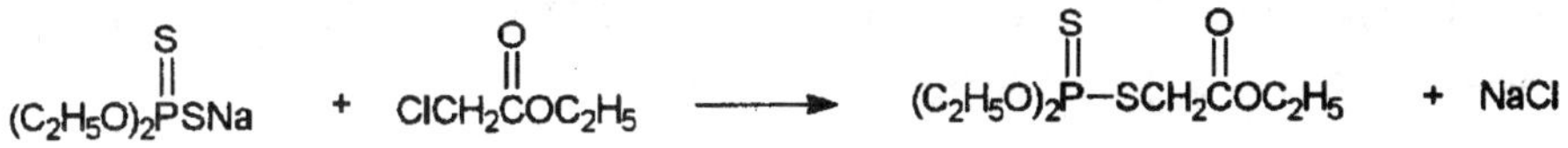

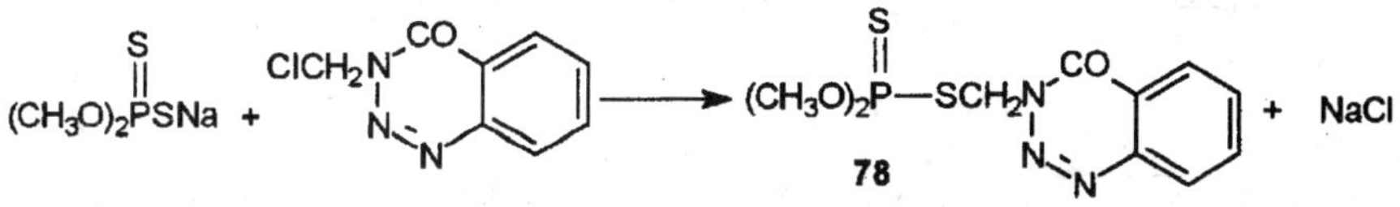

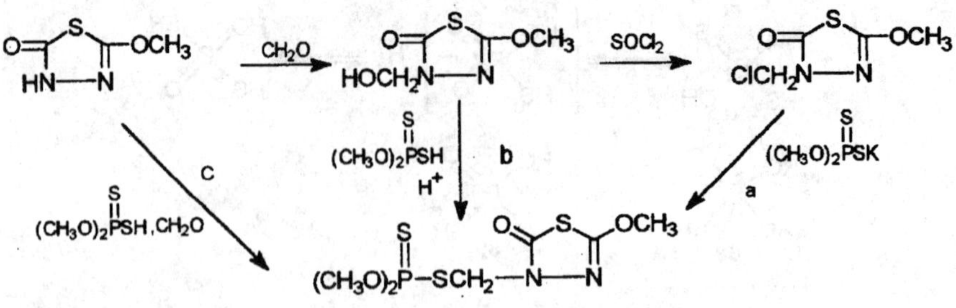

$$(C_2H_5O)_2\overset{S}{\underset{\|}{P}}SH \ + \ CH_2O \ + \ HSC_2H_5 \longrightarrow (C_2H_5O)_2\overset{S}{\underset{\|}{P}}SCH_2SC_2H_5$$

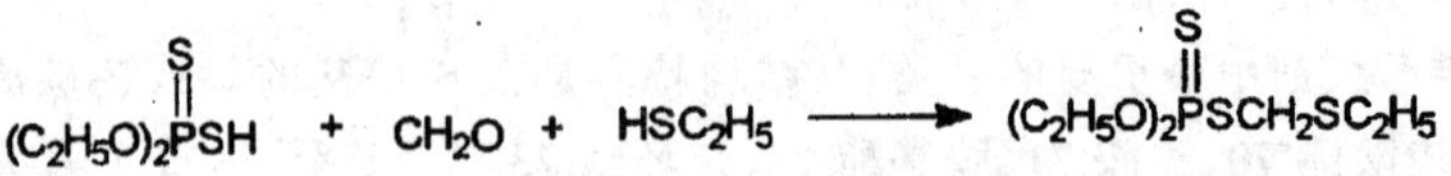

80

二硫代磷酸与烯的加成反应可以马拉硫磷 **81** 的生产为例,此反应在碱催化下进行。

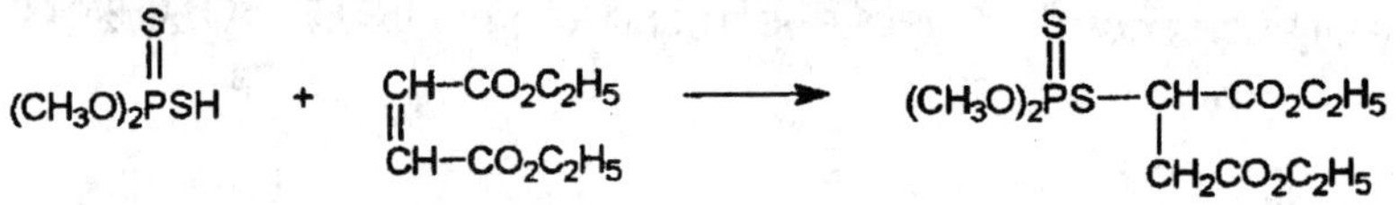

81

(2)二硫(醇)代磷酸酯

这是一类比较新的化合物,尚无大规模商品化品种。通常在这类化合物中需要存在一个丙硫基:

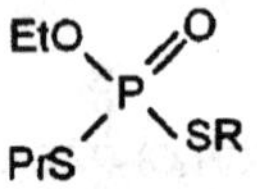

　　82　R = 烷基、芳基

其合成方法也是从二硫代磷酸开始,经酯化、去烷基和烷基化三步反应得到 **82**[126、127],其中 **82a**、**82b**、**82c** 是具有优良杀虫活性的化合物[126、128、129]。

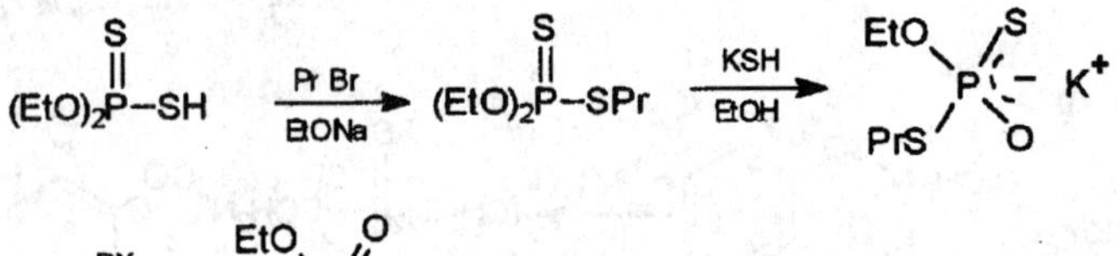

$$R=\overset{a}{CH_2CH_2SC_2H_5}, \ \overset{b}{CH_2SC_2H_5}$$
$$\overset{c}{CH_2SC_6H_4Cl\text{-}p}$$

另一类合成方法是用丙硫基磷酰氯与巯基化合物反应得到 **82**[130]。

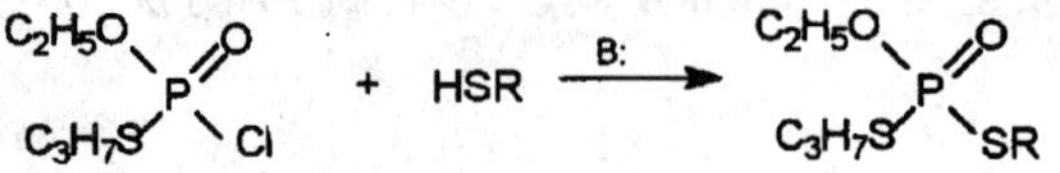

　　82

2.2.3.5　磷酰胺酯

作为杀虫剂的含 P—N 键的磷酰基化合物主要有以下两种类型:

A=烷基，芳基；R=烷基；R1，R2=烷基，氢

它们的合成大都可以从磷酰氯出发，先引入P—N键，然后再酯化，如育畜磷**83**的合成[131]；也

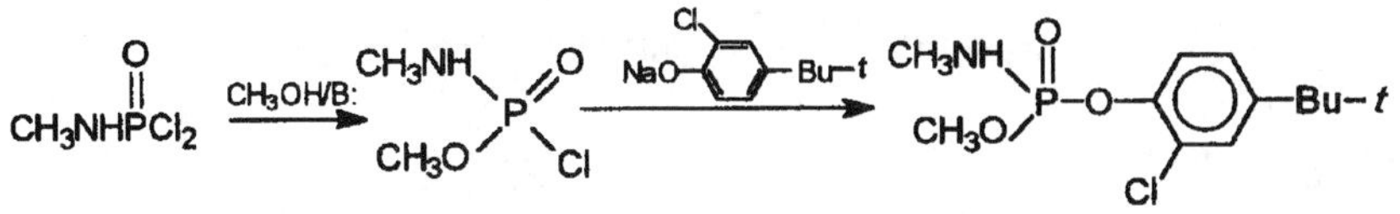

83

可后引入P—N键，如异丙胺磷**84**[132]和胺丙畏**85**[133]。

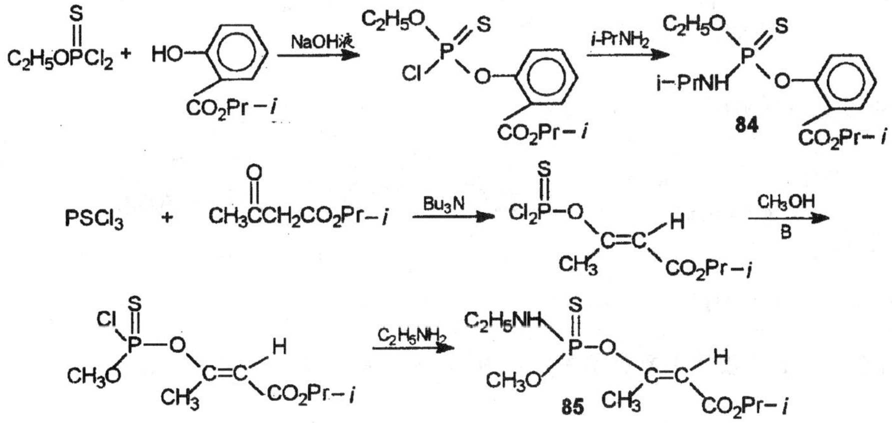

从三价磷化合物合成磷酰胺酯的一个例子是神经毒剂塔崩**86**，当年Saunders按下列反应进行合成：

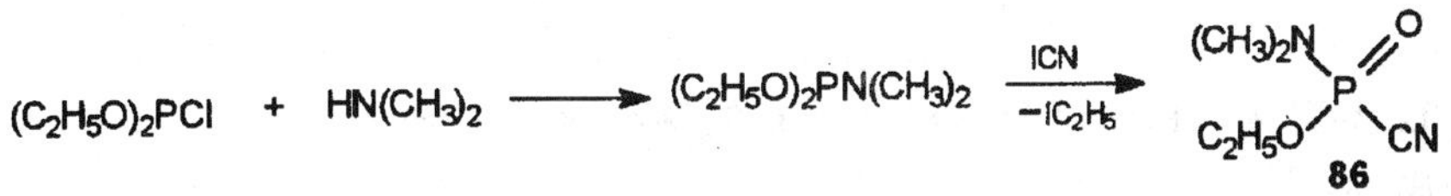

86

在硫(醇)代磷酰胺酯类杀虫剂中，众所周知的甲胺磷**87**存在着许多合成方法，其中较为便利的方法是先氨化后异构化的方法。异构化的催化剂可以用CH_3I或Me_2SO_4。

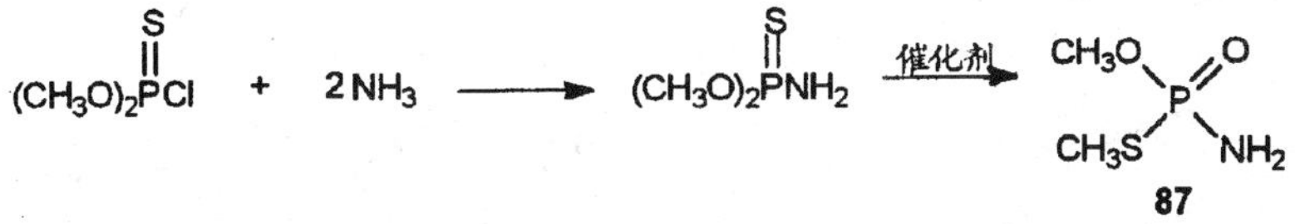

87

2.2.3.6 焦磷酸酯

有多种方法可用于制备焦磷酸酯，制备对称化合物最佳的方法是用二烷氧基磷酰氯和水在碱存在下反应[134]，一部分磷酰氯先被水解，其产物与另一部分未水解的膦酰氯继续作用：

$$(RO)_2\overset{\overset{X}{\|}}{P}Cl \xrightarrow{H_2O/B:} (RO)_2\overset{\overset{X}{\|}}{P}OH \xrightarrow[\text{B:}]{ClP(OR)_2} (RO)_2\overset{\overset{X}{\|}}{P}-O-\overset{\overset{X}{\|}}{P}(OR)_2$$
88

特普(**88**,R=Et,X=O)、硫特普(**88**,R=Et,X=S)均能按上式制得。八甲磷 **3** 也可用类似的方法制备:

$$2(Me_2N)_2\overset{\overset{O}{\|}}{P}Cl \xrightarrow{H_2O/2R_3N} (Me_2N)_2\overset{\overset{O}{\|}}{P}-O-\overset{\overset{O}{\|}}{P}(NMe_2)_2$$
3

不对称磷酸酐可从一种磷酸盐与另一种磷酰氯反应制备,如膦磷酸酐 **89**[135]。不对称磷

$$\overset{EtO}{\underset{PhO}{}}\overset{\overset{S}{\|}}{P}OK + \overset{EtO}{\underset{Ph}{}}\overset{\overset{S}{\|}}{P}Cl \longrightarrow \overset{EtO}{\underset{Ph}{}}\overset{\overset{S}{\|}}{P}-O-\overset{\overset{S}{\|}}{P}\overset{OEt}{\underset{OPh}{}}$$
89

酸酐 **90** 也可以从亚磷酸二酯制备[136]:

$$(RO)_2\overset{\overset{O}{\|}}{P}OH + (R'O)_2\overset{\overset{S}{\|}}{P}S-N\overset{\frown}{\underset{\smile}{}}O \xrightarrow{\mp HCl} (RO)_2\overset{\overset{O}{\|}}{P}-S-\overset{\overset{S}{\|}}{P}(OR')_2$$
90

2.2.3.7　膦酸酯

作为杀虫剂的膦酸酯主要有两种类型 **91** 和 **92**,前者以苯硫磷为代表,后者以敌百虫为代表:

$$\overset{A}{\underset{RO}{}}\overset{\overset{O(S)}{\|}}{P}\overset{OAr}{\underset{(S)}{}}\quad \textbf{91} \qquad (RO)_2\overset{\overset{O}{\|}}{P}-\underset{\underset{OR'}{}}{CH}-CX_3 \quad \textbf{92}$$

合成 **91** 类型化合物的便利方法是用膦酰氯与酚或硫酚反应,如苯硫磷 **93**[137]、地虫磷 **94**[138] 的合成。

$$\overset{C_6H_5}{\underset{C_2H_5O}{}}\overset{\overset{S}{\|}}{P}Cl + NaO-\overset{}{\underset{}{}}\!\!-NO_2 \longrightarrow \overset{C_6H_5}{\underset{C_2H_5O}{}}\overset{\overset{S}{\|}}{P}-O-\!\!-NO_2$$
93

$$\overset{C_2H_5}{\underset{C_2H_5O}{}}\overset{\overset{S}{\|}}{P}Cl + HS-\!\!\!-\!\!\! \xrightarrow{B_3N} \overset{C_2H_5}{\underset{C_2H_5O}{}}\overset{\overset{S}{\|}}{P}-S-\!\!\!-$$
94

众所周知,Arbuzov 反应[139]是形成 P—C 键的好方法,它是由亚磷酸酯与卤代烷通过形成鳞盐中间体,最后得到膦酸酯:

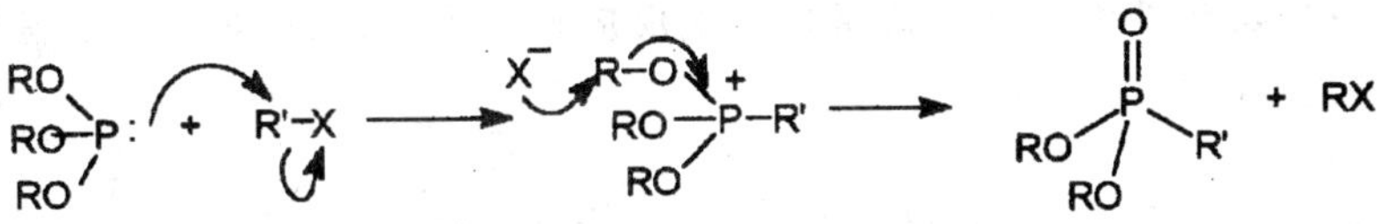

但此反应在杀虫剂合成上较少应用,与其近似的反应,即亚磷酸二酯的盐与卤代烷的反应却应用较多,此反应称为 Michaelis-Becker 反应[140]:

丁酯磷 **95** 的合成就是一例[141]。亚磷酸二酯与三氯乙酰氯反应,也能形成 P—C 键,生成敌百虫氧化物 **96**,进一步与吗啉反应得到敌百虫的 α-胺基衍生物 **97**。**96** 和 **97** 均具杀虫活性[142]。

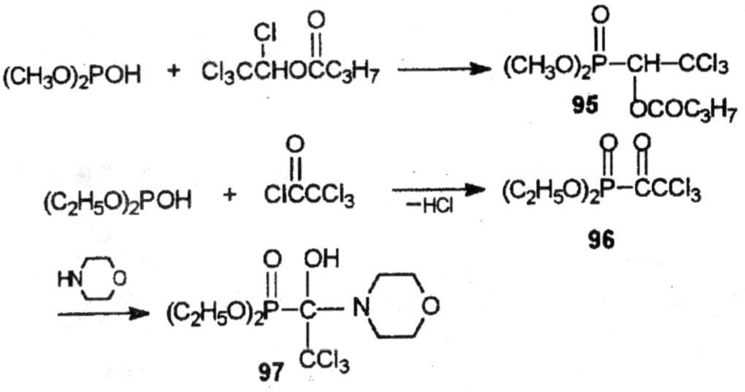

二烷基亚磷酸酯对羰基化合物的加成反应,也是形成 P—C 键的一类重要方法。敌百虫 **98**

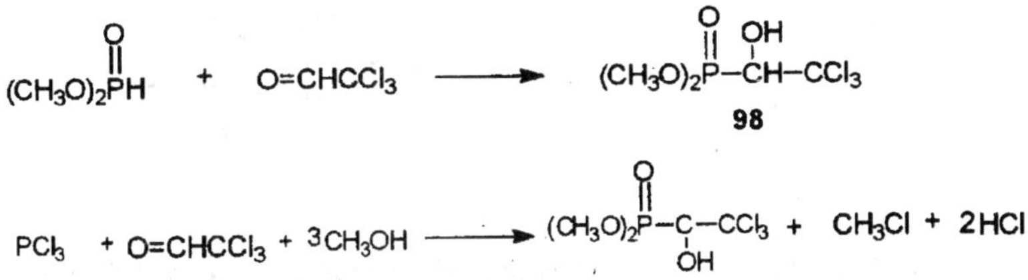

就是用这个方法从亚磷酸二甲酯与三氯乙醛反应制备的[143],也可以从三氯化磷、三氯乙醛和甲醇同时反应产生[144]。后一反应过程可能是经由五配位中间体 **99**,然后醇对磷原子进攻,生成羟基膦酰氯,最后得到酯。

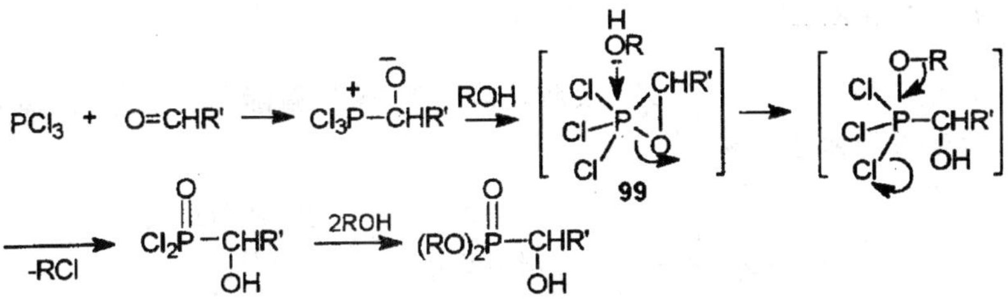

2.2.3.8 次膦酸酯

含两个 P—C 键的次膦酸衍生物,在有机磷杀虫剂中不占重要地位,品种较少,其合成方法主要是一些金属有机化合物与磷氯化合物反应形成 P—C 键,如用四乙基铅[145]、格氏试剂[146~148]制备次膦酰氯:

$$C_6H_5PCl_2 + Et_4Pb \longrightarrow \begin{matrix} C_6H_5 \\ C_2H_5 \end{matrix} PCl \xrightarrow[AlCl_3]{[S]} \begin{matrix} C_6H_5 \\ C_2H_5 \end{matrix} P \begin{matrix} S \\ Cl \end{matrix}$$

$$2PSCl_3 + 4RMgX \longrightarrow R_2P-PR_2 \xrightarrow[\text{苯}]{SO_2Cl_2} R_2PCl$$

$$\xrightarrow[CCl_4]{SOCl_2} R_2PCl$$

也可以从烷基二氯化膦与三氯化铝形成的络合物制备次膦酰氯[149]:

$$RPCl_2 + R'Cl + AlCl_3 \longrightarrow RR'PCl \cdot AlCl_4 \xrightarrow{S,KCl} \begin{matrix} R \\ R' \end{matrix} P \begin{matrix} S \\ Cl \end{matrix}$$

杀虫剂氯壤磷 **100** 的合成,可利用上述方法制得的二乙基次膦酰氯与三氯酚钠反应得到。

$$(C_2H_5)_2PCl + NaO-\text{〈}Cl_3\text{〉} \longrightarrow (C_2H_5)_2P-O-\text{〈}Cl_3\text{〉}$$

100

敌百虫的次膦酸衍生物 **101**,可以通过亚膦酸酯与三氯乙醛反应制得[150]:

$$\begin{matrix} RO \\ R' \end{matrix} P \begin{matrix} O \\ H \end{matrix} + O=CHCCl_3 \longrightarrow \begin{matrix} RO \\ R' \end{matrix} P \begin{matrix} O \\ CH-CCl_3 \\ OH \end{matrix}$$

101

如下的 Arbuzov 反应也可用来制备具有杀虫作用的 S-丙基次膦酸酯[151]:

$$\begin{matrix} C_3H_7S \\ CH_3 \end{matrix} POCH_3 + ClCH_2-\text{〈〉} \longrightarrow \begin{matrix} C_3H_7S \\ CH_3 \end{matrix} P \begin{matrix} O \\ CH_2-\text{〈〉} \end{matrix}$$

2.2.3.9　磷酰氟

含 P—F 键的磷酰基化合物主要涉及胺基磷酰氟、磷酰氟酯和膦酰氟酯。前两类曾用作杀虫剂,后一类主要作为神经毒剂[77]。

$$(RR'N)_2P-F \qquad (RO)_2P-F \qquad \begin{matrix} R \\ RO \end{matrix} P \begin{matrix} O \\ F \end{matrix}$$

它们的制备通常是用氟置换相应的磷酰氯中的氯原子,如甲氟磷 **102**[152]、丙氟磷

$103^{[77、152]}$、沙林 $104^{[77]}$ 的合成。

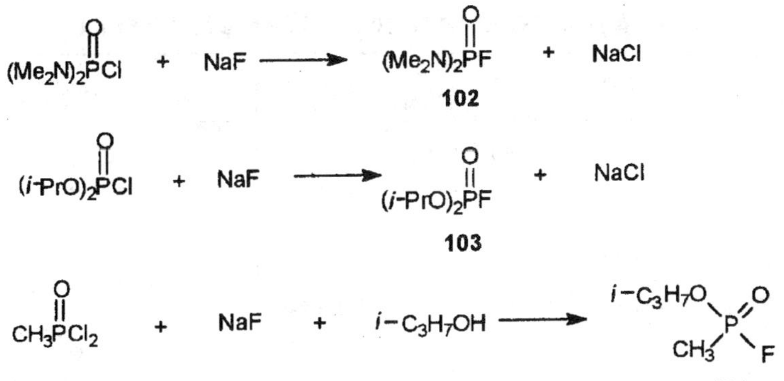

这类化合物也可以从容易得到的二氯磷酰氟为起始物合成[152]。

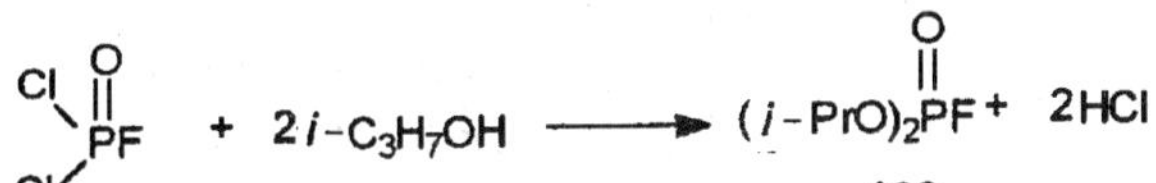

2.2.4　重要的化学反应

有机磷杀虫剂都是中性的磷酰基或硫代磷酰基化合物,大多为酯类。它们的生物活性及生化行为,在很大程度上取决于酯的特征。因此考察它们在以下几类反应中的表现是很有用处的。这些反应包括:水解、磷酰化、去烷基、氧化、光解、热解等。

2.2.4.1　水解反应

磷酰基化合物由于 P=O(S)强极性键的存在,一个根本特征是磷原子上具有一定的有效正电荷,亲电性强,容易与亲核试剂发生亲核取代反应。水解反应是一类重要的亲核取代反应,根据介质的酸碱度,又可分为碱性、中性和酸性三种水解。有机磷杀虫剂,由于其结构的不同,对三类水解的敏感性各异。水解结果往往造成 P—O—C 键或 P—N 键或 P—S—C 键的断裂,最终使杀虫剂失去活性。因此,它们对水解的敏感程度与它们的生物活性密切相关。

磷酸酯 A 与碱、酸或水(B)的水解反应,大都遵守二级反应动力学规律,其反应速度为:

$$A+B \longrightarrow C+D$$

$$dx/dt=K_2(a-x)(b-x)$$

当 B 大量过剩而浓度不变时,成为假一级反应,上列公式简化为:

$$dx/dt=K_1(a-x)$$

反应速度除用水解速度常数 K_1、K_2 表示以外,也可用酯的半衰期 t_{50} 表示:

$$t_{50}=\frac{1}{K_1} ln2=0.693/K_1$$

常见的有机磷杀虫剂在 pH6 和 70℃时的半衰期列于表 2—3[153]。

一般认为,水解反应按加成消去(SN$_2$)或消去加成(SN$_1$)机理进行。在 SN$_2$ 情况下要经由五配位的过渡态或中间体 105;而 SN$_1$,则往往假设三配位的偏磷酸衍生物 106 为其过渡态[154、155]。从立体化学看,前者应得到构型翻转或保留产物[154~156],后者应得到消旋化产物[154,155]。下面将对不同结构的磷酰基化合物的水解反应予以讨论。

表 2—3　有机磷农药水解速率〔70℃，乙醇-pH 6 缓冲液(1：4)〕[153]

农药名称	结构式	半衰期(小时)	农药名称	结构式	半衰期(小时)
对氧磷	$(C_2H_5O)_2P(O)O-$〇$-NO_2$	28.0	灭蚜松	$(CH_3O)_2P(S)SCH_2-$ 三嗪环 NH_2, NH_2	27.6
对硫磷	$(C_2H_5O)_2P(S)O-$〇$-NO_2$	43.0	马拉硫磷	$(CH_3O)_2P(S)SCHCO_2C_2H_5$ $CH_2CO_2C_2H_5$	7.8
甲基对硫磷	$(CH_3O)_2P(S)O-$〇$-NO_2$	8.4	马拉氧磷	$(CH_3O)_2P(O)SCHCO_2C_2H_5$ $CH_2CO_2C_2H_5$	7.0
杀螟松	$(CH_3O)_2P(S)O-$〇$-NO_2$ (CH_3)	11.2	敌敌畏	$(CH_3O)_2P(O)OCH=CCl_2$	1.35
			敌百虫	$(CH_3O)_2P(O)CH(OH)-CCl_3$	3.2
倍硫磷	$(CH_3O)_2P(S)O-$〇$-SCH_3$ (CH_3)	22.4	毒虫畏	$(C_2H_5O)_2P(O)C=CHCl$ 苯环(Cl,Cl)	93.0
皮蝇磷	$(CH_3O)_2P(S)O-$〇$-$ (Cl,Cl,Cl)	10.4			
甲基内吸磷-S	$(CH_3O)_2P(O)SC_2H_4SC_2H_5$	7.6			
甲基内吸磷亚砜	$(CH_3O)_2P(O)SC_2H_4SOC_2H_5$	12.4	速灭磷 α	$(CH_3O)_2P(O)OC=CCO_2CH_3$ CH_3 , H	3.7
甲基内吸磷砜	$(CH_3O)_2P(O)SC_2H_4SO_2C_2H_5$	5.1			
内吸磷-S	$(C_2H_5O)_2P(O)SC_2H_4SC_2H_5$	18.0	速灭磷 β	$(CH_3O)_2P(O)OC=CCO_2CH_3$ CH_3 , H	4.5
二甲硫吸磷	$(CH_3O)_2P(S)SC_2H_4SC_2H_5$	17.0			
乙拌磷	$(C_2H_5O)_2P(S)SC_2H_4SC_2H_5$	32.0			
甲拌磷	$(C_2H_5O)_2P(S)SCH_2SC_2H_5$	1.75			
甲拌磷氧相似物	$(C_2H_5O)_2P(O)SCH_2SC_2H_5$	0.5	磷胺 α	$(CH_3O)_2P(O)OC=C-CON(C_2H_5)_2$ CH_3 , Cl	10.5
三硫磷	$(C_2H_5O)_2P(S)SCH_2S-$〇$-Cl$	110.0	磷胺 β	$(CH_3O)_2P(O)OC=C-CON(C_2H_5)_2$ CH_3 , Cl	14.0
芬硫磷	$(C_2H_5O)_2P(S)SCH_2S-$〇$-$ (Cl,Cl)	92.0			
乙硫磷	$(C_2H_5O)_2P(S)SCH_2SP(S)(OC_2H_5)_2$	37.5	二嗪农	$(C_2H_5O)_2P(S)O-$ 嘧啶环 $CH(CH_3)_2, CH_3$	37.0

农药名称	结构式	半衰期(小时)	农药名称	结构式	半衰期(小时)
保棉磷	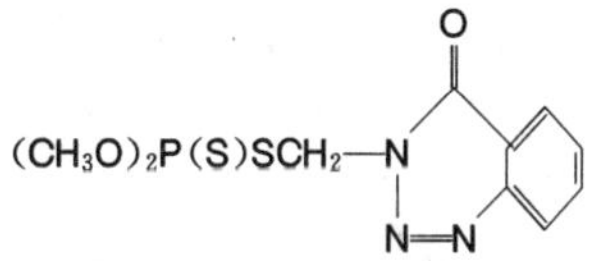 $(CH_3O)_2P(S)SCH_2-$ (带苯并三嗪酮环结构)	10.4	治线磷	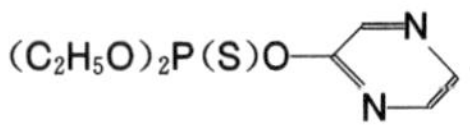 $(C_2H_5O)_2P(S)O-$ (嘧啶环)	29.2
乐果	$(CH_3O)_2P(S)SCH_2CONHCH_3$	12.0	治线磷氧相似物	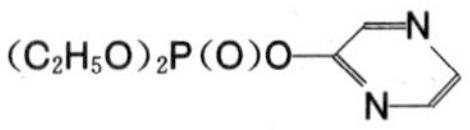 $(C_2H_5O)_2P(O)O-$ (嘧啶环)	8.2
茂果	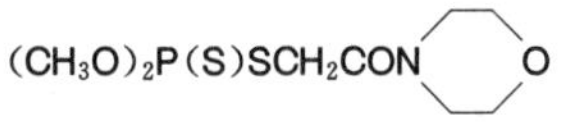 $(CH_3O)_2P(S)SCH_2CON$ (吗啉环)	18.4	甲氟磷	$((CH_3)_2N)_2P(O)F$	212
灭蚜蜱	$(C_2H_5O)_2P(S)CH_2CON(CH_3)$ $CO_2C_2H_5$	5.9	八甲磷	$(((CH_3)_2N)_2P=O)_2O$	96 小时后水解仍不易察觉

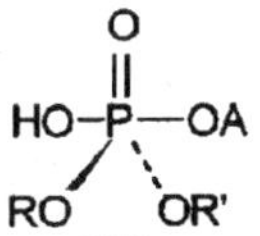

$$HO-\overset{O}{\underset{OR'}{\overset{|}{\underset{|}{P}}}}-OA \quad\quad A=\overset{O}{\underset{R}{\overset{\|}{P}}}$$

105 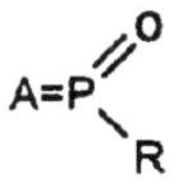　　　　**106**

(1)磷酸酯

磷酸酯键 P—O—C 水解时,存在 P 和 C 两个亲电中心,而且前者为硬酸中心,后者为软酸中心。作为硬碱的-OH 基优先进攻 P 原子,使 P—O 键断裂;作为软碱的水优先进攻 C 原子,引起 O—C 键断裂。

例如在磷酸酯 **107** 的碱性水解中,酸性最强的基团 AO 最易离去,引起 P—O 键断裂,反应经由五配位中间体:

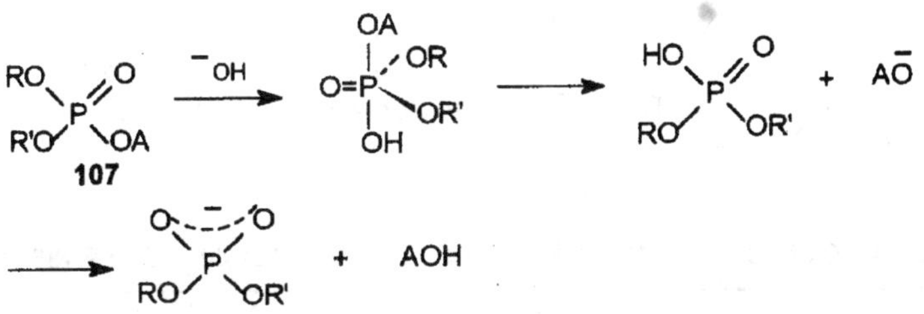

在中性或酸性介质中的水解反应较为缓慢,可能首先发生酯氧原子的质子化,亲核进攻发生在碳上,二烷氧基磷酸阴离子作为离去基团,引起 C—O 键断裂,反应应有 SN₂ 过程。用 O^{18} 标记的水进行的反应表明,O^{18} 几乎全部进入甲醇中[157],这对碳原子上的亲核取代机理是一个有力的证据。但在强酸介质中,亲核进攻也可能发生在磷原子上,引起 P—O 键断裂,和碳上的 SN₂ 反应同时存在。

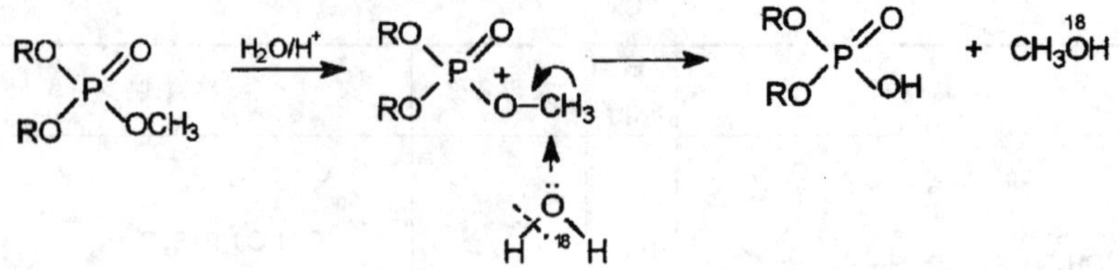

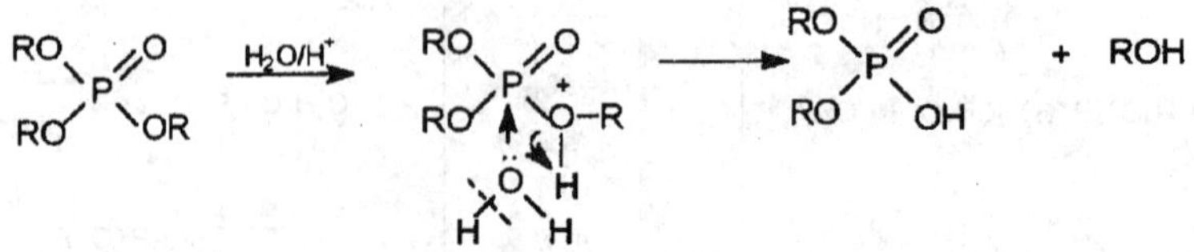

上述水解产物磷酸二酯在 pH 高于 1.5 时，发生离解，生成负离子，从而极大地降低磷的亲电性，使碱性水解极难进行。在酸性条件下虽能水解但仍然较慢，大都发生 C—O 键断裂。然而磷酸一甲酯单负离子的水解速度却比磷酸二甲酯负离子快约 8000 倍[158]，这可能由于不同的反应机理所致。这里假定反应经由一个不稳定的中间产物单偏磷酸负离子 **108**，按消去加成（SN$_1$）机理进行[159]。

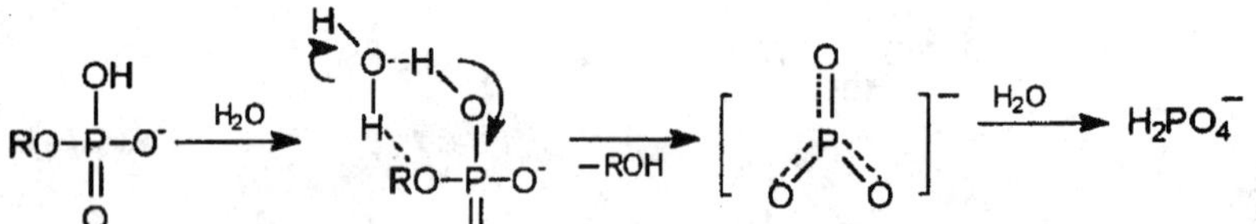

乙烯基磷酸酯的酸、碱性水解均发生烯醇酯键的断裂，其水解速度比相应的乙基酯快许多倍（表 2—4）[160]。这是由于诱导效应和双键系统的共轭效应，使乙烯基成为一个强拉电子的酸性基团造成的。从表 2—4 还可以看出，烯键碳原子上取代基不同也会影响水解速度，此外某些乙烯基磷酸酯的顺反异构体也存在不同的水解速度[161,162]。

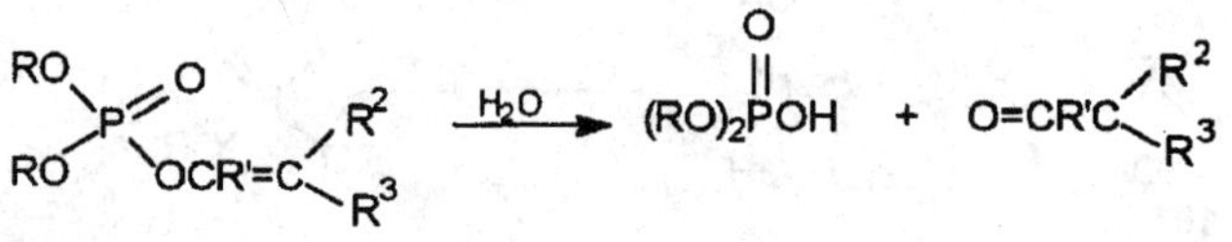

表 2—4　(C$_2$H$_5$O)$_2$P(O)OX 酸性水解(0.11 mol/L HCl 40％乙醇液,85℃)

X	t_{50}(h)	X	t_{50}(h)
— C = CHCO$_2$C$_2$H$_5$ | OC$_2$H$_5$	0.1	—CH=CCl$_2$	8.59
— C = CH$_2$ | CH$_3$	0.78	—CH=CHCO$_2$C$_2$H$_5$	11.71
— C = CH$_2$ | C$_6$H$_5$	1.79	—CH=CH$_2$	25.21
— C = CH$_2$ | CO$_2$C$_2$H$_5$	4.86	—CH$_2$—CH$_3$	308.7

（2）硫代磷酸酯

从表2—3可以看出硫（酮）代磷酸酯比相应的磷酸酯对水解稳定得多，这主要是硫的电负性比氧小的缘故。然而，另一方面，硫（醇）代磷酸酯的水解活性却比相应的磷酸酯高许多倍。例如，S-芳基对氧磷**109**在0.1 mol/L氢氧化钠中的水解比对氧磷快22倍[163]，而S-乙基对氧磷**110**发生在对硝基苯酯上的水解比对氧磷快470倍[164]。造成这种异常差别的原因，是由于硫原子

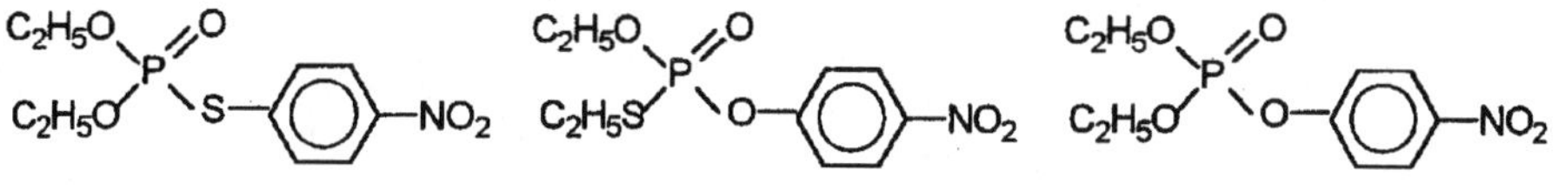

109 **110** 对氧磷

比氧原子易于极化，用硫原子的$3p$电子与磷的$3d$轨道形成的$p\pi\text{-}d\pi$键比氧的$2p$电子形成的$p\pi\text{-}d\pi$键要弱得多，此外P—S键的强度也比P—O键低。所以，磷酸酯与硫代磷酸酯对水解的稳定性有如下顺序：

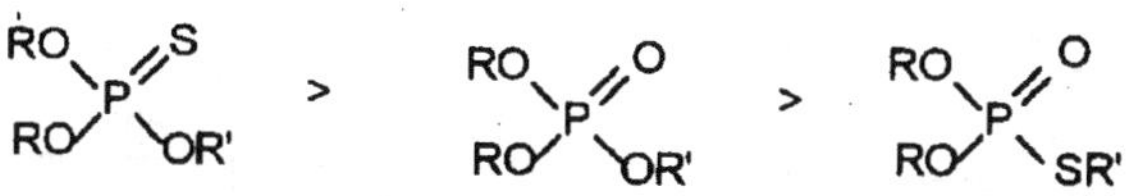

在硫原子与杂原子之间有一个亚甲基桥的二硫代磷酸酯的水解反应，往往发生C—S键的断裂而不是P—S键。例如保棉磷与浓盐酸反应放出甲醛[89]，进一步碱性水解生成邻氨基苯甲酸，这些水解产物均可供保棉磷比色测定利用。除此之外，伏杀磷[166]、甲拌磷[165]和三硫磷[165]均能放出甲醛，发生C—S断裂。

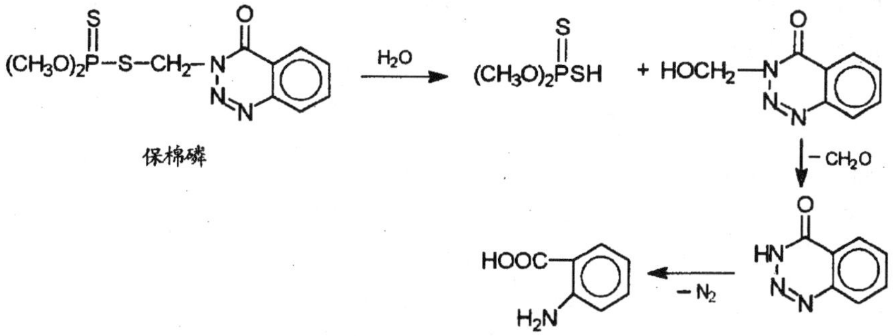

保棉磷

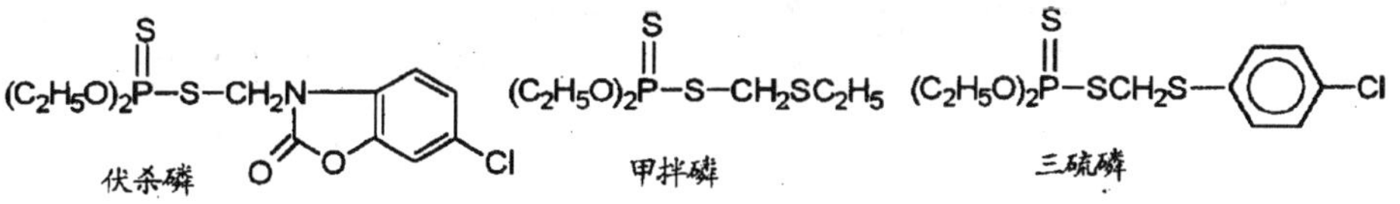

伏杀磷 甲拌磷 三硫磷

（3）磷酰胺酯

仲胺的磷酰胺极耐水解（见表2—3），这是由于氮上的p电子与磷上的$3d$轨道交盖形成较强的$p\pi\text{-}d\pi$反馈键，使磷上有效正电荷减少，$^-$OH的亲核进攻变得困难。从给电子能力来看，$R_2N>RNH\gg RO$，因此磷酰伯胺比磷酰仲胺稍易水解，但仍比磷酸酯稳定得多。例如丙胺氟磷的水解速度与丙氟磷差不多，而甲氟磷的水解速度却比它们低1.4万倍[164]。相应的磷

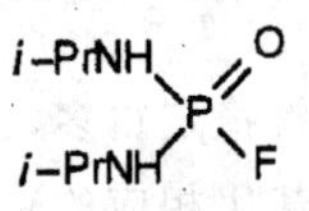

丙胺氟磷 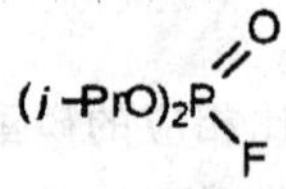   丙氟磷 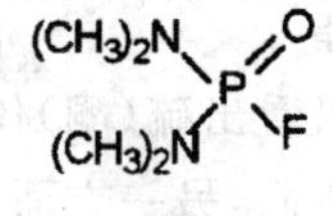   甲氟磷

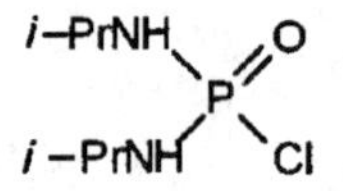

111 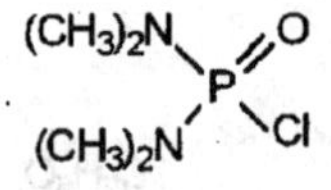   **112**

酰氯 **111** 和 **112** 虽然在中性或微酸性介质中的水解速度是可以比较的[167]，但在碱性介质中 **111** 比 **112** 要快 4 000 000 倍。这种异常的水解速度可能是反应机理上的不同造成的。

当磷酰伯胺的氮上存在氢原子时，在碱作用下能成盐，进一步消去氯离子后，得到偏磷酸型中间产物，这是慢过程，随后迅速与水加成得到水解产物[167]。

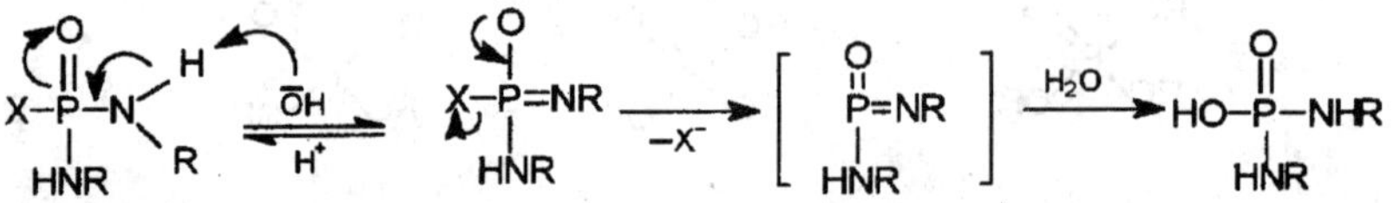

分离和鉴定这类偏磷酸中间产物的企图未获成功，但立体化学的结果却提供了证据。通常认为这类消去加成（SN₁）反应的偏磷酸衍生物中间体应有平面分子构型，与水加成产物应为消旋产物。旋光活性的氯代磷酰胺酯 **113**，在中性溶液里缓慢水解，得到构型翻转的产物，反应可能按加成消去机理（SN₂）进行；在碱性条件下，反应非常迅速，并且得到近于消旋化产物，反应可能按消去加成（SN₁）机理进行[168]。

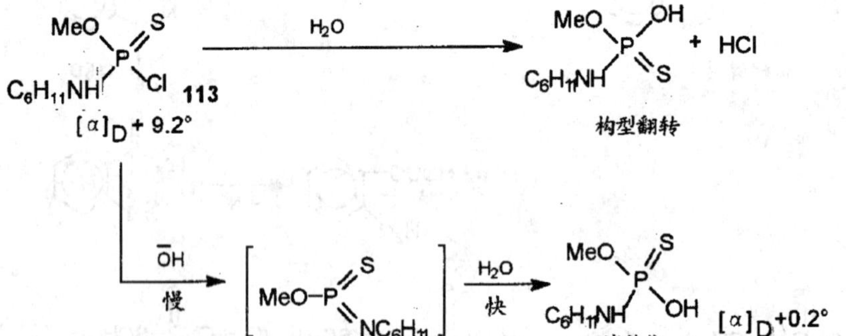

磷酰胺酯碱性水解时，发生 P—O 键断裂，酸性强的酯基优先离去。例如硫代磷酰胺酯 **114**

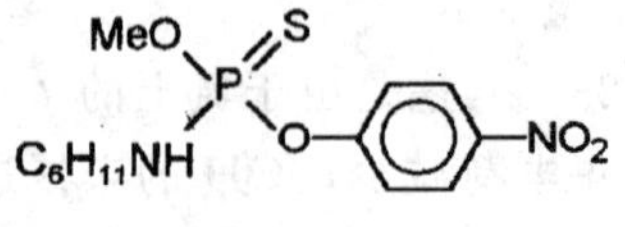

114

在碱性水解时,对硝基苯氧基作为离去基,得到不完全消旋化产物[169],因此可以认为此反应是 SN₁ 和 SN₂ 机理的同时存在。硫代磷酰胺酯 **115** 的碱性水解,得到构型翻转的产物,因此它可能是按 SN₂ 机理,通过形成 TBP 中间体进行的[170]。

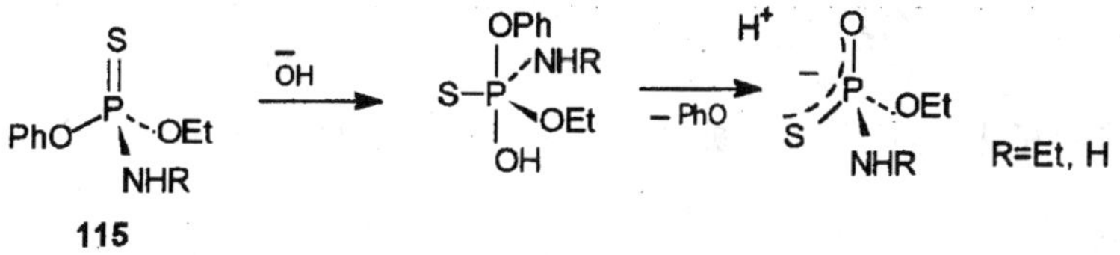

　　O,S-二烷基 N-烷基硫代磷酰胺的碱性水解速度比预期的大得多,在 30℃、pH11.5 时水解发生 P—SCH₃ 键断裂,水解速度几乎和甲基对氧磷相近[171]。当在氢氧化钾溶液中水解时,得到 P—OCH₃ 键断裂产物[172]。然而 O,S-二烷基 N,N-二烷基硫代磷酰胺酯的水解活性却很差,这种差别也曾用反应机理的不同来解释。N,N-二烷基衍生物是发生在磷原子上的直接取代(SN₂),而氮上未取代或 N-烷基取代的衍生物可能按 SN₁ 形成偏磷酸衍生物中间体的机理[171]:

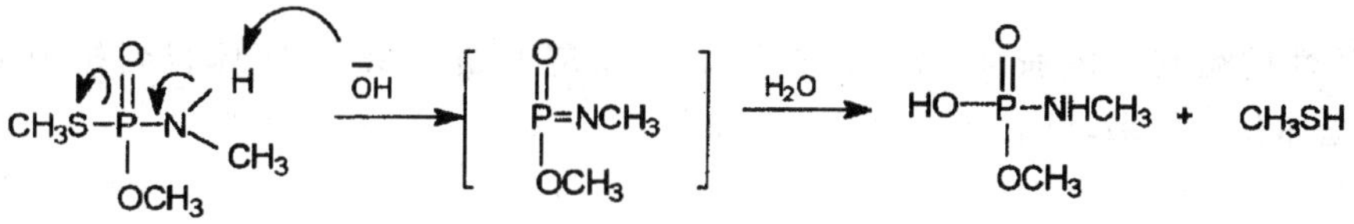

　　磷酰胺的酸性水解容易进行,即使是磷酰仲胺也是如此。八甲磷在 1mol/L 盐酸中半衰期为 3.3 小时,但在 1mol/L 氢氧化钠和中性水溶液中的半衰期却分别是 70 天和 100 年[173]。二烷基酰胺具有碱性,经质子化后形成与磷原子相邻的正电荷,有利于水对磷原子的亲核进攻,导致 P—N 键断裂:

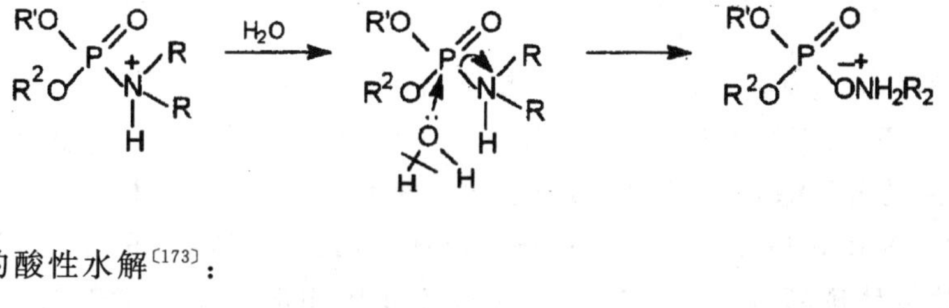

例如,八甲磷的酸性水解[173]:

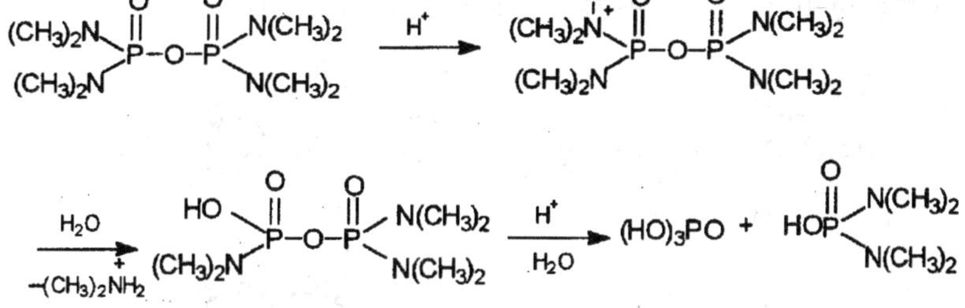

　　O-烷基 O-取代苯基磷酰胺及其硫代类似物,如 **116**,都易发生酸性水解,从而引起 P—N

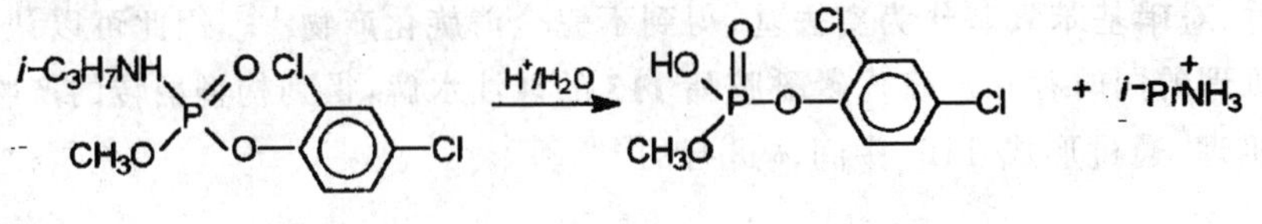

116

断裂。动力学的研究认为,此反应的机理首先发生氮质子化,然后按加成消去(SN₂)机理进行[174]:

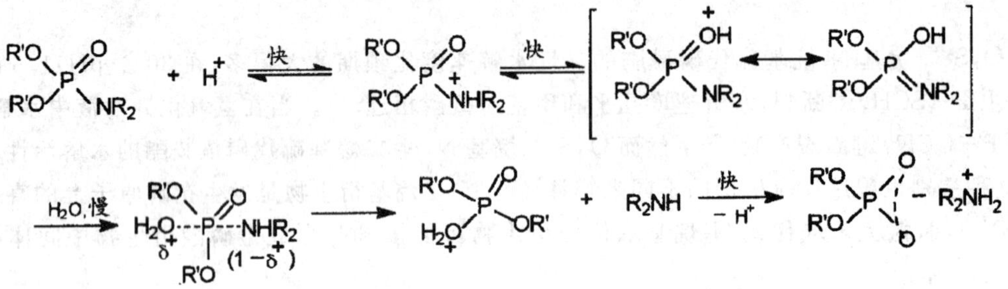

旋光活性的硫代磷酰胺酯 **117** 的酸性水解,反应经由 TBP 中间体得到构型翻转的产物[175]。此立体化学结果,对上述机理是一种支持。

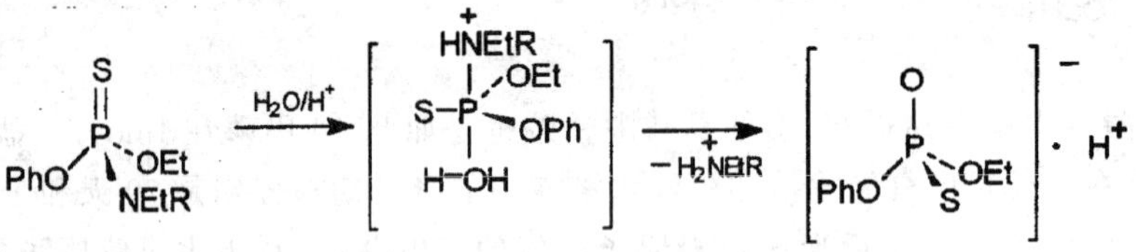

117　　R=Et, H

(4)膦酸酯

膦酸酯与磷酸酯的差别在于,一个 P—C 键代替了磷酸酯中的 P—O—C 键。前者由于碳上不存在未共用电子对,不能像 P—O 键那样形成 $p\pi\text{-}d\pi$ 反馈键。因此膦酸酯中磷原子上的有效正电荷比相应的磷酸酯多,亲电性强,易于发生像水解这样一类亲核取代反应。例如对氧磷的膦酸类似物 **118** 在 pH8.3 的缓冲液中的水解速度,比对氧磷快 39 倍[176];苯硫磷 **119** 在碱性水解时比对硫磷敏感 5 倍[164];氧化蔬果磷 **120** 比相应的甲基膦酸衍生物 **121** 慢 16 倍[177]。在所有这些反应中,P—C 键保持不变,而酸性较高的基团酯键断裂。

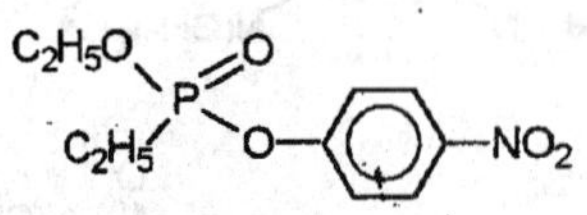

118 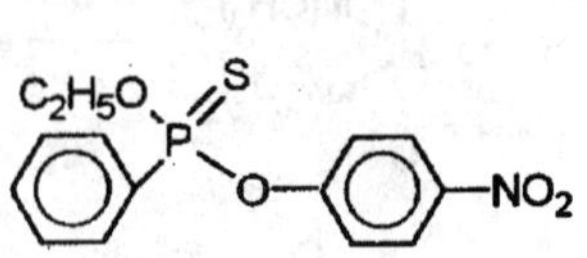　　　　　　　**119**

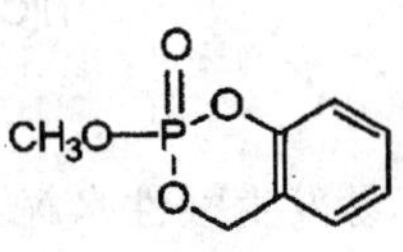

120 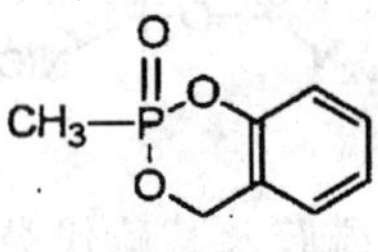　　　　　　　**121**

次膦酸酯含有两个 P—C 键,它的碱性水解应该比膦酸酯有更高的活性。然而酸性条件下的水解活性恰好与此相反:磷酸酯的活性最大,其次是膦酸酯,次膦酸酯的活性最小。

(5)催化作用

许多金属离子对有机磷化合物的水解有催化作用。各种金属离子对塔崩水解的催化活性递增顺序为:$Zn^{2+} < Co^{2+} < Ni^{2+} < Ag^+ < Au^{3+} < Pd^{2+} < Cu^{2+}$,铜离子的活性最高[178],而且铜离子的催化活性在与某些螯合剂共存时增加较多[179]。例如,铜与 α,α-联吡啶及铜与 L-组氨酸的螯合物在 38℃、pH 7.6 时,能使丙氟磷水解速度分别增加 600 及 300 倍。联吡啶与铜 1:1 螯合物也能加速特普的水解。铜的催化机理,一般认为是形成如下的螯合物:

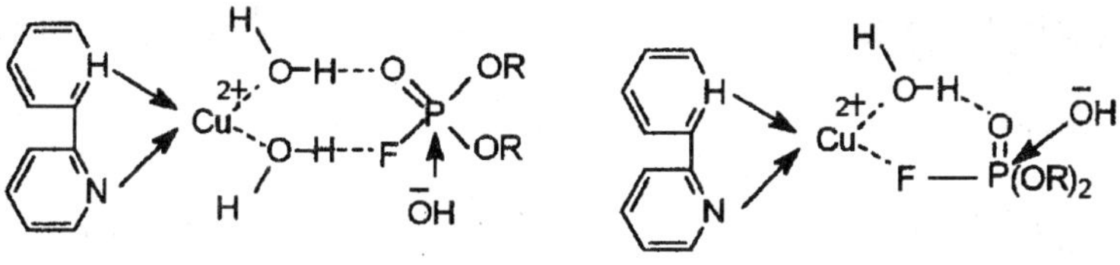

亲电的 Cu^{2+} 可能会使 P=O 及 P—F 键极性增大,从而有利于 $\overline{OH}$ 对磷原子的进攻。

铜离子对 P=S 键化合物的催化作用比对相应的 P=O 键化合物强得多,例如苯硫磷和对硫磷的水解速度在加入铜离子时分别增大 47.6 倍及 20 倍,而对氧磷只增大 1.7 倍[180]。铜离子能使毒死蜱 **122** 水解速度极大地增高,原因在于形成螯合物,极大地增加了磷上的正电荷,使水解易于进行[172]。

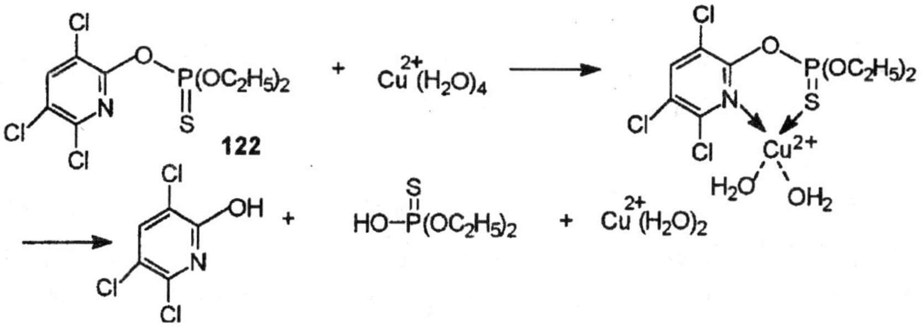

除金属离子外,有 α-效应的碱也能催化水解反应。有些具碱性的含氧负离子,在其邻近的原子上有未共享电子对时,这种亲核剂的反应活性很强,超出根据它的碱度所能预料的程度。这种超高亲核性乃是由于相邻原子上未共享电子的移动造成的,称为 α-效应。例如羟胺酸、肟、次氯酸根及过氧化物等负离子,都对磷酸酯的水解有催化作用,但它们中很多不是真正的催化剂,因为在反应过程中会发生分解。

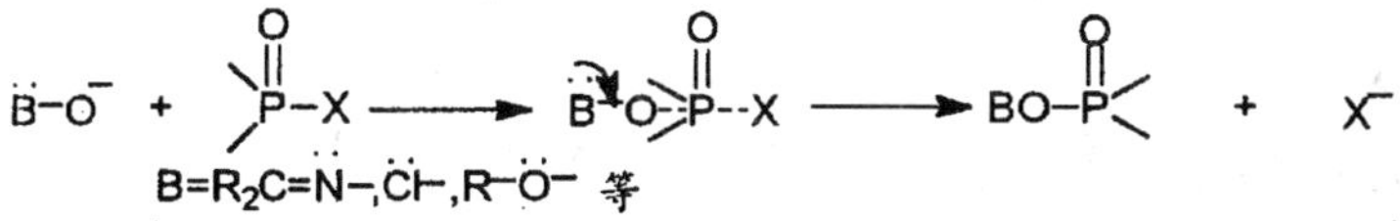

当一个肟负离子与沙林反应时,在律速的肟负离子 O-磷酰化后,继以磷酸肟酯的快速水解:

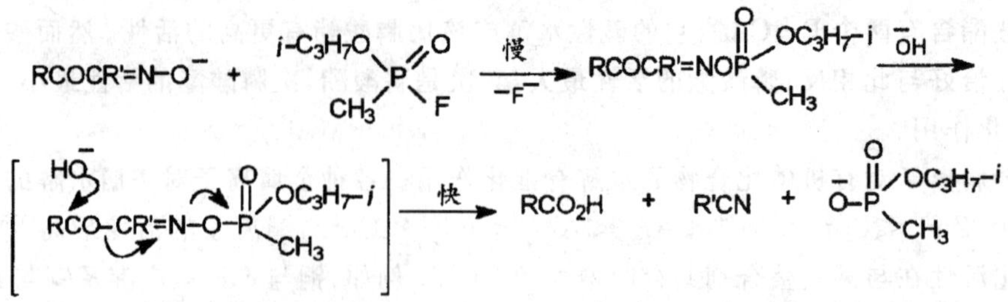

由于第一步生成不稳定的 O-磷酰化中间产物,随之迅速水解,所以某些肟可以用作磷酸酯毒物的解毒剂;次氯酸用于除去磷酸酯毒物的污染;而过氧化物用于磷化合物的检出。

2.2.4.2 磷酰化性质

磷酰基化合物与亲核试剂的取代反应,可以区分为两类,当亲核进攻发生在磷原子上时,得到磷酰化产物;当亲核进攻发生在 α-碳原子上时,得到烷基化产物:

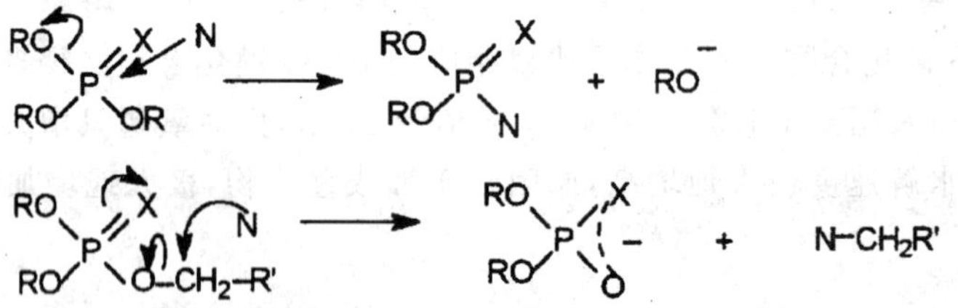

亲核剂对磷四面体的反应活性顺序为:$F^- > \overline{O}H > PhO^- > PhS^- > Cl^-$,$Br^-$,$I^-$,$S_2O_3^{2-}$;对碳四面体的活性顺序为:$S_2O_3^{2-} > \overline{S}H > {}^-I \equiv (RO)_2POS^- > \overline{O}H > Br^- > PhO^- > Cl^- > F^-$。显然,硬碱利于进攻磷原子,软碱则利于进攻碳原子。

磷酰化反应实质上是一类范围广泛的磷原子上的亲核取代反应。通常在亲核试剂中,与氧、硫、氮相连的氢原子被磷酰基取代形成新的磷酰基化合物。因此,它在磷酰基化合物,特别是在天然磷酰基化合物的制备上和生物化学方面均有重要意义。如有机磷杀虫剂抑制酯酶的活性、对动物的毒力等都归因于磷酰化反应。当醇、胺、磷酸酯阴离子、酶与磷酰化剂 **123** 反应时,将分别得到磷酸酯、磷酰胺酯、焦磷酸酯和磷酰化酶。磷酰化剂中一个好的离去基团的存在,如 **123** 中的 $\overline{O}A$,是磷酰化反应顺利进行的必要条件。

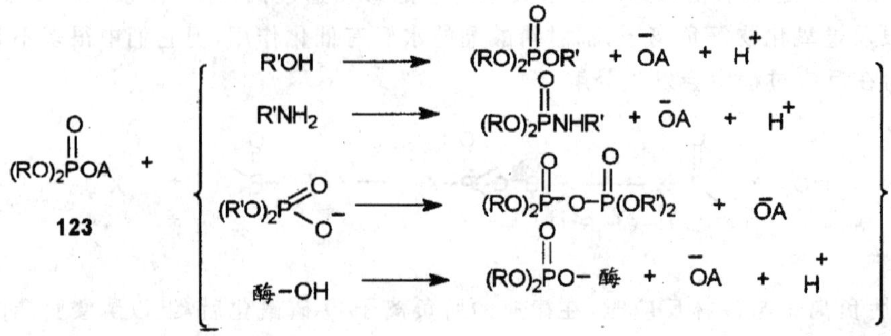

水解反应可以视为一种特殊的磷酰化反应,所以上节讨论的原则很多适用于磷酰化反应。

磷酰化剂不但要求有较好的反应活性,而且要求有一定的选择性,这些与离去基团的结构与性质都有关系。Schrader 曾提出具有生物活性的磷酰基化合物应有通式 **124**[181]:

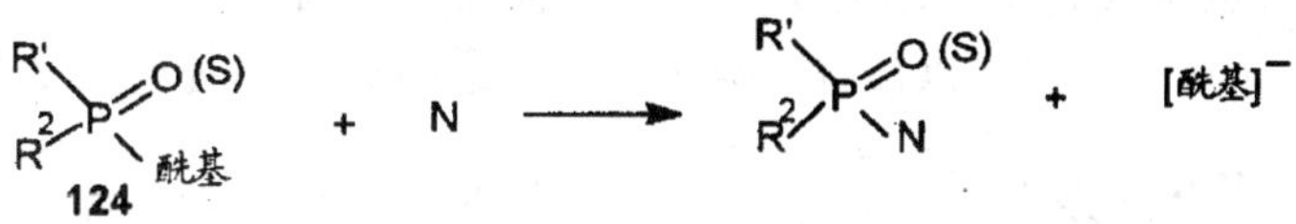

其中"酰基"通常为 HF、HCN、磷酸、烯醇、硫醇、酚等的酸根。在这个酸酐式的结构里,若含强酸的酸根,磷原子上正电荷就多,在亲核剂进攻下,这个"酰基"就更易离去,因而是好的磷酰化剂。

　　Clark 改进了上述"酰基"模型,将磷酰化剂归纳为通式 **125**[182]。其中 X、Y、Z、为 H、C、N、O、S 或卤素。由于 Z 有较高的电负性,故 X 上的电子云向 Y 转移,使 P—X 间的 $p\pi$-$d\pi$ 反馈键减弱甚至消失,从而使 磷上的正电荷增加,导致磷酰化活性增加。

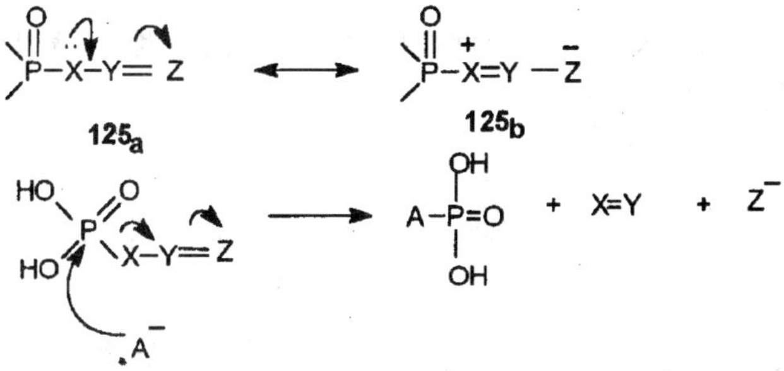

　　实际上有机磷杀虫剂也是一类重要的磷酰化剂,许多情况下都是符合 **125** 模式的,例如 DDV、对氧磷和保棉磷氧化物等。

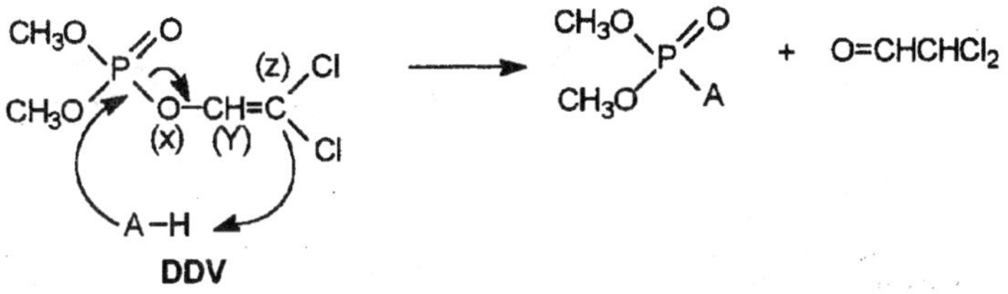

DDV

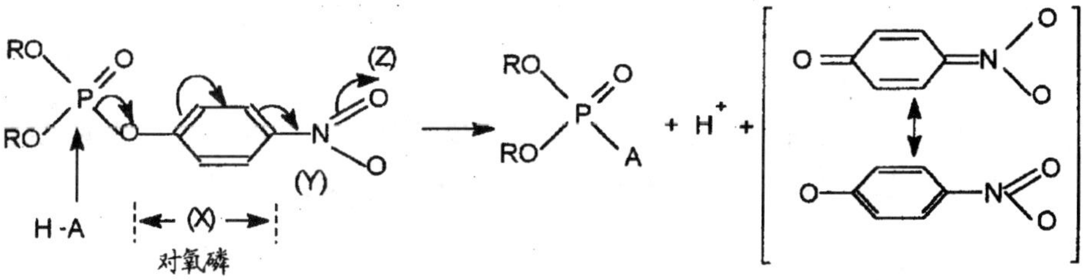

对氧磷

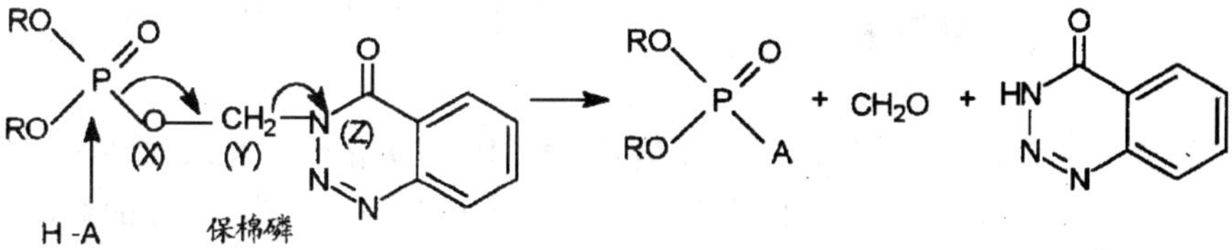

保棉磷

2.2.4.3　烷基化性质

上面提到,当亲核进攻发生在磷酸酯酯基的 α-碳上时,引起磷酸酯的脱烷基反应,得到磷酸酯阴离子和烷基化产物,例如,以硫醇阴离子[183、184]或仲胺[185]作为亲核试剂的反应:

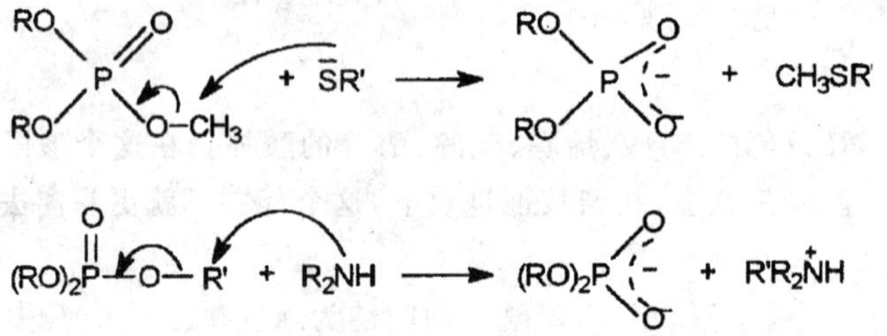

能与磷酰基化合物发生烷基化反应的亲核剂种类很多,胺类和碘化钠[187]常用以制备有机磷杀虫剂的去甲基衍生物,许多类型的硫化合物,如二硫代磷酸盐[186]、二硫代氨基甲酸盐、硫醇[153b]、硫醚、硫氰酸盐、硫脲均可用于磷酸酯的脱烷基试剂。例如,蔬果磷与二硫代氨基甲酸盐的反应,得到去甲基产物而不开环:

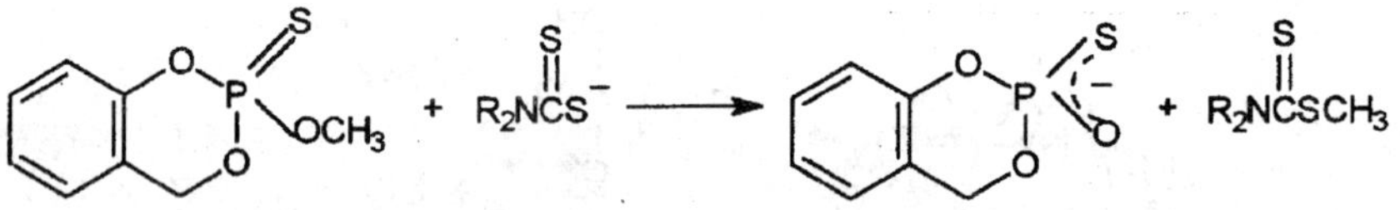

烷氧基作为亲核剂,有时对磷和 α-碳都进攻,因而得到醚和硫醚两种烷基化产物[188、189]:

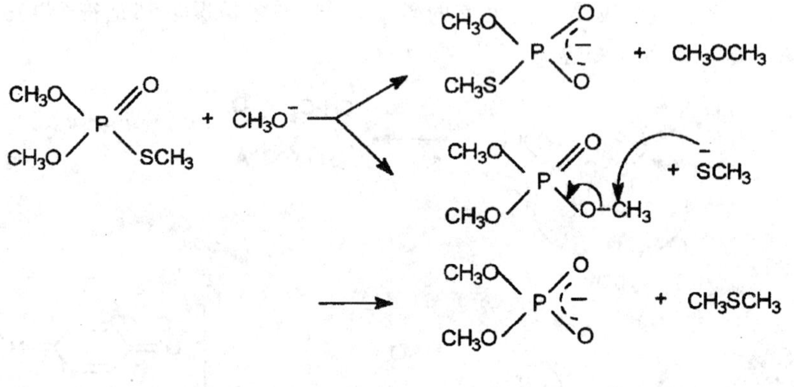

除此之外,氯化汞[190]、硝酸银[191]也用于硫酮代磷酸酯的脱烷基反应。"软酸"Ag+ 与硫原子配位,使磷上正电荷增加,从而使亲核剂 -NO₃ 易于进攻 α-碳:

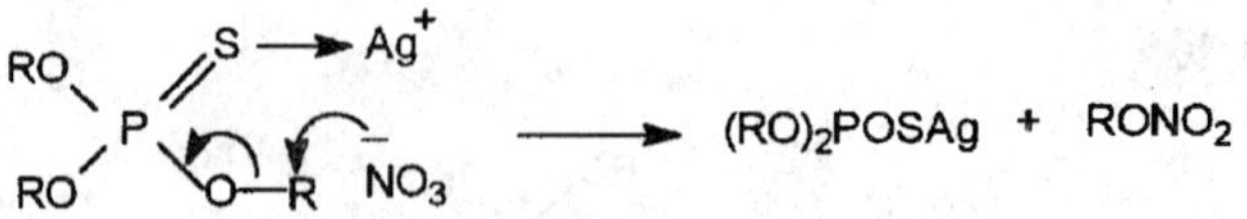

P=S 酯的烷基化活性比 P=O 酯低。在通式 **126** 中,烷基化活性与取代基 R^1 和 R^2 的诱导效应有关,强的拉电子基团会增加去甲基的能力。R^1 和 R^2 对烷基化活性的影响有以下顺序[192]:

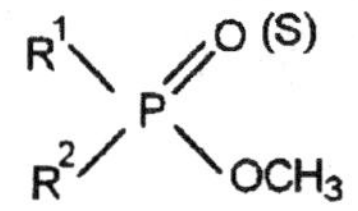

$$R^1 = O_2N-\!\!\bigcirc\!\!-O- > \bigcirc\!\!-O- > \bigcirc\!\!-O- > CH_3S > CH_3O > CH_3O > CH_3$$

$$R^2 = O_2N-\!\!\bigcirc\!\!-O- \quad \bigcirc\!\!-O- \quad CH_3O \quad CH_3O \quad CH_3O \quad CH_3 \quad CH_3$$

126

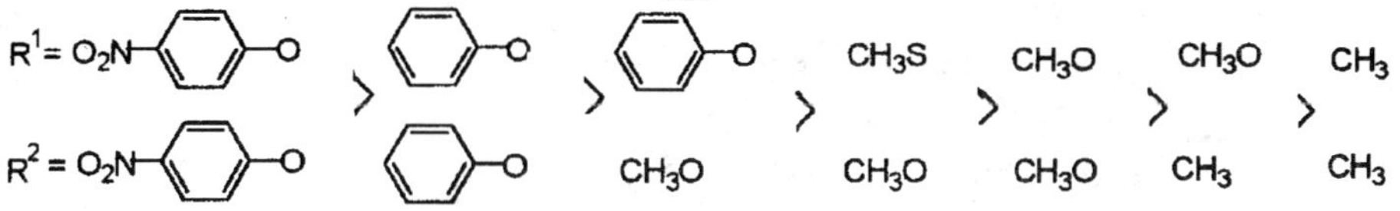

P=S 磷酸酯异构成 P—S 酯的反应,是一个与磷酸酯的去烷基和烷基化密切相关的反应,通常包括以下三种情况[193]:

(1)重新烷基化。亲核剂的存在使硫代磷酸三酯首先发生去烷基生成二酯阴离子,而由亲核剂 I⁻、二甲硫醚等生成的烷基化产物又可以作为烷基化剂使二酯阴离子重新烷基化,但烷基化反应不是发生在氧原子上而是发生在亲核性更强的硫原子上,因而得到异构化产物。此产物还可进一步发生去烷基反应。

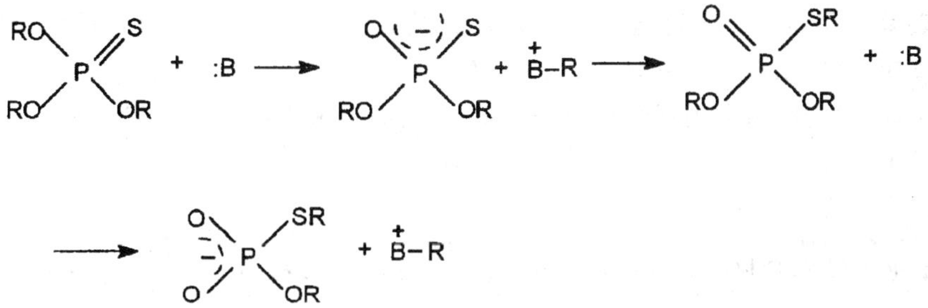

(2)二酯阴离子被三酯烷基化。在此情况下,通常是三酯与亲核剂反应形成的烷基化产物结合得很牢固,不可能作为烷基化剂重新使二酯阴离子烷基化。结果只能是二酯阴离子作为亲核剂使三酯去烷基,而它本身转化为硫醇代酯。

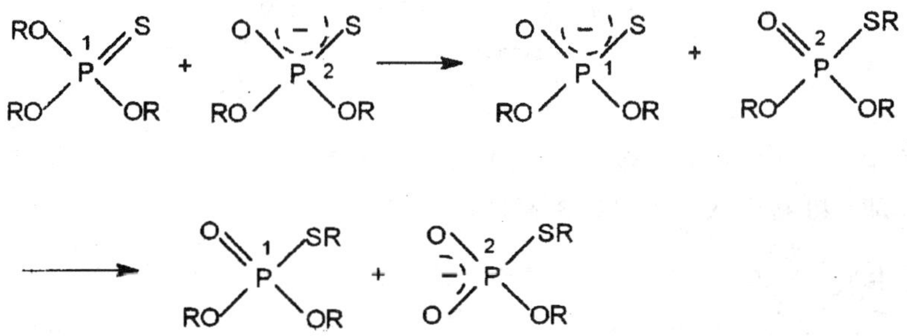

(3)自烷基化。在没有亲核性催化剂的情况下,有时硫代磷酸酯也可以自身发生去烷基和烷基化过程,得到异构化产物。

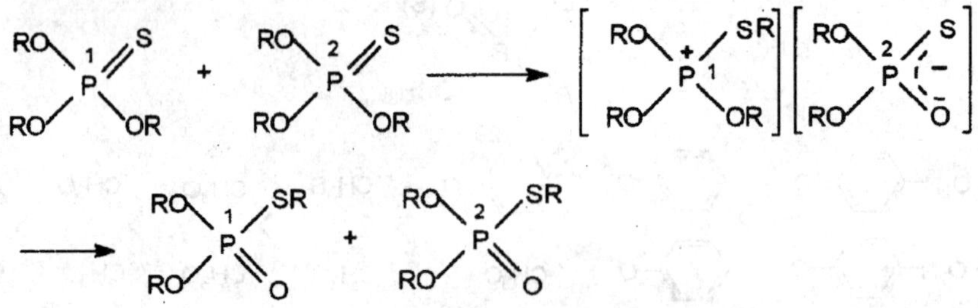

当分子中存在β-烷硫基或β-胺基乙基酯时,自烷基化首先发生在亲核性较强的硫或氮原子上,而不发生在亲核性较弱的P＝S键硫原子上,经重新烷基化,得到异构化产物。

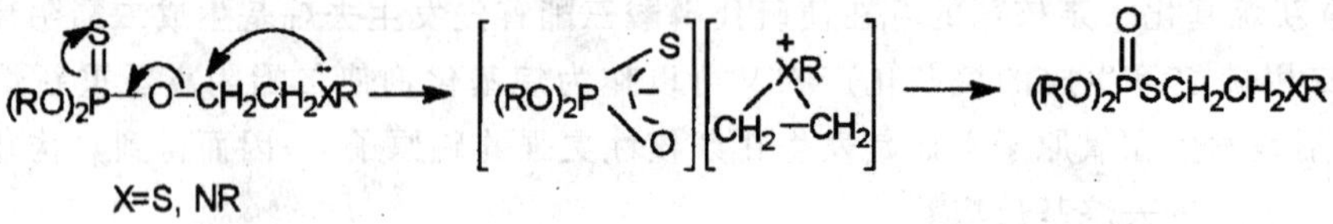

X=S, NR

烷基转移作用是指作为烷基化剂的磷酸酯,将烷基转移到除P＝S键硫原子以外的亲核中心上的反应,这些亲核中心主要是硫醚、胺基等基团。例如硫醇代甲基内吸磷在贮存过程中,分子间发生硫醚甲基化,得到毒性比原来高1000倍的甲基化产物[194]。胺吸磷在加热时也有类似的反应发生[195]。

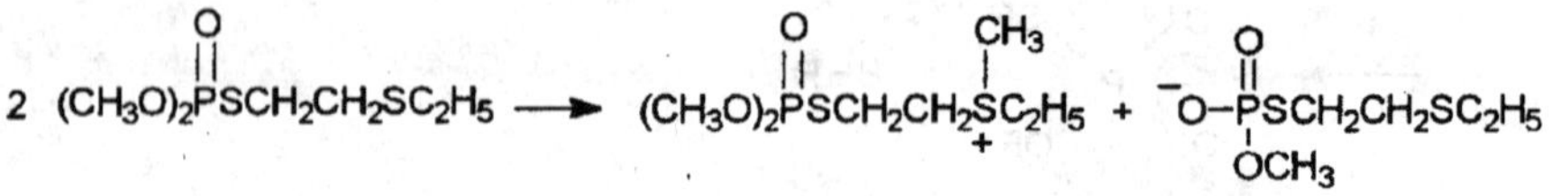

硫代磷酸的异噁唑酯在受热分解时,甲基转移到环上氮原子上:

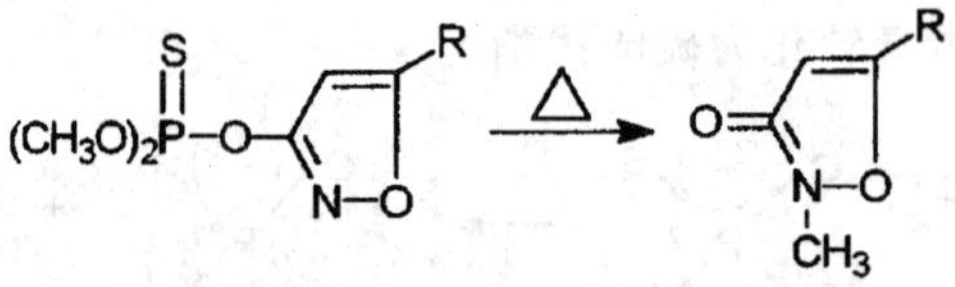

在烷基转移反应中,硫醇代酯的硫原子有时也能接受一个烷基[193]。S-烷基硫代磷酸酯**127**和S-芳基酯**128**在受热时均能得到高产率的硫醚。

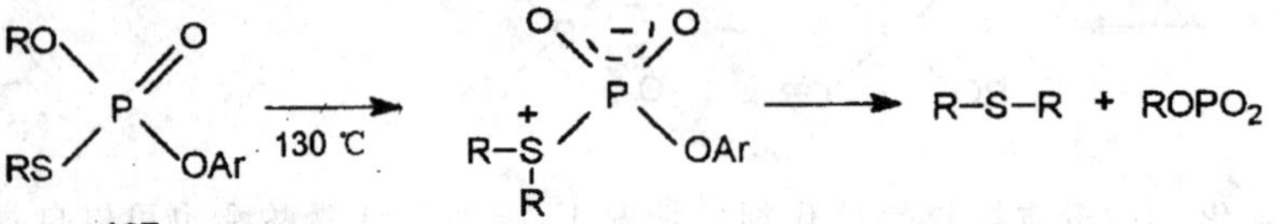

127

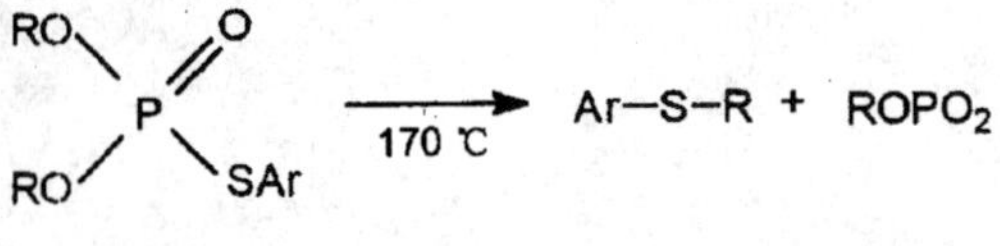

128

甲硫基蔬果磷**129**在叔胺存在下于60℃与醇反应,生成邻羟基苄基甲硫醚[196]。此反应也包含着烷基转移过程。

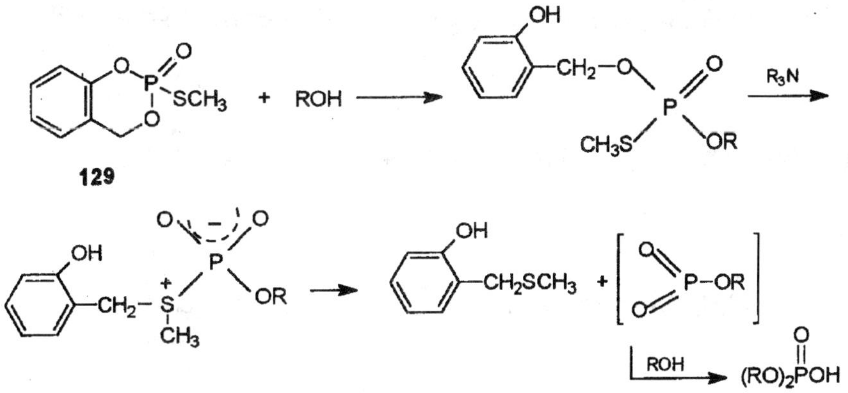

2.2.4.4 氧化与还原

在有机磷杀虫剂中,P=S 氧化成 P=O 的反应是一个重要的反应,它可以使反应活性增加,变为强力的胆碱酯酶抑制剂。常用于这一反应的氧化剂有硝酸、氢氧化物、溴水以及各种过氧化物。这些氧化剂与 P=S 酯的反应往往不是单一地生成 P=O 酯,酯基及侧链上的某些敏感基团也容易受氧化。地虫磷用间氯过氧苯甲酸氧化,得到 22% 的氧代地虫磷 **130** 和一个含氧产物(30%)**131**。人们曾错误地认为这就是氧化中间物[197],但进一步研究表明此含氧物是一个二硫物 **132**,而不是 **131**[198]。Herriott 还提出了 **133** 作为过氧酸氧化的中间产物[199]。马拉松与硝酸反应时,仅仅 P=S 键被氧化,不涉及别的基团[200]。

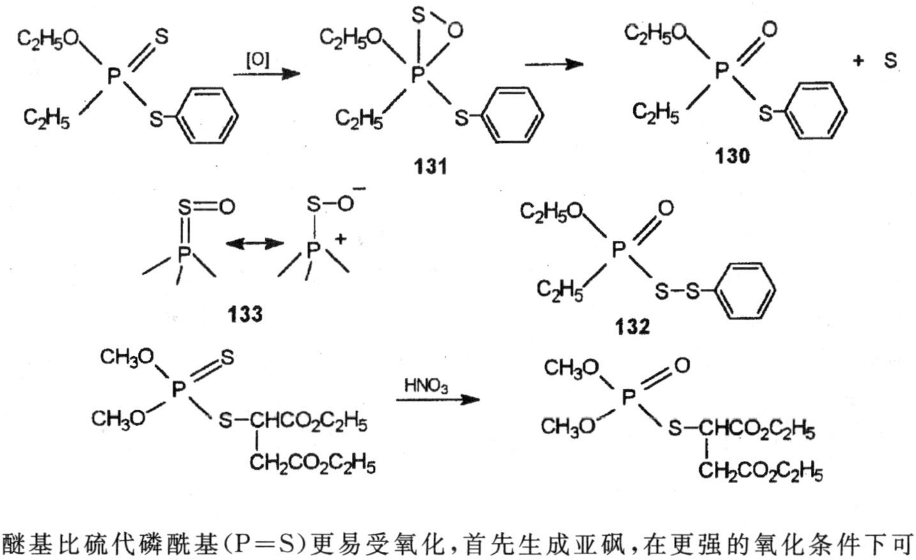

硫醚基比硫代磷酰基(P=S)更易受氧化,首先生成亚砜,在更强的氧化条件下可以得到砜。例如,硫酮式内吸磷用限量的溴水或 30% 的过氧化氢在室温氧化时成为亚砜[201]:

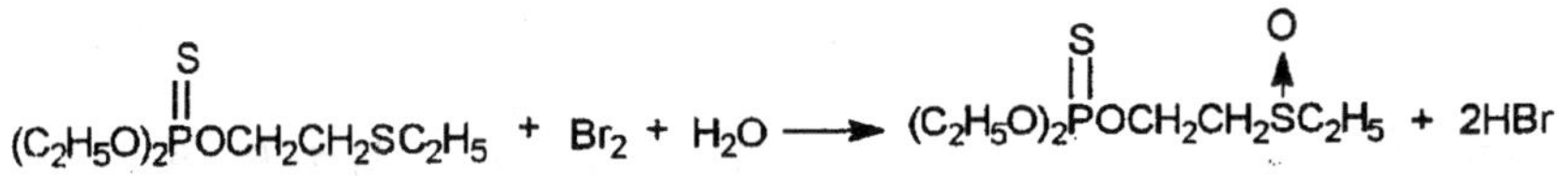

如用过量的溴或硝酸,两个硫原子都会被氧化[202]:

$$(C_2H_5O)_2\overset{\overset{\displaystyle S}{\|}}{P}OCH_2CH_2SC_2H_5 + 5\,Br_2 + 6\,H_2O \longrightarrow (C_2H_5O)_2\overset{\overset{\displaystyle O}{\|}}{P}OCH_2CH_2\overset{\overset{\displaystyle O}{\uparrow}}{S}C_2H_5$$

$$+ 10\,HBr + H_2SO_4$$

硫醇代磷酸酯的硫抗氧化性能较强,硫醇式内吸磷可用高锰酸钾氧化硫醚成砜,但硫醇酯仍保持不变[201]:

$$(C_2H_5O)_2\overset{\overset{\displaystyle O}{\|}}{P}SCH_2CH_2SC_2H_5 \xrightarrow{\text{K}_2\text{MnO}_4} (C_2H_5O)_2\overset{\overset{\displaystyle O}{\|}}{P}SCH_2CH_2\overset{\overset{\displaystyle O}{\uparrow}}{\underset{\underset{\displaystyle O}{\downarrow}}{S}}C_2H_5$$

还原作用一般能使有机磷杀虫剂失去活性。磷酸苄酯在催化加氢时失去苄基。在 48% 氢溴酸中煮沸时,P=S 键上硫原子被还原成硫化氢,使之和二甲基对苯二胺及三氯化铁反应,可转化成亚甲基蓝。二嗪农、乐果及保棉磷的残留分析可利用此反应[203]。

对硫磷、杀螟松、苯硫磷等杀虫剂分子中苯环上的硝基,容易还原成胺基,使杀虫剂失去活性。这类硝基的还原可以采用化学方法、电化学方法或生物方法。对硫磷用锌加盐酸还原,经重氮化后再进行偶氮缩合,可以用来作对硫磷的定量分析方法[203]。

在酸性溶液中,亚砜易于还原成硫醚。常用的还原剂有锌加盐酸、氢碘酸、氢氯酸等。二氯化钛也可用于还原亚砜,砜吸磷可用此法测定[203]。

2.2.4.5　光解与热解

促使农药在环境中发生化学变化的各种物理因素中,日光照射最为重要。包含紫外线(290～450nm)的日光具有足够的能量促使有机磷农药发生化学变化[204]。这些变化主要包括:氧化硫代磷酰基和硫醚基、断裂酯键、P=S 重排为 P—S—、顺反异构的转化及聚合等。影响光解产物与光解速度的因素有:光的强度、波长、照射时间、样品所处的状态(薄膜、溶液)、介质或溶剂的性质、pH 值、是否与水或空气共存、是否加添光敏剂等。

甲基对硫磷、乐果及苯硫磷等均能发生光化学反应,使 P=S 基变成 P=O 基[205、206]。侧链硫醚基易受光催化氧化,生成亚砜及砜。这一反应比 P=S 基的光氧化易于进行。各种二烷基硫醚(甲拌磷、乙拌磷、硫吸磷)、烷基芳基硫醚(倍硫磷、三硫磷)及二芳基硫醚(双硫磷)均已发现光氧化现象[207、208]。

二嗪农受紫外光照射时,发生侧链烷基光氧化反应,得到羟基二嗪农 **134**[209]。

$$(C_2H_5O)_2\overset{\overset{\displaystyle S}{\|}}{P}O \cdots \xrightarrow[\text{[O]}]{h\nu} (C_2H_5O)_2\overset{\overset{\displaystyle S}{\|}}{P}O \cdots \mathbf{134}$$

甲基对硫磷[210～212]和辛硫磷[213]在紫外光照下,引起 P=S 重排为 P—S,分别得到 S-甲基产物 **135** 和硫代肟基产物 **136**。

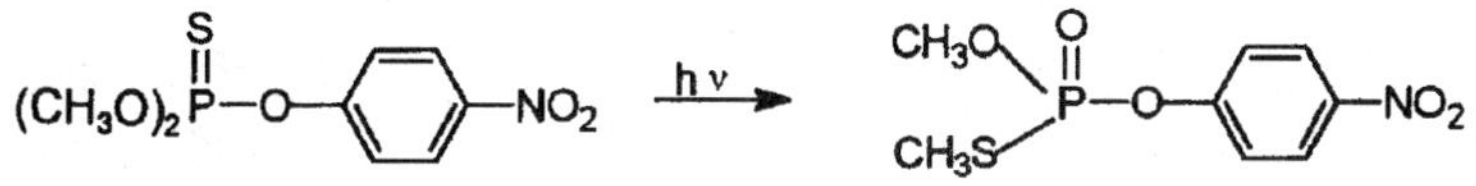

135

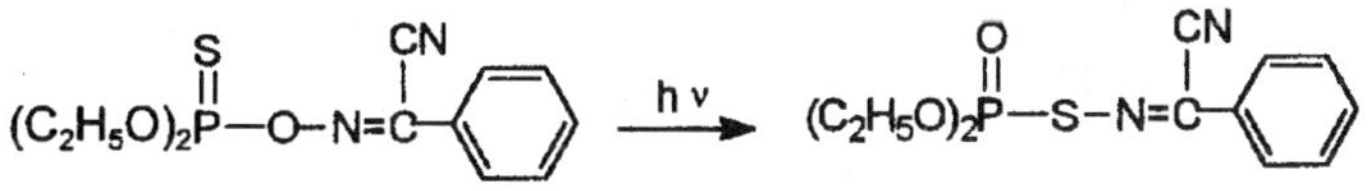

136

S-苄基硫代磷酸酯在 254nm 紫外光照下,将 P—S 基重排为 P＝S[214],这是一种较为异常的光重排反应,有机磷杀菌剂异稻瘟净和乙苯稻瘟净均能发生此重排。

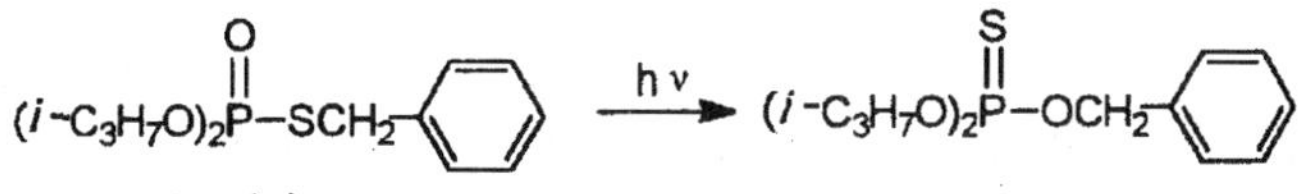

异稻瘟净

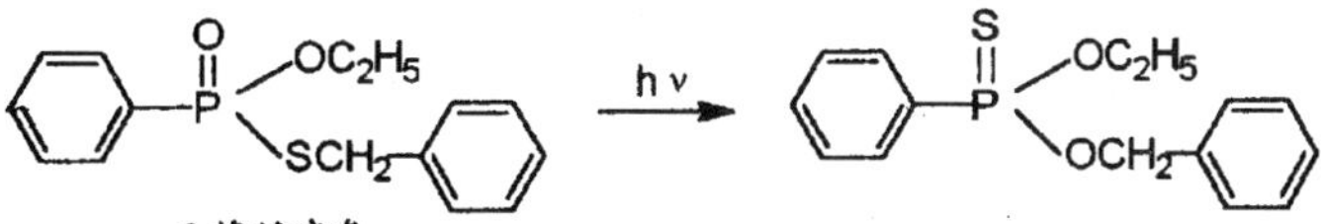

乙苯稻瘟净

紫外线照射可诱发顺反异构体的转化,在有机磷杀虫剂中也存在这种例子,如速灭磷易受光催化,无论从 E 体或 Z 体出发,均得到 30％E 体和 70％Z 体的混合物[215]。

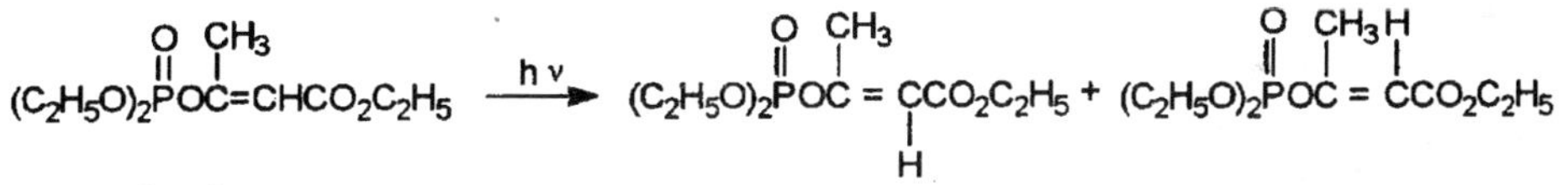

速灭磷　　　　　　　　E - 30%　　　　　　Z - 70%

紫外线照射时若有水份存在,能使磷酸酯发生水解,水解部位也是在最具酸性的酯基上。毒死蜱发生这一反应时首先生成三氯羟基吡啶 **137**,吡啶上的氯能进一步水解成多羟基吡啶,后者不稳定,最终分解放出二氧化碳[216]。

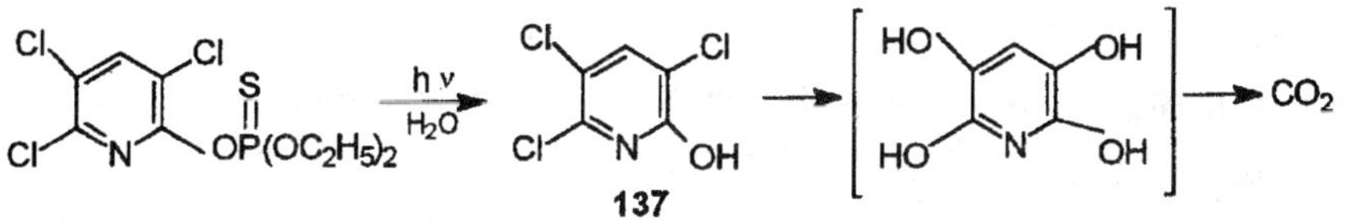

137

P＝S 重排为 P—S 的反应是受热引起的反应中最重要的一个,前面已经提到。磷酸酯受热的另一个反应是发生顺式消除,生成烯烃。例如反式二噁磷 **138** 比其顺式易于分解,可能主要经由一个六元环过渡态[217]。二芳基磷酸酯 **139** 也有类似的反应[218]。

焦磷酸酯热分解时发生烷基转移[211]：

磷酸肟酯受热时发生 Beckman 重排反应，产物为磷酸亚胺酯 **140**[219]。

2.2.5 作用机制[220～222]

2.2.5.1 胆碱酯酶的功能

前面(2.1.2.1)已提到，动物神经中，刺激或冲动通过轴突而传递。轴突终端与另一神经元通过突触相连接，或通过一个特殊的突触，即神经肌肉接头与肌纤维连接。沿轴突传导的电刺激不能越过神经细胞连接处的突触间隙，但能使轴突末端释放一种称为神经传递介质或神经激素的

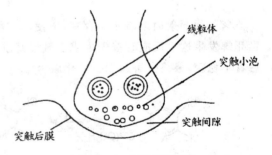

图 2－10　突触示意图

化学物质。传递介质移向下一神经元或肌纤维的突触后膜受体，并与受体发生作用，使电刺激不断传递(图 2－10)。最著名的传递介质是乙酰胆碱和去甲肾上腺素。此外，一些生物胺及氨基酸也可能作为传递介质，γ-氨基丁酯(GABA)已肯定是节肢动物体内的一种传递介质。

在脊椎动物的神经系统中，乙酰胆碱作为传递介质，作用于胆碱能突触，其中包括中枢神经系统突触、运动神经的神经肌肉接头、感觉神经末梢突触、交感神经及副交感神经各神经节突触，以及所有神经节后副交感神经末梢和汗腺、血管、肾上腺髓质等处交感神经末梢。在昆虫体内，中枢神经系统为一串腹神经节，乙酰胆碱也是其突触中的传递介质。

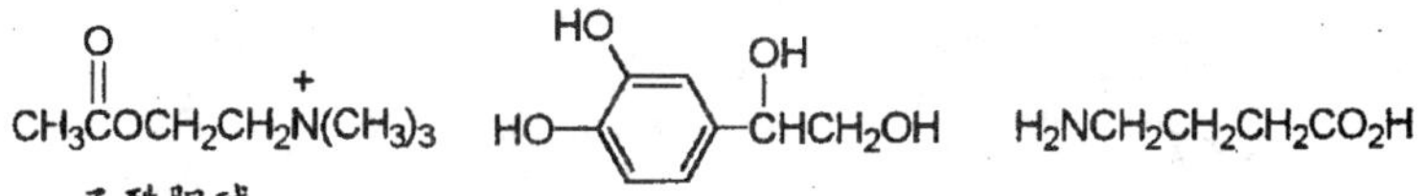

$$\underset{\text{乙酰胆碱}}{CH_3COCH_2CH_2\overset{+}{N}(CH_3)_3} \qquad \underset{\text{去甲肾上腺素}}{HO-\underset{HO}{\bigcirc}-\overset{OH}{\underset{|}{C}}HCH_2OH} \qquad \underset{\text{GABA}}{H_2NCH_2CH_2CH_2CO_2H}$$

乙酰胆碱是在神经末梢由胆碱及乙酰辅酶-A 在胆碱乙酰化酶作用下合成的,并贮存于突触小泡中。当受到动作电流刺激时,小泡破裂,迅速大量地释放乙酰胆碱,从而产生突触或终极电位(10~20mV),结果使突触后膜兴奋。不待下一个冲动来临,释放的乙酰胆碱很快被乙酰胆碱酯酶水解,变为无活性的乙酸和胆碱。只要突触间隙附近有乙酰碱胆潴留,突触后膜静止状态就不能恢复。因此,乙酰胆碱酯酶受到抑制,神经功能就会受到干扰,机体就会受到严重的甚至是致死的损害。这是有机磷及氨基甲酸酯杀虫剂引起的主要致死损害。

胆碱酯酶属于能被有机磷酸酯抑制的酯酶,即 B 类酯酶(1.5 节)。与其它酯酶的区别在于,它水解胆碱酯胜过其它羧酸酯。胆碱酯酶又可分为两类,即乙酰胆碱酯酶(AchE)和胆碱酯酶(BuchE)。AchE 对其天然底物乙酰胆碱的水解最为迅速,它存在于哺乳动物的红细胞及神经组织中。对昆虫来说,胆碱酯酶主要分布于昆虫的中枢神经系统,特别是神经膜中。

2.2.5.2　乙酰胆碱酯酶的作用机制

胆碱酯(AX)受胆碱酯酶(EH)水解,公认的反应过程如下:

$$EH+AX \underset{K_{-1}}{\overset{K_1}{\rightleftharpoons}} EH \cdot AX \xrightarrow{K_2} EA \underset{H_2O}{\overset{K_3}{\longrightarrow}} EH+AOH$$

式中 A 为酰基,X 为胆碱。首先形成一个 Michaelis 酶-底物络合物(EH·AX);接着酰基转移到酯酶分子上去,形成酰化酯酶(EA),最后迅速水解,使酶复活。

胆碱酯酶的催化作用来自酶蛋白分子本身的结构,不需要任何特异性辅基或金属离子参与。由于酶蛋白分子的卷曲,有些原来离得远的氨基酸基团被拉得靠近了,形成一个活性区。在活性区里有两个活性部位,一个用以固定底物,从而决定其特异性,称为阴离子部位或连结部位;另一个能催化底物水解过程,称为酯动部位或催化部位。

AchE 以含有一个阳离子基的酯作为底物,说明它的活性区里有一个阴离子部位,以便吸引和连接底物,使其易于受酯动部位的进攻。连接部位的阴离子残基可能是蛋白质链上的谷氨酸阴离子,而酯动部位一般认为是丝氨酸残基(图 2—11)。

游离的丝氨酸既不能催化酯的水解,也不能和有机磷酸酯反应。它的羟基必须先受蛋白质分子中其它氨基酸的活化才能有这些作用。一般认为,酶蛋白链上组氨酸的咪唑基可能参与催化过程,激活丝氨酸的羟基。未质子化的咪唑环双键氮原子与丝氨酸羟基之间形成氢键,使丝氨酸的羟基氧上产生部分负电荷,从而有利于羟基对底物羧基(或抑制剂磷酰基)的亲核进攻,在形成乙酰化酶的同时,游离出胆碱并离开酶的表面(图 2—11(b))。这样形成的酶酯键(EB)是一个很弱的键,它能迅速水解使 AchE 恢复活性,然后再去接受另一分子的乙酰胆碱。据推算,在 37℃时,每一分子酶一分钟内可以分解大约 30 万个乙酰胆碱分子。

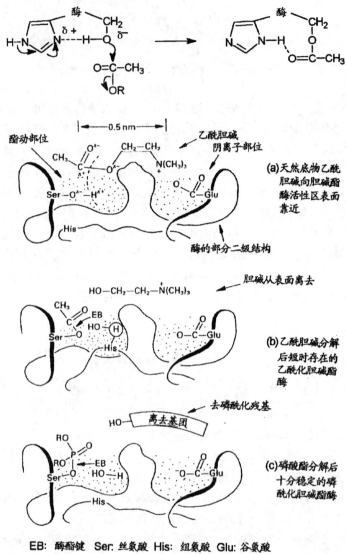

EB: 酶酯键　Ser: 丝氨酸　His: 组氨酸　Glu: 谷氨酸

图 2—11　胆碱酯酶的作用机制

2.2.5.3　磷酸酯与 AchE 的反应

(1)酶活性的抑制

　　有机磷化合物在结构上与天然底物乙酰胆碱有些类似。虽然磷化合物大都没有正电荷基团与正常的酶的阴离子部位相结合,但磷酸酯基仍然可以被吸附在酯动部位,分子的其余部分则排列在由多种氨基酸侧链基团组成的整个活性区内,相互之间产生亲合力,发生一系列与乙酰胆碱类似的变化,生成磷酰化酶(图 2—11(c))。乙酰化酶是不稳定的,水解很快,半衰期约0.1ms),而磷酰化酶则十分稳定,两者的稳定性相差 10^7 倍以上。

　　酶的磷酰化反应与磷酸酯的碱性水解反应很相似(SN_2 反应)。碱性水解时是受 $\overline{OH}$ 的亲核进攻,这里是丝氨酸羟基受咪唑基激活后作为亲核剂,进攻带部分正电荷的磷原子。不过酶的磷酰化作用速度很快,比碱性水解反应快百万倍以上,说明酶与抑制剂形成络合物作为中间体很有利于酶的磷酰化反应。因此,磷酸酯与 AchE 的反应可以写为:

$$EH + PX \underset{K_{-1}}{\overset{K_1}{\rightleftharpoons}} EH \cdot PX \xrightarrow{K_2} EP + HX$$

式中 EH 为游离的酶,PX 为有机磷抑制剂,其离去基为 X。反应首先形成一个酶抑制剂络合物 $EH \cdot PX$,这是一个可逆的过程,进而发生磷酰化,造成不可逆的抑制。

第一步反应依靠抑制剂与酶活性区之间的亲合力,可以用离解常数 Ka 表示。Ka 是亲合力的量值,数值愈小,亲合力愈大:

$$Ka = K_{-1}/K_1$$

第二步反应依靠抑制剂的磷酰化能力,以磷酰化常数 K_2 为其量值,K_2 是一个单分子反应速度常数。

Main 用动力学方法分别计算了亲合力和磷酰化能力[223、224]。当抑制剂浓度 i 远高于酶浓度 e 时,磷酰化酶的形成速度为:

$$\frac{dp}{dt} = -K_2 c = \frac{i}{i + Ka} K_2 (e - p) \qquad \langle 1 \rangle$$

式中 c 为酶抑制剂络合物浓度,p 为磷酰化酶的浓度。将〈1〉式积分得:

$$\frac{1}{i} = \frac{t}{2.3 \Delta \log v} \cdot \frac{K_2}{Ka} - \frac{1}{Ka} \qquad \langle 2 \rangle$$

式中 $\Delta \log v$ 为时间 t 内底物水解速度的对数变化。因此,以 $1/i$ 对 $t/2.3\log v$ 作图,即可求得 Ka 及 K_2。

K_2/Ka 的量纲与双分子反应速度常数$(mol/L)^{-1} \cdot min^{-1}$相同。若令 $Ki = K_2/Ka$,则〈1〉式变为:

$$dp/dt = Ki(e - c - p)i \qquad \langle 3 \rangle$$

这里 Ki 为抑制剂总抑制能力的量值,可由〈2〉式导出:

$$Ki = \frac{2.3 \Delta \log v}{t} \left(\frac{1}{i} + \frac{1}{Ka} \right) \qquad \langle 4 \rangle$$

常数 Ki 称为双分子反应速度常数,它不但包含一个速度常数,而且还包含一个平衡常数,因此它不是一个单纯的速度常数,表 2—5 为一些实例。

抑制能力正确的表达方法是用速度常数 Ki,但更常用的是抑制中浓度 I_{50},即经一定时间培养后,使酶活性被抑制 50% 时所需抑制剂的摩尔浓度,I_{50} 与 Ki 之间的关系为:

$$I_{50} = 0.695/t \cdot Ki$$

I_{50} 也可以用它的负对数 pI_{50} 表示。有机磷酸酯的 pI_{50} 值一般在 6～9 之间。

(2)酶活性的恢复

酶经磷酰化后,虽然水解作用极为缓慢,但仍然能自发地放出磷酸并使酶复活,这一反应称为自发复活作用或脱磷酰化作用。反应可用下式表示:

$$EP + H_2O \xrightarrow{K_3} EH + P - OH$$

自发复活速度与原磷抑制剂的离去基团无关,而取决于磷原子上残留的取代基以及酶的来源。反应速度可用半衰期 T_{50} 或催化中心的活性 $K_3(min^{-1})$ 表示。后者是指每分钟从磷酰化酶上水解下来磷酰基的数目。表 2—6 列举了一些磷酰化酶氨基甲酰化酶及乙酰化酶的水解速度。

表 2—5　有机磷化合物与乙酰胆碱酯酶之反应常数

化　合　物	温度(℃)	Ka(mol/L)	K_2(min^{-1})	K_1(mol/L·min)	文献
$(C_2H_5O)_2\overset{O}{P}-O-\langle\text{苯}\rangle-NO_2$	5	3.6×10^{-4}	42.7	1.2×10^5	〔225〕
$(C_2H_5O)_2\overset{O}{P}-O-\langle\text{苯}\rangle-\overset{+}{N}(CH_3)_3$	25	1.2×10^{-4}	5.2	4.2×10^4	〔226〕
$(MeO)_2\overset{O}{P}-SCHCO_2C_2H_5$ $\quad\quad\quad CH_2CO_2C_2H_5$	5	2.4×10^{-3}	67.0	2.8×10^4	〔225〕
$(MeO)_2\overset{O}{P}-SCH_2C(O)NHCH_3$	25	1.38×10^{-2}	6.2	4.5×10^2	〔227〕
$(C_2H_5O)_2\overset{O}{P}-SCH_2CH_2N(CH_3)_2$	5	1.8×10^{-4}	126	7.1×10^5	〔228〕
$(MeO)_2\overset{O}{P}-O-C=CHCO_2CH_3$ $\quad\quad\quad\quad\;CH_3$ (混合)	5	2.1×10^{-3}	42	2.0×10^4	〔229〕
$(i-C_3H_7O)_2\overset{O}{P}-F$	5	1.58×10^{-3}	11.9	7.5×10^3	〔224〕

表 2—6　酰化胆碱酯酶自发脱酰基作用[230,231]

酶　衍　生　物	酶　来　源	催化中心活性 K_3(min^{-1})	半衰期	温度(℃)
$(CH_3O)_2P(O)-E$	家兔红细胞	0.0085	1.3h	37
	马血清	＞0.0058	＜2h	37
	蝇　头	0.0023	＞5h*	37
$(C_2H_5O)_2P(O)-E$	人红细胞	0.0002	2.4d	37
	人血清	0.000016	30d	37
$(ClCH_2CH_2O)_2P(O)-E$	羊红细胞	0.03	23min	36
$(i-C_3H_7O)_2P(O)-E$	豚鼠红细胞	不复活	不复活	
$NH_2C(O)-E$	电鳗	0.35	1.9min	25
	蝇　头	0.046	15min	25
$CH_3NHC(O)-E$	牛红细胞	0.023	30min	25
	蝇　头	0.0097	1.2h	25
$(CH_3)_2NC(O)-E$	牛红细胞	0.0123	56min	25
	蝇　头	0.0029	4h	25
$CH_3C(O)-E$	牛红细胞	295000	0.14ms	37
	电鳗	610000	0.07ms	25

＊5 小时内无复活

磷酰化 AchE 水解速度比正常底物乙酰化酶低 $10^7 \sim 10^9$ 倍,也低于氨基甲酰化酶。二异丙基磷酰化酶根本不能自发复活,二甲基磷酰化酶比二乙基磷酰化酶易于复活。

综上所述,AchE 与磷酸酯的反应和 AchE 与乙酰胆碱的反应基本上是相同的,决定性的差别在于 K_3 的变化。因此磷酸酯的作用是抑制剂,而乙酰胆碱则为一个底物。

除自发复活之外,受抑制酶也可以在复活剂作用下复活。磷酰化酶的复活作用实质上是磷原子上的亲核取代反应,那些具有 α-效应(见 2.2.4.1)的碱作为亲核试剂能促使被抑制酶的复活。

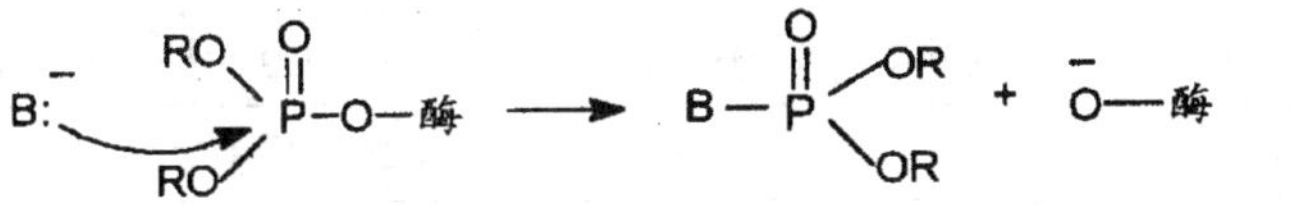

因此,一个复活剂(R)使磷酰化 AchE(EP)复活的能力,与影响形成络合物(EP·R)的因素及影响磷原子上亲核取代反应的因素有关。此反应可写为:

$$\mathbf{EP} + \mathbf{R} \underset{K_{-1}}{\overset{K_1}{\rightleftharpoons}} \mathbf{EP \cdot R} \overset{K_2}{\longrightarrow} \mathbf{E} + \mathbf{PR}$$

其平衡常数　　　$Kr = \dfrac{[\mathrm{EP}][\mathrm{R}]}{[\mathrm{EP \cdot R}]} = \dfrac{K_{-1} + K_2}{K_1}$

一些好的复活剂如肟、羟肟酸等,在其分子中,若在与亲核中心适当距离处引入阳离子中心,就会使复活活性更强。所以,用于有机磷中毒治疗的解毒剂,如解磷定(2-PAM)、4-PAM、双复磷等均具有这类结构。

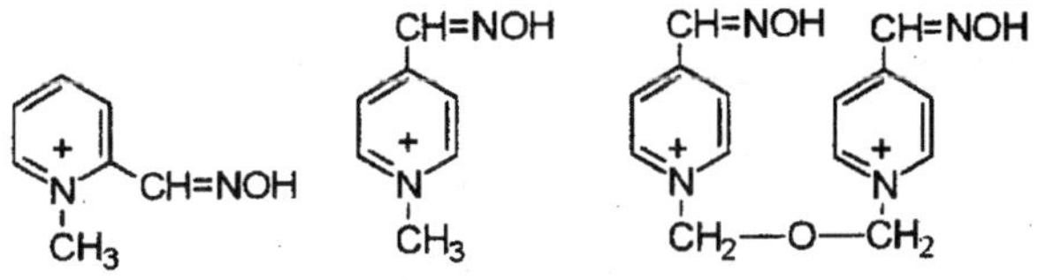

为防止受抑制酶复活后又发生不良的逆反应,最好挑选那些能生成易于分解的磷酰化肟酯的肟类复活剂。肟类导致复活的速度也受磷上取代基的影响,如二乙基磷酰化 AchE 及由沙林产生的异丙基甲基膦酰 AchE 易被复活,而 DFP 抑制的 AchE 复活很缓慢。

(3)磷酰化酶的老化

受抑制的胆碱酯酶经存放后,会逐渐变得不易复活,这个现象称为磷酰化酶的老化作用。通常认为,老化现象是由于二烷基磷酰酶的脱烷基反应造成的[231]。在脱去烷基之后,磷酰化酶变得稳定了,磷酸负离子能抵抗肟类复活剂的亲核进攻。

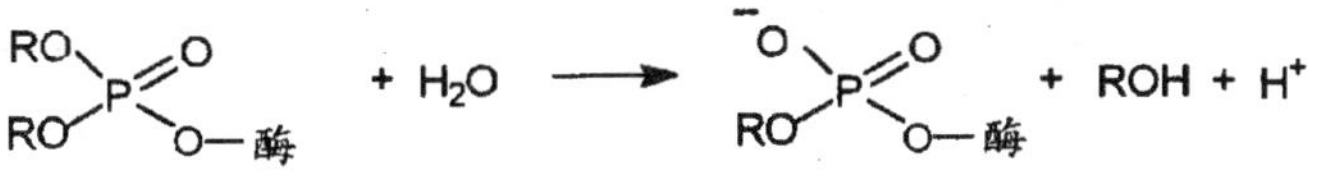

老化速度在很大程度上受磷上烷氧基的影响。二乙基磷酰 AchE 老化缓慢,但甲基、仲烷基及苄基脂的老化速度快得多(表 2—7)。老化反应速度可能主要取决于非酶的化学力,发生烷基磷酸酯基 C—O 键的断裂。因此,酶如果受烷基化能力高的磷酸酯的抑制,老化现象易于发生。

老化速度在光学异构体上表现出立体选择性[232]。例如环戊基甲基膦酰 AchE141 的 $(R)_P$ 异构体比 $(S)_P$ 的老化速度快 1000 倍。梭曼 $(R)_C$-$(R)_P$ 异构体抑制的 AchE 老化速度比 $(S)_C$-$(R)_P$ 异构体慢 7 倍,而比 $(R)_C$-$(S)_P$ 异构体快 1000 倍。

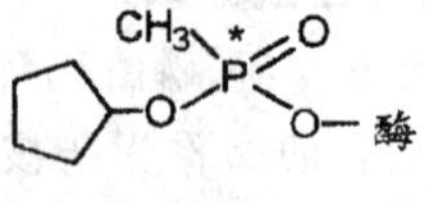

141 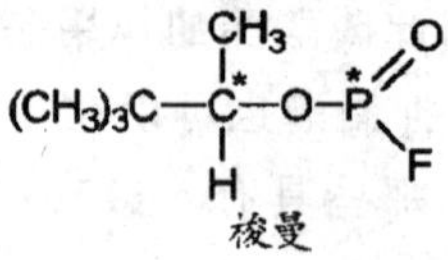　　　　　　　梭曼

表 2—7　几种磷酰化酯酶的老化速度($K\ h^{-1}$,pH7.4)[231、233~235]

酶　衍　生　物	温度(℃)	乙酰胆碱酯酶	胆碱酯酶	胰乳糜蛋白酶
$(C_2H_5O)_2P(O)O$酶	37	0.017	—	—
$(i$-$C_3H_7O)_2P(O)O$酶	37	0.26	0.28	0.007
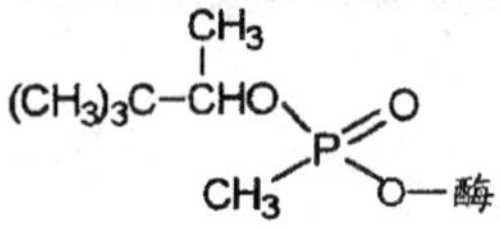 (CH₃)₃C—CHO ... CH₃ ...—酶	25	6.9	—	—
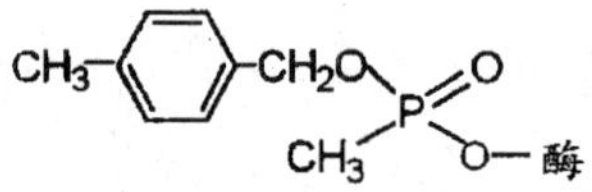 CH₃—〇—CH₂O ... CH₃ ...—酶	25	>12.8	12.0	—
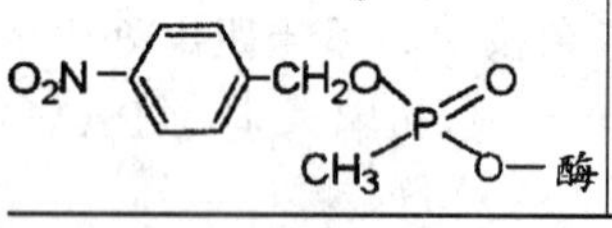 O₂N—〇—CH₂O ... CH₃ ...—酶	25	<0.03	<0.02	—

从表 2—7 可以看出,老化速度也因酶的来源不同而异[230]。

总结以上内容,可以将磷酸酯与各种酯酶的反应写作如下总反应式:

$$E+XPR \xrightleftharpoons{Ka} E\cdot XPR \xrightarrow{K_2} X^- + EPR \xrightarrow{K_3} E+PR$$
$$\xrightarrow[]{K_4} EP^- + R^+$$

一个理想的有机磷杀虫剂,对人和昆虫 AchE 的反应性质应有所区别(表 2—8)[236]。

表 2—8　对优良有机磷杀虫剂与 AchE 的反应常数的要求

反　应　步　骤	反　应　常　数	AchE　来　源
对酶亲合力	Ka	害虫>人
磷酰化	K_2	害虫>人
去磷酰化	K_3	害虫<人
老化	K_4	害虫<人

2.2.6　结构与活性的关系

2.2.6.1　结构与抑制 AchE 活性的关系

(1)某些物理化学参数的引入

Aldridge 发现,红细胞 AchE 的抑制常数 Ki 与二乙基苯基磷酸酯的水解速度有关[237]。Fukuto 的研究表明,二乙基取代苯基磷酸酯对家蝇头 AchE 的抑制,与苯环上取代基对 P—O

—C$_芳$键稳定性的影响有关。这种影响可用 Hammett 常数 σ、P—O—C$_芳$键伸张频率的变动以及水解速度进行估量[238,239]。取代基对 P—O—C$_芳$键反应活性的影响可用 Hammett 方程表示：

$$\log K/K_0 = \rho\sigma$$

K 和 K_0 分别代表取代和未取代化合物的反应速度或平衡常数；ρ 是反应常数，它依赖于反应和进行反应的条件；σ 是取代基常数，它取决于取代基的性质和位置，当 σ 为正值时，取代基是吸电子的，σ 为负值时，取代基是推电子的。

从表 2—9 可以看出，取代基吸电性越强，磷酸酯抗胆碱酯酶活性越高，这与把亲核取代反应看成是抑制作用的机理是相符的。

Fukui 修改了分子轨道能级的电子云，得到在二乙基取代苯基磷酸酯的磷原子上进行亲核反应的超离域能 $S_P^{(N)}$（Superdelocalizability，代表反应性的一个量值），并发现在超离域能、碱性水解速度和抗胆碱酯酶活性之间有很好的相关性（见表 2—9）[240]。

表 2—9 二乙基取代苯基磷酸酯物理化学参数与生物活性的关系

$(C_2H_5O)_2P(O)O\!-\!\bigcirc\!\!\times X$

X	$S_P^{(N)①}$	σ②	$K_{水解}③$	pI$_{50}$④	LD$_{50}$⑤
2,4-(NO$_2$)$_2$	1.132	—	5.7×10^{-3}	8.52	155
o-NO$_2$	1.120	—	3×10^{-4}	7.30	7.0
p-NO$_2$	1.119	1.27	2.7×10^{-4}	7.59	0.5
p-CHO	1.106	1.13	—	6.82	>500
p-CN	1.106	1.00	—	6.88	3.5
2,4,5-(Cl)$_3$	1.100	—	7.9×10^{-5}	8.22	8.0
2,4-(Cl)$_2$	1.100	—	4.8×10^{-5}	6.30	15.0
o-Cl	1.099	—	5.1×10^{-5}	4.70	250
p-Cl	1.099	0.23	3.2×10^{-5}	4.52	150
m-NO$_2$	1.097	0.71	9.8×10^{-5}	7.30	9.8
H	1.097	0.00	9.2×10^{-6}	<3.00	>500
p-CH$_3$	1.097	−0.17	—	<3.00	>500
p-tert-C$_4$H$_9$	—	−0.20	—	4.00	>500
m-tert-C$_4$H$_9$	—	0.12	8.6×10^{-6}	6.05	500
m-OCH$_3$	1.096	−0.12	8.9×10^{-6}	3.89	>500
p-OCH$_3$	1.096	−0.27	—	<3.00	>500
m-N(CH$_3$)$_2$	1.096	−0.21	1.9×10^{-6}	6.40	25
m-N$^+$(CH$_3$)$_3$	—	0.82	—	7.52	>500

① 在磷原子上的超离域能[240]。

② 取代基常数[246]。

③ pH 值为 9.5 时一级水解常数[238]。

④ 在 15min 内抑制家蝇头乙酰胆碱酯酶 50% 的摩尔浓度的负对数[238]。

⑤ 家蝇点滴致死中量（$\mu g/g$）[238]。

某些间位取代化合物作为抑制剂，其活性比从电子参数 σ、$S_P^{(N)}$、$K_{水解}$ 所预料的更强，这可能是间位取代基的立体效应所致。化合物的疏水性不仅决定该化合物在活体组织中水相和疏水相的分配，也与在酶上引起的构型改变有关。所以化学结构的改变引起的生物活性的改变，可以表示为电子性质、立体性质和疏水性质三者的函数。Hammett σ 常数和 Taft 的 Es 立体参数[241]或它们的修正值,可以分别用作取代基的电子效应和立体效应的参数。疏水性常数 π 等于母体(P_0)和衍生物(P)在辛醇和水体系中的分配系数的对数差[242]:

$$\pi = \log P / P_0$$

假定,观测到的生物效应是由一种起决定作用的物理或化学反应速率或平衡常数(K)所控制,并将与能量有关的三个物理化学参数进行线性结合,从而得到下式:

$$\log K / K_0 = a\pi + \rho\sigma + bEs$$

K_0 是母体化合物的反应速度或平衡常数,a 和 b 为常数。通常,生物活性是用一定时间内产生一定生物效应的浓度(c)表示,例如用 LD_{50}、I_{50} 等。所以上式可改写成:

$$\log 1/c = -a\pi^2 + b\pi + \rho\sigma + CE_s + d$$

应用这些取代基常数和回归分析,可以分别研究取代基电子、立体、疏水效应的相对重要性。有时,为了表示一系列化合物的生物活性,也可删去式中的一项或几项。

例如,二乙基苯基磷酸酯的一系列对位衍生物,单用 σ 就能得到很好的抗胆碱酯酶活性的关系式:

$$pI_{50} = 3.451\sigma + 4.461 \quad (r = 0.954)$$

可是间位取代衍生物的抗胆碱酯酶活性与 σ 和 π 没有很好的相关性[243],当加上立体参数 E_S^m(与范德华半径成线性关系[244]),不仅对位取代衍生物,而且间位取代物都有很好的相关性[245]:

$$pI_{50} = -0.97E_S^m + 2.29\sigma - 1.20X + 5.52 \quad (r = 0.980)$$

式中 X 为位置常数,间位取代为 1,对位取代为 0;r 为相关系数。

(2)基团效应

硫酮基和硫醇基

含 P=S 基的杀虫剂,它们在体外几乎不能抑制 AchE,必需将 P=S 转化成 P=O 后才能出现生物活性。以对硫磷为例,硫原子吸电子能力较氧差,其磷原子上超离域能(1.056)比对氧磷(1.119)小,前者的碱性水解能力比后者仅小 10 倍,但抗 AchE 活性却小 10000 倍以上。以上事实说明硫酮(P=S)效应的产生,不光是电子效应能解释的,可能还有别的原因,譬如硫原子不可能和氧原子一样与酶的活性中心形成氢键。

一般而言,硫醇代磷酸酯作为抗胆碱酶剂比相应的磷酸酯要强得多(表 2—10),这就是硫醇效应。在硫酮→硫醇重排反应中,主要形成 S-烷基硫醇代磷酸酯,虽然 S-烷基不是离去基团,但此重排也能使抗 AchE 活性大为提高(表 2—11)。通常 S-烷基酯比原来的硫酮酯高 40～3000 倍,但比相应的脱硫产物活性小些。

酰胺基

酰胺基的氮原子具有很强的推电子能力,所以磷酰胺抗胆碱酯酶活性较低。这种效应在二烷基胺基上比在单烷基胺基上更强。八甲磷和甲氟磷在体外几乎完全没有活性,由于氧化成 N-氧化物或 N-羟甲基物才能使活性大大提高。单烷基酰胺通常比二烷基酰胺活性大,在所有烷基芳基磷酰胺、烷基 S-芳基硫代磷酸胺以及 O,S-二烷基硫代磷酰胺系列中,抗胆碱酯酶活性按下列顺序递减:

$$NH_2 > NHR > NR_2$$

Hansch 研究了具有 **142** 通式的磷酰胺中 N-烷基对家蝇头 AchE 抑制活性的影响,发现双分子抑制常数 Ki 的对数与立体参数 Es 和取代基常数 σ^* 的相关性很好[243]。此式表明立体效应非常重要,R^1 为异丙基和叔丁基时,由于空间位阻较大,能明显降低抑制速度。

表 2－10　抗胆碱酯酶活性中的硫醇效应[163、171、247]

化　合　物	I₅₀ 乙 酰 胆 碱 酯 酶		
	X＝O	X＝S	比　值
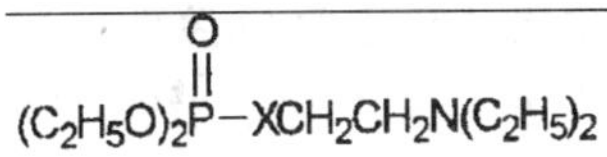 (C₂H₅O)₂P(=O)—XCH₂CH₂N(C₂H₅)₂	>10⁻³	4.9×10⁻⁸	>20400
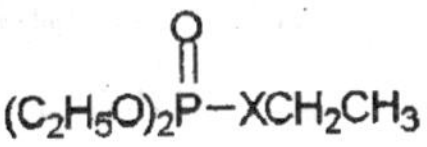 (C₂H₅O)₂P(=O)—XCH₂CH₃	>10⁻²	1.4×10⁻⁵	>710
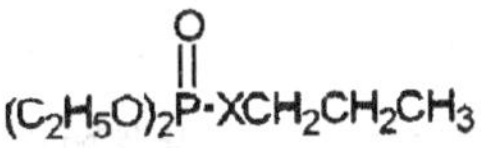 (C₂H₅O)₂P(=O)·XCH₂CH₂CH₃	4.5×10⁻⁵	7.0×10⁻⁶	6.4
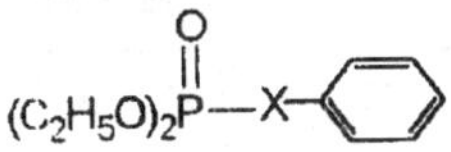 (C₂H₅O)₂P(=O)—X—C₆H₅	>10⁻³	2.8×10⁻⁷	>3600
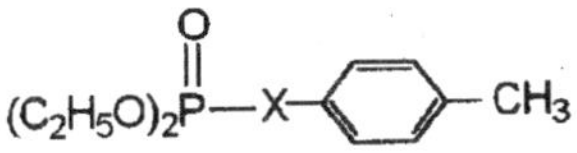 (C₂H₅O)₂P(=O)—X—C₆H₄—CH₃	>10⁻³	2.0×10⁻⁸	>50000
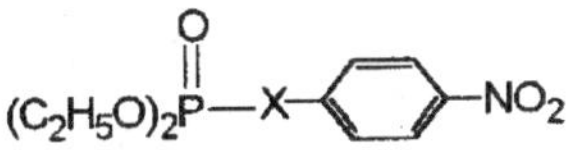 (C₂H₅O)₂P(=O)—X—C₆H₄—NO₂	5.5×10⁻⁸	9.0×10⁻⁹	6
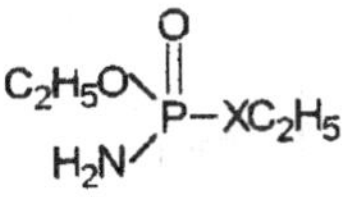 (C₂H₅O)(H₂N)P(=O)—XC₂H₅	1.7×10⁻⁵	2.3×10⁻⁵	0.7

表 2－11　某些硫酮类型杀虫剂及其重排和脱硫产物的抗胆碱酯酶活性[248]

化　合　物	I₅₀家蝇头乙酰胆碱酯酶(mol/L)		
	X＝S,Y＝O	X＝O,Y＝S	X＝O,Y＝O
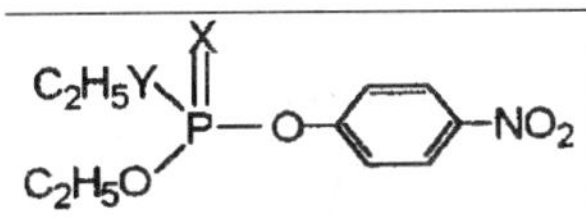 (C₂H₅Y)(C₂H₅O)P(=X)—O—C₆H₄—NO₂	2.4×10⁻⁵	2.4×10⁻⁷	1.1×10⁻⁷
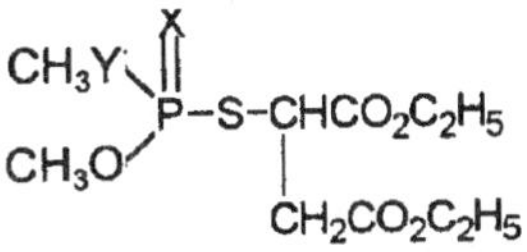 (CH₃Y)(CH₃O)P(=X)—S—CHCO₂C₂H₅ / CH₂CO₂C₂H₅	4.5×10⁻⁵	1.2×10⁻⁶	6.0×10⁻⁸
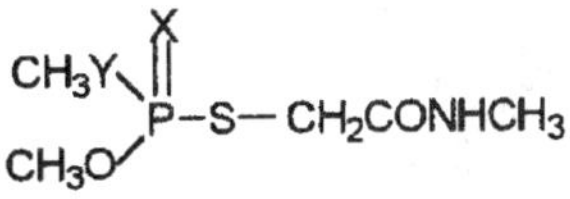 (CH₃Y)(CH₃O)P(=X)—S—CH₂CONHCH₃	1.5×10⁻²	5.6×10⁻⁶	2.8×10⁻⁶

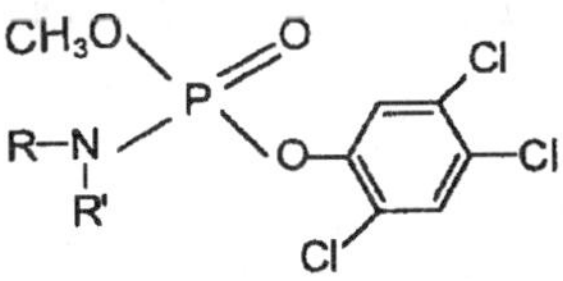

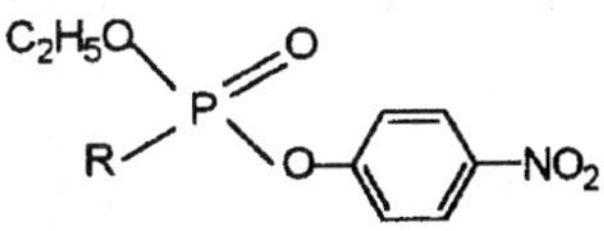

$$\log Ki = 2.359 Es - 3.913\sigma^* + 4.948 \quad (r=0.939)$$
142

$$\log Ki = 2.58 E_s^c + 7.94 \quad (r=0.927)$$
143

磷碳键

　　含 P—C 键的膦酸酯，由于缺少 $p\pi$-$d\pi$ 效应，一般来讲比相应的磷酸酯亲核反应性强。然而，在抗胆碱酯酶活性方面不总是这样。在乙基对硝基苯基烷基膦酸酯 **143** 中，，烷基从乙基增大到己基时,对家蝇头 AchE 的抑制速度 Ki 逐步下降,说明大的烷基有碍于抑制剂与酶的酯动部位的接触,多重回归分析表明,Ki 与修正的立体参数 E_s' 有很好的相关性[245]。

类胆碱结构

类似乙酰胆碱结构的有机磷化合物,其抗胆碱酯酶活性比从化学反应活性所预料的要大得多(表 2—12)。磷酸酯一端有季铵或锍基正离子,通常与磷相隔三个原子(约 0.5nm)。正离子能与 AchE 的阴离子部位结合,因而磷酰基可以到达适宜位置,使酯动部位磷酰化。砜类也有效,但不如锍基强。叔丁基不带正电荷,也有相当效力,表明这种疏水大基团可以完全填入酶的空穴,有助于酶与抑制剂键合。

表 2—12　在烷酯基的 β-位有正离子或大取代基团对磷酸酯抗胆碱酯酶活性的影响

磷　　酸　　酯	pI_{50}乙酰胆碱酯酶	参　考　文　献
$(C_2H_5O)_2\overset{O}{\overset{\|}{P}}SCH_2CH_2\overset{+}{N}(CH_3)_3$	8.4(人)	〔249〕
$(C_2H_5O)_2\overset{O}{\overset{\|}{P}}SCH_2CH_2\overset{+}{S}\begin{smallmatrix}C_2H_5\\CH_3\end{smallmatrix}$	8.3(羊)	〔194〕
$(C_2H_5O)_2\overset{O}{\overset{\|}{P}}SCH_2CH_2\overset{O\uparrow}{\underset{\downarrow O}{S}}C_2H_5$	6.2(家蝇)	〔201〕
$(C_2H_5O)_2\overset{O}{\overset{\|}{P}}SCH_2CH_2SC_2H_5$	5.5(家蝇)	〔201〕
$(C_2H_5O)_2\overset{O}{\overset{\|}{P}}SCH_2CH_2CH_3$	5.0(红细胞)	〔248〕
$(C_2H_5O)_2\overset{O}{\overset{\|}{P}}OCH_2CH_2C(CH_3)_3$	6.5	〔239〕
$(C_2H_5O)_2\overset{O}{\overset{\|}{P}}OCH_2CH_2CH_3$	3.5(红细胞)	〔248〕

苯基磷酸酯中苯基间位取代基的引入能提高抗家蝇 AchE 的活性(见表 2—9),也可以归结于类胆碱式结构效应。具有这种效应的杀螟松 **144** 和倍硫磷 **145** 均表现了高度的选择毒性。杀螟松对哺乳动物的毒性比甲基对硫磷低 180 倍,而杀虫活性却与后者相当。从它们的氧代类似物来看(表 2—13),在苯环间位引入甲基能增强抑制家蝇头 AchE 的能力,而对哺乳动物的

AchE 抑制能力却降低[249]。由于酶的阴离子部位与酯动部位之间的距离在昆虫酶中(0.5～0.55nm)与哺乳动物酶中(0.43～0.47nm)是不同的,苯基上间位烷基与磷原子的距离为 0.52～0.62nm,因而间位烷基能很好地附着于昆虫酶的阴离子部位,使酶和抑制剂之间的亲合力增加,促进酶-抑制剂络合物的形成;而在哺乳动物酶上却因距离不适附着不好,不利于酶抑制

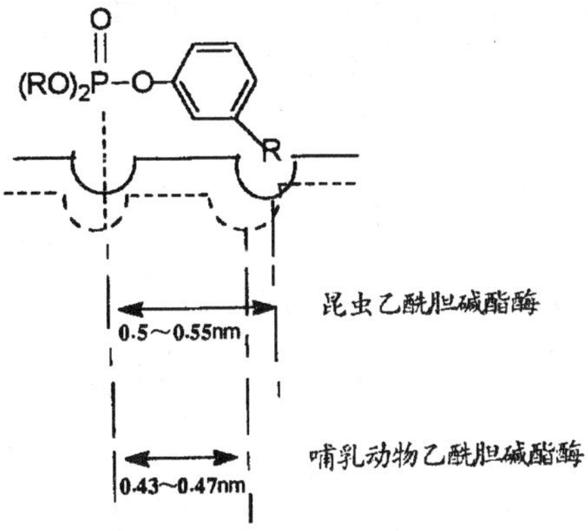

图 2—12　间烷基与乙酰胆碱酯酶的阴离子
部位相互作用

剂络合物的形成(图 2—12)[249]。这就是这类化合物具有选择毒性的根本原因。

(3)手性效应

尽管 AchE 的天然底物乙酰胆碱是没有手性的,但 AchE 与含手性碳原子或手性磷原子的磷酸酯反应时,却表现出明显的立体选择性。1958 年 Aaron 首先证明化合物 **146** 的左旋异构体与 AchE 的反应比右旋异构体快 10～20 倍[250],此后,在生物活性磷酸酯光学异构体的拆分、合成以及与酶的反应方面有过许多研究工作[251],表 2—14 列出了一些研究结果。

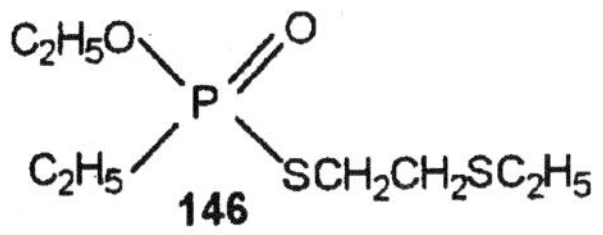

具有磷原子和碳原子两个手性中心的化合物 **147** 和 **148**,虽然两个手性中心均表现出抗胆碱酯酶(chE)的立体选择性,但磷原子的手性比碳原子的影响更大。在化合物 **147** 中,比较四个对映异构体对家蝇头 AchE 的相对活性可以看出,$(-)_P$ 比 $(+)_P$ 差 700 倍以上,而 $(-)_C$ 与 $(+)_C$ 才相差 1～2 倍[172]。在化合物 **148** 中,$(S)_P$ 构型比 $(R)_P$ 构型抑制牛红血球 AchE 的能力大 1630 倍,抑制家蝇头 AchE 的能力大 9120 倍[251]。

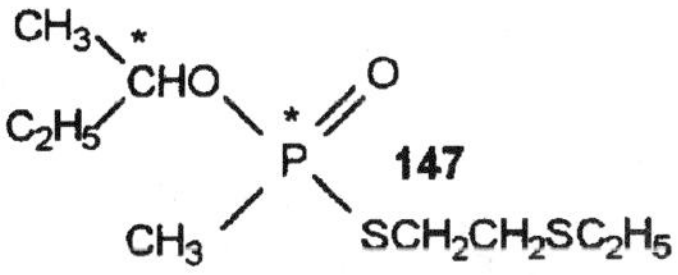

构型	抗家蝇 AchE 相对活性
$a,(+)_C-(-)_P$	1270
$b,(+)_C-(+)_P$	1
$c,(-)_C-(-)_P$	1440
$d,(-)_C-(+)_P$	2

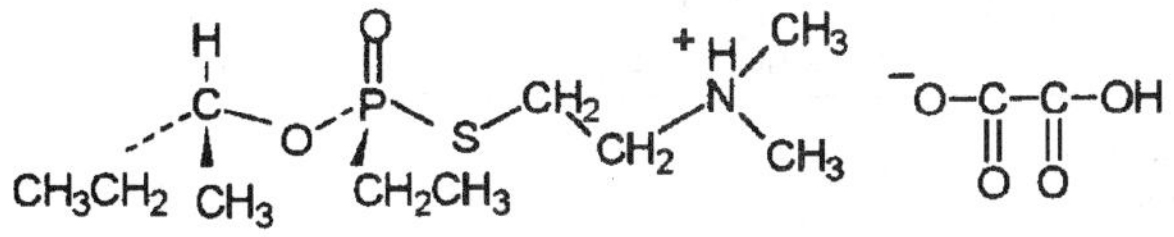

$(R)_C$　$(S)_P$　**148**

表 2—13　间甲基对于二甲基对硝基苯基磷酸酯和硫酮磷酸酯生理活性的影响

化　合　物	毒性(X=S) LD$_{50}$(mg/kg)		抗胆碱酯酶活性(X=O)					
			$K_1 \times 10^{-5}$ (mol·min^{-1})		$K_a \times 10^5$ (mol)		K_p (min^{-1})	
	F	M	F	E	F	E	F	E
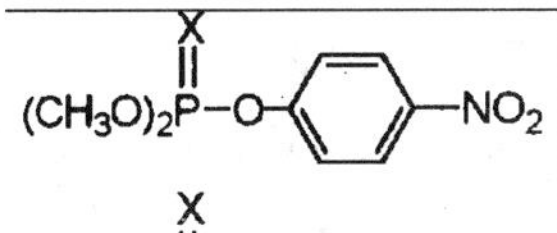 (CH$_3$O)$_2$P(X)—O—C$_6$H$_4$—NO$_2$	1.2	23	2.9	5.2	3.7	1.3	10.6	6.6
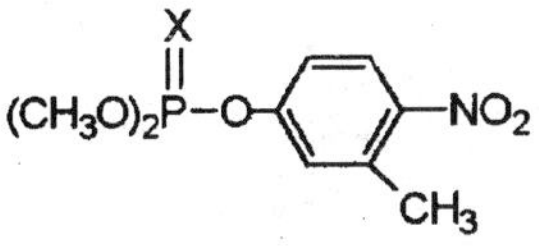 (CH$_3$O)$_2$P(X)—O—C$_6$H$_3$(NO$_2$)—CH$_3$	3.1	1250	7.6	0.73	1.1	6.7	8.3	5.0

F:家蝇;M:小白鼠;E:牛红细胞

仅磷酸酯侧链上含手性碳原子的化合物,如马拉氧磷 **149** 的旋光异构体抑制酯酶活性也具有立体选择性。（＋）-**149** 比（－）-**149** 对 AchE 和羧酸酯酶的抑制能力分别大 4 倍和 8 倍[258]。

$$(CH_3O)_2P-S-\overset{OH}{\underset{CH_2COOC_2H_5}{\overset{|}{\underset{|}{C}}}}-COOC_2H_5 \qquad \textbf{149}$$

表 2－14　水解酶与手性磷酸酯的光学异构体反应的立体选择性

手 性 化 合 物	酶	活性比*	文　献
CH₃O、CH₃S 结构	鼠脑 AchE	5.5	〔252〕
C₂H₅S、CH₃ 结构	牛红细胞 AchE	13.1	〔253〕
	马血清 chE	0.86	〔253〕
	脂族酯酶	0.15	〔254〕
	乙酰酯酶	49	〔254〕
	胰凝乳蛋白酶	0.29	〔254〕
	胰蛋白酶	1.5	〔254〕
C₂H₅O、C₂H₅、SCH₂CH₂SC₂H₅ 结构	电鳗 AchE	18	〔250〕
	人红细胞 AchE	9.6	〔250〕
	牛红细胞 AchE	9.6	〔250〕
	马血清 chE	20	〔250〕
	家蝇 AchE	11.3	〔255〕
i-C₃H₇O、CH₃、F 结构	牛红细胞 AchE	4200	〔256〕
	马血清 chE	1	〔256〕
C₂H₅O、SCH₂CH₂OC₂H₅ 结构	二化螟 chE（体内）	0.068	〔257〕
	二化螟 chE（体外）	7.81	〔257〕
	小鼠脑 chE	5.92	〔257〕
	人血清 chE	0.13	〔257〕
	马血清 chE	0.79	〔257〕

＊ 活性比＝I_{50}（－）-体／I_{50}（＋）-体或 Ki（－）-体／Ki（＋）-体

2.2.6.2　结构与生物活性的关系

有机磷杀虫剂在抑制 AchE 活性与生物活性之间并不一定有平行的关系。所以,在讨论了结构与抑制 AchE 活性关系以后,仍然有必要讨论结构与生物活性(包括杀虫活性及对温血动物毒性)的关系。这方面研究过的结构类型很多[259],下面仅就对硫磷作为母体结构加以讨论。

有关对硫磷类型化合物的结构、毒性和杀虫活性的数据列于表 2－15 中[260、261]。从中不难发现如下有关结构与活性的关系(括号内数字为化合物编号):

① 硫(酮)代磷酸甲酯比相应的乙酯毒性低,而杀虫活性不一定降低(1 与 9,8 与 17)。

② S-烷基硫(醇)代磷酸酯比相应的硫(酮)代酯的杀虫活性和毒性均低(2 与 1,10 与 9)。

③ 膦酸酯比相应的磷酸酯毒性高(12 与 9,13 与 11)。

④ 硫(酮)代二甲基次膦酸酯比二乙基类似物毒性和杀虫活性均低(5 与 14)。

⑤ 次膦酸酯的杀虫活性比相应的磷酸酯或膦酸酯低(5 与 4 及 1,14 与 12 及 9)。

⑥ 烷氧基被二甲胺基取代后,毒性和杀虫活性均降低(6 与 1,15 与 9 及 7 与 4,16 与 12);烷基被二甲胺基取代后也是如此(7 与 5,16 与 14)。

⑦ S-芳基酯比相应的 O-芳基酯杀虫活性低(8 与 1,17 与 9,18 与 11)。

⑧在硝基邻位引入氯、甲基或三氟甲基,均使毒性明显下降(1 与 21、22、23,9 与 21、22)。

⑨二个烷氧基中的一个被异丙氧基取代后形成手性磷酸酯,毒性和杀虫活性均相应提高(24 与 1,25 与 21,26 与 22)。

表 2－15 对硫磷类型化合物的生物活性

编号	名　称	结　构	LD$_{50}$(mg/kg)(大鼠口服)	豆　黑　蚜 浓度(%)	豆　黑　蚜 死亡率(%)
1	甲基对硫磷	(CH$_3$O)$_2$P(=S)O—C$_6$H$_4$—NO$_2$	14	0.0008	100
2		CH$_3$S(CH$_3$O)P(=O)O—C$_6$H$_4$—NO$_2$	50	0.0008	30
3	甲基对氧磷	(CH$_3$O)$_2$P(=O)O—C$_6$H$_4$—NO$_2$	2.5	0.005	100
4		CH$_3$O(CH$_3$)P(=S)O—C$_6$H$_4$—NO$_2$	1	0.001	100
5		(CH$_3$)$_2$P(=S)O—C$_6$H$_4$—NO$_2$	100	0.1	98
6		(CH$_3$)$_2$N(CH$_3$O)P(=S)O—C$_6$H$_4$—NO$_2$	250	0.01	90
7		(CH$_3$)$_2$N(CH$_3$)P(=S)O—C$_6$H$_4$—NO$_2$	500	0.1	0
8		(CH$_3$O)$_2$P(=S)S—C$_6$H$_4$—NO$_2$	1000	0.1	80
9	对硫磷	(C$_2$H$_5$O)$_2$P(=S)O—C$_6$H$_4$—NO$_2$	6.8	0.00016	20
10		C$_2$H$_5$S(C$_2$H$_5$O)P(=O)O—C$_6$H$_4$—NO$_2$	50	0.01	100
11	对氧磷	(C$_2$H$_5$O)$_2$P(=O)O—C$_6$H$_4$—NO$_2$	2.5	0.00016	10
12		C$_2$H$_5$O(C$_2$H$_5$)P(=S)O—C$_6$H$_4$—NO$_2$	2.5	0.001	100
13		C$_2$H$_5$O(C$_2$H$_5$)P(=O)O—C$_6$H$_4$—NO$_2$		0.001	100
14		(C$_2$H$_5$)$_2$P(=S)O—C$_6$H$_4$—NO$_2$	5	0.01	100

续表

编号	名　称	结　构	LD$_{50}$(mg/kg)（大鼠口服）	豆　黑　蚜 浓度（%）	死亡率（%）
15		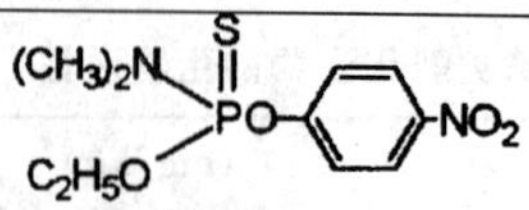 (CH$_3$)$_2$N, C$_2$H$_5$O—P(=S)—O—C$_6$H$_4$—NO$_2$	50	0.001	90
16		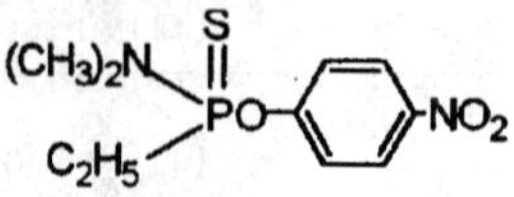 (CH$_3$)$_2$N, C$_2$H$_5$—P(=S)—O—C$_6$H$_4$—NO$_2$	250	0.01 / 0.1	0 / 100
17		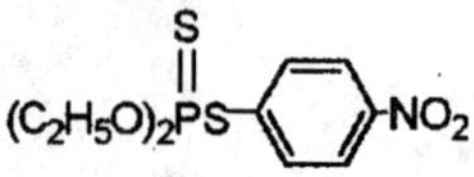 (C$_2$H$_5$O)$_2$P(=S)—S—C$_6$H$_4$—NO$_2$	10	0.1	90
18		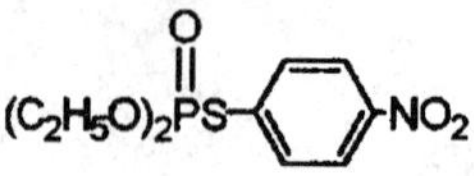 (C$_2$H$_5$O)$_2$P(=O)—S—C$_6$H$_4$—NO$_2$	2.5	0.1	100
19		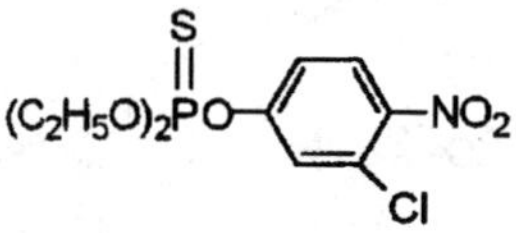 (C$_2$H$_5$O)$_2$P(=S)—O—C$_6$H$_3$(NO$_2$)(Cl)	50	0.001	100
20		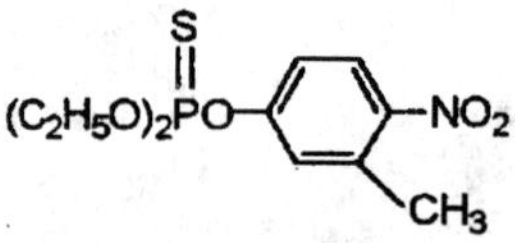 (C$_2$H$_5$O)$_2$P(=S)—O—C$_6$H$_3$(NO$_2$)(CH$_3$)	10	0.02	100
21	氯硫磷	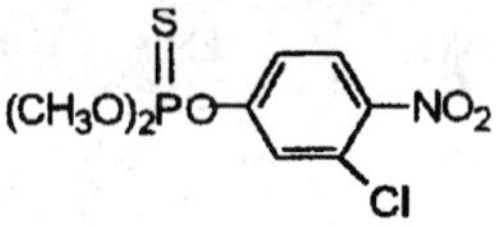 (CH$_3$O)$_2$P(=S)—O—C$_6$H$_3$(NO$_2$)(Cl)	625	0.001	100
22	杀螟松	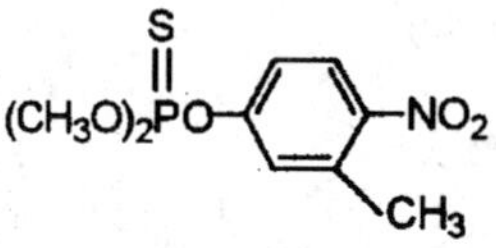 (CH$_3$O)$_2$P(=S)—O—C$_6$H$_3$(NO$_2$)(CH$_3$)	250	0.004	100
23		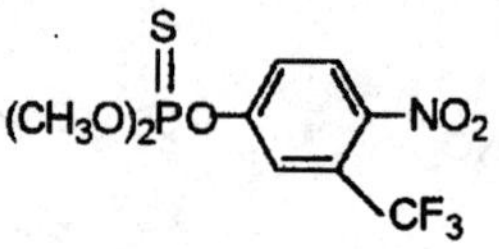 (CH$_3$O)$_2$P(=S)—O—C$_6$H$_3$(NO$_2$)(CF$_3$)	250	0.02	100
24		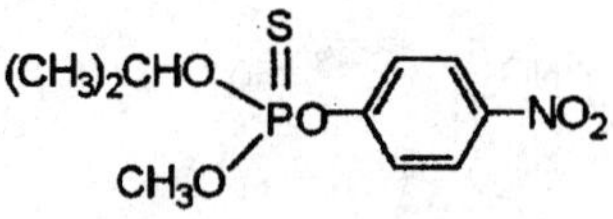 (CH$_3$)$_2$CHO, CH$_3$—P(=S)—O—C$_6$H$_4$—NO$_2$	5	0.00016	100
25		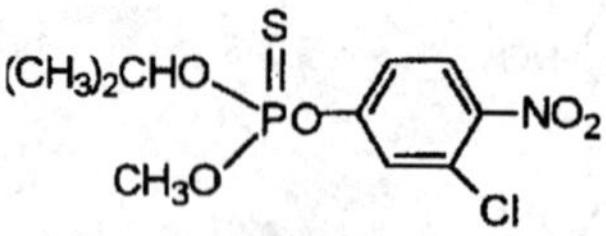 (CH$_3$)$_2$CHO, CH$_3$O—P(=S)—O—C$_6$H$_3$(NO$_2$)(Cl)	50	0.004	100
26		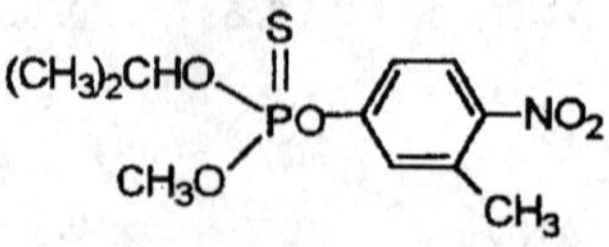 (CH$_3$)$_2$CHO, CH$_3$O—P(=S)—O—C$_6$H$_3$(NO$_2$)(CH$_3$)	25	0.0008	40

2.2.7　代谢

有机磷杀虫剂的生物转化(代谢)主要包括氧化、水解、基团转化、还原、结合等反应,这些反应又可分为两类:引起激活作用和导致解毒(失活)作用,即激活代谢反应和解毒代谢反应。

2.2.7.1　激活代谢反应

(1)氧化脱硫

有机磷杀虫剂的激活反应主要是多种氧化反应,其中氧化脱硫是指 P=S 转化为 P=O 的反应。硫(酮)代磷酸酯是胆碱酯酶(chE)的弱抑制剂,而其相应的氧化物则是强抑制剂。P=S 基化合物的毒作用往往归因于它们在体内发生 P=S 的脱硫氧化,产生相应的 P=O 化合物。在动物体内,P=S 酯转化成 P=O 酯依赖于微粒体多功能氧化酶(mfo)的作用。在植物中,过氧化物酶可能参与 P=S ⟶P=O 的转化[262]。

已在很多杀虫剂中证实有氧化脱硫反应存在。例如,对硫磷、马拉松和地虫磷,当它们转化成相应的氧化物后,抑制 AchE 活性和毒性均较原化合物提高:

$$(C_2H_5O)_2\overset{\overset{\text{S}}{\|}}{P}O\text{-}\underset{}{\bigcirc}\text{-}NO_2 \xrightarrow{\text{mfo}} (C_2H_5O)_2\overset{\overset{\text{O}}{\|}}{P}O\text{-}\underset{}{\bigcirc}\text{-}NO_2$$

$I_{50}AchE(mol/L)\ 1\times10^{-4}$　　　　　6.6×10^{-9}

$LD_{50}(大鼠)mg/kg\ \ 3.3$　　　　　1.4

$$(CH_3O)_2P(S)\text{-}S\text{-}\underset{|}{C}HCO_2C_2H_5 \xrightarrow{\text{mfo}} (CH_3O)_2P(O)\text{-}S\text{-}\underset{|}{C}HCO_2C_2H_5$$
$$\qquad\qquad CH_2CO_2C_2H_5 \qquad\qquad\qquad\qquad CH_2CO_2C_2H_5$$

$I_{50}AchE(mol/L)\ 2.9\times10^{-3}$　　　　　7.0×10^{-7}

$LD_{50}(大鼠)mg/kg\ \ 2600$　　　　　308

$I_{50}AchE(mol/L)\ 2\times10^{-5}$　　　　　3×10^{-8}

$LD_{50}(大鼠)mg/kg\ \ 14.7$　　　　　2.8

这种氧化产物的形成,需要有辅酶Ⅱ(NADPH)及分子氧与微粒体共存,反应受一氧化碳、增效醚等抑制,表明这类反应受多功能氧化酶系的催化。体外试验中,排出的硫吸附在微粒体上,在体内硫被排入尿中[263、264]。

(2)硫醚的氧化

某些具有硫醚结构的磷酸酯,已观察到它们在植物、哺乳动物和昆虫体内的氯化作用,硫醚逐步氧化成亚砜、砜。例如双硫磷 **150** 在蚊幼虫体内发生硫醚氧化及氧化脱硫反应,由这些反应引起抗 chE 活性的变化[265]:

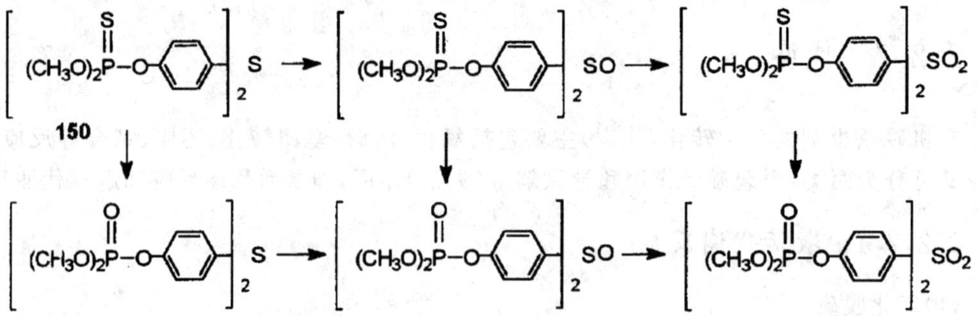

150

Ki(mol^{-1} · min^{-1} · 10^{-8})蚊幼虫cHE

0.37　　1.10　　1.56

另一个例子是甲拌磷 **151** 在植物体中的代谢[266]，与在动物体中不一样，它首先迅速氧化成亚砜和砜，而脱硫反应进行较慢。

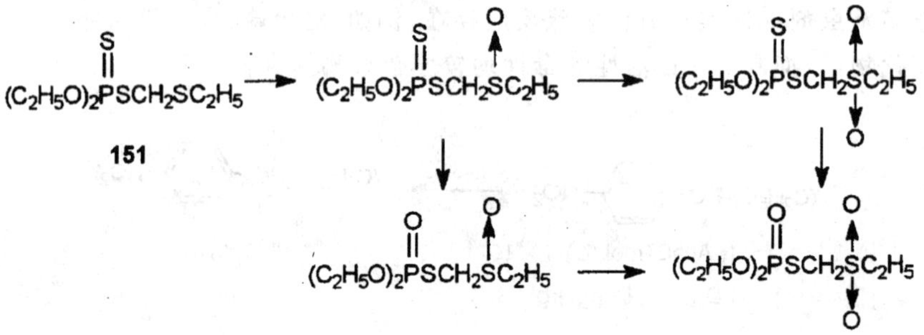

151

抗胆碱酯酶活性一般依下列顺序递增：硫醚＜亚砜＜砜，所以这类氧化作用有一定激活作用，但不如氧化脱硫的激活作用大。

在体外试验中尚未证实任何酶系参与磷酸酯硫醚的氧化。但根据其它硫化物的体外试验[267]，可以合理地设想动物的多功能氧化酶系也参与磷酸酯硫醚的生物氧化作用。在植物体内，虽然 P＝S 的氧化作用是由于酶的催化，而硫醚的氧化似乎主要是由于光催化作用[213]。

(3)酰胺基的氧化

八甲磷没有抗 chE 活性，经生物氧化或化学氧化，变为强抗 chE 剂，活性为八甲磷的 10^5 倍。[268、269]生物氧化导致 N-脱甲基，可能按下式进行[268～270]：

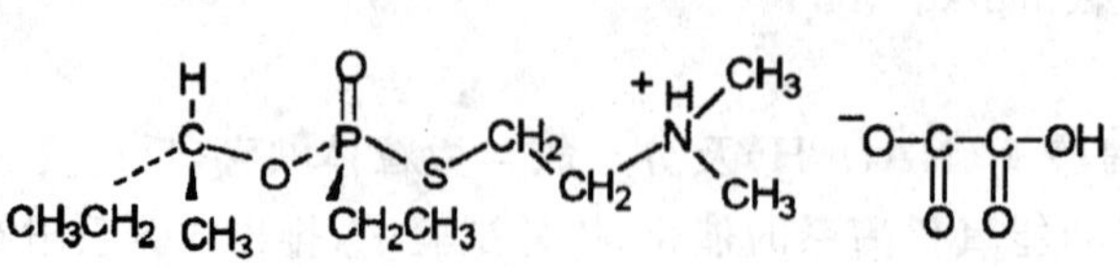

(R)C　(S)P　148

氧化产物 **152**、**153** 的存在，可能是代谢产物抗 chE 活性增大的原因。羟甲基可以通过形成分子内氢键(见 **153a**)，对磷产生诱导作用，增强其磷酰化能力[162]。

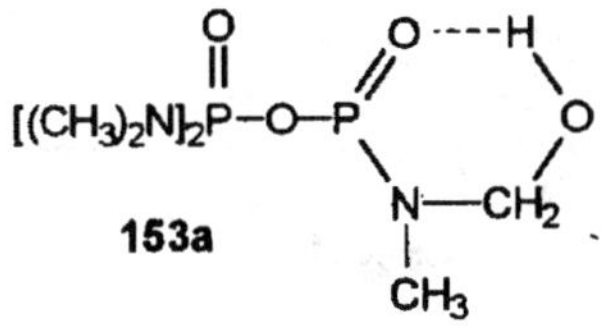

$$[(CH_3)_2N]_2P-O-P \cdots O-H$$

153a

与磷酰胺相比,羧酰胺的代谢过程了解得更为确切。以百治磷 **154**(R＝NMe$_2$)为例,其代谢过程如下[271]:

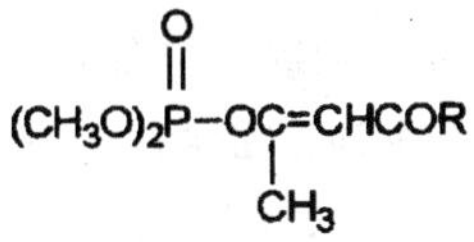

$$(CH_3O)_2P-OC=CHCOR$$
$$\quad\quad\quad CH_3$$

154

R: —N(CH$_3$)$_2$ → —N(CH$_2$OH)(CH$_3$) → —N(H)(CH$_3$) → —N(H)(CH$_2$OH) → —NH$_2$

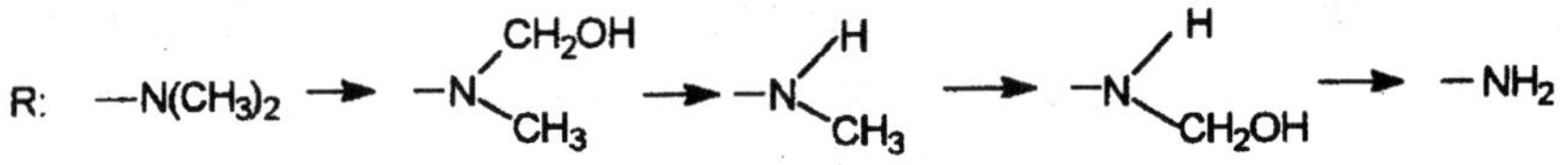

pI$_{50}$家蝇 AchE(mol/L):	7.2	7.0	6.8	6.9	6.5
LD$_{50}$蝇(mg/kg):	3.8	14	6.4	30	1.0
LD$_{50}$小鼠(mg/kg):	14	18	8	12	3

通过氧化 N-脱甲基,百治磷被转化为另一种优良的杀虫剂久效磷 **154**(R＝—NHCH$_3$),进一步代谢,最后得到未取代的酰胺。

同样,N-脱甲基不仅在乐果中观察到[272],而且在含磺酰胺的伐灭磷中也有此作用[273]。伐灭磷的 N-未取代代谢物已发展成为一个内吸杀虫剂赛灭磷。此外,磷胺中的 N-乙基也可以通过 α-碳原子上的羟基化而被氧化成乙醛排出[274]。

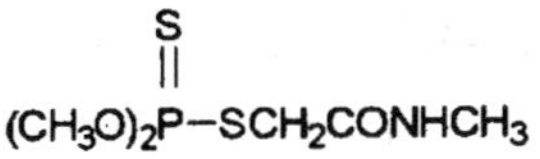

$$(CH_3O)_2P-SCH_2CONHCH_3$$
乐果

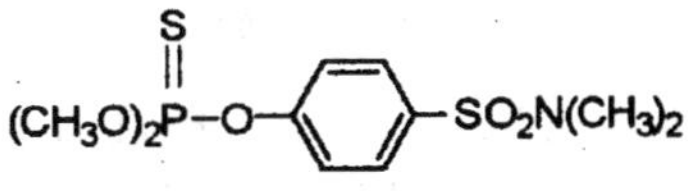

$$(CH_3O)_2P-O-\langle\ \rangle-SO_2N(CH_3)_2$$
伐灭磷

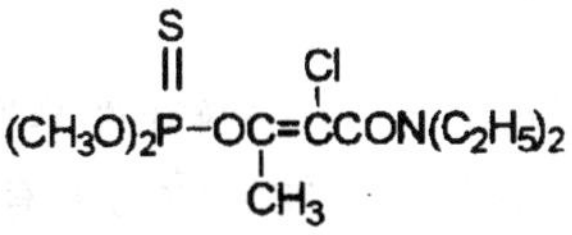

$$(CH_3O)_2P-OC=CCON(C_2H_5)_2$$
$$\quad\quad CH_3\ Cl$$
磷胺

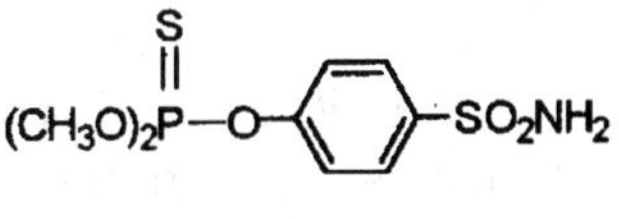

$$(CH_3O)_2P-O-\langle\ \rangle-SO_2NH_2$$
赛灭磷

(4)烃类的羟基化

芳基中的烷基侧链在 mfo 酶系作用下氧化为醇类,产物还可以发生进一步的转化。例如磷酸三邻甲苯酯(TOCP),它本身不是杀虫剂,但能使马拉松增效,具有迟发性神经毒性。在体内它被转化为具有生物活性的水杨醇环状磷酸酯 **155**(R＝邻-CH$_3$C$_6$H$_4$O),其抑制 chE 的活性比 TOCP 强 10^7 倍[275、276]。TOCP 及其类似物的代谢激活作用在哺乳动物、鸟类和昆虫中都已观察到,但在植物中未曾发现[277、278]。代谢的第一步是在苯环的邻甲基上发生羟基化,然后关环成环状酯 **155**,至少有一个邻烷基苯基才能发生这类激活反应:

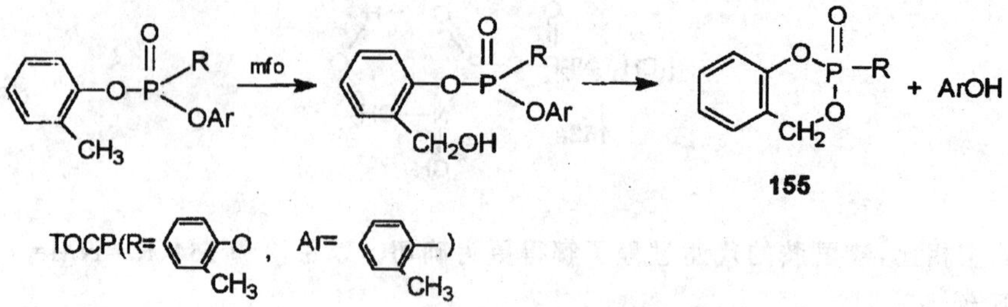

$$TOCP(R = \begin{array}{c} \text{O} \\ \text{CH}_3 \end{array}, \quad Ar = \begin{array}{c} \\ \text{CH}_3 \end{array})$$

对 **155** 的结构与活性的进一步研究,导致杀虫剂蔬果磷(**155** 中 R=CH₃O)的发现。

磷酸三对乙苯酯(TPEP)也是一种神经毒物,它能通过大鼠肝微粒体氧化酶在空气中 NADPH 存在下转化成 α-羟乙基化合物,然后在可溶性脱氢酶存在下生成乙酰基化合物[279、280]。这一转化使对位取代基 σ 值发生很大变化(从 Et:−0.151 到 CH₃CO:+0.874),从而使抗 chE 活性和神经毒性增加。这类激活作用一般发生在哺乳动物、鸟类和昆虫中。

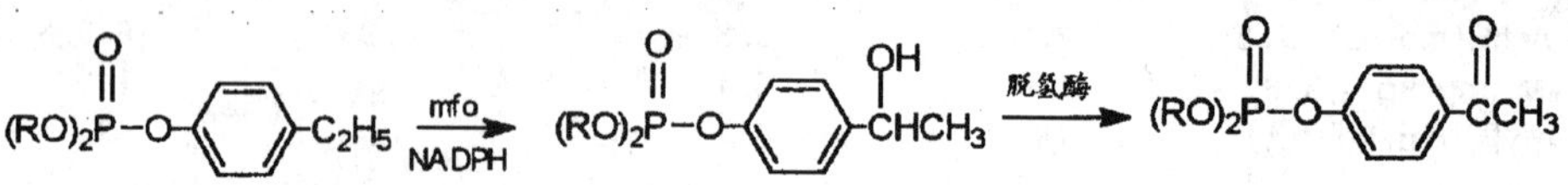

			9×10⁻⁵
I₅₀S−chE(mol/L)			
TPEP(R=EtC₆H₄) >10⁻³	>10⁻³		1.6×10⁻⁷(三酮式)
I₅₀蝇 chE(mol/L)			
(R=Et) 3×10⁻⁴			8.6×10⁻⁹

杂环上的侧链也会被 mfo 酶系羟基化。大鼠肝及蜚蠊脂肪体微粒体能催化二嗪农的氧化,使之转化为侧链羟基代谢物及氧化二嗪农等[281]。二嗪农的代谢产物在动物[282~284]及植物中均已发现。所有这些具有完整磷酸酯键的氧化代谢产物应当是具有毒性的,因此是激活代谢过程。二嗪农的代谢过程如图 2—13 所示。

(5)非氧化激活反应

除氧化反应之外,只有很少几个反应与磷酸酯的激活有关。丁酯磷在酯酶作用下转化成敌百虫,这种转化在植物中尤为迅速。敌百虫在生理 pH 情况下自发地转化为有毒的 DDV[285]。二溴磷与半胱氨酸巯基反应脱溴也会生成 DDV[286]。

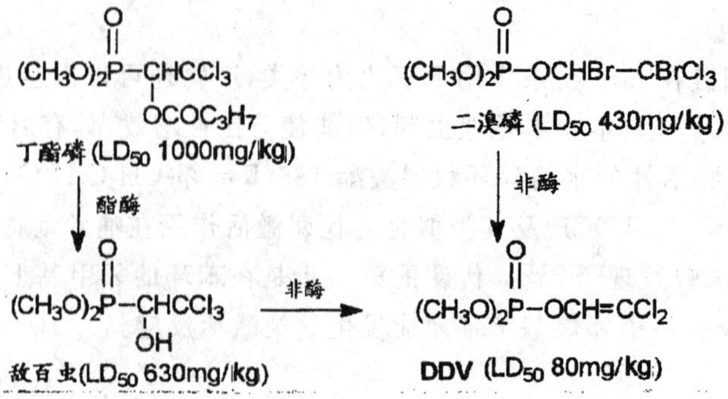

丰索磷在植物中酶作用下会发生 P=S 重排为 P—S 的反应[287],从而造成激活。

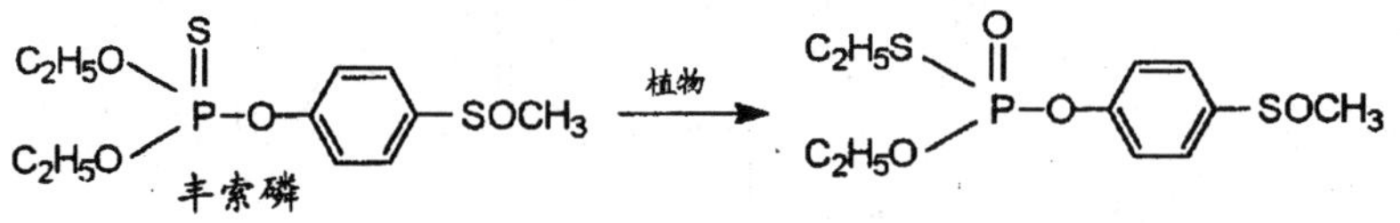

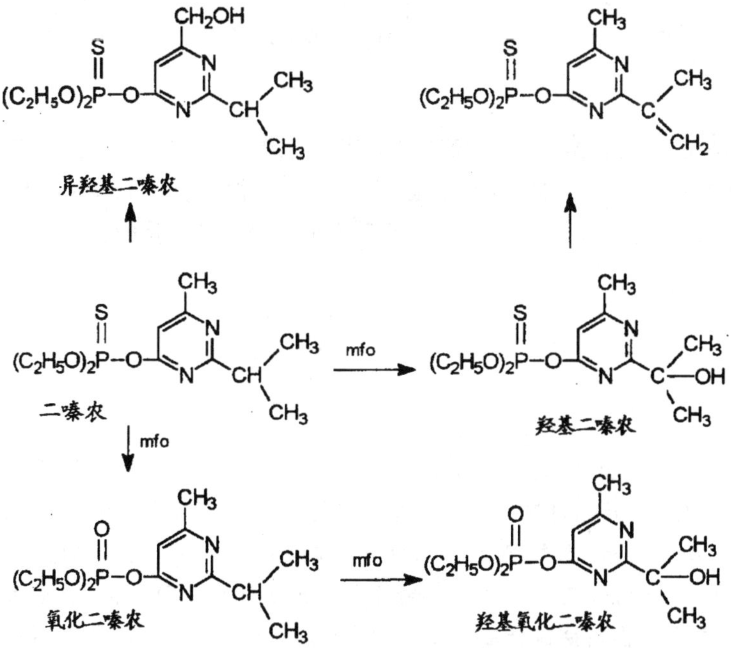

图 2—13　二嗪农毒性代谢物的生成

磷胺在大鼠体内转化为 N-双去乙基羟基衍生物[288]。

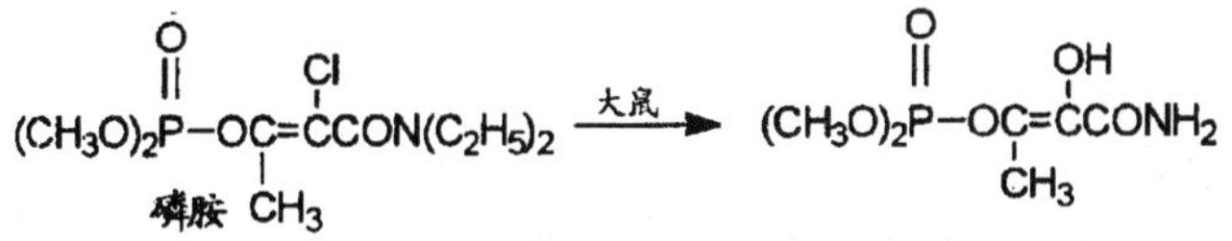

2.2.7.2　解毒代谢反应

有机磷杀虫剂的解毒代谢主要由于磷酸酯键的断裂,在分子中产生磷酸负离子,失去磷酰化能力。有两种不同形式的磷酸酯键,一个是由酸性基团与磷生成的酐键,另一个是烷基酯键。除此之外,不含磷官能基(如侧链上的羧酸酯基、羧酰胺基、硝基等)的生物降解,也是解毒代谢的重要途径。

(1)酐键的断裂

氧化脱芳基

哺乳动物肝微粒体既催化对硫磷的氧化脱硫,又催化其芳酯基的氧化脱芳基。这些反应需要辅酶Ⅱ(NADPH)和氧分子参与,又都能被一氧化碳、SKF-525A 及苯并二噁茂强烈地抑制,从而清楚地表明,这些反应是被 mfo 酶系催化的[263、289]。

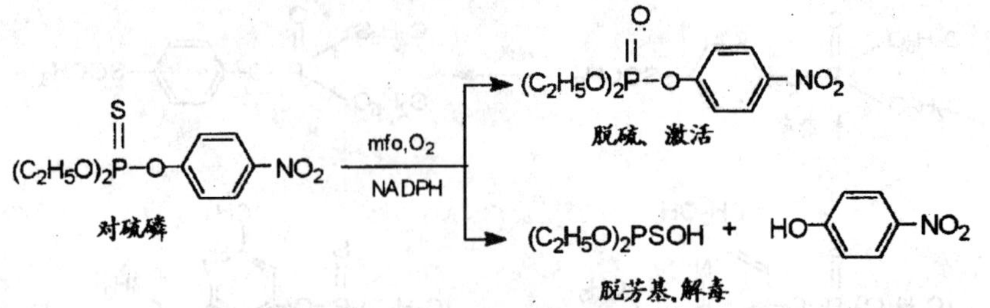

类似的反应也在其它硫(酮)代磷酸酯(如甲基对硫磷、异氯磷、杀螟松、二嗪农)、硫(酮)代膦酸酯(如苯硫磷),以及二硫代膦酸酯(如地虫磷)等与动物肝或家蝇腹部 mfo 酶系的反应中观察到[290~293]。地虫磷的反应引起 P—S—(芳基)键的断裂,得到硫酚。

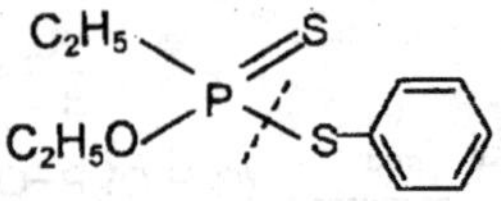

水解反应

磷酰基化合物能被酯酶 A(也称芳基酯酶或磷酸三酯酶)所水解,这类酶广泛分布于哺乳动物组织中,尤其是血浆、肝和肾中。类似的酯酶也见于昆虫及微生物中[294]。这些酶还可以水解某些氨基甲酸酯及羧酸酯。酯酶 A 与磷酸酯酶不同,磷酸酯酶只能水解酸性磷酸酯,而酯酶 A 能水解多种中性磷化合物,断键的地方在磷原子与最具酸性的基团之间,后者即所谓离去基团。这个键也就是磷化合物在抑制酯酶 B 时断裂的同一个键。因此,酯酶 A 不仅能使磷酸酯键如 P(O)—O—(芳基)及 P(O)—S 等键断裂,也能使 P(O)—O—(O)P、 P(O)—F、 P(O)—CN 等酐键断裂。这些键的断裂使磷化合物失去抑制 AchE 的活性。例如:

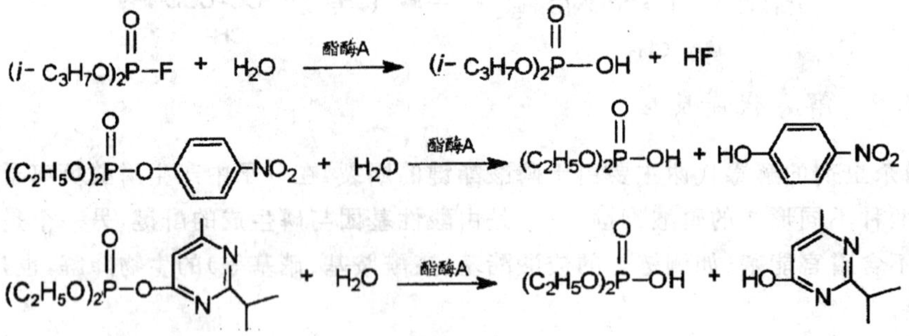

硫代磷酰基(P=S)化合物似乎不被酯酶 A 水解。酯酶 A 对底物的特异性是复杂的,还未完全弄清,因为取得纯酶相当困难。但是,已经有些实验证据表明,在某些情况下,同一种酯酶 A 能水解不同的有机磷化合物、氨基甲酸酯和羧酸酯。例如,羊血浆中一种纯化的酯酶能催化对氧磷、DFP(二异丙基磷酰氟)、塔崩及醋酸对硝基苯酯的水解,但不能催化特普及醋酸苯酯的水解[295]。

谷胱甘肽 S-芳基转移反应

有些酶能促进谷胱甘肽(GSH)对磷酸酯中酐键的断裂作用[264、296、297],这种酶称为谷胱甘肽 S-转移酶。二嗪农发生这类降解时生成硫代磷酸和嘧啶基谷胱甘肽[298]：

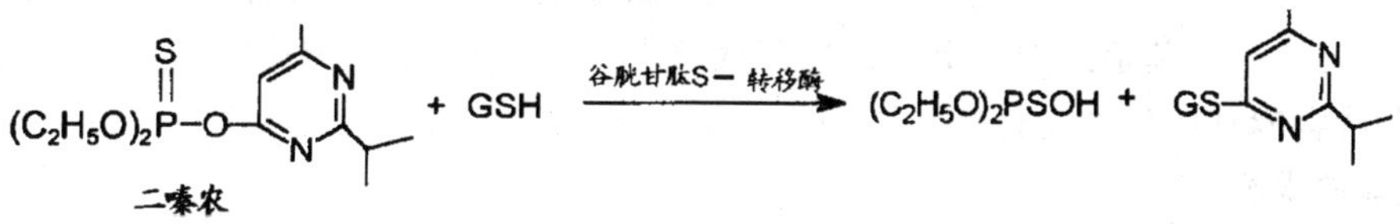

氧化二嗪农及二嗪农的某些高级烷基同系物，也同样地被这种转移酶催化，从而发生芳基转移作用。

(2)烷基酯键断裂

氧化脱烷基反应

毒虫畏在有 NADPH 及氧存在下，被肝微粒体氧化脱去乙基，这一反应产物已鉴定为乙醛和磷酸二酯[299]：

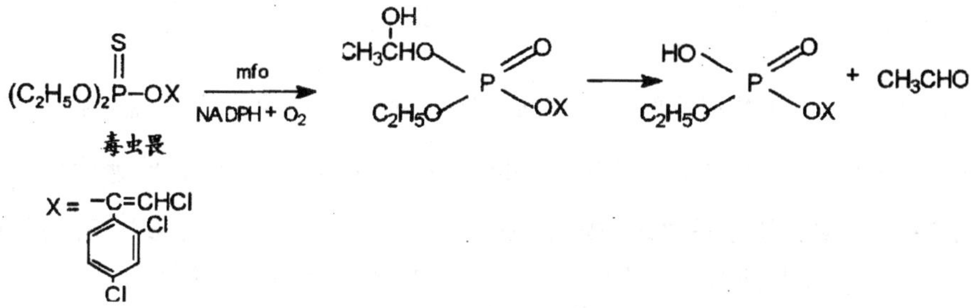

除毒虫畏外，许多乙烯基、苯乙烯基、苯基和萘基磷酸三酯均可作为这一反应的底物。这种酶称为磷酸三酯-氧：$NADPH_2$ 氧化还原酶，它能催化二甲基、二乙基、二异丙基和二正丁基等的脱烷基作用。二乙基酯似乎是最合适的底物。各种哺乳动物体内酶的脱烷基活性差别较大，狗的肝微粒体酶活性最高，而大鼠肝微粒体只有狗的活性的百分之一。

氧化二嗪农及对氧磷在 NADPH 及氧存在下，经抗性家蝇微粒体的作用，也发生类似的脱烷基反应[300、301]。氧化脱烷基作用对于磷酸三酯的解毒似乎是一个重要途径，特别是那些具有乙基酯键的磷酸酯，但对于硫(酮)代磷酸酯则不是重要的。

谷胱甘肽 S-烷基转移反应

大鼠肝匀浆上清液中的酶能催化某些二甲基磷酸酯的脱甲基作用。当加入谷胱甘肽(GSH)之后，催化作用大大加强，因为 GSH 在此起着甲基受体作用[302~304]。这一作用在速灭磷[305]、杀螟松和甲基对硫磷[306]中均得到证实。产物为 S-甲基 GSH 及磷酸单甲酯。甲基直接转移到 GSH 上，这种酶称为 GSH-S-烷基转移酶[307]，硫(酮)代磷酸酯或磷酸酯都能作为它的底物。

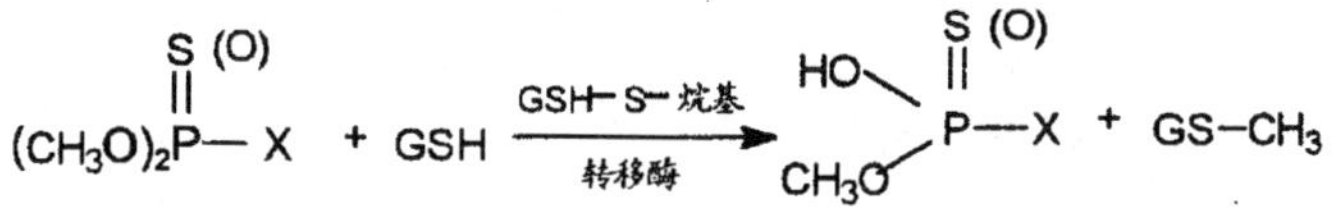

在哺乳动物肝脏的可溶性组分中 GSH-S-转移酶的活性最高，而昆虫中肠及脂肪体的活性较低。虽然这种酶也能使乙基及其它烷基发生转移，但哺乳动物转换酶对二甲酯类杀虫剂具有高度的专一性，这与二甲基酯杀虫剂的毒性总是低于二乙酯(2.2.6.2)至少是部分相关的。

因此,GSH 的强烈脱甲基作用,在有机磷二甲基酯类杀虫剂的解毒代谢中具有重要地位。然而,在抗性昆虫中,这类转移酶对二乙酯类杀虫剂似乎更有专一性,从而导致抗性家蝇对二乙氧基杀虫剂比二甲氧基杀虫剂有更大的抗药性[301、308]。

(3)非磷官能基的生物转化

羧酸酯的水解

许多含有羧酸酯基的有机磷杀虫剂(如马拉松),由于哺乳动物中羧酸酯酶的作用使酯基水解导致解毒。羧基阴离子因靠近磷原子,而使磷的亲电性下降,这样得到的马拉松 α-单羧酸 **156** 是没有活性的[309、310]。马拉松的光学异构体中,左旋体与酶的反应比右旋体快,表现了一定的立体专一性。

$$(CH_3O)_2\overset{\overset{S}{\|}}{P}-S-CHCH_2CO_2C_2H_5 \quad \xrightarrow{\text{羧酸酯酶}} \quad (CH_3O)_2\overset{\overset{S}{\|}}{P}-S-CHCH_2CO_2C_2H_5$$

156

羧酸酯酶也称为脂族酯酶或酯酶 B,它们广泛分布于哺乳动物的肝、肾、血清、肺、脾及肠中,而在感性昆虫中,羧酸酯酶活性很低。马拉松及家蝇磷的高选择毒性(通常以 $\dfrac{LD_{50}(\text{动物})}{LD_{50}(\text{昆虫})}$ 的比值表示)主要就是由于这一原因。具有羧酸酯的杀虫剂,并非都是低毒和高选择毒性的,速灭磷就是一种比从它结构所预料的毒性强得多的杀虫剂,因为在它的解毒降解中,羧酸酯酶所起的作用较小(表 2—16)。

在某些昆虫中,酯酶活性的增高,可能是使马拉松产生抗性的重要原因之一。这些昆虫有:蚊、蝇、叶蝉、飞虱和柑桔红蜘蛛[311~315]。

表 2—16　一些含羧酸酯基的有机磷杀虫剂的选择毒性

名　称	结　构	LD₅₀(mg/kg)		
		小鼠	家蝇	比值
马拉硫磷	$(CH_3O)_2\overset{\overset{S}{\|}}{P}SCHCO_2Et$ $\|$ CH_2CO_2Et	815	30	27
马拉氧磷	$(CH_3O)_2\overset{\overset{O}{\|}}{P}SCHCO_2Et$ $\|$ CH_2CO_2Et	75	15	5
家蝇磷	$(C_2H_5O)_2\overset{\overset{S}{\|}}{P}SCH_2CO_2Et$	1280	9.4	130
家蝇氧磷	$(C_2H_5O)_2\overset{\overset{O}{\|}}{P}SCH_2CO_2Et$	214	3.4	63
速灭磷	$(CH_3O)_2\overset{\overset{O}{\|}}{P}OC=CHCO_2Et$ $\|$ CH_3	5	1	5

羧酰胺基的水解

另一个可水解的非磷官能基是羧酰胺基。乐果及有关杀虫剂中酰胺键的断裂对选择性毒性是很重要的,体外降解与毒性之间具有相关性[316]。乐果的选择毒性是比较明显的:

$$\frac{\text{LD}_{50}\text{小鼠(mg/kg)}}{\text{LD}_{50}\text{家蝇(mg/kg)}} = \frac{140}{0.4} = 350$$

$$(CH_3O)_2\underset{\underset{-}{\parallel}}{P}SCH_2\overset{\overset{O}{\parallel}}{C}NHCH_3 \xrightarrow{\text{酰胺酶}} (CH_3O)_2\underset{\underset{-}{\parallel}}{P}SCH_2\overset{\overset{O}{\parallel}}{C}OH$$

乐果　　　　　　　　　　　　　　　　　乐果酸

在脊椎动物中,参与羧酰胺代谢的酰胺酶主要分布于肝脏中的微粒体组分,羊肝是酰胺酶的最好来源。在乐果类似物中,N-丙基乐果是最好的底物,氧乐果不被酰胺酶水解,但能抑制这种酶。只有硫(酮)类似物能作为这种酶的底物。

还原反应

对硫磷、苯硫磷等化合物中的硝基被还原成氨基后,基本上解除了杀虫活性和抗 AchE 活性,这是因为硝基的强吸电性($\sigma = +1.27$)变为氨基的推电子性($\sigma = -0.66$)的缘故。

$$(C_2H_5O)_2\overset{\overset{S}{\parallel}}{P}O-\!\!\!\!\!\bigcirc\!\!\!\!\!-NO_2 \xrightarrow[\text{NADPH}]{\text{还原酶}} (C_2H_5O)_2\overset{\overset{S}{\parallel}}{P}O-\!\!\!\!\!\bigcirc\!\!\!\!\!-NH_2$$

还原酶需要辅酶Ⅱ的参与才能进行反应。还原反应容易在瘤胃液中及微生物中发生[317、318],因此,氨基对硫磷在反刍动物中是一个主要的代谢产物。虽然对硫磷的降解作用主要来自氧化系统,但对对硫磷及对氧磷起解毒作用的硝基还原酶已在家蝇腹部及脊椎动物肝中发现其存在[319、320]。

(4)结合作用

葡糖苷酸的形成

在 1.5 节中已提到,经初级代谢生成的酚、醇、羧酸、胺、硫醇等,在脊椎动物中可以在葡糖醛酸转移酶作用下,形成葡糖苷酸结合物。尿苷二磷酸葡糖醛酸(UDPGA,见图 1—4)的作用是向底物供应 D-葡糖醛吡喃基以便形成葡糖苷酸。

葡糖苷酸的形成已在多种有机磷杀虫剂在体内的代谢作用中被观察到。在大鼠中由 DDV 代谢为二氯乙基葡糖苷酸 **157**[321],在大鼠和狗中,毒虫畏代谢为 1-(2,4-二氯苯基)乙基葡糖苷酸 **158**[322],在小牛中伐灭磷代谢为甲基及二甲基胺基磺酰苯基葡糖苷酸 **159**[323],在母牛中对硫磷代谢为对氨基苯基葡糖苷酸 **160**[324]。

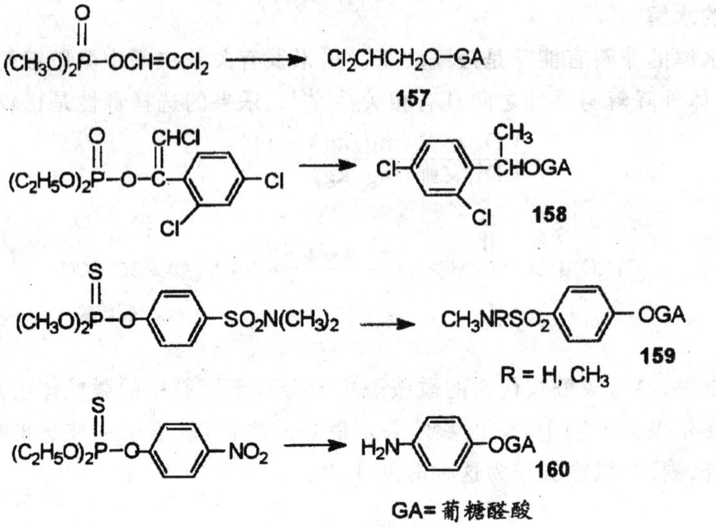

$(CH_3O)_2\overset{\overset{O}{\|}}{P}-OCH=CCl_2 \longrightarrow Cl_2CHCH_2O-GA$ **157**

$(C_2H_5O)_2\overset{\overset{O}{\|}}{P}-O\overset{\overset{CHCl}{\|}}{C} \longrightarrow$ (芳环结构) **158**

$(CH_3O)_2\overset{\overset{S}{\|}}{P}-O-$ (苯环) $-SO_2N(CH_3)_2 \longrightarrow CH_3NRSO_2-$ (苯环) $-OGA$ **159**

R = H, CH₃ (R = H, CH_3)

$(C_2H_5O)_2\overset{\overset{S}{\|}}{P}-O-$ (苯环) $-NO_2 \longrightarrow H_2N-$ (苯环) $-OGA$ **160**

GA= 葡糖醛酸

葡糖苷的形成

与脊椎动物不同的是,植物及昆虫能够利用从尿苷二磷酸葡糖(UDPG)转移而来的 D-葡糖吡喃基形成结合物(见 1.5 节)。甲硫磷的代谢物是亚砜及砜,它们在大鼠中很快形成相应的酚的葡糖苷酸及硫酸酯,而在昆虫及植物体内形成酚的 β-葡糖苷[325、326]:

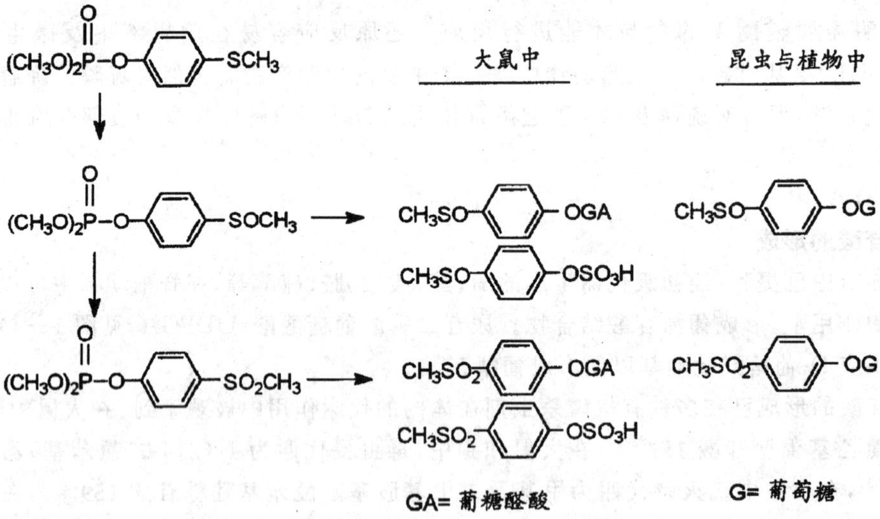

GA= 葡糖醛酸　　　G= 葡萄糖

伏杀磷在植物中的代谢物已确定为苯并噁唑酮的 N-葡糖苷[166]:

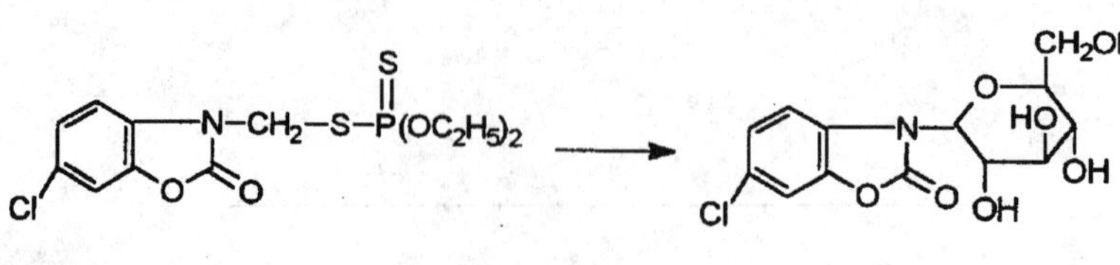

硫酸酯的形成

硫酸酯的结合作用是酚、醇的重要代谢过程。例如杀螟腈在大鼠体内被降解,对氰基苯基硫酸酯成为主要的代谢物从尿中排出[327]：

芳香胺也能与硫酸酯结合,生成胺基磺酸酯。

　　硫酸酯结合作用需要硫酸酯转移酶的存在,硫酸酯基来自于 3′-腺磷酸 5′-磷酸硫酸酯 (PAPS)(见图 1−5)。

甲基化作用

　　甲基化是外源物质代谢的次要过程。当有机磷杀虫剂中含有 P−S−C 酯键时,有可能产生 S-甲基化代谢物。例如杀扑磷在大鼠体内迅速降解,生成噻二唑酮亚砜 **161** 及砜衍生物 **162** 作为主要代谢产物[328]：

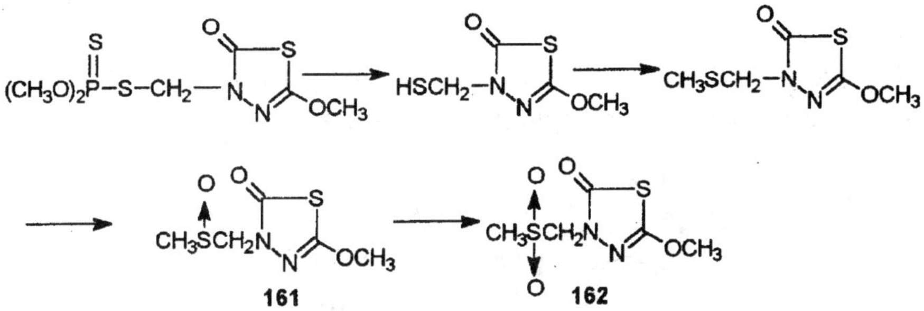

这些代谢物可能来源于 P−S 键断裂而产生的巯甲基衍生物的甲基化及随后氧化。伏杀磷在大鼠体内产生类似的代谢物[166]：

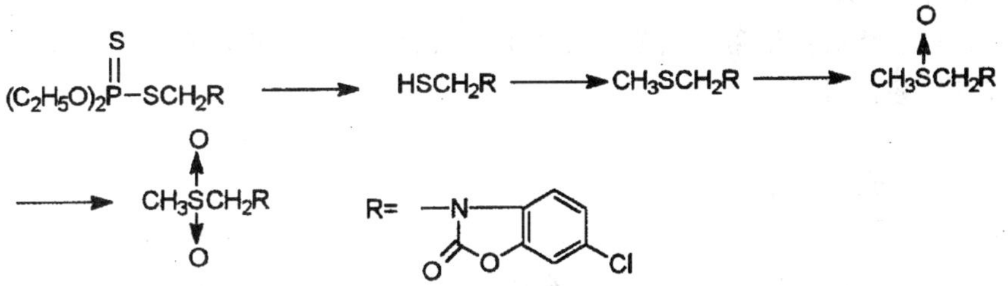

　　地虫磷在大鼠或马铃薯植株中,经氧化 P−S 键断裂或经氧化地虫磷水解而产生苯硫酚很快被甲基化,随后氧化为亚砜及砜[329~331]。此外,也发现微量的中性酯 **163** 和 **164** 的存在,可能是硫代膦酸及类似的膦酸的甲基化产物。

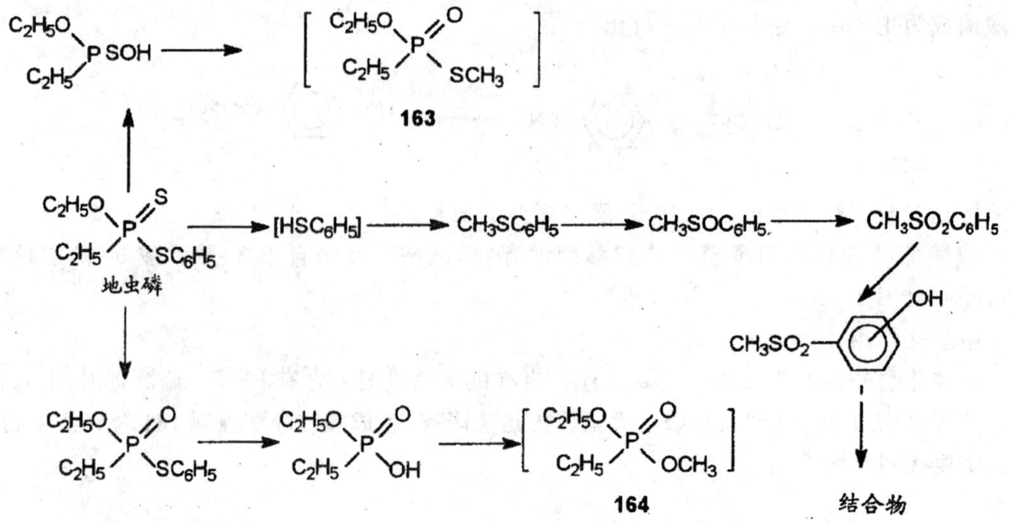

$$(C_2H_5O)(C_2H_5)PSOH \longrightarrow \left[(C_2H_5O)(C_2H_5)P(=O)(SCH_3) \right]$$

163

$$(C_2H_5O)(C_2H_5)P(=S)(SC_6H_5) \longrightarrow [HSC_6H_5] \longrightarrow CH_3SC_6H_5 \longrightarrow CH_3SOC_6H_5 \longrightarrow CH_3SO_2C_6H_5$$

地虫磷

$$(C_2H_5O)(C_2H_5)P(=O)(SC_6H_5) \longrightarrow (C_2H_5O)(C_2H_5)P(=O)OH \longrightarrow \left[(C_2H_5O)(C_2H_5)P(=O)(OCH_3) \right]$$

164

$$CH_3SO_2 \underset{}{\bigcirc} OH \quad 结合物$$

在甲基化作用中,甲基来自活性蛋氨酸,也就是由蛋氨酸和 ATP 经生化合成的 S-腺蛋氨酸。甲基从蛋氨酸转移到底物上需要有甲基转移酶的催化。

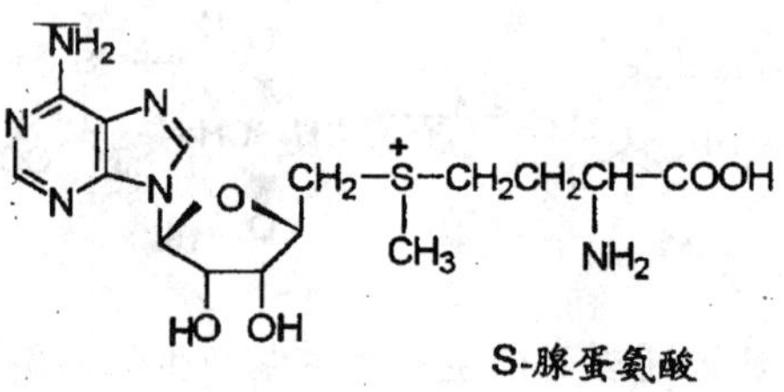

S-腺蛋氨酸

谷胱甘肽结合作用

谷胱甘肽是不经初级代谢反应就能发生的结合作用,在有机磷杀虫剂中,它可以发生 S-芳基及 S-烷基转移作用(见 2.2.7.2)。

2.2.8　重要品种

有机磷杀虫剂已商品化的品种估计大约在 150 个以上,由于篇幅所限,不可能一一涉及。本节仅就国内外已有生产(包括原来生产现已停产)的一些影响较大的品种加以叙述。为照顾化学方面的系统性,还是采用按结构类型分类的原则。若欲了解有机磷杀虫剂品种的全貌,读者可进一步参考有关手册和专著[332,333]。

2.2.8.1　磷酸酯

(1)敌敌畏(DDV)

$$(CH_3O)_2POCH=CCl_2$$　　　　O,O-二甲基 O-(2,2-二氯)乙烯基磷酸酯

1948 年首先由 Shell 公司合成,1951 年由 Ciba 公司发展成杀虫剂。

DDV 为一无色液体,有芳香味,20℃时的蒸气压为 1.6Pa,沸点 74℃/133Pa。在水中约能

溶解 1%，能与大部分有机溶剂互溶。在 pH7 的水中半衰期为 8h，遇碱液分解更快。

DDV 是一种触杀和胃毒性杀虫剂，也有熏蒸和渗透作用，残留极小。对蝇、蚊、飞蛾等击倒速度很快；广泛用作卫生害虫防治剂，也用于田间防治刺吸口器及咀嚼口器害虫。

DDV 对雄大鼠的口服急性毒性 LD_{50} 为 80mg/kg，在温血动物体内很快降解，从甲基或乙烯基酯键处断裂。

合成方法有两种：一种是亚磷酸三甲酯与三氯乙醛发生 Perkow 重排，别一种是敌百虫发生碱解重排：

$$(CH_3O)_3P + Cl_3CCHO \longrightarrow (CH_3O)_2\overset{O}{\overset{\|}{P}}-OCH=CCl_2 + CH_3Cl$$

$$(CH_3O)_2\overset{O}{\overset{\|}{P}}-\underset{OH}{CHCCl_3} + NaOH \longrightarrow (CH_3O)_2\overset{O}{\overset{\|}{P}}-OCH=CCl_2 + NaCl$$

（2）二溴磷

$$(CH_3O)_2\overset{O}{\overset{\|}{P}}OCHBrCBrCl_2$$
O,O-二甲基 O-（1,2-二溴-2,2-二氯）乙基磷酸酯

这是 1956 年 Chevron 公司发展的品种。其工业品为黄色液体，微带辣味，沸点 110℃/66.7Pa，20℃时的蒸气压为 0.27Pa，溶点 26℃。不溶于水，微溶于脂族溶剂，易溶于芳族溶剂。遇水迅速分解，阳光也能引起降解，在有金属和还原剂存在时，易脱去溴生成 DDV。

二溴磷对温血动物毒性较低，大鼠口服急性毒性 $LD_{50}430mg/kg$。因此，二溴磷可作为短残留的杀虫剂，用于蔬菜、果树害虫的防治。它是一种速效、触杀和胃毒性杀虫剂和杀螨剂，并有一定的熏蒸作用，但无内吸性。

二溴磷可以用 DDV 与溴加成制备：

$$(CH_3O)_2\overset{O}{\overset{\|}{P}}OCH=CCl_2 + Br_2 \longrightarrow (CH_3O)_2\overset{O}{\overset{\|}{P}}OCHBr-CBrCl_2$$

（3）久效磷

$$(CH_3O)_2\overset{O}{\overset{\|}{P}}-O-\underset{CH_3}{C}=CH\overset{O}{\overset{\|}{C}}NHCH_3$$
O,O-二甲基 O-（1-甲基-3-甲胺基 3-氧）丙烯基磷酸酯

它是 1965 年由 Ciba 和 Shell 两公司分别发展的品种。其纯品为固体，有轻微的酯味，熔点 54℃～55℃。能与水混溶，也溶于极性溶剂，不溶于非极性溶剂（如石油醚、煤油）。在 pH1～7 时水解很慢，pH＞7 时水解速度迅速增加，因此不能与碱性农药混用。

久效磷是一种速效杀虫剂，兼有内吸及触杀活性；用于各种作物防治螨类、刺吸口器害虫、食叶甲虫、棉铃虫和其它鳞翅目幼虫；对大鼠的口服急性毒性 LD_{50} 为 21mg/kg。

久效磷可用双乙烯酮为起始原料合成的氯代乙酰乙酰甲胺与亚磷酸三甲酯发生 Perkow 重排制得：

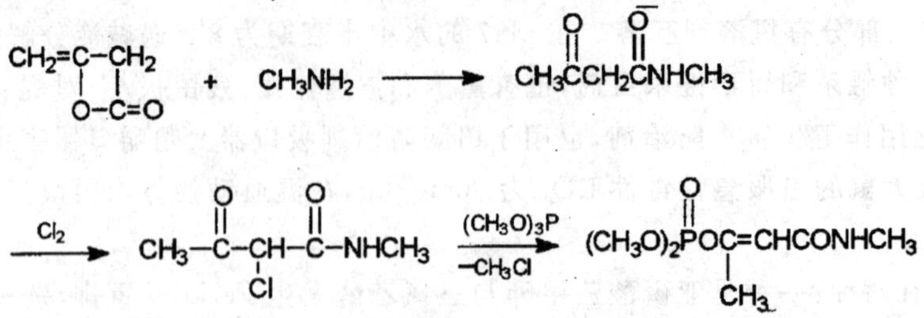

$$CH_2=C-CH_2 \quad + \quad CH_3NH_2 \quad \longrightarrow \quad CH_3CCH_2CNHCH_3$$

$$\xrightarrow{Cl_2} \quad CH_3C-CH-C-NHCH_3 \quad \xrightarrow[-CH_3Cl]{(CH_3O)_3P} \quad (CH_3O)_2POC=CHCONHCH_3$$

（4）磷胺

$$(CH_3O)_2P-O-C=CCON(C_2H_5)_2$$

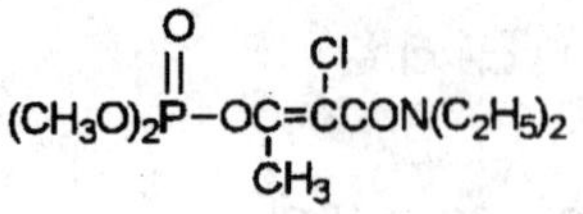

O,O-二甲基 O-(1-甲基-2-氯-3-二乙胺基-3-氧)丙烯基磷酸酯

磷胺是 1956 年由 Ciba 公司发展的品种，为一淡黄色油状物，沸点 150℃/133Pa。溶于水及大部分有机溶剂，但在烷烃中溶解度很小。工业品磷胺是顺反异构体的混合物，含约 70% 的 Z-体(β-异构体)和约 30% 的 E-体(α-异构体)。混合物在中性和酸性介质中稳定，遇碱分解，pH10 时，半衰期是 2.2 天。

磷胺是一种易被植物吸收的内吸杀虫剂，略有触杀作用，能有效地防治刺吸口器害虫，主要用于棉花及水稻害虫的防治。Z-体的生物活性比 E-体高。大鼠口服急性毒性为 20mg/kg。

磷胺的主要代谢过程是 P-O-乙烯基的水解，生成二甲基磷酸酯和 α-氯代 N,N-二乙基乙酰乙酰胺，后者可脱氯并进一步降解。脱甲基也是降解的一个次要方式。氧化 N-脱乙基作用生成毒性较高的 N-去乙基磷胺和 N-去二乙基磷胺。主要代谢途径如下[334]：

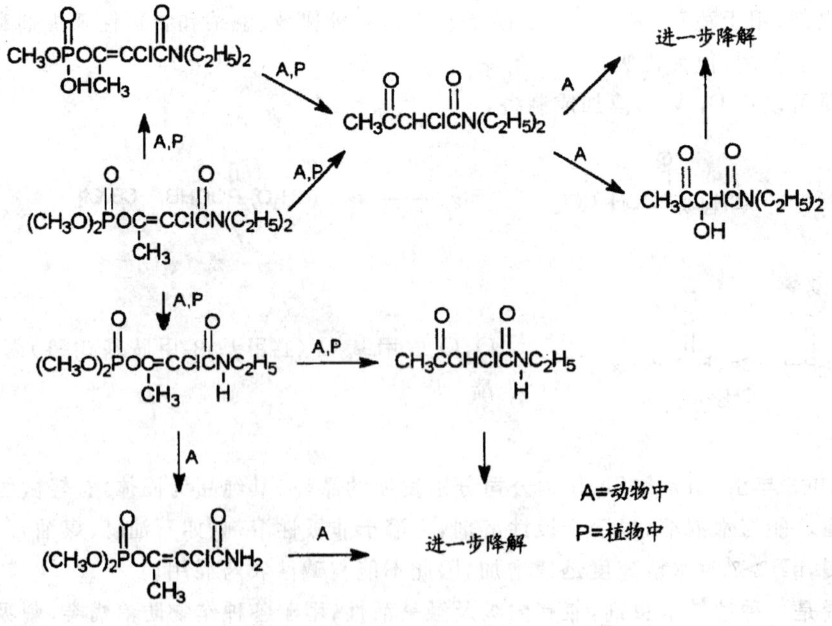

亚磷酸三甲酯与 α,α-二氯-N,N-二乙基乙酰乙酰胺发生 Perkow 反应得磷胺顺反异构体的混合物：

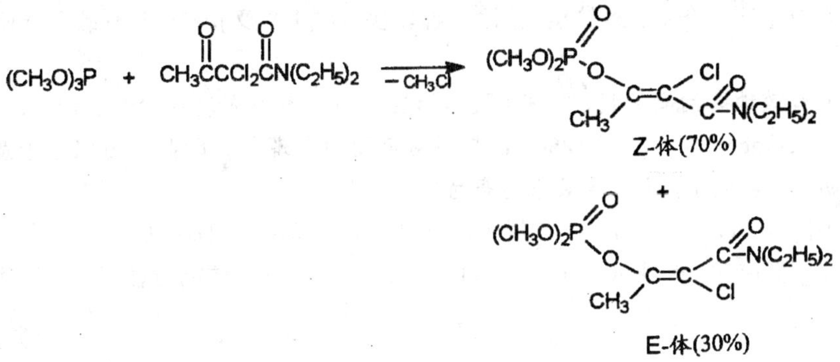

$$(CH_3O)_3P + CH_3CCl_2CON(C_2H_5)_2 \xrightarrow{-CH_3Cl}$$

Z-体(70%)

+

E-体(30%)

(5)杀螟威

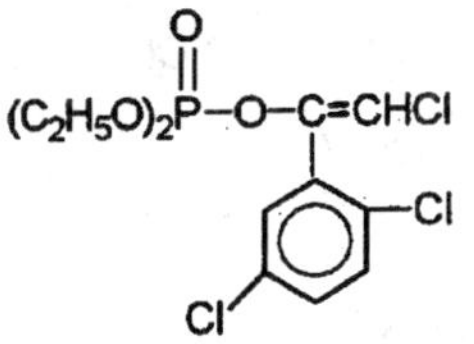

O,O-二乙基 O-[2-氯-1-(2,5-二氯苯基)乙烯基]磷酸酯

　　杀螟威为无色透明或微黄色油状物,沸点 156℃~158℃/33.3Pa。不溶于水,易溶于有机溶剂,存放稳定性良好,对水解也较稳定。

　　杀螟威为广谱高效杀虫剂,主要防治水稻螟虫及其它水稻害虫,如叶蝉、飞虱等,对棉花、蔬菜害虫也有较好的效果。对小鼠口服急性毒性 LD_{50} 为 56mg/kg。

　　乙酰氯与对二氯苯发生付氏反应得到 2,5-二氯苯乙酮,在光照下氯化,然后与亚磷酸三乙酯发生 Perkow 反应,得到杀螟威:

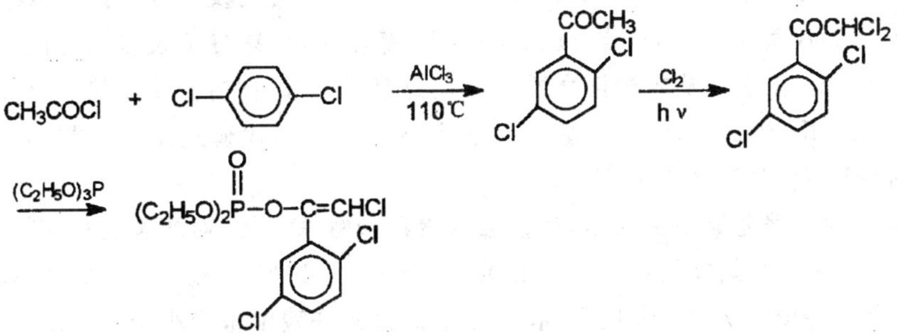

$$CH_3COCl + \quad \xrightarrow[110℃]{AlCl_3} \quad \xrightarrow[h\nu]{Cl_2}$$

(6)杀虫畏

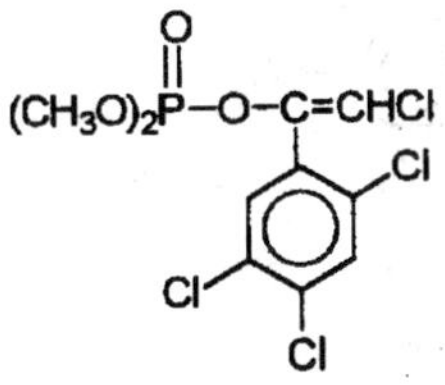

O,O-二甲基 O-[2-氯 1-(2,4,5-三氯苯基)乙烯基]磷酸酯

　　这是 1966 年由 Shell 公司发展的品种,其工业品含 98%Z-异构体,白色结晶,熔点 95℃~97℃,纯 E-异构体及 Z-异构体的熔点分别为 62℃和 98℃。在 20℃水中的溶解度约 11ppm,能

溶于大多数有机溶剂。酸性水解较慢,碱性水解较快,在 pH3 及 pH10.5 时的半衰期分别为 54 天和 3.3 天。

杀虫畏可有效地防治鳞翅目、双翅目及鞘翅目害虫。对温血动物毒性极低,大鼠口服急性毒性 LD_{50} 为 4000mg/kg,大鼠用 125ppm 喂饲两年无中毒现象。因此它可以用于蔬菜、果树、仓贮害虫的防治,也可用于奶牛场及家畜畜舍害虫的防治。

杀虫畏中间体 α,α-二氯-2,4,5-三氯苯乙酮的制法同杀螟威的制法,进一步与亚磷酸三甲酯发生 Perkow 反应时,得到 90% 的 Z-体和 10% 的 E-体,通过结晶方法,可使 Z-体含量达到 98%。

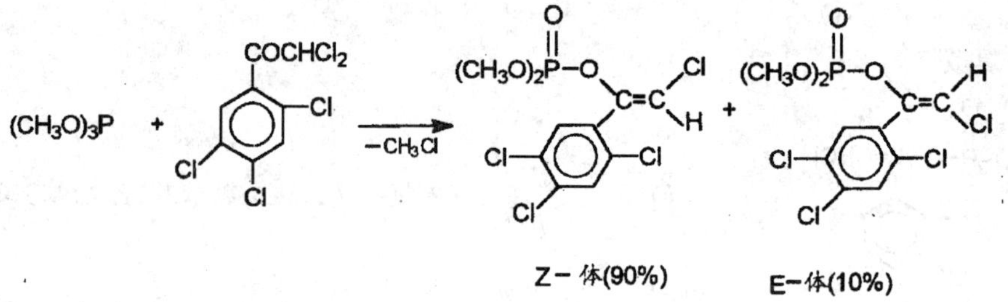

2.2.8.2 硫(酮)代磷酸酯

(1)对硫磷(1605)

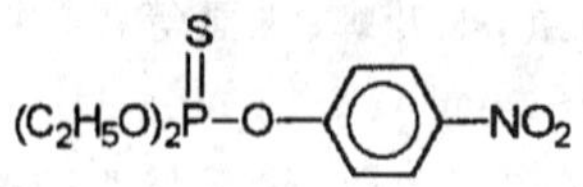

O,O-二乙基 O-(4-硝基苯基)硫(酮)代磷酸酯

1944 年首先由 Schrader 合成,1947 年以后 Cyanamide 公司及 Bayer 公司相继投入生产。

对硫磷纯品为浅黄色液体,沸点 113℃/6.7Pa,熔点 6℃,易溶于大多数有机溶剂,在水中的溶解度约 24ppm。在中性及弱酸性介质中比较稳定,但在碱性溶液中很快水解。在 130℃以上产生热异构化作用,生成 O,S-二乙基 O-对硝基苯基硫(醇)代磷酸酯。此异构化产物抗胆碱酯酶活性比对硫磷大,而杀虫效果却差。

对硫磷是一种广谱高效杀虫剂,具有很强的胃毒和触杀作用,对螨类也很有效。其缺点是对温血动物毒性太高,大鼠口服急性毒性 LD_{50} 为 7mg/kg,这使它在应用上受到一定的限制。

对硫磷最迟应在收获前 28 天使用,农产品上最大允许残留量应小于 1ppm。

合成方法为:

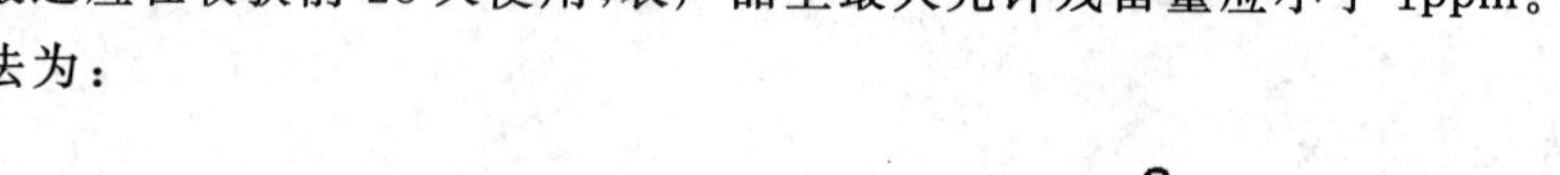

(2)甲基对硫磷(甲基 1605)

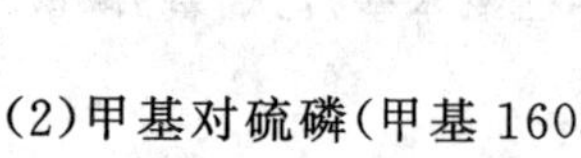

O,O-二甲基 O-对硝基苯基硫(酮)代磷酸酯

1949 年首先由 Bayer 公司合成,后来原苏联也开发了这个品种。

甲基对硫磷为一白色结晶物,熔点 36℃,沸点 109℃/6.7Pa,溶于烷烃以外的大部分有机溶剂,微溶于水(55mg/L)。它不如对硫磷稳定,在碱性介质中水解速度比对硫磷高 4.3 倍。它易发生去甲基作用,也易发生热异构重排成 S-甲基产物。

甲基对硫磷的杀虫活性与对硫磷相似,但对哺乳动物毒性小些,大鼠口服急性毒性 LD_{50} 为 25~50mg/kg。

合成方法也与对硫磷类似:

$$(CH_3O)_2\overset{S}{\underset{\|}{P}}Cl \ + \ NaO-\langle\bigcirc\rangle-NO_2 \ \xrightarrow{\text{催化剂}} \ (CH_3O)_2\overset{S}{\underset{\|}{P}}O-\langle\bigcirc\rangle-NO_2$$

(3)杀螟松

$$(CH_3O)_2\overset{S}{\underset{\|}{P}}O-\langle\bigcirc\rangle\overset{CH_3}{\underset{NO_2}{}}$$ 　　O,O-二甲基 O-(4-硝基-3-甲基)苯基硫(酮)代磷酸酯

1957 年首先由捷克合成,1959 年由日本住友公司开发为杀虫剂。

杀螟松为棕黄色液体,沸点 95℃/1.3Pa,在醇、酯、酮、芳香烃中溶解度很大,水中溶解度为 30ppm。杀螟松比甲基对硫磷稍稳定一些,在 0.01mol/L NaOH 中,30℃时的半衰期为 272min,而甲基对硫磷为 210min,减压蒸馏时会引起异构化。

杀螟松是触杀性杀虫剂,对二化螟有特效,也能防治红蜘蛛。一般在收获前 10 天禁止使用。它对哺乳动物有相当低的毒性,其工业品对大鼠口服急性毒性 LD_{50} 为 250~500mg/kg。

合成方法:

$$(CH_3O)_2\overset{S}{\underset{\|}{P}}Cl \ + \ HO-\langle\bigcirc\rangle\overset{CH_3}{\underset{NO_2}{}} \ \xrightarrow[\text{溶剂}]{Na_2CO_3} \ (CH_3O)_2\overset{S}{\underset{\|}{P}}O-\langle\bigcirc\rangle\overset{CH_3}{\underset{NO_2}{}}$$

(4)倍硫磷

$$(CH_3O)_2\overset{S}{\underset{\|}{P}}O-\langle\bigcirc\rangle\overset{CH_3}{\underset{SCH_3}{}}$$ 　　O,O-二甲基 O-(4-甲硫基-3-甲基)苯基硫(酮)代磷酸酯

它是 1957 年 Bayer 公司发展的品种。其纯品为无色液体,沸点 87℃/1.3Pa。它在烷烃以外的有机溶剂中溶解度很大,在水中溶解度为 54ppm。倍硫磷对酸或碱介质的水解作用比甲基对硫磷更稳定,热稳定性比较好。

倍硫磷是一种触杀性和胃毒性杀虫剂,渗透作用强,对水解稳定,并具有低挥发性和持效长的特点。它能有效地防治果蝇、叶蝉科及谷物害虫,对蚊蝇特别有效。大鼠口服急性毒性 LD_{50} 为 215mg/kg(雄性)及 615mg/kg(雌性)。

在植物中,倍硫磷的硫醚基能氧化成亚砜和砜。但在酶的作用下,主要是发生氧化脱硫。这些氧化产物均有很高的杀虫活性。除此之外,在植物中,还发现有热重排产物 S-甲基类似物及其氧化产物。下面是各步反应中生成有杀虫活性的代谢产物[335、336]:

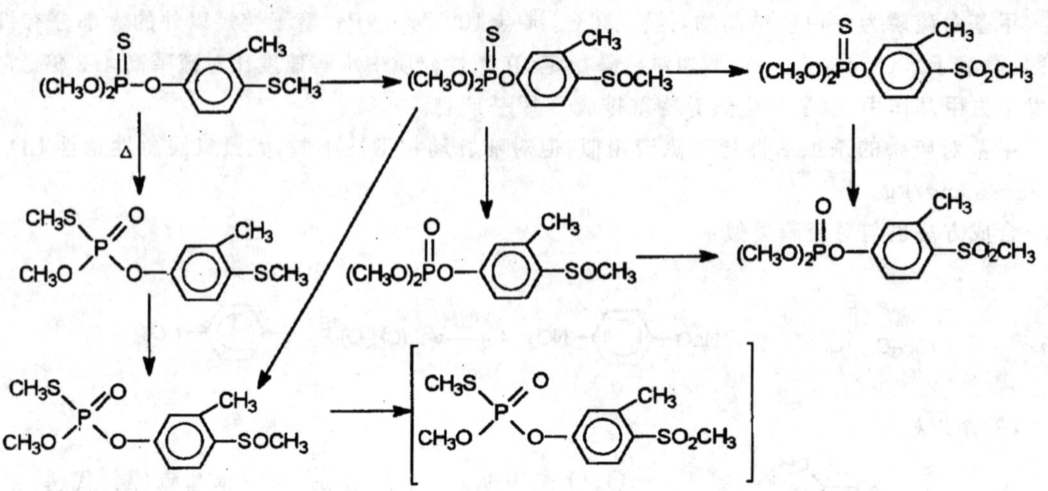

合成方法：

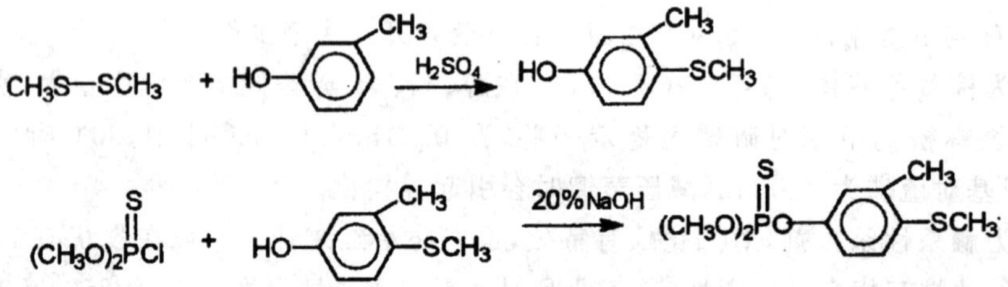

（5）杀螟腈

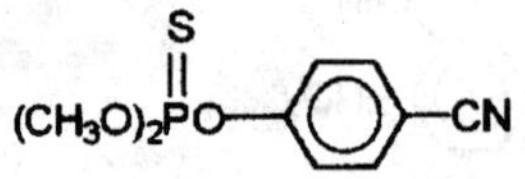

O,O-二甲基-O-（对-氰基苯基）硫（酮）代磷酸酯

　　1960 年由日本住友公司开发，1966 年商品化。杀螟腈为透明琥珀色液体，熔点 14℃～15℃。30℃时水中的溶解度为 46mg/L，但易溶于大多数有机溶剂。通常条件下至少在 2 年内是稳定的。

　　杀螟腈是一种毒性较低的杀虫剂，大鼠口服急性毒性 LD_{50} 为 610mg/kg。用于防治果树、蔬菜、观赏植物上的鳞翅目害虫，也可用来防治蟑螂、苍蝇、蚊子等卫生害虫。

　　合成方法：

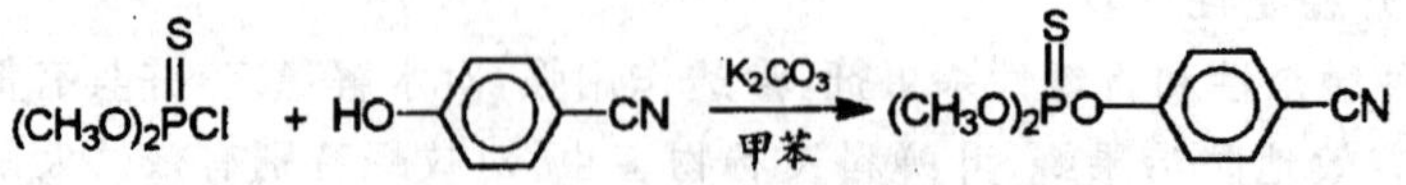

（6）双硫磷

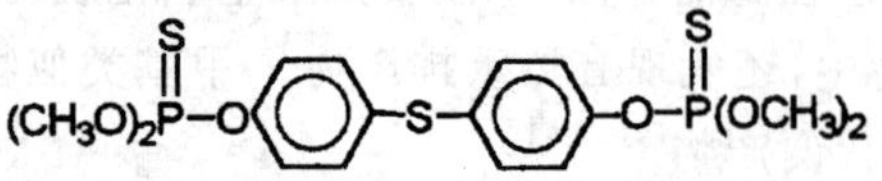

O,O,O′,O′-四甲基 O,O′-硫联双-对-苯撑硫（酮）代磷酸酯

　　1965 年 Cyanamid 公司作为杀蚊幼虫药剂首先推出。其纯品为白色固体,熔点为 30℃。不溶于水及脂肪烃,可溶于醚、酮、芳烃及卤代烃。常温下,pH5～7,稳定性最好。其水解速度取决于温度和酸碱度。在强酸(pH<2)或强碱(pH>9)介质中会加速水解。

　　双硫磷对哺乳动物的毒性极低,大鼠口服急性毒性 LD_{50} 为 2000～4000mg/kg。人在每天按体重取食该药 64mg/kg 四周后,未观察到中毒现象。双硫磷以 0.005ppm 的浓度防治蚊幼虫,效果非常好。它用于卫生害虫的防治,如各种蚊子、人体虱子、动物身上的跳蚤等,也可用于田间防治地老虎、柑桔上的蓟马和牧草盲椿属害虫。

　　合成方法:

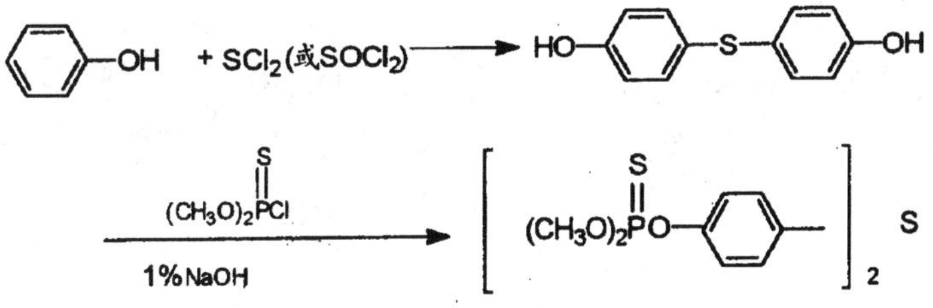

　　(7)皮蝇磷

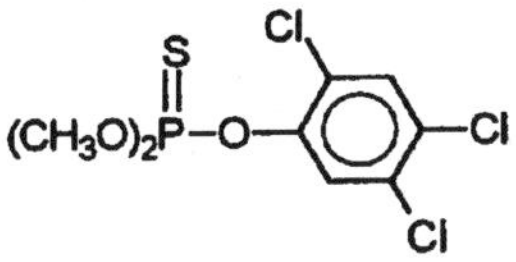

O,O-二甲基 O-(2,4,5-三氯苯基)硫(酮)代磷酸酯

　　Dow 公司于 1954 年首先将皮蝇磷用作杀虫剂,它也是第一个动物内吸杀虫剂[337]。

　　皮蝇磷为白色结晶,熔点 40℃～42℃,沸点 97℃/1.3Pa。在大多数有机溶剂中溶解度较高,在水中溶解度为 44ppm。在强碱中水解能使 P—O—C 芳键断裂,在弱碱中能发生去甲基作用,但在中性和酸性介质中稳定。

　　皮蝇磷可用口服施药方法防治牛身上的牛皮蝇、虱、角蝇及螺旋锥蝇的幼虫,也能防治猪、羊及家禽身上的虱子,以及作为防治家蝇、蟑螂等害虫的触杀药剂。对温血动物的毒性很低,大鼠口服急性毒性 LD_{50} 为 1740mg/kg。大鼠每天每公斤体重喂 15mg 皮蝇磷,耐受可达 105 天。

　　合成方法:

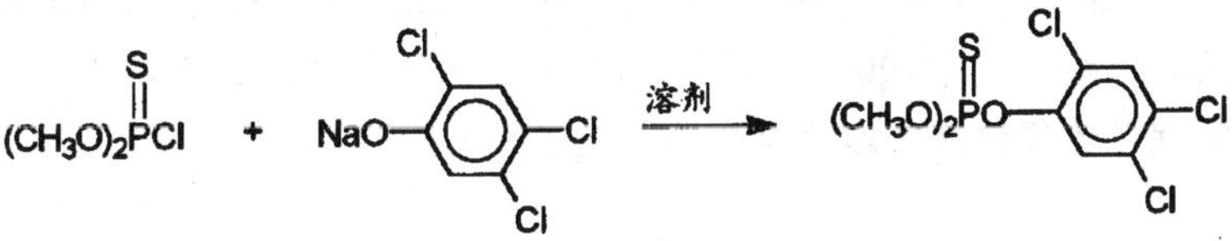

　　(8)蝇毒磷

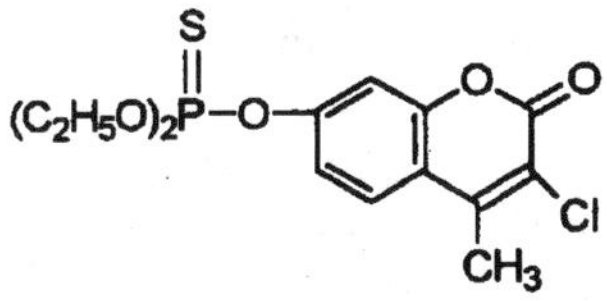

O,O-二乙基 O-(3-氯-4-甲基-7-香豆素基)硫(酮)代磷酸酯

　　这是 1951 年 Bayer 公司推广的产品。为一无色的结晶,熔点 95℃。室温时在水中的溶解

度极微(1.5ppm),在酯、酮、芳烃中溶解度很大。在中性介质中的水解较稳定,在稀碱中吡喃酮环开裂,但在酸化时又重新关环。

将蝇毒磷喂饲或喷洒用以防治牛、山羊、绵羊及家禽的体外寄生虫,特别是防治蝇、蚊的幼虫。家禽粪便中的蝇蛆可用喂饲蝇毒磷的方法加以毒杀。它对胃肠中的线虫有防治效果,同时也是驱虫药吩噻嗪的增效剂。蝇毒磷对哺乳动物毒性较低,大鼠口服急性毒性 LD_{50} 为 90～110mg/kg,小鼠 LD_{50} 是 55mg/kg。它在乳牛及大鼠的肝脏中很快降解,但在小鼠体内激活作用较为显著[338]。

蝇毒磷中间体 3-氯 4-甲基-7-羟基香豆素可用间苯二酚与乙酰乙酸乙酯缩合关环,然后氯化得到:

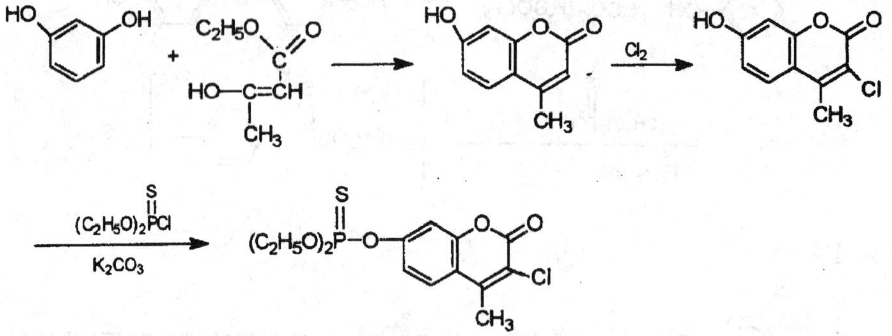

(9)毒死蜱

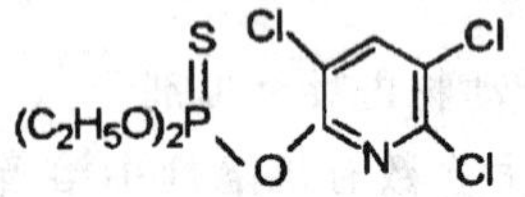

O,O-二乙基 O-(3,5,6-三氯-2-吡啶基)硫(酮)代磷酸酯

1956 年 Dow 公司发展的品种。它为一白色结晶,熔点 42.5℃～43℃。溶于大多数有机溶剂,但不溶于水。除强碱性介质之外,它是比较稳定的。铜离子会大大增加毒死蜱的水解速度。pH6 时,半衰期为 1930 天;pH9.96 时,半衰期为 7.2 天。

毒死蜱是一种具有广谱杀虫活性的药剂,具有触杀、胃毒、熏蒸等作用,但无内吸性。它可用于防治蚊幼虫和成虫、蝇类、各种土壤害虫和许多叶类作物害虫,也可防治牛、羊的体外寄生虫。其毒性较低,对雄大鼠口服急性毒性 LD_{50} 为 163mg/kg,雌大鼠为 135mg/kg。

毒死蜱在鼠体内很快代谢,90%从尿中排出,主要降解作用是去烷基化,尿中所含 80% 的代谢物为三氯吡啶基硫代磷酸[339]。

合成方法

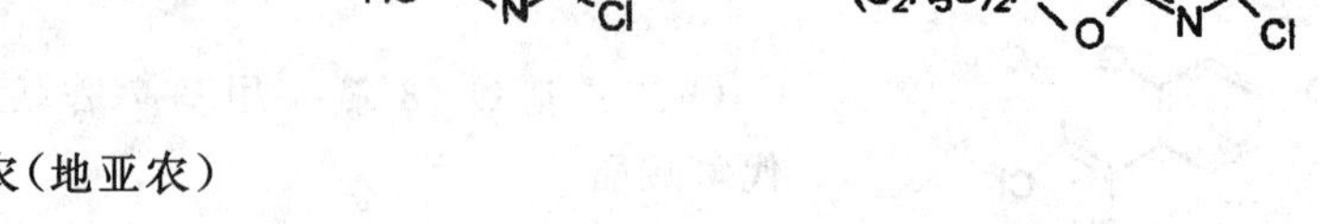

(10)二嗪农(地亚农)

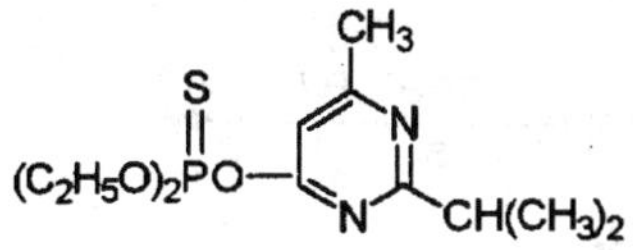

O,O-二乙基 O-(2-异丙基-4-甲基-6-嘧啶基)硫(酮)代磷酸酯

二嗪农于 1952 年被 Gysin 所发现[340]。其纯品为无色液体,沸点 83℃~84℃/0.027Pa。它易溶于大多数有机溶剂,20℃水中只能溶 40ppm。二嗪农具弱碱性,pK 值为 2.6,它在酸性介质中的稳定性不如类似的芳基硫代磷酸酯(如对硫磷等)。

二嗪农纯品毒性相当低,大鼠口服急性毒性 LD$_{50}$ 为 300~850mg/kg。其工业品的毒性可能由于杂质的存在而偏高,大鼠口服 LD$_{50}$ 可达 108~250mg/kg。

二嗪农的残效较长,可用于防治土壤害虫,以及果树、蔬菜和水稻害虫。二嗪农在稻田水中使用,可被稻株的叶鞘、叶片吸收传导。二嗪农也用于家庭和家畜害虫的防治。

中间体羟基嘧啶可从异丁腈氨化生成的脒再与乙酰乙酸乙酯关环得到,最后用磷酰氯反应得到二嗪农:

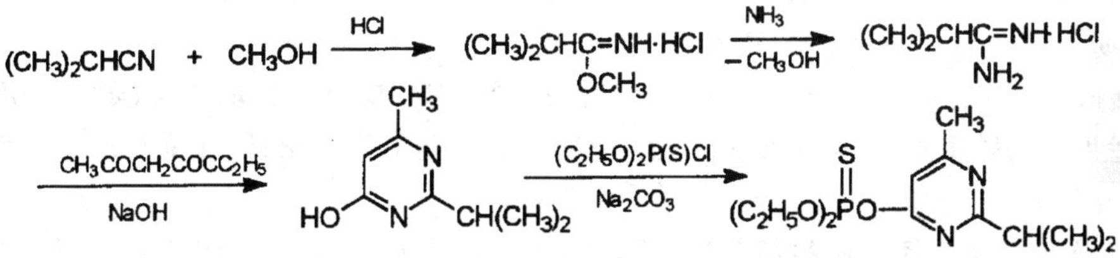

$$(CH_3)_2CHCN + CH_3OH \xrightarrow{HCl} (CH_3)_2CHC=NH \cdot HCl \xrightarrow[-CH_3OH]{NH_3} (CH_3)_2CHC=NH \ HCl$$

$$\xrightarrow[NaOH]{CH_3COCH_2COCC_2H_5} \quad \xrightarrow[Na_2CO_3]{(C_2H_5O)_2P(S)Cl}$$

(11)哒嗪硫磷

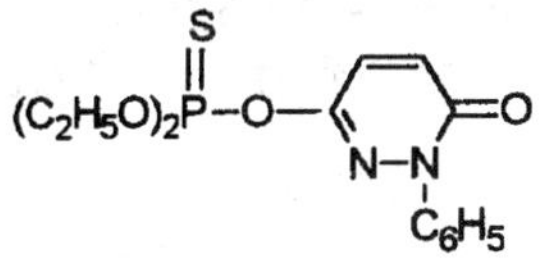

O,O-二乙基 O-(2,3-二氢-3-氧-2-苯基-6-哒嗪基)硫(酮)代磷酸酯

1973 年由三菱东亚公司开发为杀虫剂。其纯品为白色结晶,熔点 56℃~57℃。它难溶于水,易溶于大多数有机溶剂;对酸、热较稳定,对强碱不稳定。

哒嗪硫磷具有触杀和胃毒作用。杀虫谱广,对水稻、小麦、棉花、杂粮、油料、蔬菜、果树等作物的多种主要害虫均有良好的防治效果,特别对稻螟、棉花红蜘蛛效果更佳。

口服急性毒性 LD$_{50}$,雌小鼠为 458.7mg/kg,雄小鼠为 554.6mg/kg。它在动物体内的代谢主要生成马来酰肼 **165** 和去乙基氧代哒嗪硫磷 **166**,摄食量的 70% 以上由尿中排出[341]。

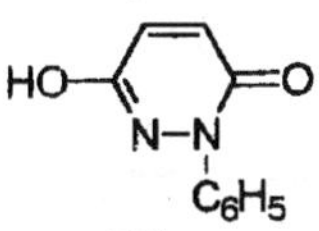

165

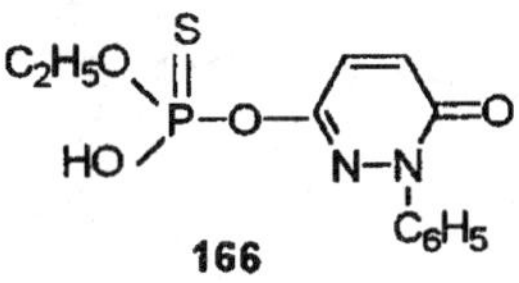

166

中间体由顺丁烯二酸酐与苯肼盐酸盐反应制得。

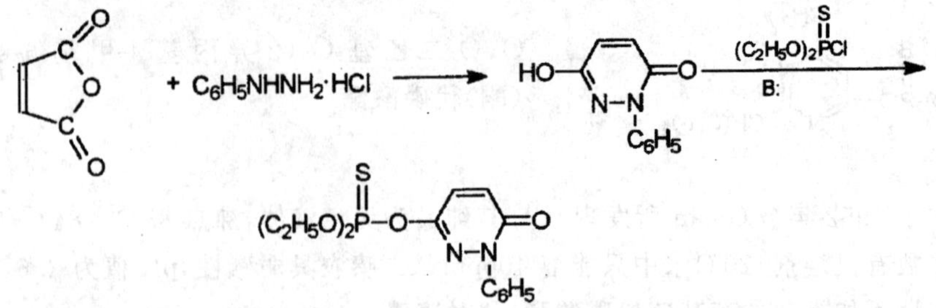

(12)辛硫磷

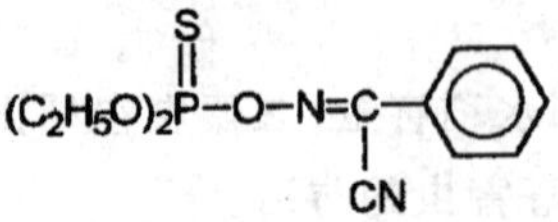

O,O-二乙基 O-(α-氰基苯甲醛肟基)硫(酮)代磷酸酯

1965 年由 Bayer 公司开发。它为一黄色液体,熔点 5℃～6℃,蒸馏时易分解。它在水中的溶解度为 7ppm,易溶于醇、醚、酮、芳烃等有机溶剂。对水和酸性介质较稳定。室温下,pH11.6 时,半衰期为 170min;pH7 时,半衰期为 700h。

辛硫磷具有触杀和胃毒作用,是一种广谱杀虫剂。对叶蝉、蚜虫、地老虎、东方蜚蠊等有效。它特别适用于仓贮害虫、卫生害虫的防治。它对哺乳动物的毒性很低,大鼠口服急性毒性 LD_{50} 为 2000mg/kg 以上。

辛硫磷具有高选择毒性的部分原因,是它在体内代谢成氧化物 151 以后,抑制家蝇 chE 的能力比抑制牛红血球 chE 的能力大 270 倍,而且在哺乳动物中生成的 167 会立即水解成无活性的二乙氧基磷酸。此外,在哺乳动物中的主要代谢途径,如不脱硫氧化,也会发生肟酯的断裂、氰基氧化成羧酸以及脱乙基等作用,这些均有利于降低对哺乳动物的毒性;而在敏感昆虫体内则会造成大量辛硫磷及其氧化物 167 的残存[342]。

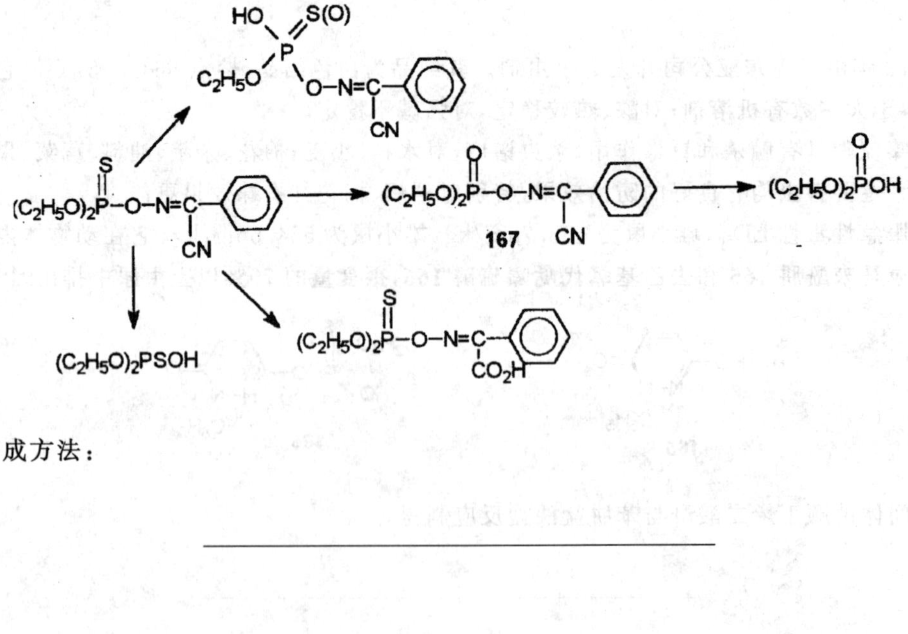

合成方法:

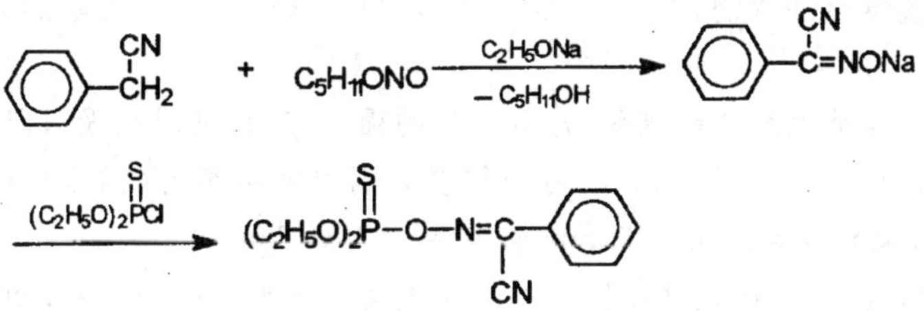

(13)蔬果磷

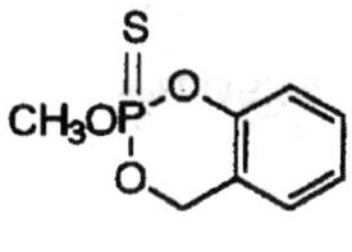

2-甲氧基-4H-1,3,2-苯并二氧磷杂芑-2-硫化物

1963 年为 Eto 所发现[343]，1968 年由日本住友公司商品化。这是第一个商品化的环磷酸酯杀虫剂。其纯品为白色结晶，熔点 55.5℃～56℃。它可溶于大多数有机溶剂，水中溶解度为 58ppm。在弱酸或碱性介质中稳定，但贮存稳定性较差，可加入仲胺如咔唑、N-苯基甲萘胺作为稳定剂。

蔬果磷为一广谱、短残效的杀虫剂，适合于果树、蔬菜、水稻和经济作物害虫的防治。对稻瘿蚊和抗对硫磷的棉铃虫有特效。

蔬果磷在体外只是一个弱 chE 抑制剂，但在体内它转变成强抗 chE 的氧代同系物，在哺乳动物中的降解大部分是去甲基化作用。大鼠口服急性毒性 LD$_{50}$ 为 102mg/kg。

在蔬果磷的苯环上或在杂环碳原子上引进任何取代基，都会降低它的杀虫活性[344]。

合成方法：

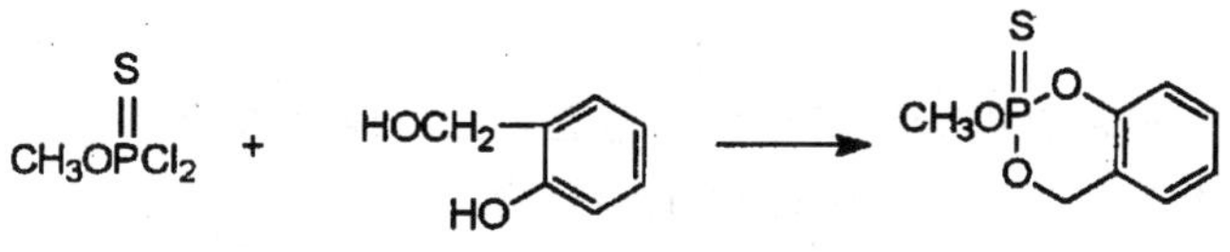

(14)内吸磷(1059)

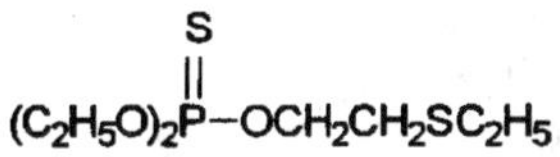

$(C_2H_5O)_2P-OCH_2CH_2SC_2H_5$
1059 -O

O,O-二乙基 O-(2-乙硫基)乙基硫(酮)代磷酸酯

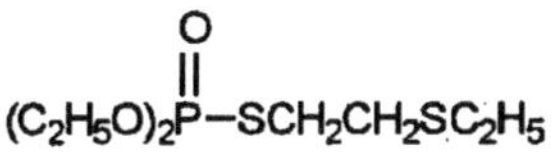

$(C_2H_5O)_2P-SCH_2CH_2SC_2H_5$
1059-S

O,O-二乙基 S-(2-乙硫基)乙基硫(醇)代磷酸酯

它是 1951 年由 Bayer 公司发展的杀虫剂，也是第一个有机磷内吸杀虫剂。

内吸磷系硫酮(1059-O)及硫醇(1059-S)代磷酸酯的混合物。1059-O 为一无色油状物，沸点 106℃/53.3Pa。水中溶解度为 60ppm，易溶于大多数有机溶剂。大鼠口服急性毒性 LD$_{50}$ 为 30mg/kg。1059-S 为一无色液体，沸点 100℃/33.3Pa；20℃时水中溶解度为 2000ppm，易溶于有机溶剂。其毒性高，大鼠口服急性毒性 LD$_{50}$ 为 1.5mg/kg。

其工业品为淡黄色油状物,含 1059-S 70％,含 1059-O 30％,具有硫醇味.强碱能使内吸磷水解.

内吸磷为内吸性杀虫剂和杀螨剂,并有一定的熏蒸作用.它对刺吸口器害虫和螨有很好的杀灭效果,残效可长达 4～6 星期,它既可用作喷洒剂也可用作土壤处理剂.收获前禁用期为42 天,在谷物上最大允许残留量为 5ppm,在水果上为 0.75ppm.

内吸磷在植物、昆虫及哺乳动物体内的代谢过程大体相同,表现为抗 chE 活性药剂.其代谢过程综合如下[201](数字为:I_{50} 蝇头 chE,mol/L):

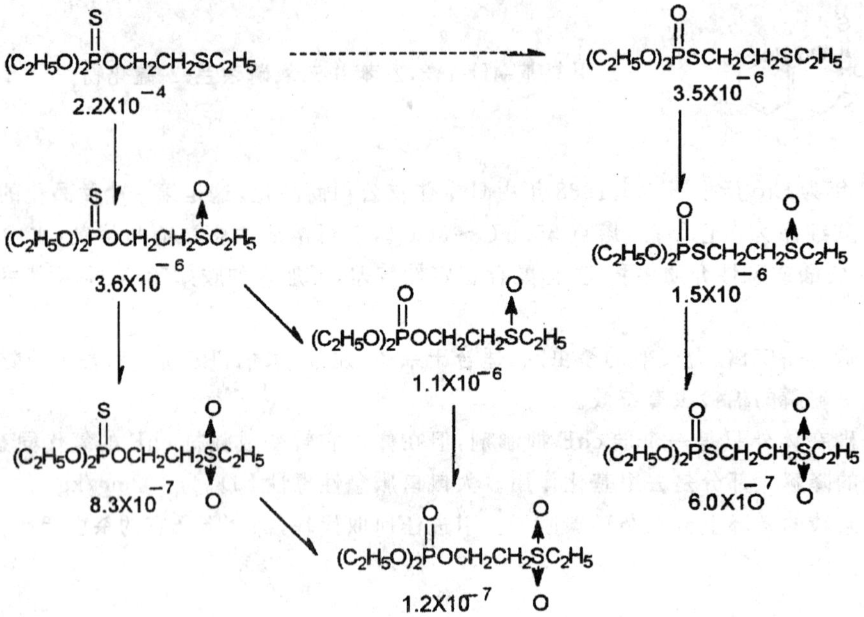

内吸磷是由二乙氧基硫代磷酰氯与 2-羟基乙硫醚反应制得的,反应过程中同时发生部分 P＝S 重排为 P—S,得到 1059-S 和 1059-O 的混合物:

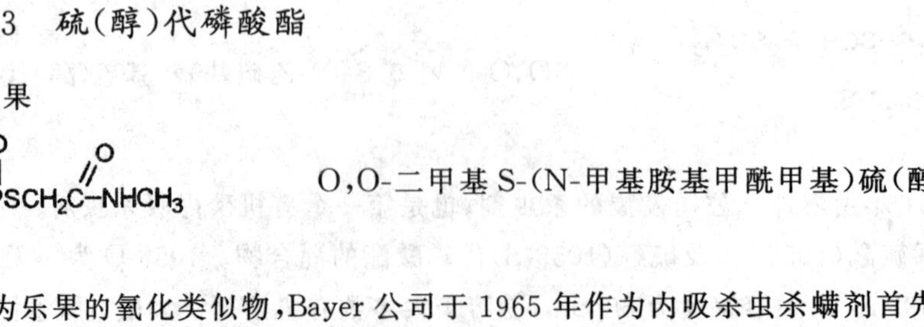

2.2.8.3　硫(醇)代磷酸酯

(1)氧乐果

$(CH_3O)_2PSCH_2C-NHCH_3$　　　　　　O,O-二甲基 S-(N-甲基胺基甲酰甲基)硫(醇)代磷酸酯

氧乐果为乐果的氧化类似物,Bayer 公司于 1965 年作为内吸杀虫杀螨剂首先推出.

氧乐果为一无色到黄色油状液体,蒸馏时易分解,20℃时蒸气压为 $3.3×10^{-3}$Pa.它易溶于水、醇、酮,微溶于醚,几乎不溶于石油醚.它遇碱水解,在 pH7 和 24℃时,半衰期为 611h.

氧乐果具有较好的内吸杀虫杀螨作用,对蚜虫、蓟马、介壳虫、毛虫、甲虫等均有效,也用于防治果树上的刺吸口器害虫。对大鼠口服急性毒性 LD_{50} 为 50mg/kg。

合成方法:

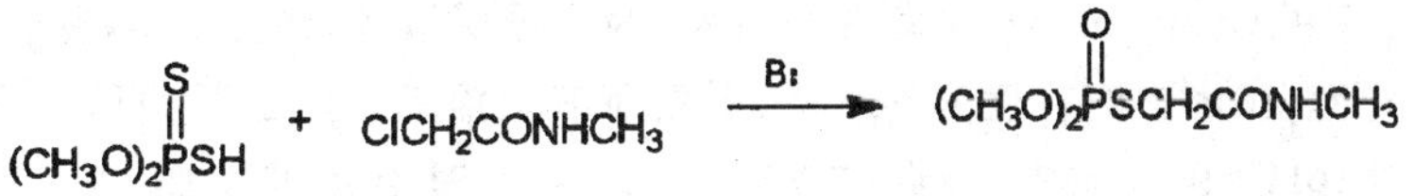

(2)丙溴磷

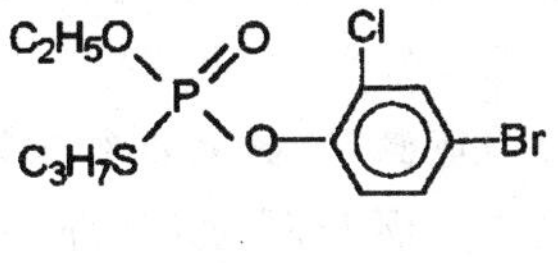

O-乙基 S-丙基 O-(4-溴-2-氯苯基)硫(醇)代磷酸酯

它是 70 年代后期由 Ciba-Geigy 公司开发的新品种。这是一类新型的含丙硫基的不对称硫代磷酸酯,它们对抗有机磷的害虫,表现出高活性。

丙溴磷是淡黄色液体,沸点 110℃/0.13Pa,20℃时蒸气压为 1.3×10^{-3}Pa。20℃时水中的溶解度为 20ppm,能溶于大多数有机溶剂。

丙溴磷是一种非内吸性的广谱杀虫剂,具有很强的触杀和胃毒作用,能防治棉花及蔬菜害虫和螨,对棉铃象、棉铃虫效果突出。丙溴磷对马拉硫磷和某些拟除虫菊酯的杀虫活性具有显著的增强作用。对菊酯的增强作用可能是由于它能抑制分解拟除虫菊酯的酯酶——拟除虫菊酯酶造成的[345]。丙溴磷对大鼠口服急性毒性 LD_{50} 为 358mg/kg。

丙溴磷的旋光异构体在抑制 chE 活性、杀虫活性和对温血动物毒性等方面表现了明显的立体选择性(表 2—17)[346]。

表 2—17　丙溴磷旋光异构体的生物活性

异构体	I_{50}(mol/L,$\times 10^{-7}$)				家蝇 LD_{50} (μg/g)	甘蓝夜蛾幼虫 LD_{50} (μg/g)	蚊幼虫 (ppb)	小白鼠 LD_{50} (mg/kg)
	红血球 AchE	家蝇头 AchE	马血清 BuchE	鼠肝拟除虫菊酯酶				
(+)	6.2	1.6	0.13	0.019	23	56	270	~1000
(−)	140	3.1	6.3	0.095	6	13	22	44

合成方法有两种:

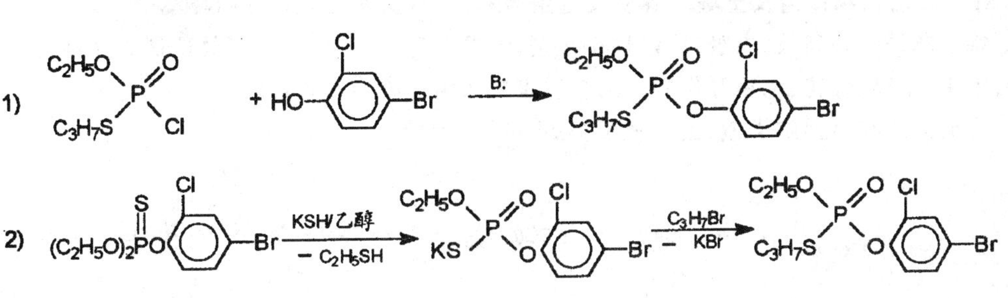

2.2.8.4　二硫代磷酸酯

(1)甲拌磷(3911)

$$(C_2H_5O)_2\overset{\overset{\displaystyle S}{\|}}{P}SCH_2SC_2H_5 \qquad O,O\text{-}二乙基\ S\text{-}乙硫基甲基二硫代磷酸酯$$

它是 1954 年由 Cyanamid 公司发展的品种。为一透明液体,沸点 100℃/53.3Pa,20℃时的蒸气压为 0.11Pa。在水中溶解度为 50ppm,易溶于有机溶剂。室温下 pH5～7 时较稳定,强酸(pH<2)或碱性(pH>9)介质中,能促进水解。pH8 70℃时半衰期为 2h。

甲拌磷对哺乳动物的毒性很高,大鼠口服急性毒性 LD_{50} 为 2～4mg/kg。甲拌磷作为内吸杀虫剂可防治刺吸口器、咀嚼口器害虫和螨类,也用于防治土壤害虫及某些线虫。除内吸作用外,还有很好的触杀和熏蒸作用。

上面(2.2.7.1.)叙述了甲拌磷在植物中的代谢。主要代谢物为亚砜,其残效期很长,这也是甲拌磷具有较好持效的根本原因之一。根据这一情况,曾将甲拌磷亚砜开发为杀虫剂——保棉丰[347]:

$$(C_2H_5O)_2\overset{\overset{\displaystyle S}{\|}}{P}\text{-}SCH_2\overset{\overset{\displaystyle O}{\|}}{S}C_2H_5$$

这也是一个高毒(大鼠口服急性毒性 LD_{50} 为 7.9mg/kg)、具有内吸、触杀、胃毒等活性的杀虫剂,主要用于防治棉蚜、红蜘蛛、蓟马等刺吸口器害虫。甲拌磷经双氧水氧化可以制得保棉丰。

甲拌磷的合成方法是用二硫代磷酸二乙酯与乙硫醇在甲醛存在下发生类 Mannich 反应:

$$(C_2H_5O)_2\overset{\overset{\displaystyle S}{\|}}{P}SH \ + \ CH_2O \ + \ HSC_2H_5 \longrightarrow (C_2H_5O)_2\overset{\overset{\displaystyle S}{\|}}{P}SCH_2SC_2H_5$$

(2)特丁磷

$$(C_2H_5O)_2\overset{\overset{\displaystyle S}{\|}}{P}SCH_2SC(CH_3)_3 \qquad O,O\text{-}二乙基\ S\text{-}(叔丁硫基甲基)二硫代磷酸酯$$

这是 Cyanamid 公司 1974 年注册的杀虫剂。它为无色或淡黄色液体,沸点 69℃/1.3Pa,25℃时的蒸气压 3.5×10^{-2}Pa。它在常温下水中溶解度为 10～15ppm,易溶于丙酮、醇、芳烃和卤代烃。120℃以上或 pH<2 或 pH>9 的情况下易分解。

特丁磷毒性很高,口服急性毒性 LD_{50} 值,对雄性大鼠为 1.6mg/kg,对雌性大鼠为 5.4mg/kg。在动植物体内及土壤中容易发生生物降解,不积累在食物链和环境中。

特丁磷是一种高效、内吸、广谱性杀虫剂,因毒性高,故只作为土壤处理剂或拌种剂。它能防治玉米、甜菜、棉花、水稻等作物上的多种害虫和螨。该药残效期较长。

合成方法与甲拌磷类似,也可利用类 Mannich 反应:

$$(C_2H_5O)_2\overset{\overset{\displaystyle S}{\|}}{P}SH \ + \ CH_2O \ + \ HSC(CH_3)_3 \longrightarrow (C_2H_5O)_2\overset{\overset{\displaystyle S}{\|}}{P}SCH_2SC(CH_3)_3$$

下面的方法产率达 98%:

$$(C_2H_5O)_2\overset{\overset{\text{S}}{\|}}{P}SH \quad + \quad [(CH_3)_3CSCH_2]_2O \xrightarrow{\ H_2SO_4/H_3PO_4/HAc\ } (C_2H_5O)_2\overset{\overset{\text{S}}{\|}}{P}SCH_2SC(CH_3)_3$$

（3）乙硫磷

$$(C_2H_5O)_2\overset{\overset{\text{S}}{\|}}{P}SCH_2S\overset{\overset{\text{S}}{\|}}{P}(OC_2H_5)_2 \qquad O,O,O',O'\text{-四乙基 }S,S'\text{-甲撑双（二硫代磷酸酯）}$$

这是 1956 年由 FMC 公司发展的品种。其产品为黄色液体，沸点 164℃～165℃/40Pa。它不溶于水，能溶于有机溶剂。它在空气中缓慢氧化，遇酸和碱均会发生水解。

乙硫磷是非内吸性杀虫杀螨剂，用于防治蚜虫、介壳虫及螨。它对大鼠急性口服毒性 LD_{50} 为 208mg/kg，其工业品由于杂质存在，故毒性高些。

用氯溴甲烷或二溴甲烷与二硫代磷酸二乙酯反应制备：

$$2\,(C_2H_5O)_2\overset{\overset{\text{S}}{\|}}{P}SH \quad + \quad BrCH_2Cl \xrightarrow{\ B:\ } \left[(C_2H_5O)_2\overset{\overset{\text{S}}{\|}}{P}S\right]_2 CH_2$$

（4）三硫磷

$$(C_2H_5O)_2\overset{\overset{\text{S}}{\|}}{P}SCH_2S\!\!-\!\!\underset{}{\bigcirc}\!\!-\!\!Cl \qquad O,O\text{-二乙基 }S\text{-（4-氯苯硫基甲基）二硫代磷酸酯}$$

它是 Stauffer 公司 1955 年开发的杀虫剂，为浅琥珀色液体，沸点 82℃/1.3Pa。水中溶解度为 40ppm，易溶于大多数有机溶剂。

三硫磷是一种残效较长，但无内吸活性的杀虫杀螨剂。它可有效地防治多种害虫及红蜘蛛，特别用于棉花的棉铃象虫和柑桔红蜘蛛。大鼠口服急性毒性 LD_{50} 为 32mg/kg。

在田间施药的蔬菜上，可观察到硫醚基被氧化成亚砜，然后氧化成砜[348]。

合成方法：

$$(C_2H_5O)_2\overset{\overset{\text{S}}{\|}}{P}SNa \quad + \quad ClCH_2S\!\!-\!\!\underset{}{\bigcirc}\!\!-\!\!Cl \longrightarrow (C_2H_5O)_2\overset{\overset{\text{S}}{\|}}{P}SCH_2S\!\!-\!\!\underset{}{\bigcirc}\!\!-\!\!Cl$$

（5）亚胺硫磷

$$(CH_3O)_2\overset{\overset{\text{S}}{\|}}{P}\!\!-\!\!S\!\!-\!\!CH_2\!\!-\!\!N\underset{\underset{\text{O}}{\|}}{\overset{\overset{\text{O}}{\|}}{\bigcirc}} \qquad O,O\text{-二甲基 }S\text{-（酞酰亚胺甲基）二硫代磷酸酯}$$

它是 1966 年由 Stauffer 公司开发的杀虫杀螨剂，为白色固体，有一种令人不愉快的气味，熔点 72℃。溶于脂肪烃以外的大多数有机溶剂，25℃水中溶解 25ppm。室温下它在 pH4.5、7 和 8.3 的水中的半衰期分别为 13d、12h 和 4h。在土壤中根据湿度与微生物群体的不同情况，可维持 3～19 天。

亚胺硫磷为广谱、非内吸杀虫剂，对刺吸口器和咀嚼口器害虫均有效，也可用于防治螨类，对螨类天敌安全。对雄大鼠口服急性毒性 LD_{50} 为 230mg/kg。

羰基-C^{14} 标记的亚胺硫磷，大鼠口服试验表明，它能很快降解排出（79％经尿，19％经粪便[349]）。其代谢的主要途径是水解成水溶性物质[350]：

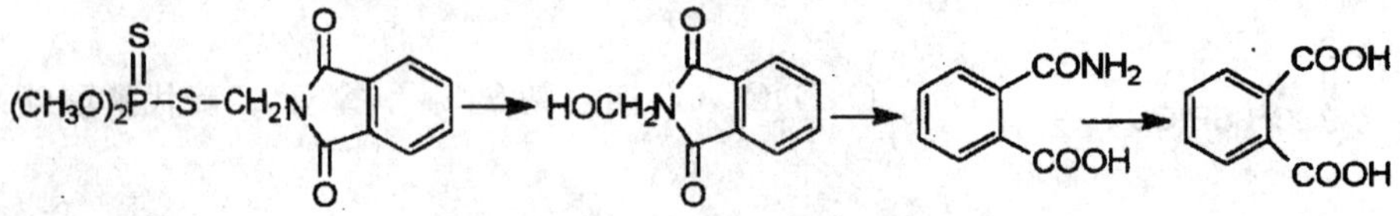

合成方法：

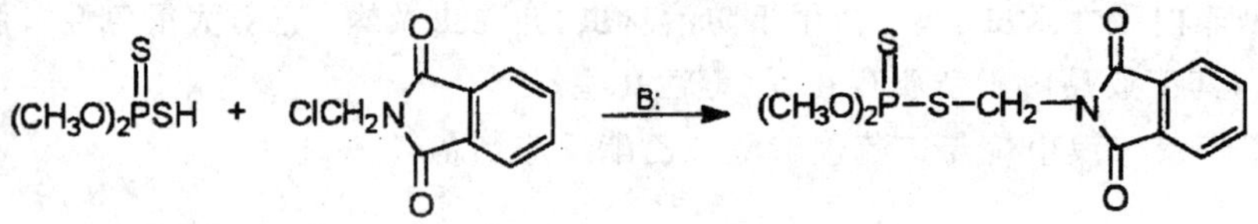

（6）保棉磷

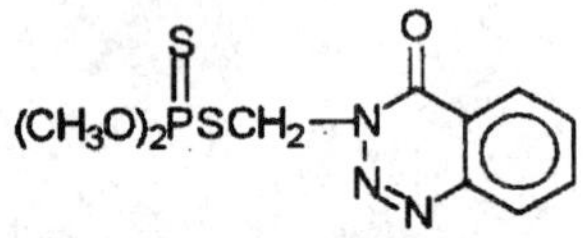

O,O-二甲基 S-(4-氧苯并三嗪-3-甲基)二硫代磷酸酯

它是 1953 年由 Bayer 公司发展的品种，为白色结晶，熔点 73℃～74℃。溶于大多数有机溶剂中，在 25℃ 水中的溶解度为 29ppm，升温时(200℃)放出气体而分解。在碱性或酸性条件下均会水解，自然条件下有较长的残效。

对温血动物毒性较高，雌大鼠口服急性毒性 LD_{50} 为 16.4mg/kg。保棉磷为一持效期长、非内吸杀虫杀螨剂。主要用于棉花、果树、蔬菜防治刺吸口器、咀嚼口器害虫和螨类，如棉椿象、棉红铃虫、粘虫、棉铃象虫、介壳虫等。最大允许残留量为 0.5ppm，收获前禁用期为 14～21 天。

合成方法如下：

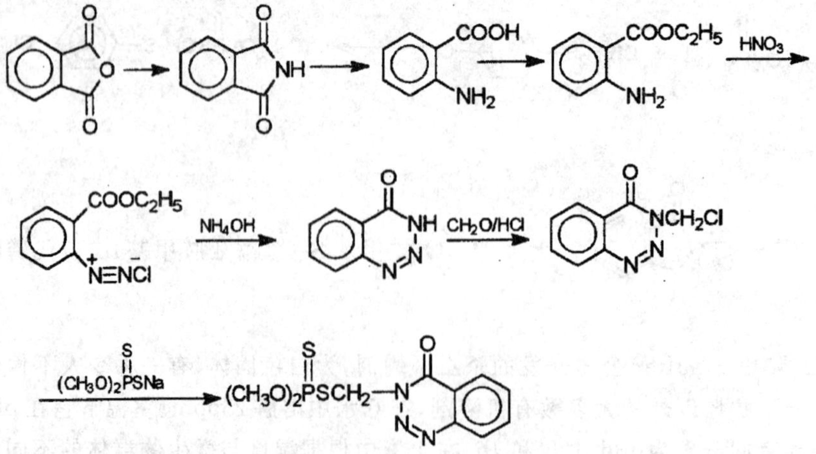

（7）乙拌磷

$(C_2H_5O)_2\overset{\displaystyle S}{\underset{\displaystyle \|}{P}}SCH_2CH_2SC_2H_5$　　　　O,O-二乙基 S-(2-乙硫基乙基)二硫代磷酸酯

　　它是 1956 年由 Bayer 公司首先推出的品种,为无色油状物,具有特殊气味,沸点 113℃/53.3Pa。在水中溶解度为 25ppm,可溶于大部分有机溶剂。pH8 以下水解较稳定。

　　乙拌磷的毒性很高,对雄大鼠和雌大鼠的口服急性毒性 LD_{50} 分别为 12.5mg/kg 和 2.5 mg/kg。乙拌磷是内吸性杀虫剂和杀螨剂,主要用于种子处理和土壤施药。在植物中代谢成亚砜、砜和硫代磷酸酯以及氧代类似物(即 1059-S)。

　　合成方法:

$$(C_2H_5O)_2\overset{S}{\underset{\|}{P}}SNa \ + \ ClCH_2CH_2SC_2H_5 \longrightarrow (C_2H_5O)_2\overset{S}{\underset{\|}{P}}SCH_2CH_2SC_2H_5$$

　　(8)马拉硫磷(4049)

$(CH_3O)_2\overset{\displaystyle S}{\underset{\displaystyle \|}{P}}S-\underset{\displaystyle CH_2COOC_2H_5}{CHCOOC_2H_5}$　　　　O,O-二甲基 S-1,2-二(乙氧羰基)乙基二硫代磷酸酯

　　马拉硫磷又称马拉松,1950 年由 Cyanamid 公司开发的品种,它是第一个具有高选择毒性的有机磷杀虫剂。为琥珀色透明液体,熔点 2.85℃,沸点为 120℃/26.7Pa;20℃时水中溶解度 145ppm,在烷烃以外的有机溶剂中易溶;在大于 pH7 和小于 pH5 的水溶液中很快水解,当有重金属离子,特别是铁存在下会促进分解。

　　马拉硫磷是一种安全、广谱的杀虫剂,适用于防治蔬菜及果树上的刺吸口器和咀嚼口器害虫,也用于防治蚊蝇。由于对哺乳动物低毒而杀虫活性高,国际卫生组织用它来大规模杀灭疟蚊。大鼠口服急性毒性 LD_{50} 为 1375mg/kg。用含工业品马拉硫磷 1000ppm 的饲料喂饲大鼠,92 周后仍生长正常。

　　合成方法

$$\underset{CHC}{\overset{CHC}{}}\Big\rangle\!\!\Big\langle \ + \ 2C_2H_5OH \xrightarrow{H_2SO_4} \underset{CHCOOC_2H_5}{\overset{CHCOOC_2H_5}{}} \xrightarrow{(CH_3O)_2\overset{S}{\underset{\|}{P}}SH}$$

$$(CH_3O)_2\overset{S}{\underset{\|}{P}}S-\underset{CH_2COOC_2H_5}{CHCOOC_2H_5}$$

　　(9)稻丰散

$(CH_3O)_2\overset{\displaystyle S}{\underset{\displaystyle \|}{P}}-S-\underset{\displaystyle \underset{\bigcirc}{|}}{CH}-COOC_2H_5$　　　　O,O-二甲基 S-(α-乙氧羰基)苄基二硫代磷酸酯

　　它是 1961 年由意大利 Montecatini 公司开发的低毒杀虫剂。其纯品为液体,具有芳香气

味,熔点 17.5℃,沸点 70℃～80℃/2.7×10^{-3}～6.7×10^{-3}Pa。24℃水中溶解度为 11ppm,易溶于芳烃、酮、醇及氯代烃。热稳定性较差,120℃时半衰期为 110h。

稻丰散为广谱杀虫杀螨剂,尤其对苹果卷叶蛾、介壳虫类昆虫有效。可用来防治蔬菜、柑桔、茶以及水稻害虫。其纯品对哺乳动物毒性很低,大鼠口服急性毒性 LD_{50} 为 4700mg/kg,而含量为 78.7%的工业品,其毒性比纯品高 40 倍[351]。

合成方法:

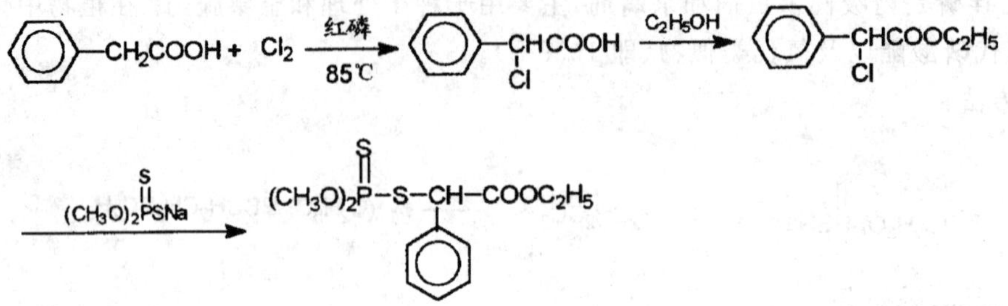

(10)乐果

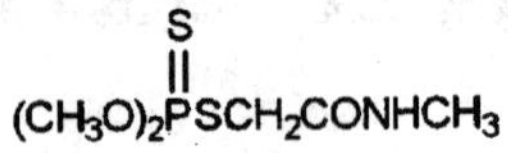

O,O-二甲基 S-(N-甲基胺基甲酰甲基)二硫代磷酸酯

它是 1956 年由 Cyanamid 公司开发的品种,是第一个对哺乳动物低毒的有机磷内吸杀虫剂。

乐果为无色结晶,熔点 51℃～52℃,具有樟脑气味,沸点 107℃/6.7Pa,蒸气压 1.1×10^{-3} Pa/20℃。可溶于极性有机溶剂,水中的溶解度约为 3%～4%。在水溶液中稳定,遇碱时易水解,受热异构成 S-甲基类似物。

乐果的工业品中可能含有 O,O,S-三甲基二硫代磷酸酯 **168**、乐果酸甲酯 **169** 及少量的氧乐果(见 2.2.8.3.(1))而使其毒性增高。其纯品对大鼠口服急性毒性 LD_{50}＞600mg/kg,工业品则为 150～300mg/kg。

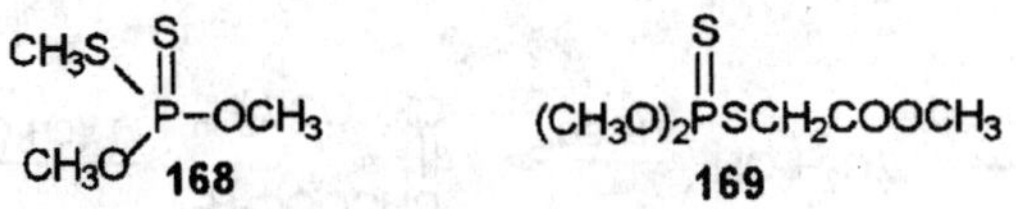

乐果在贮存中不很稳定,特别在温度高和存在碱及二硫代磷酸二甲酯时会分解,主要是发生烷基化反应。铁可加速其分解。遇有醇或甲基纤维素时,乐果会发生氧化、酯交换、P=S 重排成 P-S 等反应,从而在贮存中生成毒性高的杂质[352,353]。

乐果在动物体内主要是酰胺酶作用下的水解解毒反应,这是它具选择毒性的主要原因。此外还有一定程度的 P-O、P-S 及 S-C 键断裂发生。而在植物上会氧化成氧类似物,或发生脱甲基作用(水稻中)[354]或发生酰胺断裂(棉花中)[355]。

乐果是一种触杀性和内吸性杀虫杀螨剂,杀虫谱很广,可用于防治观赏作物、蔬菜、棉花及果树上的刺吸口器害虫和螨类。

合成方法:

包括氯乙酰甲胺与二硫代磷酸盐缩合及乐果酸酯的甲胺解两种方法。

(1)　$(CH_3O)_2\overset{\overset{S}{\|}}{P}SNa$　+　$ClCH_2CONHCH_3$　$\longrightarrow$　$(CH_3O)_2\overset{\overset{S}{\|}}{P}SCH_2CONHCH_3$

(2)　$(CH_3O)_2\overset{\overset{S}{\|}}{P}SNa$　+　$ClCH_2COOR$　$\longrightarrow$　$(CH_3O)_2\overset{\overset{S}{\|}}{P}SCH_2COOR$

$\xrightarrow{CH_3NH_2}$　$(CH_3O)_2\overset{\overset{S}{\|}}{P}SCH_2CONHCH_3$　$R=CH_3$ 或 C_6H_5

(11)丙硫磷

O-乙基 S-丙基 O-(2,4-二氯苯基)二硫代磷酸酯

它是 1975 年由 Bayer 公司开发的第一个含丙硫基的不对称磷酸酯杀虫剂。其纯品为无色液体,沸点 164℃～167℃/24Pa,20℃时蒸气压小于 $1×10^{-3}$Pa。20℃水中溶解度为 1.7ppm,溶于有机溶剂。在 1：1 异丙醇/水中的半衰期,pH11.4,37℃时为 26h,pH2,40℃时为 160 天。

丙硫磷是一种低毒高效的杀虫杀螨剂。具有熏蒸、触杀作用,无内吸性[356]。防治鳞翅目幼虫有很高的药效,不伤害益虫。主要用于防治萝卜、白菜、卷心菜等蔬菜害虫,苹果、栗、柿、梨等果树害虫,烟草、啤酒花等经济作物害虫以及土壤害虫。对有机磷、有机氯和氨基甲酸酯产生交互抗性的蚜虫、家蝇、叶蝉等也有很好的防治效果。丙硫磷对人、畜低毒。雄大鼠口服急性毒性 LD_{50} 为 1730mg/kg。

对不对称 S-丙基磷酸酯的结构与活性关系的研究表明,这类化合物的毒性和活性紧紧依赖于 S-烷基的性质。例如对感性和抗性家蝇具有最高活性的是 S-丙基和 S-叔丁基衍生物[357](表 2—18),而芳基上取代基电负性的影响,不像在相应的 O,O-二烷基 O-取代苯基磷酸酯中那样明显[358](表 2—19)。

表 2—18　O-乙基 O-2,4-二氯苯基 S-烷基二硫代磷酸酯对小白鼠和抗性家蝇的毒性

R	LD_{50}			抗性指数
	小白鼠口服 (mg/kg)	家蝇(μg/家蝇)		
		抗　性	感　性	抗性/感性
CH_3	1580	206.0	5.3	39
C_2H_5	1850	＞250	18.5	＞15
i-C_3H_7	1600	3.65	0.73	5
n-C_3H_7	940	0.66	0.36	2
s-C_4H_9	250	1.50	0.47	3
n-C_4H_9	410	22.3	2.7	8

表 2-19　O,O-二乙基 O-芳基磷酸酯和 O-芳基 O-乙基 S-正丙基
硫代磷酸酯对家蝇的相对杀虫活性

X	相对杀虫活性（家蝇）	
	C_2H_5O — P(=O) — O — 〇 — X (C_2H_5O)	C_2H_5O — P(=O) — O — 〇 — X ($n\text{-}C_3H_7S$)
	$LD_{50}(\mu g/g)$	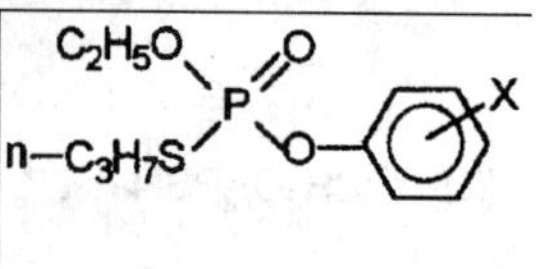 $LT_{100}(ppm)$
4-NO_2	100（基准）	100（基准）
4-CN	14	100
3-NO_2	5.1	50
4-Cl	0.33	200
H	<0.001	100
4-CH_3	<0.001	50

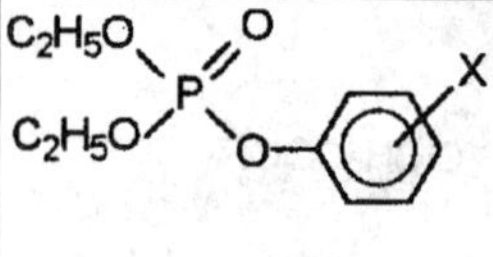

　　为了阐明丙硫基在不对称磷酸酯中的重要作用，许多学者进行了研究。Wing 认为[359]，主要是 P—S—C_3H_7 键在微粒体 mfo 作用下，氧化激活成 AchE 的强抑制剂砜类。S-丙基和 S-丁基化合物由于它们具有相似的亲脂性，适合与 AchE 作用，故表现出很高的活性。Kimura 用丙硫磷及其同系物对抗性和感性家蝇 AchE 的抑制活性进行了测定[360]，首先丙硫磷同系物转化成相应的氧化物，在感性家蝇体内 P—O—芳键断裂进行磷酰化反应。这个氧化物还能在 P—S—烷键发生氧化形成亚砜。由于甲基及乙基亚砜极易水解，所以活性低；而丙基、丁基亚砜不易水解，而与 AchE 作用，发生 P—SO—烷基键断裂进行磷酰化反应，表现出很高的生物活性。总之，不对称 S-丙基磷酸酯在昆虫体内具有两种断裂和磷酰化方式，不管是氧类似物 **170**，还是亚砜衍生物 **171**，均是很强的磷酰化剂，所以对感性和抗性害虫都有效。

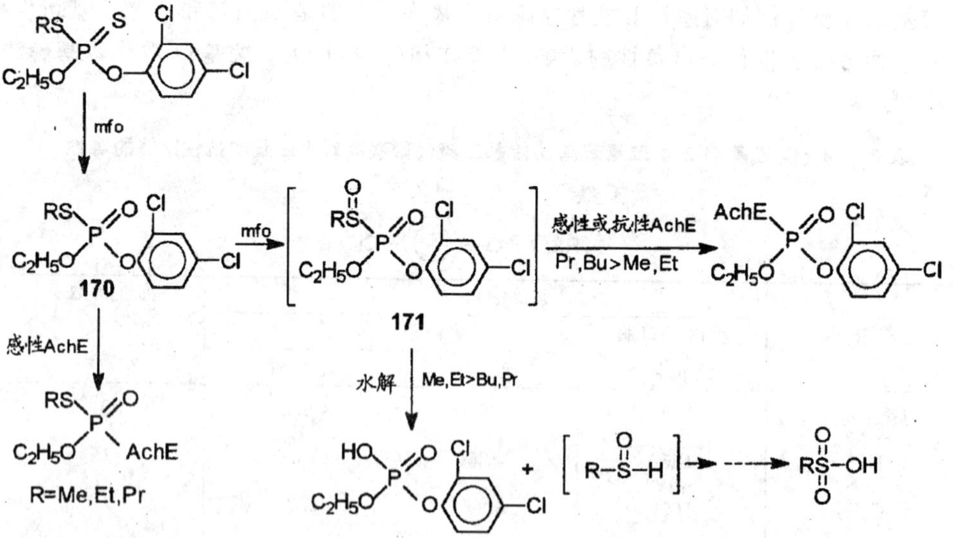

　　丙硫磷的合成有以下三种方法：

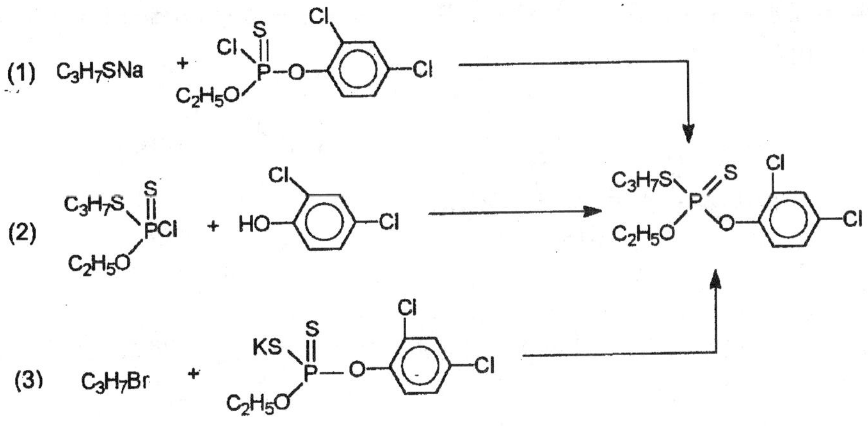

(12) 甲丙硫磷

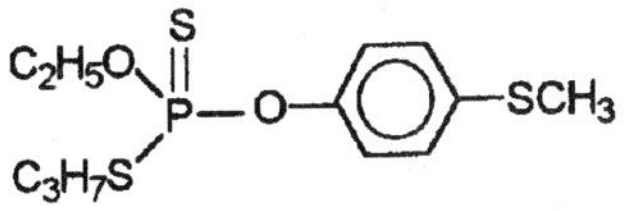

O-乙基 S-丙基 O-(4-甲硫基苯基) 二硫代磷酸酯

    它是 1976 年由 Bayer 公司开发的又一种不对称 S-丙基磷酸酯杀虫剂，为无色液体，20℃ 在水中溶解度小于 5ppm，但易溶于有机溶剂。

    甲丙硫磷是强触杀剂，防治棉铃象和棉铃虫有高效，也能有效地防治粘虫、棉叶蛾、盲椿象 以及蚜、螨、介壳虫、叶蝉等。甲丙硫磷在大鼠体内迅速被代谢，24 小时后大约 92% 的药液从尿 中排出。在乳牛体内药剂六天内几乎定量地从尿中排出，在棉株和土壤中也无残留。它对温血 动物毒性较低，大鼠口服急性毒性 LD_{50} 为 227mg/kg。

    甲丙硫磷的合成方法与丙硫磷类似：

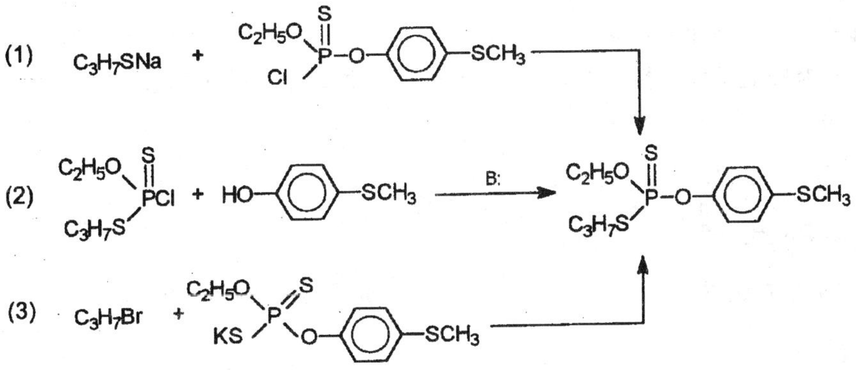

2.2.8.5 焦磷酸衍生物

(1) 八甲磷 (OMPA)

八甲基焦磷酰四胺或双 (N,N,N',N'-四甲基胺基) 磷酸酐

Schrader 于 1941 年发现八甲磷具有内吸杀虫活性，因此命名为 Schradan。它为无色粘稠 液体，沸点 118℃~122℃/40Pa，熔点 14℃~20℃。它能与水及大多数有机溶剂互溶，在酸性介

质中易水解,但在水及碱性介质中较为稳定。其工业品为棕黑色液体,含三磷酸衍生物 **172** 和 **173** 达 25%～50%。

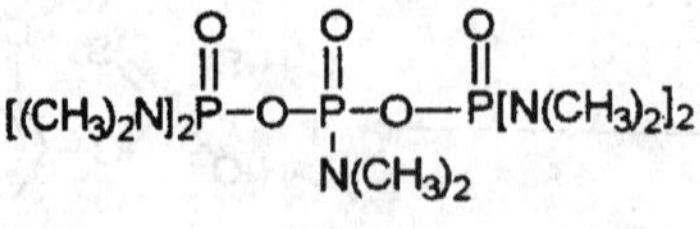

$$[(CH_3)_2N]_2P-O-P-O-P[N(CH_3)_2]_2$$

172 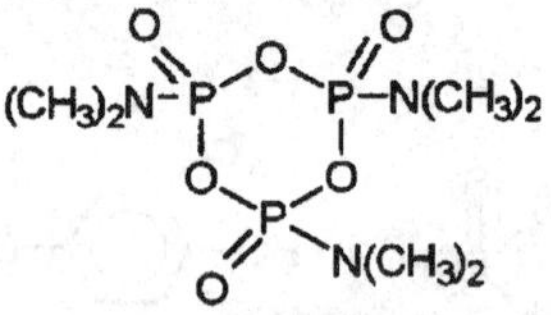　　　　　　　　　　**173**

八甲磷是一种内吸性杀虫剂,对刺吸口器害虫和螨类有效。可防治柑桔、苹果、花卉等植物上的蚜虫和红蜘蛛。口服急性毒性 LD_{50} 值,对雄大鼠为 9.1mg/kg,雌大鼠为 42mg/kg。

制备方法有两种:

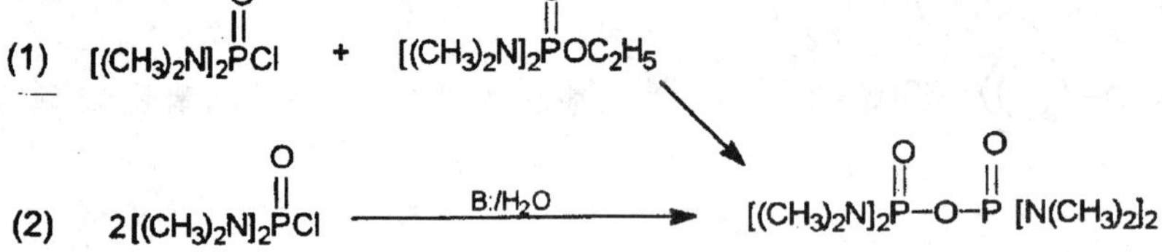

(1)　$[(CH_3)_2N]_2PCl$ ＋ $[(CH_3)_2N]_2POC_2H_5$

(2)　$2[(CH_3)_2N]_2PCl$ $\xrightarrow{B:H_2O}$ $[(CH_3)_2N]_2P-O-P[N(CH_3)_2]_2$

(2)治螟磷(S-TEPP)

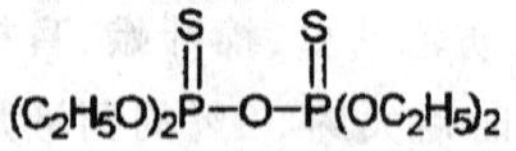

$(C_2H_5O)_2P-O-P(OC_2H_5)_2$　　　O,O,O',O'-四乙基二硫(酮)代焦磷酸酯

其杀虫活性是 1944 年由 Schrader 发现的,1947 年由 Bayer 公司开发为产品。其纯品为淡黄色液体,沸点为 136℃～139℃/266.6Pa。溶于大多数有机溶剂,室温下水中溶解度为 25ppm,对水解较稳定。

治螟磷为一广谱杀虫杀螨剂,具有较高的触杀和熏蒸作用,其持效较短,对软体动物也有防治效果。它对哺乳动物毒性很高,大鼠口服急性毒性 LD_{50} 为 5mg/kg。

合成方法:

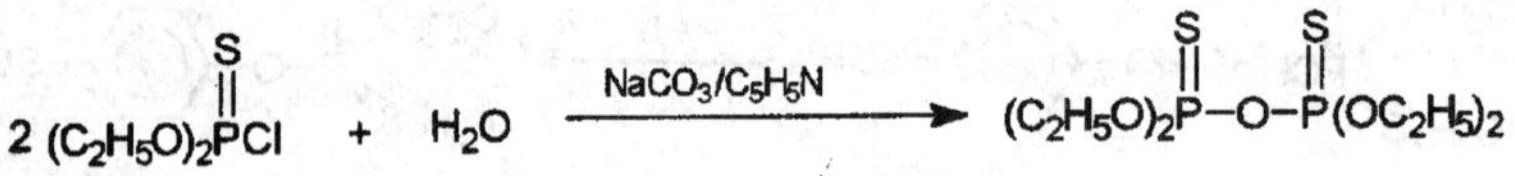

$2 (C_2H_5O)_2PCl$ ＋ H_2O $\xrightarrow{NaCO_3/C_5H_5N}$ $(C_2H_5O)_2P-O-P(OC_2H_5)_2$

2.2.8.6　磷酰胺酯

(1)甲胺磷

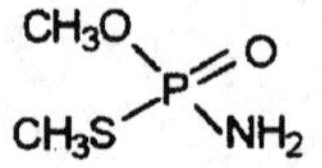

$CH_3O-P(=O)(CH_3S)NH_2$　　　O,S-二甲基硫(醇)代磷酰胺酯

这是一个结构简单而杀虫活性很高的化合物,1964 年首先由 Bayer 公司合成,一年后 Chevron 公司也发现了甲胺磷,1969 年用作试验性杀虫杀螨剂[361]。

甲胺磷为白色固体,熔点 44.5℃。易溶于水、醇、酮、醚,在氯代烃及芳烃中溶解度较小,几乎不溶于脂肪烃。在通常条件下稳定,pH9、37℃时,半衰期为 120h,pH2、40℃时,半衰期为

140h,不能进行蒸馏。

甲胺磷是广谱杀虫剂,能有效地防治毛虫和蚜虫,也有杀螨作用,对刺吸口器及咀嚼口器害虫不仅有很好的触杀作用,而且也有内吸作用。它对哺乳动物毒性很高,大鼠口服急性毒性 LD_{50} 约为 30mg/kg。甲胺磷虽然有很高的杀虫活性,但体外抑制 AchE 活性很弱,在体内可能是由于化学或生物氧化作用,使之转化为强 AchE 抑制剂。

其合成方法很多,以下三种方法较为实用:

① 直接异构化

$$(CH_3O)_2PNH_2 \xrightarrow[Me_2SO_4]{CH_3I 或} CH_3S \overset{CH_3O}{\underset{}{P}} \overset{O}{\underset{NH_2}{}}$$

② 水解异构法

$$(CH_3O)_2PNH_2 + NaOH \longrightarrow \overset{CH_3O}{\underset{NaO}{P}}\overset{S}{\underset{NH_2}{}} \xrightarrow{Me_2SO_4} \overset{CH_3O}{\underset{CH_3S}{P}}\overset{O}{\underset{NH_2}{}}$$

③ 先异构后氨解法

$$CH_3OPCl_2 \xrightarrow{\triangle} CH_3SPCl_2 \xrightarrow{CH_3OH/NH_3} \overset{CH_3O}{\underset{CH_3S}{P}}\overset{O}{\underset{NH_2}{}}$$

(2)乙酰甲胺磷

$$\overset{CH_3O}{\underset{CH_3S}{P}}\overset{S}{\underset{NHCOCH_3}{}}$$ O,S-二甲基 N-乙酰基硫(醇)代磷酰胺

这是 1971 年由 Chevron 公司开发的品种,它是甲胺膦的 N-乙酰基衍生物,为白色固体,熔点 91℃～92℃。它易溶于水(约 65%),芳烃中溶解度低于 5%,在丙酮、乙醇中溶解度高于 10%。

乙酰化后的甲胺磷对温血动物毒性显著降低,对大鼠口服急性毒性 LD_{50} 为 945mg/kg。乙酰甲胺磷为内吸杀虫剂,残效较长,在叶上可维持 10～15 天。它不仅对刺吸口器害虫有效,对咀嚼口器害虫也有效。抗胆碱酯酶活性比甲胺磷小,在动植物体内转化成高活性的抑制剂。

合成方法:

$$(CH_3O)_2\overset{S}{PNH_2} + CH_3COOH + PCl_3 \longrightarrow (CH_3O)_2\overset{S}{PNHCOCH_3} + H_3PO_3 + 3HCl$$

$$(CH_3O)_2\overset{S}{PNHCOCH_3} \xrightarrow{Me_2SO_4} \overset{CH_3O}{\underset{CH_3S}{P}}\overset{O}{\underset{NHCOCH_3}{}}$$

(3)棉安磷

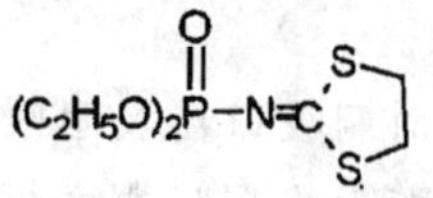

$(C_2H_5O)_2\overset{\overset{O}{\|}}{P}-N=C\underset{S}{\overset{S}{\diagdown}}$　　　　　2-(O,O,-二乙基磷酰胺叉)-1,3-二噻茂

它是 1963 年 Cyanamid 公司开发的品种,为白色或黄色固体,熔点 37℃～45℃,沸点为 115℃～118℃/0.4Pa。可溶于水、丙酮、苯、乙醇、环己烷、甲苯,微溶于乙醚,难溶于己烷。在中性及弱酸性条件下稳定,pH 大于 9 或小于 2 则易水解。

棉安磷为内吸杀虫剂,用于防治刺吸口器害虫、螨和鳞翅目幼虫。它能由植物根部和叶面吸收,对于防治棉花上食叶害虫的幼虫(如斜纹夜蛾)有很好的效果。它还可防治地下害虫,在土壤中有相当长的残效;对哺乳动物毒性很高,大鼠口服急性毒性 LD_{50} 为 9mg/kg。

合成方法:

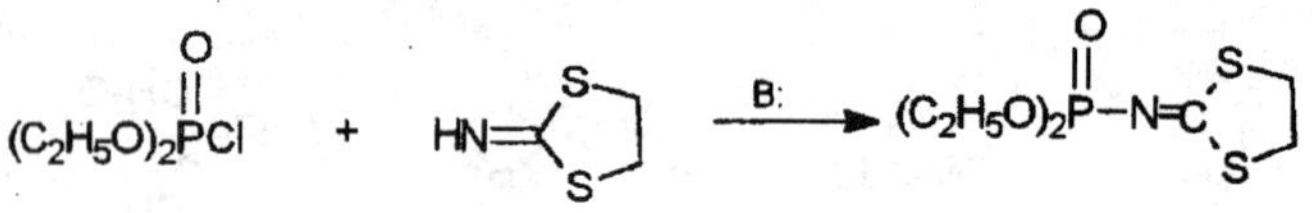

$(C_2H_5O)_2\overset{\overset{O}{\|}}{P}Cl$　+　$HN=C\underset{S}{\overset{S}{\diagdown}}$　$\xrightarrow{\text{B:}}$　$(C_2H_5O)_2\overset{\overset{O}{\|}}{P}-N=C\underset{S}{\overset{S}{\diagdown}}$

(4)羧胺磷

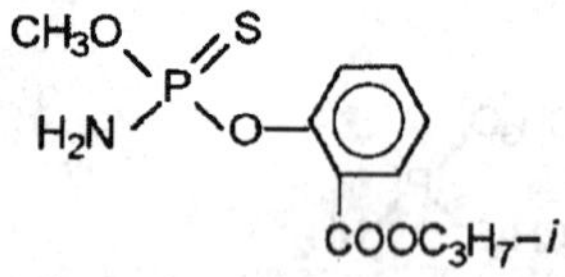

$\underset{H_2N}{\overset{CH_3O}{\diagdown}}\overset{\overset{S}{\|}}{P}-O-\text{（苯环）}-COOC_3H_7\text{-}i$　　　　O-甲基 O-(2-异丙氧基羰基苯基)硫(酮)代磷酰胺

这是 1967 年由 Bayer 公司开发的杀虫剂,中等毒性。它能有效地防治棉花的抗性烟草夜蛾,对蚜虫和卷叶蛾具有内吸活性;也可作为土壤杀虫剂,但残效不算太长。

合成方法:

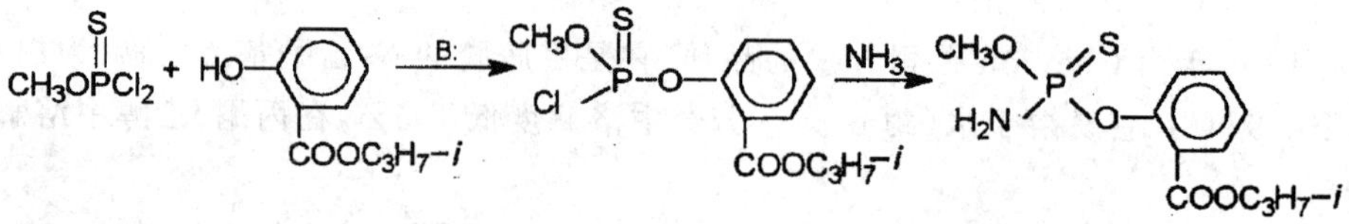

$CH_3O\overset{\overset{S}{\|}}{P}Cl_2$ + $HO-\text{（苯环）}-COOC_3H_7\text{-}i$ $\xrightarrow{\text{B:}}$ $\underset{Cl}{\overset{CH_3O}{\diagdown}}\overset{\overset{S}{\|}}{P}-O-\text{（苯环）}-COOC_3H_7\text{-}i$ $\xrightarrow{NH_3}$ $\underset{H_2N}{\overset{CH_3O}{\diagdown}}\overset{\overset{S}{\|}}{P}-O-\text{（苯环）}-COOC_3H_7\text{-}i$

(5)异丙胺磷

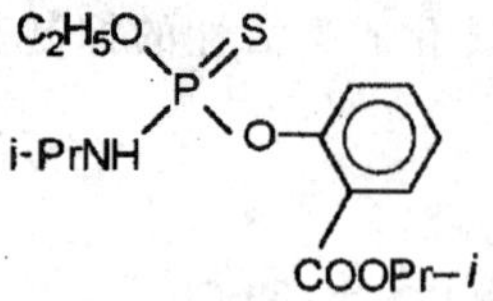

$\underset{i\text{-}PrNH}{\overset{C_2H_5O}{\diagdown}}\overset{\overset{S}{\|}}{P}-O-\text{（苯环）}-COOPr\text{-}i$　　　O-乙基 O-(2-异丙氧羰基苯基)N-异丙基硫(酮)代磷酰胺酯

它是 1974 年 Bayer 公司开发的杀虫剂,为无色油状物,蒸气压为 5.3×10^{-4}Pa/20℃。20℃时在水中的溶解度为 23.8ppm;易溶于二氯甲烷、环己酮等有机溶剂。

异丙胺磷具有触杀和胃毒作用,也有一定程度的根部内吸传导作用。它能防治玉米、蔬菜、油菜等作物害虫;也是一种广谱性土壤杀虫剂,对金针虫、地老虎、根蛆、蛴螬等都有防治效果;在水中使用颗粒剂可防治多种水稻害虫,如螟虫、飞虱、叶蝉等;对线虫有兼治作用。残效较长,达 6 个月。总的来看,异丙胺磷比其类似物羧胺磷药效高。对大鼠口服急性毒性 LD_{50} 为 25～

40mg/kg。

合成方法同羧胺磷:

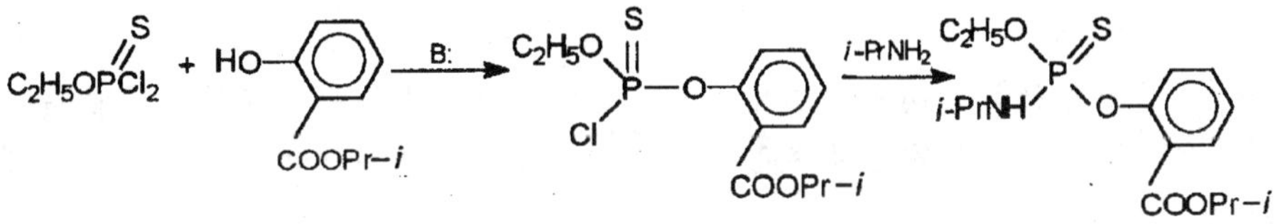

2.2.8.7　膦酸酯

(1)敌百虫

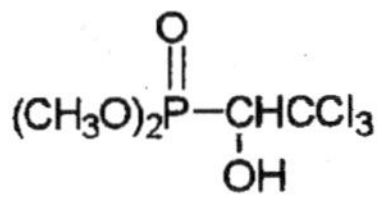

O,O-二甲基-1-羟基-2,2,2-三氯乙基膦酸酯

它是 1952 年由 Bayer 公司开发的品种,为白色固体物,熔点 83℃~84℃,沸点 100℃/13.3Pa。溶于水(15.4g/100ml)、乙醇、氯仿及苯,不溶于矿物油,微溶于乙醚和四氯化碳。在酸性介质中较稳定,在碱性介质中易于转化成 DDV,也能水解成二甲基磷酸和二氯乙醛,酸性水解则发生脱甲基反应。

敌百虫是一种触杀和胃毒剂,也有渗透作用。它具有很好的杀虫活性,尤其是对双翅目昆虫,可用于防治各类作物上的刺吸口器和咀嚼口器害虫,也用于卫生害虫及动物寄生虫的防治。毒性低,大鼠口服急性毒性 LD_{50} 为 630mg/kg。

敌百虫本身对 AchE 的抑制力很弱,但它在生理 pH 条件下就能转变成强抑制剂 DDV。在动物体内的主要降解途径是脱甲基作用[362~364]。在狗体内,给药量的 65% 以三氯乙醇葡糖苷酸的形式由尿中排出,说明存在 P—C 键的断裂[365]。主要代谢途径如下:

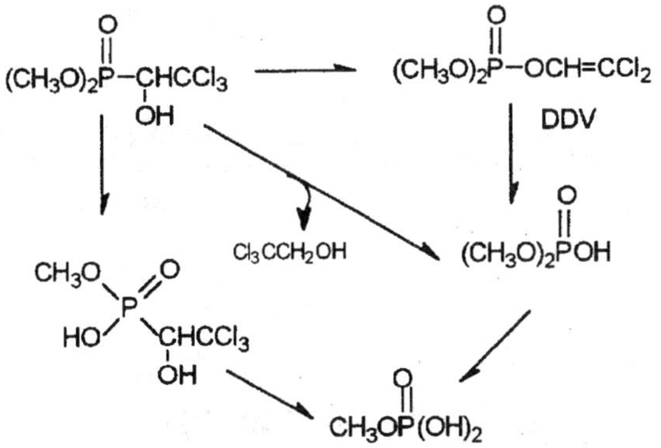

合成方法:

(2)苯硫磷

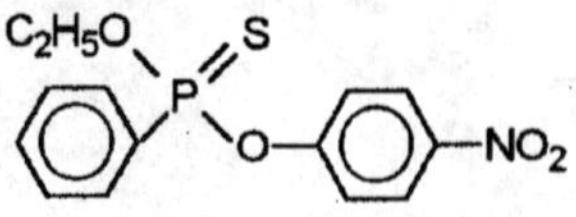

O-乙基 O-对硝基苯基苯基硫(酮)代膦酸酯

苯硫磷是 1949 年杜邦公司开发的品种。它是第一个作为杀虫剂商品的膦酸酯,为浅黄色固体,熔点 36℃。能溶于大多数有机溶剂,不溶于水。在中性和酸性介质中比较稳定,在碱性介质中水解反应易于发生。

苯硫磷是一种触杀和胃毒剂,用于防治害虫和螨。对鳞翅目幼虫有广泛的活性,尤其是对棉铃虫、稻螟。对哺乳动物毒性较高,雄鼠及雌鼠口服急性毒性 LD_{50} 分别为 40 及 12mg/kg。它能使马拉硫磷增效,并且具有迟发性神经毒性。

合成方法:

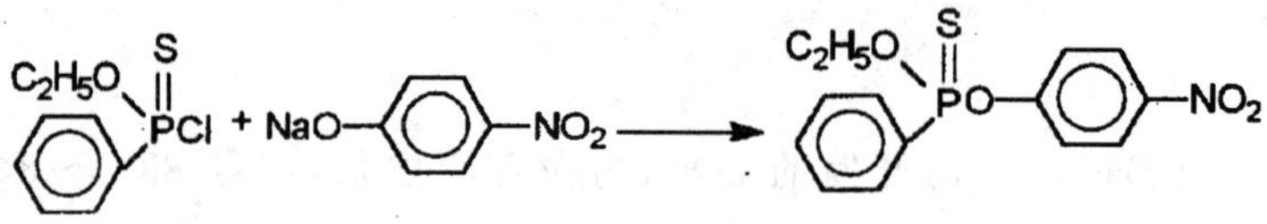

(3)地虫磷

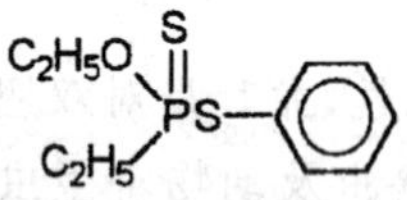

O-乙基 S-苯基乙基二硫代膦酸酯

它是 1967 年 Stauffer 公司开发的品种。为浅黄色液体,有硫醇气味,沸点 130℃/13.3Pa。几乎不溶于水,易溶于酮、煤油、二甲苯等。比较稳定,不易水解,能在土壤中持久地(约 8 周)防治土壤害虫(如玉米切根虫、金针虫、地老虎、种蝇等)。地虫磷是高毒品种,对雄大鼠口服急性毒性 LD_{50} 为 7.94~17.5mg/kg。

合成方法:

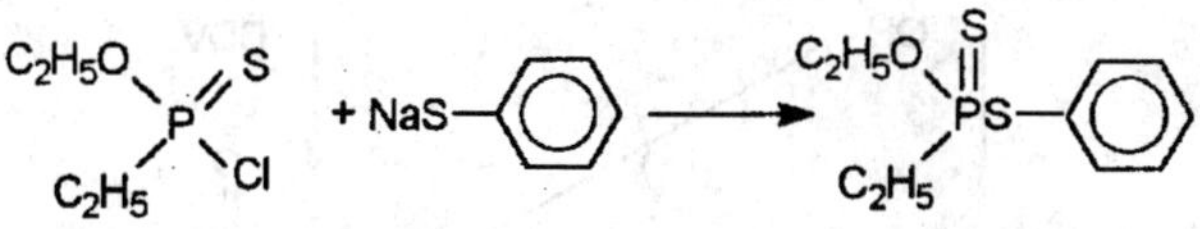

2.3 氨基甲酸酯杀虫剂

2.3.1 引言

作为杀虫剂的氨基甲酸酯,通常有以下通式:

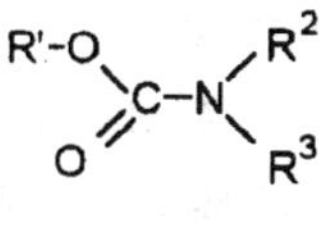

其中,与酯基对应的羟基化合物 R^1OH 往往是弱酸性的,R^2 是甲基,R^3 是氢或者是一个易于被化学或生物方法断裂的基团。

早在 1864 年,人们曾发现在西非生长的一种蔓生豆科植物毒扁豆(*Physostigma benenosum*)的咖啡色小豆中,存在一种剧毒物质。后来将此毒物命名为毒扁豆碱(Physostigmine 或 Eserin),直到 1925 年它的结构才得以阐明(化合物 1)[366],1931 年又进行了合成验证[367]。这是首次发现天然存在的氨基甲酸酯类化合物。

关于毒扁豆碱的毒理性质,早在 19 世纪中叶已有记载。1870 年发现它能引起强烈的神经反应,而阿托品可使其解毒,同时还观察到它可以作为箭毒的解毒剂。后来又发现毒扁豆碱作为药物的用途,如使瞳孔收缩、降低眼压、治疗青光眼,以及用于解除肌肉无力等症状[368]。在生物化学上,毒扁豆碱在弄清哺乳动物神经冲动的传递机制上起过重要作用,从而肯定它是胆碱酯酶的一种强抑制剂[368]。对毒扁豆碱的这些研究成果,引起后来许多氨基甲酸酯类似物的合成和作为杀虫剂的应用。

1931 年 Du Pont 公司最先研究了具有杀虫活性的二硫代氨基甲酸衍生物[369],发现双(四乙基硫代氨基甲酰)二硫物 2(R=Et)对蚜虫和螨类有触杀活性、福美双 2(R=Me)有拒食作用、代森钠 3 有杀螨作用[370]。不过这些氨基甲酸衍生物最终未能成为杀虫剂,由于它们具有更卓越的杀菌活性,而作为杀菌剂进入了商品行列。

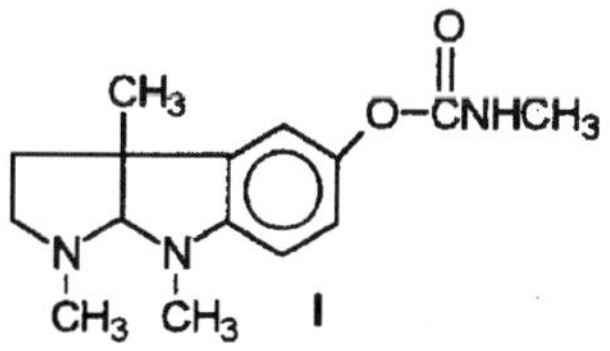

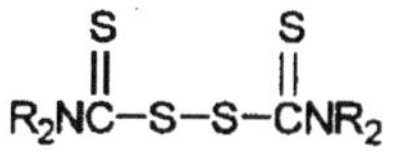

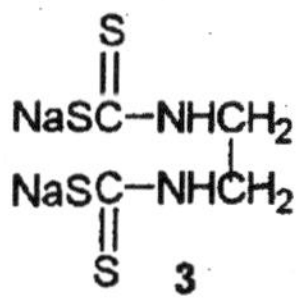

40 年代中后期,第一个真正的氨基甲酸酯杀虫剂地麦威 4,在 Geigy 公司由 Gysin 所合成[371]。本来打算开发忌避剂,但化合物 4 的忌避作用不佳,却发现其具有很好的杀蝇和蚜虫的活性。此后,Gysin 把研究目的转向氨基甲酸酯杀虫剂,并且认为最有希望的化合物是杂环烯醇的衍生物[372~375]。其中异索威 5、敌蝇威 6 和地麦威 4 于 50 年代在欧洲相继进入商品生产。所有这些化合物均为二甲氨基甲酸酯。

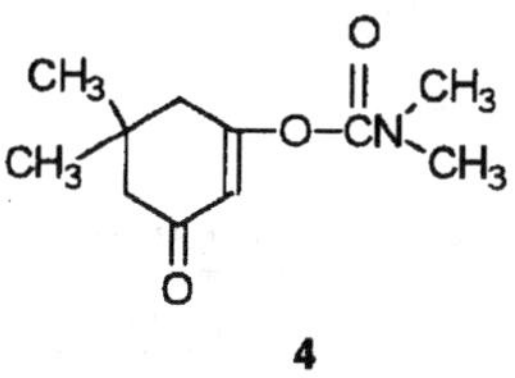

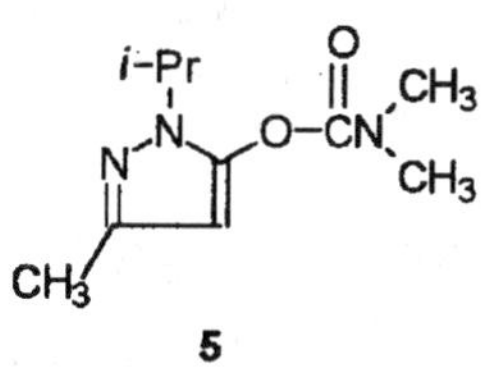

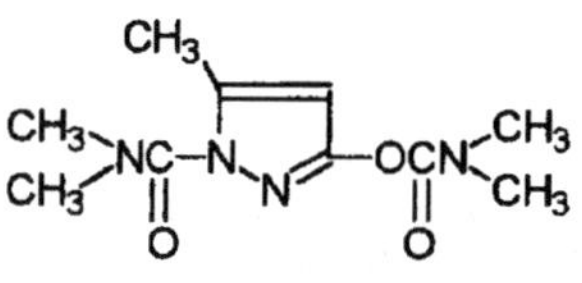

1953 年 Union Carbide 公司的 Lambrech 合成了试验性化合物 UC7744[376,377]。该化合物把烯醇酯换成芳香酯,把二甲氨基换成甲氨基,从而使之具有非常好的杀虫活性。1957 年第一次正式公布了这个化合物,并且定名为西维因 7。这个化合物后来成为世界上产量最大的农药

品种之一，1971 年美国的产量超过 2700 吨/年。

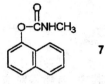

1954 年 Metcalf 与 Fukuto 等合成了一系列脂溶性、不带电荷的毒扁豆碱类似物，成为研究这类化合物结构与活性关系的典范[378]。后来，这些化合物中的几个在日本发展成杀虫剂品种，它们是害扑威 **8**、异丙威 **9**、二甲威 **10**、速灭威 **11**。更重要的是，这项研究工作牢牢地确定了 N-甲基氨基甲酸芳基酯在杀虫剂中的地位，为后来大量新的氨基甲酸酯杀虫剂的出现奠定了基础。

Union Carbide 公司的化学家们在结构上的又一创新是将肟基引入氨基甲酸酯中，从而导致具有触杀和内吸作用的高效杀虫、杀螨和杀线虫活性的化合物的出现[379~382]，其中涕灭威 **12** 就是一例。

此外，在氨基甲酸酯杀虫剂的早期发展过程中，Casida 研究小组在弄清氨基甲酸酯在机体及环境中的归宿的化学及生物机制方面也有许多出色的工作[383~386]。

氨基甲酸酯类杀虫剂由于具有作用迅速、选择性高、有些还有内吸活性、没有残留毒性等优点，到 70 年代已发展成为杀虫剂中的一个重要方面。到目前为止，估计全世界已有近 40 个商品化品种，在防治害虫上起着不可忽视的作用。

2.3.2 化学结构与分类

所有氨基甲酸酯类杀虫剂均可视为氨基甲酸 **13** 的衍生物，但这个游离酸是极不稳定的，它会自动分解为二氧化碳和氨。然而，氨基甲酸的盐和酯均相当稳定，如它的铵盐 **14** 可与磷化铝混合作为杀虫及杀鼠剂，它的乙酯 **15** 用作兽用麻醉剂、外用杀菌剂、溶剂和助溶剂等。

作为杀虫剂的氨基甲酸酯结构上的变化主要在酯基上，一般要求酯基的对应羟基化合物具有弱酸性，如烯醇、酚、羟肟等。结构的另一个可变部分是氮原子上的取代基。氮原子上的氢可以被一个甲基取代或被两个甲基取代或被一个甲基或一个酰基取代。根据结构的变化，可以将氨基甲酸酯杀虫剂划分为四种类型。

2.3.2.1　N,N-二甲基氨基甲酸酯

这类化合物曾经在欧洲用作杀虫剂,它们都是杂环或碳环的二甲氨基甲酸衍生物,在酯基中都含有烯醇结构单元,氮原子上的两个氢均被甲基所取代,其商品化的主要品种见表 2—20。

表 2—20　N,N-二甲氨基甲酸酯杀虫剂

结　构	名　称	开发公司	LD$_{50}$(mg/kg)	应用范围	文　献
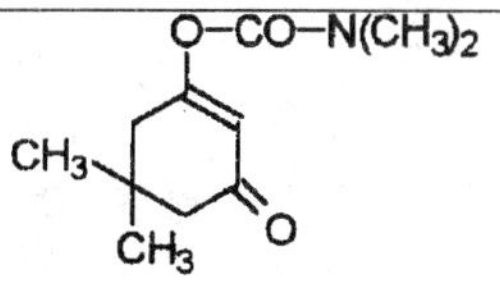	地麦威 Dimeta	Geigy 1951	150 (大鼠)	具有触杀及部分内吸杀螨活性,持效短	[371, 387, 388]
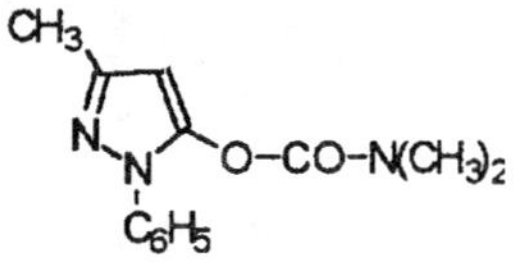	吡唑威 Pyrolan	Geigy 1951	62 (大鼠)	防治蝇,残效短	[371, 372, 389]
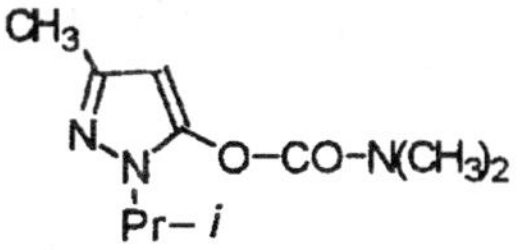	异索威 Isolan	Geigy	54(大鼠) 14~18 (小鼠)	具有触杀、内吸、熏蒸作用,用于谷物、棉花、饲料作物防治蚜虫	[371, 372, 373]
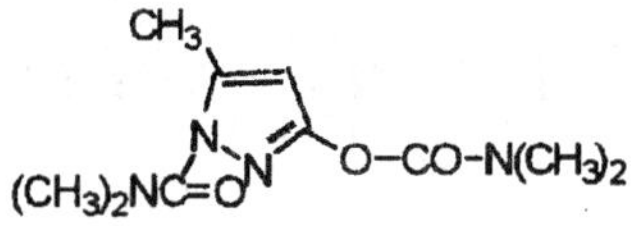	敌蝇威 Dimetilan	Geigy 1962	50(大鼠) 60~65 (小鼠)	用作胃毒剂防治家蝇	[371, 373, 390]
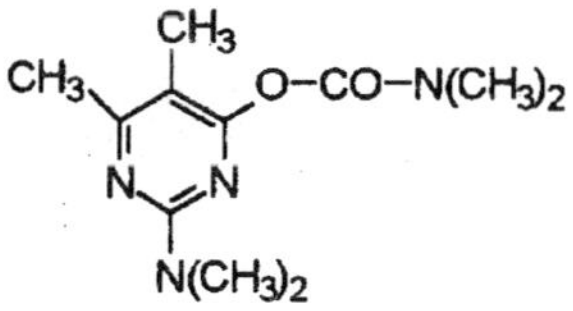	抗蚜威 Primicarb	ICI 1969	147(大鼠) 107(小鼠)	内吸杀蚜剂,对抗性蚜虫有效	[391, 392]

2.3.2.2　N-甲基氨基甲酸芳基酯

这是商品化品种最多的一类。氮原子上一个氢被甲基取代,芳酯基可以是一、二、三取代的苯基、萘基以及杂环并苯基等(表 2—21)。

表 2—21　N-甲氨基甲酸芳基酯杀虫剂

结　构	名　称	开发公司	LD$_{50}$(mg/kg)	应用范围	文　献
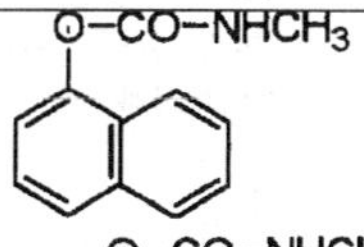	西维因 Sevin Carbaryl	Union Carbide 1956	850 (大鼠)	广谱触杀剂,用于棉花、果树、蔬菜等作物	[376, 393]
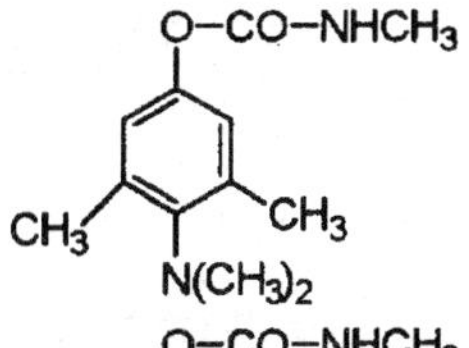	兹克威 Mexacarbate Zectran	Dow 1961	19 (大鼠)	弱内吸杀虫杀螨剂,用于防治森林害虫,对蜜蜂有毒	[394, 395]
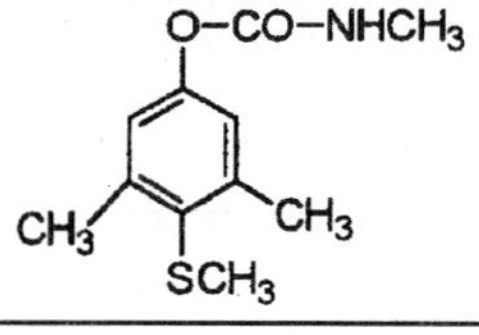	灭梭威 Methiocarb (灭虫威)	Bayer 1962	87~135 (大鼠)	广谱杀虫杀螨剂,残效长,用于果树、蔬菜、棉花等作物。	[395, 396]

续表

结　构	名　称	开发公司	LD$_{50}$(mg/kg)	应用范围	文　献
O—CO—NHCH$_3$ / Bu-i	仲丁威 BPMC Bassa	Bayer Sumitomo Kumiai 1962	410(大鼠) 340(小鼠)	触杀活性,防治稻飞虱和叶蝉,残效短。	[397, 398]
O—CO—NHCH$_3$ / CH$_3$ / N(CH$_3$)$_2$	灭害威 Aminocarb	Bayer 1963	30～50 (大鼠)	非内吸杀虫、杀软体动物剂,用于棉花、土豆、烟草、水果等作物	[399, 400]
O—CO—NHCH$_3$ / OPr-i	残杀威 Propoxur	Bayer 1964	90～128 (大鼠)	广谱触杀、胃毒剂,击倒快,用于卫生、仓库、家畜害虫及水稻飞虱、叶蝉的防治。	[400, 401]
O—CO—NHCH$_3$ / Cl / CH$_3$ / CH$_3$	氯灭杀威 Carbanolate	Upjohn 1965	30～44 (大鼠) 300(小鼠)	广谱杀虫剂,用于棉蚜、水稻飞虱、叶蝉	[402, 403]
O—CO—NHCH$_3$ / CH$_3$ / Pr-i	猛杀威 Promecarb	Schering 1965	74～90 (大鼠)	广谱、非内吸触杀剂,防治鳞翅目及鞘翅目害虫	[404, 405]
O—CO—NHCH$_3$ / S (苯并噻吩)	猛捕因 Mobam	Mobil 1966	234 (大鼠)	触杀剂,主要用于卫生害虫防治	[406, 407]
O—CO—NHCH$_3$ / CH$_3$ CH$_3$ / N(CH$_2$CH=CH$_2$)$_2$	除害威 Allyxycarb	Bayer 1967	90～99 (大鼠) 48～71 (小鼠)	防治果树、蔬菜、柑桔、茶、水稻的刺吸口器及咀嚼口器害虫	[408]
O—CO—NHCH$_3$ / t-Bu Bu-t	畜虫威 Butacarb	Boots 1967	4000 (大鼠)	家畜体外杀虫剂,残效长达10～16周	[409, 410]
O—CO—NHCH$_3$ / O (苯并呋喃)	呋喃丹 Carbofuran	Bayer FMC 1967	8～14 (大鼠)	广谱杀虫、杀螨、杀线虫剂	[411, 412]
O—CO—NHCH$_3$ · HCl / N=CHN(CH$_3$)$_2$	伐虫脒 Formetanate HCl	Schering 1967	20 (大鼠)	略具内吸性,杀螨杀卵剂,对抗性蚜螨有效	[413, 414]
O—CO—NHCH$_3$ / CH$_3$ / CH$_3$	灭杀威 Meobal MPMC	Sumitomo 1967	290～380 (大鼠)	用于防治稻飞虱、叶蝉及果树介壳虫	[415, 416]

结　　构	名　　称	开发公司	LD$_{50}$(mg/kg)	应用范围	文　献
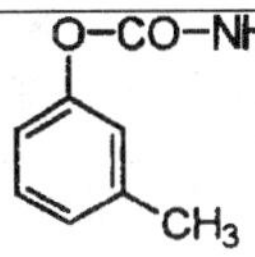 (结构式)	速灭威 MTMC	Sumitomo Nihon1967 Nohayaku	268 (小鼠)	内吸剂,防治稻飞虱、叶蝉	[417]
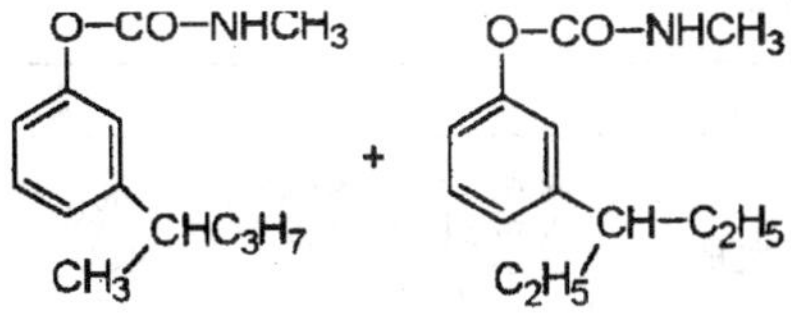 (结构式)	合杀威 Bufencarb	Chevron 1968	87～170 (大鼠)	土壤及叶面杀虫剂,用于玉米、水稻害虫防治	[418]
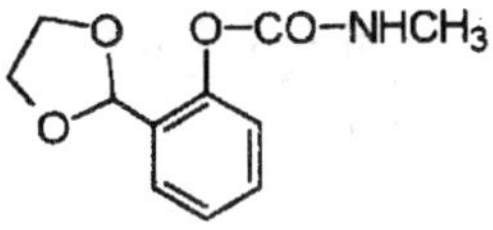 (结构式)	二氧威 Dixacarb	Ciba 1968	107～156 (大鼠)	具触杀、胃毒活性,防治刺吸口器及咀嚼口器害虫	[419, 420]
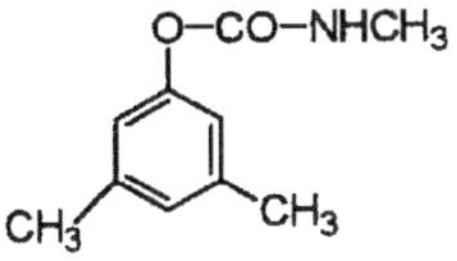 (结构式)	灭除威 Macbal	Hokko 1968	542～697 (大鼠)	触杀活性,防治稻飞虱、叶蝉	[421]
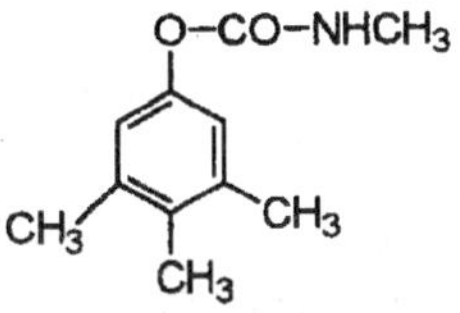 (结构式)	混杀威 Landrin	Shell 1969	208 (大鼠)	防治稻飞虱、叶蝉、玉米长角叶甲,残效长	[422, 423]
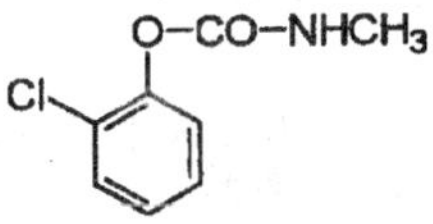 (结构式)	害扑威 CDMC	Kumiai Bayer 1970	648 (大鼠)	速效,防治稻飞虱、叶蝉	[424, 425]
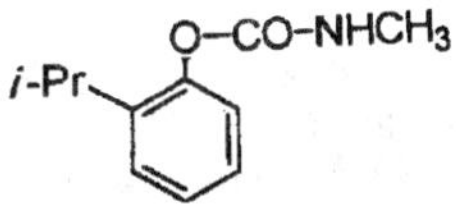 (结构式)	叶蝉散 Isoprocarb	Bayer 1970	403～485 (大鼠)	防治蚜虫、稻飞虱、叶蝉	[426]
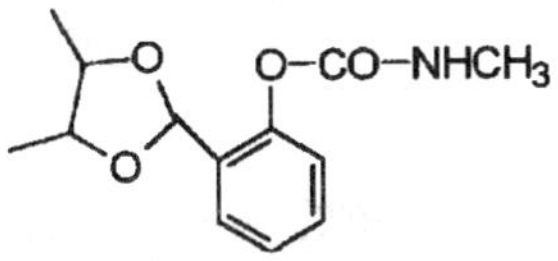 (结构式)	壤虫威 Fondaren	Ciba-Geigy 1970	110 (大鼠)	触杀、胃毒活性,长效土壤杀虫剂	[420, 427]
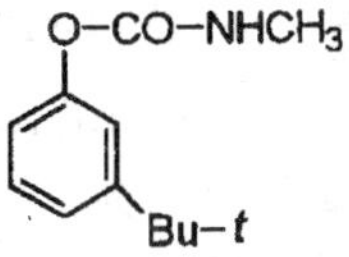 (结构式)	特灭威 Terbam	Hokko 1970	470 (小鼠)	防治水稻、果树及茶叶害虫	[428]
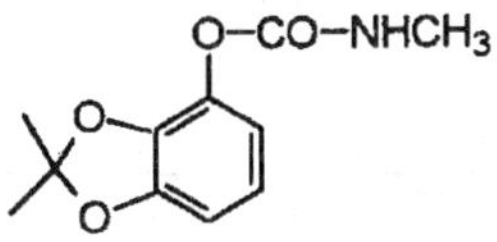 (结构式)	恶虫威 Bendiocarb	Fisons 1971	35～100 (小鼠)	触杀、胃毒活性,防鞘翅目及其它卫生害虫	[429, 430]
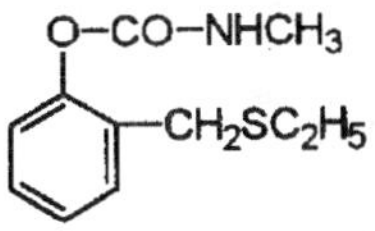 (结构式)	乙硫苯威 Ethiofencarb	Bayer 1975	411 (大鼠)	内吸高效杀蚜剂	[431]

2.3.2.3 N-甲氨基甲酸肟酯

这类化合物发展较晚。由于肟酯基的引入而使大多数化合物变得高效高毒。烷硫基是酯基中的重要结构单元,其主要品种见表2—22。

表2—22 N-甲氨基甲酸肟酯杀虫剂

结　构	名　称	开发公司	$LD_{50}(mg/kg)$	应用范围	文　献
CH₃SC—CH=NO—CO—NHCH₃ (结构式)	涕灭威 Aldicarb Temik	Union Carbide 1965	0.93 (大鼠)	内吸杀虫、杀螨、杀线虫剂,主要以颗粒剂用于土壤	[380, 432]
CH₃S C=N—O—CO—NHCH₃ (结构式)	灭多威 Methomyl Lannate	Du Pont Shell 1966	17～24 (大鼠)	广谱内吸杀虫杀螨剂,土壤杀虫剂,低残留	[433 ～ 436]
NC ... NO—NHCH₃ Cl (结构式)	棉果威 Tranid	Union Carbide 1966	17 (大鼠)	杀螨剂,对抗性害虫有效	[437 ～ 439]
CH₃S—C=N—O—CO—NHCH₃ (CH₃)₂NCO (结构式)	杀线威 Oxamyl	Du Pont 1969	5.4 (大鼠)	广谱触杀、内吸杀虫杀螨及杀线虫剂	[440, 441]
NCCH₂CH₂S C=N—O—CO—NHCH₃ CH₃ (结构式)	抗虫威 Thiocarboxime	Shell 1970	5 (大鼠)	广谱杀虫、杀螨剂,用于果树、棉花害虫,残效不长	[442]
CH₃SO₂CHCH₃ C=N—O—CO—NHCH₃ CH₃ (结构式)	丁酮肟威 Butoxicarboxim	Wacker 1970	458 (大鼠)	水溶性内吸杀虫剂,持效长,对螨也有效	[443]
CH₃SCH₂ C=N—O—CO NHCH₃ (CH₃)₃C (结构式)	久效威 Thiofanox	Diamond Shamrock 1973	8.5 (大鼠)	土壤内吸杀虫杀螨剂,残效长	[444, 445]
CH₃ CH₃SO₂—C—CH=NOCONH CH₃ CH₃ (结构式)	氧涕灭威 Aldoxycarb	Union Carbide 1978	27 (大鼠)	有效地防治多种线虫、昆虫和螨,用于烟草、棉花	[432]

2.3.2.4 N-酰基(或烃硫基)N-甲基氨基甲酸酯

这是一类更新的化合物。它主要是70年代以来围绕第二、三类化合物的改进,使之低毒化的结果。在结构上,氮原子上余下的一个氢原子被酰基、磷酰基、烃硫基、烃亚磺酰基等取代,造成在昆虫及哺乳动物中不同的代谢降解途径,以便提高选择毒性的可能性,达到降低毒性而不减杀虫活性的目的[446、447]。但是,这类化合物合成难度增加,目前进入商品化的尚少。现将这些试验性品种列于表2—23中。

表2—23 N-取代基N-甲氨基甲酸酯试验品种

结　构	名称或代号	$LD_{50}(mg/kg)$	杀虫活性	文　献
O—CO—N COCH₂SCH₃ CH₃ Bu-i (结构式)	Boots RE17955	低毒	对尖音库蚊及其它蚊类有效	[448, 449]
O—CO—N COCH₂OCH₃ CH₃ OPr-i (结构式)	U-18120		防治蚊成虫的效果与马拉硫磷一样	[448, 450]

续表

结　　构	名称或代号	LD$_{50}$(mg/kg)	杀虫活性	文　献
（结构图）	Hercules 6007	低毒	防治蚊和叶螨	[451]
（结构图）	Promacyl 蜱虱威	1500（小鼠）	有效地防治蜱	[452, 453]
（结构图）			对蝇与未酰化的母体一样有效,但毒性降低	[454]
（结构图）	RE—11775	131～275（大鼠）	对抗有机磷的蚊幼虫和成虫非常有效	[455, 456]
（结构图）			广谱杀虫杀螨剂	[457]
（结构图）	SIT560	120～125（小鼠）	防治家蝇和库蚊比母体呋喃丹更有效	[458, 459]
（结构图）			有效地防治蚜、螨、蚊幼虫,比母体涕灭威内吸活性更好	[460]
（结构图）			防治家蝇比母体残杀威有更长的残效	[461]
（结构图）			广谱杀虫剂	[462]
（结构图）	Furathiocarb 呋线威	137（大鼠）	内吸杀虫、杀线虫剂,残效长	[463, 464]
（结构图）	OK-135 棉铃威	210（大鼠）	广谱杀虫剂,主要是鳞翅目害虫,如棉铃虫、烟青虫,地老虎等	[465]
（结构图）	U-47319 磷亚威	低毒	防治棉花、蔬菜、果树、水稻的鳞翅目害虫	[466, 467]

2.3.3　物化性质及化学反应

2.3.3.1　物化性质

氨基甲酸酯杀虫剂大都为白色结晶物质,有一定的熔点,有微弱气味,蒸气压通常很低,不易挥发。

大多数氨基甲酸酯杀虫剂易溶于多种有机溶剂,但在水中难溶。这可能是它们多不具有内吸活性的原因,只有伐虫脒盐酸盐和涕灭威、灭多虫等甲氨基甲酸肟酯例外。

氨基甲酸酯一般没有腐蚀性,和稀释剂、附加剂、助溶剂、填料及其它加工助剂都容易混合。其储存稳定性很好,只是在水中能缓慢分解,提高温度和碱性时分解加快。

表2—24中列举了主要商品甲氨基甲酸酯的某些物化性能。

表2—24　主要商品甲氨基甲酸酯杀虫剂的物理常数

名　称	分子量	外　观	气　味	熔点(℃)	蒸气压 (Pa)	比重(g/ml)	水中溶解度(%)
涕灭威	190	白色结晶	弱硫黄味	90～100	1.3×10^{-2}(25℃)	1.195(25/20℃)	0.9(30℃)
残杀威	209	白色结晶	无味	91			0.1(25℃)
合杀威	221	琥珀色结晶	弱甜味	26～39	4×10^{-3}(30℃)	1.024(26/26℃)	＜0.005(25℃)
西维因	201	白色结晶	无味	142	＜0.67(26℃)	1.232(20/20℃)	0.004(30℃)
呋喃丹	221	白色结晶	微酚味	153～154	2.7×10^{-3}(33℃)	1.180(20/25℃)	0.07(25℃)
伐虫脒盐酸盐	258	白色结晶	——	200～202	不挥发	—	＞50(25℃)
混杀威	193	浅黄色结晶	微弱酯味	105～114	6.7×10^{-3}(23℃)	—	0.006(23℃)
灭虫威	225	白色结晶	微弱	121		—	—
灭多虫	162	白色结晶	弱硫黄味	78～79	6.7×10^{-3}(25℃)	1.295(25/40℃)	5.8(25℃)
猛扑因	207	白色结晶	无味	128	1.3×10^{-6}(25℃)		＜0.1(25℃)

2.3.3.2　水解反应

氨基甲酸酯杀虫剂在碱性介质中容易发生水解反应,使酯键断裂,并有胺及二氧化碳放出:

$$R=CH_3,H$$

氨基甲酸酯对水解反应的敏感性与其结构密切相关。在氨基甲酸苯酯 **16** 中,水解速度取决于苯环上的取代基 X 和氮上的取代基 R^1 和 R^2[378]。表2—25和表2—26分别列举了不同 X 基团及不同 R^1、R^2 的氨基甲酸苯酯水解反应的二级速度常数[378,468]。

16

表 2-25   （16，R¹＝H，R²＝CH₃）的水解速度常数

（巴比妥缓冲液 0.1mol/L，pH9.5，37.5℃）

X	$K_{水解}$ mol⁻¹·min⁻¹	X	$K_{水解}$ mol⁻¹·min⁻¹
2-NO₂	3.4×10^6	2-CH₃	2.6×10^2
4-NO₂	3.5×10^5	2-i-C₃H₇	5.5×10
2-Cl	2.0×10^3	2-t-C₄H₉	2.8×10
3-Cl	1.7×10^3	3-N(CH₃)₂	2.0×10
4-Cl	1.0×10^3	3-t-C₄H₉	0.4×10
3-CH₃	3.0×10^2		

从表 2-25 可以看出，苯环上拉电子取代基的存在，显然对水解的进行十分有利。这是由于拉电子基团使酯羰基上电荷密度降低，从而有利于 $\overline{OH}$ 的亲核进攻。因此，水解速度常数与代表基团电性的 Hammett σ 常数之间存在很好的相关性[469、470]。这种相关性后来发现在取代苯甲醛肟的 N-甲基氨基甲酸酯中，也能相当好地存在[471]。当芳酯基换成烷酯基后，由于后者的给电子性，导致水解稳定性增加[472、473]。

表 2-26   （16，X＝H）的水解速度常数

（a. 巴比妥缓冲液 0.1mol/L，pH9.5，37.5℃；b. 磷酸钠缓冲液 0.05mol/L，pH7.8，22℃）

R¹	R²	$K_{水解}$ mol⁻¹·min⁻¹(a)	R¹	R²	$K_{水解}$ mol⁻¹·min⁻¹(b)
H	C₆H₅	5.8×10^3	Me	Me	3.9×10^{-3}
H	CH₂C₆H₅	8.2×10^2	Et	Et	6.2×10^{-5}
H	C₂H₅	5.0×10^2			
H	CH₃	2.5×10^2			

从表 2-26 中看出，在 N-单取代化合物中，水解稳定性的大小为 N-甲基＞N-乙基＞N-苄基＞N-苯基，N-甲基最为稳定。在 N，N-二取代化合物中，水解稳定性却是 N，N-二乙基＞N，N-二甲基。N-取代氨基甲酸酯的水解速度通常比 N，N-二取代快 $10^3 \sim 10^7$ 倍[468]。

除结构因素外，反应条件如温度、pH 值等均能影响碱性水解反应的速度。对温度来说，大体上每上升 10℃，氨基甲酸酯的水解速度约增加 2～3 倍[474、475]。N，N-二甲基氨基甲酸酯如敌蝇威、吡唑威在 pH6～10、100 天后尚未水解，而 N-甲基衍生物随 pH 上升水解速度急剧加快，如西维因在 pH7 时半衰期为 10 天，pH10 时则只有 15min[475]。

动力学研究表明氨基甲酸酯断裂酯键的水解反应不论对 $\overline{OH}$ 还是对底物都是一级反应[472、475～477]。为合理解释 N-甲基氨基甲酸酯在碱性水解速度上与 N，N-二甲基衍生物的巨大差别，曾提出两种可能的水解机理[472]，后来的研究工作支持了这一建议[474、477～479]。

机理 1 与一般酯的碱性水解反应没有什么区别，即羟基离子进攻羰基碳原子，形成不稳定的四面体中间体 **17**，然后分解为羟基化合物和 N，N-二甲基氨基甲酸阴离子，后者转变成酸后分解成二甲胺及二氧化碳。任何能从羰基上吸引电子的基团，均将有利于 $\overline{OH}$ 的进攻，使水解加快。此反应过程适合于 N，N-二甲基氨基甲酸的烷基酯和芳基酯以及 N-甲基氨基甲酸烷基酯。

$$
ROCN(CH_3)_2 + {}^-OH \rightleftharpoons \left[RO-\underset{OH}{\overset{O^-}{\underset{|}{\overset{|}{C}}}}-N(CH_3)_2 \right] \rightarrow ROH + (CH_3)_2NCO^-
$$

17

$$
(CH_3)_2NCO^- + H_2O \rightleftharpoons (CH_3)_2NCOH + {}^-OH
$$

$$
(CH_3)_2NCOH \rightarrow (CH_3)_2NH + CO_2
$$

机理 2 适合于 N-未取代氨基甲酸酯及 N-甲氨基甲酸芳酯。$\overline{O}H$ 的进攻发生在氮原子的质子上，消去一分子水，同时水分子对羰基碳发生亲核进攻，造成 ArO^- 的离去[474]。

$$
ArO-\overset{O}{\overset{||}{C}}-\underset{CH_3}{\overset{H}{\underset{|}{N}}} \quad {}^-OH \rightarrow ArO^- + \left[HO-\overset{O^-}{\underset{H}{\overset{|}{C}}}=\overset{+}{N}CH_3 \right]
$$

$$
\rightarrow CH_3NHCOH \rightarrow CH_3NH_2 + CO_2
$$

氨基甲酸酯在酸性溶液里分解速度很慢，其作用机理尚不十分清楚，可能与酸的浓度[480]及氮原子是一取代或二取代有关[477]。

2.3.3.3　热分解

氨基甲酸酯受热时若温度太高就会发生分解，放出具有特殊臭味的异氰酸甲酯。这是所有 N-甲基氨基甲酸芳酯热分解时的特有产物，同时也生成相应的酚[481]：

$$
ArOCNHCH_3 \overset{\triangle}{\longrightarrow} ArOH + CH_3NCO \uparrow
$$

2.3.4　合成方法[482~484]

2.3.4.1　N-甲氨基甲酸酯

（1）氯甲酸酯法

$$
X\!\!-\!\!\bigcirc\!\!-\!\!OM + COCl_2 \xrightarrow[-10\sim10℃]{溶剂} X\!\!-\!\!\bigcirc\!\!-\!\!OCCl \xrightarrow[15\sim35℃]{CH_3NH_2} X\!\!-\!\!\bigcirc\!\!-\!\!OCNHCH_3
$$

M=Na,K

反应分两步进行。第一步先合成氯甲酸酯，由取代酚盐与稍过量的光气在低温下反应，用水、甲苯、四氯化碳等作溶剂，产率通常为 60%～80%。这一步的主要副产物为碳酸酯 **18**，它可以与氨水一起共热回收酚。

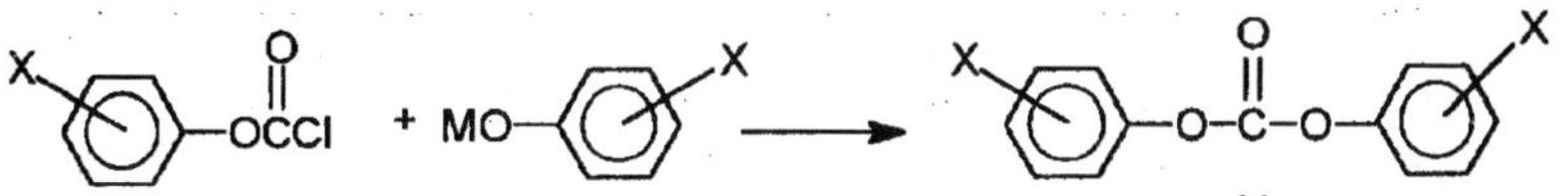

18

第二步将氯甲酸酯溶解或悬浮在溶剂（苯、水等）中，加入过量的甲胺水溶液，产率可达95％。也可以加入等摩尔的甲胺和氢氧化钠，后者代替甲胺作为缚酸剂。

除芳酯外，N-甲氨基甲酸肟酯也可以用此法制备，但需特别注意，第二步反应中温度不能超过室温，否则会有相应的副产物腈 **19** 生成：

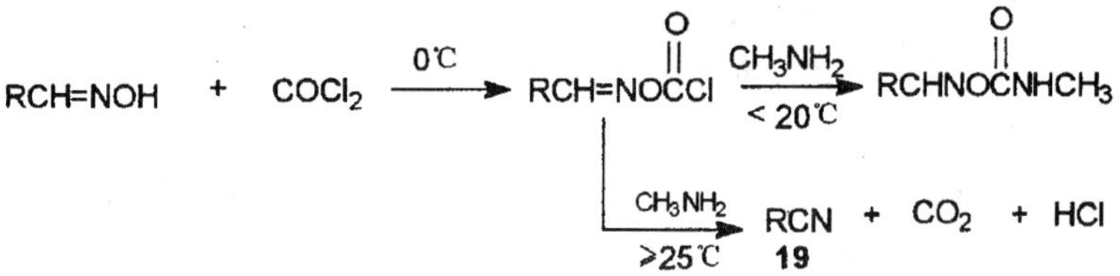

（2）氨基甲酰氯法

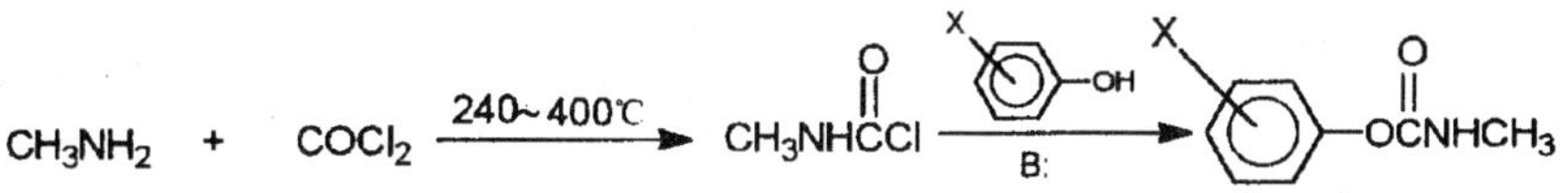

氨基甲酰氯可将一定比例的甲胺和光气在高温管道中进行气相反应制得，产率可达95％以上，此法有利于工业化连续生产。也可以将甲胺盐酸盐放入惰性溶剂如二苯醚中，于200℃通入光气，但这种所谓液相法产率较低。

第二步酯化反应可以在有机溶剂中缚酸剂（三乙胺、吡啶等）存在下进行，反应温度可在室温或回流下，产率在90％以上。除此之外，也可以用酚钠在水溶液中加入氨基甲酰氯的方法。由于后者在水中易分解，故反应温度应尽可能低一些。

（3）异氰酸酯法

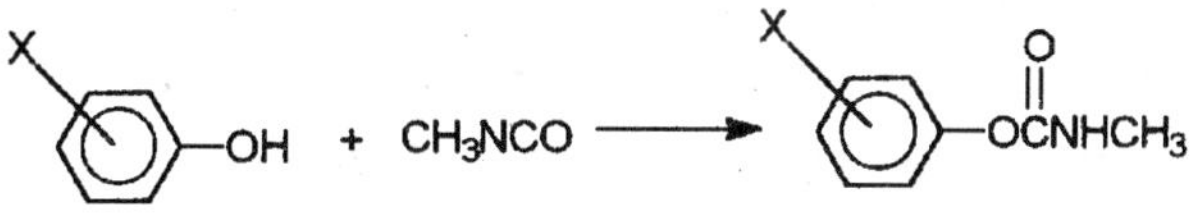

这是制备 N-一取代氨基甲酸酯的专用方法。将酚溶于惰性溶剂（如苯、甲苯、乙醚等）中，加入三乙胺等叔胺作为催化剂，然后加入稍过量的异氰酸甲酯，反应在室温或回流下进行，产率在95％以上。也可以在酚盐水溶液中加入异氰酸甲酯，但温度要低，以免异氰酸酯发生水解。

异氰酸酯也常用于 N-甲氨基甲酸肟酯的合成。作为起始原料的肟可以便利地从醛和羟胺制得，也可以用亚硝酰氯对烯的加成得到，有时还需在肟的 α-或 β-位引入烷硫基。下面是合成涕灭威[379]、棉果威[439]及杀线威[485]的反应过程。

$$(CH_3)_2CHCHO \longrightarrow (CH_3)_2CClCHO \xrightarrow{NH_2OH}$$

$$(CH_3)_2C=CH_2 \xrightarrow{NOCl} (CH_3)_2C\!-\!CH=NOH \xrightarrow{CH_3SNa}$$
$$\underset{Cl}{|}$$

$$(CH_3)_2C\!-\!CH=NOH \xrightarrow{CH_3NCO} CH_3S\!-\!C(CH_3)_2\!-\!CH=NOCONHCH_3 \quad \text{涕灭威}$$
$$\underset{SCH_3}{|}$$

棉果威

$$H_3COOCCH_2COCH_3 \xrightarrow{HNO_2} H_3COOC\!-\!C\!-\!COCH_3 \xrightarrow{Cl_2} H_3COOC\!-\!C\!-\!Cl \xrightarrow{CH_3SH/B}$$

$$H_3COOC\!-\!C\!-\!SCH_3 \xrightarrow{(CH_3)_2NH} (CH_3)_2N\!-\!C\!-\!C\!-\!SCH_3 \xrightarrow{CH_3NCO} (CH_3)_2N\!-\!C\!-\!COC=NOCONHCH_3$$

杀线威

异氰酸酯法的关键是异氰酸酯的合成,其合成方法很多,主要有以下几种:

①以氨基甲酰氯为原料,利用热平衡反应使其脱去氯化氢,转变成异氰酸酯:

$$RNHC\!-\!Cl \underset{冷却}{\overset{\triangle}{\rightleftharpoons}} RNCO + HCl$$

也可以使氨基甲酰氯溶于苯、甲苯或四氯化碳等惰性溶剂中加热回流,使其分解放出 HCl 直至赶尽。还可以加入三乙胺等脱酸剂使氨基甲酰氯转化成异氰酸酯。

②伯胺与光气以等摩尔进行高温气相反应,控制温度以利于生成异氰酸酯,然后在适当温度将 HCl 分离除去。或加入缚酸剂苛性钠、三乙胺等除去 HCl。

$$RNH_2 + COCl_2 \xrightarrow[B']{\triangle} RNCO + HCl\uparrow$$

③以尿素为原料,与伯胺及醇反应生成氨基甲酸酯,然后分解得到异氰酸酯:

$$RNH_2 + H_2NCONH_2 + R'OH \xrightarrow{-2NH_3} RNHCO_2R' \xrightarrow{\triangle} RNCO + R'OH$$

也可以先让尿素热解成异氰酸,然后与伯胺在卤化氢存在下反应得到异氰酸酯:

$$H_2NCONH_2 \xrightarrow[-NH_3]{\triangle} HNCO \xrightarrow{RNH_2/HX} RNCO + NH_4X$$

制备 N-甲基氨基甲酸取代苯基酯时,一般都是按以上三个方法,在最后一步才把氨基甲酸酯部分加上去,这主要是因为酯键对水解很敏感。不过也有一些合成方法是先接上氨基甲酸酯之后再引入苯环取代基的。如氯灭杀威 **20** 的合成,苯环上引入氯原子可放在最后一步[486]。又如 N-甲基氨基甲酸苯甲醛缩醇酯 **21** 的合成,也是把醛和二醇的缩合关环反应放在最后一步[487]。

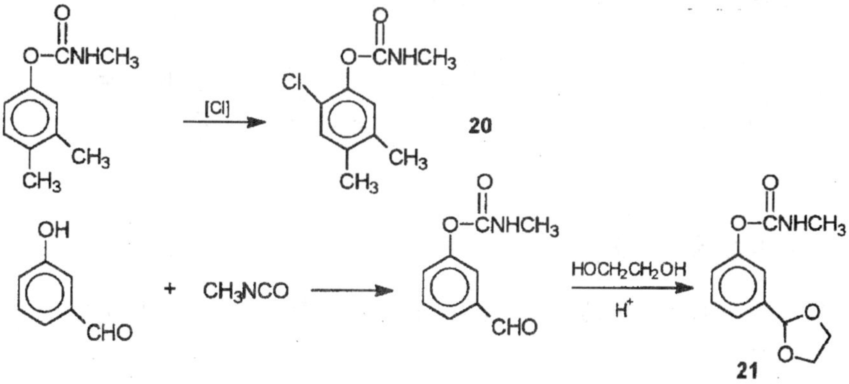

2.3.4.2 N,N-二甲氨基甲酸酯

用于合成 N-甲氨基甲酸酯的氯甲酸酯法(见 2.3.4.1)及氨基甲酰氯法(见 2.3.4.1)均适用于合成 N,N-二甲氨基甲酸酯,只是将甲胺改成二甲胺而已。

N,N-二甲氨基甲酸杂环烯醇酯的合成可按 2.3.4.1 的方法。如嘧啶威 **22** 的合成,是用 N,N-二甲氨基甲酰氯与 2-丙基-4-甲基-6-羟基嘧啶钠盐在苯中回流 12h 得到的[488]。敌蝇威 **23** 也可用类似的方法制得[375]。吡唑酮与氨基甲酰氯反应需要有缚酸剂存在,得到 70% 敌蝇威和 30% 的敌蝇威异构体 **24**。后者先用光气处理,然后再和二甲胺反应也可转化为 **23**,转化率达 98%。

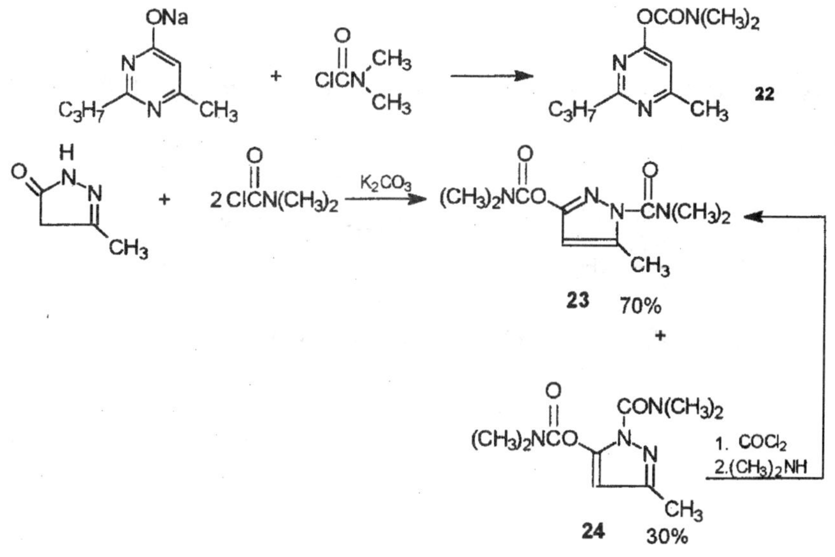

大多数 N,N-二甲氨基甲酸酯的合成,依靠先有了适当的杂环烯醇化合物,然后进行氨基甲酰化。不过也可以在最后一步引入杂环上的取代基。例如在 N,N-二甲氨基甲酸吡唑酯 **25**

的吡唑环上引入硫醚及酯基,前者是通过缩合反应,后者通过丙烯酸酯的 Micheal 加成来实现[486]。

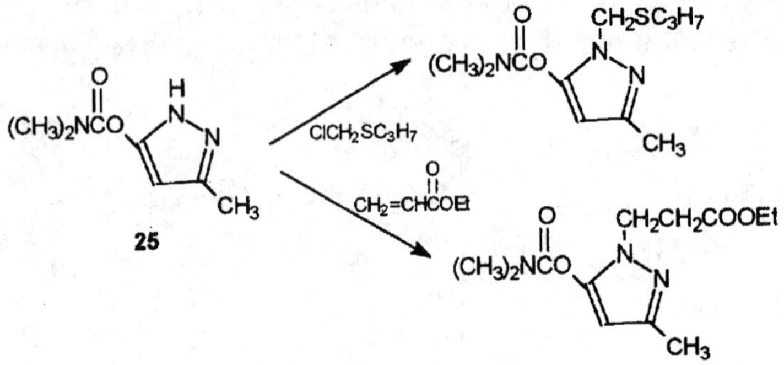

2.3.4.3　N-酰基(烃硫基)N-甲基氨基甲酸酯

N-酰基 N-甲基氨基甲酸酯的合成,通常以酸酐或酰氯为酰化剂,使 N-甲基衍生物 **26** 发生酰化而制得[451、489～491]。

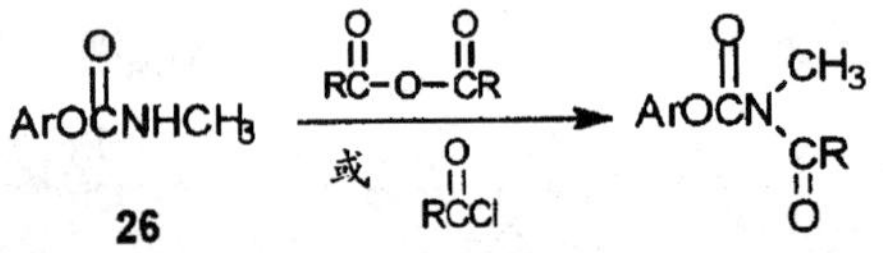

当有些 N-甲氨基甲酸肟酯不能直接进行酰化时,可以用 N-乙酰 N-甲氨基甲酰氯与肟钠盐反应制备[492]:

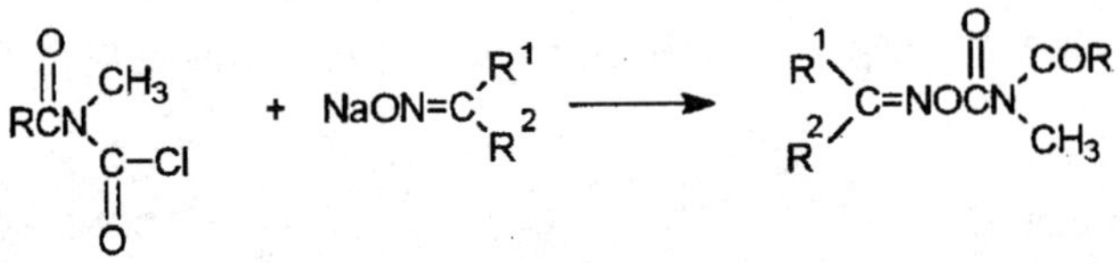

N-烃硫基 N-甲基氨基甲酸酯可以从烃基氯化硫与 N-甲基衍生物发生缩合反应制得[455、459、493]。

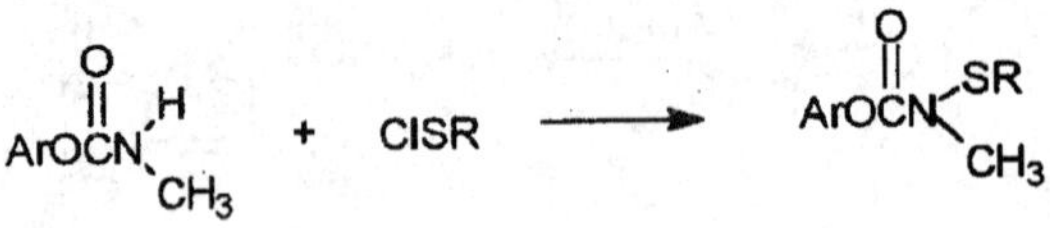

氮原子上其它含硫基团取代的化合物 **27** 及 **28** 可按如下反应分别合成[461、462]:

除此之外，N-亚硝基化合物 **29** 可以从相应的 N-甲基氨基甲酸酯与亚硝酸反应得到[494]，N-磷酰化产物 **30** 及 N-甲酰化产物 **31**，可以分别用磷酰胺基锂盐和甲酰胺基钠盐与氯甲酸酯反应制得[410、454]。

2.3.5　作用机制[484、495]

通常认为，氨基甲酸酯杀虫剂与磷酸酯杀虫剂有相同的作用机制，即抑制 AchE。这种酶存在于脊椎动物及昆虫体内，它在神经冲动传递过程中起着及时分解神经传递介质乙酰胆碱的作用，使之成为乙酰化 AchE 并放出胆碱（见 2.2.5.1 及 2.2.5.2）。当磷酸酯作为抑制剂时，类似地生成磷酰化 AchE（2.2.5.3）。因此，对氨基甲酸酯来说，它与 AchE 反应也会生成氨基甲酰化 AchE，总的反应如下：

$$EH + XCR \underset{K_{-1}}{\overset{K_{+1}}{\rightleftharpoons}} EH \cdot XCR \underset{-HX}{\overset{K_2}{\longrightarrow}} E \cdot CR \underset{H_2O}{\overset{K_3}{\longrightarrow}} EH + HOCR$$

胆碱酯酶 EH 与氨基甲酸酯 XCR 由于亲合力的关系首先结合成酶-抑制剂络合物 EH·XCR（K_{+1}），此络合物可能再离解成酶 EH 和抑制剂 XCR（K_{-1}），也可能发生氨基甲酰化作用，形成氨基甲酰化酶 E·CR，酯基 X⁻ 作为离去基团离去（K_2）。此氨基甲酰化作用，与乙酰化或磷酰化一样，发生在 AchE 活性部位的丝氨酸羟基上，使氨基甲酰基与酶生成共价键合，最后氨基甲酰化酶水解,使胆碱酯酶复活,并生成氨基甲酸(K_3)。因此,这些反应的最终结果是 AchE 未被破坏,而氨基甲酸酯分子却被水解了。

正常情况下,在神经突触内,AchE 也按照上述方式破坏传递介质乙酰胆碱,这一系列反应从左到右进行极为迅速。但是,一旦发生中毒,氨基甲酸酯分子进入突触,它就和乙酰胆碱争夺酶上的活性部位。争夺得胜,杀虫剂和酶结合,使酶被抑制。由于杀虫剂与酶在上述系列反应中的 K_2 反应、特别是 K_3 反应比乙酰胆碱与酶的相应反应速度低千倍以上,因此,酶被抑制得越多,则可供破坏神经传递介质的酶就越少,中毒就越严重。

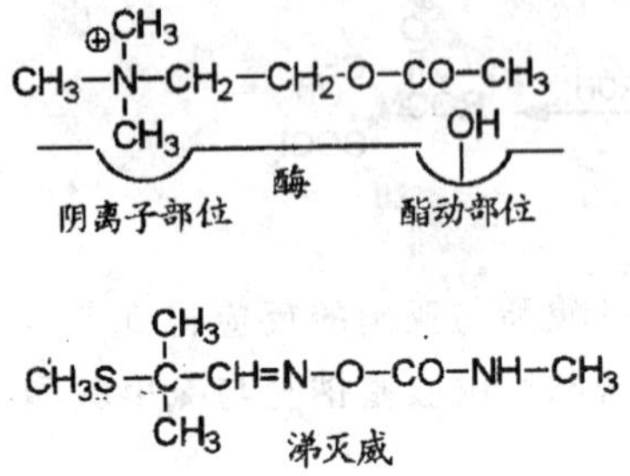

图 2—14　键合部位

表 2—27 中列举了一些氨基甲酸酯化合物与牛红细胞 AchE 反应的动力学数据[469]。其中离解常数或称亲合力常数 $Ka = K_{-1}/K_{+1}$,它是底物与酶之间亲合力的量度,亲合力越大 Ka 值越小。从表 2—27 可见,氨基甲酸酯的化学结构强烈影响亲合力的大小。一般来说,作为杀虫剂的氨基甲酸酯均有较大的亲合力,即有较小的 Ka 值(10^{-4}mol 以下)。相同酯基的 N-甲基和 N,N-二甲基氨基甲酸酯在亲合力的差别上不是很大。因此,引起亲合力差别的主要原因来自于酯基的结构,那些能与酶上活性部位紧密吻合的结构肯定会有较大的亲合力。在 AchE 的天然底物乙酰胆碱中阳离子与酯基间的距离为0.59nm,它与牛红细胞 AchE 反应的 Ka 值约为 2×10^{-5}[496]。因此,它能紧密地与 AchE 的活性部位吻合(图 2—14)。而一些优良的杀虫剂如涕灭威也完全符合这样一些条件[379]。在杀虫剂分子中,相应于乙酰胆碱三甲基铵离子的缺电子性基团,都会有利于使杀虫剂和酶之间的键合加强。所以涕灭威亚砜 32 和带铵离子的化合物 33 都是更好的 AchE 抑制剂[497]。

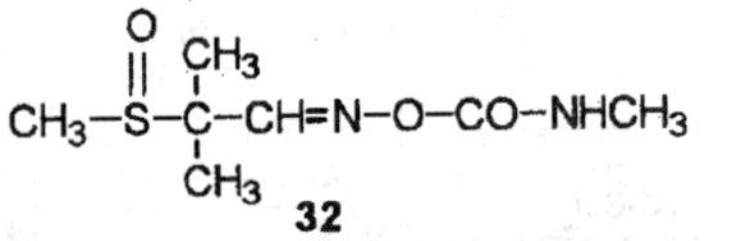

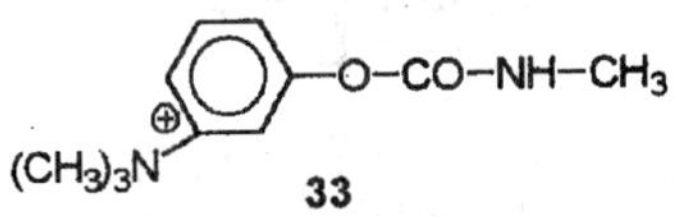

氨基甲酰化常数 K_2 代表由酶-抑制剂络合物生成氨基甲酰化酶的速度,从表 2—27 可见,此常数均较接近,说明氨基甲酸酯的结构在决定 AchE 的氨基甲酰化上是一个次要因素。但更仔细地分析可以发现,大多数情况下 N-甲基氨基甲酰化常数略高于 N,N-二甲基衍生物。然而,牛红细胞 AchE 受乙酰胆碱作用的乙酰化常数 K_2 却高达 2.95×10^5min^{-1},对电鳗 AchE 的 K_2 值还更高[498]。因此,对 AchE 来说,乙酰胆碱是一个良好的底物,而氨基甲酸酯与磷酸酯一样,是一种抑制剂。

代表一个化合物抑制 AchE 的总能力的双分子反应速度常数可定义为:

$$Ki = K_2/Ka$$

因此,若两个杀虫剂的 K_2 值相同,那么对酶亲合力大的(Ka 值小)应有更高的 Ki 值,也最易使酶氨基甲酰化。乙酰胆碱对牛红细胞 AchE 的双分子反应速度常数为 1.5×10^9[498],而氨基甲酸酯的 Ki 值却远远低于此数(表 2—27)。

氨基甲酸酯杀虫剂与 AchE 的全部反应的最后一步是脱氨基甲酰作用,它使酶复活,以速度常数 K_3 表示。表 2—6 中列举了一些磷酰化酶、氨基甲酰化酶及乙酰化酶的脱酰化作用的 K_3 值以及它们的半衰期。由此可以看出,酰化酶的脱酰化复活酶的速度大体顺序为:

$$CH_3CO->>H_2NCO->CH_3NHCO->(CH_3)_2NCO->(RO)_2PO-$$

因此,乙酰化酶的复活半衰期只有 0.1ms 左右,氨基甲酰化酶为几分钟到数小时,而磷酰化酶为几小时到几十天,甚至永不复活。这就是氨基甲酸酯杀虫剂与磷酸酯杀虫剂在作用机制上的重要差别所在。当然它们在作用机制上相类似的方面是主要的。

表 2—27　氨基甲酸酯与牛红细胞 AchE 在 38℃
及 pH7.0～7.4 的反应常数

结构	Ka (mol^{-1})	K_2 (min^{-1})	Ki (mol·min^{-1})
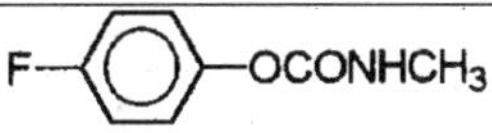 F—⟨⟩—OCONHCH$_3$	1.8×10^{-2}	1.9	1.0×10^2
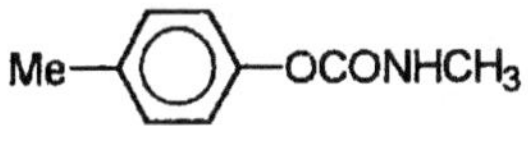 Me—⟨⟩—OCONHCH$_3$	1.3×10^{-3}	1.5	11.6×10^2
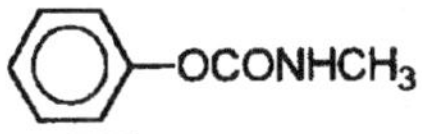 ⟨⟩—OCONHCH$_3$	2.9×10^{-3}	1.6	5.4×10^2
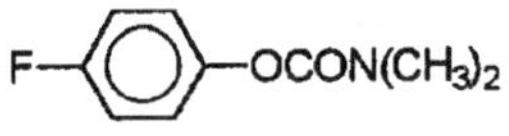 F—⟨⟩—OCON(CH$_3$)$_2$	7.3×10^{-2}	2.0	3.0×10
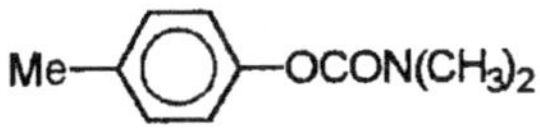 Me—⟨⟩—OCON(CH$_3$)$_2$	6.4×10^{-3}	0.5	8.0×10
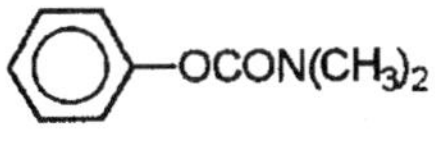 ⟨⟩—OCON(CH$_3$)$_2$	1.5×10^{-3}	0.2	1.5×10^2
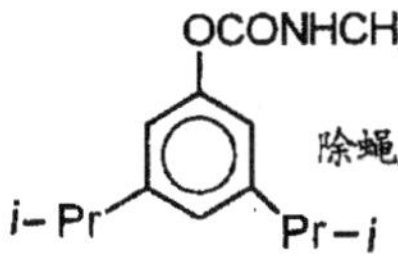 除蝇威(HSR-1422) i-Pr,Pr-i OCONHCH$_3$	3.4×10^{-6}	1.4	4.1×10^5
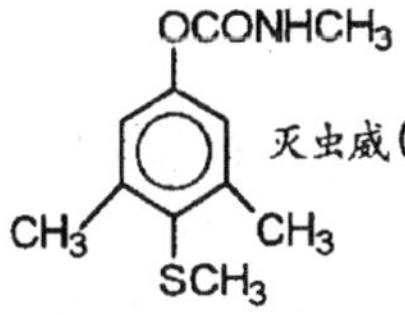 灭虫威(灭梭威) CH$_3$,CH$_3$,SCH$_3$ OCONHCH$_3$	6.7×10^{-6}	1.2	1.9×10^5
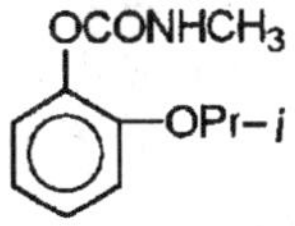 残杀威 OPr-i OCONHCH$_3$	1.0×10^{-5}	1.1	1.1×10^5
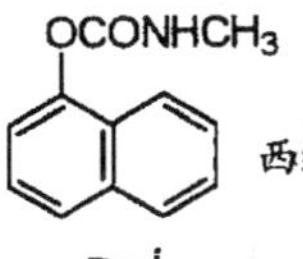 西维因 OCONHCH$_3$	1.1×10^{-5}	1.3	1.3×10^5
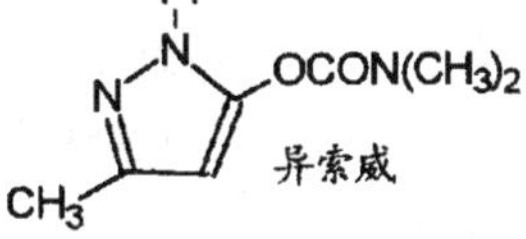 异索威 Pr-i, CH$_3$ OCON(CH$_3$)$_2$	8.0×10^{-6}	1.3	1.6×10^5

综上所述,氨基甲酸酯与 AchE 的反应分为三步,即酶-抑制剂络合物的形成(Ka),酶的氨基甲酰化(K_2)及酶的复活作用(K_3)。这些反应发生在 AchE 的一个独特的活性中心上,此中心由酯动部位及阴离子部位组成,两部分相距约 0.5nm(图 2—15)。

阴离子部位一般设想为一个带负电荷的穴,它以库仑引力吸引乙酰胆碱上带正电荷的三甲铵部分。穴内及周围大部分区域具有疏水性,能与乙酰胆碱的甲基或与氨基甲酸酯中的苯氧部分结合。阴离子部位的这种特性可能是谷氨酸或天冬氨酸中的一个羧基所引起[499]。后来的研究表明,这个部位的负电荷非常弱,多半是由于疏水性及范德华力的共同作用结果[500]。

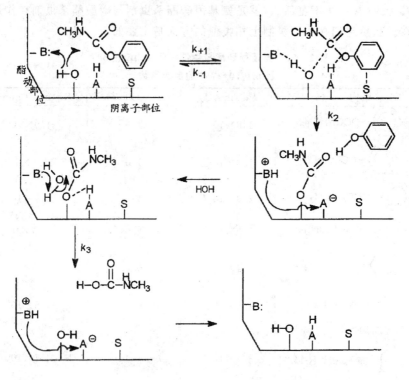

图 2—15　苯基 N-甲基氨基甲酸酯与乙酰胆碱酯酶反应的图示

　　酯动部位本质较复杂,它是由一个碱基(B)和一个酸基(HA)组成的。碱基可能由组氨酸咪唑上氮原子所提供,酸基则认为是酪氨酸的苯环羟基(图 2—15)。在两基之间为酯动部位真正的催化区(OH),可能是肽链甘酰胺-天冬氨酰-丝氨酰-甘氨酸中的丝氨酸羟基[501]。这个脂族的丝氨酸羟基受氨基甲酰化后,酶的酯动部位水解天然底物乙酰胆碱的正常功能受到阻碍。值得注意的是,氨基甲酰化丝氨酸是一种脂肪基氨基甲酸酯,它比芳基氨基甲酸酯更不易水解。

　　酶与抑制剂的三步反应,前面已做过动力学的简单分析,根据图 2—15,现再对这些反应过程作一简要说明。

　　酶附近的底物分子,可能由于相反电荷的吸引力或阴离子部位上的疏水力使之与 AchE 接近。一旦接触上,酶-抑制剂络合物就会形成,其稳定性取决于酯动部位及阴离子部位与抑制剂的吻合程度,以及伴有的氢键、范德华力、疏水力、电荷转移等的强度[502]。普遍认为,在氨基甲酸酯对胆碱酯酶的抑制中,形成这种络合物是最关键的一步。

　　AchE 的氨基甲酰化首先是 AchE 中的丝氨酸羟基,在碱基催化下,对底物羰基碳原子发起亲核进攻,结果在氨基甲酰基与酶之间形成共价键,并释放出苯氧基。氨基甲酰化作用之所以能完成,部分地决定于羰基的亲电性,因而氨基甲酸酯的总体结构能影响氨基甲酰化的速度(K_2)。

　　最后,氨基甲酰化酶在水存在下复活,生成游离的 AchE 和氨基甲酸。这是一种酸碱催化下的水解反应。显然,氨基甲酸酯的苯氧基部分并不影响酶的复活作用,但是氮原子上取代基却是非常重要的。尽管 N-甲基及 N,N-二甲基氨基甲酰化酶的复活速度(K_3)相差不是很大，但在氮上连接其它基团时，复活速度会有很大的差别[503~507]。

2.3.6　结构与活性的关系[501]

2.3.6.1　芳基氨基甲酸酯类杀虫剂

许多研究工作表明，在芳基氨基甲酸酯中，如果将平面构型的苯环换成椅式构型的环己基，则由于环芳香性的消失，也就丧失了杀虫活性[473、508]。化合物 **34** 和 **35** 在抑制 AchE 及杀虫活性上的明显差别说明了这一点。

	I_{50}（家蝇头 AchE, mol/L）	LD_{50}（家蝇头, $\mu g/g$）	LC_{50}（蚊幼虫, ppm）
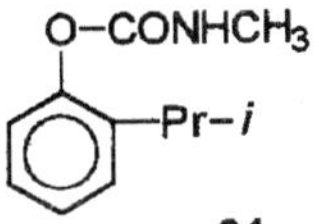 **34**	6×10^{-6}	24	0.56
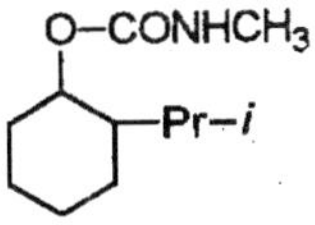 **35**	$>10^{-3}$	>500	>10

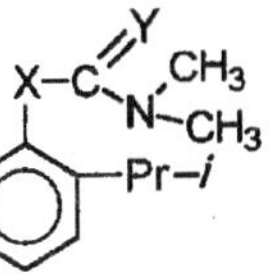

芳香核换成脂环基或脂基，以及芳核与氨基甲酰基之间被脂基隔开时，均会降低酯羰基的亲电性，使氨基甲酸酯与酶的反应活性下降。此外，由于结构的变化，氨基甲酸酯与 AchE 阴离子部位的吻合情况随之改变。在苯环的情况下，它与阴离子部位之间还存在明显的 π-π 疏水吸引力，但是把苯环换成环己基后，这种吸引力就消失了。

36, X,Y=O
37, X=O , Y=S
38, X=S , Y=O
39, X, Y=S

当 2-异丙基苯基 N,N-二甲基氨基甲酸酯 **36** 变成一硫代酮式酯 **37** 或醇式酯 **38**，以及变成二硫代酯 **39** 时，抗胆碱酯酶活性下降 12~40 倍[509]。这是由于硫羰基 C=S 比羰基 C=O 的亲电性差，对酶的亲合力和氨基甲酰化能力都较小，使得它们在体外抑制 AchE 的活性降低。

对苯基氨基甲酸酯的结构与活性关系来说，主要考虑的结构因素是氮原子上的取代情况、苯环上的取代情况，以及苯环上取代基的电荷效应。

(1)氮原子上的取代效应

苯基 N-甲基氨基甲酸酯中，如果氮上变成两个甲基取代时，大多数情况下对 AchE 的抑制活性要下降 4~150 倍[510~513]（表 2-28）。但在少数例外的情况下，这种活性变化并不明显[487]。

在苯基氨基甲酸酯中，N-烷基取代的活性顺序为 $CH_3 > C_2H_5 > C_6H_5CH_2 > C_6H_5$，它们对家蝇头 AchE 的抑制活性见表 2-29[378]。这种活性顺序刚好与这些基团的给电子难易顺序一致。

表 2—28 芳基 N-甲基及 N,N-二甲基氨基甲酸酯
对家蝇头 AchE 的抑制作用

芳 基	I_{50}(mol/L)		NHCH₃/N(CH₃)₂
	NHCH₃	N(CH₃)₂	
苯基	2×10^{-4}	8×10^{-4}	4
萘基	9×10^{-7}	9.5×10^{-6}	9
3-异丙基苯基	6.9×10^{-7}	1.3×10^{-5}	19
3-异丁酰胺基苯基	5×10^{-6}	1.5×10^{-4}	30
3-叔丁基苯基	4×10^{-7}	1.8×10^{-5}	45
3-异丙基苯基	3.4×10^{-7}	5×10^{-5}	150

表 2—29 苯基 N-取代氨基甲酸酯对
家蝇头 AchE 的抑制作用

芳 基	I_{50}(mol/L)			
	N-Me	N-Et	N-CH₂Ph	N-Ph
Ph	2×10^{-4}	7×10^{-2}	8×10^{-3}	$>1\times10^{-3}$
3-MePh	8×10^{-6}	4.6×10^{-4}	$>1\times10^{-3}$	$>1\times10^{-3}$
3-t-BuPh	4×10^{-7}	2×10^{-5}	1×10^{-3}	$>1\times10^{-3}$
2-i-Pr-5-MePh	1.4×10^{-6}	2×10^{-5}	3×10^{-3}	$>1\times10^{-3}$

氮原子上引入酰基,通常可以降低对哺乳动物的毒性,大多数情况下不会引起杀虫活性明显下降[489、490、514]。表 2—30 列举了残杀威 **40** 的各种 N-酰基衍生物的毒性和杀虫活性[451],可以说明这一点。

表 2—30 （结构式） 的毒性和杀虫活性

结构式：O—CON(CH₃)A，OPr-i

A	豌豆蚜 LC₅₀(ppm)		小鼠口服 LD₅₀(mg/kg)
	触 杀	内 吸	
H(**40**)	7	10	100
CH₃CO	13	55	370
C₂H₅CO	150	>1000	350
CH₃OCH₂CO	14	11	60~250
ClCH₂CO	8	11	>1000
Cl₂CHCO	5	12	250~1000

(2)苯环上的取代效应

苯基 N-甲基氨基甲酸酯中,芳核上取代基的性质、位置及多少均会影响其杀虫活性及对胆碱酯酶抑制活性。

①**烷基取代**

在取代苯基 N-甲基氨基甲酸酯中,烷基取代对于抗胆碱酯酶活性以及对家蝇、库蚊和盐泽灯蛾的毒性大小一般有下列顺序:

$$s\text{-Bu} > t\text{-Bu} = i\text{-Pr} > \text{Et} > \text{Me}$$

苯环上取代基的位置对活性也很重要。烷基加大时,间位取代最富活性,一般活性的大小顺序是:间位>邻位>对位(表 2-31),这一点是可以预料的。因为,从分子模型来看,氨基甲酰基与间位取代基的中心之间距离约为 0.5nm,这和 AchE 中阴离子部位和酯动部位间的距离近似。因此间位取代物与酶的亲合力加大,有利于氨基甲酰化反应的进行。

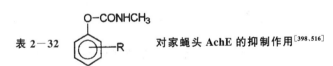

表 2-31 　对家蝇头 AchE 的抑制作用[398,515]

R	$I_{50}(mol/L)$	R	$I_{50}(mol/L)$
H	2×10^{-4}	3-i-Pr	3.4×10^{-7}
2-Me	1.4×10^{-4}	3-t-Bu	4×10^{-7}
3-Me	1.4×10^{-4}	3-s-Bu	1.6×10^{-7}
4-Me	1×10^{-4}	2-Cyc-C_5H_9	1.1×10^{-6}
2-Et	1.3×10^{-5}	3-Cyc-C_5H_9	1.5×10^{-6}
3-Et	4.8×10^{-6}	2-Cyc-C_6H_{11}	1.4×10^{-6}
4-Et	3.8×10^{-5}	3-Cyc-C_6H_{11}	2.0×10^{-6}

②**烷氧基、烷硫基取代**

烷氧基苯基 N-甲基氨基甲酸酯中,通常是具有支链的烷氧基或环烷氧基比直链烷氧基的活性高(表 2-32)。与烷基取代不一样的是,从取代基的位置来看,邻位取代的化合物活性高于其它位取代的化合物。这种差别可能是因为苯环和烷基之间插入了氧原子,使得邻位取代的烷基中心到氨基甲酰基的距离大约在 0.5nm 左右,它刚好与酶的酯动部位与阴离子部位之间的距离近似。

表 2-32 　对家蝇头 AchE 的抑制作用[398,516]

R	$I_{50}(mol/L)$	R	$I_{50}(mol/L)$
H	2×10^{-4}	2-i-PrO	6.9×10^{-7}
2-EtO	1.6×10^{-5}	3-i-PrO	9.2×10^{-6}
3-EtO	6×10^{-6}	2-BuO	1.2×10^{-5}
4-EtO	7×10^{-5}	2-t-BuO	3.1×10^{-7}
2-PrO	8.7×10^{-6}	2-Cyc-C_5H_9O	4×10^{-7}
3-PrO	1.6×10^{-5}	3-Cyc-C_5H_9O	8×10^{-6}

正如所料,烷硫基与烷氧基取代对抗 AchE 活性所起的作用是相似的。邻位取代往往具有抗昆虫胆碱酯酶的最高活性,而且也是烷基 α-位有侧链时以及碳链加长时活性增高(表 2-33)。不过取代基大小和位置不同,对活性的影响不如预料的那样明显。这可能由于硫原子范德华半径(0.185nm)比氧原子(0.14nm)大,因而和阴离子部位的吻合不那么紧密。

表 2—33　　　　O—CONHCH₃ 结构式　　　对家蝇头 AchE 的抑制作用[511,517]

R	I_{50} (mol/L)	R	I_{50} (mol/L)
H	2×10^{-4}	2-i-PrS	1.4×10^{-7}
2-CH₃S	9×10^{-7}	3-i-PrS	1.8×10^{-6}
3-CH₃S	7×10^{-6}	2-i-C₅H₁₁S	7.4×10^{-7}
4-CH₃S	3.4×10^{-5}	2-BuS	1.6×10^{-7}
2-PrS	1.8×10^{-7}	2-C₆H₁₃S	2×10^{-7}
3-PrS	1.1×10^{-6}	2-C₉H₁₉S	3.6×10^{-7}

③卤素、硝基取代

卤素的取代,按如下顺序使抗胆碱酯酶活性增加:F＜Cl＜Br＜I,而且也是间位取代活性最高(表 2—34)。因为这时最接近于酶上两个部位的 0.5nm 距离。具有拉电子能力的卤素的引入可能使氨基甲酸酯的水解活性增加,其抑制 AchE 活性与烷基取代物相比就会降低。在卤素取代物中,活性最高的是邻位碘代物。

表 2—34　　　　O—CONHCH₃ 结构式　　　对家蝇头 AchE 的抑制作用[378,398,474]

X	I_{50} (mol/L)	X	I_{50} (mol/L)
H	2×10^{-4}	2-Br	2.2×10^{-6}
2-F	1.6×10^{-5}	2-I	8×10^{-7}
3-F	8.5×10^{-4}	2-NO₂	5.0×10^{-3}
4-F	2.3×10^{-4}	3-NO₂	2.0×10^{-3}
2-Cl	5×10^{-6}	4-NO₂	3.0×10^{-3}
3-Cl	5×10^{-5}	3-NO₂-6-CH₃	2.3×10^{-5}
4-Cl	2.4×10^{-4}	4-NO₂-3-i-Pr	2.3×10^{-6}

从表 2—34 中可以看出,硝基苯基 N-甲基氨基甲酸酯的抗 AchE 活性很弱,主要是它们的化学不稳定性所致。这类化合物对碱性水解极为敏感,在它尚未与 AchE 发生抑制作用时,绝大部分都已水解。如果在硝基取代的苯环上适当再引入烷基,则可增加其抗 AchE 活性和杀虫活性(表 2—34)。

④胺基取代及电荷效应

在一取代胺基苯基 N-甲基氨基甲酸酯中,环上邻位取代是活性最高的结构。这说明邻位结构最适于与 AchE 阴离子部位契合。

当邻-二甲胺基苯基 N-甲基氨基甲酸酯转换成带正电荷的季铵衍生物时,抗 AchE 活性不但未能增加,反而有所降低。而对位和间位的二甲胺基转换成相应的季铵时,抗 AchE 活性分别提高 70 倍和 450 倍。3,5-双二甲胺基苯基 N-甲基氨基甲酸酯中引入一个季铵正离子时,其抑制活性增加 70 倍;而引入两个季铵正离子时,抑制活性只增加 20 倍(表 2—35)。这种多电荷结构的活性变化如此意外地小,估计是由于其固有的水解不稳定性所造成的。

表 2—35　　　　　对家蝇头 AchE 抑制作用[473,497,509]

结构式：O—CONHCH₃ 苯环上带 X 取代基

X	I_{50}(mol/L)	X	I_{50}(mol/L)
2-NMe₂	2.0×10^{-6}	3,5,2-(NMe₃)₃⁺	1.2×10^{-7}
2-NMe₃⁺	1.0×10^{-5}	2-SMe	9.0×10^{-7}
3-NMe₂	8.0×10^{-6}	2-SMe₂⁺	1.5×10^{-5}
3-NMe₃⁺	1.8×10^{-8}	3-SMe	7.0×10^{-6}
4-NMe₂	2.4×10^{-4}	3-SMe₂⁺	6.5×10^{-7}
4-NMe₃⁺	3.5×10^{-6}	3-PEt₂	7.4×10^{-7}
3,5-(NMe₂)₂	2.6×10^{-6}	3-PEt₃⁺	3.6×10^{-8}
3-NMe₂-5-NMe₃⁺	3.7×10^{-8}		

当苯环上的甲硫基变成带电荷的二甲锍基时,与氮的情况相似,也是邻位硫原子带电荷时活性不增加,但间位和对位硫原子带电荷时,抑制 AchE 的能力比母体增加(表 2—35),只是硫原子的影响不如氮原子那么突出。间位二乙基膦转换成鏻离子时,也会使抑制活性增加。

带电荷化合物比不带电荷的母体化合物表现出极强的抗 AchE 能力。这可以解释为抑制剂和酶上相反电荷之间发生了库仑引力,这个库仑引力比范德华力和疏水力作用距离长。但另一方面,电荷的存在使疏水力减弱,也是不容忽视的。带电荷化合物虽然有很强的抗 AchE 能力,但对昆虫几乎是无毒的,这与其水解不稳定性有关。

2.3.6.2　肟基氨基甲酸酯类杀虫剂

与苯基氨基甲酸酯相类似,肟基氨基甲酸酯中,氮原子上的取代效应,除 N-甲基氨基甲酸酯外,其它 N-烷基、N,N-二烷基以及 N-未取代的化合物的杀虫活性均不突出,甚至有些是无杀虫活性的[379,492,518]。

大多数 N-甲基氨基甲酸肟酯均可视为乙醛肟酯 **41** 的衍生物。其取代主要发生在 C₁ 和 C₂ 原子上,它们对家蝇头 AchE 的抑制作用如表 2—36 所示[379,436,518]。

$$\overset{2}{CH_3}-\overset{1}{CH}=NO-\overset{O}{\overset{\|}{C}}NHCH_3 \quad \textbf{41}$$

化合物 **41** 不是一个有效的杀虫剂,若在其 C₁ 和 C₂ 上加上一个甲基,则成为一个具有中等杀虫活性、抗 AchE 活性仍不很高的化合物 **42**(表 2—36)。C₁ 不取代,C₂ 上的氢全用甲基取代,所得化合物 **43** 的结构与乙酰胆碱十分相似,其抗 AchE 活性也较好。在 C₁ 上加上烷基,或将叔碳原子与氨基甲酰基的距离拉长(大于 0.5nm),如化合物 **44**,均会使抗 AchE 活性降低。

化合物 **43** 中,C₂ 上的一个甲基换成亲电基团,如烯丙基(**45**)、甲硫基(**46**,涕灭威)或硝基(**47**),均能明显提高抗 AchE 活性和杀虫活性。可能是这些电负性取代提高了氨基甲酸酯分子的反应性,从而使 AchE 的氨基甲酰化易于进行。此外,这些电负性基团可能诱导相邻甲基增加其对阴离子部位的吸引力。

化合物 **41** 的 C₁ 上引入电负性基团也有利于抗 AchE 活性的增加。在涕灭威(**46**)的 C₁ 上引入一个甲硫基(**48**),抗 AchE 活性提高 5 倍,而杀虫活性没有降低。C₂ 上大的位阻基团也并不是必需的,因为已经证明,灭多虫(**49**)作为抑制剂和杀虫剂比涕灭威(**46**)更为有效。当灭多虫的 C₂ 上增加一个甲基时,其抑制活性最高,但对昆虫的毒性却未增加。

表 2-36　取代乙醛肟基 N-甲基氨基甲酸酯对家蝇头 AchE 的抑制作用

编号	肟基	I_{5d}(mol/L)	编号	肟基	I_{50}(mol/L)
42	$CH_2-C=N-$ CH_3 CH_3	6×10^{-4}	48	$CH_3S-C(CH_3)_2-C=N-$ SCH_3	2×10^{-6}
43	$(CH_3)_3C-CH=N-$	1×10^{-5}	49	$CH_3-C=N-$ SCH_3	1×10^{-6}
44	$(CH_3)_3C-CH_2-CH=N-$	3×10^{-4}	50	$CH_3-CH_2-C=N-$ SCH_3	1×10^{-7}
45	$CH_2=CHCH_2-\overset{CH_3}{\underset{CH_3}{C}}-CH=N-$	5×10^{-6}	51	$CH_3-C=N-$ SC_3H_7-i	5×10^{-7}
46	$CH_3S-\overset{CH_3}{\underset{CH_3}{C}}-CH=N-$	5×10^{-5}	52	$CH_3-C=N-$ $O-C_3H_7-i$	2.5×10^{-6}
47	$O_2N-C(CH_3)_2CH=N-$	5×10^{-7}	53	$CH_3-C=N-$ OCH_3	3×10^{-5}

如果 C_1 上不用甲硫基而是改用一个更强的吸电基团(如氰基)时,由于其对水解极不稳定,故活性陡降[518]。若 C_1 上连接异丙硫基(51),则由于它能与酶的阴离子部位更好地相互作用,从而增进对酶的抑制作用,但杀虫活性并未明显改变。C_1 上烷硫基变为相应的烷氧基(52、53)时,抗 AchE 活性降低。

在氨基甲酸肟酯中,存在顺反异构体,不同的立体异构体往往表现出不同的生物活性。根据化学降解法已确定,作为杀虫剂的涕灭威是顺式异构体,但反式异构体的活性怎样尚待确定[518]。灭多虫 49 中顺体抗 AchE 活性比反体要高近 100 倍。灭多虫的 1-甲氧基类似物 53 也有类似的情况。

$$CH_3-\overset{}{\underset{CH_3S}{C}}=N-OCONHCH_3$$

49 反式　I_{50}: 3.4×10^{-4}mol/L

$$CH_3-\overset{}{\underset{CH_3S}{C}}=N-OCONHCH_3$$

49 顺式　I_{50}: 3.8×10^{-6}mol/L

2.3.7.　代谢[519,520]

2.3.7.1　主要代谢反应

任何动植物对进入机体的脂溶性异物的直接反应就是将"侵入物质"变为极性较强的物质,以利于排出或贮存于敏感组织之外。氨基甲酸酯也和多数外源物质一样,在生物体内极易因多种酶的作用而产生生化转化。其解毒的主要方式是经由水解、氧化、结合等反应。

(1)水解作用

氨基甲酸酯的降解代谢中,水解是解毒的最有效的方法之一。在很多情况下,特别是含各种酯键的农药,其水解的结果是将分子中毒性基断裂,留下无毒或易于通过结合作用失活的产物。氨基甲酸酯也是一类含酯键的杀虫剂,因此它们易于被生物体中的酯酶所分解,产生与化学水解相类似的产物,即酚(或肟、或烯醇)以及甲基或二甲基氨基甲酸。后者在生物体内很不稳定，瞬即分解为二氧化碳及甲胺或二甲胺。

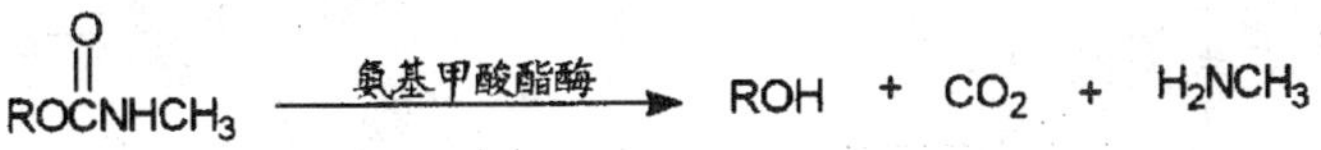
ROCNHCH3
氨基甲酸酯酶
ROH + CO2 + H2NCH3

酯酶催化下的水解速度是由氨基甲酸酯的结构和接触该药剂的生物种类所决定的。通常在植物及昆虫体内氨基甲酸酯的酯键比较稳定，但在哺乳动物体内则容易断裂。实际上这种区别正是许多氨基甲酸酯杀虫剂具有选择毒性的原因之一。大量的研究工作表明，氨基甲酸酯类杀虫剂在任何生物体内的代谢途径，都包含有水解作用。可惜对氨基甲酸酯的水解机制及酯酶的本质尚知之甚少，有待进一步研究。

(2)氧化作用

微粒体多功能氧化酶(mfo)是一种独特的相对广谱性的酶。50年代以来，对它的氧化作用的兴趣一直在不断增长，研究工作也在逐步深入。现在已经知道，它能催化的氧化作用有芳族或脂族的羟基化作用，N-、O-或S-脱烷基作用，脱氨基作用，去饱和作用，环氧化作用以及N-或S-氧化作用。这些生物化学转化的主要目的似乎是加强底物的极化以及为结合作用提供一种活性功能基团。

mfo对氨基甲酸酯的作用也是多方面的，图2—16以假设的取代苯基氨基甲酸酯为例，列出了在mfo作用下可能发生的氧化反应。

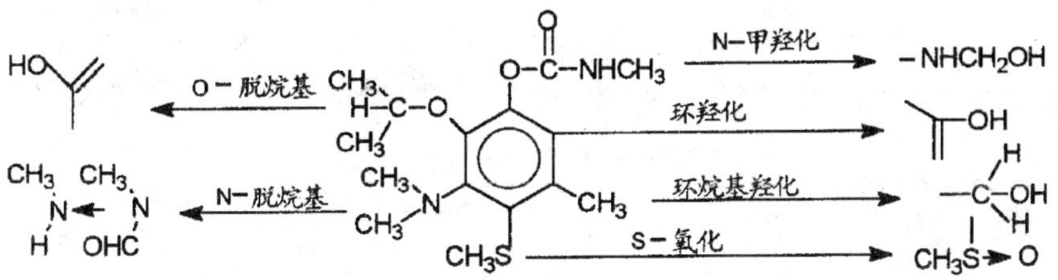
N-甲羟化
-NHCH2OH
O-C-NHCH3
O-脱烷基
环羟化
OH
N-脱烷基
环烷基羟化
S-氧化
CH3S→O

图 2—16 氨基甲酸酯类杀虫剂的氧化部位

(3)结合作用

代谢过程的结合作用可以使内源及外源物质转变为水溶性成分，从而易于排泄出去或贮存起来。在动物体内可通过粪尿排出，在植物体内将结合物作为最终产物贮存于各组织中。一般谈到农药代谢时，都把结合作用看作是一种解毒作用，其实它主要是单纯地加强了由水解、氧化及其它反应所形成的初级代谢物的排泄作用。在某些情况下，农药本身或有毒的初级代谢物也会因为结合作用形成次级代谢物而失活。

氨基甲酸酯类杀虫剂的水溶性代谢产物的化学鉴定工作，开始于60年代中期。现已证明，西维因在几种哺乳动物体内的代谢终产物主要为葡糖苷酸及硫酸酯[521]。在豆类植物体内的水溶性代谢终产物主要是各种葡糖苷[386]。残杀威在家蝇体内的结合物是葡糖苷、葡糖苷酸、硫酸酯及磷酸酯[522]。

关于形成葡糖苷酸、葡糖苷、巯基尿酸、硫酸酯等结合物的机制，在1.5节中已有叙述，唯独磷酸酯未能涉及。在动物体内，尽管磷酸酯比硫酸酯多，但酚类通常并不以磷酸酯的形式排出。然而，后来的研究指出，在某些昆虫品种中，对许多酯类化合物均以形成磷酸酯作为其主要解毒途径[523～526]。对这一情况唯一的体外研究就是用粘虫组织所进行的反应。在该反应中，用无机磷酸盐代替硫酸盐,就会产生磷酸酯化作用[527]。

2.3.7.2　代谢实例

(1)西维因的代谢

西维因是一种用途广、产量大的氨基甲酸酯杀虫剂,它的代谢研究得较为深入。无论是在脊椎动物、昆虫、植物还是在土壤中的代谢,均有许多报道[520]。

西维因在生物体中发生初级代谢的主要途径可以归纳如图 2—17 所示[519]。mfo 在 NADPH 和分子氧存在下,发生氧化代谢,形成 4-和 5-羟基西维因,或者生成环氧化及 N-羟甲基化的西维因。环氧产物在环氧水解酶作用下水解生成反式二醇。由于环羟化产物 4-和 5-羟基西维因的酯键非常易于水解断裂,所以从代谢物中分离得到的 1,4-及 1,5-二羟基萘及其结合物,不一定是先水解后氧化的产物,而有可能是先氧化后水解的产物。在氨基甲酸酯剂型中加入增效剂胡椒基丁醚,就是为了抑制氧化作用的发生,从而间接地减少水解带来的失活作用。

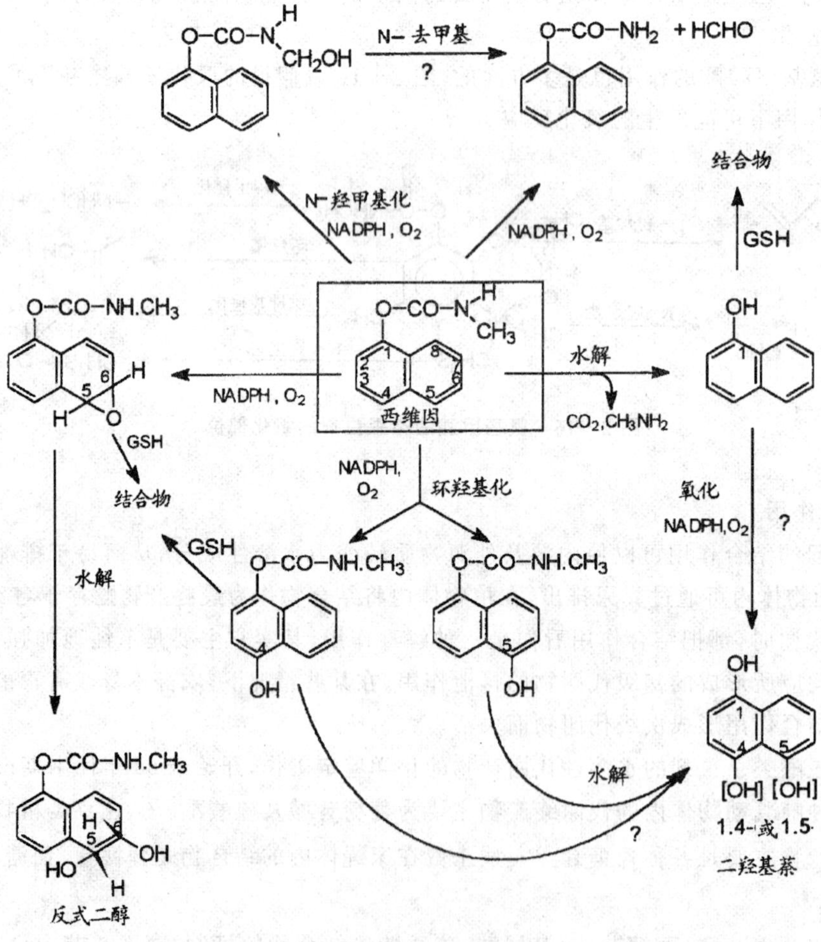

图 2—17　西维因的代谢

在有机磷杀虫剂中,mfo 的氧化活化作用是众所周知的。但在氨基甲酸酯中,西维因的氧化产物 5-羟基西维因在抗 AchE 活性上，只比母体化合物增加两倍[528]。而在体内，由于苯环上的羟化产物水解极快，故能否具有增活作用尚很难说。

许多由氧化或水解形成的羟基化合物，在次级代谢中能够形成各种失活的结合物。对五种鱼肝组织的研究表明，它们产生的结合物主要是 5,6-二氢二羟基西维因的葡糖苷酸[529]。胎儿的肾组织可将西维因转化成萘基葡糖苷酸和萘基硫酸酯[530]，大鼠的小肠组织能将西维因转化为萘基葡糖苷酸和羟基萘基葡糖苷酸[531]。从大鼠的肝匀浆得到的两个主要代谢物为二氢二羟基西维因的葡糖苷酸及硫酸酯，并发现 N-羟甲基西维因的存在[532]。在以上这些研究中，均未发现谷胱甘肽及巯基尿酸结合物。

西维因在土壤微生物作用下也会发生降解作用。根据从 $1\text{-}^{14}C$ 萘基 ^{14}C 羰基西维因和 $1\text{-}^{14}C$ 萘基西维因与从土壤分离得到的微生物一起培养时放出 $^{14}CO_2$ 的情况[533]，以及已知萘在土壤微生物作用下的降解过程[534]，可以对西维因在土壤中的主要降解过程作图 2-18 所示的假设[520]。图中划线的为已鉴定过的化合物。

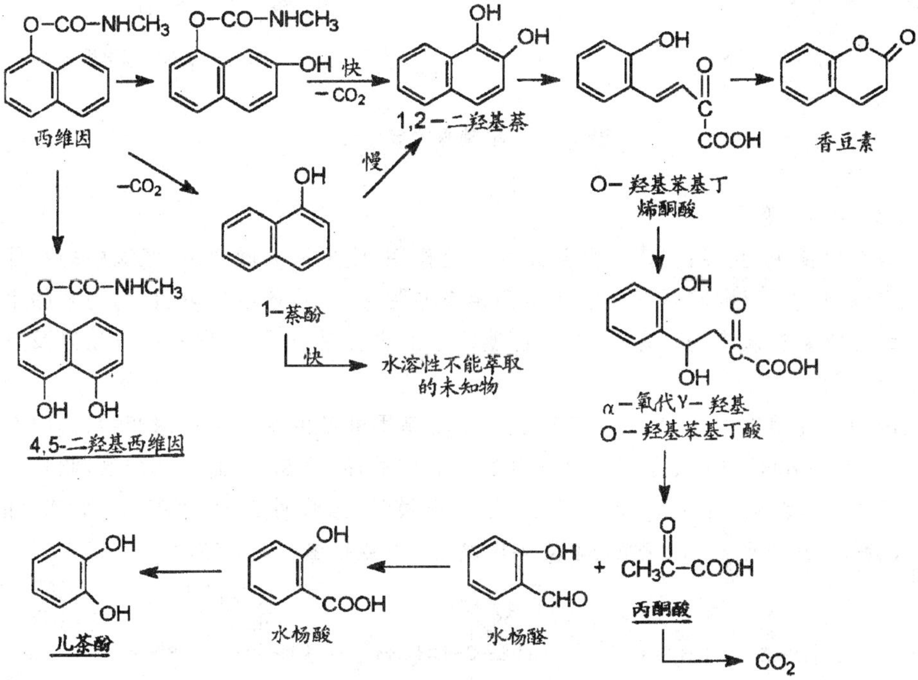

图 2-18　西维因在土壤中的可能降解途径

(2)呋喃丹的代谢

通常，呋喃丹以氧化代谢为主，至少在哺乳动物肝微粒体酶(mfo)作用下是如此。而在体内紧接氧化作用之后，结合作用和水解作用会很快发生。四种主要氧化代谢物如图 2-19 所示。

在大鼠肝匀浆中生成 3-羟基呋喃丹的量约为 N-羟甲基氧化物的 3 倍，同时还有少量双重羟基化产物 3-羟基 N-羟甲基呋喃丹形成。经口施呋喃丹的大鼠，在其尿液中除发现有上述三种氧化产物外，尚有相当量的 3-氧代呋喃丹[535]。

家蝇产生的主要代谢物是 3-羟基呋喃丹及其葡糖苷结合物。其它产物包括 N-羟基呋喃丹和 3-氧代呋喃丹。

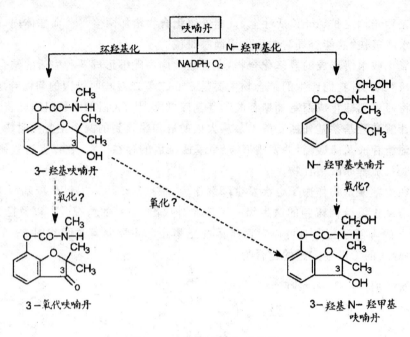

图 2—19　呋喃丹的氧化代谢

（3）涕灭威的代谢

涕灭威在大鼠中的初级代谢主要是发生氧化作用，生成涕灭威亚砜；亚砜中的小部分会进一步氧化得到砜[536]。亚砜和砜发生水解得到相应的肟，进一步还原生成腈。肟与腈的水解最终生成酸及结合物。在众多的代谢产物中，已鉴定过的主要是亚砜、亚砜水解产物以及亚砜腈的水解产物[520]（图 2—20）。

涕灭威在棉花植株中的代谢，主要得到不含氨基甲酸基的水溶性代谢产物，其中有六种已被鉴定[537]。其中 80% 左右是 2-甲基 2-（甲基亚磺酰基）丙醇 **50** 的葡糖结合物，此外还有少量的 2-甲基 2-（甲基磺酰）丙醇 **51**、2-甲基 2-（甲基亚磺酰）丙醛肟 **52**、2-甲基 2-（甲基磺酰）丙醛肟 **53**、2-甲基 2-（甲亚磺酰）丙酰胺 **54** 及 2-甲基 2-（甲亚磺酰）丙酸 **55**。

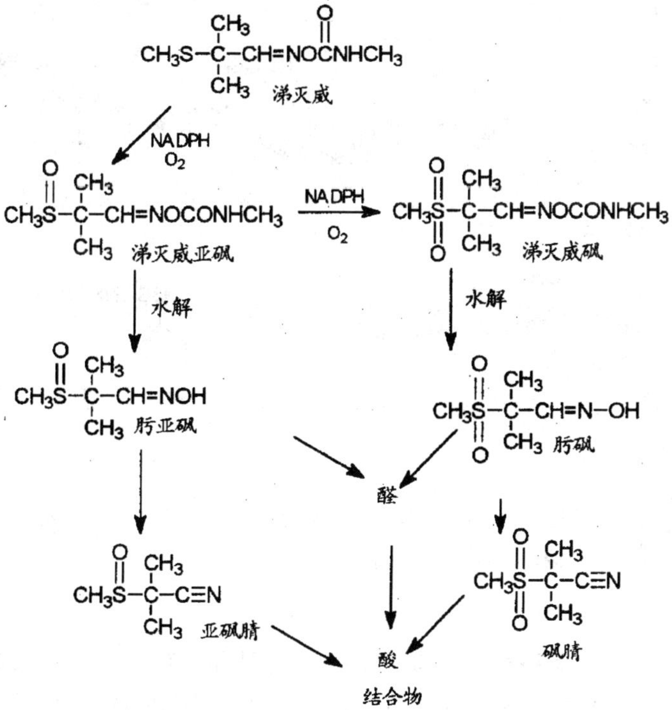

$$CH_3S-C-CH=NOCNHCH_3 \quad 涕灭威$$

图 2—20　涕灭威的主要代谢过程

2.3.8　重要品种[538]

2.3.8.1　N-甲基氨基甲酸芳酯

(1)西维因

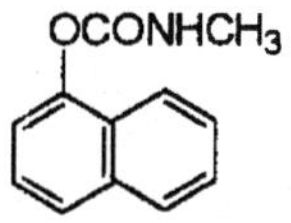

1-萘基 N-甲基氨基甲酸酯

1953 年合成[376],1958 年由 Union Carbid 商品化[393],是氨基甲酸酯类杀虫剂中第一个实用化的品种,也是产量最大的品种。它的用途很广,对 65 种粮食及纤维作物上的 160 种害虫(仅在美国登记的用途)有效。

其纯品为白色结晶,熔点 142℃。30℃时水中的溶解度为 40ppm,易溶于大多数有机溶剂。它对光、热稳定,遇碱迅速分解。

西维因为广谱触杀药剂,有轻微的内吸作用,兼有胃毒作用,残效较长。它用于防治水果、蔬菜、棉花害虫,也可用于防治水稻飞虱和叶蝉,以及大豆的食心虫,对人畜低毒,无体内积累作用。口服急性毒性 LD_{50} 值,对雌大鼠为 500mg/kg、雄大鼠为 850mg/kg。用含 200ppm 西维因的饲料喂养大鼠 2 年,无有害影响。其最大允许残留量一般为 10ppm,但花生、大米最大允许残留量为 5ppm。收获前禁用期一般为 7 天。

西维因的合成有两种方法:

〈1〉光气法（冷法）：

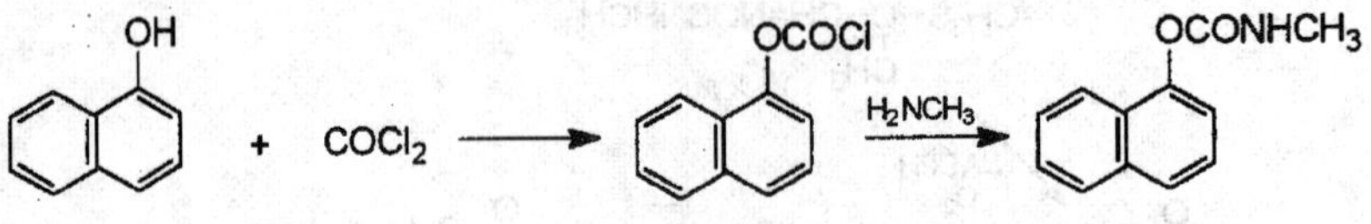

〈2〉异氰酸酯法（热法）：

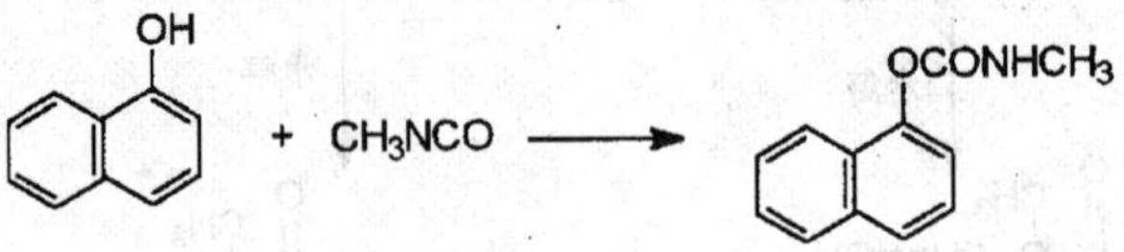

（2）呋喃丹

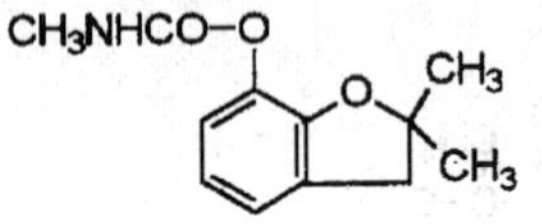

2,3-二氢-2,2-二甲基-7-苯并呋喃基 N-甲氨基甲酸酯

1967 年 FMC 公司推荐为杀虫剂。其纯品为白色结晶,熔点 153℃～154℃。在水中溶解度为 250～700ppm/25℃,溶于极性有机溶剂（如 DMSO、DMF、丙酮、乙腈）,难溶于非极性溶剂（如石油醚、苯等）。无腐蚀性,不易燃烧,遇碱不稳定。

呋喃丹为高效内吸广谱杀虫剂,具胃毒、触杀作用;对刺吸口器及咀嚼口器害虫有效。它主要用于防治棉花害虫,对水稻、玉米、马铃薯、花生等作物害虫亦很有效。主要施药于土壤中,残效长。大鼠口服急性毒性 LD_{50} 为 8～14mg/kg,兔经皮 LD_{50} 为 10000mg/kg。以含 25ppm 此药的饲料喂大鼠两年,未见不良影响。

合成方法：

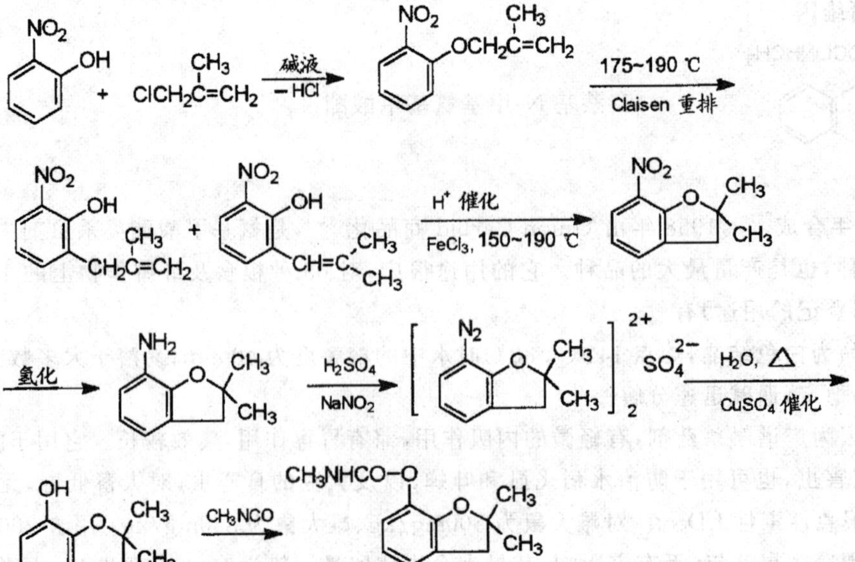

（3）残杀威

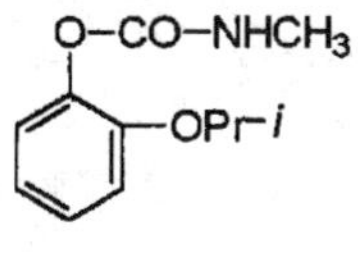

2-(异丙氧基)苯基 N-甲基氨基甲酸酯

它是 1959 年由 Bayer 开发的品种。为白色结晶,熔点 84℃～87℃。在水中的溶解度约为 0.2%(20℃),溶于大多数有机溶剂。在强碱性介质中不稳定,20℃pH10 时的半衰期为 40min。

残杀威为具有触杀、胃毒和熏蒸作用的杀虫剂。击倒快(与 DDV 相近),残效长。它用于防治动物体外寄生虫、卫生害虫和仓库害虫;也可用于棉花、果树、蔬菜等作物,无药害。其毒性较低,对雄大鼠口服急性毒性 LD_{50} 为 90～128mg/kg,雌大鼠为 104mg/kg,以含 250ppm 残杀威的饲料喂大鼠两年,无危害。对蜜蜂高毒。

合成方法:

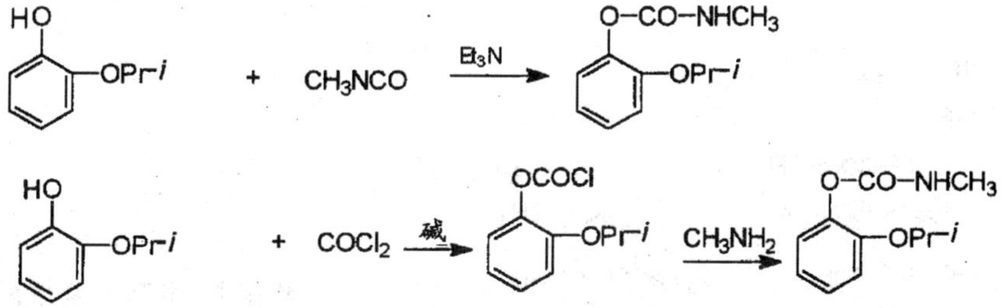

(4)速灭威

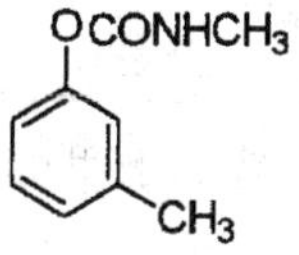

3-甲基苯基 N-甲基氨基甲酸酯

这是 1966 年由日本农药公司开发的品种。其纯品为白色结晶,熔点 76℃～77℃;水中溶解度为 2600ppm/30℃,能溶于大多数有机溶剂,遇碱分解。

本品为内吸性杀虫剂,具有良好的击倒作用,残效长。主要用于防治稻飞虱、稻叶蝉和椿象。对有机磷及有机氯有抗性的害虫,尤宜用本品防治。大鼠口服急性毒性 LD_{50} 为 498～580mg/kg。最后一次施药应在收获前 14 天进行。

合成方法:

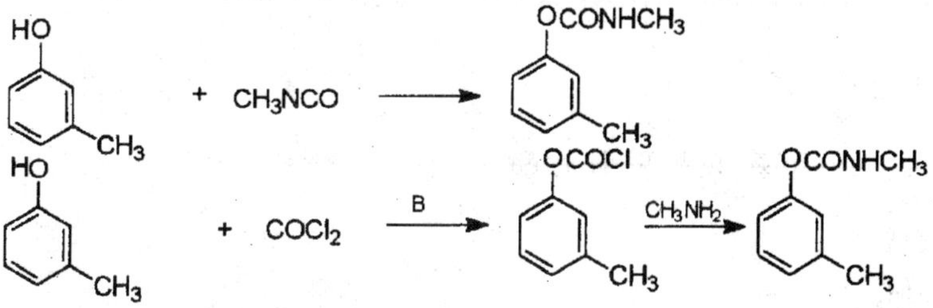

(5)害扑威

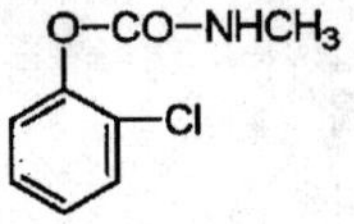

2-氯苯基 N-甲基氨基甲酸酯

它是 1965 年日本东亚农药公司开发的品种。其纯品为白色结晶,熔点 90℃~91℃,具轻微的苯酚味。溶于丙酮、甲醇,水中溶解度为 0.1%。

本品对稻飞虱和稻叶蝉具有速效,但残效短。大鼠口服急性毒性 LD_{50} 为 648mg/kg。

合成方法:

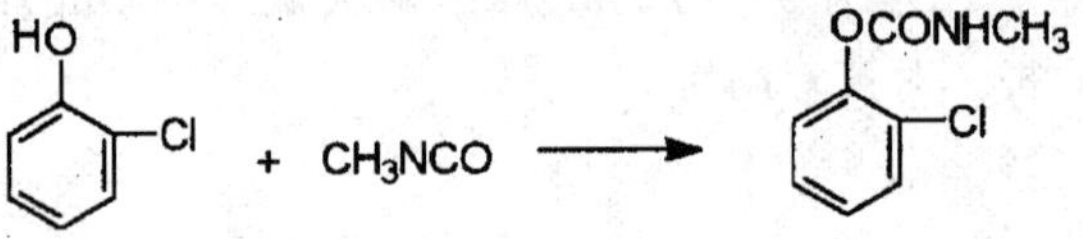

也可用光气法。

(6)混杀威

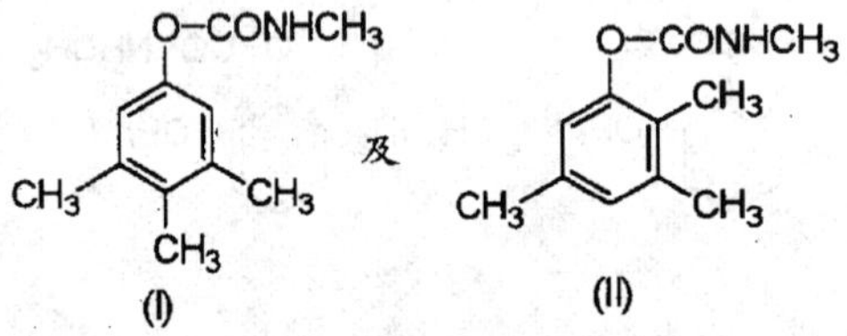

3,4,5-三甲苯基及 2,3,5-三甲苯基 N-甲基氨基甲酸酯

它是 1962 年由 Shell 公司开发的品种。通常两种异构体的比例 Ⅰ:Ⅱ约为 4:1。本产品为白色结晶,熔点为 122℃~123℃。它不溶于水,微溶于汽油、石油醚,易溶于甲醇、乙醇、丙酮、苯、甲苯等溶剂。

混杀威对稻飞虱、叶蝉、稻蓟马等有很好的防治效果,也可用于地下害虫的防治,其残效期可达 3 个月,在土壤中比较稳定,还可用来防治卫生害虫。大鼠口服急性毒性 LD_{50} 为 208 mg/kg。

合成方法:

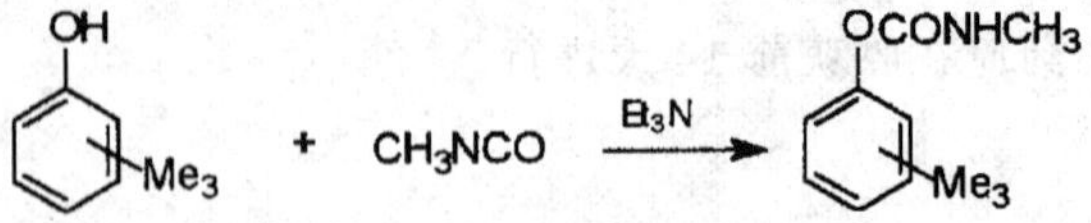

也可用光气法合成。

2.3.8.2　N-甲基氨基甲酸肟酯

(1)涕灭威

2-甲基-2-甲硫基丙醛肟基 N-甲基氨基甲酸酯

这是 1965 年 Union Carbide 公司开发的品种。本品为白色无味的结晶,熔点 100℃,蒸气

压小于 6.7Pa/20℃。室温下水中溶解度为 6000ppm；难溶于非极性溶剂，能溶于大多数有机溶剂。在强碱介质中不稳定，无腐蚀性，不易燃。

涕灭威是一种内吸杀虫剂，用于防治节足昆虫和土壤线虫。主要防治对象为棉花害虫，如盲蝽、蓟象、棉蚜、棉叶蝉、粉虱、棉红蜘蛛、棉铃象虫等。因毒性高，故不宜喷洒，主要以颗粒剂施于土壤中，对大鼠口服急性毒性 LD_{50} 为 0.93mg/kg，以 0.3mg/kg·d 的剂量喂大鼠两年无影响。

合成方法（见 2.3.4.1.）：

$$CH_3SNa + \underset{\underset{CH_3}{|}}{\overset{\overset{CH_3}{|}}{Cl-C}}-CH=NOH \longrightarrow \underset{\underset{CH_3}{|}}{\overset{\overset{CH_3}{|}}{CH_3SC}}-CH=NOH \xrightarrow{CH_3NCO} \underset{\underset{CH_3}{|}}{\overset{\overset{CH_3}{|}}{CH_3SC}}-CH=NOCONHCH_3$$

（2）灭多威

$$\underset{\underset{}{\overset{\overset{CH_3}{|}}{}}}{CH_3SC}=NOCONHCH_3 \qquad 1\text{-甲硫基乙醛肟基 N-甲基氨基甲酸酯}$$

1966 年 Du Pont 公司首次推荐作为杀虫剂和杀线虫剂。本品为白色结晶，稍带硫磺臭味，熔点 78℃～79℃，蒸气压 $6.7×10^{-3}$Pa/25℃。水中溶解度 5.8g/100ml，易溶于丙酮、乙醇、异丙醇、甲醇，其水溶液无腐蚀性。在通常条件下稳定，但在潮湿土壤中易分解。

灭多威为内吸广谱杀虫剂，并且具有触杀和胃毒作用。叶面处理可防治多种害虫，对蚜虫、蓟马、粘虫、烟草天蛾、棉铃虫等十分有效。也可防治水稻螟虫、飞虱以及果树害虫等。亦可用于土壤处理，防治叶面害虫及土壤线虫。叶面残效期短，半衰期小于 7 天。大鼠口服急性毒性 LD_{50} 为 17～24mg/kg。粮食作物允许残留量为 0.1～6ppm。

合成方法：

$$CH_3CH=NOH \xrightarrow{Cl_2} \underset{\underset{}{\overset{\overset{Cl}{|}}{}}}{CH_3C}=NOH \xrightarrow{CH_3SNa} \underset{\underset{}{\overset{\overset{CH_3}{|}}{}}}{CH_3S-C}=NOH \xrightarrow{CH_3NCO} \underset{\underset{}{\overset{\overset{CH_3}{|}}{}}}{CH_3S-C}=NOCONHCH_3$$

2.3.8.3 N,N-二甲基氨基甲酸酯

抗蚜威

5,6-二甲基-2-二甲胺基-4-嘧啶基 N,N-二甲基氨基甲酸酯

这是 1965 年英国卜内门公司试制的产品，1969 年推荐为杀虫剂。本品为无色无嗅固体，熔点 90.5℃。25℃时水中溶解度为 0.27g/100ml，溶于大多数有机溶剂，易溶于醇、酮、酯、芳烃、氯代烷。一般条件下较稳定，但遇强酸强碱、或者在酸或碱中煮沸时易于分解。对紫外光不稳定。能与酸形成结晶，并易溶于水。

抗蚜威是一种具有内吸活性和触杀、熏蒸作用的杀蚜剂。对双翅目害虫及抗性蚜虫亦很有效。对作物安全，具有速效、残效期短等特点，可施于叶面或土壤。大鼠口服急性毒性 LD_{50} 147mg/kg，具有接触毒性及呼吸毒性。

合成方法：

由石灰氮制双氰胺，再与二甲胺生成二甲基胍，然后按如下反应进行：

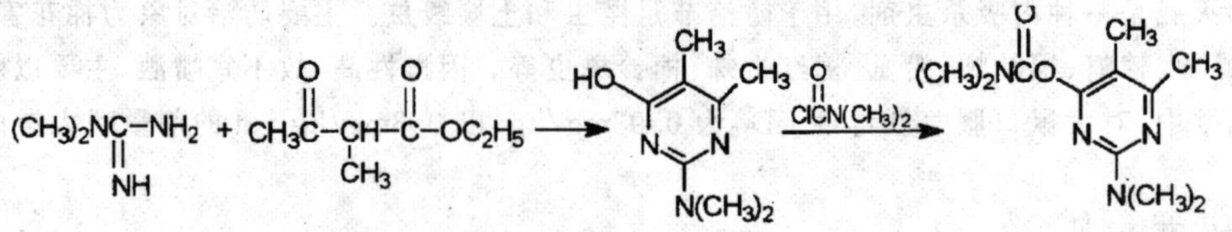

2.4 除虫菊酯杀虫剂

2.4.1 引言

早在 16 世纪初，已有人发现除虫菊(*Chrysanthemum cinerariaefolium*)的花具有杀虫作用，但是直到 19 世纪中期，这种源于波斯(现伊朗)的植物才在欧洲种植应用。第一次世界大战期间，日本大力提倡栽培除虫菊，曾一度独占该药市场。由于除虫菊适宜于较高海拔地区生长，后来在非洲肯尼亚高原地区发展很快并逐渐取代日本。在 50 年代以后，肯尼亚、坦桑尼亚、卢旺达已成为其主要产地。到 70 年代末，全世界除虫菊干花的总产量仍有 2.5 万吨[539]。

由除虫菊干花提取的除虫菊素是一种击倒快、杀虫力强、广谱、低毒、低残留的杀虫剂。但由于它对日光和空气不稳定，故只能用于家庭卫生害虫，不宜于农业使用。大约花了 40 年时间(从 20 年代到 50 年代)，天然除虫菊素的化学成分和化学结构才得以确定[540~542]。自此之后，人们致力于人工合成除虫菊酯的研究，目的在于寻找结构简单，既能保留除虫菊素的优点，又能克服不适于农业使用的缺点。这种新型的人工合成除虫菊酯通常称为拟除虫菊酯。1947 年第一个合成除虫菊酯即烯丙菊酯问世。由于当时有机氯、有机磷杀虫剂正处于发展时期，而合成除虫菊酯生产工艺复杂、成本高，所以对这类杀虫剂的研究开发未引起足够重视。60 年代以来，由于有机氯、有机磷杀虫剂的大量使用，对温血动物高毒和对环境污染等问题日益严重，于是农药界更加重视天然来源杀虫剂的研究。60 年代后期，特别是 70 年代，拟除虫菊酯的开发进入大发展时期。1973 年第一个对日光稳定的拟除虫菊酯苯醚菊酯开发成功，开创了除虫菊酯用于田间的先河。此后，溴氰菊酯、氯氰菊酯、杀灭菊酯等优良品种不断出现，拟除虫菊酯的开发和应用有了迅猛的发展。目前，已合成的化合物数以万计，新品种相继投产，重要的品种已有 20 余个。拟除虫菊酯已成为农用及卫生杀虫剂的主要支柱之一。

拟除虫菊酯的一些优良品种大都具有低毒、广谱等特点，特别对防治棉花害虫效果突出，在有机磷、氨基甲酸酯出现抗性的情况下，其优点更为明显。但是，和天然除虫菊素一样，它们的杀螨活性都很低。而且，在施药过程中，因螨类天敌被大量消灭，使螨类危害更加严重。近来已注意开发有良好杀螨活性的药剂，如甲氰菊酯等，另一方面，在菊酯分子中引入氟原子，也能提高杀虫及杀螨活性。

拟除虫菊酯的其它缺点是鱼毒高和缺乏内吸性。目前已有个别鱼毒较低的新品种出现,可用于防治水稻害虫,如杀螟菊酯。拟除虫菊酯分子大都比较大,亲脂性较强,因而缺乏内吸性。可以通过与其它类型内吸剂的混配使用来适当弥补其内吸性之不足。

另一个值得注意的问题是害虫对拟除虫菊酯的抗药性。有些地区仅仅几年的用药期,抗性发展得相当迅速。由于拟除虫菊酯的作用机制与 DDT 相似,已发现对 DDT 有抗性的昆虫,对拟除虫菊酯有交互抗性;另一方面,对拟除虫菊酯的过度使用,会加速昆虫抵抗药剂的选育过程,因此抗性问题已严重威胁拟除虫菊酯的使用寿命,今后必须寻找有效对策。

2.4.2　天然除虫菊素

除虫菊干花用石油醚/甲醇混合溶剂提取,经浓缩可得到除虫菊素。这种早已为人熟知的植物性来源杀虫剂,具有多种优异性能,可广泛用于蝇、蚊等卫生害虫的防治。本世纪 20 年代,Staudinger[540]、Yamamoto(山本)[541]以及后来的 La Forge[542]等人,对除虫菊素活性成分的分离鉴定以及结构的阐明进行了大量研究工作,为后来拟除虫菊酯的发展奠定了基础。

除虫菊素活性组分的结构已经阐明,它们是由两种旋光活性的环丙烷羧酸,即(＋)-反式菊酸 1 和(＋)-反式菊二酸 2 与三种旋光活性的环戊烯醇酮,即(＋)-除虫菊醇酮 3、(＋)-瓜叶醇酮 4 和(＋)-茉莉醇酮 5 所形成的六种酯,即除虫菊素 I(6)和 II(7),瓜叶除虫菊素 I(8)和 II(9)以及茉酮除虫菊素 I(10)和 II(11)(表 2－37)。在这六个组分中,环丙烷羧酸的碳-1 和碳-3 以及环戊烯醇酮中的碳-4 均为手性碳原子,它们的绝对构型相同,均为 1R、3R 和 4S[543、544]。环戊烯醇酮的侧链烯键均为顺式,而菊二酸烯键均为反式。

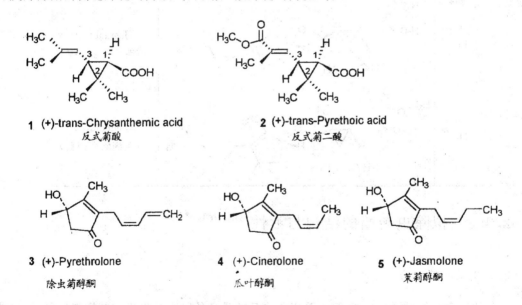

1 (+)-trans-Chrysanthemic acid
反式菊酸

2 (+)-trans-Pyrethoic acid
反式菊二酸

3 (+)-Pyrethrolone
除虫菊醇酮

4 (+)-Cinerolone
瓜叶醇酮

5 (+)-Jasmolone
茉莉醇酮

六个组分的杀虫活性各不相同,除虫菊素杀虫活性最高,茉酮除虫菊素毒效很低。除虫菊素 I 对蚊、蝇有很高的杀虫活性,而除虫菊素 II 有较快的击倒作用。

表 2－37　天然除虫菊素的结构

序号	结　　　　构	名　　　称
6	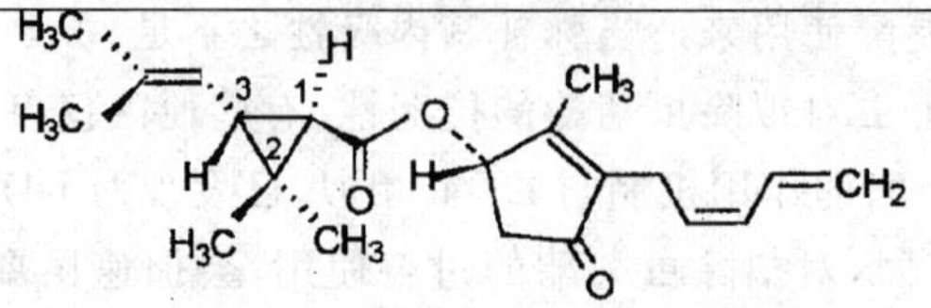	Pyrethrin I（除虫菊素）
7	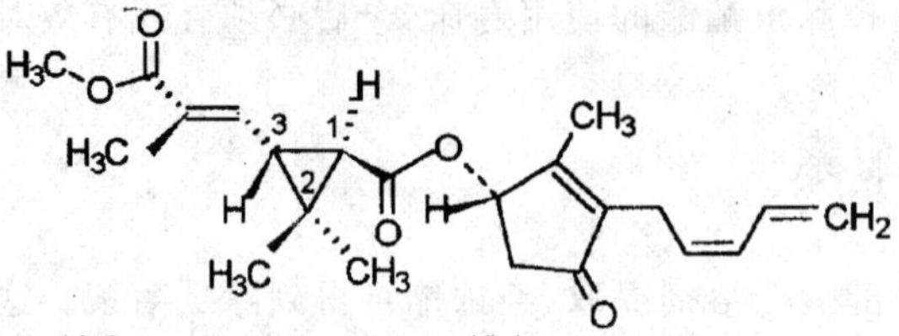	Pyrethrin II（除虫菊素）
8	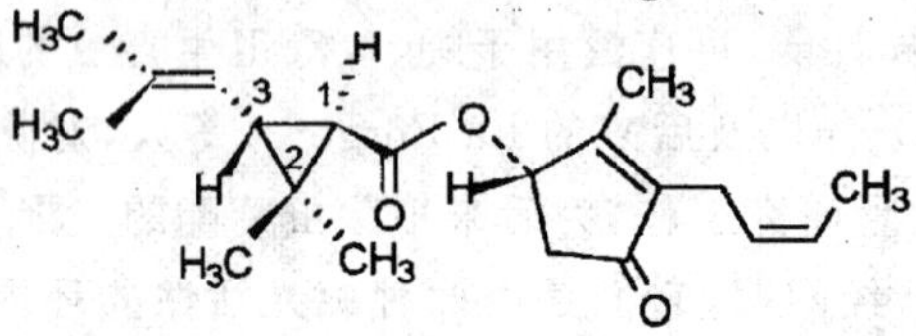	Cinerin I（瓜叶除虫菊素）
9	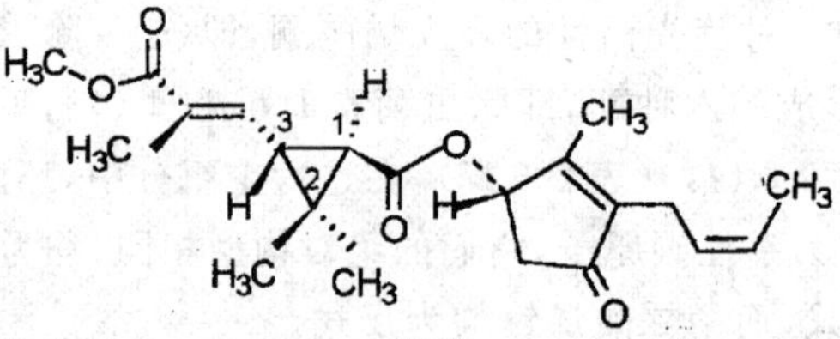	Cinerin II（瓜叶除虫菊素）
10	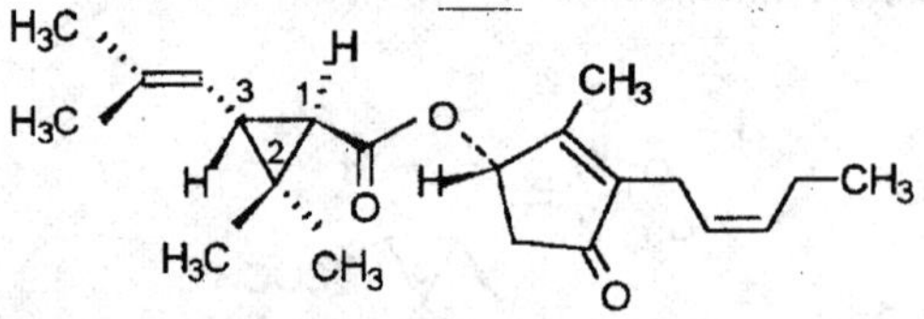	Jasmolin I（茉酮除虫菊素）
11	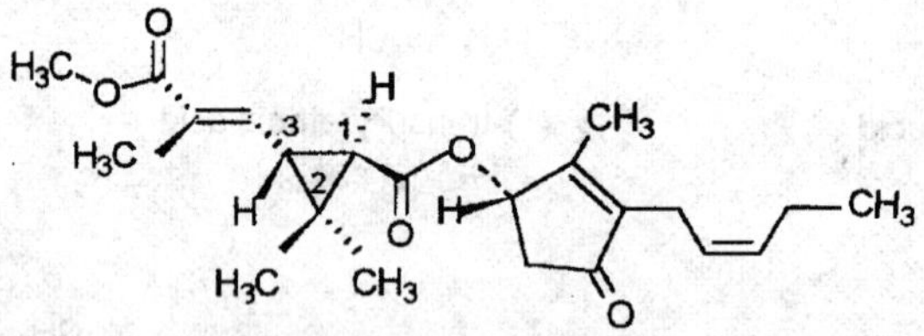	Jasmolin II（茉酮除虫菊素）

2.4.3　拟除虫菊酯的结构与活性[545、546]

2.4.3.1　醇组分

　　作为仿生合成的拟除虫菊酯，最初是以杀虫活性最高的除虫菊素 I 为其模拟对象，寻找结构简单的醇与菊酸合成有杀虫活性的拟除虫菊酯。早在天然除虫菊素的结构尚未完全确定之前，Staudinger 最先开始这方面的研究，合成了具有一定活性的菊酸苄酯 **12**。1947 年 La Forge 以烯丙基代替天然菊酯环戊烯醇酮的戊二烯侧链，简化了除虫菊素 I 的结构，合成了烯丙菊酯 **13**[547]，即第一个人工合成的拟除虫菊酯杀虫剂。1963 年 Kato（加藤）报道酞酰亚胺甲基菊酯类有杀虫活性，并筛选出具有迅速击倒作用的胺菊酯 **14**[548]。1965 年 Elliott 对取代呋喃甲基菊酯的结构与活性关系进行研究之后，发现具有空前强烈杀虫活性的苄呋菊酯 **15**[549]。

12

13

14

15

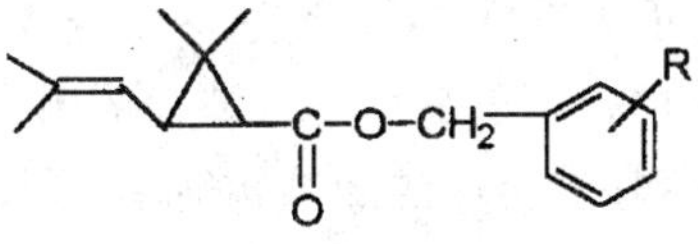

上述几种改进醇组分的化合物，虽然保持甚至提高了杀虫活性，但它们仍然是一些对日光不稳定的药剂，难以用于田间。在光稳定性方面的决定性突破，是 1968 年 Itaya 等在醇组分中引入间苯氧基苄基，从而合成了高活性光稳定的苯醚菊酯 **16**[550]。随后，他们又将氰基连于苄基的 α-碳上，合成了氰基苯醚菊酯 **17**[551]。氰基的引入，使杀虫活性大大提高。

16

17

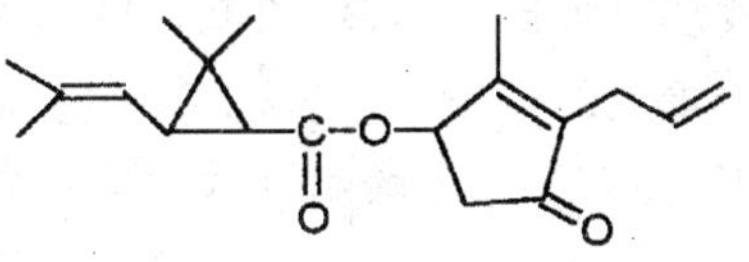

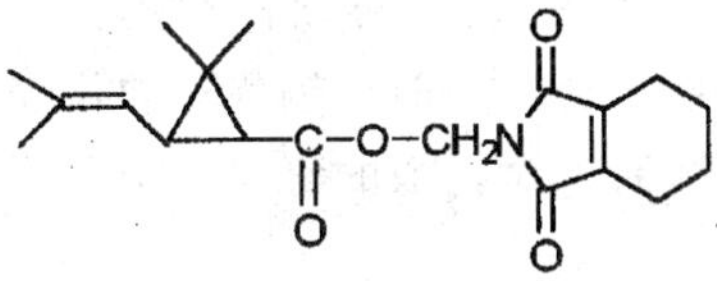

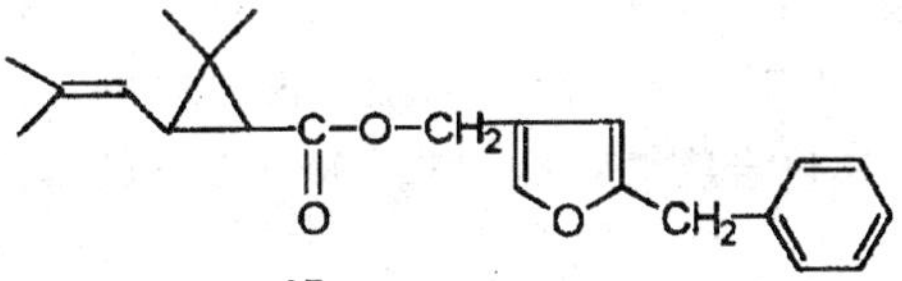

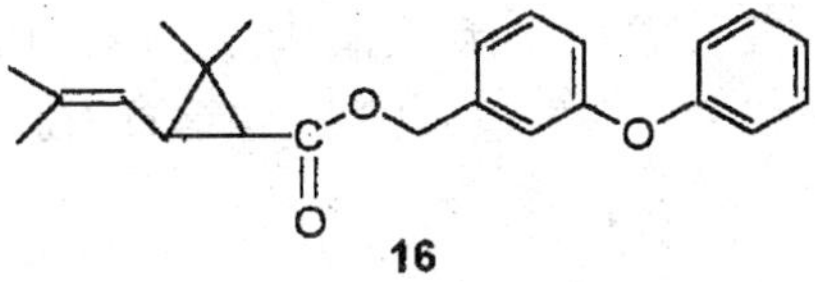

自此，除虫菊酯类杀虫剂不能用于田间的历史结束了，而且含间苯氧基苄基及 α-氰基间苯氧基苄基这样两个重要基团的高效、耐光拟除虫菊酯杀虫剂相继开发成功。在这方面最重要的品种有：二氯苯醚菊酯 **18**[552]、氯氰菊酯 **19**[553]、溴氰菊酯 **20**[554]、杀灭菊酯 **21** 等[555]。

18

19

20

21

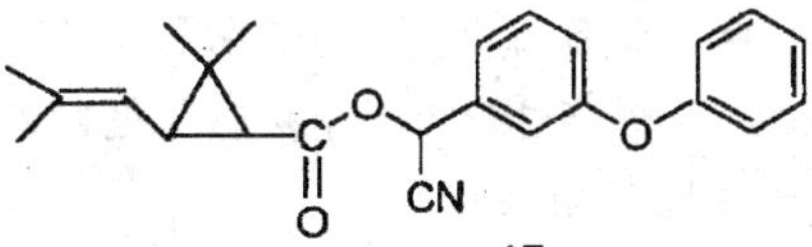

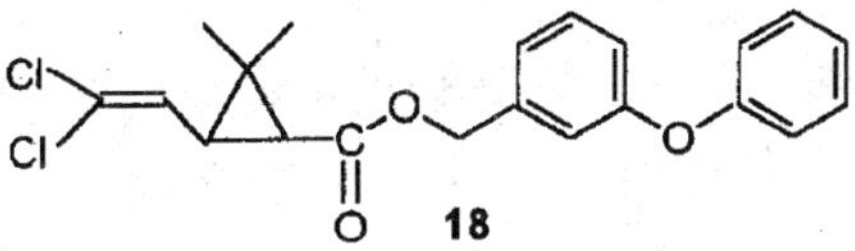

2.4.3.2 酸组分

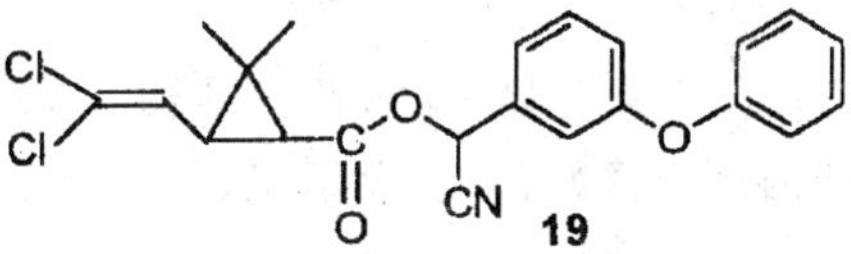

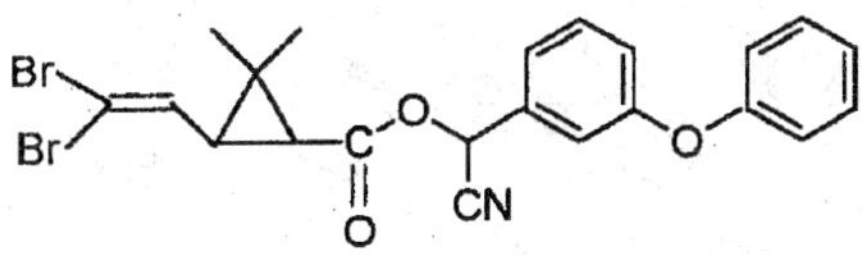

早期对菊酸及其它羧酸环戊烯酮酯的研究认为，环丙烷及环上偕二甲基对杀虫活性起着重要作用。后来以四甲基环丙烷羧酸代替菊酸，得到有杀虫活性的菊酯类化合物。在酸组分改造方面取得更大进展的是卤代菊酸的出现。1957 年 Farkas 首先报道以卤素代替菊酸异丁烯侧链上的甲基，合成了二卤乙烯基菊酸酯。1973 年采用二氯菊酸与间苯氧基苄醇合成了光稳定性好、杀虫谱广、残效较长的二氯苯醚菊酯即氯菊酯 **18**。随后再用二氯菊酸合成了比氯菊酯活性高 2～4 倍的氯氰菊酯 **19**。同年，Elliott 用二溴菊酸合成了旋光活性的溴氰菊酯 **20**，它的活性是氯菊酯的 10 倍，是传统杀虫剂的 25～50 倍。溴氰菊酯的开发成功大大促进了拟除虫菊酯的立体化学的发展以及立体异构体与活性关系的研究。

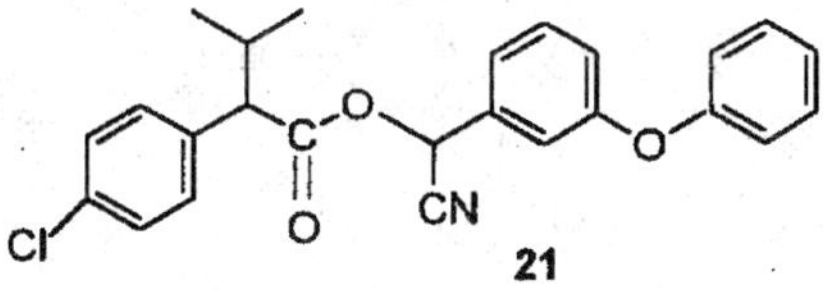

与 Elliott 的发现几乎同时的是 Ohno 发现了可以替代经典三元环式菊酸组分的 2-(4-氯苯基)异戊酸,合成了杀虫活性很高、田间持效性很好的杀灭菊酯 21[555]。这一工作无疑是拟除虫菊酯酸组分上最重大的突破。过去认为环丙烷结构是具有杀虫活性不可缺少的因素,杀灭菊酯打破了这个框框,大大开阔了酸组分的研究领域。这种非三元环的酸结构简单,易于合成,便于工业化生产。

当菊酸中异丁烯侧链被芳基、烷氧基、芳氧基或双甲基取代后,可以得到具有杀螨活性的化合物,从而克服了传统除虫菊酯不能杀螨的缺点。这些化合物中两个较优秀的代表是甲氰菊酯 22[551、556]和化合物 23[557]。它们都有很好的杀螨活性,后者对家蝇的毒力高于甲氰菊酯和氯氰菊酯。

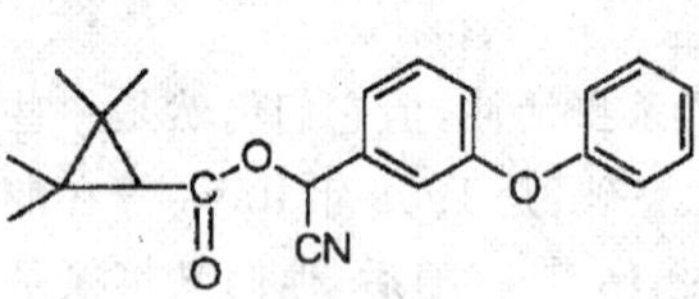

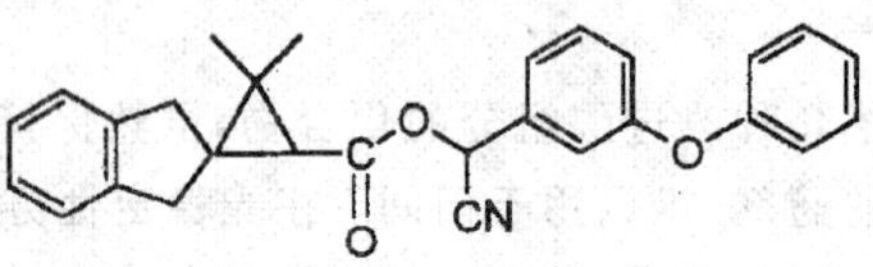

以旋光活性氯氰菊酯和溴氰菊酯为母体,用溴使酸侧链烯键饱和,这样得到的 Tralo-cythrin 24 和四溴菊酯 25[558、559],也具有很好的杀虫活性。它们进入昆虫体后,首先脱去溴生成母体化合物,发挥杀虫作用。

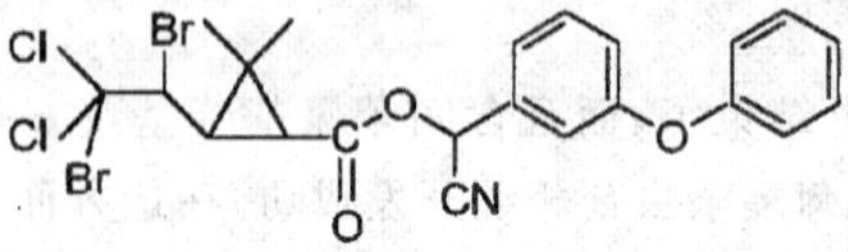

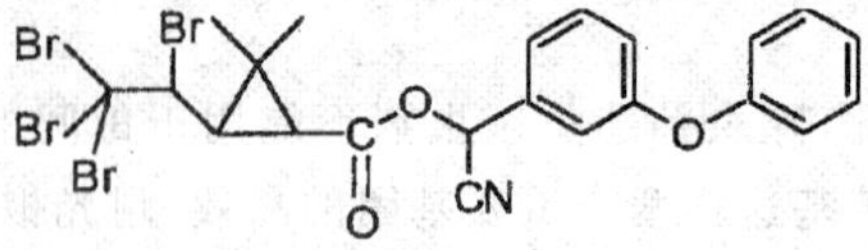

模拟 DDT 类似物 DDC 的部分结构合成的新杀虫剂杀螟菊酯[560],也是对酸组分改造的结果。此药剂杀虫活性很强,鱼毒又低,适宜于田间使用。

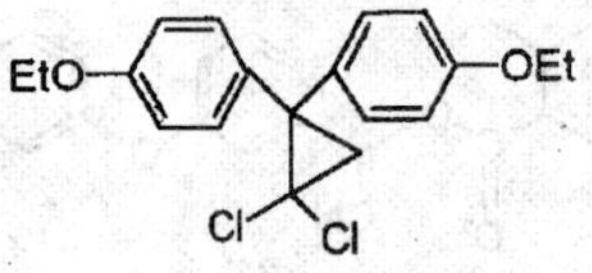

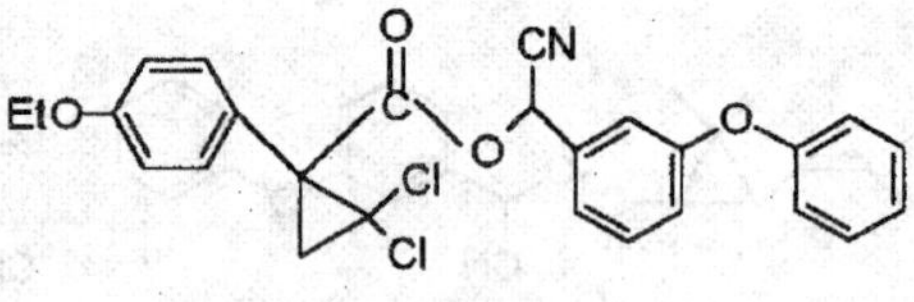

2.4.3.3　非酯基团的引入

传统的拟除虫菊酯全都具有羧酸酯基,而且认为酯基是杀虫活性必不可少的结构因素。后来的研究表明,酯基是可以替代的。以杀灭菊酯为原型,用肟醚代替酯基的肟醚菊酯 26[561、562],以及以醚键代替酯键的醚菊酯 27[563、564]就是很好的实例。这些化合物的毒性和鱼毒均较低,27已被推荐用于防治水稻害虫。

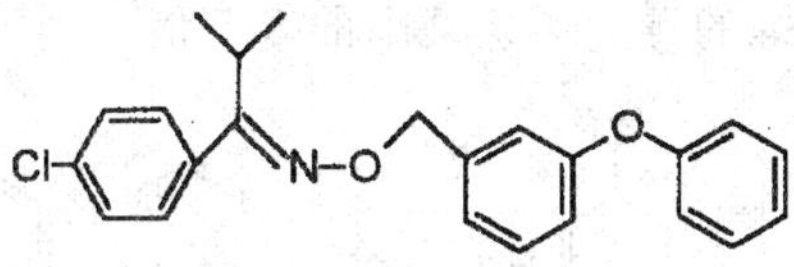

26

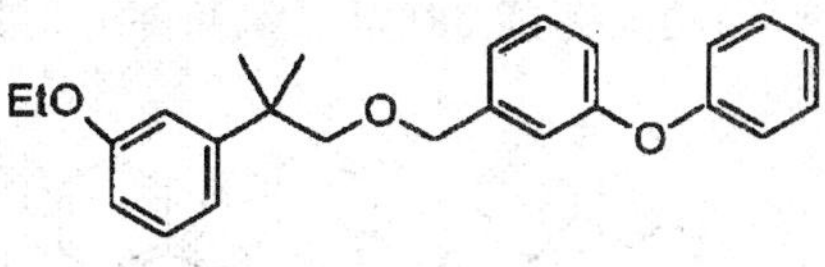

27

以酮的结构代替酯,也能得到具有杀虫活性的拟除虫菊酯。例如,以甲醚菊酯为原型的化合物**28**、以氯氰菊酯为原型的化合物**29**、以杀灭菊酯为原型的化合物**30**、**31**、**32**等[565]。这些化合物对南方粘虫、墨西哥甲虫、象鼻虫等有效。

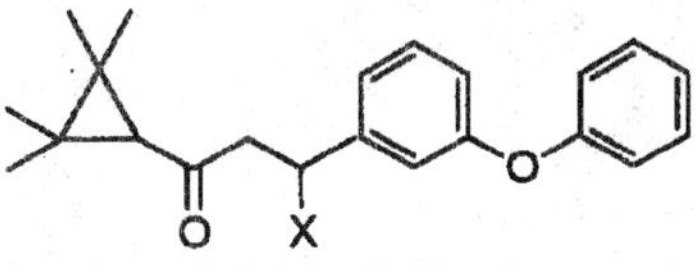

28　X=H, CN

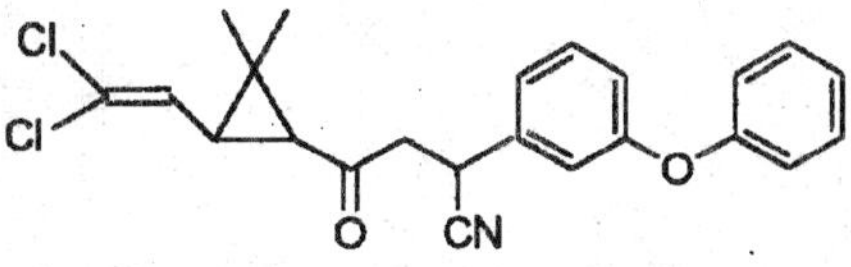

29

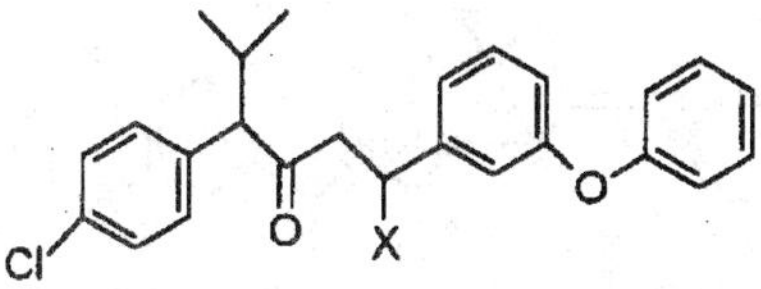

30　X=H, CN

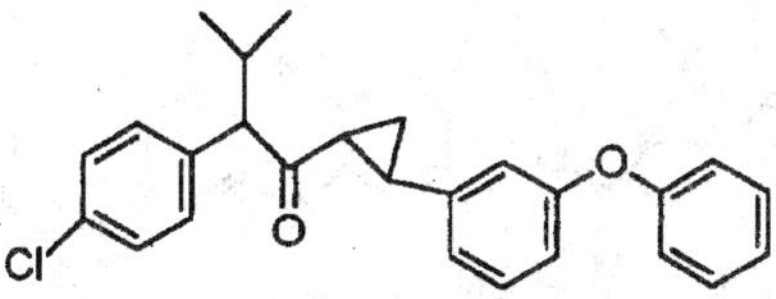

31

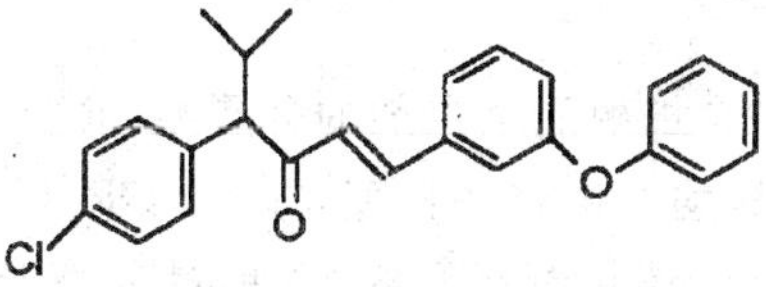

32

烃基结构代替酯基的化合物也已出现。例如以醚菊酯为原型的化合物**33**,不但有杀虫活性而且有杀螨活性[566],其效果优于醚菊酯。在其结构中心部位包含烯键的化合物**34**[567]和**35**[568],据称它有高效、低毒、无药害等特点,对蚊、蝇、蜚蠊、叶蝉、烟叶蛾、白蚁、木螟等有效。

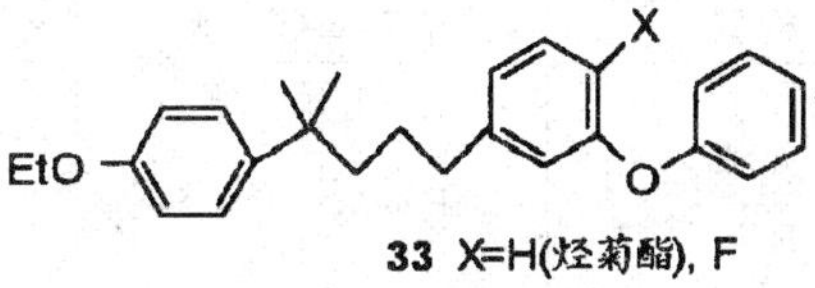

33　X=H(烃菊酯), F

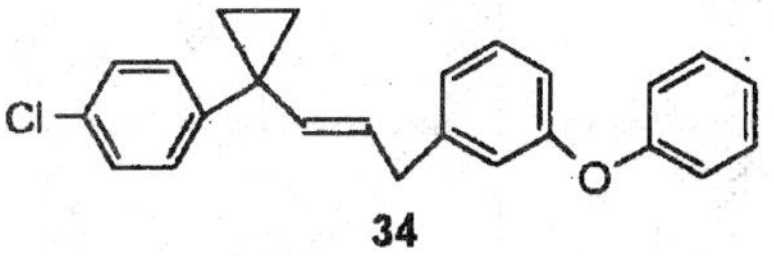

34

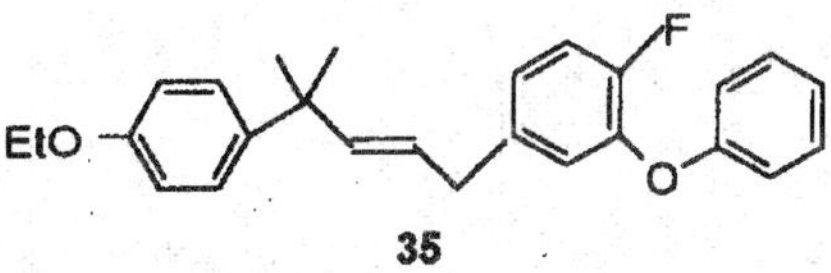

35

2.4.3.4　氟原子的引入

鉴于一般拟除虫菊酯的杀螨效果不佳,而在分子中引入氟原子之后,不但能提高杀虫活性,而且可以改善杀螨性能。氟原子可在酸组分中引入,如氟氰菊酯**36**,该药剂的特点是高效、广谱、残效较长,能兼治蜱螨,用药量低于杀灭菊酯[569,570];氟氨氰菊酯**37**,该药杀虫谱广,且有杀螨作用[571、572];功夫菊酯 **38**(氟氯氰菊酯),对家蝇的毒力为氯菊酯的 8.5 倍[573、574]。

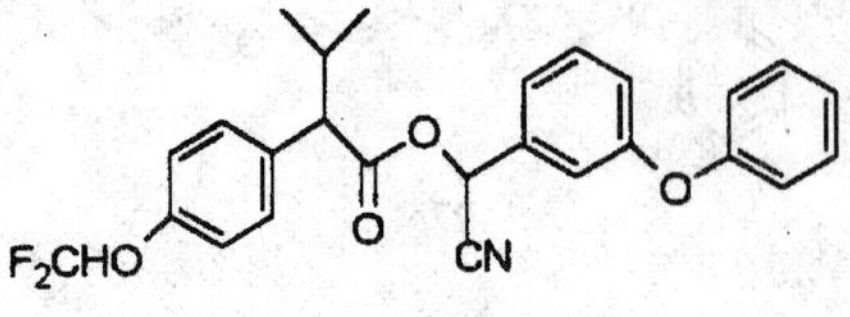

36 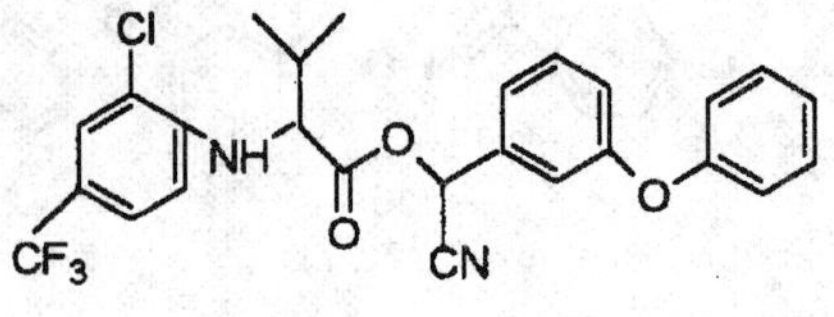   **37**

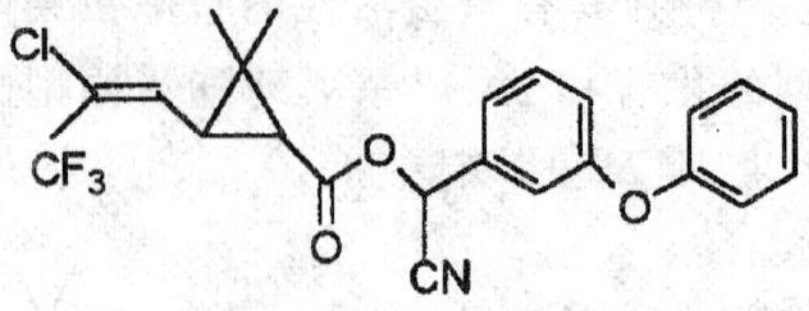

38

醇组分引入氟原子的实例也很多,如百树菊酯 **39**[575]和氯苯百树菊酯 **40**[576、577]等,均有良好的杀虫杀螨活性。

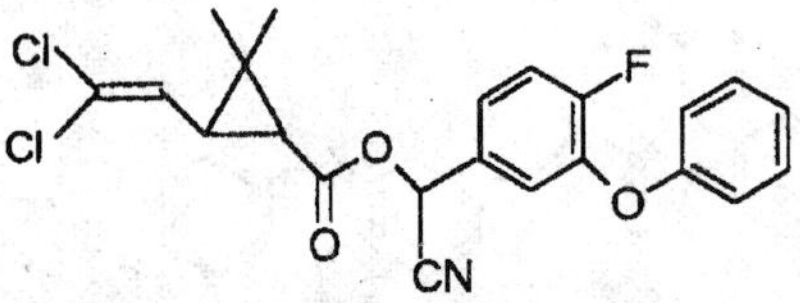

39 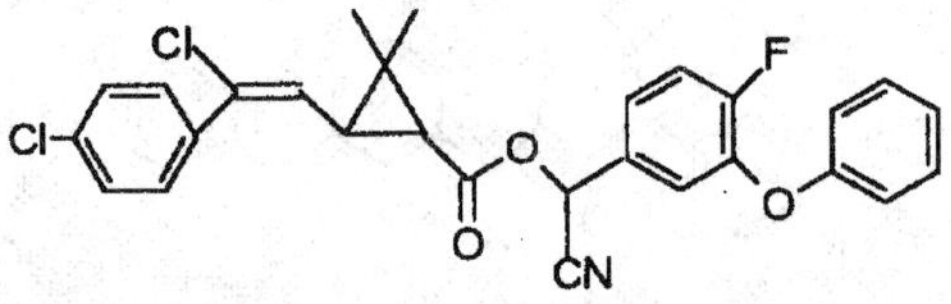   **40**

2.4.3.5 立体异构效应

立体异构现象广泛存在于拟除虫菊酯杀虫剂的分子结构之中。天然除虫菊酯是一个单一的异构体,三个手性碳和几何异构均有确定的构型,即 1R,3R-反式酸-4S-顺式菊醇酯。

立体异构体不管是旋光异构体还是顺反异构体,均对生物活性有重大影响。就溴氰菊酯 **20** 来说,它是一种旋光活性的杀虫剂,三个手性碳的构型是 1R,3R(顺式),αS。从表 2—38[578]可以看出,它的其它 7 个异构体中,只有 1R,3S(反式),αS 有较小的活性,其它 6 个异构体完全无活性。

表 2—38 溴氰菊酯与其它七个立体异构体活性比较

C_1 构型	C_3 构型	苄基 α-C 构型	杀虫活性
R	R	R	0(无活性)
R	S	R	0
R	R	S	+++++(活性最大)
R	S	S	++++
S	R	R	0
S	S	R	0
S	R	S	0
S	S	S	0

杀灭菊酯 **21** 各异构体的活性比较如表 2—39 所示[579~581]。其中以酸醇均为 S 构型的异构体活性最好,对家蝇的毒力是消旋体的 3.5~4.4 倍。

表 2－39　杀灭菊酯异构体毒力比较

酸构型	醇构型	家蝇 （相对毒力）	蚊幼虫 （相对毒力）	粘虫 （相对毒力）	小白鼠 LD_{50}(mg/kg)
R,S	R,S	100	100	100	245
S	S	350～440	270	430	50
S	R	2～5	29		>600
S	R,S	200	190		81
R	R,S				>5000

烯丙菊酯 **13** 的 8 个光学异构体对家蝇的毒力也各不相同（表 2－40），其中以（＋）-反式酸-（＋）-醇的活性最好。

表 2－40　烯丙菊酯光学异构体对家蝇的毒力比较

立体异构		LD_{50} （μg/成虫）	相对毒力	立体异构		LD_{50} （μg/成虫）	相对毒力
酸	醇	家　蝇		酸	醇	家　蝇	
（＋）反式（＋）		0.24	100	（－）顺式（＋）		3.30	7.3
（＋）顺式（＋）		0.41	58.5	（－）反式（＋）		4.96	4.84
（＋）反式（－）		1.31	18.3	（－）顺式（－）		7.02	3.42
（＋）顺式（－）		1.71	14.0	（－）反式（－）		45.2	0.52

通式 **41** 中，在酸的不饱和侧链引入不同取代基，其立体异构体生物活性的差异如表 2－41 所示[582]。表中数据是对家蝇点滴试验的相对毒力，对照药为溴氰菊酯（相对毒力为 100）。其中酸组分侧链烯键的 E、Z 异构体的最大活性差别可达 37 倍。

41

表 2－41　改变酸侧链取代基对杀虫活性的影响*

R_1	R_2	1R-cis-E	1R-cis-Z	1R-trans-E	1R-trans-Z
CH₃	COOCH₃	2	4	7	2
H	COOCH₃	2	29	2	2
F	COOCH₃	37	<1	1	2
Cl	COOCH₃	20	<1		
Br	COOCH₃	10	1		
Cl	◇—Cl	14	<1	<1	37
▷—CH₂ON＝CH— （代替 R_1R_2C＝CH—）		4	65	22	5

* 表中数字为相应构型化合物相对毒力指数,溴氰菊酯为 100

2.4.4　拟除虫菊酯的合成[545]

拟除虫菊酯的合成比一般杀虫剂要复杂得多,研究它的工业生产路线是这类杀虫剂发展中一个重要课题,关键是酸组分的合成,特别是菊酸和二卤菊酸。

2.4.4.1　酸组分的合成

(1)菊酸

经[2+1]环加成反应

早在 20 年代已开始菊酸的合成研究[540]。当时用重氮乙酸酯与 2,4-二甲基 2,4-己二烯发生环加成得到菊酸,产率只有 14%。1945 年 Campbell 改进此法[583],用铜作催化剂,产率提高到 64%,并于 50 年代用于工业生产,目前仍是工业生产菊酸的主要方法之一。采用此法得到的产品顺、反异构体之比约为 4∶6。重氮乙酸酯中的酯基 R 体积越大,反式产物越多;当 R＝t-Bu 或盖基时,产物几乎全是反式[584、585]。

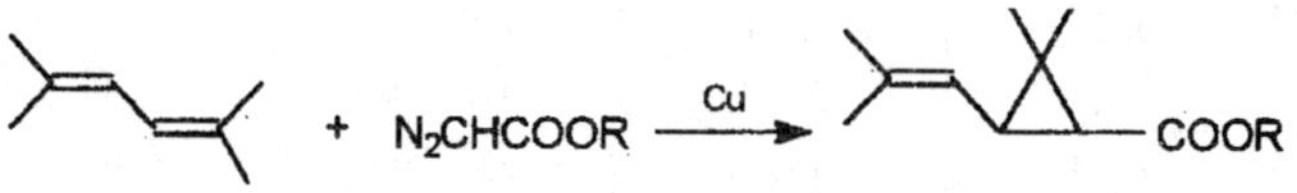

重氮化合物发生分子内环加成可以合成顺式菊酸。从 α-酮卡宾 **42** 出发,经分子内环加成、肟化、水解,得到顺式菊酸[586]。

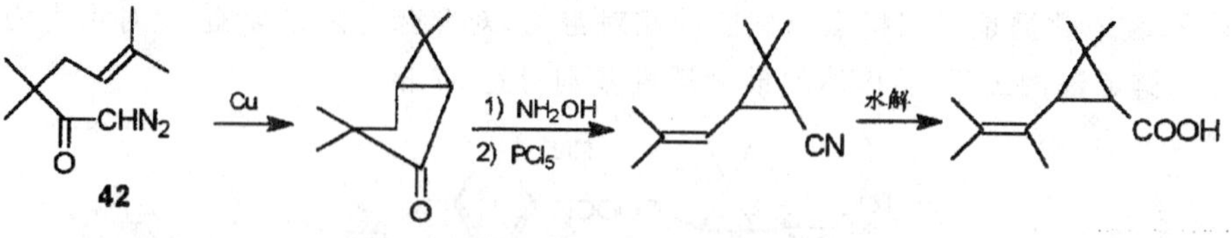

磷、硫叶立德也可作为环加成试剂,例如,异丙叉磷或硫叶立德与巴豆醛酸酯成环,产率80% 以上,进一步用高氯酸处理得到定量产率的醛醛酸酯 **43**[587、588]。巴豆醛酸酯与 2mol 磷叶立德反应,可一步得到反式菊酸酯[589]。

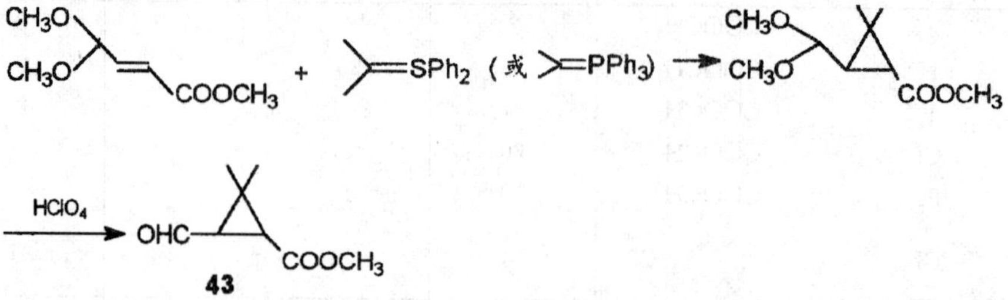

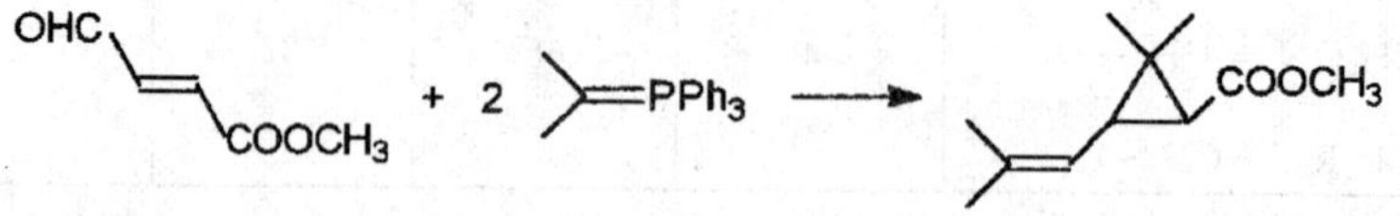

经分子内亲核取代反应

分子内 1,3-亲核取代成环反应是合成菊酸的重要方法之一。γ-取代羧酸酯 **44** 或 **45** 与碱作用可得菊酸酯。

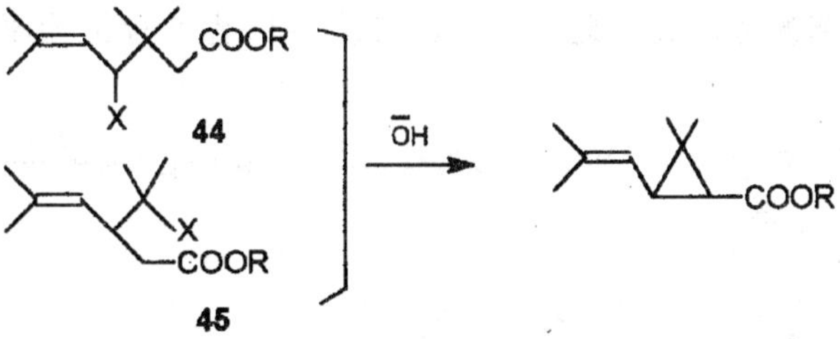

Martel 用苯基亚磺酸异戊烯酯 **46** 与异戊烯酸酯加成,得到中间产物 **44**(X=PhSO₂),然后发生分子内亲核取代反应关环,生成反式菊酸[590]。

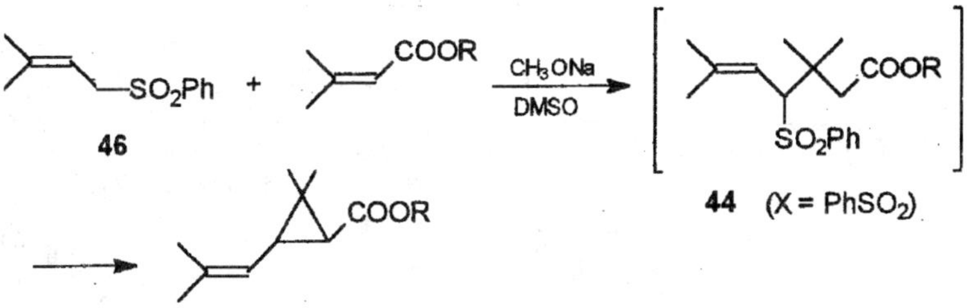

此方法已在法国投入工业生产。

硫或磷叶立德与烯酸酯发生 Michael 加成,形成内锍盐或内鏻盐 **47**,进一步关环得到反式菊酸[591]。

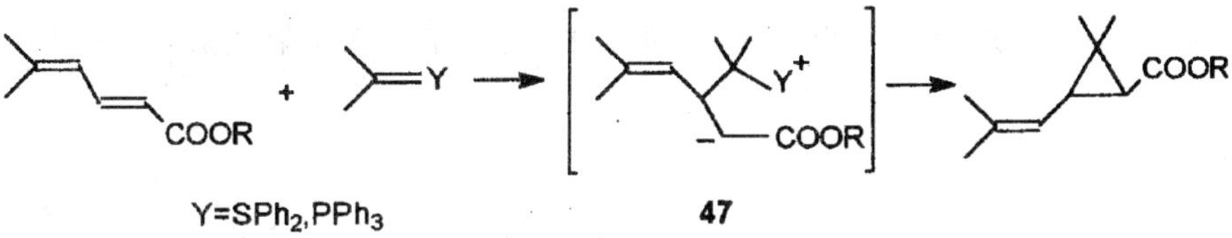

由 γ-内酯 **48** 开环后再发生分子内 1,3-亲核取代反应,也是合成菊酸的有用方法[592]。

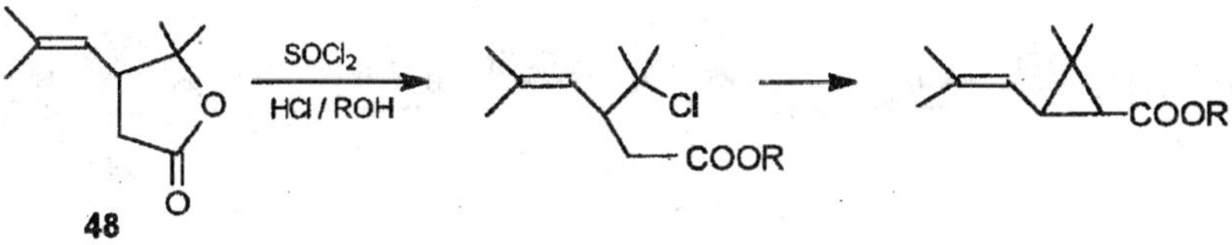

(2)二卤菊酸

经[2+1]环加成反应

Farkas 首先采用二氯己二烯与重氮乙酸酯的环加成反应合成二氯菊酸酯[593]。此法所得产物顺、反异构体的比例约为 4:6,在日本仍采用此法生产。

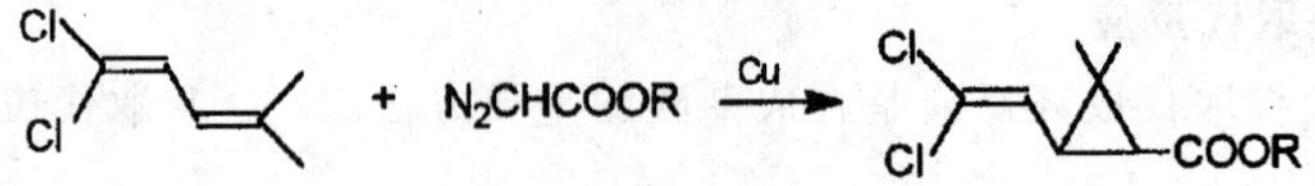

另一种重氮乙酸酯的环加成法是用 5,5,5-三氯-2-甲基-2-戊烯为原料[594,595]。

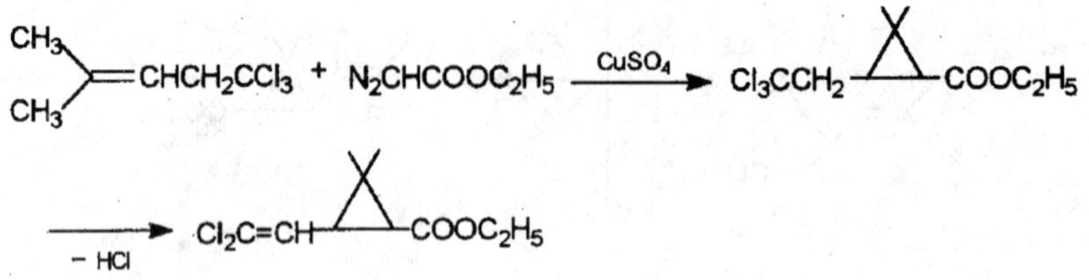

三卤己烯醇的重氮乙酸酯 **49** 在铜催化剂存在下发生分子内环加成,得到双环内酯,经还原得到几乎定量产率的顺式二氯菊酸[596]。

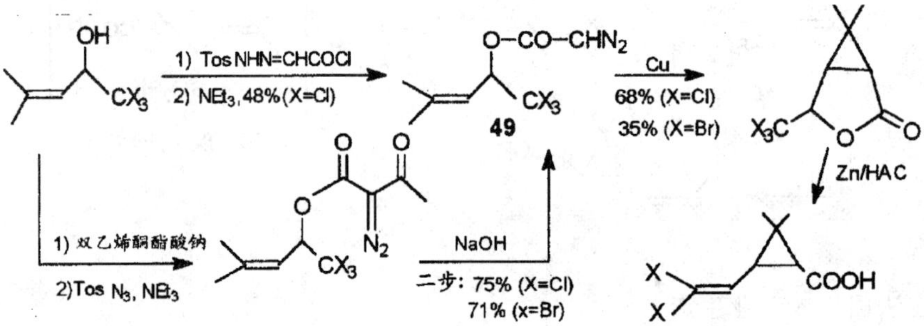

经分子内亲核取代反应

分子内亲核取代关环反应是合成二卤菊酸的重要方法。具有工业价值的相模法(Kondo)和库拉莱法(Kuraray)均通过 γ-卤代酸酯 **50** 和 **51** 的分子内亲核取代成环,最后生成二卤菊酸酯[592]。

相模法[597]:

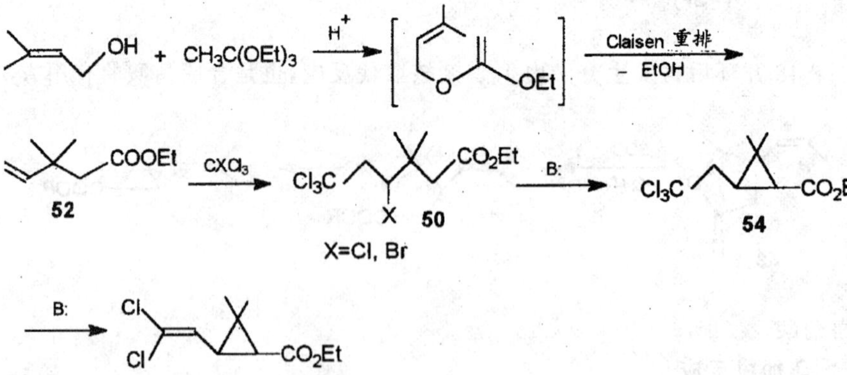

库拉莱法[598~601]:

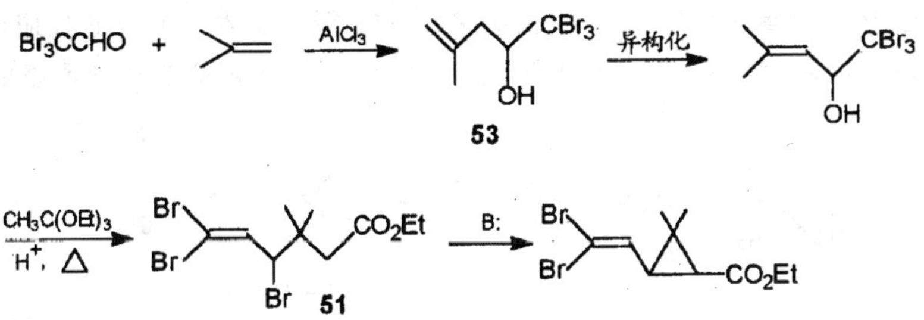

在库拉莱法中，三溴烯醇 **53** 也可以先与原醋酸酯反应，然后再异构化，同样可以得到 **51**[601]。

50 及 **51** 的分子内关环反应条件（碱、溶剂、温度等）的不同，会影响产物的顺反异构体的比例。例如，在非极性芳烃溶剂中，用叔戊醇钠作缚酸剂得 80% 的反式产物 **54**；用叔丁醇钠或钾在极性非质子溶剂中，如六甲基磷酰三胺（HMPT）和己烷混合溶剂/叔丁醇钠，产物 **54** 的顺反比为 88：12[602]。

将相模法中间体贲亭酸酯 **52** 中的酯基换成乙酰基后得到的 γ-卤代酮 **55**，经分子内关环可得富顺式产物 **56**，顺反比为 9：1。进一步发生氧化、消去反应得到富顺式二氯菊酸 **57**（顺反比为 9：1）。若先消去后氧化，将得到富反式二氯菊酸 **58**（顺反比为 1：9）[603]。

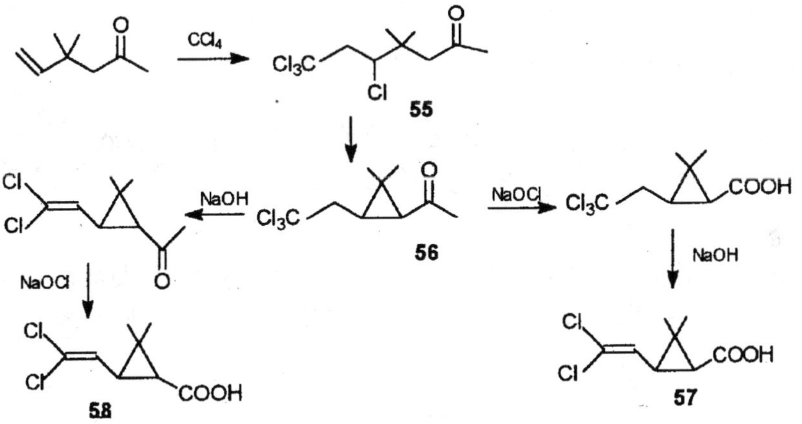

在相模法中，3,3-二甲基-4-戊烯酸酯，即贲亭酸酯 **52**，是一个重要的中间体，除可与四卤化碳加成、关环合成二卤（氟、氯、溴）菊酸以外，还可以用于别的菊酸的合成（见后）。Bayer 公司曾报道用偏二氯乙烯合成贲亭酸酯的方法[604]，此法原料易得，反应步骤少，产率较高，是一个很有实用价值的方法。

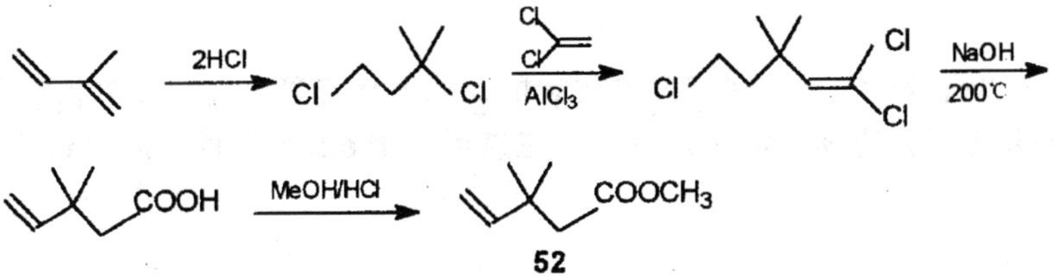

经茚醛的合成

茚醛酸酯 **59** 与三苯基膦-四卤化碳复合试剂反应是制备二卤菊酸的常用方法。用六甲基亚磷酰三胺(HMPA)代替三苯基磷,反应仍能很好进行[605]。此法的缺点是反应副产物三苯基氧化膦(Ph₃PO)及 HMPT((Me₂N)₃PO)难以回收再用,后者还可能是一种致癌物质。

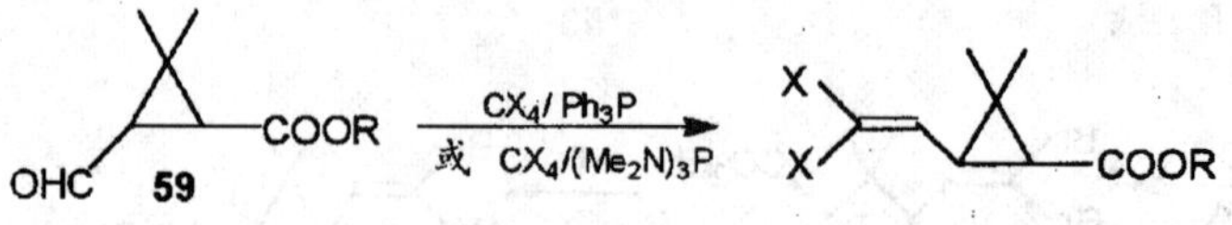

X = Cl, Br

非磷试剂与菊醛酸酯反应合成二卤菊酸也已有报道。在三卤乙酸钠催化下,卤仿与菊醛反应,首先生成加成物 **60**,然后用 Zn/HOAc 处理得到二卤菊酸[606]。

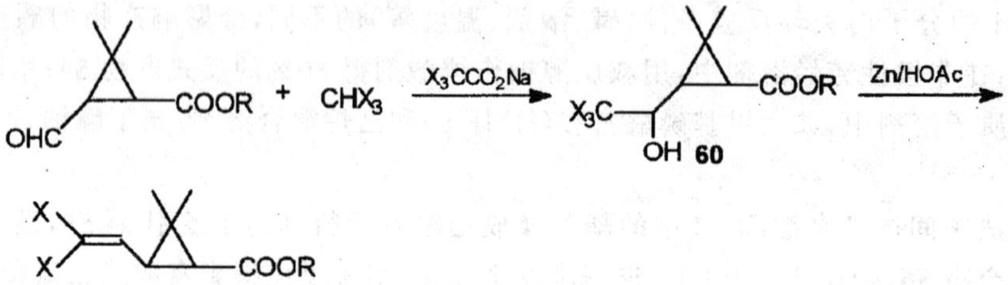

作为合成二卤菊酸的重要中间体,菊醛酸酯和菊醛酸内酯的合成也引人瞩目。其合成方法很多,主要有以下几种:

菊酸的臭氧化[607]:两步总产率高达 89%,产物立体构型保持不变。

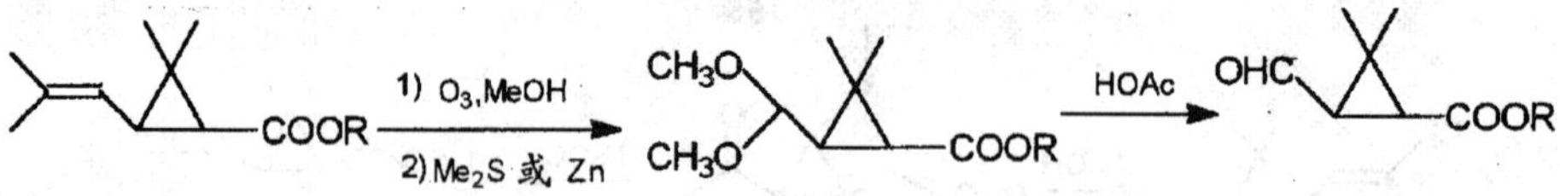

从糠醛合成[608]:糠醛氧化得巴豆醛酸半缩醛内酯,经烷基化后,与异丙醇发生游离基加成,进一步转化成烷基磺酸酯,最后在碱和相转移催化剂存在下关环,经酸解得菊醛酸内酯 **61**。

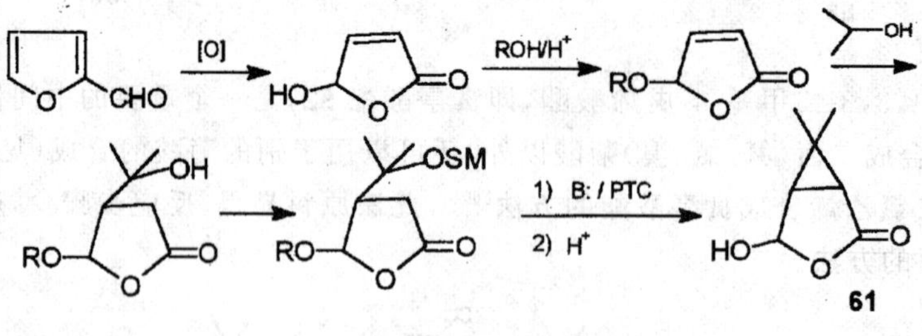

从三氯庚酰氯合成[609]:异丁烯与四氯化碳的加成产物与氯乙烯在三氯化铝催化下生成四氯庚烯,后者在甲基磺酸介质中与氯反应生成三氯庚酰氯 **62**,经碱性水解得到反式菊醛酸。

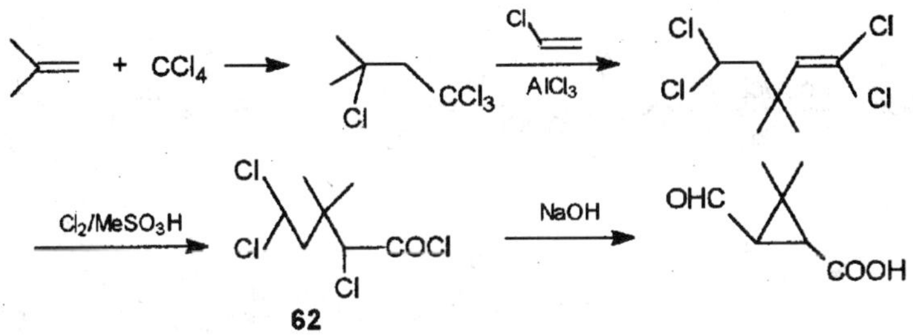

从重氮乙酸酯合成[610]：异戊烯醇醋酸酯和重氮乙酸酯发生环加成后，经水解、氧化得顺反比为 1∶1 的菊醛酸酯。

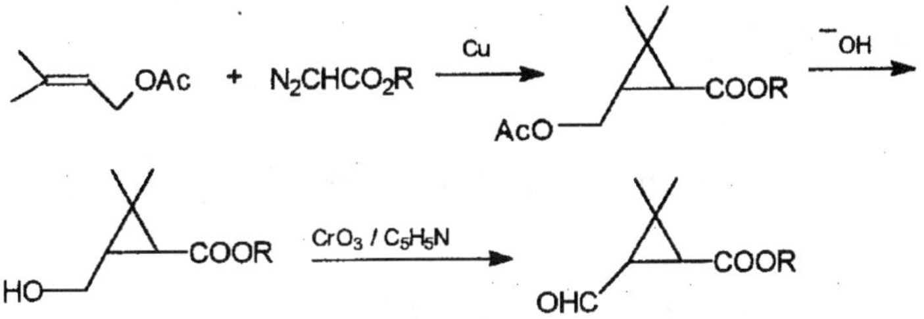

经环丁酮的合成

Martin 报道用类 Favorski 重排缩环反应合成二卤菊酸[611]。该法合成步骤较少，产率较高，且可得到富顺式产物，因此引起人们的注意。不同结构的环丁酮，如 **63**、**64**、**65** 等均可用碱处理，发生缩环重排，得到二卤菊酸酯。

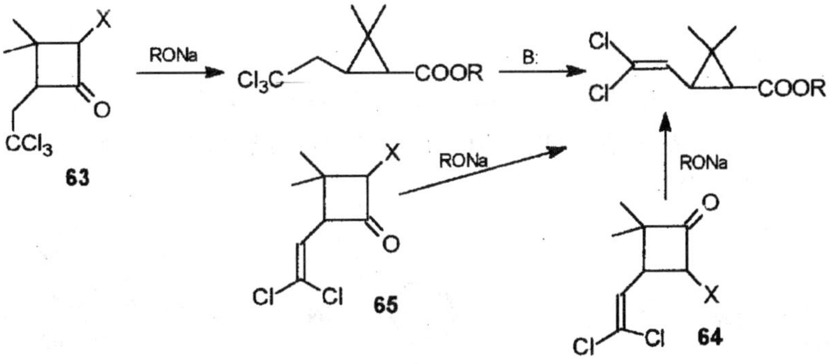

环丁酮可由多种方法合成。例如，由 α-氯代酰氯 **66** 与碱反应生成烯酮，不经分离直接与烯烃进行环加成，生成环丁酮 **67** 在碱催化下发生 Cine 重排。在此过程中，环上卤素与卤代乙基处于顺式时，环丁酮 **68** 有较稳定构象，因而顺式产物占 95%。然后在氢氧化钠中进行缩环反应，得到二卤菊酸，若在醇钠中反应，则得到二卤菊酸酯。

[2+2]环加成是合成环丁酮的关键步骤。若以二氯乙烯基代替 α-卤代酰氯 **66** 中的三氯乙基,成环反应产率可由 69% 提高到 83%[612]。

环丁酮还可以由二卤丁二烯与亚胺盐环化制备[613]。

(3)2-(取代苯基)异戊酸

在这类酸中,最重要的是戊氰菊酯(即杀灭菊酯)和氟氰菊酯的酸组分,即 2-(对氯苯基)异戊酸 **69** 和 2-(4-二氟甲基苯基)异戊酸 **70**。它们的合成方法均以苯乙腈为原料,在 α-位引入异丙基后再水解得到酸[614、615]。

(4)其它菊酸

菊酸的品种繁多,不可能一一列举,但它们大都可以从茚醛、贲亭酸、环丁酮等中间体合成。茚醛酸酯与 Wittig 试剂或 Wittig-Horner 试剂反应,可以得到多种类型的拟除虫菊酸 **71**。

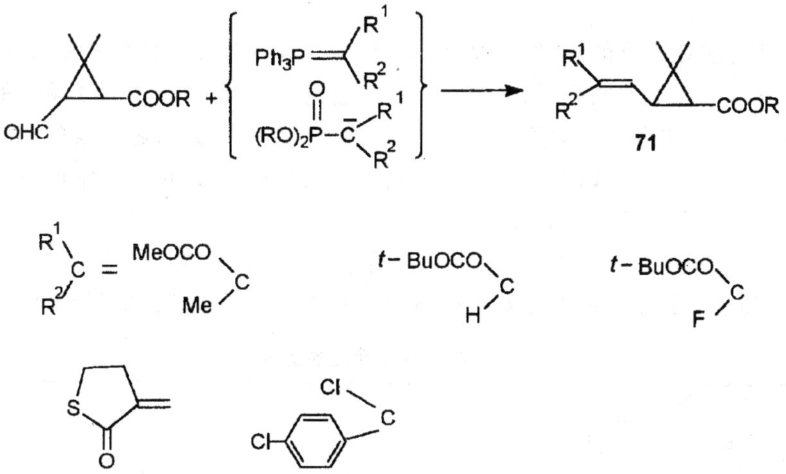

功夫菊酯的酸组分三氟甲基氯菊酸 **72** 是用贡亭酸酯合成的一个很好的实例[619]。

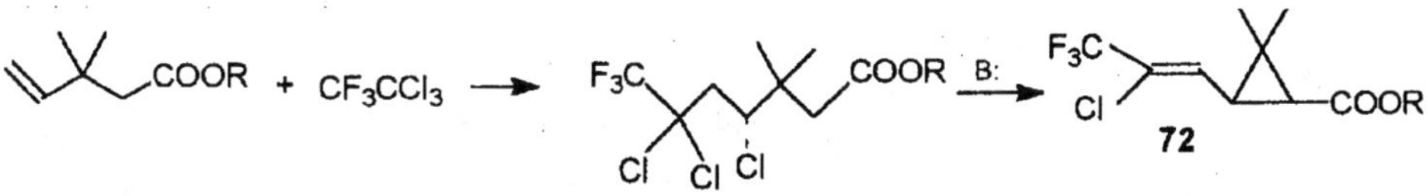

环丁酮的缩环反应可用于制备甲氰菊酯的酸组分四甲基环丙烷羧酸 **73**。二氯乙酰氯与锌粉反应生成氯乙烯酮后,再与取代烯烃发生环加成,两步产率可达 90% 以上,最后用碱缩环得到 **73**[620]。

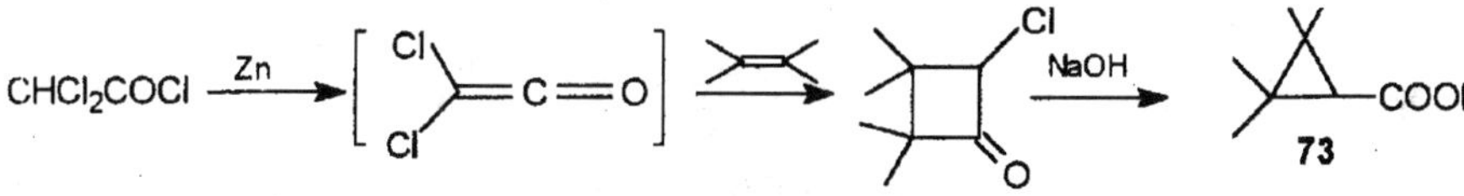

从三氯乙酰氯出发,生成的二氯乙烯酮与烯烃发生环加成反应,然后在叔胺作用下重排、烷氧取代、缩环,最后得到烷氧基或芳氧基环丙烷羧酸 **74**[621]。

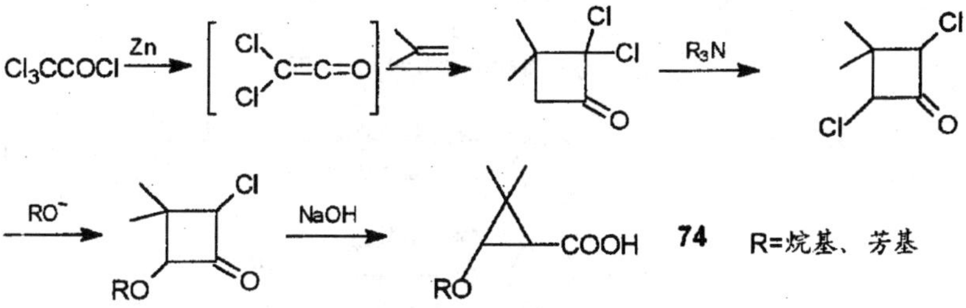

(5)旋光活性的菊酸

环丙烷羧酸环上 C_1 和 C_3 均为手性碳原子,因而存在四个对映异构体。通常,C_1 为 R 构型时具有较好的杀虫活性,C_1 为 S 构型活性很低,甚至没有活性。多种旋光活性拟除虫菊酯杀虫剂的开发成功,极大地促进了拟除虫菊酸立体化学的发展。有关它们的拆分与合成方法很多,可简单归纳如下:

拆分

　　菊酸或二卤菊酸在拆分前,一般需要将顺反异构体进行分离。分离的方法很多,主要是利用它们在物理化学性质上的差别,如分级结晶[622]、蒸馏[623]、层析等。由于顺反酸的酸性强度的差异,其盐在油水体系中分配系数不同,可采用连续萃取法[624],或者将其盐的水液进行部分酸化的方法进行分离[625]。还可以利用顺反酸酯皂化速度的不同,用部分水解的方法分离[626]。

　　拟除虫菊酸最常见的拆分方法是非对映异构盐分级结晶法,即用一个旋光活性的胺作为拆分试剂,与被拆分的酸形成非对映异构盐,然后选择适当溶剂进行分级结晶,得到一对非对映异构的盐后,通过酸化生成酸的一对对映体。几种重要的除虫菊酸的拆分如表 2—42 所示。

表 2—42　除虫菊酸的拆分

除虫菊酸	拆 分 试 剂	溶 剂	文 献
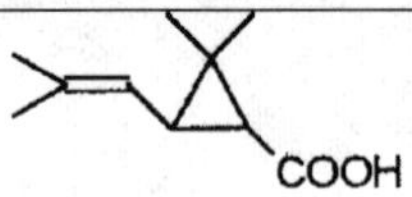 （除虫菊酸结构，—COOH）	奎宁　**75**	EtOH/H₂O	[627]
	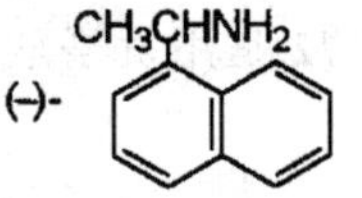 CH₃CHNH₂ 萘基 **76**	EtOH/Me₂CO	[628]
	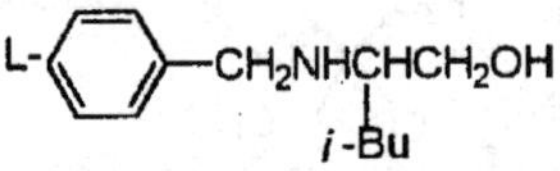 L- —CH₂NHCHCH₂OH （i-Bu）**77**	i-PrOH	[629]
	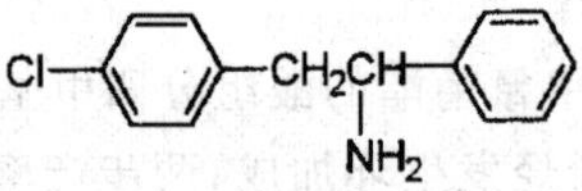 Cl— —CH₂CH （NH₂）苯基 **78**	EtOH/H₂O	[630]
	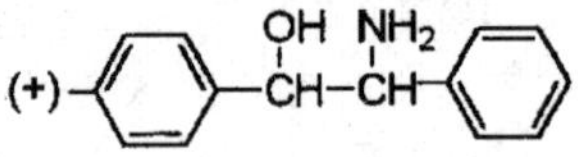 (+)— —CH（OH）—CH（NH₂）苯基 **79**	i-Pr₂O/EtOH	[631]
	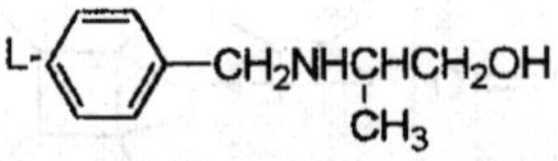 L- —CH₂NHCHCH₂OH （CH₃）**80**		[632]
	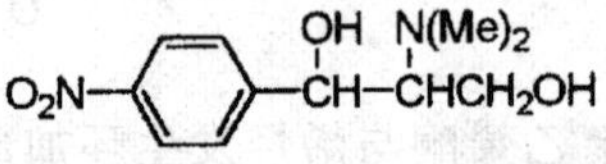 O₂N— —CH（OH）—CH（N(Me)₂）CH₂OH **81**	i-Pr₂O/MeOH	[633]
	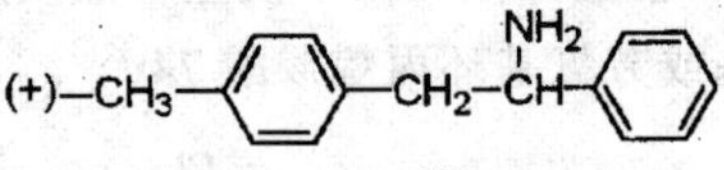 (+)—CH₃— —CH₂—CH（NH₂）苯基 **82**	EtOH/H₂O	[634]
	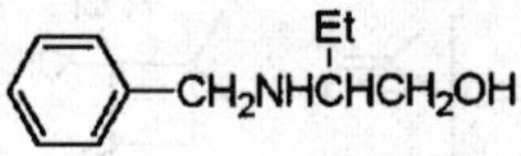 —CH₂NHCHCH₂OH （Et）**83**		[635]
	(-)— —CH（OH）—CH（NHCH₃）—CH₃ **84**	C₆H₁₄	[636]
	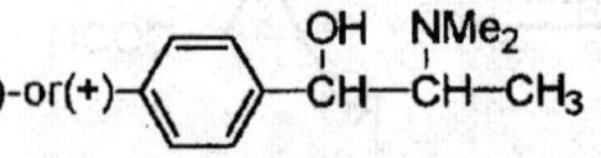 (-)-or(+)— —CH（OH）—CH（NMe₂）—CH₃ **85**		[637]
	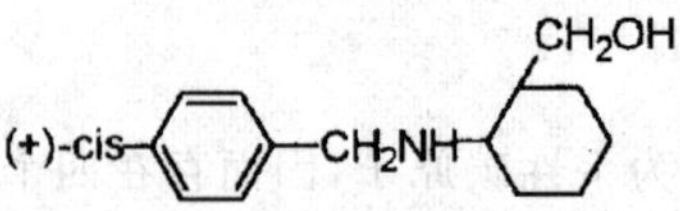 (+)-cis— —CH₂NH— 环己基（CH₂OH）**86**	MeOH	[638]
	L- H₂N(CH₂)₄CCOOH （NH₂）**87**	MeOH	[639]

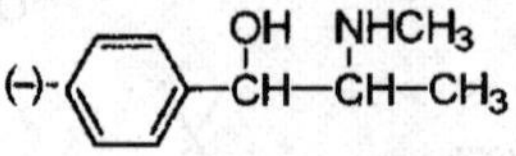

续表

除虫菊酸	拆分试剂	溶剂	文献
顺反混合 COOH	81	(i -Pr)$_2$O	[640a]
	82	MeOH/H$_2$O	[641a]
COOH	75	EtOH/H$_2$O	[642a]
	85	PhMe	[637]
	83		[635]
	82	Me$_2$CO	[643a]
	87	MeOH	[639]
Cl Cl COOH	79	MeOH	[640b]
	81	MeOH/H$_2$O	[641b]
	NMe$_2$ OH CH—CMe$_2$ **88**	H$_2$O	[642b]
	NH$_2$ (-)-CH-COOEt **89**	H$_2$O	[643b]
	OH (+)-or(-)- **90**		[644]
Cl Cl COOH	81	AcOEt	[645]
	NH$_2$ CHCH$_3$ **91**	AcOEt	[646]
	90		[644]
	75		
	84		
	82		
Br Br COOH	81		
Br Br COOH	75		
	84		
Cl COOH	91	H$_2$O	[643b]
	89		
	82		
F$_2$CHO COOH	91		

　　当用薄荷醇作为拆分试剂时,它可以与二氯菊酸生成非对映异构的酯,经分级结晶分离以后,再水解酯,可以得到旋光活性的二氯菊酸[644]。

　　播种结晶法是拆分外消旋酸更实用的方法,因为它不用昂贵的拆分试剂。当向一种外消旋体的饱和溶液,放入两个对映体之一的晶种 A 并适当冷却时,对映体 A 自溶液中逐步结晶析出;再将母液重新升温并加入适量外消旋体,然后播种对映体 B 晶种,逐步冷却,对映体 B 也成结晶析出。如此循环反复操作,可达到拆分两个对映体的目的。如戊氰菊酯的对氯苯基异戊酸已用此法得到满意的拆分[647]。

差向异构化

含两个以上手性原子的旋光活性化合物,当构型转化作用发生在一个手性原子上时,平衡混合物为一对非对映体,且数量不等,呈现旋光性,此过程称为差向异构化。旋光活性的菊酸无效体通过差向异构化,可部分或全部转化为有效体(图2—21)。

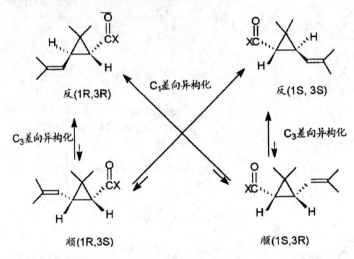

图2—21 菊酸异构体互相转化关系

C_1 差向异构化可使无效体(一)-顺式(1S,3R)转化为(+)-反式(1R,3R)有效体。当X=烷氧基[648~650]、X=Cl[651]、X=H[650]时,在加热及碱存在下,均可从顺式酸得到热力学上更稳定的反式产物。若要把反式酸转化为热力学更不稳定的顺式酸,则首先用强碱发生烯醇化,生成含硅基的缩酮92,然后水解成顺式1R及反式1S混合物,进一步进行分离可得高活性顺式1R异构体[652]。

另一个从反式无效体(1S,3S)转化为顺式(1R,3S)有效体的方法是经烯键水合、酯化、内酯化等反应,最后在Lewis酸存在下生成顺式酸[653]。

C₃ 差向异构化通常在 Lewis 酸存在下进行（X＝烷氧基），可使顺式 1R 转化为反式 1R[654]。另一个方法是将顺式（1R,3S）酸氧化成醇酮，然后在碱存在下转化为反式（1R,3R）酸[655]。

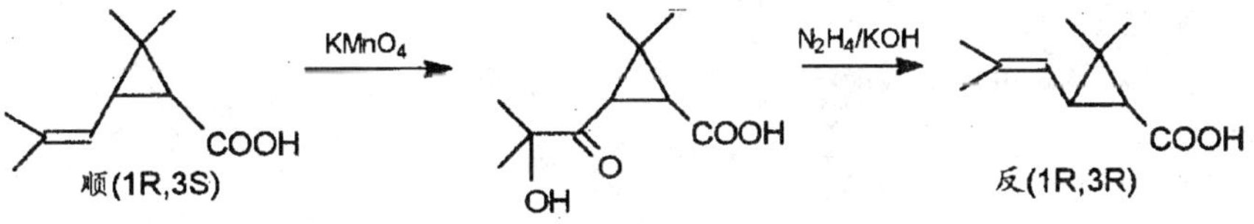

从旋光活性中间体或天然产物的合成

由旋光活性的（2R）-三氯己烯醇与重氮乙酸所形成的酯 **93** 进行分子内环加成时，由于三氯甲基位阻大，从 A 途径生成双环内酯，使三氯甲基与环丙烷处于五元环的两侧，能量上较为有利。若按 B 途径进行，则得到三氯甲基与环丙烷处于同侧的关环产物，能量较高。实验证明，此反应完全按 A 途径进行（1R,3R）二氯菊酸是唯一产物，光学纯度高达 98%[656]。

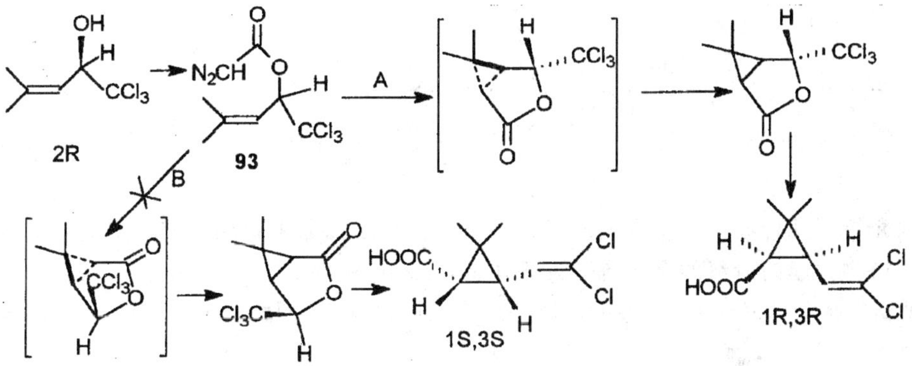

环丁酮 **94** 与二氧化硫反应得到亚硫酸加成物，与（－）-α-苯乙胺成盐，可拆分成（－）-顺 **94** 和（＋）-顺 **94**，后者进一步缩环得（＋）-顺式二卤菊酸，前者可发生消旋化，使无效体得到利用[657]。

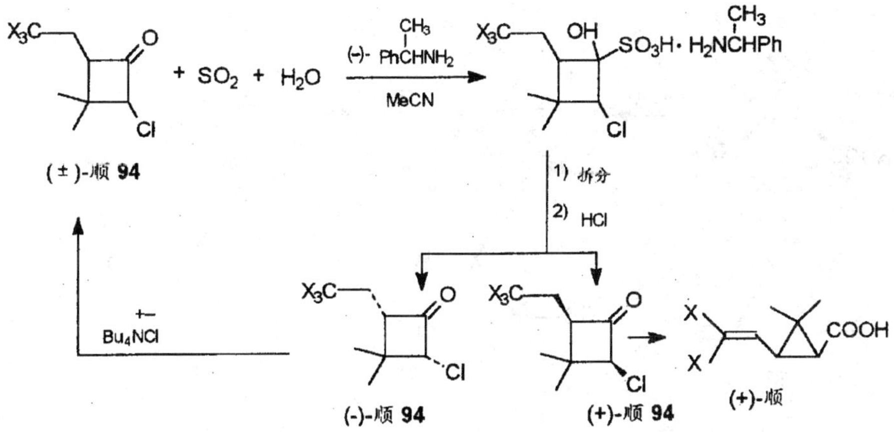

溴氰菊酯的酸组分 1R 顺式二溴菊酸的合成可以从反式菊酸 **95** 开始，经氯酶胺 **81** 拆分成一对对映体（＋）-**95** 及（－）-**95**。（＋）-**95** 经臭氧化、C₃ 差向异构化得 1R-顺式醛醛半缩醛内

酯 **96**，而（－）-**95** 经水合、C₁ 差向异构、水解得 1R 顺式菊酸后，通过臭氧化仍然可以生成半缩醛内酯 **96**。这样，反式菊酸的两个旋光异构体均能得到利用。最后，当 **96** 与 Wittig 试剂反应，得到 1R 顺式二溴菊酸[578]。

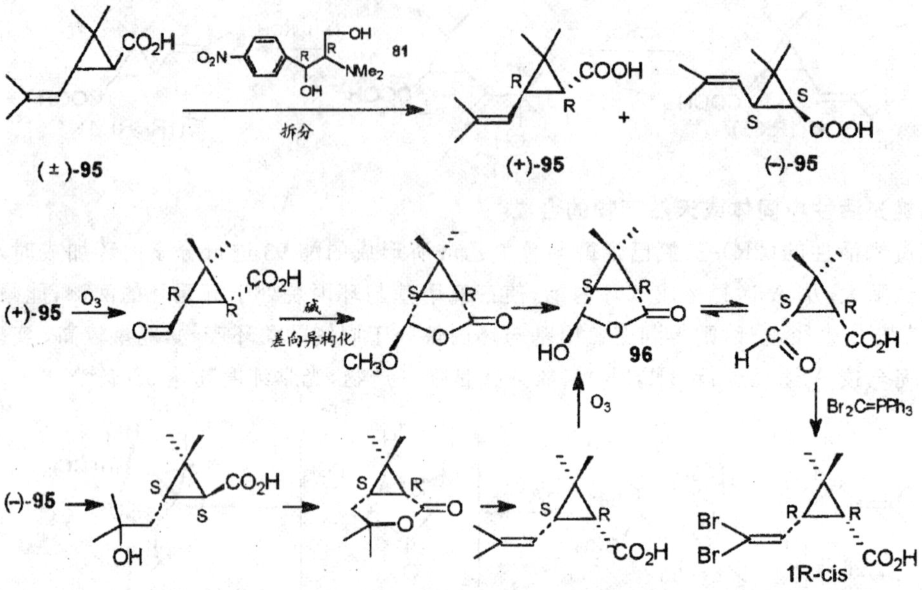

上面介绍了几种经拆分得到的旋光活性中间体用于拟除虫菊酸合成的实例。从具旋光活性的天然产物为起始原料的合成也有许多实例，可用作原料的天然物有蒈烯、蒎烯、（－）-香芹酮、（＋）-萜二烯等。Matsui 用 Δ-3-蒈烯经六步反应得到 1S 顺式菊酸 **97**，经 C₁ 差向异构化得到（＋）-1R,3R 反式菊酸[658]。

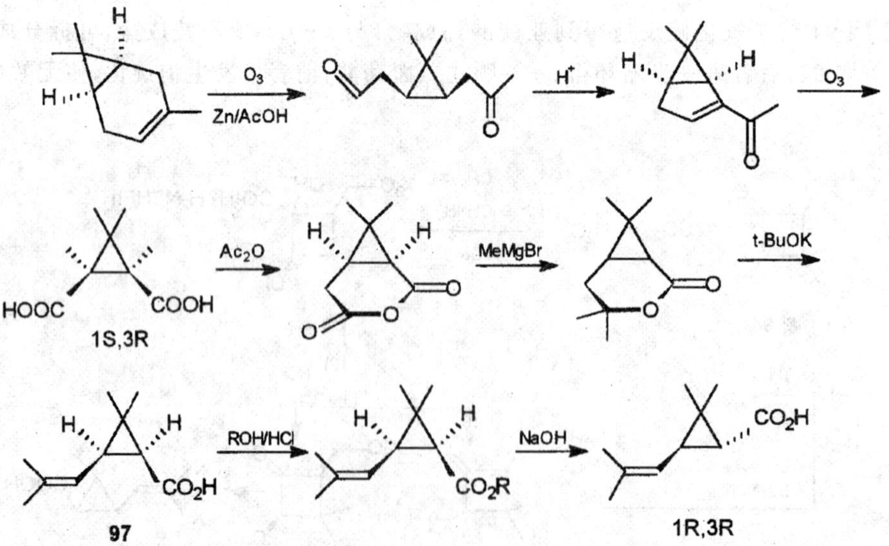

由 Δ-3-蒈烯合成（－）-顺式菊酸 **98**，可以经高锰酸钾氧化开环、格氏反应等步骤实现[659,660]。

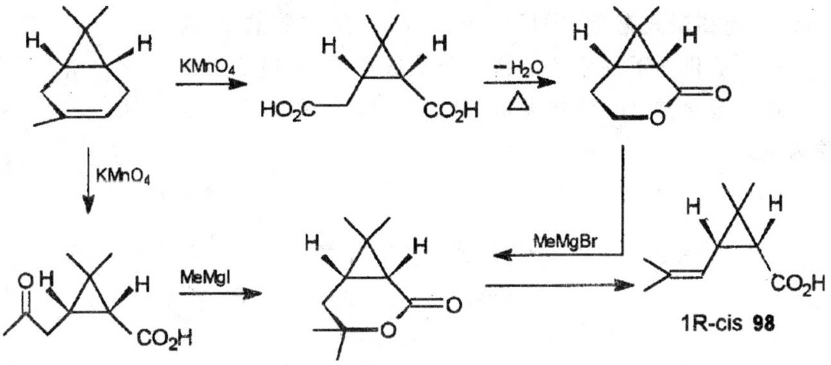

Δ-3-蒈烯经以下各步可以合成 1R 顺式蒈醛酸酯 **99** 或半缩醛内酯 **100**,它们进一步发生 Wittig 反应,可合成多种类型的 1R-顺式菊酸衍生物[647]。

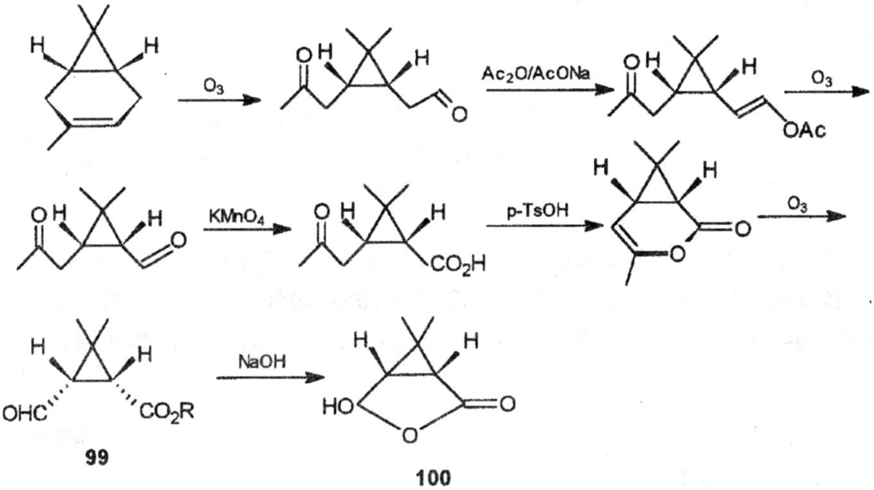

Sigeru 曾以香芹酮为原料,经如下各步反应合成了 1R 反式菊酸,其中环氧酮 **101** 在甲醇中以高氯酸锂为电解质进行电解氧化开环,是该路线关键一步,产率可达 90%[661]。

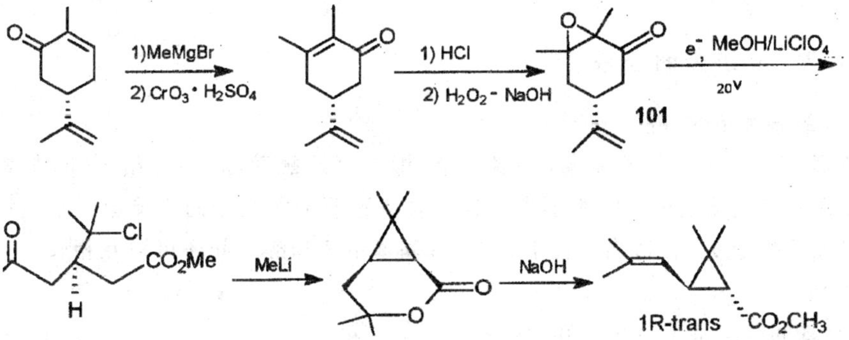

不对称合成

含手性配位基的铜络合物 **102** 可由水杨醛与氨基醇作用生成旋光活性的 Schiff 碱后,再与二价铜反应制得。**102** 曾被用于重氮乙酸酯与烯烃的不对称诱导反应[662],后来又将此催化剂用于菊酸的不对称合成[663]。当重氮乙酸蓋酯 **103** 在催化剂 **102** 存在下与二甲基己二烯发生

环加成时,可以得到高反式菊酸(顺反比为 7∶93),反式酸的 ee 为
94％,产率为 72％。催化剂手性中心的构型与加成产物 C_1 构型紧密
相关,从(R)-**102** 主要生成 1R 反式菊酸,从(S)-**102** 得到的产物以
1S 反式菊酸为主。

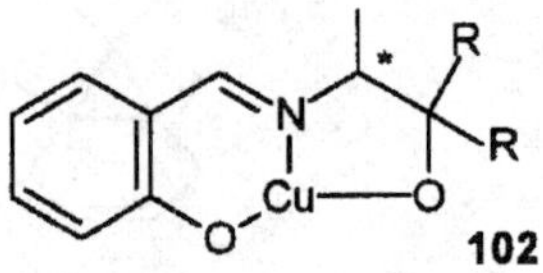

102

R= 5-叔丁基-2-辛氧苯基

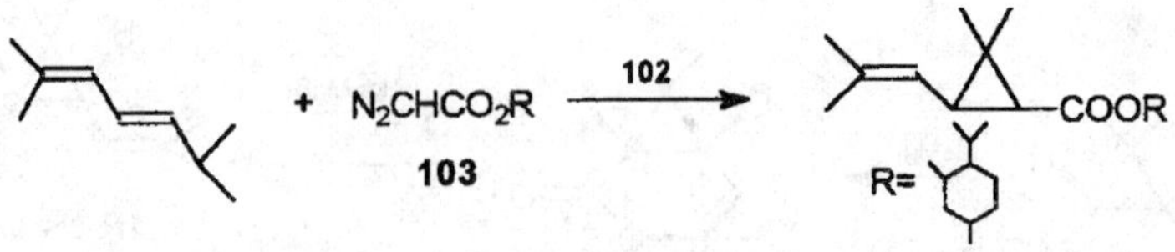

103

　　三氯异己烯 **104** 与重氮乙酸酯的环加成反应,当用 **102** 作催化剂时,也会产生不对称诱
导,得到顺式异构体占 85％,1R 顺式的 ee 为 80.6％的产物。二步反应二氯菊酸的产率达
92％[664、665]。从(S)-**102** 主要得到 1R 顺式二氯菊酸。

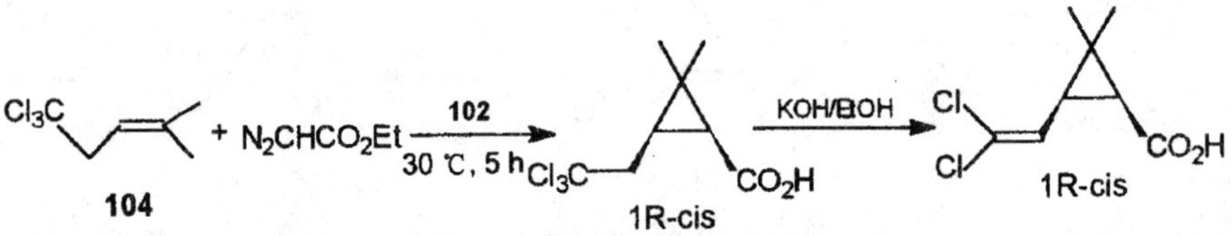

104　　　　　　　　　　　　　　1R-cis　　　　　　　　　1R-cis

　　反丁烯二酸盖酯与磷叶立德反应时,由于盖基的不对称诱导,可以得到环丙烷二羧酸的两
个旋光异构体 **105a** 及 **105b**。从(-)-盖酯所得产物 **105a/105b** 为 13∶87,从(＋)-盖酯为 87∶
13[666]。产物 **105** 为一对对映体,经分离后可由它们合成旋光活性的茚醛酸,进而合成二卤菊
酸。

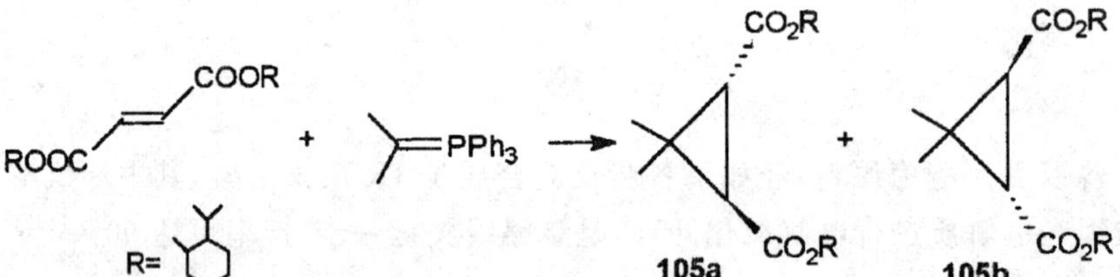

105a　　　　　　**105b**

2.4.4.2　醇组分的合成

(1)间苯氧基苯甲醇、醛

　　间苯氧基苯甲醇 **106** 是苯醚菊酯、氯菊酯(即二氯苯醚菊酯)的醇组分,间苯氧基苯甲醛
107 是合成含氰基拟除虫菊酯的重要中间体。合成这两个醇组分的主要原料是间甲苯基苯醚
108 及间溴苯甲醛 **109**。在适当条件下,间苯氧基苯甲醛和醇之间还可以互相转化。反应过程
如图 2—22 所示。

(2)α-氰基间苯氧基苯甲醇及其衍生物

　　腈醇 **110** 及其溴化物 **111** 和间甲苯磺酸酯 **112** 均为重要的醇组分,它们的合成可以间苯
氧基苯甲醛或间苯氧基卤化苄为原料,按如下反应得到[675~677]:

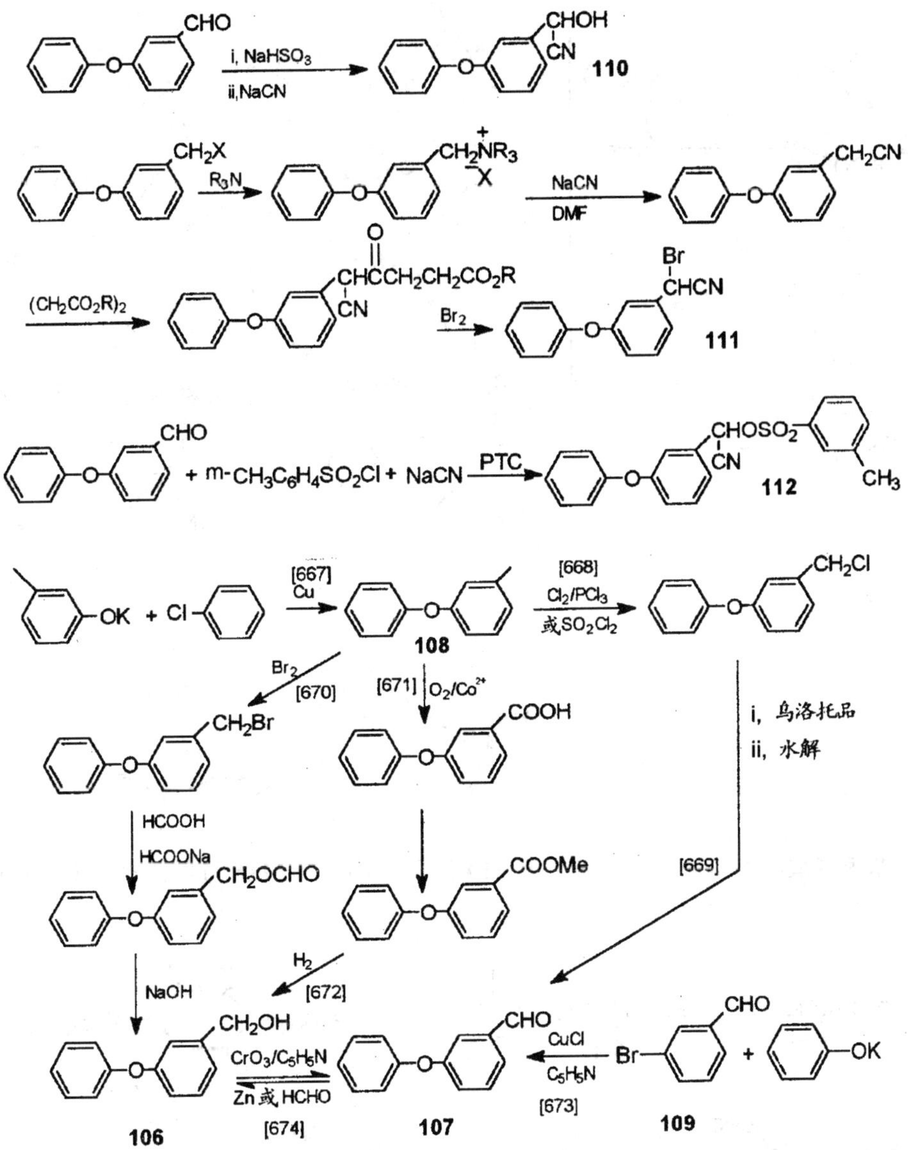

图 2—22 间苯氧基苯甲醇、醛的合成

腈醇有一个 α-手性碳原子,只有 S 构型形成的拟除虫菊酯有活性。用 1R 顺式菊醛为拆分剂,与腈醇生成半缩醛内酯 **113**,四个非对映异构体中,**113b** 可在异丙醇中结晶析出,**113a** 在三乙胺存在下发生差向异构化转化为 **113b**、**113c** 及 **113d** 为副产物。最后,**113b** 经水解得 S 构型的腈醇[678、679]。

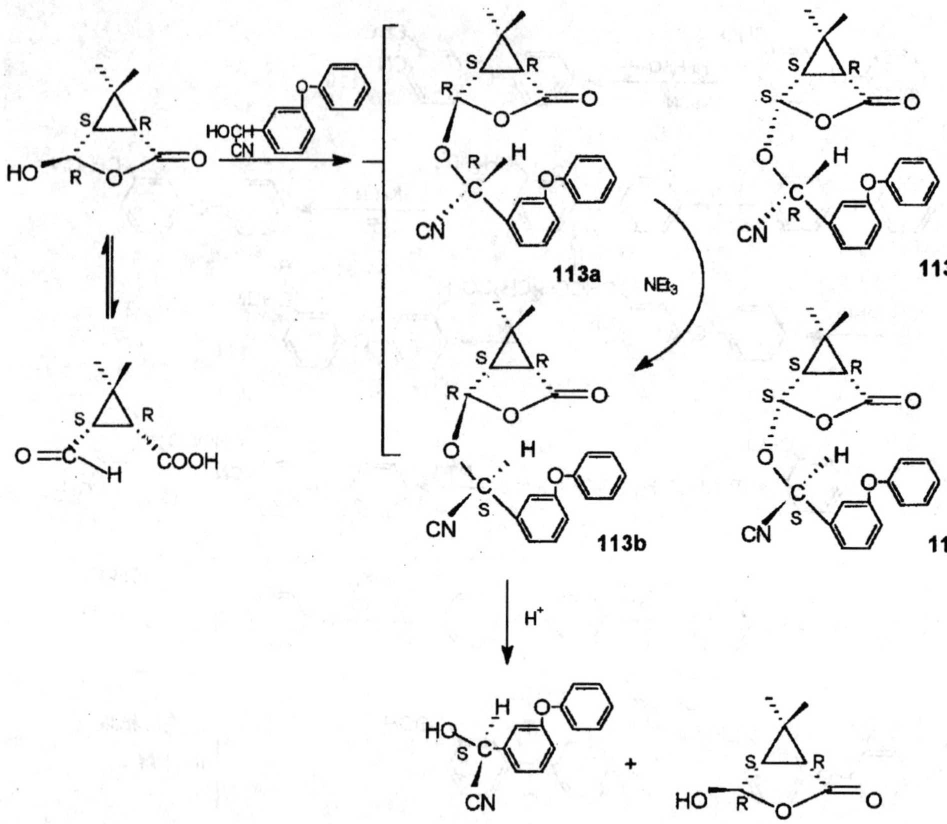

在由苯丙氨酸与组氨酸生成的环二肽 **114** 作用下,苯醚醛 **115** 与氢氰酸发生不对称加成,得到 ee 为 70％的(S)腈醇[680]。

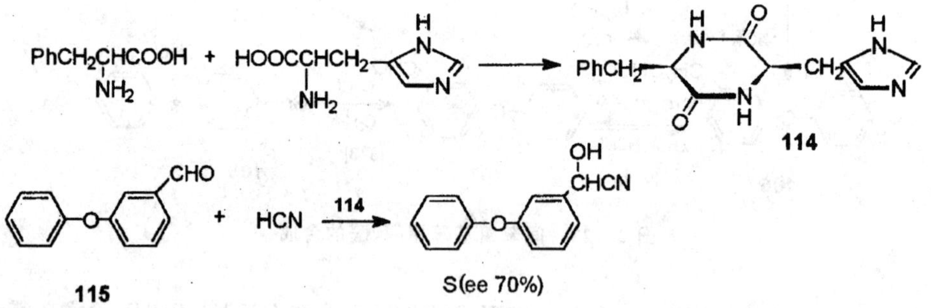

(3)5-苄基-3-呋喃甲醇

5-苄基-3-呋喃甲醇即苄呋醇 **116** 是苄呋菊酯的醇组分,可按下述路线合成[594、681]。

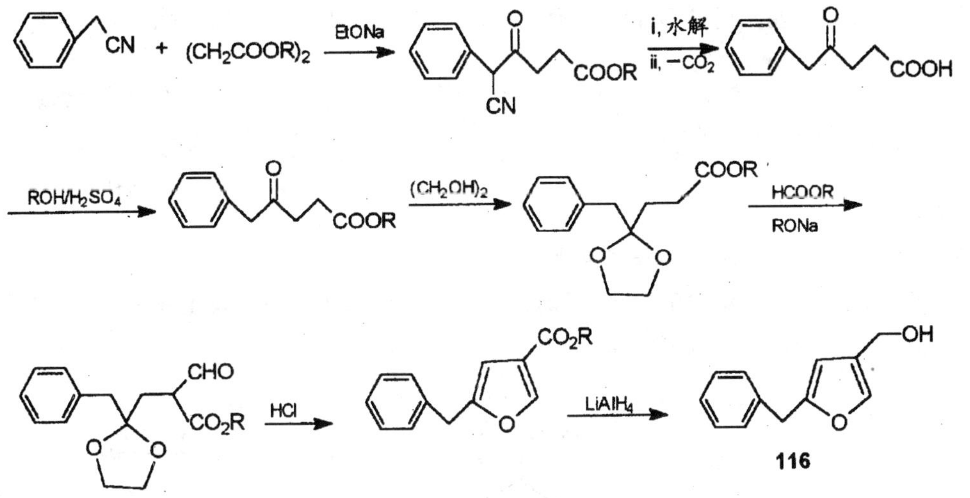

（4）4-氟-3-苯氧基苯甲醛

这种醇组分用于百树菊酯的合成，氟代苯或氟苯衍生物又是合成氟苯氧基苯甲醛 **117** 的常用原料[682]。

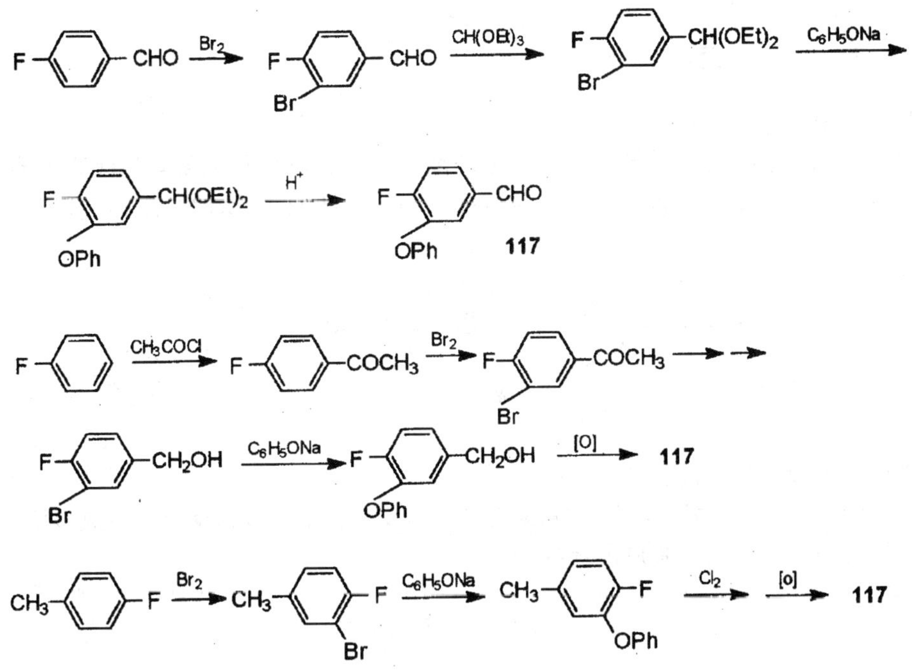

（5）2-烯丙基-4-羟基-3-甲基环戊烯-2-酮

这是第一个人工合成除虫菊酯即烯丙菊酯的醇组分，合成路线如下[683]：

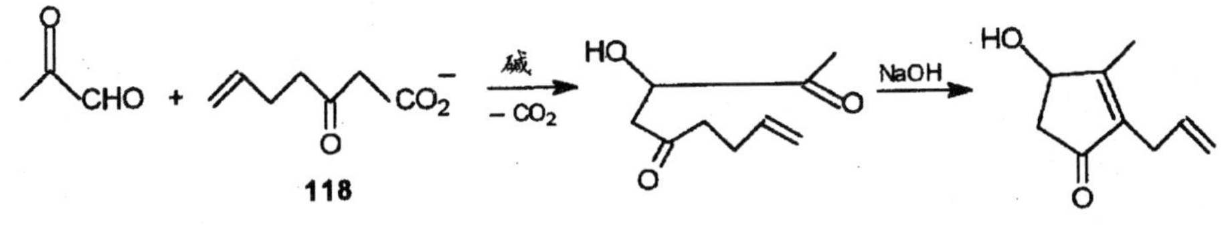

其中关键中间体烯丙基乙酰乙酸 **118** 可通过 Claisen 重排反应制得。

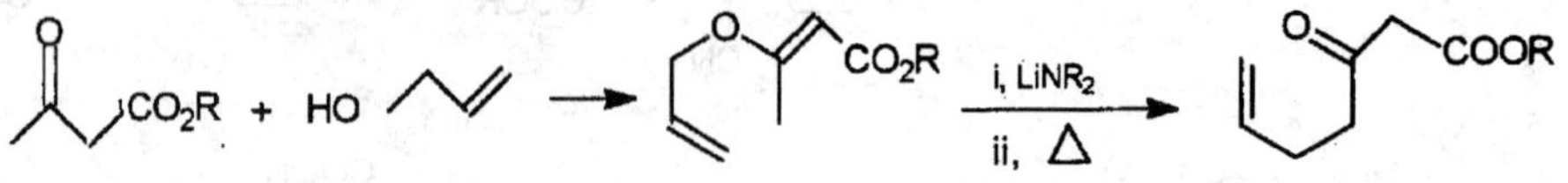

（6）N-羟基-3,4,5,6-四氢邻苯二甲酰亚胺

这是家用杀虫剂胺菊酯的醇组分,可通过丁二烯与顺丁烯二酸酐发生双烯加成,然后发生异构化、氨化、羟甲基化等反应来制备[548、684]。

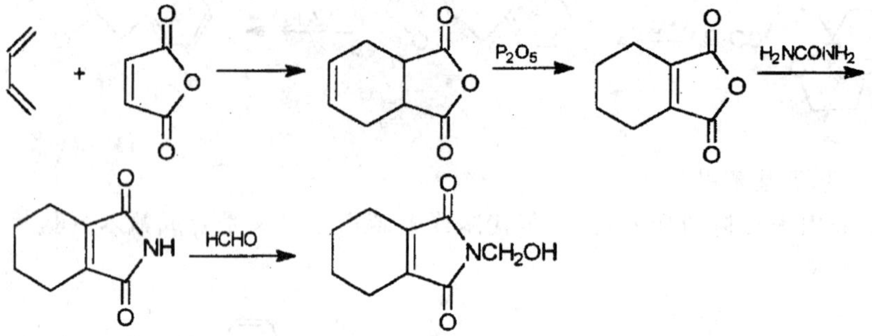

2.4.4.3　拟除虫菊酯的合成

（1）拟除虫菊酸与醇脱水

作为酯类的拟除虫菊酯,大都可以用一般的酯化方法合成。其中羧酸与醇脱水酯化的方法,也可用于拟除虫菊酯的合成。通常以对甲苯磺酸为催化剂,在苯溶剂中回流,可得酯化产物[551]。

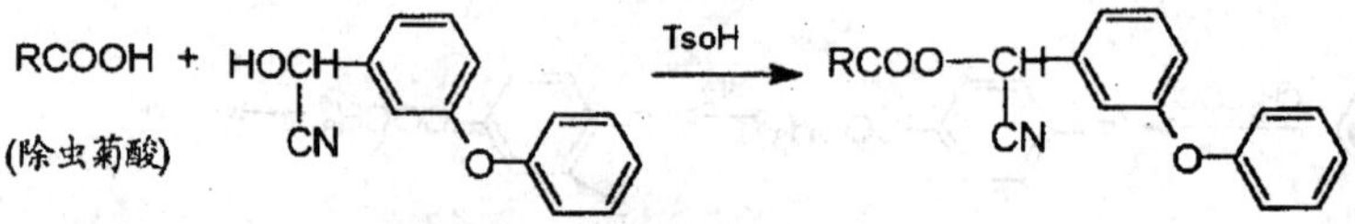

（2）拟除虫菊酸盐与取代苄醚等反应

拟除虫菊酸碱金属盐与 α-卤代、α-磺酸酯基苄醚及亚胺基类似物反应可生成拟除虫菊酯,相转移催化剂的存在,有利于此反应进行[685、686]。

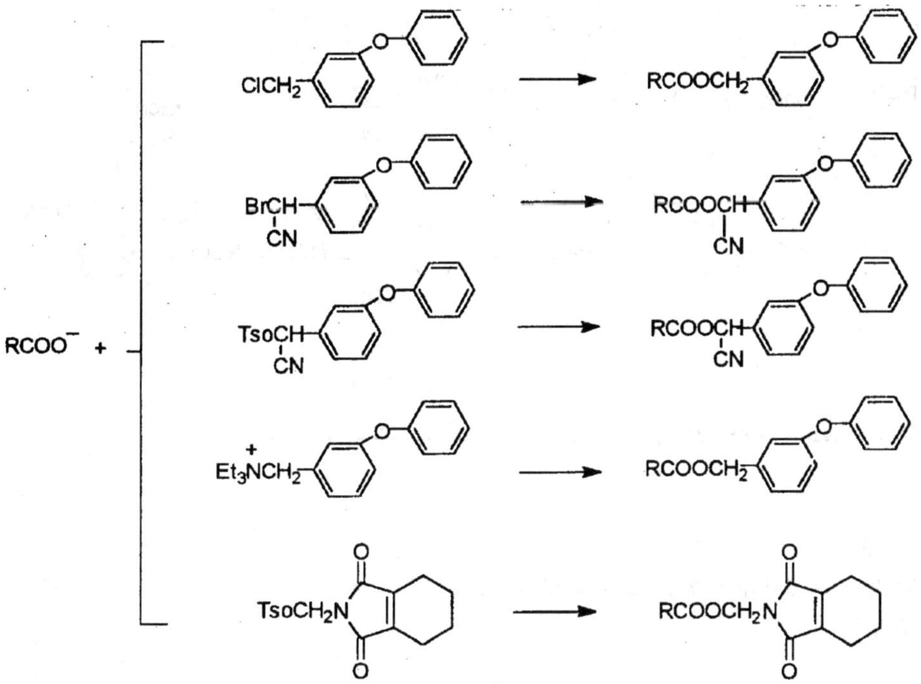
RCOO⁻ +
ClCH2
RCOOCH2
BrCH
CN
RCOOCH
CN
TsoCH
CN
RCOOCH
CN
Et3NCH2
RCOOCH2
TsoCH2N
RCOOCH2N

(3)拟除虫菊酰氯与醇、醛反应

拟除虫菊酰氯与苄醇、腈醇在缚酸剂存在下[687]或用氯化锌等 Lewis 酸催化[688],均可生成酯。

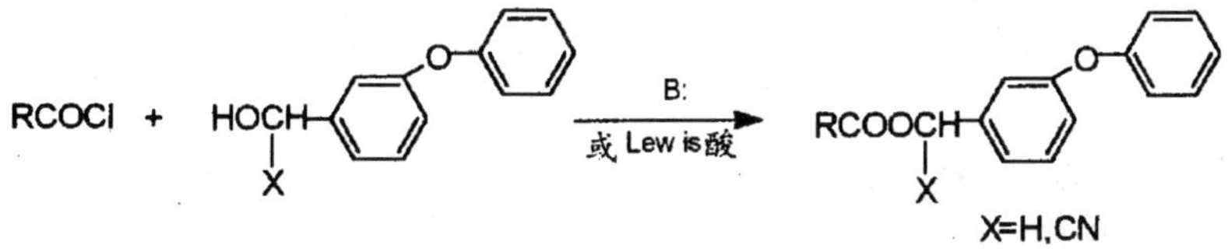
RCOCl +
HOCH
X
B:
或 Lew is酸
RCOOCH
X
X=H,CN

拟除虫菊酰氯与苯氧基苯甲醛及氰化钠反应,可能存在三种情况[689~691]:酰氯先与醛加成,生成α-氯代酯 **119** 再与氰化钠反应,或者醛先和氰化钠加成得腈醇钠 **120** 再与酰氯反应,也可以酰氯先与氰化钠加成,得氰酮 **121** 再与醛反应。三种物料交叉进行加成、取代反应,均可得较好产率和纯度高的腈醇酯,此反应最好在相转移催化剂存在下进行。

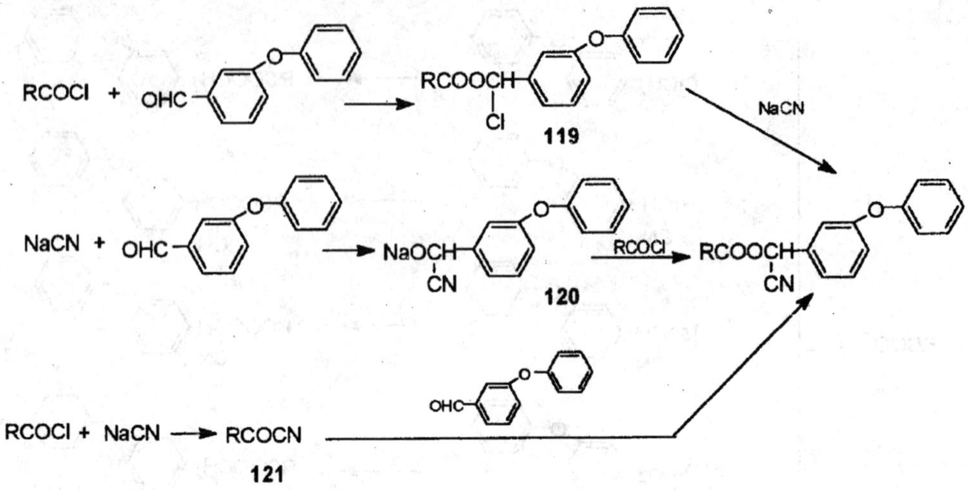

（4）酯交换反应

拟除虫菊酸烷基酯与醇或醋酸酯在醇钠[692]或原钛酸酯[693]催化下,发生酯交换反应,得到拟除虫菊酯。

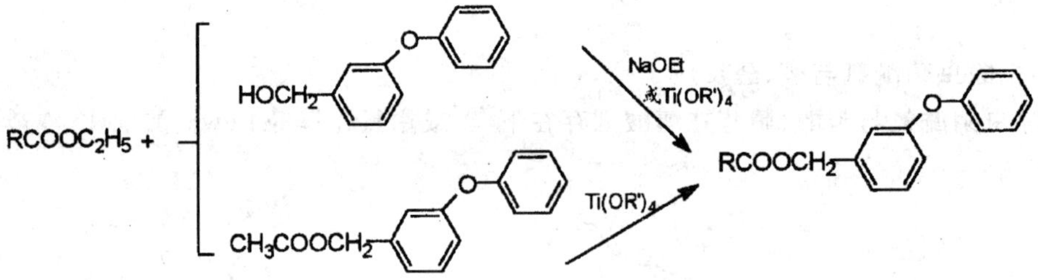

（5）旋光活性拟除虫菊酯的合成

经由差向异构化反应

在拟除虫菊酸的腈醇酯中,通常都是醇组分的α-碳为S构型时有效,如溴氰菊酯,旋光活性的氯氰菊酯（NRDC-182）和旋光活性的杀灭菊酯均是如此。由于合成(S)-腈醇较困难,因此,从消旋的腈醇与旋光活性的拟除虫菊酸酯化后,通过差向异构化反应,可顺利地将(R)-腈醇酯转化为(S)-酯。以溴氰菊酯为例,1R 顺式二溴菊酰氯与腈醇成酯后,选择适当溶剂,(S)-酯从溶液中析出结晶,母液中富集的(R)-酯,由于存在α-活泼氢原子,在碱作用下α-碳容易发生消旋化（差向异构化）,生成的(S)-酯不断从溶液析出,余下的(R)-酯不断差向异构化,直到(R)-酯几乎全部转化为(S)-酯。

当用 1R 顺式二氯菊酸与腈醇采用上述差向异构化反应时,可得到 1R 顺式 α-(S)-氯氰菊酯（NRDC-182）。用(S)-对氯苯基异戊酸与腈醇可以得到(S)-α-(S)-杀灭菊酯[694]。

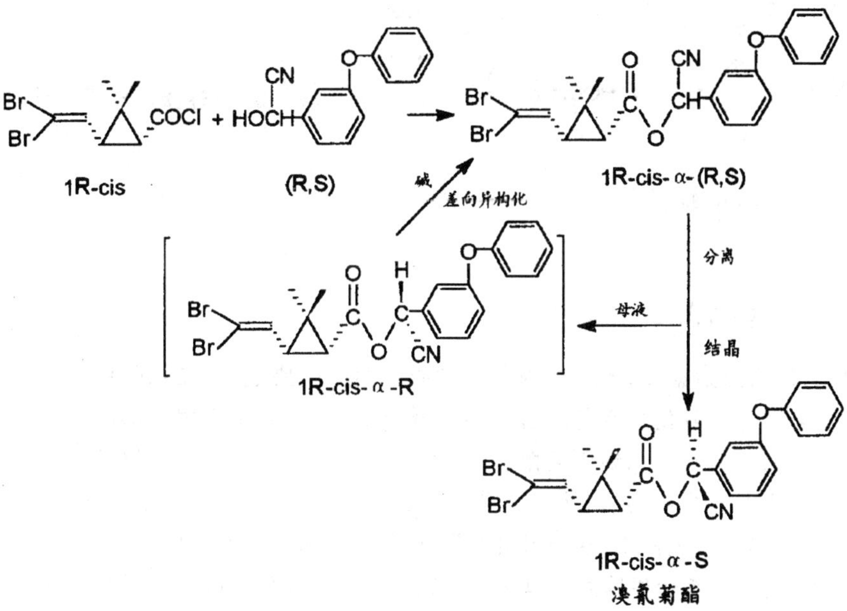

拆分

经苯醚醛与氰氢酸在环二肽 **114** 存在下的不对称加成(2.4.4.2)得到的(S)-腈醇,与消旋的对氯苯基异戊酰氯反应生成(RS)-α-(S)-杀灭菊酯 **123**,用播种结晶方法拆分以后,得到高活性的(S)-α-(S)-**123** 及低活性的(R)-α-(S)-**123**。后者经酸分解得苯醚醛及(R)-对氯苯基异戊酸,苯醚醛可进一步用于不对称加成制(S)-腈醇,(R)-酸经酰氯化消旋得(RS)-酰氯循环使用[695]。

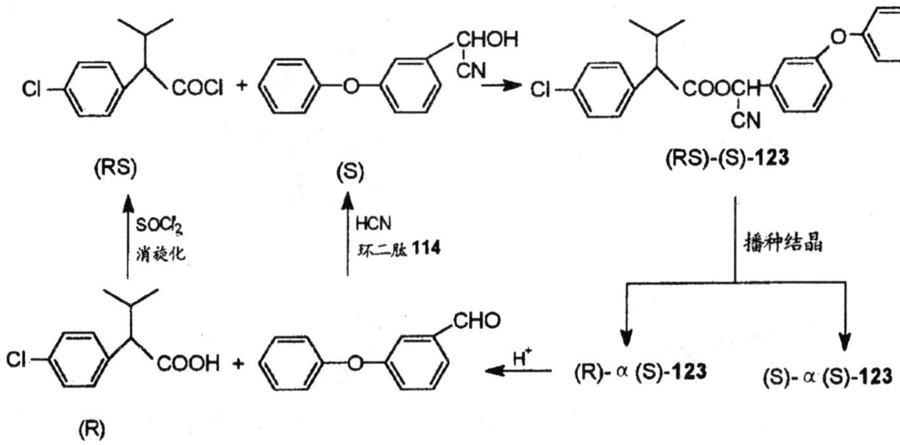

经不对称诱导合成

对氯苯基异戊烯酮 **124** 在环二肽 **114** 不对称诱导催化下,与腈醇发生加成酯化,得到富(S)-α-(S)-杀灭菊酯 **123**[696]。

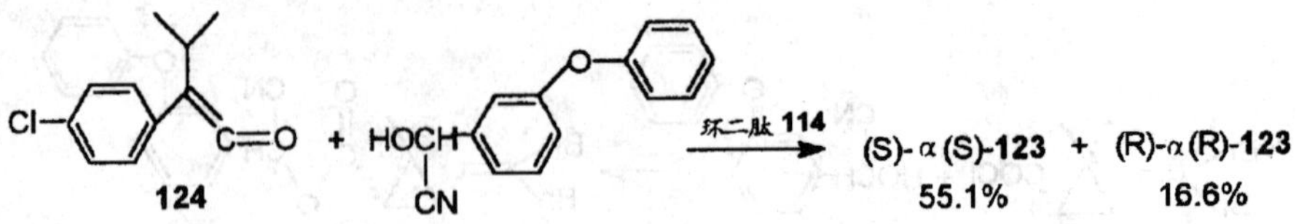

$$(S)-\alpha(S)-123 \quad + \quad (R)-\alpha(R)-123$$
$$55.1\% \quad\quad\quad 16.6\%$$

2.4.5 代谢[697]

2.4.5.1 氧化代谢

氧化代谢是除虫菊素Ⅰ、Ⅱ及烯丙菊酯初级代谢的主要途径。在拟除虫菊酯中(如,二氯苯醚菊酯、溴氰菊酯等),氧化代谢与水解代谢同样重要。这些氧化作用大都由于微粒体氧化酶的存在而发生,对除虫菊素Ⅰ和烯丙菊酯来说,酸组分的氧化部位主要是异丁烯侧链上的反式甲基,首先生成羟甲基衍生物,进一步的氧化可能是非微粒体 mfo 所为,产生醛,再转化为羧酸。在醇组分的环戊醇酮的侧链上,也有氧化作用发生。在除虫菊素Ⅰ中,可能经由环氧化物得到反式 2,5-二羟基戊-3-烯衍生物及顺式 4,5-二羟基戊-2-烯衍生物。烯丙菊酯的醇组分氧化也得到二醇。此外,烯丙菊酯中环丙烷上的一个甲基也可以发生羟化,醇组分中烯丙侧链也可以直接发生羟化。

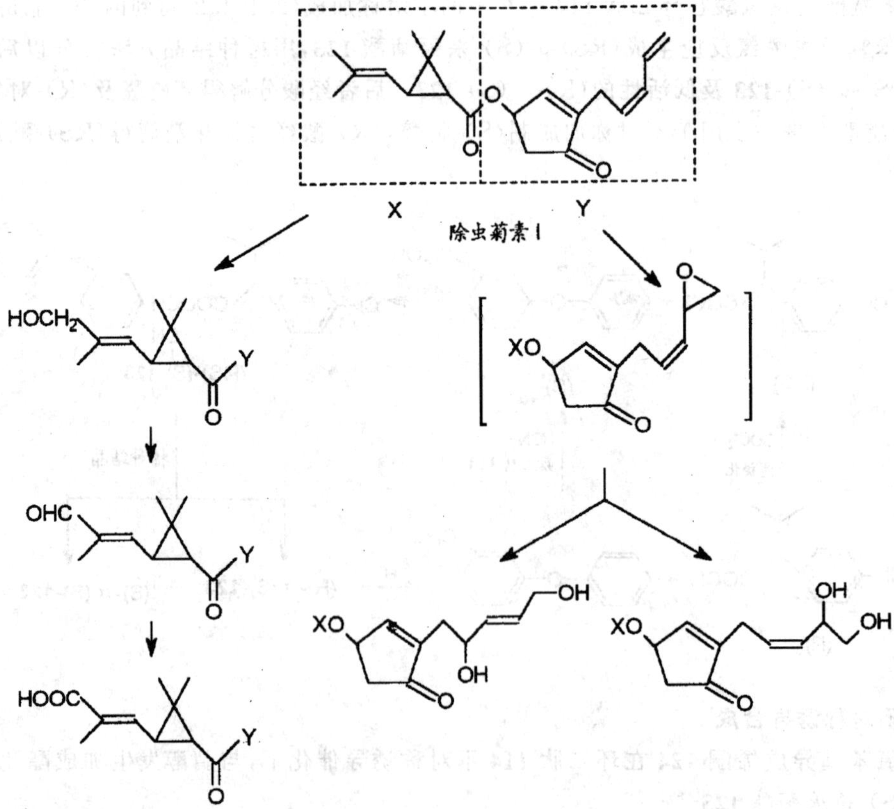

图 2—23 除虫菊素Ⅰ的氧化代谢

在胺菊酯及苄菊酯中,酸组分的侧链甲基也能被氧化,但是这些由伯醇形成的酯,水解易于发生,醇组分的氧化代谢往往发生在水解之后。

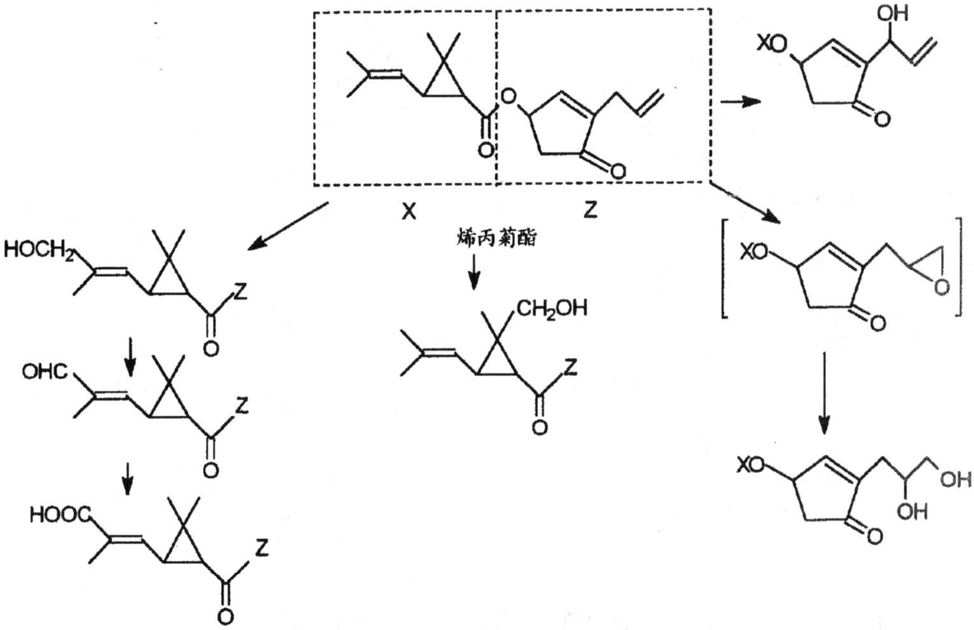

图 2—24　烯丙菊酯的氧化代谢

　　二氯苯醚菊酯 **125** 的氧化代谢与水解代谢似乎同时发生,在其代谢物中,有羟化代谢物、羟化物与葡萄糖的结合物、水解代谢物——二氯菊酸和间苯氧基苄醇、水解后的结合物、羟化后的水解产物以及水解后的羟化产物等。二氯苯醚菊酯有 4 个羟化部位,即 c(顺式)、t(反式)、4、6。在溴氰菊酯、氟氰菊酯及杀灭菊酯中都有 4、6 这两个氧化部位。虽然在不同的生物体中以及不同的立体异构体有不同的氧化代谢部位,但二氯苯醚菊酯的主要氧化部位是 4 和 t,其次是 c。

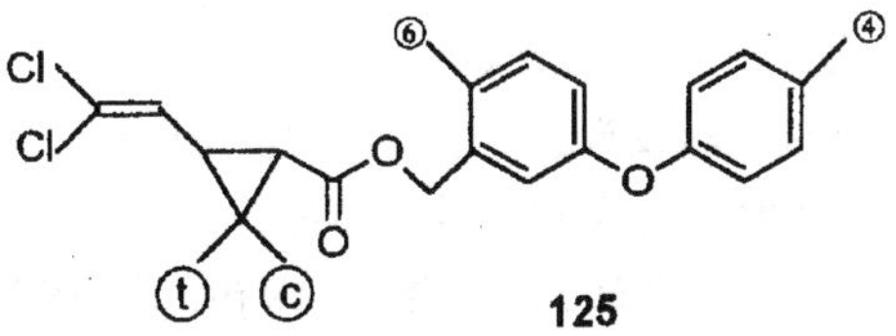

125

2.4.5.2　水解代谢

　　羧酸酯酶对除虫菊酯类杀虫剂能催化水解,使之解毒。除虫菊素 I 的氧化代谢物(图 2—23)也能被催化水解生成相应的酸和醇酮(图 2—25)。

　　除虫菊素 II **126** 的甲氧羰基在大鼠肝微粒体存在下也能水解失活。

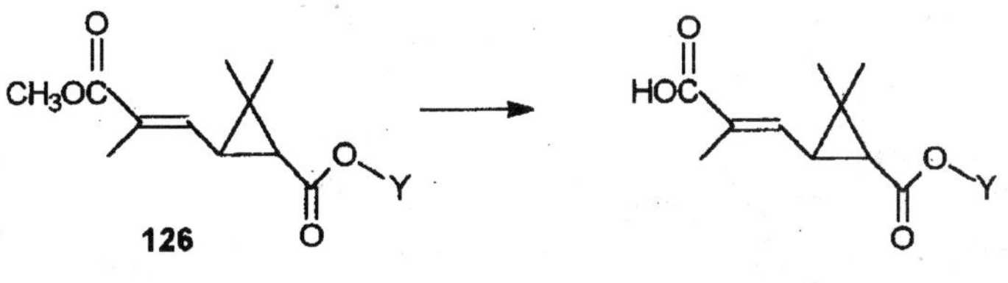

126

　　通常醇组分为伯醇、酸组分为反式的菊酯水解代谢较为容易。二氯苯醚菊酯 **125** 不但 4、

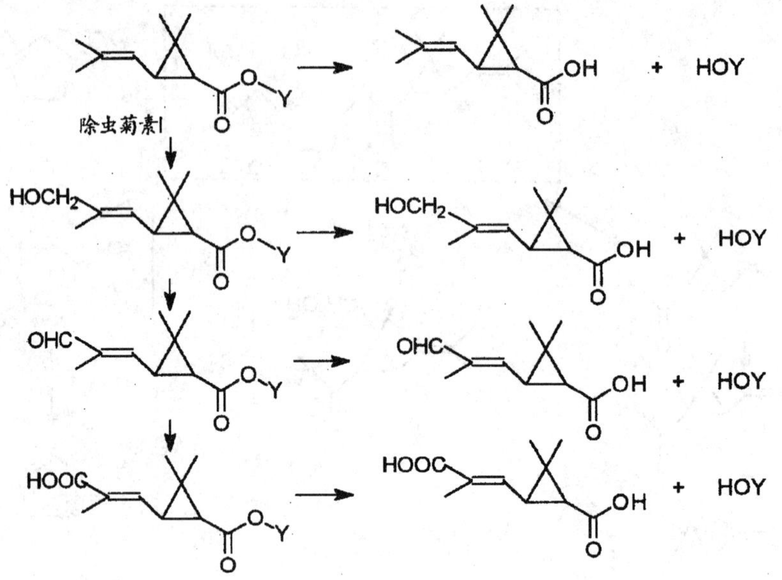

图 2－25　除虫菊素 I 及其氧化代谢物的水解代谢

6、c、t 等部位的氧化代谢物可进一步水解，而且本身在未氧化时也可以先水解。

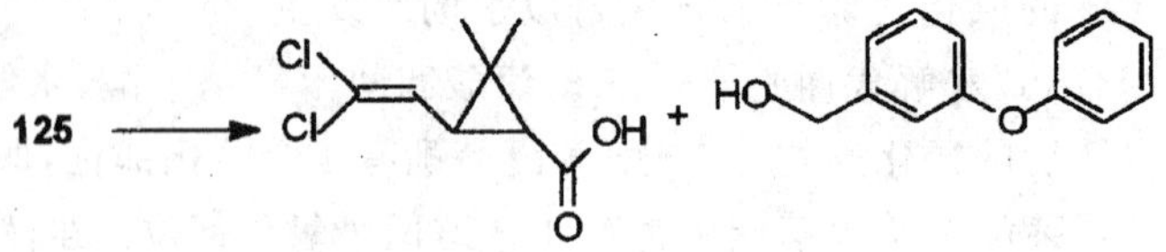

2.4.5.3　结合作用

在大鼠中，除虫菊素 I、II 的许多初级代谢物可与葡糖醛酸及硫酸酯形成结合物。胺菊酯在大鼠中也发现几种葡糖苷酸的结合物，如 3-羟基环己烷 1,2-二甲酰亚胺 **127** 的结合物等。用烯丙菊酯处理家蝇，发现酸组分异丁烯侧链甲基羟化后主要生成葡糖苷结合物，这可能是昆虫体内的主要代谢途径。

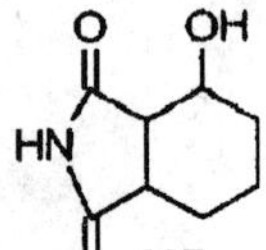

二氯苯醚菊酯在哺乳动物及昆虫体内，经氧化、水解等初级代谢后的产物可与葡萄糖及氨基酸发生结合。在 t 位的羟化产物 **128** 可直接生成葡糖苷结合物，也可以水解后再与多种氨基酸结合。c 位羟化产物也有类似的结合作用发生。

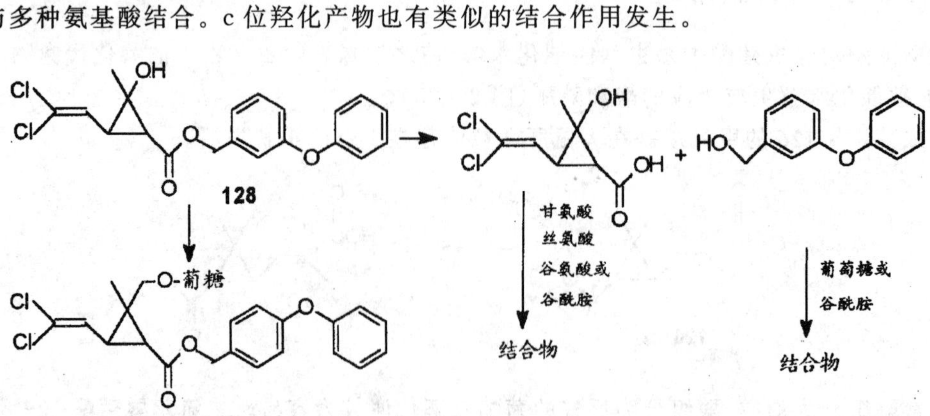

6 位羟化物 **129** 也可直接生成葡糖苷结合物，或者水解后醇组分再生成 6 位葡糖结合物。4 位羟化产物亦然。

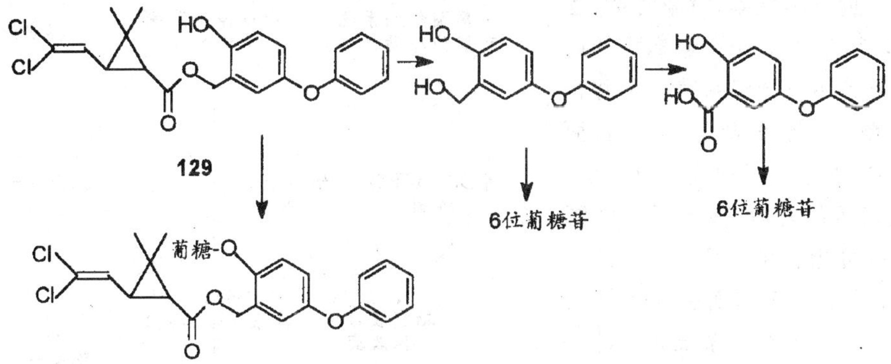

2.4.6　作用机制[698、699]

除虫菊与 DDT 都是轴突毒剂，而对突触无作用。它们引起的中毒征象十分相似，但击倒作用除虫菊酯更为突出。它们都有负温度系数，在低温时毒性更高。除这些相似之处外，也存在一些差异。除虫菊酯不但对周围神经系统有作用，对中枢神经系统，甚至对感觉器官也有作用，而 DDT 只对周围神经系统有作用。虽然除虫菊酯与 DDT 都作用于轴突，但除虫菊酯的作用主要是在冲动产生区，而且似乎对感觉器官的输入神经的轴突特别有效，而 DDT 没有这样固定。此外，它们在电生理上也发现有些小的差异。

除虫菊酯的毒理作用比 DDT 复杂，因为它同样具有驱避、击倒及毒杀三种不同作用。一般认为，驱避作用是除虫菊酯作用于感觉器官上引起的反应，极低浓度的除虫菊酯即有效。因此它不影响神经系统的其它部分，与击倒及毒杀作用机制完全无关。关于击倒与毒杀是否是同一机制，是否作用于同一部位，尚有争论。一种说法认为，击倒只影响周围神经系统，而毒杀是破坏中枢神经系统。还有一种说法认为，击倒与毒杀都是对中枢神经系统的影响，只是中毒程度不同，即击倒乃是毒杀的初步征象，击倒后如不继续中毒，即可恢复。

除虫菊酯引起的中毒征象可分为兴奋期与抑制期（或麻痹期）两个阶段。在兴奋期，昆虫乱爬动；到抑制期，活动逐渐减少；进入麻痹期，最后死亡。在这两个时期中，神经活动各有其特征性变化。在兴奋期，可以看到动作电位大大增加，有重复后放。兴奋期长短与药剂浓度有关，浓度越高，兴奋期越短，进入抑制期越快。高浓度除虫菊酯处理后 1 分钟，就引起兴奋，此时有大量的自动发放。自动发放的不规则化及减弱是进入抑制期的标志。在麻痹之后用生理盐水洗去除虫菊酯，不能或极少能使昆虫恢复。这一现象说明除虫菊酯的作用乃是物理作用，因此没有可逆性。这些征象，特别是击倒作用的迅速出现，说明除虫菊酯这一类化合物是神经毒剂，并且是物理性的神经毒剂，所以作用迅速。

对于除虫菊酯的作用机制，在许多具体方面尚有不同意见，存在争论。但一般认为（图 2—26），除虫菊酯对周围神经系统，中枢神经系统及其它器官组织（主要是肌肉）同时起作用。由于药剂通常是通过表皮接触进入，因此，先受到影响的是感觉器官及感觉神经元。但并不是说主要的作用靶标部位就是周围神经系统。对周围神经系统的主要影响是轴突传导的改变与阻断。但尚不能肯定是药剂直接对轴突起作用，或是通过抑制"外 Ca^{2+} ATP 酶"而起作用；甚至于轴突传导改变是起源于感觉神经元的冲动发生区，也难以肯定。总之，不论是哪个改变，结果都一样,先发生一系列重复后放,然后轴突传导受阻。到轴突传导将完全阻断时,重复后放已不规则,时断时续,逐渐进入麻痹期。另一个引起麻痹的原因,有可能是中枢神经系统的某些特殊部位,在这时也被药剂所作用,而发生了某些尚不明了的改变或损伤。此外,重复后放之后,产生了神经毒素,它们也可能引起麻痹。但是,死亡的来临除了上述三方面引起麻痹的因素之外(即中枢神经系统某一部位受破坏,神经传导受阻及神经毒素的产生),还有其它组织器官病变的次要作用,这些病变可能也是由于细胞膜渗透性改变所引起的。

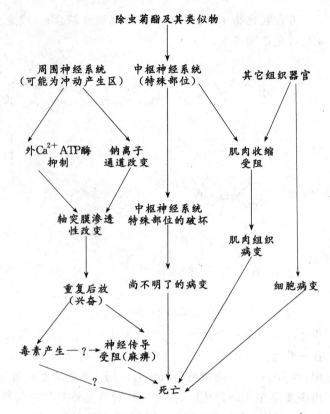

图2-26 除虫菊酯及其类似物的作用机制

2.4.7 重要品种[700,701]

2.4.7.1 菊酸酯

(1)烯丙菊酯(Allethrin)

2-甲基-3-烯丙基-4-氧代环戊烯基菊酸酯

它是日本住友公司开发的品种,通常含 70% 的(±)-反式酸酯和 30%(±)-顺式酸酯。生物烯丙菊酯(Bioallethrin)的酸组分为旋光活性的菊酸,通常含(+)-(1R,3R)-反式酸酯 90% 以上。两种产物均微溶于水,易溶于有机溶剂。

烯丙菊酯的大鼠口服急性毒性 LD_{50} 为 680~1000mg/kg。本品为触杀性杀虫剂,对家蝇的活性与天然除虫菊素相当,但对其它卫生害虫效果较低,可加入增效剂提高活性。生物烯丙菊酯的杀虫活性比烯丙菊酯高,是广谱杀虫剂。

合成方法:

(2)胺菊酯(Tetramethrin)

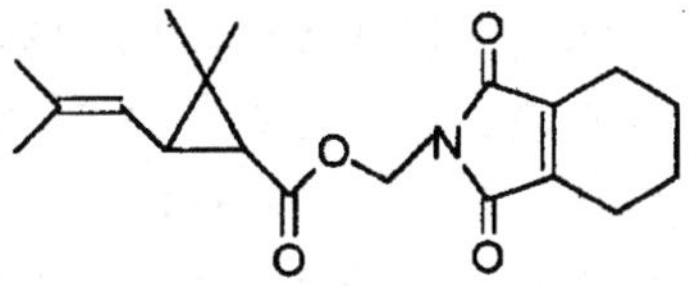

3,4,5,6-四氢酞酰亚胺基甲基菊酸酯

这是 1965 年由住友公司和 FMC 公司开发的品种。纯品为白色结晶,工业品熔点 65℃～80℃,沸点 185℃～190℃/13.3Pa。溶于有机溶剂,具有较好的稳定性。通常是顺、反菊酸酯的混合物。

对大鼠口服急性毒性 LD_{50} 大于 $4640mg/kg$,为触杀性杀虫剂,对蚊、蝇和其它卫生害虫有很强的击倒活性。

合成方法:

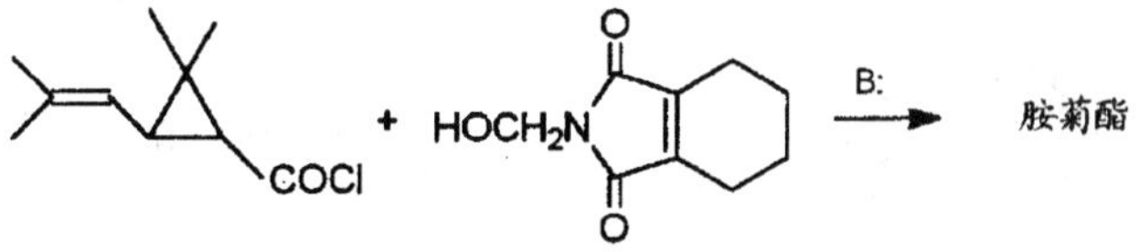

+ HOCH₂N 〔结构式〕 $\xrightarrow{B:}$ 胺菊酯

(3)炔呋菊酯(Prothrin)

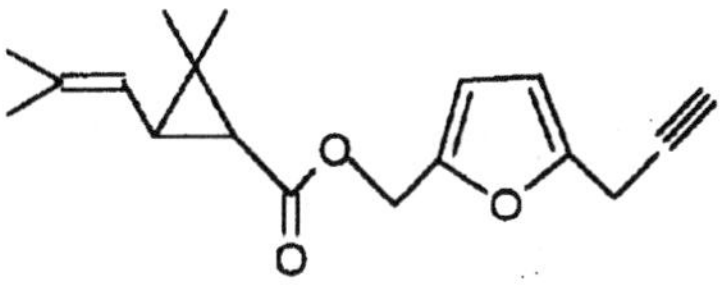

5-(2-炔丙基)-2-呋喃甲基菊酸酯

它是 1969 年由大日本除虫菊公司推出的品种,为顺反酸酯的混合物。沸点 120℃～122℃/26.7Pa,溶于丙酮等有机溶剂,难溶于水。对光和碱性介质不稳定。

对大鼠口服急性毒性 LD_{50} 为 $1000mg/kg$。用于防治室内卫生害虫,对蚊、蝇的毒力分别为烯丙菊酯的 3.7 和 4.6 倍,击倒率比烯丙菊酯高 2～4 倍。

合成方法

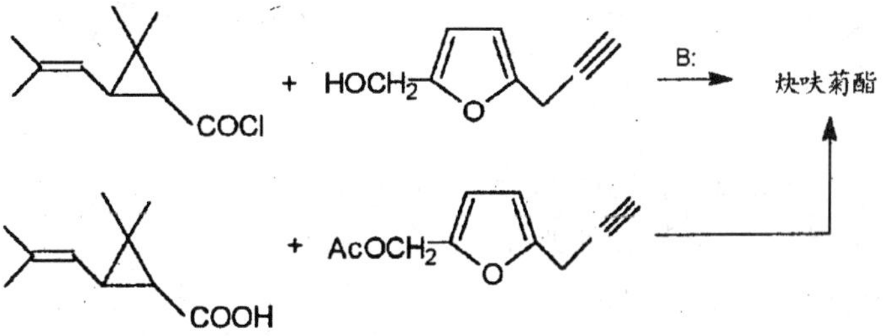

+ HOCH₂ 〔结构式〕 炔丙基 $\xrightarrow{B:}$ 炔呋菊酯

+ AcOCH₂ 〔结构式〕 炔丙基

(4)苄呋菊酯(Resmethrin)

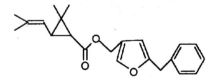

5-苄基-3-呋喃甲基菊酸酯

通常含 20%～30%顺式酸酯和 80%～70%的反式异构体,为白色腊状固体,熔点 43℃～48℃。生物苄呋菊酯(Bioresmethrin)为(+)-(1R,3R)-反式酸酯,熔点 30℃～35℃,沸点 180℃/1.3Pa。所有异构体均不溶于水,但溶于有机溶剂。在空气中和光照下不稳定。

苄呋菊酯对大鼠口服急性毒性 LD_{50} 为 2000mg/kg。本品为强触杀剂,杀虫谱广。苄呋菊酯和生物苄呋菊酯对家蝇活性比天然除虫菊素分别高 20 倍和 50 倍。

合成方法:

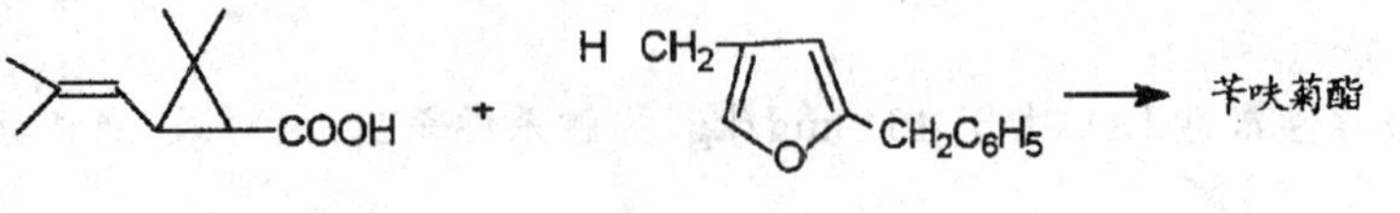

(5)苯醚菊酯(Phenothrin)

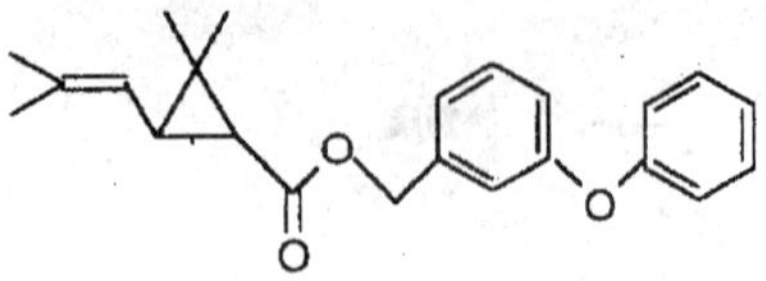

3-苯氧基苄基菊酸酯

它是 1973 年由住友公司开发的品种。本品为顺反异构体的混合物,无色液体,30℃在水中的溶解度为 2mg/L,可溶于有机溶剂,对光稳定。

对大鼠口服急性毒性 LD_{50} 为 5000mg/kg,对重要的卫生害虫的活性比天然除虫菊素高。增效剂可使其增加活性。

合成方法:

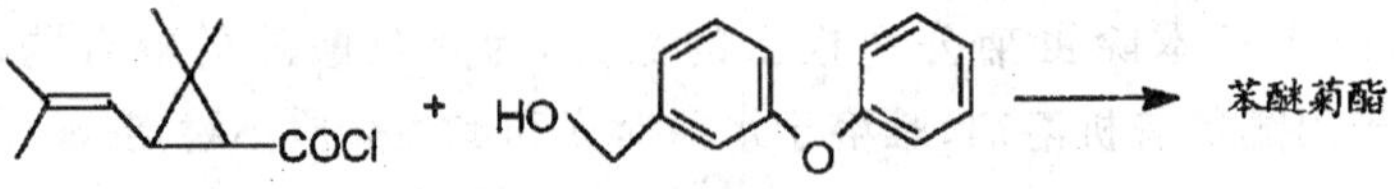

(6)甲醚菊酯(Methothrin)

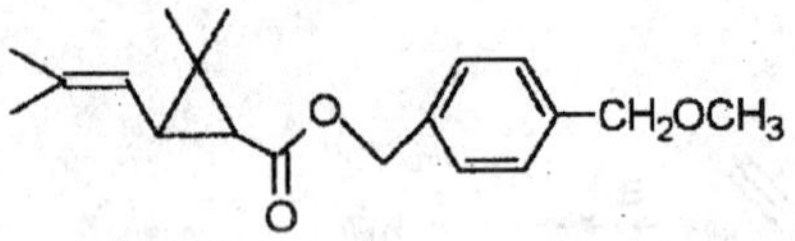

4-甲氧基甲基苄基菊酸酯

其工业品为淡黄色油状液体,其纯品为无色油状物,沸点 142℃～144℃/2.7Pa,易溶于有机溶剂,不溶于水。通常为顺、反酸酯的四种异构体的混合物。

大鼠口服急性毒性 LD_{50} 值为 4040mg/kg,用于防治蚊、蝇等卫生害虫。

合成方法:

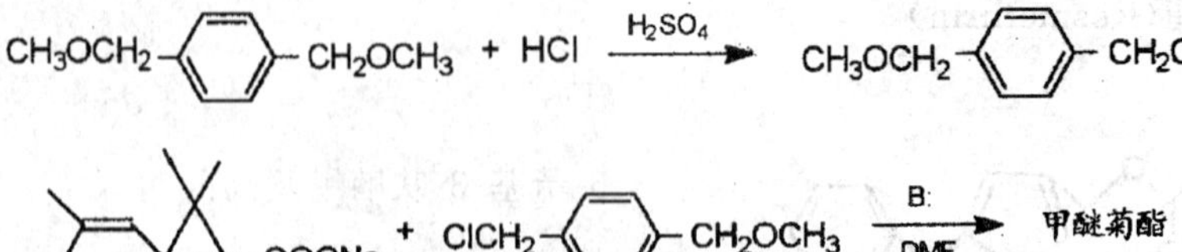

2.4.7.2 卤代菊酸酯

(1)二氯苯醚菊酯(Permethrin)

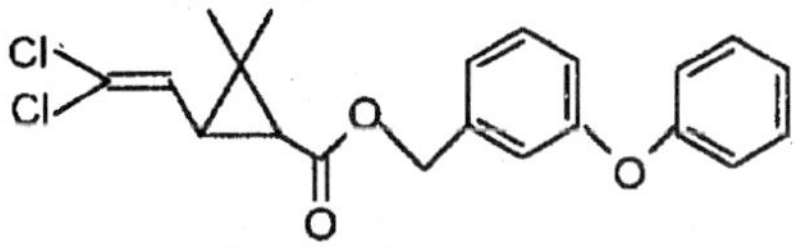

3-苯氧苄基-3-(2,2-二氯乙烯基)2,2-二甲基环丙烷羧酸酯

它是 1973 年在英国创制,1977 年在美国开始生产的。本品为固体,熔点 34℃~39℃,沸点 200℃/1.3Pa,可溶于大多数有机溶剂,几乎不溶于水。对日光及紫外光有较好的稳定性,但在碱性介质中水解较快。一般为 70%(±)-反式酸酯与 30%(±)-顺式酸酯的混合物。

对大鼠口服急性毒性 LD_{50} 为 1300mg/kg。在体内代谢较快,为触杀活性药剂,可用于田间防治棉花害虫(如棉铃虫),也可防治家畜害虫及卫生害虫。

合成方法:

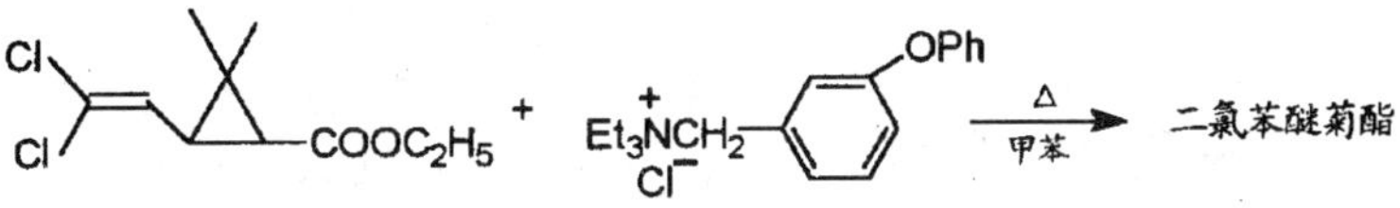

(2)氯氰菊酯(Cypermethrin)

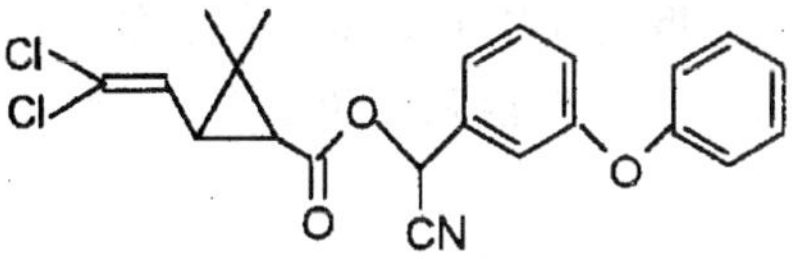

α-氰基-3-苯氧基苄基-3-(2,2-二氯乙烯基)-2,2-二甲基环丙烷羧酸酯

1974 年在英国由 Elliott 等人发现。通常是 70%反式与 30%顺式异构体的混合物。工业品为黄色粘稠半固体状物,60℃左右熔化为液体。21℃时水中溶解度为 0.01~0.2mg/L,溶于大多数有机溶剂。有较好的热稳定性,在酸性介质中比碱性介质中稳定,最佳稳定 pH 值为 4。

大鼠口服急性毒性 LD_{50} 为 500mg/kg,对蜜蜂毒性较高、鱼毒较大。为触杀和胃毒剂,杀虫谱广,可防治棉花、果树、蔬菜、烟草、葡萄等作物上的鳞翅目、鞘翅目和双翅目害虫。

合成方法:

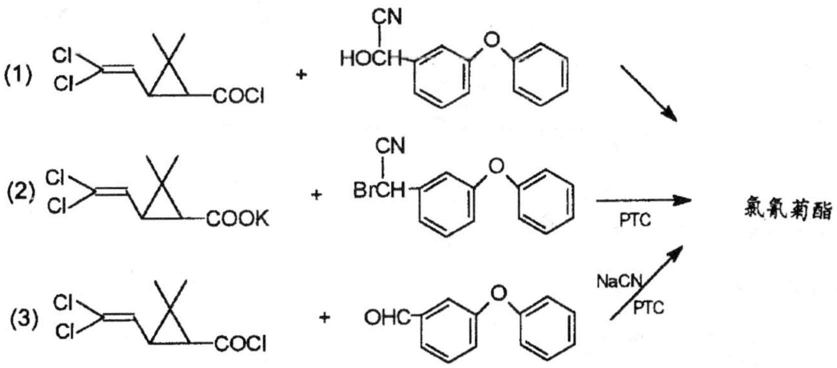

(3)溴氰菊酯(Decamethrin)

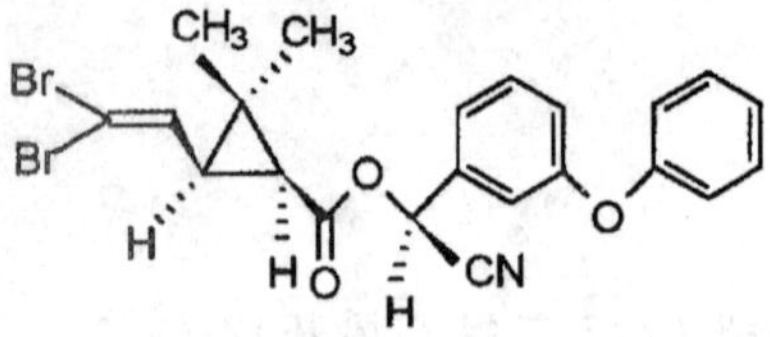

（αS）-α-氰基-3-苯氧基苄基（1R，3R）-3-（2，2-二溴乙烯基）-2,2-二甲基环丙烷羧酸酯

1974 年为 Elliott 等人所发现，Roussel-Uclaf 公司独家生产，商品名为 Decis。本品为白色结晶，熔点 98℃～101℃，$[\alpha]_D$＋61°（苯），不溶于水，能溶于多种有机溶剂，对光、空气较稳定。

大鼠口服急性毒性 LD_{50} 70～140mg/kg，对鱼和对蜜蜂的毒性均较大。它是一种触杀、胃毒剂，其作用迅速，击倒力强。对鳞翅目幼虫特别有效，用于防治棉铃虫、稻叶蝉等多种害虫。药效比二氯苯醚菊酯高 10 倍，属超高效杀虫剂。

合成方法：

溴氰菊酯为（1R，3R，αS）-光学异构体，合成步骤较多，可参见 2.4.4.3(5)。

（4）氯氟氰菊酯（Cyhalothrin）

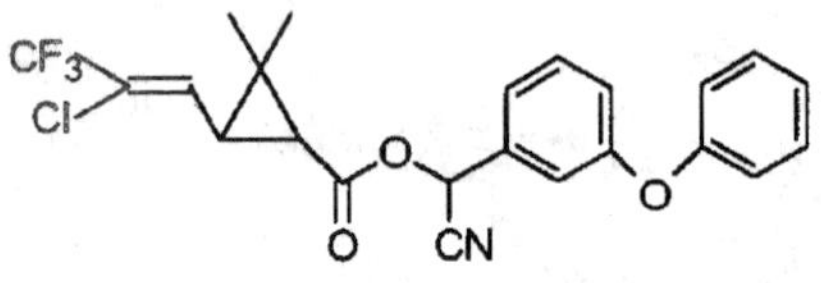

α-氰基-3-苯氧苄基-3-（2-氯-3,3,3-三氟丙烯基）-2,2-二甲基环丙烷羧酸酯

本品主要成分为顺式异构体，（±）-顺式体含量应大于 95％。其工业品为黄色油状物，沸点 187℃～190℃/2.7Pa。常温下水中溶解度＜1mg/L，易溶于有机溶剂。50℃下 90 天未发生顺-反比例的改变，pH 大于 9 时水解较快。

雄大鼠口服急性毒性 LD_{50} 为 243mg/kg。主要用于防治动物体寄生虫。

合成方法：

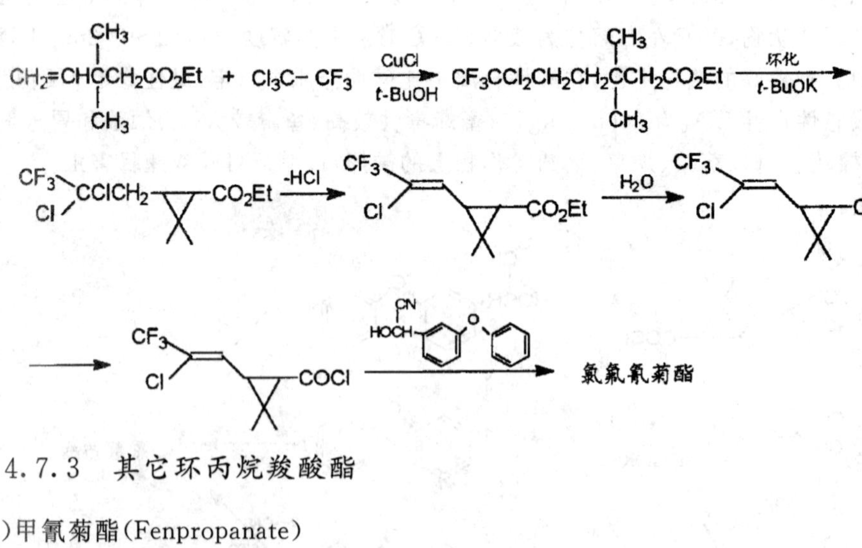

2.4.7.3 其它环丙烷羧酸酯

（1）甲氰菊酯（Fenpropanate）

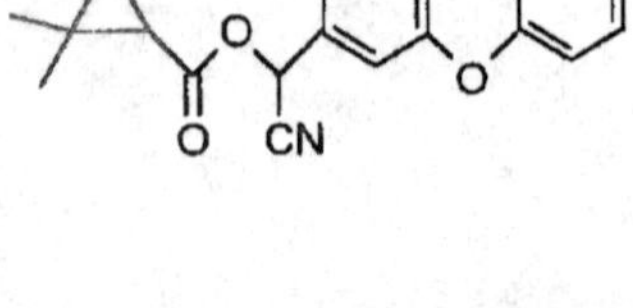

α-氰基-3-苯氧苄基-2,2,3,3-四甲基环丙烷羧酸酯

1973 年住友公司开发的品种。其纯品为白色结晶,熔点 49℃～50℃。水中溶解度为 0.34ppm,溶于一般有机溶剂。

对雄大鼠口服急性毒性 LD_{50} 为 54mg/kg。为高效、广谱杀虫、杀螨剂,有触杀和驱避作用。突出的特点是具有杀螨活性,在其它菊酯中少见。可防治果树、蔬菜、棉花和谷类作物的鳞翅目、半翅目、双翅目及螨类害虫。

合成方法:

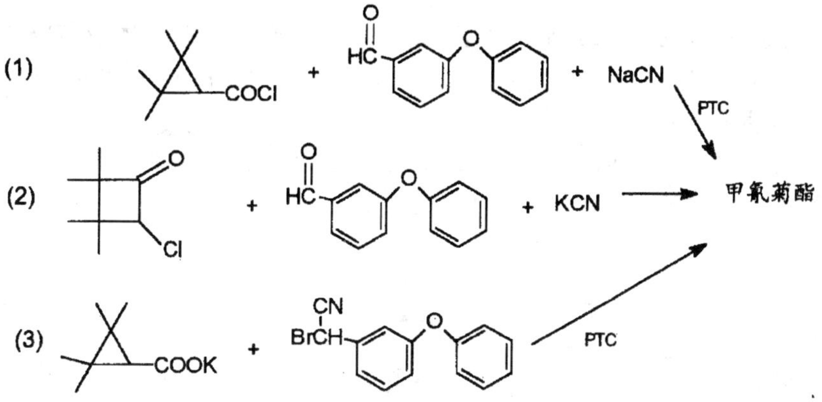

(2)噻嗯菊酯(Kadethrin)

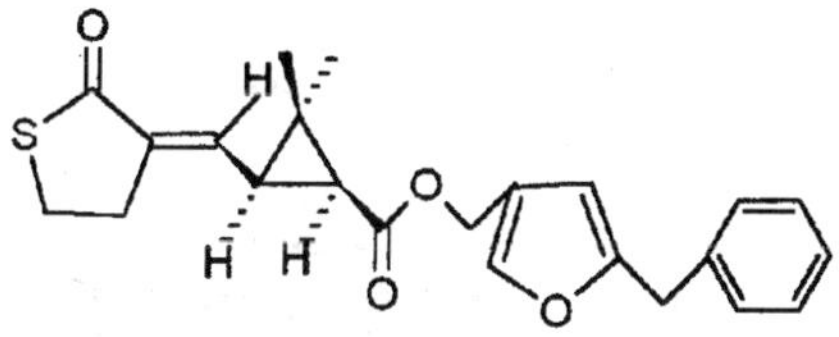

5-苄基-3-呋喃甲基(1R,3S)-2,2-二甲基-3-(2,3,4,5-四氢-2-氧化噻嗯-3-叉甲基)环丙烷羧酸酯

本品为旋光异构体,酸组分中烯键为 E 构型,环上两个手性碳分别为 1R,3S 构型。外观为黄色粘稠液。对光和热不稳定。

对雄大鼠口服急性毒性 LD_{50} 为 1324mg/kg。该药击倒活性和毒效均较好,对蚊还有驱避和拒食作用。用于防治蝇、蚊和蜚蠊。

合成方法:

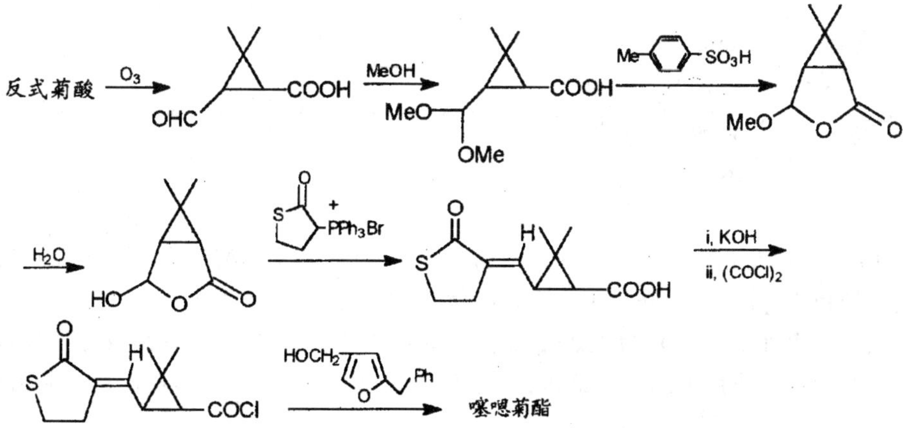

(3)杀螟菊酯(Phencyclate)

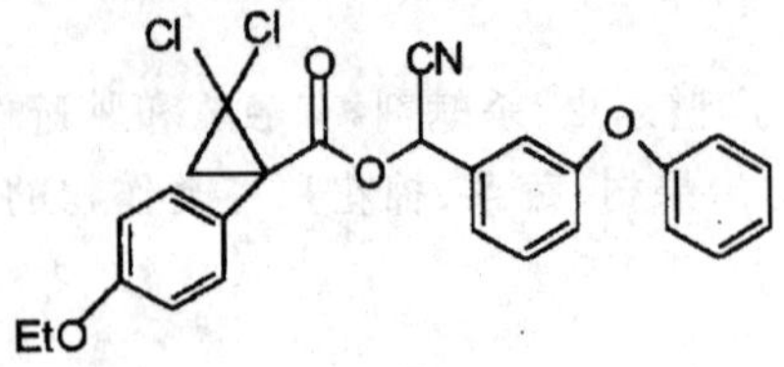

α-氰基-3-苯氧基苄基-1-(4-乙氧基苯基)-2,2-二氯环丙烷羧酸酯

1977 年由澳大利亚 Holan 等人所发明。该药为暗黄色油状物,20℃水中溶解度为 0.091ppm,可溶于大多数有机溶剂。对光稳定,在酸性介质中亦稳定,在水和稀碱中慢慢分解,在稻田土壤中半衰期为 4 天。

对大鼠口服急性毒性 LD_{50} 大于 5000mg/kg。可与其它杀螟药剂混合,用于防治水稻螟虫、叶蝉、稻象甲等,也可防治其它作物害虫和卫生害虫。

合成方法:

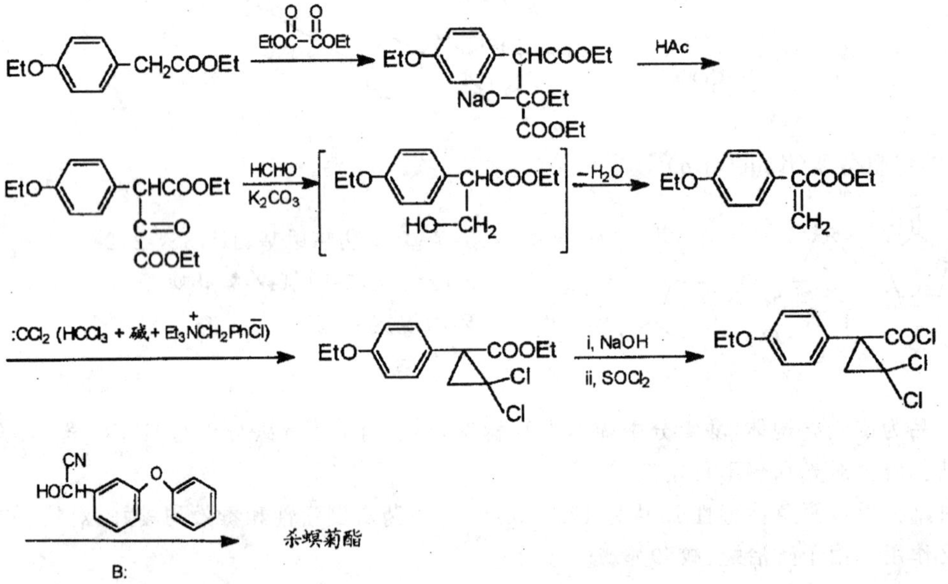

2.4.7.4　非环羧酸酯

(1)戊氰菊酯(Fenvalerate)

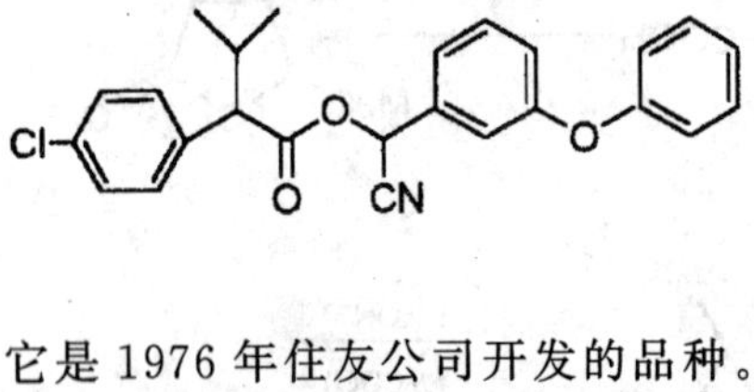

α-氰基-3-苯氧苄基-2-(4-氯苯基)-3-甲基丁酸酯

它是 1976 年住友公司开发的品种。本品为黄色液体,几乎不溶于水,溶于多种有机溶剂。对热和光均较稳定,pH8 以上介质中会发生分解,但酸性条件下很稳定。

对大鼠口服急性毒性 LD_{50} 为 450mg/kg。对鱼和蜜蜂高毒。它是一种高效、广谱的杀虫剂,以触杀和胃毒为主要作用方式。对鳞翅目、直翅目、半翅目害虫均有效,广泛用于防治棉花、水果和蔬菜害虫。

合成方法:

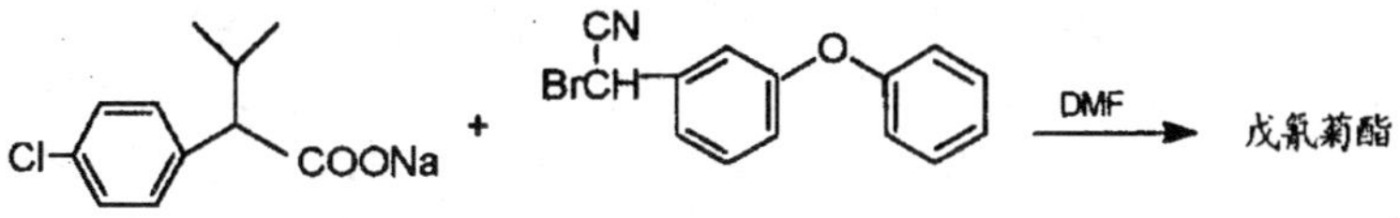

（2）氟氰菊酯（Flucythrin）

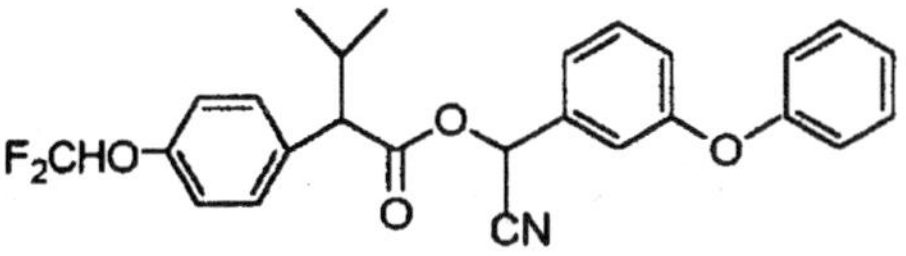

α-氰基-3-苯氧苄基-2-(4-二氟甲氧基苯基)-3-甲基丁酸酯

这是 1982 年美国氰胺公司开发的品种。其纯品为琥珀色粘稠液，沸点 108℃/46.7Pa。几乎不溶于水，溶于有机溶剂。27℃时的水解半衰期，pH 3 时为 40 天，pH 6 时为 52 天，pH9 时为 6.3 天。对日光较稳定。

对雄大鼠口服急性毒性 LD_{50} 为 81mg/kg。该药剂是一种高效、广谱、对作物安全的杀虫剂。不但能防治鳞翅目、同翅目、双翅目、鞘翅目和直翅目的许多害虫，也能防治螨和蜱。25～100g/ha 剂量能防治棉铃虫、烟蚜夜蛾、棉红铃虫、蚜虫、粉虱等害虫。

合成方法：

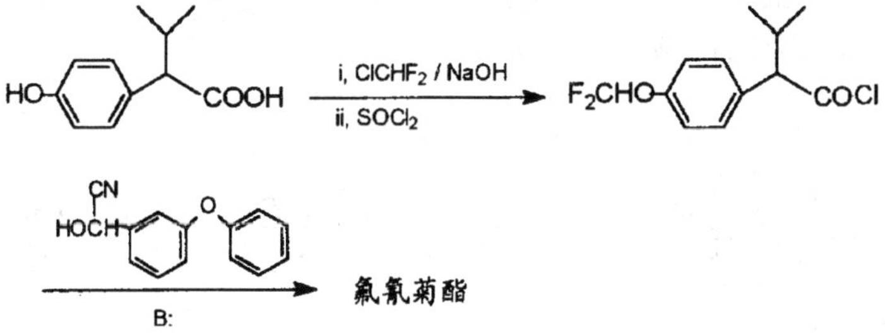

（3）氟胺氰菊酯（Fluvalinate）

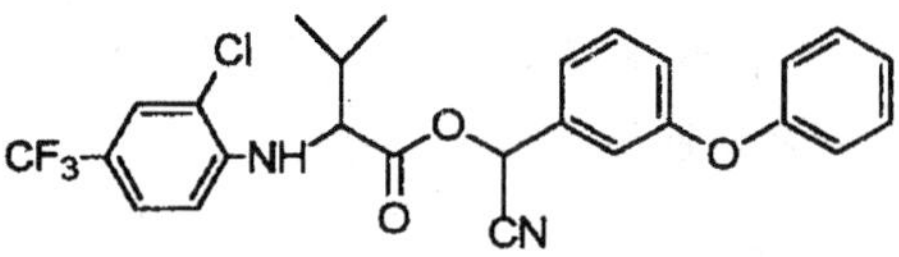

N-(2-氯-4-三氟甲基苯基)α-氨基异戊酸-α-氰基-3-(苯氧基)苄基酯

它是 1979 年 Zoecon 公司开发的品种。本品为黄色粘稠液，沸点大于 450℃，易溶于一般有机溶剂，难溶于水。对光、热及在酸性介质中稳定，在碱性介质中易分解。

对大鼠口服急性毒性 LD_{50} 为 282mg/kg。它是一种具触杀和胃毒作用的广谱、高效杀虫剂。50～170g/ha 剂量能防治棉花、烟草、蔬菜、玉米上的多种害虫，也可用于防治果树害虫和螨。

合成方法：

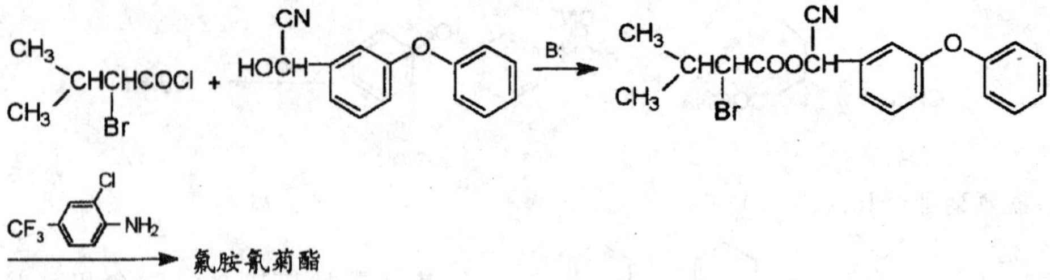

$$\text{2.4.7.5　非酯类}$$

(1)醚菊酯(Ethofenprox)

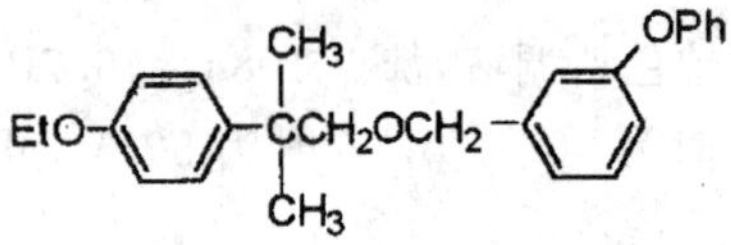

2-(4-乙氧基苯基)-2-甲基丙基-3-苯氧基苄基醚

这是日本三井东压公司开发的品种。其纯品为白色固体,熔点为 $34℃\sim35℃$,沸点为 $208℃/719.8Pa$。几乎不溶于水,溶于一般有机溶剂。热稳定性较好。

对大鼠口服急性毒性 LD_{50} 大于 $40000mg/kg$。本品是一种新型内吸杀虫剂,并具触杀和胃毒作用。对多种害虫包括鳞翅目、半翅目、鞘翅目、双翅目、直翅目和等翅目等均有高效。防治棉花害虫和蔬菜害虫,也可用于防治水稻害虫。

合成方法:

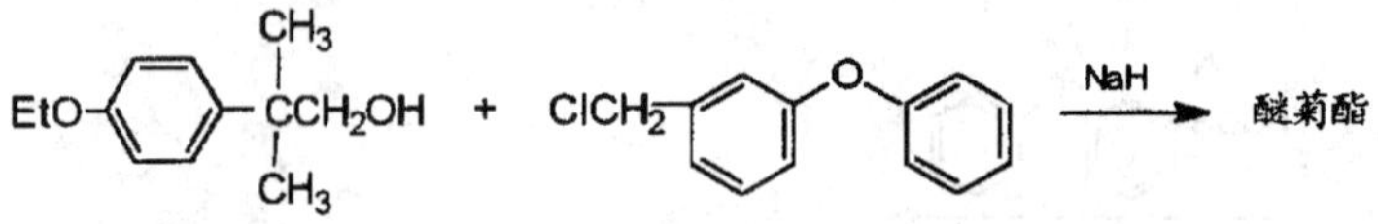

(2)肟醚菊酯

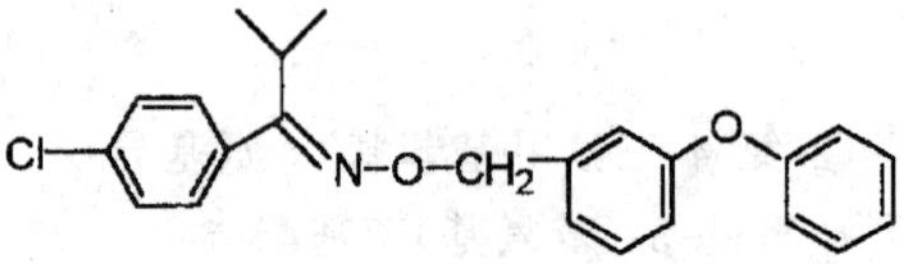

O-(3-苯氧基苄基)-1-(4-氯苯基)异丙基酮肟醚

为一种新型的低毒、低鱼毒杀虫剂和杀螨剂。

合成方法:

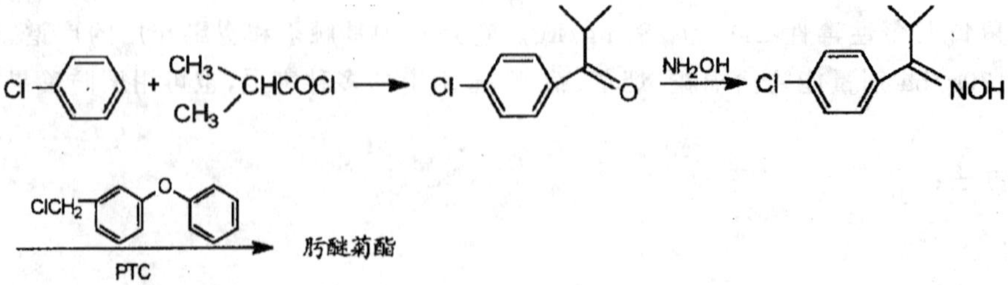

2.5　其它杀虫剂

2.5.1　引言

前面已经讨论了杀虫剂中最重要、内容最丰富的四类杀虫剂,即有机氯、有机磷、氨基甲酸酯和除虫菊酯。它们通常称为第二代杀虫剂。本节讨论的许多化合物大都属于第一代杀虫剂。这些药剂曾在实践中起过作用,但其商品化的时间不太长,它们为第二代杀虫剂的发展起了开路作用。

本节内容包括无机杀虫剂、上述四类以外的其它有机杀虫剂、天然来源杀虫剂及其合成类似物、细菌杀虫剂和熏蒸杀虫剂。天然来源杀虫剂包括植物和动物两种来源,其中最重要的要数除虫菊素以及由此引出的各种各样的拟除虫菊酯,这部分内容在前面已讨论过了。一些具有杀螨活性的化合物,将放在杀螨剂一节中叙述。

有些老品种的参考文献可以从某些专著[702~705]或手册[706、707]中找到。

2.5.2　无机杀虫剂

砷化合物中的巴黎绿、亚砷酸钠、碱性砷酸铜和砷酸铅曾一时成为很流行的杀虫剂,主要用于果树和蔬菜害虫的防治(有些国家直至现在仍在应用)。砷化合物杀虫剂中,最重要的是砷酸钙和砷酸铅。

砷酸钙 $Ca_3(AsO_4)_2$

1906 年开始用作杀虫剂。本品为絮凝状粉末,几乎不溶于水,溶于稀无机酸。对大鼠口服急性毒性 LD_{50} 为 35mg/kg,具有胃毒作用,用于防治食叶性害虫。由于其高毒,故在美国已停止使用。

砷酸铅 $PbHAsO_4$

纯品为白色无定形粉末,几乎不溶于水,对光、空气、水和酸稳定。对温血动物剧毒,口服致死剂量为 10~50mg/kg。本品为迟效性胃毒剂,触杀活性较小,残效长,无药害。它比砷酸钙用途广,特别对鳞翅目幼虫高效,兼有驱避成虫的作用。

在无机杀虫剂中,除砷化合物以外,氟化合物也是很重要的一类,这类化合物的毒性大都比砷化合物小,重要的品种有氟铝酸钠(冰晶石)和氟硅酸钠。

氟铝酸钠 Na_3AlF_6(Cryolite,冰晶石)

1929 年开始用作杀虫剂。天然产品为单斜晶系结晶,含量达 98%,合成产品为无定形粉末,两者都几乎不溶于水。对哺乳动物低毒,对狗口服急性毒性 LD_{50} 为 13.5g/kg。系胃毒和触杀性杀虫剂,可防治菜青虫、跳青虫、豆瓢虫、苹果蠹虫、甘蔗螟、守瓜虫、天蛾幼虫等。

氟硅酸钠 Na_2SiF_6

1940 年开始用作杀虫剂。为灰白色结晶固体,25℃水中溶解度为 0.75%。对大鼠口服急

性毒性 LD_{50} 为 125mg/kg。它是具有胃毒作用的杀虫剂，也有杀菌作用。用于防治蝗虫、棉铃虫、地下害虫等。

2.5.3　有机杀虫剂

2.5.3.1　氟乙酸衍生物

早在 40 年代 Monsanto 公司就开发了氟乙酸钠作为杀鼠剂和内吸杀虫剂，对大鼠口服急性毒性 LD_{50} 高达 0.22mg/kg，从而影响了它的广泛使用。

后来发展的这类品种如氟乙酰胺 **1**，也是一种内吸杀虫剂，对刺吸口器害虫和螨类均有效，但毒性仍然过高，对大鼠口服急性毒性 LD_{50} 为 15mg/kg。

1955 年开发的氟乙酰苯胺 **2**，在酰胺的氮原子上引入一个苯基，毒性没有改进，大鼠口服急性毒性 LD_{50} 为 10～12mg/kg。该药具有内吸、触杀和熏蒸作用，可用于防治蚜虫和白菜粉蝶幼虫。

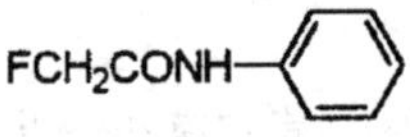

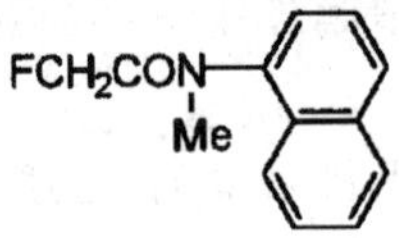

氮上取代基的进一步增大，毒性有了明显的降低。从 70 年代初日本开发的杀虫杀螨剂氟蚜螨（果乃胺，MNFA）**3** 可以看出这一趋势，它对大白鼠的口服急性毒性 LD_{50} 为 310mg/kg。25%氟蚜螨乳剂稀释 2000 倍对棉蚜、棉红蜘蛛有很好的防治效果。

除此之外，氟螨胺 **4** 和氟蚧胺 **5** 的毒性也较低，对小鼠的口服急性毒性 LD_{50} 分别为410mg/kg 和 87mg/kg。它们都可以作为杀虫剂和杀螨剂。

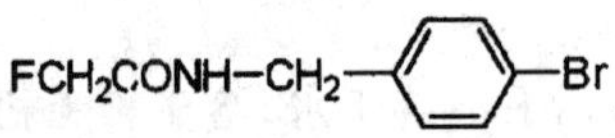

2.5.3.2　硫氰酸酯

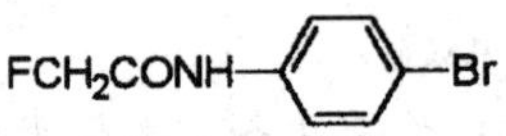

第一个硫氰酸酯杀虫剂丁氧硫氰醚（Lethane 384）**6** 出现于 30 年代，由 Rohm & Haas 公司开发。通过氯乙氧基乙基丁醚与硫氰化钠反应而制得。

$$C_4H_9OCH_2CH_2OCH_2CH_2Cl \ + \ NaSCN \longrightarrow C_4H_9OCH_2CH_2OCH_2CH_2SCN$$

6

它是一种触杀药剂，有很好的击倒活性。常与其它药剂混用，可防治蚊、蝇等卫生害虫。对大鼠口服急性毒性 LD_{50} 为 90mg/kg。

羧酸硫氰酯（Lethane 60）**7** 是这类化合物中的另一个品种，1936 年由 Rohm & Haas 公司开发，可由多碳酸与环氧乙烷及硫氰化钠反应制备。本品为触杀剂，用于防治蔬菜、马铃薯害虫。对大鼠口服急性毒性 LD_{50} 为 500mg/kg。

$$RCOOH + CH_2-CH_2 + NaSCN \longrightarrow RCOOCH_2CH_2SCN$$
$$\underset{O}{}$$
7

$$R=C_{10} \sim C_{18} \text{ 烷基}$$

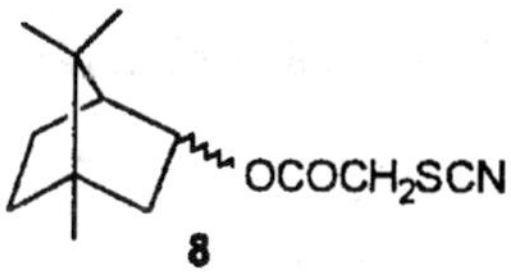

杀那特(Thanite) **8** 是 1945 年 Hercules 公司开发的品种。它可以用氯乙酸与异冰片首先发生酯化反应,然后再与硫氰酸铵反应合成。通常含约 18% 的其它萜烯酯。对大鼠口服急性毒性 LD_{50} 为 1603mg/kg。这也是一种触杀剂,有很好的击倒活性,用于防治家蝇等卫生害虫。由于其低毒,故也可用作兽药防治体外寄生虫。

2.5.3.3 杂环化合物

吩噻嗪(Phenothiazine) **9** 于 1925 年开始使用,是第一个合成的有机杀虫剂。在 DDT 未出世之前它替代了高毒的砷化物用于防治疟蚊,得到大规模使用。1944 年仅美国用作杀虫剂和肠道驱虫剂的吩噻嗪总量高达约 1700t。

熔融的二苯胺在碘或三氯化铝催化下于 180℃ 与硫反应得到吩噻嗪。在空气和光照下吩噻嗪易于氧化从而影响它在田间的广泛应用,该药低毒,大鼠口服急性毒性 LD_{50} 5000mg/kg,具触杀活性,主要作为肠道驱虫剂和防治蚊幼虫。

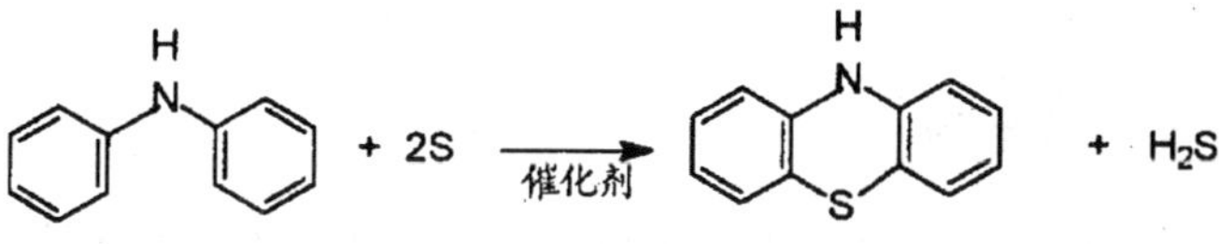

咔唑类的两个杀虫剂 Nirosan **10** 和 Nirosit **11** 是 30 年代后期开发的品种,在欧洲曾大规模生产过。两种化合物均具胃毒活性,触杀活性较弱。主要用于防治咀嚼口器害虫,对温血动物低毒。

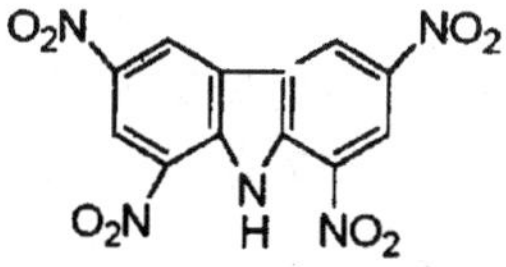

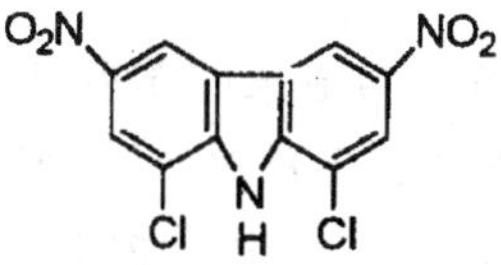

噻嗪酮(Buprofezin) **12** 是 1983 年日本农药公司开发的新品种[708]。该药是一种新型高选择性杀虫剂,杀幼虫活性高,不能直接杀死成虫,但能减少其产卵和阻止卵的孵化。残效期长达 35～40 天,作用缓慢,可与速效药配合使用。以 100～200g/ha 剂量可防治水稻和蔬菜上飞虱、叶蝉、粉虱等害虫,也可防治果树、茶树上的介壳虫等。大鼠口服急性毒性 LD_{50} 为 2198mg/kg。合成方法如下:

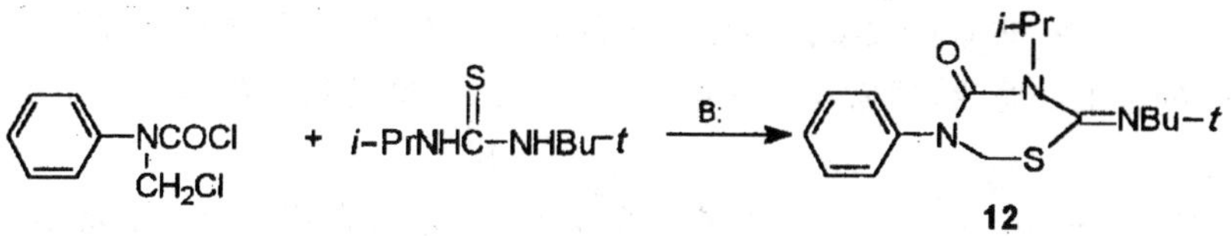

2.5.3.4 烷基芳基砜

氯甲基 4-氯苯基砜(Lauseto neu) **13** 于 1941 年在欧洲面市,1945 年以后逐渐为 DDT 和林丹所取代。它是一种触杀剂,可防治刺吸口器、螨类、欧洲玉米螟等害虫,也可防治体外寄生虫。

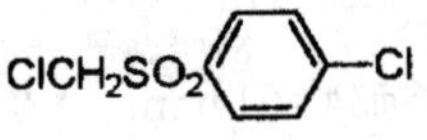

$ClCH_2SO_2$—〈苯环〉—Cl   **13**

2.5.3.5 茚二酮

40 年代 Kilgore 曾开发过两种茚二酮类杀虫剂——异戊酰茚满二酮(Valone) **14** 和特戊酰茚二酮(Pival) **15**。它们均是 1,3-茚二酮的 2 位酰基衍生物,通过邻苯二甲酸二甲酯在金属钠存在下与 3-甲基-2-丁酮或 3,3-二甲基-2-丁酮发生缩合反应而制得。

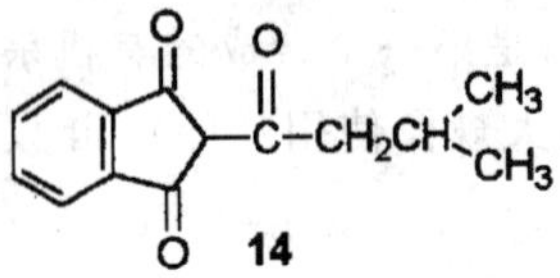

14 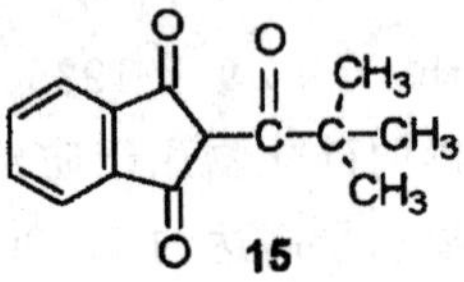   **15**

Valone 可与除虫菊素一起做成防治家蝇的喷雾剂。Pival 可杀死螨卵,但毒性太高,以 2.5mg/kg 剂量可使狗致死。Pival 及其它茚二酮类化合物由于它们的抗凝血性质而用作杀鼠剂。

2.5.3.6 黄原酸衍生物

早在上世纪末,黄原酸钾就曾在法国用于葡萄线虫和其它害虫的防治。该药剂与土壤混合后会慢慢放出二硫化碳而起杀虫作用。

二黄原酸(Dixathogen) **16** 通过黄原酸盐的氧化而制得,这也是一种有效的杀虫剂。它可以防治体虱、跳蚤、疥癣螨及其它寄生虫。

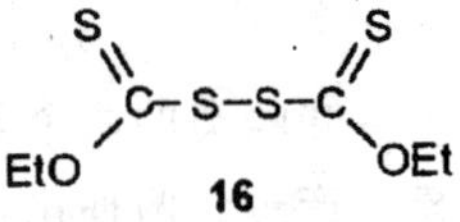

16

2.5.3.7 苄基酯

虽然早在 30 年代就已知道某些苄基酯以及它们的醇化物,如 1-芳基三卤乙醇及其酯等具有杀虫活性,但具有实用价值的品种残杀威(Baygon) **17** 直到 70 年代才由 Bayer 公司开发面市[709]。化合物 **17** 可由氯醛与 1,2-二氯苯的付氏反应,然后再与醋酸酐进行乙酰化而制得。该药低毒,对大鼠口服急性毒性 $LD_{50} > 10000mg/kg$。具有触杀活性,残效长达数周,可用于防治蚊、蝇以及衣物、皮毛和地毯害虫。对有机氯和有机磷产生抗性的害虫也很有效。作为家庭用喷雾剂时,它常与 DDV、除虫菊素或胺菊酯混合使用。虽然 Baygon 含有 5 个氯原子,与 DDT 结构有相似之处,但由于酯基的存在,在生物体中可发生水解代谢,不会造成积累。

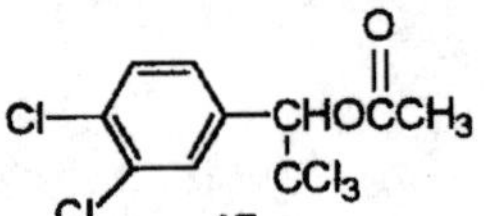

17

2.5.3.8 取代甲脒

这类化合物中的一些品种大多是残效较长的杀虫杀螨剂,有些还有杀卵作用,也可用于对有机磷有抗性的害虫的防治,通常都有内吸和胃毒作用。这类化合物具有一定的碱性,能与强酸形成水溶性的盐。

杀虫脒(Chlodimefon) **18** 于 1966 年首先由 Ciba 公司合成,1966 年由 Shering 公司生

产[710、711]。合成方法如下：

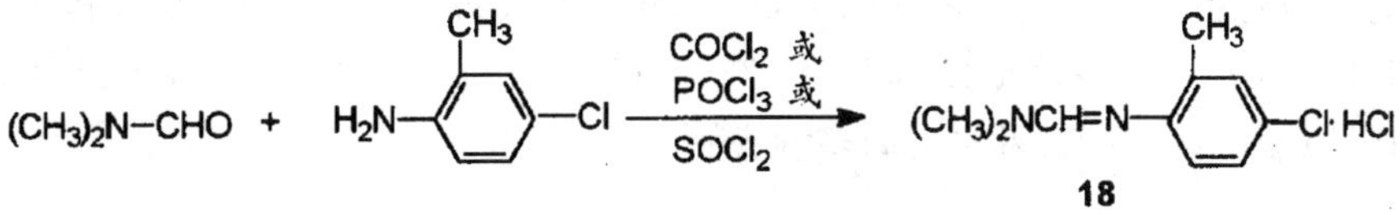

$$(CH_3)_2N-CHO + H_2N-\underset{CH_3}{\bigcirc}-Cl \xrightarrow[\text{SOCl}_2]{\begin{array}{c}COCl_2\ \text{或}\\POCl_3\ \text{或}\end{array}} (CH_3)_2NCH=N-\underset{CH_3}{\bigcirc}-Cl\cdot HCl$$

18

　　杀虫脒对幼龄螨和卵很有效，对鳞翅目害虫如胡桃小蠹蛾、二化螟、海滨夜蛾、甘蓝银纹夜蛾、棉铃虫等的卵和早龄幼虫也同样有效。大鼠口服急性毒性 LD_{50} 值为 340mg/kg。70 年代以来，我国曾大量生产杀虫脒，它主要用于南方水稻害虫的防治，取得了很好效果。后来因可能存在慢性毒性问题而逐步停止生产。

　　杀虫脒在植物、动物和土壤中发生去甲基代谢，生成 N′-(4-氯-2-甲基苯基)-N-甲基甲脒 **19**，而后再作进一步代谢。化合物 **19** 也是一种杀虫杀螨剂。

　　双虫脒(Amitraz)**20** 为 1973 年 Boots 公司开发的品种。它能有效地防治多种作物上各种不同虫期的螨、家畜的蜱、螨以及其它作物害虫和果树害虫。大鼠口服急性毒性 LD_{50} 为 600mg/kg。

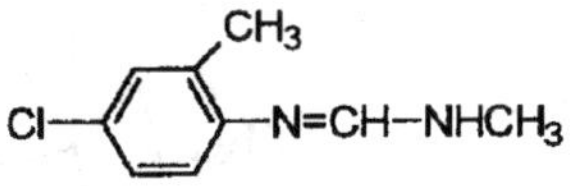

$$Cl-\underset{CH_3}{\bigcirc}-N=CH-NHCH_3 \quad \textbf{19}$$

$$CH_3-\underset{CH_3}{\bigcirc}-N=CH-\underset{CH_3}{N}-CH=N-\underset{CH_3}{\bigcirc}-CH_3$$

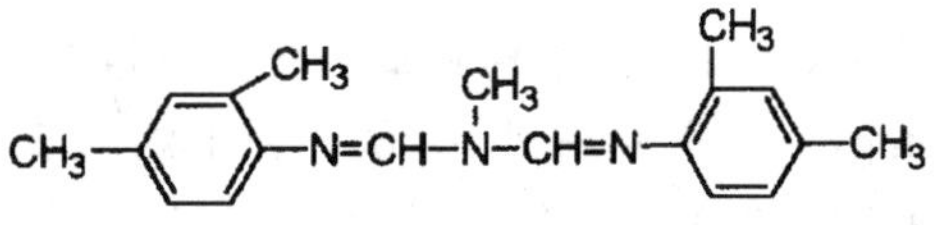

20

2.5.4　天然杀虫剂及其合成类似物

2.5.4.1　鱼藤酮(Rotenone)

　　鱼藤酮及其类似物是从一种称为鱼藤(*Derris*)及有关植物的根部提取分离得到的。其中鱼藤酮(Rotenone，**21**，R＝H)是最先分离得到的，也是杀虫活性最好的。此外还有苏答腊酚(Sumatrol，**21**，R＝OH)、鱼藤素(Deguelin，**22**，R＝H)，α-毒灰叶酚(α-Toxicarol，**22**，R＝OH)和毛鱼藤酮(Elliptone **23**)等[712]。这些化合物的合成可能是很困难的。

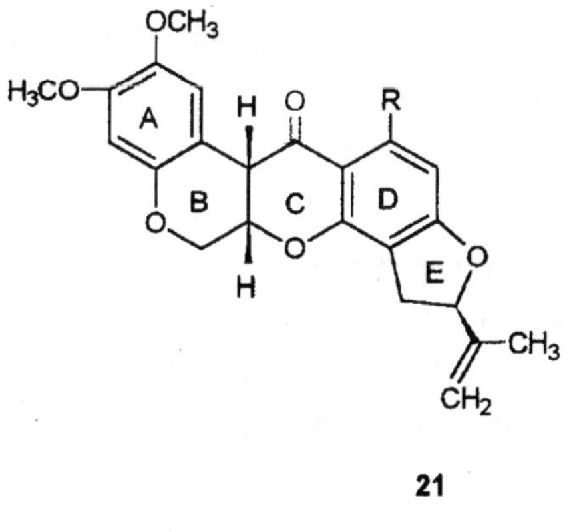

21 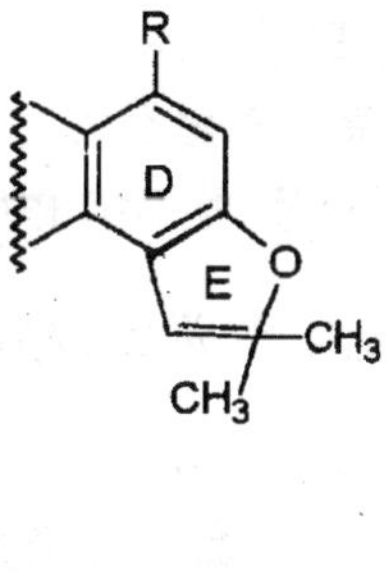　　**22** 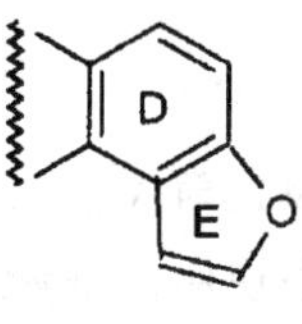　　**23**

　　长时期以来对鱼藤酮的作用机制不十分清楚。现在一般认为是干扰呼吸链，阻断

NADPH$_2$ 的偶合氧化及细胞色素 b 在丙酮酸酯侧链上的还原[713]。

常用剂型为将植物根部磨成粉末,加入非碱载体做成粉剂,也可用提取物制成粉剂,所以组分不很确定。大鼠口服急性毒性 LD$_{50}$ 为 132～1500mg/kg。本品系选择性杀虫杀螨剂。具触杀活性,用于防治水稻、蔬菜、果树上的多种害虫。

2.5.4.2　生物碱

最广为人知的生物碱杀虫剂是烟碱 **24**。这也是一种古老的杀虫剂,早在 1690 年就发现烟草萃取液可杀死梨花网蝽,1828 年确定其有效成分为烟碱,1904 年人工合成烟碱获得成功。

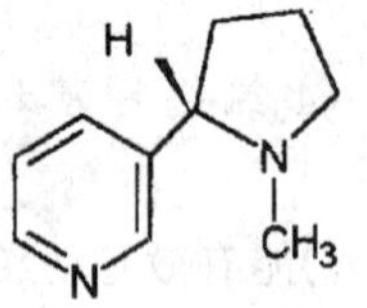

24 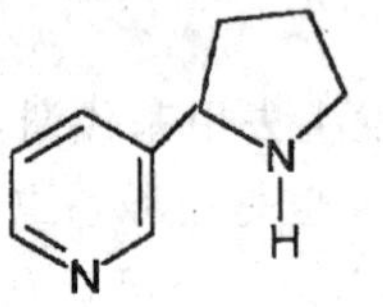　　　　　　**25** 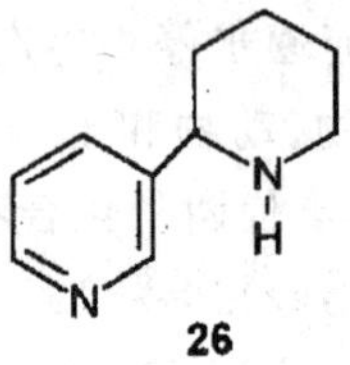　　　　　　**26**

烟碱为一触杀活性药剂,并有杀卵活性,主要用于果树、蔬菜害虫的防治,也可防治水稻害虫。对大鼠口服急性毒性 LD$_{50}$ 为 50～60mg/kg。除烟碱外,类似物去甲烟碱 **25** 和毒藜碱 **26** 也有一定的实用价值,后者是从野生灌木无叶毒藜中提取的。

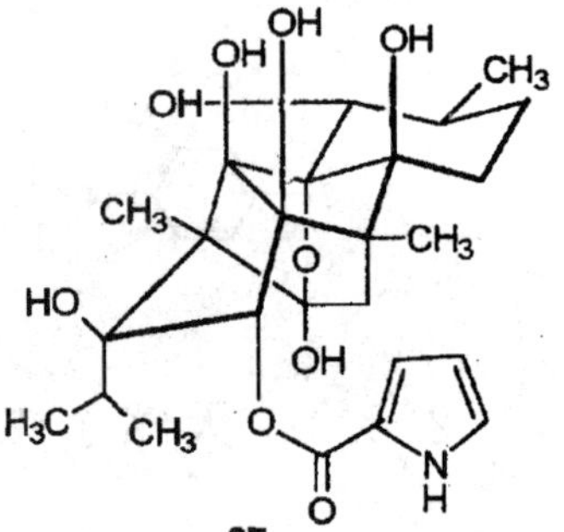

鱼尼汀(Ryania)**27** 是一种从特里尼达和亚马逊河流域所产灌木 *Ryania speciosa* 的树干和树根中提取的生物碱[714],40 年代曾在美国推广应用过。本品为选择性胃毒杀虫剂,对玉米螟有特效,亦可防治果树害虫。对大鼠口服急性毒性 LD$_{50}$ 为 750～1000mg/kg。

27

2.5.4.3　蛋白质杀虫剂

从苏云金杆菌(*Bacillus thuringiensis*)的培养液中分离出 4 种毒素,命名为 α-、β- 和 γ-外毒素以及 δ-内毒素。这些毒素均为蛋白质,其结构尚未弄清楚。它们对温血动物及植物均无毒性作用,但能引起某些害虫感病致死。用发酵方法生产的菌粉,其中主要杀虫活性成分为 β-外毒素,分子式为 C$_{22}$H$_{32}$N$_5$O$_{16}$P[715～717]。

苏云金杆菌杀虫剂对杀灭鳞翅目害虫(如甘蓝青虫、菜蛾、钻石背蛾等)有很好的效果,可用于防治蔬菜、谷类、果树、森林、烟草等作物上的多种害虫。

2.5.4.4　沙蚕毒及其合成类似物

很早以前人们就发现,苍蝇因吮食生活在浅海泥沙中的环形动物沙蚕的尸体而中毒死亡,这一现象说明沙蚕体中存在一种能毒杀苍蝇的毒物。1934 年日本人从沙蚕体中分离出这种毒物,称为沙蚕毒(Nereistoxin),1962 年确定其化学结构如式 **28**。此后,许多沙蚕毒的类似物相继合成,并筛选出一些很好的杀虫剂。

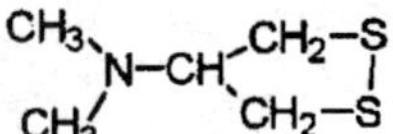

28

杀螟丹(Padan) 29[718,719]　1967 年武田药品公司投入生产,其合成方法如下:

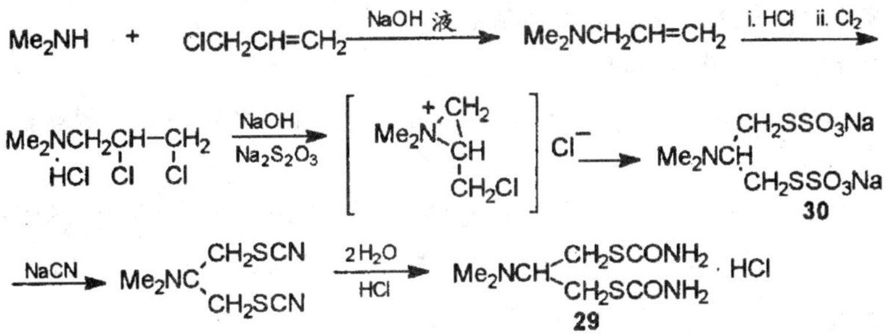

杀螟丹具有内吸、胃毒及触杀作用,并有较长的残效,对螟虫及其它鳞翅目害虫有高效,用于防治水稻、蔬菜及果树害虫。对小鼠口服急性毒性 LD_{50} 为 165mg/kg。杀螟丹在昆虫体内转变成沙蚕毒,作用于昆虫中枢神经突触的乙酰胆碱受容器,阻碍其突触的兴奋传导,造成麻痹,导致昆虫死亡。

杀虫双 30 70 年代贵州化工研究所在研究杀螟丹的合成时,发现中间体 **30** 具有极好的杀虫效果,从而将其开发为水稻害虫特别是稻螟的杀灭药剂,其商品名为杀虫双。由于杀虫双生产工艺比杀螟丹简单、成本低,所以从 80 年代以来,我国已进行了大规模生产,使之得以广泛应用。通常本品以 30% 的水剂出售,尽管这样使用方便,但长期存放会造成分解,同时也给运输增加负担。

杀虫环(Evisect)31[720] 和杀虫磺(Bensultap)32[720] 这也是沙蚕毒类似物中两种很好的杀虫剂,均具胃毒、触杀和内吸作用,主要用于防治鳞翅目及鞘翅目害虫,特别是对水稻害虫,残效较长。对大鼠口服急性毒性 LD_{50} 值 **31** 为 310mg/kg,**32** 为 1120mg/kg。

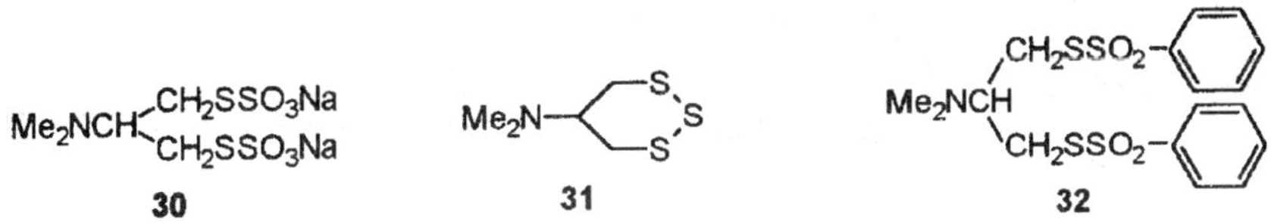

2.5.5 熏蒸杀虫剂

熏蒸剂是一些气体或易于挥发的液体化合物。由于它们不是专一性的杀虫剂,许多熏蒸剂不但能杀虫而且可以杀线虫、杀鼠甚至杀菌和杀真菌,所以在此专门讨论熏蒸剂。

熏蒸杀虫剂有各种用途,如作为土壤杀虫剂、仓贮物品杀虫剂以及家庭卫生害虫防治剂等,但用途最大的还是作为土壤处理。用它处理土壤,可使土壤中充满杀虫剂蒸气,存于土壤中的害虫接触后即可被杀死,这一用途能充分发挥熏蒸剂的特长。但是要真正达到最好的杀虫效果,不仅需要用大量药剂,而且要反复施药,这是很不经济的,有时往往不如用叶面喷洒剂更合算。除此之外,土壤施用熏蒸剂劳动强度大,劳动力消耗多。由于这些原因,熏蒸剂作为土壤杀虫剂,后来逐渐被有机氯所代替。

然而,熏蒸剂作为仓贮物品保护剂是不可能为别的药剂所代替的,它们保护亿万吨粮食免受害虫、细菌、真菌和老鼠的危害。虽然这不是作物保护的本身,却也是作物保护的延伸。对仓贮杀虫剂不但要求活性高,杀虫效果一般应在 95% 以上,而且要求作用迅速,被保护的仓贮物品的色、香、味不致因熏蒸剂的影响而受到损失;被吸收和溶于水的气体还要能在以后的通风过程中完全消失掉,对植物及温血动物的毒性应该较低。由于所有这些苛刻的要求没有一个单一的熏蒸剂能够达到,因此往往使用混合制剂。

下面将简单介绍一些熏蒸剂品种。

溴甲烷　沸点 4.5℃,LC_{100}(大鼠)514ppm,可作为谷物、水果和蔬菜的熏蒸剂。用于谷仓、粮食加工车间和船舱。

二氯乙烷　沸点 83.5℃,大鼠口服急性毒性 LD_{50}:670mg/kg,主要用于贮藏谷物的熏蒸。

二溴乙烷　沸点 131.7℃,大鼠口服急性毒性 LD_{50}:146mg/kg 。与四氯代碳及二氯乙烷混合用于面粉车间、仓库和家庭的熏蒸处理。

四氯化碳　沸点 77℃,大鼠口服急性毒性 LD_{50}:7460mg/kg。谷物熏蒸剂。常与更强的熏蒸剂混合以便降低火灾危险。

二硫化碳　沸点 46℃,LC_{50}(对人):15g/m³ 吸入 3～4h。用于谷物熏蒸处理及土壤杀线虫。

丙烯腈　沸点 77℃,大鼠口服急性毒性 LD_{50} 为 93mg/kg。用于面粉车间、袋装粮食及贮存烟草的熏蒸杀虫。

环氧乙烷　沸点 10.7℃,LC_{50}(大鼠):7.2mg/L 吸入 4h。与二氧化碳混合,用于处理贮存食品的地下室。

氢氰酸　沸点 26.5℃,LD_{100}:(对人急性口服)1mg/kg,用于面粉厂、谷仓、船舱、家庭和柑桔园作熏蒸剂。

氯化苦(三氯硝基甲烷)　沸点 112.2℃,大鼠口服急性毒性 LD_{50}:250mg/kg。用于仓库熏蒸防治粮食害虫;用于土壤熏蒸防治线虫、病菌等,是熏蒸剂中用量最大的品种之一。其合成方法如下:

$$(1) \quad O_2N\text{—}C_6H_2(OH)(NO_2)_2 + 11Cl_2 + 19\,NaOH \longrightarrow 3CCl_3NO_2 + 3\,Na_2CO_3 + 13\,NaCl + 11H_2O$$

$$(2) \quad CHCl_3 + HNO_3 \longrightarrow Cl_3CNO_2 + H_2O$$

磷化铝　浅黄色固体,吸潮后产生剧毒的磷化氢(PH_3)起熏蒸作用。PH_3 的沸点为 −87.8℃,LC_{100}(对人):约 10mg/m³ 吸入 6h。通常使用剂型是磷化铝与氨基甲酸铵的混合物。当磷化铝 AlP 吸潮分解放出 PH_3 时,氨基甲酸铵也分解放出 CO_2 和 NH_3,后两者有利于降低 PH_3 的可燃性。用于防治谷仓害虫。

磺酰氟(SO_2F_2)　沸点 −55.2℃,大鼠口服急性毒性 LD_{50}:100mg/kg。对白蚁有较强杀伤力,用于木材防治干木白蚁科害虫,还可与氨一起制成木材防腐、防霉、防虫及防火剂。

对二氯苯　熔点 53℃,沸点 173.4℃,大鼠口服急性毒性 LD_{50}:500～5000mg/kg。用于各种衣物防治衣蛾等害虫。

2.6　杀螨剂

2.6.1　引言

杀螨剂是指用于防治危害植物的螨类的化学药剂。本节讨论的杀螨剂大都是已经应用的商品化品种,包括近年来开发的一些好品种,为了较全面地了解这类药剂,有些只具有历史意义的老品种仍放在本节内。至于杀螨剂的其它情况和品种,读者可参阅有关专著和手册[721~726]。

螨类属于节肢动物门、蛛形纲、蜱螨目。危害作物最重要的螨有叶螨科的榆(苹)全爪螨(*Panonychus ulmi*)、桔全爪螨(*Panonychus citric*),这两种螨主要危害苹果、柑桔等果树。除此之外,危害果树、温室作物、蔷薇科植物和蔬菜的普通红叶螨(*Tetranychus urticae*)、危害棉花的朱砂红叶螨(*Tetranychus cinnabarinus*)以及茶叶上的红叶螨(*Tetranychus kanzawai*)等也属叶螨科。跗线螨科中,危害棉花和茶叶的侧多食跗线螨(*Hemitarsonemus latus*)以及瘿螨科的桔锈螨(*Phyllocoptruta oleivora*)等均为重要的害螨。

螨类个体较小,约0.5mm长,体呈圆形或椭圆形,大多密集群居于叶的背面。在一个群体中可以存在所有生长阶段的螨,包括卵、若虫、幼虫和成虫。当环境有利时,1~2周可完成一个世代的生长。温室生长季节普通红叶螨能繁殖30世代。其卵和成虫可在灌木丛中、地表的缝隙及洞穴中越冬。

螨类吸取细胞液,从而破坏叶组织细胞的同化作用、形成斑点状坏死组织,严重危害可造成整个叶的坏死并过早落叶,叶组织同化作用的丧失进而引起作物产量的降低。

螨类对作物造成的损失,在过去30年已有明显的增加。主要原因是密集地单一栽培和使用非专一性杀虫剂。这些杀虫剂往往杀螨活性并不很高,在杀死螨类的同时也消灭了螨类天敌。其次是由于螨类一个世代的生长时间较短,对原有杀螨剂能迅速产生抗性。

螨类的防治虽然也可在越冬期,例如用矿物油制剂喷雾,但最有效的防治是在活动期。一个理想的杀螨剂,最好具有杀卵作用,并有较长的残效,足以防治整个变态期间的螨。通常,对一种药剂产生抗性的螨,对具有同样作用机制的其它化合物也会有抗药性。所以,更高的要求是发展具有不同作用机制的新型化合物。

2.6.2　杀螨剂的主要类型及品种

2.6.2.1　硝基酚衍生物

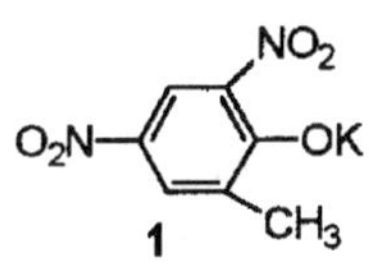

早在1892年,2-甲基-4,6-二硝基酚钾 **1** 已用于防治一种毛虫和作为杀卵剂防治螨卵,这是已知最早的合成杀虫剂。大鼠口服急性毒性LD$_{50}$为180mg/kg。

消螨酚（Dinex）2　这是一种比化合物 **1** 活性更高的杀卵剂，用于防治果树叶螨，也有某些杀虫作用。小鼠口服急性毒性 LD_{50} 为 50～125mg/kg，合成方法如下：

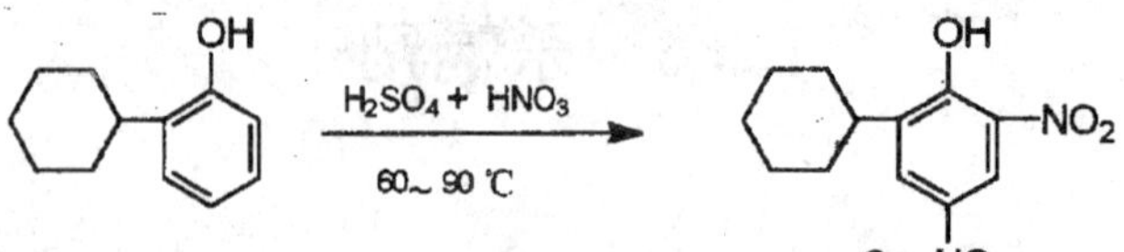

二硝基酚类化合物的缺点是对皮肤有很强的亲合力、毒性较高和植物药害，二硝基酚的胺盐可使植物药害稍有降低，例如消螨酚的二环己胺盐，不但延长了残效也降低了毒性，大鼠口服急性毒性 LD_{50} 为 300～600mg/kg。然而降低植物药害最有效的办法是将硝基酚酯化。

消螨普（Dinocap）3　是两种异构体 **3a** 与 **3b** 的混合物，大鼠口服急性毒性 LD_{50} 为 980mg/kg，用于防治果树红蜘蛛和白粉病。**3a** 有较好的杀螨活性，**3b** 有一定的杀菌活性。

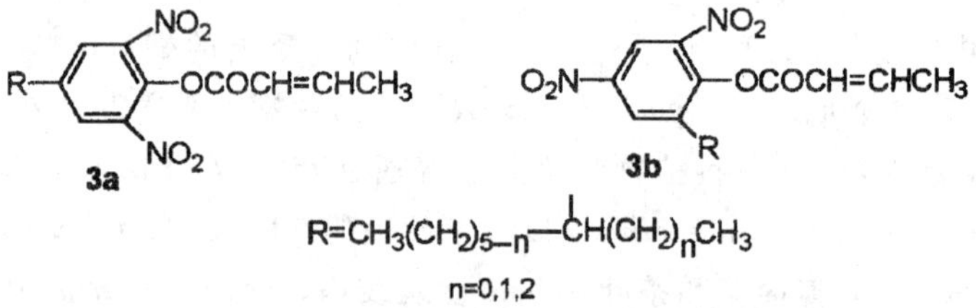

乐杀螨（Binapacryl）4　是一种非内吸杀螨剂，用于防治果树叶螨，也有杀菌活性，用于白粉病的防治，杀虫活性较低。大鼠口服急性毒性 LD_{50} 为 130～165mg/kg。残效较长，对蜜蜂无毒。合成方法如下：

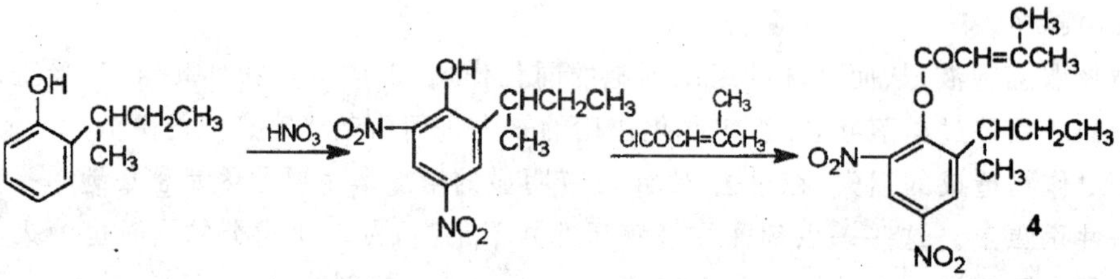

消螨通（Dinobuton）5　二硝基酚的碳酸酯，同样具有杀螨和杀菌活性，消螨通就是一例。该药主要用于防治温室中各变态阶段的叶螨，也对白粉病有效，大鼠口服急性毒性 LD_{50} 为 140mg/kg。合成方法如下：

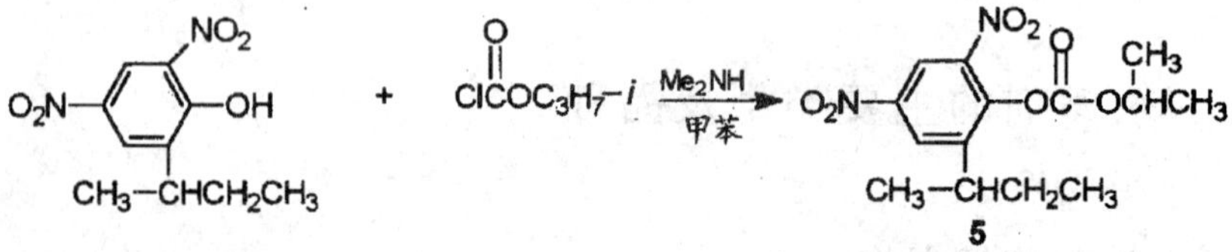

2.6.2.2　偶氮及肼衍生物

偶氮苯（Azobenzene）6　是一种很老的杀螨剂，1945 年开始用作熏蒸杀螨剂，主要用于温室防治螨卵和幼龄成虫，对许多观赏植物有一定药害。大鼠口服急性毒性 LD_{50} 为 1000 mg/kg。

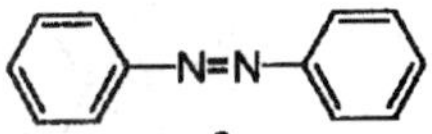

硝基苯的还原(还原剂有:Fe、Zn、FeS 等)或催化氢化均可制得偶氮苯。

敌螨丹(Chlorfensulphide)7 1964 年日本曹达公司发展的品种。
用于杀卵和幼虫,如与杀螨醇混合,可以杀死所有发育阶段(卵→幼虫→成虫)的螨。在日本和
欧洲用作果树及观赏植物杀螨剂。该药有较长的残效,并能防治对有机磷产生抗性的螨类。小
鼠口服急性毒性 LD_{50} 为大于 3000mg/kg。合成方法如下:

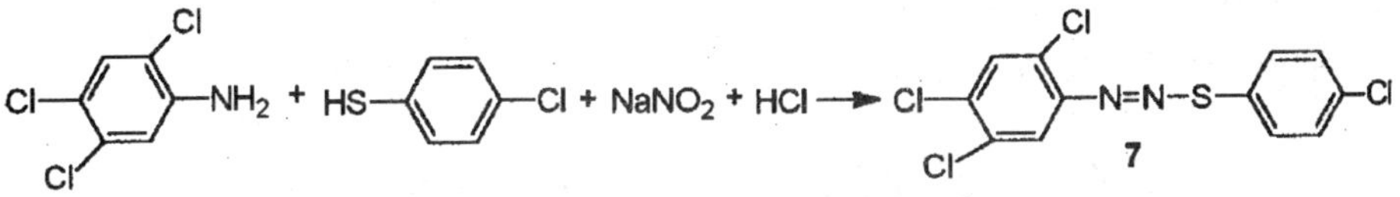

杀螨腙(Banamite)8 许多肼衍生物均具杀虫、杀螨活性,但迄今见到的其商品化品种极
少,化合物 8 是仅有的一个。该品种对果树红蜘蛛和柑桔螨有高效[727、728],曾在美国用于柑桔
杀螨,大鼠口服急性毒性 LD_{50} 为 389mg/kg。合成方法如下[729]:

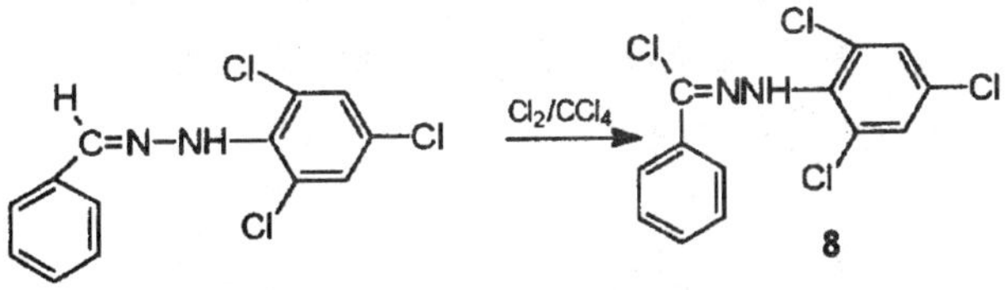

2.6.2.3 硫醚、砜及磺酸酯

本节叙述的这些化合物都有相同的结构特征:两个取代苯基通过一个含硫的桥而连接。它
们都是触杀性杀螨剂,有较长的残效、较低的植物药害和较低的温血动物毒性。这些药剂能有
效地防治卵和幼虫。

杀螨硫醚(Tetrasul)9 用于防治多种叶螨,除成虫外,对卵及各龄幼虫有高效。该药具有
高度选择性,对益虫和野生动物无害。雌大鼠口服急性毒性 LD_{50} 为 6810mg/kg。长期暴露于阳
光下可氧化成相应的砜(三氯杀螨砜,见下)。合成方法如下:

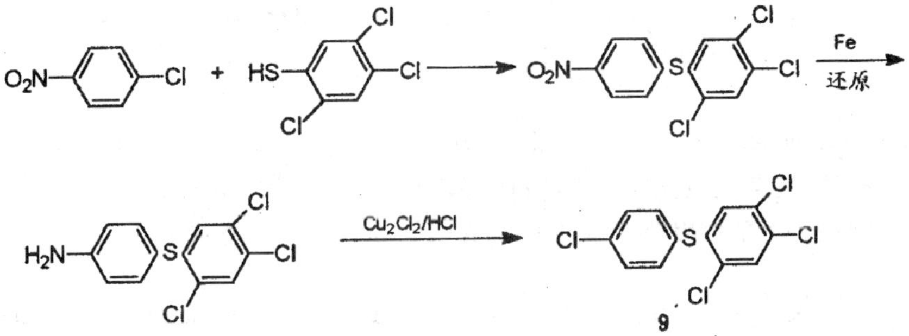

氯杀螨(Chlorbenside)10 和氟杀螨(Fluorbenside)11 这两种杀螨剂都是 50 年代 Boots
公司开发的品种,两者对大多数叶螨的卵和幼虫有高效,无内吸作用,杀虫活性低,用于果园。
氟杀螨由于挥发性高,宜作熏蒸剂或烟剂使用。大鼠口服急性毒性 LD_{50} 分别为大于 1000mg/
kg(氯杀螨)和 3000mg/kg(氟杀螨)。合成方法如下:

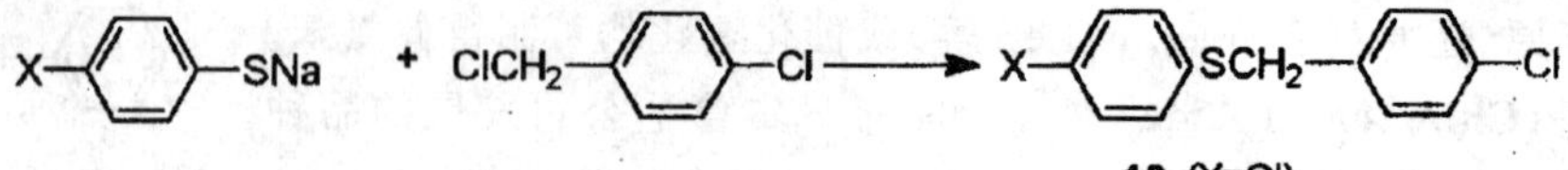

10 (X=Cl)
11 (X=F)

在二芳基砜的类似物中,无氯取代的二苯基砜,即杀螨砜(Sulfobenzide)**12** 以及一氯取代的一氯杀螨砜(Sulfenone)**13** 均为 Stauffer 公司 40～50 年代的产品,是有效的杀卵剂,而且低毒,但它们使用的时间不长,后来被更好的多氯取代的类似物所代替。

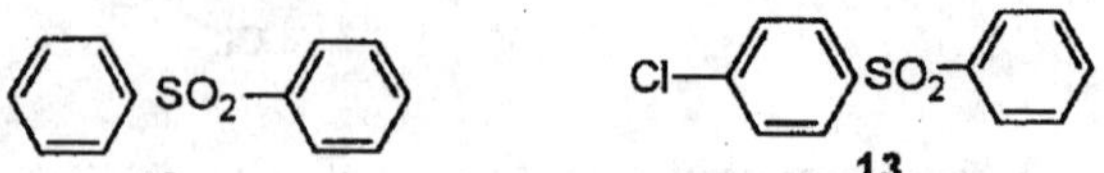

三氯杀螨砜(Tetradifon) 14   这是氯代二苯基砜类中活性最好的一种化合物,1954 年由 Philips-Duphar 公司开发。本品为非内吸性杀螨剂,对卵和除成虫外所有发育阶段的叶螨均有很好的活性,可用于果树、蔬菜、棉花及观赏植物。对植物无药害,对天敌安全。大鼠口服急性毒性 LD_{50} 为 14700mg/kg。合成方法如下:

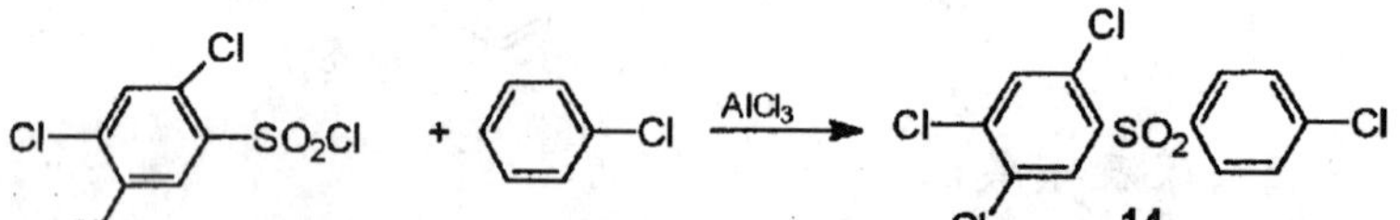

苯磺酸苯酯类化合物中,作为杀螨剂的通常在苯环上应有氯取代,如 1947 年 Allied 公司开发的格螨酯(Genite)**15** 和 1952 年 Murphy 公司开发的分螨酯(Fenson)**16**。这两个品种均为低毒非内吸杀螨剂,用于果树和蔬菜,但后者对苹果和西红柿有药害。合成方法均为苯磺酰氯与相应的氯代酚发生酯化反应。

杀螨酯(Chlorfenson) 17   1949 年由 Dow 公司开发,具有很好的杀卵活性,可防治多种作物(如果树、柑桔、蔬菜、观赏植物、藤蔓植物等)的螨类的卵、若虫和成虫。直至如今它仍然是一种重要的杀螨剂。大鼠口服急性毒性 LD_{50} 大约 2000mg/kg。合成方法如下:

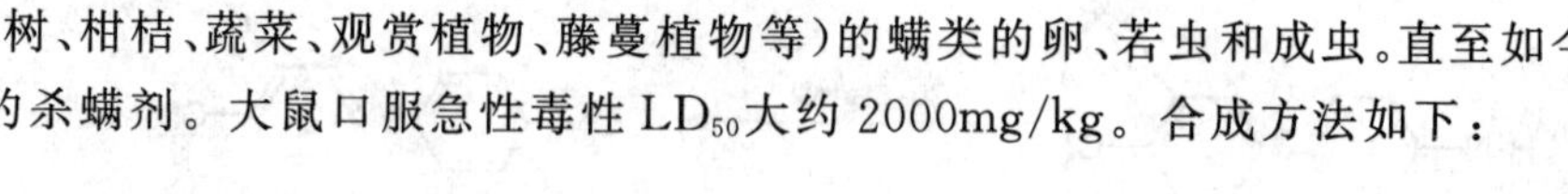

螨酯醚混剂(Neosappiran)是 1969 年日本曹达公司开发的杀螨酯与杀螨醚(Neotran)**18** 的混合杀螨剂。杀螨酯明显的杀卵作用加上杀螨醚的快速击倒作用和增效作用,使混合剂型更为有效。

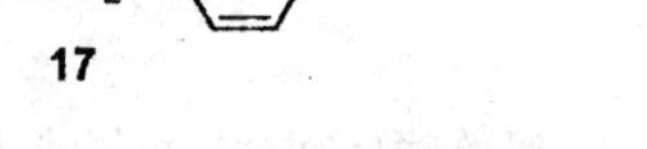

杀螨醚本身也可作为杀螨剂,用于挂果前的柑桔幼树,还能与杀螨醇制成商品名为 Mitran

的混合杀螨剂(曹达公司产品),它与螨酯醚混剂(Neosappiran)有相似的活性。

2.6.2.4　亚硫酸酯

这是一类非内吸的触杀杀螨剂,它们对多种叶螨的所有发育阶段都有效,而且对植物和温血动物低毒。

杀螨特(Aramite)19　1948 年 Rubber 公司开发的品种。在碱与强酸介质中其酯基会发生水解,在阳光下慢慢分解,放出二氧化硫。由于它的分子中存在氯乙基酯,有可能发生烷基化作用,人们怀疑它有致癌的作用,所以在美国只允许作物收获后使用。小鼠口服急性毒性 LD_{50} 为 2000mg/kg。合成方法如下:

$$ClCH_2CH_2OH \ + \ SOCl_2 \longrightarrow ClSOOCH_2CH_2Cl$$

$$CH_2CH{-}CH_3 \ + \ HO{-}\langle\bigcirc\rangle{-}Bu{-}t \longrightarrow t{-}Bu{-}\langle\bigcirc\rangle{-}OCH_2CHOH\ (CH_3)$$

$$\xrightarrow{ClSOOCH_2CH_2Cl} \quad O{=}S\!\!\begin{smallmatrix} OCH_2CH_2Cl \\ OCHCH_2{-}\langle\bigcirc\rangle{-}Bu{-}t \\ CH_3 \end{smallmatrix} \quad \textbf{19}$$

克螨特(Propargite)20　1964 年 Uniroyal 公司开发的品种。它对蜜蜂无害,对螨类天敌的毒性比别的杀螨剂也小。大鼠口服急性毒性 LD_{50} 为 2200mg/kg。由于无烷基化基团存在,故无致癌活性。合成方法如下:

$$t{-}Bu{-}\langle\bigcirc\rangle{-}OH \ + \ \langle\hexagon\rangle{\triangle} \longrightarrow t{-}Bu{-}\langle\bigcirc\rangle{-}O{-}\langle\hexagon\rangle{-}OH \xrightarrow{SOCl_2}$$

$$t{-}Bu{-}\langle\bigcirc\rangle{-}O{-}\langle\hexagon\rangle{-}OSO{-}Cl \xrightarrow{CH{\equiv}CCH_2OH} t{-}Bu{-}\langle\bigcirc\rangle{-}O{-}\langle\hexagon\rangle{-}O{-}SO{-}OCH_2C{\equiv}CH \quad \textbf{20}$$

2.6.2.5　二苯甲醇

在强力杀虫剂(但无杀螨活性)的 DDT 分子中的桥连碳原子上引入一个羟基时,其杀虫活性几乎消失,却具有很高的杀螨活性(如三氯杀螨醇)。这些二苯甲醇化合物均为触杀性杀螨剂,具有药效发作慢、残效却较长等特点,主要用于果树、葡萄、蛇麻草和观赏植物等的害螨防治。

杀螨醇(Chlorfenethol)21　这是第一个二苯甲醇类杀螨剂,1950 年由 Sherwin Williams 公司开发。它有明显的杀卵作用,还可作为 DDT 的增效剂。它对热和浓酸不稳定。大鼠口服急性毒性 LD_{50} 为 500mg/kg。合成方法如下:

$$Cl{-}\langle\bigcirc\rangle{-}\underset{O}{\overset{\|}{C}}{-}\langle\bigcirc\rangle{-}Cl \ + \ CH_3MgBr \longrightarrow Cl{-}\langle\bigcirc\rangle{-}\underset{CH_3}{\overset{OH}{\underset{|}{C}}}{-}\langle\bigcirc\rangle{-}Cl$$

三氯杀螨醇(Dicofol) 22 1955 年 Rohm& Haas 公司开发的品种,比杀螨醇有更好的活性,用于防治蔬菜、果树、酒花、葡萄和观赏植物的多种螨类。大鼠口服急性毒性 LD_{50} 为 685mg/kg。合成方法如下:

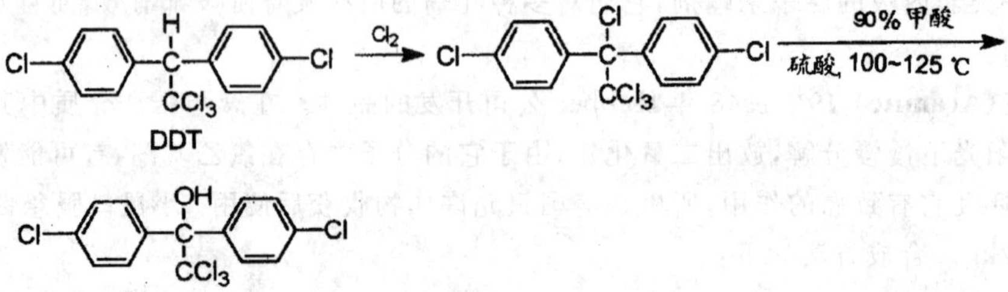

然而氯化程度介于杀螨醇与三氯杀螨醇之间的化合物,如杀螨醇中的甲基被一个或两个氯原子取代的产物,其杀螨活性比以上两者均低。

乙酯杀螨醇(Chlorobenzilate) 23 1952 年 Geigy 公司推广的品种。也是一种高活性杀螨剂,用于防治果树、观赏植物和棉花等作物上的多种螨类的所有发育阶段的螨。也可作为烟雾剂防治螨。大鼠口服急性毒性 LD_{50} 为 700~3100mg/kg。合成方法如下:

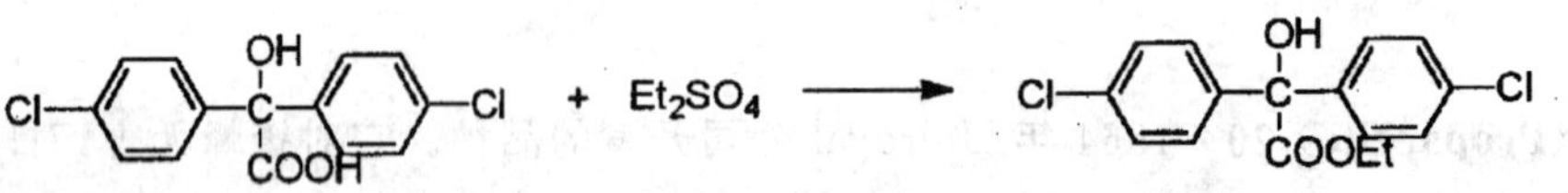

丙酯杀螨醇(Chloropropylate) 24 1964 年 Geigy 公司推广的品种。本品为非内吸性触杀杀螨剂,对天敌无害,用于果树、茶叶、棉花、甜菜、蔬菜和观赏植物。大鼠口服急性毒性 LD_{50} 大于 5000mg/kg。合成方法如下:

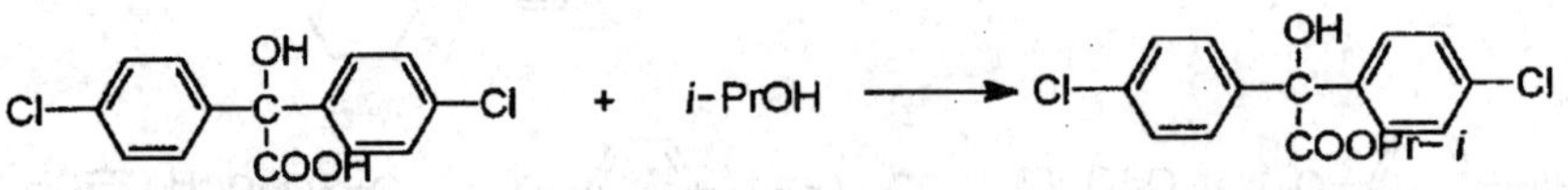

2.6.2.6 氯代烃

氯代烃类化合物几乎仅具杀虫活性,唯一例外的是遍地光(Dienochlor)25,它具有很好的杀螨活性,特别是对二点红蜘蛛,可用于温室中的观赏植物防治害螨。该药药效开始较慢,但残效长,无药害,无杀虫活性。大鼠口服急性毒性 LD_{50} 为 3160mg/kg。它是 1960 年 Hooker 公司开发的品种。合成方法如下:

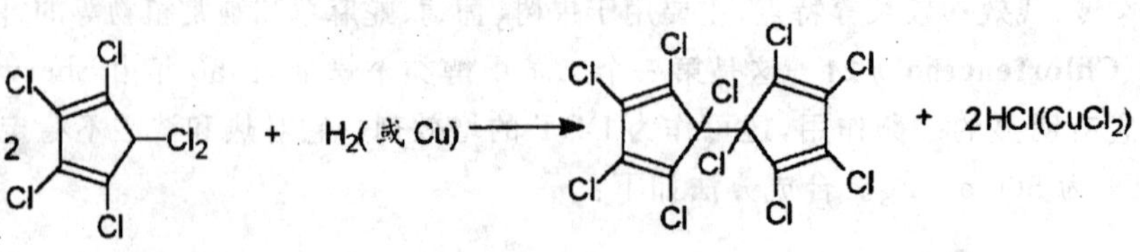

2.6.2.7 有机磷酸酯

许多商品化的有机磷酸酯类杀虫剂也具有杀螨活性(见 2.2.8),但螨类对这些化合物的抗性增加迅速。造成抗性的原因是多方面的,除有机磷酸酯本身的结构之外,与害螨的种类、作物品种、气候条件以及以前所使用的防治方法有关。由于这些因素互不相同,差别极大,因此不可能对现已用作杀螨剂的有机磷酸酯作出确切的评价。

在有机磷酸酯的杀虫活性与杀螨活性之间并未发现相关性,许多好的有机磷杀虫剂往往不具杀螨活性,但具有结构 **25** 的内吸杀虫剂则有很好的杀螨活性。重要的品种列举如下:

$$(RO)_2 \overset{\overset{X}{\|}}{P}-Y-CH_2CH_2-\overset{\overset{(O)_n}{\|}}{S}-Et \qquad \textbf{25}$$

内吸磷(Demeton,1951):R=Et,X=S,O,Y=O,S,n=0

异吸磷(Demeton S-methyl,1957):R=Me,X=O,Y=S,n=0

亚砜吸磷(Oxydemeton-methyl,1960):R=Me,X=O,Y=S,n=1

乙拌磷(Disulfoton,1956):R=Et,X=Y=S,n=0

砜拌磷(Oxydisulfoton,1965):R=Et,X=Y=S,n=1

具有通式 **26** 的有机磷杀虫杀螨剂的特点是对害虫和螨的抗性发展明显较慢,特别值得提出的是三硫磷和芬硫磷两个品种,主要作为杀螨剂,它们只有很弱的杀虫活性。这类化合物重要品种列举如下:

$$(RO)_2 \overset{\overset{X}{\|}}{P}-SCH_2Z \qquad \textbf{26}$$

名 称	R	X	Z
乙硫磷(Ethion,1956)	Et	S	—SP(S)(OEt)$_2$
氧乐果(Omethoate,1965)	Me	O	—CONHMe
乐果(Dimethoate,1956)	Me	S	—CONHMe
安果(Formothion,1959)	Me	S	—CON(Me)CHO
发果(Prothoate,1956)	Et	S	—CONHPr-i
益棉磷(Azinphos-ethyl,1953)	Et	S	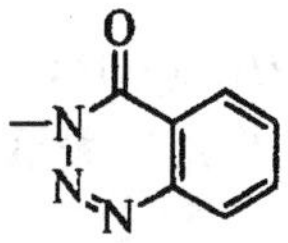
因毒磷(Indothion,1958)	Me	O	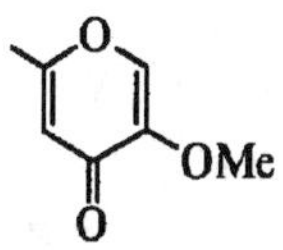
敌恶磷(Dioxathion,1954)	Et	S	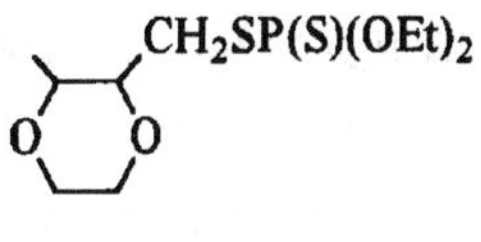
三硫磷(Carbophenothion,1955)	Et	S	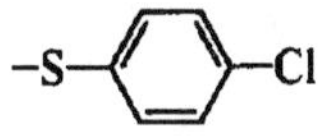
芬硫磷(Phenkapton,1960)	Et	S	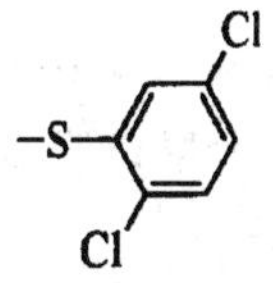

甲胺磷(Methamidophos,1969)**27**,苯硫磷(EPN,1949)**28**和甲氟磷(Dimefox,1949)**29**也具有明显的杀螨活性。甲氟磷是一个高毒的化合物,具有较长的残效,用于土壤处理,防治蚜虫和叶螨。

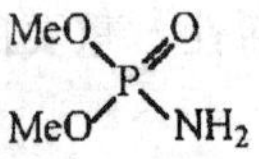

27 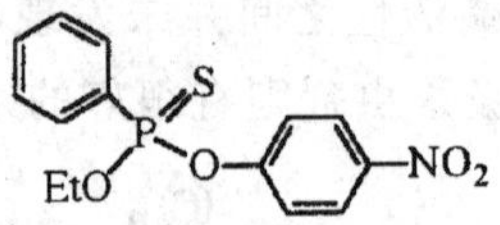　　**28** 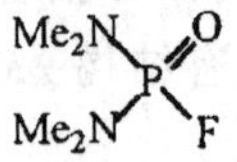　　**29**

含丙硫基的磷酸酯是一类比较新的有机磷杀虫剂,其中丙溴磷(Profenofos,1976)**30**[730]和硫醚磷(Diphenprophos,1984)**31**[731]也有较好的杀螨活性。

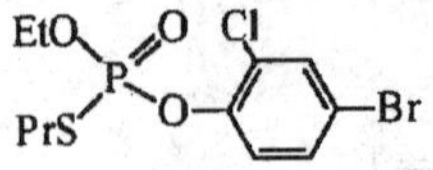

30 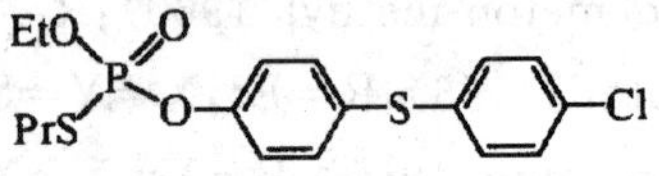　　**31**

2.6.2.8　氨基甲酸酯

与有机磷杀虫剂相反,在 N-甲基氨基甲酸酯类杀虫剂中(见 2.3.8),兼有杀螨活性的化合物很少,但下面几个品种不仅是很好的杀虫剂,也有明显的杀螨活性。

兹克威(Mexacarb,1961) 32　毒性较高,大鼠口服急性毒性 LD_{50} 为 15~63mg/kg,除杀虫、杀螨活性外,也有杀软体动物活性。

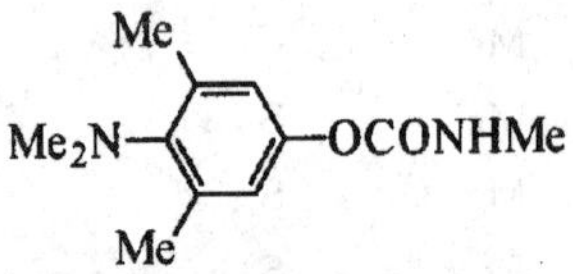

32

灭梭威(Methioncarb,1962)33　为非内吸性杀虫杀螨剂,残效长,还有杀软体动物和驱避鸟类的作用。大鼠口服急性毒性 LD_{50} 为 130mg/kg。

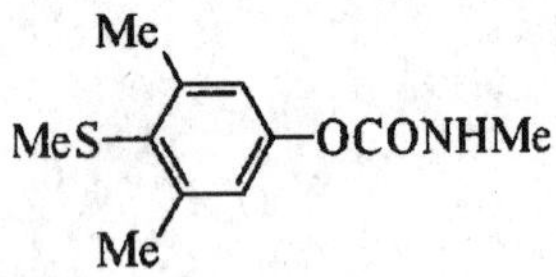

33

涕灭威(Aldicarb,1965) 34　高效高毒内吸性杀虫杀螨剂,也可防治土壤线虫,大鼠口服急性毒性 LD_{50} 为 0.93mg/kg。

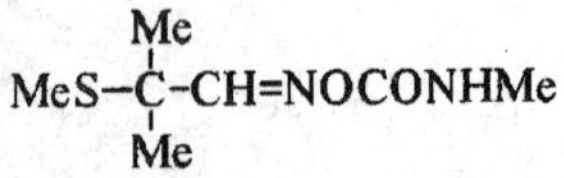

34

久效威(Thiofanox,1974) 35　高效高毒内吸性杀虫杀螨剂,可用于土壤及种子处理,残效较长。大鼠口服急性毒性 LD_{50} 为 8.5mg/kg。

$$
\begin{array}{c}
\text{Me} \\
\text{Me}-\overset{|}{\underset{|}{\text{C}}}-\overset{}{\text{C}}=\text{NOCONHCH}_3 \\
\text{Me} \quad \text{CH}_2\text{SMe}
\end{array} \qquad \textbf{35}
$$

噻螨威（Tazimcarb）36[732、733]　　80 年代由 ICI 公司推出的含杂环的氨基甲酸酯杀螨剂,大鼠口服急性毒性 LD_{50} 为 87mg/kg。合成方法如下:

$$
\begin{array}{l}
\underset{\text{CH}_3}{\overset{\text{CH}_3 \;\text{Br}\quad\text{O}}{\text{C}-\text{C}-\text{OEt}}} \;+\; \text{CH}_3\text{NH}_2 \;+\; \text{CS}_2 \;\longrightarrow\;
\end{array}
$$

（含硫噻唑啉酮结构） + H₂NOH → （肟结构） CH₃NCO 或 / CH₃NHCOCl → **36**

苯硫威（Fenothiocarb）37[734、735]　　这是 80 年代日本组合化学公司推出的杀螨剂,属硫代氨基甲酸酯类化合物。该药有很强的杀卵活性,对抗性螨也很有效,大鼠口服急性毒性 LD_{50} 为 1150～1200mg/kg。合成方法如下:

$$
\text{COS} \;+\; (\text{CH}_3)_2\text{NH} \;\xrightarrow{\text{NaOH}}\; (\text{CH}_3)_2\text{NCSNa}
$$

$$
\text{Cl(CH}_2)_4\text{Cl} \;+\; \text{HOC}_6\text{H}_5 \;\xrightarrow{\text{KOH}}\; \text{Cl(CH}_2)_4\text{OC}_6\text{H}_5
$$

$$
(\text{CH}_3)_2\text{NCSNa} \;+\; \text{Cl(CH}_2)_4\text{OC}_6\text{H}_5 \;\longrightarrow\; \text{C}_6\text{H}_5\text{O(CH}_2)_4\text{SCN(CH}_3)_2
$$

37

2.6.2.9　拟除虫菊酯

天然除虫菊素和拟除虫菊酯老品种往往没有杀螨活性,这也是除虫菊酯杀虫剂的主要缺点之一。但近年来出现的许多新品种,特别是一些含氟化合物却有明显的杀螨活性(见 2.4.7)。这些品种是:

甲氰菊酯(Fenpropathrin,1973):　　　氟氰菊酯(Flucythrinate,1982):

氟胺氰菊酯(Fluvalinate,1979):　　　氟氯菊酯(Bifenthrin,1984):

肟醚菊酯(1983)[737、738]：

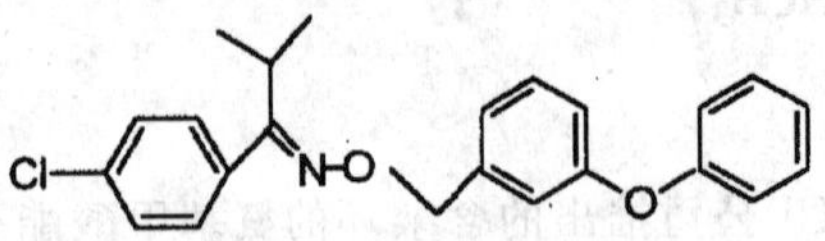

氯溴氰菊酯(Tralocythrin)[739]：

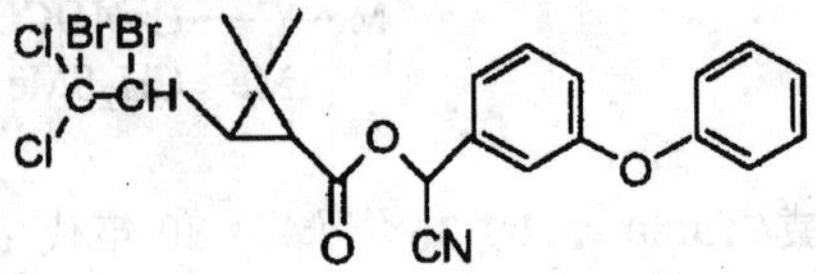

氯氟氰菊酯(Karate,1985)[740、741]：

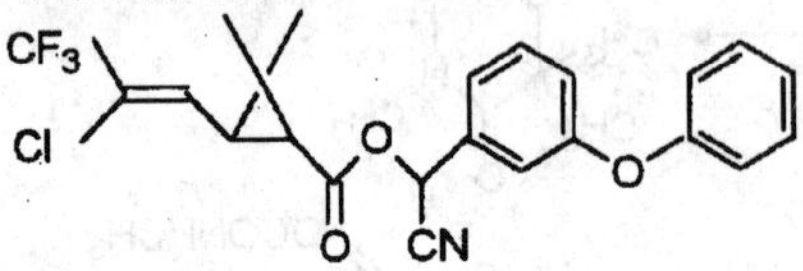

醚菊酯(Ethofenprox,1986)[742、743]：

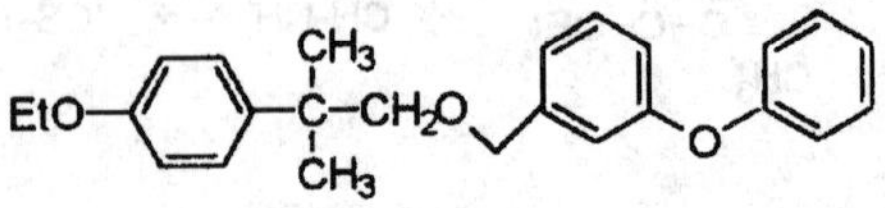

氯醚菊酯(MTI-501,1986)：

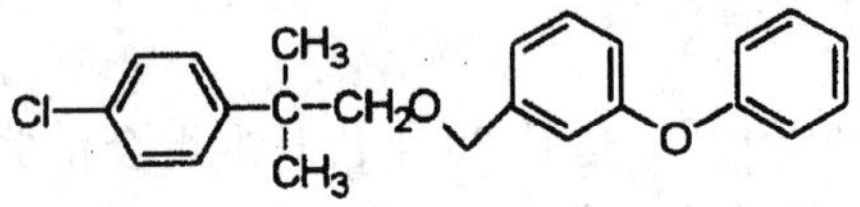

2.6.2.10 杂环化合物

杂环化合物中有许多好的杀螨剂，特别是近年来出现的新化合物，它们都有突出的杀螨、杀卵活性。

克杀螨(Thiquinox. 1957) 38 非内吸性杀螨、杀卵剂，还可作为杀菌剂防治白粉病。该药速效好、残效长，对抗有机磷及抗杀螨酯的螨类亦有效，大鼠口服急性毒性 LD_{50} 为 3400 mg/kg。对光、水解均稳定，但易氧化成亚砜，合成方法如下：

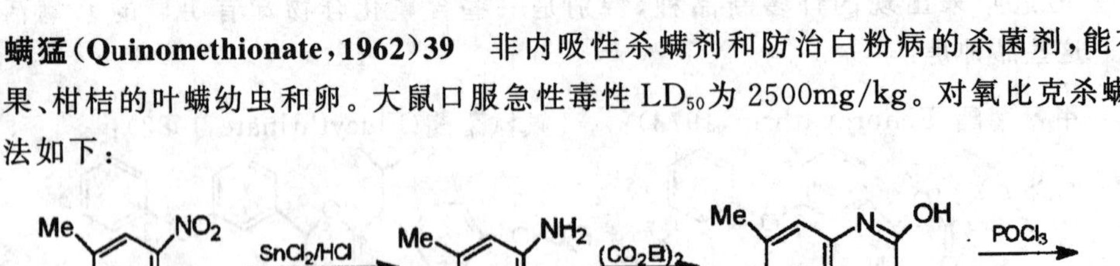

灭螨猛(Quinomethionate,1962)39 非内吸性杀螨剂和防治白粉病的杀菌剂，能有效地防治苹果、柑桔的叶螨幼虫和卵。大鼠口服急性毒性 LD_{50} 为 2500mg/kg。对氧比克杀螨稳定。合成方法如下：

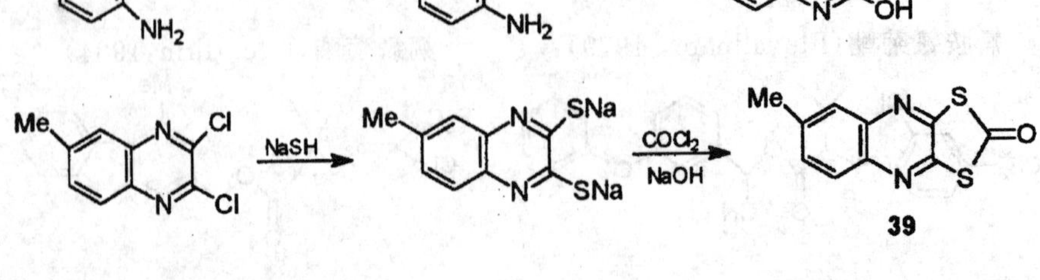

抗螨唑（Fenazaflor，1966）**40**   触杀性杀螨剂,对各发育期的叶螨和卵均有效,残效较长,对抗性螨类效果也很好。大鼠口服急性毒性 LD$_{50}$ 为 283mg/kg。合成方法如下:

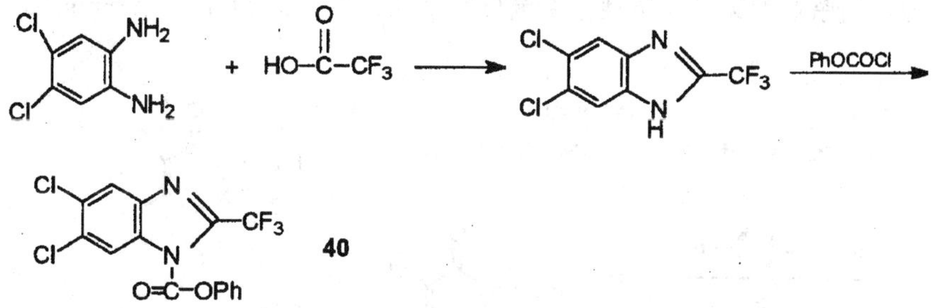

40

苯赛螨（Micromite，1983）**41**[744]   触杀性杀螨剂,对普通红叶螨、桔全爪螨和斑氏真叶螨均有效。大鼠口服急性毒性 LD$_{50}$ 大于 10000mg/kg。合成方法如下:

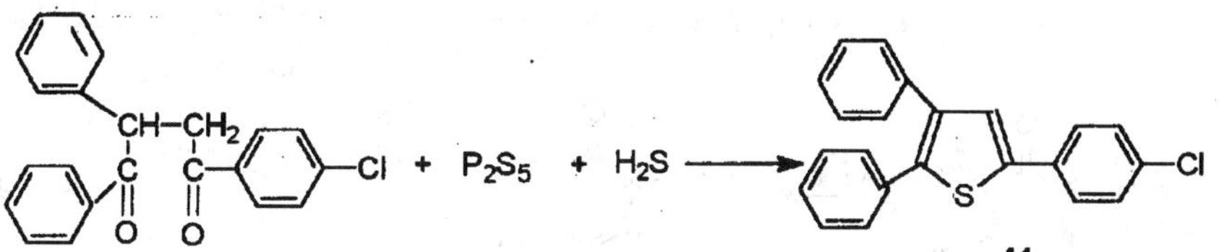

41

四螨嗪（Clofentezine，1981）**42**[745]   对苹果红蜘蛛（榆全爪螨）有高效,持效好,主要用作杀卵剂,对幼龄螨有一定防效。大鼠口服急性毒性 LD$_{50}$ 为 3200mg/kg。合成方法如下:

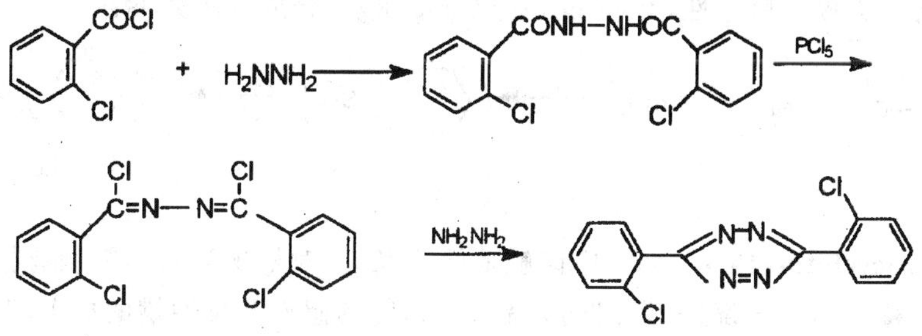

42

噻螨酮（Hexythiazox，1984）**43**[746~748]   广谱杀螨剂,对叶螨、全爪螨具有高效,残效长,与有机磷、三氯杀螨醇无交互抗性,用于防治苹果、棉花、柑桔等作物的多种螨类。噻螨酮与三氯杀螨醇的混合制剂（Nissostar）[749]具有杀卵、杀幼螨、杀若螨、杀成虫活性,速效、长残效等特点。大鼠口服急性毒性 LD$_{50}$ 大于 5000mg/kg。合成方法如下:

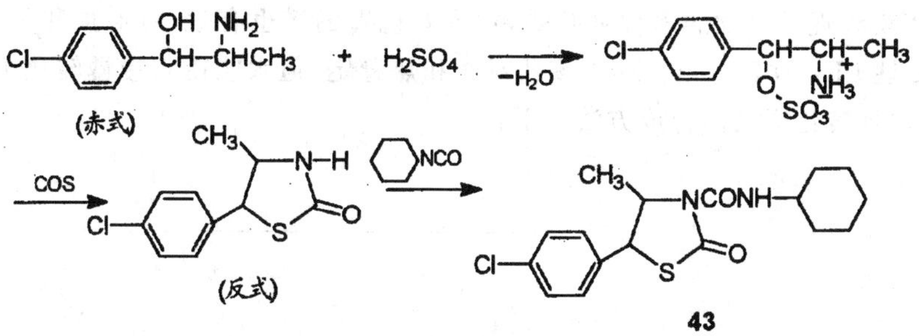

43

速螨酮（Pyridaben, 1985）44[750] 是高效广谱杀虫杀螨剂,对全爪螨、叶螨、小爪螨、始叶螨、跌线螨和瘿螨均有效,而且可以防治从卵、幼螨、若螨至成螨。特点是击倒迅速,残效长达30～60天,与常用杀螨剂无交互抗性。大鼠口服急性毒性 LD_{50} 为 358～435mg/kg。合成方法如下：

（1） $t\text{-BuNHNH}_2$ + $HOOC\text{-}CCl\text{=}CCl\text{-}CHO$ ⟶

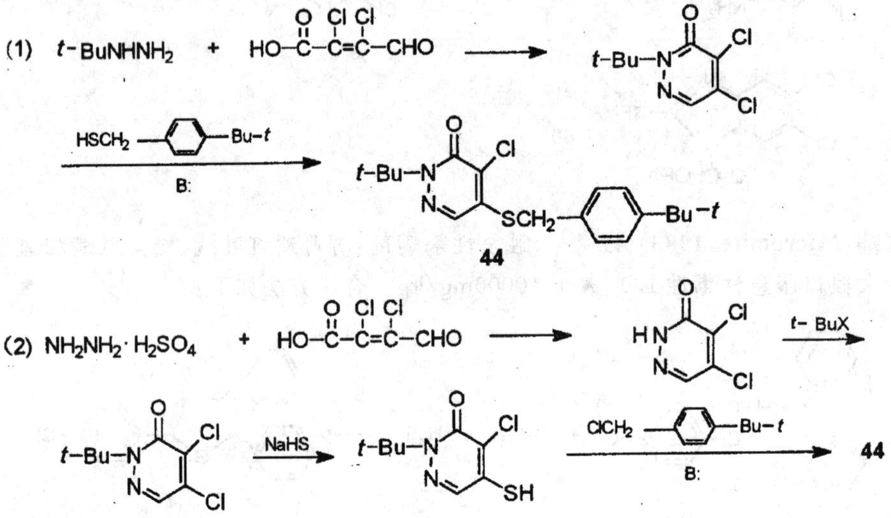

2.6.2.11 有机锡化合物

三环锡（Cyhexatin, 1968）45 非内吸、长残效杀螨剂,可防治各变态期间螨类特别是幼虫,无植物药害。大鼠口服急性毒性 LD_{50} 为 540mg/kg。合成方法如下：

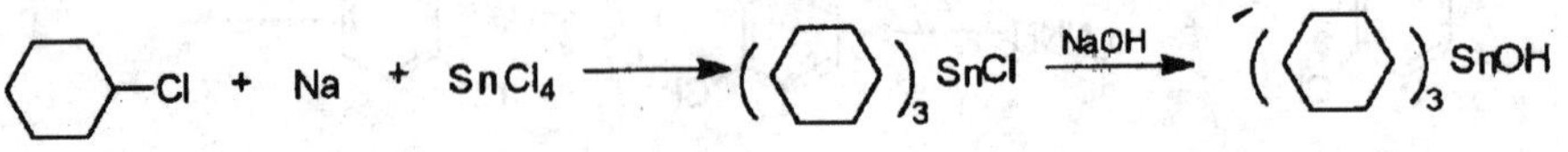

三唑锡（Azocyclotin, 1976）46 广谱触杀性杀螨剂,对棉田海灰翅夜蛾有拒食作用,可防治梨、桃、苹果、樱桃、李、草莓、云豆、茄子、葡萄等作物的感性及抗性螨的成虫、若虫。大鼠口服急性毒性 LD_{50} 为 99mg/kg。合成方法如下：

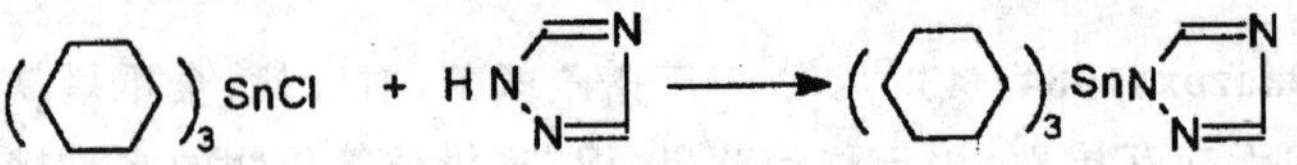

苯丁锡（Fenbutatin Oxide, 1974）47 非内吸性杀螨剂,残效较长,用于防治果树、柑桔、苹果、葡萄、蔬菜和观赏植物的多种食叶螨,对抗有机磷的螨也有效,对益虫和其天敌无害,大鼠口服急性毒性 LD_{50} 为 2630mg/kg。该药对光和热稳定,但水能使它慢慢转化为相应的氢氧化物,98℃时这种转化很快。合成方法如下：

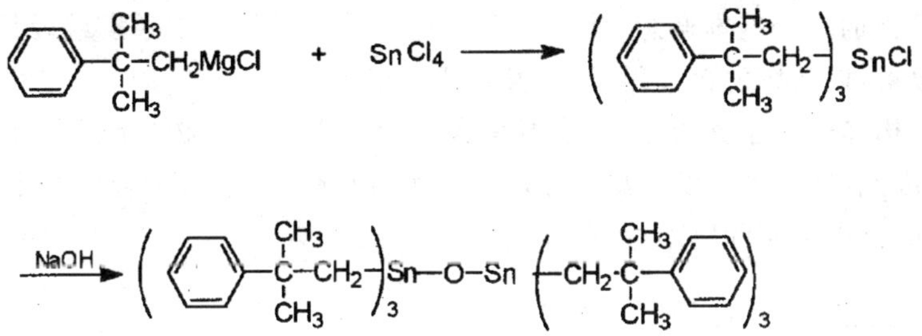

47

2.7　防治害虫的其它化学药剂

2.7.1　引言

防治害虫的其它化学药剂包括能调节昆虫生长的蜕皮激素、保幼激素、抗保幼激素、几丁质抑制剂，能控制昆虫行为的引诱剂、驱避剂，以及能影响昆虫生殖系统的不育剂等。

如果将无机化合物称为第一代杀虫剂，有机氯、有机磷、氨基甲酸酯等有机合成化合物称为第二代杀虫剂，上述这些控制昆虫生长、行为、生育等的化学药剂可以称为第三代杀虫剂，而抗保幼激素则称为第四代杀虫剂。第三代药剂是在 60 年代提出环境毒理学之后得到迅速发展的。这类药剂之所以兴起，是因为它们只对昆虫有效，对人畜比较安全。从环境毒理学观点来看，它们是较为理想的，能克服第二代药剂在残留毒性（如有机氯杀虫剂）或急性毒性（如有机磷、氨基甲酸酯某些品种）方面的缺点。它们的局限性在于只影响昆虫的生长、行为及生育，而不能将昆虫直接杀死以减少其危害。因此在实际应用中，它需要传统杀虫剂的配合，互相取长补短。

2.7.2　保幼激素[751～753]

2.7.2.1　昆虫内激素及其作用

由昆虫的脑、咽侧体、前胸腺组成的分泌系统所分泌的激素，即内激素，对昆虫的生长和发育起着调节作用。昆虫内激素主要有三种：脑激素——由脑部神经分泌细胞所分泌，主要功能是控制和调整蜕皮激素的分泌；蜕皮激素——由前胸腺所分泌，引起幼虫的蜕皮，促进变态，到成虫期就不存在了；保幼激素——由咽侧体所分泌，主要作用是保持昆虫幼龄期的特征，防止昆虫内部器官的分化与变态。

激素在正常的时间里分泌出正常的量，才能维持正常的生长与发育。如果其中一种激素在一个"失常的"时间内过量地存在，发育就会停止或者变得不正常。例如，在幼虫期如果蜕皮激素过多，就会加速发育，使昆虫过早死亡。如果保幼激素在蛹期存在，发育就会被打乱或停止。

使用激素防治昆虫的一个基本概念,就在于选择正常情况下不存在激素或者只存在少量激素的时间里应用激素,以破坏发育过程,使之发生死亡或不育。

脑激素的结构尚未完全弄清楚,蜕皮激素大都为类固醇化合物,合成比较复杂,而且使用剂量也比较大,因此,这两类内激素离实际应用尚远,而保幼激素由于合成上比蜕皮激素容易,用量又极低,因此已得到实际应用。

2.7.2.2　天然保幼激素

早在 1956 年,Williams 发现天蚕雄成虫腹部存在保幼活性物质,并对其提取的油状物进行了化学及生理活性的研究[754]。1967 年 Röller 从天蚕雄成虫腹部成功地分离鉴定了第一个保幼激素,称为保幼激素 1,即 JH-1[755]。1968 年 Meyer 也是从天蚕蛾的提取物中,发现了第二个保幼激素 JH-2,它是 JH-1 的同系物,只占天蚕蛾提取物的 10%～25%[756]。第三个保幼激素是 1973 年 Judy 从烟草角蛾中提取分离的,称为 JH-3[757]。第四种保幼激素 JHO 于 1982 年发现[752]。这四种天然保幼激素均为同系物,它们的骨架结构为 10-顺式-环氧基-2,6-反,反-十三碳二烯酸甲酯,区别在 3、7 及 11-位上取代基不同(甲基或乙基),它们可以统称为保幼酸甲酯。

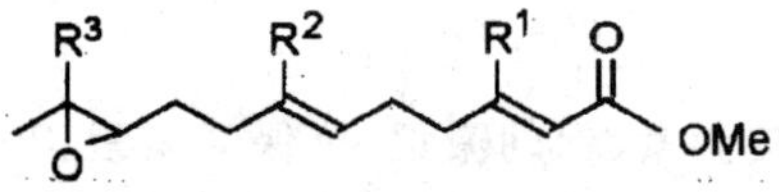

	碳数	R¹	R²	R³
JH-1	18	Me	Et	Et
JH-2	17	Me	Me	Et
JH-3	16	Me	Me	Me
JHO	19	Et	Et	Et

除上述这些从昆虫体内提取的天然保幼激素之外,也曾在别的生物中发现保幼活性物质。1961 年 Schmialek 从黄粉甲虫粪便中分离出一种倍半萜烯醇——法尼醇(farnesol),对黄粉甲虫及吸血蝽有保幼活性[758]。1966 年 Slama 发现用枞树、松树制造的纸对无翅红蝽有保幼活性,称为"纸因子"(Paper factor)。后来从香枞木中提取了一种保幼活性物,称为保幼生物素(Juvabione),对红蝽科有特效[759]。

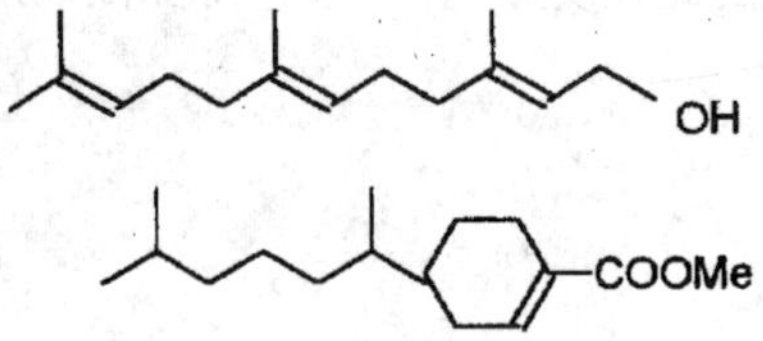

从结构上看,法尼醇与保幼酸甲酯有着很类似的碳骨架,保幼生物素也是一种 α,β-不饱和酸甲酯的类倍半萜类。

2.7.2.3　保幼激素的人工合成

保幼激素的人工合成方法很多,已有综述评论[760]。下面介绍两种有代表性的方法。

Dahm 法[761]:

由此法合成的保幼激素为:反,反,顺-10-环氧基-7-乙基-3,11-二甲基-2,6-十三碳烯酸甲酯。产物在 GC 上的保留时间、TLC 上的 Rf 值及 ¹HNMR 均与天然产物一致。对黄粉甲虫、蜡螟的保幼活性也与天然产物相同。其合成步骤如下:

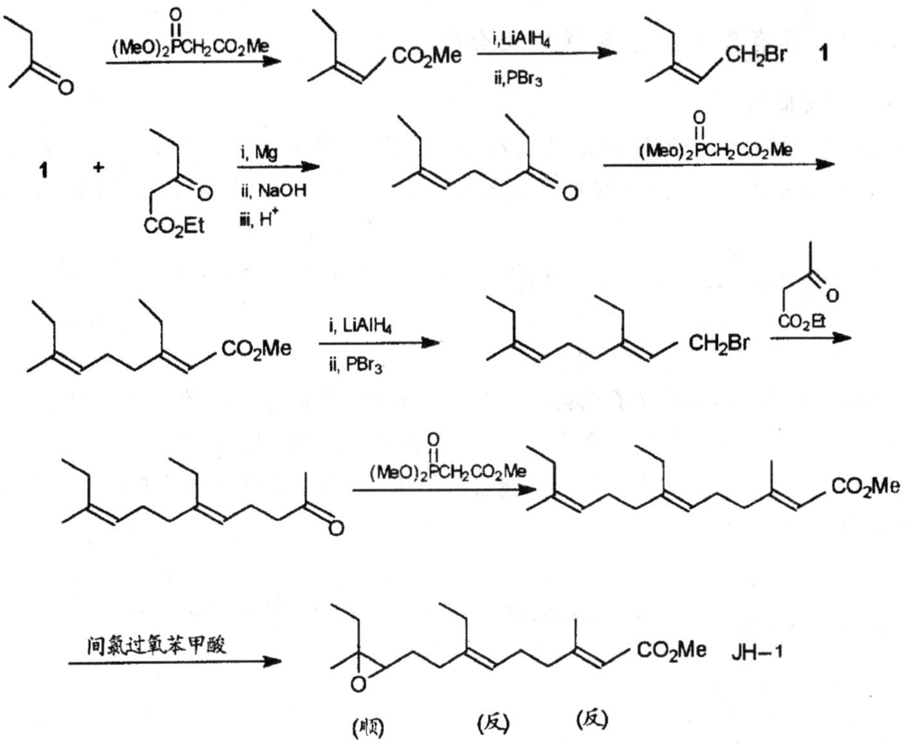

Johnson 法[762]：

这是一种立体有择合成消旋保幼激素 JH-1 的方法，其中包括环丙基羧酸甲酯的分子重排，各步产率均较好。主要合成步骤如下：

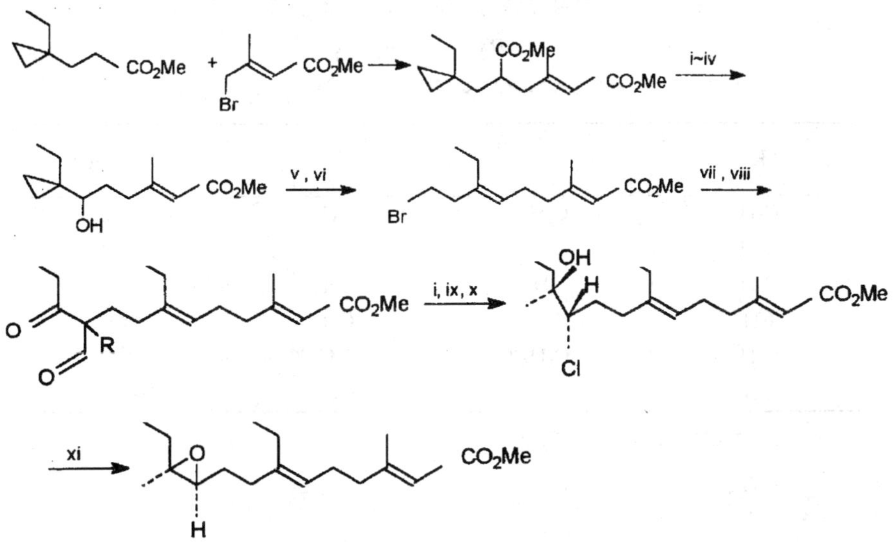

试剂：i，Ba(OH)₂；ii，H⁺；iii，CH₂N₂；iv，NaBH₄；v，PBr₃—LiBr；vi，ZnBr₂；vii，Na I；viii，3,5-庚二酮（烯醇型）；ix，CaCl₂·LiCl；x，MeMgCl；xi，K₂CO₃

2.7.2.4 具有保幼激素活性的化合物

(1)法尼醇类似物

在法尼醇类似物中,法尼甲基醚 **2** 及法尼二乙胺 **3** 对黄粉虫的保幼活性比法尼醇高得多[758]。在法尼醇及 **2** 中 10-位烯键的环氧化也可增加保幼活性[763]。可见环氧基的重要性。

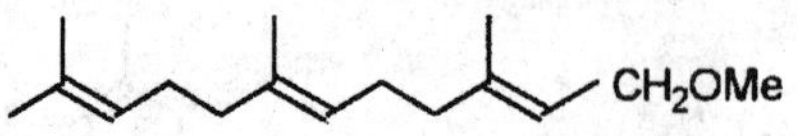

2 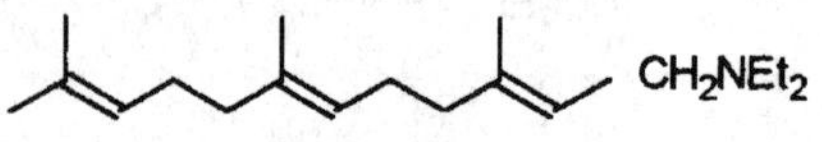 **3**

早在 1965 年,Bowers 研究了天蚕蛾油的一些性质,合成了一些类似物。其中反,反-10,11-环氧基法尼酸甲酯(即后来在天然提取物中分离得到的 JH-3)具有很好的保幼激素活性[763]。后来 FMC 公司还合成了一些法尼酸酰胺衍生物,其中化合物 **4** 及 **5** 对大黄粉虫的蛹有很高的保幼激素活性[764]。

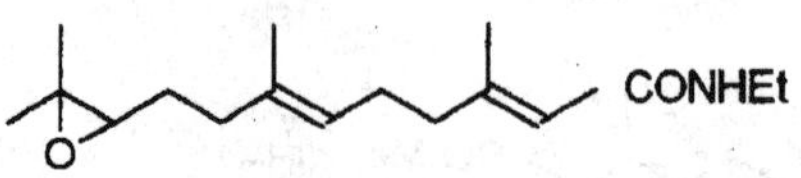

4 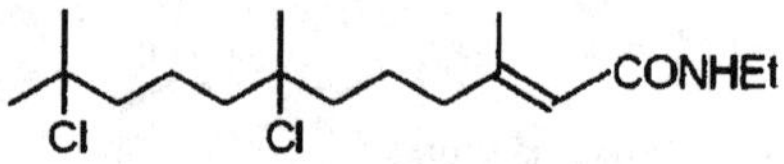 **5**

(2)保幼酸甲酯类似物

Jacobson 合成了一系列具有天蚕保幼激素主碳链的化合物[751、764],考察了保幼酸甲酯中支链取代基(表 2-43)、环氧基一端的改变(表 2-44)以及主碳链的不饱和性(表 2-45)对保幼激素活性的影响。

表 2-43 乙基支链对于黄粉虫形态发生活性的影响

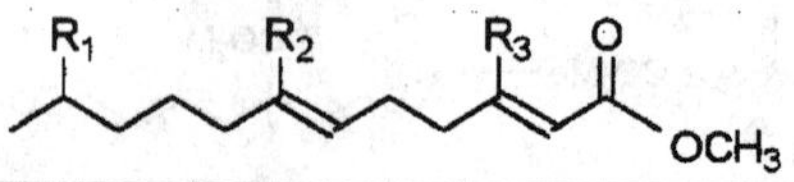

	化 合 物		活 性(μg)*
R_1	R_2	R_3	
C_2H_5	C_2H_5	CH_3	0.03
C_2H_5	CH_3	C_2H_5	0.3
C_2H_5	CH_3	CH_3	0.3
CH_3	C_2H_5	CH_3	0.1
C_2H_5	C_2H_5	C_2H_5	0.3
CH_3	CH_3	CH_3	0.06

* 达到活性等级 1.0 所需剂量

表 2—44　保幼酸甲酯环氧基一端的改变对于黄粉虫保幼激素活性的影响

化　合　物	活性(μg)*
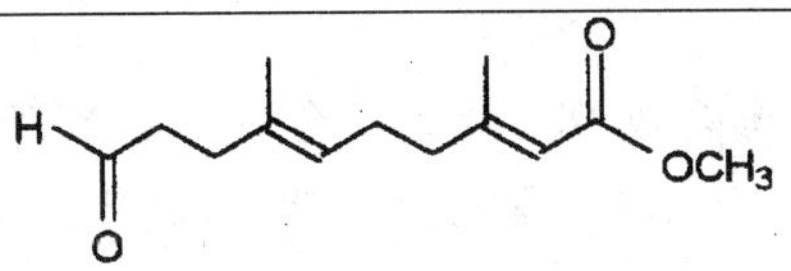	10
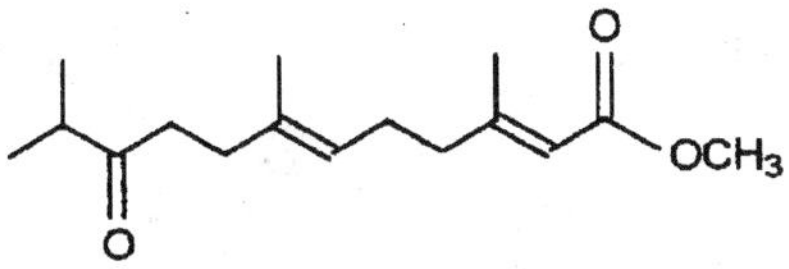	25
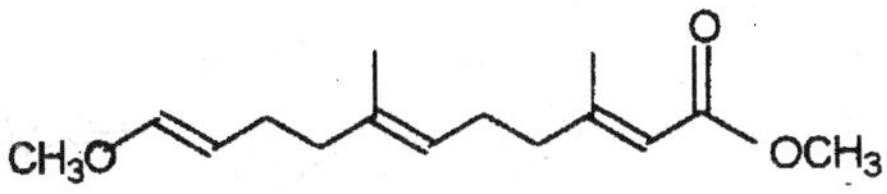	10
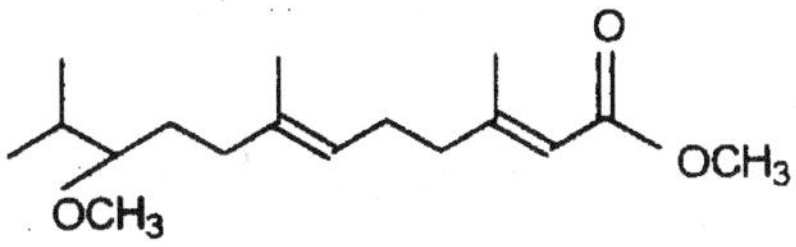	15
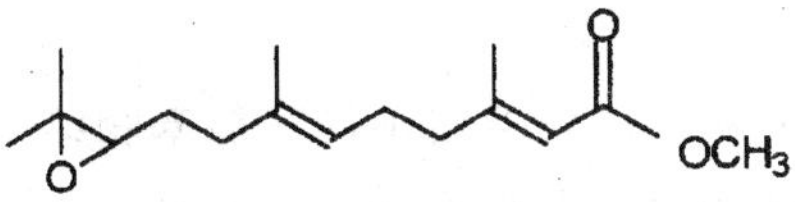	0.06

* 达到活性等级 1.0 所需剂量

表 2—45　改变保幼酸甲酯的不饱和性对黄粉虫保幼激素活性的影响

化　合　物	活　性(μg)*
 (月桂酸甲酯)	>10
 (10,11-环氧十一酸甲酯)	>10
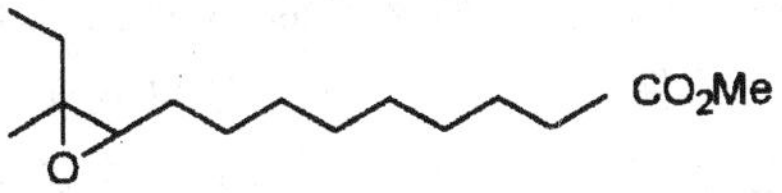 (10,11-环氧-11-甲基十三酸甲酯)	>10
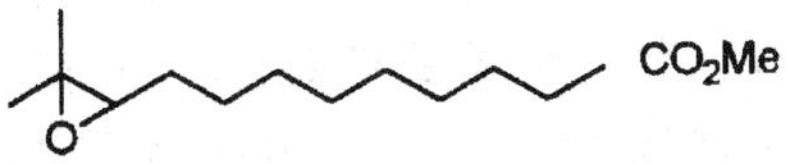 (10,11-环氧-11-甲基十二酸甲酯)	>10
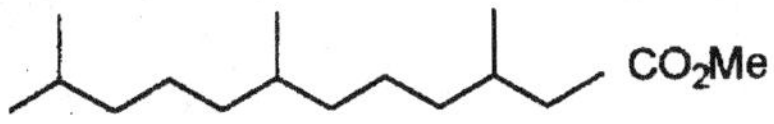 (3,7,11-三甲基十二酸甲酯)	10
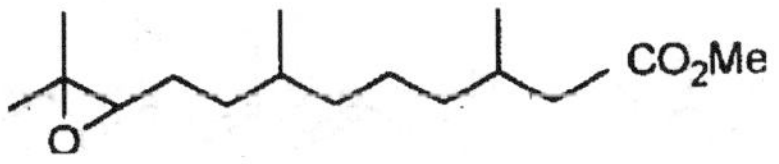 (10,11-环氧-3,7,11-三甲基十二酸甲酯)	>10
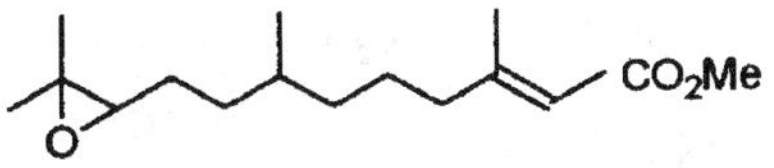 (10,11-环氧-3,7,11-三甲基-2-十二烯酸甲酯)	>10
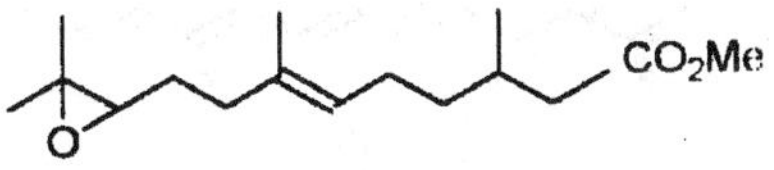 (10,11-环氧-3,7,11-三甲基-6-十二烯酸甲酯)	>10
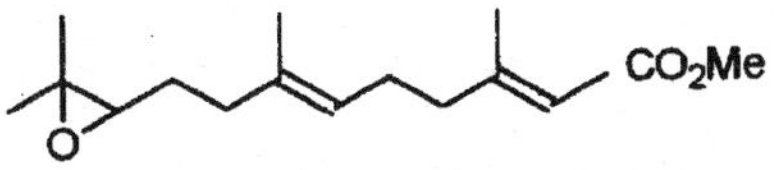 (10,11-环氧法尼酸甲酯)	0.031
天蚕蛾保幼激素(混合异构体)	0.01

* 达到活性等级 1.0 所需剂量

从以上结果可以看出,主碳链不饱和性的降低以及环氧基的改变均会使保幼激素活性明显下降。支链甲基或乙基的取代对活性也有一定影响,但不如以上两因素影响大。

(3)保幼生物素类似物

1968 年 Mori 对保幼生物素进行了全合成[765],随后又合成了一系列类似物,如 **6**、**7**、**8**、**9** 等[766]。这些化合物对无翅红蝽新蜕皮的若虫具有保幼激素活性,其活性 **9**>**7**>**6** 和 **8**。

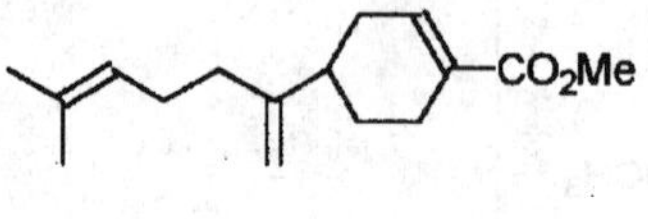

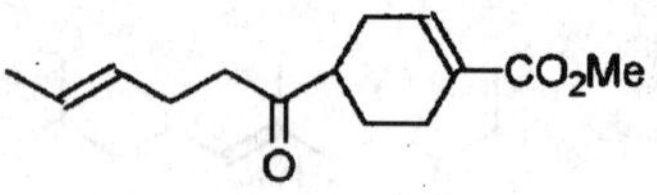

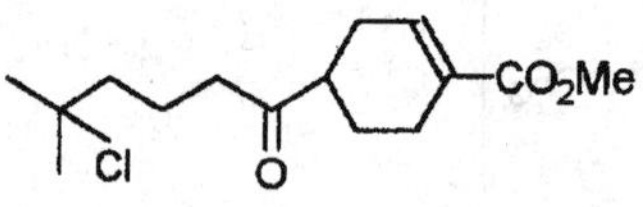

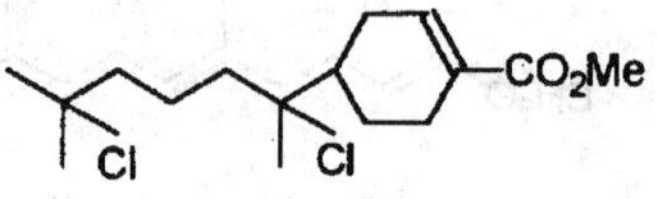

(4)无环萜烯化合物

Schwarz 曾合成并试验了一系列无环萜烯碳骨架与不同官能基相结合的化合物对黄粉虫的保幼激素活性[767],发现化合物 **10** 和 **11** 具有很高的活性。

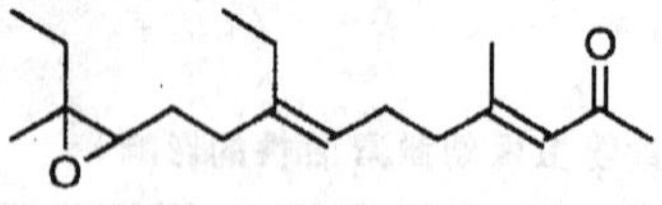

无环萜烯化合物作为保幼激素已有许多成功实例。烯虫酯(Methoprene,ZR-515)**12** 对伊蚊幼虫活性很高,LC_{50} 为 0.0001ppm,是 JH-3 的 1900 倍。所用剂量很低,室内为 0.00001ppm,田间为 140g/ha[751,753]。它是第一个作为商品应用的保幼激素,1975 年已得到美国环保局许可,用于防治洪水蚊子。除此之外,这类化合物中已正式作为杀虫剂应用的还有烯虫乙酯(Hyroprene,ZR-512)**13**、烯虫炔酯(Kinoprene,ZR-777)**14** 和烯虫硫酯(Tripene,ZR-619)**15** 等[768]。化合物 **12**、**13** 及 **15** 还可使蚕的产丝期延长,产量增加 10%~30%,此项技术在我国已得到大面积推广应用[751]。

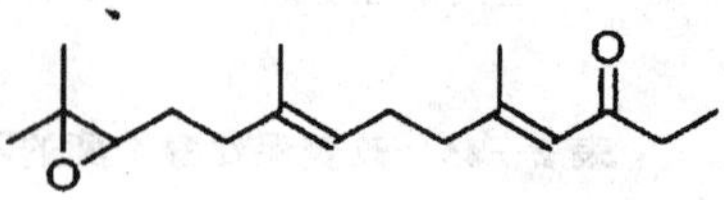

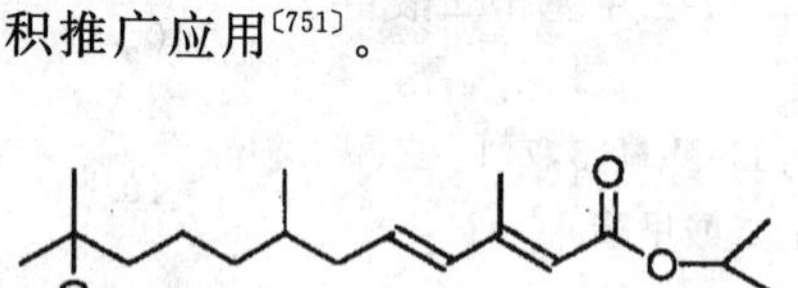

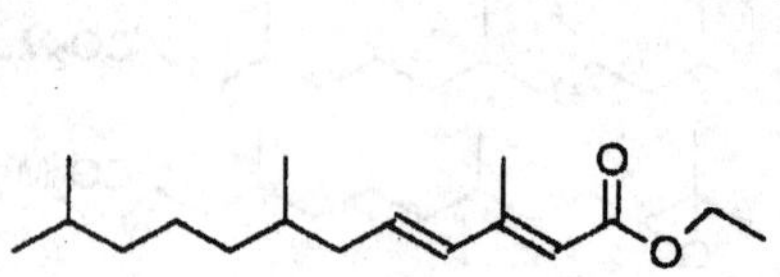

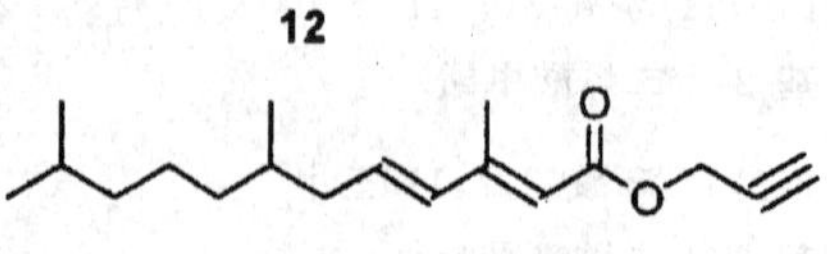

(5)芳香萜烯醚

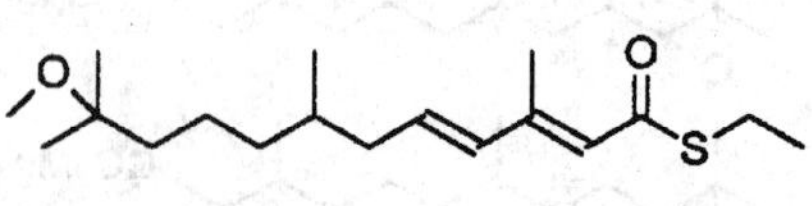

1969 年 Bowers 发现某些芳香基萜烯醚具有很高的保幼激素活性,特别是牻牛儿基衍生物的活性更高[769]。随后 Slama 合成了通式 **16** 的萜烯芳基醚、硫醚、亚砜及砜[770]。这些化合物

对棉红蜘、黄粉甲等都有活性。与此同时,Pallos 研究了此类萜烯衍生物的进一步化学改造,合成了一系列通式 **17** 化合物,发现环氧化产物比不环氧化产物活性高 80 倍,其中化合物 **18** (JOOZ)活性最高,对蚊幼虫的 LC_{50} 为 0.00047ppm,比 JH-3 的活性高 450 倍[771]。

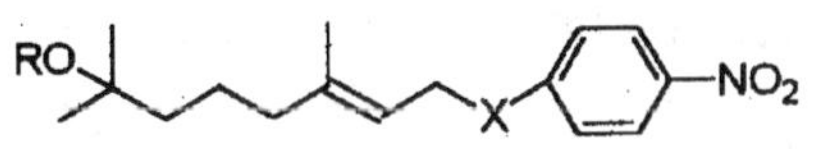

16　R=H, Et
　　　X=O, S, SO, SO₂

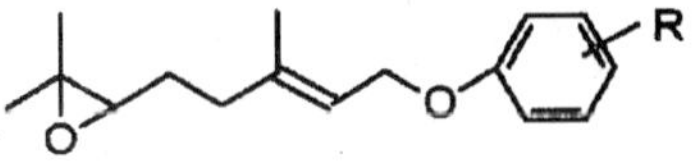

17　R= 烷基、烷氧基,
　　　烷硫基、卤素

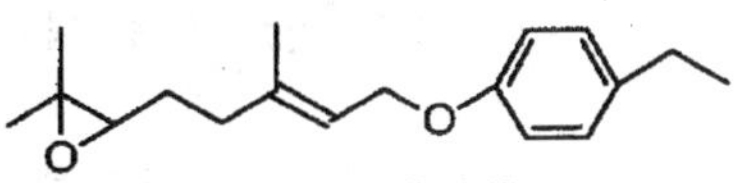

18　(734 II)

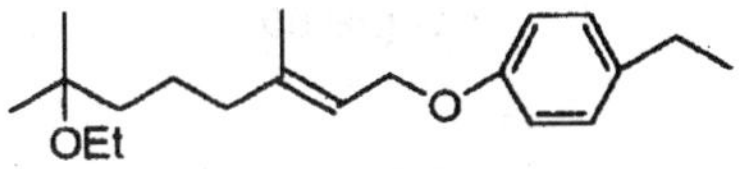

19　(738)

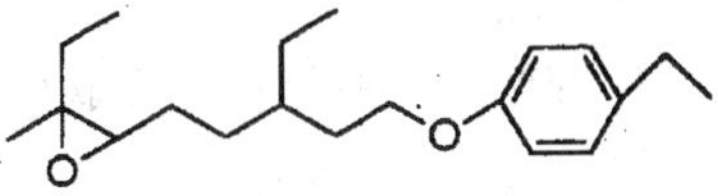

20

在这类化合物中,保幼醚(Epofenonane,RO10-3108)**20** 可用来防治果树、仓贮害虫[772],化合物 **18**、**19** 可用来使蚕增产蚕丝[751]。

Bowers 将增效剂的某些结构特征引入芳基萜烯醚中,合成了多种具有很好保幼激素活性的化合物[769],其中化合物 **21** 的活性最为突出。Zoecon 公司的芝麻香茅醚中,化合物 **22** 的活性也很突出[773],对蚊幼虫的 LC_{50} 为 0.003ppm,比 JH-3 的活性高 70 倍[753]。

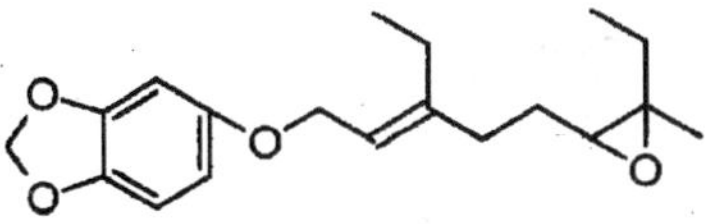

21

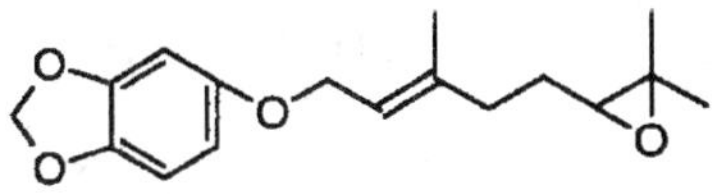

22

2.7.3　几丁质抑制剂[752,774]

2.7.3.1　作用机制

几丁质抑制剂也是一种昆虫生长调节剂。1970 年 Philips-Duphar 公司在研究取代脲类除草剂时,合成了化合物 **23**(Du 19111),未发现它有除草活性,但却有阻止某些昆虫蜕皮,进而变黑死亡的作用。这种独特的作用方式,促使该公司合成了几百种苯甲酰基苯基脲类衍生物,从中筛选出具有高效杀虫活性的多种几丁质抑制剂,如灭幼脲 **24**、除虫脲 **25** 等。

23 (Du 19111)

24 (PH 6038)　　　　**25** (PH 6040)

灭幼脲类化合物的主要作用是抑制昆虫表皮中几丁质的合成。昆虫受到这类药剂处理后，在蜕皮时不能形成新表皮，因而变态受阻，成为畸形或死亡。这类化合物中有些还有抑制产卵及使卵不孵化的作用，因此也是一种不育剂。高等动物皮肤中不存在几丁质，所以它们的毒性极低，并且在环境中易于降解，但对昆虫的活性却极高，主要通过胃毒作用，触杀作用较弱。

灭幼脲处理过的昆虫，引起表皮中几丁质的减少。这种减少，主要是几丁质合成酶受到抑制，因而使几丁质的合成减少或停止合成造成的。

几丁质合成途径如图 2—27 所示。由葡萄糖开始，经过果糖-6-磷酸，氨化成 6-磷酸葡糖胺（GA-6-P），再酰化为 6-磷酸乙酰葡糖胺（AGA-6-P），再异构化为 1-磷酸乙酰葡糖胺（AGA-1-P）。随后与尿苷三磷酸（UTP）结合成尿苷二磷酸 N-乙酰葡糖胺（UDPAG），UDPAG 进一步聚合，放出尿苷二磷酸，生成几丁质。最后聚合过程需要几丁质合成酶的存在，灭幼脲的作用就在于阻止这类聚合过程的进行。

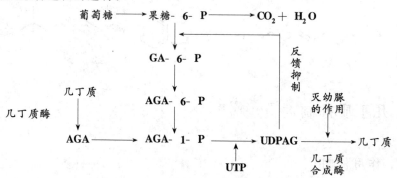

图2—27　几丁质的合成与抑制

2.7.3.2　具有几丁质抑制作用的化合物

（1）苯甲酰基苯基脲素

这类化合物的通式如 **26** 所示，通常由两种方法合成[775]，从取代苯甲酰异氰酸酯与取代苯胺反应，或者从取代苯甲酰胺与取代苯基异氰酸酯反应。

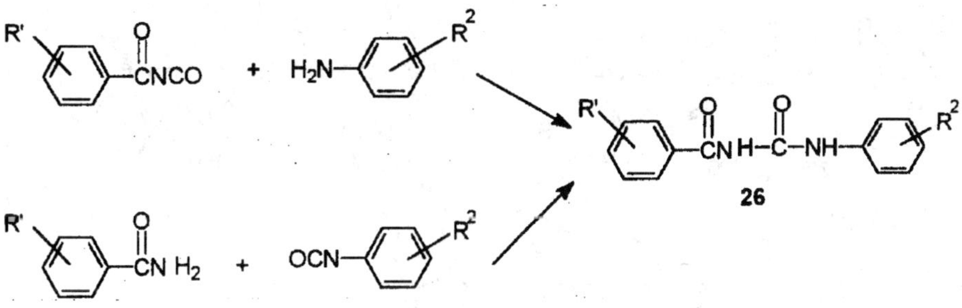

26

重要的品种有除虫脲 **25**[768]、灭幼脲 **24**[772]、氟幼脲 **27**[772]、杀虫隆 **28**[776]、伏虫隆 **29**[776]、定虫隆 **30**[776]、氟铃脲 **31**[772]以及 Bay Sir 6874 **32**[777,778]等。

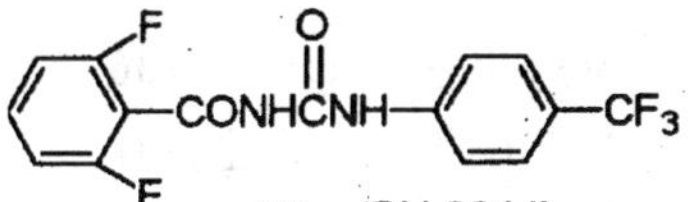

27 (PH 6044)

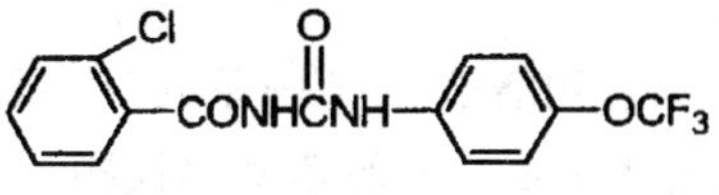

28 (Bay Sir 8514)

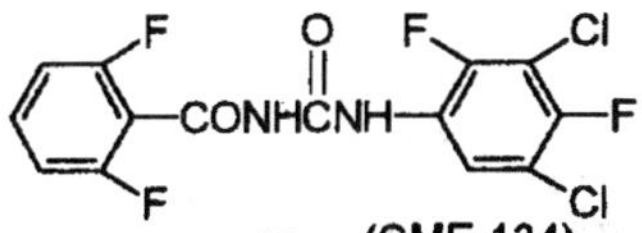

29 (CME 134)

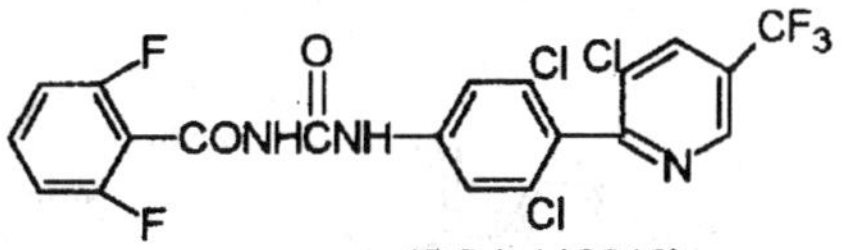

30 (CGA 112913)

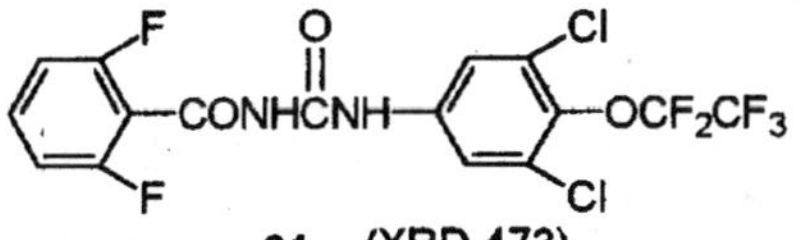

31 (XRD 473)

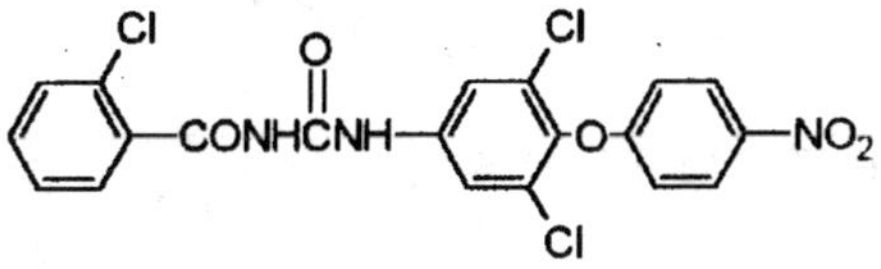

32 (Bay Sir 6874)

(2)苯甲酰基吡嗪基脲类

通常的合成方法是从苯甲酰基异氰酸酯与取代 2-氨基吡嗪反应：

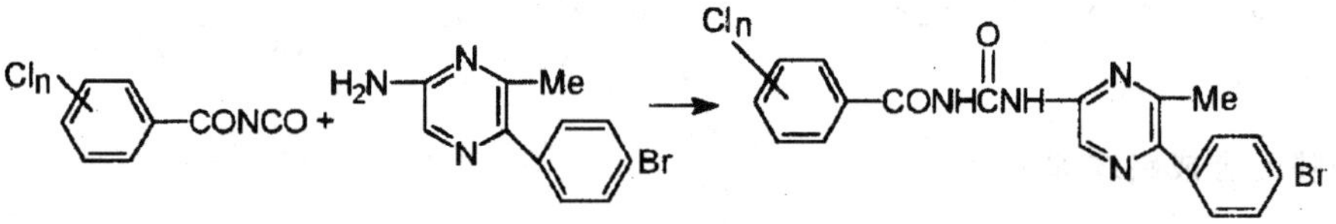

这类化合物中具有代表性的品种有嗪虫脲 **33**[772]、二氯嗪虫脲 **34**[772]及 EL588 **35**[779]。它们的使用浓度都很低，嗪虫脲在 0.2～13.5ppm 浓度下，可有效地防治多种卫生害虫和农业害虫，对高温、高压、日光、紫外光均稳定，对非目标生物、水生生物相当安全。

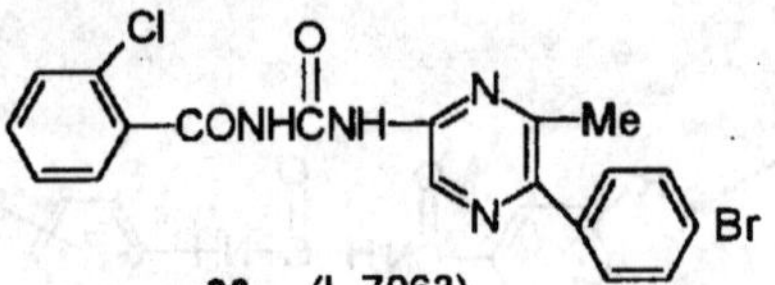

33 (L 7063) 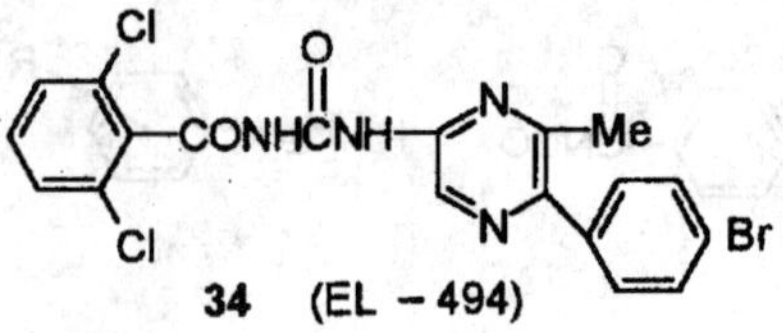　　**34** (EL－494)

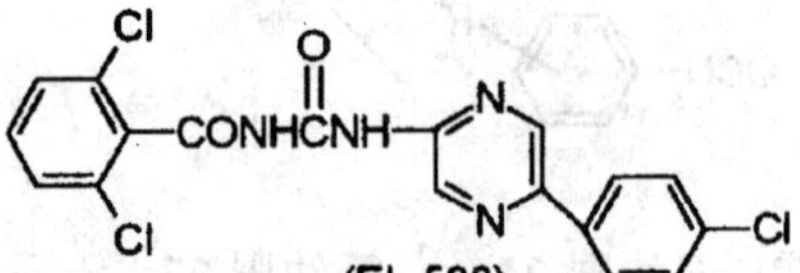

35 (EL 588)

（3）吡唑啉类

Philips-Duphar 公司曾合成了一系列这类化合物，其中灭虫唑（PH6041）**36**[772]具有优良的杀虫活性，而吡唑啉环 4 位上的苯基取代物——灭幼唑（PH6042）**37** 活性更高[772、774]。这类化合物具有一定的触杀作用和很强的胃毒作用，对多种鳞翅目幼虫有很好的效果。

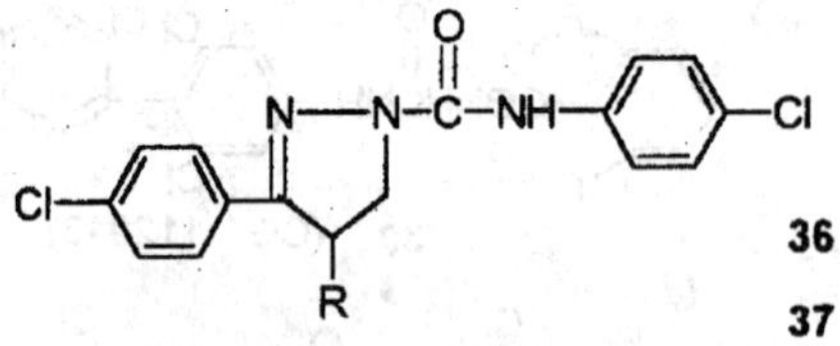

36　(PH 6041)，R=H

37　(PH 6042)，R=Ph

灭虫唑可按如下反应合成[780、781]：

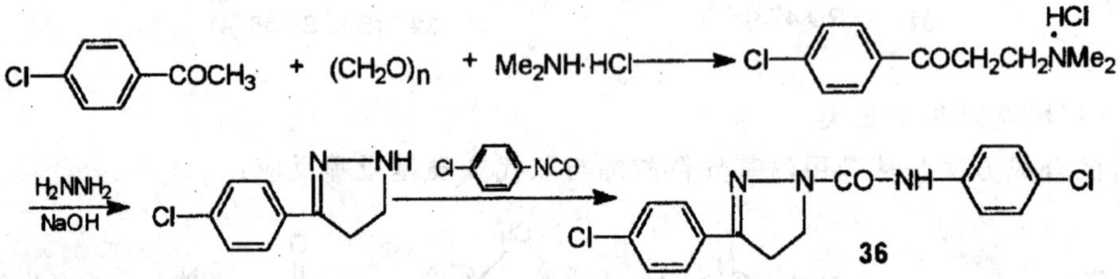

$$Cl-\phi-COCH_3 + (CH_2O)_n + Me_2NH\cdot HCl \longrightarrow Cl-\phi-COCH_2CH_2NMe_2\cdot HCl$$

$$\xrightarrow[NaOH]{H_2NNH_2} \longrightarrow \xrightarrow{Cl-\phi-NCO} \quad 36$$

灭幼唑的合成路线如下[782]：

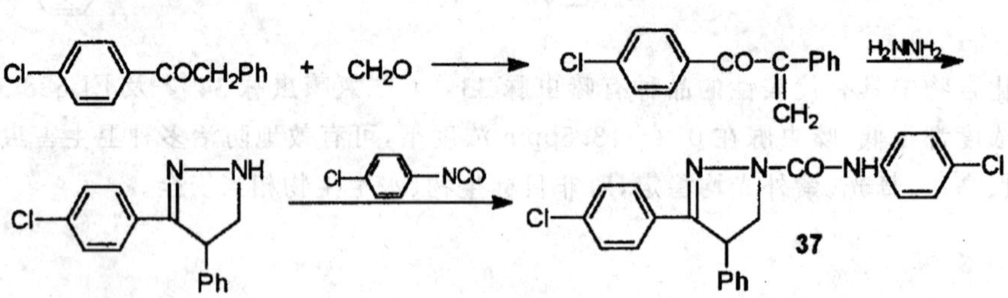

$$Cl-\phi-COCH_2Ph + CH_2O \longrightarrow Cl-\phi-CO-C-Ph=CH_2 \xrightarrow{H_2NNH_2}$$

$$\xrightarrow{Cl-\phi-NCO} \quad 37$$

（4）其它杂环类

几噻唑（L-1215）**38**[772]是一种噻二唑衍生物，用于防治卫生害虫，2.5ppm 浓度下可在 7 天内 100％杀死亚热带粘虫的幼虫。合成方法如下：

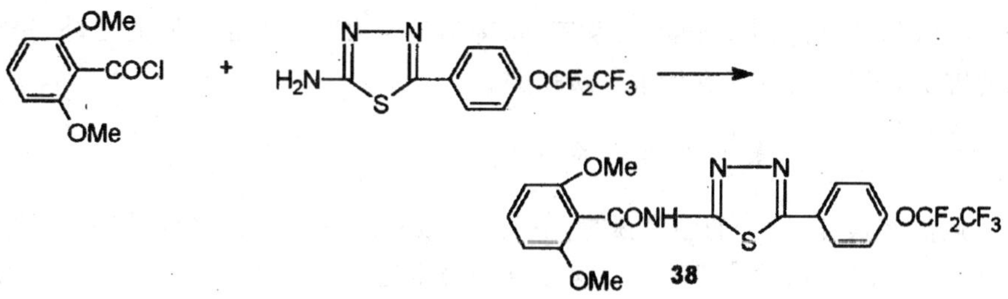

38

日本农药公司合成一系列噻二嗪类化合物,筛选出一种高效、高选择性的杀虫剂——Applaud(NNI-750)**39**[783]。此药毒性极低,对飞虱、叶蝉、温室粉虱、矢尖蚧、康氏粉蚧的幼虫有非常高的活性,大部分幼虫死于蜕皮阶段,为一新型结构昆虫生长调节剂。其药效能持续35～40天。本品具有非常高的选择活性,仅对一些同翅目害虫有效,不伤害其天敌。

合成方法如下[784]:

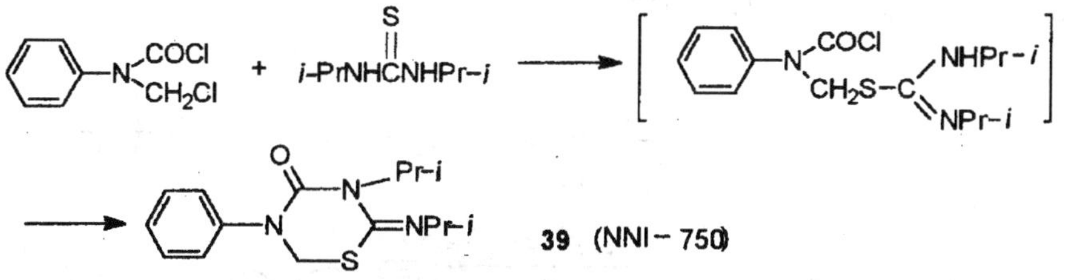

39 (NNI-750)

2.7.4　性外激素[753、785、786]

2.7.4.1　概述

昆虫外激素又称昆虫信息素,是由雌性或雄性昆虫的某些特有腺体分泌到体外的微量化学物质。它对同种昆虫发出某种信息,影响它们的行为,从而获得昆虫生活中的种种基本需要,如生殖、寻找食物、群聚活动、自卫等。现已发现的昆虫外激素有性外激素、追迹外激素、结集外激素和报警外激素。

昆虫性外激素即昆虫性信息素,也称为昆虫性引诱剂。引诱剂可以分为性引诱剂、食物引诱剂及产卵引诱剂,它是根据昆虫的行为来划分的,其界限往往并不明确。一种化学物质如果能够招引昆虫,并使之表现出交配的姿态,这种化学物质就可能是一种性引诱剂。通常,性引诱剂由雌虫释放去引诱雄虫,是交配时两性相互寻找过程中的重要纽带。目前已发现有200多种昆虫能产生性外激素。通过提取、分离、鉴定,有60多种昆虫的性外激素的化学结构已经阐明,其中有相当一部分已进行了人工合成。过去需要从几十万条虫中方能分离到毫克量的性外激素,由于现代分离分析方法的进步和仪器的更新,现在仅需几条或几十条虫就能使其化学结构得以确定。

昆虫性外激素可用于害虫发生的预测、预报,也可以采用诱杀法用于害虫防治。其优点之一在于,可减少常规农药对环境的污染。因为诱杀法只需在小范围使用少量的杀虫剂就可将引诱来的害虫杀死。其优点之二是高选择性,有利于保护害虫的天敌和益虫。因为不同种昆虫的性外激素有不同的化学结构,只能引诱同种异性昆虫。大多数性引诱剂为酯、醇或有机酸,稳定性较好,合成并不十分困难,用量极低,因此为这种药剂的大量使用提供了条件。其缺点是引诱效果与气候条件(如风力、温度、湿度)关系密切,特别是风力影响尤剧。除此之外,诱捕器的设计、引诱来的害虫如何杀死等都有待进一步研究。

2.7.4.2 昆虫性外激素及其合成举例

鳞翅目(蛾类和蝶类)昆虫的性外激素是研究得最多的一类,大多数已被鉴定的蛾类性外激素是长链的不饱和醇、乙酸酯或醛类。昆虫性外激素通常是多种成分组成的混合物,有些是Z-和E-异构体的混合物,有些是乙酸酯和醇或醛的混合物,还有些是不同位置双键异构体的混合物。所以,对合成性外激素来说,高度的化学纯度和已知立体化学组成是绝对重要的。下面以鳞翅目昆虫性外激素为例,按化学结构分类加以介绍[786、787]。

(1)烯醇及其乙酸酯类

(Z)-9-十二碳烯基乙酸酯 40

葡萄小卷蛾性外激素的主要成分,田间诱捕时最佳活性成分配比为Z-异构体(**40**)96%,E-异构体(**41**)4%。它们的合成路线如下[786]:

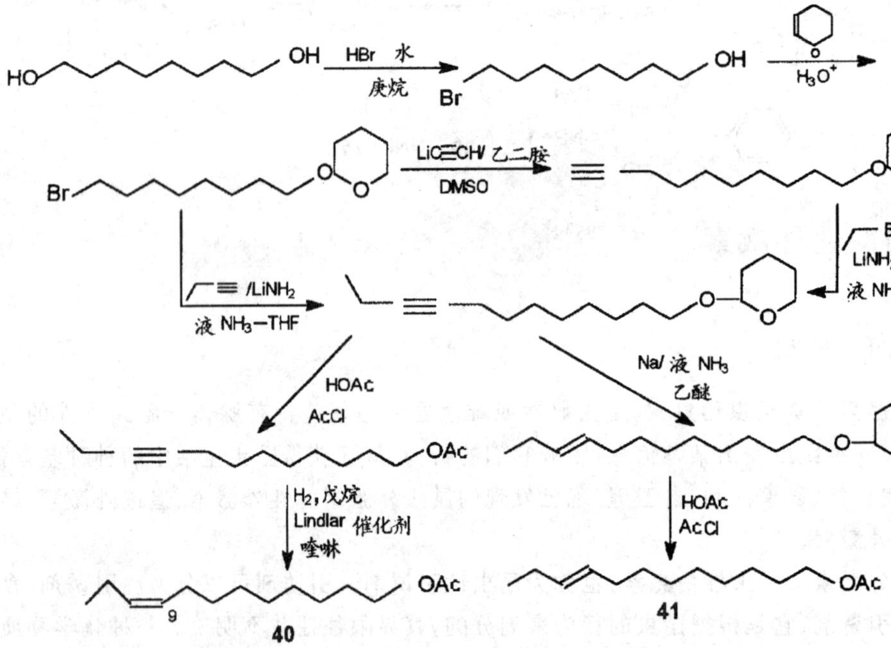

(Z)-8-十二碳烯基乙酸酯 42

梨小食心虫的性外激素,可采用下述炔化物合成路线的改进方法来制备[788]:

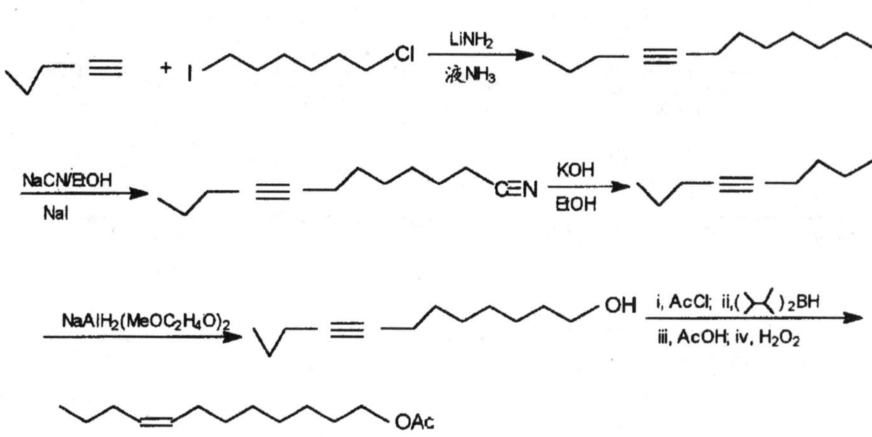

42

(2)烯醛类

(Z)-9-十四碳烯醛 43 和(Z)-11-十六碳烯醛 44

是烟芽夜蛾性外激素的两种成分,最佳活性比例为 6:94。它们的合成方法是用相应的伯醇经三氧化铬/吡啶络合物氧化[789~792],或者从炔化物开始,按下式路线合成[793]:

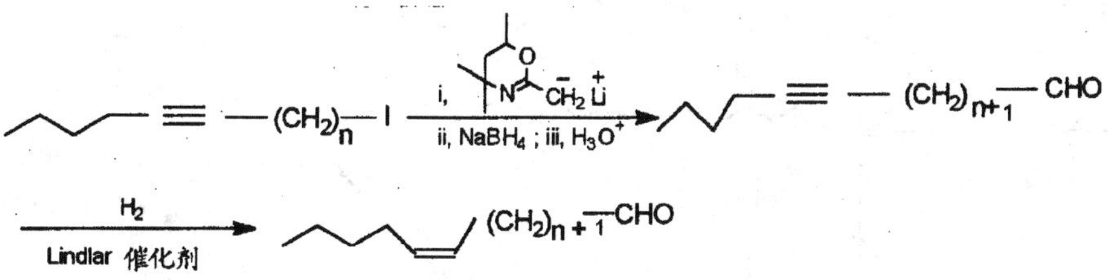

43 (n=6)   **44** (n=8)

(3)环氧化物

(Z)-7,8-环氧-2-甲基十八烷 45

1953 年 Acree 从 10 万只未交尾的雌午毒蛾提取分离得到 12mg 活性物,结构鉴定为(Z)-7-十六碳烯-1-羟基-10-醋酸酯 46[794]。1970 年 Jacobson 发现午毒蛾提取物中活性物质除 46 外,尚有更高活性的环氧化合物 45[795]。实验表明,两种对映体中,(＋)-顺-7R,8S-45 是天然性引诱剂,而(－)-顺-45 活性很弱,反式中两种对映体都没有活性。

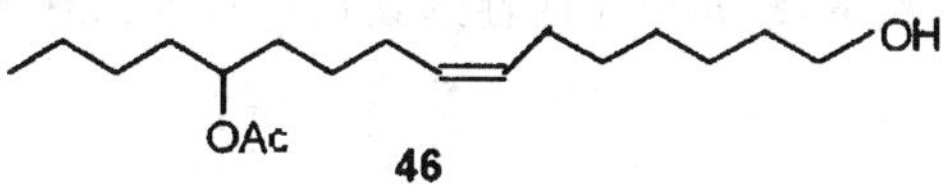

46

45 的合成可利用 Wittig 反应,总收率可达 60%[796]:

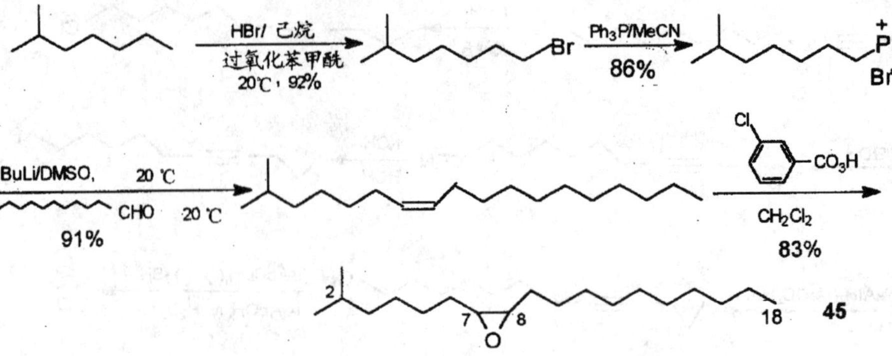

（4）烯酮类

(Z)-6-二十一烯-11-酮 47

黄杉古毒蛾雌虫分泌的性信息素的主要成分是 **47**，但其反式异构体 **48** 在田间也表现出诱蛾活性。两种异构体的合成方法如下[797]：

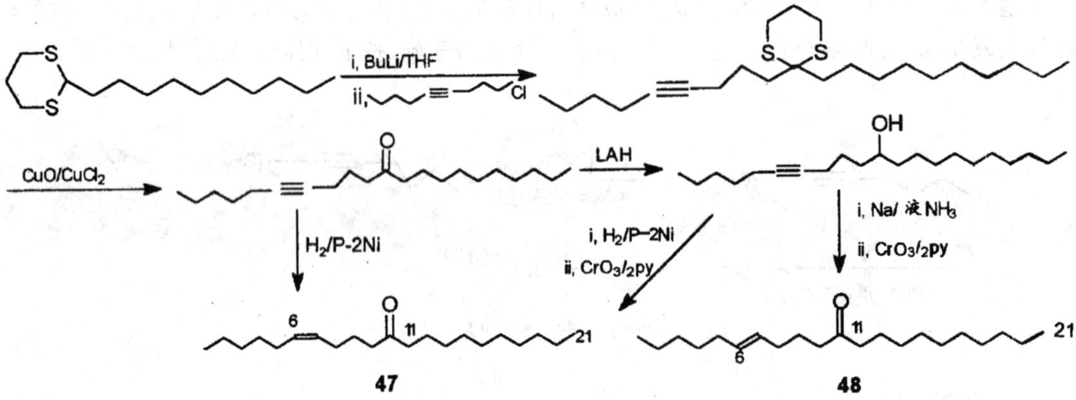

（5）共轭双烯类

8E、10E-十二碳二烯醇 49

苹果小卷蛾是危害苹果、梨等果树的害虫。Roelofs 根据典型化合物和雌性提取物的触角电位研究，认为其性引诱剂是化合物 **49**[798]。后来 Beroza 确定性雌性引诱剂存在于雌蛾腹部的末端[799]。已证明合成的化合物 **49** 对田间雄蛾有很强的吸引力，用它作为一种测报手段是很有价值的[798]。田间使用表明，纯 E,E 异构体活性远远优于另外三种顺反异构体。**49** 可按如下路线合成[798]：

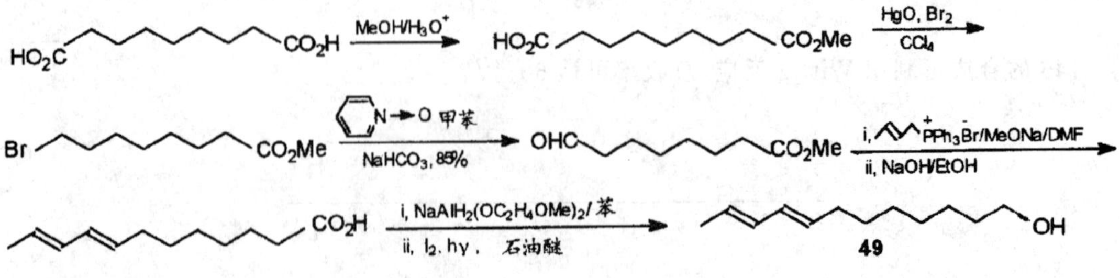

10E、12Z-十六碳二烯醇 50

Butenandt 从五十万只雌蛾中提取、分离，最后鉴定雌家蚕蛾的性引诱剂为 **50**[800]。这一工作前后经历了将近20年才完成。下面列举的合成方法不是立体专一性的,生成的炔烯酯 **51** 需要经尿素络合物用甲醇多次重结晶分离出纯的 10E 异构体[800、801]:

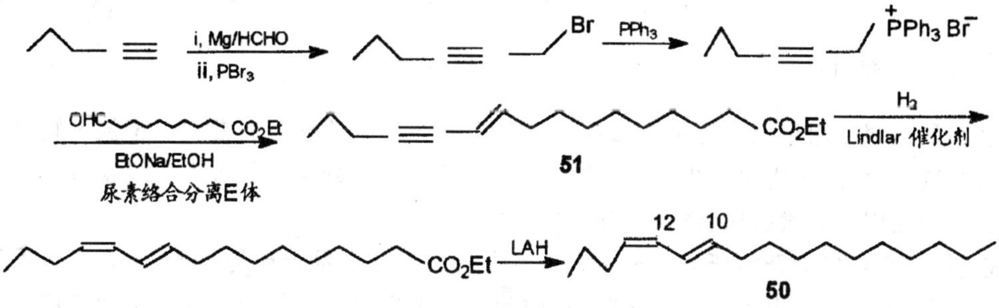

（6）非共轭双烯类

7Z,11E-和 7Z,11Z-十六碳二烯基乙酸酯（53 和 54）

棉红铃虫性信息素曾被定为 10-正丙基-5E,9-十三碳二烯基乙酸酯 **52**[802],经合成后,发现在田间的活性很小。经过一场争辩之后,棉红铃虫雌蛾释放的性信息素被重新鉴定为 **53** 和 **54** 的 1:1 混合物[803、804]。这个比例对雄蛾表现了最高活性,改变比例或混入其它异构体都会使活性降低。

关于棉红铃虫性信息素 **53** 和 **54** 的合成方法有许多报道[786]。下面介绍 Bestmann 用 Wittig 反应的合成方法[805]:

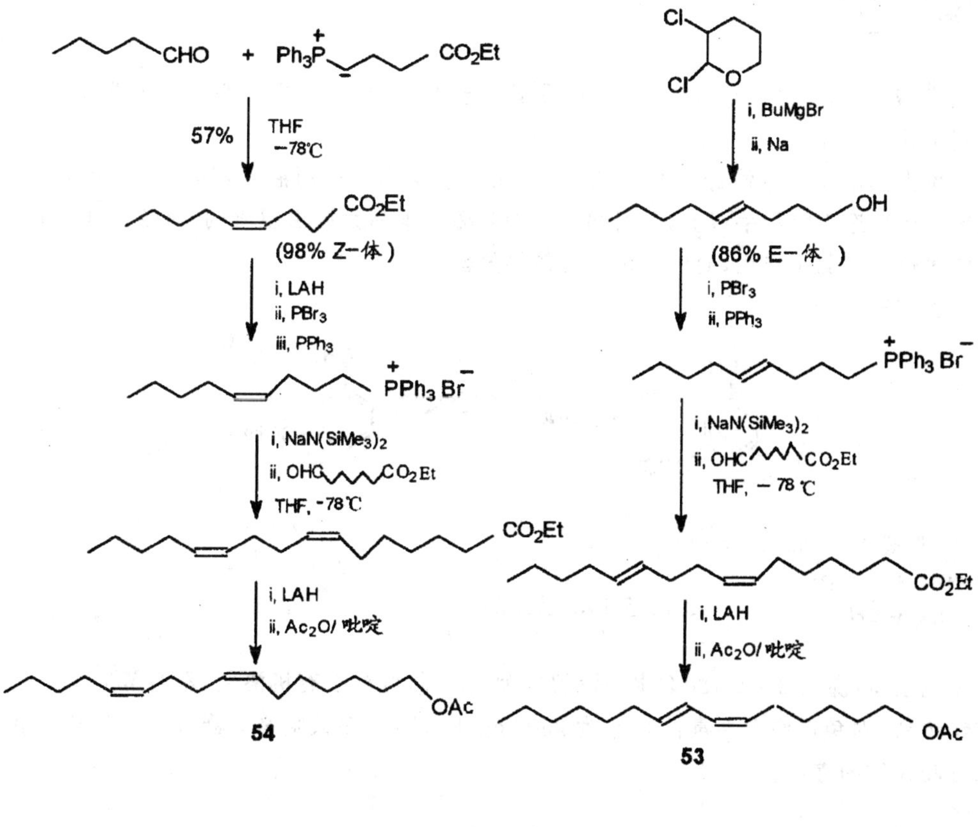

2.7.5 驱避剂[753、806]

2.7.5.1 概述

驱避剂是指那些用于驱赶有害昆虫而不杀死它们的化学药剂。通常可以将被害物的周围或表面用驱避剂处理,使害虫不去侵害。这类药剂主要用于驱赶那些危害人体或家畜的害虫如蚊、蝇,也有研究用于驱避蜚蠊、蜱及贮存品害虫的。

尽管早在 30 年代就开始研究驱避剂,50 年代还进行过大量合成与筛选,但真正效果很好的药剂尚很少,主要用于卫生害虫的驱除,在防治农业害虫上还未找到广泛的实际应用。驱避剂使用的剂量较大,大多数持效性并不很长,这是它们的主要缺点。

驱避剂的作用机制尚不清楚。通常认为,特殊的人体气味、汗液的气味,往往可以吸引害虫。当使用驱避剂后,人体表面为驱避剂蒸气所覆盖,使上述气味被掩饰或隐匿起来,使害虫不再侵害人体。

很早以前人们就知道,有些植物本身、植物燃烧时的烟雾或植物的提取物,特别是油(如香茅油)等有驱避某些害虫的作用。而现在更有效、更重要的驱避剂是合成的化学物质。

2.7.5.2 重要的驱避剂[768]

(1)避蚊胺(Deet)

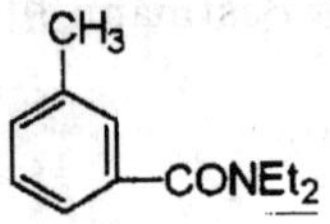

N,N-二乙基-间-甲苯甲酰胺

无色液体,沸点 111℃/133.3Pa,几乎不溶于水,但溶于有机溶剂。其工业品含 85% ~ 95%间位异构体。

对雄大白鼠口服急性毒性 LD_{50} 为 2000mg/kg,未稀释的药液能刺激粘膜,但每天使用驱避浓度的药液涂于脸和手臂上,只引起轻微的刺激。本品为昆虫驱避剂,对蚊尤其有效。三种异构体对蚊均有驱避作用,而以间位异构体最好。

制备方法:

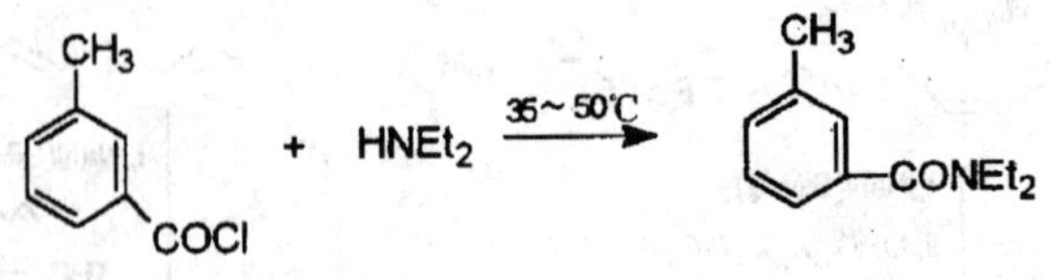

(2)驱蚊醇(Ethohexadiol)

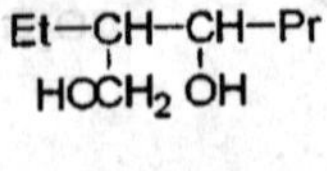

2-乙基 1,3-己二醇

无色液体,沸点 244℃,20℃水中溶解度为 0.6%,可溶于有机溶剂,不溶解尼龙粘液丝、塑料和纺织品。对兔口服急性毒性 LD_{50} 为 2600mg/kg。对大多数咀嚼口器害虫有驱避效果,用于驱除叮咬人体的害虫。

涂肤油的配方：驱蚊醇 2 份，邻苯二甲酸二甲酯（驱蚊油）6 份，避蚊酮 2 份。

合成方法：

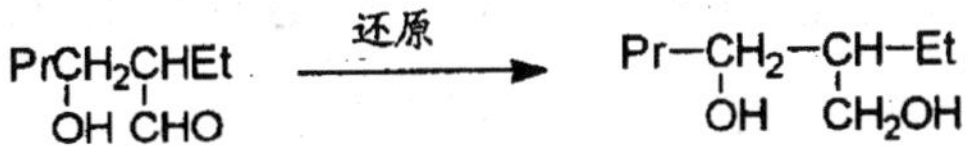

$$PrCH_2CHEt \quad (OH, CHO) \xrightarrow{\text{还原}} Pr-CH_2-CH-Et \quad (OH, CH_2OH)$$

（3）避蚊酮（Indalone）

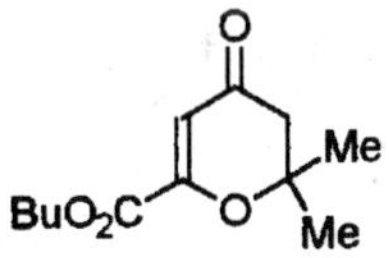

$$\underset{BuO_2C}{\overset{O}{\big|}} \quad (\text{结构式}) \quad Me, Me$$

2,2-二甲基-6-丁氧羰基-3,3-二氢-4-吡喃酮

1939 年合成，具芳香气味的黄色液体，不溶于水，溶于有机溶剂。

对大鼠口服急性毒性 LD_{50} 为 7840mg/kg，对人体皮肤只有轻微刺激性。本品用于驱避叮咬害虫，特别是蚊子。

搽肤油配方：本品 2 份，驱虫油 6 份，己基己二醇 2 份。

合成方法：

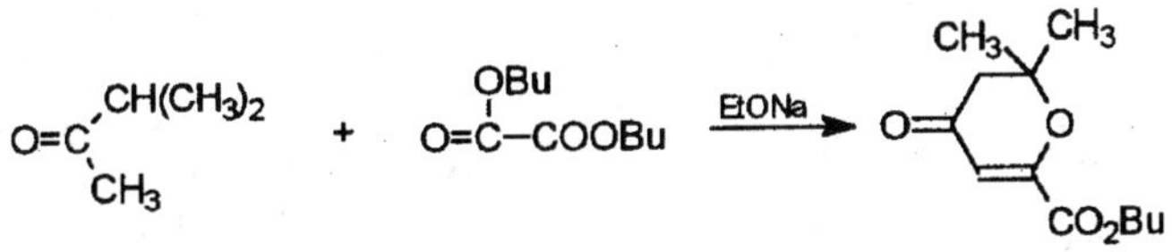

$$O=C \begin{matrix} CH(CH_3)_2 \\ CH_3 \end{matrix} \quad + \quad \begin{matrix} OBu \\ O=C-COOBu \end{matrix} \xrightarrow{EtONa} \quad (\text{结构式}) \quad CH_3, CH_3 \quad CO_2Bu$$

（4）驱蚊油（DMP）

$$\text{（苯环结构）} \quad CO_2Me \quad CO_2Me$$

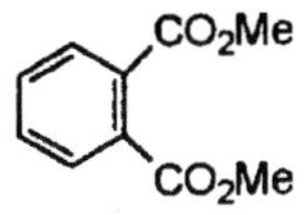

邻苯二甲酸二甲酯

本品为无色液体，沸点 282℃～285℃，室温下水中溶解度为 0.43%，溶于有机溶剂，遇碱水解。

对大鼠口服急性毒性 LD_{50} 为 82000mg/kg。对人眼睛和粘膜有刺激性。本品能单独使用或掺到油膏中使用，常与驱蚊醇、避蚊酮按 6：2：2 混合使用。主要用于驱避蚊子。

合成方法：

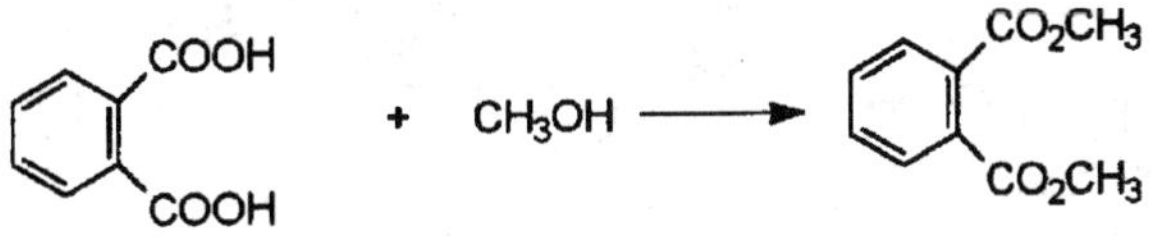

$$\text{（苯环结构）} \quad COOH \quad COOH \quad + \quad CH_3OH \longrightarrow \text{（苯环结构）} \quad CO_2CH_3 \quad CO_2CH_3$$

（5）驱蚊灵（Dimelone）

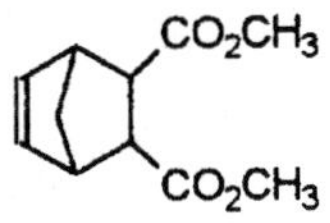

$$\text{（双环结构）} \quad CO_2CH_3 \quad CO_2CH_3$$

双环〔2,2,1〕庚烯-(5)-2,3-二甲酸二甲酯

其纯品为无色结晶，熔点 38℃。其工业品熔点 32℃，沸点 115℃/120Pa。35℃水中溶解度

为 1.32g/100ml,可溶于有机溶剂。

对大鼠口服急性毒性 LD$_{50}$为 1000mg/kg,对粘膜只有轻微的刺激性。用于驱避蚊类,主要是伊蚊。常用剂型 M1616:驱蚊油 60%,驱蚊灵 20%,避蚊酮 20%。

合成方法:

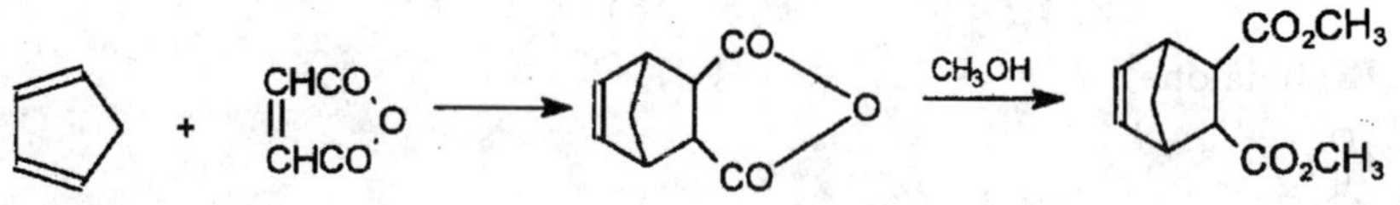

(6)牛蝇畏(MGK Repellent 11)

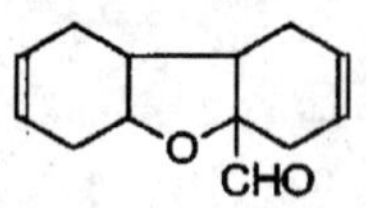

1,5a,6,9,9a,9b-六氢-4a(4H)-二苯并呋喃甲醛

本品为浅黄色液体,有水果香味,沸点 307℃。不溶于水,溶于矿物油及有机溶剂。

对大鼠口服急性毒性 LD$_{50}$为 2500mg/kg。加除虫菊素和增效剂配成 0.2%油剂。用于驱避蜚蠊、厩螫蝇、角蝇、蚊,对蚋科也有驱避作用。

合成方法:

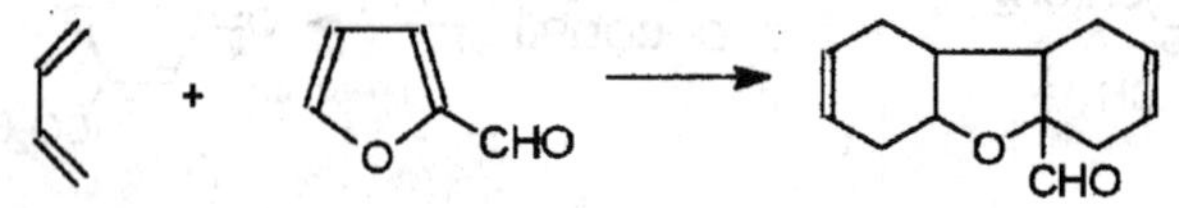

(7)驱蝇定(MGK Repellent 326)

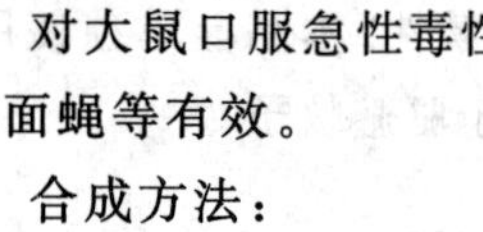

2,5-吡啶二甲酸二丙酯

本品为琥珀色液体,具轻微芳香气味,沸点 186℃~187℃。不溶于水,溶于有机溶剂,无腐蚀性,遇碱水解。

对大鼠口服急性毒性 LD$_{50}$为 5230~7230mg/kg。主要用作蝇的驱避剂,对家蝇、马蝇、鹿蝇、面蝇等有效。

合成方法:

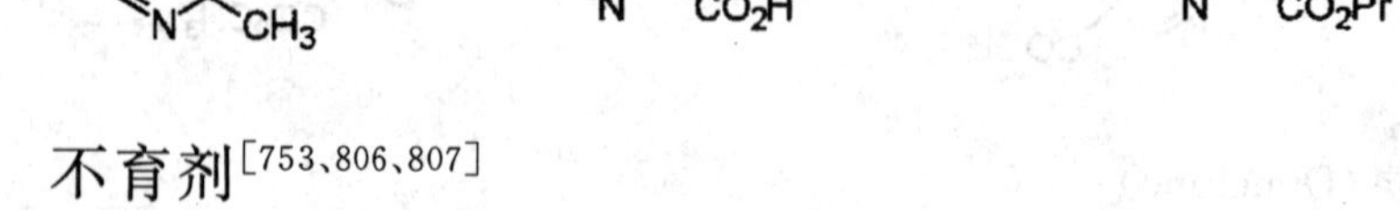

2.7.6 不育剂[753,806,807]

2.7.6.1 概述

影响昆虫的生殖系统,引起诱变和不育的化学药剂称为昆虫不育剂。不育剂可以降低或者完全抑制昆虫繁殖的可能性。因此使用不育剂有可能消灭害虫种群,达到彻底防除的目的。但

不幸的是,在60年代前后所发现的许多昆虫不育剂,后来证明它们都是诱变剂,即引起突变和癌症,使不育剂的应用受到限制。探索不具诱变性质的昆虫不育剂应是今后的发展方向。

根据作用机制的不同,可以将不育剂分为三大类:

烷基化剂——这是品种最多的一类。在生物体中,这类化合物能以烷基置换生物体内重要生物活性物质中的活泼氢。大多数烷基化剂是含一个或几个氮丙啶基的化合物,特别是磷的氮丙啶衍生物。它们的不育活性较高,一般能使雌、雄两性不育。

抗代谢剂——这类化合物的结构和性质与生物体内的代谢物质如嘌呤、嘧啶、叶酸等很相似,在生物体内进行竞争性取代和抑制作用,从而破坏正常的代谢过程。其作用机制为抑制核酸的代谢,也就是抑制嘌呤、嘧啶的合成以及核苷和核苷酸的合成。一般仅使雌虫不育。

其它制剂——这类药剂的特点是专一性较强,有些只能使一种害虫不育。这类制剂中,包含的化合物类型较多。某些昆虫激素如保幼激素、蜕皮激素、几丁质抑制剂以及某些抗菌素也具有不育活性。

2.7.6.2 重要的不育剂

(1)烷基化剂

绝育磷(Tepa)

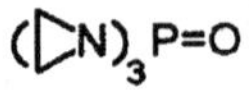

$\left(\triangleright N\right)_3 P{=}O$　　　三-(1-氮杂环丙基)氧化磷

本品为白色固体。对大鼠口服急性毒性LD_{50}为37mg/kg。0.5%～1%浓度使家蝇产生不育卵,1%浓度还可直接杀死部分成虫。

不育特(Apholate)

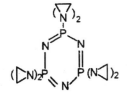

2,2,4,4,6,6-六-(1-氮杂环丙基)-2,4,6-三磷-1,3,5-三氮杂苯

本品为无色结晶,熔点147.5℃。0.25%～1%浓度可使雌、雄家蝇不能繁殖,对蚊、蟑螂、厩蝇等多种害虫有不育作用。

不育胺(Metepa)

$\left(\begin{array}{c}Me\\ \triangleright N\end{array}\right)_3 P{=}O$　　　三-〔1-(2-甲基)氮杂环丙基〕氧化磷

本品为液体。大鼠口服急性毒性LD_{50}136～213mg/kg。有不育及杀虫活性。

除以上品种外,这类化合物中比较好的还有 Thio-Tepa **55**,它是绝育磷的硫代类似物,其毒性比绝育磷低;Tetramine **56**,不育特的均三氮苯类似物;Busulfan **57**,一种甲基硫酸酯,0.1%浓度可使棉铃蟓雄虫不育。

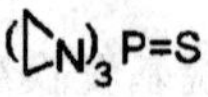

55 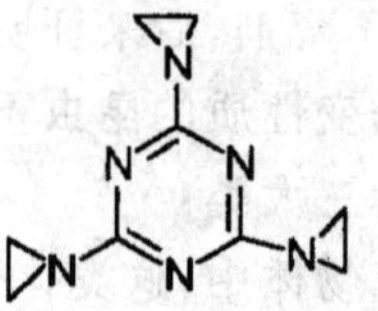   **56** 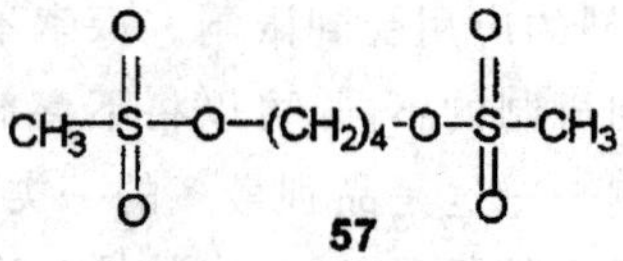   **57**

（2）抗代谢剂

这类药剂包括叶酸的类似物 Methotrexate **58**，嘌呤类似物 6MP **59** 及嘧啶类似物 5FU **60**、5FO **61** 等。

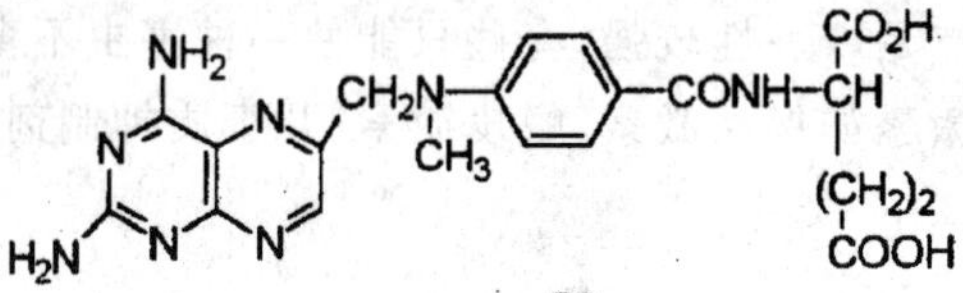

58

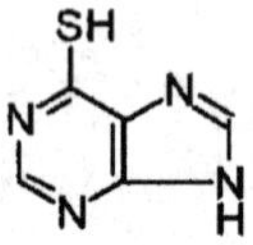

59 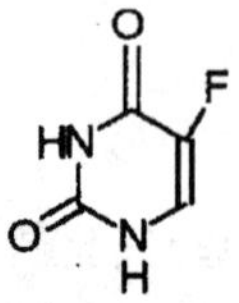   **60** 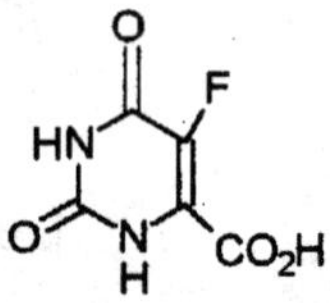   **61**

（3）其它制剂

这类药剂可以简单举出以下几种：磷酰胺类 Hempa **62**，均三氮苯类 Hemel **63**，有机锡化合物 Du-Ter **64** 和 Brestan **65** 以及环脲衍生物 **66**。

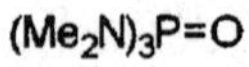

$(Me_2N)_3P=O$

62 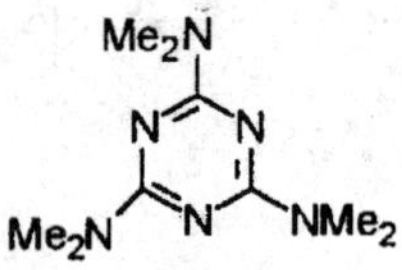   **63** 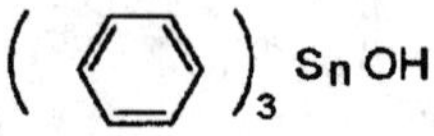   **64**

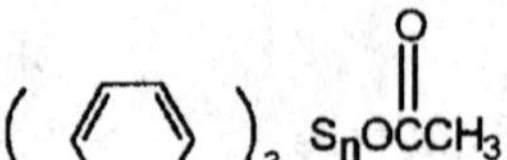

65 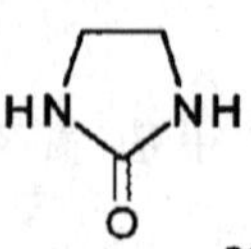   **66**

2.8　杀线虫剂

2.8.1　引言

　　用于防治线虫的化学药剂称为杀线虫剂。本节所讲的线虫均指能使植物致病的线虫,使动物或人体致病的线虫不在此列。大多数线虫具鳗鱼样形态,体长约 1mm,这些小虫能用锥形器或穿孔矛刺穿植物细胞,抽出细胞汁液,使植物的传输系统收缩,降低甚至于阻止水及养分的输送和同化作用的进行。与此同时,败腐病菌往往通过穿孔部分进入植物体,造成植物组织特别是根组织的腐烂。其危害情况取决于土壤中线虫的污染程度,轻则妨碍植物的生长发育,重则使植物枯死。

　　使植物致病的线虫多种多样,重要的有以下几类:

　　游离根线虫　　包括多种属,如 *Pratylenchus*、*Paratylenchus*、*Rotylenchus*、*Tylenchorhyncus*、*Trichodorus*、*Longidorus*、*Xiphinema* 等。主要危害阔叶植物和森林,最重要的寄主植物是谷物、甜菜、土豆、蔬菜、苹果、香蕉、棉花、茶和咖啡。

　　根疣线虫属(*Meloidogyne spp.*)　　典型特征是能使植物根部形成瘤结。主要危害阔叶植物,如烟草、棉花、土豆、南瓜、胡萝卜和其它多种蔬菜、饲料作物及观赏植物。

　　异皮线虫属(*Heterodera spp.*)　　雌虫所产的卵形成卵被囊,通过表皮附着于根的外表,卵囊呈球形或椭圆形,如大头针针头大小,内有 300～400 个卵,所以称为包囊。它主要危害温带植物,重要寄主有土豆、甜菜、燕麦、苜蓿等。

　　茎线虫属(*Ditylenchus spp.*)　　这类线虫主要取食和繁殖于寄主植物的茎部,从植物发育受阻或茎部腐烂不难判断此类线虫的感染。它主要危害玉米、黑麦、燕麦、苜蓿、甜菜、烟草和球茎植物(如郁金香、水仙、水葫芦等)。

　　叶线虫属(*Aphelenchoides spp.*)　　这类线虫从土壤侵害植物,向上爬至叶部,通过气孔进入叶内部,生活于叶肉细胞间,以细胞汁为食,是一种温带及温热带害虫。主要侵害水稻、草莓和多种观赏植物。

　　在所有使植物致病的线虫中,根部寄生线虫(游离根线虫、根疣线虫和异皮线虫)是最重要的一类,危害最大。相比而言,茎、叶线虫的危害要小得多,它们往往出现在植物的气生部分,易于防治,杀虫剂特别是内吸杀虫剂就可以将它们杀死。所以,杀线虫剂通常理解为用于防治土壤线虫的化学药剂,而土壤这个环境又对杀线虫剂在生物活性和理化性质上有着很高的要求。

　　首先,杀线虫剂必须能在土壤中充分地被分散,这种分散作用可以经由土壤中空气和水的毛细系统进行,因此杀线虫剂可以划分为熏蒸剂和水溶剂。其次,既然药剂在土壤中的分散是一个缓慢过程,而且与气候有关,在分散完成之前还要保持其活性,所以杀线虫剂必须有较长的残效,最好能达 1～4 个月。除此之外,在土壤与植物中不应造成不能容许的残留毒性。

　　有关杀线虫剂的其它情况和品种,读者还可参考文献〔808～811〕。

2.8.2　重要的杀线虫剂

2.8.2.1　熏蒸剂

在 2.5.5 中讨论了一般熏蒸杀虫剂,作为杀线虫的熏蒸剂主要是对土壤起熏蒸作用。具有这种作用的最重要的两类化合物是卤代烃和异硫氰酸酯,两者均为非专一性农药,除能杀死线虫外,也可杀死其它土壤害虫、土壤细菌和杂草种子。它们的最大缺点是具有较高的植物药害,只有当作物收获以后才能用于处理土壤,并且要有几周闲置观察期,才能进行下一轮作物的种植。

(1)卤代烃

如溴甲烷(Meth-O-Gas)、二溴乙烷(Bromafume)、1,3-二氯丙烷(Telone)、1,2-二溴-3-氯丙烷(Fumazone)等。除此之外还有 D-D 混剂(Dowfume N),这是 1,3-二氯丙烷及 1,2-二氯丙烷的混合物;氯化苦(Cl_3CNO_2)与异硫氰酸甲酯的混合物(Di-Trapex CF)等。

(2)二硫代氨基甲酸衍生物

N-甲基氨基二硫代甲酸钠(Matham,Vapam)1[812]　该化合物在土壤中被水分解为硫化氢及异硫氰酸甲酯,后者具有急性杀虫活性。

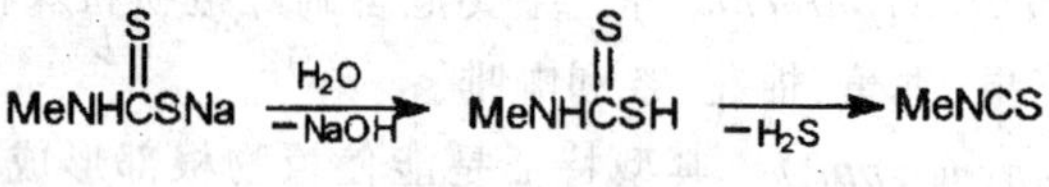

$$\underset{\textbf{1}}{MeNHCSNa} \xrightarrow[-NaOH]{H_2O} MeNHCSH \xrightarrow{-H_2S} MeNCS$$

N-甲基-N-羟甲基氨基二硫代甲酸钾(Bunema)2[813]　该药也能在土壤中分解生成异硫氰酸甲酯而发生作用。

(3)杂环化合物

四氢-3,5-二甲基-2H,1,3,5-噻二嗪-2-硫酮(Dazomet)3[814]　该药在土壤中也能遇水分解放出异硫氰酸甲酯,从而显示杀虫活性。

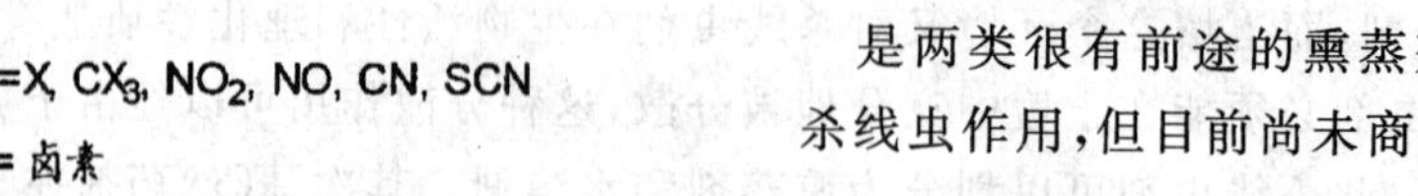

$$\underset{\textbf{3}}{} \xrightarrow{2H_2O} MeN=C=S + MeNH_2 + 2CH_2O + H_2S$$

(4)其它化合物

苄基卤化物 4[815,816]**及 α-卤代酮 5**[816] 是两类很有前途的熏蒸剂,具有很好的杀线虫作用,但目前尚未商品化。

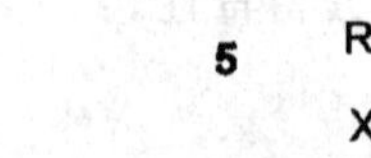

4　R=X, CX₃, NO₂, NO, CN, SCN
X=卤素

RCOCH₂X

5　R=H, CH₃, C₂H₅, CH=CH₂, CH₂CH=CH₂
X=卤素

2.8.2.2　水溶剂

水溶剂是指那些能被土壤中的水-毛细系统分散,而后被植物根吸收(内吸活性)的土壤杀线虫剂。这些化合物大都属于有机磷酸酯和氨基甲酸酯。与熏蒸剂不同,这些化合物都具有专一的农药活性,主要是抑制胆碱酯酶,从而起到杀虫作用。此外,它们对植物的药害比熏蒸剂小,可以在作物生长期使用。

(1)有机磷化合物

酚线磷(Dichlofenthion)6[817]   第一个有机磷土壤杀线虫剂,具有一定杀虫活性,大鼠口服急性毒性 LD_{50} 为 270mg/kg。

丰索磷(Fensulfothion)7[818]   杀虫、杀线虫剂,可防治游离根线虫、胞囊线虫和根瘤线虫,残效长达 4~6 个月,大鼠口服急性毒性 LD_{50} 为 2~10mg/kg。

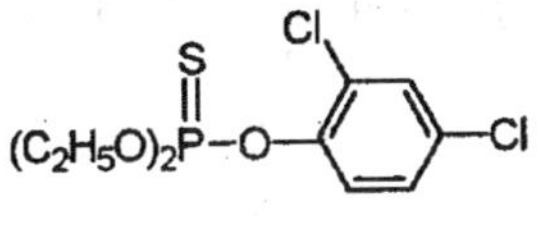

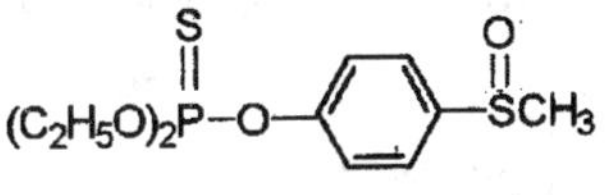

苯胺磷(克线磷,Fenamiphos)8[819]   一种很有实用价值的内吸杀虫、杀线虫剂,用于防治游离根线虫、胞囊线虫和根瘤线虫。大鼠口服急性毒性 LD_{50} 为 15~19mg/kg。

二胺磷(Diamidafos)9[820]   大鼠口服急性毒性 LD_{50} 为 140~200mg/kg。

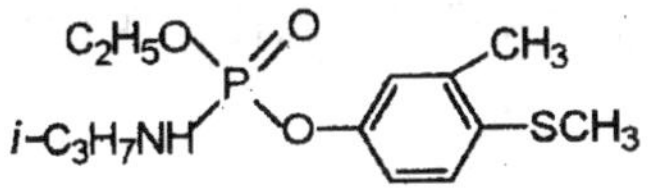

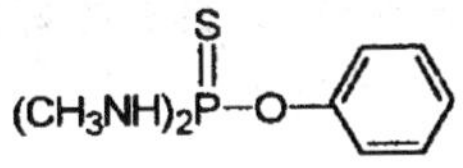

虫线磷(Thionazin)10[821]   内吸土壤杀虫、杀线虫剂,能有效地防治植物寄生线虫、游离线虫,包括球茎、芽、叶、根等各部分感染的线虫。大鼠口服急性毒性 LD_{50} 为 12mg/kg。

三唑磷(Triazophos)11[822]   具有广谱农药活性,可防治害虫、螨类和线虫。大鼠口服急性毒性 LD_{50} 为 82mg/kg。

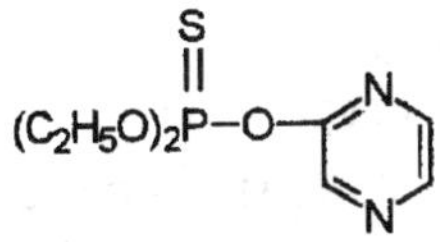

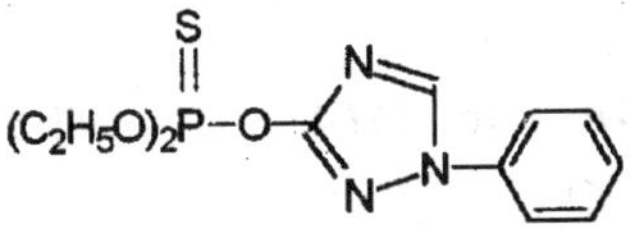

氯唑磷(Isazophos)12[823]   具内吸、触杀和胃毒作用的杀虫、杀线虫剂。大鼠口服急性毒性 LD_{50} 为 60mg/kg。

灭克磷(Ethoprophos)13[824]   非内吸性杀线虫剂和土壤杀虫剂。大鼠口服急性毒性 LD_{50} 为 61mg/kg。

丁环硫磷(Fosthietan)14   广谱、内吸、触杀性杀线虫剂和杀虫剂。可防治马铃薯、甜菜的异皮线虫以及烟草、花生、大豆等的多种线虫。大鼠口服急性毒性 LD_{50} 为 5.7mg/kg。

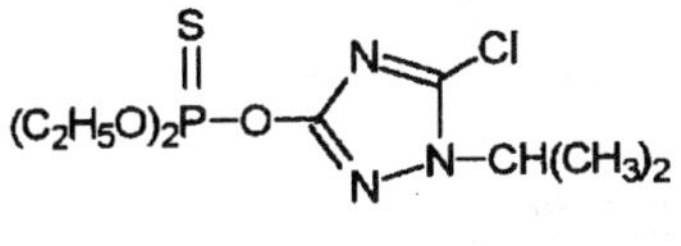

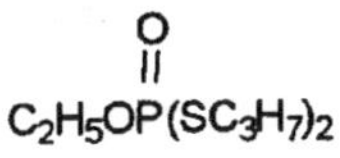

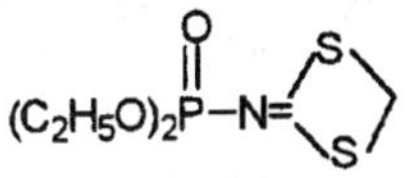

SD8832 15[824]**和 Dowco 27516**[825]   是两个较新的化合物,也具有良好的杀线虫活性,但

尚未商品化。化合物 **15** 的大鼠口服急性毒性 LD_{50} 为 76mg/kg。

$$(C_2H_5)_2N\overset{\displaystyle O}{\underset{\displaystyle C_2H_5O}{\overset{\displaystyle \|}{P}}}OCH=CHCl \quad \textbf{15} \qquad (C_2H_5O)_2\overset{\displaystyle S}{\overset{\displaystyle \|}{P}}-O-\text{pyridine}-F \quad \textbf{16}$$

(2)氨基甲酸酯

呋喃丹（Carbofuran）17[826]　　内吸、高效杀虫、杀螨、杀线虫剂。大鼠口服急性毒性 LD_{50} 为 8～14mg/kg。

涕灭威（Aldicarb）18[827]　　高效、内吸杀虫、杀线虫剂，毒性很高。大鼠口服急性毒性 LD_{50} 为 0.93mg/kg。

$$\textbf{17} \qquad CH_3-S-\overset{\displaystyle CH_3}{\underset{\displaystyle CH_3}{\overset{\displaystyle |}{C}}}-CH=NOCONHCH_3 \quad \textbf{18}$$

杀线威（Oxamyl）19[828]　　触杀性杀虫、杀线虫剂，对线虫防治有广谱性，可用于叶面或土壤处理，叶面施药可传导到根部，具有很好的向基性。大鼠口服急性毒性 LD_{50} 为 5.4mg/kg。合成方法如下：

$$CH_3OCC H=NOH \xrightarrow{Cl_2} CH_3OCCCl=NOH \xrightarrow[NaOH]{CH_3SH} CH_3OC\overset{}{\underset{SCH_3}{C}}=NOH$$

$$\xrightarrow{(CH_3)_2NH} (CH_3)_2NC\overset{}{\underset{SCH_3}{C}}=NOH \xrightarrow{CH_3NCO} (CH_3)_2NC\overset{}{\underset{SCH_3}{C}}=NOCONHCH_3$$

$$\textbf{19}$$

杀线威的类似物 Du Pont 1764 20[828]　　也是一种具有很好杀线虫活性的实验性品种。

$$H_2NC\overset{}{\underset{SCH_3}{C}}=NOCONHCH_3 \quad \textbf{20}$$

环线肟（Tirpate）21[829]　　用于胞囊线虫、根结线虫、茎线虫的防治。雌大鼠口服急性毒性 LD_{50} 为 1.1mg/kg。合成方法如下：

$$CH_3CCHO + HSCH-CH_2SH \longrightarrow \underset{CH_3}{} \xrightarrow{NH_2OH}$$

$$\xrightarrow{CH_3NCO} \textbf{21}$$

环线肟的类似物 MBR 5667 22[830]　　也具有很高的杀线虫活性。

除线威（Cloethocarb）23[831]　　具有内吸、触杀、胃毒等作用的杀虫、杀线虫剂。大鼠口服急性毒性 LD_{50} 为 34.5mg/kg。

呋线威（Furathiocarb）24[832、833] 是呋喃丹的 N-取代衍生物，但毒性却低得多。大鼠口服急性毒性)LD$_{50}$ 为 137mg/kg。它是具有内吸活性的杀虫、杀线虫剂，可用于种子处理、叶面喷雾及土壤处理。

$$CH=NOCONHCH_3 \quad \textbf{22}$$

$$\textbf{23}$$

$$\textbf{24}$$

2.9 杀鼠剂

2.9.1 引言

鼠类属啮齿动物，种类繁多，最重要的害鼠是褐鼠即挪威鼠（*Rattus norvegicus*）、黑鼠（*Rattus rattus*）和家鼠（(*Musmuculus*)。黑鼠(大鼠)喜欢居于水边，为寻找食物可以走很远的路程，还能长时间游泳和潜水，因此可通过下水道系统进入居民区。也有一些黑鼠喜欢干燥的环境，生活在建筑物内，尤其是屋顶下，定居于存有食物的近处。除对食物的嗜好外，家鼠(小鼠)在行为上完全不同于大鼠。它有固定居所，往往是一个雄鼠与几个雌鼠同居于一个小洞穴内。家鼠对陌生物体会立刻产生警觉，这一点与大鼠也不同。

大鼠与小鼠对人类生命财产造成的损失是巨大的，危害是多方面的，如消耗和毁坏大量的粮食、食品；破坏森林、草原、农田；啃咬物品、建筑、通讯设施；传播疾病等等。多少世纪以来，人类积累了与鼠害作斗争的各种方法，其中最简捷而有效的方法是使用化学杀鼠剂灭鼠的方法。

通常，杀鼠剂做成饵料剂型使用。早先使用的杀鼠剂大多为天然产物，继而进入人工合成，从无机化合物到有机化合物，从易产生二次毒性的速效化合物到对人畜安全的缓效化合物，至今已有几十个品种。如按作用方式，可将杀鼠剂分为速效剂、缓效剂、熏蒸剂、驱避剂和不育剂。

速效杀鼠剂是指鼠类摄食一次一定剂量而迅速死亡的药剂。从摄食到死亡的时间往往只有几小时或几天。早期使用的天然产物和无机化合物杀鼠剂均属此类。30 年代以后出现了许多速效有机杀鼠剂，如鼠甘伏、氟乙酸钠、氟乙酰胺、鼠立死、毒鼠强等，它们的口服急性毒性LD$_{50}$ 值均在 10mg/kg 以下。这些化合物不仅对鼠高毒，且有较好适口性，鼠类只需摄食少量即可致死，而且作用比无机化合物更快，还可节约饵料，比以往的杀鼠剂有明显的优越性。与此同时，很高的急性毒性也带来了对人和其它动物的不安全性，有些还存在严重的二次毒性问题（即毒杀的死鼠若被其它动物食用，还能引起中毒和死亡），这就导致缓效杀鼠剂的出现。

缓效杀鼠剂是一类积累性毒物，鼠类摄食这类药剂后往往需要几天至几十天才能见效。从40 年代后期第一个缓效杀鼠剂——敌害鼠出现以来，迄今缓效杀鼠剂已有十几个品种，如敌害鼠、灭鼠灵、克灭鼠、敌鼠、鼠完、氯灭鼠灵、杀鼠酮、氯鼠酮等，它们都是第一代抗凝血剂。所谓抗凝血剂是指可以干扰肝脏中维生素 K$_1$ 的代谢，致使凝血酶原受到抑制，造成出血性症候而死亡的药剂。这些抗凝血杀鼠剂大都是 4-羟基香豆类或 1,3-茚二酮衍生物。

50 年代后期,有些鼠类对抗凝血剂产生了抗性或交互抗性。至 70 年代后期,出现了一些对抗第一代凝血剂鼠类有效的药剂,如鼠得克、溴敌隆、大隆、氟羟香豆素等。它们是一类含有萘基或联苯基的 4-羟基香豆素衍生物,在作用机制上仍和过去那些抗凝血剂一样,故被称为第二代抗凝血剂,其 LD_{50} 均在 2~0.2mg/kg 之间,比第一代抗凝血剂的毒性高得多。

缓效杀鼠剂比速效杀鼠剂的优越之处在于,使用上对非目标动物相对地安全,由于中毒症状出现很慢,故当鼠感到不适时已连续吞食了致死的剂量。目前,缓效杀鼠剂已占世界杀鼠剂用量的 90% 以上,缓效杀鼠剂的出现被视为当代鼠害防治上的一次革命。然而,速效杀鼠剂由于毒饵用量少、投药次数少、节省成本,另外,由于其作用快、可较早撤除毒饵、较早减轻鼠害,所以仍然具有使用价值。

熏蒸杀鼠剂也是仓贮害虫的熏蒸杀虫剂,如磷化铝、氰化钠和氰化钙、溴甲烷、氯化苦、二氧化硫等。它可用于熏蒸鼠穴或仓库。这类药剂用量大、吸入毒性高,但粮仓熏蒸灭鼠至今仍在使用。

驱鼠剂是一类对鼠有拒避作用的化合物,但不能杀死鼠类,仅能起防止它们啃咬的作用。由于驱鼠剂常用于许多不适于灭鼠的场合,如防止电缆、通讯线路、包装材料、家具等被鼠咬坏,所以驱鼠剂要具备性质稳定、持效长、价廉、对人和畜安全等特点。目前,符合以上要求的品种尚很少。

除此之外,不育剂、引诱剂、地面喷布毒剂等也在研究之中;当然,要达到现场实用程度还有一定距离。

有关杀鼠剂的详细情况,读者可参考文献〔834~837〕。

2.9.2 速效杀鼠剂

2.9.2.1 无机化合物

无机杀鼠剂中最重要的有黄磷、碳酸钡、硫酸亚铊、亚砷酸、磷化锌等。这些化合物大都毒性较高,LD_{50} 均在 10~50mg/kg 之间(碳酸钡除外),对非目标动物也有很高杀伤力,有些还有二次毒性问题(如硫酸亚铊),安全性很差。碳酸钡毒性较低,大鼠口服急性毒性 LD_{50} 为 630~750mg/kg,使用剂量较大。由于这些原因,无机杀鼠剂已逐步被有机化合物所替代。唯有磷化锌在使用中尚较安全,不存在二次毒性问题,故目前仍在应用。

磷化锌的大鼠口服急性毒性 LD_{50} 值为 45.7mg/kg,它在动物肠胃中与水及盐酸作用,放出剧毒的磷化氢使之中毒。中毒部位主要在肝和肺,可用于杀灭大鼠、小鼠、地面松鼠、田鼠等,致死时间一般为 3~10 小时。

2.9.2.2 天然产物

毒鼠碱(马钱子碱)1 这是存在于马钱子属植物种子中的一种生物碱,对大鼠的致死剂量为 1~30mg/kg,对鼹鼠有极好的杀灭作用,也可防治其它鼠类。

海葱素(红海葱)2 红海葱属百合科,生长于地中海沿岸,早在几百年前,人们就将其球根粉碎用于杀鼠。杀鼠成分即海葱素,系一种配糖物——海葱糖苷(Scilliroside)。大鼠口服急性毒性 LD_{50} 为 0.43~0.7mg/kg,人和家畜摄入该药后立即引起呕吐而不致中毒,所以它是一种安全的杀鼠剂,可用于杀灭挪威大鼠及其它害鼠。

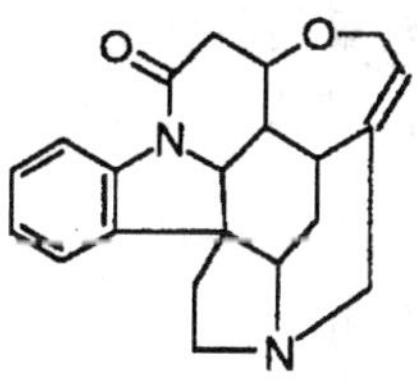

1 (Strychnine) 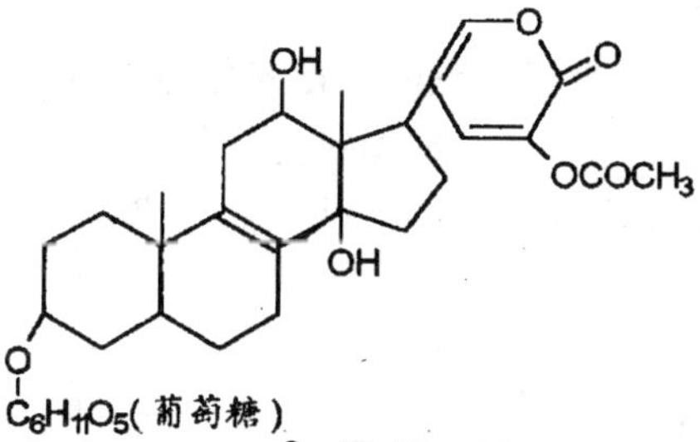   **2** (Scilliroside)

2.9.2.3 含氟化合物

氟乙酸钠 3　剧毒化合物,大鼠口服急性毒性 LD_{50} 为 0.22mg/kg。在动物体内酶的作用下,氟乙酸可代谢为高毒的氟代柠檬酸盐,此过程称为"致死合成",因氟代柠檬酸能中断三羧循环,使细胞能量的产生受到抑制。它可用于防治大鼠、鼹鼠及野生啮齿类动物。本品亦可作内吸杀虫剂使用。由于剧毒和二次毒性问题,氟乙酸钠在使用上是很不安全的。

$$FCH_2COONa \qquad\qquad FCH_2CONH_2$$
$$\textbf{3} \qquad\qquad\qquad \textbf{4}$$

氟乙酰胺 4　与氟乙酸钠有同样作用机制,大鼠口服急性毒性 LD_{50} 为 15mg/kg,是一种高毒速效杀鼠剂,亦是一种内吸杀虫剂(见 2.5.3.1)。

溴鼠胺(鼠灭杀灵,Bromethalin) 5[838~840]　大鼠口服急性毒性 LD_{50} 为 2.0mg/kg。作用机制为阻碍中枢神经系统线粒体上的氧化磷酸化作用,减少 ATP 的形成及导致 Na^+/K^+ATP 酶活性下降,体液积聚,导致脑压和轴突压增加,引起神经冲动传导受阻,最后麻痹死亡。本品是一种对共栖鼠类可一次剂量使用的高效杀鼠剂,无二次中毒危险。合成方法如下:

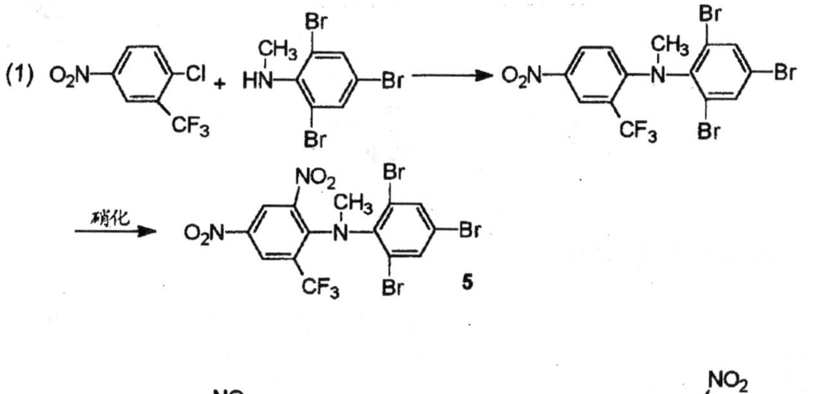

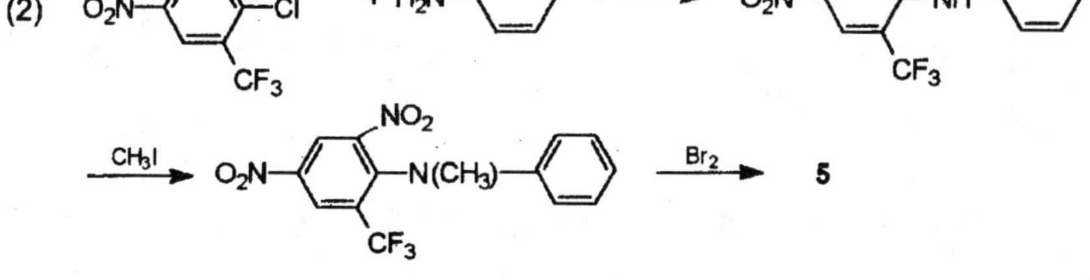

2.9.2.4 硫脲衍生物

安妥（Antu）6 对挪威大鼠的中毒剂量为 6～8mg/kg。鼠类服食安妥后，可以产生严重的肺水肿，最后导致死亡。安妥对鼠类有选择性，主要用于防治挪威大鼠。安妥商品中往往存在致癌杂质萘胺，为此有些国家已停止使用。合成方法如下：

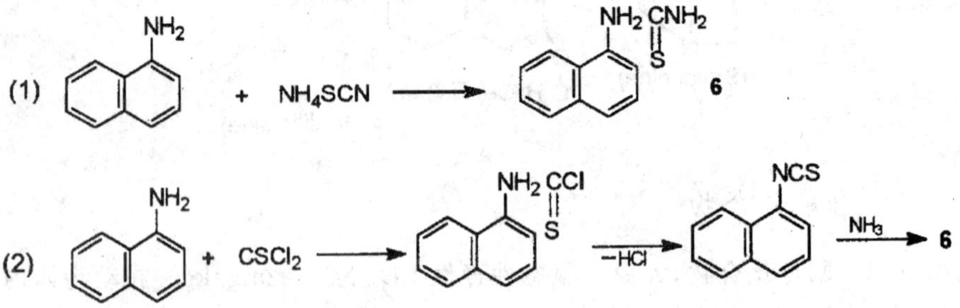

(1)

(2)

灭鼠特（Thiosemicarbazide）7 该药不但能杀鼠、杀菌，还有促枯作用。小鼠口服急性毒性 LD_{50} 为 14.8mg/kg。作用机制与安妥相仿，引起毛细血管透过性增大，淋巴液渗入肺内，1～2 小时内即可致死。毒饵可放入鼠穴中杀鼠。合成方法如下：

$$NH_2NH_2 + H_2SO_4 + NH_4SCN \xrightarrow{\text{重排}} NH_2NHCNH_2 \quad 7$$

两分子灭鼠特通过亚甲基相连的产物 Kayanex 8[841、842]也是一个杀鼠剂，褐大鼠口服急性毒性 LD_{50} 为 25～32mg/kg，可用于防治褐鼠及黑鼠，有较好的适口性。

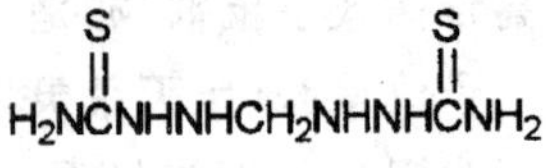

$$H_2NCNHNHCH_2NHNHCNH_2 \quad 8$$

捕灭鼠（Promarit）9 大鼠口服急性毒性 LD_{50} 为 0.5～1.0mg/kg。合成方法如下：

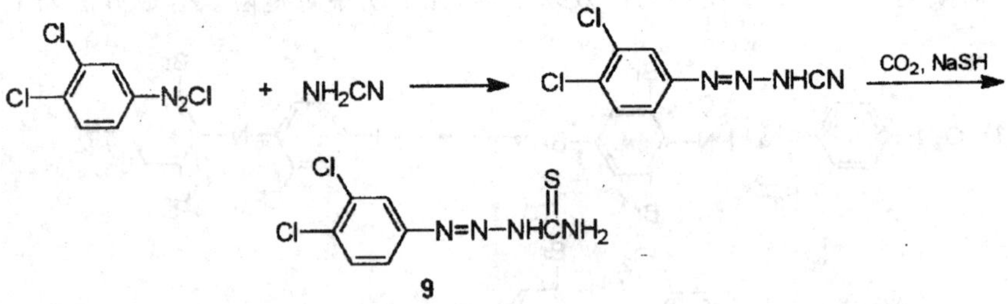

2.9.2.5 脲及氨基甲酸酯

灭鼠优（Pyriminil）10[843、844] 雄大鼠口服急性毒性 LD_{50} 为 12.3mg/kg，对鼠类高毒，作用较缓慢，对非目标动物较安全，未出现二次毒性。用于防治挪威大鼠、屋顶鼠、小家鼠、松鼠等。合成方法如下：

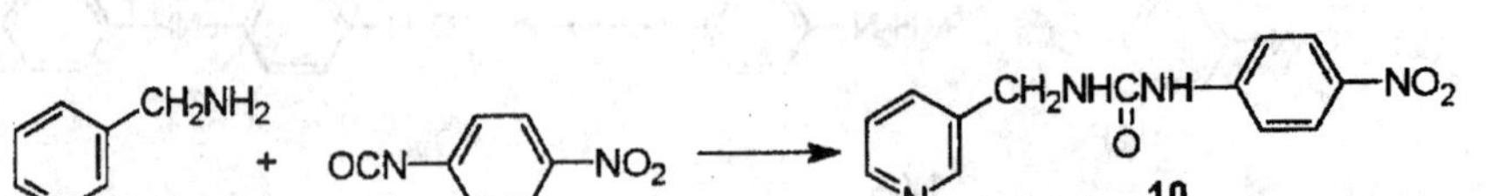

灭鼠安（RH-945）11 杀鼠谱广，杀鼠活性高于灭鼠优，适口性好，对非目标动物毒力较

低,无二次毒性问题,对抗性鼠亦有效。雄大鼠口服急性毒性 LD_{50} 为 $20.5mg/kg$。灭鼠安和灭鼠优均为抗代谢物质,作用机制表现为与烟酰胺的代谢拮抗作用。合成方法如下:

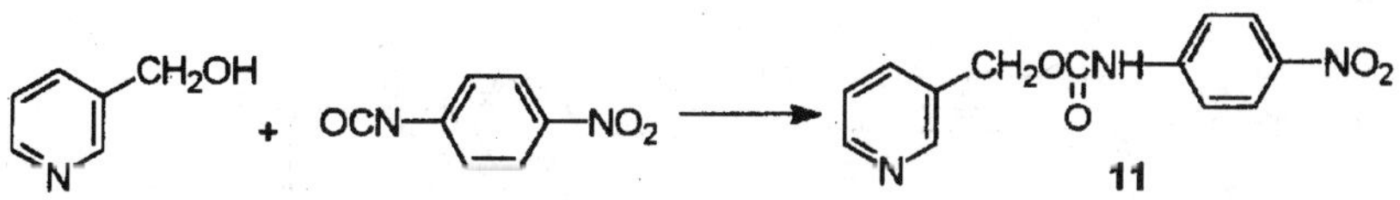

灭鼠腈(RH-908)12[845] 雄大鼠口服急性毒性 LD_{50} 为 $0.96mg/kg$。毒力较灭鼠安强,但对非目标动物毒力也大,使用不够安全。合成方法如下:

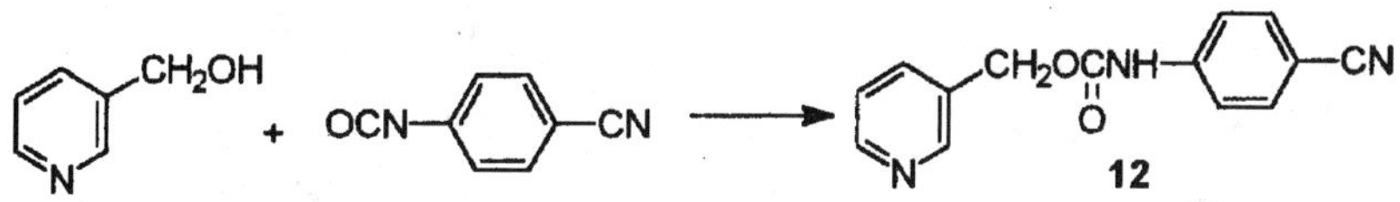

2.9.2.6 杂环化合物

鼠立死(Crimidine)13 对温血动物具有强烈毒性,大鼠口服急性毒性 LD_{50} 为 $1.25mg/kg$。由于它能在体内被迅速代谢,所以二次毒性较小。主要作用于中枢神经系统,引起惊厥、麻痹而致死。合成方法如下:

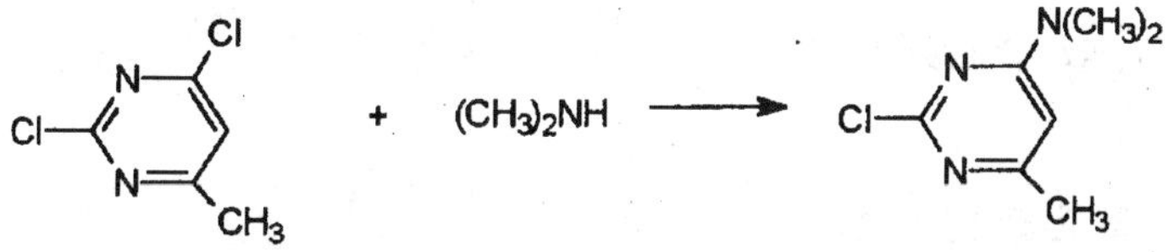

毒鼠强(Tetraminc)14 属惊厥性毒剂,杀鼠毒力大丁毒鼠碱,大鼠口服急性毒性 LD_{50} 为 $0.1\sim0.3mg/kg$,可用于防治田鼠。合成方法如下:

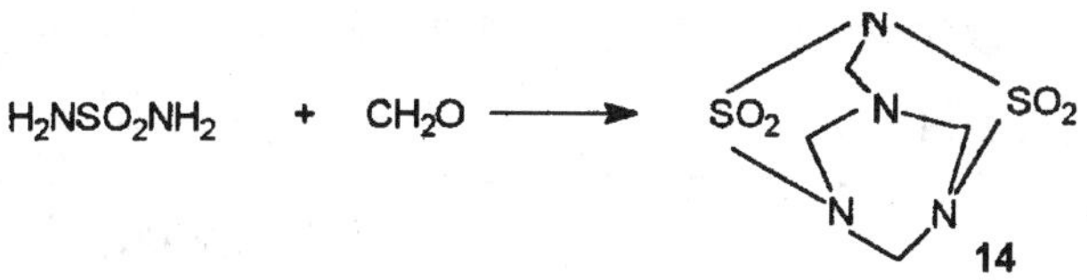

鼠特灵(Norbormide)15[846] 选择性杀鼠剂,对多种大鼠有很强毒力,但对小鼠毒力很弱,对人畜很安全。大鼠口服急性毒性 LD_{50} 为 $11.5mg/kg$。

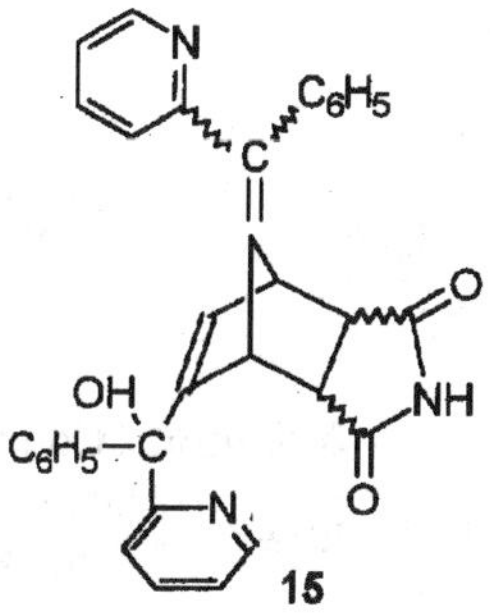

2.9.2.7 元素有机化合物

毒鼠磷(Phosazetin)16 雌大鼠口服急性毒性 LD_{50} 为 $3.5mg/kg$,胆碱酯酶抑制剂,24 小时内可杀灭大鼠、田鼠、鼹鼠和地鼠,也可防治贮粮害虫。合成方法如下:

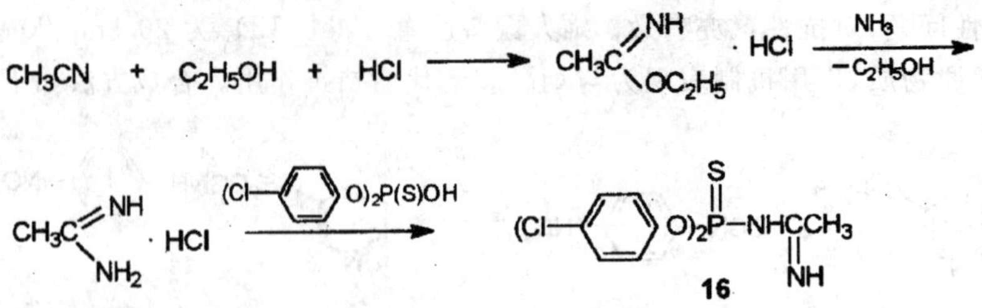

$$CH_3CN + C_2H_5OH + HCl \longrightarrow CH_3C\overset{NH}{\underset{OC_2H_5}{|}} \cdot HCl \xrightarrow[-C_2H_5OH]{NH_3}$$

$$CH_3C\overset{NH}{\underset{NH_2}{|}} \cdot HCl \xrightarrow{(Cl-)_2P(S)OH} (Cl-)_2P\overset{S}{\underset{}{|}}-NHC\overset{CH_3}{\underset{NH}{|}}$$

$$\textbf{16}$$

毒鼠硅（Silatrane）17[840]　　小家鼠口服急性毒性 LD_{50} 为 $0.9 \sim 2.0mg/kg$，主要作用于运动神经，数分钟内引起痉挛致死。其作用迅速，遇水缓慢分解，所以不易造成二次毒性。合成方法如下：

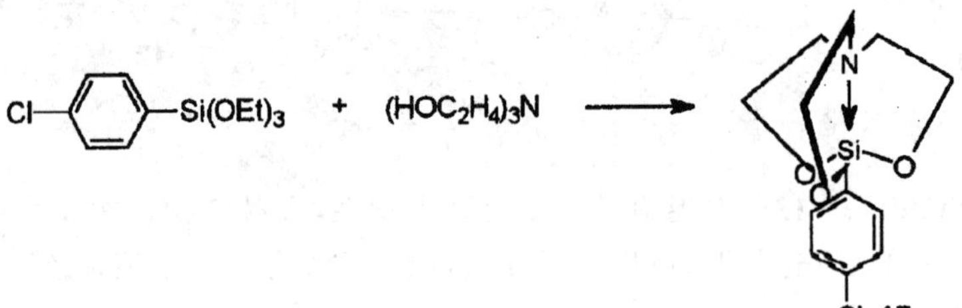

$$Cl--Si(OEt)_3 + (HOC_2H_4)_3N \longrightarrow \quad \textbf{17}$$

2.9.3　缓效杀鼠剂

2.9.3.1　香豆素衍生物

灭鼠灵（Warfarin）18　　大鼠口服急性毒性 LD_{50} 为 $186mg/kg$，抗凝血剂，可用于洞穴及通道灭鼠，鼠类每天取食毒饵，约 $4 \sim 6$ 天后死亡。需多次少量投药，小剂量下如被家畜摄入，则不致造成严重急性中毒，故比速效药剂安全。合成方法如下：

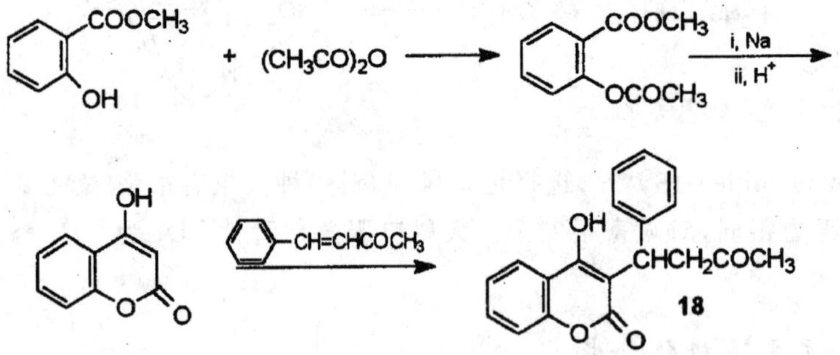

$$\begin{array}{c}\text{COOCH}_3\\ \text{OH}\end{array} + (CH_3CO)_2O \longrightarrow \begin{array}{c}\text{COOCH}_3\\ \text{OCOCH}_3\end{array} \xrightarrow[\text{ii, H}^+]{\text{i, Na}}$$

$$\text{(4-羟基香豆素)} \xrightarrow{CH=CHCOCH_3} \quad \textbf{18}$$

氯灭鼠灵（Coumachlor）19　　灭鼠灵的氯代类似物，大鼠口服急性毒性 LD_{50} 为 $900 \sim 1200mg/kg$，能杀灭多种鼠类，残效较长。合成方法如下：

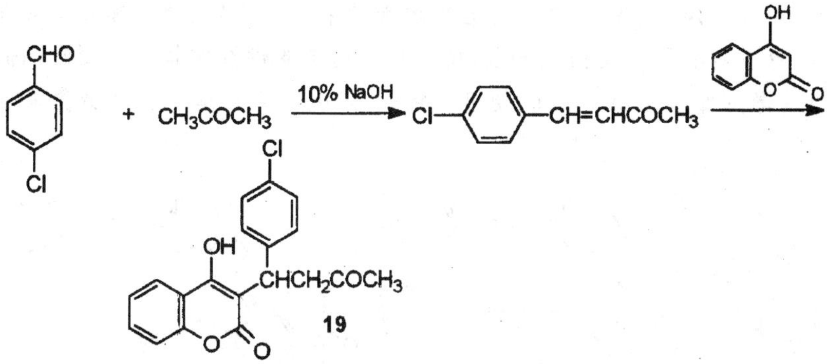

鼠得克（Difenacoum）20[847] 属第二代抗凝血剂，能杀灭抗性挪威大鼠、屋顶鼠、小家鼠以及其它多种鼠。大鼠口服急性毒性 LD_{50} 为 1.8mg/kg。由于它的毒力高，故只需使用含 0.005% 有效成分的毒饵、投药一次即可奏效，且无二次毒性问题。合成方法如下：

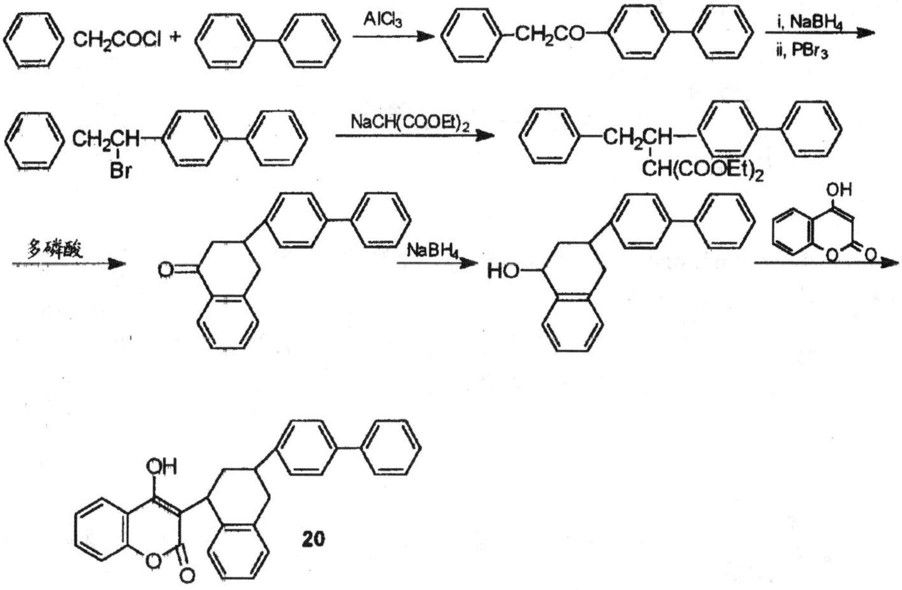

大隆（溴鼠隆，Brodifacoum）21[847] 为鼠得克的溴代类似物，大鼠口服急性毒性 LD_{50} 为 0.26mg/kg。它是对鼠类非常高效、对非目标动物又很安全的第二代抗凝血剂。合成方法同鼠得克。

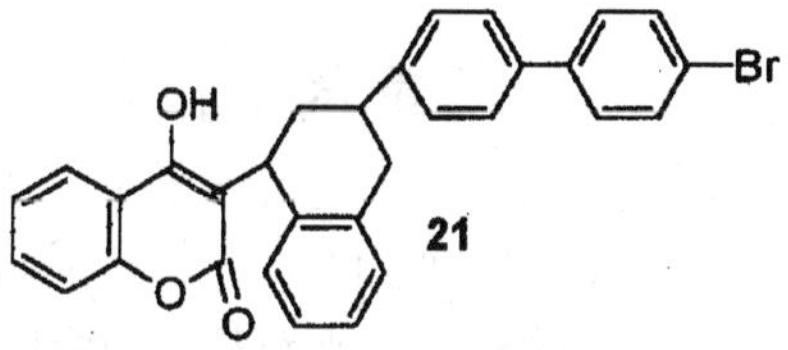

溴敌隆（Bromadiolone）22[848] 属第二代抗凝血剂，大鼠口服急性毒性 LD_{50} 为 1.125mg/kg。只需 0.005% 有效成分的毒饵，对非目标动物较为安全，对鼠类活性很高，对大鼠比灭鼠灵活性高 165 倍。合成方法如下：

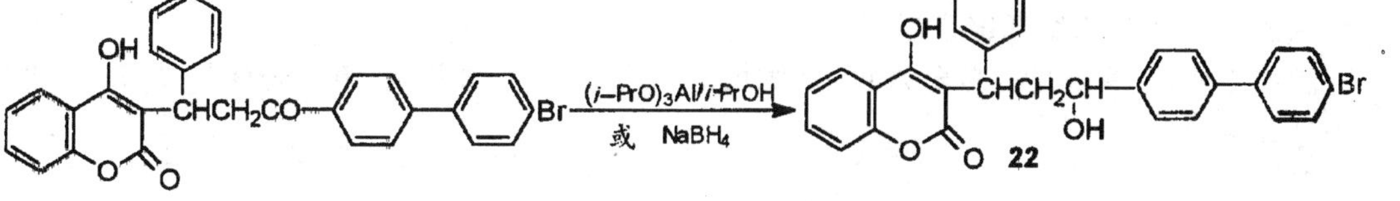

氟鼠酮（Flocoumafen）23[849、850]　　为近年出现的第二代抗凝血剂，挪威大鼠口服急性毒性 LD_{50} 为 0.4mg/kg。对非目标动物较安全，特别是对鸟类的毒性比其它抗凝血剂低得多。对鼠类一般一次摄食毒饵量达 50mg/kg 时便足以致死，可以认为它是一次性摄食杀鼠剂。合成方法如下：

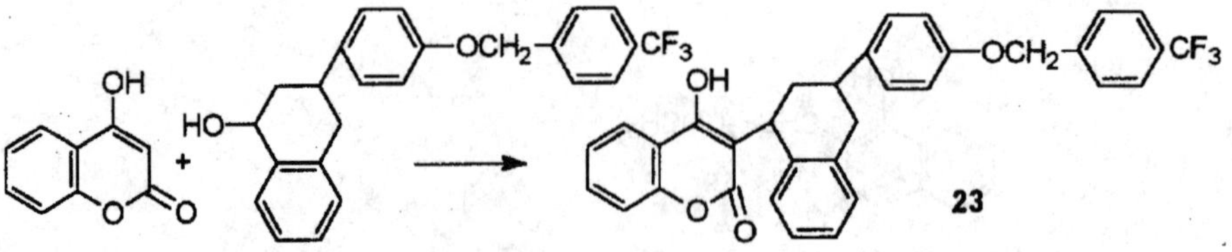

2.9.3.2　茚二酮衍生物

敌鼠（Diphacinone）24　　敌鼠及其烯醇钠盐均为第一代抗凝血剂，大鼠口服急性毒性 LD_{50} 为 1.86～2.88mg/kg。对家禽的毒性较弱，但对狗、猫、兔等较敏感，能产生二次中毒。能防治多种鼠类。合成方法如下：

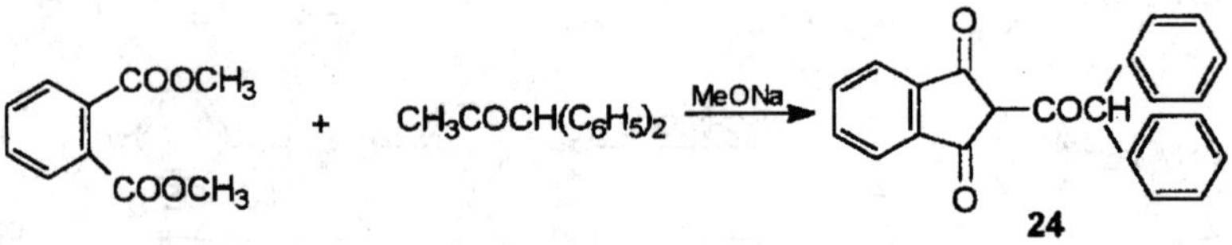

氯鼠酮（Chlorophacinone）25　　敌鼠的氯代类似物，大鼠口服急性毒性 LD_{50} 为 20.5mg/kg。

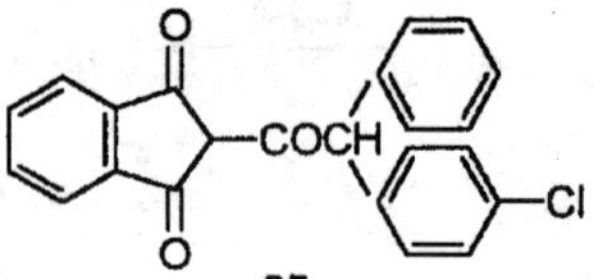

鼠完（Pindone）26　　亦是第一代抗凝血剂，大鼠注射急性毒性 LD_{50} 为 50mg/kg。用 0.025% 有效成分毒饵防治挪威大鼠、屋顶鼠和小家鼠。合成方法如下：

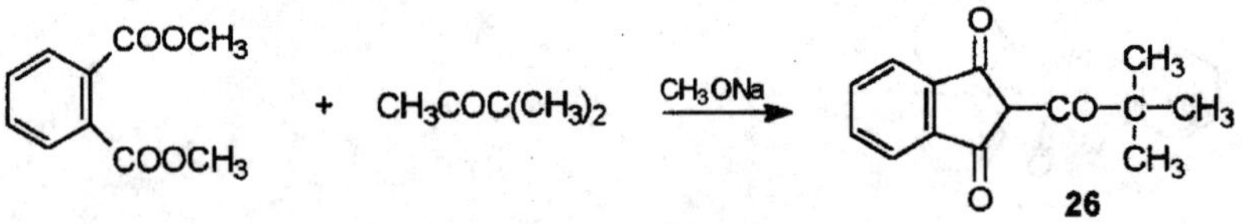

2.9.4　熏蒸杀鼠剂

氰化钠（NaCN）和氰化钙（CaCN）遇潮湿空气或水可放出剧毒氰氢酸气体，因而这两种化合物均能做成粉剂或颗粒剂，用于野外杀鼠。将药剂放入鼠穴内，产生 HCN 熏蒸杀鼠。这两种药也可熏蒸白蚁窠和粮仓。

磷化铝（AlP）、磷化钙（Ca₃P₂）以及磷化锌（Zn₃P₂）均能吸潮放出剧毒的磷化氢（PH₃），因而用于处理鼠洞，熏蒸杀鼠，一般都加氨基甲酸铵做成粉剂。氨基甲酸铵分解产生的氨气和二氧化碳能防止 PH₃ 在空气中自燃。

除此之外，一些常见的熏蒸杀虫、杀线虫剂如溴甲烷、二氧化硫、氯化苦（Cl₃CNO₂）等也可用于处理鼠穴和粮仓。

2.9.5 驱鼠剂

福美双（秋兰姆，Thiram）27 是一种杀菌剂，用于种子处理，对甲虫有忌避作用。作为驱避剂，可喷洒在果树、灌木、观赏植物、苗木上，使其免受野鼠、野兔和鹿的破坏。大鼠口服急性毒性 LD_{50} 为 780mg/kg。合成方法如下：

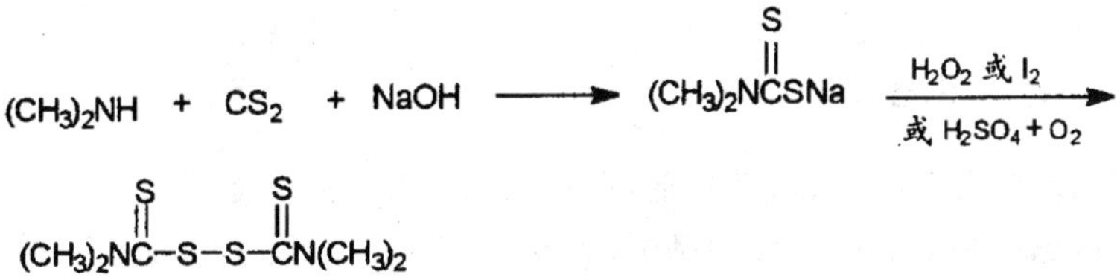

$$(CH_3)_2NH + CS_2 + NaOH \longrightarrow (CH_3)_2N\overset{\overset{S}{\|}}{C}SNa \xrightarrow[\text{或 } H_2SO_4 + O_2]{H_2O_2 \text{ 或 } I_2}$$

$$(CH_3)_2N\overset{\overset{S}{\|}}{C}-S-S-\overset{\overset{S}{\|}}{C}N(CH_3)_2$$
$$\textbf{27}$$

放线菌酮（Cycloheximide）28 发酵制备链霉素时，从其滤液中提取的副产物，在碱性介质中易分解为 2,4-二甲基环己酮，在中性及酸性介质中稳定。大鼠口服急性毒性 LD_{50} 为 2mg/kg。对大鼠有很好的驱避作用，也可有效地驱避野鼠、野兔和熊。

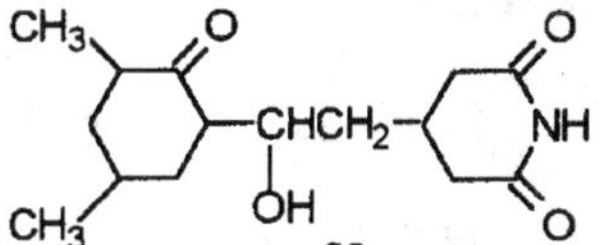

2.9.6 不育剂

α-氯代醇（Chloropropandiol）29[851] 挪威大鼠口服急性毒性 LD_{50} 为 152mg/kg，本品为损伤副睾的雄性化学不育剂，在高剂量下也可直接杀死鼠类。一般制成毒饵用于建筑物、垃圾场、下水道等处灭鼠。合成方法如下：

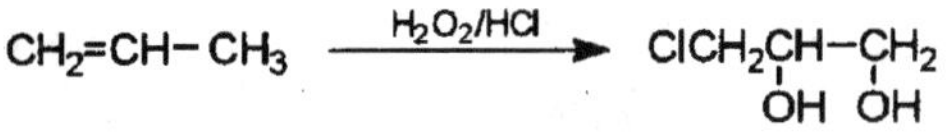

$$CH_2=CH-CH_3 \xrightarrow{H_2O_2/HCl} ClCH_2\underset{OH}{CH}-\underset{OH}{CH_2} \quad \textbf{29}$$

2.10 杀软体动物剂

2.10.1 引言

在动物害物中，陆栖软体动物蛞蝓和蜗牛是两种重要害物。它们咬坏农作物、果树、观赏植物的幼苗，造成危害。当大发作时，甚至会发生毁灭性灾害。蛞蝓对农作物的危害更为主要，一个灰色田间蛞蝓，从 8 月到 11 月能产 200～400 个卵，繁殖很快。其它有害蛞蝓有土壤蛞蝓，生活于土壤中，以植物的地下部分为食料；而地窖蛞蝓以仓库中的贮存物品为食料。一种菜地大蜗牛（*Helix pomatia*）一个晚上能吃掉 $200cm^2$ 的生菜。

有些软体动物也是人类或动物的某些寄生虫的中间宿主。淡水蜗牛是血蛭

(*Schistosoma*)、肝蛭（*Fasciola hepatica*）、大肠蛭（*Fasciolopsis buski*）和肺蛭（*Paragonimus westermanni*）以及绵羊和山羊肺蠕虫的中间宿主。对这些软体动物的防治，仅在血蛭方面取得了成功。血蛭能引起血吸虫病，这是人类的一种寄生虫病，广泛流行于热带和温热带地域。

现已发现能作为杀软体动物剂的化合物尚很少，有关情况和品种可参考文献〔852～856〕。

2.10.2 重要的杀软体动物剂

2.10.2.1 无机化合物

有些无机化合物曾用作杀软体动物剂，但现在已没有重要的意义了。氧化钙(CaO)在干燥天气时，用于非敏感植物如卷心菜防治蛞蝓。氰氨化钙(Ca(HNCN)$_2$)也有同样的用途。硫酸铜(CuSO$_4$·5H$_2$O)可用于防治淡水蜗牛，但需控制 20ppm 的浓度，这样对鱼、人及家畜才不致产生毒作用。

2.10.2.2 有机化合物

蜗牛敌（Metaldehyde）1 具有触杀及胃毒作用，通常做成毒饵，用于防治蛞蝓和蜗牛。狗口服急性毒性 LD$_{50}$ 为 600～1000mg/kg。本品为四聚乙醛，乙醛本身及三聚体均无活性，酸催化下在乙醇中加热乙醛可得四聚产物。

灭梭威（Methiocarb）2 这是一种氨基甲酸酯类杀虫、杀螨剂，也具有很强的杀软体动物活性，具触杀和胃毒作用。雄大鼠口服急性毒性 LD$_{50}$ 为 100mg/kg，以 4％毒饵防治蛞蝓。

五氯酚钠 3 大鼠口服急性毒性 LD$_{50}$ 为 210mg/kg，用于防治生长于静水及慢流水域的血吸虫中间宿主蜗牛，即钉螺，鱼毒比硫酸铜还大，适用浓度为 10～15ppm。

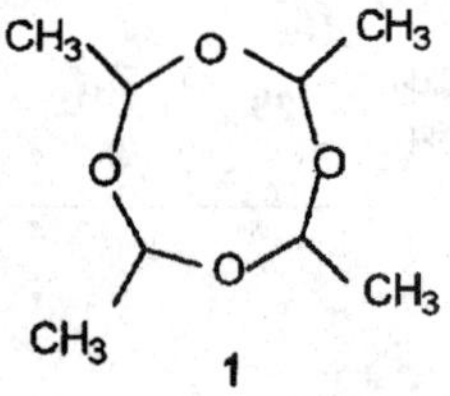

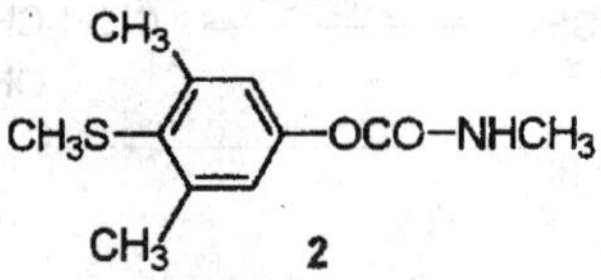

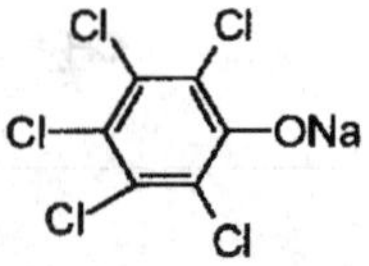

贝螺杀（Niclosamide）4 防治血吸虫病很成功的一种药剂。无色固体，熔点 230℃，室温时水中溶解度为 5～8ppm。其乙醇胺盐的溶解度为 230±50ppm。乙醇胺盐的大鼠口服急性毒性 LD$_{50}$大于 5000mg/kg。0.3ppm 浓度可完全杀死淡水蜗牛（*Australorbis glabratus*）。对人和家畜无毒，但对鱼和浮游动物有一定毒性。合成方法如下：

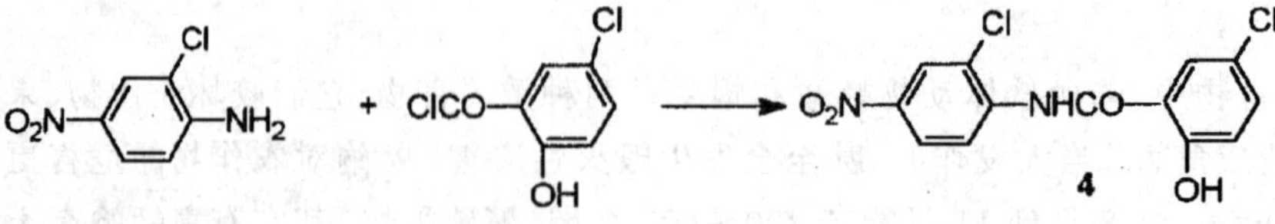

蜗螺杀（Trifenmorph）5 用于防治血吸虫的寄主——钉螺。大鼠口服急性毒性 LD$_{50}$ 为 1400mg/kg。由于本品在水中溶解度低(20℃时 0.02ppm)，所以通常做成乳剂。以 0.03～

0.10ppm 剂量,采用滴喂技术,用于灌溉和其它流动水域。在静态水域中使用剂量为 1.0～2.0ppm。大约 0.03ppm 对鱼有害。

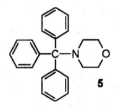

5

参 考 文 献

[1]张宗炳编著,杀虫药剂的分子毒理学,农业出版社,1987,8 页。

[2]K. A. Hassall，The Chemistry of Pesticides,The Macmillan Press LTD.，London，123～128,(1982).

[3]同[1],31～46 页。

[4]A. V. Baeyer, O. Zeidler, J. Weiler, O. Fischer, E. Jager, E. Ter Mer, W. Hemilian, E. Fischer, Ber, **7**, 1187(1874).

[5]J. R. Geigy AG，Swiss，P. 226180(1940);C. A.,**43**,6358g(1949).

P. Muller，DDT-Das Insektizid Dichlordiphenyltrichlorathan und seine Bedentung，Vol. 1, Birkhauser Verlag，Basel-Stuttgart(1955).

[6]S. H. Mosher，M. R. Cannon, E. A. Conroy, R. E. Van Strien, D. P. Spalding, Ind. Eng. Chem. **38**, 916 (1946).

[7]M. S. Schechter, H. L. Haller, J. Am. Chem. Soc.，**66**,2129(1944).

[8]M. Beroza, M. C. Bowman, Anal. Chem.,**37**,291(1965).

[9]Y. H. Atallah,W. C. Nettles Jr.，J. Econ. Entomol.，**59**,560(1966).

[10]P. Lauger, H. Martin,P. Muller, Helv. Chim. Acta,**27**,892(1944).

[11]J. R. Geigy AG,Swiss P. 237581(1943);C. A.,**43**,58899b(1949).

[12]M. Faraday, Philosophical Transactions(1825).

[13]L. Van der Linden, Ber.,**45**,231(1912).

[14]Great Western Electro-Chem. Co.，U. S. P. 2010841(1933).

H. Bender, Chem. Zentralblatt,**1**,1112(1036).

[15]A. Dupire, M. Raucort，C. R. Seances Acad. Agric.，Fr.,**20**,470(1942).

[16]R. Slade, Chem. Ind. (London),**40**,314(1945).

[17]K. Schwabe, P. P. Rammelt, Z. Physik, Chem. (Leipzig),**204**,310(1955).

[18]K. C. Kauer, R. B. Du Vall, R. L. Alquist, Ind. Eng. Chem.，**39**,1335(1947).

[19]O. Hassel，Quart. Rev. Chem. Soc.,**7**,221(1953).

[20]H. D. Orloff, Chem. Rev.，**54**,347(1954).

[21]M. S. Schechter, I. Hornstein, Anal. Chem.,**24**,544(1952).

[22]E. Ulmamn,Lindan, Monographie eines Insektizids, K. Schillinger Verlag, Freiburg(1972).

[23]D. Stonecipher，U. S. P. 2546174(1945);C. A.,**45**,5358b(1951).

[24]J. E. Casida，Lecture，The Third International Congress of Pesticide Chemistry，Helsinki(1974).

[25]M. L. Anagnostopoulos, H. parlar, F. Korte, Chemosphere,**3**,65(1974).

[26]R. E. Lidov, Brit. P. 703202(1951);C. A.,**49**,6995h(1955).

[27]H. E. Ungnade, E. T. McBee, Chem. Rev.，**58**,249(1958).

[28]E. E. Gilbert, S. L. Giolito, U. S. P. 2616825(1951);C. A.,**47**, 2424d(1953).

[29]E. T. McBee, C. W. Roberts, J. D. Idol, R. H. Earle, J. Am. Chem. Soc.,**78**,1511(1956).

[30]H. J. Prins, Rec. Trav. Chim. Pays-Bas,**65**,455(1946).

[31]E. E. Gilbert, U. S. P. 2671043(1954);C. A.,**48**,10290c(1954).

［32］J. Hyman, U. S. P. 2519190(1950);C. A. ,**45**,647f(1951).

［33］C. W. Kearns,L. Ingle, R. L. Metcalf, J. Econ. Entomol. , **38**,661(1945).

［34］M. Kleiman, U. S. P. 2598561(1949);C. A. ,**47**,1190(1953).

［35］J. G. Saha, Y. W. Lee, Bull. Environ. Contam. Toxicol. , **4**,285(1969).

［36］R. Riemschneider, A. Kuhnl, Montsh. Chem. , **86**, 879(1953).

［37］C. Vogelbach, Angew. Chem. , **63**,378(1951).

［38］R. B. March, J. Econ. Entomol. ,**45**,452(1952.)

［39］K. H. Buchel, A. -E. Ginsberg, R. Fischer, Chem. Ber. ,**93**,421(1966).

［40］S. J. Christol, Adv. Chem. Ser. , **1**,184(1950).

［41］W. P. Cochrane, M. Forbes, A. S. Y. Chau, J. Assoc. Off. Agric. Chem.**53**,769(1970).

［42］E. P. Ordas, J. Agric. Food Chem. , **4**,444(1956).

［43］A. S. Chau, W. P. Cochrane, J. Assoc. Off. Agric. Chem. ,**52**,1092(1969).

［44］Arvey Corp. ,Brit. P. 714869(1952);C. A. ,**50**,402a(1956).

［45］T. G. Mckenna, S. B. Soloway, R. E. Lidov, J. Hyman, U. S. P. 2661378(1953);C. A. ,**49**,378e(1955).

［46］S. H. Herzfeld, R. E. Lidov, H. Bluestone, U. S. P. 2606910(1946);C. A. ,**47**, 8775b(1953).

［47］W. M. Rogoff, R. L. Metcalf, J. Econ. Entomol. , **44**, 910(1951)

［48］R. C. Polen, P. Silverman, Anal. Chem. , **24**,733(1952).

［49］D. M. Coulson. L. A. Cavanagh, Anal. Chem. , **32**, 1245(1960).

［50］B. Davidow, J. Radomski, J. Pharmacol. Exp. Ther. , **107**,259(1953).

［51］A. S. Perry, A. M. Mattson, A. J. Buchner, J. Econ. Entomol. , **51**,346(1958).

［52］R. Kaul, W. Klein, F. Korte, Tetrahedron, **26**,331(1970).

［53］J. R. Miles, C. M. Tu, C. R. Harris, J. Econ. Entomol. , **64**, 839(1971).

［54］H. Feichtinger, H. Tummes, S. Puschhof, D. B. P. 1020346(1957); C. A. ,**53**, 19922f(1959).

［55］H. Feichtinger, H. Tummes, D. B. P. 960284(1955); C. A. ,**53**,17149b(1959).

［56］H. Feichtinger, D. B. P. 959229(1957); C. A. ,**53**,13674a(1959).

［57］H. Feichtinger, H. W. Linden, D. B. P. 1026325(1958);C. A. ,**54**,11049h(1960).

［58］R. H. Kimball, E. Leon, E. J. Geering, S. J. Nelson, Brit. P. 909588(1960);C. A. ,**58**,6848a(1963).

［59］S. E. Forman, A. J. Durbetaki,V. Cohen, R. A. Olofson, J. Org. Chem. ,**30**,169(1965).

［60］K. Ballschmiter, G. Tolg, Angew. Chem. , **78**,775(1966).

［61］C. W. Kearns, C. Weinman, G. C. Decker, J. Econ. Entomol. ,**42**,127(1949).

［62］J. Hyman, E. Freireich, R. E. Lidov, U. S. P. 2875256(1959);C. A. ,**53**,13082d(1959).

［63］R. E. Lidov,U. S. P. 2635977(1953);C. A. ,**48**,2769h(1954).

［64］E. S. Goodwin, R. Goulden, A. Richardson, J. G. Reynolds, Chem. Ind. (London),1220(1960).

［65］A. A. Danish, R. E. Lidov, Anal. Chem. , **22**,702(1950).

［66］J. A. Moss, D. E. Hathway, Biochem. J. ,**91**,384(1964).

［67］W. L. Hayes, Ann. Rev. Pharmacol. , **1**, 27(1965).

［68］G. T. Brooks, World Rev. Pest Control, **5**, 62(1966).

［69］B. Soloway, U. S. P. 2676131(1954);C. A. ,**48**, 8473f(1954).

［70］Shell Chem. Corp. , Handbook of Aldrin, Dieldrin and Endin Formulations, 2nd ed. Agric. Chemicals Division, New York(1959).

［71］J. M. Howald, C. D. Marshall, U. S. P. 2813915(1957);C. A. ,**52**,5460d(1958).

［72］H. Bluestone, U. S. P. 2676132(1954);C. A. ,**48**, 8474b(1954).

［73］D. D. Phillips, G. E. Pollard, S. B. Soloway, J. Agric. Food Chem. , **10**, 217(1962).

［74］J. D. Rosen, D. J. Sutherland, G. R. Lipton, Bull. Environ. Contam, Toxicol. , **1**, 133(1966).

[75]G. T. Brooks，Nature，**186**，96(1960).

[76]W. Lange, B. Krueger, Chem. Ber.，**65**，1598(1932).

[77]B. C. Saunders，Some Aspects of the Chemistry and Toxic Action of Organic Compounds Containing Phosphorus and Fluorine，Cambridge University Press，London，1957.

[78]G. Schrader，Die Entwicklung neuer Insektizide auf Grundlage Organischer Fluor — and Phosphor — Verbindungen，Verlag Chemie. Weiheim，1952.

[79]G. Schrader，Angew. Chem.，**73**,331(1961).

[80]Y. Nishizawa，Bull. Agric. Chem. Soc. Jap.，**24**. 744(1960).

[81]E. D. Adrian，W. Feldberg，B. A. Kilby，Br. J. Pharmacol.，**2**,56(1947).

[82]A. K. Balls，E. F. Jansen，Adv. Enzymol.，**13**,321(1952).

[83]J. C. Cage，Biochem. J.，**54**,426(1953).

[84]陈茹玉,李玉桂,有机磷化学,高等教育出版社,1987,40～89页。

[85]金桂玉,唐除痴,有机化学,No.1,1(1983).

[86]J. Emsley，D. Hall,The Chemistry of Phosphorus，Harper & Row，London，1976，p. 48～75,p. 209～248.

[87]唐除痴,有机化学,No. 1,11(1981).

[88]I. Gosney，A. G. Rowley，Organophosphorus Reagents in Organic Chemistry，ed. J. I. G. Cadogan，Academic Press，London，1979，p. 20～142.

[89]J. H. Smith，Comprehensive Organic Chemistry，ed. I. O. Sutherland，Vol. 2,Part 10. 6，Pergamon Press，Oxford，1979，p. 1301～1312.

[90]同[86],p. 42～47.

[91]张立言,有机磷农药,化学工业出版社,北京,1974,51～91页。

[92]杨石先,陈天池,唐除痴,金桂玉,刘天林,张金碚,农药工业,No.1,28(1966).

[93]南开大学元素所,农药工业,No.3,1(1978).

[94]A. M. Kinnear，E. A. Perren，J. Chem. Soc.，3437(1952).

[95]K. C. Kennard，C. S. Hamilton，Org. Synth. Coll.，Vol. 4，950(1963).

[96]G. M. Kosolapoff，Friedel—Grafts and Related Reactions，ed. G. A. Olah，Vol. 4，Chapter 51，Inter—Science，New York，1965.

[97]K. V. Karavanov，S. Z. Ivin，Zh. Obshch. Khim.，**35**，78(1965).

[98]B. Buchner，L. B. Lockhart，J. Am. Chem. Soc.，**73**,755(1951);Org. Synth.，**31**,881(1951).

[99]H. B. Gottlieb，J. Am. Chem. Soc.，**54**，748(1932).

[100]J. E. Gardiner，B. A. Kilby，J. Chem. Soc.，1769(1950).

[101]E. N. Walsh，A. D. F. Toy，Biochem. Prep.，**7**. 71(1960).

[102]杨石先,陈天池,王琴孙,李正名,化学学报,**29**，153(1963).

[103]G. Schrader，Ger. P. 900814(1954).

[104]M. I. Kabachnik，et al.，Zh. Obshch. Khim.，**29**，2182 (1959).

[105]G. A. Sawl，K. L. Godfrey，Brit. P. 744484(1956).

[106]K. H. Buchel，(ed.)Chemistry of Pesticides，John Wiley & Sons，New York，1983，p. 51.

[107]G. Berkelhammer，W. C. Dauterman，R. D. O'Brien，J. Agric. Food Chem.，**11**，307(1963).

[108]W. Perkow，Chem. Ber. **87**，755 (1954)

[109]江藤永総著(杨石先等译),有机磷农药的有机化学与生物化学,化学工业出版社,北京,1981,17～19页。

[110]邵瑞链,董希阳,张春造,高等学校化学学报,**2**，63 (1981)。

[111]W. Lorenz，R. Wegler，Ger. P. 962608;C. A.，**51**，15588(1957).

[112]Y. Nishizawa, M. Nakagawa, Y. Suzuki, H. Sakamoto, T. Mizutani, Agric. Biol. Chem., **25**, 597 (1961).

[113]N. Sampei, K. Tomita, T. Yanai, H. Oka, Jap. P. 43-16137(1968).

[114]W. Lorenz, I. Hammann, Brit. P. 1171836; C. A., **74**, 63485(1971).

[115]K. Kobayashi, M. Eto, S. Hirai, Y. Oshima, J. Agric. Soc. Jap., **40**, 315(1966).

[116]A. G. Treml, et al., Fr. P. 2132858(1972); C. A., **78**, 124283(1973).

[117]J. Drabek, V. Fluck, Advances in Pesticide Science, Part 2, (Zarich, 1978, IUPAC), 1979, p. 130.

[118]H. O. Bayer, W. S. Hurt, Ger. P. 2635931(1977);C. A., **87**, 52755(1977).

[119]K. Shigeo, S. Kozo, Jap. P. 74-86347(1974);C. A., **82**, 86195(1975).

[120]A. E. Lippman, J. Org. Chem., **30**, 3217(1965).

[121]Rohm & Haas Co., Ger. P. 2527308(1976); C. A., **84**, 164413(1976).

[122]Y. Okada, Y. Inoue, K. Iwanaga, Fr. P. 2499082(1982);C. A., **98**, 54209(1983).

[123]G. Schrader, K. Mannes, J. Scheinpflug, Jap. P. 43-5747(1968).

[124]K. Rufenacht, Helv. Chim. Acta, **51**, 518(1968).

[125]E. L. Clark, G. A. Johnson, E. L. Mattson, J. Agric. Food Chem., **3**, 834 (1955).

[126]A. A. Oswald, P. L. Valint, U. S. P. 4075332(1978).

[127]魏云亭,朱晨,唐除痴,化学学报,**42**,570(1984)。

[128]唐除痴,毕富春,朱兰惠,王银淑,王文丽,王秀玲,陈学仁,魏云亭,南开大学学报(自然科学),No. 1,24 (1989)。

[129]王文丽,王秀玲,毕富春,魏云亭,唐除痴,昆虫学报,**28**,107(1985)。

[130]S. Kishino, A. Kudamatsu, K. Shiokawa, U. S. P. 3705218(1972).

[131]J. L. Wasco, L. L. Wade, J. F. Lendram, U. S. P. 2929762(1958); C. A., **54**, 18439d(1960).

[132]G. Schrader, I. Hammann, W. Stendel, Fr. P. 1600932(1968), C. A., **74**, 125186(1971).

[133]J. P. Leber, Pesticide Chemistry Proceedings 2nd International IUPAC Congress, Vol. 1, A. S. Tahori, ed, Gordon & Breach, London, 1972. p. 381.

[134]A. D. F. Toy, J. Am. Chem. Soc., **70**, 3882(1948).

[135]唐除痴,唐永军,陈茹玉,科学通报,No. 1, 32(1986)。

[136]L. Almasi, L. Paskucz, Angew. Chem., **79**, 859(1967).

[137]N. Shindo, S. Wada, K. Ota, F. Suzuki, Y. Ohta, U. S. P. 3327026(1967); C. A., **67**, 64531 (1967).

[138]J. J. Menn, K. Szabo, J. Econ. Entomol., **58**, 734 (1965).

[139]R. G. Harvey, E. R. Sombre, Topics in Phosphorus Chemistry, Vol. 1, Interscience, New York, 1964, p. 57.

[140]A. Michaelis, T. Becker, Chem. Ber., **30**, 1003(1897).

[141]M. Sittig, Agricultural Chemicals Manufacture, Noyes Data Corp., Park Ridge, 1971, p. 39.

[142]R. K. Zaripov, I. N. Azebaev, G. Sh. Shamgunov, Tr. Khim. Met. Inst. Akad. Nauk Kaz. SSR, **8**, 48 (1969); C. A., **72**, 31930 (1970).

[143]W. F. Barthel, P. A. Giang, S. A. Hall, J. Am. Chem. Soc., **76**, 4186(1954).

[144]G. Fricke, W. Georgi, J. Pr. Chem., **20**, 4 Reihe, 250(1963).

[145]杨石先,陈天池,李正名,王惠林,黄润秋,唐除痴,刘天麟,张金碚,化学学报,**31**, 399(1965).

[146]G. W. Parshall, Org. Synth., **45**, 102 (1965).

[147]L. Maier, Chem. Ber., **94**, 3051(1961).

[148]L. Maier, ibid., **94**, 3056 (1961).

[149]S. Z. Ivin, K. V. Karavanov, Zh. Obshch. Khim., **28**, 2958(1958); C. A., **53**, 9035 (1959).

[150]V. S. Abramov, V. I. Barabanov, Khim. Org. Soedin. Fosfora, Akad. Nauk SSSR, Otd. Obshch.

Tekh. Khim. ，1967. p. 135；C. A. ，**69**，67469 (1968).

[151]B. Pullman，C. Valdemoro，Biochim. Biophys. Acta，**43**，548 (1960).

[152]G. Schrader(杨石先等译)，新磷酸酯类杀虫剂的进展，化学工业出版社，1966，p. 92～107 页。

[153]a)J. H. Ruzicka，J. Thomson，B. B. Wheals，J. Chromatogr. ，**31**，37 (1967).

b)W. Buchler，Residue Rev. ，**37**，15 (1971).

[154]同[86]，p. 306～346.

[155]同[89]，p. 1262～1294.

[156]C. R. Hall，T. D. Inch，Tetrahedron，**36**，2059 (1980).

[157]P. W. C. Barnard，C. A. Bunton，D. R. Llewellyn，C. A. Vernon，J. A. Welch，J. Chem. Soc. ，2670 (1961).

[158]C. A. Bunton，M. M. Mhala，K. G. Oldham，C. A. Vernon，ibid. ，3293 (1960).

[159]T. C. Bruice，S. J. Benkovie，Bioorganic Mechanisms，Vol. 2，Benjamin，New York，1966，p. 16.

[160]F. W. Lichtenthaler，F. Cramer，Chem，Ber. ，**95**，1971 (1962).

[161]P. E. Gatterdam，J. E. Casida，D. W. Stontamire，J. Econ. Entomol. ，**52**，270 (1959).

[162]E. Y. Spencer，Toxicology，Biodegradation and Efficacy of Livestock Pesticides，M. A. Kahn，W. O. Haufe Eds. ，Swets & Zeitlinger，Amsterdam，1972，p. 23.

[163]L. L. Murdock，T. L. Hopkins，J. Agric. Food Chem. ，**16**，954 (1968).

[164]D. F. Heath (杨石先等译)，有机磷毒剂，化学工业出版社，1965.

[165]P. A. Giang，H. S. Schechter，J. Agric. Food Chem. ，**6**，845 (1958).

[166]J. Metivier，Pesticide Chemistry Proceedings Second international IUPAC Congress，Vol. 1. A. S. Tahori，ed. Gordon & Breach，London，1972，p. 325.

[167]P. S. Traylor，F. H. Westheimer，J. Am. Chem. Soc. ，**87**. 553 (1965).

[168]A. F. Gerrard，N. K. Hamer，J. Chem. Soc. (B)，539 (1968).

[169]A. F. Gerrard，N. K. Hamer，idid. ，(B)，1122 (1967).

[170]唐除痴，吴桂萍，中国科学，B 辑，(6)，584(1986).

[171]G. B. Quistad，T. R. Fukuto，R. L. Metcalf，J. Agric. Food Chem. ，**18**，189 (1970).

[172]T. R. Fukuto，Bull. W. H. O. ，**44**，31 (1971).

[173]R. L. Metcalf，Organic Insecticides-Their Chemistry and Mode of Action，Interscience，New York，1955，p. 263.

[174]A. W. Garrison，C. E. Boozer，J. Am. Chem. Soc. ，**90**，3486 (1968).

[175]唐除痴，吴桂萍，黄润秋，柴有新，高等学校化学学报，**4**，317(1983).

[176]T. R. Fukuto，R. L. Metcalf，J. Am. Chem. Soc. ，**81**，372 (1959).

[177]M. Eto，K. Kishimoto，K. Matsumura，N. Ohshita，Y. Oshima，Agric. Biol. Chem. ，**30**，181 (1966).

[178]K. B. Augustinsson，G. Heimburger，Acta Chem. Scand. ，**9**，383(1955).

[179]T. Wagner—Jauregg，B. E. Hackley，T. A. Lies，O. O. Owens，R. Proper，J. Am. Chem. Soc. ，**77**，922 (1955).

[180]J. A. A. Ketelaar，H. R. Gersmann，M. M. Beck，Nature，**177**，392(1956).

[181]同[152]，2～4 页。

[182]V. M. Clark，D. W. Hutchinson，A. J. Kirby，S. G. Warren，Angew. Chem. Int. Ed. ，**3**，678(1964).

[183]B. Miller，Proc. Chem. Soc. ，303(1962).

[184]E. Ruf，Ger. P. 1173088(1964).

[185]J. Cheymol，P. Chabrier，M. Selim，P. Leduc，Compt. Rend，**247**，1014(1958).

[186]W. C. Dauterman，J. E. Casida，J. B. Knaak，J. Kowalczyk，J. Agric. Food Chem. ，**7**，188(1959).

[187]M. Eto，L. C. Tan，Y. Oshima，H. Takehara，Agric. Biol. Chem. ，**32**，656(1968).

〔188〕G. Hilgetag, H. Teichmann, J. Prakt. Chem. ,**8**, 97(1959).

〔189〕W. E. Bacon, W. M. LeSuer, J. Am. Chem. Soc. , **76**, 670(1954).

〔190〕G. Hilgetag, H. Teichmann, J. Prakt. Chem. , **8**, 104 (1959).

〔191〕C. L. Dunn, J. Agric. Food Chem. , **6**, 203 (1958).

〔192〕G. Hilgetag, H. Teichmann, Angew. Chem. , **77**, 1001 (1965).

〔193〕G. Hilgetag, H. Teichmann, Angew. Chem. Int. Ed. , **4**, 914 (1965).

〔194〕D. F. Heath, M. Vandekar, Biochem. J. , **67**,187 (1957).

〔195〕J. I. G. Cadogan, J. Chem. Soc. , 18(1962).

〔196〕M. Eto, M. Sasaki, M. Iio, H. Ohkawa, Tetrahedron Lett. , **45**, 4263 (1971).

〔197〕J. B. McBain, I. Yamamoto, J. E. Casida, Life Sci. II, **10**, 1311 (1971).

〔198〕D. A. Wustner, J. Desmarchelier, T. R. Fukuto, ibid. , **11**, 583 (1972).

〔199〕A. W. Herriott, J. Am. Chem. Soc. , **93**, 3504 (1971).

〔200〕G. A. Johnson, U. S. P. 2713018 (1955); Ger. P. 1011660 (1957).

〔201〕T. R. Fukuto, R. L. Metcalf, R. B. March, M. G. Maxon, J. Econ. Entomol. , **48**, 347 (1955).

〔202〕同〔152〕, 332 页。

〔203〕G. Zweig, Analytical Methods for Pesticides, Plant Growth Regulators, and Food Additives, Vol. Ⅱ, Academic Press, New York, 1964.

〔204〕D. G. Grosby, Residue Rev. , **25**, 1 (1969).

〔205〕H. Ackermann, J. Chromatogr. , **36**, 309 (1968).

〔206〕K. Okada, T. Uchida, J. Agric. Chem. Soc. Jap. , **36**, 245 (1962).

〔207〕T. H. Mitchell, J. H. Ruzicka, J. Thomson, B. B. Wheals, J. Chromatogr. , **32**, 17 (1968).

〔208〕J. D. Rosen, Environimental Toxicology of Pesticides, F. Matsumura, et al. , Eds. , Academic Press, New York, 1972.

〔209〕J. R. Pardue, E. A. Hansen, R. P. Barron, J. T. Chen, J. Agric. Food Chem. , **18**, 405(1970).

〔210〕R. L. Metcalf, R. B. March, J. Econ. Entomol. , **46**, 288 (1953).

〔211〕W. C. Dautermann, Bull. W. H. O. , **44**, 133 (1971).

〔212〕Y. Doi, K. Haba, M. Imai, S. Hayakawa, S. Saito, Acta Med. Okayama, **22**, 281 (1968).

〔213〕H. Frehse, Pesticide Terminal Residues, Buttersworths, London, 1971, p. 9.

〔214〕Y. Uesugi, C. Tomizawa, T. Murai, Environmental Toxicology of Pesticides, F. Matsumura, et al. , Eds. , Academic Press, New York, 1972, p. 327.

〔215〕J. E. Casida, Science, **122**, 597 (1955).

〔216〕G. N. Smith, J. Econ. Entomol. , **61**, 793 (1968).

〔217〕W. R. Drively, A. H. Haubein, A. D. Lohr, P. B. Moseleg, J. Am. Chem. Soc. , **81**, 139 (1959).

〔218〕H. R. Gamrath, R. E. Halton, W. E. Weesner, Ind. Eng. Chem. , **46**, 208 (1954).

〔219〕E. M. Beller, T. R. Fukuto, J. Agric. Food Chem. , **20**, 931 (1972).

〔220〕同〔109〕,104～133 页。

〔221〕C. Fest, K. -J. Schmidt, The Chemistry of Organophosphorus Pesticides, Springer-Verlag, Berlin, 1973, p. 164～187.

〔222〕K. A. Hassall,The Chemistry of Pesticides, The Macmillan Press Ltd. , London, 1982, p. 67～96.

〔223〕A. R. Main, Science, **144**, 992 (1964).

〔224〕A. R. Main, F. Iversion, Bio. Chem. J. , **100**, 525 (1966).

〔225〕Y. C. Chiu, A. R. Main, W. C. Dauterman, Biochem. Pharmacol. , **18**, 2171 (1969).

〔226〕E. Reiner, W. N. Aldridge, Biochem. J. , **105**, 171 (1967).

〔227〕F. L. Hastings, W. C. Dauterman, Pest. Biochem Physiol. , **1**, 248 (1971).

[228]Y. C. Chin，W. C. Dauterman，Biochem. Pharmacol. ，**19**，1856 (1970).

[229]Y. C. Chin，W. C. Dauterman，ibid. ，**18**，359 (1969).

[230]W. N. Aldridge，Bull. W. H. O. ，**44**，25 (1971)；E. Reiner，ibid. ，**44**，109 (1971).

[231]R. A. Oosterbaan，H. S. Jansz，Comprehensive Biochemistry，Vol. 16，M. Florkin and E. H. Stotz，Eds. ，Elsevier，Amsterdam，1965，p. 1.

[232]J. H. Keijer，G. Z. Wolring，Biochem. Biophys. Acta，**185**，465 (1969).

[233]D. A. Davies，A. L. Green，Biochem. J. ，**63**，529 (1956).

[234]F. Berends，C. H. Posthumus，I. V. D. Sluys，F. A. Deierkauf，Biochem. Biophys. Acta，**34**，576 (1959).

[235]H. P. Benshop，J. H. Keijer，ibid. ，**128**，586 (1966).

[236]J. A. Cohen，R. A. Oosterbaan，H. S. Jansz，F. Berends，J. Cell Comp. Physiol. ，**54** (Suppl.)，231 (1959).

[237]W. N. Aldridge，A. N. Danison，Biochem. J. ，**51**，62 (1952).

[238]T. R. Fukuto，R. L. Metcalf，J. Agric. Food Chem. ，**4**，930 (1956).

[239]T. R. Fukuto，Advances in Pest Control Research，Vol. 1，R. L. Metcalf，Ed. ，Interscience，New York，1957，p. 147.

[240]K. Fukui，K. Morokuma，C. Nagata，A. Imamura，Bull. Chem. Soc. Jap. ，**34**，1224 (1961).

[241]R. Taft，Steric Effects in Organic Chemistry，M. S. Newman，Ed. ，John Wiley，New York，1956，p. 556.

[242]C. Hansch，T. Fujita，J. Am. Chem. Soc. ，**86**，1616 (1964).

[243]C. Hansch，E. W. Deutsch，Biochem. Biophys. Acta，**126**，117 (1966).

[244]E. Kutter，C. Hansch，J. Med. Chem. ，**91**，615 (1969).

[245]C. Hansch，Biochemical Toxicology of Insecticides，R. D. O'Brien，I. Yamamoto，Eds. ，Academic Press，New York，1970，p. 33.

[246]L. Hammett，Physical Organic Chemistry，McGraw-Hill，New York，1950.

[247]P. Bracha，R. D. O'Brien，Biochemistry，**7**，1545；1555(1968).

[248]J. B. Lovell，J. Econ. Entomol. ，**56**，310 (1963).

[249]R. M. Hollingworth. T. R. Fukuto，R. L. Metcalf，J. Agric. Food Chem. ，**15**，235 (1967).

[250]H. S. Aaron，H. O. Michel，B. Witten，J. I. Miller，J. Am. Chem. Soc. ，**80**，456 (1958).

[251]大川秀郎(刘纶祖，唐除痴译)，农药工业译丛，No. 4，1 (1979)。

[252]G. Hilgetag，G. Lehmann，J. Prakt. Chem. ，**8**，224 (1959).

[253]A. J. J. Ooms，H. L. Boter，Biochem. Phermacol. ，**14**，1839 (1965).

[254]H. L. Boter，A. J. J. Ooms，ibid. ，**16**，1563 (1967).

[255]T. R. Fukuto，R. L. Metcalf，J. Econ. Entomol. ，**52**，739 (1959).

[256]H. L. Boter，C. Van Dijk，Biochem. Pharmacol. ，**18**，2403 (1969).

[257]尚稚珍，张壬午，邹永华，王银淑，吴玉霞，李英，于维强，唐除痴，昆虫学报，**26**，10 (1983).

[258]A. Hassan，W. C. Dauterman，Biochem. Pharmacol. ，**17** 1431 (1968).

[259]南开大学元素有机化学研究所编译，国外农药进展，石油化学工业出版社，1976，22～37 页。

[260]G. Schrader，World Rev. Pest Contr. ，**4**，140 (1965).

[261]G. Schrader，Pflanzenschutz Ber. (Wien)，**36**，14 (1967) (Sonderheft).

[262]J. B. Knaak，M. A. Stahmann，J. E. Casida，J. Agric. Food Chem. ，**10**，154 (1962).

[263]T. Nakatsugawa，P. A. Dahm. ，Biochem. Pharmacol. ，**16**，25 (1967).

[264]T. Nakatsugawa，N. M. Tolman，P. A. Dahm，ibid. ，**18**，1103 (1969).

[265]J. G. Leesch，T. R. Fukuto，Pest. Biochem. Physiol. ，**2**，223 (1972).

[266]J. S. Bowman, J. E. Casida, J. Agric. Food Chem., **5**, 192 (1957).

[267]Y. C. Lee, M. G. J. Hayes, D. B. McCormick, Biochem. Pharmacol., **19**, 2825 (1970).

[268]H. Tsuyuki, M. A. Stahmann, J. E. Casida, J. Agric. Food Chem., **3**, 922 (1955).

[269]J. E. Casida, T. C. Allen, M. A. Stahmann, J. Biol. Chem., **210**, 607 (1954).

[270]E. Y. Spencer, R. D. O'Brien, R. W. White, J. Agric. Food Chem., **5**, 123 (1957).

[271]R. E. Menzer, J. E. Casida, ibid., **13**, 102 (1965).

[272]G. W. Lucier, R. E. Menzer, ibid., **18**, 698 (1970).

[273]R. D. O'Brien, E. C. Kimmel, P. R. Sferra, ibid., **13**, 366 (1965).

[274]R. E. Menzer, W. C. Dauterman, ibid., **18**, 1031 (1970).

[275]M. Eto, J. E. Casida, T. Eto, Biochem. Pharmacol., **11**, 337 (1962).

[276]J. E. Casida, M. Eto, R. L. Baron, Nature, **191**, 1396 (1961).

[277]M. Eto, S. Matsuo, Y. Ohima, Agric. Biol. Chem., **27**, 870 (1963).

[278]M. Eto, Pesticide Chemistry, Proceedings 2nd International IUPAC Congress, Vol. 1, A. S. Tahri,
      Ed., Gordon & Breach, London, 1972, p. 311.

[279]M. Eto, M. Abe, Biochem. Phermacol., **20**, 967 (1971).

[280]M. Eto, M. Abe, H. Takahara, Agric. Biol. Chem., **35**, 929 (1971).

[281]T. Shishido, K. Usui, J. Fukami, Pest. Biochem. Physiol., **2**, 27 (1972).

[282]A. F. Machin, M. P. Anick, H, Rogers, P. H. Anderson, Bull. Environ. Contam. Toxicol., **6**, 26
      (1971).

[283]H. Miyazaki, I. Tojinbara, Y. Watanabe, T. Osaka, S. Okui, Proc. Symp. Drug Metab. Action. lst.,
      135 (1969).

[284]N. F. Janes, A. F. Machin, M. P. Quick, H. Rogers, D. E. Mundy, A. J. Cross, J. Agric. Food Chem.,
      21, 121 (1973).

[285]J. Miyamoto, Botyu-Kagaku, **24**, 130 (1959).

[286]J. E. Casida, Pesticide Chemistry, Proceedings 2nd International IUPAC Congress, Vol. VI, A. S.
      Tahori, Ed., Gordon & Breach, London, 1972, p. 295.

[287]E. Benjiamini, R. L. Metcalf, T. R. Fukuto, J. Econ. Entomol., **52**, 99 (1959).

[288]G. W. Lucier, R. E. Menzer, J. Agric. Food Chem., **19**, 1249 (1971).

[289]R. A. Neal, Biochem. J., **103**, 183 (1967).

[290]T. Nakatsugawa, N. M. Tolman, P. A. Dahm., Biochem. Pharmacol., **17**, 1517 (1968).

[291]R. S. H. Yang, E. Hodgson, W. C. Dauterman, J. Agric. Food Chem., **19**, 10(1971).

[292]T. Nakatsugawa, N. M. Tolman, P. A. Dahm., Biochem. Pharmacol., **18**, 685 (1969).

[293]J. B. McBain, I. Yamamoto, J. E. Casida, Life Sci., II, **10**, 947 (1971).

[294]W. N. Aldrige, E. Reiner, Enzyme Inhibitors as Substrates, North-Holland, Amsterdam, 1972.

[295]A. R. Main, Biochem. J., **75**, 188 (1960).

[296]R. S. H. Yang, E. Hodgson, W. C. Dauterman, J. Agric. Food Chem., **19**, 14 (1971).

[297]H. J. Jarczyk, Pflanzenschutz-Nachr., **19**, 1 (1966).

[298]T. SHishido, K. Usui, M. Sato, J. Fukami, Pest. Biochem, Physiol., **2**, 51 (1972).

[299]C. Donninger, Bull. W. H. O., **44**, 265 (1971).

[300]F. J. Oppenoorth, Toxicology, Biodegradation and Efficacy of Livestock Pesticides, M. A. Khan, W. O.
      Hanfe, Eds., Swets & Zeitlinger, Amsterdam, 1972, p. 73.

[301]J. B. Lewis, R. M. Sawicki, Pest. Biochem. Physiol., **1**, 275 (1971).

[302]J. Fukami, T. Shishido, Botyu-Kagaku, **28**, 77 (1963).

[303]J. Fukami, T. Shishido, J. Econ. Entomol., **59**, 1338 (1966).

[304]K. Fukunaga, J. Fukami, T. Shishido, Residue Rev. , **25**, 233 (1969).

[305]J. Stenersen, J. Econ. Entomol. , **62**, 1043 (1969).

[306]R. M. Hollingworth, Biochemical Toxicology of Insecticides, R. D. O'Brien, I. Yamamoto, Eds. , Academic Press, New York, 1970, p. 75.

[307]E. Boyland, C. F. Chasseaud, Adv. Enzymol. , **32**, 173 (1969).

[308]F. J. Oppenoorth, V. Rupes, S. Elbashir, N. W. Houx, S. Voerman, Pest. Biochem. Physiol. , **2**, 262 (1972).

[309]A. R. Main, P. E. Braid, Biochem. J. , **84**, 255 (1962).

[310]P. R. Chew, W. P. Tucker, W. C. Dauterman, J. Agric. Food Chem. , **17**, 86 (1969).

[311]F. Matsumura, A. W. A. Brown, J. Econ. Entomol. , **54**, 1176(1961).

[312]F. Matsumura, C. J. Hogendijk, Entomol. Exp. Appl. **7**, 179 (1964).

[313]K. Kojima, T. Ishizuka, S. Kitakata, Botyu-Kagaku, **28**, 17 (1963).

[314]Y. Takahashi, T. Saito, K. Iyatomi, M. Eto, Botyu-Kagaku, **38**, 13 (1973).

[315]K. Ozaki, Rev. Plant Protec. Res. , **2**, 1 (1969).

[316]T. Uchida, R. D. O'Brien, Toxicol. Appl. Pharmacol. **10**, 89 (1967).

[317]M. K. Ahmed, J. E. Casida, R. E. Nichols, J. Agric. Food Chem. , **6**, 740 (1958).

[318]F. Matsumura, Environmental Quality and Safety, Vol. I, F. Coulston, F. Korte, Eds. Georg Thieme, Stuttgert, 1972, p. 96.

[319]M. Hitchcock, S. D. Murphy, Biochem. Pharmacol. , **16**, 1801 (1967).

[320]E. P. Lichtenstein, T. W. Fuhreman, Science, **172**, 589 (1971).

[321]J. E. Casida, L. MacBride, R. P. Niedermier, J. Agric, Food Chem. , **10**, 370 (1962).

[322]D. H. Huston, D. A. A. Akintonwa, D. E. Hathway, Biochem. J. , **102**, 133 (1967).

[323]P. E. Gatterdam, L. A. Wozniak, M. W. Bullock, G. L. Parks, J. E. Boyd, J. Agric. Food Chem. , **15**, 845 (1967).

[324]J. E. Pankaskie, F. C. Fountaine, P. A. Dahm, J. Econ. Entomol. , **45**, 51 (1952).

[325]L. E. Wendel, D. L. Bull, J. Agric. Food Chem. , **18**, 420 (1970).

[326]D. L. Bull, R. A. Stokes, ibid. , **18**, 1134 (1970).

[327]J. Miyamoto, A. Wakimura, T. Kadota, Environmental Quality and Safety, Vol. 1, F. Coulston, F. Korte, Eds. , Georg Thieme, Stuttgart, 1972, p. 235.

[328]H. O. Esser, W. Mucke, K. O. Alt, Helv. Chim. Acta, **51**, 513 (1968).

[329]J. B. McBain, L. J. Hoffman, J. J. Menn, Pest. Biochem. Physiol. , **1**, 356 (1971).

[330]J. B. McBain, J. J. Hoffman, J. J. Menn, J. Agric. Food Chem. , **18**, 1139 (1970).

[331]J. B. McBain, J. J. Menn, Biochem. Pharmacol. , **18**, 2282 (1969).

[332]化学工业部农药情报中心站,国外农药品种手册,第三册,65～370 页(1981);第四册,3～39 页(1985); 第五册,1～6 页,70～80 页(1989)。

[333]江藤永総著(杨石先等译),有机磷农药的有机化学与生物化学,化学工业出版社,1981,197～256 页。

[334]H. Geissbuhler, G. Voss, R. Anliker, Residue Rev. , **37**, 39 (1971).

[335]F. Kiermeier, G. Wildbrett, L. Lettenmayer, Z. Lebersm. -Unter. -Forsch. , **133**, 22(1966).

[336]T. Syrowatka, Rocz. Panstw. Zakl. Hig. , **20**, 557 (1969); C. A. , **72**, 120479 (1970).

[337]A. R. Roth, G. W. Eddy, J. Econ. Entomol. , **50** 244 (1957).

[338]R. D. O'Brien, L. S. Wolfe, ibid. , **53**, 692 (1959).

[339]N. G. Smith, B. S. Watson, F. S. Fischer, J. Agric. Food Chem. , **15**, 132 (1967).

[340]H. Gysin, Chimia, **8**, 221 (1954).

[341]T. Udagawa, T. Saito, T. Miyata, Botyu-Kagaku, **38**, 75 (1973).

[342]J. H. Vinopal，T. R. Fukuto, Pest Biochem. Physiol. ，**1**，44 (1971).

[343]M. Eto，Y. Kinoshita，T. Kato，Y. Oshima，Nature，**200**，171 (1963).

[344]M. Eto，K. Kobayashi，T. Sasamoto，H. M. Cheng，T. Aikawa，T. Kume，Y. Oshima，Botyu-Kagaku，**33**，73 (1968).

[345]C. C. Gaughan，J. L. Engel，J. E. Casida，Pest. Biochem. Physiol. ，**14**，81 (1980).

[346]H. Leader，J. E. Casida，J. Agric. Food Chem. ，**30**，546 (1982).

[347]"农药工业"杂志编辑部，国内农药品种手册，1978 年，116～117 页。

[348]D. E. Coffin，J. Assoc. Off. Agric. Chem. ，**47**，662 (1964).

[349]J. M. Ford，J. J. Menn，G. D. Meyding，J. Agric. Food Chem. ，**14**，83 (1966).

[350]J. B. McBain，J. J. Menn，J. E. Casida，ibid. ，**16**，812 (1968).

[351]G. Pellegrini，R. Santi，ibid. ，**20**，944 (1972).

[352]J. E. Casida，D. M. Sanderson，Nature，**189**，507 (1961).

[353]J. E. Casida，D. M. Sanderson，J. Agric. Food Chem. ，**11**，91 (1963).

[354]O. Morikawa，T. Saito，Botyu-Kagaku，**31**，130 (1966).

[355]J. Hacskaylo，D. L. Bull，J. Agric. Food Chem. ，**11**，464 (1963).

[356]A. Kudamatsu，Japan Pest. Inform. ，**26**，14 (1976).

[357]C. Fest，K. -J. Schmidt，The Chemistry of Organophosphorus Pesticides (2nd Edition)，Springer-Verlag，Berlin，982，p. 108.

[358]J. Drabek，V. Fluck，Advances in Pesticide Science (Zurich 1978，IUPAC)，Part 2，1979，p. 130.

[359]K. D. Wing，A. H. Glickman，J. E. Casida，Pest. Biochem. Physiol. ，**21**，22 (1984).

[360]S. Kimura，K. Toeda，T. Miyamoto，I. Yamamoto，J. Pest. Sci. ，**9**，137 (1984).

[361]I. Hammann，Pflanzenschutz-Nachr. ，**23**，133 (1970).

[362]W. E. Robbins，T. I. Hopkins，G. W. Eddy，J. Econ. Entomol. ，**49**，801 (1956).

[363]W. Dedek，H. Schwarz，Arch. Exp. Veterninarmed. ，**20**，849 (1966).

[364]W. Hassan，S. M. A. D. Zayed，F. M. Abdel-Hamid，Can. J. Biochem. ，**43**，1263 (1965).

[365]B. W. Arthur，J. E. Casida，J. Agric. Food Chem. ，**5**，186 (1957).

[366]E. Stedman，G. Barger，J. Chem. Soc. ，**127**，247 (1925).

[367]P. L. Julian，J. Pikl，J. Am. Chem. Soc. ，**57**，755 (1935).

[368]R. J. Kuhr，H. W. Dorough (张立言等译)，氨基甲酸酯杀虫剂的化学，生物化学及毒理学，化学工业出版社，1984，2～4 页。

[369]W. H. Tisdale，A. L. Flenver，Ind. Eng. Chem. ，**34**，501 (1942).

[370]E. M. Stoddard，G. A. Gries，G. H. Plumb，Phytopathology，**35**，657 (1945).

[371]H. Gysin，Chimia，**8**，205；221 (1954).

[372]H. Gysin，Swiss P. 279553 (1952)；C. A. ，**47**，10172a (1953).

[373]J. R. Geigy，Swiss P. 282655 (1952).

[374]G. R. Ferguson，C. C. Alexander，J. Agric. Food Chem. ，**1**，888 (1933). .

[375]K. Gubler，A. Margot，H. Gysin，J. Sci. Food Agric. Suppl. ，13 (1968).

[376]J. A. Lambrech. U. S. P. 2903478 (1959)；C. A. ，**54**，2293d (1960).

[377]M. H. J. Weiden，Bull. W. H. O. ，**44**，203 (1971).

[378]M. J. Kolbezen，R. L. Metcalf，T. R. Fukuto，J. Agric. Food Chem. ，**2**，864 (1954).

[379]L. K. Payne，Jr. ，H. A. Stansbury，Jr. ，M. H. J. Weiden，J. Agric. Food Chem. ，**14**，356 (1966).

[380]M. H. J. Weiden，H. H. Moorefield，L. K. Payne，J. Econ. Entomol. ，**58**，154 (1965).

[381]J. R. Kilsheimer，D. T. Manning，South African P. 62/3821 (1962).

[382]J. R. Kilsheimer，D. T. Manning，Fr. P. 1343654 (1962).

[383]H. W. Dorough, N. C. Leeling, J. E. Casida, Science, **140**, 170 (1963).

[384]H. W. Dorough, J. E. Casida, J. Agric. Food Chem. , **12**, 294 (1964).

[385]A. M. Abdel-Wahab, R. J. Kuhr, J. E. Casida, ibid. , **14**, 290 (1966).

[386]R. J. Kuhr, J. E. Casida, ibid. , **15**, 814 (1967).

[387]H. Gysin, Ger. P. 826133(1951); C. A. , **46**, 1214b(1952).

[388]R. Wiesmann, R. Gasser, H. Grob, Experientia, **7**, 117 (1951).

[389]R. Wiesmann, C. Kocher, Z. Angew, Entomol. , **33**, 297 (1951).

[390]H. Gysin, et al. , Ger. P. 844741(1951);C. A. , **72**, 30580 (1970).

[391]F. L. C. Baranyovits, et al. , U. S. P. 493974(1970); C. A. , **71**, 13137 (1969).

[392]F. L. C. Baranyovits, R. Gosh, Chem. Ind. (London), 1018(1969).

[393]R. C. Back, J. Agric. Food Chem. , **13**,198 (1965).

[394]A. T. Shulgin, U. S. P. 3084098; C. A. , **60**, 457f(1964).

[395]G. Unterstenhofer, Pflanzenschutznachr. Bayer **15**, 181 (1962).

[396]E. Schegk, et al. , Brit. P. 912895 (1962); C. A. , **60**, 1644c (1964).

[397]E. Bocker, et al. , Ger, P. 1159929 (1963); C. A. , **60**, 7956d (1964).

[398]R. L. Metcalf, T. R. Fukuto, M. Y. Winton, J. Econ. Entomol. , **55**, 889 (1962).

[399]R. Heiss, et al. , Ger, P. 1145162 (1963); C. A. , **59**, 9885d(1963).

[400]G. Unterstenhofer, Meded. Landbouwhogesch. Gent, **28**, 758 (1963).

[401]E. Bocker, et al. , Ger. P. 1108202 (1963); C. A. **56**, 5886i (1962).

[402]Upjohn Co. , U. S. P. 3131215 (1964); C. A. , **59**, 12708g (1963).

[403]A. J. Lemin, G. A. Boyack, R. M. McDonald, J. Agric. Food Chem. , **13**, 124 (1965).

[404]Schering A. G. , Brit. P. 913707 (1962); Ger,P. 1156272(1963); C. A. , **58**, 7316c(1963).

[405]A. Jager, Z. Angew, Entomol. , **58**, 188 (1966).

[406]J. R. Kilsheimer, H. A. Kaufmann, U. S. P. 3288673; 3288803 (1966); C. A. , **66**, 104900(1967).

[407]Nat. Pestic. Contr. Techn. Releas. , No. 6,2(1966).

[408]R. Heiss, et al. , Ger. P. 1153012 (1963); C. A. , **60**,2838f(1964).

[409]F. Fraser, I. R. Harrison, Brit. P. 987254 (1965); C. A. **62**, 16121f(1965).

[410]J. Frase, D. Greenwood,I. R. Harrison, W. H. Wells, J. Sci. Food Agric. , **18**, 372 (1967).

[411]R. Heiss, et al. , Ger. P. 1493646(1969); C. A. , **63**, 583a(1965).

[412]E. E. Kenaga,Bull. Entomol. Soc. Am. ,**12**,161(1966).

[413]H. Preissker, et al. ,Ger. P. 1169194(1964);C. A. ,**61**,3636g(1964).

[414]W. R. Steinhausen, Z. Angew, Zool. , **55**, 108 (1968).

[415]W. G. Bywater, R. W. Price, U. S. P. 3134712 (1964);C. A. ,**61**, 7641c(1964).

[416]R. L. Metcalf, C. Fuertes-Polo, T. R. Fukuto, J. Econ. Entomol. , **56**, 862 (1963).

[417]浅川勝,植物防疫,**21**,359(1967);掘正侃,今月の農薬,No. 12,45(1967);M. Nishida, et al. , Japan. P. 68-16973(1968);C. A. ,**70**,57405(1969).

[418]J. N. Ospenson, et al. , U. S. P. 3062864 (1962); C. A. , **58**, 8969c (1963).

[419]CIBA Ltd. , Neth. P. 6513024(1966); Ger. P. 1518675(1969); C. A. , **65**, 7102b (1966).

[420]F. Bachmann, J. B. Legge, J. Sci. Food Agric. Suppl. , 39 (1968).

[421]M. Nishida, et al. , Japan. P. 68-16973; C. A. , **70**, 57405 (1969).

[422]J. G. Kuderna. D. D. Phillips, U. S. P. 3130122(1964); C. A. , **61**, 8837d(1964).

[423]G. Prins, Bull. Entomol. Res. , **56**, 231 (1965).

[424]浅川勝,植物防疫,**21**,359(1967); M. Nishida, et al. , Japan. P. 68-16973 (1968); C. A. , **70**, 57405 (1969).

[425]E. Y. Spencer, Guide to the Chemicals used in Crop Protection, Ottawa, 1968, p. 93.

[426]I. Yamamoto, et al., Ger. P. 2545389(1976); C. A., **85**,108434(1976);M. Nishida, et al., Japan. P. 68-16973(1968); C. A., **70**,57405(1969).

[427]同[419].

[428]J. N. Openson, et al., U. S. P. 3062864; C. A., **58**,8969c (1963); G. K. Kohn, et al., U. S. P. 3076741; C. A., **59**,5075f(1963).

[429]P. S. Gates, J. Grillon, Ger. P. 1667979(1971);S. African P. 6800736(1968); C. A., **71**,38941(1969).

[430]F. Barlow, A. B. Hadaway, Pestic. Sci., **1**,117 (1970).

[431]H. Hoffmann, et al., Ger. P. 1910588(1970);C. A., **73**,109533(1970).

[432]L. K. Payne,M. H. J. Weiden, U. S. P. 3217037(1965);C. A., **63**,2900a(1965).

[433]A. G. Jelinek, U. S. P. 3506698(1970);S. African P. 68 00093(1968);C. A., **70**,57219(1969).

[434]Shell Inter. Res. Maatschappij N. V., Ger. P. 1567142(1970); Neth. P. 6615725 (1967); C. A., **69**, 35430(1968).

[435]G. A. Roodhaus, N. B. Joy, Meded. Landbouwhogesch. Gent., **33**, 833(1968).

[436]J. C. Felton, J. Sci. Food Agric. Suppl., 32(1968).

[437]J. R. Kilsheimer,D. T. Manning, U. S. P. 3231599(1966);Fr. P. 1343654(1963);C. A., **60**, 10568f (1964).

[438]L. K. Payne, U. S. P. 3328457(1967);C. A., **67**,73247d(1967).

[439]L. K. Payne,H. A. Stansbury,M. H. J. Weiden,J. Med. Chem. **8**,525 (1965).

[440]J. B. Buchanan,U. S. P. 3530220(1970);S. African P. 6803692(1967);C. A., **70**,114646 (1969).

[441]D. A. Allison, C. Sinclair, M. R. Smith,Proc. 7th Brit. Fungic. Insectic. Conf.,1973,p. 395.

[442]J. H. Davies, R. H. Davies, Ger. P. 1912294(1969);C. A., **72**,21362(1970).

[443]F. Muller, et al., Ger. P. 2036491(1972); C. A., **76**,99148(1972).

[444]T. A. Magee, Ger. P. 2216838 (1972); C. A., **78**,29238(1973).

[445]J. W. Davis, C. B. Gowan, J. Econ. Entomol., **67**,130(1974).

[446]T. R. Fukuto, J. Pestic. Sci., **2**,541(1977).

[447]南开大学元素有机化学研究所编译,国外农药进展(三),化学工业出版社,1990,59～72 页。

[448]W. A. H. Robertson, et al., Ger. P. 1693155(1971);Birt. P. 1107411(1968);C. A., **69**, 67087(1968).

[449]G. P. Georghiu, R. L. Metcalf, F. E. Gidden, Bull. W. H. O., **35**, 691(1966).

[450]B. M. Glancey, K. F. Baldwin, C. S. Lofgren, Mosq. News, **29**, 36(1969).

[451]J. Fraser, I. R. Harrison, S. B. Wakerley, J. Sci. Food Agric. Suppl., 8(1968).

[452]A. Baklien, et al., Ger. P. 2027058(1971); C. A., **75**, 140524(1971).

[453]D. E. Clegg, P. R. Martin, Pestic. Sci., **4**, 4(1973).

[454]M. A. H. Fahmy, T. R. Fukuto, R. O. Myers, R. B. March, J. Agric. Food Chem., **18**, 793(1970).

[455]M. S. Brown, G. K. Kohn, U. S. P. 3663594(1972); C. A., **77**, 61631(1972).

[456]C. H. Schaeffer, W. H. Wilder, J. Econ. Entomol., **63**, 480(1970).

[457]F. K. Kirchner, U. S. P. 3764694(1973); C. A., **80**, 6950(1974).

[458]G. Zumach, et al., Ger. P. 2045441(1972); C. A. **77**, 48215(1972).

[459]A. L. Black, Y. C. Chiu, M. A. H. Fahmy, T. R. Fukuto, J. Agric. Food Chem., **21**, 747(1973).

[460]M. A. H. Fahmy, Y. C. Chiu, T. R. Fukuto, ibid., **22**, 59(1974).

[461]P. Siegle, et al., Ger. P. 2254359(1974); C. A., **81**, 37408(1974).

[462]J. A. Durden, T. D. J. D'silva, Ger. P. 2425211(1973); C. A., **83**, 164240(1975).

[463]J. Drabek, et al., Ger. P. 2812622(1978); C. A., **90**, 23028(1979).

[464]F. Bechmann, J. Drabek, Proc. Brit. Prot. Conf. Pests Dis., Vol. 1,1981,p. 5.

[465]大塚化学公司,农药译丛,No.2,56(1985).

[466]S. J. Nelson, Ger. P. 2902647(1979);C. A. ,**92**,76561(1980);U. S. P. 4208409(1980);C. A. ,**94**, 102864(1981);U. S. P. 4201733(1980);C. A. ,**93**,166891(1980).

[467]F. E. Dutton, E. G. Gemrich, B. L. Lee, S. J. Nelson, P. H. Parham, J. Agric. Food Chem. ,**29**(6), 1111(1981).

[468]J. E. Casida, K−B. Augustinsson, G. Jonsson, J. Econ. Entomol. ,**53**,205(1960).

[469]R. D. O'Brien, B. D. Hilton, L. Gilmour, Mol. Pharmacol. ,**2**,593(1966).

[470]M. Furdik, J. Drabck, I. Locigova, J. Ondrejka, Chem. Zvesti,**20**,650(1966).

[471]R. L. Jones, T. R. Fukuto, R. L. Metcalf, J. Econ. Entomol. ,**65**,28(1972).

[472]L. W. Dittert, T. Higuchi, J. Pharmacol. Sci. ,**52**,852(1963).

[473]R. L. Metcalf, T. R. Fukuto, J. Agric. Food Chem. ,**15**,1022(1967).

[474]T. R. Fukuto, M. A. H. Fahmy, R. L. Metcalf, ibid. ,**15**,273(1967).

[475]O. M. Aly, M. A. El−Dib, Fate of Organic Pesticides in the Environment, Advances in Chemistry Series Ⅲ, American Chemical Society, Washington, D. C. 1972.

[476]S. Ellis, F. L. Plachte, O. H. Straus, J. Pharmacol. Exp. Ther. ,**79**,295(1943).

[477]T. Vontor, J. Socha, M. Vecera, Collect. Czech. Chem. Commun. ,**37**,2183(1972).

[478]I. Christenson, Acta Chem. Scand. ,**18**,904(1964).

[479]M. L. Bender, R. B. Homer, J. Org. Chem. ,**30**,3975(1965).

[480]V. C. Armstrong, R. B. Moodie, J. Chem. Soc. **13**,934(1969).

[481]J. G. Krishna, H. W. Dorough, J. E. Casida, J. Agric. Food Chem. ,**10**,462(1962).

[482]同[368],18～31 页。

[483]南开大学元素有机化学研究所编译,国外农药进展,石油化学工业出版社,1976,50～54 页。

[484]K. H. Buchel(Ed.),Chemistry of Pesticides, John Wiley & Sons, New York, 1983, p.135～151.

[485]J. B. Buchanan, J. J. Fuchs, E. W. Raleigh, H. M. Loux, Ger. P. 1963061(1968);C. A. ,**74**,93100 (1971).

[486]K. Szabo, U. S. P. 3523968(1970).

[487]E. F. Nickles, J. Agric. Food Chem. ,**17**,939(1969).

[488]H. Gysin, A. Margot, C. Simon, U. S. P. 2694712(1954).

[489]J. Fraser, P. G. Clinch, R. C. Reay, J. Sci. Food Agric. ,**16**,615(1965).

[490]W. A. H. Robertson, J. Fraser, P. G. Clinch, Brit. P. 982235(1965).

[491]Boots Pure Drug Co. , Belg. P. 654121(1965).

[492]T. L. Fridiger, E. L. Mutsch, J. W. Bushong, J. W. Matteson, J. Agric. Food Chem. ,**19**,422(1971).

[493]Farbenfabriken Bayer A. −G. , Belg. P. 772634(1972).

[494]A. H. Haubein, U. S. P. 3345256(1967).

[495]同[368],36～59 页。

[496]F. L. Hastings, A. R. Main, F. Iverson, J. Agric. Food Chem. ,**18**,497(1970).

[497]R. L. Metcalf, T. R. Fukuto, ibid. ,**13**,220(1965).

[498]E. Reiner, W. N. Aldridge, Biochem. J. ,**105**,171(1967).

[499]F. Bergmann, R. Segal, A. Shimoni, M. Wurzel, ibid. ,**65**,684(1956).

[500]R. D. O'Brien, The Design of organophosphate and carbamate inhibitors of cholinesterase, Drug Design, Vol. 2, E. J. Ariens, Ed. , Academic Press, New York, 1971.

[501]同[368],64～89 页.

[502]B. Belleau, G. Lacasse, J. Med. Chem. ,**7**,768(1964).

[503]I. B. Wilson, M. A. Harrison, S. Ginsburg, J. Biol. Chem. ,**236**,1498(1961).

［504］J. H. Davies，W. R. Campbell，C. W. Kearns，Biochem J. ，**117**，221(1970).

［505］E. Reiner，Bull. W. H. O. ，**44**，109(1971).

［506］C. C. Yu，C. W. Kearns，R. L. Metcalf，J. D. Davies，Pestic. Biochem. Physiol. ，**1**，241(1971).

［507］C. C. Yu，C. W. Kearns，R. L. Metcalf，J. Agric. Food Chem. ，**20**，537(1972).

［508］C. O. Knowles，B. W. Arthur，J. Econ. Entomol. ，**60**，1417(1967).

［509］R. L. Metcalf，Bull. W. H. O. ，**44**，43(1971).

［510］R. L. Metcalf，T. R. Fukuto，M. Y. Winton，J. Econ. Entomol. ，**55**，345(1962).

［511］R. L. Metcalf，T. R. Fukuto，M. Frederickson，L. Peak，J. Agric. Food Chem. ，**13**，473(1965).

［512］R. M. Sacher，J. F. Olin，ibid. ，**20**，354(1972).

［513］J. A. Duden，Jr. ，M. H，J. Weiden，ibid. ，**17**，94(1969).

［514］M. A. H. Fahmy，T. R. Fukuto，J. Econ. Entomol. ，**63**，1783(1970).

［515］F. F. Foldes，G. VanHees，D. L. Davis，S. P. Shanor，J. Pharmacol. Exp. Ther. ，**122**，457(1958).

［516］R. L. Metcalf，T. R. Fukuto，M. Y，Winton，，J. Econ. Entomol. ，**53**，828(1960).

［517］A. M. M. Mahfouz，R. L. Metcalf，T. R. Fukuto，J. Agric，Food Chem. ，**17**，917(1969).

［518］M. H. J. Weiden，J. Sci. Food Agric. Suppl. ，19(1968).

［519］K. A. Hassal，The Chemistry of Pesticides－Their Metabolism Mode of Action and Uses in Crop Protection，The Macmillan Press Ltd. ，London，1983，p. 97～118.

［520］同［368］，115～181 页。

［521］J. B. Knaak，M. J. Tallant，W. J. Bartley，L. J. Sullivan，J. Agric. Food Chem. ，**13**，537(1965).

［522］S. P. Shrivastava，M. Tsukamoto，J. E. Casida，J. Econ. Entomol. ，**62**，483(1969).

［523］J. N. Smith，H. B. Turbet，Biochem. J. ，**92**，127(1964).

［524］F. J. Darby，M. P. Heenan，J. N. Smith，Life Sci. ，**5**，1944(1966).

［525］A. Binning，F. J. Darby，M. P. Heenan，J. N. Smith，Biochem. J. ，**103**，42(1967).

［526］M. P. Heenan，J. N. Smith，Life Sci. ，**6**，1753(1967).

［527］R. S. H. Yang，C. F. Wilkinson，Biochem. J. ，**130**，487(1972).

［528］E. S. Oonnithan，J. E. Casida，J. Agric. Food Chem. ，**16**，28(1968).

［529］B. H. Chin，L. J. Sullivan，J. E. Eldridge，M. J. Tallant，Clin. Toxic. ，**14**，489(1979).

［530］B. H. Chin，L. J. Sullivan，J. E. Eldridge，J. Agric. Food Chem. ，**27**，1395(1979).

［531］C. J. Pekas，Pestic. Biochem. Physiol. ，**11**，166(1979).

［532］K. -C. Chen，H. W. Dorough，Drug Chem. Toxic. ，**2**，331(1979).

［533］H. Kazano，P. C. Kearney，D. D. Kaufman，J. Agric. Food Chem. ，**20**，975(1972).

［534］J. F. Davies，W. C. Evans，Biochem. J. ，**91**，251(1964).

［535］H. W. Dorough，J. Agric. Food Chem. ，**16**，319(1968).

［536］N. R. Andrawes，H. W. Dorongh，D. A. Lindquist，J. Econ. Entomol. ，**60**，979(1967).

［537］W. J. Bartley，N. R. Andrawes，E. L. Chancey，W. P. Bagley，H. W. Spurr. ，J. Agric. Food Chem. ，**18**，446(1970).

［538］化学工业部农药情报中心站编，国外农药品种手册(三)，1981，373～460 页。

［539］K. A. Hassall，The Chemistry of Pesticides－Their Metabolism Mode of Action and Uses in Crop Protection，The Macmillan Press Ltd. ，London，1982，p. 148～158.

［540］H. Staudinger，L. Ruzicka，Helv. Chim. Acta，**7**，177;201;212;236;245;448(1924).

　　　H. Staudinger，O. Muntwyler，L. Ruzicka，S. Seibt，ibid. ，**7**，390 (1924).

［541］R. Yamamoto，J. Tokyo Chem. Soc. ，**40**，126(1919);J. Chem. Soc. Japan. ，**44**，311(1923).

［542］F. B. LaForge，W. F. Barthel，J. Org. Chem. ，**12**，199(1947).

［543］R. S. Chen，C. K. Ingold，V. Prelog，Angew. Chem. ，Int. Ed. Engl. ，**5**，388(1966).

[544]M. Elliott，N. F. Janes，Pyrethrum，The Natural Insecticide，Ed. ，J. E. Casida，Aeademic Press，New York，1973，p. 61～63.

[545]南开大学元素有机化学研究所编译，国外农药进展（三），化学工业出版社，1990，1～45 页。

[546]陈馥衡，周长海，拟除虫菊酯学术讨论会论文集，中国化工学会农药学会编，1990，8～18 页。

[547]M. S. Schechter，N. Green，F. B. La Forge，J. Am. Chem. Soc. ，**71**，1717；3165(1949).

[548]T. Kato，K. Ueda，K. Fujimoto，Agric. Biol. Chem. ，**28**，914(1964).

[549]M. Elliott，A. W. Farnham，P. H. Needham，B. C. Pearson，Nature，**213**，493(1967).

[550]K. Fujimoto，N. Itaya，Y. Okuno，T. Kadota，T. Yamaguchi，Agric. Biol. Chem. ，**37**，2681(1973).

[551]T. Matsuo，N. Itaya，Y. Okuno，T. Mitzutani，N. Ohno，Ger. P. 2231312(1972)；C. A. ，**78**，84072 (1973).

[552]M. Elliott，A. W. Farnham，N. F. Janes，P. H. Needham，D. A. Pulman，J. H. Stevenson，Nature，**246**，169(1973).

[553]M. Elliott，N. F. Janes，D. A. Pulman，Ger. P. 2326077(1973)；C. A. ，**80**，132901(1974).

[554]M. Elliott，A. W. Farnham，N. F. Janes，P. H. Needham，D. A. Pulman，Naturre，**248**，710(1974).

[555]N. Ohno，K. Fujimoto，Y. Okuno，T. Mizutani，M. Hirano，N. Itaya，T. Honda，H. Yoshioka，Pestic. Sci. ，**7**，241(1976).

[556]M. H. Breese，Pestic. Sci. ，**8**，264(1977).

[557]住友公司，日特开昭，58-128344.

[558]P. D. Bentley，et al. ，Pestic. Sci. ，**11**，165(1980).

[559]I. Stephen，et al. ，J. Agric. Food Chem. ，**30**，111(1984).

[560]G. Holan，D. F. O'Keefe，C. Virgona，R. Walser，Nature，**272**，734(1978).

[561]K. Nanjyo，Agric. Biol. Chem. ，**44**，217(1980).

[562]M. J. Bull，Pestic. Sci. ，**11**，249(1980).

[563]Mitsui Toatsu Chem. ，Inc. ，Japan. P. 83-90525；C. A. ，**99**，122008(1983).

[564]M. Umemoto，T. Asano，T. Nagata，S. Numata，Ger. P. 3337673；C. A. ，**101**，110523(1984).

[565]J. H Pull，U. S. P. 4206230；4218468.

[566]Y. Katsuta，et al. ，Japan. P. 60-209503.

[567]M. Elliott，Belg. P. 902147；C. A. ，**104**，129539(1986).

[568]T. Mitsui，Japan. P. 60-193902；60-193940.

[569]G. Berkelhammer，V. Kameswaran，Ger. P. 2757066(1977)；C. A. ，**90**，186606(1979).

[570]W. K. Whitney，Proc. of the 10th Brit. Crop Protection Conf. ，Insecticides and Fungicides，Brighton，1979，p. 387.

[571]C. A. Henrik，et al. ，Pestic. Sci. ，**11**，224(1980).

[572]胜田纯郎等，日特开昭，50-156335(1975).

[573]R. K. Huff，Ger. P. 2802962(1978)；C. A. ，**89**，1197045(1978).

[574]P. D. Bentley，et al. ，Pestic. Sci. ，**11**，156(1980).

[575]S. K. Nalhotra，et al. ，J. Agric. Food Chem. ，**29**，1287(1981).

[576]J. F. Engel，Eur. P. 6205.

[577]J. F. Engel，U. S. P. 4157447.

[578]Roussel-Uclaf，Deltamathrin，Chapter 2，37(1982).［译文见农药译丛，**5**(4)，44(1983)］。

[579]J. Nakayama，et al. ，Adv. Pestic. Sci. IUPAC Conf. ，Zurich，**2**，173(1978).

[580]K. Aketa，et al. ，Agric. Biol. Chem. ，**42**，845(1978).

[581]K. Aketa，et al. ，Intern. Symp. Chem. Pyrethroides，Oxford，16(1977).

[582]大沢贯寿，日本農薬学会誌，**7**，695(1982).

[583]I. G. Campbell, S. H. Harper, J. Chem. Soc. , 283(1945).

[584]T. Matsumoto, Bull. Chem. Soc. Japn. , **36**,481(1963).

[585]T. Aratani, Tetrahedron Lett. , 2599(1977).

[586]S. Julia, et al. , Bull. Soc. Chim. Fr. , 2693(1964).

[587]E. J. Corey, et al. , J. Am. Chem. Soc. , **89**,3912(1967).

[588]M. J. Devos, et al. , Tetrahedron Lett. , 3911(1976).

[589]A. Krief, et al. , ibid. , 1511(1979).

[590]Roussel-Uclaf Co. , Brit. P. 1069038(1967); C. A. , **67**, 100274(1967).

[591]J. Martel, et al. , Fr. P. , 90564; C. A. , **70**, 37290(1969).

[592]D. Arlt, Angew. Chem. , Inter. Ed. Engl. , **20**, 703(1981).

[593]J. Farkas, et al. , Chem. Listy, **52**, 688(1988); Coll. Czech. Chem. Comm. , **24**, 2230(1959).

[594]Y. Fujita, et al. , Japan. P. 76-146442; C. A. , **87**, 52854(1977).

[595]Y. Fujita, et al. , Japan. P. 76-146441; C. A. , **87**, 52855(1977).

[596]K. Kondo, et al. , Pestic. Sci. , **11**, 180(1980); J. Org. Chem. , **45**, 3281(1980).

[597]公开特许公报,昭 51-41316;昭 51-65734.

[598]F. Mori, et al. , Japan. P. 76-141844; C. A. , **87**, 102011(1977).

[599]F. Mori, et al. , Japan. P. 76-125252; C. A. , **87**, 5476(1977).

[600]Y. Oomura, et al. , Japan. P. 77-14749; C. A. , **87**, 67906(1977).

[601]K. Kondo, et al. , Ger. P. 2552615; C. A. , **85**, 108343(1976).

[602]N. Yasuo, Bull. Chem. Soc. Japan. , **52**, 1511(1979).

[603]K. Kondo, et al. , Eur. P. 3683(1979).

[604]Bayer Co. , Eur. P. 45426.

[605]G. T. Wesley, et al. , Synthesis. , 554(1980).

[606]P. A. Kramer, et al. , Ger. P. 2076804.

[607]J. Martel, et al. , U. S. P. , 3723469.

[608]Roussel-Uclaf, Eur. P. 24241(1980).

[609]D. Arlt, et al. , Ger. P. 3111849; C. A. , **98**, 34298(1983).

[610]O. Palla, et al. , Ger. P. 3026011; C. A. , **94**, 191779(1981).

[611]P. Marten, et al. , Pestic. Sci. , **11**, 141(1979); J. Am. Chem. Soc. , **101**, 5853(1979); Helv. Chim. Acta, **64**, 2571(1981).

[612]W. J. Hendrik, et al. , Brit. P. 2584260.

[613]H. H. Georg, Ger. P. 2654060; C. A. , **89**, 59702(1978).

[614]M. Miyakado, et al. , Agric. Biol. Chem. , **39**, 267(1975).

[615]H. J. Sauder, Chem. & Ind. (London), 707(1977).

[616]M. J. Bull, Brit. P. 2102408; C. A. , **100**, 6061(1984).

[617]Roussel-Uclaf Co. , Fr. P. 2094244.

[618]FMC Co. , U. S. P. 4157447; Bayer Co. , Ger. P. 2827101; Eur. P. 6205; 9792.

[619]ICI Ltd. , Ger. P. 2802962; Eur. P. 10859.

[620]V. D. Brink, et al. , Ger. P. 2539048.

[621]Ciba-Geigy Co. , Eur. P. 4316.

[622]S. H. Peter, et al. , Ger. P. 3029880; C. A. , **96**, 21733(1982).

[623]K. Naumann, et al. , Ger. P. 2716898; C. A. , **90**, 22407(1979).

[624]K. Naumann, et al. , Ger. P. 2713538; C. A. , **90**, 38579(1979).

[625]Bayer Co. , Ger. P. 2800922.

[626]T. Nagase，Ger. P. 2356702；3206006；3207007.

[627]Sumitomo Chem. Co. Ltd. ，Brit. P. 1178423(1970)；C. A. ，**72**，90671(1970).

[628]F. Horiuchi，A. Higo，H. Yoshioka，Japan. P. 74-109344；C. A. ，**83**，10503(1975)；S. African P. 7209106；C. A. ，**80**，120383(1974)；Ger. P. 2300325；C. A. ，**79**，115211(1973).

[629]M. Matsui，F. Horiuchi，H. Fukashi，Japan. P. 74-92049；C. A. ，**83**，10504(1975).

[630]Japan. P. 75-34019.

[631]T. Honda，N. Itaya，Japan. P. 76-413444；C. A. ，**85**，108825(1976).

[632]F. Horiuchi，M. Matsui，Agric. Biol. Chem. ，**37**，1713(1973)；C. A. ，**79**，105535(1973).

[633]G. Muller，et al. ，U. S. P. 3590077(1971)；J. Martel，et al. ，Fr. P. 92748(1968)；C. A. ，**72**，31301 (1970).

[634]K. Ueda，Y. Suzuki，Ger. P. 2032097(1971)；C. A. ，**74**，87484(1971).

[635]E. Fogassy，F. Faigl，R. Soos，J. Rakoczi，Eur. P. 119463(1984)；C. A. ，**102**，61849(1985).

[636]E. J. Rumanowski，Eur. P. 68736；C. A. ，**98**，198485(1983).

[637]C. Pavan，J. Bulidon，Ger. P. 2949384(1980)；C. A. ，**93**，220406(1980)；Fr. P. 2478080；C. A. ，**96**，85798(1982).

[638]H. Nohira，Japan. P. 81-133244；C. A. ，**96**，104549(1982).

[639]M. Matsui，F. Horiuchi，Agric. Biol. Chem. ，**35**，1984(1971)；C. A. ，**76**，59027(1972)；Ger. P. 2043173(1971)；C. A. ，**75**，19772(1971).

[640]a) Roussel-Uclaf Co. ，Fr. P. 1536458(1968)；C. A. ，**71**，90923(1969).

b) Japan. P. 76-03346441.

[641]a) H. Yoshioku，H. Hirai，A. Toyoura，K. Ueda，Ger. P. 2251097(1973)；C. A. ，**79**，18200(1973).

b) Japan. P. 76-31953.

[642]a)唐除痴,成俊然,李广仁,邵瑞链,金桂玉,高等学校化学学报,**9**,1193(1988)。

b) N. Itaya，et al. ，Japan. P. 76-143647；C. A. ，**87**，38994(1977).

[643]a) K. Okad，H. Hirai，M. Matsui，Japan. P. 74-125342(1974)；C. A. ，**82**，155526(1975).

b) K. Naumann，U. S. P. 4337352(1982).

[644]K. Naumann，et al. ，U. S. P. 4345090.

[645]M. Elliott，et al. ，Ger. P. 2439177；C. A. ，**83**，73519(1979).

[646]Ger. P. 2549177.

[647]H. Nohira，Eur. P. 60466；C. A. ，**98**，71689(1983).

[648]松井正直等,日特开昭,40-6457(1966).

[649]长濑恒之等,日特开昭,49-35264(1974).

[650]Sumitomo Co. ，Japan. P. 58-69831；C. A. ，**99**，88423；T. Hanafusa，Chem. & Ind. **32**，1050(1970).

[651]铃木康史,日特开昭,47-26778(1972).

[652]J. Martel，et al. ，Eur. P. 58591；C. A. ，**98**，54248(1983)；Fr. P. 2507596；Fr. P. 2499979；U. S. P. 4447637.

[653]J. Martel，et al. ，Fr. P. 1580474；Fr. P. 2036088；Ger. P. 2010182；C. A. ，**73**，109362(1970).

[654]S. Gohfu，Eur. P. 62979(1982)；C. A. ，**98**，89701(1983).

[655]M. Matsui，Ger. P. 1225171(1966).

[656]K. Kondo，et al. ，Chem. Lett. ，1185(1978).

[657]P. Martin，et al. ，Helv. Chim. Acta，**64**，2812(1980).

[658]M. Matsui，et al. ，Agric. Biol. Chem. ，**29**，784(1965)；**31**，93(1967).

[659]J. L. Simmonsen，J. Chem. Soc. ，123；549；552(1923).

[660]Sumitomo Co. ，Japan. P. 68-3311；68-3295.

［661］T. Sigeru, J. Org. Chem., **48**, 1944(1983).

［662］R. Kirmse, Carbene Chemistry, Academic Press, New York, 1971, p. 85～157.

［663］显谷忠俊,触媒,**19**, 327(1977).

［664］显谷忠俊,日特开昭,54-73758(1979).

［665］T. Aratani, et al., Tetrahedron Lett., **23**, 685(1982).

［666］A. Krief, et al., ibid., 103(1983).

［667］Sumitomo Co., Japan. P. 49-6243.

［668］Sumitomo Co., Japan. P. 49-94639

［669］H. P. Rosinger, et al., Ger. P. 2704512; C. A., **87**, 167731(1977).

［670］A. Huebner, et al., Ger. P. 2707232; C. A., **89**, 215047(1978).

［671］W. Horstmann, Eur. P. 8735; C. A., **93**, 132252(1980).

［672］ICI Ltd., Ger. P. 2604473; Birt. P. 1489325.

［673］R. A. Sheldon, et al., Ger. P. 842178; Ger. P. 2624360; C. A., **86**, 120984(1972).

［674］松尾,Japan. P. 49-135933;48-78135.

［675］Roussel-Uclaf Co., Ger. P. 2738642.

［676］大野信夫,Japan. P. 51-43740.

［677］K. H. Davis, Ger. P. 2619321; C. A., **86**, 72226(1977).

［678］J. Martel, et al., Pestic. Sci., **11**, 188(1980).

［679］Roussel-Uclaf Co., Ger. P. 2902466; 2910471.

［680］W. R. Jackson, et al., Brit. P. 2143823; Eur. P. 132392; C. A., **103**, 36818(1985).

［681］M. Elliott, et all., J. Chem. Soc., (c), 2551(1971).

［682］吉冈宏辅等,有机合成化学,**42**, 809(1984).

［683］H. J. Sanders, Ind. Eng. Chem., **46**, 414(1954).

［684］M. E. Bailey, J. Am. Chem. Soc., **78**, 3828(1956).

［685］Sumitomo Co., U. S. P. 3850977; Ger. P. 2651341; Japan. P. 51-6937.

［686］Yoshitomi, Japan. P. 67-6903; D. A. Wood, Eur. P. 67461; C. A., **98**, 178808(1983).

［687］M. Elliott, et al., Pestic. Sci., 537(1975).

［688］C. H. Tieman, U. S. P. 4153626; C. A., **91**, 56655(1979).

［689］Roussel-Uclaf Co., Japan. P. 54-070242; C. A., **91**, 174894(1979).

［690］Beecham, Brit. P. 1122658.

［691］Ciba-Geigy, Fr. P. 2473040; C. A., **96**, 19727(1982).

［692］ICI Ltd., N E 774072.

［693］FMC, Brit. P. 2005269; ICI Ltd., Ger. P. 2822472; 2845061.

［694］Sumitomo, Japan Pestic. Infomation, **46**, 21(1985).

［695］W. Petty, U. S. P. 4526727.

［696］E. D. Stoutamire, U. S. P. 4560515; C. A., **105**, 42497(1986).

［697］张宗炳,杀虫药剂的分子毒理学,农业出版社,1987,89～90 页,201～202 页,229～231 页。

［698］T. A. Miller, M. E. Adams, Insecticide Mode of Action, J. R. Coats, Ed., Acandemic Press, New York, 1982, p. 3～27.

［699］同［697］,p. 47～64.

［700］化工部农药情报中心站编,国外农药品种手册(三),1981,465～512 页;(四),1985, 64～105 页;(五), 1989,1～98 页。

［701］K. H. Buchel, Chemistry of Pesticides, John Wiley & Sons, New York, 1983, p. 9～19.

［702］K. H. Buchel, Chemistry of Pesticides, John Wiley & Sons, New York, 1983. p. 155～161.

[703]R. Wegler,Chemie der Pflanzenschutz－und Schadlingsbekampfungsmittel, Vol. 1, Springer Verlag, Berlin-Heidelberg，1970.

[704]W. Perkow, Wirksubstanzen der Pflanzenschutz-und Schadlingsbekamfungsmittel, Verlag Paul Parey, Berlin-Hamburg，1974.

[705]W. T. Thomson, Agricultural Chemicals, Book 1：Insecticides, Acaricides and Ovicides，1975, Revision, Thomson Publication, Indianapolis, Indiana，1975.

[706]化学工业部农药情报中心站,国外农药品种手册(三),1981.

[707]H. Martin, C. R. Worthing, Pesticide Manual, 4th ed.，British Crop Protection Council, Worcester, 1974.

[708]M. Shibuya, Japan Pesticide Information, No. 44，17(1984).

[709]W. Meiser, K. H. Buchel, W. Behrenz, S. Afric. P. 7104236(1972)；C. A.，77，136296(1972).

[710]吉田豊,農薬(日),18, No. 1, 1(1971).

[711]Proc. Brit. Insectic. Fungic. Conf.，5th.，1969，2，538；C. A.，74，22124(1971).

[712]H. Martin, The Scientific Principles of Crop Protection, 5th ed.，Arnold, London, 1964.

[713]张宗炳,杀虫药剂的分子毒理学,农业出版社,1987,104～125 页。

[714]E. F. Rogers, et al.，J. Am. Chem. Soc.，70，3086(1948).

[715]A. M. Heimpel, Ann. Rev. Entomol.，12,287(1967).

[716]M. Jakobson, J. Am. Chem. Soc.，71，366(1949).

[717]Chem. Eng. 67，No. 2，42(1960).

[718]南开大学元素有机化学研究所编译,国外农药进展,化工出版社,北京,1976,65 页。

[719]同[706],460 页。

[720]化工部农药情报中心站,国外农药品种手册(四),1985,106～112 页。

[721]K. H. Buchel,Chemistry of Pesticides, John Wiley & Sons, New York, 1983, p.168～184.

[722]R. Wegler, Chemic der Pflanzenschutz, und Schadlingsbckampfungsmittel, Vol. 1, Springer Verlag, Berlin, 1970.

[723]W. T. Thomson, Agricultural Chemicals, Book 1, Insecticides, Acaricides and Ovicides，1975 revision, Thomson Publications, Indianapolis, Indiana, 1975.

[724]南开大学元素有机化学研究所编译,国外农药进展(三),化工出版社,1990,79～83 页。

[725]H. Martin, C. R. Worthing, Pesticide Manual, 4th ed, British Crop Protection Council, Worcester, 1974.

[726]化工部农药情报中心站编,国外农药品种手册(三),1981,543～614 页;(四),1985,112～126 页;(五),1989,70～119 页。

[727]R. E. Rice, et al.，Calif. Agric.，26，12(1972)；C. A.，77，84446(1972).

[728]A. G. Shelhime, et al.，Fla. Entomol.，54，79(1971)；C. A.，75，34463(1971).

[729]K. Kaugars, et al.，Ger. P. 1909868(1969)；1926366(1970)；C. A.，72，54978；100323(1970).

[730]F,Buholzer, Proc. Brit. Insectic. Fungic Conf.，2，659(1975)；C. A.，86，38544(1977).

[731]L. A. Foerster, An. Soc. Entomol. Bras.，12(1)，99(1983)；C. A.，100，30916(1984).

[732]N. Punga, Ger. P. 2222464；C. A.，78，58401(1973).

[733]T. D. J. D'silva, U. S. P. 3666953；C. A.，86，29794(1977).

[734]H. Ogawa, Japan Pestic. Information, (46)，11(1985).

[735]金水,农药,(1),42(1986).

[736]P. Cruickshank, A. Martinez, Belg. P. 893535(1982)；C. A.，98，71543(1983)；H. Doel, et al.，Meded. Fac. Landbouwwet.，Rijksuniv. Gent.，49(3A)，929(1984)；C. A.，102，91370(1985).

[737]K. Nanjyo, et al.，Agric. Biol. Chem.，44(1)，217(1980).

[738]黄润秋,柴有新,毕富春,陈学仁,王银淑,高等学校化学学报,**4**(5),589(1983).

[739]J. Martel, et al., U. S. P. 4224227(1980);C. A., **94**, 15281(1981).

[740]A. R. Jutsum, et al., Proc. Brit. Crop Prot. Conf., Pests and Dis., **2**,421(1984).

[741]任四方,农药,No. 5,42(1985)。

[742]T. Udagawa, Japan Pestic. Information,(48),23(1996).

[743]任四方等,农药,No. 6,1(1990)。

[744]Uniroyal, Inc., Israeli P. 52173(1982);C. A., **98**, 71914(1983).

[745]J. H. Parsons, Eur. P. 5912 (1979);C. A., **93**, 46730 (1980).

[746]Nippon Soda Co., Japan Pestic. Information,(44),21(1984).

[747]本刊编辑部,农药,No. 6, 46(1985).

[748]日本曹达公司,农药译丛,**7**(1), 59(1985).

[749]迁川立史,农药译丛,**13**(3),59(1991).

[750]龙胜佑,农药译丛,**13**(5),60(1991).

[751]郭郛等,昆虫的激素,科学出版社,1979,411～465 页。

[752]张宗炳,杀虫药剂的分子毒理学,农业出版社,1987,153～171 页。

[753]南开大学元素所编译,国外农药进展,石油化学工业出版社,1976,70～116 页。

[754]C. M. Williams, Nature, **178**, 212 (1956).

[755]H. Roller, et al., Angew. Chem., **79**, 190(1967).

[756]A. S. Meyer, et al., Arch. Biochem. Biophys., **137**, 190(1970).

[757]K. J. Judy, et al., Proc. Nat. Acad. Sci. U. S. A., **70**, 1509(1973).

[758]P. Schmialek, Z. Naturforsch., **16**b, 461 (1961).

[759]K. Slama, et al., Nature, **210**, 329 (1966).

[760]周维善,化学通报,31(1975)。

[761]K. H. Dahm, et al., J. Am. Chem. Sec., **89**, 5292(1967).

[762]W. S. Johnson, et al., J. Am. Chem. Sec., **90**, 6225(1968).

[763]W. S. Bowers, et al., Life Sci., **4**, 2323 (1965).

[764]M. Jacobson, et al., Insect Juvenile Hormones, Chemistry and Action(J. J. Mennelat, ed.), 1972, p. 249～302.

[765]M. Mori, et al., Tetrahedron, **24**, 3127 (1968).

[766]M. Mori, et al. Agric. Biol. Chem., **34**, 115 (1970).

[767]M. Schwarz, et al., Science, **167**, 191 (1970).

[768]化工部农药情报中心站编,国外农药品种手册(三),1981,634～648 页。

[769]W. S. Bowers, Science, **164**, 323 (1969).

[770]K. Slamam, et al., Ger. P. 2123418 (1971);C. A., **76**, 54507 (1972).

[771]F. M. Pallos, et al., Nature, **232**, 486 (1971).

[772]化工部农药情报中心站编,国外农药品种手册(五),1989,138～161 页。

[773]J. B. Siddall, Ger. P. 2135963(1972);C. A., **76**, 113197(1972).

[774]南开大学元素所编译,国外农药进展(三),化学工业出版社,1990,73～76 页。

[775]K. Wellinga, R. Mulder, J. J. Van Daalen, J. Agric. Food Chem., **21**, 348(1973).

[776]化工部农药情报中心站编,国外农药品种手册(四),1985,128～134 页。

[777]C. H. Schaefer, J. Econ. Entomol., **71**, 427 (1978).

[778]L. A. Lacey, M. S. Mulla, Mosquito News, **38**, 337 (1978).

[779]H. M. Flint, et al., J. Econ. Entomol., **41**, 616 (1978).

[780]K. Wellinga, et al., J. Agric. Food Chem., **25**, 987 (1977).

[781]R. Mulder, et al., Ger. P. 2304584; C. A., **79**, 115577(1973).

[782]A. Grosscurt, et al., J. Agric. Food Chem., **27**, 406(1979).

[783]M. Shibuya, Jap. Pest. Information, **44**, 17 (1984).

[784]I. Kenichi, S. Hideo, Japan P. 79-27590; C. A., **91**, 91678(1979).

[785]M. Jacobson, (南京林产工业学院昆虫激素组译), 昆虫性激素, 科学出版社, 1978。

[786]C. A. Henrik, (刘孟英等译), 昆虫性信息素的合成, 科学出版社, 1979。

[787]同[776], 135～173 页。

[788]G. Holan, D. F. O'Keefe, Tetrahedron Letts., 673 (1973).

[789]W. L. Roelofs, et al., Life Sci., **14**, 1555(1974).

[790]A. A. Sekul, et al., J. Econ. Entomol., **68**, 603 (1975).

[791]J. C. Collins, et al., Tetrahedron Letts. 3363 (1968); R. Ratcliffe, et al., J. Org. Chem., **35**, 4000 (1970).

[792]K. Ohta, et al., Agric. Biol. Chem., **40**, 1897 (1976).

[793]A. I. Myer, et al., J. Org. Chem., **38**, 36 (1973).

[794]Acree, et al., J. Econ. Entomol., **46**, 313 (1953); **46**, 900 (1953); **47**, 321 (1954).

[795]M. Jacobson, et al., ibid., **63**, 943 (1970).

[796]B. A. Bieri, et al., Science, **170**, 87 (1970); J. Econ. Entomol., **65**, 659 (1972).

[797]R. G. Smith, et al., Science, **188**, 63 (1975); J. Org. Chem., **40**, 1593 (1975); Environ. Entomol., **5**, 1187(1976).

[798]W. L. Roelofs, et al., Science, **174**, 1297 (1971).

[799]M. Beroza, et al., ibid., **183**, 89 (1974); L. M. McDonough, et al., ibid., **183**, 978 (1974).

[800]A. Butenandt, E. Heeker, Angew. Chem., **73**, 349(1961).

[801]A. Butenandt, et al., Liebigs Ann. Chem., **658**, 39 (1962).

[802]W. A. Jones, et al., Science, **152**, 1516 (1966); ibid., **159**, 99 (1968); K. Eiter, Angew. Chem., Int. Ed. Engl., **9**, 468 (1970).

[803]H. E. Hummelm, et al., Science, **181**, 873 (1973).

[804]B. A. Bierl, et al., J. Econ. Entomol., **67**, 211 (1974).

[805]H. J. Bestmann, et al., Tetrahedron Letts., 353 (1976).

[806]K. H. Buchel, Chemistry of Pesticides, John Wiley & Sons, New York, 1983, p. 185～219.

[807]同[752], 126～157 页。

[808]K. H. Buchel, Chemistry of Pesticides, John Wiley & Sons, New York, 1983, p. 161～168.

[809]南开大学元素所编译, 国外农药进展, 石油化工出版社, 1976, 268～276 页。

[810]化工部农药情报中心站编, 国外农药品种手册(三), 1981, 669～705 页; (五), 1989, 120～136 页。

[811]H. Martin, Pesticide Maul., 1968.

[812]S. C. Dorman, A. B. Londquist, U. S. P. 2766554(1954); C. A., **51**, 4638i(1957).

[813]J. D. Buckman, J. D. Pera, Ger. P. 2308807(1973); C. A., **80**, 26786(1974).

[814]D. C. Torgeson, et al., Phytopathology, **47**, 536(1957).

[815]A. P. Weber, Neth. P. 73274(1953); C. A., **48**, 3626g(1954); Neth. P. 83819(1957); C. A., **52**, 1541f(1958).

[816]Directie Van de Staatsmijnen in Limburg, Neth. P. 77330(1955); C. A., **49**, 16321c(1955).

[817]P. Bayer, U. S. P. 2761806(1954); C. A., **51**, 663g(1957).

[818]E. Schegk, G. Schrader, U. S. P. 3042702(1956); C. A. **55**, 11751h(1961).

[819]K. Kayser, G. Schrader, U. S. P. 2978479(1959); C. A., **56**, 8633f(1962).

[820]C. R. Youngson, U. S. P. 3005749(1959); C. A., **56**, 5164d(1962).

[821]J. K. Dixon, et al. , Ger. P. 1156274(1958);U. S. P. 2918468(1957);**54**, 9971b(1960).

[822]M. Vulic, et al. , Vll Int. Congr. Plant Protection, Paris, 123 (1970).

[823]D. Dawes, B. Boehner, Ger. P. 2260015(1972); C. A. , **79**, 66364(1973).

[824]C. W. McBeth, et al. , Ger. P. 2405288(1974); C. A. **81**, 135442(1974).

[825]R. H. Rigterink, Ger. P. 2263429(1973); C. A. , **79**, 115430(1973).

[826]R. Heiss, et al. , Belg. P. 649260(1964);C. A. , **64**,14170g(1966).

[827]L. K. Payne, M. H. J. Weiden, U. S. P. 3217037 (1962); Fr. P. 1377474 (1963);C. A. , **63**, 2900a (1965).

[828]J. B. Buchanan, Ger. P. 1768623(1968); S. Afric. P. 6803629(1968); C. A. , **70**, 114646(1969).

[829]T. L. Fridinger, E. L. Mutsch, Ger. P. 1941999(1970); C. A. , **72**, 90432(1970).

[830]R. W. Addor, U. S. P. 3193561(1960); C. A. , **63**, 11577b(1965).

[831]V. Harries, et al. , Meded. Fac. Landbouwwet, Rijksuniv. Gent. , **45**(3), 739 (1980);C. A. ,**94**, 78374 (1981).

[832]F. Bachmann, J. Drabek, Proc. Brit. Crop Prot. Conf. , Pests Dis. ,**1**, 5(1981).

[833]L. Kempczynski, Gaz. Cukrow. , **93**, 148(1985); C. A. , **104**, 163676(1986).

Y. Blot, et al. , Meded. Fac. Landbouwnet. , Rijksuniv. Gent. , **50**(2B), 713(1985); C. A. , **104**, 30366(1986).

B. C. Schiffers, et al. , ibid. **50**(3A),797(1985); C. A. , **104**, 164183(1986).

[834]程暄生等编,化学灭鼠剂品种手册,中国农药工业协会,1987。

[835]K. H. Buchel(Ed.),Chemistry of Pesticides, John Wiley & Sons, New York, 1983, p. 221~226.

[836]农药情报中心站编,国外农药品种手册(三),1981,719~756 页;(五),1989,162~186 页。

[837]南开大学元素所编译,国外农药进展,石油化工出版社,1976,117~125 页。

[838]程志明,农药译丛,**7**(2), 58(1985)。

[839]B. A. Dreikorn, U. S,P. 4187318(1975);C. A. , **92**,215040(1980).

[840]B. A. Dreikorn, Ger. P. 2642148(1977); C. A. **87**, 52925(1977).

[841]I. Tokumitsu, et al. , Botyu-Kagaku, **38**, 202(1973).

[842]T. Kusano, et al. , ibid. , **39**, 70(1974).

[843]J. E. Ware, et al. , Ger. P. 2409686(1974); C. A. , **82**, 4130(1975).

[844]J. E. Ware, et al. , S. African P. 74-00954(1975);C. A. ,**84**,59220(1976).

[845]J. E. Ware, et al. , U. S. P. 3931202(1976); C. A. , **84**, 135482(1976).

[846]M. Schwarcz, et al. , Ger. P. 2009964(1970); C. A. , **73**, 120748(1970).

[847]M. R. Hadler, R. S. Shadbolt, Ger. P. 2424806(1974); C. A. , **83**, 79079(1975); Nature, **253**, 225 (1975).

[848]LIPHA, Brit. P. 1252088(1971); C. A. , **76**, 34103(1972).

[849]V. R. Parshad, G. Chopra, J. Hyg. , **96**(3), 475(1986); C. A. , **105**, 129449(1986).

[850]V. R. Parshad, Proc. Indian Natl. Sci. Acad. , Part B,**52**(4), 481(1986); C. A. , **106**, 191187 (1987).

[851]W. Weigert, et al. , Ger. P. 2160613(1973);C. A. , **79**, 65781(1973).

[852]K. H. Buchel (Ed.),Chemistry of Pesticides, John Wiley & Sons, New York, 1983, p. 219~221.

[853]F. D. Judge, J. Econ. Entomol. , **62**, 1393(1969).

[854]W. T. Thomson, Agricultural Chemicals, Book 1:Insecticides, Acaricides, and Ovicides, 1975 revision, Thomson Publications, Indianapolis, Indiana(1975).

[855]H. Martin, C. R. Worthing, Pesticides Manual, 4th, ed. , British Crop Protection Council, Worcester (1974).

[856]化工部农药情报中心站编,国外农药品种手册(三),1981,709~716 页。

3

杀菌剂

3.1 通 论

3.1.1 概述

植物的病害由于不像害虫和杂草那样容易被人们及时察觉,所以往往造成防治上的忽视和困难,因而其危害就更为严重。据报道,全世界单是由病原真菌引起的植物病害就多达一万种,所造成的损失占作物年度总损失的 10%～30%。如果把病毒、细菌和线虫等引起的植物病害也算在内,其损失就更为可观。19世纪初期,由于马铃薯疫病大发生,曾使得以马铃薯为主食的一些国家陷于严重饥荒。1958～1959年,先后在欧洲和南北美洲流行的烟草疫病,也曾使当时的一些国家的烟草种植完全毁灭。在土地辽阔的中国,作物种类及其病害更是多种多样,也曾有过小麦锈病、水稻白叶枯病等严重病害大流行而造成粮食严重损失的历史。由于高效内吸性杀菌剂的出现,使得许多粮食作物、蔬菜、果树的严重病害,如各种锈病、黑粉病、白粉病、霜霉病、黑星病等都得到了有效的控制。尽管如此,仍有不少植物病害如棉花黄枯萎病、水稻白叶枯病、蔬菜和烟草的疫病等,仍不能得到理想药剂的有效控制,这对农业生产是一个严重威胁。

为了满足人们对粮食和其它生活物质日益增长的需要,不得不采用化学品以保护作物不受有害生物的侵袭,其中杀菌剂起着重要作用。随着农业生产技术的不断发展,杀菌剂的应用会更加受到重视。例如,在西欧,杀菌剂的用量为全世界杀菌剂总量的 43%,居该地区农药用量的第一位。中国是一个农业大国,杀菌剂无论从数量上还是从品种上都还不能满足农业生产的实际需要,应该努力发展。

可以预料,今后更加有效的杀菌剂的出现,将和杀虫剂、除草剂等作物化学保护品一起,能够在当代农民与有害生物引起的各种灾害的斗争中,发挥更大的作用。

3.1.1.1 定义

杀菌剂,英文为 Fungicid,该词起源于拉丁文。拉丁文中的"fungus"是真菌的意思,"caedo"是杀死的意思,所以从字面上讲,初期杀菌剂的含义就是能够杀死真菌的物质。

随着杀菌剂的发展,现在杀菌剂的含义有了新的补充。第一是关于"菌",它是指一类微生物,包括了真菌、细菌、病毒,而不是最初的仅是真菌;第二是不仅仅指"杀死",而"抑菌作用"、"增抗作用"的物质也被列为杀菌剂范围之内;第三是作用对象主要是植物,而药剂主要是指有上述作用的化学物质,而不包括物理性的(如热、紫外光等)和生物性的物质。由此说来,杀菌剂现在的含义应该是:凡是能够杀死或抑制植物病原微生物(真菌、细菌、病毒)而又不致于造成植物严重损伤的化学物质,称为杀菌剂。

3.1.1.2 分类

由于对杀菌剂的着眼点不同,对其分类方法有许多种。一般常见的有以下几种:

(1)按化学组成和分子结构划分

这种分类方法是依据药剂分子的化学元素组成和分子结构类型进行划分的。根据这种划分,有无机杀菌剂和有机杀菌剂两大类,其中根据分子中组成元素的种类不同,又再分为元素硫、铜、汞及有机硫、有机汞、有机氯、有机磷等杀菌剂。有机杀菌剂中又根据其化学结构的不同,又再分为二硫代氨基甲酸类、丁烯酰胺类、苯并咪唑类、三唑类等等若干小类。

(2)按杀菌剂的使用方式分类

这种分类方法是根据药剂的使用方式进行划分的。如有叶面喷洒剂、种子处理剂、土壤处理剂(播种前处理或作物生长期使用)、根部浇灌剂、果实保护剂和烟雾熏蒸剂等。

(3)按杀菌剂的作用方式划分

该种分类方法是依据药剂对防治对象(如植物)的作用方式进行杀菌剂的分类。具体说有:

保护性杀菌剂:是指仅在病原菌侵入寄主并在其组织内部形成侵染之前施药从而防止致病菌的侵染,能发挥这种作用的杀菌剂称为保护性杀菌剂。这类杀菌剂一般不能渗透到植物体内,而在植物表面形成毒性屏障以保护植物不受病原菌的侵害。其特点是保护施药处免受病菌侵染。

治疗性杀菌剂:是指在病原菌感染后施药,从而消灭或抑制在寄主组织内部形成侵染的病原菌的杀菌剂。

铲除性杀菌剂:是指病原菌已侵染到寄主,然后在感染处施药,从而根除患病处(及感染的病菌繁殖点周围的寄主区域)的病原菌的杀菌剂。简言之,这种杀菌剂能够治疗在施药处已形成的侵染。

内吸性杀菌剂:是指能够进入到植物体内,从而产生杀菌或抑菌作用的杀菌剂。它与保护性杀菌剂和局部化学治疗剂(或铲除剂)的不同点在于,它能防止病害在植株上远离施点的部位发展。

内吸杀菌剂根据其在寄主内的运转和传导方式又可分为共质体(symplast)内吸剂、非共质体内吸剂以及双流向(ambimobile)内吸剂。共质体内吸剂是在植物的韧皮部的筛管里由叶部传至根部。这种传导是下行性的,其运输是需要消耗代谢能量的主动性运输。非共质体内吸剂,又称为非原质体(apoplast)内吸剂,是在植物的木质部的导管里,随蒸腾流很快地由根部传至叶部。这种传导是上行性的,其运输是不需要消耗代谢能量的被动性运输。

内吸性杀菌剂多数都具有保护和治疗作用,有的还具有铲除作用。由于其内吸特性,所以能耐风雨冲刷。与非内吸性杀菌剂相比,抑菌效果高,选择性强。但较易产生抗药性(即对病原菌作用的不敏感性)。对病原菌的作用机制往往是单一性(单个作用点)的。

非内吸性杀菌剂:与内吸性杀菌剂相反,这类杀菌剂不能渗透植物的角质层,故不能被植物吸收和传导。其防病的主要功能是在植物表面形成毒性屏障,因此,未被覆盖的植物表面就得不到保护。对新生长部分需再用药剂覆盖,故用药次数多,其功能一般为保护作用。其杀菌作用机制多为干扰菌体能量代谢过程(抑制呼吸),而且往往是多位点的发生作用,因此不易产生抗药性。

杀菌剂在寄主(植物)体内移动和防治病害时可能的作用,可以归纳为表3—1。

(4)按对病原菌的作用机制划分

这种分类方法是依据药剂对病原菌的杀灭或抑制的机制或历程分为能量生成抑制剂和生物合成抑制剂两大类。前者属于干扰能量代谢过程,后者属于干扰物质代谢过程。根据干扰的具体过程和物质种类不同,上述两大类又各自细分为若干小类。如能量生成(有时也称生物氧化或细胞呼吸)抑制剂又分为巯基(—SH)抑制剂、电子传递抑制剂、氧化磷酸化抑制剂、糖酵解抑制剂、脂肪酸 β-氧化抑制剂等;生物合成抑制剂又分为细胞壁功能及其合成抑制剂、细胞膜功能及其合成抑制剂、蛋白质合成抑制剂、核酸合成抑制剂、甾醇合成抑制剂以及酶系统抑制剂等等。

表 3-1　杀菌剂在寄主内的移动和可能的作用

移动程度	可 能 作 用
不吸收	保护性杀菌剂;表面(病原菌)治疗剂
吸收但不传导	局部化学治疗剂或铲除剂
吸收并传导	内吸性杀菌剂

3.1.1.3　发展简史

杀菌剂的发展史,大致可分为四个时期。

第一个时期,是指上古时期到 1882 年。该时期主要是以元素硫为主的无机杀菌剂时期,故也称之为硫杀菌剂时期。在古希腊时期,人们就知道把元素硫作为杀菌药物来使用。1802 年,William Forsyth 首次制备出石灰-硫磺合剂,并应用于防治果树白粉病。此后,各种元素硫和石硫合剂在欧洲和美国进一步得到应用。在此期间,无机汞和无机铜也开始用作杀菌,只是没有硫那样广泛。例如,1705 年,升汞(HgCl$_2$)开始用于木材防腐和种子消毒。1761 年,Schulthess 首次将硫酸铜用于防治小麦黑穗病。

第二个时期,是指 1882 年至 1934 年。这个时期主要应用的杀菌剂是无机铜,所以也称之为铜时期。该时期因为已有少数有机杀菌剂出现,所以又被说成是无机杀菌剂向有机杀菌剂的过渡时期。该时期主要应用的杀菌剂有波尔多液(Bordeaux)、固体碱性铜以及再次复兴的硫磺、石硫合剂和种子处理剂等,其中波尔多液占有重要的地位,当时它主要用于防治葡萄的霜霉病。

第三个时期(1934～1966 年),是保护性的有机杀菌剂大量使用时期。为了寻找原料丰富、高效、便宜以及对植物安全的铜、汞代用品,人们开始致力于有机杀菌剂的研究。1934 年,一类结构全新的化合物,即二硫代氨基甲酸衍生物(福美类)的出现。1942 年出现了有效的种子处理剂四氯苯醌,随后又发现了更为有效的 2,3-二氯萘醌。1943 年,另一类二硫代氨基甲酸类,即乙撑双二硫代氨基甲酸衍生物(代森类)和福美类一起作为广谱、防效稳定、价格低廉的保护性杀菌剂,在相当长的一段时间里居于有机杀菌剂的主导地位,至今仍为世界上生产吨位最大的有机杀菌剂。1952 年,含有三氯甲硫基(—SCCl$_3$)杀菌剂,如克菌丹问世,随后又出现了灭菌丹。此外,还发现了 8-羟基喹啉铜以及某些抗菌素,如稻瘟散、放线菌酮、灰黄霉素、链霉素等。上述这些保护性杀菌剂的缺点是缺乏或没有内吸性。

第四个时期,是指 1966 年到现在。这一时期的特点是内吸性有机杀菌剂的出现和广泛应用。根据本类杀菌剂的发展,大致又分为三个阶段:

(1)探索阶段(1966 年以前)。在这一时期中,提出了内吸杀菌剂的发展的可能性和问题,也有少数获得可供大田生产使用的化合物。其中 8-羟基喹啉盐类、磺胺类和某些抗菌素可作为代表性的内吸性杀菌剂。

(2)突破阶段(1966～1970 年)。远在 50 年代初就进行了有机内吸性杀菌剂的研究,但是较长的一段时间里,内吸性杀菌剂的研究仍远远落后于内吸杀虫剂。60 年代中期是杀菌剂发展史上的一个转折点。这一时期涌现出许多有实用价值的内吸性杀菌剂新品种,如以萎锈灵为代表的丁烯酰胺类，以苯菌灵为代表的苯并咪唑类，以甲菌啶、乙菌啶为代表的嘧啶类等。这个时期内吸性杀菌剂大都为上行性的，大都对藻菌纲真菌无效。

(3)进展阶段(1970年至今)。该时期不论在防治谱的扩大方面，还是在防治水平的提高以及更优良特性的品种出现方面，都有了较大的进展。归纳起来，有五个特点：①出现了不少能防治藻菌纲真菌病害的品种，如甲霜灵、卵菌灵、吡氯灵、霜脲氰等；②出现了下行和双向内吸性杀菌剂，如吡氯灵(下行)、乙磷铝(双向)等；③出现了长效品种，如三唑酮(16周)、甲霜灵(24周)；④具有手性的内吸性杀菌剂增多，如甲霜灵、三唑醇、多效唑、苄氯三唑醇、烯唑醇、烯效唑等。⑤涌现出一大批麦角甾醇生物合成抑制剂，如敌灭啶、丙环唑、丙菌灵、三唑酮、三唑醇、烯唑醇等。其中，最引人注目的是三唑类化合物。

三唑类是内吸性杀菌剂中品种最多、发展最迅速的一类杀菌剂，这主要归因于它们的优异的生物活性。从应用角度上看，这类杀菌剂大都具有高效、广谱、内吸、长效等优良特性，同时又都有程度不同的植物生长调节作用。这对实现扩大杀菌剂的防治范围，降低用药量的发展目标是十分有益的。从化学组成和化学结构上看，许多三唑类杀菌剂除了原有的碳、氢、氧、氮元素之外，还把卤素、硫、磷、硅等元素引入分子结构中，从而使三唑类杀菌剂具有更高的生物活性和新的防治谱。例如，含硅的氟硅唑(Nustar，DPX-H6573)杀菌剂就是其中一例。

由于优良内吸性杀菌剂的出现，使得某些曾经无能为力的难治病害得到了有效防治，并且防治的对象和应用的范围也大大扩大了；多年盼望的代汞种子处理剂问题基本上得到了解决；杀菌剂的用药量、用药次数、使用方式和方法都得到了相应的改善，整个植物病害的防治能力和水平都得到了较大地提高，整个杀菌剂的研究与开发更加趋于精细化、合理化。也正是由于上述原因，内吸性杀菌剂在整个杀菌剂发展过程中占有十分重要的地位，其增长速度也最快，年增长率约为14%。1985年，内吸杀菌剂占整个杀菌剂的40%，而到1990年则上升为60%。

由于内吸性杀菌剂的作用机制多数是专化作用点的化合物，因此容易产生抗药性。

3.1.2　作用机制

杀菌剂的作用机制是作用原理的一部分，它涉及当药剂到达病原菌体后，以什么样的方式作用于病原菌，以及作用于菌体代谢中的何种过程和何种部位(作用点)，从而产生杀菌或抑菌效果的。

杀菌剂对病原菌的作用，不外有两个方面：一是在能量代谢中抑制能量生成，二是在物质代谢中抑制生物合成。具有前种作用的药剂叫做能量生成抑制剂，具有后种作用的叫生物合成抑制剂。

3.1.2.1　能量生成抑制剂

菌体所需的能量来自体内的糖类、脂肪、蛋白质等营养物质的氧化分解，最终生成二氧化碳和水，其中伴随着脱氢过程和电子传递的一系列氧化还原反应，所以也称细胞生物氧化(图3-1)或生物呼吸。根据与能量生成有关的酶被抑制的部位或能量生成的不同过程被抑制，可分为巯基(—SH)抑制剂、糖的酵解和脂肪酸β-氧化抑制剂、三羧酸循环抑制剂、电子传递和氧化磷酸化抑制剂等。

(1)巯基(—SH)抑制剂

生物体内进行的各种氧化作用，均受各种酶的催化，其中起着重要作用的许多脱氢酶系中

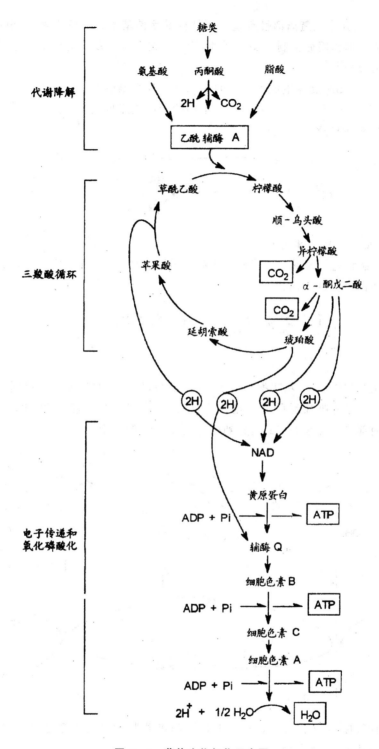

图 3-1 菌体生物氧化示意图

都含有 $-SH$。因此,能与 $-SH$ 发生作用的药剂必然会抑制菌体的生物氧化(呼吸)。$-SH$ 在菌体呼吸中有普遍性的作用,而几乎所有的经典杀菌剂,即保护性杀菌剂,对 $-SH$ 都有抑制作用。

硫基(—SH)是许多脱氢酶活性部位不可缺少的活性基团。一般说来，—SH 因与重金属、砷化物和其它杀菌剂作用而抑制了酶的活性，所涉及的药剂及反应有如下若干种：

①重金属化合物[1]

此类化合物与—SH 反应生成难离解的硫化物。其水难溶的顺序为 $Hg^{2+} \geqslant Ag^+ > Cu^{2+} > Ph^{2+} > Cd^{2+} > Ni^{2+} > Co^{2+} > Zn^{2+} > Fe^{2+}$，对生物的毒性顺序也大致如此。

②有机汞制剂(RHgX，X 为阴离子)[1]

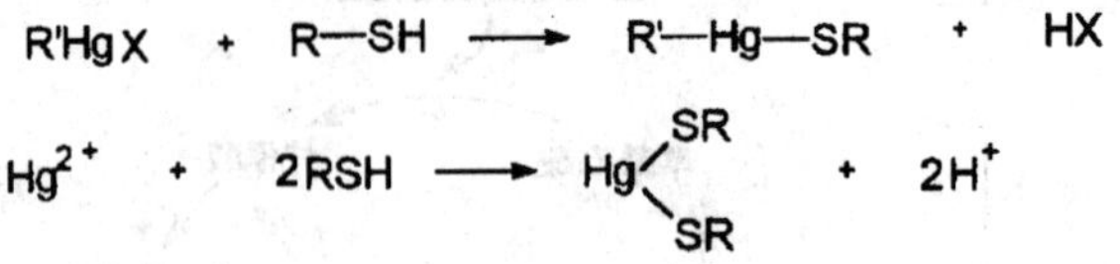

$$R'HgX + R\text{—}SH \longrightarrow R'\text{—}Hg\text{—}SR + HX$$

$$Hg^{2+} + 2RSH \longrightarrow Hg \overset{SR}{\underset{SR}{<}} + 2H^+$$

③铜制剂(如 8-羟基喹啉铜等)[1~3]

8-羟基喹啉铜和脱氢酶系中的辅助因子硫辛酰胺中的—SH 发生反应，抑制丙酮酸脱氢酶系的活性，从而阻碍菌体内丙酮酸的氧化：

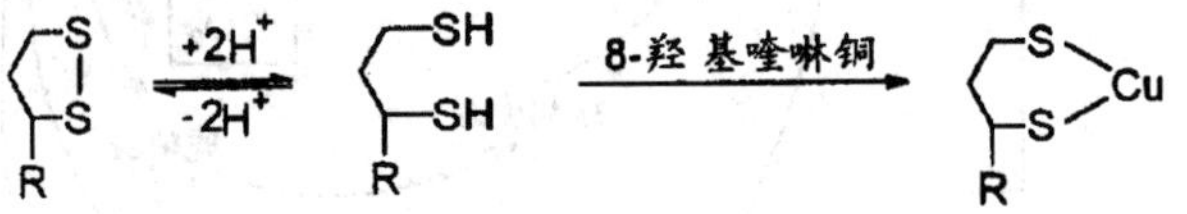

所有的铜化合物中，8-羟基喹啉形成的铜螯合物对病原菌的呼吸抑制特别强，杀菌力也很高。极少量的 8-羟基喹啉加到 $CuSO_4$ 溶液中，使得 Cu^{2+} 往菌体内渗透，因此被认为，8-羟基喹啉在菌体膜的内部接收外来的 Cu^{2+}，起到搬运内侧 RS^- 的作用：

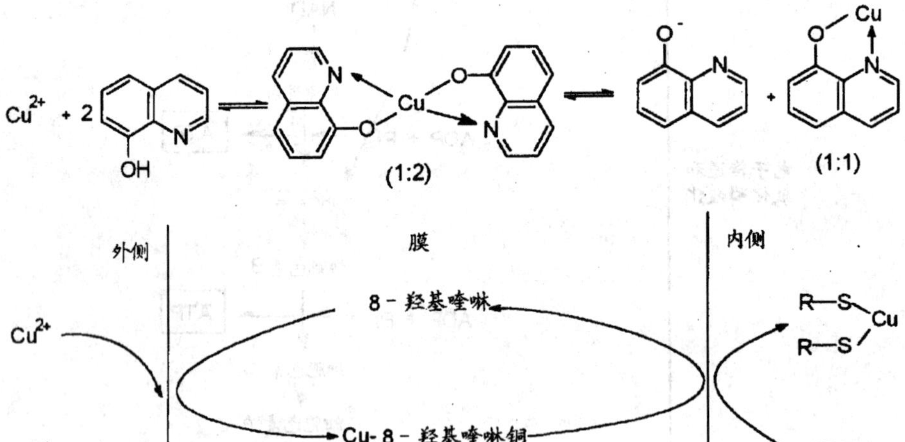

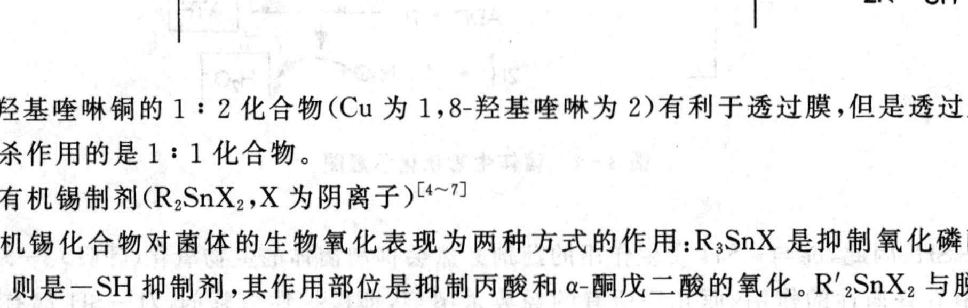

8-羟基喹啉铜的 1∶2 化合物(Cu 为 1,8-羟基喹啉为 2)有利于透过膜，但是透过后，实际上有毒杀作用的是 1∶1 化合物。

④有机锡制剂(R_2SnX_2，X 为阴离子)[4~7]

有机锡化合物对菌体的生物氧化表现为两种方式的作用：R_3SnX 是抑制氧化磷酸化，而 R_2SnX_2 则是—SH 抑制剂，其作用部位是抑制丙酸和 α-酮戊二酸的氧化。R'_2SnX_2 与脱氢酶系中的辅酶上的—SH 发生反应，使酶失活：

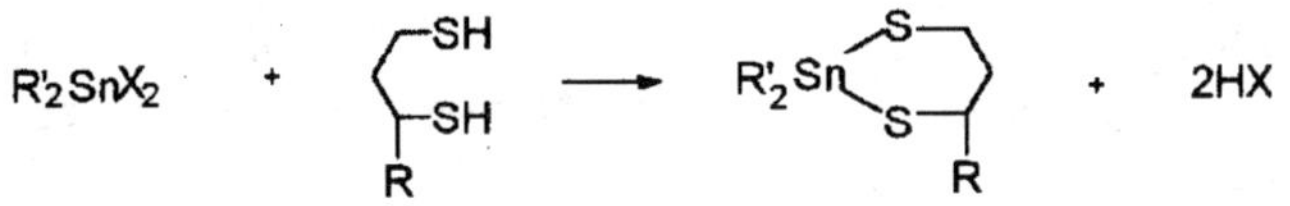

$$R_2'SnX_2 \quad + \quad \text{HS-CH}_2\text{CH}(R)\text{CH}_2\text{SH} \quad \longrightarrow \quad R_2'Sn(S\text{-}CH_2CH(R)CH_2\text{-}S) \quad + \quad 2HX$$

⑤有机砷制剂[8~14]

在砷化合物中，以三价砷的化合物活性最强：

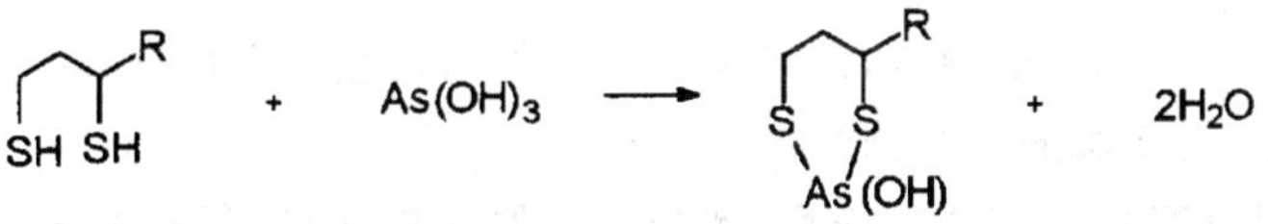

$$\text{HS-CH}_2\text{CH}(R)\text{CH}_2\text{SH} \quad + \quad As(OH)_3 \quad \longrightarrow \quad \text{环As(OH)} \quad + \quad 2H_2O$$

菌体内受有机砷化合物作用的部位有 a. 丙酮酸代谢；b. α-酮戊二酸代谢；c. 琥珀酸氧化脱氢酶；d. 脂肪酸氧化等。它们都涉及与—SH 的反应，例如：

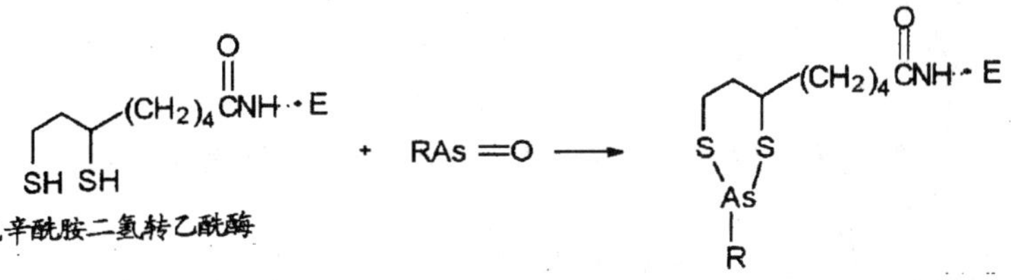

硫辛酰胺二氢转乙酰酶 $+ RAs=O \longrightarrow$

⑥二硫代氨基甲酸类杀菌剂[15~17]

这类化合物可分为 4 种形式：a. 二甲基二硫代氨基甲酸盐；b. 双（二甲基氨基甲酰）二硫物，即福美双；c. 乙撑二硫代氨基甲酸盐；d. N-甲基二硫代氨基甲酸盐。

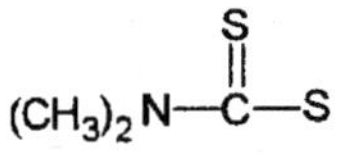

$(CH_3)_2N\text{-}C(=S)\text{-}S$ 　a　　　$[(CH_3)_2N\text{-}C(=S)\text{-}S\text{-}]_2$ 　b

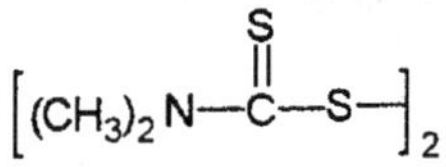

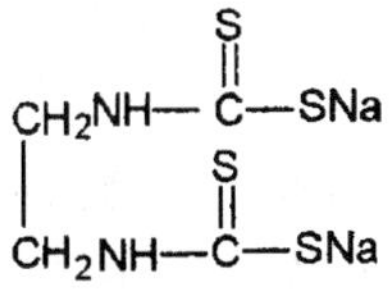

$CH_2NH\text{-}C(=S)\text{-}SNa$ / $CH_2NH\text{-}C(=S)\text{-}SNa$ 　c　　　$CH_3NH\text{-}C(=S)\text{-}SNa$ 　d

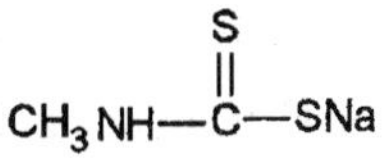

上述化合物都是—SH 抑制剂，但其作用机制有所不同。

a 类化合物能与铜离子（Cu^{2+}）以 1∶1，1∶2 结合成稳定的螯合物：

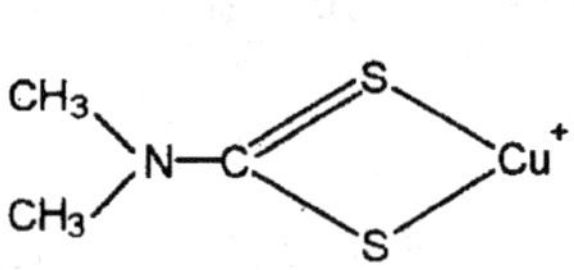

1∶1 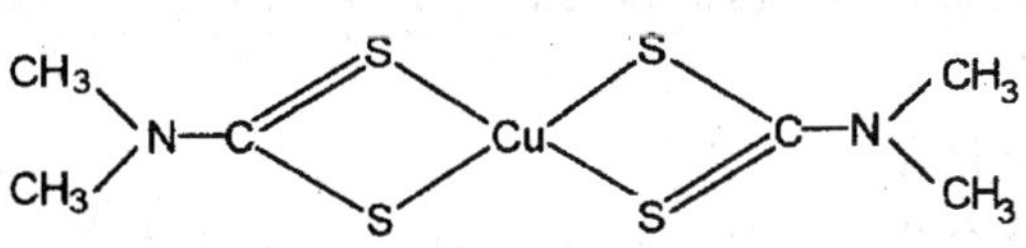　　　　　1∶2

1∶1 的络合物是阳离子，它以原状态与酶的—SH 反应。1∶2 的络合物一旦分解为阳离子和阴离子后，阳离子按 1∶1 的方式与—SH 反应。

$$E-SH + \overset{+}{Cu}\underset{S}{\overset{S}{\diagdown}}C-N\overset{CH_3}{\underset{CH_3}{\diagup}} \rightleftharpoons E-S-Cu-S-\overset{S}{\overset{\|}{C}}-N(CH_3)_2$$

$$E-SH + \left[(CH_3)_2N-\overset{S}{\overset{\|}{C}}-S-\right]_2Cu \rightleftharpoons E-S-Cu-S-\overset{S}{\overset{\|}{C}}-N(CH_3)_2 + (CH_3)_2N-\overset{S}{\overset{\|}{C}}-S^{(-)}$$

由于 S—Cu 键比 S—Fe 键稳定,所以铜络合物能与铁蛋白上的铁发生交换。—SH 也可直接与 Fe、Cu 等结合,引起酶的被抑制。

b 类化合物(福美双)与—SH 的作用,本身被还原而将—SH 氧化成—S—S—:

$$\begin{matrix}(CH_3)_2N-\overset{S}{\overset{\|}{C}}-S \\ (CH_3)_2N-\overset{}{\underset{\|}{C}}-S \\ \overset{}{S}\end{matrix} + C_0A-SH \longrightarrow C_0A-S-S-C_0A + 2(CH_3)_2N-\overset{S}{\overset{\|}{C}}-SH$$

c、d 类化合物一般是先分解成异氰酸甲酯,后者再与—SH 发生作用:

$$CH_3NH-\overset{S}{\overset{\|}{C}}-SNa \xrightarrow{H_2O + 微生物} CH_3N=C=S + H_2S + CS_2$$

$$CH_3N=C=S + E-SH \longrightarrow CH_3NH-\overset{S}{\overset{\|}{C}}-SE$$

如果遇到含铜(Cu)的辅酶,也有下列反应:

$$CH_3NH-\overset{S}{\overset{\|}{C}}-S^- + Cu-E \longrightarrow CH_3NH-C\underset{S}{\overset{S}{\diagdown}}Cu-E$$

二硫代氨基甲酸盐与—SH 的反应,在菌体内是多作用部位的。例如福美铁作用于辅酶 A 后,抑制柠檬酸的合成;福美锌(或铜)盐作用于 Fe^{2+} 依赖性酶——(顺)-乌头酸酶后,阻止了其后的 TCA 循环;福美双则是更多作用部位的药剂,它可以抑制如下的酶类:甘油醛-3-磷酸脱氢酶、6-磷酸葡萄糖酸脱氢酶、辅酶 A(CoA—SH)、琥珀酸脱氢酶、淀粉酶、酚氧化酶等等。所以说福美双对菌体内的作用点不是单一的,但总的说来有两个:一是含金属酶,另一个是含—SH 的酶。

⑦醌类化合物[18~19]

醌类化合物也是菌体内的—SH 抑制剂,它与低分子的含—SH 化合物反应后,醌被还原,而将—SH 氧化成—S—S—键:

$$\begin{matrix}O \\ \| \\ \bigcirc \\ \| \\ O \\ R\end{matrix} + R\underset{SH}{\overset{SH}{\diagup}} \rightleftharpoons R\underset{S}{\overset{S}{\diagup}} + \underset{OH}{\overset{OH}{\bigcirc}}R$$

有时会发生取代反应,例如二氯萘醌:

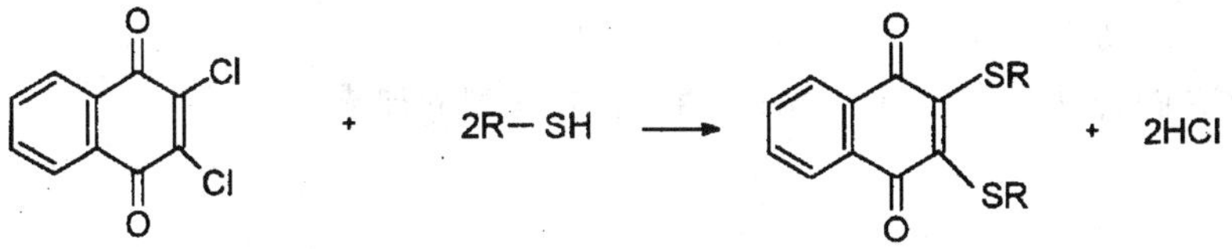

如果醌和—SH 化合物在等当量且无氧存在下反应时,则在—C=C—上引起加成反应:

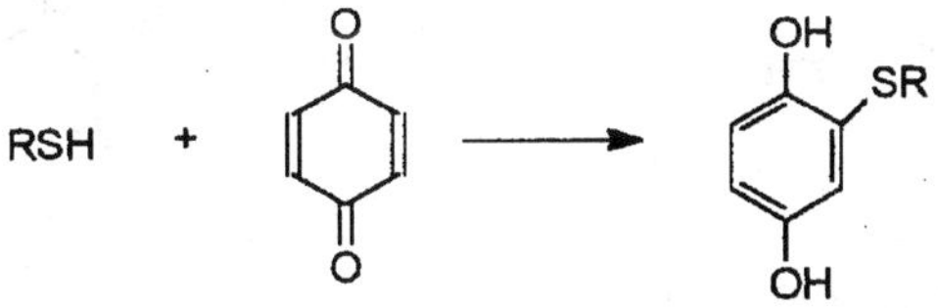

醌类化合物与—SH 的反应,其作用不是对单一的酶,它可以作用于许多代谢途径。

⑧三氯甲基、三氯甲硫基化合物[20]

此类化合物有氯化苦杀菌剂 $O_2N—CCl_3$。

三氯甲硫基化合物对—SH 的作用有两种方式(如克菌丹、灭菌丹、敌菌丹等):

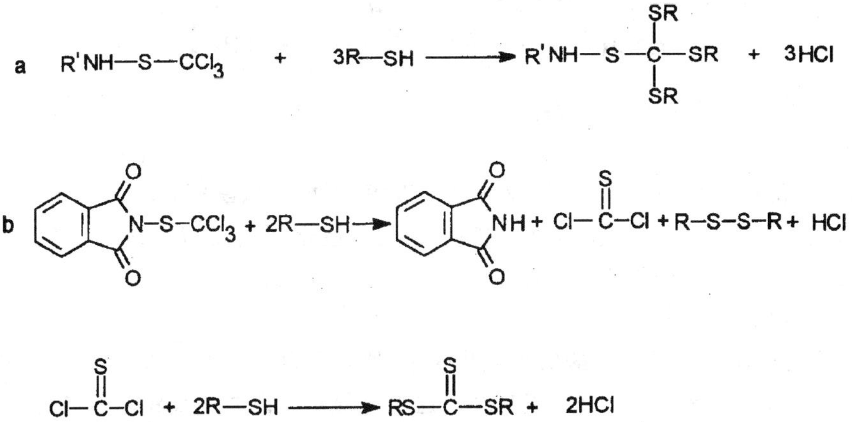

这类化合物对多种酶有抑制作用,如丙酮酸脱氢酶、己糖磷酸激酶、醛缩酶、磷酸甘油醛脱氢酶等。因此其作用点也不是单一的,如丙酮酸代谢、糖酵解等。

⑨卤素取代化合物[20]

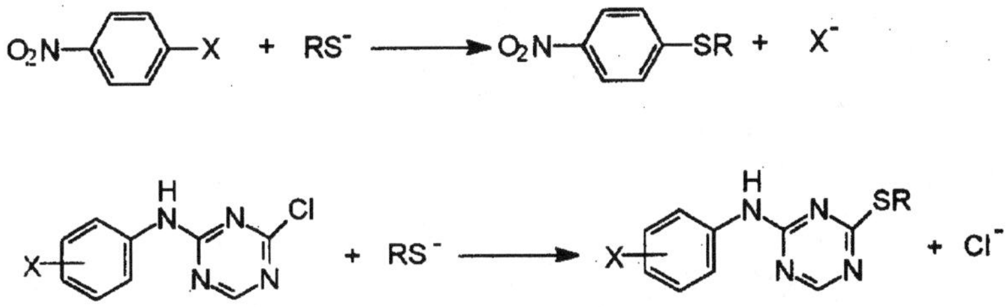

⑩芳基腈化合物[21]

其代表化合物是百菌清,它与—SH 发生—C≡N 键的加成:

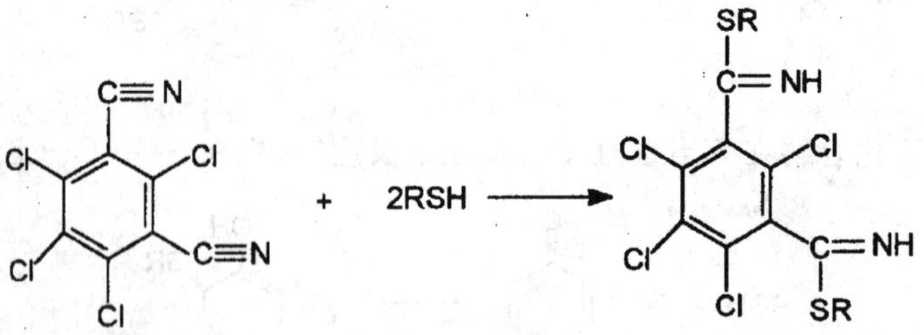

(2)糖酵解和脂肪酸 β-氧化抑制剂

①糖酵解受阻[22]

糖是菌体重要的能源和碳源。糖分解产生能量,以供菌体生命活动的需要,糖代谢的中间产物又可转变成其它含碳化合物如氨基酸、脂肪酸、核苷等。

酵解是糖分解代谢的共同途径,也是三羧酸循环和氧化磷酸化的前奏。酵解生成的丙酮酸进入菌体的线粒体,经三羧酸循环被彻底氧化生成 CO_2 和 H_2O;酵解生成的还原型烟酰胺腺嘌呤二核苷酸(NADH)经呼吸链氧化生成三磷酸腺苷(ATP)和水。

杀菌剂如克菌丹等作用于酵解过程中的丙酮酸脱氢酶中的辅酶——焦磷酸硫胺素,阻碍了酵解的最后一个阶段的反应:

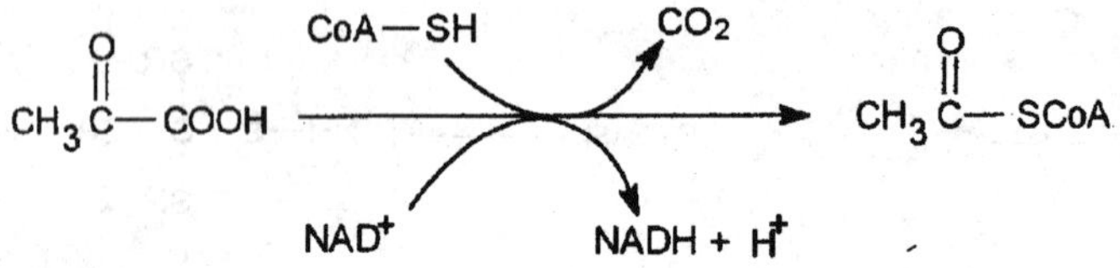

另外,催化酵解过程的一些酶,如磷酸果糖激酶、丙酮酸激酶等,要由 K^+、Mg^{2+} 等离子来活化。而有些铜、汞杀菌剂,能破坏菌体细胞膜,使一些金属离子特别是 K^+ 离子向细胞外渗漏,结果使酶得不到活化而阻碍酵解的进行。

②脂肪酸氧化受阻[22]

脂肪酸氧化受阻主要是脂肪酸的 β-氧化受阻。所谓 β-氧化是不需氧的氧化,其特点是从羧基的 β-位碳原子开始,每次分解出二碳片断。这个过程是在菌体的线粒体中进行的,其过程可用图 3—2 表示。

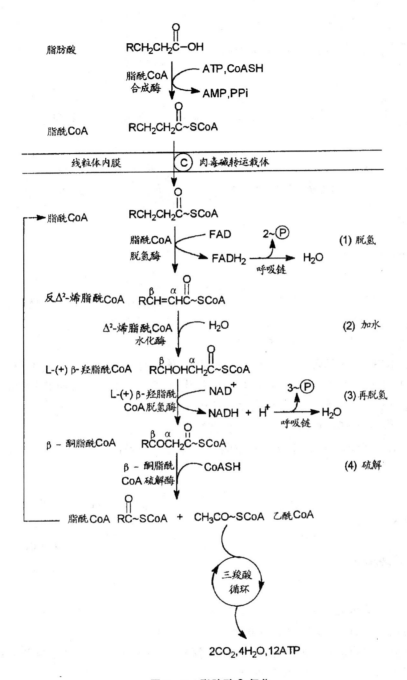

图 3－2　脂肪酸 β-氧化

脂肪酸的 β-氧化需一种叫辅酶 A(以 CoA－SH 表示)的酶来催化。杀菌剂如克菌丹、二氯萘醌、代森类与 CoA－SH 中的－SH 发生作用,使酶失活,从而抑制了脂肪酸的 β-氧化:

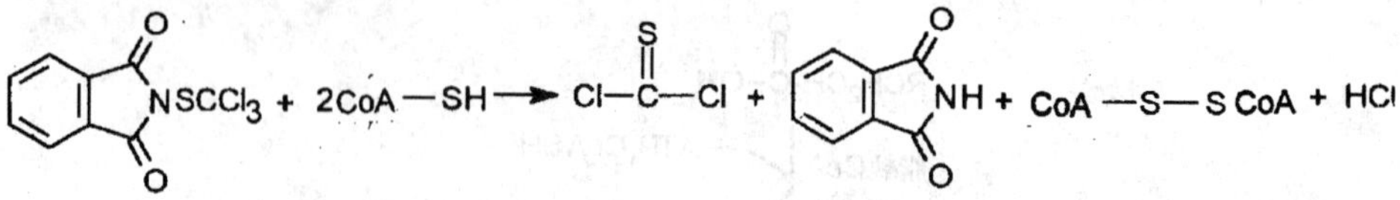

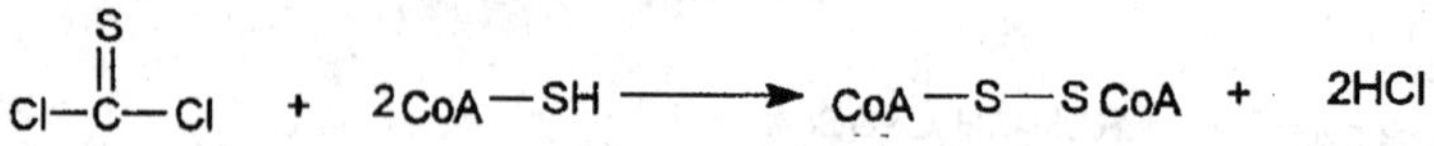

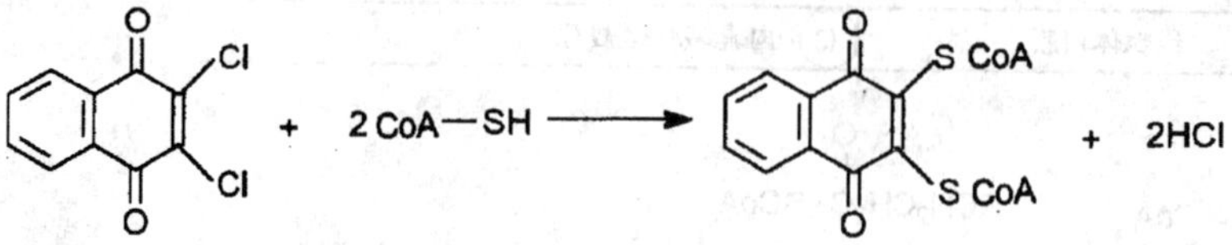

（3）三羧酸循环抑制剂[22~28]

乙酰辅酶 A（以 $CH_3\overset{O}{\underset{}{C}}{-}SCoA$ 表示）中的乙酰基在生物体内受一系列酶的催化,经一系列氧化脱羧,最终生成 CO_2 和 H_2O,并产生能量的过程叫三羧酸循环,简写作 TCA（其过程可由图 3-3 表示,见氧化磷酸化抑制剂一节）。

在真核细胞中 TCA 循环是在线粒体中进行的,催化每一步反应的酶也都位于线粒体内。由于乙酰 CoA 可来源于糖、脂肪或氨基酸的分解代谢,所以 TCA 循环也是糖、脂肪及氨基酸氧化代谢的最终通路。因此它是生物氧化的重要过程。

杀菌剂对 TCA 循环的抑制,有四个过程已被证实:

①乙酰辅酶 A 和草酰乙酸缩合成柠檬酸的过程受到阻碍:

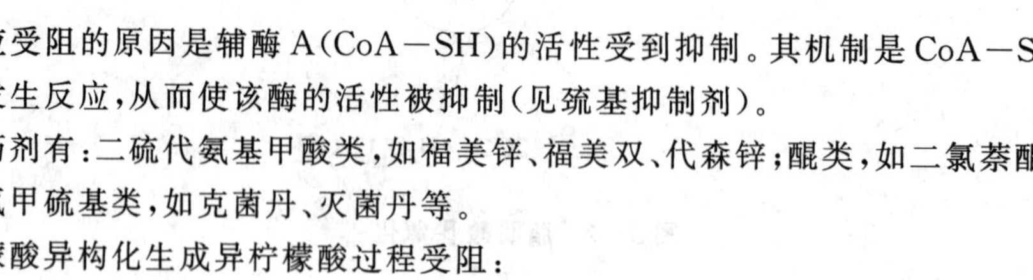

该反应受阻的原因是辅酶 A（CoA-SH）的活性受到抑制。其机制是 CoA-SH 中的-SH 与杀菌剂发生反应,从而使该酶的活性被抑制（见巯基抑制剂）。

抑制药剂有:二硫代氨基甲酸类,如福美锌、福美双、代森锌;醌类,如二氯萘醌;酚类;三氯甲基和三氯甲硫基类,如克菌丹、灭菌丹等。

②柠檬酸异构化生成异柠檬酸过程受阻:

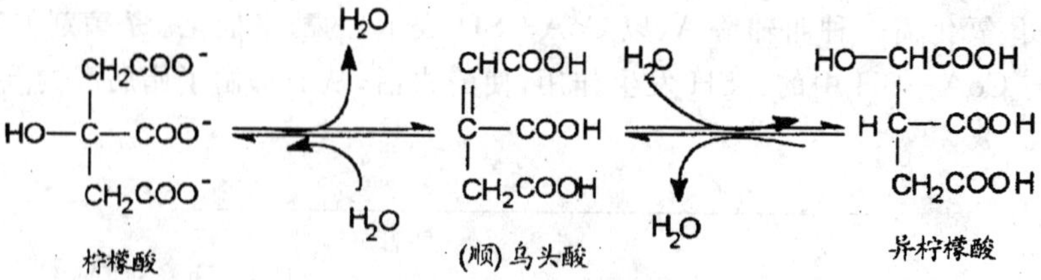

该反应是由(顺)-乌头酸酶催化,经脱水,然后又加水从而改变分子内 $\overline{OH}$ 和 H^+ 的位置,生成异柠檬酸。由于(顺)-乌头酸酶受到杀菌剂的抑制而使上述反应受到阻碍。(顺)-乌头酸酶是含铁的非铁卟啉蛋白,所以与 Fe^{2+} 生成络合物的药剂都能对其起抑制作用。有关的反应机制如下:

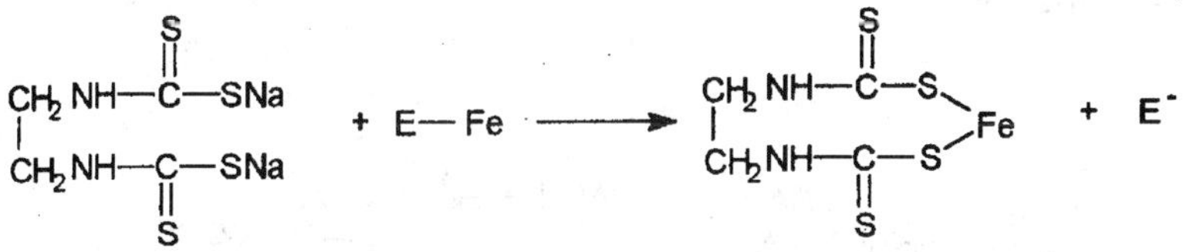

代森钠　　　　　　(顺)乌头酸酶

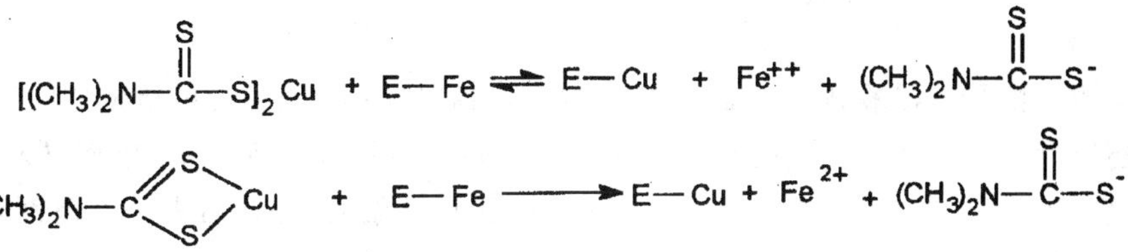

8-羟基喹啉也可夺取(顺-)乌头酸酶中的 Fe:

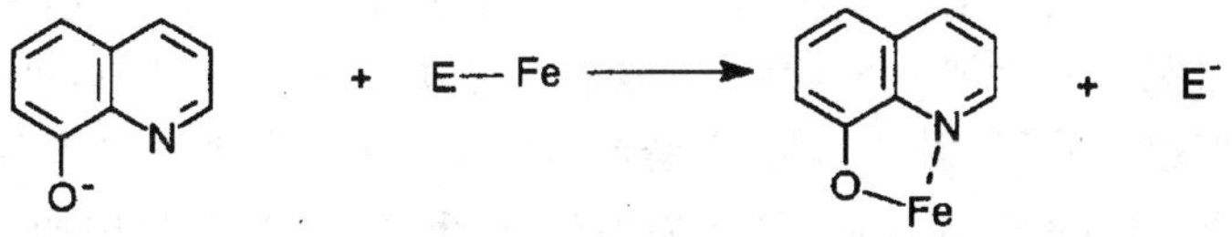

③α-酮戊二酸氧化脱羧生成琥珀酸的过程受阻:

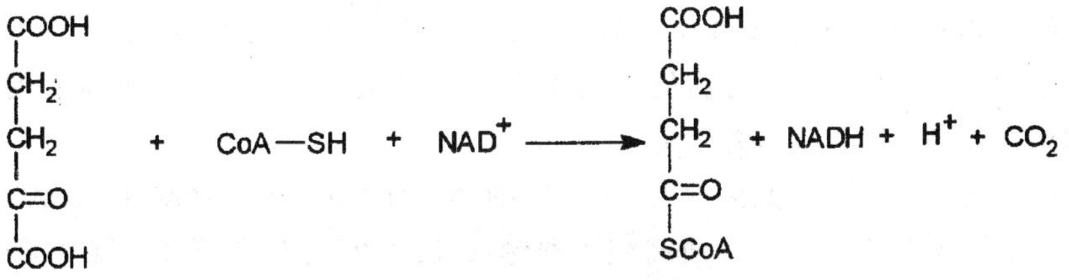

α—酮戊二酸　　　　　　　　　　　　　　琥珀酰CoA

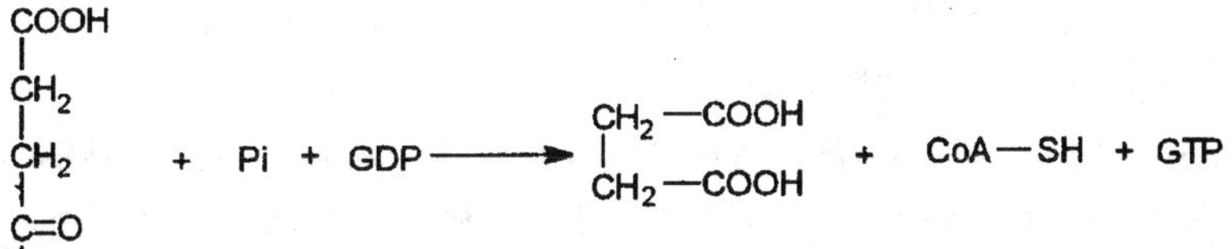

琥珀酸

式中,Pi 为磷酸;GDP 为二磷酸鸟苷;GTP 为三磷酸鸟苷。

上述反应过程受阻的原因是 α-酮戊二酸脱氢酶复合体的活性受到杀菌剂的抑制。这种抑制机制要涉及与硫胺磷酸(TPP)和硫辛酰胺等辅酶组分的反应。

抑制药剂有克菌丹、砷化物、叶枯散等。

④琥珀酸脱氢生成延胡索酸及苹果酸脱氢生成草酰乙酸过程受阻：

$$\underset{\text{琥珀酸}}{\begin{array}{l}CH_2-COOH\\ |\\ CH_2-COOH\end{array}} \xrightarrow{\quad FAD \qquad FADH_2 \quad} \underset{\text{延胡索酸}}{\begin{array}{l}HOOC-CH\\ \parallel\\ HC-COOH\end{array}}$$

$$\underset{\text{L-苹果酸}}{\begin{array}{l}HO-CH-COOH\\ |\\ CH_2-COOH\end{array}} \xrightarrow{\quad NAD^+ \qquad NADH+H^+ \quad} \underset{\text{草酰乙酸}}{\begin{array}{l}O=C-COOH\\ |\\ CH_2COOH\end{array}}$$

琥珀酸脱氢酶是三羧酸循环中唯一掺入线粒体内膜的酶,它直接与呼吸链相联系。琥珀酸脱氢生成的还原型黄素腺嘌呤二核苷酸($FADH_2$)可以转移到酶的铁-硫中心,继而进入呼吸链。

抑制药剂有萎锈灵、硫磺、5-氧吩嗪、异氰酸甲酯和异氰酸丁酯(后者为杀菌剂苯菌灵的降解产物之一)等。

这些药剂对酶活性抑制的机制大概是以下几种情形:硫磺(S)在菌体内发生氧化作用,本身被还原为H_2S,后者有钝化酶中重金属的活性作用,如 Fe-S 中心中的 Fe 可能被钝化;5-氧吩嗪(防治水稻白叶枯病的杀细菌剂)进入菌体细胞后,放出新生态的氧,可夺取氢(如 TPP 中的活泼氢),因而使脱氢酶活性受到抑制;萎锈灵对脱氢酶系中的非血红素的铁-硫蛋白发生作用,使琥珀酸脱氢酶的活性受到抑制;异氰酸酯(甲酯和丁酯)是与酶中的—SH 发生作用(见巯基抑制剂)而抑制酶的活性。

(4)氧化磷酸化抑制剂

菌体内的生物氧化进入三羧酸循环后,并没有完结,而是要继续进行最后的氧化磷酸化,即将生物氧化过程中释放出的自由能转移而使二磷酸腺苷(ADP)形成高能的三磷酸腺苷(ATP)的作用。从 TCA 循环的总反应(Ⅰ),即

乙酰 $CoA+3NAD^++FAD^++GDP+Pi+2H_2O \longrightarrow 2CO_2+3NADH+2H^++FADH_2+CoA+GTP$　　　(Ⅰ)

可以看出,TCA 循环中只有一个生成高能磷酸键(GTP)的反应,即草酰琥珀酰 CoA 分解的同时,合成 GTP。因此可以说,TCA 循环本身并不是释放能量合成 ATP 的主要地点,其主要作用在于四次脱氢,为进行其后的氧化磷酸化提供还原当量,即质子(H^+)和电子(e^-)。

氧化磷酸化可用图 3-3 表示。经 TCA 循环氧化分解所形成的还原型辅酶,包括 NADH 和 $FADH_2$,通过电子传递途径,使其再重新氧化,电子经一系列传递体最后到 O_2。其过程释放的能量则使 ADP 和无机磷结合生成 ATP。

氧化磷酸化为菌体生存提供所需的能量 ATP,所以这一过程一旦受到抑制,就会对菌体生命活动带来严重后果。氧化磷酸化被抑制的情况有两种,一是其电子传递系统受阻,二是解偶联作用。

①电子传递系统受阻[27,29~38]

还原型辅酶通过电子传递再氧化,这一过程由若干电子载体组成的电子传递链(也称呼吸链)完成。能够阻断呼吸链中某一部位电子传递的物质称为电子传递抑制剂。这类药剂按其阻断的部位分为以下几类:(ⅰ)鱼藤酮、敌克松、十三吗啉、杀粉蝶菌素、安密妥等,它们阻断

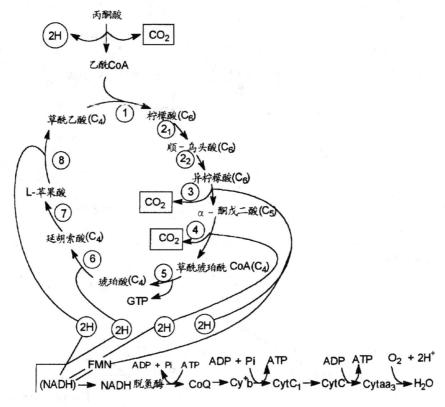

图 3-3 TCA 循环和氧化磷酸化

NADH 至 CoQ(辅酶 Q)的电子传递。(ii)抗菌素 A、硫磺、十三吗啉,它们阻断部位是细胞色素 b 和细胞色素 c_1 之间的电子传递。(iii)氰化物、叠氮化物、H_2S、CO 等,它们阻断细胞色素 aa_3 和 O_2 之间的电子传递。(iv)萎锈灵、8-羟基喹啉等,它们阻断琥珀酸脱氢酶至 CoQ 之间的电子传递。上述电子传递及其抑制剂的阻断部位可用图 3-4 表示。

②解偶联作用[39~43]

解偶联的含义是使氧(电子传递)和磷酸化脱节,或者说使电子传递和 ATP 形成这两个过程分离,失掉它们之间的密切联系,结果电子传递所产生的自由能都变为热能而得不到储存。解偶联剂及其解偶联机制大体分三种情况:

a.2,4-二硝基酚

2,4-二硝基酚是典型的解偶联剂(百菌清及其它一些芳香族化合物也有此作用),2,4-二硝基酚在酸性条件下成为不解离的形式而呈脂溶性,因而容易透过菌体内线粒体的膜层。进入线粒体基质后,释放出 H^+,然后回到液泡再结合一个 H^+。总的结果是,将 H^+ 从膜的液泡侧运至基质侧,成为 H^+ 的载体。这种作用虽使电子传递过程正常,但由于形成的质子梯度被破坏,所以不能生成 ATP。这种机制可用下式表示:

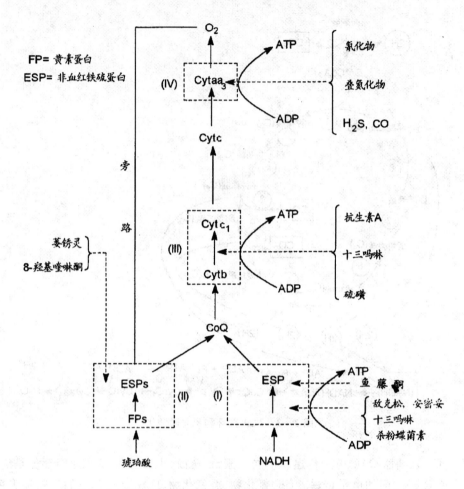

图 3－4　真菌线粒体呼吸链中电子传递及杀菌剂作用点示意图

b. 吩嗪(5-氧吩嗪)

杀菌剂 5-氧吩嗪(叶枯净)在菌体(水稻白叶枯病菌)内被还原为吩嗪。吩嗪生成二氢吩嗪和自动氧化-还原系统,形成电子流动的回路后送给 O_2,由此阻碍了 ATP 的形成,如图 3－5 所示。

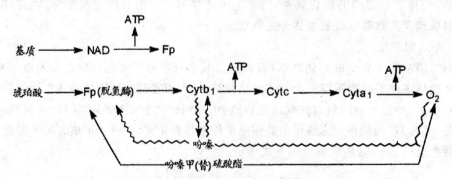

图 3－5　吩嗪对菌体电子传递系统的作用方式

c. 离子载体

这是一类脂溶性物质。这种物质能与 H^+ 以外的某些阳离子结合,并作为它们的载体使这些阳离子能够穿过膜。例如,缬氨霉素(valinomycin)能够结合 K^+,与 K^+ 形成脂溶性的复合物,从而容易地使 K^+ 通过膜。短杆菌肽(gramicidin)可促进 K^+、Na^+ 以及其它一些阳离子的输送。尼日利亚霉素将 K^+ 携入内部的同时将 H^+ 排出。总之,这类药剂是通过增加线粒体内膜对一价阳离子通透性而破坏氧化磷酸化过程,使 ATP 不能生成。

3.1.2.2 生物合成抑制剂

杀菌剂对菌体生物合成的抑制,就是抑制菌体生长和维持生命所需的新细胞物质产生的过程。其中包括在细胞质中进行的低分子量的化合物如氨基酸、嘌呤、嘧啶和维生素等的合成,在核糖体上进行的大分子化合物如蛋白质的合成,在细胞核中进行的核酸 DNA 和部分 RNA 的合成;此外,还包括对菌体的细胞壁和细胞膜组分的干扰和破坏作用。

(1)细胞壁组分合成抑制剂[44~55]

真菌细胞壁的主要组成部分有几丁质和维生素。几丁质是由 N-乙酰氨基葡萄糖通过 β-1,4-糖苷键而形成的:

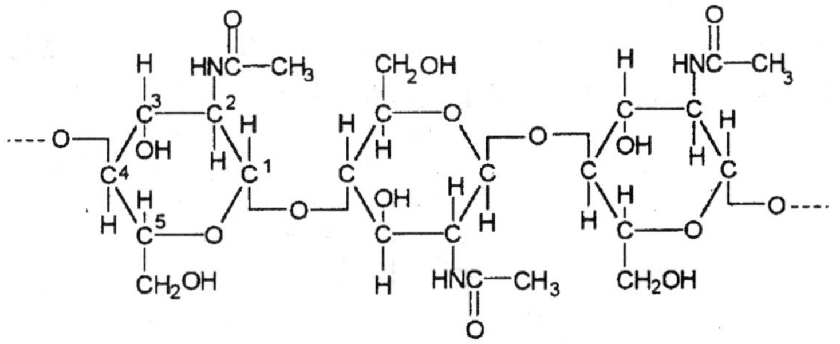

如果 C_2 上为 —OH,则为纤维素

杀菌剂对菌体细胞的破坏作用之一是抑制几丁质的生物合成。抑制的药剂有稻瘟净、异稻瘟净、灰黄霉素、甲基托布津、克瘟散、多氧霉素 D、青霉素等。

异稻瘟净是通过抑制乙酰氨基葡萄糖的聚合达到抑制几丁质的合成。多氧霉素 D 是抑制几丁质合成酶,青霉素则是阻碍了细胞壁上胞壁质(粘肽)的氨基酸结合,使细胞壁的结构受到破坏,表现为原生质体裸露,继而瓦解。

(2)细胞膜组分合成抑制剂[55~59]

菌体细胞膜的主要化学成分为脂类、蛋白质、糖类、水、无机盐和金属离子等。其中膜脂与膜蛋白的两类分子以共价键结合,构成膜的主体。糖类多为复合糖,与膜脂共价结合成糖脂,与膜蛋白共价结合形成糖蛋白。膜上的金属离子与膜蛋白的功能相关。细胞膜被看作是由许多亚单位组成的,亚单位之间则是由金属桥和疏水键连接起来的。

杀菌剂对菌体细胞膜的破坏以及对膜功能的抑制有两种情况:物理性破坏和化学性抑制。

物理性破坏是指膜的亚单位连接点的疏水键被杀菌剂击断而使膜上出现裂缝,或者是杀菌剂分子中的饱和烃基侧链溶解膜上的脂质部分,使成孔隙,于是杀菌剂分子就可以从不饱和脂肪酸之间挤进去,使其分裂开来;膜结构中的金属桥,由于金属和一些杀菌剂,如 N-甲基二硫代氨基甲酸钠螯合而遭破坏。另外,膜上金属桥也可被与膜亲合力大的离子改变其正常结构。

化学性抑制是指与膜性能有关的酶的活性及膜脂中的固醇类和甾醇的生物合成受到抑制。有关甾醇合成抑制将在后面详细叙述。

　　与膜性能有关的酶的活性被抑制,可用两类化合物予以说明。一类是有机磷类化合物,另一类是含铜、汞等重金属化合物。

　　有机磷类化合物除了前面述及的对细胞壁组分几丁质合成抑制外,还能抑制细胞膜上糖脂的形成。细胞膜如果没有糖脂的存在,它就无法运输乙酰氨基葡萄糖以供几丁质合成。许多有机磷化合物是乙酰胆碱酯酶的抑制剂,这在有机磷杀虫剂中是最为多见的。

　　含铜、汞等重金属化合物中的金属离子可以与许多成分反应,甚至直接沉淀蛋白质。其中有一个重要作用目标就是酶中的—SH,首先是细胞膜上与三磷酸腺苷水解酶有关的—SH。与—SH反应的机制可见前述"巯基抑制剂"部分。此外,细胞膜组分中有关的羧基(—COOH)、氨基(—NH$_2$)、羟基(—OH)等也会与某些杀菌剂反应,从而影响酶的活性。

　　(3)甾醇合成抑制剂[56~80]

　　甾醇合成抑制剂实际上也属于细胞膜组分合成抑制剂,因为它涉及许多重要的内吸性杀菌剂,特别是三唑类杀菌剂,所以有必要单独列出加以介绍。

　　①甾醇的功能、分子结构及其生物合成途径

　　菌体细胞的膜脂类中有一种重要成分,就是甾醇。它与膜脂中的磷脂的碳氢键相互作用,有保持质膜的流动性和稳定膜分子结构的重要作用。如果甾醇合成受阻,膜的结构和功能就要受到损害,最后导致菌体细胞的死亡。与杀菌剂有关的主要是麦角甾醇,其分子结构如图3—6所示。

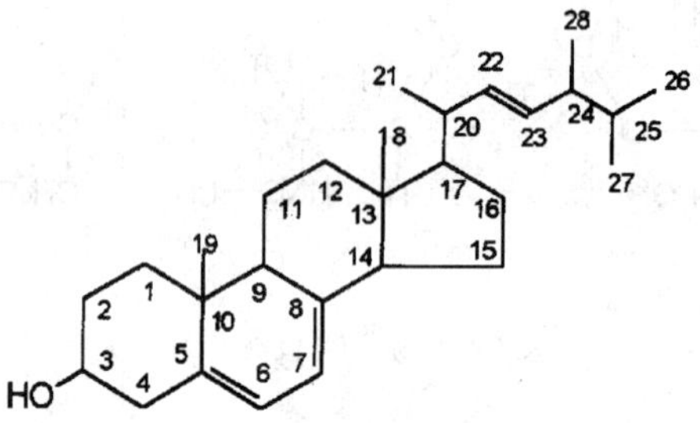

图3—6　麦角甾醇的分子结构

　　麦角甾醇的生物合成包括许多步骤,其中主要的有:(a)C$_{24}$上的甲基化反应;(b)C$_4$和C$_{14}$上三个甲基的去甲基反应;(c)Δ^{8}的双键移到Δ^{7}上的异构化反应;(d)Δ^{5}上引入一个双键;(e)Δ$^{24(28)}$上双键的还原;(f)Δ^{22}上引入一个双键。具体的反应可用图3—7表示。该图表示出麦角甾醇生物合成的反应历程以及杀菌剂作用的部位。

　　②麦角甾醇生物合成抑制机制

　　从图3—7可以看出,麦角甾醇生物合成的步骤是很多的。另一方面,麦角甾醇生物合成抑制剂(Ergosterol Biosynthesis Inhibitor,EBI)的种类和数量也很多。但它们对麦角甾醇合成抑制的部位,目前知道的却并不多。在EBI中,大部分都是抑制C$_{14}$上的脱甲基化反应,故也称之为脱甲基化反应抑制剂(Demethylation Inhibitor,DMI)(见图3—8)。其次是Δ^8→Δ^{7}异构化反应抑制剂。此外还发现了第三个作用点,即抑制Δ$^{14~15}$的还原反应。

　　麦角甾醇生物合成抑制机制研究得较为详细的是DMI,其抑制机制被认为是在一种被叫做多功能氧化酶的催化下进行的。该酶系中辅助因子细胞色素P-450起着重要作用[76~77]。P-450中重要结构单元铁卟啉环,可以结合氧原子形成铁氧络合物。脱甲基化是氧化脱甲基化过程,该过程就是卟啉铁氧络合物将活泼的氧转移到底物上,如羊毛甾醇的C$_{14}$的甲基上。其反应历程可用下面反应式表示(图3—9)。

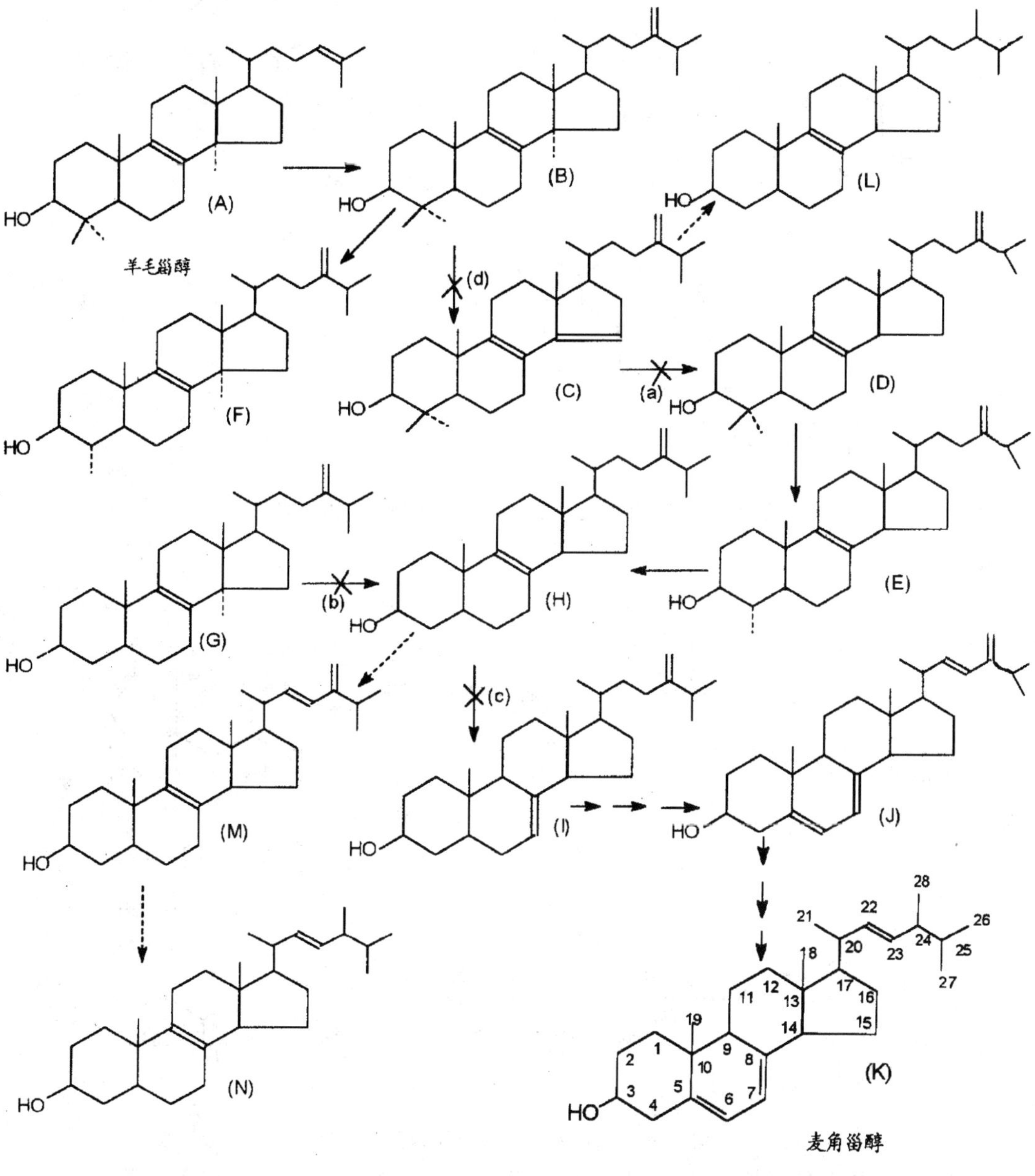

图 3—7　麦角甾醇生物合成历程及杀菌剂作用部位

A：羊毛甾醇，Lanosterol；　B：4,4-二甲基-14-甲基-$\Delta^{8,24(28)}$-麦角甾烷二烯醇；C：4,4-二甲基-$\Delta^{8,14,24(28)}$-麦角甾烷三烯醇；D：4,4-二甲基-$\Delta^{8,24(28)}$-麦角甾烷二烯醇；E：4α-甲基-$\Delta^{8,24(28)}$-麦角甾烷二烯醇；F：4,14-二甲基-$\Delta^{8,24(28)}$-麦角甾烷二烯醇，Obtusifoliol；　G：14α-甲基-$\Delta^{8,24(28)}$-麦角甾烷二烯醇；H：$\Delta^{8,24(28)}$-麦角甾烷二烯醇，Fecosterol；　I：$\Delta^{7,24(28)}$-麦角甾烷二烯醇，Episterol；　J：$\Delta^{5,7,22,24(28)}$-麦角甾烷四烯醇；　K：$\Delta^{2,7,22}$-麦角甾烷三烯醇，即麦角甾醇，Ergosterol；　L：$\Delta^{8,14}$-麦角甾烷二烯醇，Ignosterol；　M：$\Delta^{8,22,24(28)}$-麦角甾烷三烯醇；　N：$\Delta^{8,22}$-麦角甾烷二烯醇；a,b,c 和 d 为杀菌剂作用部位；虚线箭头表示正常历程受阻后改变的反常途径。

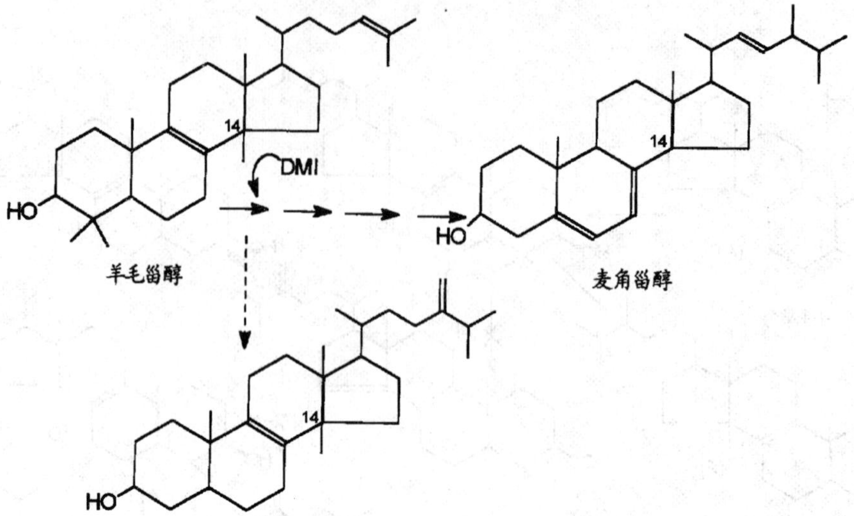

图 3－8　C₁₄-脱甲基化反应抑制剂（DMI）的作用部位

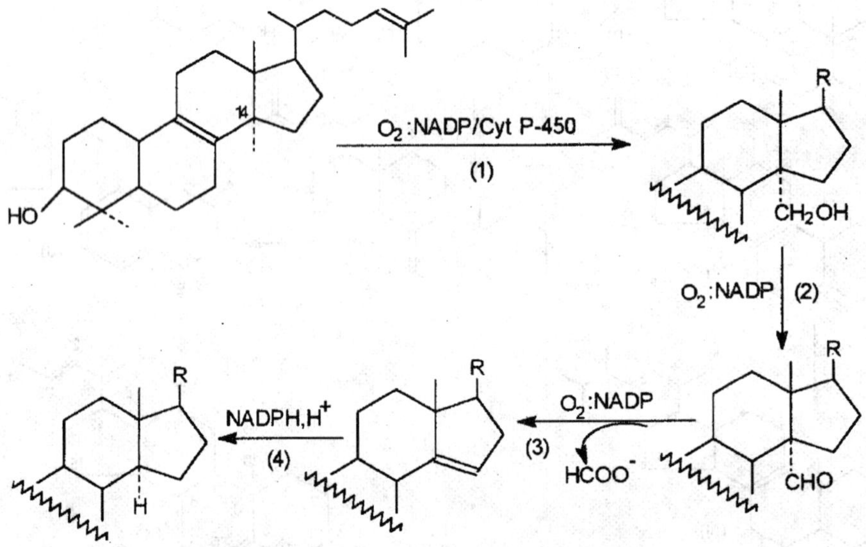

图 3－9　甾醇 C₁₄-脱甲基反应历程略图

NADP：烟酰胺腺嘌呤二核苷酸磷酸；NADPH：还原型烟酰胺腺嘌呤二核苷酸磷酸；

CytP-450：细胞色素 P-450

　　三唑类杀菌剂分子中三唑环上经 sp^2 杂化的 N 原子具有孤对电子，可与铁卟啉的中心铁实行原子配位而阻碍铁卟啉铁氧络合物的形成，因而抑制了羊毛甾醇的 C₁₄-脱甲基化反应，最终导致了麦角甾醇不能合成。这种机制可由图 3－10 予以说明。

　　三唑类杀菌剂对麦角甾醇生物合成的抑制部位，除了 C₁₄-脱甲基化反应外，还有第二第三等其它作用部位，有的也已得到证实。

　　三唑类杀菌剂中作为植物生长调节活性的机制被证明是通过阻碍植物体内贝壳杉烯 C₄ 的氧化脱甲基化来抑制赤霉酸的合成[78,79]，其过程也与细胞色素 P-450 有关。这反映了杀菌作用机制和植物生长调节机制有某种程度上的类似性。图 3－11 是用以说明这种类似性的计算机模拟图解。

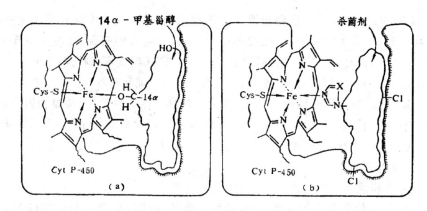

图 3—10   14α-甲基甾醇和杀菌剂与细胞色素 P-450 相互作用示意图

(a)细胞色素 P-450-羊毛甾醇 C_{14}-脱甲基作用过渡态；(b)细胞色素 P-450-杀菌剂复合物

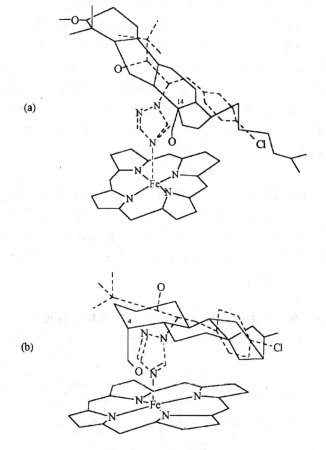

图 3—11   计算机图解显示

(a)：羊毛甾醇(──)和 Paclobutrazol 的(＋)-(2R,3R)-对映体(……)与细胞色素 P-450 卟啉(部分结构)
   (──)的结合；

(b)：(─)-贝壳杉烯(──)和 Paclobutrazol 的(─)-(2S,3S)-对映体(……)与细胞色素 P-450 卟啉(部分结
   构)(──)的结合

③抑制麦角甾醇生物合成的杀菌剂

　　根据 EBI 的作用部位,目前已经研究清楚的有两类:第一类是 C_{14}-脱甲基化反应抑制剂(即 DMI),其中有:哌嗪类的嗪氨灵,吡啶类的敌灭啶,嘧啶类的嘧菌醇、氯苯嘧菌醇、氟苯嘧菌醇;唑类的灭菌特、抑霉唑、乙环唑、丙环唑、三唑酮、三唑醇、双苯三唑醇、氟唑醇、烯唑醇、烯效唑、苄氯三唑醇、多效唑、抑菌腈、氟唑醇、氟美唑、N-十二烷基咪唑等。第二类是对甾醇 $\Delta^8 \rightarrow \Delta^7$ 异构化或/和 $C_{14(15)}$ 双键还原历程的抑制,其中有吗啉类的克啉菌、吗菌灵和丙菌灵等。

　　据称,个别杀菌剂如戊唑醇(Tebuconazole,Folicur),同时兼有三个作用点,即除了上述两个作用点外,还有第三个作用点:抑制 Δ^{14-15} 还原。但其主要作用点仍是 DMI。

　　(4)核酸合成抑制剂

　　①核酸的基本组成和主要功能

　　核酸是重要的生物大分子化合物,它分脱氧核糖核酸(DNA)和核糖核酸(RNA)两大类。核酸的基本结构单位是核苷酸,核苷酸是由核苷和磷酸组成的。核苷是由戊糖和碱基组成的。碱基分为嘌呤碱和嘧啶碱两大类。

　　核酸在菌体内有很重要的作用。核苷酸是核酸生物合成的前体,同时其衍生物也是许多生物合成的活性中间体。菌体内生物能量代谢中通用的高能化合物是 ATP,而核苷酸是 ATP 的重要组分,同时也是三种重要辅酶(烟酰胺核苷酸、黄素腺嘌呤二核苷酸和辅酶 A)的组分。从功能上看,DNA 是菌体内传递信息的载体,为遗传物质。RNA 在菌体内有三种类型:第一为核糖体 RNA(rRNA),它是构成核糖的骨架;第二为运转 RNA(tRNA),它在蛋白质生物合成中具有转运氨基酸、DNA 反转录、合成和其代谢调节等作用;第三为信使 RNA(mRNA),是蛋白质合成的模板,而 mRNA 合成的模板又是 DNA。因此,一旦核酸的生物合成受到抑制,将会使菌的生命受到严重影响。

　　②核酸生物合成抑制剂[81~98]

　　药剂对核酸生物合成的影响,按核酸合成的过程来分,主要有两方面:其一是抑制核苷酸的前体组分结合到核苷酸中去;其二是抑制单核苷酸聚合为核酸的过程。如果按照抑制剂作用的性质不同来分,则又可分为三类:第一类,是碱基嘌呤和嘧啶类似物,它们可以作为核苷酸代谢拮抗物而抑制核酸前体的合成;第二类,是通过与 DNA 结合而改变其模板功能;第三类,是与核酸聚合酶结合而影响其活力。

　　a.嘌呤和嘧啶类似物

　　有些人工合成的碱基类似物(杀菌剂或其它化合物)能够抑制和干扰核酸的合成。例如,6-巯基嘌呤(a)、硫鸟嘌呤(b)、6-氮尿嘧啶(c)、5-氟尿嘧啶(d)、8-氮鸟嘌呤(e)等。

　　这些碱基类似物在菌体细胞内至少有两方面的作用:它们或者作为代谢拮抗物直接抑制核苷酸生物合成有关的酶类,或者通过掺入到核酸分子中去,形成所谓的“掺假的核酸”,形成异常的 DNA 或 RNA,从而影响核酸的功能而导致突变。

　　一般认为,碱基类似物进入体内后需要转变成相应的核苷酸,才能表现出抑制作用。例如,

6-巯基嘌呤进入菌体,在酶催化下与 5-磷酸核糖焦磷酸反应,或经其它途径转变成巯基嘌呤核苷酸的生物合成。具体的作用部位可能有两个:一是抑制次黄嘌呤转变为腺嘌呤核苷酸和鸟嘌呤核苷酸;另一个是通过反馈抑制阻止 5-磷酸核糖焦磷酸与谷氨酰胺反应生成 5-磷酸核糖胺。8-氮鸟嘌呤在形成核苷后,除能抑制嘌呤核苷酸的生物合成外,尚能显著地掺入到 RNA 中去,有时也有少量掺入 DNA。6-氮尿嘧啶在菌体内可以先变成核苷,然后再转变成核苷酸;后者对乳清酸核苷-5′-磷酸(即尿嘧啶-6-甲酸核苷-5′-磷酸)脱羧酶有明显的抑制作用,使脱羧反应受阻:

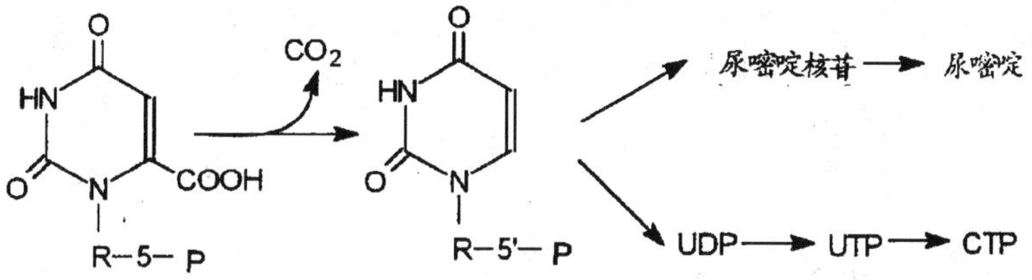

尿嘧啶核苷二磷酸(UDP)能够抑制多核苷酸磷酸化酶;而其核苷三磷酸则能抑制 DNA 指导的 RNA 聚合酶。通常尿嘧啶并不掺入 RNA 中去,嘧啶的卤素化合物常掺入到核酸中去,造成不正常的核酸分子。5-氟尿嘧啶能掺入 RNA,但不掺入 DNA。

真菌可能把一种非毒的化合物(如 6-氮杂尿嘧啶)转变成一种有毒的物质而杀菌,这种作用称为"致死合成"。

b.DNA 模板功能抑制剂

某些杀菌剂或其它化合物由于能够与 DNA 结合,使 DNA 失去模板功能,从而抑制其复制和转录。有三类起这种作用的药剂:第一,烷基化试剂,如二(氯乙基)胺的衍生物、磺酸酯以及乙撑亚胺类衍生物等,它们带有一个或多个活性烷基,能使 DNA 烷基化。烷基化的位置主要发生在嘌呤碱基的 N_7 上,腺嘌呤的 N_1、N_3 和 N_7 以及胞嘧啶的 N_1 也有少量被烷基化。鸟嘌呤烷基化后不稳定,易被水解脱落下来,留下的空隙可能干扰 DNA 复制或引起错误的碱基掺入。带有二个活性烷基的烷化剂能同时与 DNA 的两条链作用,使双链间发生交联,从而抑制其模板功能。磷酸基也可以被烷基化,这样形成的磷酸三酯是不稳定的,可以导致 DNA 的断裂。第二,抗生素类,如放线菌素 D、灰黄霉素、丝裂霉素等,直接与 DNA 作用,使 DNA 失去模板功能。例如,放线菌素 D 与 DNA 的鸟嘌呤之间形成特殊的氢键,成为非共价的复合物,抑制了 DNA 的转录功能。灰黄霉素也能与真菌的 RNA 形成稳定的复合物,或者说,它能抑制 RNA 和蛋白质生物合成对前体组分的摄取。丝裂霉素 C 在细胞内可被还原为氢醌衍生物,这种还原型产物是活性的,反应性能高,当与 DNA 反应时引起 DNA 双链间的共价交换。第三,某些具有扁平结构的芳香族发色团的染料可以插入 DNA 相邻碱基之间。例如吖啶(acridine)环,其大小与碱基相差不大,可以插入双链使 DNA 在复制中缺失或增添一个核苷酸,从而导致移码突变。它们也抑制 RNA 链的起始以及质粒复制。

c.核酸合成酶的抑制

核酸是由单核苷酸聚合而成的,这种聚合需有聚合酶的催化。有些杀菌剂能够抑制核苷酸聚合酶的活性,结果导致核酸合成被抑制。例如,抗生素利福霉素(Rifamycin)和利链菌素(Stretolydigin)等均能抑制细菌 RNA 聚合酶的活性,抑制转录过程中链的延长反应。

四氢叶酸是一个传递碳单位的辅酶组分。在碱基嘌呤或嘧啶生物合成过程中,均需含四氢叶酸的辅酶来催化。磺酰胺类化合物(包括杀菌剂敌锈钠的有效成分对氨基苯磺酸钠)则是叶酸的抑制剂,因此能抑制嘌呤特别是胸腺嘧啶的生物合成,结果使核苷酸和核酸的合成受到阻碍。嘧啶类化合物,如杀菌剂甲菌定、乙菌定等,也是抑制 N^{10}-甲酰四氢叶酸参与的一碳基团转移反应。N^{10}-甲酰四氢叶酸通过 N^5,N^{10}-亚甲四氢叶酸完成嘌呤基(C-2 位)闭环反应以及 dUMP(尿嘧啶脱氧核糖核苷一磷酸)C-5 位甲基化生成 dTMP(胸腺嘧啶脱氧核糖核苷一磷酸):

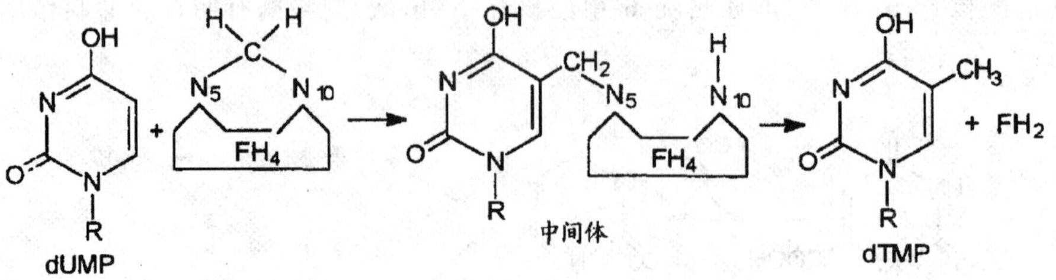

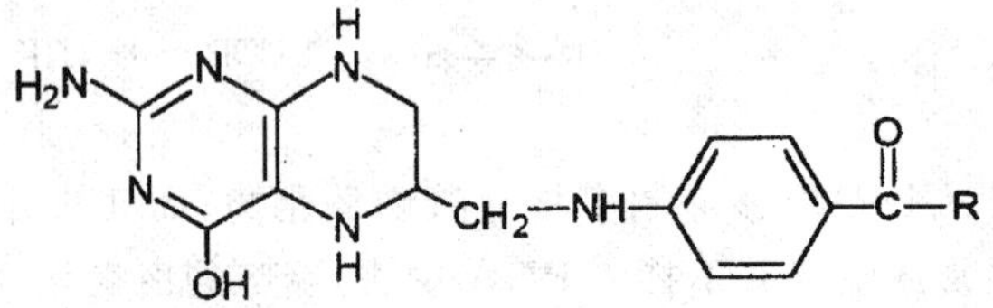

四氢叶酸(R 代表一个或几个谷氨酸分子)

③抑制核酸生物合成的杀菌剂

抑制核酸生物合成的杀菌剂,按其类型划分,有苯并咪唑类和可转化成苯并咪唑类的杀菌剂,如多菌灵、苯菌灵、麦穗宁、噻菌灵、托布津和甲基托布津等;嘧啶类,如甲菌定、乙菌定、6-氮尿嘧啶、果绿定等;抗生素类,如灰黄霉素;酰苯胺类衍生物,如甲霜灵;其它类杀菌剂如叶枯散、地茂散和恶霉灵等。

(5)蛋白质合成抑制剂[99~106]

蛋白质是一类重要的生物大分子,其合成在细胞代谢中占有十分重要的地位。蛋白质合成是在核糖体上进行的。核糖体也称核糖核蛋白体,由核酸和核蛋白组成。不同生物的核糖体的体积是不同的,其体积大小用沉降系数 S 表示。至今已发现有三种核糖体:80S、70S 和 60S,主要的是前两种。一个核糖体可分为大小两个亚基,80S 的亚基一个为 50S~60S,另一个是 30S~40S;70S 的亚基分别为 50S 和 30S。

蛋白质合成需要①场所:在核糖体内(称之为蛋白质合成的工厂);②原料:氨基酸;③能量:用 ATP 和 GTP 提供。其合成的过程也是相当复杂的,大体上可分为肽链引发、肽链延伸和肽链终止三个阶段。

①杀菌剂抑制蛋白质生物合成的作用机制

杀菌剂抑制蛋白质合成的作用机制是很复杂的。目前已有的材料,多限于抗生素的研究,其它杀菌剂的作用机制研究相对较少。对蛋白质合成作用机制大致有三种情况:

a.杀菌剂与核糖核蛋白体结合,从而干扰了 tRNA 与 mRNA 的正常结合。例如,放线菌酮的分子与核糖核蛋白体结合,使携带氨基酸的 tRNA 再不能和核糖核蛋白体结合。这样,与放线菌酮结合后的核糖核蛋白体也不再与 mRNA 结合,从而失去了直接模板,使蛋白质合成受到阻碍。氯硝胺(防治油菜菌核病的一种药剂)也有和放线菌酮相似的情况,只是作用位点不大相同。氯硝胺结合在 30S 亚基上,而放线菌酮结合在 50S 亚基上(对另一些生物是 60S)。此外还有稻瘟散和春雷霉素,前者与核糖体的大亚基结合,后者则与小亚基结合。此外,稻瘟散还会阻碍氨酰(或肽酰)tRNA 的转位作用。

b. 间接影响蛋白质合成

杀菌剂与 DNA 作用,阻碍 DNA 双链分开。例如,放线菌酮等影响了 mRNA"模板"的合成,因而间接地阻碍了蛋白质的合成。萎锈灵首先由于抑制菌体细胞内的生物氧化而引起 ATP 的缺少,破坏了蛋白质合成的必要条件之一——能量供给,所以也就阻碍了蛋白质的合成。

c. 原料的"误认"影响正常蛋白质的合成

青霉素与丙氨酰丙氨酸的主体结构很相似,后者是细胞壁重要组分粘肽的前身化合物分子结构中的一部分。由于相似结构的青霉素被误认而掺入"错误的"合成蛋白质中,结果影响到正常的蛋白质合成。许多细菌经青霉素处理后出现的细胞壁变形,就是由于细胞壁上蛋白质合成受到了上述的影响所造成的。

d. 蛋白质合成酶的活性受到抑制

如果催化蛋白质合成的酶其活性受到杀菌剂的抑制,必然也会影响到蛋白质的合成。例如异氰酸酯类化合物能与某些蛋白质合成酶中的—SH 作用,结果抑制了酶的活性。酶分子中的—NH_2,—OH,—COOH 等官能团也会与其它杀菌剂作用,使酶失活而干扰蛋白质的合成。

②抑制蛋白质生物合成的药剂

农药上杀细菌的物质,大多数是以医药开发而实际上作农药使用的。表 3—2 中列出了作为农药使用的抗菌素及其对蛋白质合成的抑制作用机制。

表 3—2 抗菌素对蛋白质合成的抑制作用

抗菌素	作　用　的　历　程	作用位置（核糖体）	有无抑制作用	
			原核生物	真核生物
春雷霉素	肽链的引发	30S	+	—
链霉素	氨酰转移核糖核酸与核糖体结合	30S	+	—
四环素	氨酰转移核糖核酸与核糖体结构	30S,40S	+	+
氯霉素	肽转移	50S	+	—
稻瘟散	肽转移	50S,60S	+	+
放线菌酮	拖延信使核糖核酸在核糖体上的作用	60S,80S	—	+

注:细菌由 30S、50S 核糖体亚基构成;真核生物由 40S、60S 亚基构成,两者结合成的物质为 80S。

3.1.3 代谢

由于杀菌剂使用后要涉及药效、毒性和对环境影响等问题,所以杀菌剂使用后的化学及生化变化也是人们非常关心的问题。

杀菌剂受自然环境条件的影响而改变其自身的化学结构,这种变化过程称为杀菌剂的代谢。杀菌剂的代谢过程可分为两类:一是无酶参与的自然的水解和氧化的纯化学分解反应;另一类是发生在有机体(植物、动物、微生物)代谢系统且多为由酶催化的生化反应。这一反应包括氧化反应、还原反应、水解作用以及结合物的形成等。

杀菌剂的代谢对杀菌剂的活性、毒性等性质有很大的影响。大多数杀菌剂进入植物体内没有发生变化就直接起杀菌作用,也就是说,它们在体外和体内的杀菌活性基本相同。但是有这样的杀菌剂,它们在体外不表现杀菌活性,而进入植物体内或施于土壤后被代谢或活化为另一活性物质才显示杀菌或抑菌活性,例如敌枯唑(Tf128)、稻枯磷、稻瘟酞、立枯灵、抑菌嗪酮等,即是如此.托布津和甲基托布津在体外对大多数病原菌也无活性,只是在植物体内受植物液汁的催化,变成乙基多菌灵和多菌灵后才发挥它们的毒效.三唑酮在植物体内也能代谢出更高的杀菌活性物质三唑醇.

　　杀菌剂使用后,经过一系列的代谢变化,其代谢产物有的最终变成无毒无害物质,但有的仍然保持相当的毒性,或者代谢出新的毒性物质,甚至成为致癌致畸物质,对环境造成污染.因此,应该引起人们的高度重视.

　　随着内吸杀菌剂的大量出现和使用,杀菌剂的代谢研究也有了很大的发展.但是在众多的杀菌剂中,并非对每一个杀菌剂品种都作了透彻的代谢研究.其中一个重要原因是与一个杀菌剂的杀菌活性高低、应用价值和使用寿命等有较大的关系.因此,这里将叙述的杀菌剂代谢,只是迄今为止所了解到的部分杀菌剂甚至是代谢中的部分代谢产物.其中,主要介绍其代谢途径,这种途径主要以化学反应式表达,必要时给以文字说明.下面将按杀菌剂的结构类型介绍各种杀菌剂的代谢.反应式中,标有致变因素的种类,分别以英文缩写字母表示.其中,a:动物;b:细菌;e:酶;f:真菌;l:光;p:植物;s:土壤;w:水.

3.1.3.1　苯并咪唑类

(1)苯菌灵(苯来特)和多菌灵[107~113]

苯菌灵和多菌灵,已经了解到的它们的代谢途径如图3-12反应式所示.

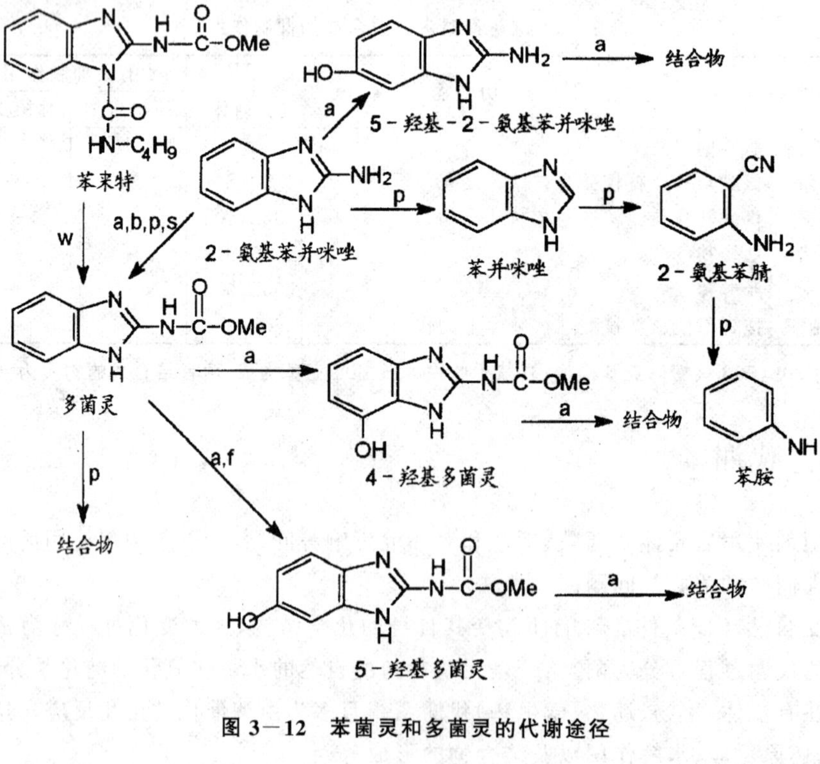

图3-12　苯菌灵和多菌灵的代谢途径

　　在稀水溶液或有机溶液中,苯菌灵会迅速脱去丁基氨基甲酰基团,形成多菌灵

(MBC)[107,108]，也可在微生物培养物中、土壤中、动物体内和植物体内形成。不同植物对苯菌灵的分解速度(生成 MBC)是不一样的。例如，对于棉花植株，苯菌灵在施用后 4 个星期就会完全转化为 MBC；而对于豆科植物，这种转化只需 5 天就可完成。热和光可提高苯菌灵的分解速率。

水解作用可使苯菌灵分解而产生 MBC 和正丁胺，同时释放出 CO_2。在大豆植株中，只有正丁胺而不是 MBC，能诱导植物认体素(羟基菜豆肮)的生成，这一事实表明苯菌灵分子中的组分正丁胺在性质上对植物的毒害作用。

多菌灵与苯菌灵相比，前者不易被植物和微生物分解，因而在土壤中更为稳定。试验证明，施药后 88 天在草莓植株内没有发现有标记的[环-2-^{14}C]-多菌灵的中间代谢产物；14 天后在黄瓜植株体内也只有 1.5％标记的[环-2-^{14}C]-多菌灵氧化成为 $^{14}CO_2$[109]。在土壤中，苯菌灵和多菌灵均会降解而形成 2-氨基-苯并咪唑。全部苯并咪唑类化合物的半衰期为 0.5～1 年[110]，但是，土壤中的微生物能促进苯菌灵或多菌灵的降解[111,112]。

在代谢产物中，2-氨基苯并咪唑和 4-羟基多菌灵的产生，这种羟基化作用，被认为是与多酚氧化酶或多功能氧化酶参与有关[113]。

(2)涕必灵和麦穗宁[114～121]

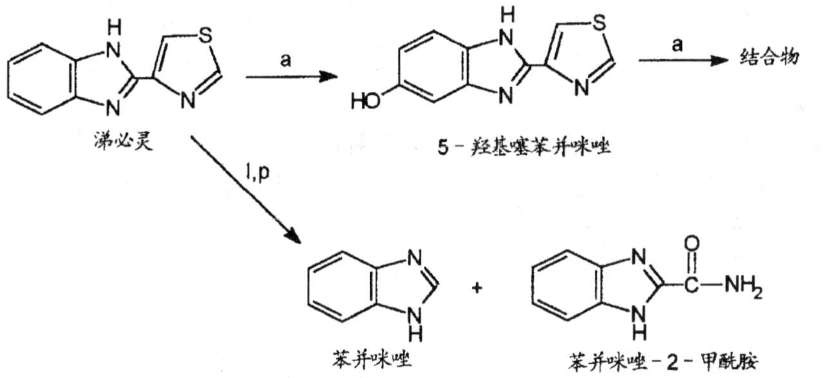

图 3－13　涕必灵的代谢途径

涕必灵最早是被作为一种驱虫药剂而发展起来，因此它在动物体内的代谢早已被研究，它在动物体内可被羟基化。对涕必灵在植物体内、土壤中和微生物体内的代谢的研究不如苯菌灵那样详细，可能是因它在实际应用中不那么广泛所致。在人工光照条件下，涕必灵不会转化，而在日光下，显然由于光化分解的作用，植株中有少量的苯并咪唑和苯并咪唑-2-甲酰胺形成。涕必灵在土壤中也会慢慢分解。

至于麦穗宁，目前尚无关于其在植物和微生物中的代谢报道。目前仅了解到它在动物体内的代谢[22]和苯并咪唑类杀菌剂相似，即形成了 5-羟基化物和它的结合物。呋喃环断裂形成苯并咪唑的 γ-羟基丁酸衍生物。其代谢途径如图 3－14 所示。

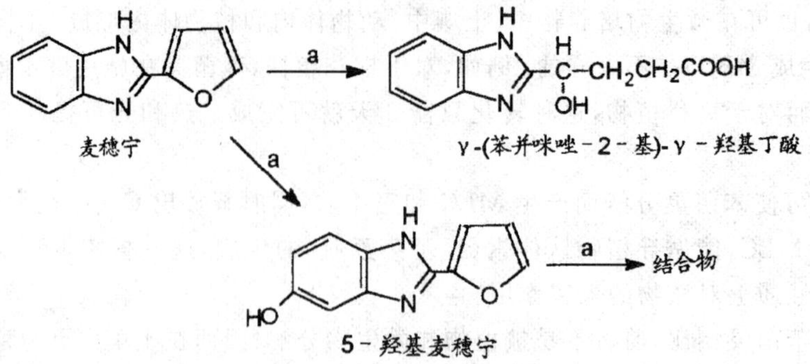

图 3—14　麦穗宁在动物体内的转化

3.1.3.2　托布津类[123~130]

甲基托布津和乙基托布津经环化作用,即形成起活性作用的物质——烷基苯并咪唑氨基甲酸甲酯(分别为多菌灵和它的乙基类似物)。此处只讨论甲基托布津的变化,而乙基托布津的变化与此没有本质上的不同。

甲基托布津转变为多菌灵,在水介质中较为缓慢,而在微生物体内却快得多。在土壤中,多菌灵是甲基托布津的主要代谢物。甲基托布津的杀菌效能可能主要是由于在真菌体内形成的多菌灵起作用。在棉花叶片上,甲基托布津可经光化作用而形成多菌灵,进一步的研究表明,多酚氧化酶作用所形成的中间产物邻苯醌可以加速这种转变。在动物体内,多功能氧化酶会催化甲基托布津环化成为多菌灵的反应过程。多菌灵最后尚能进一步代谢。

在代谢的转化产物中,除多菌灵外,还有少量的二甲基-4,4′-邻苯撑-双-脲基甲酸酯形成,这被证明是光化反应的结果。

托布津类杀菌剂的代谢途径如图 3—15 所示。

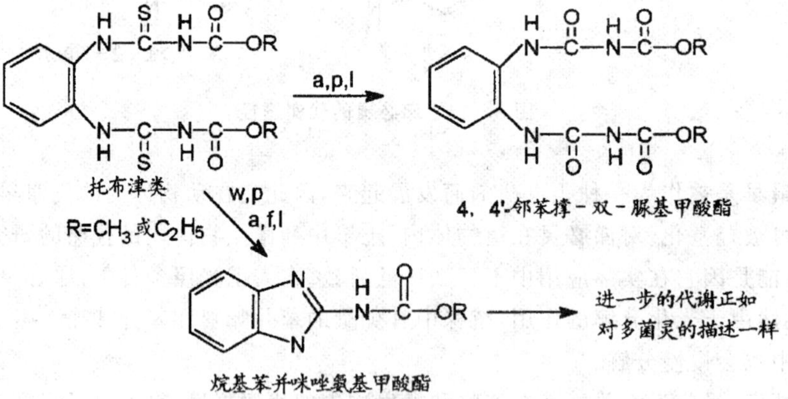

图 3—15　托布津类的代谢途径

3.1.3.3　丁烯酰胺类及有关化合物

(1)萎锈灵及氧化萎锈灵[131~140]

丁烯酰胺类比苯并咪唑类杀菌剂更易转化。在各种植物、动物和土壤中,萎锈灵容易被氧化成为具杀菌毒性的 S-氧化物(萎锈灵亚砜),有时也会发现少量的砜(氧化萎锈灵)。在水中,萎锈灵亚砜也会慢慢形成,但在有机体内,这个过程则进行得快得多。硫(S)原子转变为 S-氧化物的氧化作用是有机体内一种常见的转化类型。

在大麦和小麦植株中,大量的萎锈灵可能与木质素结合成非水溶性复合物。这种木质素复合物含有完整的萎锈灵分子。但是在豆类植物的植株中,认为是酰胺键被水解而生成苯胺,然后结合在植物体内的聚合物中。曾有报道,在氧化萎锈灵处理过的植株中,有游离的苯胺存在。在大麦植株中,萎锈灵的对羟基苯衍生物是其代谢物。萎锈灵在动物体内的代谢有不一致的情况,萎锈灵的代谢如图 3—16 所示。

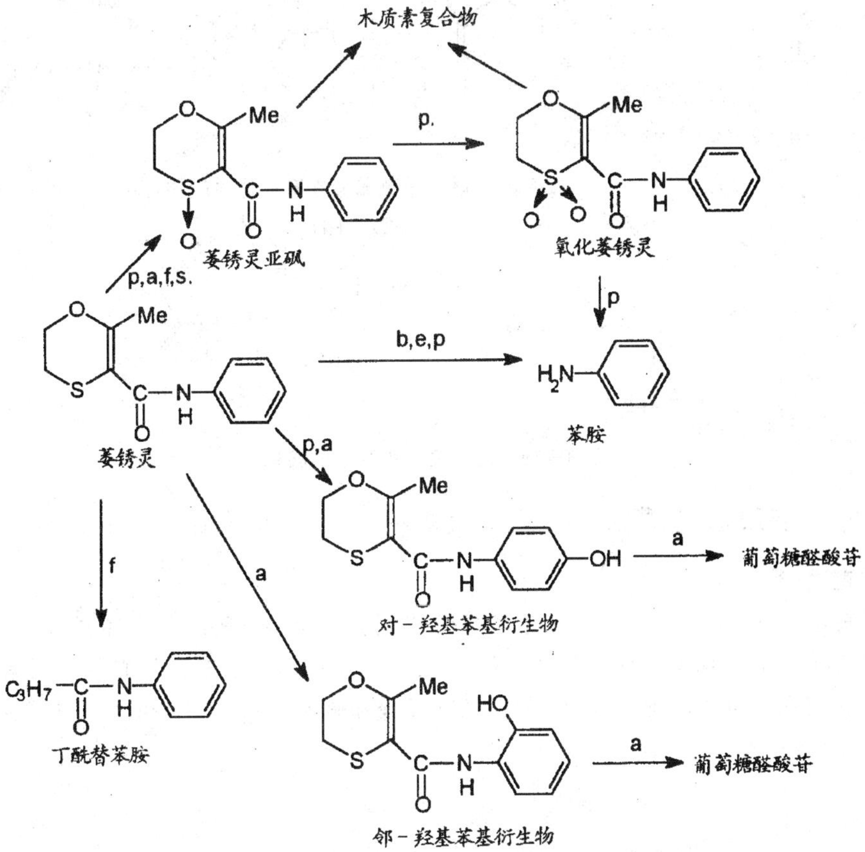

图 3—16 萎锈灵和氧化萎锈灵的代谢途径

在土壤中,萎锈灵最后氧化成为亚砜,但不发生水解。在消毒的土壤中,也有亚砜形成,因此不是微生物作用的结果,但有些微生物能将萎锈灵转变为亚砜。

(2)灭锈胺[139]

关于灭锈胺在植物体内的代谢过程未见报道,然而它可以被根霉菌 *Rhizopus japonica* 转化为它的对-羟基苯衍生物(见图 3—17)。

(3)2,5-二甲基-3-呋喃甲酰替苯胺[141]

该化合物与灭锈胺相似,能被包括根霉菌 *R. japonica* 在内的几种藻状菌所羟基化,至于能否形成对羟基苯衍生物尚不清楚。它在真菌体内的转化如图 3—18 所示。

(4)比锈灵[142]

比锈灵在小麦中代谢生成三个化合物,其中被鉴定的一个化合物如图 3—19 所示。

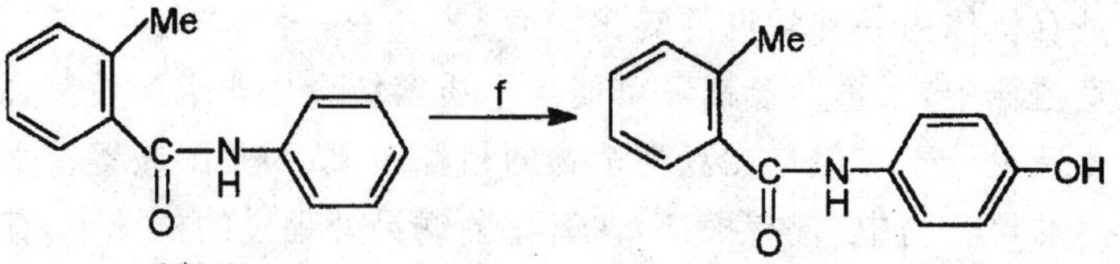

图 3—17 灭锈胺在真菌体内的转化

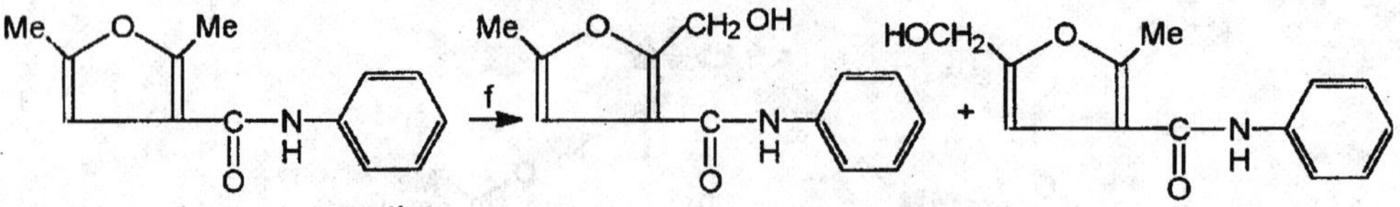

2,5-二甲基-3-呋喃甲酰替苯胺

图 3—18 2,5-二甲基-3-呋喃甲酰苯胺在真菌体内的转化

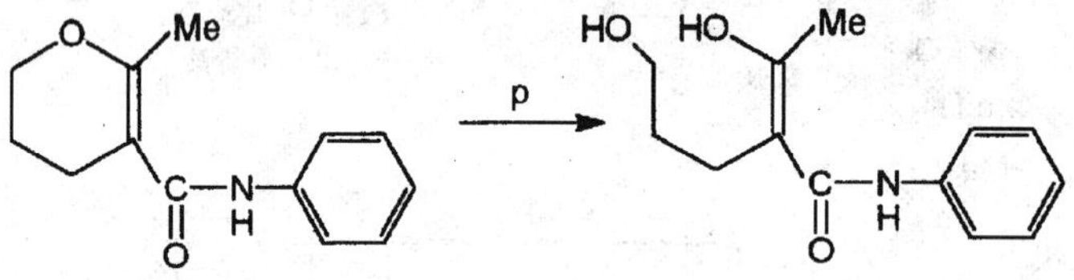

比锈灵

图 3—19 比锈灵在小麦中的转化

3.1.3.4 有机磷酸酯类

(1)定菌磷[143,144]

稻瘟病菌 *Pricularia oryzae* 能将定菌磷代谢为 6-乙氧基羰基-2-羟基-5-甲基吡唑并 [1,5-a]嘧啶(PP)和定菌磷氧化类似物(PO-定菌磷),在黄瓜叶子中,PP 的 β-葡萄糖苷被测定为代谢产物,而在老鼠体内则形成 PP 的葡萄糖醛酸和硫酸酯结合物。在叶子中可能有少量的 PO-定菌磷(图 3—20)。

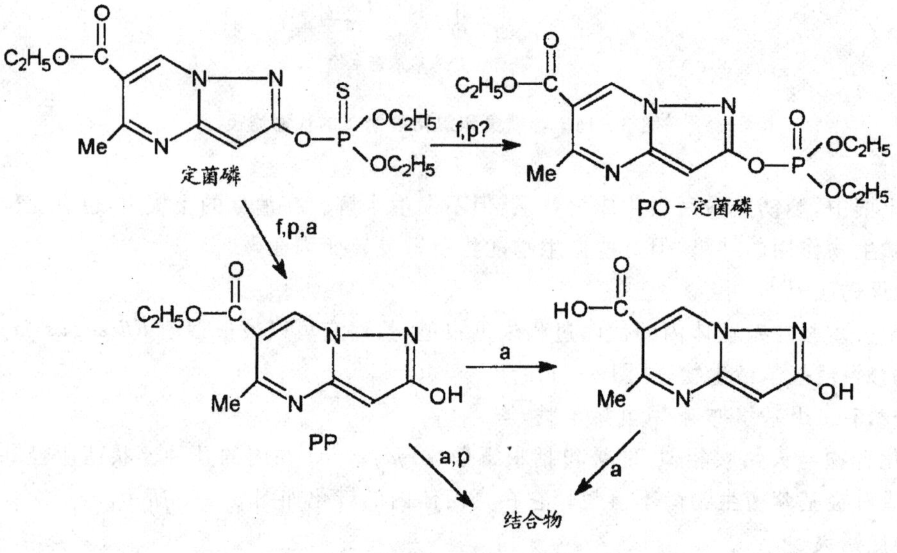

定菌磷

PO-定菌磷

PP

结合物

图 3—20 定菌磷的代谢过程

（2）克瘟散[145~148]

克瘟散的代谢途径如图 3—21 所示。

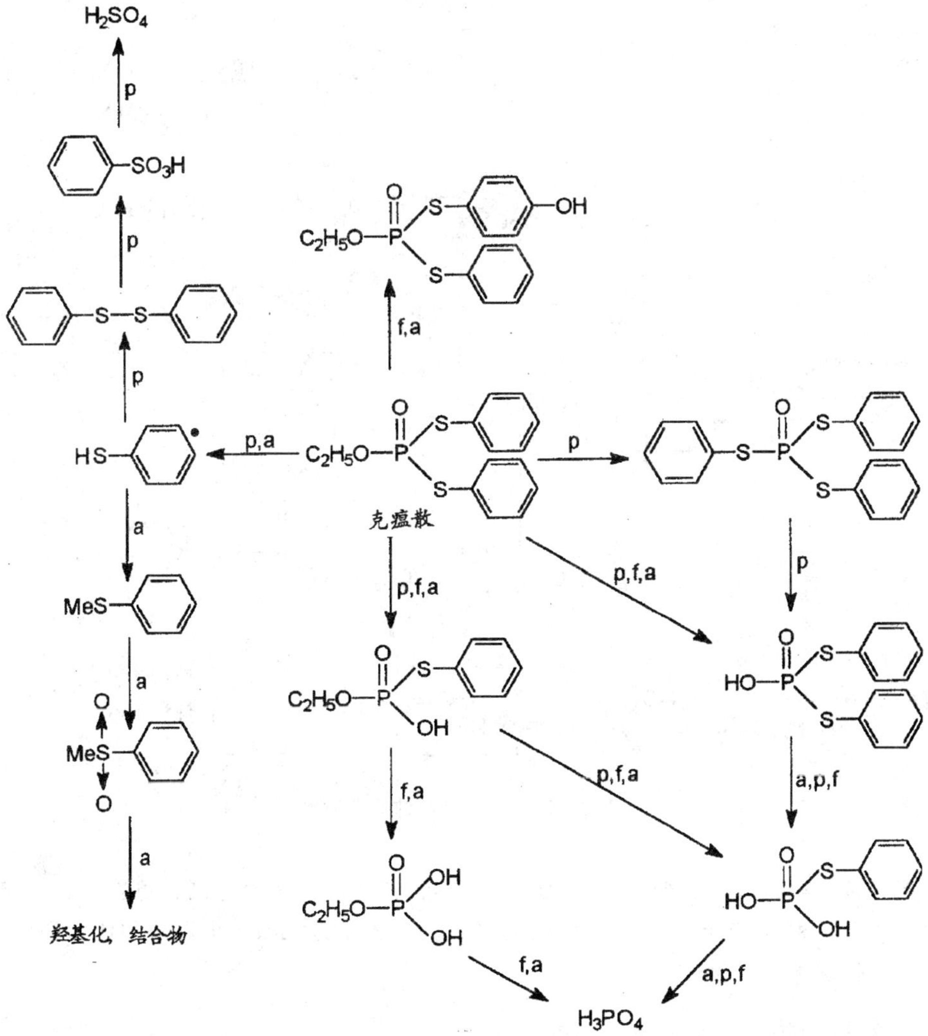

图 3—21　克瘟散的降解

• ＝建议的途径或化合物

　　克瘟散在植物、真菌和动物体内的大多数代谢途径是相似的。但是，分子间异构化（酯基转移作用）而导致对羟基苯基硫逐磷酸酯（P＝S）的形成这个现象仅在植物体内观察到。

（3）异稻瘟净[149~151]

异稻瘟净的代谢途径如图 3—22 所示。

　　异稻瘟净和克瘟散的代谢途径有个重要的区别，就是由稻瘟病菌 *P. Oryzae* 引起的羟基化发生在间位而不在对位上。曾经观察到，异稻瘟净在植物体内的代谢过程会有由异构化引起的硫逐磷酸酯（P＝S）的形成。而且，代谢物 O,O-二异丙基氢硫赶磷酸酯被甲基化成为 O,O-二异丙基-S-甲基硫赶磷酸酯，这是一个由高半胱氨酸生物合成蛋氨酸相似的过程：

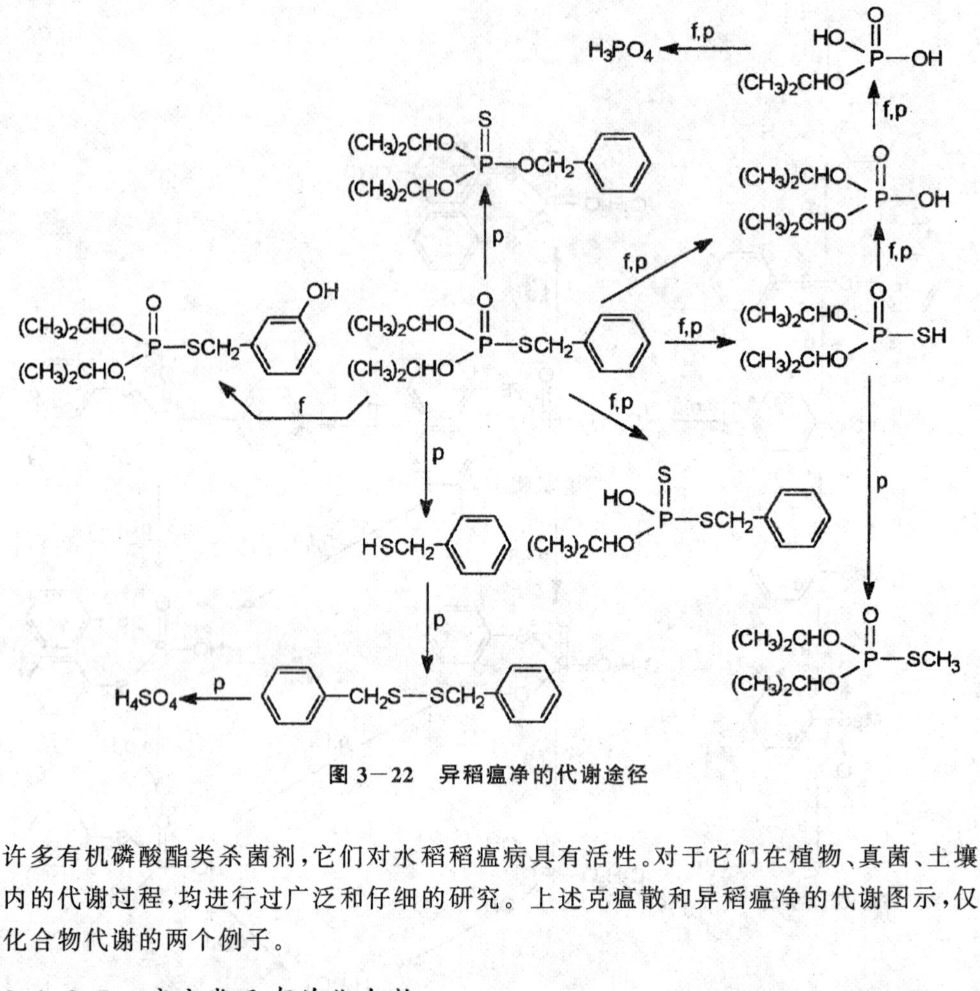

图 3-22 异稻瘟净的代谢途径

许多有机磷酸酯类杀菌剂,它们对水稻稻瘟病具有活性.对于它们在植物、真菌、土壤和动物体内的代谢过程,均进行过广泛和仔细的研究.上述克瘟散和异稻瘟净的代谢图示,仅作为这类化合物代谢的两个例子。

3.1.3.5 嘧啶类及有关化合物

(1)甲菌定和乙菌定[152~156]

这两种杀菌剂的代谢途径如图 3-23 所示。

甲菌定和乙菌定的代谢近似在动物体中的那种类型进行,即 N-脱羟基作用,丁基的羟基化和结合物的形成.在植物体中,与结合物形成相比,羟基化看来是次要的途径.在植物体中形成的结合物是葡萄糖苷类,可能还有磷酸酯类.而在动物体中,葡萄糖醛酸苷类是唯一确定了的结合物。

在黄瓜植株上,甲菌定会很快进行 N-脱烃作用而形成仍有杀菌活性的 N-甲基衍生物.第二个 N-甲基脱掉较慢,并产生比较无活性的 2-氨基衍生物,这个衍生物亦可由乙菌定在大麦植株体内形成。

乙菌定在土壤中会分解,降解速度决定于它的类型.在水溶液中,乙菌定可被光分解为乙基脲。

(2)丁嘧酯[156]

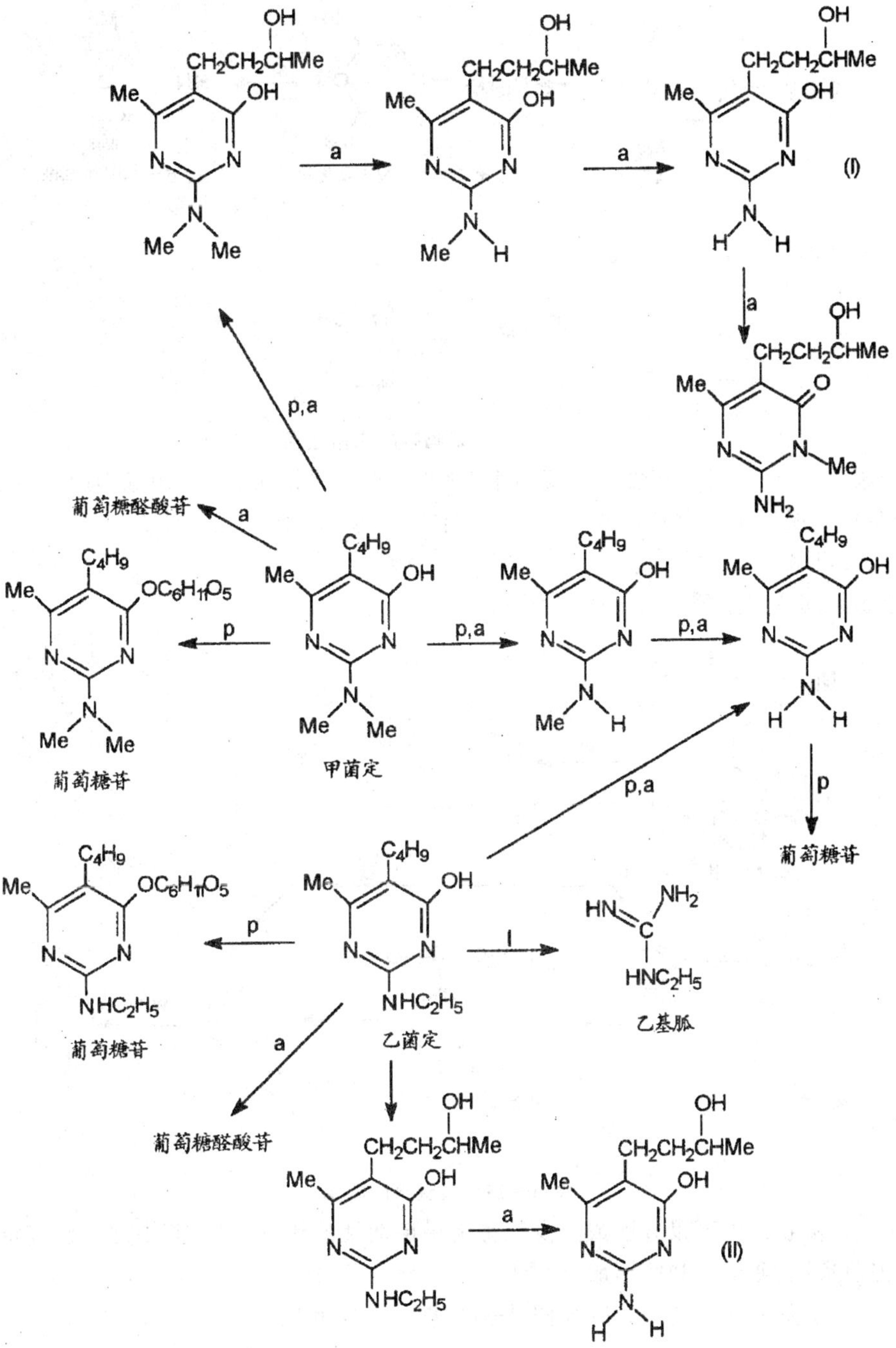

图 3—23　甲菌定和乙菌定的代谢途径
（注意：化合物 Ⅰ 和 Ⅱ 是一样的）

在苹果叶和果的表面，丁嘧酯容易转化为乙菌定，乙菌定本身可再进一步降解。

（3）十三吗啉（克啉菌）[157~160]

该杀菌剂的代谢途径如图 3—24 所示。

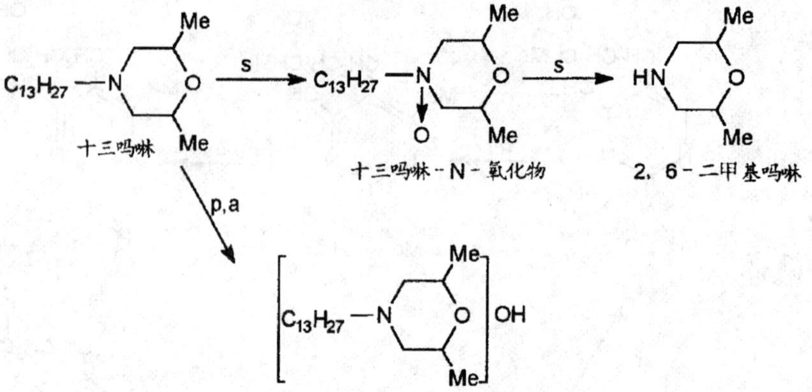

图 3-24 十三吗啉的代谢途径

在土壤中,十三吗啉会缓慢地转变为十三吗啉-N-氧化物和2,6-二甲基吗啉。在大麦植株中,也观察到有羟基化的十三吗啉。

(4)嗪胺灵[161]

该杀菌剂的代谢途径如图3-25所示。

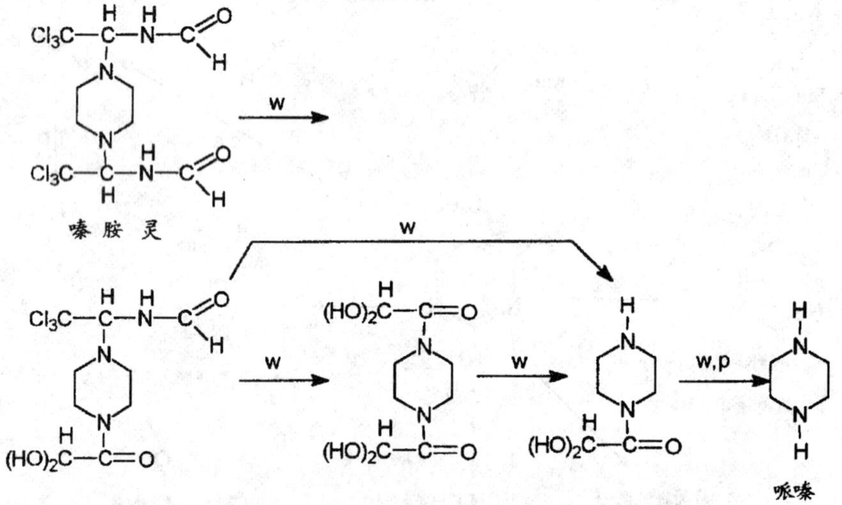

图 3-25 嗪胺灵的降解

嗪胺灵在植物体内可以分解成至少四种无杀菌活性的代谢产物,其中之一已鉴定为哌嗪。

(5)抑菌嗪酮、卵菌灵和胺丙威[162,163]

这三种杀菌剂的代谢途径分别如图3-26、图3-27和图3-28所示。

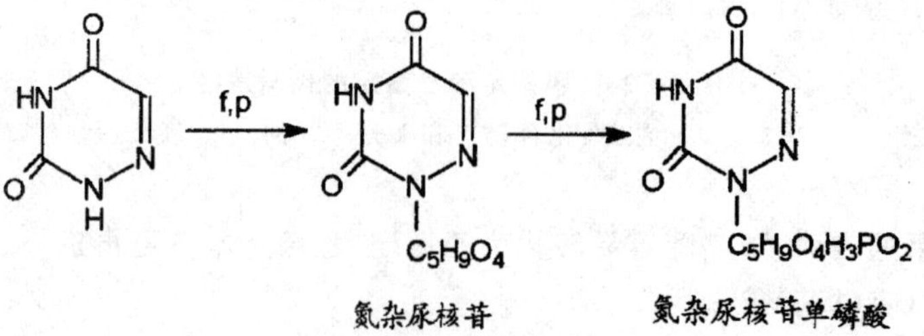

图 3-26 抑菌嗪酮代谢途径

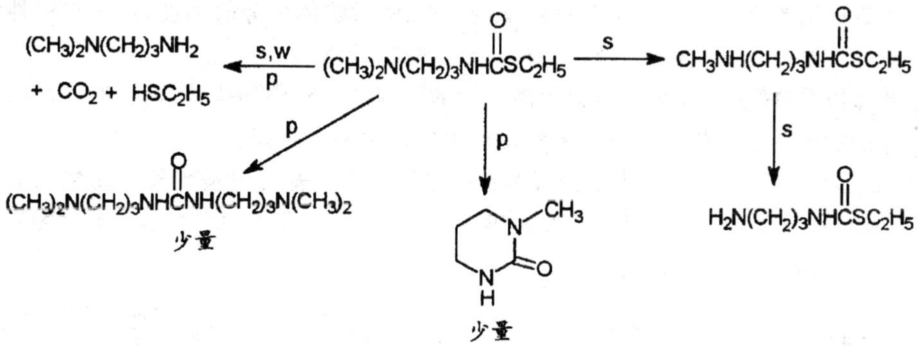

图 3—27　卵菌灵的代谢途径

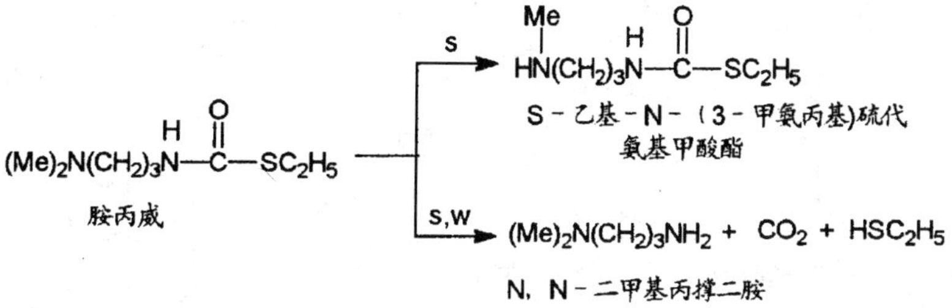

图 3—28　胺丙威的分解

3.1.3.6　三唑类

(1)三唑酮[164]

三唑酮是目前农业生产上大量广泛应用的高效广谱杀菌剂,该化合物对真菌的毒性与它的代谢有着密切的关系。曾有人认为三唑酮本身并没有活性,只有通过真菌或植物的代谢还原为三唑醇这一必要的活化过程,才能表现出杀真菌活性。三唑酮及其代谢产物三唑醇,具有的光学异构体如下所示:

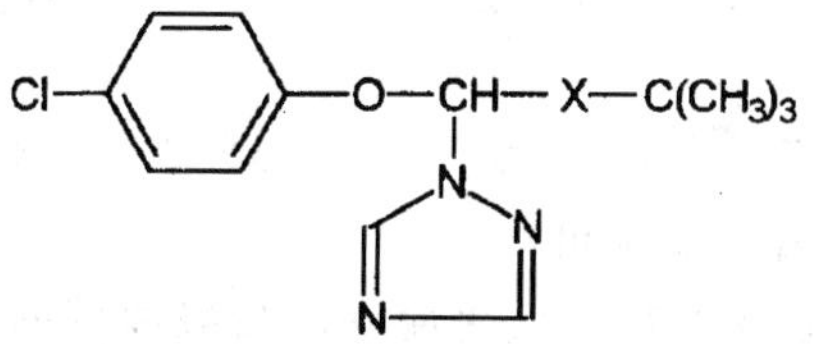

化合物	X	异构体
三唑酮	$\searrow$C=O	1R,1S
三唑醇,	$\searrow$CHOH	1R,2S;1S,2R;1R,2R;1S,2S

根据真菌对三唑酮和三唑醇单个对映体的敏感性和三唑醇代谢物对映体的组成,认为影响三唑酮离体活性的有:①三唑酮转化为三唑醇的程度;②三唑醇对映体的定性和定量组成;③失活代谢过程;④真菌对三唑醇单个对映体的敏感性。根据真菌对三唑酮的代谢和敏感性的相互关系,可把一些真菌分为三种类型:(Ⅰ)对三唑酮和三唑醇均敏感;(Ⅱ)对这两种化合物均不敏感;(Ⅲ)对三唑酮不敏感,但对三唑醇中等敏感。不同的真菌使三唑酮代谢为主要产物三唑醇的转化率差别很大,可以从 1％到 95％。代谢产物三唑醇均由两种或多种对映体组成,其中 1S,2R 对映体活性最高。不同种类的真菌对各种异构体(对映体)的敏感性也各有差异。例如,上述(Ⅰ)类真菌能使三唑酮高度转化为三唑醇(＞80％),而且对其中的两种或多种对映体均是敏感的。(Ⅱ)类真菌,主要产物为三唑醇的 1R,2S;1R,2R 或 1S,2S 对映体,转化率为10％～100％因种类不同而异。但这类真菌无论对三唑醇的转化量还是对映体组成如何均不敏

感。(Ⅲ)类真菌则表现为对三唑酮和三唑醇的 1S,2R 对映体中等敏感性,对其它三种对映体不敏感。其特点是转化率很低、高敏感;或者转化率高、低敏感。

在植物体内,三唑酮占优势地转化为高活性的三唑醇非对映异构体,而且有较高的化学稳定性。三唑酮在植物中的代谢和经真菌作用产生的代谢基本相同。

除了三唑醇这个主要代谢产物之外,尚有一定量的特丁基的甲基被氧化而生成的羟基衍生物。4-氯苯酚和结合物的产生只限于在高等植物体内才有。图 3—29 表示出了三唑酮在微生物和高等植物体内的主要代谢途径。

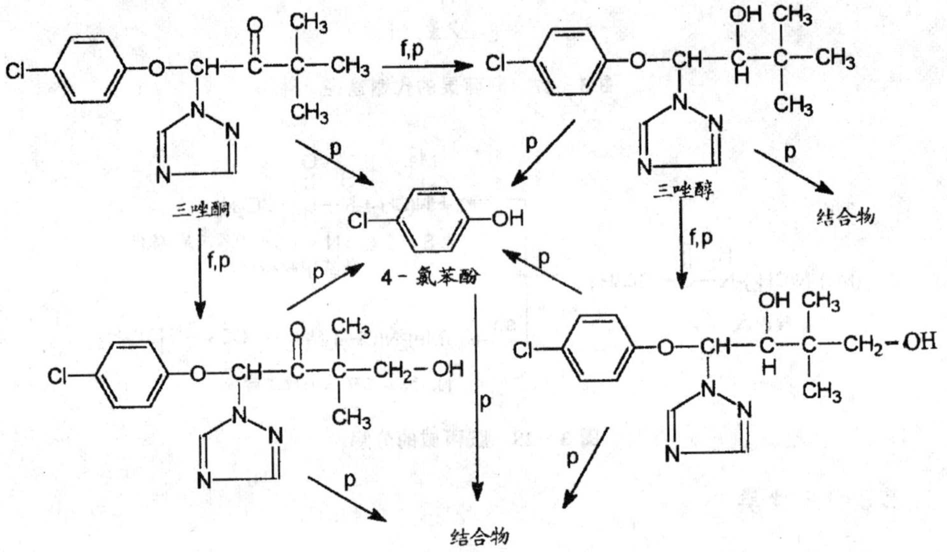

图 3—29 三唑酮的主要代谢途径

(2)烯唑醇[165]

烯唑醇(S-3308)是继三唑酮之后开发出的更为高效、广谱的内吸性三唑类杀菌剂。有关它的代谢研究,目前仅见到雄性大鼠中的代谢途径,所用药剂是未经拆分的消旋体,其代谢途径如图 3—30 所示。

实验测定表明,大鼠口服的烯唑醇,通过其分子中特丁基的氧化作用,大部分被迅速代谢,7 天内,口服量的 14%～46%由尿排泄出,52%～87%由粪便排出。

由图 3—30 可以看出,烯唑醇代谢的主要产物是由特丁基的氧化而变成羧酸和醇的衍生物,如图 3—30 中的 4-COOH-(RS)-8AE,4-COOH-(RS)-8AZ,5-OH-(RS)-8AE,5-OH-(RS)-8AZ,DTP-alconol 等。其中,羧酸衍生物是主要的(约有 25%～62%),醇的衍生物是少量的(约有 4%～15%)。大多数代谢产物分泌在胆汁和肠肝循环之中。同时还发现,以不同异构体(E-和 Z-体)给药的大鼠,其代谢出的羧酸衍生物在粪便中的量是不同的,即(RS)-8AE＞(RS)-8AZ。在用(RS)-8AZ 给药的大鼠的代谢物中,还发现少量的由 C_3-位发生氧化而形成酮体化合物,该酮体化合物只存在于大鼠的胆汁里。用(RS)-8AE 给药的大鼠代谢物中,有在苯环上具有甲硫基和羟基的化合物,它们仅在大鼠的粪便中被检测出来。

另据报道[166],烯唑醇在甲醇中,作为一种薄膜情况下以及在土壤表面受紫外光或阳光照射作用后,会发生碳链的断裂和—OH 的被氧化,并伴随异构体转化,生成少量的(E+Z)-DTP 酸、(E+Z)-DTP 醛以及大量的(E+Z)-烯酮(见图 3—31)。紫外光对烯唑醇的降解转化速度比阳光快得多。

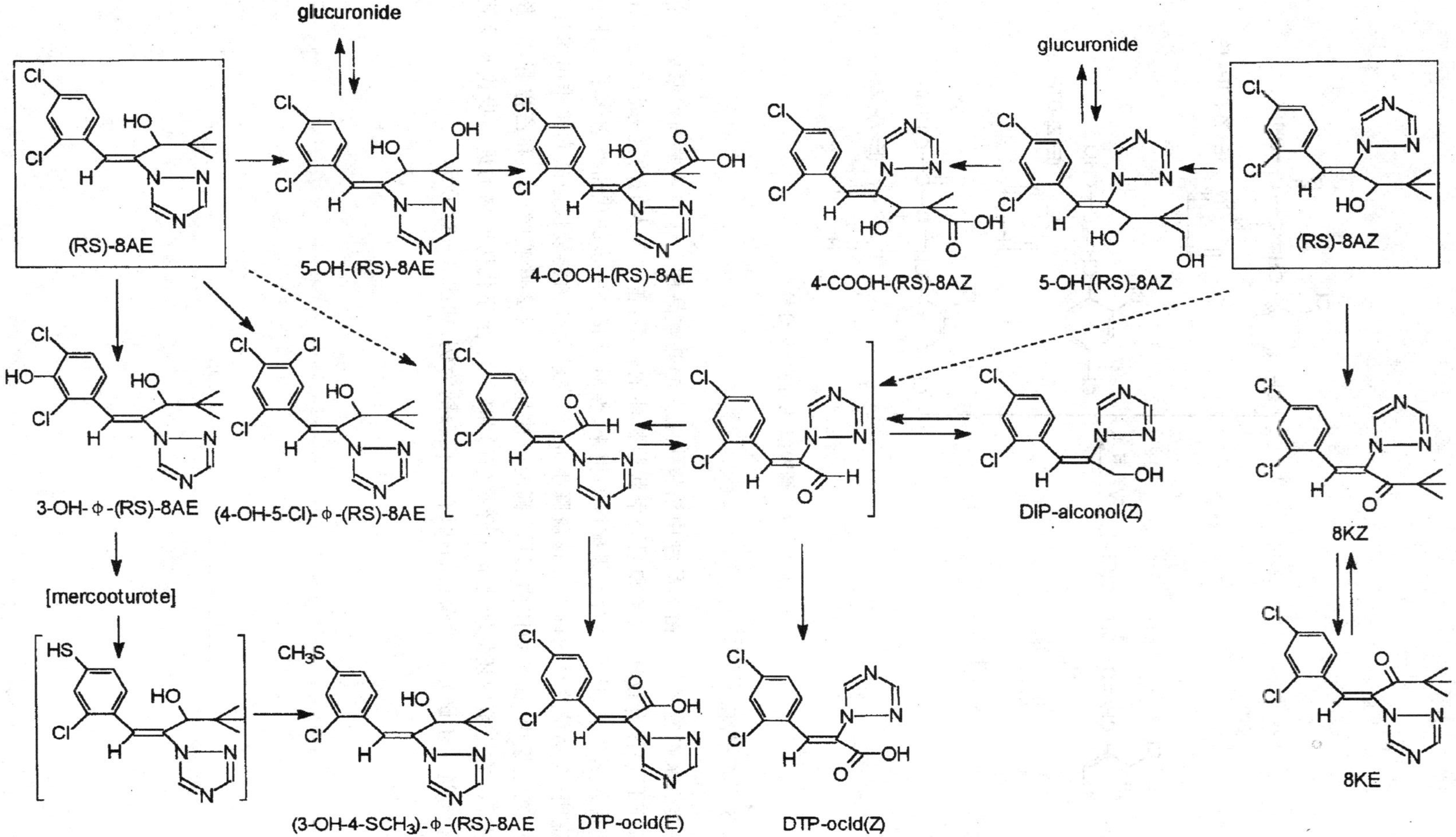

图 3—30　烯唑醇在雄性大鼠中的代谢途径

图中，glucuronide 为葡萄糖醛酸苷，∅代表苯环；(RS)代表消旋体。

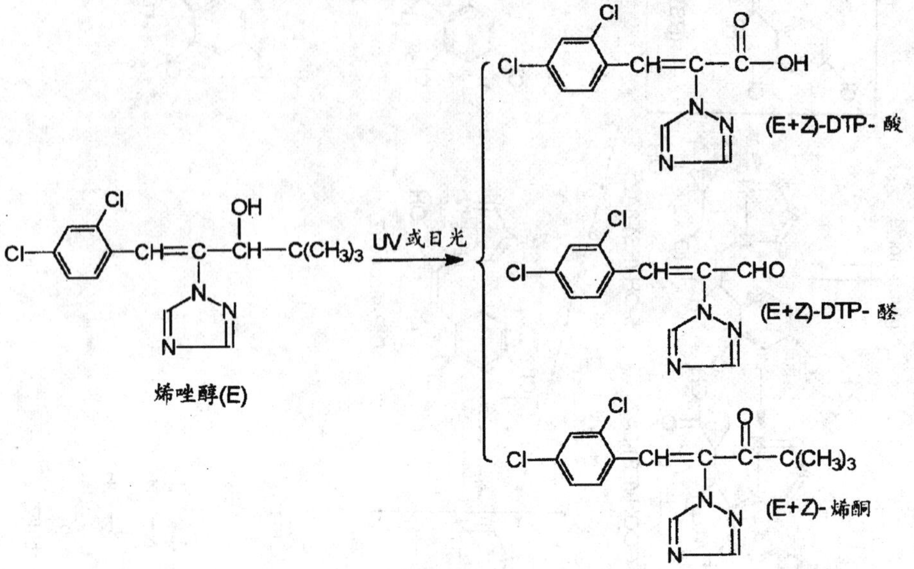

图 3-31 烯唑醇(E)的光化分解

3.1.3.7 代森类[167]

代森类杀菌剂曾经是杀菌剂品种中销售量最大的基本品种。这类杀菌剂代谢的一个产物乙撑硫脲(ETU)因有致癌、致畸和阻碍甲状腺机能的作用,曾引起人们的忧虑和关注。因此,对代森类杀菌剂代射,特别是对乙撑硫脲的由来、性质及其进一步的代谢产物作了较仔细的研究。试验证明,在动植物体内确有乙撑硫脲生成,但在动物体内能较快地随粪便排出体外;紫外光照射下,在土壤中,在植物体内 ETU 都能较快地转化成 2-咪唑啉(Ⅰ)和乙撑脲,后者为主要产物。ETU 在土壤中还能转化成化合物(Ⅳ)和(Ⅴ)。至于代谢产物的进一步代谢及其毒理学试验,有待进一步研究。代森类的代谢(以代森钠为例)如图 3-32 所示。

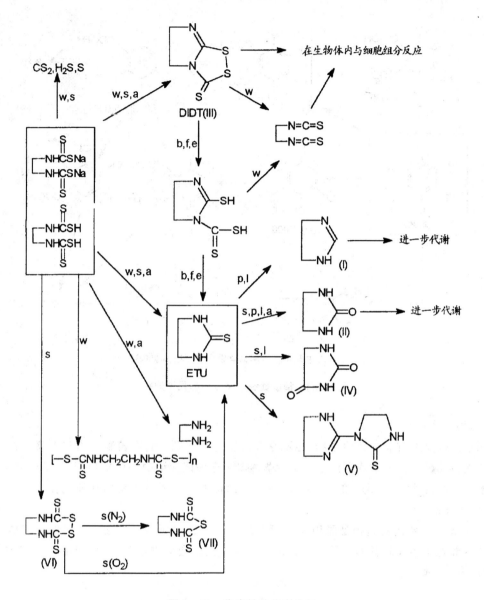

图 3—32　代森钠的代谢途径

3.1.3.8　有机氯类

现已了解到的有机氯杀菌剂的代谢有稻瘟酞、地茂散和菌核利。它们的代谢途径分别如图
3—33、图 3—34 和图 3—35 所示。

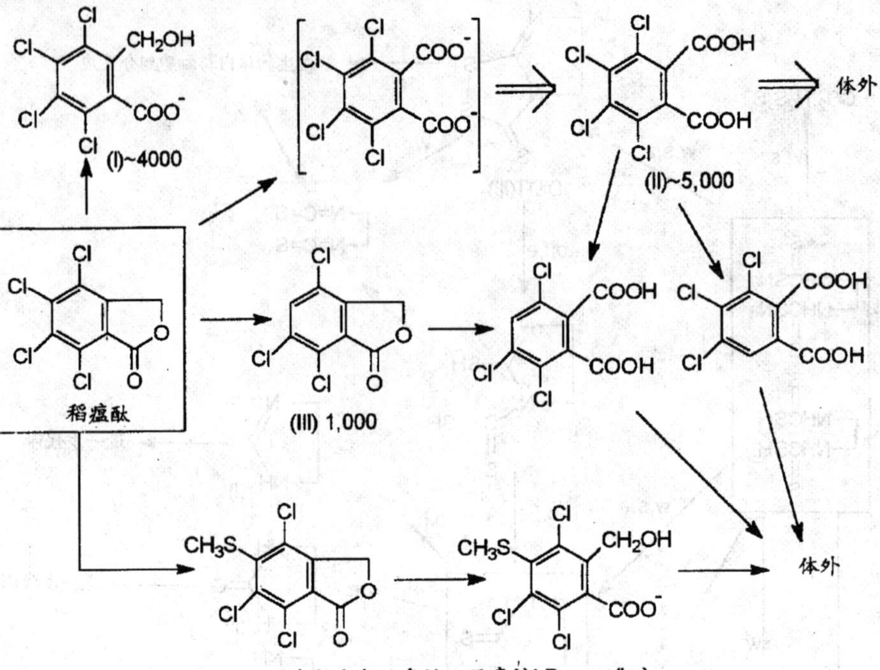

（图中数字表示急性口服毒性LD$_{50}$,mg/kg）

图 3—33 稻瘟酞在动物体内的代谢途径

（1）稻瘟酞[168]

稻瘟酞虽是芳香有机氯化合物，但不存在二次药害问题。它在植物体内和土壤中，一般经过 180 天后几乎全部分解成可溶于水的无害物质。毒理试验证明小白鼠口服 8.77mg/kg 剂量的稻瘟酞，24 小时后有 90％、3 天后有 98％被排出体外。在尿中还检出开环化合物（Ⅰ）等。

（2）地茂散[169~172]

地茂散的主要代谢途径是脱甲基化而变成 2,5-二氯-4-甲氧基苯酚，可发生在植物体内、动物体内和处于生长旺盛的几种真菌体内。一些真菌还会促进逆转反应，即由 2,5-二氯-4-甲氧基苯酚形成地茂散。

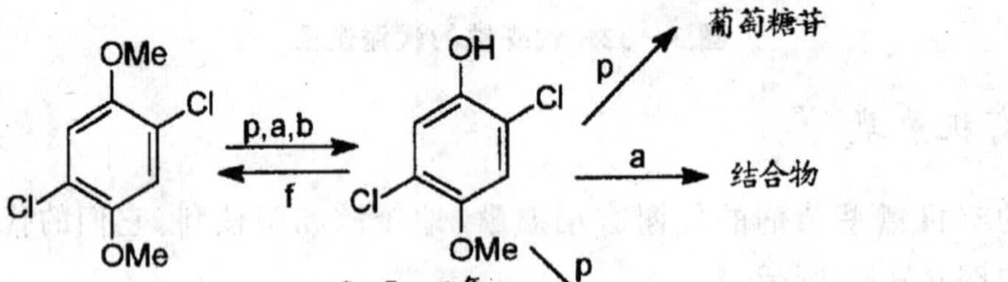

图 3—34 地茂散的代谢途径

(3)菌核利[173]

菌核利在土壤和水中被分解,首先是噁唑环部分开环变成带羧基(—COOH)和—OH 的化合物,后者进一步代谢为异氰酸衍生物:

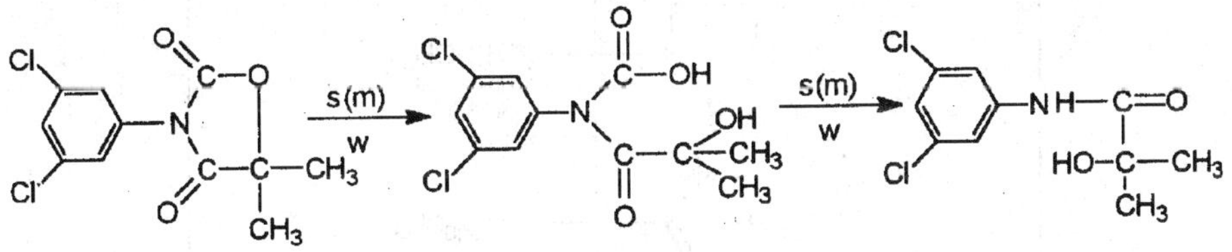

图 3—35　菌核利的代谢途径

3.1.4　结构与活性关系

杀菌剂分子的化学结构与其生物活性之间的关系是一个值得重视的问题。因为如果了解了这种关系并掌握了它们的规律性,人们就可以有目地预测、设计和合成某些有效的杀菌剂,用以防治植物病害,从而减少研究工作中的盲目性,并可节省时间以及人力和财力。

但是,由于药剂分子结构和生物活性之间的关系是一个非常复杂的问题,所以迄今为止还没有掌握这方面的普遍规律性。近来有人把反映药物研究上的构效关系的 Hansch 方程运用于农药的构效研究,在一定范围内能够定量地反映某些化学结构因素与生物活性之间的关系,但是例外的情形也很多。

根据人们对杀菌剂构效研究的现状,这里将从四个方面叙述结构与活性之间的关系:一是基团性质对杀菌活性的影响,二是立体异构对杀菌活性的影响,三是定量构效关系,四是先导优化和先导展开。

3.1.4.1　基团性质对生物活性的影响

活性基和成型基　杀菌剂分子中,主要起毒杀作用的基团或结构单元称为活性基或毒团(toxiphore),分子中具有同一类"活性基"的化合物,有助于通透真菌细胞膜而对毒团作用产生影响的取代基团,称之为"成型基"(shaped charges)。一般说来,分子中的极性部分往往被看成是"活性基",而亲脂性基团往往被看成是"成型基"。例如:

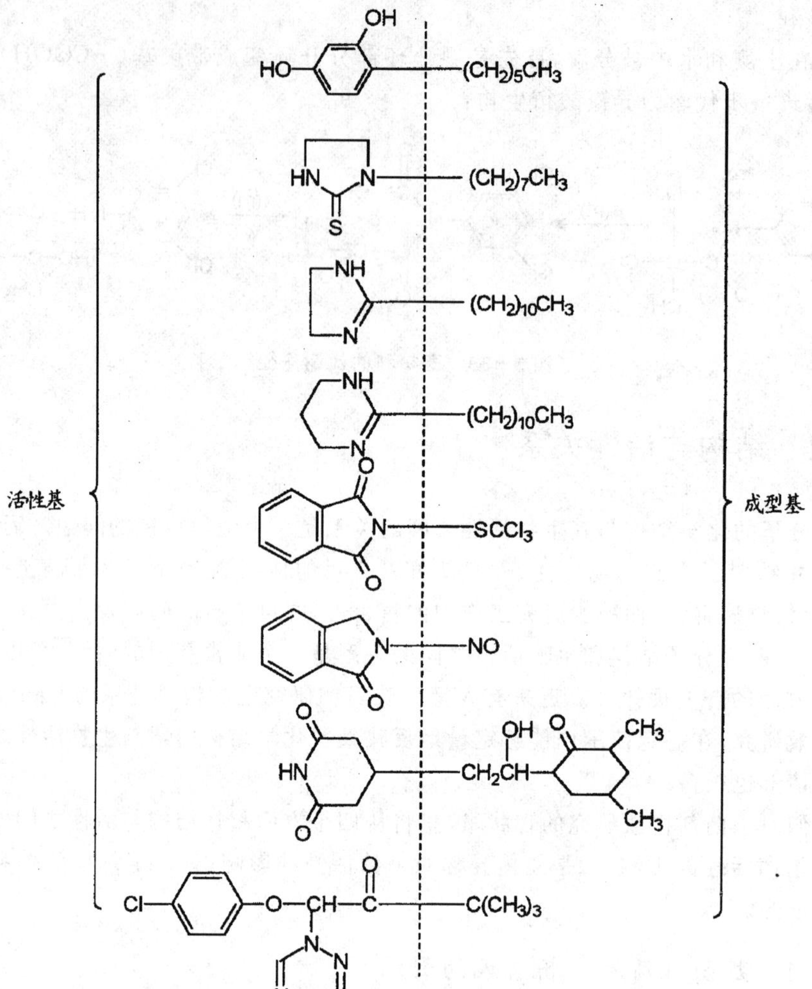

（1）活性基的特点和作用

在现有的杀菌剂分子中，常见的活性基有：

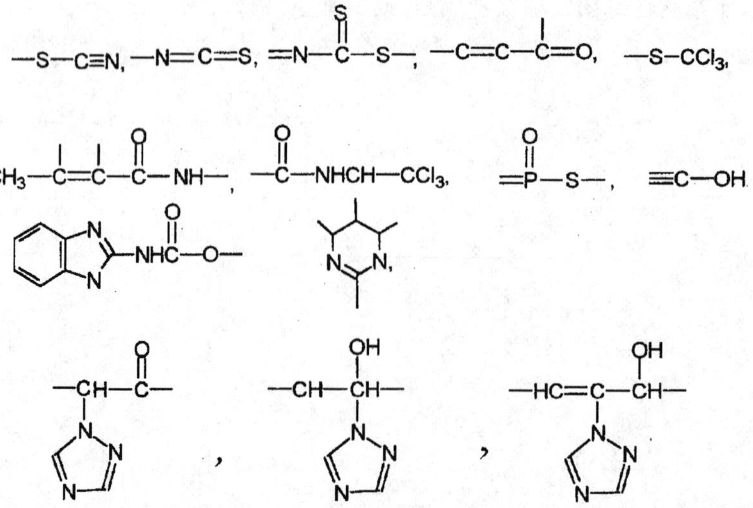

这些活性基有如下的特点和作用：

①具有不饱和的双键和三键的，它们可与微生物体中的—SH、—NH$_2$等发生加成作用，因而具有生物活性。如—S—C≡N、—N=C=S、—C=C—C=O，均可与—SH 或—NH$_2$发生加成反应。因此可以说，凡是能与—SH、—NH$_2$等发生加成作用的功能团均可能是活性基。

②具有　=N—C—S—　等结构，可与微生物中的金属形成螯合物而具有生物活性。因此可以说，凡是能与金属元素形成螯合物的功能团都可能是活性基。

③具有—S—CCl$_3$、—S—CCl$_2$—CHCl$_2$、—O—CCl$_3$，R—S—S—　等结构，能使微生物体中的—SH 钝化或与—SH 生成硫代光气（Cl—C—Cl），因而具有生物活性。

④具有与核酸中的碱基（如鸟嘌呤（Ⅰ）、腺嘌呤（Ⅱ）、胞嘧啶（Ⅲ）、胸腺嘧啶（Ⅳ））相类似的结构的基团，会破坏核酸的合成，因而具有生物活性。

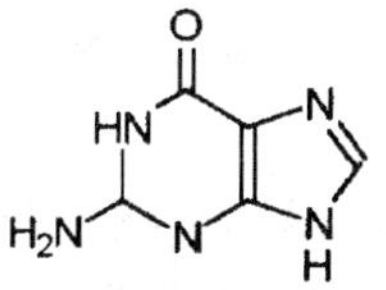

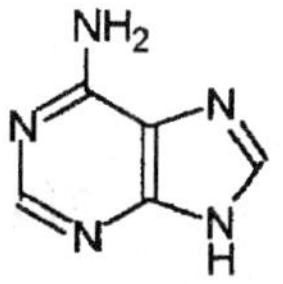

⑤具有含 1,2,4-三氮唑的一些结构基团，如（Ⅴ）（Ⅵ）等，可能抑制真菌细胞膜中的麦角甾醇的生物合成，因而具有杀菌活性。

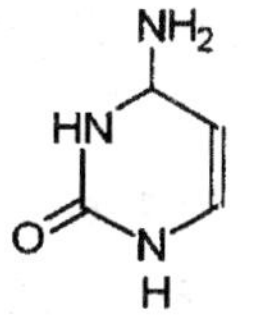

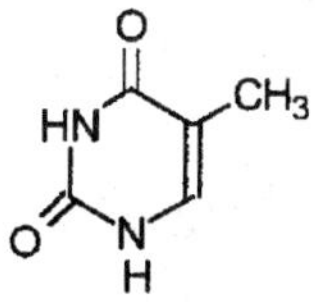

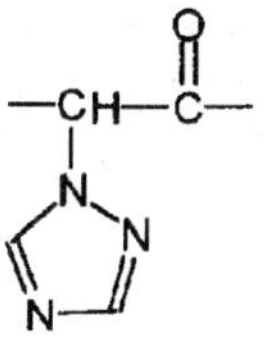

　　　　一个杀菌剂分子中可能有一个活性基，也可能有两个以上的活性基。它们的活性大小与其相连的基团可能有很大的关系，这些基团的存在可能会增加或减少活性基的活性。这些基团可能是成型基，也可能和活性基一起构成一个新的活性基。因此，杀菌剂分子生物活性大小取决于整个分子的化学结构。

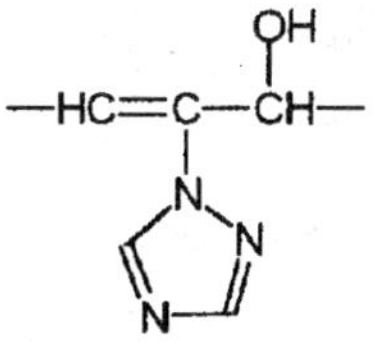

　　（2）成型基的特点和作用

　　一个活性基团对菌产生活性的一个首要条件，就是要能够进到菌体里面去，和菌体的某些成分发生作用，才能达到杀菌或抑菌的目的。在这方面，成型基起着重要的作用。

　　菌体的细胞壁和细胞膜是防御外界物质侵入的屏障。细胞膜主要由脂肪和蛋白质所构成，而且蛋白质是在脂水界面之间，脂肪夹在两层蛋白质之间，脂肪通过极性基和蛋白质联结起来。细胞壁是由脂蛋白粘多糖、纤维素等高分子物质组成，因此，能够透过菌体细胞防御层的化合物，应该具有这样的结构特点，即应具有为细胞膜外层极性基所能接受的一个以上的极性基,同时又必须具有为脂肪基所接受的一个以上的极性基。这样才能有利于通过菌体细胞防御屏障,从而达到破坏细胞内某些生物活性系统的目的,这种穿透能力称为透性。

化合物的透性,与它在脂肪中的溶解度和在水中的溶解度之间的比率有关。这种比率称为油水分配系数,可用下式表示:

$$油水分配系数 = \frac{在脂肪中溶解度}{在水中溶解度}$$

当油水分配系数增加时,其透性也随之增加。

此外,菌体细胞膜中的极性基是带电荷的,因此由于电场的作用,带电荷的离子是难于透过的。所以对通透性来说是最理想的成型基最好使化合物的分子呈电中性,但实际上这种条件不容易达到。

成型基的结构对透性也有着显著的影响。例如杀菌剂分子中的脂肪基是一种能促进透过细胞脂肪障层的成型基。此外,分子中脂肪基的形状,应与所透过的菌类的细胞膜上脂基形状具有一定的相似性。不同菌的细胞膜的脂肪基的结构有所不同,但大部分真菌的膜脂肪是属于 $C_{16} \sim C_{18}$ 的饱和与不饱和脂肪酸的甘油酯类,所以 $C_{16} \sim C_{18}$ 的脂肪基容易透过细胞膜脂肪层的成型基。但这不等于说,成型基都是含有 $C_{16} \sim C_{18}$ 的饱和与不饱和脂肪烃的基团。一般说来,直链烃基比带有侧链的烃基透性强;低级烃基透性强;对卤素来说,小原子的透性强,其顺序为 F $>$Cl$>$Br$>$I。

此外,在药剂分子中,具有各种作用的取代官能团,如卤素、硝基、羰基、羟基、巯基、氨基、氰基、羧基、酯基等等,对药剂的生物活性往往也是不可缺少的,而且这些官能基在分子中位置也有特定的要求,这也是基团性质对生物活性影响的一个重要因素。

综上所述,一个杀菌剂的生物活性与分子的基团性质,如活性基、成型基以及各种官能团等有很大关系,但这并不是唯一的因素。其它如分子的电离度、表面活性、反应性能等,也与生物活性有一定的联系,特别是下面即将叙述的分子的立体结构,往往也是生物活性的决定因素。事实上,影响一个杀菌剂分子的生物活性的是多种因素作用的综合效应。因此,既要看到各个基团组分的作用,同时也要注意到相互之间的影响及分子的整体性作用。

3.1.4.2　立体异构对生物活性的影响

有机化合物分子中,由于原子或原子团在空间位置排布不同而出现的顺反异构、旋光异构及构象异构,统称为立体异构。

具有各种生物活性的药剂,如毒杀剂、抑制剂、阻断剂、拮抗剂等,都对立体结构有着严格的选择性,其中常见而重要的是几何异构和旋光异构。

(1)几何异构

几何异构又称顺反异构,是指在分子中由于存在着双键或环状结构,分子中与双键或环相连接的原子或原子团的自由旋转受到阻碍,因而存在不同的空间排列而产生的立体异构现象,这种立体异构现象对其杀菌或其它生物活性有着显著的影响。举两例说明:

杀菌剂萎锈灵(Ⅰ)的杀菌活性要求分子中必须保留一个碳-碳双键,否则将使活性丧失,例如具有单键的化合物(Ⅱ)和三键的化合物(Ⅲ)都是无活性的。此外,分子中的平面性构型也会对生物活性产生重大影响,例如萎锈灵的类似物 N-庚基-3-甲基丁烯酰胺(Ⅳ)对蚕豆锈病菌的杀菌活性必须是顺式的,若为反式则完全无效。

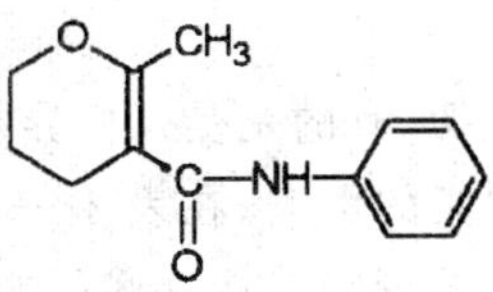

(I) 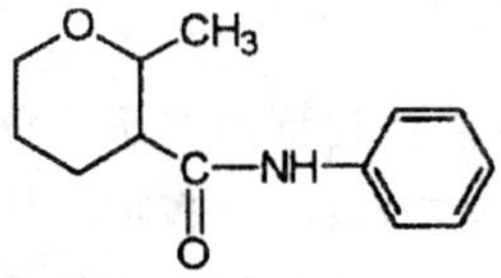   (II) 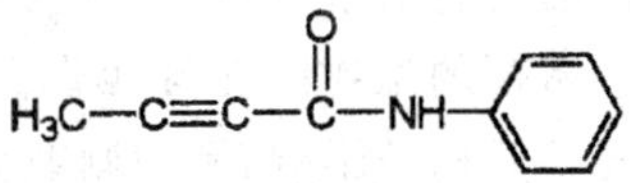   (III)

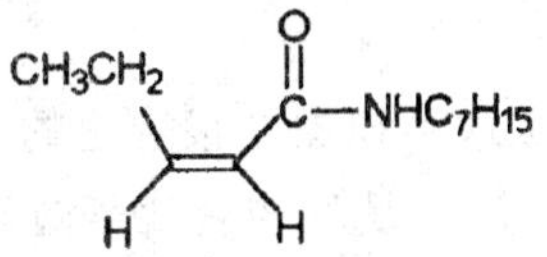

(IV)-顺

具有高生物活性的三唑类化合物如烯唑醇（Ⅴ）和烯效唑（Ⅵ），不论是其杀菌活性还是其对植物的生长调节活性，都是反式（E-体）远远大于顺式（Z-体）。

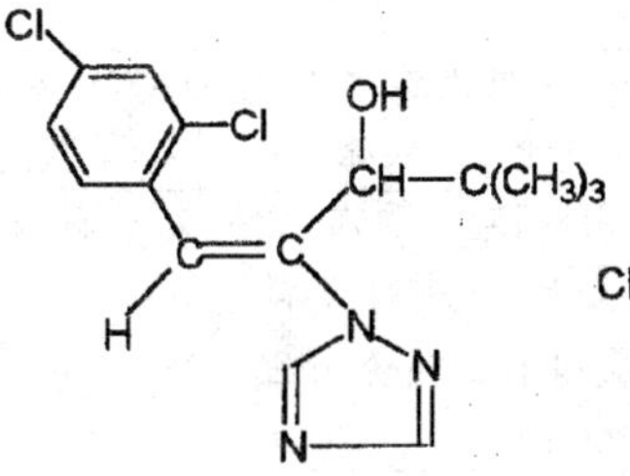

(V)-E 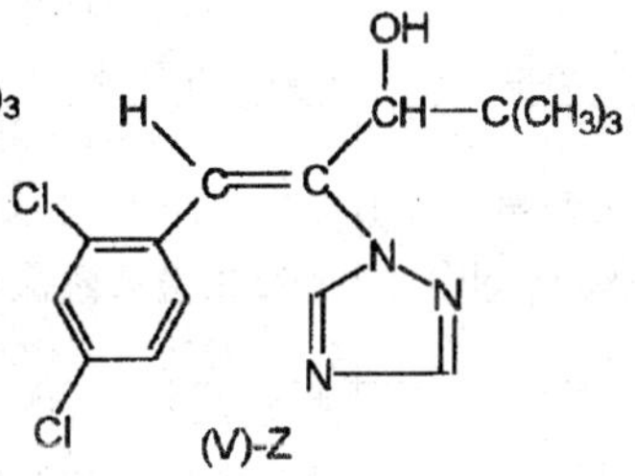   (V)-Z

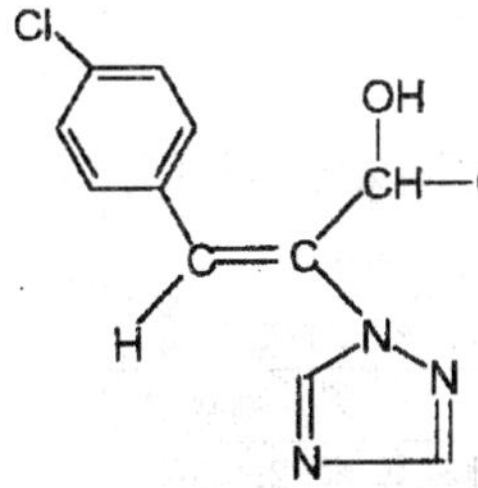

(VI)-E 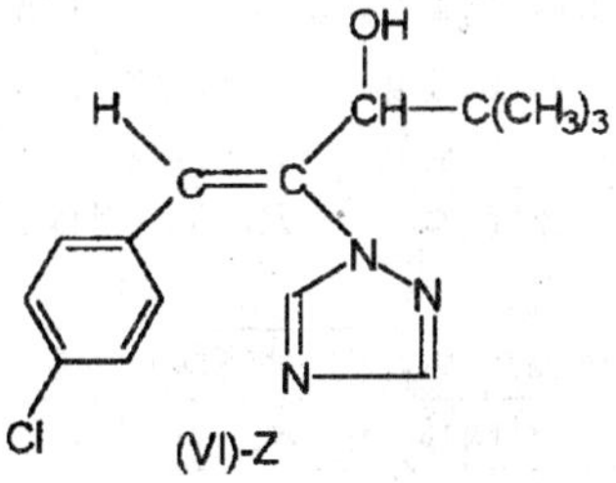   (VI)-Z

（2）旋光异构

旋光异构又称光学异构。导致旋光异构现象的原因有两种：（1）分子中含有一个或多个手性原子；（2）某些分子虽然不含手性原子，但由于分子中的内旋转受阻碍，也会引起旋光异构现象。

在旋光异构中，手性（又称手征性或非对称性）化合物对生物活性的影响格外重要，其原因是：第一，不同的光学异构体所展现的生物活性不同，因而要求药剂有更高的立体选择性；第二，有的光学异构体是无效体（对某一生物来讲），这等于在应用该药剂时不必要地给环境投入了多余的化学品，无疑是一种浪费；第三，有的手性异构体不但对防除对象无效，而且还表现出不需要的其它性质，特别是有害的性质，这将对人类和环境造成极大的危害和污染。以上情况说明，为了有效合理地利用手性化合物的生物活性，应该对一种手性化合物的各个异构体进行分别的考察，了解它们各自的生理生物活性、毒性等等。也就是说，对手性化合物的不同异构体应作为不同的化合物来看待。

许多杀菌剂的生物活性与其分子的立体构型的关系十分密切。有的是受几何异构的影响，有的是受光学异构的影响，有的则兼而有之，或者是多种立体因素的影响。在表3—3中列举了一些麦角甾醇生物合成抑制剂类杀菌剂的立体构型对生物活性的影响。从这些影响中可以看出，不同异构体之间的生物活性有着显著的差别。

在杀菌剂中，曾定性地研究过化学结构与生物活性关系的有：有机磷化合物[174~177]、抗菌素[178,179]、丁烯酰胺类[180~186]、酰苯胺类[187]、N-酰基-α-氨基酸类[188]、吗啉类[189]、三氯乙基酰胺类[190]、三唑类[191,192]、托布津类[193]等。

表3—3中仅是立体结构决定生物活性的几个例子，其实这种现象是很普遍的。立体结构不仅对活性(在目标组织中)十分重要，而且对于吸收、分配、特别是生物转变等过程也非常重要。

表 3—3 一些麦角甾醇生物合成抑制剂类杀菌剂的立体选择抑菌活性

杀 菌 剂	抑 菌 活 性 顺 序	文 献
嗪氨灵 (Triforine)	(—)-异构体＞外消旋体＞内消旋体＞(＋)-异构体	[194]
丙菌灵 (Fenpropimorph)	(—)-(S)-对映体＞外消旋体＞(＋)-(R)-对映体 顺式-异构体＞反式-异构体	[194]
乙环唑 (Etaconazole)	顺式-(2S,4R)-对映体＞顺式-(2R,4S)-对映体≈反式-(2R,4S)-对映体＞反式-(2R,4R)-对映体 对花生褐斑病菌和小麦杆锈病菌：(2S,4R)-对映体的活性比(2R,4R)-对映体高100倍	[195]
三唑醇 (Triadimenol)	苏式-(1R,2S,1S,2R)-对映体对＞赤式-(1R,2R,1S,2S)-对映体对 对瓜枝孢(生物测定)活性高3~4倍 对禾白粉病菌(土壤浇灌)活性高10倍 对禾白粉病菌(喷洒使用)活性高20倍	[194]
	(1S,2R)-对映体≫(1R,2R)-对映体≈(1S,2S)-对映体＞(1R,2S)-对映体	[196]
氯唑醇 (Diclobutrazol)	苏式-(2R,3R;2S,3S)-对映体对＞赤式-(2R,3S,2S,3R)-对映体对	[194]
	(2R,3R)-对映体＞(2R,3R;2S,3S)-对映体对＞(2S,3S)-对映体	[199]
多效唑 (Paclobutrazol)	(2R,3R,2S,3S)-对映体对＞(2R,3S;2S,3R)-对映体对(2R,3R)-对映体＞(2S,3S)-对映体	[198]
甲霜灵 (Metalaxyl)	(＋)-光学异构体＞(—)-光学异构体	[194]
烯唑醇 (S-3308)	反式-异构体≫顺式-异构体	[191]
几种杀菌剂	(2R,3R)-氯唑醇＞(2R,3R;2S,3S)-氯唑醇＞(1R,2S;1S,2R)-三唑醇＞三唑酮＞(2S,3S)-氯唑醇＞(1R,2R;1S,2S)-三唑醇 供试菌：玉米黑粉病菌(Ustilago maydis)	[197]

3.1.4.3 定量构效关系[199,200]

长期以来，新农药的发现大都是根据经验(即大量合成与筛选)来进行的。因此，人们总希望能从理论方面指导新药的设计与开发，同时也想通过化合物的物理化学性质来预测其生物活性。这就是所谓的定量构效关系，即用数学式来表达化合物的结构与活性之间的关系。为此，

C. Hansch 和 T. Fujita 提出了一种药物结构与活性关系的定量解析法(Quantitative Structure-Activity Relationship,简称 QSAR)。

QSAR 方法的理论根据是:生物活性的产生是由于药剂作用于生物体内对维持生命现象起着重要作用的酶与核酸等组分,阻碍了正常机能的结果。因此,这就涉及药剂如何从处理点进入到作用点以及到达作用点后如何发生作用两个基本问题。与这两个问题相关的决定因素自然是药剂对菌体的穿透能力以及药剂本身与有关作用点的反应能力等。而与这些能力有关的性质则可用化合物的疏水性参数表示其穿透能力,用立体参数表示药剂与受体结合能力的大小,用电子参数表示化合物与受体作用点反应能力的大小等等。因此,有可能用化合物的物理化学性质参数表示生物活性。

QSAR 方法有多种,其中最经典而应用最广泛、最成功的一种就是 Hansch-Fujita 的多参数法:

$$\log BR = K_1\pi^2 + K_2\pi + K_3\sigma + K_4Es + K_5 \quad\cdots\cdots\cdots\cdots\cdots\cdots\cdots\cdots\cdots\cdots\quad (Ⅰ)$$

该方程式的含义是:如果不把代谢因素考虑在内,则生物活性(或反应)是该化合物的疏水效应、电子效应、立体效应的函数。

式(Ⅰ)中,BR 为生物反应(生物活性),π 为疏水参数,σ 为电子效应参数,Es 为立体效应参数。K_1、K_2、K_3 及 K_4 是各个参数的系数。在实际应用中,K_1、K_2、K_3、K_4 及 K_5 是由各取代化合物的回归式通过多项回归来求得的。

在 Hansch-Fujita 方程式中,为了使回归方程得到较好的相关性,除了上述三个变量参数外,有时还要引入一个"指示变量"。指示变量常用来弥补由于取代基常数不能表示的结构变化,例如同一取代基在分子中的不同位置上引起的变异,或者取代基具有特殊的结构性质,如位阻、氢键、不同构象等,或是系列化合物中包括一些结构上或活性上变化较大的化合物等。引入指示变量后可使回归方程适用于多种结构变化,因而扩大了 Hansch-Fujita 方法的应用范围。

Hansch-Fujita 方法的应用有一定的局限性,例如药剂若有代谢降解或活化,则不能由上述理化参数来说明。但是该方法在同一系列化合物中,改变取代基时,往往能作出较正确的预测。因此对于探索新的药剂是极为有用的。除了预测生物活性之外,QSAR 方法往往还能说明毒理机制。例如,假如立体参数是主要决定因素,就说明药剂的立体结构是重要的,可能与受体的配合有关;假如分配系数是主要决定因素,则说明分布到作用部位是药剂决定毒性的主要因素。

在实际应用中,检验由 Hansch-Fujita 方程式求得的回归方程式是否精确,有无应用价值,还必须通过考察其标准偏差(S)及相关系数(r)之后才能知道。S 值越小,r 值越大(接近于1),则说明回归方程式精度越高。

3.1.4.4　Hansch-Fujita 方法在杀菌剂研究中的具体运用

Hansch-Fujita 方法的一个具体运用,见之于 N-苯基酰亚胺系杀菌剂的构效关系与药物设计的研究[200]。

N-苯基酰亚胺系杀菌剂如二甲菌核利(**1**)、异菌脲(**2**)、乙烯菌核利(**3**),对灰霉病、菌核病有高的防治效果。它们在化学结构上的特点是在苯环上的 3,5-位有氯取代,N-苯基酰亚胺为五元环骨架。

(1)　(2)　(3)

为了判明有无可代替上述卤素的取代基,有人曾合成了一系列变更苯环上各种取代基的衍生物(**4**)以及二甲基菌核利的衍生物(**5**)(表 3—4 和表 3—5)。并且把这些化合物对灰霉病的抗菌活性值 pI_{50}(抑制 50% 菌丝生长浓度 I_{50} 的倒数之对数),用 Hansch-Fujita 方法进行解析。

(4)　(5)

表 3—4

(4)

X	pI50 观测值	pI50 计算值*	X	pI50 观测值	pI50 计算值*	X	pI50 观测值	pI50 计算值*
H	3.60	3.60	3-OEt	3.18	3.28	3,5-Br₂	5.77	5.51
2-F	3.67	3.53	3-COEt	3.02	3.20	3,5-I₂	5.69	5.65
2-Cl	3.45	3.22	3-CO-n-Pr	3.09	3.57	3,5-Me₂	3.68	3.39
2-Br	3.23	3.03	3-COOMe	3.24	3.21	3,5-(CF₃)₂	4.77	5.19
2-I	3.01	2.83	3-NO₂	3.71	3.73	3,5-(OMe)₂	2.59	2.58
2-Me	2.70	2.41	3-CN	3.77	3.68	3,5-(NO₂)₂	4.64	4.44
2-Et	2.33	2.33	4-F	3.68	3.78	3-Cl-5-Me	4.78	4.33
2-CF₃	2.16	2.32	4-Cl	3.61	3.75	3-Cl-5-CF₃	5.12	4.84
2-OMe	2.63	2.42	4-Br	3.58	3.67	3-OMe-5-Cl	4.09	3.88
2-OEt	2.00	2.45	4-Me	3.03	3.09	3-Cl-5-Ac	3.54	4.05
2-NO₂	2.80	3.44	4-Et	3.12	3.05	3-Cl-5-COOMe	5.14	4.42
3-F	4.20	4.12	4-CF₃	3.71	3.64	3-Cl-5-NO₂	5.19	4.93
3-Cl	4.35	4.25	4-OMe	2.76	2.72	3-OMe-5-NO₂	3.81	3.36
3-Br	4.21	4.21	4-OEt	2.89	2.75	2,3,5-Cl₃	4.89	4.98
3-I	4.11	4.20	4-NO₂	3.84	4.00	2,4,5-Cl₃	3.94	3.83
3-Me	3.44	3.12	2,3-Cl₂	3.97	3.77	3,4,5-Cl₃	5.07	5.51
3-Et	3.05	3.42	2,4-Cl₂	3.51	3.28	2-Me-3,5-Cl₂	4.13	4.17
3-n-Pr	3.50	3.58	2,5-Cl₂	3.75	3.77	3,5-Cl₂-4-Me	5.37	4.85
3-n-Bu	3.55	3.92	2,6-Cl₂	2.58	2.75	3,5-Cl₂-4-F	4.97	5.54
3-CF₃	3.56	3.63	3,4-Cl₂	4.18	4.31			
3-OMe	2.49	2.95	3,5-Cl₂	5.58	5.45			

从表 3—4 中的 61 个化合物得到如下的方程式(I):

$$pI_{50}=0.723(\pm 0.201)\sum \pi_{3.5}+1.464(\pm 0.266)\sum \sigma^0+0.894(\pm 0.195)\sum E_S^{2.6}+$$

$$0.671(\pm 0.235)Es^m + 0.345(\pm 0.207)Es^p - 0.543(\pm 0.183)\sum H-A +$$

$$3.690(\pm 0.233)\cdots\cdots\cdots\cdots\cdots\cdots\cdots\cdots\cdots\cdots\cdots\cdots\cdots\cdots\cdots\cdots\cdots\cdots\text{（Ⅰ）}$$

$$n=61 \quad s=0.293 \quad r=0.952$$

式（Ⅰ）中，σ^0 为取代基不直接影响反应中心的共振效应的反应系统的吸电子参数。$H-A$ 当取代基是氢结合接受基时，其值为 1，非氢结合时为 0。疏水参数 π 和立体效应参数 Es 所给出的数字是表示 2～6 取代位置的。Es^m 是表示间位取代基的立体效应参数，Es^p 是表示对位取代基的立体效应参数。$\sum\sigma^0$ 和 $\sum H-A$ 均为苯环取代基该参数的和。n、s、r 分别表示解析用化合物的个数、标准偏差及重相关系数。括号内数值为各系数的 95% 置信限。

式（Ⅰ）表明：(a)只有间位取代与活性大小的变化有关，间位取代基的疏水性愈大，活性也愈大。(b)取代基的吸电子性愈大活性也愈大，而与取代位置无关。(c)位置不同则显示作用的程度各异，取代基的立体体积愈小，则活性愈大。但在两个间位取代时，则只有立体体积较大的取代基对活性影响较大。(d)与取代位置无关，只有取代基是氢结合接受基时，才使活性下降。

表 3－5

取　代　基	pI_{50}
H	3.41
3-F	4.07
3-Cl	4.43
3-Br	4.35
3-I	4.12
3-Me	3.44
3-Et	3.05
3-CF$_3$	3.58
3-OMe	2.72
3-OEt	2.88
3-NO$_2$	3.85
3-CN	3.98
3,5-Cl$_2$	5.84
3,5-Me$_2$	3.74
3,5-(CF$_3$)$_2$	4.95
3-OMe,5-NO$_2$	3.33

从表 3－5 中的 16 个化合物得到式（Ⅱ）：

$$pI_{50} = 0.609(\pm 0.443)\sum\pi_{3.5} + 1.778(\pm 0.624)\sum\sigma^0 + 0.686(\pm 0.392)E_S^m -$$

$$0.734(\pm 0.753)\sum H-A + 3.759(\pm 0.388)\quad\cdots\cdots\cdots\cdots\cdots\cdots\cdots\text{（Ⅱ）}$$

$$n=16 \quad s=0.287 \quad r=0.951$$

式（Ⅱ）的各项系数，考虑到 95% 置信限，与式（Ⅰ）对应项的系数非常相似。化合物（4）与（5）两类中具有相同取代基的，其 pI_{50} 值之间具有良好的线性关系。事实说明两类化合物苯环间位取代基的物理、化学性质对活性的影响几乎是相同的。

上述解析结果表明,3,5-二卤素取代物的高活性是由卤素原子的疏水性和吸电子性决定的。虽然两个卤素中单独一个取代基的大小对活性影响不大,但 3,5-二卤素取代物却具有高活性。从这里得到的知识有可能用来解析这些化合物以外的各种五元环状 N-苯基酰亚胺系列杀菌剂。研究结果认为,在一系列五元环 N-苯基酰亚胺中,作为苯环上的取代基没有能够代替 3,5-二卤代基的。

如果把苯环上取代基固定为 3,5-二氯基,改变酰亚胺环上的取代基,则合成出通式为(6)和(7)的系列化合物(表 3—6 和表 3—7)。分别测定(6)和(7)化合物对灰霉菌的抗菌活性 pI_{50} 值,然后进行解析。

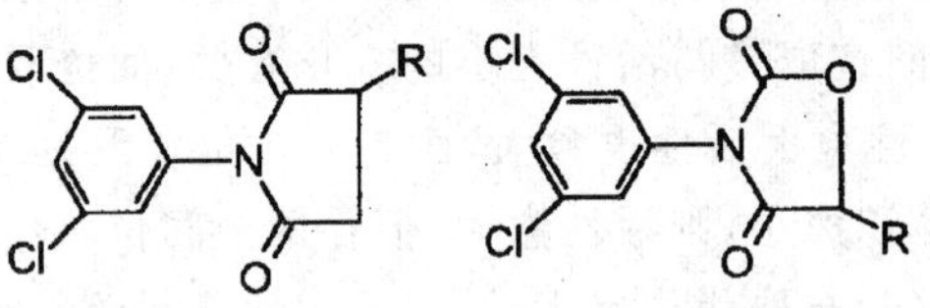

表 3—6

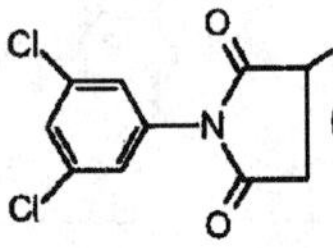

R	pI_{50}	
	观测值	计算值*
H	5.58	5.58
Me	5.62	5.63
Et	5.73	5.72
n-Pr	5.83	5.82
i-Pr	5.89	5.79
n-Bu	5.99	5.91
Ph	6.00	5.83
SMe	5.49	5.47
SEt	5.68	5.56
S-*n*-Pr	5.70	5.66
S-*n*-Bu	5.79	5.75
S-*n*-Pent	5.65	5.84
CH_2SEt	5.48	5.66
CH_2S-*n*-Pr	5.62	5.75
CH_2S-*i*-Pr	5.68	5.72
SOMe	5.06	5.09
SO-*n*-Pr	5.25	5.28
SO_2Me	5.11	5.02
SO_2Et	5.27	5.11
SO_2-*n*-Pr	4.92	5.20
SO_2-*n*-Bu	5.15	5.30
CH_2SO_2Et	5.38	5.20

表 3-7

| R | pI_{50} | |
	观测值	计算值*
H	5.47	5.72
Me	5.80	5.78
Et	5.95	5.87
i-Pr	5.83	5.94
t-Bu	5.90	6.01
Ph	5.79	5.97

首先从(6)化合物系列得到包括疏水性参数 $\log p$ 的式(Ⅲ):

$$pI_{50} = 0.170(\pm 0.035)\log p + 5.254(\pm 0.081) \quad\cdots\cdots\cdots\cdots\cdots\cdots\cdots\cdots\text{(Ⅲ)}$$
$$n = 22 \quad s = 0.126 \quad r = 0.915$$

然后假设(6)和(7)间具有相同的作用部位与作用机制,在此前提下把(6)与(7)两类化合物作为一群来进行解析,得到式(Ⅳ):

$$pI_{50} = 0.158(\pm 0.030)\log p + 5.258(\pm 0.080) \quad\cdots\cdots\cdots\cdots\cdots\cdots\cdots\cdots\text{(Ⅳ)}$$
$$n = 28 \quad s = 0.128 \quad r = 0.907$$

式(Ⅳ)的相关性很好,式(Ⅲ)和式(Ⅳ)间内容也很一致,这个事实支持了所作假设是妥当的。式(Ⅳ)说明,在(6)、(7)两类化合物中,只有取代基 R 的疏水性增加与活性的增大具有相关意义。

3.1.4.5　先导优化和先导展开

研究杀菌剂构效关系的重要目的之一在于进行药物(杀菌剂)的分子设计,以便合理有效地开发新杀菌剂。

在药物开发中,所涉及的化合物类型很多,但不管何种类型均有母体化合物原型(Prototype)存在。这种母体化合物,有的直接作为农药使用,也有的以它作为原始化合物进行结构修饰,衍生出具有优异活性的新化合物。这种能进行各种结构修饰的基准母体结构叫做**先导化合物**(Lead compound)。先导化合物经系列修饰衍化出具有优异活性的一系列类似物的过程称为**先导优化**(Lead optimization);把从母体衍生出高一级先导化合物的过程称为**先导展开**(Lead development)。

在先导化合物的优化和展开的方法中,"生物等排取代"是其中很有效的一种方法。这种方法就是用**生物等排体**(Bioisostere)去替代先导结构中的某部分结构,在保留原有的生物性质的同时使先导化合物的一些缺点得到改进,如活性增强、选择性增强、毒性降低等。还可以使复杂的活性结构简单化,提高实际应用价值。

生物等排取代的一般过程是:先从低级的先导化合物中把部分结构抽出,然后进行生物等排取代,由此得到高一级的先导化合物。

下面是生物等排取代的"先导展开"的一个具体实例(由化合物 Clotrimazole Ⅰ演变成三唑类杀菌剂Ⅱ～Ⅴ):

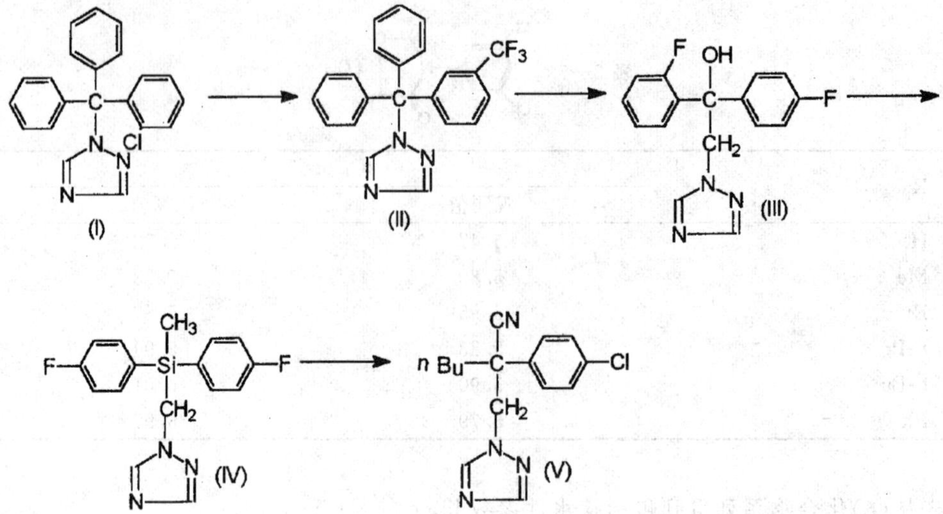

在上述这些结构转换过程中,其单个步骤大多需反复试验。

将大量结构转换实例收集到计算机的数据库里,用作生物等排的"规则"。该数据库和系统相连接,将低次或最初的先导结构输入系统,用规则进行处理而建立模型,或将高次候补结构自动输出。从设计到建立的这种系统称作 EMIL(Example-Mediated-Innovation-for Lead-Evolution)。

3.1.5　抗性

3.1.5.1　抗性的含义

(1)抗性

杀菌剂的抗性又称抗药性,准确地说,应是致病菌对药剂产生的抗药性或耐药性。

一切生物都具有适应环境条件变化的特性。抗药性的出现就是微生物(病原菌)对环境中由于使用药物(如杀菌剂)而产生的适应性变化。对某种药剂的敏感性降低而获得适应性的微生物称为"抗性菌"或"耐性菌"。

抗药性可分为两种:一种是**天然**或**原发抗药性**。也就是说,抗性菌是原来野生型存在的菌株,一般不会改变。二是**获得抗药性**,它是由于环境条件的变化而诱发出来的,也就是由原来的敏感性菌发生某些变异而产生的。杀菌剂的抗药性,主要是指获得抗药性。

(2)交互抗性

对一种杀菌剂产生抗性之后,对其它杀菌剂也产生抗药性,这种现象称为交互抗性。从遗传学角度看,是由于一个基因支配复数抗性所致。在别的杀菌剂中也表现抗性,即所谓的单基因多效作用。

(3)负交互抗性

负交互抗性又叫做负相关交互抗性。也就是说,交互抗性存在负相关性(逆相关性)。根据病菌对药剂的反应不同,负交互抗性分为两类:①两种药剂中的单独一种药剂对敏感性菌并不显示杀菌效果,而另外一种药剂对表现抗性的菌则显示杀菌效果。这种现象称为"真的负交互抗性",它被认为是单基因的多效作用;②两种药剂都对敏感性菌显示杀菌效果,这种现象称为

"假的负交互抗性"。

磷酰胺酯类药剂(PA剂)对野生型稻瘟病菌杀菌效果差,但对硫赶磷酸酯类药剂(PTL剂)的抗性菌株有很强的杀菌活性,因此说PTL剂与PA剂之间有负交互抗性。

3.1.5.2　抗性的由来

杀菌剂抗药性的产生,是由于微生物细胞遗传性改变的结果。具体地说,抗药性(获得性的)是由脱氧核糖核酸的改变而产生的。其中又分为染色体遗传基因决定的抗药性和染色体外遗传单位即质粒携带的抗药性。

抗药性的产生与杀菌剂对病原菌的作用机制也有很密切的关系。杀菌剂一般都是通过干扰在真菌细胞里各个位点上的代谢而发挥作用,而真菌似乎都有适应范围很大的代谢变化的潜能,因此能对在特定位点上干扰其代谢作用的那些杀菌剂产生抗药性。

真菌细胞由于产生了某种变化,从而使杀菌剂不能到达作用点。一般有四种情况:(1)由于降低了原生质膜的透性,从而减少了杀菌剂向菌体内的渗透作用[201];(2)由于增加了真菌对杀菌剂的解毒力,从而增加了杀菌剂的钝化作用[202~204];(3)由于作用点对杀菌剂的亲合力降低,从而降低杀菌剂的活化作用[204~209];(4)由于真菌代谢作用中的某些变化而抵消抑制作用或者迂绕被堵作用位点[210~212]。

3.1.5.3　获得抗药性的杀菌剂

对杀菌剂产生抗药性的病原菌菌株的出现,与杀菌剂的类型、病原菌性质和环境条件有关。对传统的杀菌剂如二硫代氨基甲酸盐类和金属毒剂来说,遗传性的抗药性是不常见的。大多数这类杀菌剂是"多位点抑制剂",它们在真菌细胞里许多位点产生反应,要导致所涉及的全部位点改变的突变,大概是不大可能的。对这些杀菌剂来说,由于原生质膜通透性的改变或者对药剂的解毒作用而导致抗药性明显增加,似乎也并不经常出现。

但是,对那些选择性强的特异性内吸杀菌剂来说,情况就有所不同了。抗药性多发生在这些杀菌剂之中。目前已知的有如下几类:

(1)苯并咪唑及有关化合物

苯菌灵或甲基托布津的杀菌作用机制是,它们的活性物质多菌灵(MBC)与病原菌中的在进行有丝分裂时形成纺锤体的蛋白质亚基结合,抑制了菌体有丝分裂过程。药剂在作用点上的活性部分与菌体纺锤体蛋白质亚基亲合力的减弱是引起抗性的原因[213]。

与苯菌灵有交互抗性的杀菌剂有甲基托布津、多菌灵、麦穗宁、涕必灵等。

(2)丁烯酰胺类

这类杀菌剂如萎锈灵是真菌呼吸抑制剂,其作用点是真菌中的琥珀酸脱氢酶。抗性菌(如玉米黑粉病菌)的琥珀酸脱氢酶或者对热不稳定[214],或者对药剂的活性降低[215]。还有一种抗性突变菌株,对抗霉素A和萎锈灵具有负交互抗性[216],对氰化物、叠氮化物也有很高的敏感性,而且和野生型菌一样,都可受到鱼藤酮的抑制。这种突变株被认为是由于与抗霉素A和鱼藤酮作用点之间的有关电子传递系统的某些成分发生了变异,使本来在该位点附近有作用点的萎锈灵失去作用而显示出抗性[217]。

与萎锈灵有交互抗性的杀菌剂有氧化萎锈灵等。

(3)甾醇合成抑制剂类

有一大类杀菌剂,按其作用机制来分,是属于甾醇生物合成抑制剂,而其中大部分是麦角甾醇合成中的 14α-脱甲基化抑制剂(DMI)[217~220]。由于这类杀菌剂尽管化学结构不尽相同但其作用位点相同,因此,比较容易产生交互抗性。例如,嘧菌醇[219~220]、嗪胺灵[219~220]、粉菌定[221~225]、双氯苯啶醇[224~226]、抑霉唑[227]、三唑酮[228]等都有交互抗性。杀菌剂的化学结构不同而其作用机制相同,因此交互抗药性的产生,一般认为是因菌体内作用点发生变异而引起的。

(4)有机磷类杀菌剂

试验中获得了硫赶磷酸酯类药剂(PTL 剂)(如克瘟散、异稻瘟净、乙苯稻瘟净、稻瘟灵等)的抗性菌[229]。并且发现,PTL 剂与另一类有机磷药剂,即磷酰胺酯类药剂(PA 剂)之间有负交互抗性[230]。

(5)取代芳香烃类杀菌剂

五氯硝基苯、四氯硝基苯、地茂散、联苯酚等取代芳烃类药剂相互间被证明有交互抗性[231~236]。

(6)抗生素类

春雷霉素的抗性是该药的作用点发生变异,即菌体内合成蛋白质的核糖体发生变异而引起的[237~238]。稻瘟散、多氧霉素两种药剂的抗性机制大概是由于药剂渗透到菌体上的量减少的缘故[239]。

3.1.5.4 抗药性产生的条件及对策

(1)抗药性产生的条件

抗药性是否容易产生,取决于两个条件:①是否由一个基因(或少数基因)变异而获得抗药性。换言之,是单基因控制还是多基因控制。这与药剂的作用点多少有关。②控制基因是否容易变异,这是产生抗药性的两个基本内部条件。此外,抗药性的产生还与一些外部因素,如药剂的使用方法、剂量、次数、期限、环境条件以及病原菌的繁殖、菌的生态因素等等有关。大量的植物病原菌多次地、普遍地和药剂接触,就容易产生抗性菌。对繁殖快的病原菌,多次施用药剂,或施用残效期长的药剂后,存活下来的菌就会迅速增加。在这种情况下,病原菌的抗药性就特别容易出现。杀菌剂的类型对抗药性菌的突变总频率也有很大影响。对多作用点的传统的杀菌剂不太容易产生抗药性,对特异性强的选择性杀菌剂较易产生抗药性。从防治对象上看,由于防治对象范围窄,该范围之内的生物若发生微小的变异,药剂就有可能失去作用。从药理学的角度看,由于特异性杀菌剂通常作用点单一,因此,若菌体内药剂作用点发生微小变异或药剂到达作用点的过程中在生理上发生微小变异,病原菌对药剂的敏感性就会发生很大的变化。从遗传学角度看,与药剂作用有关的基因数量极少,若该基因发生变异,将引起病原菌对药剂的敏感性发生很大的变化。

(2)解决抗药性的对策

①了解杀菌剂的作用方式

从前面的叙述中可以看出,抗杀菌剂菌系出现的可能性,在许多因子中特别重要的是取决于杀菌剂的作用方式或作用机制。因此,尽可能详尽地研究和了解杀菌剂的作用机制,对解决杀菌剂的抗药性是有益的。在新杀菌剂的研制与开发中,应努力寻找和发现具有与已知杀菌剂不同的作用机制(或者虽属同一作用机制但其主要作用点不同)的杀菌剂。另外,了解所有已知杀菌剂的作用机制,对预测产生交互抗性也是很有好处的。

②加强抗性的监测和预报

为了减少或延缓抗药性的发展以及采取相应的科学用药措施,应该加强杀菌剂抗药性的监测和预报研究。一种有前途的药剂在投入生产实际使用之前,先初步了解一下病原菌对它产生抗药性的潜在可能性,是很有必要的。例如将药剂用紫外光照射或其它诱变处理后,如不导致抗药性的产生,那么在实际使用条件下大概也不会发生抗药性。随时监测抗性菌的出现和发展,对控制交互抗性的产生也是很必要的。例如,如果已经监测到三唑类杀菌剂三唑酮的抗药性,那么对具有相同作用机制的其它三唑类杀菌剂如三唑醇和烯唑醇等的使用,也很有可能产生抗药性。

③采用科学的用药方法

当使用那些病原菌对它会产生抗药性的内吸杀菌剂时,病原菌在田间形成抗药性群落会受这类杀菌剂使用方法的影响。如果抗性菌株已经出现,则频繁使用高剂量的同一种化合物,将保持一个高选择压力,这样就会促进抗药性菌群的形成。因此,杀菌剂的持久性或者长期地继续使用,对抗药性突变的出现可能是一个重要因子。由此可见,科学地用药方法对解决抗药性问题是一个重要措施。常见的方法有:(i)控制适当的用药剂量和用药次数,以降低抗性菌落形成的"选择压力"。(ii)交替使用无正交互抗性的药剂,以减少抗药性突变的因素。(iii)药剂的混用和混配。当看到杀菌剂抗药性可能发生时,就必须考虑药剂的混合使用。在这种场合下,为了避免由于交互抗性现象的出现而使药剂失效,必须用作用机制不同的化合物来混合。不同化学农药的混用至少可延迟抗药性的出现。例如,苯菌灵和甲菌定混合使用以防治黄瓜霜霉病,没有导致形成对两者有抗性的菌系。内吸杀菌剂和传统的保护性杀菌剂(如烯唑醇和硫酸铜等)混用,也会因后者可降低孢子的形成从而减少对内吸杀菌剂产生抗药性的突变的散布。假如能够找到有负交互抗性关系的化合物来加以混用,获得抗药性问题或许就可以解决。

3.2 无机杀菌剂

无机杀菌剂是指以无机物为原料加工制成的具有杀菌作用的元素或无机化合物。其中包括含硫的和含铜的两类无机物。

3.2.1 硫及硫化合物

3.2.1.1 硫磺[240]

硫磺作为农药使用,有着悠久的历史,是无机农药中的一个重要药剂。硫磺作为杀菌剂使用,一般有两种剂型:粉剂和可湿性粉剂,后者又有糊状和粉状两种形式。

硫磺为淡黄色固体粉末,有几种同素异型体,其中最稳定的是正交晶体硫,熔点 112.8℃;另一为斜晶体硫,熔点 119℃。通常为两者的混合物,熔点 115℃。相对密度(d^{20})2.07,蒸气压(30.4℃)为 0.45mPa;不溶于水,微溶于乙醇和乙醚,结晶状物易溶于二硫化碳中,无定型物则不溶于二硫化碳。化学性质稳定,易燃烧,并易被水缓慢分解。硫磺的毒性较低,50%硫磺胶悬剂的大鼠口服急性毒性 LD_{50} 大于 10000mg/kg。

硫磺的杀菌效力与其粉粒的大小有密切关系,粉粒越细效力越大,但粉粒过细可能因电荷关系容易结成团,不能很好分散,影响喷粉质量和效力。

硫磺加工成剂型后,可有效地防治小麦、橡胶、果树、药材、蔬菜、瓜类、棉花等多种作物上的白粉病和害螨。当病害普遍发生时,可与三唑酮、百菌清、多菌灵等杀菌剂混合使用,能明显提高防治白粉病的效果,并兼治赤斑病、锈病、霜霉病等病害。

硫磺杀菌剂的制备方法,一般是粗硫磺经升华制得纯品,经粉碎成硫磺粉,由硫磺粉、助剂、溶剂、水混合后熔化、打浆,经研磨配制成胶悬剂。

3.2.1.2　胶体硫[240]

国产胶体硫一般是用熔融的硫磺分散在亚硫酸纸浆废液中而制成的。其成品为黄褐色或灰色块状固体,含硫量为 50%。硫磺粉粒直径在 $1\sim2\mu m$ 之间,最大不超过 $5\mu m$。规格要求 90% 的硫磺颗粒小于 $5\mu m$。由于胶体硫喷于植物表面有良好的展着性、持久性,所以杀菌、杀虫效果比普通硫磺好。

胶体硫除了对硫磺防治的病害同样有效外,尚能防治锈病和半知菌、子囊菌引起的叶斑病,对螨类也有一定的效果。

3.2.1.3　石硫合剂[241、242]

石硫合剂的化学名称又叫多硫化钙,英文俗名 Lime Sulphur,分子式为 $CaS\cdot S_x$ 它由石灰、硫磺加水煮制而成。其反应大概是:

$$6CaO + 21S \longrightarrow 6Ca^{2+} + 2S_2O_3^- + 3S_4^{2-} + S_5^{2-}$$

$$CaO + H_2O \longrightarrow Ca(OH)_2$$

$$S + H_2O \longrightarrow H_2S + H_2SO_3$$

$$H_2S + Ca(OH)_2 + xS \longrightarrow CaS\cdot Sx + H_2O$$

合适的配比为生石灰:硫磺:水=1:1.5~1.4:13。

石硫合剂为褐色液体,具有强烈的臭蛋气味,相对密度为 1.28(15.5℃),主要成分为五硫化钙,并含有多种硫化物和少量硫酸钙及亚硫酸钙。呈碱性反应,有强的腐蚀性,易溶于水,遇酸易分解。在空气中易被氧化,生成游离的硫磺及硫酸钙,遇二氧化碳会生成碳酸钙沉淀。其反应式为:

$$CaS\cdot Sx + H_2O \longrightarrow Ca(OH)_2 + H_2S + xS$$

$$Ca(OH)_2 \xrightarrow{CO_2} CaCO_3 + H_2O$$

$$CaS\cdot Sx + O_2 \longrightarrow CaS_2O_3 + (x-1)S$$
$$\longrightarrow CaSO_3 + S$$

$$CaSO_3 + O_2 \longrightarrow CaSO_4$$

$$CaS\cdot Sx + CO_2 + H_2O \longrightarrow CaCO_3 + H_2S + xS$$

上述反应中,由于生成微细的硫磺沉淀并放出少量的硫化氢气体,因而得以发挥杀菌、杀虫作用。

石硫合剂可防治多种病害,为保护性杀菌剂。它对叶斑病以及由锈病菌和白粉病菌引起的病害,防效尤佳;对红蜘蛛、锈壁虱也有较好的防治效果。因它能软化介壳虫的蜡质,所以也可作为杀介壳虫剂。因石硫合剂本身具有碱性,因此忌碱的药剂(如对硫磷、代森锌等)不能与之混用。在用过石硫合剂的植株上,隔7~10天方可再用波尔多液;喷过波尔多液后要隔20天才能使用石硫合剂。

关于硫的杀菌作用机理,有多种说法[240、243、244]。但有一点是肯定的,即它是菌体细胞的生物氧化(呼吸)抑制剂。其作用有二:①干扰细胞色素 b 与 c 氧化-还原体系之间的电子传递过程;②阻碍菌体内三羧酸循环当中的琥珀酸的氧化。

3.2.2 无机铜化合物

无机铜类化合物在杀菌剂发展史上曾占有重要的地位。早在1807年首先由 B. Prévost 发现了硫酸铜的杀菌特性,但是直到1885年才被用于保护植物叶子免受病害侵袭。在化学合成的有机杀菌剂拥入市场以前,无机铜杀菌剂在防治植物真菌病害的领域中占有绝对优势地位长达50年之久,至今在许多国家里仍在广泛使用无机铜杀菌剂。

无机铜杀菌剂包括很多制剂,如硫酸铜制剂(其中有波尔多合剂,即波尔多液,波尔多糊剂,铜氨合剂,即菌杀特等)、碳酸铜制剂、氢氧化铜制剂、氯化亚铜制剂等。在此,着重介绍波尔多液[245、246]。

波尔多液的英文俗名为 Bordeaux mixture。它于1885年被 Millardet A. 发现[246]。它是由硫酸铜和石灰加水配制而成的,有各种比例,其组成可用 $x\mathrm{CuSO_4 \cdot} y\mathrm{Ca(OH) \cdot} z\mathrm{H_2O}$ 表示。产品为一蓝色絮状悬浮液,静置后渐渐形成无定形沉淀。长时间放置后,易变成结晶,并呈红紫色。沉淀物的组成主要是被硫酸钙吸附的氢氧化铜。

波尔多液的配制是将硫酸铜、石灰和水按不同比例混合。过去常用的比例为硫酸铜:石灰:水=4:4:50。用户自己配制波尔多液时,可将等量的硫酸铜结晶和生石灰混配。现在多用熟石灰配制,配料比为硫酸铜:熟石灰:水=10:15:100。各种干制剂可在出售时随时兑水混合。新制备的沉淀有较高的韧性。它的应用要限制在作物生长阶段,因这时药害较小。

在波尔多液中,杀菌的主要成分是碱性硫酸铜。总的化学反应为:

$$4CuSO_4 + 5H_2O + 3Ca(OH)_2 \longrightarrow [Cu(OH)_2]_3 \cdot CuSO_4 + CaSO_4 + 20H_2O$$

具体的化学反应大概如下所示:

$$2CuSO_4 + Ca(OH)_2 \longrightarrow \begin{matrix} Cu-OH \\ | \\ SO_4 \\ | \\ Cu-OH \end{matrix} + CaSO_4$$

$$\begin{matrix} Cu\!-\!OH & HO\!-\!Cu \\ | & | \\ SO_4 & SO_4 \\ | & | \\ Cu\!-\!OH & HO\!-\!Cu \end{matrix} \longrightarrow \begin{matrix} Cu-O-Cu \\ | \quad\quad | \\ SO_4 \quad SO_4 \\ | \quad\quad | \\ Cu-O-Cu \end{matrix} + 2H_2O$$

$$\begin{matrix} Cu-O-Cu \\ | \quad\quad | \\ SO_4 \quad SO_4 \\ | \quad\quad | \\ Cu-O-Cu \end{matrix} + Ca(OH)_2 \longrightarrow \begin{matrix} Cu-O-Cu-OH \\ | \\ SO_4 \\ | \\ Cu-O-Cu-OH \end{matrix} + CaSO_4$$

产品中铜含量的测定可采用电解法或碘量法。粉剂中二氧化碳的测定可采用 AOAC 法。残留量的测定是先用硫酸和过氯酸煮解,再用双硫腙从碘化钾酸溶液萃取,然后测定二乙基二硫代氨基甲酸酯(AOAC 法)。

波尔多液是一种胶状悬浮液,喷到植物上粘着力很强,不易被水冲刷,残效期可达 15～20 天,是一种很好的保护剂。对真菌引起的霜霉病、绵腐病、炭疽病、幼苗猝倒病等有良好的防治效果,但对锈病、白粉病效果差。对细菌引起的柑桔溃疡病、棉花角斑病等也有一定防效。此外,尚可用作植物伤口保护剂,例如树干的溃疡病等。

波尔多液对植物易产生药害,仅能在铜离子药害忍耐力强的作物上或休眠期的果树上使用。它是一种预防性杀菌剂,须在发病前使用。

波尔多液的杀菌作用主要归因于铜离子对病原菌的毒杀结果[243]。其机理大概有三个方面:①与菌体细胞膜上的含—SH 的酶作用,使酶失去活性;②与细胞膜表面的阳离子,如 H^+、Ca^{2+}、Mg^{2+}、K^+ 等交换,使菌体细胞膜的蛋白质凝固。③透进菌体内与某些酶结合,影响其活性。

3.3 金属有机和元素有机杀菌剂

此类杀菌剂是指某些金属如 Hg、Cu、Sn 等和某些非金属元素如 As、P 等形成的金属有机和元素有机化合物。随着杀菌剂的发展,金属有机杀菌剂虽然起过一定的重要作用,但与某些无机杀菌剂和大量有机杀菌剂相比,已不占重要的地位,有的品种已被禁止使用。

3.3.1 有机汞化合物

有机汞杀菌剂的发展是为取代无机汞类化合物而寻找毒性较小的药物的结果。第一个重要的商品化品种是含 18.8％氯苯酚汞形式的有机汞化合物,其分子结构是 **Cl(OH)·C₆H₃Hg·SO₃Na**。该药剂的应用成功,使一大批有机汞化合物得以在植物病害防治上应用并有很大发展。例如,用于种子处理消毒的磷酸乙汞、氯化苯汞,甲氧乙基氯化汞;用于撒布用的醋酸苯汞(赛力散)、乙基氯化汞(西力生)、碘化苯汞;土壤杀菌用的碘化甲汞、乙基苯乙汞、氰胍甲汞、对甲苯磺酰替苯胺苯汞(富民隆)等[247]。

有机汞杀菌剂的分子结构可用 **RHgX** 表示。其中,R 为烃基,X 为阴离子,如酸根和羟基等。R 基有二类:一是低碳的脂肪链烃基或小分子芳基,如乙基、苯基等。这些 R 基的作用在于影响分子挥发性,其非极性的性质又可使分子具有脂溶性,对生物组织有强的通透作用;二是苯酚的衍生物,如硝基苯酚等,这种 R 基的改变旨在增加药剂的毒力。苯酚衍生物本身即为强烈的消毒剂,但此类汞制剂不易挥发,亦难溶解,必须与阴离子结合以增强其水溶性。作浸种用的有机汞杀菌剂的 X 基多为—OH 或—OSO₃ 等,其功用主要是提高分子的水溶性,形成易于溶解的盐。

由于有机汞化合物对哺乳动物毒性高,对植物也较容易造成药害,故不宜用于叶面喷洒,主要用于防治种子外部传播病害。但是,由于发现它在人体中的积累毒性,残留时间长,会进入食物链,故逐渐被淘汰,1969 年开始禁用。

3.3.2　有机铜化合物[248～253]

有机铜的盐类化合物像无机铜盐化合物一样,是广谱性杀菌剂,并且主要用作叶面喷洒剂。一般说来,它们比无机铜盐药害(对植物毒性)小。主要品种有:环烷酸铜、苯柳酸铜、克菌铜、三氯酚铜、菌铜(Nonylphenolsufonate copper)、氯萘醌铜(COCNQ)、胺磺铜(DBEDC)、喹啉铜、8-羟基喹啉铜等,其中研究得较为详细的是 8-羟基喹啉铜,它是 8-羟基喹啉和铜离子形成的螯合物:

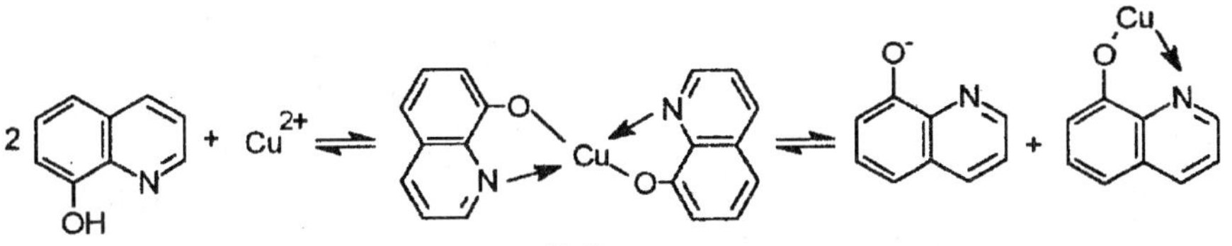

上式中 1∶2(铜∶8-羟基喹啉)的化合物有利于透过病原菌的细胞膜。但透过后,实际上有毒力活性的是 1∶1 化合物。

8-羟基喹啉铜可有效地防治梨黑斑病、苹果斑点落叶病、柑桔疮痂病等。

绝大多数有机铜化合物均为保护性杀菌剂。

3.3.3　有机锡化合物

因为锡是四价,所以通常有四种形式的化合物:R₄Sn、R₃SnX、R₂SnX₂ 和 RSnX₃。作为杀菌剂,以 R₂SnX₂ 和 R₃SnX 两种形式最为多见。在上述通式中,R 通常是烃基(烷基、芳基或芳烷基),该取代基是以碳原子结合到金属锡原子上。X 可以是不通过碳原子结合到金属锡上的卤素、羟基、氧或有机或无机酸根。R—Sn 键对空气和水都是稳定的,但在紫外光下可以分解,最后产生无机锡金属原子。然而 X 基是较不牢固地结合到金属上去的，容易水解和电离，产生锡的氧化物或氢氧化物。X 基调节化合物的溶解度。锡的醋酸盐比其氢氧化物更易溶解。

表 3-8 列出了几种重要有机锡杀菌剂。

表 3-8　几种重要的有机锡杀菌剂

通　用　名	化学名称	化学结构式	性能及用途	文献
毒菌锡 Fentin hydroxide	三苯基羟基锡	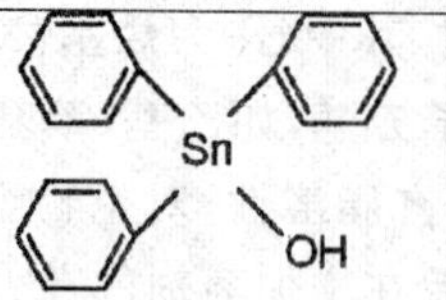	不溶于水的白色无味粉末，熔点 118℃～120℃，LD_{50} 为 108mg/kg（大鼠），可有效地防治尾孢属、壳针孢属、长孺孢属、交链孢属、腐霉属、疫霉属、丝核菌属等多种致病菌	[254]
薯瘟锡 Fentin acetate	三苯基醋酸锡	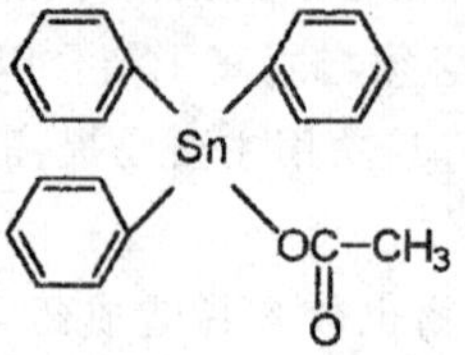	纯品为白色结晶粉末熔点，118℃～122℃。基本上不溶于水。可被水解成三苯基羟基锡。LD_{50} 为 125mg/kg（大鼠），该品有良好的粘附性，因而有长期的保护作用，在高剂量时也有治疗作用，有一定的内吸性，既能抑制孢子的萌发，也能杀死发芽的孢子	[254] [255] [256]
三苯基氯化锡 Fentin chloride	三苯基氯化锡	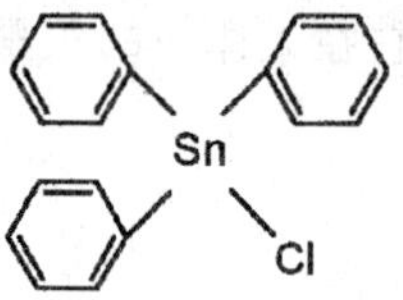	对麦类斑点病、甜菜叶斑病、大豆锈病等有较好的防治效果	[257]

有趣的是，在毒菌锡化合物中，如将其三个苯环换为三个脂环（环己基），即所谓的三环锡（Ⅰ），以及进一步将其中的羟基（OH）以三唑基取代成为所谓的三唑锡（Ⅱ）后，则完全失去了杀菌活性，但却表现出很好的杀螨活性[254]。

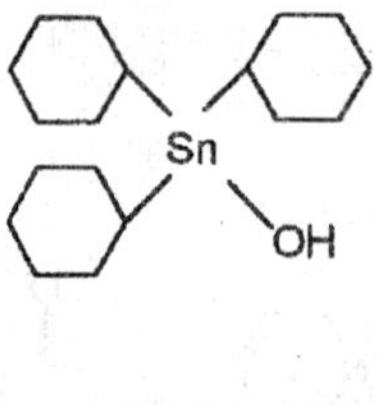

(Ⅰ) 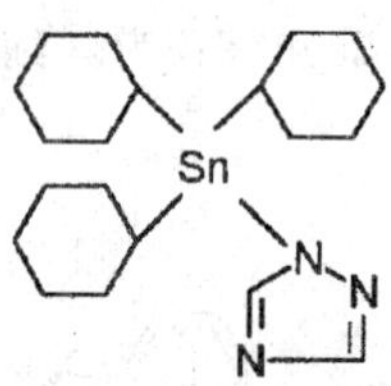　　　　　　　(Ⅱ)

3.3.4　有机砷化合物

砷化合物是古老的杀虫、杀菌剂之一。在植物病害的防治中，普遍采用的有机砷化合物主要有两种类型：二硫代氨基甲酸砷（即福美类）和烷基砷酸盐类。由于砷会在土壤中积累破坏土壤的理化性质，更由于砷在人体中有积累毒性，因此砷化物农药逐渐被禁用或限制使用。

商品化的有机砷杀菌剂有稻宁、月桂砷、福美甲砷、福美砷、苏化-911、黄原砷、田安、稻脚青、甲基砷酸铁、退菌特等，其中多数是水稻纹枯病的防治药剂。表 3-9 列出了它们的化学结构及主要性能和用途。

有机砷类化合物的杀菌作用，根据其类型有两种情况：①福美类的有机砷化合物有两个杀菌组分，即二硫代氨基甲酸的阴离子部分和砷原子部分；②烷基砷酸盐只是砷原子起毒杀作用。

表 3－9　有机砷杀菌剂

名　称	化　学　结　构	性　能　和　用　途	文献
稻宁 甲基砷酸钙 Calcium methyl arsonate	CH₃—As（结构式）Ca·H₂O	原药为白色粉末,难溶于水和多种有机溶剂,与酸反应生成甲砷酸而溶解,与碱反应可溶于过剩的苛性碱。在空气中稳定。LD₅₀为 1886mg/kg。主要用于防治水稻纹枯病	[258]
月桂砷 双十二烷基硫化甲砷 MALS	C₁₂H₂₅S（结构式）As—CH₃	原药为固体,熔点 18℃~20℃。易溶于苯、丙酮、乙醇等有机溶剂中。主要用于防治水稻纹枯病	[259]
福美砷 三-N-二甲基二硫代氨基甲酸砷 Asomate	[(CH₃)₂N—C—S]₂As（结构式）	原药为黄绿色结晶,熔点 224℃~226℃,不溶于水,微溶于丙酮、甲醇。对黄瓜、甜瓜和草莓的白粉病具有预防和治疗作用,对稻瘟病也有一定防效	[260]
福美甲砷 双-二甲基二硫代氨基甲酸甲砷 Urbacide	[(CH₃)₂N—C—S]₂As—CH₃（结构式）	原药为结晶固体,熔点 144℃,稍溶于水,LD₅₀为 170mg/kg。主要用于防治水稻纹枯病及水果病害(如苹果黑点病、梨黑星病、葡萄晚腐病等)及种子消毒剂	[260]
苏化-911 硫化甲基砷 Asozine	CH₃As=S	纯品为白色至淡黄色结晶,熔点 109℃~110℃,不溶于水,微溶于乙醇,易溶于二硫化碳和丙酮。LD₅₀为 180mg/kg。主要用于防治水稻纹枯病,效果优异,兼有保护和铲除作用	[261]
黄原砷 双异丙基黄原酸酯甲胂 Mongalit	(CH₃)₂CHOC—S（结构式）AsCH₃ (CH₃)₂CHOC—S	原药为浅黄色液体,不溶于水,易溶于丙酮、二甲苯等有机溶剂中。主要用于防治水稻纹枯病	[262]
田安 甲基砷酸铁铵 Neoasozin	(CH₃AsO₃)₂FeNH₄	本品为 5%~5.7%水溶液,遇碱、酸分解,产生沉淀,LD₅₀为 707mg/kg。主要用于防治水稻纹枯病、葡萄炭疽病、白腐病、白粉病、人参斑点病和苹果害虫等	[263]
稻脚青 甲基砷酸锌	CH₃—As（结构式）Zn·H₂O	主要用于防治水稻纹枯病,也用于防治棉花立枯病、炭疽病等苗期病害	[264]
甲基砷酸铁	CH₃—As（结构式）Fe	主要用于防治水稻纹枯病,也可防治葡萄炭疽病、白粉病、白腐病、柑桔溃疡病	[265]
退菌特	福美砷、福美锌、福美双三种药剂的混合物	防治水稻纹枯病的特效药。对小麦白粉病,松、杉苗立枯病和果树炭疽病也很有效	[264]

3.3.5　有机磷化合物

　　有机磷杀菌剂是 1965 年以后才出现的品种。许多有机磷杀菌剂具有内吸作用,可在植物体内输导运转,具有保护和治疗作用。个别的品种,如乙磷铝还有双向传导作用。该类杀菌剂多数还兼有杀虫作用,它们在植物体内容易降解成无毒物质,一般不会产生任何远期的环境污染。

　　有机磷杀菌剂品种没有像有机磷杀虫剂那样多和那样重要。已经商品化或者有工业生产价值的一些品种汇集在表 3—10 中。

表 3－10　有机磷杀菌剂品种简介

名　称	化　学　结　构	性　能　及　用　途	文　献
稻瘟净 O,O-二乙基 -S-苄基-硫 代磷酸酯 Kitazine	C_2H_5O、C_2H_5O -P(=O)-SCH_2-C_6H_5	纯品为无色透明液体,难溶于水,易溶于乙醇、乙醚、二甲苯等有机溶剂。对碱不稳定。LD_{50}为 327.7mg/kg(小白鼠)。主要用于防治稻瘟病。对水稻小粒菌核病、纹枯病、枯穗病也有一定防效。可兼治稻飞虱、叶蝉	[266] [267]
异稻瘟净 O,O-二异丙 基-S-苄基硫 代磷酸酯 Iprobenfos	$(CH_3)_2CHO$、$(CH_3)_2CHO$ -P(=O)-SCH_2-C_6H_5	纯品为无色透明液体,低温为白色固体,熔点 22.5℃～23.8℃。难溶于水,易溶于有机溶剂中。对酸稳定,遇碱分解。LD_{50}为 667mg/kg(小白鼠)。主要用于防治稻瘟病,也可防治稻茎腐病和梢腐病,药效高于稻瘟净,残效期长,且无残臭	[268] [269]
克瘟散 O-乙基-S,S- 二苯基二硫 赶磷酸酯 Hinozan	$C_2H_5OP(=O)(-S-C_6H_5)_2$	原药为淡黄色液体,溶于甲醇、乙醚、丙酮等有机溶剂。LD_{50}为 214mg/kg。主要用于防治稻瘟病,具有预防和治疗作用,尚能防治稻纹枯病,兼杀稻飞虱、叶蝉等害虫	[270] [271]
定菌磷 2-(O,O-二 乙基硫逐磷 酰基)-5-甲 基-6-乙酯基 -吡唑并(1, 5a)嘧啶 Pyrazophos	$C_2H_5O_2C$…吡唑并嘧啶…$O-P(=S)(OC_2H_5)_2$ H_3C	纯品为结晶固体,熔点 50℃～51℃,易溶于苯、乙醇、二甲苯、四氯化碳等有机溶剂,水中溶解度为 0.33%(20℃)。LD_{50}为 140～632mg/kg(小鼠)。极易被叶和缘茎所吸收并在植物内传导,但不能充分被植物根部或种子吸收。主要用于防治谷物、蛇麻、黄瓜、草莓、苹果和观赏植物的白粉病,残效期长达 21 天。尚有一定的杀虫杀螨活性	[272] [273]
灭菌磷 N-(O,O-二 乙基硫逐磷 酰基)-邻苯 二甲酰亚胺 Ditalimfos	邻苯二甲酰亚胺-N-P(=S)(OC_2H_5)_2	纯品为白色扁平晶体,熔点 83℃～84℃,稍溶于水,易溶于苯、四氯化碳、乙酸乙酯等对紫外光、碱及高于其熔点的温度不稳定。LD_{50}为 5600mg/kg(大鼠)。非内吸性杀菌剂,广谱,有很好的预防和铲除作用,对白粉病特效。对苹果黑星病、桃褐腐病和软腐病等也有好的防效	[274]
甲基立枯磷 O-2,6-二氯- 对-甲苯基- O,O-二甲基 硫代磷酸酯 Tolclofos- methyl	$(CH_3O)_2P(=S)-O$-(2,6-二氯-4-CH_3-苯基)	纯品为无色结晶,熔点 78℃～80℃,难溶于水,溶于丙酮、二甲苯等有机溶剂。LD_{50}为 5000mg/kg(大鼠)。对半知菌、担子菌、子囊菌纲中的多种病原菌均有很强的杀菌活性。如对棉花、马铃薯、甜菜等的立枯丝核菌、苗立枯病、菌核病等有卓越的防治效果	[276]
乙磷铝 亚磷酸乙酯 铝 Phosphite	$[C_2H_5O-P(=O)(H)(O)]_3Al$	纯品为白色粉末或高熔点固体。稍溶于水,一般有机溶剂中溶解度也很小。内吸性强,系双向传导内吸剂,持效期长,兼有保护和治疗两种作用。对藻菌纲的病害如疫病和霜霉病有较好的防治效果	[278] [279]
稻枯磷 双-(O,O-二 乙基硫逐磷 酰)二硫化物 	$(C_2H_5O)_2P(=S)-S-S-P(=S)(OC_2H_5)_2$	纯品为低熔点固体,熔点 22℃～23℃,不溶于水,易溶于多数有机溶剂。$LD_{50}>$20000mg/kg。主要用于防治水稻白叶枯病,但残效期短(≤7 天)	[280] [281]
克菌壮 O,O-二乙基 二硫代磷酸 三乙铵盐	$(C_2H_5)_2PSH \cdot N(C_2H_5)_3$	纯品为白色固体,熔点 180℃～182℃,易溶于水、乙醇等极性溶剂,不溶于非极性溶剂。LD_{50}为 7636mg/kg(雌大白鼠)。属于激素型保护性有机磷杀菌剂,对稻白叶枯病、细菌性条斑病防效显著,有刺激生长作用	

3.3.6 合成方法

3.3.6.1 有机汞化合物

(1)氯化苯汞

该化合物有三种合成路线：

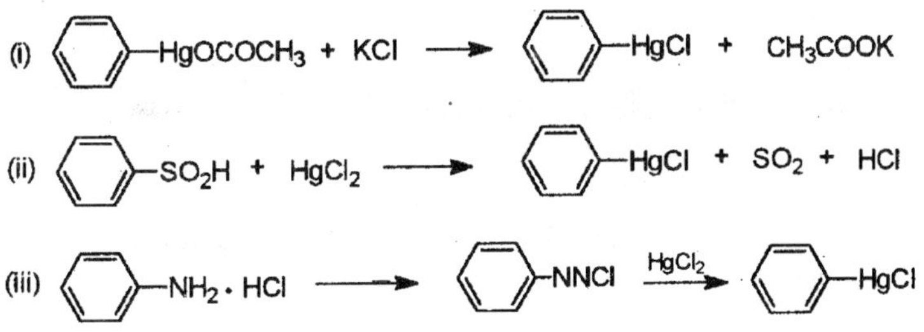

(2)醋酸苯汞

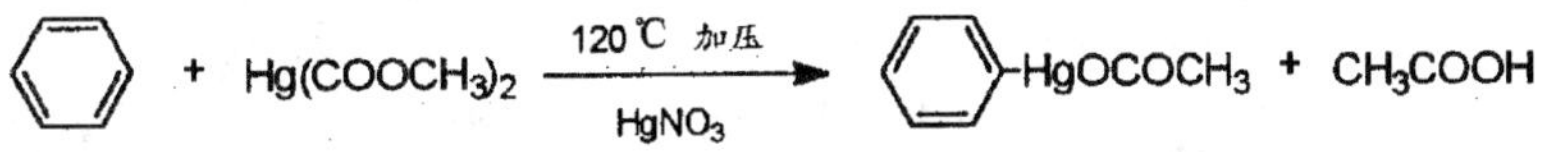

3.3.6.2 有机铜化合物

(1)8-羟基喹啉铜

8-羟基喹啉铜是 8-羟基喹啉和铜的络合物,其化学结构曾在 3.3.2 中提到。它可由可溶性铜盐溶液与 8-羟基喹啉沉淀得到：

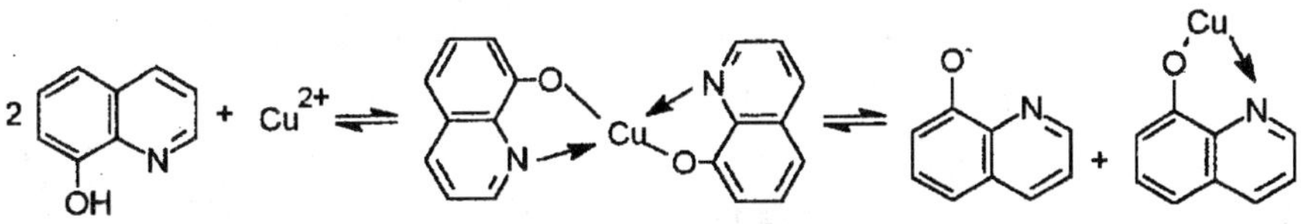

产品为黄绿色不挥发的晶形粉末,不溶于水、醇和普通有机溶剂。由于配价络合物的稳定性,所以它在化学上是惰性的。

3.3.6.3 有机锡化合物

(1)毒菌锡

通过格氏反应先制得苯基氯化镁,后者再与氯化锡反应制得毒菌锡：

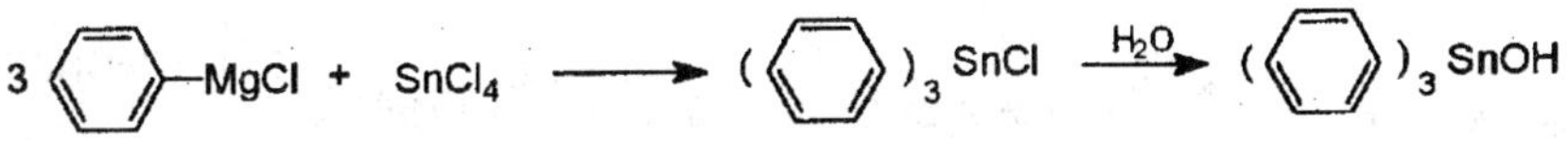

(2)薯疫锡

氯化锡与四苯基锡作用生成三苯基氯化锡,然后再与醋酸钠反应制得薯疫锡：

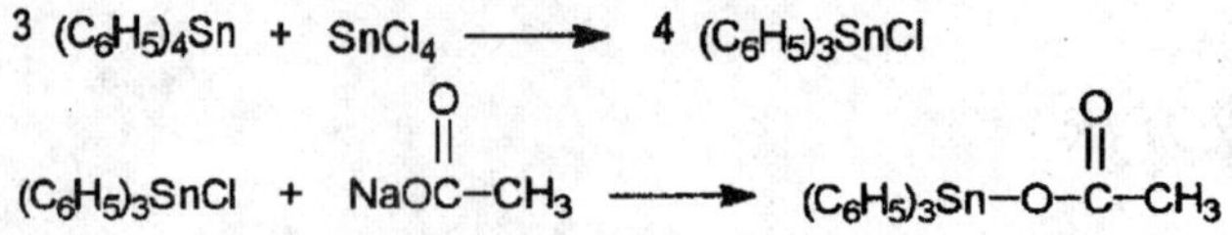

$$3 (C_6H_5)_4Sn + SnCl_4 \longrightarrow 4 (C_6H_5)_3SnCl$$

$$(C_6H_5)_3SnCl + NaOC{-}CH_3 \longrightarrow (C_6H_5)_3Sn{-}O{-}C{-}CH_3$$

薯疫锡干燥时稳定,但暴露在空气或阳光照射下,很容易分解,最后生成不溶性锡化合物。它可与普通农药混用,但不可与油乳剂混合。

3.3.6.4 有机砷化合物

(1)稻宁

甲基砷酸钠与氯化钙或石灰进行置换反应得到稻宁:

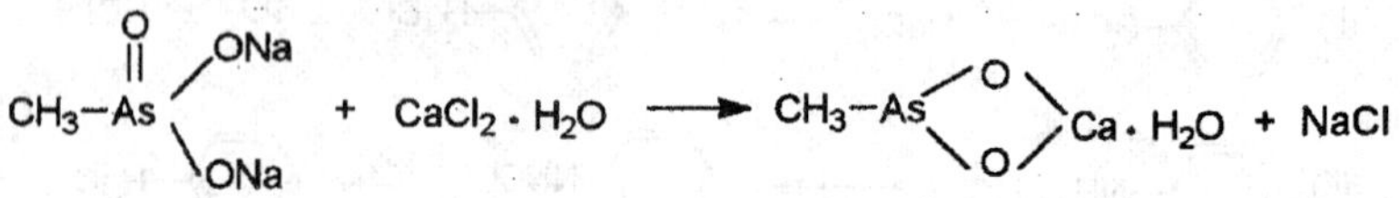

$$CH_3{-}As(ONa)(ONa){=}O + CaCl_2\cdot H_2O \longrightarrow CH_3{-}As(O)(O)Ca\cdot H_2O + NaCl$$

(2)月桂砷

二氯甲砷与十二烷基硫醇作用制得月桂砷:

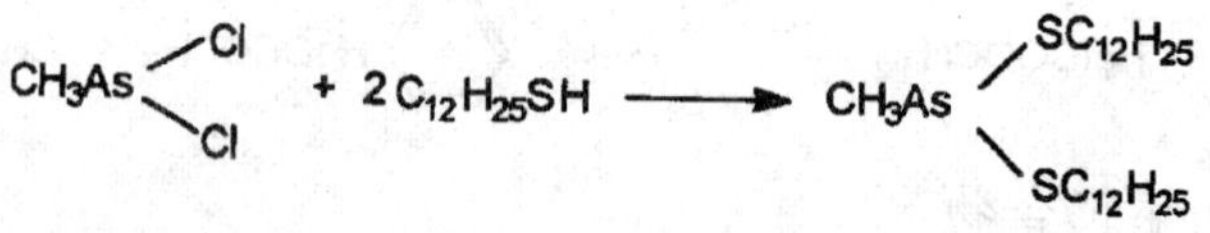

$$CH_3As(Cl)(Cl) + 2C_{12}H_{25}SH \longrightarrow CH_3As(SC_{12}H_{25})(SC_{12}H_{25})$$

(3)福美砷:

合成方法如下:

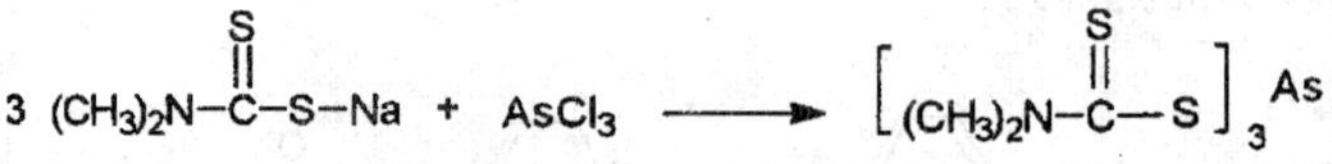

$$3 (CH_3)_2N{-}C(=S){-}S{-}Na + AsCl_3 \longrightarrow [(CH_3)_2N{-}C(=S){-}S]_3As$$

(4)福美甲砷

由甲基氧砷和二硫代氨基甲酸反应制得:

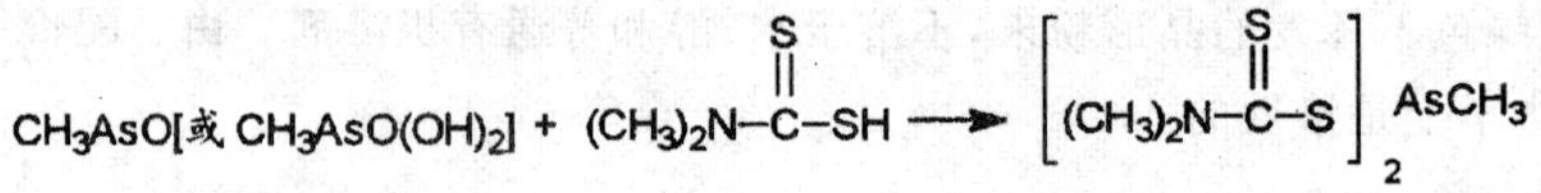

$$CH_3AsO[或 CH_3AsO(OH)_2] + (CH_3)_2N{-}C(=S){-}SH \longrightarrow [(CH_3)_2N{-}C(=S){-}S]_2AsCH_3$$

(5)黄原砷

合成方法如下:

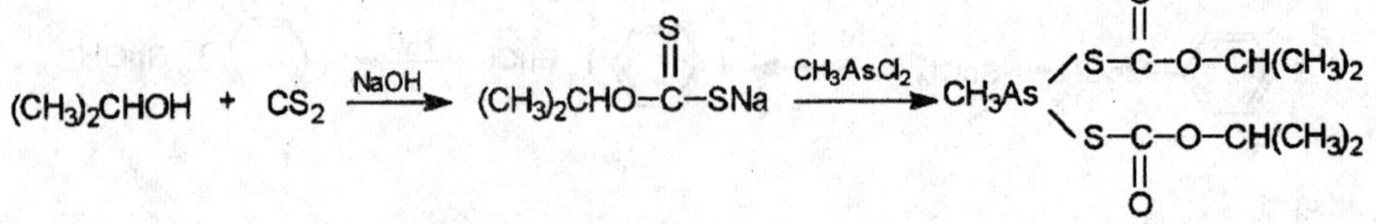

$$(CH_3)_2CHOH + CS_2 \xrightarrow{NaOH} (CH_3)_2CHO{-}C(=S){-}SNa \xrightarrow{CH_3AsCl_2} CH_3As(S{-}C(=O){-}O{-}CH(CH_3)_2)_2$$

(6)田安

合成方法如下:

① $3CH_3AsO_3H_2 + 2 FeCl_3 + 6 NH_4OH \longrightarrow Fe_2(CH_3AsO_3)_3 + 6 NH_4Cl + 6 H_2O$

② $Fe_2(CH_3AsO_3)_3 + NH_4OH \longrightarrow (CH_3AsO_3)_2FeNH_4$

(7)稻脚青和甲基砷酸铁

由甲基砷酸钠分别与 $ZnCl_2$ 和 $FeCl_2$ 反应制得：

$$CH_3As(ONa)_2 + ZnCl_2 \cdot H_2O \longrightarrow CH_3AsO_2Zn \cdot H_2O$$
（稻脚青）

$$CH_3As(ONa)_2 + FeCl_2 \longrightarrow CH_3AsO_2Fe$$
（甲基砷酸铁）

3.3.6.5 有机磷化合物

(1)稻瘟净和异稻瘟净

首先由乙醇和三氯化磷作用制得二乙氧基亚磷酸 $(C_2H_5O)_2POH$，然后将浓 NaOH 水溶液加入 $(C_2H_5O)_2POH$、硫磺粉和甲苯的混合物中，生成物用水萃取，在 80℃左右与氯化苄反应即得稻瘟净，其反应式为：

$$2 C_2H_5OH + PCl_3 \longrightarrow (C_2H_5O)_2PCl \xrightarrow{H_2O} (C_2H_5O)_2POH$$

$$(C_2H_5O)_2POH + S + NaOH \longrightarrow (C_2H_5O)_2PSNa$$

$$(C_2H_5O)_2PSNa + ClCH_2\text{—}\langle\text{苯环}\rangle \longrightarrow (C_2H_5O)_2P\text{-}SCH_2\text{—}\langle\text{苯环}\rangle$$

用类似的方法可制得异稻瘟净。

(2)克瘟散

苯经氯磺化生成苯磺酰氯，再以铁粉还原生成硫酚，硫酚与氢氧化钠反应得其钠盐；同时使三氯氧磷与乙醇反应制得乙氧基磷酰二氯。硫酚钠与乙氧基磷酰二氯在苯中于 150℃下反应(干法)或直接在水溶液中(湿法)反应即得克瘟散。反应如下：

$$\langle\text{苯}\rangle + HOSO_2Cl \xrightarrow{20℃} \langle\text{苯}\rangle\text{—}SO_2Cl \xrightarrow{[Fe]\ 60℃} \langle\text{苯}\rangle\text{—}SH \xrightarrow{NaOH} \langle\text{苯}\rangle\text{—}SNa$$

$$C_2H_5OH + POCl_3 \xrightarrow{<15℃} C_2H_5OPCl_2$$

$$2\langle\text{苯}\rangle\text{—}SNa + C_2H_5OPCl_2 \xrightarrow{<15℃} C_2H_5OP(S\text{—}\langle\text{苯}\rangle)_2 + 2 NaCl$$

该产品为黄色至浅棕色清亮液体，带有硫酚特征气味，在 1kPa 下的沸点为 154℃。

(3)灭菌磷

合成方法如下：

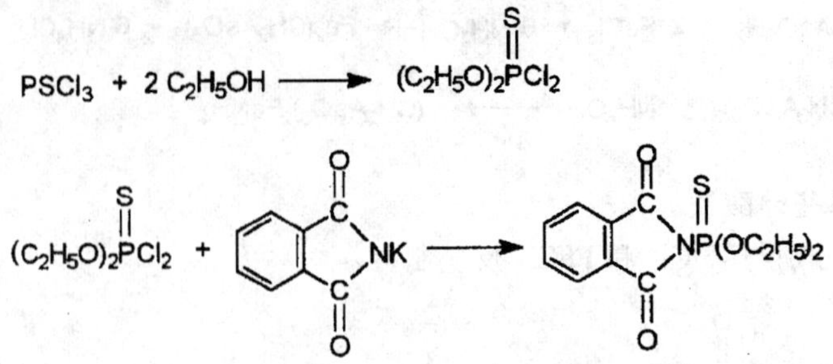

$$PSCl_3 + 2 C_2H_5OH \longrightarrow (C_2H_5O)_2PCl_2 \ (\overset{S}{\|})$$

(4)乙磷铝

乙磷铝的合成,一般有 3 种方法:

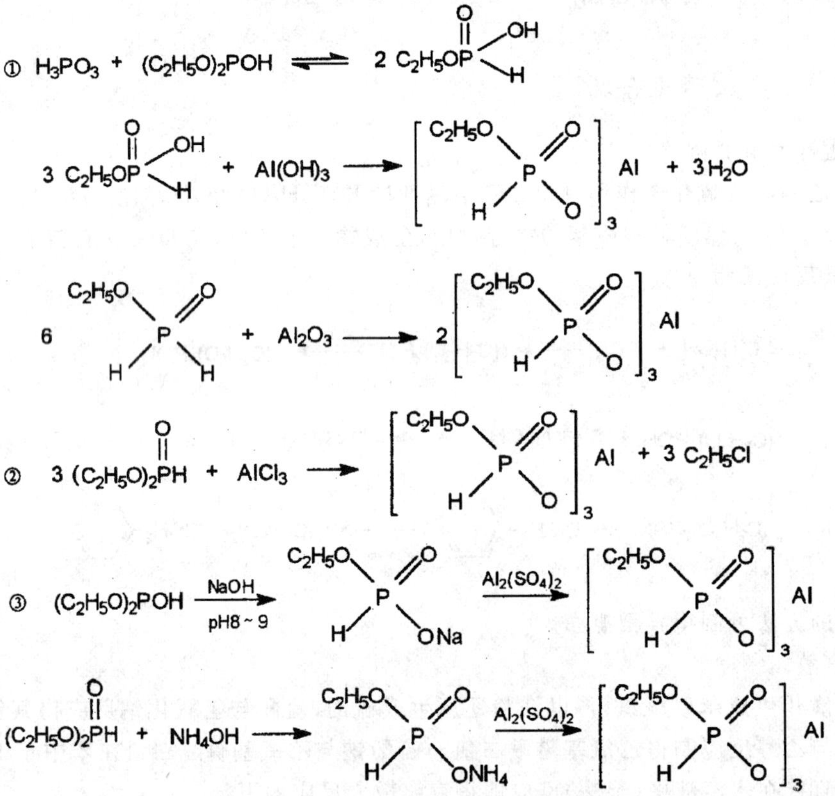

①

②

③

该方法为法国罗纳-普朗克公司生产的工业路线,称为二步法。我国上海农药厂也是选定铵盐二步法的合成路线合成乙磷铝,该法工艺简单,反应平稳,原料易得。

(5)稻枯磷

稻枯磷原是生产农药中间体 O,O-二乙基二硫代磷酯的副产物之一。它对水稻白叶枯病有较显著的防治效果。其合成方法是首先由五硫化二磷与乙醇反应生成 O,O-二乙基二硫代磷酸中间体(Ⅰ):

$$4 C_2H_5OH + P_2S_5 \longrightarrow 2(C_2H_5O)_2PSH \ (\overset{S}{\|}) + H_2S \uparrow$$

然后将中间体（Ⅰ）在 30℃～40℃用过氧化氢或碘氧化得到产品稻枯磷：

$$2\ (C_2H_5O)_2\overset{\displaystyle S}{\underset{\|}{P}}SH \xrightarrow{H_2O_2} (C_2H_5O)_2\overset{\displaystyle S}{\underset{\|}{P}}-S-S-\overset{\displaystyle S}{\underset{\|}{P}}(OC_2H_5)_2$$

（6）克菌壮

克菌壮是稻枯磷中间体的铵盐，由 O,O-二乙基二硫代磷与三乙胺作用得到：

$$(C_2H_5O)_2\overset{\displaystyle S}{\underset{\|}{P}}SH\ +\ (C_2H_5)_3N \longrightarrow (C_2H_5O)_2\overset{\displaystyle S}{\underset{\|}{P}}SH \cdot \overset{+}{N}(C_2H_5)_3$$

（7）甲基立枯磷

合成方法如下：

$$CH_3-\!\!\!\!\bigcirc\!\!\!\!-OH\ +\ Cl_2 \xrightarrow{催化剂} CH_3-\!\!\!\!\bigcirc\!\!\!\!-OH\ (Cl, Cl)$$

$$CH_3-\!\!\!\!\bigcirc\!\!\!\!-OH\ +\ Cl\overset{\displaystyle S}{\underset{\|}{P}}(OCH_3)_2 \xrightarrow[\text{PhMe, 50℃ 2h}]{\text{Cu粉/20\% NaOH}} (C_2H_5O)_2\overset{\displaystyle S}{\underset{\|}{P}}O-\!\!\!\!\bigcirc\!\!\!\!-CH_3$$

3.4　有机杀菌剂

3.4.1　二硫代氨基甲酸衍生物

二硫代氨基甲酸衍生物是杀菌剂中很重要的一类杀菌剂，它是杀菌剂发展史上最早并大量广泛用于防治植物病害的一类有机化合物，它的出现是杀菌剂从无机到有机发展的一个重要标志。1931 年 Tiadale 和 Williams 首次在美国杜邦公司研究了氨基甲酸酯类化合物的杀菌活性，10 年后才开始生产商品规模的氨基二硫代甲酸的衍生物杀菌剂。这类杀菌剂由于具有高效、低毒、对人畜植物安全以及防治植物病害广谱等特点，加之价格低廉，因此发展非常迅速，销售量很大，在代替铜汞制剂方面起了很重要的作用。

这类杀菌剂从化学结构上看有一个共同点，即它们都是由母体化合物二硫代氨基甲酸（Ⅰ）衍生而来。具体划分，又分为福美类、代森类和烷酯类。

$$\overset{H}{\underset{H}{>}}N-\overset{\displaystyle S}{\underset{\|}{C}}-SH\quad(\textbf{I})$$

3.4.1.1　福美类

福美类杀菌剂具有如下的结构通式：

$$\left[\begin{matrix}R\\\ \\R'\end{matrix}N-\overset{\overset{S}{\|}}{C}-S-\right]_x M_y$$

式中，R'=H,CH₃　R=CH₃
M=Na,NH₄,Ni,Zn,Fe,AsCH₃;
x=1～3; y=0,1

重要的福美类品种列于表 3—11 中。

表 3—11　福美类杀菌剂

名　称	化　学　结　构　式	性　能　及　用　途	文　献
福美钠（威百亩）N-甲基二硫代氨基甲酸钠 Metham，VPM	$CH_3NH-\overset{\overset{S}{\|}}{C}-SNa$	能溶于水的液体，沸点 119℃，温度和湿度能影响它的分解。LD₅₀为 820mg/kg。主要用作土壤熏蒸剂，防治多种土壤病害，如棉花枯萎病、茶叶根部病害、烟草苗期病害、蕃茄根腐病等，此外，尚能杀线虫和除莠	[283][284]
福美锌 N,N-二甲基二硫代氨基甲酸锌 Ziram，Fuklasim	$\left[\begin{matrix}CH_3\\\ \\CH_3\end{matrix}N-\overset{\overset{S}{\|}}{C}-S-\right]_2 \cdot Zn$	白色固体，熔点 246℃，为二硫代氨基甲酸类最稳定的化合物之一，不大溶于水、乙醇，溶于氯仿。对温血动物口服有毒，对鼻、喉、皮肤有刺激作用。LD₅₀为 1400mg/kg。用于果树、蔬菜、观赏作物的病害防治，如苹果白粉病、柑桔溃疡病、梨赤星病、葡萄褐斑病、蕃茄早疫病、黄瓜霜霉病等。此外对软体昆虫类也有毒杀作用	[285][286]
福美镍 N,N-二甲基二硫代氨基甲酸镍 Mikasa，Sankel	$\left[\begin{matrix}H_3C\\\ \\H_3C\end{matrix}N-\overset{\overset{S}{\|}}{C}-S-\right]_2 \cdot Ni$	原药为淡绿色粉末，在水和有机溶剂中均不溶。分解温度 200℃，对光照、酸、碱稳定，LD₅₀为 5200mg/kg，对鱼类安全。主要用于防治水稻白叶枯病	[287]
福美铁 N,N-二甲基二硫代氨基甲酸铁 Ferbam，Fermate	$\left[\begin{matrix}H_3C\\\ \\H_3C\end{matrix}N-\overset{\overset{S}{\|}}{C}-S-\right]_3 \cdot Fe$	纯品为黑色固体，难溶于水，可溶于丙酮、氯仿等有机溶剂中，不耐热及潮湿。LD₅₀为 17000mg/kg（大鼠）。主要用于果树、蔬菜、观赏作物的多种病害防治，但对白粉病无效	[288][289]
福美双 双-〔N,N-二甲基硫代氨基甲酰〕二硫物 Thiram	$\left[\begin{matrix}H_3C\\\ \\H_3C\end{matrix}N-\overset{\overset{S}{\|}}{C}-S-\right]_2$	纯品为无色结晶，熔点 146℃。难溶于水，溶于丙酮、氯仿、乙醇等有机溶剂中。不耐热、潮湿。小鼠口服 LD₅₀为 780～865mg/kg。主要用于处理种子和土壤，防治禾谷类白粉病、黑穗病及蔬菜病害	[290][291]

3.4.1.2　代森类

代森类杀菌剂是继福美类杀菌剂之后发现的又一类重要的保护性杀菌剂。它们多数是乙撑双二硫代氨基甲酸的衍生物。重要的品种如表 3—12 所示。

表 3—12 代森类杀菌剂

名　称	化　学　结　构	性　能　和　用　途	文献
代森硫 乙撑双硫代氨基甲酸硫化物 ETM	(结构图)	原药为黄色结晶,熔点 121～124,℃微溶于水,稍溶于丙酮、甲苯、乙醇,可溶于氯仿、吡啶。对碱不稳定。LD_{50} 为 330mg/kg。主要用于防治黄瓜霜霉病、白粉病、黑星病、蕃茄叶霉病、疫病	[292]
代森钠 乙撑双二硫代氨基甲酸二钠 Nabam, Dithane D-14	(结构图)	原药为含结晶水的结晶固体,熔点 230℃,不耐光、热和潮湿,可溶于水。LD_{50} 为 395mg/kg。主要用于防治果树、蔬菜和谷物的病害,如苹果黑星病、芹菜早疫病、豌豆立枯病和玉米大斑病等	[293]
代森铵 乙撑双二硫代氨基甲酸铵 Amobam	(结构图)	本品不污染作物,对人畜低毒且无刺激性。大白鼠 LD_{50} 为 450mg/kg。主要用于棉花苗期病害,如立枯病、黄萎病;黄瓜霜霉病、梨黑星病、烟草黑胫病等。具有一定的渗透性和治疗作用	[294]
代森锌 乙撑双二硫代氨基甲酸锌 Zineb, Parzate Zineb	(结构图)	原药为白色或微黄粉末,高于其熔点便分解,不溶于一般溶剂。能溶于吡啶,遇光、热、潮湿不稳定,在强酸或强碱介质中分解。$LD_{50}>5200$mg/kg。本品为重要的保护性杀菌剂之一,用于防治麦类、水稻、果树、蔬菜和烟草等多种作物的病害。如麦类锈病、赤霉病;稻瘟病、稻纹枯病;苹果赤星病;马铃薯疫病;黄瓜霜霉病等	[285] [296] [297]
代森锰 乙撑双二硫代氨基甲酸锰 Maneb,MEB Dithane M-22 Manzate	(结构图)	原药为黄色结晶,微溶于水,不溶于大多数有机溶剂,遇酸或潮湿分解,LD_{50} 为 7500mg/kg。广谱性杀菌剂,其作用和代森锌相似。可有效地防治多种病害,尤其是蔬菜病害。如瓜类炭疽病、霜霉病,白菜霜霉病,蚕豆锈病,梨赤星病,葡萄褐斑病,蕃茄和马铃薯疫病等	[298]
异丙锌 甲代乙撑二硫代氨基甲酸锌 Propineb	(结构图)	淡黄色粉末,不溶于水。大鼠 LD_{50} 为 8500mg/kg。抗雨水冲刷性强,有较长的残效。特别适合于防治马铃薯和蕃茄的霜霉病、晚疫病、早疫病,对白粉病和红蜘蛛也有一定抑制作用	[299]
异丙镍 甲代乙撑双二硫代氨基甲酸镍 Propinel	(结构图)	褐色晶状粉末,不溶于水。大鼠 LD_{50} 为 2500mg/kg。药害小,主要用于防治水稻白叶枯病	[299] [300]
代森锰锌 代森锰和锌离子的配位化合物 Dithane M-45	(结构图)	原药为灰黄色粉末。熔点前分解。不溶于水及大多数有机溶剂。高温时遇潮湿、遇酸分解。LD_{50} 为 8000mg/kg。用于许多叶部病害的保护性杀菌剂,如小麦锈病、稻瘟病、玉米大斑病、蔬菜中的霜霉病、炭疽病、疫病等	[301]

续表

名　称	化　学　结　构	性　能　和　用　途	文献
代森福美 1,2-双〔S-(二硫代二甲氨基甲酸基)二硫代甲酰胺基〕乙烷	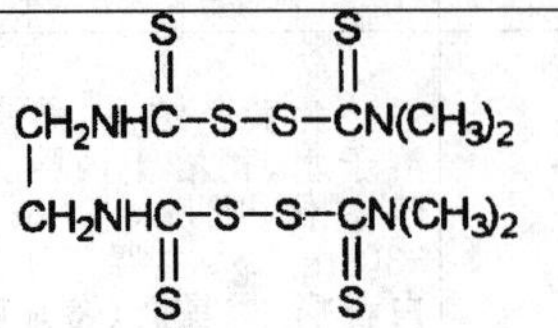 CH₂NHC-S-S-CN(CH₃)₂ 等	主要用于防治果树、瓜类、蔬菜的炭疽病、疮痂病、锈病、霜霉病等。可与福美锌混配使用	[302]
代森环 3,3′-乙撑-双-(四氢-4,6-二甲基)-2H-1,3,5-噻二嗪-2-硫酮 Milneb	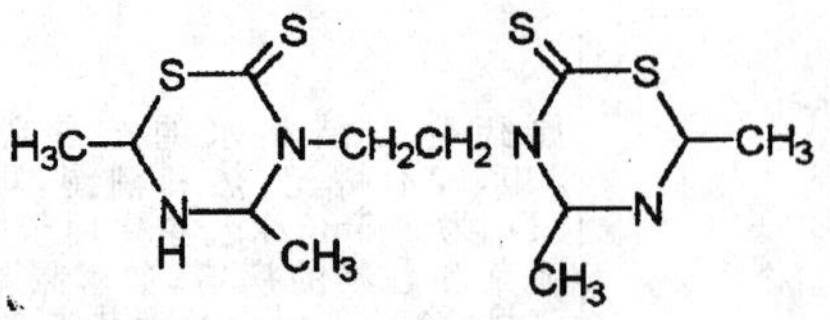 H₃C 等结构 CH₃	原药为白色结晶,难溶于水和有机溶剂。大鼠 LD₅₀为 5000mg/kg(大鼠)。主要用于防治果树和蔬菜上的多种病害,如瓜类霜霉病、炭疽病;蕃茄疫病;苹果轮纹病、黑星病;豆类锈病等。使用浓度低,对叶果无污染	[303]

3.4.1.3　烷酯类

此类杀菌剂品种较少,从结构上看也属于二硫代氨基甲酸衍生物。其品种列于表 3-13。

表 3-13　几种烷酯类杀菌剂

名　称	化　学　结　构	性　能　和　用　途	文献
棉隆 3,5-二甲基-四氢化-1,3,5-2H-噻二嗪-2-硫酮 DMTT Mylone	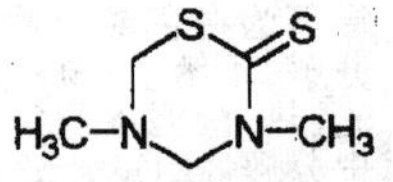 H₃C-N N-CH₃ 结构	原药为白色结晶,熔点 99.5℃(分解)。难溶于水,可溶于丙酮、氯仿、二甲甲酰胺中。本品因土壤中可分解出二硫代氨基甲酸盐和异硫氰酸酯,故兼有杀线虫、土壤中害虫、真菌如腐霉菌、丝核菌、轮枝菌等作用	[304]
地青散 3-(4-苯基)-5-甲基绕丹宁 N-244	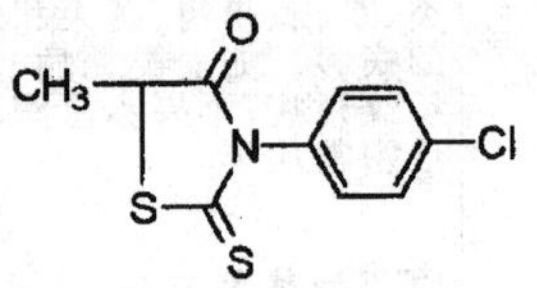 CH₃ 结构 Cl	纯品为结晶固体,熔点 106℃~110℃,溶于丙酮。小鼠 LD₅₀为 690mm/kg。兼有杀菌和杀线虫作用。可作为种子和土壤消毒剂	[305]
噻胺酯 2-噻唑氨基二硫代甲酸-(乙氧甲酰甲基)酯	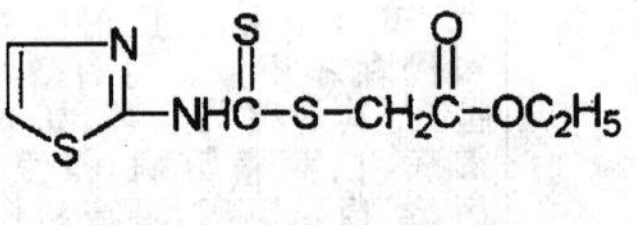 NHC-S-CH₂C-OC₂H₅ 结构	原药为固体,熔点 164℃~165℃,可溶于一般有机溶剂。用于防治多种真菌引起的病害,对稻瘟病、稻胡麻斑病、花生褐斑病和蚕豆花腐病等防效显著,对稻瘟病和马铃薯晚疫病的防效远好于福美锌	[306]

3.4.1.4　合成方法

二硫代氨基甲酸类杀菌剂的合成,有较好的类型系统性。除了其中烷酯类外,福美类和代森类的合成,一般是先制得二硫代氨基甲酸的钠盐(或者铵盐);然后再分别与某些无机盐中的金属离子进行置换,或者用氧化剂进行氧化,或者与砷的化合物进行反应,从而得到相应的二硫代氨基甲酸衍生物。

(1)福美类

①福美钠和福美铵

合成方法如下:

$$\underset{R'}{\overset{R}{\diagdown}}NH + CS_2 + NaOH \longrightarrow \underset{R'}{\overset{R}{\diagdown}}N\overset{S}{\overset{\|}{-C}}-SNa + H_2O$$

$$\underset{R'}{\overset{R}{\diagdown}}NH + CS_2 + NH_4OH \longrightarrow \underset{R'}{\overset{R}{\diagdown}}N\overset{S}{\overset{\|}{-C}}-SNH_4 + H_2O$$

$$R=H, CH_3; \quad R'=CH_3$$

例如在福美锌和福美双合成中,上述反应具体为:

$$\underset{CH_3}{\overset{CH_3}{\diagdown}}NH + CS_2 + NH_4OH \xrightarrow{<30℃} \underset{CH_3}{\overset{CH_3}{\diagdown}}N\overset{S}{\overset{\|}{-C}}-SNH_4 + H_2O$$

$$\underset{CH_3}{\overset{CH_3}{\diagdown}}NH + CS_2 + NaOH \xrightarrow{<30℃} \underset{CH_3}{\overset{CH_3}{\diagdown}}N\overset{S}{\overset{\|}{-C}}-SNa + H_2O$$

②福美盐(Na、NH_4^+ 除外)

反应通式为:

$$n\left[\underset{R'}{\overset{R}{\diagdown}}N\overset{S}{\overset{\|}{-C}}-SNa\right] + M^{+n} \longrightarrow \left[\underset{R'}{\overset{R}{\diagdown}}N\overset{S}{\overset{\|}{-C}}-S-\right]_n M + nNa^+$$

$$式中,\quad R=H,CH_3; \quad R'=CH_3;$$
$$M=Ni,Zn,Fe; \quad n=2,3$$

例如,福美锌的合成是福美钠与硫酸锌反应,经分离、干燥而得:

$$2\underset{CH_3}{\overset{CH_3}{\diagdown}}N\overset{S}{\overset{\|}{-C}}-SNa + ZnSO_4 \xrightarrow{H_2SO_4} \left[\underset{CH_3}{\overset{CH_3}{\diagdown}}N\overset{S}{\overset{\|}{-C}}-S-\right]_2 Zn$$

③福美双

福美双的合成也是由福美钠作起始原料,经过氧化而得,因氧化方式不同,大体有 3 种方法:

$$(i)\ 2\ (CH_3)_2N\overset{S}{\overset{\|}{-C}}-SNa + H_2O + H_2SO_4 \xrightarrow{<25℃} \left[(CH_3)_2N\overset{S}{\overset{\|}{-C}}-S-\right]_2 + Na_2SO_4 + H_2O$$

$$(ii)\ 2\ (CH_3)_2N\overset{S}{\overset{\|}{-C}}-SNa + NaNO_2 + H_2SO_4 \xrightarrow{<40℃} \left[(CH_3)_2N\overset{S}{\overset{\|}{-C}}-S-\right]_2 + Na_2SO_4 + H_2O + NO$$

$$(iii)\ 2\ (CH_3)_2N\overset{S}{\overset{\|}{-C}}-SNa + Cl_2 \longrightarrow \left[(CH_3)_2N\overset{S}{\overset{\|}{-C}}-S-\right]_2 + NaCl$$

上述三种方法共同的缺点是生产中均产生大量废水。为克服这一缺点,采用福美铵作原料,以过氧化氢作氧化剂是切实可行的:

$$2\ (CH_3)_2N-\overset{\overset{S}{\|}}{C}-SNH_4 + H_2O_2 + H_2SO_4 \xrightarrow[<25℃]{} \left[(CH_3)_2N-\overset{\overset{S}{\|}}{C}-S-\right]_2 + (NH_4)_2SO_4 + H_2O$$

④福美甲砷

合成方法如下:

$$As_2O_3 + 6\ NaOH + 2\ CH_3I \longrightarrow 2\ CH_3As(ONa)_2 \xrightarrow{SO_2} CH_3\overset{\overset{O}{\|}}{As}=O + Na_2SO_4$$

$$2\ (CH_3)_2N-\overset{\overset{S}{\|}}{C}-SNa + CH_3As=O + 2\ HCl \longrightarrow \left[(CH_3)_2N-\overset{\overset{S}{\|}}{C}-S-\right]_2 AsCH_3$$

(2)代森类

代森类的合成和福美类很相似,只是所用的起始原料为乙撑(或取代的乙撑)二胺。具有如下反应通式:

$$\overset{CH_2NH_2}{\underset{\underset{R}{|}}{CHNH_2}} + 2\ CS_2 + 2\ NaOH \xrightarrow{(或NH_4OH)} \overset{CH_2NH-\overset{\overset{S}{\|}}{C}-SNa(NH_4)}{\underset{\underset{R}{|}}{CHNH-\overset{\overset{\|}{S}}{C}-SNa(NH_4)}} + H_2O$$

$$\overset{CH_2NH-\overset{\overset{S}{\|}}{C}-SNa(NH_4)}{\underset{\underset{R}{|}}{CHNH-\overset{\overset{\|}{S}}{C}-SNa(NH_4)}} + M^{2+} \longrightarrow \overset{CH_2NH-\overset{\overset{S}{\|}}{C}-S}{\underset{\underset{R}{|}}{CHNH-\overset{\overset{\|}{S}}{C}-S}}\!\!\!>\!\!M + 2\ Na^+ (NH_4)$$

式中, R=H, CH_3; M=Zn, Mn, (Zn·Mn), Ni

①代森锌

a.钠盐的制备

乙撑二硫代氨基甲酸钠(简称钠盐)的制备,因具体操作方法不同,可分为一步法和二步法。

一步法:

$$\overset{CH_2NH_2}{\underset{CH_2NH_2}{|}} + 2\ CS_2 + 2\ NaOH \longrightarrow \overset{CH_2NH-\overset{\overset{S}{\|}}{C}-SNa}{\underset{CH_2NH-\overset{\overset{\|}{S}}{C}-SNa}{|}} + 2\ H_2O$$

二步法:

反应过程可能有两种不同的方式(Ⅰ和Ⅱ):

$$(I) \quad \begin{array}{c} CH_2-NH_2 \\ | \\ CH_2-NH_2 \end{array} + 2\,CS_2 \quad \xrightarrow{a} \quad NH_3^+CH_2CH_2NHCSS^-$$

$$\xrightarrow{b} \quad \begin{array}{c} CH_2-NH-CSSH \cdot H_2N-CH_2 \\ | \qquad\qquad\qquad\qquad\quad | \\ CH_2-NH-CSSH \cdot H_2N-CH_2 \end{array} \xrightarrow{CS_2 + NaOH}$$

$$\begin{array}{c} CH_2-NH-CSSNa \\ | \\ CH_2-NH-CSSNa \end{array} + 2\,H_2O$$

$$(II) \quad \begin{array}{c} CH_2-NH_2 \\ | \\ CH_2-NH_2 \end{array} + CS_2 \longrightarrow NH_2CH_2CH_2NH-\overset{\displaystyle S}{\overset{\|}{C}}-SH \xrightarrow{CS_2+NaOH} \begin{array}{c} CH_2-NH-CSSNa \\ | \\ CH_2-NH-CSSNa \end{array} + H_2O$$

b. 代森锌

合成方法如下：

$$\begin{array}{c} CH_2-NH-CSSNa \\ | \\ CH_2-NH-CSSNa \end{array} + ZnSO_4 \longrightarrow \begin{array}{c} CH_2-NH-CSS \\ | \qquad\qquad\qquad \Big\rangle Zn \\ CH_2-NH-CSS \end{array} + Na_2SO_4$$

在代森锌的整个合成中，可能有如下的副反应：

$$CS_2 + 2\,NaOH \longrightarrow Na_2CS_2O + H_2O$$

$$3\,Na_2CS_2O \longrightarrow 2\,Na_2CS_3 + Na_2CO_3$$

$$\begin{array}{c} CH_2-NH-CSSNa \\ | \\ CH_2-NH-CSSNa \end{array} \xrightarrow{稀酸} \begin{array}{c} CH_2-NH \\ | \qquad\qquad \Big\rangle C=S \\ CH_2-NH \end{array} + CS_2 + H_2S\uparrow$$

用类似于代森锌的合成方法，还可制得代森锰、代森镍等。

②代森锰锌

合成方法如下：

$$\begin{array}{c} CH_2-NH-CSSNa \\ | \\ CH_2-NH-CSSNa \end{array} + MnCl_2\,(或MnSO_4) \longrightarrow \begin{array}{c} CH_2-NH-CSS \\ | \qquad\qquad\qquad \Big\rangle Mn \\ CH_2-NH-CSS \end{array}$$

$$\xrightarrow[或(ZnSO_4)]{Zn(NO_3)_2 \cdot 6H_2O} \begin{array}{c} CH_2-NH-CSS \\ | \qquad\qquad\qquad \Big\rangle Mn-Zn \\ CH_2-NH-CSS \end{array}$$

③代森硫

合成方法如下：

$$\begin{array}{c} CH_2-NH-CSSNa \\ | \\ CH_2-NH-CSSNa \end{array} + H_2O \xrightarrow{H_2SO_4} \begin{array}{c} CH_2-NH-\overset{S}{\overset{\|}{C}}-S \\ | \\ CH_2-NH-\underset{S}{\underset{\|}{C}}-S \end{array} \xrightarrow[50\,℃]{CH_3OH} \begin{array}{c} CH_2-NH-\overset{S}{\overset{\|}{C}}-S \\ | \qquad\qquad\qquad\quad \cdot \\ CH_2-NH-\underset{S}{\underset{\|}{C}}-S \end{array}$$

④代森福美

合成方法如下：

$$
\begin{array}{l}
\text{CH}_2\text{—NH—CSSNa} \\
\quad\quad\quad\quad\quad\quad\quad + 2\ \text{I}_2 + 2\ (\text{CH}_3)_2\text{N—C—SNa} \longrightarrow \\
\text{CH}_2\text{—NH—CSSNa}
\end{array}
$$

（其中 $\text{(CH}_3)_2\text{N—C—SNa}$ 含 S）生成

$$
\begin{array}{l}
\text{CH}_2\text{NHC—S—S—CN(CH}_3)_2 \\
\text{CH}_2\text{NHC—S—S—CN(CH}_3)_2
\end{array} + 4\ \text{NaCl}
$$

⑤代森环

合成方法如下：

$$
\begin{array}{l}
\text{CH}_2\text{—NH—C—SH} \\
\text{CH}_2\text{—NH—C—SH}
\end{array} + 4\text{CH}_3\text{CHO} + 2\text{NH}_3 \longrightarrow
$$

$$
\text{H}_3\text{C}\cdots\text{N—CH}_2\text{CH}_2\text{—N}\cdots\text{CH}_3
$$

（生成双六元环硫代环状化合物）

（3）烷酯类

①棉隆

合成方法如下：

$$
2\ \text{CH}_3\text{NH}_2 + \text{CH}_2\text{O} + \text{CS}_2 \longrightarrow \text{H}_3\text{C—N}\cdots\text{N—CH}_3 + 2\ \text{H}_2\text{O}
$$

②地青散

合成方法如下：

$$
\begin{array}{l}
\text{CH}_3\text{CHCOONa} \\
\quad\ \text{Cl}
\end{array} +
\begin{array}{l}
\text{SNa} \\
\text{S=C—NH}
\end{array}\text{—}\!\!\left\langle\begin{array}{c}\end{array}\right\rangle\!\!\text{—Cl} \xrightarrow{-\text{NaCl}}
$$

$$
\begin{array}{l}
\text{ONa} \\
\text{O=C—CH—S—C—NH}
\end{array}\text{—}\!\!\left\langle\begin{array}{c}\end{array}\right\rangle\!\!\text{—Cl}
$$

$$
\xrightarrow{\text{HCl}} \text{H}_3\text{C}\cdots\text{N}\text{—}\!\!\left\langle\begin{array}{c}\end{array}\right\rangle\!\!\text{—Cl} + \text{NaCl} + \text{H}_2\text{O}
$$

③噻胺酯

合成方法如下：

$$
\left\langle\begin{array}{c}\text{N} \\ \text{S}\end{array}\right\rangle\!\!\text{—NH}_2 + \text{CS}_2 + \text{NaOH} \longrightarrow \left\langle\begin{array}{c}\text{N} \\ \text{S}\end{array}\right\rangle\!\!\text{—NH—C—SNa}
$$

$$
\left\langle\begin{array}{c}\text{N} \\ \text{S}\end{array}\right\rangle\!\!\text{—NH—C—SNa} + \text{ClCH}_2\text{—C—O—C}_2\text{H}_5 \longrightarrow \left\langle\begin{array}{c}\text{N} \\ \text{S}\end{array}\right\rangle\!\!\text{—NHC—S—CH}_2\text{—C—O—C}_2\text{H}_5 + \text{NaCl}
$$

3.4.2　N-氯代烷基和N-氯代烷硫基衍生物

该类杀菌剂在其分子结构中含有 $-N-CCl_3$、$-N-S-CCl_3$ 或 $-N-S-C_2HCl_4$ 等取代基。在五、六十年代它们曾是仅次于二硫代氨基甲酸类的另一类重要的保护性杀菌剂。但是由于其毒性及残留问题而逐步被取代。这类杀菌剂中的品种有氯化苦、敌菌威、灭菌方、硫氯散、抑菌灵、克菌丹、敌菌丹、灭菌丹等。其中以最后三个品种更为重要,这不仅是由于它们本身具有高效能的杀菌活性,而且由于它们的被发现而使保护性杀菌剂有了更明显的发展。

3.4.2.1　品种及其性能和用途

此类杀菌剂的品种汇集于表 3—14 中。

表 3—14　N-氯代烷基(烷硫基)衍生物杀菌剂

名　称	化 学 结 构	性 能 和 用 途	文献
氯化苦 硝基三氯甲烷 Chloropicrin		原药为液体,沸点 112℃。蒸气压为 373.3Pa(25℃)。本品是最强的土壤杀菌剂,注入土壤后迅速变成气体而扩散,发挥杀菌效果,但有药害。亦可用于防治地下害虫和线虫	[307]
敌菌威 N-三氯甲硫基-N-二甲氨基磺酰替苯胺 Bayer 4681	$(CH_3)_2N-SO_2-N-SCCl_3$	原药为固体,熔点 98℃～100℃。保护性杀菌剂,用于防治果树、蔬菜等的真菌病害。尚可用于拌种及土壤处理,杀死土壤真菌,防治棉花苗期病害。防治蕃茄早疫病、晚疫病优于克菌丹、敌菌丹	[308]
灭菌方 N-三氯甲硫基-N-对氯苯基甲基磺酰胺 Hesulfan	$CH_3SO_2-N-SCCl_3$	原药为黄色针状结晶,熔点 114℃～115℃。不溶于水,溶于有机溶剂,对酸、碱稳定。用于防治水稻纹枯病、瓜类炭疽病、梨黑星病等	[309]
硫氯散 双-(三氯甲基)三硫化物 BTT	$Cl_3C-S-S-S-CCl_3$	原药为固体,熔点 57.4℃,在水中稳定。用于防治小麦网腥黑穗病、燕麦散黑穗病	[310]
克菌丹 N-三氯甲硫基-4-环己烯-1,2-二甲酰亚胺 Captan		纯品为白色结晶,熔点 178℃。微溶于水,可溶于氯仿、丙酮、二甲苯和环己酮等有机溶剂,对碱不稳定。大鼠LD$_{50}$为 9000mg/kg。广谱性保护性杀菌剂,广泛用于防治果树、蔬菜和谷物的多种病害,如苹果疮痂病、梨黑星病、葡萄黑腐病、马铃薯疫病、白菜黑斑病、瓜类炭疽病、黄瓜霜霉病、麦类赤霉病、水稻稻瘟病等等	[311]
灭菌丹 N-三氯甲硫基邻苯二甲酰亚胺 Folpet		纯品为白色晶体,熔点 177℃,难溶于水,微溶于有机溶剂。不耐碱,不耐潮湿。大鼠口服LD$_{50}$＞1000mg/kg。保护性杀菌剂,广谱。例如防治白粉病、叶锈病、叶斑病、马铃薯晚疫病等。防效优于克菌丹	[312]
敌菌丹 N-1,1,2,2-四氯乙硫基四氢苯二甲酰亚胺 Difolatan		纯品为白色针状结晶,熔点 160℃～161℃,不溶于水,溶于氯仿、丙酮、苯等有机溶剂,不耐碱。LD$_{50}$ 为 6200mg/kg。主要用于防治柑桔黑点病、苹果斑点性落叶病、黄瓜白粉病、蕃茄疫病等,主要作为叶保护剂	[313]

3.4.2.2　合成方法

(1)敌菌威

合成方法如下：

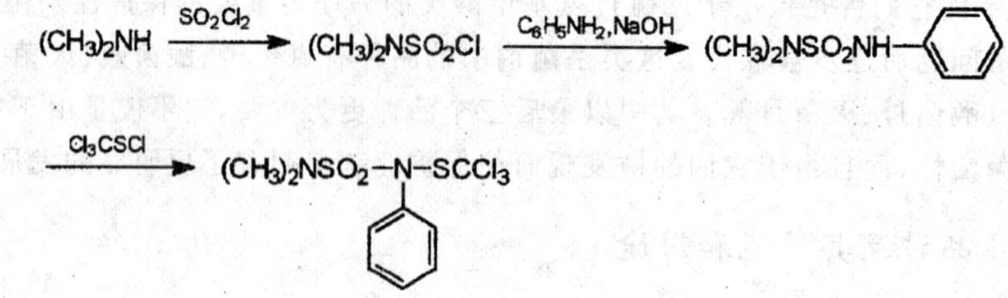

$$(CH_3)_2NH \xrightarrow{SO_2Cl_2} (CH_3)_2NSO_2Cl \xrightarrow{C_6H_5NH_2,NaOH} (CH_3)_2NSO_2NH—\langle \text{苯环} \rangle$$

$$\xrightarrow{Cl_3CSCl} (CH_3)_2NSO_2—N—SCCl_3$$

(2)灭菌丹

合成方法如下：

$$CS_2 \xrightarrow{Cl_2} CCl_3 \cdot SO_3H \xrightarrow{NaHg} CH_3SO_3H \xrightarrow{PCl_5} CH_3SO_2Cl$$

$$CH_3SO_2Cl + H_2N—\langle \text{苯环} \rangle—Cl \longrightarrow CH_3SO_2NH—\langle \text{苯环} \rangle—Cl \xrightarrow{ClSCCl_3} CH_3SO_2—N—SCCl_3$$

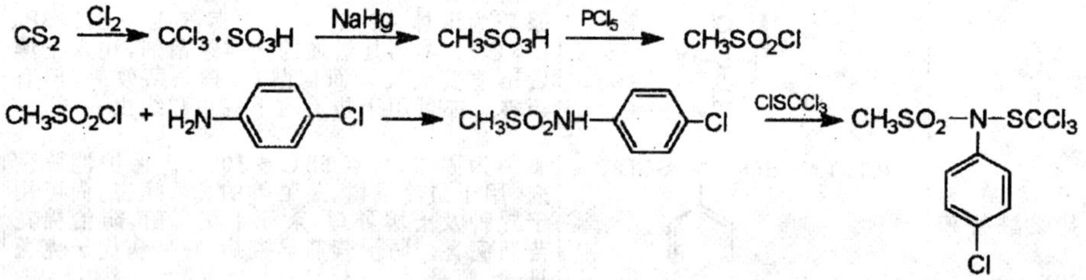

(3)硫氯散

合成方法如下：

$$Cl_3CSCl + H_2S \xrightarrow[15℃]{(NH_4)_2WO_4} Cl_3C—S—S—S—CCl_3$$

(4)克菌丹

克菌丹由三氯甲基氯化硫与四氢邻苯二甲酰亚胺反应制得。具体反应如下：

①三氯甲基氯化硫 ClSCCl₃ 的合成

该中间体可由碘催化法(Rathke 法)和酸解法两种方法合成。

a.碘催化法

$$2CS_2 + 5Cl_2 \xrightarrow{I_2} 2ClSCCl_3 + S_2Cl_2 \text{ 或者 } CS_2 + 3Cl_2 \longrightarrow ClSCCl_3 + SCl_2$$

副反应：$2ClSCCl_3 + Cl_2 \xrightarrow{Fe} 2CCl_4 + S_2Cl_2$

本方法的缺点是微量铁便可促成副反应，而铁或铁离子在工业装置中很难控制。

b.酸解法(Zhirovsky-Masat 法)

$$CS_2 + 5Cl_2 + 4H_2O \xrightarrow[\text{(或氯化母液)}]{12\%HCl} ClSCCl_3 + H_2SO_4 + 6HCl$$

②四氢邻苯二甲酰亚胺的合成

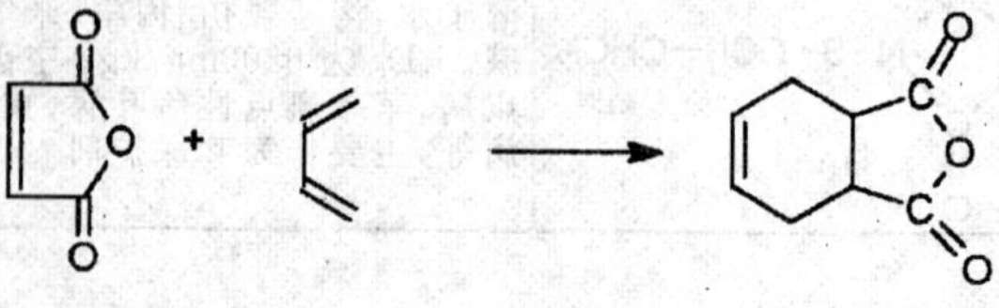

该反应可在常压或加压下进行。前者操作较为方便些。

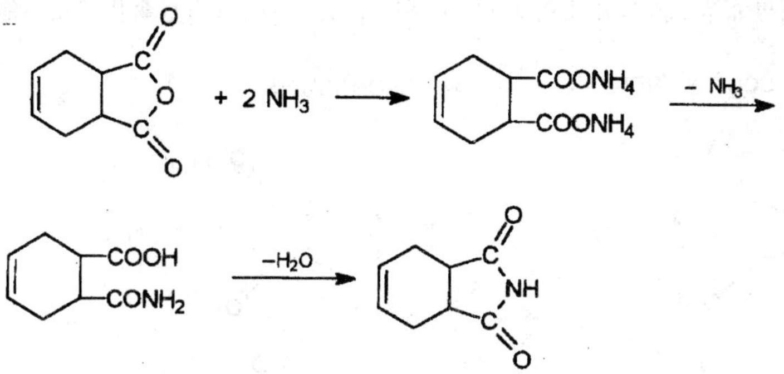

③克菌丹的合成

可以用亚胺的钠盐(或钾盐)悬浮在苯中与三氯甲基氯化硫反应：

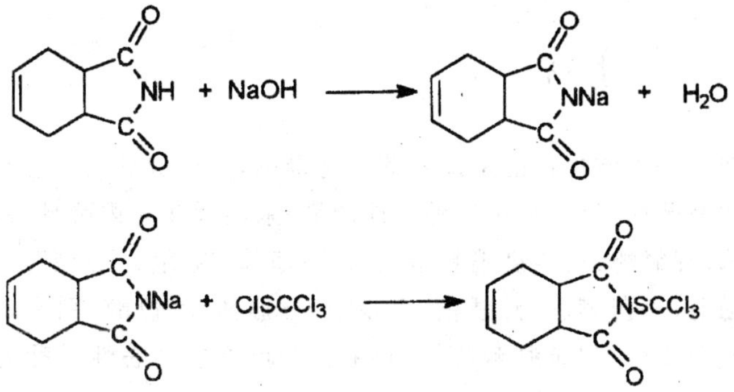

也可以用亚胺在碱的水溶液中直接与三氯甲基氯化硫反应：

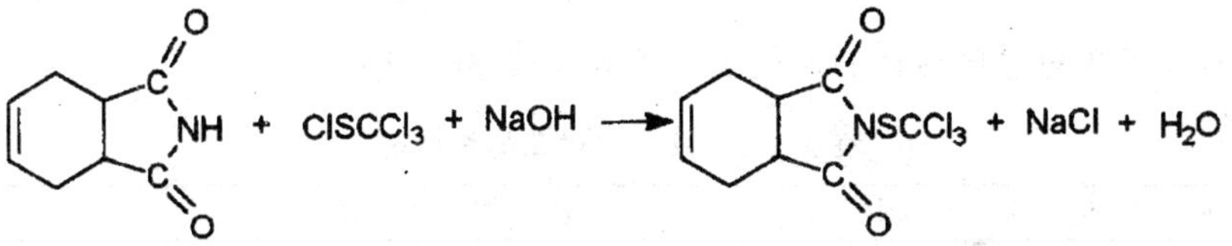

(5)灭菌丹

灭菌丹可用三氯甲基氯化硫与邻苯二甲酰亚胺(或其钠盐)进行缩合反应制得：

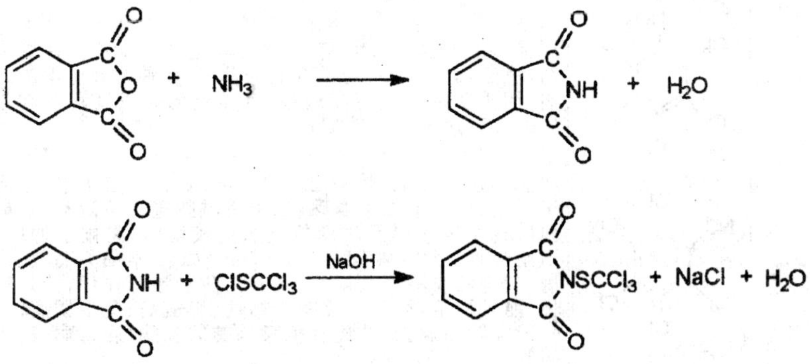

(6)敌菌丹

它可由氨与四氢邻苯二酸酐作用得到的亚胺和1,1,2,2-四氯乙基氯化硫反应制得。反应如下：

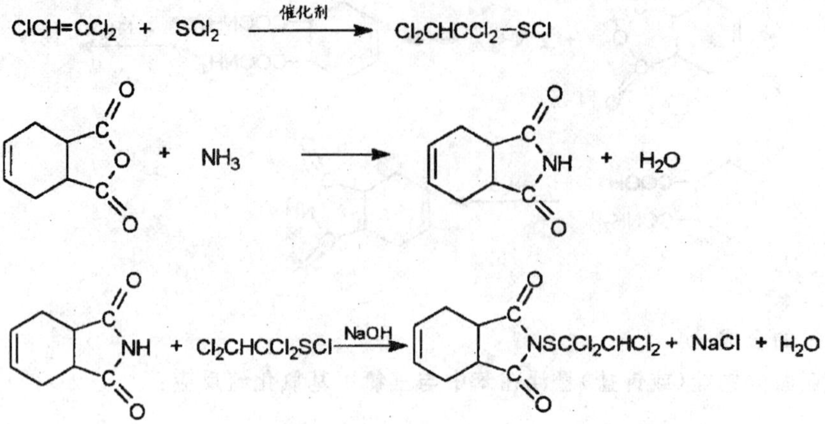
ClCH=CCl2 + SCl2
催化剂
Cl2CHCCl2—SCl
NH3
NH
H2O
Cl2CHCCl2SCl
NaOH
NSCCl2CHCl2
NaCl
H2O

3.4.3 取代苯衍生物

取代苯类杀菌剂的分子结构特征是以苯核作为母体，品种成员较为复杂，没有太大的系统性。多数是非内吸性杀菌剂，只有个别品种如地茂散、杀菌磺胺为内吸性杀菌剂。属于本类的品种有：联苯、六氯苯、五氯酚钡、四氯硝基苯、五氯硝基苯、氯硝散、氯硝胺、地茂散、二硝散、硫氰散、硫氰苯胺、防霉胺、杀菌磺胺、敌锈钠、百菌清、稻瘟清、稻瘟醇、稻瘟酞、枯萎宁、稻丰宁、地(敌)可松、毒菌酚、防霉酚、邻苯基苯酚等，其中比较重要的代表性品种为六氯苯、五氯硝基苯、百菌清、稻瘟醇、地可松、杀菌磺胺等。

3.4.3.1 主要品种及其性能和用途

取代苯类杀菌剂的主要品种的性能及用途列于表3—15中。

表3—15 几种取代苯类杀菌剂

名称	化学结构	性能和用途	文献
六氯苯 HCB	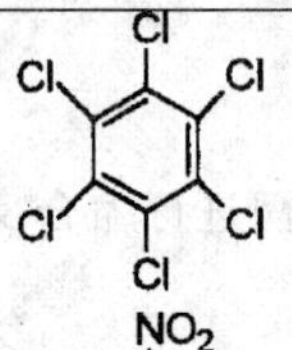	固体，熔点226℃，溶于苯。LD_{50}为10000mg/kg。选择性杀菌剂，主要用来防治小麦黑穗病和杆黑穗病，一般作为拌种和土壤处理	[314]
五氯硝基苯 PCNB	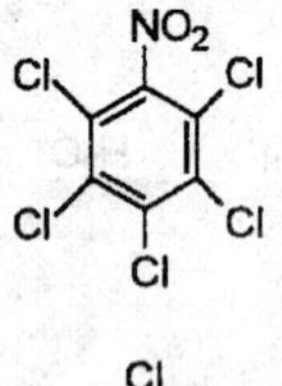	纯品为白色结晶，熔点146℃，不溶于水，溶于有机溶剂，稳定，大鼠LD_{50}为12000mg/kg。拌种剂和土壤消毒剂，用于防治棉花苗期病害、麦类黑穗病以及蔬菜和果树的多种病害。残效期长	[315]
百菌清 四氯间苯二腈 Daconil	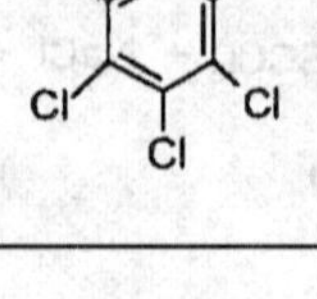	纯品为白色结晶，熔点250℃～251℃。不溶于水，稍溶于丙酮，可溶于二甲亚砜、二甲甲酰胺等有机溶剂。对碱和酸性水溶液以及对紫外光照均较稳定，耐雨水冲刷，不耐强碱。大白鼠LD_{50}>10000mg/kg。本品为高效、广谱、安全的农林用杀菌剂，具有预防和治疗作用，持效期长，而且稳定，可防治棉花立枯病、炭疽病、花生锈病、茶叶云纹叶枯病、心枯病及蔬菜果类的疫病、霜霉病、白粉病等	[316] [317]

续表

名　称	化　学　结　构	性　能　和　用　途	文　献
稻瘟酞 3,4,5,6-四氯苯酞 Rabcide	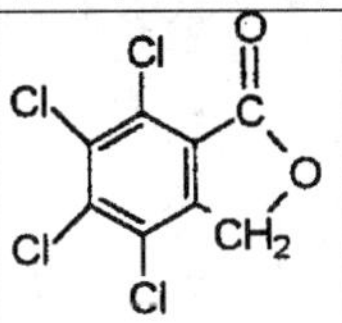	纯品为白色结晶。熔点 208℃～210℃,几乎不溶于水,微溶于有机溶剂,耐酸、碱,但不耐热碱。大白鼠 LD_{50} 为20000mg/kg。虽为有机氯制剂,但不会产生二次药害,残留低,使用安全。有一定的内吸性,主治稻瘟病,也可防治水稻叶枯病	[318]
地茂散 1,4-二氯-3,6-二甲氧基苯 Demosan	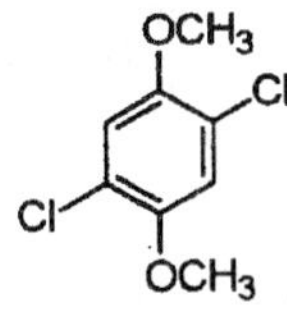	纯品为结晶固体,熔点 133℃～135℃,溶于丙酮、热乙醇。大鼠 LD_{50}>11000mg/kg。内吸性杀菌剂,可作拌种和土壤处理剂,亦可作叶面喷洒剂,高度抑制丝核菌,中等抑制腐霉菌,微弱抑制镰刀菌。可用来防治棉花、菜豆和大豆的苗期病害,残效期可达 6 周	[319] [320] [321]
地(敌)可松 对-二甲胺基重氮磺酸钠 Dexon	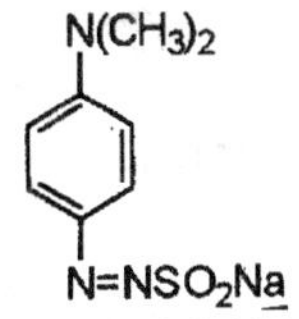	原药为固体,200℃分解,大鼠 LD_{50} 为 60～150mg/kg。主要作用于藻状菌,可作拌种和土壤处理剂,用于防治棉花、玉米等苗期病害和根部病害	[322] [323]
杀菌磺胺 苯甲硫基磺酰胺 Bayer 59781	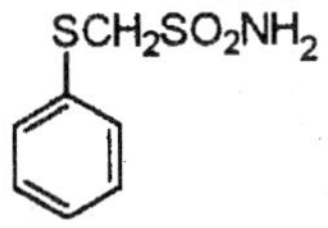	原药为固体,熔点 101℃～103℃,大鼠 LD_{50}>2500mg/kg。内吸性杀菌剂,具有良好的保护和治疗作用。用于防治藻菌纲引起的病害,如马铃薯晚疫病、葡萄霜霉病等,有药害	[324]

3.4.3.2　部分品种的合成方法

(1)五氯硝基苯

合成方法如下:

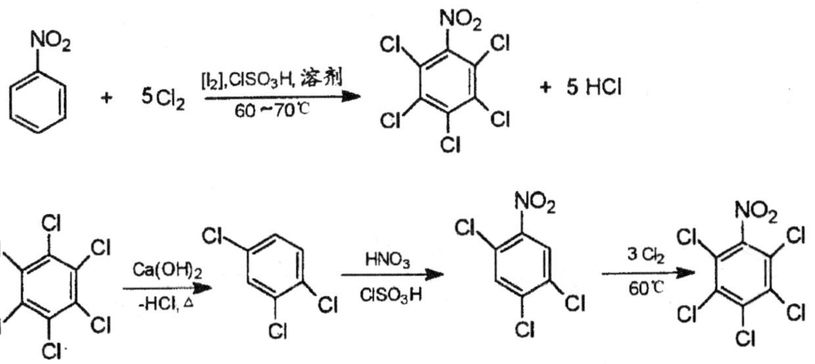

(2)地(敌)可松

合成方法如下:

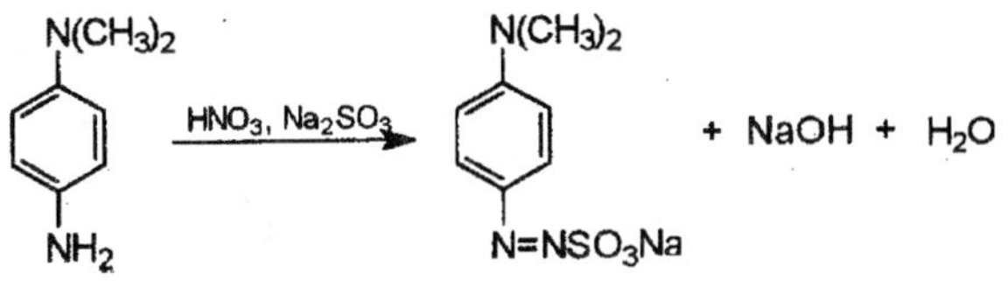

(3)百菌清

合成方法如下:

或者

(4)稻瘟酞

合成方法如下：

或者

（5）地茂散

合成方法如下：

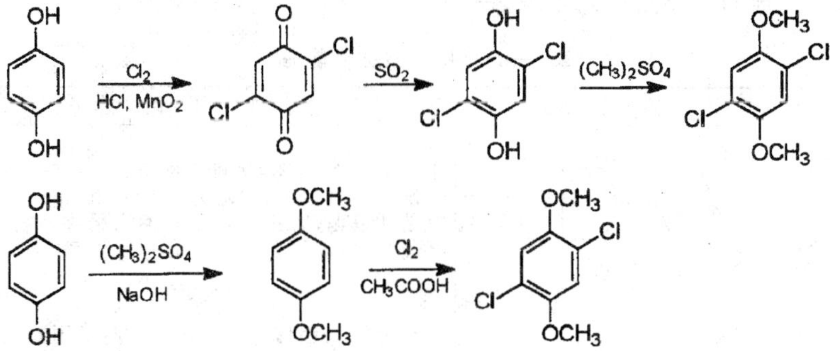

（6）敌锈钠

合成方法如下：

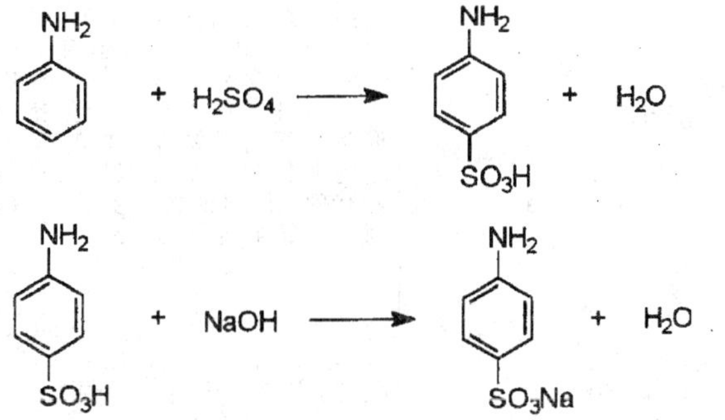

3.4.4 酰苯胺类衍生物

酰苯胺类杀菌剂的分子结构特征是含有一个酰苯胺基的骨架：

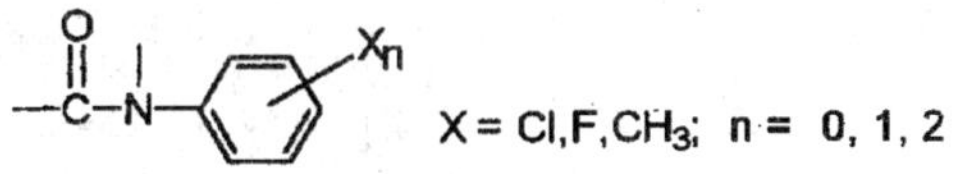

$X = Cl, F, CH_3; \quad n = 0, 1, 2$

根据氮原子上的取代情况，本类衍生物又可再分为两小类：（1）N-取代二甲酰亚胺类，如纹枯利、菌核利、灰霉利、内吸利、氟安利、抑菌利、克菌利和防霉因等。此类杀菌剂除内吸利之外，大都是非内吸性的，而且大都对灰霉病有很好的防治效果。（2）N-酰基-α-氨基酸类，如甲霜灵、除霜灵、敌霜灵、异霜灵、噁霜灵、苯霜灵等，它们大都是内吸性的，而且大都对藻菌纲真菌引起的病害有特效。一般说来，杀菌活性顺序为甲霜灵＞除霜灵＞敌霜灵。它们的共同特点是：高效、内吸性强，兼有预防和治疗作用；对卵菌亚纲，尤其是对霜霉目真菌病害具有特效；持效期长，如除霜灵为 6 周，甲霜灵为 24 周；在使用方式上，浇灌、喷雾、种子处理均可。

异霜灵的结构类似于除霜灵，其活性高于除霜灵；噁霜灵则具有向顶、向基的内吸性，以及持久的预防和治疗效果及较强的铲除作用。

3.4.4.1　主要品种及其性能和用途

酰苯胺类杀菌剂的主要品种列于表3—16中。

表3—16　酰苯胺类杀菌剂

名　称	化　学　结　构	性　能　和　用　途	文　献
纹枯利（菌核净）N-(3,5-二氯苯基)丁二酰亚胺 Dimerhachlone		原药为结晶固体，熔点137.5℃~139℃，溶于丙酮等有机溶剂，LD_{50}为809~1350mg/kg。非内吸性杀菌剂。主要用于防治水稻纹枯病和胡麻斑病，对油菜菌核病也有一定效果	[325] [326]
菌核利 3-(3′,5′-二氯苯基)-5,5-二甲基-1,3-噁唑啉-2,4-二酮 Dichlozoline		纯品为结晶固体，熔点168℃，溶于丙酮，大鼠LD_{50}为73000mg/kg。有一定的渗透性和迁移性，但内吸性有限。主要用于防治蔬菜的菌核病和灰霉病，对油菜菌核病特效。因有致畸作用而被废止	[325] [327]
灰霉利 3-(3′,5′-二氯苯基)-5-甲基-5-乙烯基-1,3-噁唑啉-2,4-二酮（又名乙烯菌核利）Vinclozolin		纯品为结晶固体，熔点108℃，溶于丙酮，大鼠LD_{50}为10000mg/kg。非内吸性。对敏感的和抗性的灰绿葡萄孢菌具有同等毒效，故能防治对苯并咪唑类内吸剂已产生抗药性的灰绿葡萄孢菌引起的果树等作物的灰霉病。对核盘菌引起的菌核病和丛梗孢属真菌引起的病害也十分有效。但对藻菌纲真菌无效。对担子菌纲真菌仅有微弱的毒效	[325] [328] [329] [330] [331]
内吸利（腐霉利）3-(3′,5′-二氯苯基)-1,5-二甲基-3-氮杂二环[3,1,0]己烷-2,4-二酮 Sumilex		纯品为结晶固体，熔点166℃，溶于二甲苯、丙酮等有机溶剂中。大鼠LD_{50}为6800mg/kg。内吸性，主要用于由灰绿葡萄孢菌引起的灰霉病以及由核盘菌引起的病害的防治。对黄瓜白粉病、稻胡麻斑病和纹枯病也十分有效。对抗苯并咪唑类内吸剂的灰绿葡萄孢菌也同样有效	[332] [333] [334] [335] [336] [337] [338] [339] [340]
氟安利 N-(对-氟苯基)-2,3-二氯顺丁二酰亚胺 Fluoroimide		纯品为浅黄结晶，熔点240.5℃~241.8℃，微溶于水和甲醇，在中性弱酸性介质中稳定，碱性介质中水解成无杀菌活性物质。大鼠LD_{50}>15000mg/kg。保护性杀菌剂，主要用于防治苹果和梨黑星病、柑桔的疮痂病、蕃茄的晚疫病、稻胡麻斑病、稻瘟病等	[341] [342]
防霉因（异菌脲）3-[(3′,5′-二氯苯基)-1-异丙基氨基甲酰基]海因 Glycophene, Iprodione		白色结晶，熔点136℃，大鼠LD_{50}为3500mg/kg。接触性杀菌剂，抑菌谱与灰霉利相似，对灰葡萄孢、丛梗孢属、核盘菌属、小核菌属、交链孢属真菌病害有效。对谷物种子病害也有效，可作代汞剂拌种，与克瘟散混用防治水稻纹枯病	[343] [344] [345] [346] [347]
抑菌利 3-(3′,5′-二氯苯基)-5,5-甲基甲氧基甲基-1,3-噁唑啉-2,4-二酮 Myclozolin		"类菌核利"的高效杀菌剂，其活性和持效性均好于灰霉利。对核盘菌、白腐小核菌和禾长蠕孢等真菌表现出极高的活性	[348] [349] [350]

续表

名 称	化 学 结 构	性 能 和 用 途	文 献
克菌利 3-(3′,5′-二氯苯基)-5,5-甲基甲氧基-1,3-噁唑啉-2,4-二酮 Chlozolinate		其抑菌效果和菌核利及灰霉利相似	[351]
甲霜灵（灭霜灵） N-(2-甲氧基乙酰基)-N-(2,6-二甲苯基)-氨基-α-丙酸乙酯 Ridonil		纯品为无色结晶，熔点 71℃～72℃，能溶于多种有机溶剂。大白鼠 LD$_{50}$为 669mg/kg。内吸性杀菌剂，适用于由空气和土壤带菌病害的预防和治疗，主要用于防治藻菌纲真菌引起的病害，如黄瓜、葡萄、蕃茄、大白菜、烟草、啤酒花、洋葱等的霜霉病和疫病等	[352] [353] [354] [355] [356] [357] [358] [359] [360] [361] [362] [363] [364]
敌霜灵（氯霜灵） N-(2,6-二甲基苯基)-N-(氯乙酰基)-α-氨基丙酸甲酯 CGA29212		纯品为结晶固体，熔点 92℃～94℃，可溶于有机溶剂。内吸性杀菌剂，具有预防和治疗作用。对蕃茄晚疫病和葡萄霜霉病等有很好的防治效果	[354] [355] [356] [357] [358]
除霜灵（呋霜灵） N-(2,6-二甲基苯基)-N-(呋喃-2-甲酰基)-氨基丙酸甲酯 Furalxyl		纯品为结晶固体，熔点 70℃和 80℃(双晶形)，溶于许多有机溶剂。大鼠 LD$_{50}$为 940mg/kg。内吸性杀菌剂，适用于空气和土壤传播的卵菌纲病菌引起的病害的预防和铲除。主要用于抗侵染观赏植物的腐霉和疫霉菌。采用土壤处理或叶茎喷雾均可	[354] [355] [356] [357] [358] [365]
异霜灵 N-(2,6-二甲基苯基)-N-(噁唑-2-甲酰基)-α-氨基丙酸甲酯 LAB149202F		纯品为无色晶体，熔点 82℃。内吸性杀菌剂，抑菌活性好于除霜灵。可作土壤和种子处理以及叶面喷洒。用于防治由卵菌亚纲真菌引起的空气传染和土源病害，如葡萄霜霉病、马铃薯晚疫病、棉苗立枯病等	[366]
噁霜灵 N-(2,6-二甲基苯基)-N-(2-氧代-1,3-噁唑烷-3-甲酰基)-α-丙酸甲酯 Oxadixyl		无色晶体，熔点 104℃～105℃，溶于多种有机溶剂。大鼠 LD$_{50}$为 3380mg/kg。对霜霉目病原菌具有很高防效。有保护和治疗作用，持效期长	[367] [368] [369]
苯霜灵 N-苯乙酰基-N-2,6-二甲基苯基-α-氨基丙酸甲酯 Bonalaxyl		无色固体，熔点 78℃～80℃，微溶于水，溶于有机溶剂，小白鼠 LD$_{50}$为 4200mg/kg。内吸性杀菌剂，防治卵菌纲病菌引起的病害，如葡萄霜霉病及观赏植物、马铃薯、草莓和蕃茄上的疫霉病等	[370]

3.4.4.2 合成方法

(1)纹枯利

纹枯利是由 3,5-二氯苯胺和丁二酸或丁二酸酐反应制得。

①中间体 3,5-二氯苯胺的制备

该中间体可采用两种方法：

a. 从均三氯苯出发

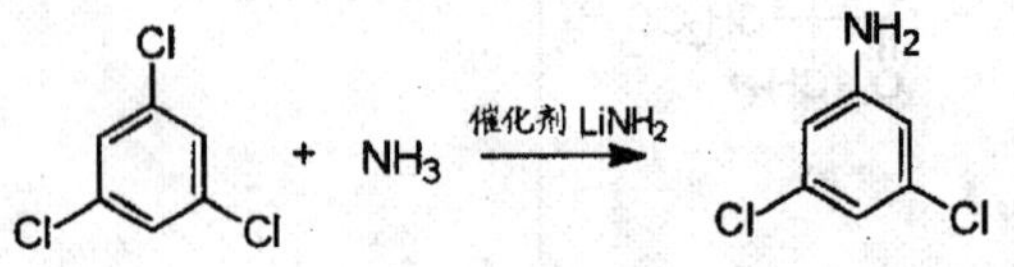

b. 从邻(对)-硝基苯胺出发

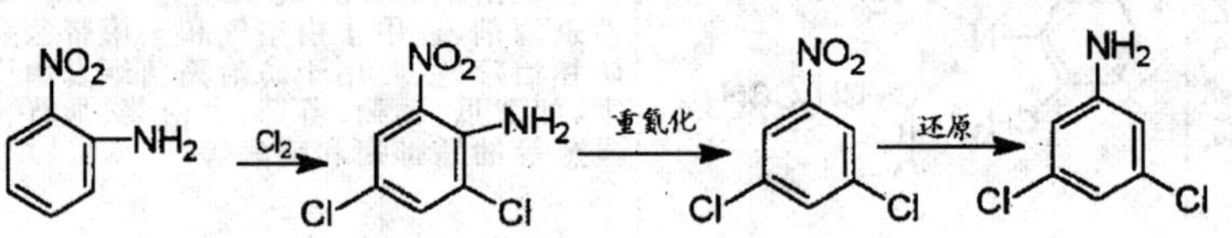

上述两种方法中,a 法工艺路线虽然较短,但粗三氯苯中含 1,3,5-三氯苯不多,且用催化剂胺基锂,所以工业化价值不大。b 法的原料硝基苯胺较易得,各步收率亦较高,对设备和操作无苛刻要求,所以有工业生产价值,不足之处是工艺路线较长。

②纹枯利的合成

纹枯利有三种合成方法,即 a. 丁二酸无溶剂法,b. 丁二酸溶剂法,c. 丁二酸酐法。具体反应如下：

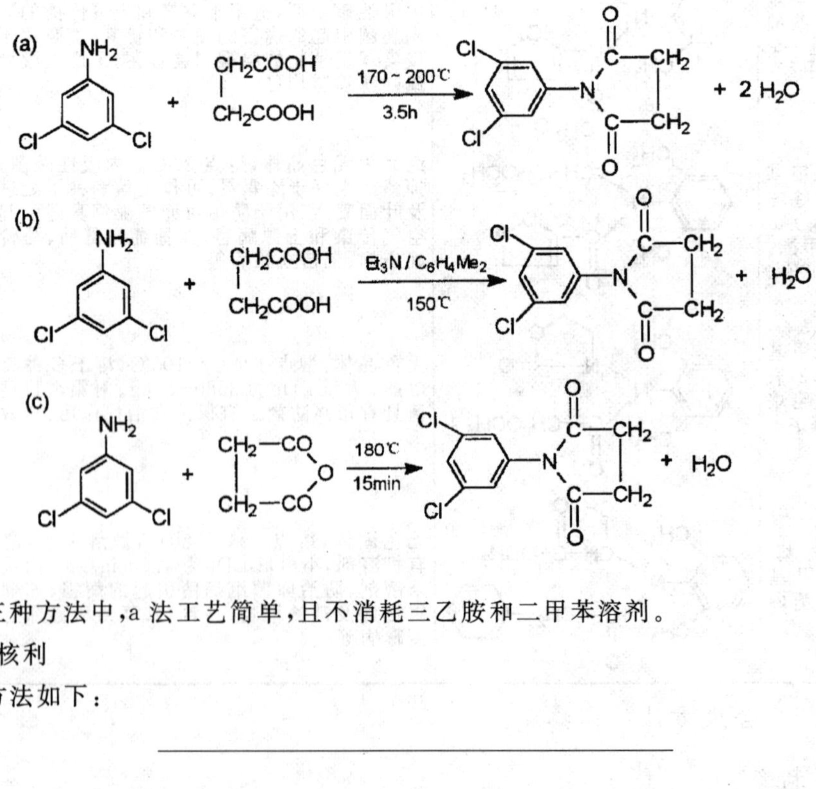

上述三种方法中,a 法工艺简单,且不消耗三乙胺和二甲苯溶剂。

(2)菌核利

合成方法如下：

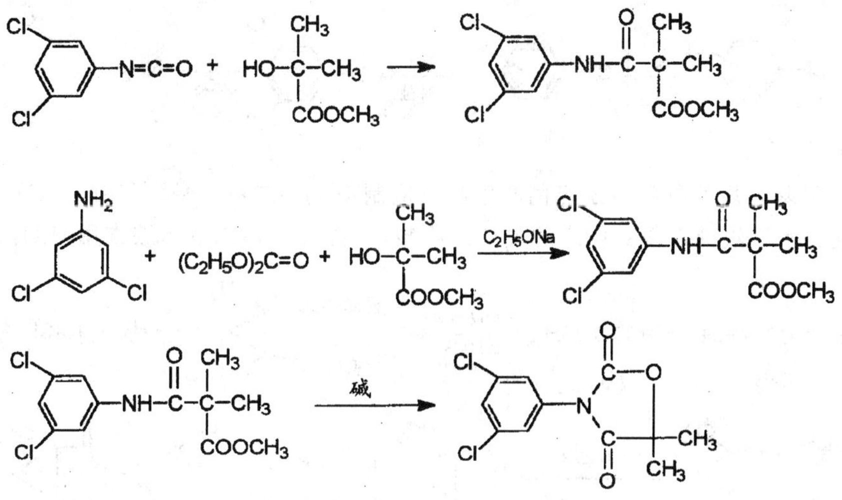

（3）灰霉利

合成方法如下：

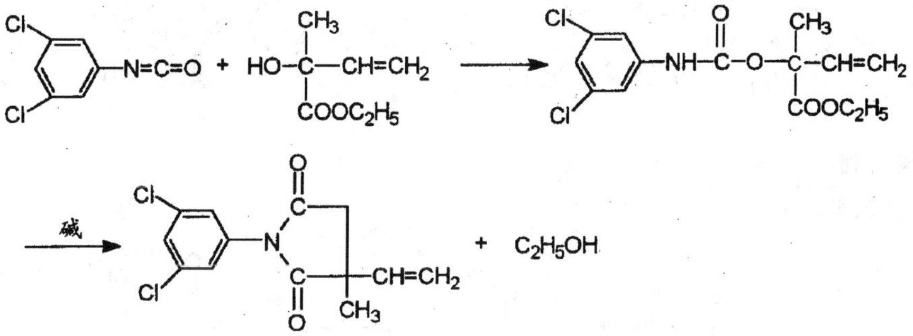

（4）内吸利（腐霉利）

2-甲基丙烯酸乙酯依次与 2-氯丙酸乙酯和特丁醇钾、氢氧化钠、醋酐反应，制得 1,2-二甲基环丙烷-1,2-二羧酸酐，然后与 3,5-二氯苯胺反应，即可得到产品。反应式如下：

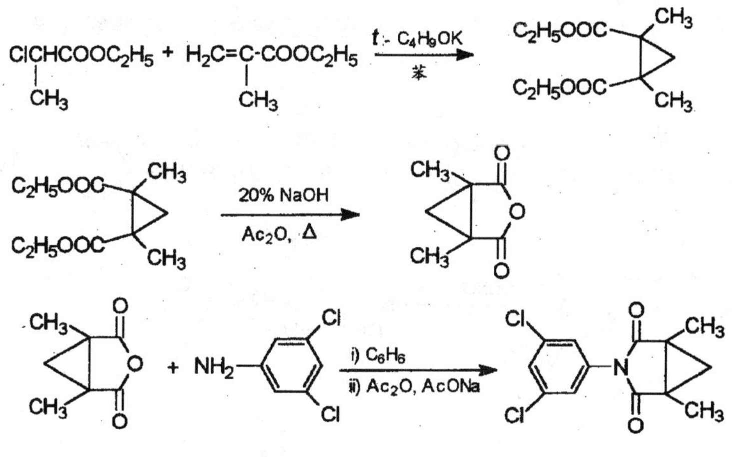

内吸利尚可用下述方法制得，即先制得中间体 3,5-二氯苯胺：

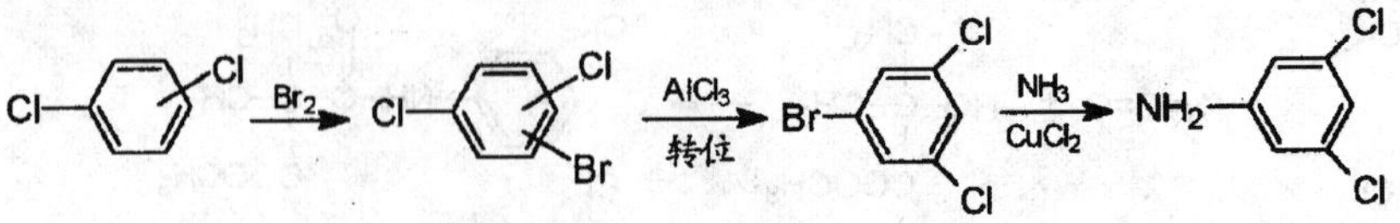

利用 2-甲基丙烯酸甲酯和 2-氯丙酸甲酯反应制得 1,2-二甲基环丙烷-1,2-二甲酸甲酯,后者用氢氧化钠水溶液处理得到相应的关环产物酸酐;再与 3,5-二氯苯胺作用得到内吸利。

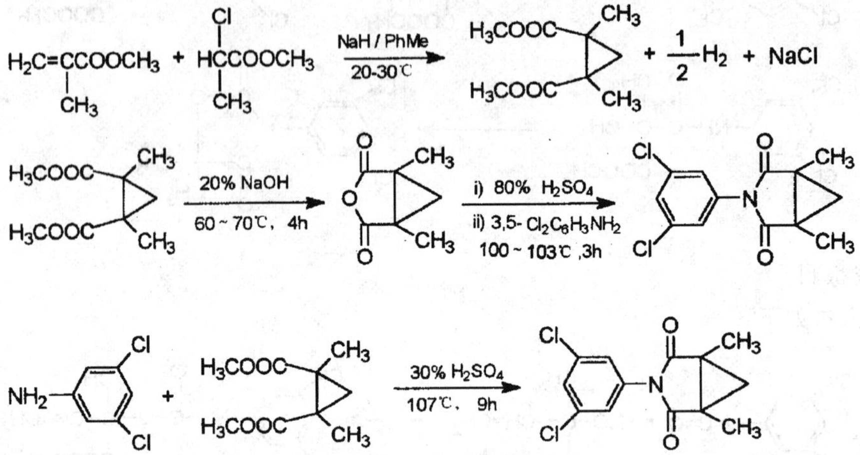

(5)氟安利

合成方法如下:

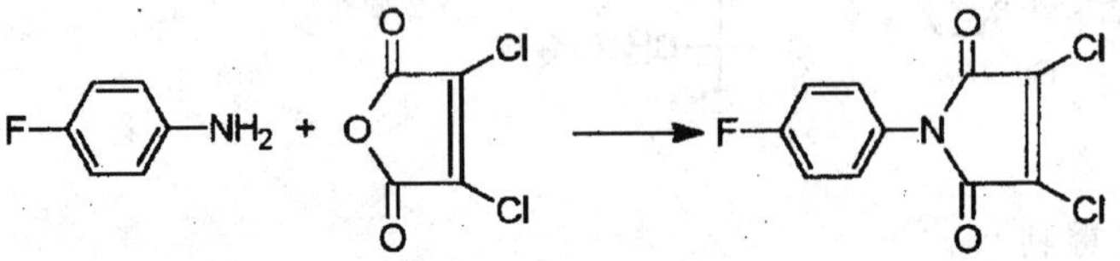

(6)防霉因(异菌脲)

甘氨酸与 3,5-二氯异氰酸苯酯反应,生成 3-(3,5-二氯苯基)酰脲乙酸(或酯),再环化得 3-(3,5-二氯苯基)乙内酰脲(熔点 190℃),最后在三乙胺存在下与异氰酸异丙酯反应,即得防霉因:

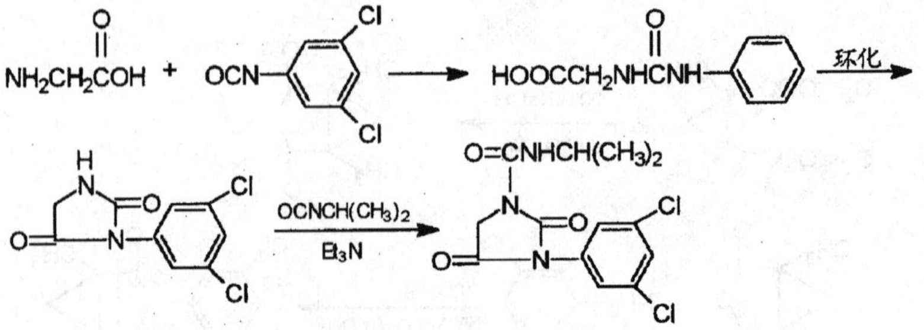

或者

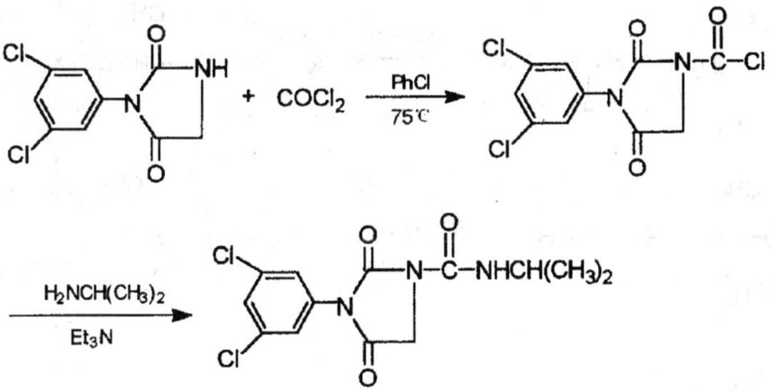

(7)克菌利

合成方法如下：

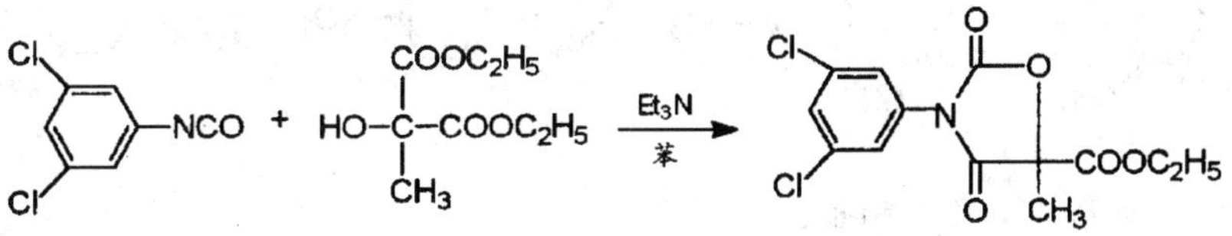

(8)抑菌利

合成方法如下：

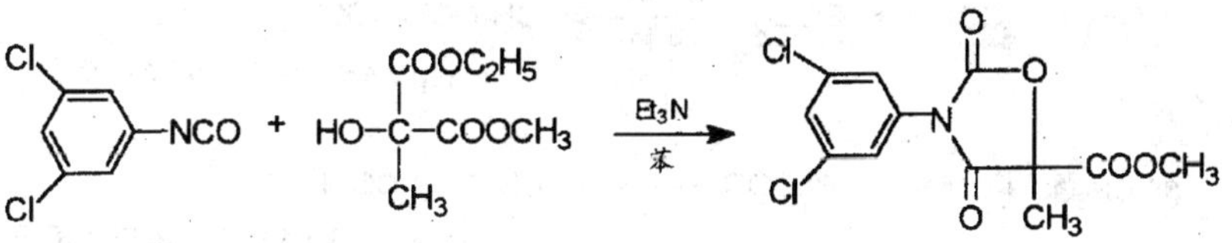

(9)甲霜灵

丙酸经氯化（或溴化）、酯化，制得 α-氯代丙酸甲酯（或 α-溴代丙酸甲酯），然后在碳酸氢钠存在下，与 2,6-二甲基苯胺反应，制得（±）-N-(2,6-二甲基苯基)-α-氨基丙酸甲酯，最后用甲氧基乙酰氯进行乙酰化反应，即得甲霜灵：

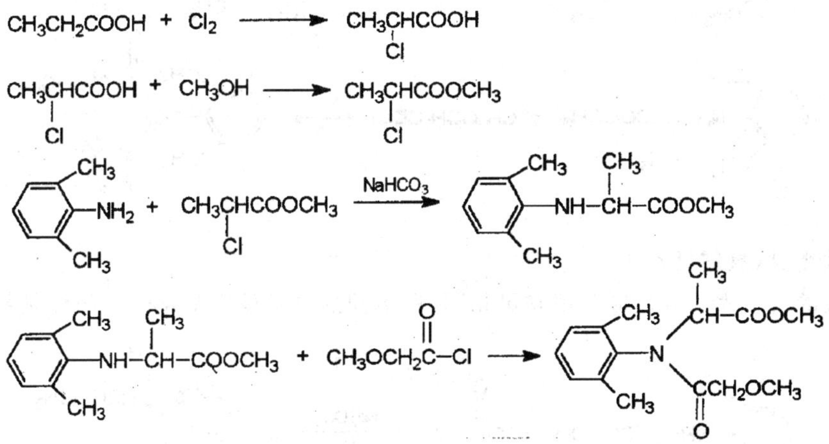

或者

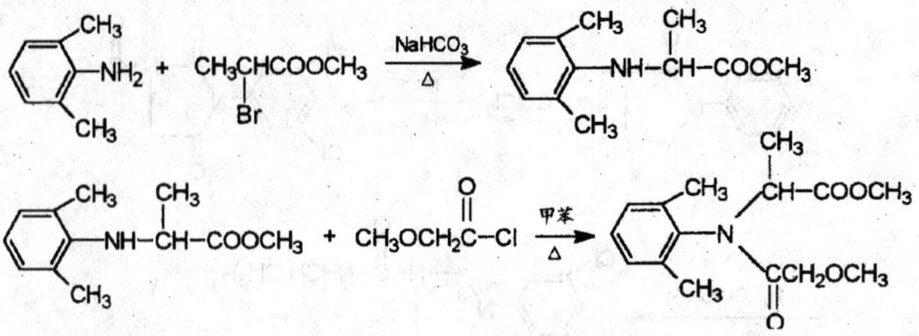

也可以采用其它方法：

①中间体 2,6-二甲基苯胺的制备：

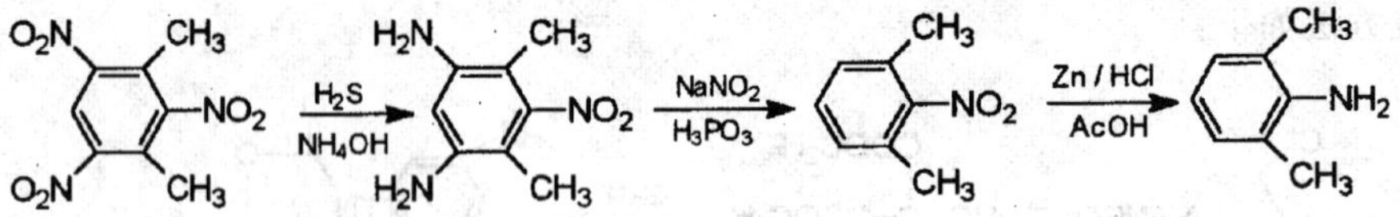

②中间体甲氧基乙酰氯的制备：

(a) $ClCH_2COONa$ + CH_3ONa $\xrightarrow[\text{ii) } H^+]{\text{i) } CH_3OH}$ CH_3OCH_2COOH

b.p. 197～198℃

CH_3OCH_2COOH + $SOCl_2$ $\xrightarrow[3.5h]{40～60℃}$ CH_3OCH_2COCl

b.p. 46～49℃ / 8.27×10³Pa

(b) CH_3OCH_2COOH + $PhCOCl$ $\xrightarrow{\triangle}$ CH_3OCH_2COCl

b.p. 109～112℃ / 9.97×10⁴Pa

③甲霜灵的合成

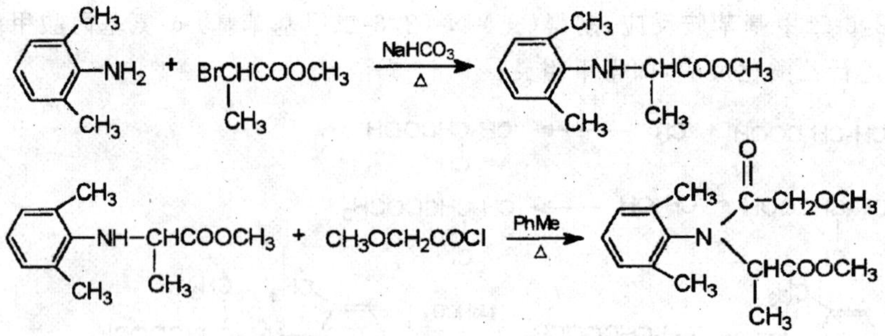

(10)敌霜灵（氯霜灵）

敌霜灵的合成大部分反应和甲霜灵相同,所不同的只是最后酰化的中间体是氯化乙酰氯：

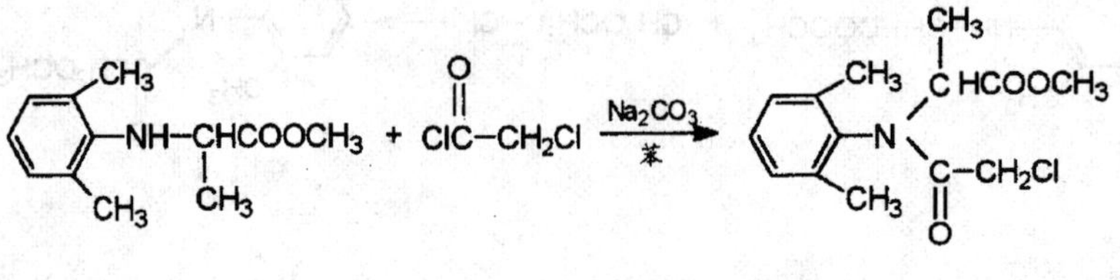

(11)除霜灵(呋霜灵)

除霜灵可由 N-2,6-二甲基-DL-丙氨酸甲酯与 2-呋喃甲酰氯在甲苯、二甲基甲酰胺中反应得到:

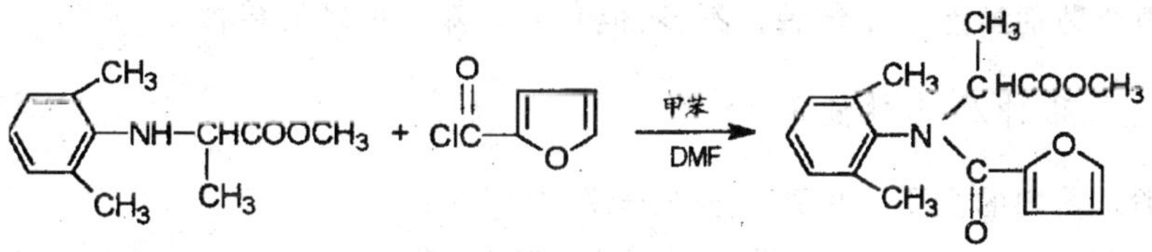

(12)噁霜灵

2,6-二甲基苯肼与氯代甲酸溴丙酯在吡啶-苯混合溶剂中,进行环化缩合反应,得到 3-(2,6-二甲基苯胺基)-噁唑烷-2-酮,最后与 2-甲氧基乙酰氯反应,即得噁霜灵:

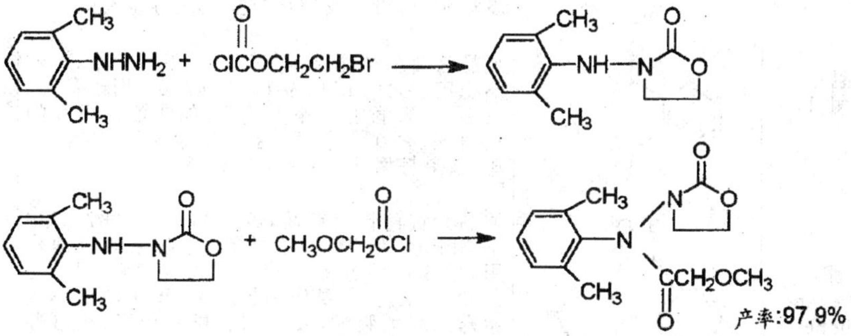

(13)苯霜灵

2,6-二甲基苯胺的环己烷溶液与乙酰甲酸甲酯反应,再加氢催化(兰尼镍)还原,得到 2,6-二甲基苯胺基丙酸甲酯,后者与苯乙酰氯反应,即得苯霜灵:

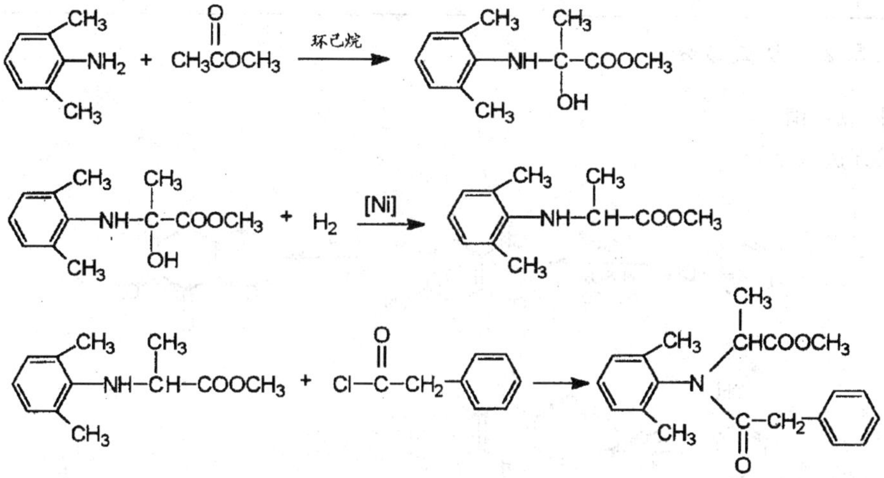

研究表明,甲霜灵的抑菌活性被认为是基于对核糖核酸生物合成的抑制[371~373],而这种抑制是通过干扰一种核糖核酸聚合酶-模板复合体的活性来达到的[374],也可能是利用寄主的防御机制作为辅助作用方式[375~377]。

3.4.5　取代醌衍生物

取代醌类杀菌剂虽然商品化品种不多,但它们大都是很好的拌种剂。

3.4.5.1　品种及其性能和用途

取代醌类杀菌剂的主要品种列于表 3—17 中。

表 3—17　取代醌类杀菌剂

名　称	化　学　结　构	性　能　及　用　途	文　献
四氯苯醌 2,3,5,6-四氯对苯醌 Chloranil	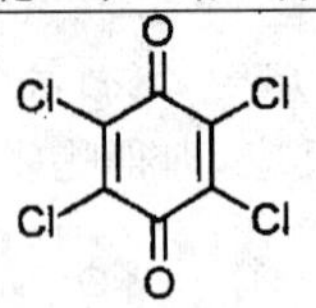	原药为金黄色小片状结晶,熔点 292℃,有升华性,遇碱分解。酸性介质中稳定,溶于乙醚。大鼠 LD$_{50}$ 为 4000mg/kg。主要作为棉花、水稻、蔬菜等种子、球茎处理剂,对甘蓝、甜瓜的霜霉病、白粉病及烟草苗立枯病等也有效	[378] [379]
二氯萘醌 2,3-二氯-1,4-萘醌 Phygon	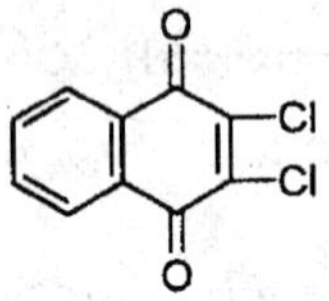	纯品为黄色结晶。熔点 193℃,不溶于水,对碱不稳定。大鼠 LD$_{50}$ 为 1300mg/kg。用于蔬菜、豆类、水果病害的保护药剂,如防治四季豆的炭疽病、芹菜立枯病、蕃茄晚疫病、苹果黑星病、核果棕腐病、棉花立枯病等	[380] [381]
菲醌 9,10-菲醌 9,10-Phenanthraquinone	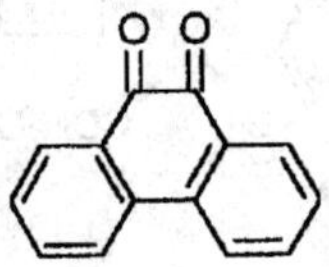	纯品为黄色针状结晶,熔点 206℃～207.5℃,不溶于水,溶于苯、乙醚等,与亚硫酸氢钠作用,生成可溶性的加成物。大鼠口服 LD$_{50}$ 为 2200mg/kg。主要作为拌种剂,用于防治小麦赤霉病和黑腥病,效果和有机汞相当,故可部分代替有机汞使用	[382] [383]
二噻农 2,3-二氰基-1,4-二噻醌 Dithianon	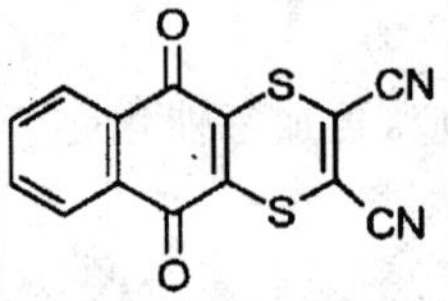	原药为褐色晶体,熔点 225℃,微溶于水,大鼠口服 LD$_{50}$ 为 1140mg/kg。广谱性保护性杀菌剂,用于防治多种叶面病害,如水稻白叶枯病、细菌性条斑病、马铃薯早(晚)疫病、核果青枯病、苹果黑星病、葡萄霜霉病等	[384]

3.4.5.2　合成方法

(1)四氯对醌

合成方法如下:

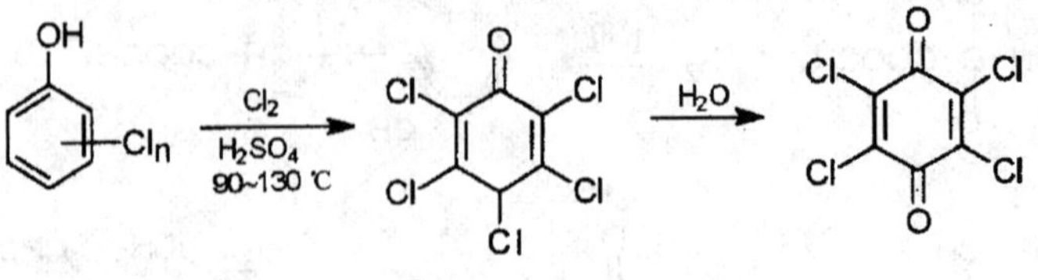

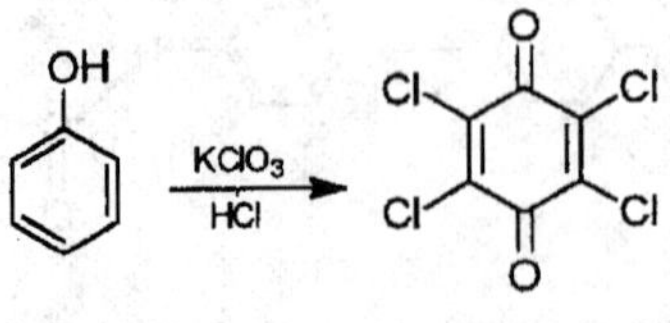

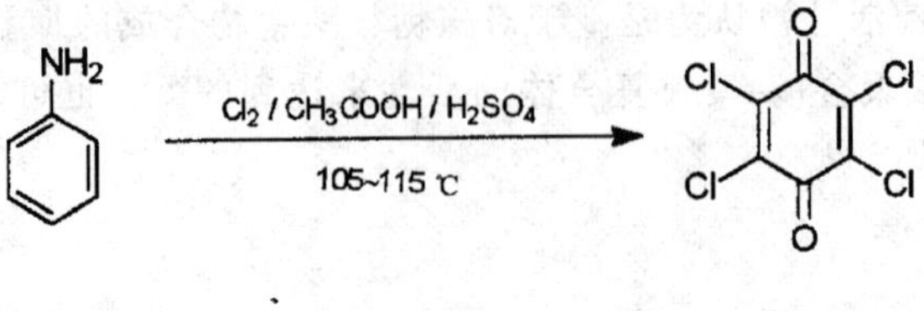

（2）二氯萘醌

合成方法如下：

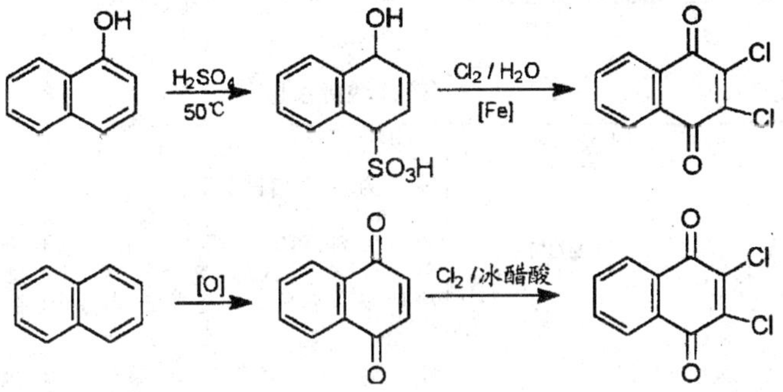

（3）菲醌

合成方法如下：

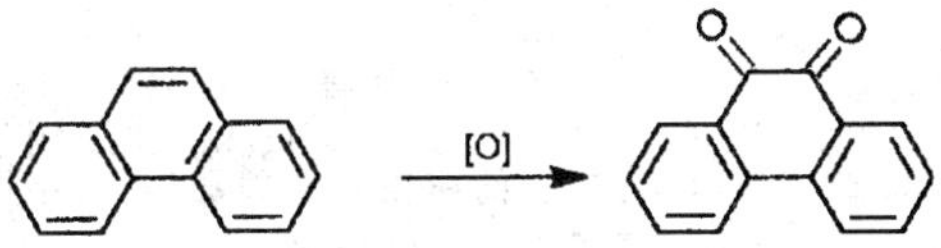

（4）二噻农

合成方法如下：

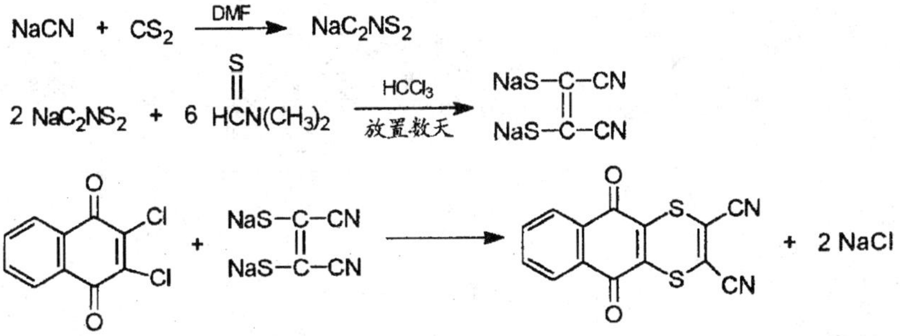

3.4.6 硫氰酸衍生物

硫氰酸类杀菌剂的分子结构特点是均含有硫氰基（—SCN）。它们多为非内吸性的保护性杀菌剂，高效且广谱。

3.4.6.1 品种及其性能和用途

硫氰酸类杀菌剂的主要品种列于表3—18中。

3.4.6.2 合成方法

（1）二硫氰基甲烷

合成方法如下：

$$2 \text{ NaSCN} + \text{BrCH}_2\text{Br} \xrightarrow[\triangle]{\text{乙醇-水}} \text{NCSCH}_2\text{SCN}$$

$$2 \text{ NaSCN} + \text{ClCH}_2\text{Cl} \xrightarrow[\triangle]{\text{压力}} \text{NCSCH}_2\text{SCN}$$

表 3—18　硫氰酸类杀菌剂

名　称	化　学　结　构	性　能　和　用　途	文献
二硫氰基甲烷 7012	NCS—CH₂—SCN	纯品为黄色结晶,熔点 100℃～102℃,溶于乙醇。小鼠 LD$_{50}$为 50mg/kg。广谱杀真菌和细菌的杀菌剂,可与内吸剂混用作种子处理剂。主要用于防治橡胶条溃疡病。可与六氯苯混用防治裸麦雪腐病、小麦光腥黑穗病、燕麦散黑穗病等	[385] [386] [387]
免疫丹 对-硫氰基苯胺 Rhodan	H₂N—⟨苯环⟩—SCN	原药为固体,熔点 57℃,易溶于苯、丙酮。大鼠 LD$_{50}$为 10000mg/kg。主要用于防治麦类黑穗病,又是触杀性杀虫剂。它是"化学免疫剂",经其处理过的小麦种子,可对锈病和散黑穗病菌具有抗性,且能传至后代。可使水稻对稻疫病,大麦对潜叶蝇具有持续三年的免疫性,并可增加作物产量	[388] [389] [390]
二硝散 2,4-二硝基硫氰代苯 Nirit	O₂N—⟨苯环, NO₂⟩—SCN	原药为结晶固体,熔点 139℃～140℃,大鼠 LD$_{50}$为 2750mg/kg。主要用于防治果树和蔬菜上的白粉和霜霉病,对小麦杆锈病和赤霉病也有好的防效	[391]
硫氰散 4-硫氰基-β-甲基-β-硝基苯乙烯 Styrocide	NCS—⟨苯环⟩—CH=C(NO₂)(CH₃)	原药为黄色针状结晶,熔点 79.5℃,水中不易溶,可溶于丙酮等有机溶剂中。大鼠 LD$_{50}$为 2850mg/kg。主要用于防治瓜类、草莓的白粉病	[392]
扑杀安 硫氰酸-(2-苯并噻唑硫甲基)酯 Busan-72	⟨苯并噻唑⟩—SCH₂SCN	主要作为种子处理剂,用于防治土壤中真菌引起的病害,如棉花炭疽病、棉花立枯病、棉黄萎病、棉腐霉病和猝倒病等。对大豆苗腐病、花生荚腐病以及棉角斑病等也十分有效	[393] [394]

（2）免疫丹

合成方法如下：

$$\text{H}_2\text{N}—⟨苯环⟩ + 2 \text{ H}_4\text{NSCN} + \text{Cl}_2 \longrightarrow \text{NCSH}\cdot\text{H}_2\text{N}—⟨苯环⟩—\text{SCN} + \text{H}_4\text{NCl}$$

$$2 \text{ NCSH}\cdot\text{H}_2\text{N}—⟨苯环⟩—\text{SCN} \xrightarrow{\text{Na}_2\text{CO}_3} 2\text{H}_2\text{N}—⟨苯环⟩—\text{SCN} + 2 \text{ NaSCN} + \text{CO}_2 + \text{H}_2\text{O}$$

（3）二硝散

合成方法如下：

$$⟨苯环, \text{NO}_2, \text{Cl}, \text{NO}_2⟩ + \text{NH}_4\text{SCN} \longrightarrow ⟨苯环, \text{NO}_2, \text{NCS}, \text{NO}_2⟩ + \text{NH}_4\text{Cl}$$

（4）硫氰散

合成方法如下：

$$NCS-\!\!\!\bigcirc\!\!\!-CHO \;+\; CH_3-CH_2-NO_2 \longrightarrow NCS-\!\!\!\bigcirc\!\!\!-CH\!=\!\underset{NO_2}{C}-CH_3 \;+\; H_2O$$

(5)扑杀安

合成方法如下：

$$3\,Na_2S_2O_3 + 6\,CH_2O \longrightarrow \underset{S}{\overset{S}{\bigcirc}} + 6\,H_2O + 3\,SO_3$$

$$2\,\underset{S}{\overset{S}{\bigcirc}} + 6\,Cl_2 \xrightarrow[10\sim15\,℃]{SOCl_2} 3\,ClCH_2SCl$$

$$3\,ClCH_2SCl + H_2N\underset{O}{\overset{}{C}}H + SOCl_2 \longrightarrow \left[ClCH_2-S-\underset{}{\overset{Cl}{C}}\!=\!NH \right] \xrightarrow[-HCl]{SOCl_2} ClCH_2SCN$$

$$\underset{Cl}{\overset{NO_2}{\bigcirc}} + 2\,Na_2S_2 + H_2O + CS_2 \longrightarrow \underset{S}{\overset{N}{\bigcirc\!\!\!\bigcirc}}\!\!-SNa + Na_2S_2O_3 + S + NaCl$$

$$\underset{S}{\overset{N}{\bigcirc\!\!\!\bigcirc}}\!\!-SNa + ClCH_2SCN \longrightarrow \underset{S}{\overset{N}{\bigcirc\!\!\!\bigcirc}}\!\!-SCH_2SCN + NaCl$$

或者

$$6\,ClCH_2Cl + 3\,Br_2 + 2\,Al \longrightarrow 6\,BrCH_2Cl + 2\,AlCl_3$$

$$\underset{S}{\overset{N}{\bigcirc\!\!\!\bigcirc}}\!\!-SNa + BrCH_2Cl \longrightarrow \underset{S}{\overset{N}{\bigcirc\!\!\!\bigcirc}}\!\!-SCH_2Cl + NaBr$$

$$\underset{S}{\overset{N}{\bigcirc\!\!\!\bigcirc}}\!\!-SCH_2Cl + KSCN \longrightarrow \underset{S}{\overset{N}{\bigcirc\!\!\!\bigcirc}}\!\!-SCH_2SCN$$

3.4.7　丁烯酰胺衍生物

丁烯酰胺类杀菌剂,其分子结构特点是大都含有丁烯酰胺(形式为(Ⅰ)或(Ⅱ))的基本骨架成分：

$$CH_3-\underset{}{\overset{}{C}}\!=\!C-\underset{O}{\overset{}{C}}-NH- \qquad\qquad -CH_2-\underset{}{\overset{}{C}}\!=\!C-\underset{O}{\overset{}{C}}-NH-$$
$$\qquad\quad\textbf{(I)} \qquad\qquad\qquad\qquad\qquad \textbf{(II)}$$

从杀菌的作用方式和性能来看,它们大都是内吸性杀菌剂。

丁烯酰胺类杀菌剂当中最重要的代表品种是氧硫杂芑类即噁噻英类(Oxathiin)中的萎锈灵和氧化萎锈灵。1966 年这两个杀菌剂的发现,在植物病害的化学防治方面是十分重大的事件。在它们被发现之前,大麦和小麦的散黑穗病很难用任何化学药剂(包括汞剂)有效地加以防治。由于萎锈灵可成功地内吸性防治作物黑粉病和锈病,引起了当时植物生理学家和化学家们对这类杀菌剂及有关化合物的极大兴趣。不论是数量众多的新品种合成方面,还是杀菌活性以及活性和分子的结构关系方面,都得到了系统而深入的研究。正因为如此,不但促进了本类杀菌剂的研制与开发,而且也推动了其它类型内吸剂的研究和发展。紧随其后的内吸性苯并咪唑类杀菌剂的发现就是其中一例。

本类杀菌剂的杀菌活性特点主要是对担子菌纲真菌有高效,但同时也发现有抗药性产生。在不同的试验发展阶段,出现的代表性品种有萎锈灵、氧化萎锈灵、比锈灵、灭菌胺、环菌胺、抑菌胺、灭锈胺、麦锈胺、拌种灵、甲胺灵等。

由于萎锈灵在土壤里和植物体内极易被氧化成完全失效的亚砜衍生物[395～399],因此决定了它的残效期较短。在实际应用中,它更多地被作为拌种剂和浸种剂用于麦类、花生和棉花种子病害和苗期病害的防治,而较少作为叶面喷洒剂用于麦类锈病的防治。萎锈灵的另一个特点是可以与其它杀菌剂混用[400,401],不但对植物无药害,而且有促进种子萌发和生长的作用,其相互增效的作用也很明显[400]。氧化萎锈灵在体外的杀菌活性不如萎锈灵[402,403],但对谷物锈病和豆锈病却比萎锈灵好,这可能是氧化萎锈灵在植物体内比萎锈灵稳定得多的缘故。因此,对于那些需要长期治疗和保护作用的病害植物来说,使用氧化萎锈灵则更为合适。

3.4.7.1　品种及其性能和用途

丁烯酰胺类杀菌剂品种较多,这里仅选择一些代表性品种列于表 3-19 中。

表 3-19　丁烯酰胺类杀菌剂

名　称	化　学　结　构	性　能　和　用　途	文　献
萎锈灵 5,6-二氢-2-甲基-1,4-氧硫杂苯-3-酰替苯胺 Oxathiin		纯品为白色结晶,熔点 91.5℃～92.5℃和 98℃～100℃(两种晶体结构)。难溶于水,易溶于丙酮,可溶于苯、甲醇、乙醇等。大鼠 LD_{50} 为 3200mg/kg。具有一定选择性的内吸性杀菌剂,主要对担子菌纲真菌,如丝核菌、麦类散黑穗、腥黑穗、坚黑穗以及豆锈病菌、小麦锈病菌等毒力高;对少数半知菌如轮枝菌也有相当高的毒力。残效期短,可与其它杀菌剂混用。有刺激生长作用。在作物中残留量极小,是代表种子处理剂。在土壤和植物体内极易氧化成毒力下降五千倍的亚砜化合物	[404] [405] [406] [407] [408] [409]
氧化萎锈灵 5,6-二氢-2-甲基-1,4-氧硫杂苯-4,4-二氧-3-甲酰替苯胺 Oxycarboxin		原药为固体,熔点 127.5℃～130℃,易溶于丙酮,难溶于水。大鼠 LD_{50} 为 20000mg/kg。选择性的内吸性杀菌剂,主要用于防治谷物锈病和豆类锈病。在植物体内比萎锈灵稳定,残效期长	[404] [410] [411] [412] [414]
比锈灵 2-甲基-5,6 二氢-4H-吡喃-3-甲酰替苯胺 Pyracarbolid		原药为固体,熔点 106℃～107℃。大鼠 LD_{50} 为 15000mg/kg。内吸性杀菌剂,主要用于防治小麦锈病、麦类散黑穗病和棉花立枯病等。对大麦散黑穗病和燕麦坚黑穗病的防效稍优于萎锈灵,但对作物的药害比萎锈灵大	[415]
灭菌胺 2,5-二甲基-呋喃-3-甲酰替苯胺 Furcarbanil		纯品为结晶固体,熔点 90℃～91℃。大鼠 LD_{50} 为 6400mg/kg。内吸性杀菌剂,主要用于防治担子菌纲真菌病害。对藻菌纲和子囊菌纲真菌防效较差,但对不属于担子菌纲的真菌病害如小麦全蚀病有极高的毒力(ED_{50} 为 6ppm)。与 8-羟基喹啉铜、福美类等混用效果更佳	[416]

续表

名 称	化 学 结 构	性 能 和 用 途	文 献
抑菌胺 2-甲基-呋喃-3-甲酰替苯胺 Fenfuran	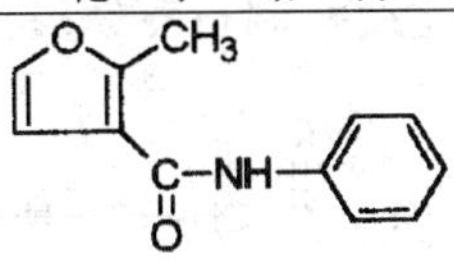	原药为结晶固体,熔点 109℃～110℃。大鼠 LD_{50} 为 6400mg/kg。内吸剂,尚具有杀虫效果。作为种子衣来防治温带谷物的黑穗病和腥黑穗病十分有效。对寄生于种子内的大麦散黑穗病菌同样有效	[417]
灭锈胺 邻-甲苯甲酰替苯胺 Mebenil	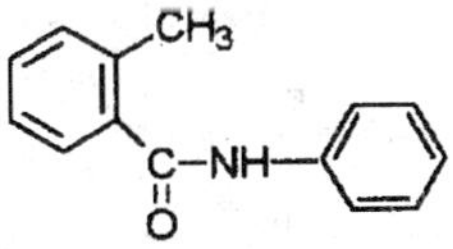	纯品为结晶固体,熔点 125℃～126℃。大鼠 LD_{50} 为 6000mg/kg。内吸剂,主要用于防治担子菌纲真菌病害,作为拌种剂防治谷物锈病;作为土壤处理剂防治燕麦冠锈病、豌豆锈病和马铃薯丝核菌病	[418]
麦锈灵 邻-碘苯甲酰替苯胺 Benodanil	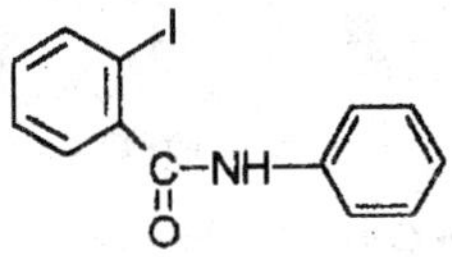	原药为固体,熔点 137℃,微溶于水。大鼠 LD_{50} 为 6000mg/kg。内吸剂,对大麦叶锈病和小麦条锈病的防效优于灭锈胺或嗪胺灵,并可使作物增产。在田间防治烟草立枯病优于苯菌灵	[419]
环菌胺 2,5-二甲基-呋喃-3-甲酰替环己胺 Cyclafuranid	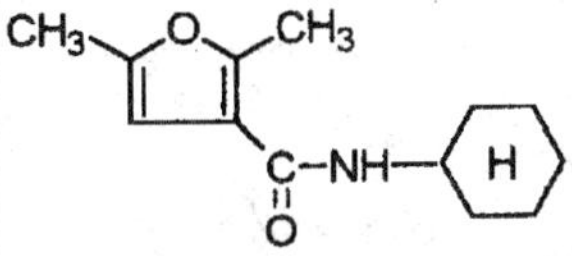	主要用于防治担子菌纲真菌病害。作为种子处理剂对大麦和小麦散黑穗病具有良好防效,且比灭锈胺和比锈灵对作物更安全	[417] [420] [421]
甲噻灵 2,4-二甲基-噻唑-5-甲酰替苯胺 ALG	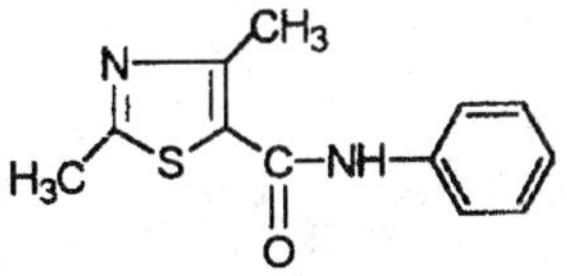	原药为固体,熔点 139℃～141.5℃。内吸剂,其杀菌活性和菌谱与萎锈灵相似	[417] [422] [423]
拌种灵 2-氨基-4-甲基-噻唑-5-甲酰替苯胺 Seedvax	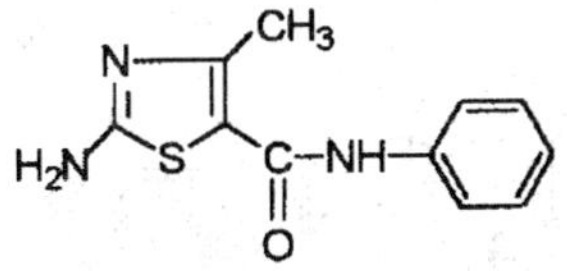	原药为固体,熔点 222℃～223℃(分解),大鼠 LD_{50} 为 1410mg/kg。用途类似于甲噻灵,可用于防治棉花和豆类苗期病害,如棉立枯病、豌豆锈病等	[417] [422] [423] [424]

3.4.7.2 合成方法

(1)萎锈灵

萎锈灵一般有两种合成方法:

①由乙酰乙酸乙酯出发,经氯化、环化、水解、再氯化,最后与苯胺反应制得萎锈灵。

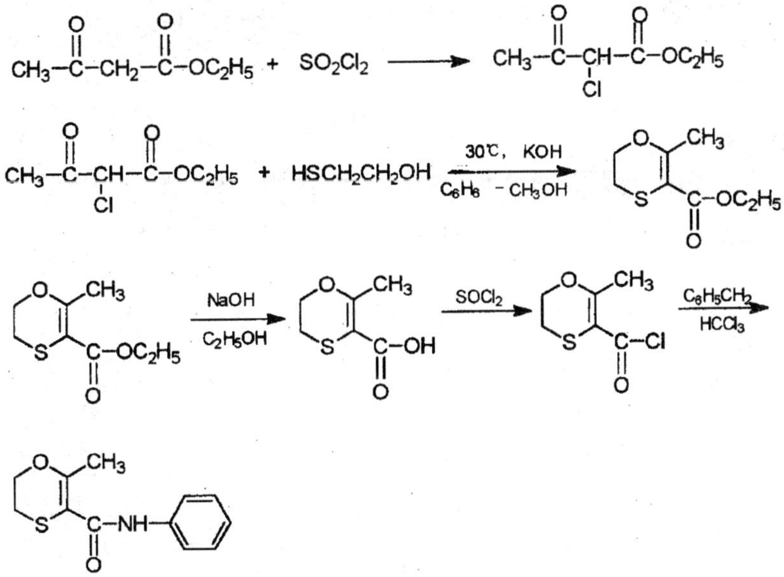

该方法合成步骤多,产品总收率低。

②乙酰乙酰苯胺氯化,然后与巯基乙醇反应,再经环化脱水制得萎锈灵。

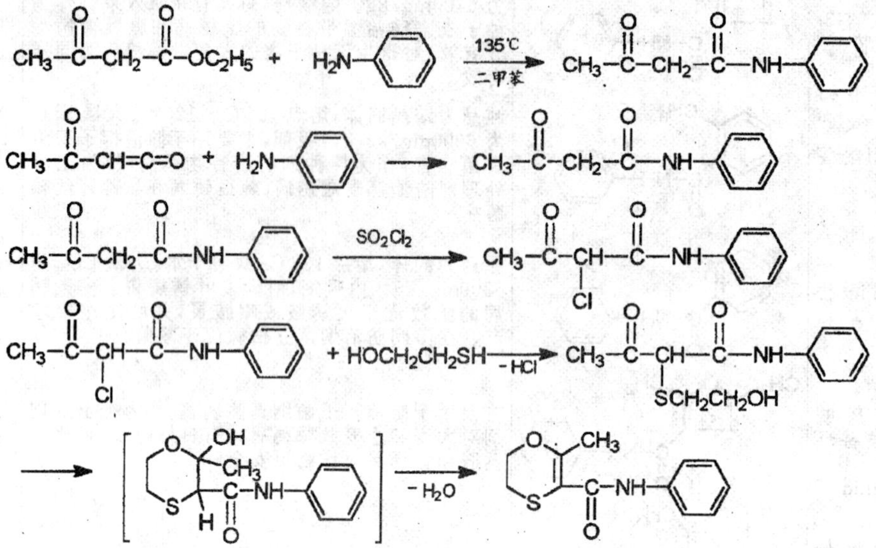

(2)氧化萎锈灵

合成方法如下:

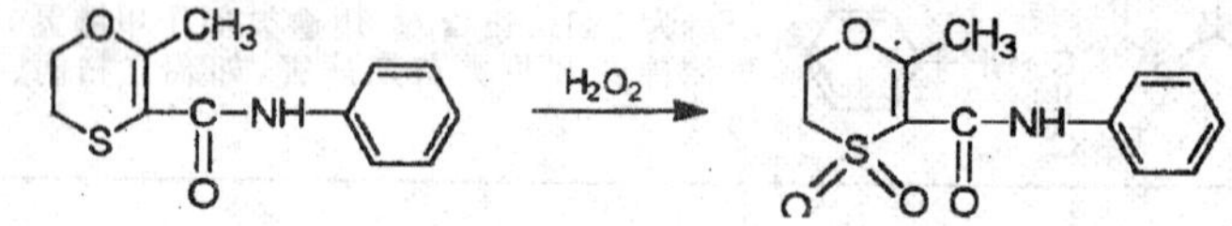

(3)比锈灵

合成方法如下:

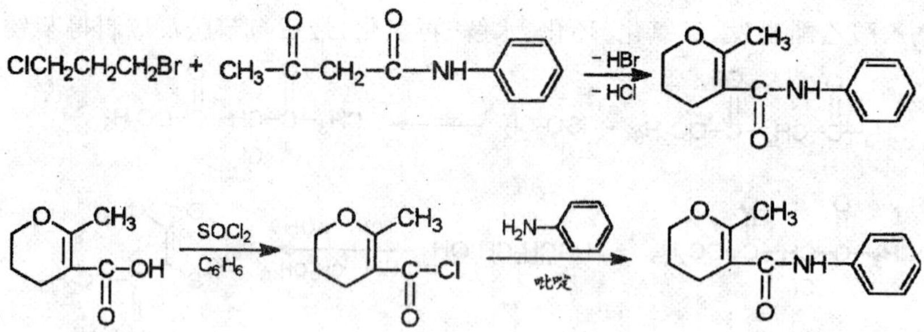

(4)灭菌胺

合成方法如下:

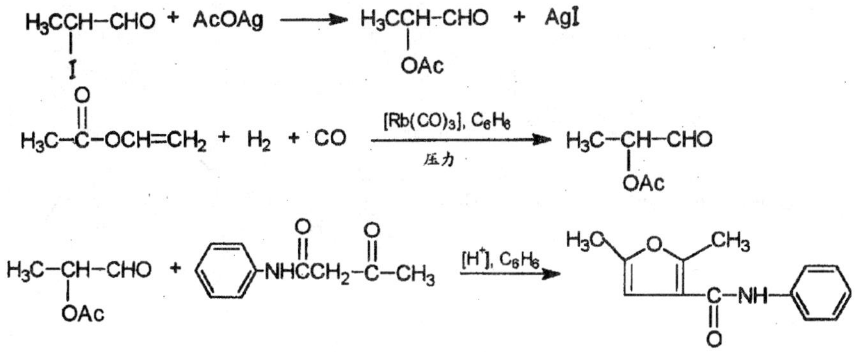

(5)抑菌胺

合成方法如下：

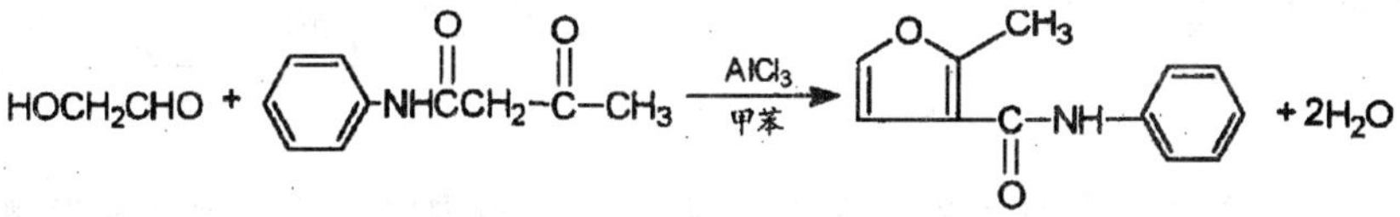

(6)环菌胺

合成方法如下：

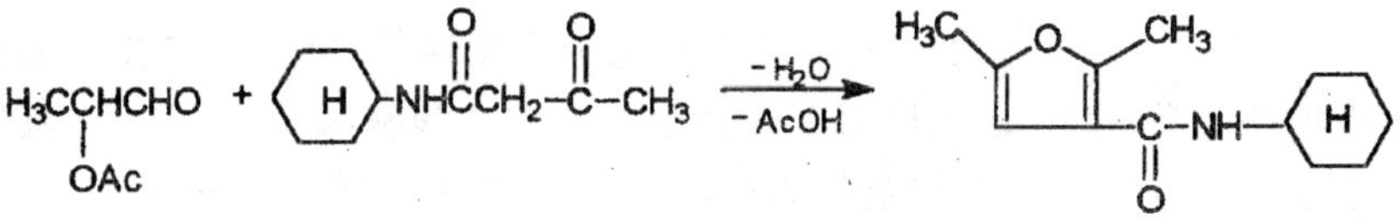

(7)灭锈胺

合成方法如下：

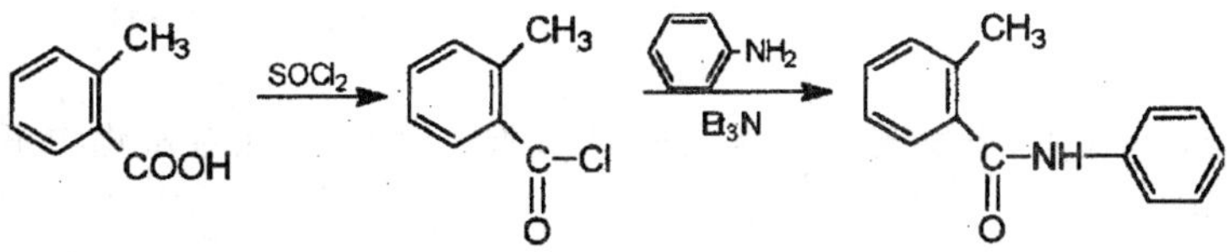

(8)麦锈灵

合成方法如下：

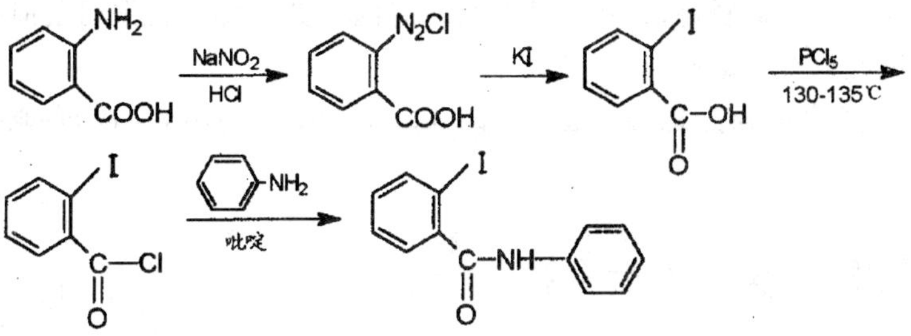

(9)甲噻灵

合成方法如下：

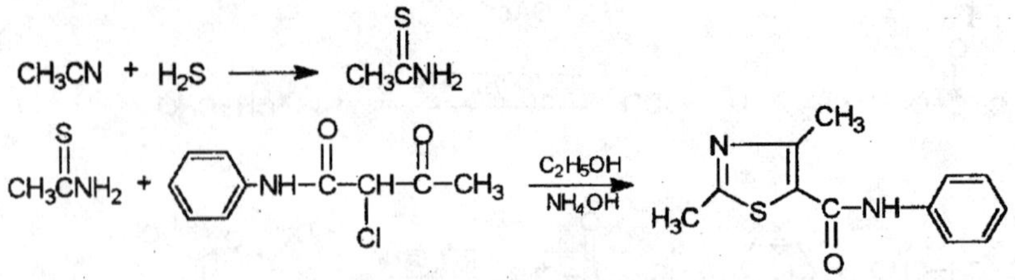

（10）拌菌灵

合成方法如下：

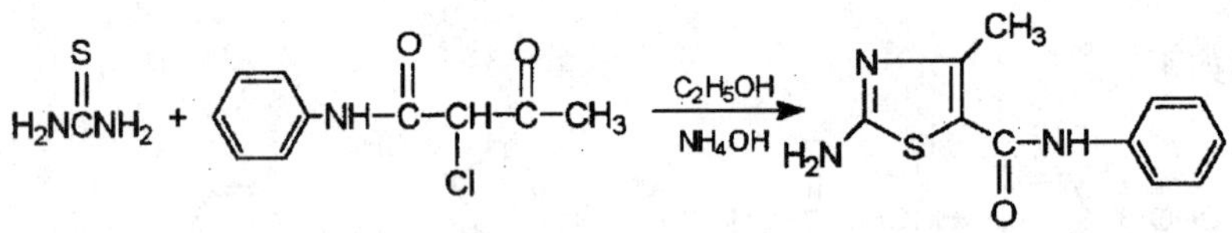

丁烯酰胺类杀菌剂绝大多数都是内吸性杀菌剂，而大多数内吸性杀菌剂都是抑制生物合成过程，但萎锈灵和氧化萎锈灵却是抑制能量生成（细胞呼吸）。

萎锈灵主要是抑制糖的氧化，尤其是抑制琥珀酸的氧化[425、426]。一个有力的证据是用萎锈灵处理过的菌体（$U. maydis$）引起了琥珀酸的积累[427]。又因琥珀酸-辅酶 Q（C_oQ）体系的还原酶受到了抑制，而 NADH-辅酶 Q 体系的还原酶完全不受抑制，所以其主要作用点是在电子传递系统的完整的琥珀酸-辅酶 Q 还原酶复合体中的琥珀酸和辅酶 Q 之间[428]。具体的作用机制可能是干扰上述酶复合体中一个特定的非血红素的铁-硫组分的催化功能[428、429]。下图表示出萎锈灵的主要作用部位：

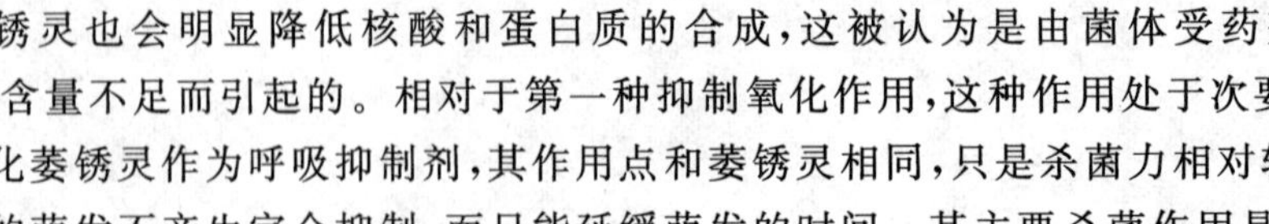

此外，在真菌 $U. maydis$ 中，还发现了萎锈灵的第二个作用点，是在对氰化物不敏感的电子传递的另一个旁路中[430]。

萎锈灵也会明显降低核酸和蛋白质的合成，这被认为是由菌体受药剂作用后，菌体内 ATP 的含量不足而引起的。相对于第一种抑制氧化作用，这种作用处于次要的地位。

氧化萎锈灵作为呼吸抑制剂，其作用点和萎锈灵相同，只是杀菌力相对较弱。该药剂对锈菌孢子的萌发不产生完全抑制，而只能延缓萌发的时间。其主要杀菌作用是抑制芽管的伸长，对菌体内的氧化过程也有一定的影响。

灭锈胺和比锈灵也都强烈地抑制菌体（$U. maydis$ 和 $Cryptococcus$）的琥珀酸脱氢酶活性[431]。

3.4.8　三氯乙基酰胺衍生物

三氯乙基酰胺类杀菌剂的化学结构具有如下通式：

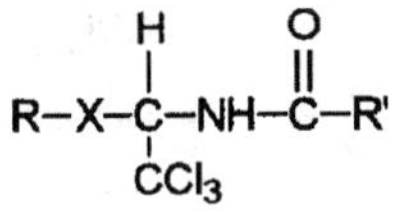

$$R-X-\overset{\overset{\displaystyle H}{|}}{\underset{\underset{\displaystyle CCl_3}{|}}{C}}-NH-\overset{\overset{\displaystyle O}{\|}}{C}-R'$$

式中,X 为 N、S、O;R 为取代芳基、杂环基(X 为 N 时可包含在杂环内)、烷基等;R′ 为 H、烷基、烷氧基或烷硫基等。

3.4.8.1 生物活性特点

此类杀菌剂在杀菌活性方面具有三个特点:

(1)由于分子中含有手性碳原子,故有光学异构体,不同的光学异构体具有不同的杀菌活性;

(2)活性高。在活体内,极低的药剂浓度(小于 1ppm)就能抑制白粉病菌;

(3)具有内吸性,不仅有向顶性,而且还有一定程度的向基传导性。

3.4.8.2 重要品种及其性能和用途

本类杀菌剂虽然所研究的化合物很多,但重要的品种只有嗪胺灵(有的教科书将其归为哌嗪类)和苯胺灵等少数商品化品种,见表 3—20。

表 3—20 三氯乙基酰胺类杀菌剂

名　称	化　学　结　构	性　能　及　用　途	文　献
嗪胺灵 N,N-双〔1-(2,2,2-三氯乙基)甲酰胺基〕哌嗪 Triforine	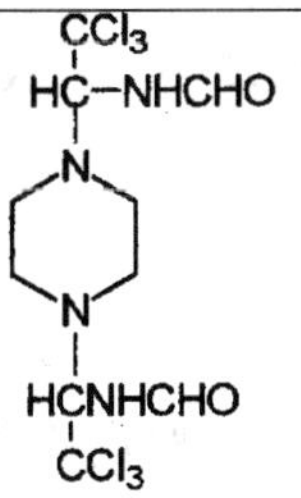	纯品为无味结晶,熔点 180℃,几乎不溶于水、酸和碱中,溶于 DMF。大鼠 LD$_{50}$为 6000mg/kg。广谱、内吸、双向传导,对子囊菌纲、担子菌纲和半知菌类的多种真菌有效。体内、外活性间无相关性。对谷物、苹果、瓜类和观赏植物的白粉病有特效,对谷物、果树、蔬菜等作物的锈病、疮痂病、褐斑病也有效	[432] [433] [434]
苯胺灵 N-(1-甲酰胺基-2,2,2-三氯乙基)-3,4-二氯苯胺 Chleraniformethane	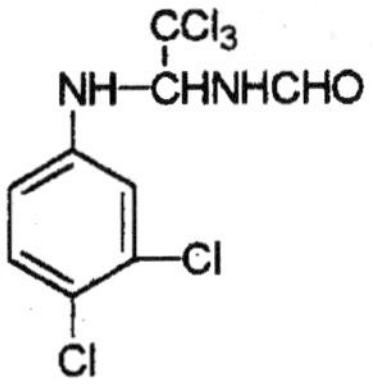	纯品为结晶固体,熔点 134℃～136℃,水中不易溶。小鼠 LD$_{50}$为 500mg/kg。内吸,只对白粉病有高活性。主要用于防治谷类、蔬菜、黄瓜、蔷薇和菊花等的白粉病,可与杀虫剂和绿肥混用	[433] [435]
吗胺灵 N-(1-甲酰胺基-2,2,2-三氯乙基)吗啉 Trimorfamid	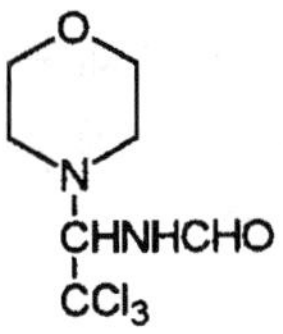	具有与嗪胺灵相似的杀菌谱,内吸。可用于防治大麦、小麦、苹果、葡萄、黄瓜、甜瓜和烟草等的白粉病及苹果的疮痂病等。可作喷洒和根部浇灌剂	[436] [437]

3.4.8.3 合成方法

(1)嗪胺灵

合成方法如下:

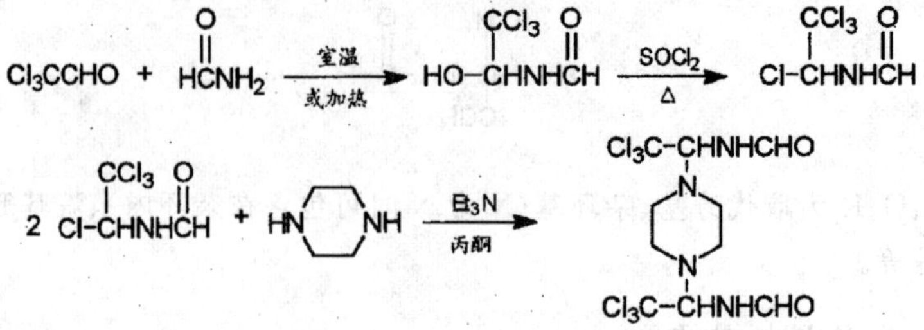

$$Cl_3CCHO + HCNH_2 \xrightarrow[\text{或加热}]{\text{室温}} HO-\underset{\underset{CCl_3}{|}}{C}HNHCH \xrightarrow[\Delta]{SOCl_2} Cl-\underset{\underset{CCl_3}{|}}{C}HNHCH$$

$$2\ Cl-\underset{\underset{CCl_3}{|}}{C}HNHCH + HN\bigcirc NH \xrightarrow[\text{丙酮}]{B_3N}$$ 吗啉环生成产物

(2)苯胺灵

合成方法如下：

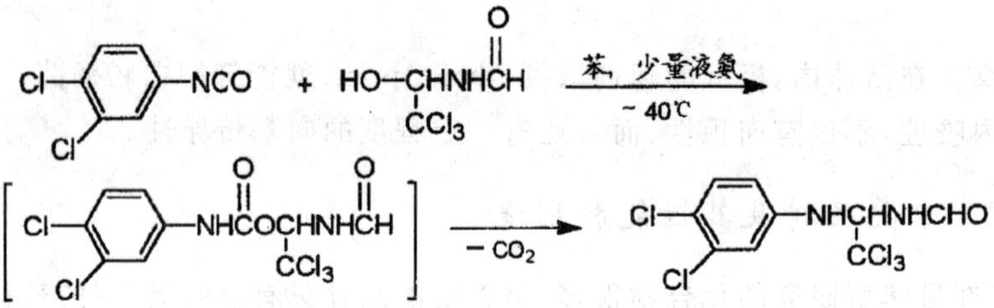

$$\text{化学反应式} \xrightarrow[\sim 40℃]{\text{苯,少量液氨}}$$

$$[\ \cdots\ ] \xrightarrow{-CO_2}$$

(3)吗胺灵

合成方法如下：

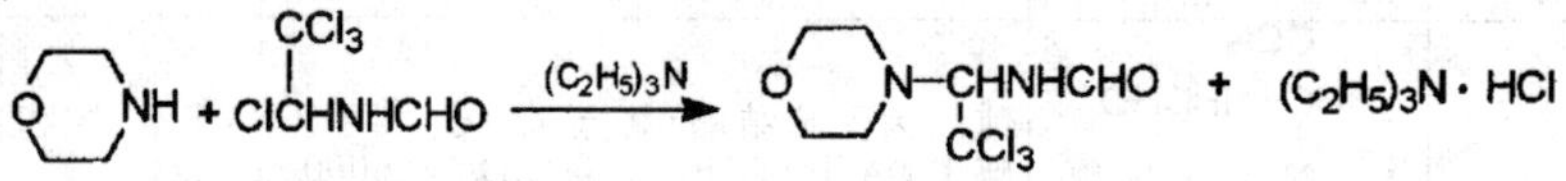

$$\bigcirc NH + ClCHNHCHO \xrightarrow{(C_2H_5)_3N} \bigcirc N-\underset{\underset{CCl_3}{|}}{C}HNHCHO + (C_2H_5)_3N \cdot HCl$$

3.4.9 取代甲醇衍生物

取代甲醇类杀菌剂均可视为甲醇碳原子上的氢被其它基团取代的产物。由于化学构型和菌谱上的相似性,有几个含嘧啶环的品种也列入此类。此类杀菌剂的一个共同特点是均为内吸性杀菌剂。

3.4.9.1 主要品种及其性能和用途

表 3—21 中列出了取代甲醇类杀菌剂的主要品种。

表中所列嘧菌醇为商品化品种,试验初期即表现出极有发展前途,但在毒理学试验鉴定中,由于出现不合需要的毒理影响而被终止。嘧啶醇的杀菌活性很弱,但对高等植物有很强的调节生长作用。另外发现,在形式为

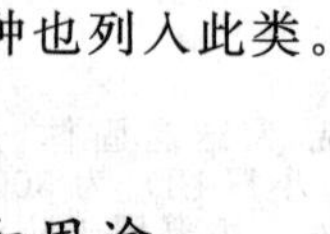

$$\text{吡啶} - \underset{\underset{R'}{|}}{\overset{\overset{OH}{|}}{C}} - R$$

的化合物中,3-位取代吡啶衍生物比 2-或 4-位取代吡啶衍生物的效果高;R 和 R′中,有一个或两个环己基有利于提高活性。

表 3—21 取代甲醇类杀菌剂

名 称	化 学 结 构	性 能 及 用 途	文 献
嘧菌醇 α-(2,4-二氯苯基）α 苯基 5 嘧啶甲醇 Triarimole	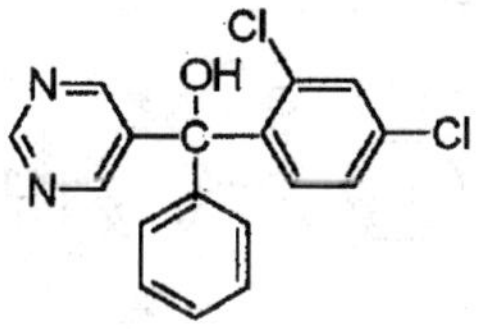	纯品为白色结晶,熔点 96℃～97℃,易溶于多数有机溶剂,难溶于水。大鼠 LD$_{50}$ 为 670 mg/kg。内吸性,较广谱,具有治疗和铲除作用。在很低浓度下即可有效防治许多重要的植物病害,如苹果和梨的黑星病、白粉病,小麦、葡萄、黄瓜、醋粟等的白粉病,小麦锈病	[438] [439] [440] [441] [442] [443] [444] [445] [446]
氯苯嘧啶醇 α-(4-氯苯基)-α-(2-氯苯基)-5-嘧啶甲醇 Fenarimol	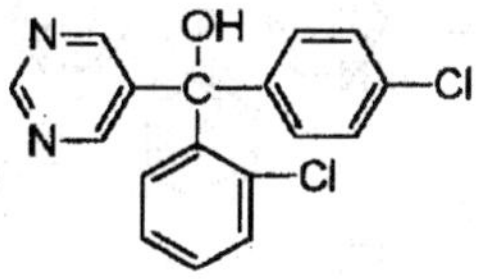	纯品为白色结晶,熔点 117℃～119℃,微溶于水,溶于多数有机溶剂。大鼠 LD$_{50}$ 为 2500mg/kg。内吸性,具有保护、治疗和铲除作用。用于防治苹果、葡萄等作物的白粉病和疮痂病	[447] [448]
嘧啶醇 α-(4-甲氧苯基)-α-环丙基-5-嘧啶甲醇	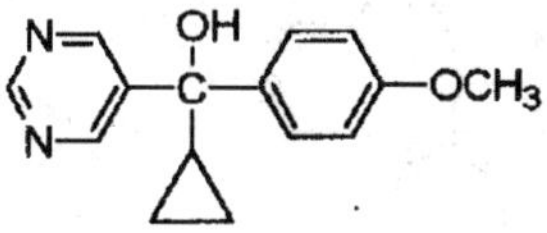	内吸性,杀菌活性很弱,但对高等植物有很强的调节生长作用	[449] [450]
氟苯嘧啶醇 α-(2-氯苯基)-α-(4-氟苯基)-5-嘧啶甲醇 Nuarmole	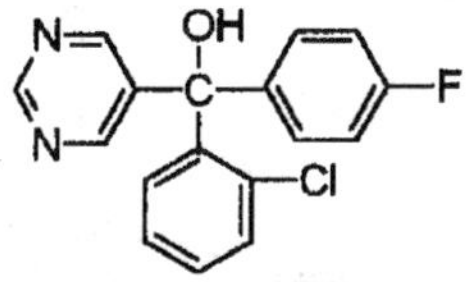	无色晶体,熔点 126℃～127℃,难溶于水,易溶于丙酮、甲醇等有机溶剂。LD$_{50}$ 为 1250 mg/kg。内吸性杀菌剂,对多种植物病原菌有活性。用于防治麦类白粉病、苹果白粉病和黑星病等	[451] [452]
苯比醇 双-(4-氯苯基)-吡啶基甲醇 Parimol	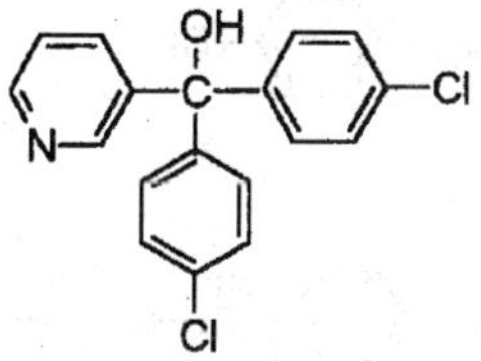	纯品为结晶固体,熔点 169℃～170℃。大鼠 LD$_{50}$ 为 5000mg/kg。内吸性,主要防治瓜类和果树的白粉病,亦可防治贮藏梨的腐烂病	[453] [454]
EL-331 α-环己基-α-苯基-3-吡啶基甲醇	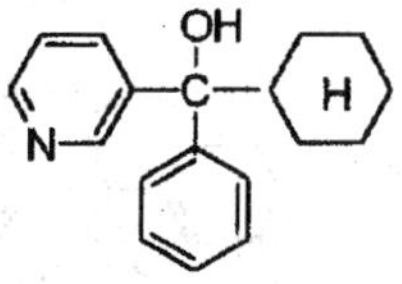	防治草地病害的药剂,对作物药害很小。对草地草的圆斑病、褐斑病和长蠕孢属真菌引起的叶斑病防效显著	[455]

3.4.9.2 合成方法

(1)嘧菌醇

合成方法如下:

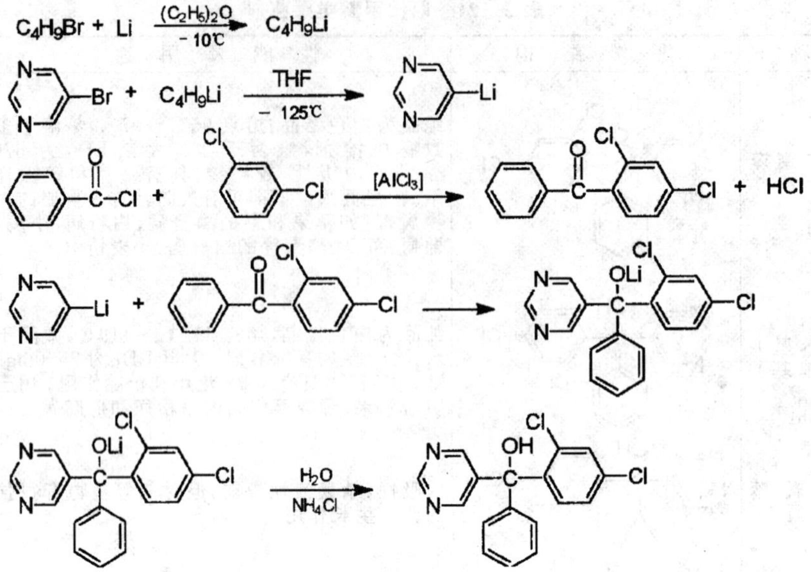

$$C_4H_9Br + Li \xrightarrow[-10℃]{(C_2H_6)_2O} C_4H_9Li$$

（2）苯吡醇

合成方法如下：

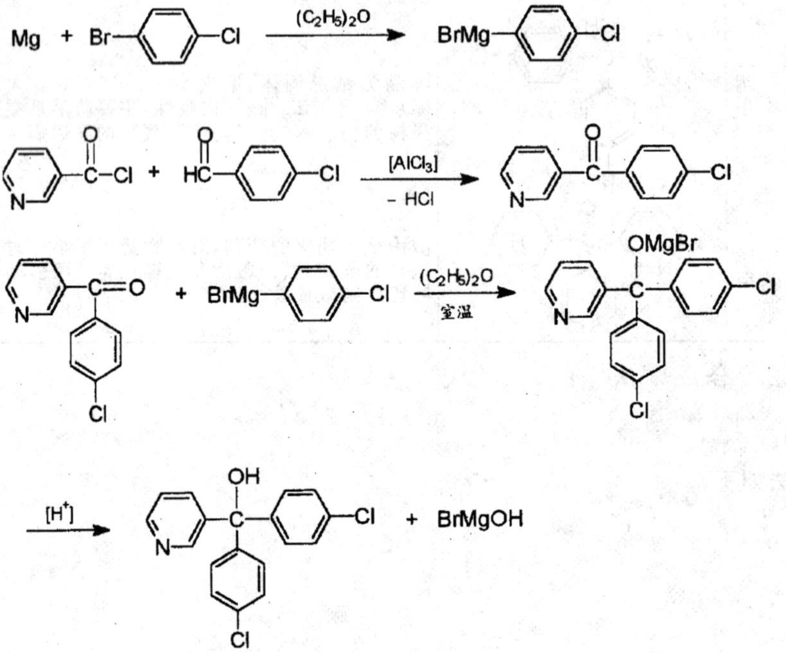

（3）氟苯嘧啶醇

合成方法如下：

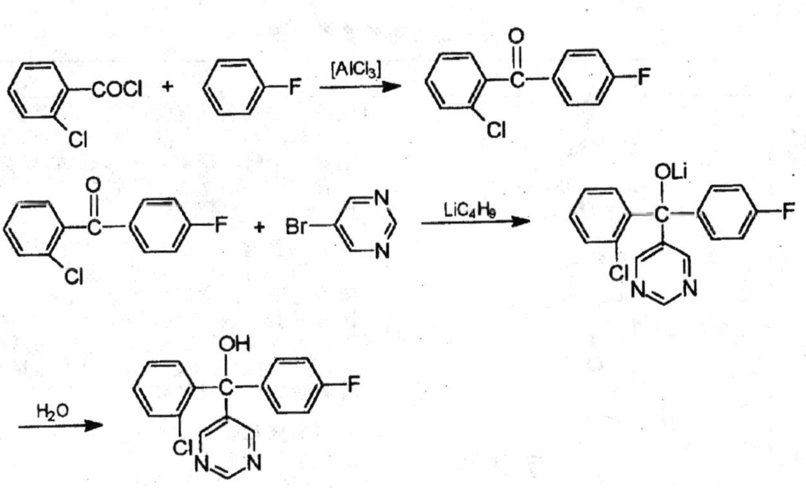

3.4.10 吡啶衍生物

吡啶类杀菌剂大都为内吸杀菌剂,其分子结构特点是均含有吡啶环。主要代表性化合物有吡氯灵、万亩定、羟基喹啉盐、病定清、敌灭啶等,其中最重要的是吡氯灵。

吡氯灵是 1966 年在世界上第一个被发现的真正的共质体内吸杀菌剂,具有如下几个特点:①对疫霉菌具有特效;②体内活性远大于体外活性,故认为可能通过改变寄主的代谢来发挥它的功效;③具有内吸治疗作用;④残效期长,几乎可达 3 个月;⑤与以前发现的内吸剂不同,它是典型的内吸剂,基本上不上行。试验证明,当把吡氯灵施于蕃茄根部时,其根系所积累的量约等于使用浓度的 50 倍,而输送到幼芽上的量只有吸收量的 0.4%,但它较易被叶子吸收,并迅速地输送到地下部分,故吡氯灵最适于通过种子处理、根部浇灌,尤其是叶面喷洒来防治根部病害,而不适于通过根部施药来防治叶部病害。

3.4.10.1 品种及其性能和用途

吡啶类杀菌剂的一些品种列于表 3-22 中。

3.4.10.2 合成方法

(1)吡氯灵

合成方法如下:

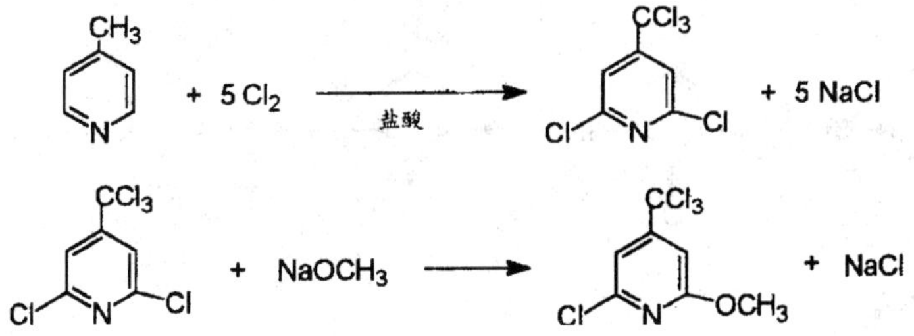

表 3－22　吡啶类杀菌剂

名　称	化　学　结　构	性　能　及　用　途	文　献
吡氯灵 2-氯-6-甲氧基-4-三氯甲基吡啶 Pyroxychlor	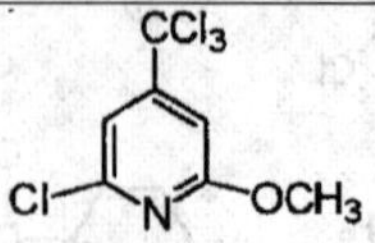	纯品为中等挥发性固体,难溶于水,易溶于有机溶剂中。大鼠 LD_{50} 为 1500mg/kg。主要用于防治疫霉病和腐霉病,如花叶万年青、杜鹃花、大豆、烟草等的疫霉病,黄瓜、芹菜等的腐霉病	[456] [474]
万亩定 1-氧化吡啶-2-硫醇 Pyridinthion	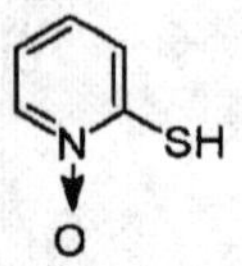	原药为固体,熔点 68℃。有一定内吸性(向下)。菌谱较广,可兼杀真菌和细菌,抑菌能力很强。常以它的钠盐、铜盐、锌盐、铁盐等形式来使用,但金属盐无输导作用。为棉花、蔬菜、花生种子等高效保护剂,也能防治麦类黑粉病、苹果黑星病等。有刺激幼苗生长的作用	[475] [476] [477]
羟基喹啉盐 8-羟基喹啉硫酸盐 Chinosol	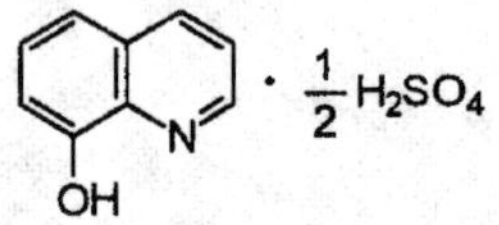	原药为固体结晶,熔点 175℃～178℃,易溶于水。大鼠 LD_{50} 为 1200mg/kg。内吸性,可用来防治维管束性枯萎病、荷兰榆树病和多种细菌性病害	[478]
病定清 2,6-二氯-4-苯基-3,5-二氰基吡啶 Pyridinitrile	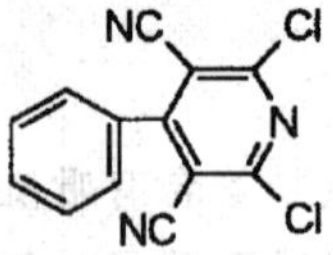	原药为固体,熔点 208℃～210℃,微溶于丙酮等有机溶剂。大鼠 LD_{50} 5000mg/kg。保护性杀菌剂,菌谱广,残效长,低毒,用于防治果树和蔬菜的多种病害,如苹果黑星病、葡萄炭疽病、蔬菜霜霉病等	[479]
敌灭啶 S-正 丁 基-S-(对-特 丁 基 苄基)-N-(3-吡啶基)亚胺二硫代碳酸酯 Denmert	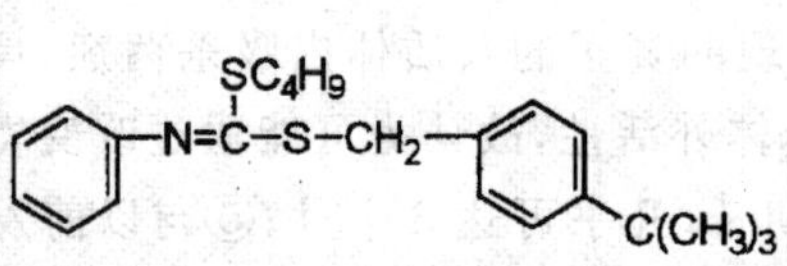	选择性杀菌剂,菌谱较窄,对担子菌、子囊菌纲真菌和半知菌类真菌均不敏感。对白粉病有特效,与其它农药混用有增效作用。该品为麦角甾醇生物合成抑制剂	[480]

（2）万亩定

合成方法如下：

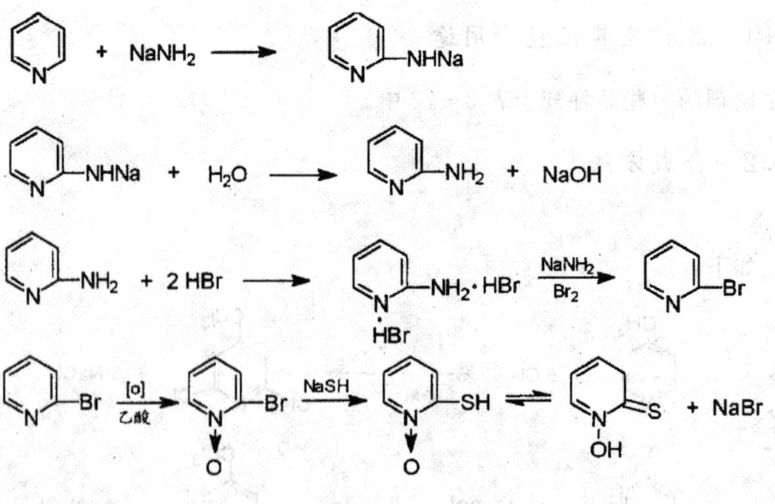

（3）羟基喹啉盐

合成方法如下：

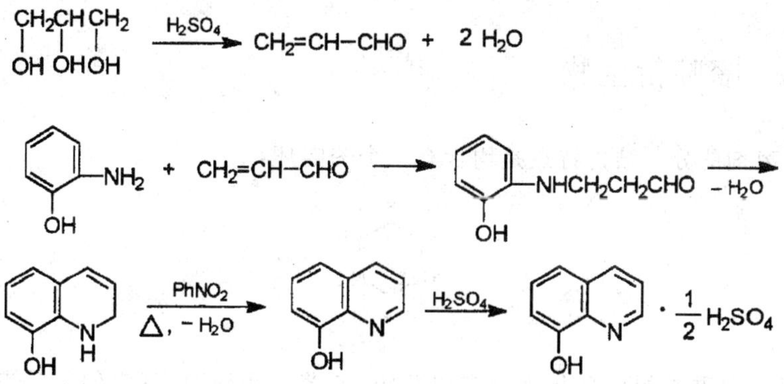

$$CH_2CHCH_2(OH)(OH)(OH) \xrightarrow{H_2SO_4} CH_2=CH-CHO + 2 H_2O$$

（邻氨基酚） + $CH_2=CH-CHO$ → （邻羟基苯基）$NHCH_2CH_2CHO$ $\xrightarrow{-H_2O}$

（2-氢-8-羟基喹啉） $\xrightarrow[\triangle, -H_2O]{PhNO_2}$ （8-羟基喹啉） $\xrightarrow{H_2SO_4}$ （8-羟基喹啉）$\cdot \frac{1}{2} H_2SO_4$

（4）病定清

合成方法如下：

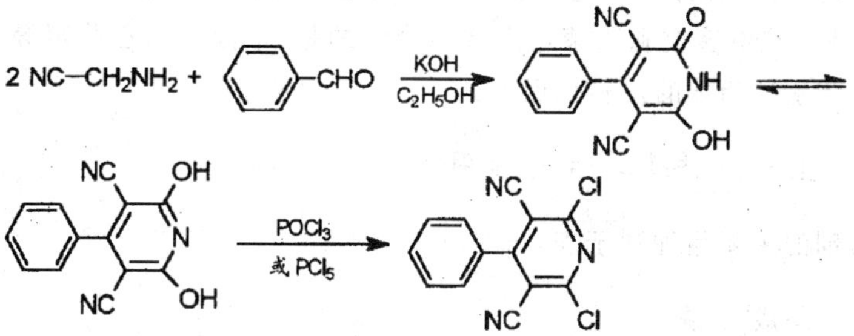

$$2\ NC-CH_2NH_2 + \text{（苯甲醛）}-CHO \xrightarrow[C_2H_5OH]{KOH} \text{（产物）} \rightleftharpoons$$

$$\text{（二羟基吡啶衍生物）} \xrightarrow[\text{或 }PCl_5]{POCl_3} \text{（二氯吡啶衍生物）}$$

（5）敌灭啶

合成方法如下：

$$\text{（3-氨基吡啶）}-NH_2 + CS_2 + NaOH \rightarrow \text{（吡啶）}-NH-\overset{O}{\overset{\|}{C}}-SNa + H_2O$$

$$\text{（吡啶）}-NH-\overset{O}{\overset{\|}{C}}-SNa + n\text{-}C_4H_9Br \rightarrow \text{（吡啶）}-NH-\overset{O}{\overset{\|}{C}}-SC_4H_9\text{-}n + NaBr$$

$$\text{（苯）}-C(CH_3)_3 + CH_2O + HCl \xrightarrow{ZnCl_2} ClCH_2-\text{（苯）}-C(CH_3)_3 + H_2O$$

$$\text{（吡啶）}-NH-\overset{S}{\overset{\|}{C}}-SC_4H_9\text{-}n + ClCH_2-\text{（苯）}-C(CH_3)_3 + NaOH \rightarrow$$

$$\text{（吡啶）}-N=\overset{SC_4H_9\text{-}n}{\overset{|}{C}}-SCH_2-\text{（苯）}-C(CH_3)_3$$

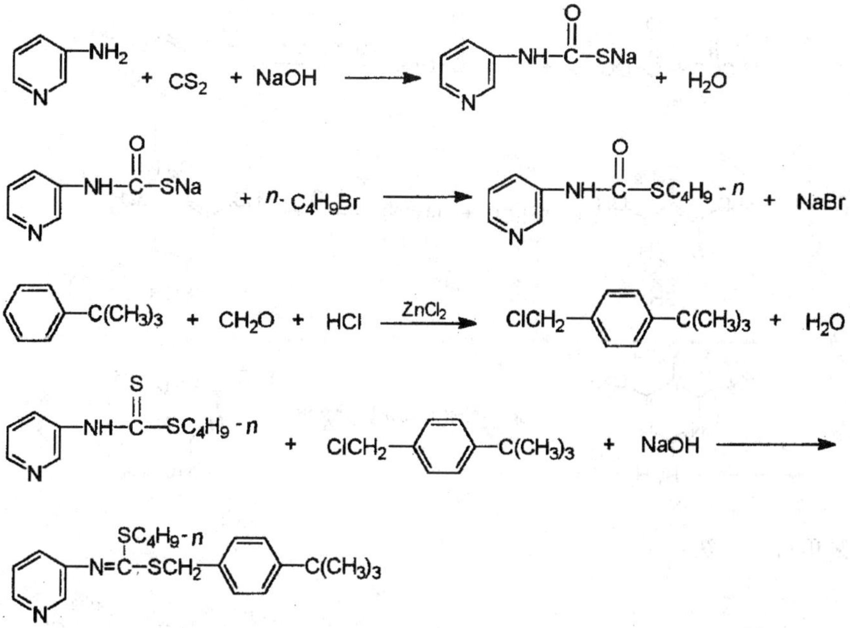

3.4.11　嘧啶衍生物

嘧啶类杀菌剂的分子结构特点是均含有一个嘧啶环：

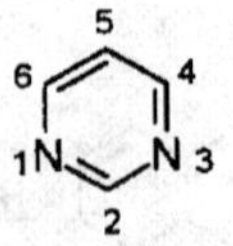

此类杀菌剂中重要的商品化品种有甲菌定、乙菌定和磺菌定,它们都是专治白粉病的高效、长效和内吸性的杀菌剂,均由英国 ICI 化学公司推出。甲菌定主要用来防治瓜类白粉病;乙菌定主要用来防治谷物白粉病,曾被誉为无公害农药;磺菌定为新发展的品种,是对乙菌定的一个改进,对苹果白粉病有特效。此外还有几个在上述三个品种基础上开发的嘧啶衍生物(见表 3—23),其杀菌谱较甲菌定和乙菌定广些。遗憾的是,甲菌定和乙菌定等杀菌剂,使用几年后便出现了对其产生抗药性的白粉病菌株。

3.4.11.1　主要品种及其性能和用途

嘧啶类杀菌剂的主要品种列于表 3—23 中。

3.4.11.2　合成方法

(1)甲菌定

合成方法如下：

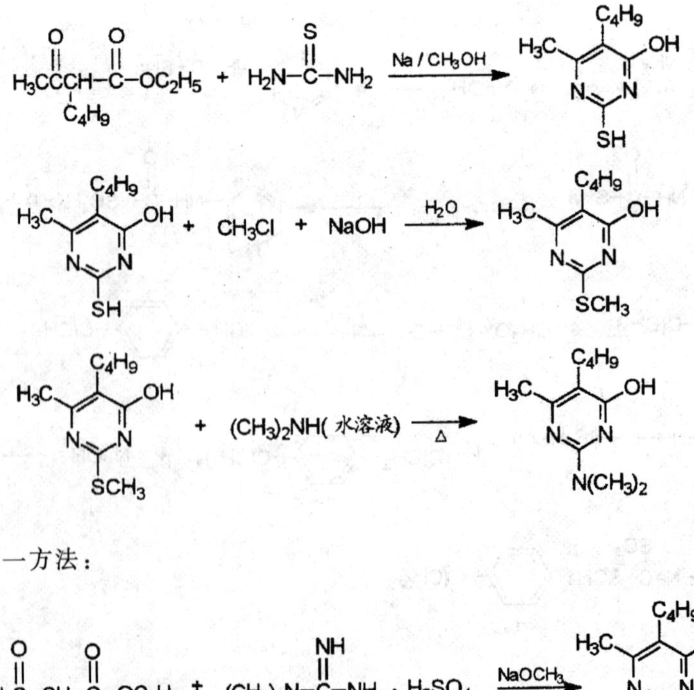

或者采用另一方法：

表 3-23　嘧啶类杀菌剂

名　称	化学结构	性能和用途	文献
甲菌定 2-二甲胺基-4-羟基-5-正丁基-6-甲基嘧啶 Dimethirol	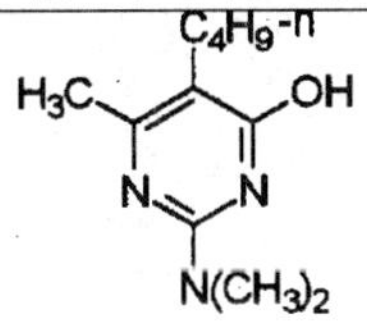	纯品为白色结晶,熔点 102℃,微溶于水,易溶于氯仿、二甲苯、乙醇等有机溶剂。大鼠 LD_{50} >4000mg/kg。主要用于防治黄瓜白粉病。内吸性。也可防治甜菜、烟草、草莓等的白粉病,对麦类、苹果白粉病防效较差,对葡萄白粉病无效	[481] [482] [483]
乙菌定 2-乙胺基-4-羟基-5-正丁基-6-甲基嘧啶 Ethirimol	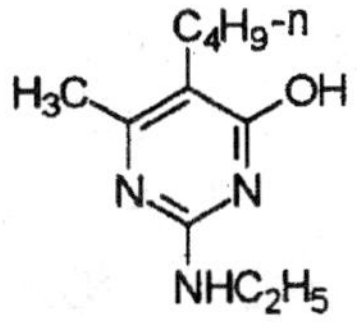	纯品为白色结晶,熔点 154℃～155℃,溶解性能和甲菌定相似。大鼠 LD_{50} 为 4000mg/kg。内吸性,主要用于防治谷物如大麦、小麦的白粉病,对黄瓜白粉病防效差,对谷物锈病无效。在谷物中的残留量很低(<0.1ppm)	[483] [484] [485]
磺菌定 二甲胺磺酸-(5-正丁基-2-乙胺基-6-甲基嘧啶-4-基)酯 Bupirimate	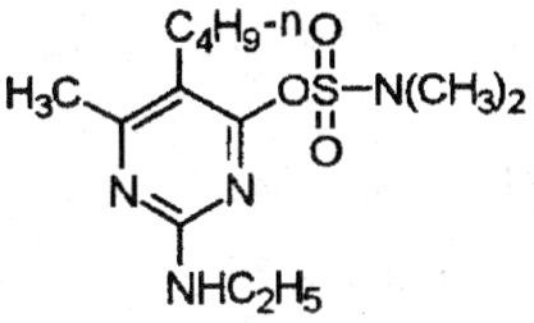	纯品为结晶固体,熔点 50℃～51℃,溶于丙酮、乙醇等有机溶剂。大鼠 LD_{50} 为 4000mg/kg。内吸性,对多种白粉病高效,尤对苹果白粉病持效,具有突出的熏蒸作用	[483] [486] [487] [488] [489] [490]
2-甲胺基-4-羟基-5-正丁基-6-甲基嘧啶	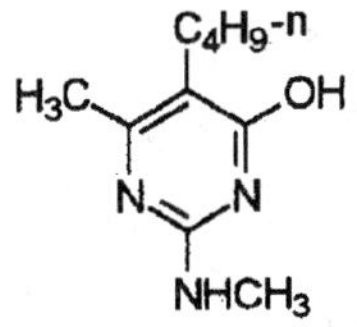	主要用于防治白粉病,如瓜类白粉病、麦类白粉病、葡萄白粉病等,也可防治葡萄霜霉病	[491]
U8342 2-甲硫基-4-氨基-6-氯嘧啶	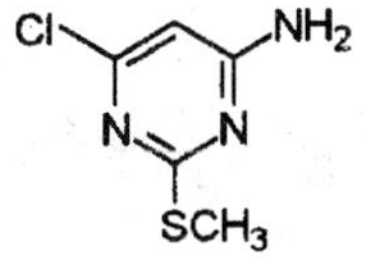	固体,熔点 127℃。内吸性,有铲除作用。可有效地防治亚麻锈病	[492] [493]
S-(4'-乙胺基-6'-甲基-5'-硝基-2'-嘧啶基)-N-甲基异硫脲盐酸盐	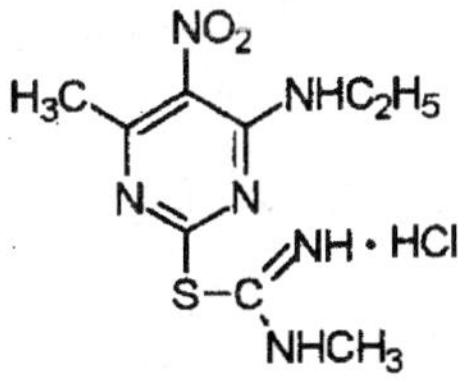	土壤杀菌剂,使用浓度为 25ppm 时可 100% 抑制萎蔫病菌、德氏腐霉菌、丝核菌	[494]
N,N-二甲基氨基甲酸(2-乙胺基-4-甲基-6-嘧啶基)酯	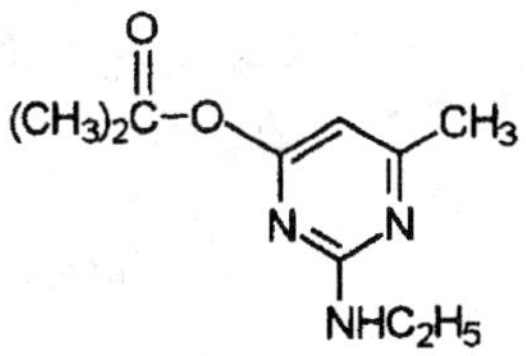	可作杀菌剂、杀虫剂、杀软体动物剂	[495]

(2)乙菌定

合成方法如下:

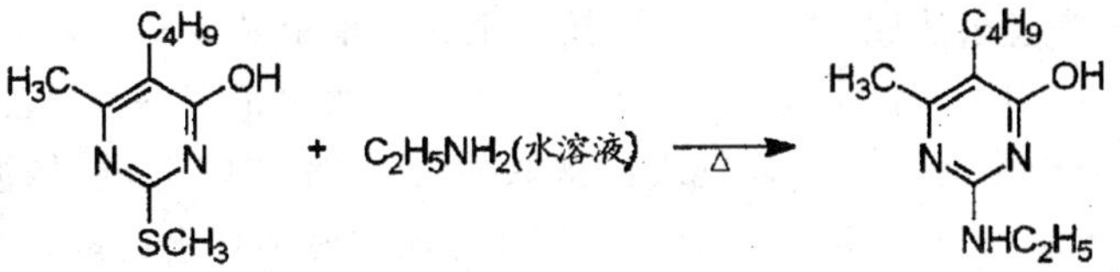

(3)磺菌定

合成方法如下:

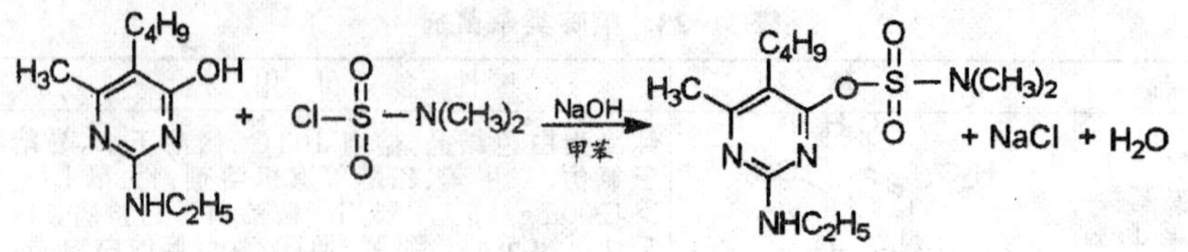

(4)U8342

合成方法如下：

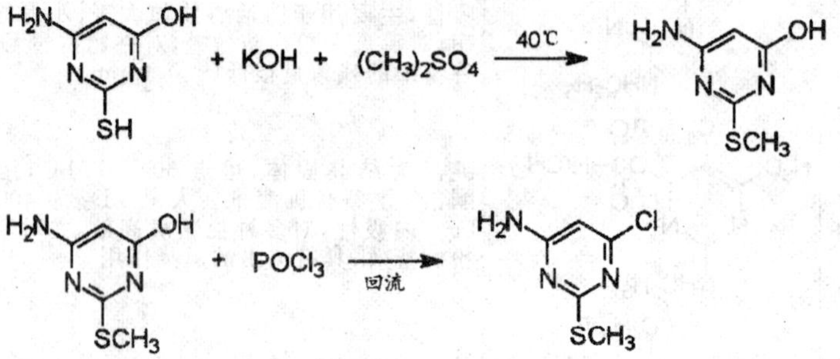

(5)2-甲胺基-4-羟基-5-正丁基-6-甲基嘧啶

合成方法如下：

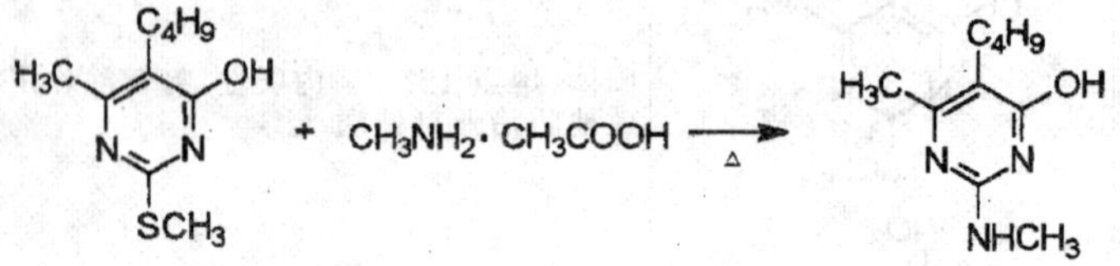

(6)S-(4′-乙胺基-6′-甲基-5′-硝基-2′-嘧啶基)-N-甲基异硫脲盐酸盐

合成方法如下：

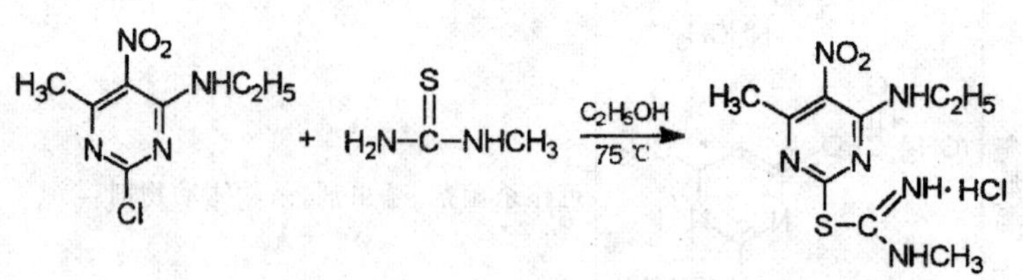

　　嘧啶类杀菌剂的化学结构与生物活性之间的关系[496,497]，主要体现在嘧啶环不同位置的取代基所产生的影响：(1)4-位上的羟基对于获得杀菌活性是很重要的。(2)2-位上的烷胺基对于获得杀菌活性似乎也是必需的。如果该烷胺基被羟基或甲氧基取代，则失去大部分活性；如把烷胺基改成氨基也要失去活性；氮原子上连接一个或二个甲基或乙基具有相似活性，但如连上长链烷烃则失去活性。(3)5-位上是正丁基时活性最高，如把正丁基改成乙基或正己基，则几乎完全失去活性。(4)6-位上的甲基被氢或乙基取代，活性略有降低；但如被丙基或其它基取代，则失去活性。由于以上结果，试图改变甲菌定和乙菌定嘧啶环上的取代基以获得活性高于这两个杀菌剂的化合物，可能性不大。

　　嘧啶类杀菌剂的作用机制目前尚不十分清楚。已有的研究表明[496~498]，可能与叶酸作为C-1碳原子的代谢关系很大，本品被认为是非竞争性酶的抑制剂。用白粉病菌进行的试验结果表明,嘧啶类杀菌剂可以抑制嘌呤的生物合成及乳酸和甘氨酸的代谢;个别试验结果说明,它还可能干扰一些吡哆醛作为辅酶的酶类的活性。

3.4.12　吗啉衍生物

吗啉类杀菌剂的分子结构均含吗啉环: 。

此类杀菌剂发展很缓慢,重要的商品化品种仅有 4 个:克啉菌(Tridemorph,又名十三吗啉)、吗菌灵(Dodemorph)和丙菌灵(Fenpropimorph),它们均为内吸性的并且主要是防治白粉病的药剂;此外还有一个对藻菌纲真菌有效的烯酰吗啉(Dimethomorph)。

3.4.12.1　品种及其性能和用途

吗啉类杀菌剂的主要品种列于表 3—24 中。

表 3—24　吗啉类杀菌剂

名　称	化　学　结　构	性　能　和　用　途	文　献
克啉菌 N-十三烷基-2,6-二甲基吗啉 Tridemorph		纯品为无色油状液体,沸点 130℃～131℃,可与水混溶,大鼠 LD_{50} 为 1250mg/kg。主要用于防治禾谷类尤其是大麦的白粉病,并有治疗和铲除作用,残效期达 3～4 周。此外也可防治长蠕孢属、壳针孢霉属、丝核菌属和青霉属真菌引起的病害。强内吸性	[499] [500] [501]
吗菌灵 N-环十二烷基-2,6-二甲基吗啉 Dodemorph		原药为黄色液体,几乎不溶于水,其醋酸盐溶于水。大鼠 LD_{50} 为 2000mg/kg。内吸性,菌谱与克啉菌相似,但效果稍差,主要用于防治大麦白粉病。尚可防治许多观赏植物的白粉病	[502] [503]
丙菌灵(丁苯吗啉) (±)-顺-4-[3-(4-特丁基苯基)-2-甲基丙基]-2,6-二甲基吗啉 Fenpropimorph		纯品为无色油状液体,沸点为 120℃/10.67Pa。难溶于水,易溶于丙酮、乙醇、甲苯等多种有机溶剂。大鼠 LD_{50} 为 3000mg/kg。内吸、广谱,可用于防治小麦白粉病、叶锈病、网腥黑穗病等,具有保护和治疗作用,并可向顶传导。对新生叶的保护期达 3～4 周	[504] [505]
烯酰吗啉 (E＋Z)-4-[3-(4-氯苯基)-3-(3,4-二甲氧基苯基)丙烯酰]吗啉 Dimethomorph		纯品为无色晶体,熔点(Z):162.2℃～170.2℃,(E):135.7℃～137.5℃。难溶于水,可溶于二氯甲烷等有机溶剂。大鼠 LD_{50} 为 3900mg/kg。内吸性,对霜霉属、疫霉属病菌有特效,对腐霉属效果较差。可与触杀性杀菌剂如代森锰锌混用	[506] [507]

3.4.12.2　合成方法

(1)克啉菌

合成方法如下:

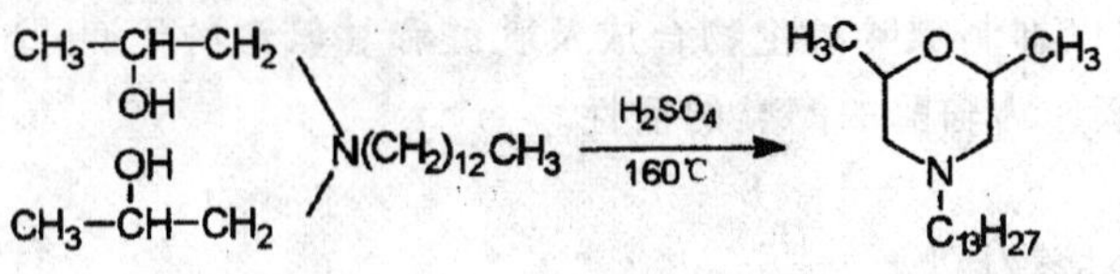

（2）吗菌灵

合成方法如下：

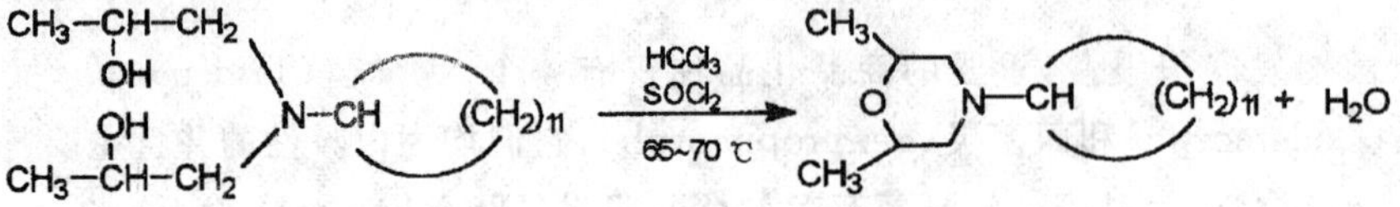

（3）丙菌灵

合成方法如下：

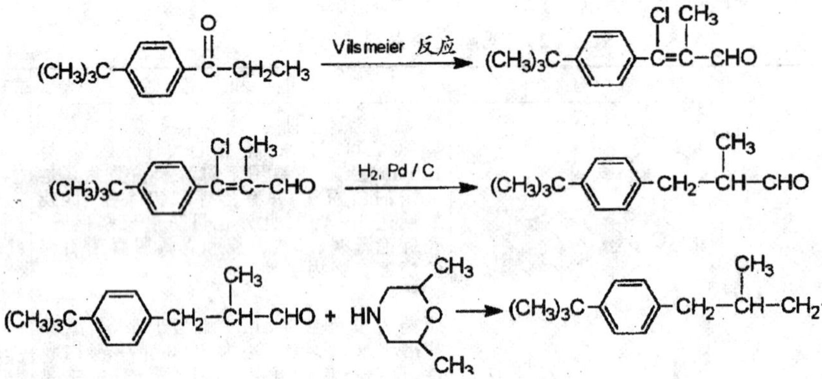

吗啉类杀菌剂分子结构与生物活性之间有如下的关系[501、508、509]：①烷基链的长短，②吗啉环上甲基取代基的数目和位置，③立体构形，④吗啉环上 N-芳基烷基取代基，⑤芳环和 2,6-二甲基吗啉之间的烷撑链，⑥丙菌灵结构中不同的环烷胺，顺、反异构以及苯环换成环己烷后立体异构等等，均对其杀菌活性有明显的影响。

关于吗啉类杀菌剂的作用机制曾有不同的说法[510~513]，但比较肯定的说法是抑制菌体内麦角甾醇的生物合成，作用位点是甾醇 $\Delta^8 \rightarrow \Delta^7$ 异构化或 $C_{14(15)}$ 双键还原过程被抑制，至少像克啉菌、吗菌灵、丙菌灵是这样。

3.4.13　二唑衍生物

属于二唑类的杀菌剂品种不多，老品种有果绿定（Glyodin），较新品种有抑霉唑（Imazalil）和驱粉唑（BTS40542）等。

3.4.13.1　品种及其性能和用途

二唑类杀菌剂的主要品种列于表 3—25 中。

表 3－25　二唑类杀菌剂

名　称	化　学　结　构	性　能　和　用　途	文　献
果绿定 2-十七烷基咪唑啉醋酸盐 Glyodine	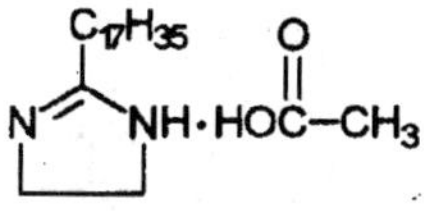	果绿定盐基为软蜡状物,其醋酸盐为桔色粉末,熔点 62℃～68℃,不溶于水。大鼠 LD_{50} 为 372mg/kg。不内吸,主要用于防治水果和蔬菜病害如苹果黑星病等	[514]
抑霉唑 1-[β-(烯丙氧基)-2,4-二氯苯乙基]咪唑 Imazalil	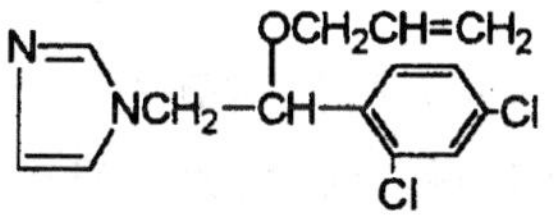	原药为黄色油状液体,微溶于水。大鼠 LD_{50} 为 4200～4800mg/kg。内吸,兼有保护、治疗和抗孢子形成的性能。对侵袭水果、蔬菜和观赏植物的许多真菌病害都有防效。对抗多菌灵的青霉病是特效药	[515] [516]
驱粉唑 1-{N-正丙基-N-[2-(2,4,6-三氯苯氧基)-乙基]氨基甲酰}咪唑 BTS40542	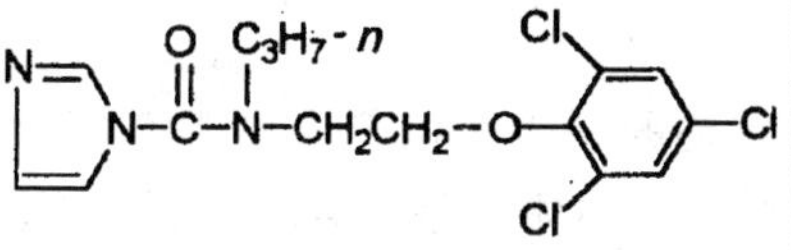	具有保护和铲除作用。对子囊菌和半知菌类真菌特别有效,但对担子菌效果较差。如在十分低的使用浓度下,对谷物白粉病、灰霉病和镰刀菌引起的病害以及谷物若干种子病害均有极好的防效	[517]

3.4.13.2　合成方法

（1）果绿定

合成方法如下：

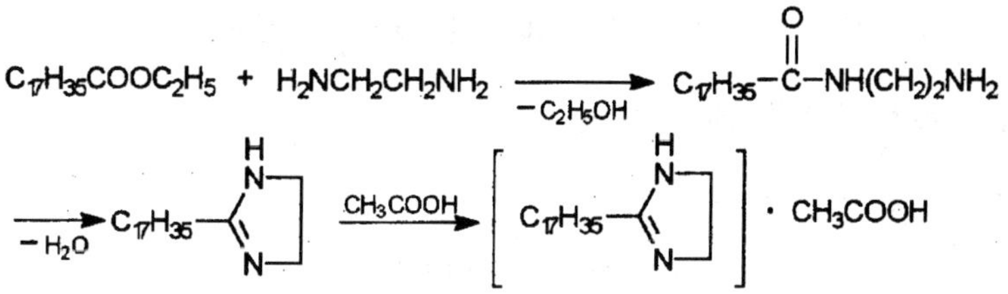

（2）抑霉唑

合成方法如下：

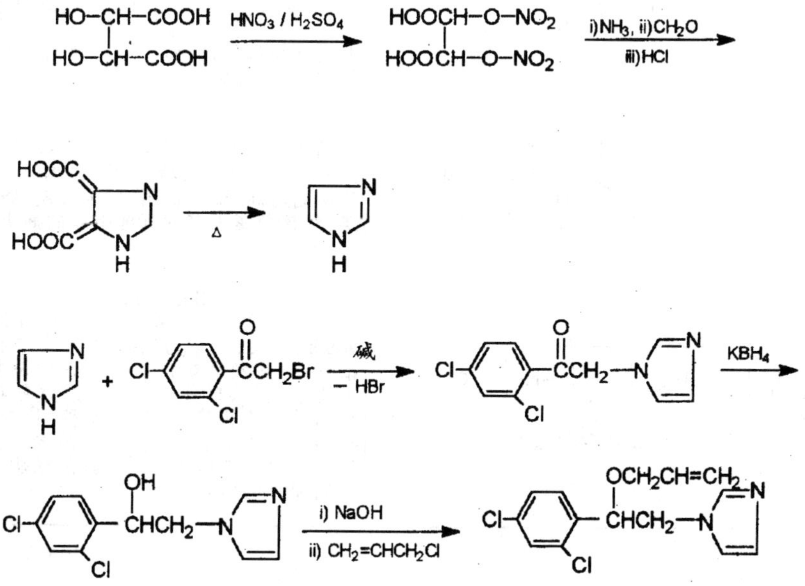

3.4.14 苯并咪唑衍生物

苯并咪唑类杀菌剂的分子中都含有苯并咪唑母核：。

根据咪唑环中 C-2 原子上取代基的不同,大体分为两种类型:第一类是杂环取代基,如噻唑基取代(涕必灵),呋喃基取代(麦穗宁),六氢化二嗪取代(疫菌灵);第二类是胺基甲酸酯基取代或者经过降解可以形成该种形式的化合物,其中包括多菌灵、苯菌灵、托布津、甲基托布津、伐菌灵等。

从杀菌剂发展史上看,本类杀菌剂是很重要的一类杀菌剂。本类杀菌剂具有以下几个特点:(1)高效、内吸。大多数成员的抑菌活性在体内和体外是一致的,而托布津、甲基托布津、伐菌灵在体外活性很差,只有在体内才能发挥它们的毒效。(2)广谱。除藻菌纲真菌和细菌病害外,对大多数病害都有效。例如苯菌灵能防治的病害达百余种之多。除丁烯酰胺类内吸杀菌剂外,此类杀菌剂可谓是得到了最广泛的应用。(3)由于大多数成员都能转化成共同的抑菌毒物——多菌灵,所以有相似的菌谱、相似的作用机制。当然由于咪唑环中 N-1 原子上侧链的存在,也会由此而赋于在渗透性、抑菌谱、作用机制等方面的差别。(4)由于作用机制相同,所以一旦致病菌对其中一个成员产生抗性,就会对其它成员产生交互抗性。

3.4.14.1 品种及其性能和用途

本类杀菌剂的品种列于表 3—26 中。

表 3—26 苯并咪唑类杀菌剂

名　称	化 学 结 构	性 能 和 用 途	文　献
麦穗宁 2-(2′-呋喃基)-苯并咪唑 Fuberidazole		原药为固体,熔点 286℃(分解),溶于丙酮、乙醇等有机溶剂。大鼠 LD_{50} 为 1100mg/kg。内吸。非汞的谷物拌种剂。菌谱广,活性不及苯菌灵和涕必灵。可防治麦类叶锈病、白粉病、大麦条纹病、小麦赤霉病、裸麦五腐病等	[518] [519] [520] [521] [522] [523]
涕必灵 2-(4′-噻唑基)-苯并咪唑 Thiabendazole		原药为无味粉末,熔点 304℃～305℃,大鼠 LD_{50} 为 3330mg/kg。广谱、内吸。用于防治曲霉属、葡萄孢属、尾孢霉属、镰刀霉属、丝核菌属等多种真菌引起的病害	[524] [525] [526]
苯菌灵 1-(甲酰替正丁胺)-苯并咪唑-2-氨基甲酸甲酯 Benomyl		原药为高熔点白色结晶,不溶于水,微溶于乙醇,可溶于氯仿。大鼠 $LD_{50}>$ 9590mg/kg。高效、广谱、内吸,具有保护、治疗、铲除及杀螨作用的综合性杀菌剂。可用于喷洒、拌种、土壤处理,残效期长。防治的病害极广,多达百余种,其中包括各种作物的黑星病、叶斑病、溃疡病、白粉病、炭疽病、萎蔫病、菌核病、黑穗病、各种霉病和腐烂病等	[527] [528] [529] [530] [531] [532]

续表

名　称	化　学　结　构	性　能　和　用　途	文　献
多菌灵 苯并咪唑-2-氨基甲酸甲酯 Carbendazim		原药为灰白色粉末,熔点 307℃～312℃(分解)。难溶于水。大鼠 LD_{50}>15000 mg/kg。是多种苯并咪唑类杀菌剂降解的共同产物。内吸、广谱,对子囊菌纲的某些病原菌和半知菌类中的大多数病原真菌有效,菌谱相似于苯菌灵	[533] [534] [535] [536]
氰菌灵 1-(5-氰基戊胺基甲酰)-苯并咪唑-2-氨基甲酸甲酯 Cypendazole		原药为固体,熔点 123℃～125℃。大鼠 LD_{50}>2500mg/kg。强内吸性,有保护和铲除作用。对水果的疮痂病、白粉病、灰霉病、腐烂病、黄瓜炭疽病、水稻恶菌病,以及作物维管束和苗期病害均有良好防效,尚能防治藻菌纲真菌病害如黄瓜霜霉病(而苯菌灵则不能)	[537] [538]
硫菌灵 1-(甲硫乙基胺甲酰)-苯并咪唑-2-氨基甲酸甲酯 Mecarbinzid		原药为固体,熔点 265℃(分解)。内吸,具有与苯菌灵类似的菌谱	[539] [540]
醚菌灵 1-(苯氧乙酰胺基甲酰)-苯并咪唑-2-氨基甲酸甲酯 Phenacizol		抑菌谱与苯菌灵类似,还有除草活性(可能与分子结构中的苯氧乙酰胺基有关)	[541] [542] [543]
疫菌灵 1-甲氧羰基-3-十二烷基-均-六氢化-三嗪苯并咪唑 Hoe 22845		内吸性杀菌剂,与苯菌灵的抑菌谱相似。另外尚能对藻菌纲真菌病害,如蕃茄免疫病进行有效防治(苯菌灵则不能)。这与其代谢物十二烷基胺有关	[544] [545]
氯菌灵 1-(1′,1′-二氯-2′,2′-二氯乙二硫基-乙胺基甲酰)-苯并咪唑-2-氨基甲酸甲酯		有类似苯菌灵的菌谱,但更具特色的是防治蕃茄疫霉病(250ppm 防效为 100%。这可能与其带有四氯乙硫基的侧链有关)	[546]
甲基托布津 1,2-双-(3′-甲氧羰基-2′-硫脲基)苯 Thiophanate-methyl		纯品为无色结晶,熔点 177℃～178℃(分解),难溶于水,溶于乙醇、丙酮等有机溶剂中。大鼠 LD_{50} 为 7500mg/kg。抑菌谱类似于苯菌灵,可防治水果、蔬菜等作物的多种病害,能降解为有效毒物——多菌灵	[547] [548] [549] [550]
托布津 1,2-双-(3′-乙氧羰基-2′-硫脲基)苯 Thiophanate		纯品为结晶固体,熔点 195℃(分解)。大鼠 LD_{50}>10000mg/kg。广谱、内吸,有保护和治疗作用。有和甲基托布津同样范围的应用,如防治麦类赤霉病、蔬菜白粉病、花生叶斑病、棉花枯萎病等	[549] [550] [551] [552]
伐菌灵 1-氨基-2-(3′-甲氧羰基-2′-硫脲基)苯 Thiophamine		纯品为固体,熔点 184℃(分解),溶于四氢呋喃。大鼠 LD_{50} 为 300mg/kg。内吸,菌谱与甲基托布津、托布津相似	[549] [550] [551] [552]
(1H)-2,4-苯并噻二嗪-3-氨基甲酸甲酯 7313		纯品为固体,熔点 180℃(分解)。小鼠 LD_{50} 为 527mg/kg。有与苯菌灵相似的抑菌谱。内吸性强:7313>伐菌灵≫甲基托布津>多菌灵。也能降解出有效毒物——多菌灵	[553]

3.4.14.2 合成方法

(1)麦穗宁

合成方法如下：

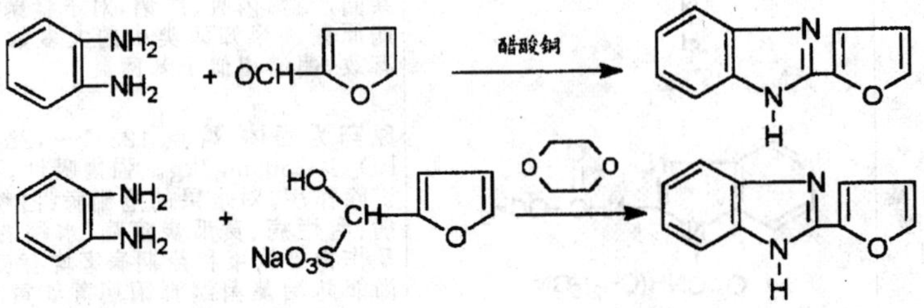

(2)涕必灵（又名噻菌灵）

合成方法如下：

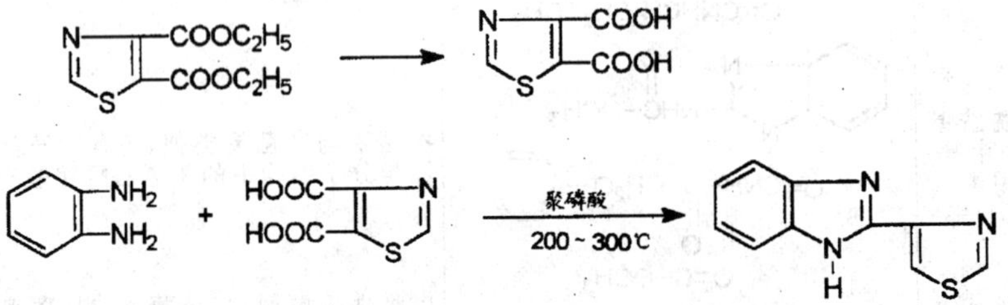

或者

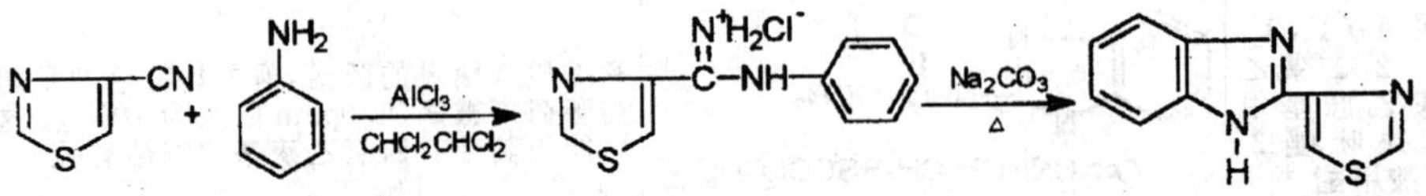

或者

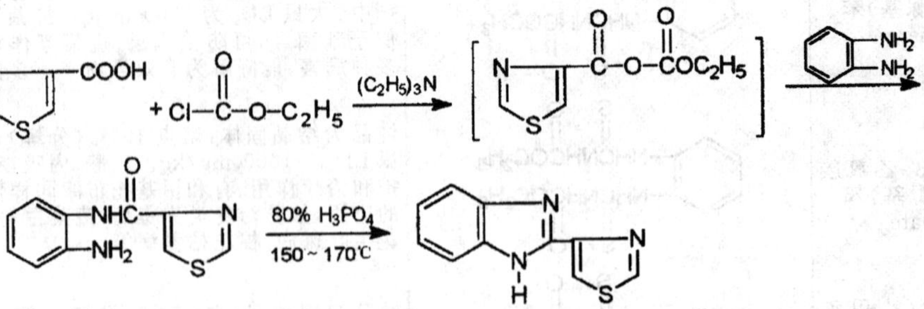

(3)多菌灵

多菌灵的合成，一般说来分为两部分，即中间体氯甲酸甲酯的合成和产品多菌灵的合成。

①氯甲酸甲酯的合成

氯甲酸甲酯在工业生产中大都采用甲醇光气法，其反应为：

$$CH_3OH + Cl\text{-}\overset{\displaystyle O}{\underset{\displaystyle }{C}}\text{-}Cl \xrightarrow{20\sim30℃} Cl\text{-}\overset{\displaystyle O}{\underset{\displaystyle }{C}}\text{-}OCH_3 + HCl\uparrow$$

可能的副反应为：

$$Cl\text{-}\overset{\displaystyle O}{\underset{\displaystyle }{C}}\text{-}OCH_3 + CH_3OH \longrightarrow CH_3O\text{-}\overset{\displaystyle O}{\underset{\displaystyle }{C}}\text{-}OCH_3 + HCl\uparrow$$

    按上述路线合成氯甲酸甲酯,在工业生产中有所谓间歇法和连续法两种方法。间歇法一般是将光气通入甲醇中,其缺点是生产能力低,原料消耗定额高,收率低,质量差,后处理工作量大,不能满足工业化生产的需要,因此,将间歇法改进为连续法。所谓连续法,是按一定的加料速度和配料比,连续通入光气和甲醇于预先制好的氯甲酸甲酯中,随着不断加料和反应的进行,生成的氯甲酸甲酯不断溢流至另外的计量器中。该方法的优点是产品质量好,收率高,生产能力大,原料消耗定额低。

②多菌灵的合成

多菌灵的合成方法很多,归纳起来大致有如下 9 种:

a. 硫脲法

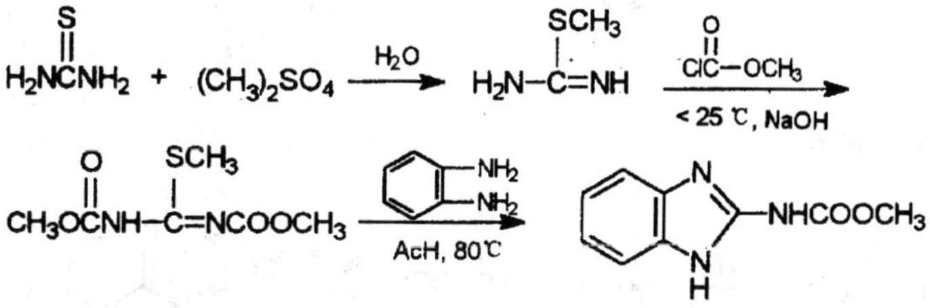

b. 脲法

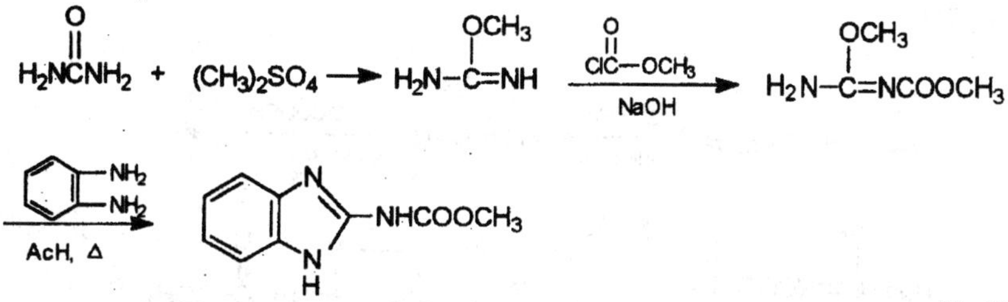

c. 硫氰酸盐法

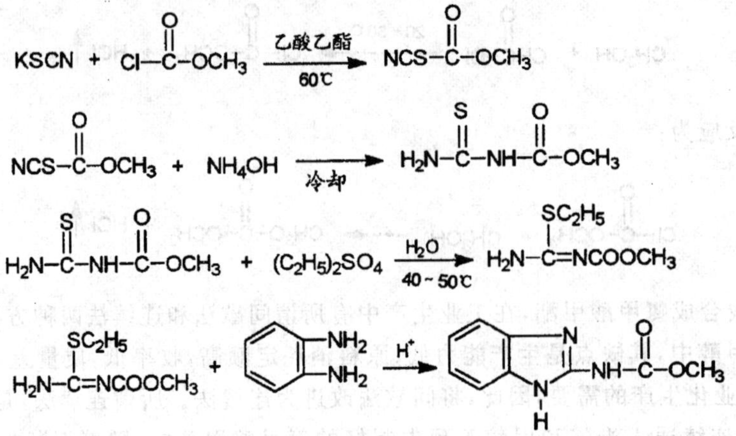

KSCN + Cl-C(=O)-OCH₃ —乙酸乙酯, 60℃→ NCS-C(=O)-OCH₃

NCS-C(=O)-OCH₃ + NH₄OH —冷却→ H₂N-C(=S)-NH-C(=O)-OCH₃

H₂N-C(=S)-NH-C(=O)-OCH₃ + (C₂H₅)₂SO₄ —H₂O, 40~50℃→ H₂N-C(SC₂H₅)=N-COOCH₃

H₂N-C(SC₂H₅)=N-COOCH₃ + 邻苯二胺(NH₂, NH₂) —H⁺→ 苯并咪唑-2-基-NH-C(=O)-OCH₃

或者

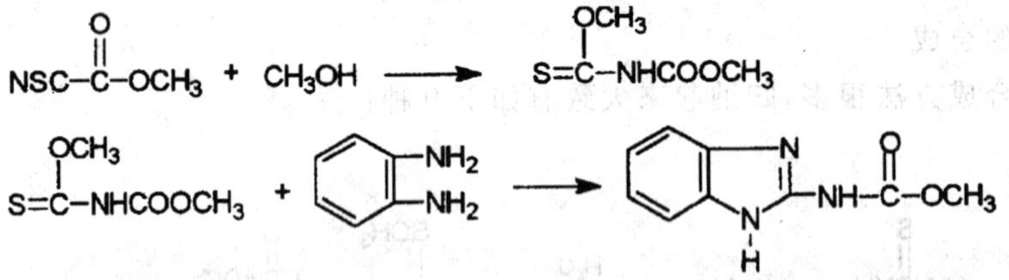

NSC-C(=O)-OCH₃ + CH₃OH → S=C(OCH₃)-NHCOOCH₃

S=C(OCH₃)-NHCOOCH₃ + 邻苯二胺(NH₂, NH₂) → 苯并咪唑-2-基-NH-C(=O)-OCH₃

d.氰胺-氯代甲酸酯法

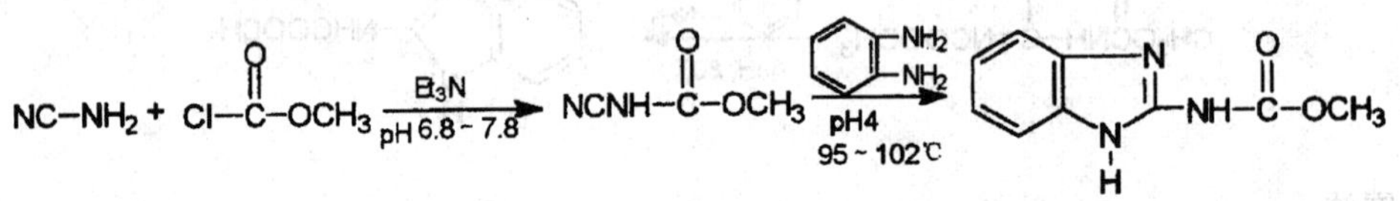

NC-NH₂ + Cl-C(=O)-OCH₃ —B₃N, pH6.8~7.8→ NCNH-C(=O)-OCH₃ —邻苯二胺(NH₂, NH₂), pH4, 95~102℃→ 苯并咪唑-2-基-NH-C(=O)-OCH₃

e.氰胺-乙硫醇法

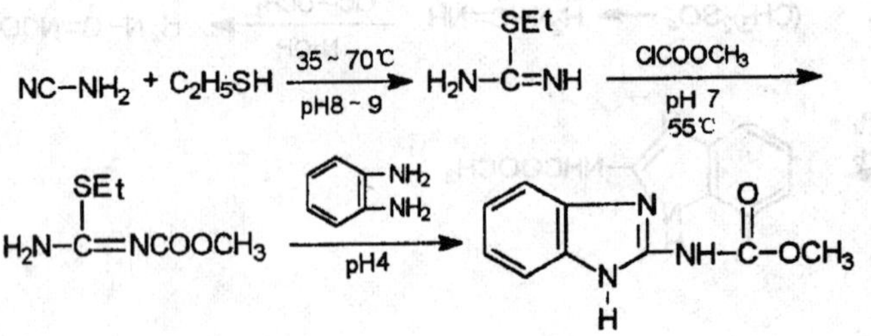

NC-NH₂ + C₂H₅SH —35~70℃, pH8~9→ H₂N-C(SEt)=NH —ClCOOCH₃, pH7, 55℃→

H₂N-C(SEt)=N-COOCH₃ + 邻苯二胺(NH₂, NH₂) —pH4→ 苯并咪唑-2-基-NH-C(=O)-OCH₃

f.硫脲基甲酸甲酯关环法

苯环-NHC(=S)-NHCOOCH₃ / NH₂ —HCl, Δ→ 苯并咪唑-2-基-NH-C(=O)-OCH₃ + H₂S

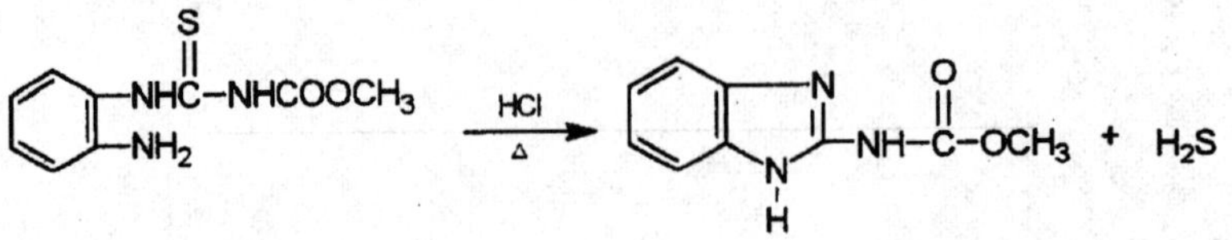

g.转位法

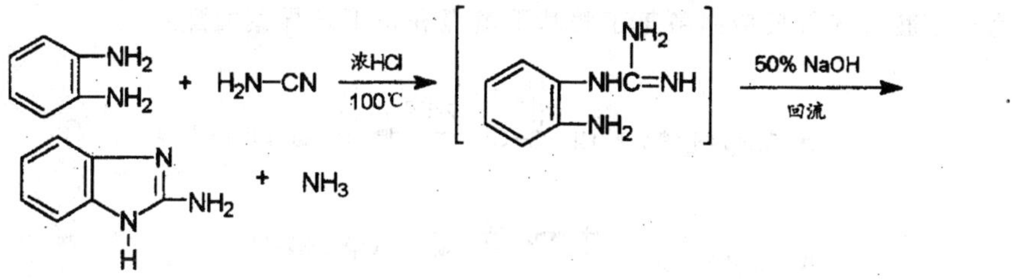

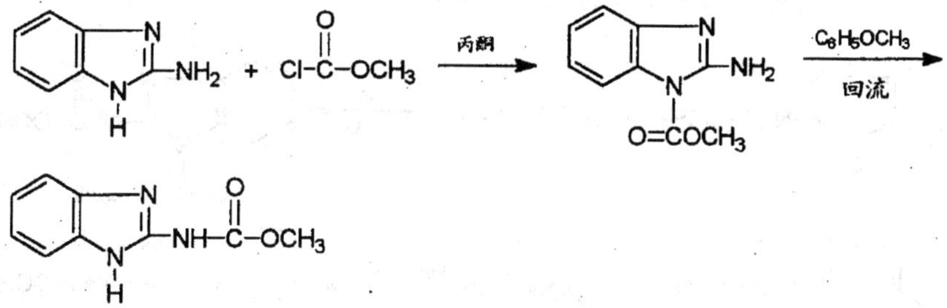

h. 石灰氮(氰胺化钙)法

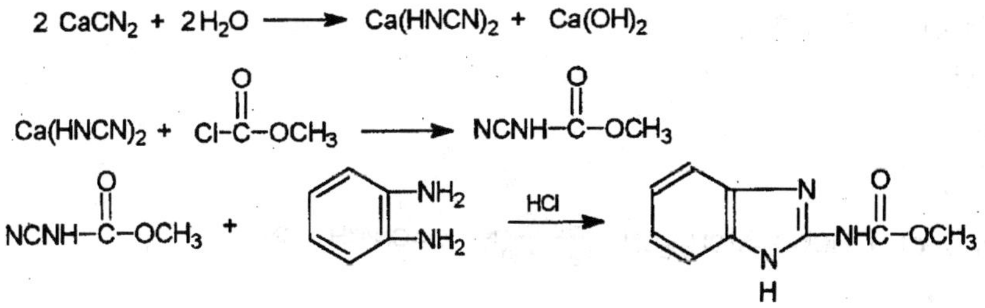

i. 其它方法

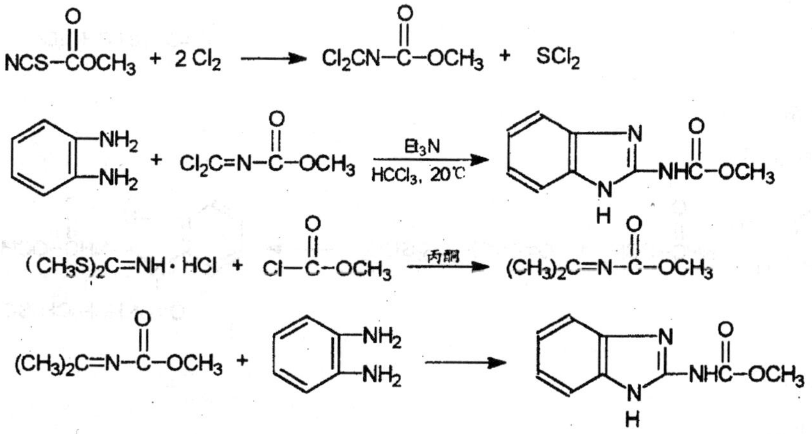

在上述 9 种方法中,石灰氮法原料便宜易得,工艺流程也较简单,而且不用有机溶剂,为工业生产所采用。

(4)苯菌灵

苯菌灵的合成一般都是以多菌灵作为前体化合物,分别与异氰酸酯(异氰酸酯法)或酰氯(酰氯法)反应制得苯菌灵。

首先由正丁胺和光气反应制备正丁胺基甲酰氯和正丁基异氰酸酯：

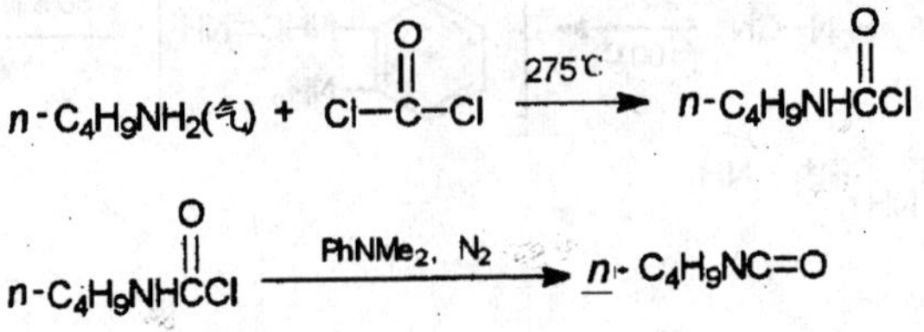

$$n\text{-}C_4H_9NH_2(气) + Cl-\overset{O}{\underset{}{C}}-Cl \xrightarrow{275℃} n\text{-}C_4H_9NH\overset{O}{\underset{}{C}}Cl$$

$$n\text{-}C_4H_9NH\overset{O}{\underset{}{C}}Cl \xrightarrow[N_2]{PhNMe_2,\ N_2} \underline{n}\text{-}C_4H_9NC=O$$

然后由多菌灵和上述两种中间体反应合成苯菌灵：

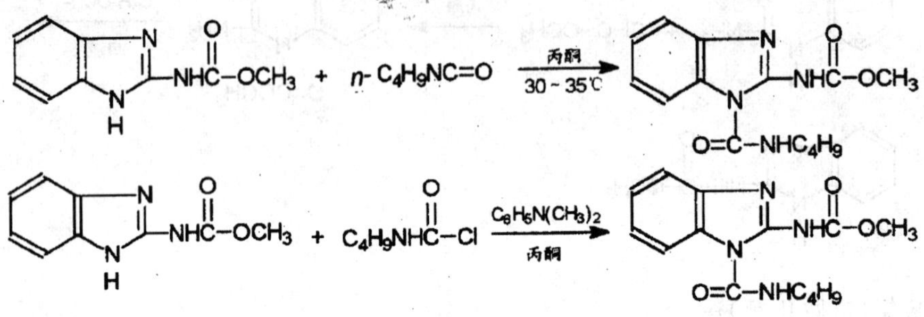

异氰酸酯法的收率可高达 99%。

(5)氰菌灵

合成方法如下：

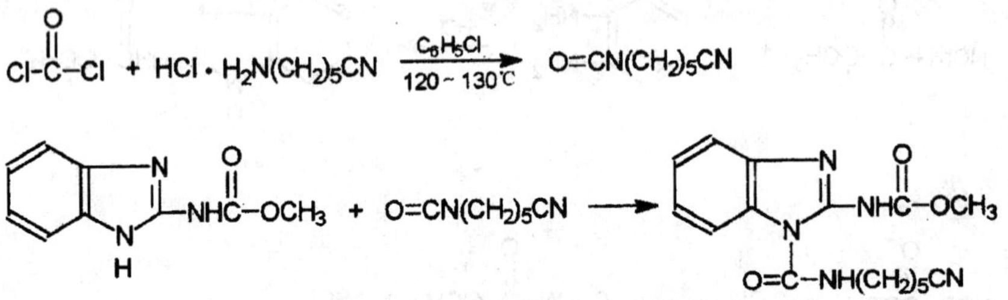

$$Cl-\overset{O}{\underset{}{C}}-Cl + HCl\cdot H_2N(CH_2)_5CN \xrightarrow[120\sim130℃]{C_6H_5Cl} O=CN(CH_2)_5CN$$

(6)硫菌灵

合成方法如下：

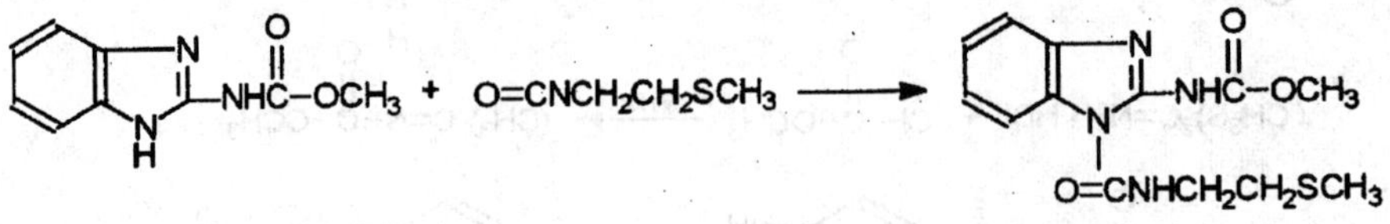

(7)醚菌灵

合成方法如下：

该反应的收率高达 99%。

(8)疫菌灵

合成方法如下：

(9)甲基托布津、托布津

合成方法如下：

R = CH₃, C₂H₅

(10)伐菌灵

合成方法如下：

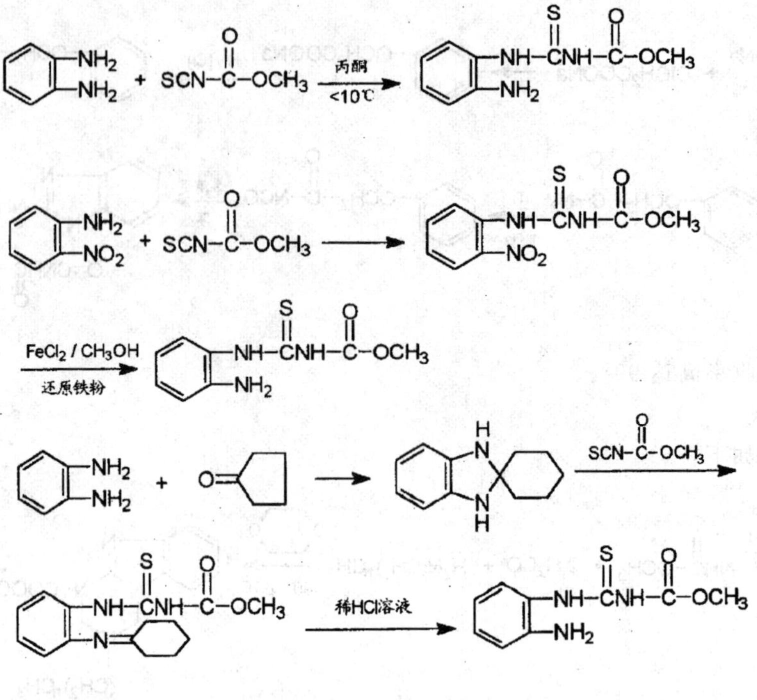

（11）7313

为南开大学元素有机化学研究所 1973 年研制开发的品种。合成方法如下：

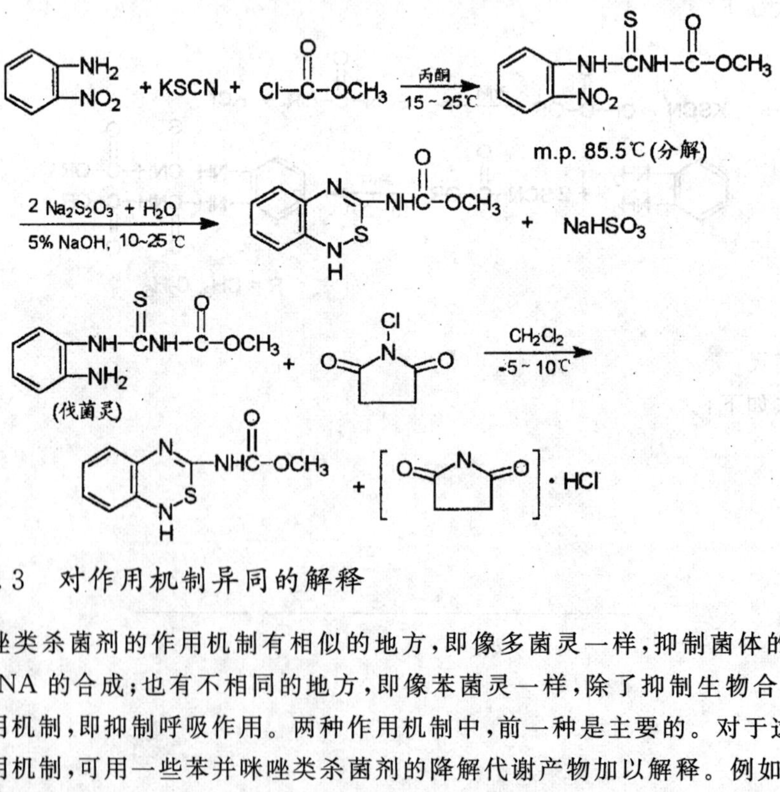

m.p. 85.5℃(分解)

（伐菌灵）

3.4.14.3　对作用机制异同的解释

苯并咪唑类杀菌剂的作用机制有相似的地方，即像多菌灵一样，抑制菌体的生物合成过程，即抑制 DNA 的合成；也有不相同的地方，即像苯菌灵一样，除了抑制生物合成外，还有另外的一种作用机制，即抑制呼吸作用。两种作用机制中，前一种是主要的。对于这种相同但又有区别的作用机制，可用一些苯并咪唑类杀菌剂的降解代谢产物加以解释。例如苯菌灵、氰菌灵、硫菌灵、醚菌灵、疫菌灵、甲基托布津、伐菌灵和 7313 等杀菌剂在植物体内部或外部均可降解出一个共同的产物——多菌灵，而这个多菌灵就是上述这些杀菌剂在植物体内对病原菌起主要毒杀作用的毒物,这也就是它们作用机制的相似性[554~559]。其降解方式可用图 3—37 表示。

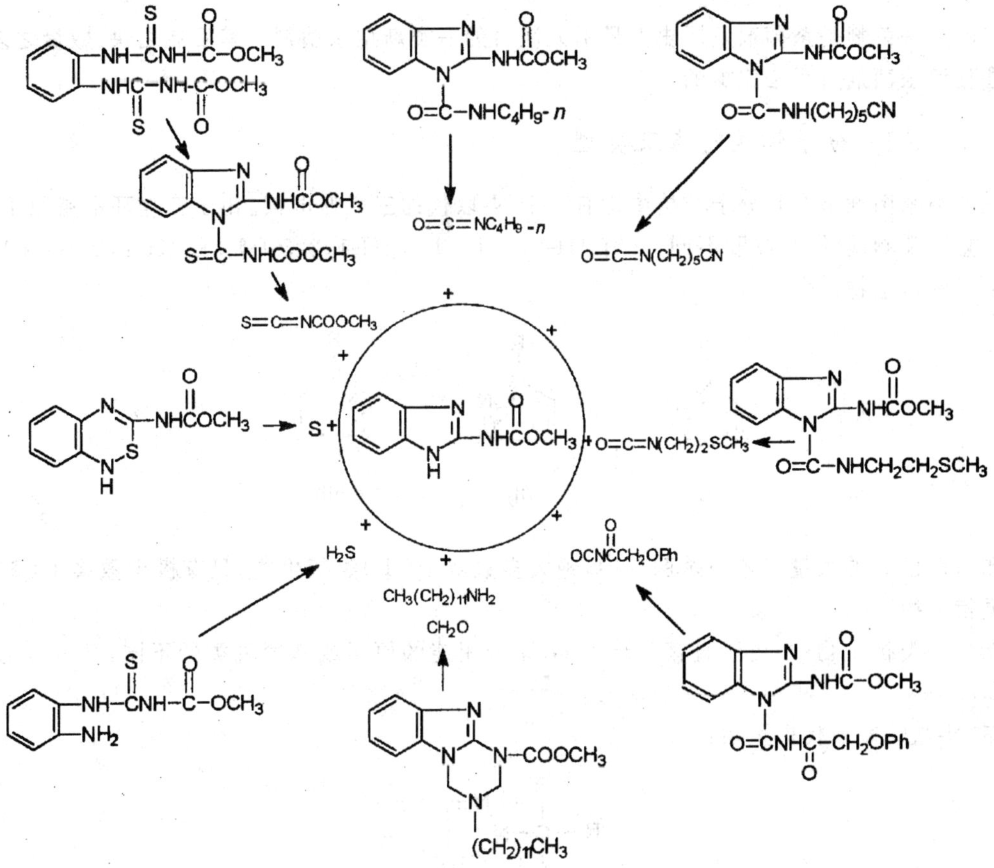

图 3—37 苯并咪唑类杀菌剂的部分降解产物

另外,从图 3—37 中还可以看出,在未降解之前,这些化合物均比多菌灵多一个侧链或者其它原子或原子团,只要这些侧链或原子和原子团被降解下来,并且有足够的化学稳定性和生物活性,就必然赋予其母体化合物(多菌灵)以更广的杀菌谱和新的性能及作用机制。这也就是它们作用机制的差异性[557、558]。

苯菌灵除了具有多菌灵的作用机制外,还会抑制菌体细胞的呼吸[559]。主要原因是由于降解的第二个产物异氰酸丁酯所致,因为后者会强烈抑制菌体中葡萄糖和乙酸的氧化。一些酶系(如 NAD 氧化还原酶、细胞色素 c 氧化酶、琥珀酸脱氢酶、细胞色素还原酶等)的活性也会因异氰酸丁酯的作用而降低[558]。

甲基托布津、托布津、噻菌灵等有同苯菌灵类似的作用机制;而涕必灵、麦穗宁等则更类似于多菌灵的作用机制。

3.4.15　三唑衍生物

三唑类杀菌剂是杀菌剂发展史上最引人注目的一类新型杀菌剂。其发展之快、数量之多，是以往任何杀菌剂所无法比拟的。

3.4.15.1　分子结构特点及类型

三唑类杀菌剂是在其分子结构中均有一个 N-取代的三氮唑母核。由于三唑环中氮原子的相对位置以及 N-取代的位置不同，又有 1H-1,2,4-（Ⅰ）、1H-1,2,3-（Ⅱ）和 4H-1,2,4-（Ⅲ）等三种形式的衍生物：

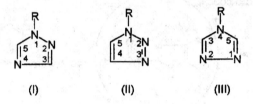

在目前已有的大量三唑类杀菌剂中，绝大多数属于（Ⅰ）类衍生物，只有极少数属于（Ⅱ）、（Ⅲ）类衍生物。

在（Ⅰ）类衍生物中，由于直接和环上 N-原子相连的原子或基团种类的不同，又可分为 7 小类：

（1）N-叔烷基取代衍生物：

（2）N-仲烷基取代衍生物：

（3）N-伯烷基取代衍生物：

（4）N-不饱和取代衍生物：

（5）N-O-取代衍生物：

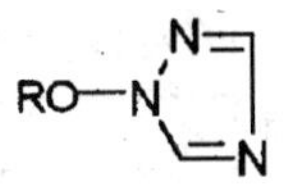

$$RO-N \underset{\displaystyle N}{\overset{\displaystyle N}{\big|}} \text{（三唑环结构式）}$$

(6)N-N-取代衍生物：

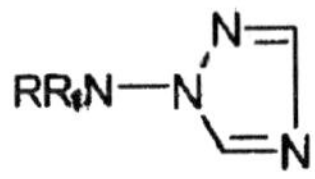

$$RR_1N-N \underset{\displaystyle N}{\overset{\displaystyle N}{\big|}}$$

(7)N-P-取代衍生物：

$$(RR_1)P(=O)-N \underset{\displaystyle N}{\overset{\displaystyle N}{\big|}}$$

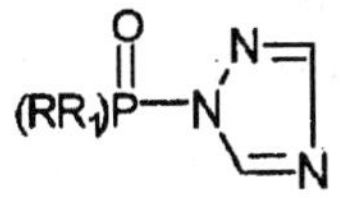

上述 7 种类型的三唑环，一般没有进一步的取代，但少数化合物也有另外的取代基。

3.4.15.2　活性特点

多数三唑类杀菌剂具有如下的活性特点：①强内吸性。兼具保护作用和治疗作用，对菌的作用方式多表现为抑菌。②广谱性。本类杀菌剂除了对卵菌和接合菌类无活性外，对鞭毛菌、担子菌、子囊菌和半知菌类等多种真菌均有很高的抑菌活性。不少三唑类杀菌剂还具有优良的生理活性，如对植物的生长调节活性等。有的三唑类化合物还有除草和杀虫作用。③长效。如用三唑酮等进行土壤处理，防治禾谷类黑粉病，持效期可达 16 周；进行叶面喷洒防治小麦白粉病，持效期可达 80 天。④高效。不少三唑类杀菌剂如三唑醇、烯效唑、氟硅唑等每公顷用药量1.5～15 克(有效成分)即可有效防治多种植物病害。⑤立体选择性。本类杀菌剂中，不少化合物的分子具有几何异构和光学异构等立体结构，因而不同异构体之间表现在抑菌活性和植物生长调节活性方面有很大的差别。⑥共同的作用机制。多数三唑类杀菌剂都有相同的作用机制，均是菌体内麦角甾醇的生物合成抑制剂。

3.4.15.3　主要品种及其性能和用途

三唑类杀菌剂，截止目前已报道的数以万计，表 3—27 中只列出了其中一小部分。为了本系列杀菌剂的完整性，除了已商品化的有重要应用价值的品种外，还收入了少数老品种以及尚在开发中的新化合物。

在表 3-27 中仅列出了部分得到实际应用的三唑类杀菌剂。其实，具有各种生物活性的三唑类化合物还相当多，目前对该类化合物的研究和开发仍很活跃。其研究的内容和主要目标主要是通过对保留三唑环的分子结构的其它部分进行适当的改造和修饰，由此达到：(1)进一步扩大杀菌谱和应用范围，(2)进一步提高其生物活性，减少用药量。归纳起来，有如下四个方面的内容：

①将某些三唑化合物中脂肪链上的羰基或羟基转变成环氧基团，使菌谱和用药量上得到了一定的改善，所得化合物均具有良好的保护、治疗和铲除作用，残留低，在植物体内能向顶传导。此类化合物列于表 3—28 中[642]。

②在三唑类化合物分子中的脂肪链中掺入 S、N、P 等杂原子或由 S、N 构成的噻唑环，由此形成含有硫醚或烯胺等新三唑类化合物，从而扩大了防治谱，此类化合物列于表 3—29[606]。

表 3－27 三唑类杀菌剂

名　称	化 学 结 构	性 能 和 用 途	文　献
威菌磷 5-氨基-3-苯基-1-(双-N-二甲基磷酰胺基)-1,2,4-三唑 Wepsyn		纯品为结晶固体.熔点 167℃～168℃,不易溶于水而溶于有机溶剂。大鼠 LD_{50} 为 20mg/kg。本品为三唑类杀菌剂中最早的一个有效的内吸性杀菌剂。主要用于防治观赏植物、园艺作物、果树等的白粉病。兼有杀虫、杀螨活性	[560]
叶锈特 (4-正丁基-(4H)-1,2,4-三唑 RH-124 Indar		原药为液体油状物,沸点 140℃,易溶于乙醇、苯等。小白鼠 LD_{50} 为 200mg/kg。内吸性,仅防治小麦锈病,效果好于萎锈灵和氧化萎锈灵	[561]
三唑酮 1-(4-(氯苯氧基)-3,3-二甲基-1-(1H-1,2,4-三唑-1-基)-2-丁酮 Triadimefon		纯品为白色结晶,熔点 82.3℃,微溶于水,难溶于石油醚,易溶于丙酮、乙醇、甲苯、环己酮等有机溶剂。大鼠 LD_{50} 为 568mg/kg。具有向顶性和向基性传导,兼有保护和治疗作用的内吸性杀菌剂。高效、广谱、长效。主要用于防治多种作物的白粉病、锈病和黑穗病	[562] [563] [564] [565] [566] [567]
三唑醇 1-(4-氯苯氧基)-3,3-二甲基-1-(1H-1,2,4-三唑-1-基)-2-丁醇 Triadimenol		白色结晶,熔点 110℃～112℃(消旋体),苏式体(1S,2R;1R,2S):138℃～139℃,赤式体(1R,2R;1S,2S):132℃～133℃。高效、广谱、内吸,菌谱类似于三唑酮,离体活性高于三唑酮。更适宜作拌种剂。不同异构体的抑菌活性差别较大。有一定的植物生长调节作用(似三唑酮)	[568] [569] [570] [571]
双苯三唑醇 1-联苯氧基-1-(1H-1,2,4-三唑-1-基)-3,3-二甲基-2-丁醇 Bitertanol		原药为白褐色结晶,熔点 123℃～129℃,不溶于水和脂肪烃类,易溶于丙醇、甲苯、二氯甲烷等。大鼠 LD_{50} 大于 5000mg/kg。内吸、高效,具有保护、治疗和铲除作用,菌谱相似于三唑醇,对苹果、梨黑星病防效十分显著	[571] [572] [573] [574] [575]
戊唑醇 (RS)-1-(4-氯苯基)-4,4-二甲基-3-(1H-1,2,4-三唑-1-基甲基)戊-3-醇 Tebuconazole		纯品为无色结晶,熔点 104.7℃,难溶于水,可溶于多种有机溶剂。雄大鼠 LD_{50} ＞5000mg/kg。内吸,主要用于重要经济作物的种子处理或叶面喷洒的高效杀菌剂。可有效防治麦类黑穗病、锈病、赤霉病;花生褐斑病;葡萄灰霉病、白粉病及茶树茶饼病等	[576] [577] [578]
苄氯三唑醇 (RS)-1-(2,4-二氯苯基)-4,4-二甲基-2-(1,2,4-三唑-1-基)戊-3-醇 Diclobutrazol		纯品为白色结晶,熔点 147℃～149℃,不溶于水,溶于丙酮、氯仿、乙酸乙酯、乙醇、甲醇等有机溶剂。大鼠 LD_{50} 为 4000mg/kg。广谱、强内吸性杀菌剂。对谷物白粉病和锈病特别有效。对冬大麦有防冻作用。有一定的植物生长调节作用	[579] [580] [581] [582]
多效唑 (RS)-1-(4-氯苯基)-4,4-二甲基-2-(1H-1,2,4-三唑-1-基)戊-3-醇 Paclobutrazol		纯品为白色结晶,熔点 165℃～166℃,难溶于水,可溶于甲醇、丙酮、甲苯等。大鼠 LD_{50} 为 1365mg/kg。具有类似于苄氯三唑醇的杀菌谱,但最具特色的是作为植物生长调节剂用于果树、水稻、麦类、花卉等作物上	[583] [584]

名　称	化　学　结　构	性　能　和　用　途	文　献
烯效唑 (RS)-E-1-(4-氯苯基)-4,4-二甲基-2-(1,2,4-三唑-1-基)-1-戊烯-3-醇 Sumiseven		纯品为白色结晶,熔点 153℃～155℃,难溶于水,能溶于丙酮、乙酸乙酯、甲醇、氯仿等有机溶剂。小鼠经口 LD_{50}>600mg/kg。高效、广谱、内吸性杀菌剂,高效植物生长调节剂,效果优于多效唑	[585] [586] [587] [588] [589] [590] [591]
烯唑醇 (RS)-E-1-(4-氯苯基)-4,4-二甲基-2-(1,2,4-三唑-1-基)-1-戊烯-3-醇 Diniconazole		纯品为白色结晶,熔点 148℃～149℃,不溶于水,溶于丙酮、氯仿、乙酸乙酯等有机溶剂。雄大鼠 LD_{50} 为639mg/kg。强内吸、高效、广谱,具有保护、治疗作用的优秀杀菌剂。对多种作物的病害如白粉病、锈病、黑粉病、苹果和梨黑星病、芦笋茎枯病等均有优异防治效果。优于三唑酮等高效杀菌剂	[592] [593] [594] [595]
粉唑醇 (RS)-1-(4-氟苯基)-1-苯基-2-(1H-1,2,4-三唑-1-基)乙醇 Flutriafol		纯品为白色结晶,熔点 130℃,难溶于水,可溶于丙酮、二氯乙烷、甲醇等。大鼠 LD_{50} 为1140mg/kg。内吸(向顶性传导)。主要对担子菌纲和子囊菌纲的真菌有活性,如白粉病菌、锈病菌,对谷物白粉病有特效	[597] [598] [599] [600]
己唑醇 (RS)-2-(2,4-二氯苯基)-1-(1H-1,2,4-三唑-1-基)己-2-醇 Hexaconazole		纯品为无色结晶,熔点 111℃,难溶于水,溶于甲醇、丙酮、甲苯等有机溶剂。雄大鼠经口 LD_{50} 为2189mg/kg。广谱,具有保护和铲除作用。主要用于担子菌纲和子囊菌纲真菌引起的病害防治,如苹果白粉病、黑星病等。防效优于三唑酮	[601] [602]
环唑醇 (RS)-2-(4-氯苯基)-3-环丙基-1-(1H-1,2,4-三唑-1-基)丁-2-醇 Cyproconazole		纯品为无色晶体,熔点 103℃～105℃,难溶于水,溶于丙酮、乙醇等有机溶剂。雄大鼠经口 LD_{50} 为1020mg/kg。主要用于防治禾谷类作物、咖啡、甜菜、果树和葡萄等的白粉病、锈病、黑星病等	[603] [604] [605]
辛唑酮 (RS)-6-羟基-2,2,7,7-四甲基-5-(1H-1,2,4-三唑-1-基)辛酮-3		纯品为白色结晶,熔点 97℃～98℃。强内吸性,施入土壤或茎杆上能被植物迅速吸收和传导,防治叶部病害,主要用于防治麦类、苹果、葡萄等白粉病,小麦锈病、苹果黑星病和花生叶斑病等	[606]
乙环唑 1-[2-(2,4-二氯苯基)-4-乙基-1,3-二氧戊环-2-甲基]-1H-1,2,3-三唑		纯品为白色结晶,熔点 110℃。大鼠 LD_{50} 为1343mg/kg。内吸,兼有保护和治疗作用。高效、广谱,对许多子囊菌、担子菌和半知菌都有良好的抑菌效果	[607]
丙环唑 (RS)-1-[2-(2,4-二氯苯基)-4-丙基-1,3-二氧戊环-2-基甲基]-1H-1,2,4-三唑 Propiconazol		纯品为淡黄色粘稠液体,沸点180℃,难溶于水,易溶于丙酮、甲醇、异丙醇。大鼠经口 LD_{50} 为1517mg/kg。内吸、广谱,具有保护和治疗作用。对子囊菌、担子菌和半知菌中许多真菌引起的病害都有良好的防治效果。如麦类锈病、白粉病等	[608] [609] [610] [611] [612]

续表

名　称	化 学 结 构	性 能 和 用 途	文　献
三环唑 5-甲基-[1,2,4]-三唑并[2,4-b]苯并噻唑 Tricyclzole		纯品为结晶固体，熔点 187℃～188℃，溶于氯仿、乙醇等有机溶剂，LD₅₀ 为 350mg/kg。选择性内吸性杀菌剂，对稻瘟病特效，体内活性远大于体外活性。长效（防治稻瘟病持效 10 周）	[613] [614]
氟硅唑 双-(4-氟苯基)甲基(1H-1,2,4-三唑-1-基)甲撑硅烷 Flusilazole		纯品为白色结晶，熔点 55℃，溶于多数有机溶剂。雄大鼠 LD₅₀ 为 1110mg/kg。高效、广谱、内吸，每亩用量 0.2～1 克（有效成分），对小麦叶锈病、花生叶斑病、苹果疮痂病和黄瓜白粉病均有很好的防治效果。对梨黑星病防效优于烯唑醇。对卵菌无效	[615] [616] [617]
三氟苯唑 1-{二苯基-[3-(三氟甲基)苯基]甲基}-(1H)-1,2,4-三唑		纯品为无色结晶，熔点 132℃。溶于二氯甲烷、环己酮、甲苯等有机溶剂。大鼠 LD₅₀ 为 5000mg/kg。叶面保护剂，对黄瓜、大麦、甜瓜、葡萄、桃等的白粉病有特效。尚可防治大麦叶锈病、杆锈病。对多种谷物无药害	[618]
氟美异唑 1-{二苯基-[3-(三氟甲基)苯基]甲基}-(1H)-1,2,3-三唑		纯品为结晶固体，熔点 124℃。杀菌活性（保护和治疗作用）和对作物安全性等均好于三氟苯唑	[582]
戊菌唑 (RS)-1-(2,4-二氯-β-丙基苯乙基)-1H-1,2,4-三唑 Penconazole		纯品为无色结晶，熔点 60℃，难溶于水，易溶于丙酮、甲醇、二甲苯等有机溶剂。大鼠经口 LD₅₀ 为 2125mg/kg。内吸，具有保护、治疗、铲除作用，用以防治子囊菌纲、担子菌纲和半知菌类的致病菌引起的病害，如白粉病、黑星病等	[619] [620] [621] [622]
呋醚唑 (Z)-5-(2,4-二氯苯基)-四氢-5-(1H-1,2,4-三唑-1-基甲基)-2-呋喃基-2,2,2-三氟乙基醚 Furconazole-cis		纯品为无色晶体，熔点 86℃，难溶于水，易溶于多数有机溶剂。大鼠经口 LD₅₀ 为 450～900mg/kg。对子囊菌、担子菌、半知菌类的致病菌有优异活性。对禾谷类、果树、葡萄和热带作物的主要病害有保护和治疗作用，如白粉病、锈病、叶斑病、疮痂病等	[623] [624]
噁醚唑 (E+Z)-3-氯-4-[4-甲基-2-(1H-1,2,4-三唑-1-基甲基)-1,3-二噁戊烷-2-基]苯基-4-氯苯基醚 Difenocanazole		纯品为无色固体，熔点 76℃，难溶于水，易溶于有机溶剂。大鼠 LD₅₀ 为 1453mg/kg。内吸、广谱、长效，有保护和治疗作用。主要作用对象：子囊菌纲、担子菌和半知菌类的致病真菌，如小麦、花生、葡萄、马铃薯和多种蔬菜病害（白粉病、锈病、黑星病等）	[625] [626] [627]

续表

名　称	化　学　结　构	性　能　和　用　途	文　献
氟醚唑 (RS)-2-(2,4-二氯苯基)-3-(1H-1,2,4-三唑-1-基)丙基-1,1,2,2-四氟乙基醚 Tetraconazole		该品为粘稠油状物,难溶于水,可溶于丙酮、甲醇、二氯甲烷等有机溶剂。雄大鼠经口 LD_{50} 为 1250mg/kg。叶面喷洒或种子处理,用于防治禾谷类作物、葡萄、仁果、核果、甜菜、蔬菜和观赏植物上的多种病害(如白粉病、锈病、黑星病等)	[628] [629]
酰胺唑 4-氯苄基 N-2,4-二氯苯基-2-(1H-1,2,4-三唑-1-基)硫代乙酰胺酯 Imibenconazole		纯品为浅黄色晶体,熔点 89.5℃～90℃,难溶于水,易溶于丙酮,可溶于甲醇、二甲苯。大鼠经口 LD_{50} ＞5000 mg/kg。具有保护治疗作用,有效防治子囊菌纲、担子菌纲、半知菌类的致病菌引起的禾谷类、水果、蔬菜和观赏植物的真菌病害(如白粉病、黑粉病、黑星病等)	[631]
腈菌唑 (RS)-2-(4-氯苯基)-2-(1H-1,2,4-三唑-1-基甲基)己腈 Myclobutanil		纯品为无色针状结晶,熔点 68℃～69℃,难溶于水,溶于醇、芳烃、酯酮。大鼠经口 LD_{50} 为 1600mg/kg。内吸、广谱、防治禾谷类的白粉病、锈病、蔬菜、葡萄等的白粉病,仁果的黑星病,柑桔青霉病等	[632] [633] [634]
唑菌腈 (RS)-4-(4-氯苯基)-2-苯基-2-(1H-1,2,4-三唑-1-基甲基)丁腈 Propanenitrile		纯品为无色晶体,熔点 124℃～126℃,几乎不溶于水,溶于醇、芳烃、酯、酮,不溶于脂肪烃。大鼠 LD_{50}＞2000mg/kg。防治谱基本同腈菌唑	[635] [636]
糠菌唑 (RS)-1-[4-溴-2-(2,4-二氯苯基)四氢糠基]-1H-1,2,4-三唑 Bromuconazole		纯品为无色粉末,熔点 84℃,水中难溶,可溶于某些有机溶剂。大鼠经口 LD_{50} 为 365mg/kg。可有效防治禾谷类作物、葡萄、水稻、果树和蔬菜上的由子囊菌纲、担子菌纲和半知菌类病原菌引起的病害	[637] [638]
戊环唑 1-[2-(2,4-二氯苯基)-1,3-二氧戊环-2-基]甲基-1H-1,2,4-三唑 Azaconazole		原药为固体,熔点 112.6℃,微溶于水,可溶于丙酮、甲醇、甲苯等。大鼠经口 LD_{50} 为 308mg/kg。对朽木菌和 *Sapstain* 真菌有特殊活性,用于木材防腐,作蘑菇栽培中消毒剂和用于水果蔬菜的贮存箱	[639] [640] [641]

③对脂肪链作其它修饰,获得了新防治谱——对稻瘟病的良好防治作用,其化合物列于表 3—30[642]。

④将某些三唑类化合物中的羰基转变成相应的肟醚或肟酯类衍生物,企图寻找更高生物活性的新三唑类化合物[643]。

表 3－28　环氧取代的三唑化合物

开发单位	化学结构	防治对象
BASF.A.G.	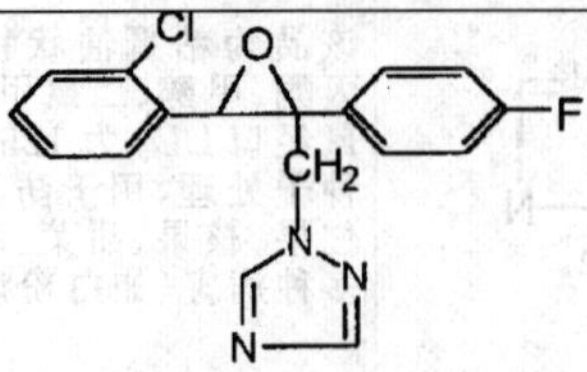	锈病、白粉病、甜菜褐斑病、花生褐斑病及黑斑病等
BASF A.G.	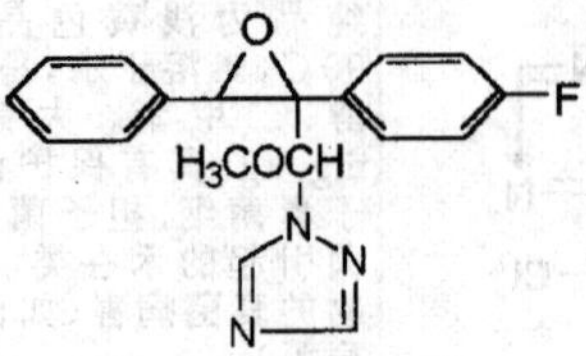	小麦叶锈病，用药浓度 0.006%，可使感染率降至 5%
BASF A.G.	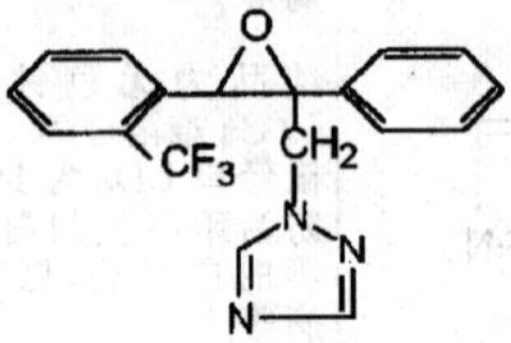	灰葡萄孢，用药浓度 0.05%，防效：90%～100%
BASF A.G.	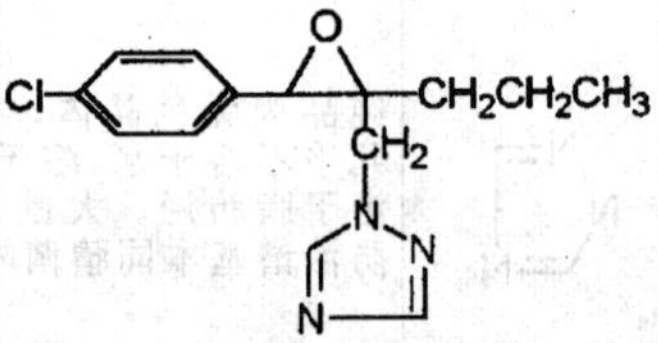	小麦叶锈病，用药浓度 0.05%，防效 97%
BASF A.G.	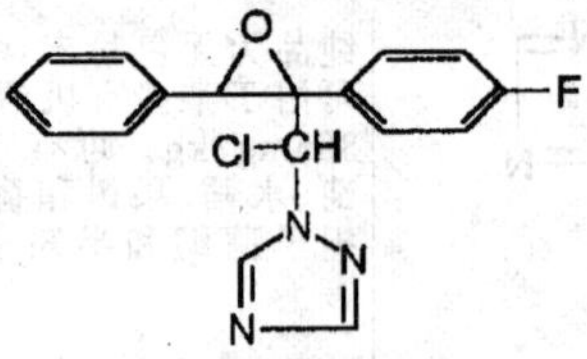	稻瘟病，用药浓度 0.05%，防效 90%

表 3—29 脂链中含有其它杂原子的三唑化合物

脂键中杂原子	化 学 结 构	防 治 对 象
S,N	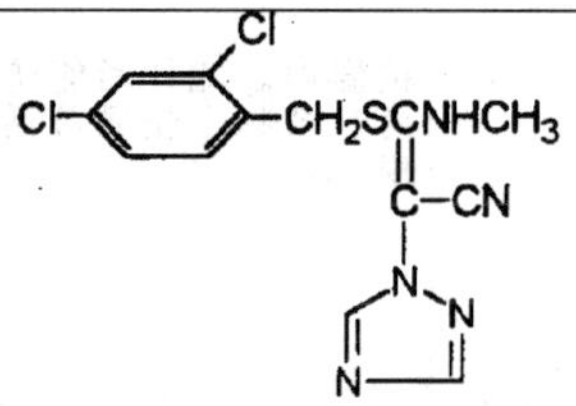	水稻恶菌病,50ppm 浸种
S,N	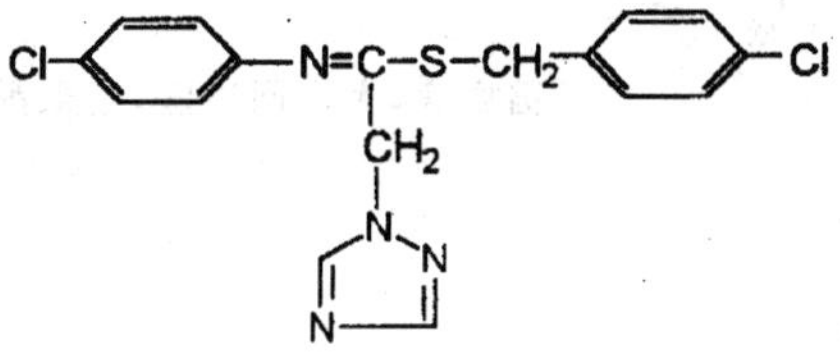	苹果黑星病、葡萄白粉病、网星黑粉病菌,喷雾:2.5～7.5g/100L;拌种:15g/100kg 种子
S	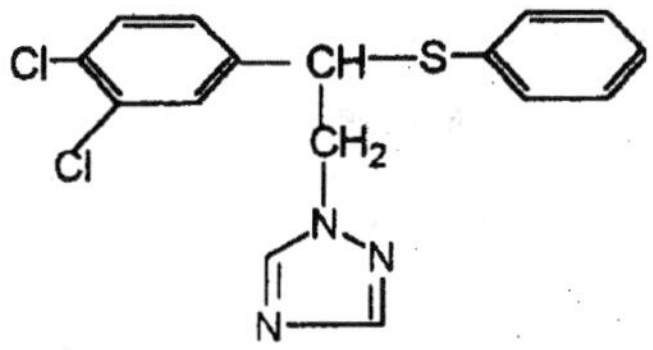	黄瓜苗期白粉病 1ppm,喷洒
S,N	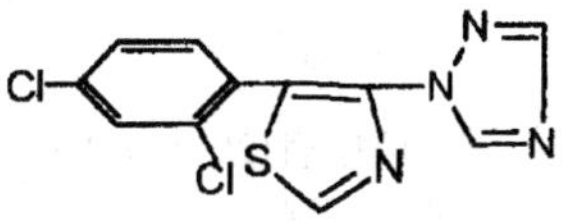	小麦颖枯病 900～1050g/ha
S,三唑环上取代	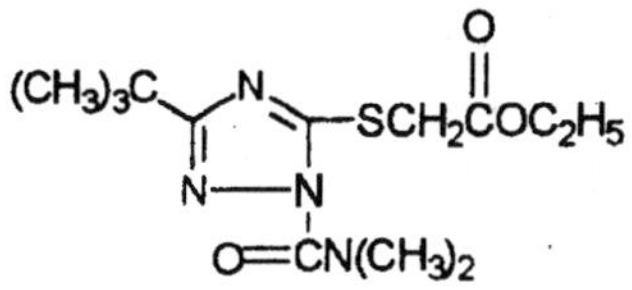 （抗蚜唑）	杀虫活性:抗性桃蚜、食根性蚜虫、食叶性蚜虫 内吸性(上行,下行)
P	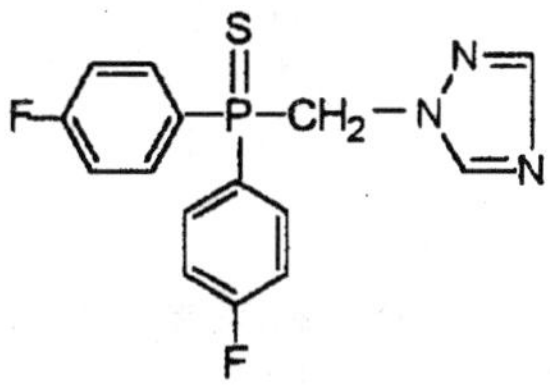	广谱性杀菌剂
S (三唑环上取代)	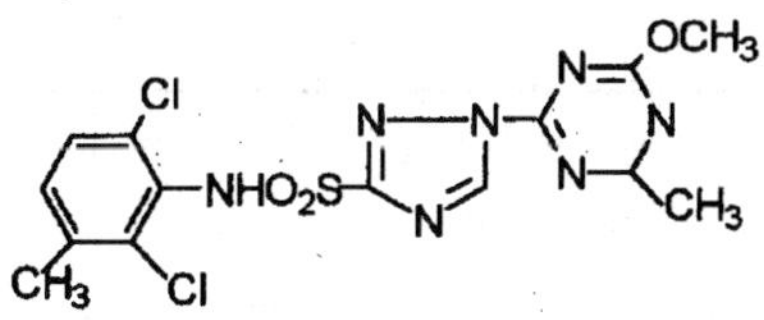	除草活性

表 3—30　能防治稻瘟病的新三唑类化合物

开发单位	化 学 结 构	防 治 对 象
Bayer A.G.	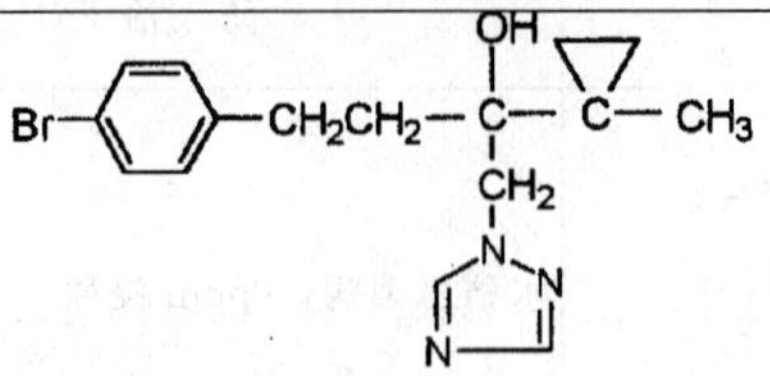 （结构式）	稻瘟病。此外尚能防治黄瓜白粉病等。尚有植物生长调节活性（豆类、燕麦、小麦、棉花等）
Bayer A.G.	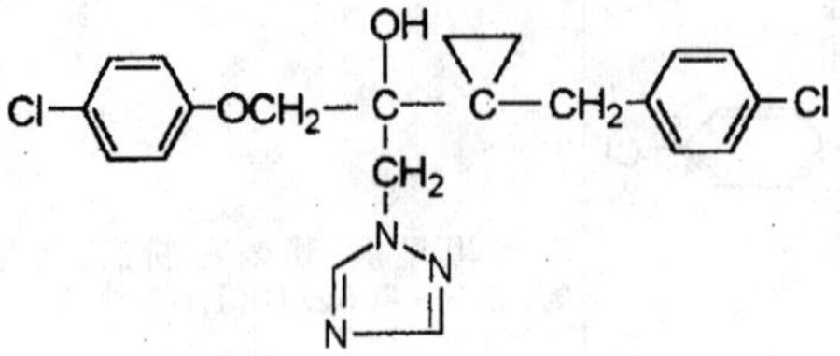 （结构式）	稻瘟病，大麦网斑病，苹果黑星病等
Bayer A.G.	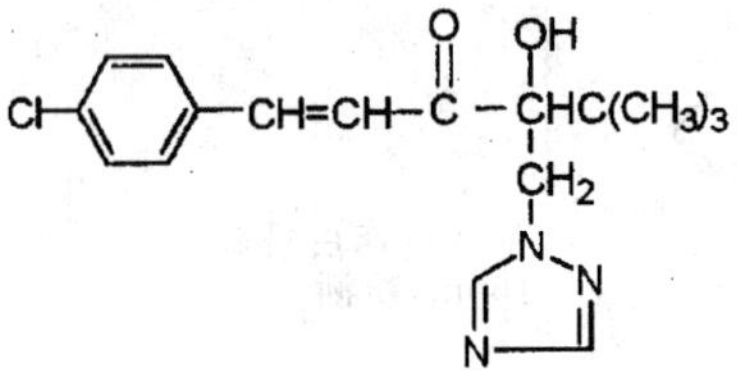 （结构式）	稻瘟病
罗纳·普朗克	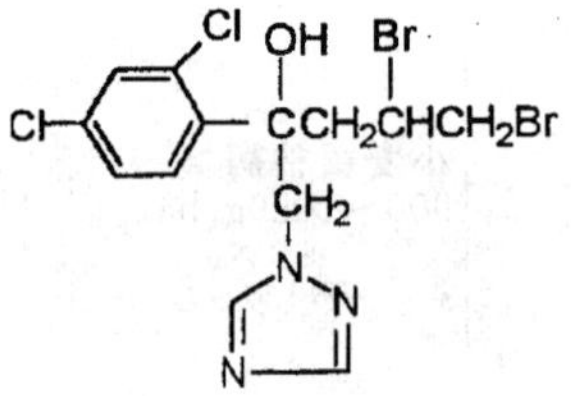 （结构式）	稻瘟病（浓度 0.1%，防效 100%）
BASF A.G.	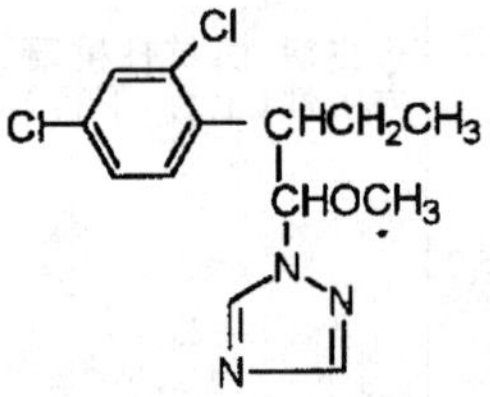 （结构式）	稻瘟病（浓度 0.05%，防效 97%）
BASF A.G	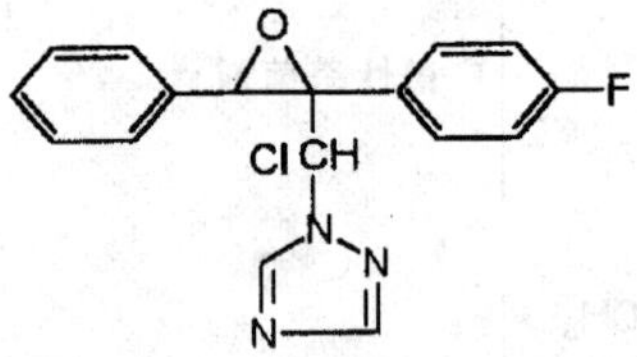 （结构式）	稻瘟病（浓度 0.05%，防效 90%）

3.4.15.4　合成方法

（1）重要的中间体

三唑类杀菌剂中，最基本的中间体是 1H-1,2,4-三氮唑（简称三唑），其次是片呐酮、氯代片呐酮、α-三唑基片呐酮（简称唑酮）。

①三唑

三唑纯品为白色结晶，熔点 120℃，易溶于水，能与强碱成盐。

三唑的合成方法一般是将水合肼和酰胺在 90℃～250℃反应，或者在氨的存在下使 60%～70% 的水合肼和甲酸在 100℃～220℃常压或加压下反应：

$$H_2NNH_2 \cdot H_2O + \underset{H_2NCH}{\overset{O}{\parallel}} \longrightarrow$$

$$H_2NNH_2 \cdot H_2O + 2\,HCOOH \xrightarrow{\ \ NH_3\ \ } \underset{HCO}{\overset{NH-NH}{\mid}}\underset{HCO}{\overset{\mid}{HCO}} + 2\,NH_3 + H_2O$$

$$\underset{HCO\ \ HCO}{\overset{NH-NH}{\mid\ \ \ \mid}} + NH_3 \longrightarrow \underset{}{HN} \diagdown \overset{N}{\underset{N}{\diagup}} + H_2O$$

可能有的副反应:

$$\underset{HCO\ \ HCO}{\overset{NH-NH}{\mid\ \ \ \mid}} \xrightarrow{\ \Delta\ } \underset{}{N\diagdown N} \overset{}{O} + H_2O$$

$$\underset{HCO\ \ HCO}{\overset{NH-NH}{\mid\ \ \ \mid}} + NH_2-NH_2 \longrightarrow \underset{NH_2}{N\diagdown N} + 2\,H_2O$$

$$HCOONH_4 \xrightarrow{\ \Delta\ } \underset{HCNH_2}{\overset{O}{\parallel}} + H_2O$$

$$\underset{HCNH_2}{\overset{O}{\parallel}} \xrightarrow{\ \Delta\ } CO + NH_3$$

②片呐酮

片呐酮是许多三唑类杀菌剂(如三唑酮、三唑醇、烯唑醇、苄氯三唑醇、双苯三唑醇、烯效唑、多效唑等)的重要中间体。其合成因所用的起始原料不同,有多种方法。

a. 频那醇与稀硫酸作用

将无水频那醇加入浓硫酸中,在92℃反应,脱水可得到92.2%的片呐酮并有少量的副产物2,3二甲基丁二烯1,4,反应过程如下:

$$\underset{\underset{CH_3\ CH_3}{\mid\ \ \mid}}{\overset{OH\ OH}{\mid\ \ \mid}}{CH_3-\underset{\mid}{C}-\underset{\mid}{C}-CH_3} + H_2SO_4 \xrightarrow{\ -H_2O\ } (CH_3)_3C\overset{O}{\overset{\parallel}{C}}-CH_3 + H_2C{=}\underset{\underset{}{CH_3}}{\overset{CH_3}{C}}-\overset{CH_3}{\underset{}{C}}{=}CH_2$$

该方法工艺虽简单,但频那醇合成困难,成本昂贵,不宜工业化生产。

b. 异戊烯法

在石油工业中,通过 C_5 组分的分离,可得 2-甲基丁烯-1 和 2-甲基丁烯-2 的混合烯烃,用浓盐酸处理混合烯烃然后再与甲醛溶液反应,得到片呐酮:

$$\left.\begin{array}{l}\underset{\underset{CH_3}{\mid}}{CH_2{=}\overset{CH_3}{\underset{\mid}{C}}{-}CH_2CH_3}\\[2mm]\underset{\underset{CH_3}{}}{CH_3{-}\overset{CH_3}{\underset{}{C}}{=}CHCH_3}\end{array}\right\} \xrightarrow[50℃]{HCl} CH_3{-}\overset{CH_3}{\underset{\underset{Cl}{\mid}}{\overset{\mid}{C}}}{-}CH_2CH_3 \xrightarrow[88\sim93℃]{HCHO} CH_3{-}\overset{CH_3}{\underset{\underset{CH_3}{\mid}}{\overset{\mid}{C}}}{-}\overset{O}{\overset{\parallel}{C}}{-}CH_3$$

我国目前工业上生产片呐酮,多数厂家采用这种方法。

c.2,3-二甲基丁烯-2 法

将 H_2O_2 加至 2,3-二甲基丁烯-2 的硫酸溶液中,并加少量 $Bu_4N^+Br^-$,反应后除去多余的 H_2O_2,再加硫酸,最后蒸馏得到片呐酮:

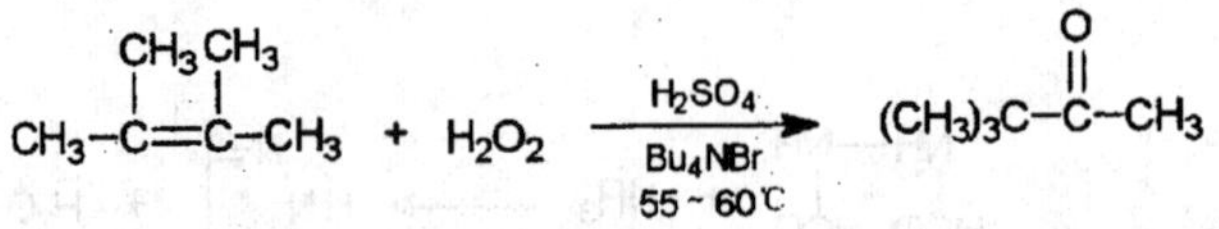

d.4,4,5-三甲基-1,3-二噁烷法

往 25%盐酸和 2-甲基丁烯-1 的混合物中,加入 4,4,5-三甲基 1,3-二噁烷,反应后得到片呐酮:

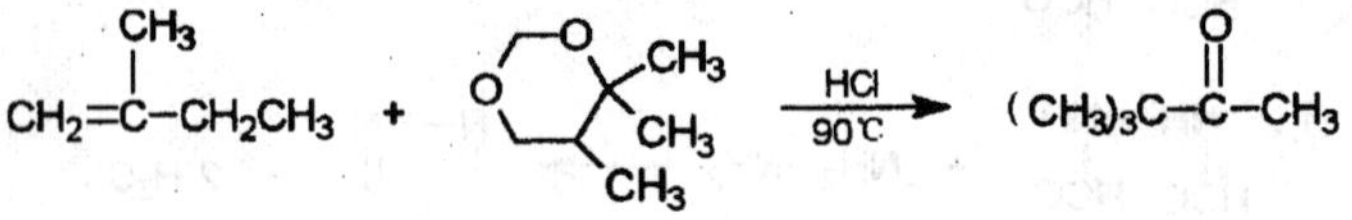

e.1,1,2,2-四甲基乙烯法

1,1,2,2-四甲基乙烯的 1,2-二氯乙烷溶液与 98%HCOOH 和 50%H_2SO_4 的混合液,在 40℃加入 30%H_2O_2,然后升温至 60℃反应 2 小时,再加 27%H_2SO_4 回流而得片呐酮:

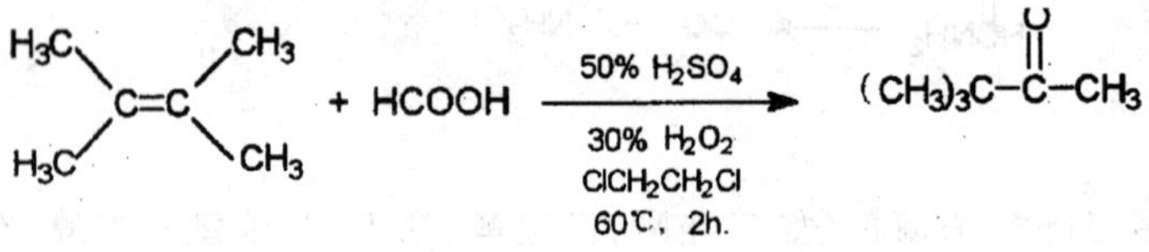

f.叔戊醇法

将叔戊醇、30%甲醛和 20%盐酸的混合物在 92℃反应而得片呐酮:

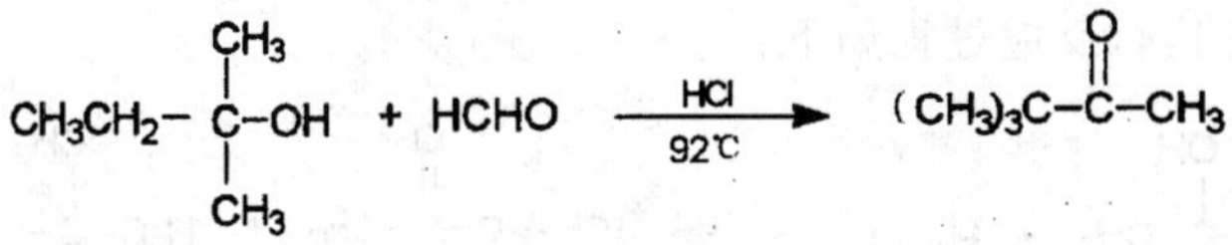

我国四川纳溪县长江化学工业公司采用此法生产片呐酮,所用原料叔戊醇由西南化工研究院采用乙炔丙酮法合成。

g.特戊酸法

特戊酸和醋酸在 $CeCl_2$ 催化剂作用下,加热至 430℃而得片呐酮:

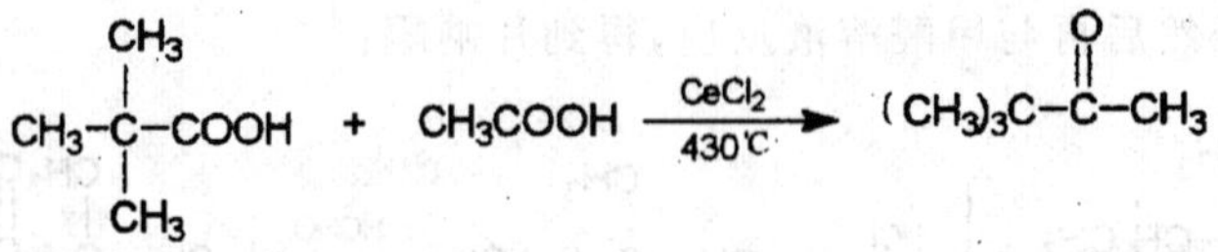

也可将特戊酸和丙酮气化经 ZrO_2 催化,在 415℃接触 30s 而得片呐酮:

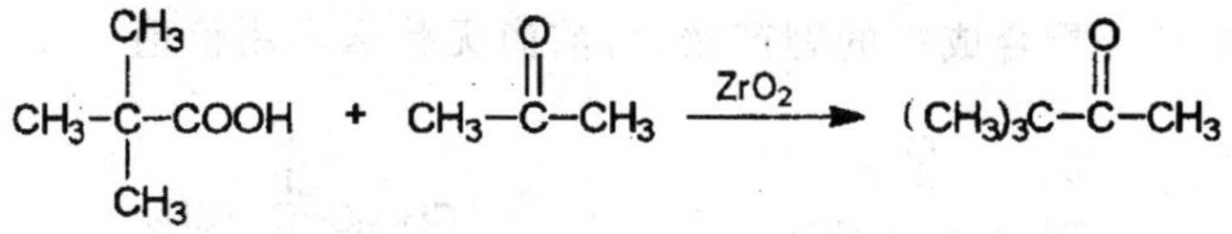

h. 异戊醇法

将异戊醇在 270℃～370℃，经 ZnO-Al$_2$O$_3$ 催化脱水得到 2-甲基丁烯-1，后者再与盐酸及甲醛反应得到片呐酮：

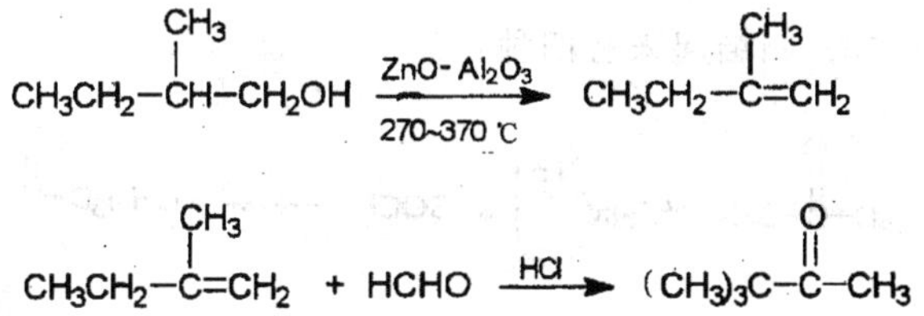

该方法是副产物综合利用的一个好方法，所用原料可来自杂醇油或丁醇油的分离。我国杂醇油和丁醇油的资源是较多的，主要是发酵法生产乙醇。丁醇常压蒸馏塔釜底高沸物中含有较多量的异戊醇，长期以来，对其尚未很好地综合利用，而且往往当作废物处理。因此将杂醇油丁醇油集中一起，分离出异戊醇，进而合成片呐酮，综合利用，变废为宝，很有经济价值。

从上述制取片呐酮的各条工艺路线来看，以 C$_5$ 烯烃与盐酸甲醛反应合成片呐酮是比较理想的。C$_5$ 烯烃的分离，国外是从石油裂解 C$_5$ 组分中分离出来的。

③氯代片呐酮

氯代片呐酮包括 α-一氯片呐酮和 α-二氯片呐酮，它们都是由片呐酮在不同条件下氯化得到的。条件的差别在于溶剂、温度和通入氯气的量等。

a. 一氯片呐酮

一氯片呐酮是由片呐酮在溶剂中低温氯化而得：

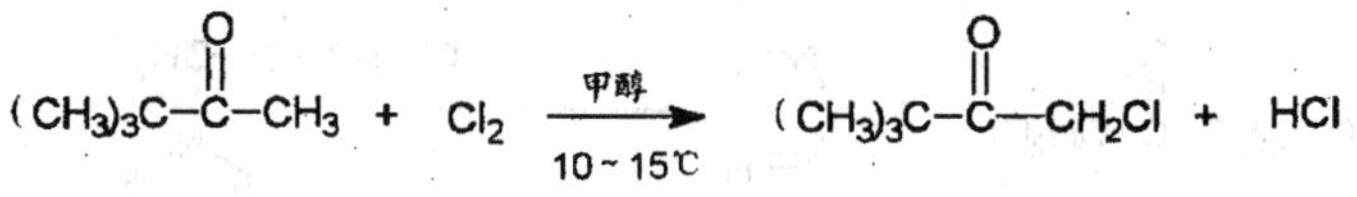

b. 二氯片呐酮

二氯片呐酮的制备较容易，它可以不要溶剂，并且可在较高的温度下进行：

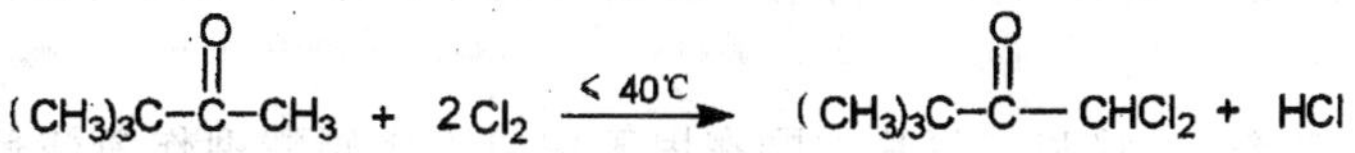

二氯化呐酮为固体。在制备氯代片呐酮中，用通常的蒸馏方法是难以彻底将一氯片呐酮和二氯片呐酮分离的，尽管它们的沸点差别很大。

④唑酮

唑酮是 α-三唑基片呐酮的简称，是许多三唑类农药（如多效唑、烯效唑、烯唑醇、苄氯三唑醇、抑芽唑、缩株唑）的重要中间体，其本身也有良好的杀菌活性。唑酮本身有两种异构体，即1-(1H-1,2,4-三唑-1-基)-3,3-二甲基丁酮-2(简称 1H-唑酮，熔点 62℃)和1-(4H-1,2,4-三唑-4-基)-3,3-二甲基丁酮-2(简称 4H-唑酮，熔点 176℃)。在三唑农药合成中，有实际应用价值的是 1H-唑酮,4H-唑酮是唑酮合成中的副产物,目前尚无什么实用价值。

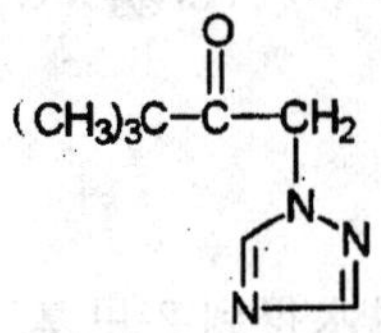

1H-唑酮 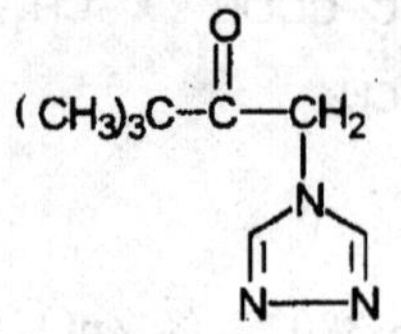　　　　　　　　4H-唑酮

唑酮的合成有多种方法,归结起来有四种:

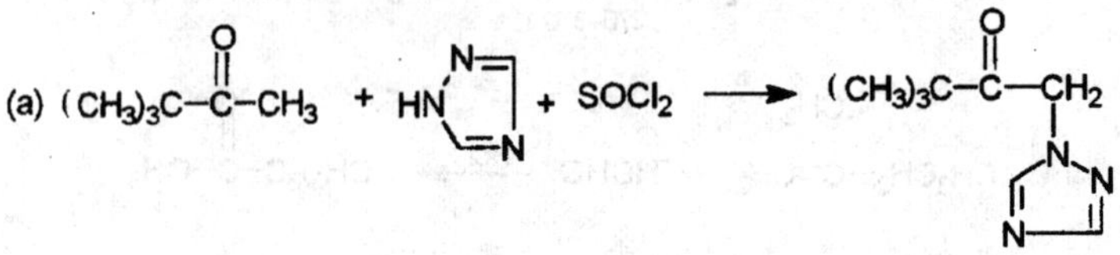

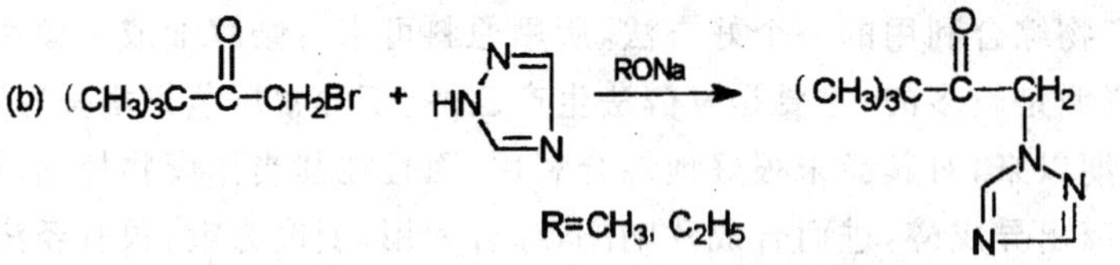

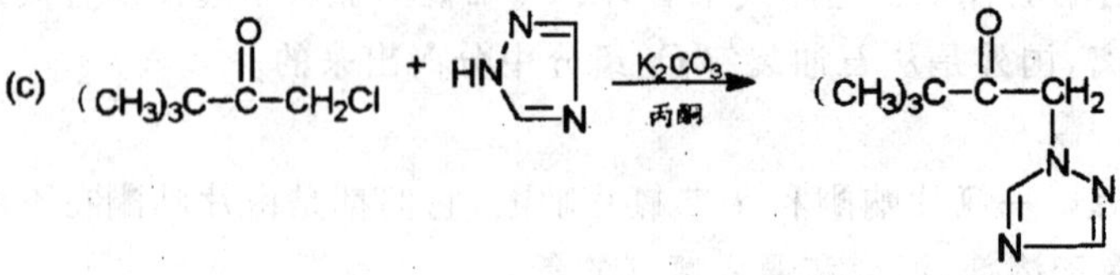

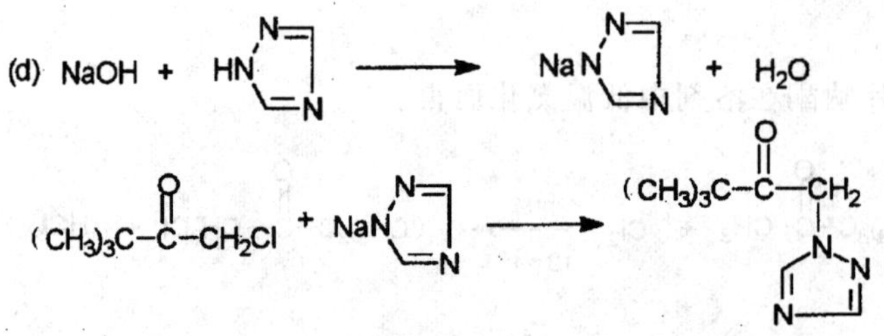

(a) $(CH_3)_3C-C-CH_3$ + HN(三唑) + $SOCl_2$ → $(CH_3)_3C-C-CH_2$(三唑)

(b) $(CH_3)_3C-C-CH_2Br$ + HN(三唑) $\xrightarrow{RONa}$ $(CH_3)_3C-C-CH_2$(三唑)

R=CH_3, C_2H_5

(c) $(CH_3)_3C-C-CH_2Cl$ + HN(三唑) $\xrightarrow[\text{丙酮}]{K_2CO_3}$ $(CH_3)_3C-C-CH_2$(三唑)

(d) NaOH + HN(三唑) → Na(三唑) + H_2O

$(CH_3)_3C-C-CH_2Cl$ + NaN(三唑) → $(CH_3)_3C-C-CH_2$(三唑)

(2)三唑酮

三唑酮的合成方法主要有三种,即所谓一步法、四步法和四步法逆流程。

①一步法

该法是对一氯苯酚、三唑和二氯片呐酮在甲苯中以无水碳酸钾作缚酸剂经一步缩合得到三唑酮:

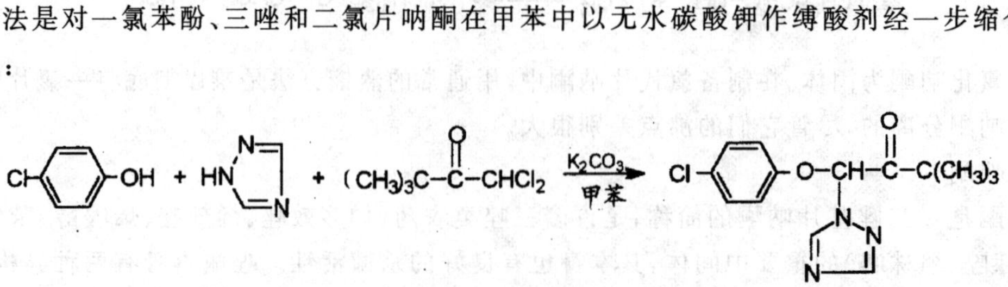

Cl(C₆H₄)OH + HN(三唑) + $(CH_3)_3C-C-CHCl_2$ $\xrightarrow[\text{甲苯}]{K_2CO_3}$ Cl(C₆H₄)$O-CH-C-C(CH_3)_3$(三唑)

该方法虽然步骤简单,但由于副产物多(所谓双酚、双唑化合物等),收率低,产品质量差,

所以目前很少为生产厂家所采用。

②四步法

该方法包括一氯片呐酮的制备,否则为三步法。该方法的优点是副反应少,产品收率高,质量好,是目前国内普遍采用的工业生产方法。

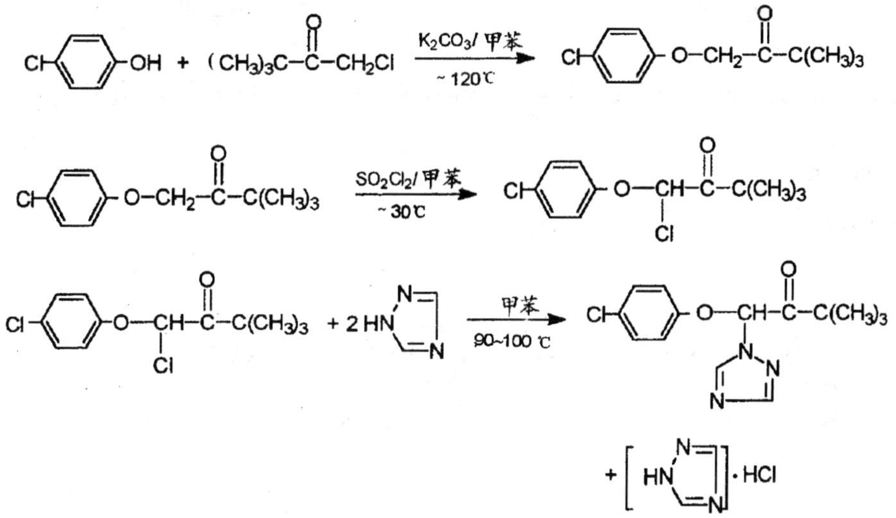

③四步法逆流程

所谓四步法逆流程是相对上述四步法而言的,其过程是制得一氯片呐酮后,先与三唑反应制取唑酮,唑酮经溴化得到溴代唑酮,后者再与对氯酚的钠盐缩合得三唑酮:

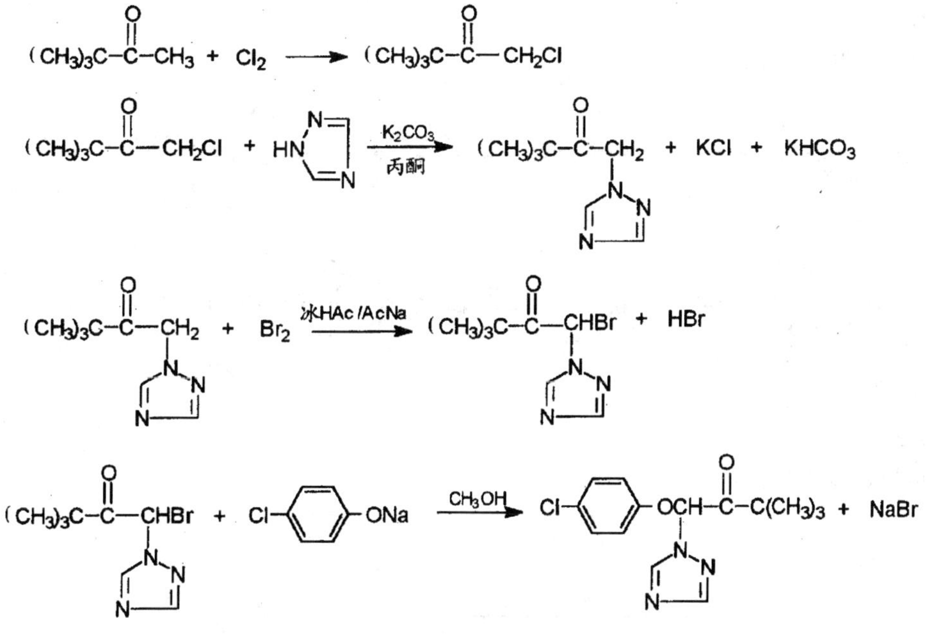

该方法收率低,操作不方便,缺乏工业生产实用价值。

(3)三唑醇

三唑醇是由三唑酮经还原得到。由于所用的还原剂不同,所以有多种还原方法,常用的还原剂是硼氢化钾或硼氢化钠。例如：

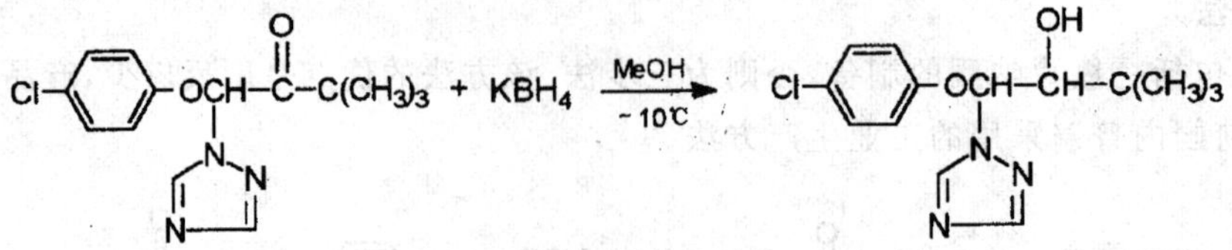

除硼氢化钾（钠）外，异丙醇铝、甲酸-甲酸钠、保险粉（$Na_2S_2O_4$）等也可用作三唑酮的还原剂。

(4)三氟苯唑

其合成方法如下：

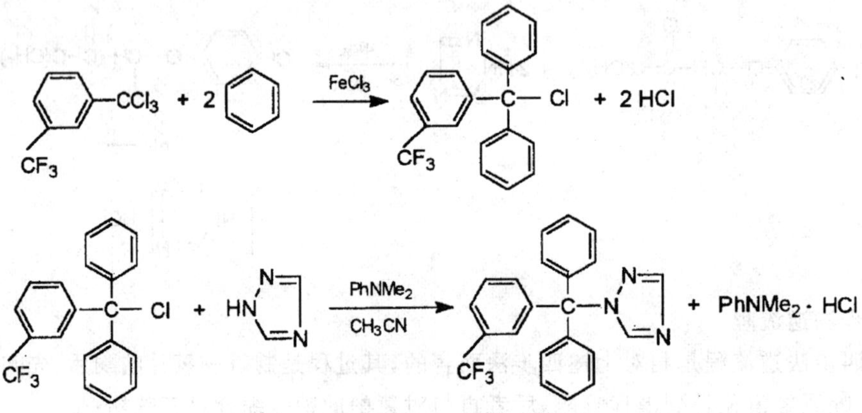

(5)丙环唑

其合成方法如下：

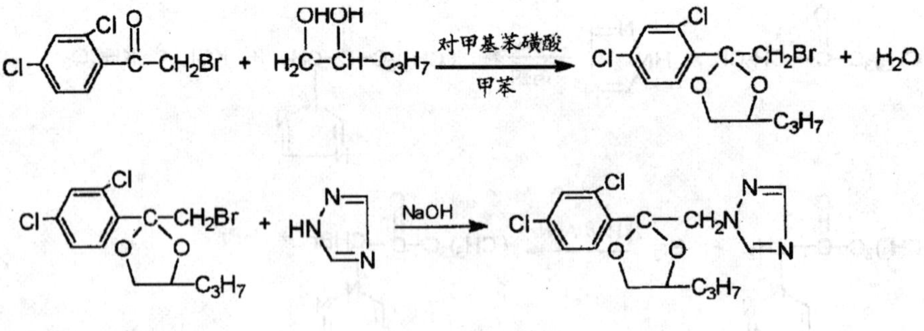

(6)三环唑

它可以通过下述四步反应制得：

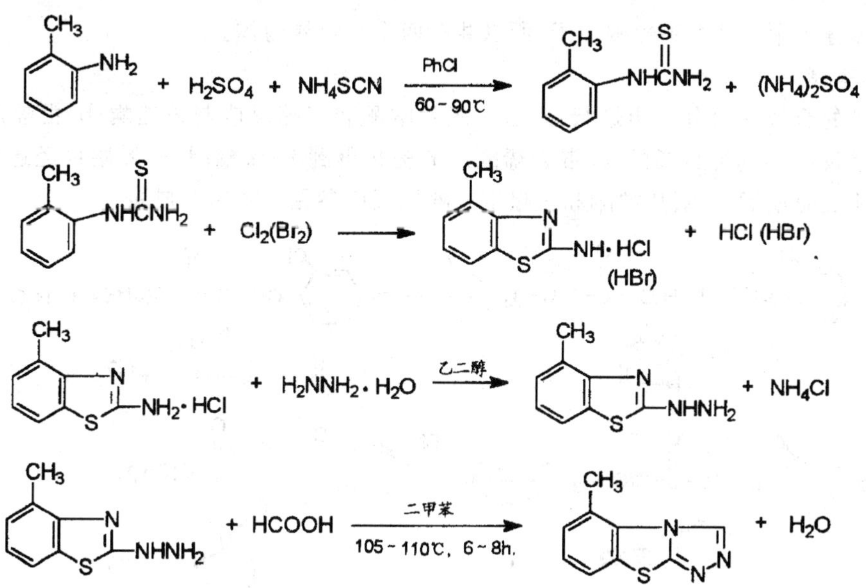

还可以通过下述方法制得三环唑：

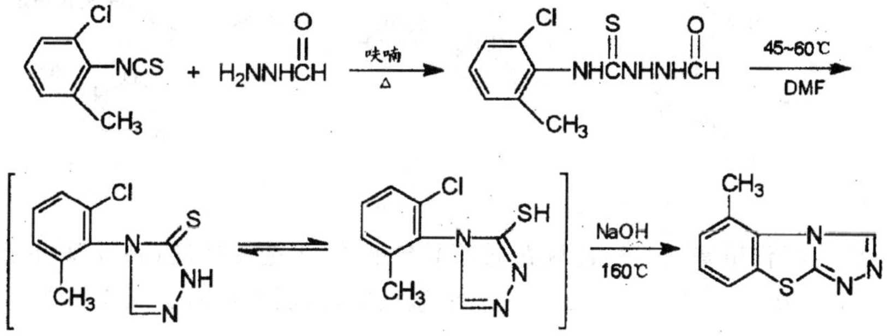

（7）多效唑

该化合物是在强碱（如 NaOH）存在下，1H-唑酮与对氯氯化苄进行缩合反应后得到氯唑酮，溶剂可为水或苯，少量的三乙基苄基氯化铵作为相转移催化剂，反应如下：

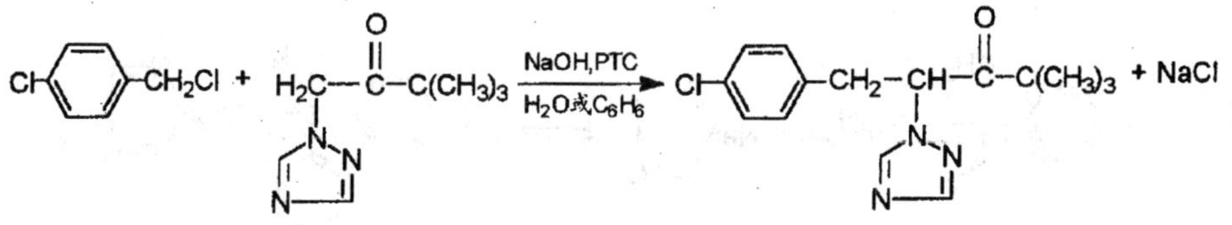

PTC：[PhCH$_2$N$^+$Et$_3$]Cl$^-$

氯唑酮再经硼氢化钾（钠）或者保险粉（Na$_2$S$_2$O$_4$）等还原制得多效唑：

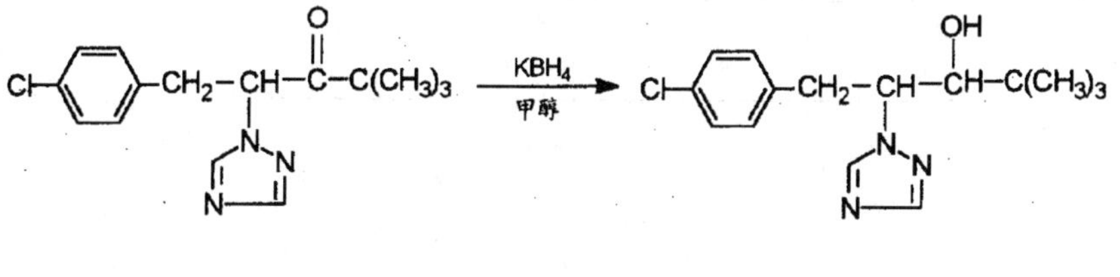

多效唑分子中有两个手性碳原子,所以共有四个光学异构体。

(8)烯唑醇

烯唑醇的合成一般分四步进行:a.由一氯片呐酮和三唑反应制得唑酮;b.由唑酮和2,4-二氯苯甲醛反应得到混合烯酮;c.混合烯酮经异构化得到 E-烯酮;d.E-烯酮再经还原得到烯唑醇。具体反应如下(一氯片呐酮和三唑生成唑酮反应参见前唑酮合成):

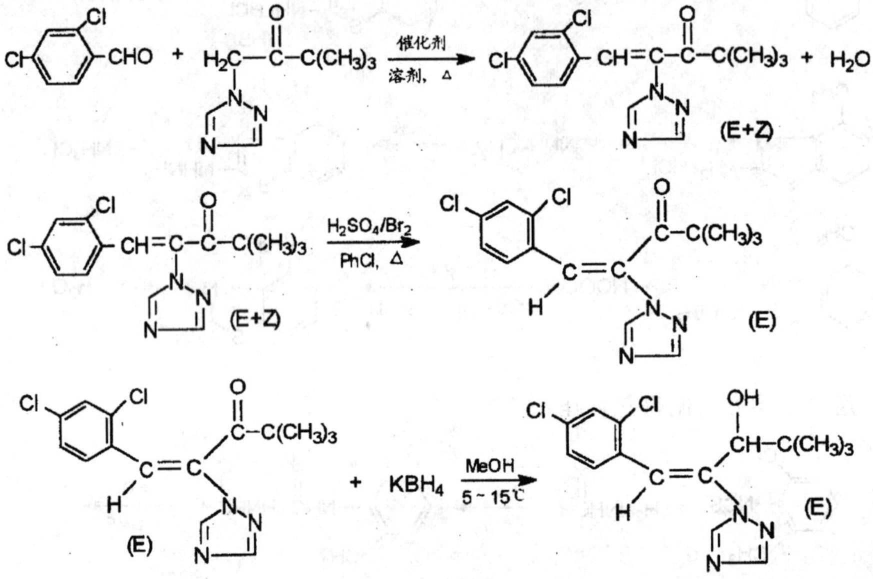

(9)氟硅唑

其制备方法为氯代甲基二氯甲硅烷在低温下与氟苯、丁基锂反应,制得双(4-氟苯基)甲基氯代甲基硅烷,再在极性溶剂中与1,2,4三唑钠盐反应,即制得产品。反应如下:

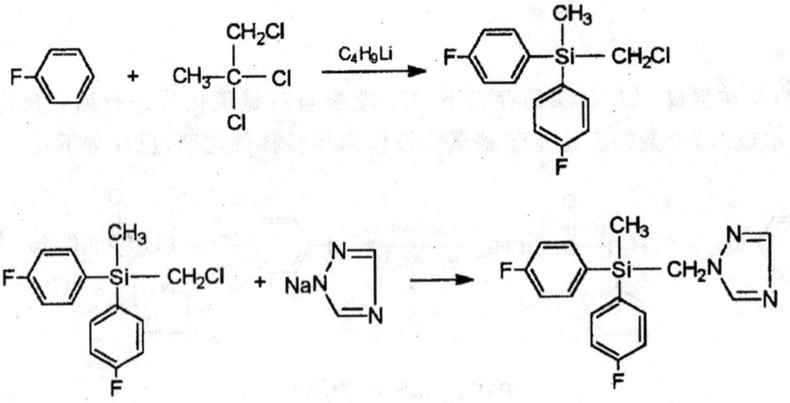

(10)辛唑酮

辛唑酮,代号 PP969,为英国 ICI 公司开发。其合成方法如下:

$$2 \ (CH_3)_3C-\overset{O}{\underset{\parallel}{C}}-CH_3 \xrightarrow[CH_2Cl_2]{Br_2, SnCl_4} (CH_3)_3C-\overset{O}{\underset{\parallel}{C}}-CH\overset{O}{\underset{\diagup}{\diagdown}}CH-\overset{O}{\underset{\parallel}{C}}-C(CH_3)_3$$

$$(CH_3)_3C-\overset{O}{\underset{\parallel}{C}}-CH\overset{O}{\underset{\diagup}{\diagdown}}CH-\overset{O}{\underset{\parallel}{C}}-C(CH_3)_3 \xrightarrow[回流]{KI/ \pm \ HAc.} (CH_3)_3C-\overset{O}{\underset{\parallel}{C}}-CH=CH-\overset{O}{\underset{\parallel}{C}}-C(CH_3)_3$$

$$(CH_3)_3C-\overset{O}{\underset{\parallel}{C}}-CH=CH-\overset{O}{\underset{\parallel}{C}}-C(CH_3)_3 + HN\diagdown \longrightarrow (CH_3)_3C-\overset{O}{\underset{\parallel}{C}}-CH-CH_2-\overset{O}{\underset{\parallel}{C}}-C(CH_3)_3$$

$$(CH_3)_3C-\overset{O}{\underset{\parallel}{C}}-CH-CH_2-\overset{O}{\underset{\parallel}{C}}-C(CH_3)_3 \xrightarrow{KBH_4} (CH_3)_3C-\underset{\underset{OH}{|}}{CH}-CH-CH_2-\overset{O}{\underset{\parallel}{C}}-C(CH_3)_3$$

(11)环唑醇

该品由 1-(4-氯苯基)-2-环丙基乙酮与氢化钠、碘甲烷反应,生成 1-(4-氯苯基)-2-环丙基-1-丙酮,再与 $CH_3(CH_2)_{11}S^+(CH_2)_2CH_3SO_3^-$ 反应,生成环氧乙烷衍生物,最后与 1H-1,2,4 三唑缩合,制得环唑醇:

$$Cl-\overset{CH_2\diagdown}{\underset{\underset{O}{\parallel}}{\underset{C}{\underset{}{}}}} + NaH + CH_3I \longrightarrow Cl-\overset{\overset{CH_3}{|}}{\underset{\underset{O}{\parallel}}{\underset{C}{CH\diagup}}}$$

$$Cl-\overset{}{\underset{\underset{O}{\parallel}}{C}}-CH\cdot CH_3 + CH_3(CH_2)_{11}S^+(CH_2)_2CH_3SO_3^- \longrightarrow$$

$$Cl-\overset{CH}{\underset{CH_2}{\diagdown}}\cdot CH_3(CH_2)_{11}S^+(CH_2)_2CH_3SO_3^- + HN\diagdown \longrightarrow Cl-\overset{OH}{\underset{\underset{\diagup}{HC}\cdot CH_3}{\overset{|}{C}}}-CH_2-N\diagdown$$

(12)腈菌唑

其合成方法为:在氮气保护下,4-氯代苯乙腈、1-氯丁烷、四丁基溴化胺和少量表面活性剂混合后,滴加氢氧化钠水溶液,反应后,得到 2-(4-氯苯基)己腈。后者在氮气保护下,在四丁基溴化胺、氢氧化钠水溶液和少量表面活性剂存在下,与二氯甲烷反应,生成 1-氯-2-氰基-2(4-氯苯基)己烷,该化合物在氮气保护下在二甲亚砜中与三唑、氢氧化钾(钠)反应得到腈菌唑。反应如下:

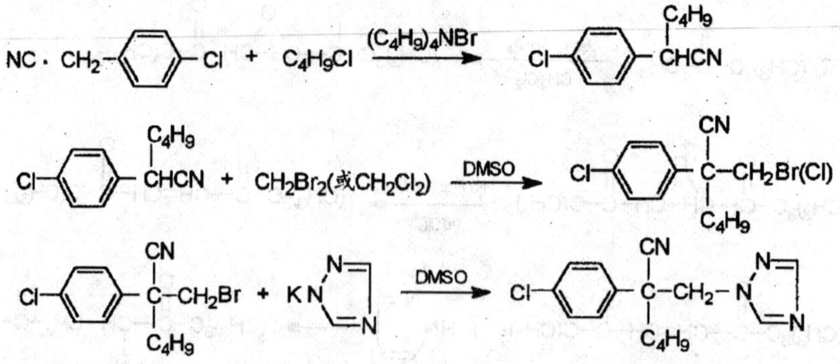

（13）戊环唑

2,4-二氯苯基溴甲基酮与乙二醇在对-甲苯磺酸的存在下,于甲苯中反应,生成2,4-二氯苯甲酰基溴次乙基缩酮,该缩酮与三唑钠盐在甲醇中回流反应后,即得产品:

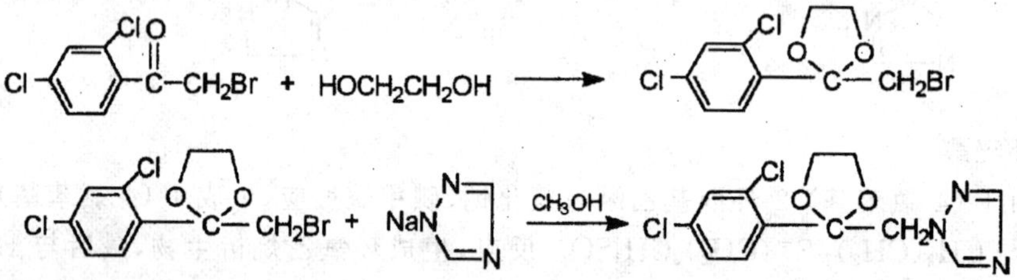

（14）呋醚唑

其合成方法如下:

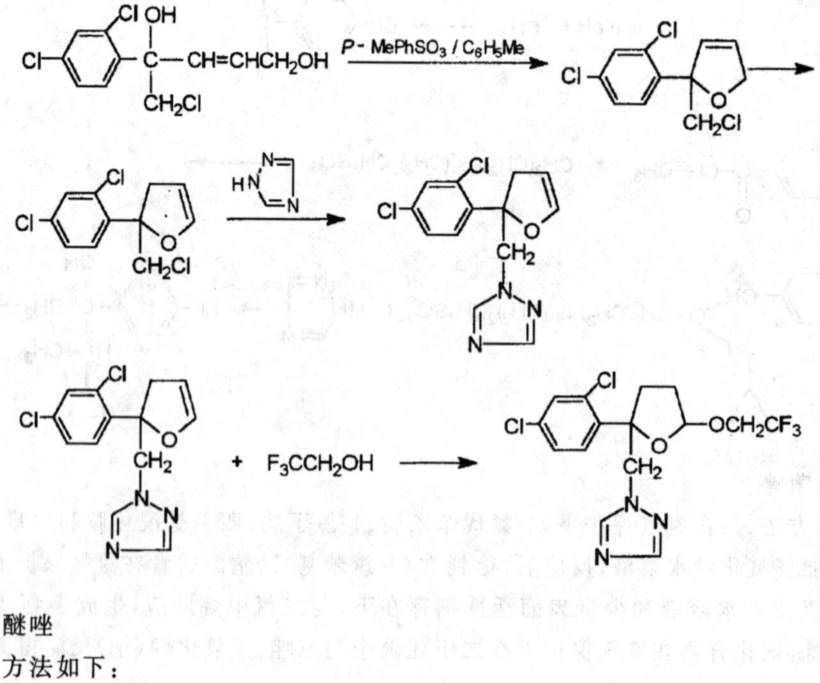

（15）噁醚唑

其合成方法如下:

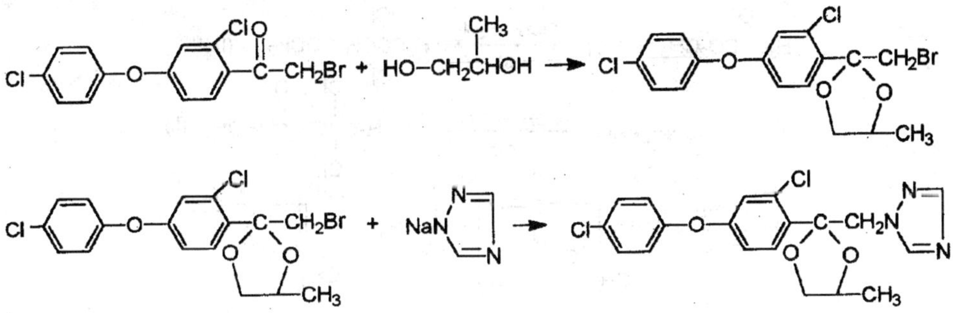

(16)酰胺唑

其合成方法如下：

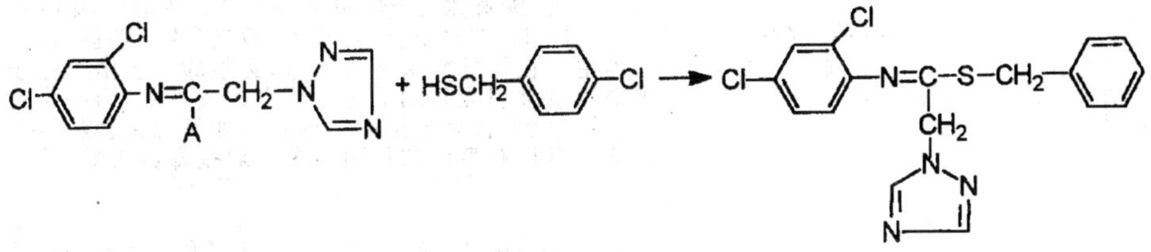

（A 为 1,2,4-三唑乙酰氧基、卤素等）。

3.4.16. 异噁唑及异噻唑衍生物

此类杀菌剂的分子结构中含有异噁唑（Ⅰ）或异噻唑（Ⅱ）母核。品种不多,其中多为内吸性杀菌剂。

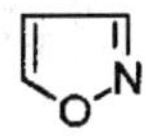

（Ⅰ） 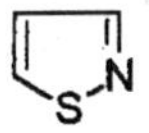 （Ⅱ）

3.4.16.1. 品种及其性能和用途

见表 3—31。

3.4.16.2. 合成方法

(1)立枯灵

可用以下方法合成：

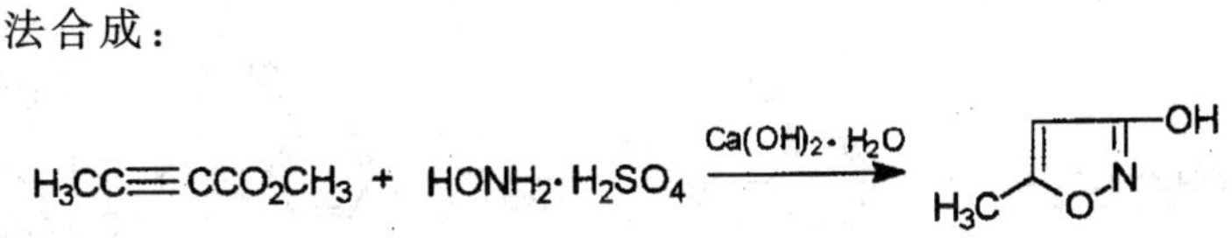

或者：

$$H_3CCCO_2CH_3 + PCl_5 \xrightarrow[-5℃]{ClCH_2CH_2Cl} H_3C\underset{Cl}{\overset{Cl}{C}}CH_2COCH_3 \quad (I)$$

$$(I) + HONH_2 \cdot HCl \xrightarrow[-5℃]{NaOH, H_2O/CH_3OH} H_3C\underset{Cl}{\overset{Cl}{C}}CH_2C=NHOH \quad (II)$$

$$(II) \xrightarrow[-HCl]{NaOH, 回流} \left[\begin{array}{c} Cl \\ \end{array} 异噁唑酮环 \right] \xrightarrow{-HCl} 3-羟基-5-甲基异噁唑$$

表 3－31　异噁唑及异噻唑类杀菌剂

名　称	化　学　结　构	性　能　和　用　途	文　献
立枯灵 3-羟基-5-甲基异噁唑 Hymexazol		原药为结晶固体,熔点 86℃～87℃,易溶于有机溶剂。大鼠 LD_{50} 3112mg/kg。具有"双向"传导性能,以上行为主。在体外抑菌能力很差,必须施于土壤中经土壤中微量金属元素的活化才能发挥其毒效,为一优良的土壤杀菌剂,对土壤中多种真菌如腐霉菌、镰刀菌、丝核菌等均有良好的抑菌效果。对疫霉菌无效。	[644]
敌菌酮 4-(2-氯苯肼叉)-3-甲基-5-异噁唑酮 Drazoxolon		纯品为结晶固体,熔点 167℃,溶于氯仿。大鼠 LD_{50} 为 126mg/kg。不内吸,具有保护和铲除作用。作为喷雾剂可有效防治果树、麦类、蔬菜等白粉病和其它叶面病害。也可作为种子处理剂防治棉花和豆科作物的苗期病害,对橡胶根腐病也有效。	[645] [646]
多霉净（NKE-73-137） 3-羟基异噻唑		纯品为结晶固体,熔点 74℃～75℃,易溶于水和有机溶剂。大鼠 LD_{50} 为 170mg/kg。广谱、内吸。对各种霉菌有特效,对其它真菌、细菌和酵母菌也有相当强的抑菌能力。长效	[644] [647]
噻菌灵 3-烯丙氧基-1,2-苯并异噻唑 1,1-二氧化物 Probenazole		纯品为结晶固体,熔点 128℃～129℃,大鼠 LD_{50} 为 2750mg/kg。强内吸性,主要用于防治稻瘟病;也可防治水稻白叶枯病	[648] [649] [650] [651]
种内清 2-正辛基-4-异噻唑啉-3-酮 Kathod		原药为液体,沸点 142℃/4Pa,强内吸性,主要用于棉花种子处理。对多种真菌和细菌有良好的控制作用,如:交链孢菌、镰刀霉菌、轮枝孢菌、葡萄孢菌、长蠕孢菌、丝核菌、疫霉菌、黄杆菌、壳二孢菌、假单孢菌等	[652]

（2）敌菌酮

可用以下方法合成：

$$H_3C\overset{O}{\overset{||}{C}}-CH_2CO_2C_2H_5 + \underset{Cl}{\underset{|}{}}N_2Cl \xrightarrow{-HCl} \text{偶氮中间体}$$

$$\xrightarrow[-H_2O]{H_2N-OH} H_3C-C=N-NH-\underset{Cl}{} \xrightarrow{-C_2H_5OH} \text{敌菌酮}$$

（3）多霉净

可用以下方法合成：

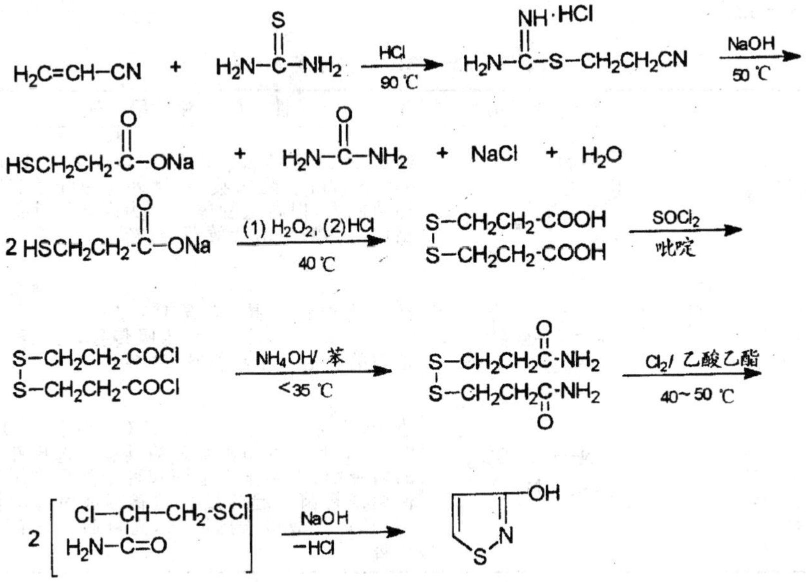

（4）噻菌灵

可用以下方法合成：

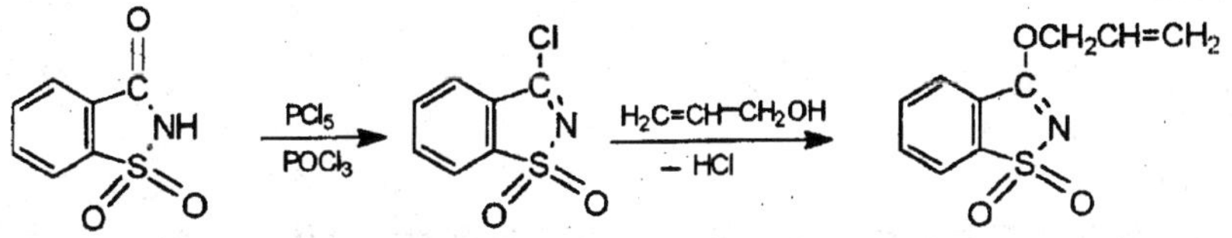

（5）种内清

可用以下方法合成：

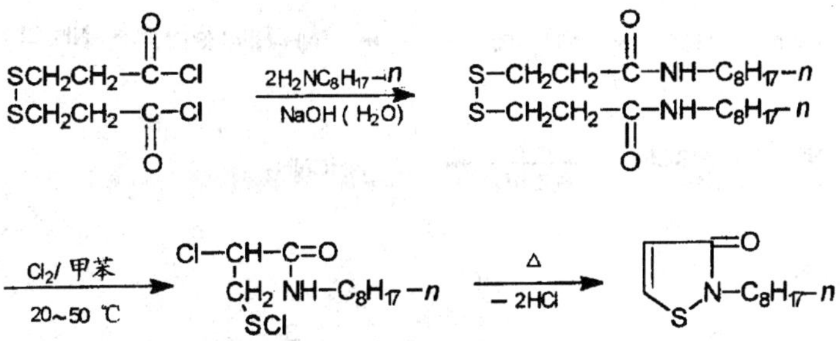

3.4.17.　噻二唑衍生物

噻二唑类杀菌剂中的敌枯唑(Tf-128)和敌枯双(Tf-130)等曾经是防治水稻难治病害——水稻白叶枯病的特效药剂,但由于存在严重的致畸作用以及抗药性日益严重而被废止。可能是由于其慢性毒性问题限制了本类杀菌剂的发展。

3.4.17.1. 品种及其性能和用途

详见表 3—32。

表 3—32 噻二唑类杀菌剂

名 称	化 学 结 构	性 能 和 用 途	文 献
敌枯唑((Tf128) 2-氨基-1,3,4-噻二唑	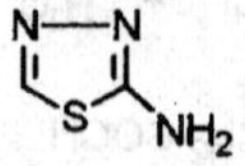	纯品为白色结晶,熔点 193℃,大鼠 LD_{50} 为 6400mg/kg。强内吸,在体外对白叶枯病菌无抑菌能力,但在植物体内却为高效治疗剂。水稻白叶枯病防治特效药,致畸	[653] [654] [655] [656] [657] [658]
敌枯双(Tf130) N,N′-甲撑-双-(2-氨基 1,3,4-噻二唑	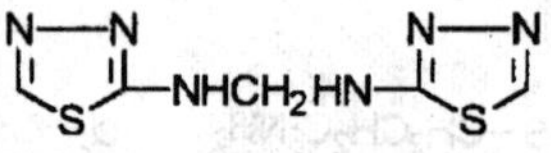	纯品为白色结晶,熔点 197℃～198℃。小鼠 LD_{50} 为 3275mg/kg。强内吸传导,对水稻白叶枯病的防治优于敌枯唑,致畸	[658] [659] [660]
氯唑灵 5-乙氧基-3-三氯甲基-1,2,4-噻二唑 Terrazole(商品名)	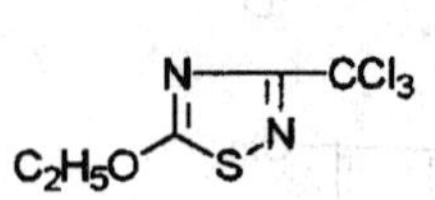	原药为油状物,沸点 95℃,小鼠 LD_{50} 为 2000mg/kg。对卵菌纲真菌具有高选择性活性的内吸剂,主要作为土壤和种子处理。用于防治由疫霉菌引起的疫病和腐霉菌引起的根腐病,且优于敌可松的防效,尚可防治棉花苗期病害	[661] [662] [663] [664]

Tf-128 的抗细菌活性可被烟酰胺所逆转。在实验室中已观察到 Tf-128 和 Tf-130 对白叶枯菌有诱发抗性菌出现的现象。后来证明,该两种药剂由于存在严重的致畸作用以及抗药性的日益严重而被废止。

3.4.17.2. 合成方法

(1)敌枯唑(Tf-128)

敌枯唑是由氨基硫脲与甲酸作用后再进行关环制得的。具体反应为:

①中间体氨基硫脲的制备

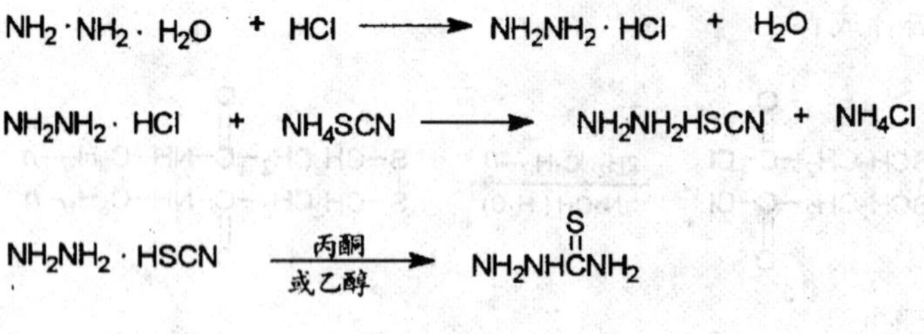
NH2·NH2·H2O + HCl → NH2NH2·HCl + H2O
NH2NH2·HCl + NH4SCN → NH2NH2HSCN + NH4Cl
NH2NH2·HSCN
丙酮
或乙醇
NH2NHCNH2
S

②敌枯唑的合成

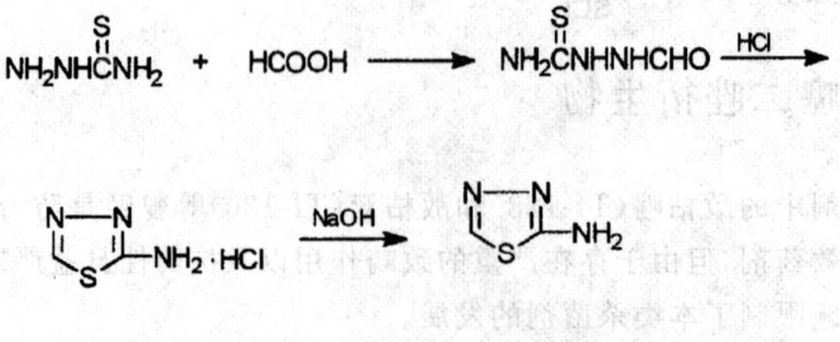
NH2NHCNH2 + HCOOH → NH2CNHNHCHO
HCl
NaOH
NH2·HCl
NH2

(2)敌枯双(Tf-130)

敌枯唑与甲醛反应得敌枯双,且有较高的收率:

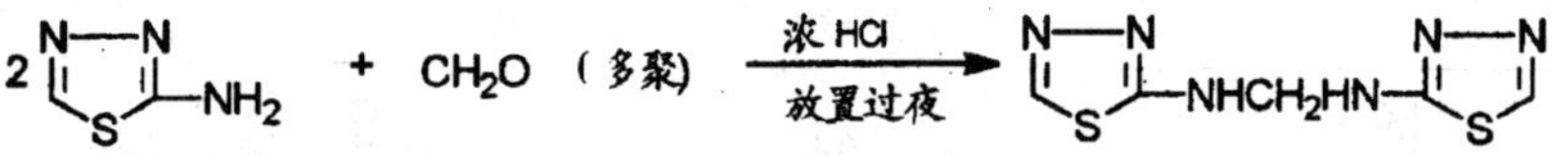

据报道,在敌枯双的 5 位上引入巯基后所得化合物可消除不良的毒性效应,同时仍保持对水稻白叶枯病的良好防效[622]。

(3)氯唑灵

其合成方法如下:

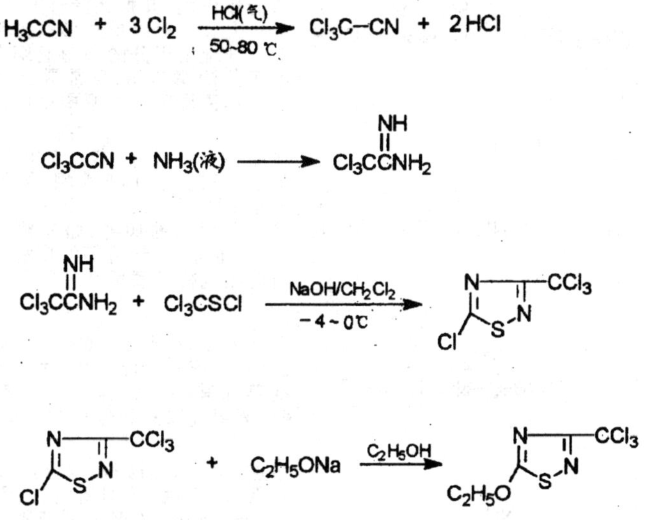

3.4.18 其它类型化合物

在有机杀菌剂中,除了前面讲述的 18 个结构类型外,还有一些杀菌剂不宜统一为一个类型,但其生物活性有一定特点或者有一定的应用价值,这些品种被列入表 3-33 中。

3.4.18.1. 品种及性能和用途

详见表 3-33。

3.4.18.2. 合成方法

(1)卵菌灵

合成方法如下:

(2)霜脲氰(克菌肟)

合成方法如下:

$$NCCH_2C-NHCNHC_2H_5 + NaNO_2 \xrightarrow{CH_3OH/H_2O(1:1),\ HCl}$$

$$\overset{NONa}{NC-C-C-NH-C-NHC_2H_5} \xrightarrow[pH8\text{-}9\ (NaOH)]{(CH_3)_2SO_4} NC-C-C-NH-C-NHC_2H_5$$

表 3－33　其它类杀菌剂

名　　称	化 学 结 构	性 能 和 用 途	文 献
卵菌灵 N-（3-二甲胺基丙基）硫代氨基甲酸-S-乙酯 Prothiocarb	$(CH_3)_2N(CH_2)_3NHC-NHC-SC_2H_5$	熔点 120℃～121℃，大鼠 LD$_{50}$ 为 1300 mg/kg（盐酸盐）。内吸性（上行），具有保护和治疗作用，其抑菌活性与介质的 pH 值关系极大。一般以单盐形式使用，对细胞壁中含有纤维素组分的卵菌亚纲真菌有效。主要用于防治腐霉属、霜霉属、假霜霉属和丝囊霉属真菌病害。土壤中杀菌持效 4～8 周	[665] [666]
霜脲氰（克菌胩） 2-氰基-N-[（乙胺基）羰基]-2-（甲氧基亚胺基）乙酰胺 DPX3217	$C_2H_5NH-C-NH-C-C=N-OCH_3$	纯品为无色晶体，熔点 160℃～161℃，难溶于水、正己烷，溶于丙酮、氯仿等有机溶剂。大鼠 LD$_{50}$ 为 1196mg/kg。主要用于由霜霉目真菌引起的病害，如葡萄霜霉病、黄瓜霜霉病、蕃茄、马铃薯等的疫病。与预防性杀菌剂混用能提高残留活性	[667]
多果定 十二烷基胍醋酸盐 Dodine acetate	$\left[C_{12}H_{25}NHC-NH_2\right]^{+}[OAc]^{-}$	白色晶体，熔点 136℃，溶于水和乙醇。具有保护、治疗和铲除作用。主要用于防治果树、蔬菜和某些观赏植物的病害，如苹果黑星病、葡萄晚腐病和樱桃缩叶病等	[668]
双胍盐 双-（8-胍基-辛烷基）胺 Guazatine DF-125	$\left[H_2N-CNH(CH_2)_8\right]_2NH$	熔点 140℃（醋酸盐），易溶于水。不内吸，但有低毒、广谱、强抑菌活性、无残毒等优点。在 1～10ppm 浓度下可抑制稻瘟病菌、稻胡麻叶斑病菌、稻菌核病菌和稻白叶枯病菌的生长。防治稻瘟病优于克瘟散。尚可用于防治水果贮藏中的腐烂病、苹果斑点落叶病、梨黑星病以及工业杀菌防霉防腐等	[669]
氰粉灵（CECA，NF-21） N-（2-氰基乙基）-氯乙酰胺	$ClCH_2CNHCH_2CH_2CN$	纯品熔点 120℃～121℃，大鼠 LD$_{50}$ 为 1300mg/kg。内吸性杀菌剂。主要用于防治黄瓜白粉病	[670]
灭锈一号 苯肼基-β-甲酸乙酯	NHNHC-OC$_2$H$_5$	内吸性杀菌剂。主要用于防治小麦锈病	[671]
稻瘟灵（富士一号） 1,3-二硫茂烷-2-叉丙二酸异丙酯 Isoprothiolane (Fuji-one)	$\overset{CH_2-S}{\underset{CH_2-S}{}}C=C\overset{COOC_3H_7\text{-}i}{\underset{COOC_3H_7\text{-}i}{}}$	原药熔点 50℃～54.5℃，难溶于水，大鼠 LD$_{50}$ 为 1190mg/kg。内吸，长效，窄谱，专治稻瘟病药剂。速效性低于克瘟散和异稻瘟净，但其特效性优于后二者。并有一定杀虫活性（稻叶蝗虫）	[672]
敌菌灵 2,4-二氯-6-（2'-氯苯胺基）-1,3,5-三嗪 Anilazine	结构式	白色或褐色晶体，熔点 159℃～160℃，不溶于水。不内吸。对交链孢属、尾孢霉属、葡萄孢霉属真菌病害特别有效。用于防治水稻胡麻叶斑病、瓜类炭疽病、霜霉病、黑星病和多种作物的灰霉病等	[673]
叶枯净 5-氧吩嗪 Phenazine Oxide	结构式	原药为黄色针状结晶，熔点 221℃～223℃，难溶于水，LD$_{50}$ 为 3310mg/kg。水稻白叶枯病专治药剂，但药效不如已被禁用的敌枯唑好	[674] [675]

(3)多果定

合成方法如下：

$$C_{12}H_{25}NH_2 \ + \ H_2N\overset{\overset{\displaystyle NH}{\|}}{C}NH_2 \ \xrightarrow{醋酸} \ \left[C_{12}H_{25}NH\overset{\overset{\displaystyle NH}{\|}}{C}-NH_2 \right]^+ \cdot \left[OAc \right]^-$$

(4)双胍盐

合成方法如下：

$$H_2N\overset{\overset{\displaystyle O}{\|}}{C}-NH_2 \ + \ (CH_3)_2SO_4 \ \longrightarrow \ H_2N\overset{\overset{\displaystyle NH}{\|}}{C}-OCH_3 \ + \ CH_3HSO_4$$

$$2\,H_2N\overset{\overset{\displaystyle NH}{\|}}{C}-OCH_3 + H_2N(CH_2)_8NH(CH_2)_8NH_2 \longrightarrow H_2N\overset{\overset{\displaystyle NH}{\|}}{C}-NH(CH_2)_8NH(CH_2)_8NH\overset{\overset{\displaystyle NH}{\|}}{C}-NH_2$$

(5)氰粉灵

合成方法如下：

$$ClCH_2\overset{\overset{\displaystyle O}{\|}}{C}-Cl \ + \ H_2NCH_2CH_2CN \ \xrightarrow{-HCl} \ ClCH_2\overset{\overset{\displaystyle O}{\|}}{C}NHCH_2CH_2CN$$

(6)灭锈一号

合成方法如下：

(7)稻瘟灵

合成方法如下：

$$CS_2 \ + \ 2NaOH \ + \ H_2C(COOC_3H_7\text{-}i)_2 \ \xrightarrow[20℃]{DMF} \ \overset{\displaystyle NaS}{\underset{\displaystyle NaS}{>}}C=C\overset{\displaystyle COOC_3H_7-i}{\underset{\displaystyle COOC_3H_7-i}{<}}$$

$$\xrightarrow[50\sim70\ ℃]{ClCH_2CH_2Cl/DMF} \ \overset{\displaystyle CH_2-S}{\underset{\displaystyle CH_2-S}{\Big|}}C=C\overset{\displaystyle COOC_3H_7-i}{\underset{\displaystyle COOC_3H_7-i}{<}} \ + \ 2NaCl$$

(8)敌菌灵

可以三聚氯氰与邻氯苯胺反应制得：

（9）叶枯净

①三步法

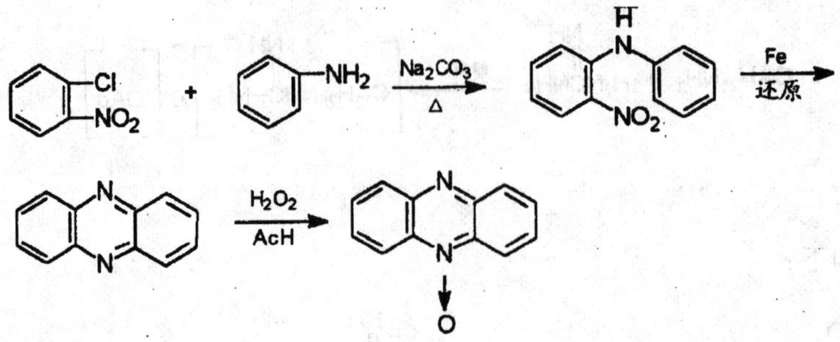

②半合成法

该法是利用假单孢杆菌属（*Pseudomonas*）细菌发酵所得到的吩嗪-1-羧酰胺作起始原料：

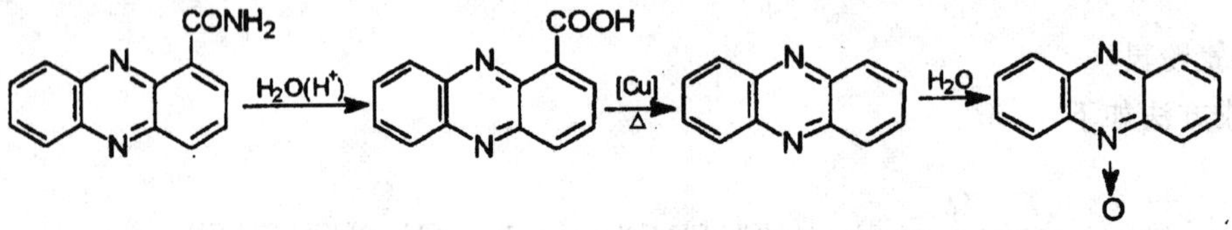

③一步法

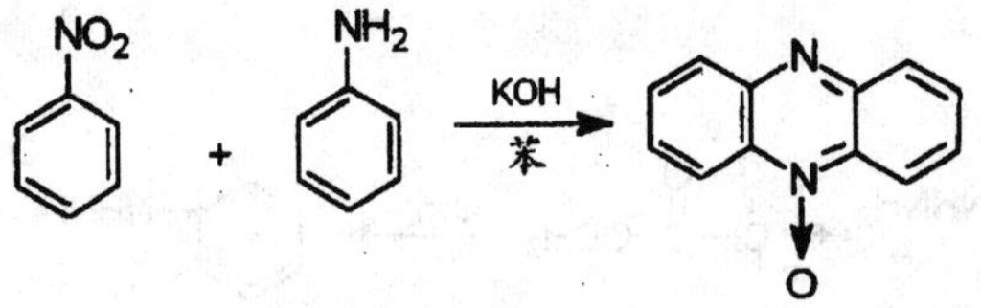

上述方法中，方法①虽可综合利用邻-氯硝基苯，但经综合、关环、氧等反应后，总收率仅为20%～25%；方法②发酵过程中需用大量甘油；方法③收率虽不高（35%～39%），但操作简单，原料易得，曾在天津农药实验厂进行试生产。

3.5 生物来源杀菌剂

所谓生物来源杀菌剂或抗菌物质，都是与生物（包括植物、微生物如真菌、细菌、病毒和昆虫等）密切相关的一类生物活性物质。它们或者是原存于植物中的，或者是由于受外界刺激被诱导而新产生的，或者是由微生物降解代谢产生的具有抗病原微生物的物质。依据生物来源的不同，杀菌剂可分为抗生素、天然产物和植物防卫素三类。

3.5.1. 抗生素[676~681]

抗生素(Antibiotic)原来的含义是指微生物在代谢过程中产生的,在低浓度下即能抑制它种微生物的生长和活动,甚至杀死它种微生物的化学物质。但是随着抗生素的研究和生产的发展,其含义又有了新的补充:(1)来源方面,不仅限于微生物产生的,也包括高等动植物,甚至包括用化学方法合成或半合成的化合物;(2)性能方面,不仅限于抗细菌和真菌的物质,而且某些抗肿瘤、抗原虫、抗病毒、抗藻类、抗寄生虫以及杀虫除草等的物质也包括在抗生素这个范畴内。不过,本书"杀菌剂"所涉及的抗生素仅仅是农用抗生素(或叫抗菌素)。这类物质主要是由真菌、细菌,特别是放线菌产生的,在很低浓度下能抑制或杀死其它危害作物的病原微生物,因而可以用来防治农作物的细菌和真菌病害。

3.5.1.1. 农用抗生素的特点

农用抗生素的抗菌作用,主要是作用到菌类的生理方面,通过生物化学方式干扰菌类的一种或几种代谢机能,使菌类受到抑制或被杀死。这种特殊作用方式,使其抗菌作用有如下几个特点:(1)选择性强。因为各种微生物各有固定的结构和代谢方式,而各种抗生素的作用方式也不相同,所以一种抗生素只对一定种类的微生物有抗菌作用,即具高选择性。(2)低毒性。抗生素对人体及动、植物组织的毒力,一般说来,都远小于它对致病菌的毒力(但也有个别例外),这称作抗生素的选择性毒力。通常抗生素在极高的稀释度仍能有选择性地抑制或杀死微生物,这种选择性毒力构成感染病害化学防治的基础。(3)安全性高。由于抗生素具有上述的选择性毒力以及它的生物降解速度快等原因,所以它一般不会污染环境,对人畜安全。(4)大都有内吸活性以及治疗和保护作用。(5)易引起抗药性。抗生素由于具高选择性,所以病原菌在其作用下,除了大批敏感菌被抑制或杀死外,常会有一些菌株调整或改变代谢途径,从敏感菌变为不敏感菌,即产生抗药性。(6)药效不稳定,残效期短。由于生成抗生素的微生物也容易发生变异,造成抗生素有时药效不稳定;同时也容易受到土壤微生物及紫外线分解,致使残效期短。(7)应用成本高。由于上述(5)、(6)、(7)三个特点(亦即三个缺点),大大影响了抗生素在农业上的广泛应用。

3.5.1.2. 主要应用品种

(1)稻瘟散(又称灭瘟素 Blasticialin)[682,683]

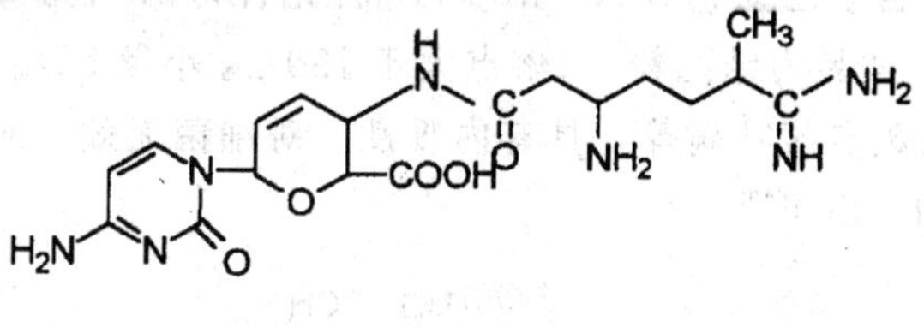

是一种放线菌产生的农用抗菌素,其纯品为白色针状结晶,熔点 253℃～255℃(分解)。小鼠 LD_{50} 为 39mg/kg,它能抑制革兰氏阳性及阴性细菌生长,对真菌作用差别很大。稻瘟病病原菌梨形孢(*Piricalaria oryzae*)对其特别敏感,最小抑制浓度为 5～10μg/ml。该品有内吸性,有治疗和铲除作用,若使用浓度不当则对植物有药害。

(2)春雷霉素(Kasugamycin)[684、685]

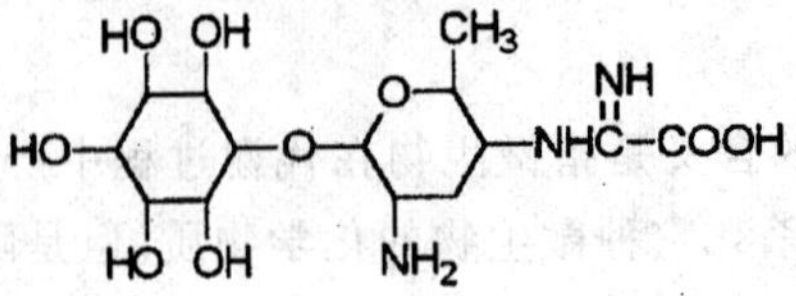

由放线菌产生的医、农两用抗生素。该物质呈碱性,其盐酸盐为白色结晶,熔点210℃。在碱性条件下(pH>7.5)药效极易破坏。小鼠 LD_{50} 为 2000mg/kg,具高选择性,对稻瘟病特效。具有内吸性和保护及治疗作用。

(3)放线菌酮(Cycloheximide)[686~688]

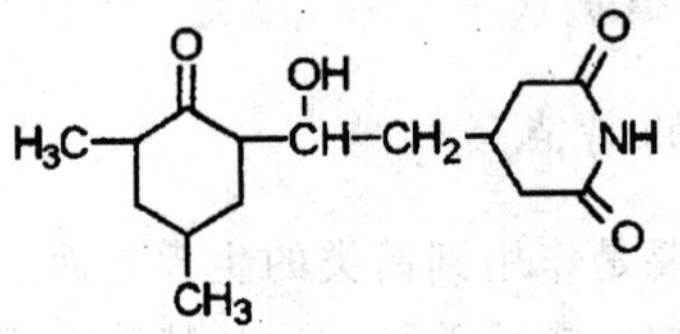

它是从灰色链霉菌(Streptomyces griseus)中获得的,其纯品为无色结晶,熔点 116℃~117℃。广谱,但对细菌无效。高效,在小于等于 1ppm 时,能抑制许多真菌生长。内吸、传导,用于防治水稻纹枯病、茶云纹叶枯病、白松疱锈病、棉花角斑病、红麻炭疽病、甘薯黑斑病、橡胶白粉病、白菜霜霉病等。

(4)多氧霉素(Polyoxins)[689~691]

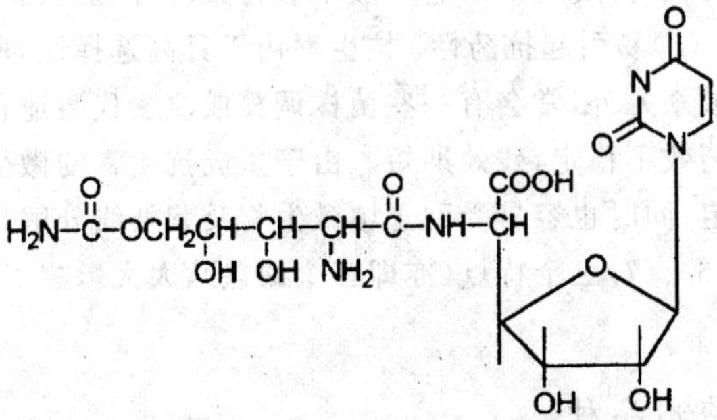

多氧霉素是一族新的肽酰-嘧啶核苷抗生素,是从可可链霉菌(Sterepomyces cacaoi var. asoensis)中提取出来的。目前已知它有A~M 共12 种化合物,其中多氧霉素-D 是防治植物病虫害最好的一种抗生素。纯品为结晶粉末,熔点大于 190℃。小鼠 LD_{50} 为 15000mg/kg,主要用于防治水稻纹枯病、苹果斑点落叶病等。具有内吸性。对细菌无效。对畜安全,无药害。

(5)灰黄霉素(Grisefulvin)[692~695]

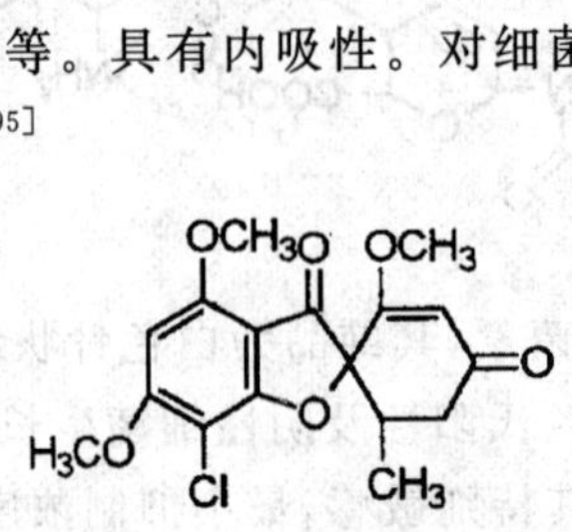

是从灰黄青霉菌(Penicillium griseofulvuni)的菌丝中分离出来的抗真菌抗生素。纯品为

无色菱形或针状结晶,熔点220℃～221℃。难溶于水。耐热,经高压灭菌30min,仍不失其活性。有内吸性。主要用于防治各种作物的白粉病、苹果花腐病和西瓜萎蔫病。

(6)链霉素(Streptomycin)[696～699]

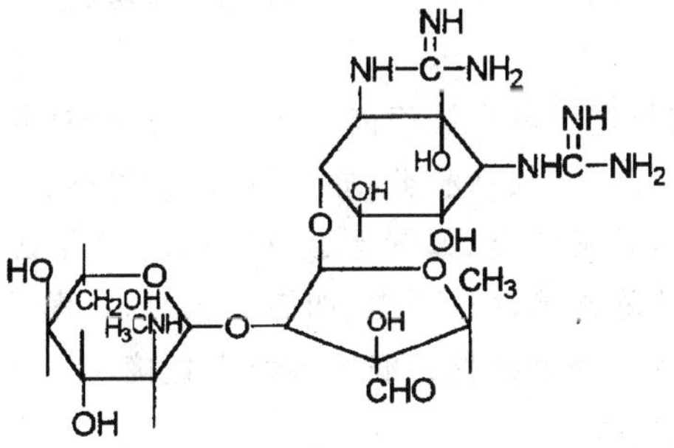

从灰色链霉菌(*Streptomyces griseus*)的培养液中分离出来的,为第一个从放线菌中获得的抗生素。碱性强,不稳定,其盐类十分稳定。用于防治真菌和细菌病害,但主要是后者。如防治洋白菜细菌性黑腐病和叶斑病、黄瓜细菌性角斑病、水稻白叶枯病等。

(7)氯霉素(Chloramphenicol)[700]

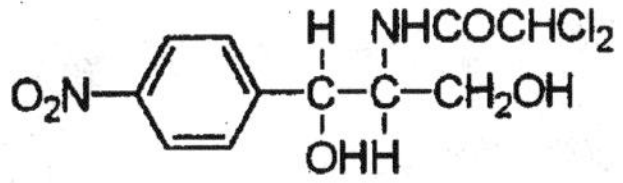

是从委内瑞拉链霉菌(*Streptomyces venezuela*)中分离出来的,也是第一个人工合成的抗生素。目前使用的都是化学合成品。其纯品为结晶体,熔点147.9℃～150.7℃,热稳定性高。在其四个光学异构体中,只有左旋体具有抗菌能力。内吸且传导。曾广泛地作为研究有机分子被植物吸收和在其中运转的标准物。可有效防治水稻白叶枯病,无药害。

(8)叶枯散(Cellocidin)[701～703]

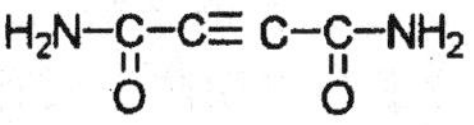

是从*Streptomyces chibaensis*的培养液中分离获得的。结构简单,主要对细菌有效,小鼠LD_{50}为89～125mg/kg。主要用于防治水稻白叶枯病,剂量不适当会导致药害。

3.5.1.3. 作用机理

据已有的资料表明,抗生素的抗菌作用机理大致有5种类型:(1)抑制核酸的合成[704～710],如放线菌酮、灰黄霉素等。(2)抑制蛋白质的合成[711～714],如春雷霉素,其作用点在30S亚基的16S RNA部分。此外还有稻瘟散、放线菌酮等。(3)改变细胞膜的透性[715],如多肽和多烯类以及脂溶性抗生素等。(4)干扰细胞壁的形成[716],如多氧霉素D,其作用是抑制细胞壁甲壳质合成酶的活性。(5)作用于能量代谢系统或作为抗代谢物[715]。

3.5.2 天然产物

作为农用杀菌剂的天然产物,是指来源于植物体内的有机物,而且这些有机物原本就存在于植物体内,而不是受外界刺激所产生出来的。这与后面即将讲述的植物防卫素有一定的区别。

天然产物作为杀虫剂而应用已有先例,如除虫菊等,但作为杀菌剂得到实际应用却是少见的。较早用于植物病害防治的有大蒜汁、洋葱汁、棉籽饼、辣蓼、五风草等,但这些天然物粗品的药效一般都不高。

存在于植物中的并使植物本身具有抗病能力天然产物,概括起来有以下几类物质[717]:(1)羧酸类,如吲哚乙酸、赤霉素等;(2)氨基酸类,如组氨酸、蛋氨酸、刀豆氨酸等;(3)酚类,如邻苯二酚、3,4-二羟基苯甲酸等;(4)酚酸类,如绿原酸;(5)内酯和香豆素类,如δ-乙烯酸内酯;(6)丹宁类;(7)炔属化合物,如菌陈素等;(8)醌类,如 5-羟基-1,4-萘醌;(9)草酚酮;(10)苯并噁唑啉酮等。上述这些化合物并非对侵染植物的病原菌都有直接毒杀作用,而有些是通过改变寄主的新陈代谢作用使植物产生抗病性。

天然产物的杀菌活性一般都小于人工合成的内吸杀菌剂。但是天然产物一般易被植物吸收和传导,对植物药害小或无药害,因此倍受重视。天然产物的研究与开发,可作为创制农药新品种的途径之一。

3.5.3　植物防卫素

3.5.3.1.　植物防卫体系[723~733]

植物的健康生长发育,一方面通过药物给予保障,另一方面植物本身也具有一种抗逆能力。

高等植物是一类定植不动的生物,需要从外界环境摄取它们生长发育所需的全部养分。植物的地上部分(如叶)和地下部分(如根)等器官都具有吸取环境中营养原料的功能,但同时这些植物器官也会受到微生物、昆虫等病原体的侵袭和损伤以及高温、干旱、环境污染等不利条件的影响。植物为了对抗相应的外界胁迫因素的影响,在其进化过程中,在体内也产生了各种防卫体系。这些防卫体系中又分被动防卫和主动防卫两种。例如,用以防止植物体内水分的过度蒸发和病原微生物入侵的植物表面细胞的角质层;用以维持细胞结构的完整性和正常功能的,由纤维素、非纤维素多糖和蛋白质等组成的细胞壁等,都是被动防卫体系。植物的主动防卫是指在外界胁迫条件下植物细胞诱导产生的用以瓦解入侵病原体和适应不利环境的反应,它包括:(1)具抗病原体活性的各种蛋白;(2)抗微生物活性的小分子化合物植物防毒素(Phytoalexin)的合成;(3)为适应热、冷、干旱、缺氧等不利环境而合成的各种蛋白质、小分子渗透压调节剂及调整代谢途径。必须指出,植物的防卫反应是一个复杂的协同作用过程,一种外源刺激可激发多种防卫体系,而同一种防卫体系可对多种外源刺激作出反应。

3.5.3.2　植物防卫素

植物防卫素(或称植物防毒素,Phytoalexins)[734~736],是由于植物体内酶活性增加而形成的一种植物产物[735],是植物主动防卫体系中的一类低分子有机物。这种物质一般认为是在植物的过敏组织中抑制病原微生物发展的、且受到外源刺激才产生出来的。所谓外源刺激包括真菌、细菌和病毒的侵袭,营养作用的变化,机械损伤,紫外光照射,某些化学物质的处理等。就病原微生物而言,植物防卫素在寄主(植物)和病原微生物有生理上的接触以前是不发生的,而在接触后才形成或被活化。它们对病原微生物的毒性是非专化的,其抗病状态也不是固定的,因为它是在病原微生物侵染时才发展起来。就寄主而言,抗病和感病的寄主之间差别的基础在于防卫素生成的速度不同,而非性质上的差别。寄生细胞的敏感性决定着寄主反应的速度,这是专化性的,且为基因所决定。

植物防卫素多是呋喃、甾醇、香豆素、异香豆素、酚类和莽草酸等类化合物的衍生物。表3—34中列举了一些已经鉴定了化学结构的防卫素、产生它们的植物以及它们的抑菌活性。抑菌活性用 ED_{50} 表示,即对菌丝生长的抑制中量, ED_{50} 值越小则抑菌活性愈高,反之愈低。

表 3—34　某些防卫素

名　称	防卫素的化学结构	产生防卫素的植物	$ED_{50}(\mu g/ml)$
豌豆素 Pisatin	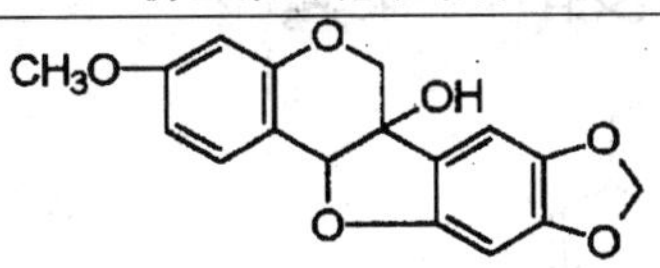	豌豆	对豌豆的 38 个非致菌: <50
菜豆朊 Phaseollin	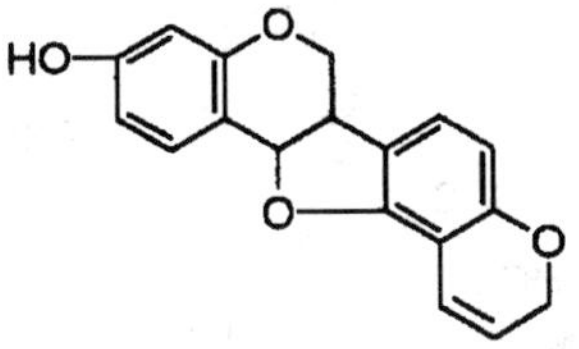	菜豆	对马铃薯丝核菌: 18~36
Phaseollidin	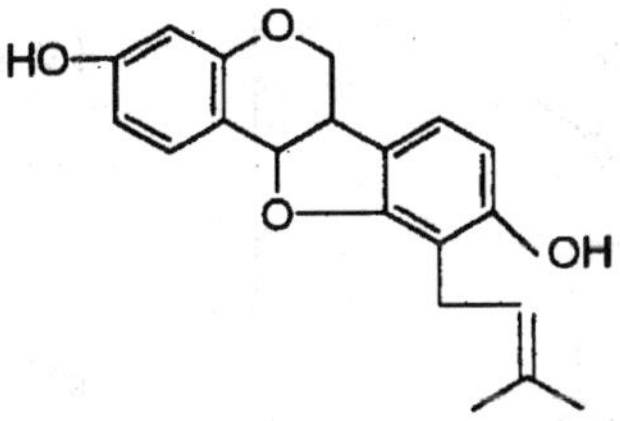	菜豆	同上
Phaseollinisoflavan	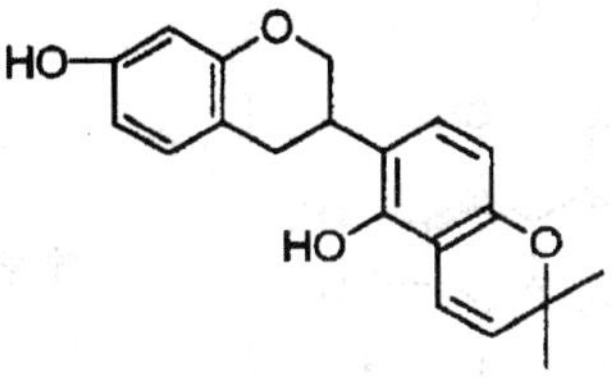	菜豆	同上
Kievitone	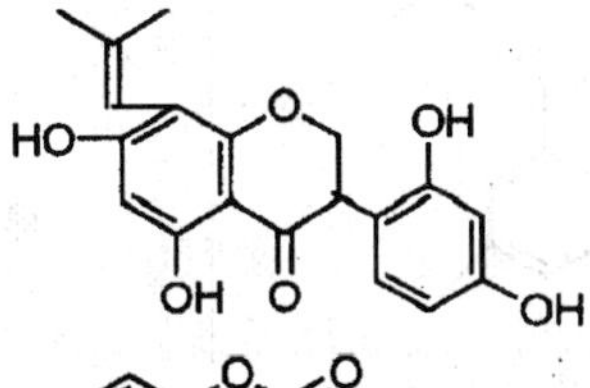	菜豆	同上
拟雌内酯 Coumestrol	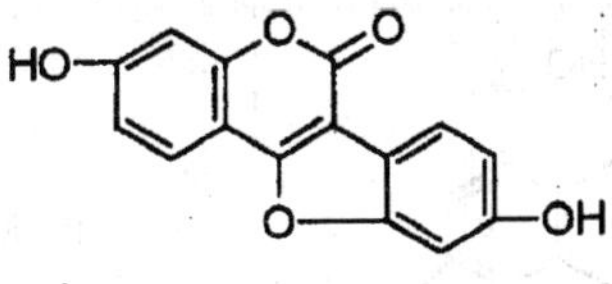	菜豆 苜蓿	
Glyceollin	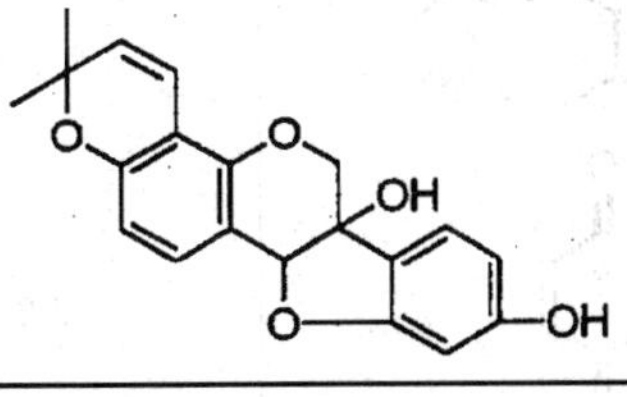	大豆	对大豆大雄疫霉菌:25

名称	防卫素的化学结构	产生防卫素的植物	$ED_{50}(\mu g/ml)$
Medicarpin	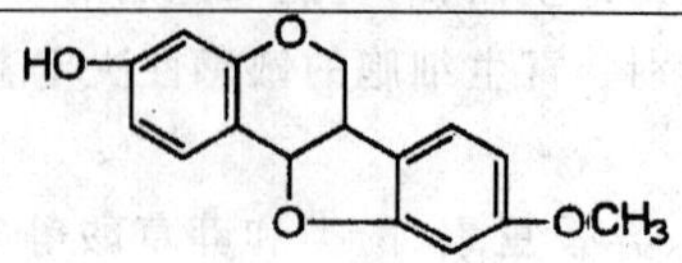	苜蓿，三叶草	对大斑病长蠕孢菌：45
高丽槐素 Maackiain	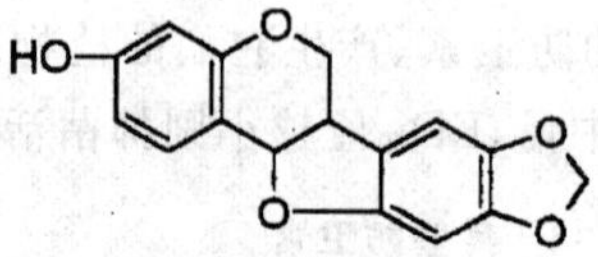	三叶草	同上
Wyerone acid	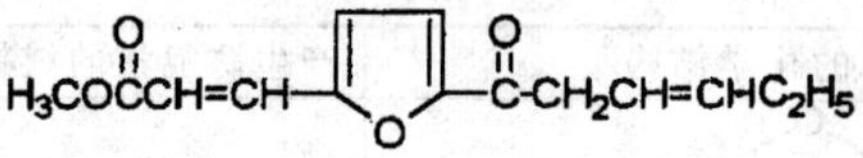 $H_3COCCH=CH$ ...... $CH_2CH=CHC_2H_5$	蚕豆	对蚕豆葡萄孢菌：13.5 对灰绿葡萄孢菌：2.0 对葱腐葡萄孢菌：0.7
Rishitin	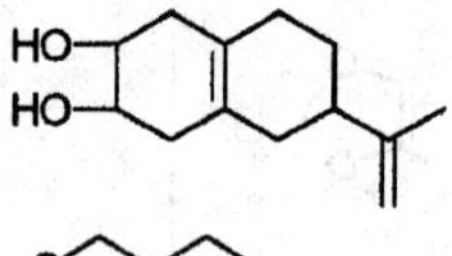	马铃薯	对马铃薯晚疫菌：50
Phytuberin	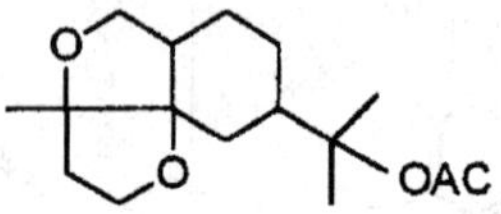 OAC	马铃薯	对马铃薯晚疫病菌：40
Lubimin	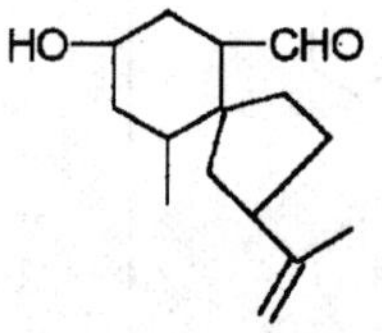	马铃薯	对马铃薯晚疫病菌：60
辣椒二醇 Capsidiol	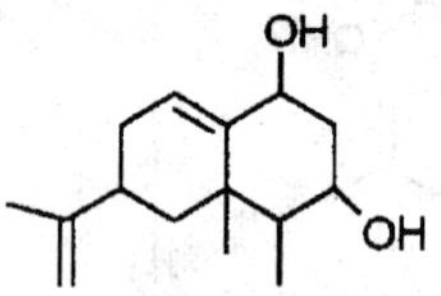	胡椒	对链格孢菌：60 对蕃茄晚疫病菌也有效
棉子醇 Gossypol	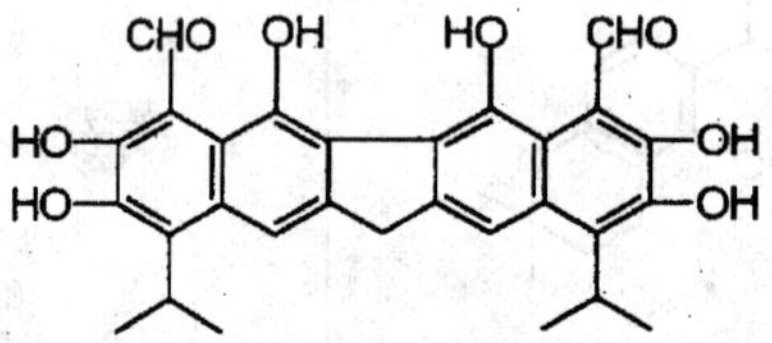	棉花	对棉黄萎病菌：100
Vergosin	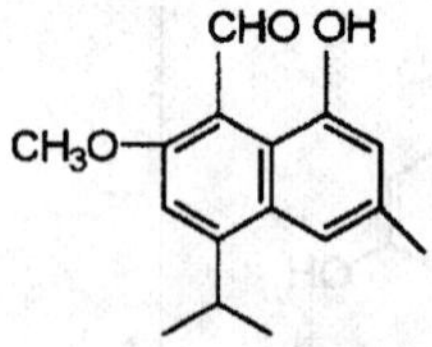	棉花	对棉黄萎病菌：60
半棉子醇 Hemigossypol	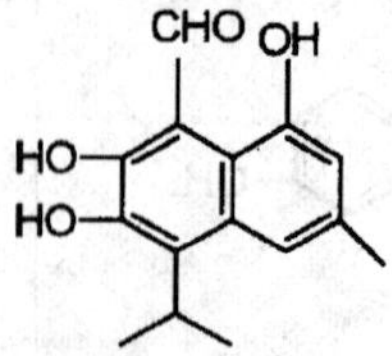	棉花	据称由于太活泼而未测定其 ED_{50}
半棉子醇酮 Hemigossypolone	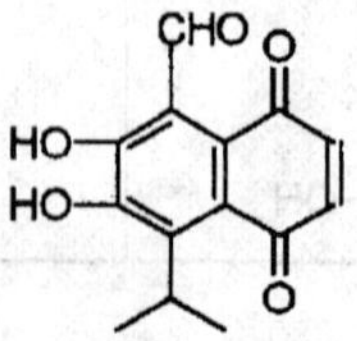	棉花	据报道对棉黄萎病菌有较高活性

续表

序号	防卫素的化学结构和名称	产生防卫素的植物	ED$_{50}$(μg/ml)
蕃茄酮 Ipomeamarone	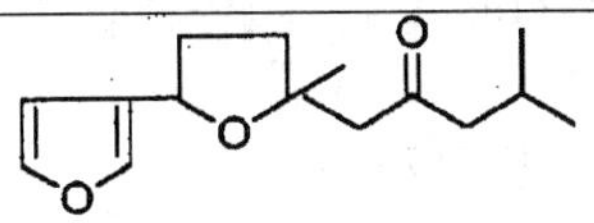	白薯	对白薯的一些非致病菌：0.003%～0.03%
6-Methoxymellein	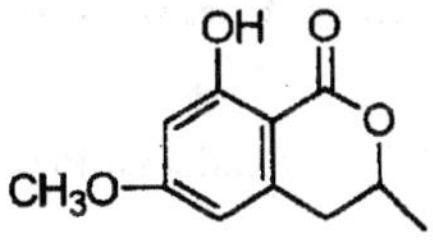	胡萝卜	对甘薯长喙壳菌：40
黄原素 Xanthotoxin	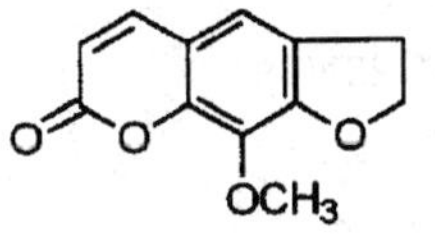	欧洲防风	对甘薯长喙壳菌：22
Safynol	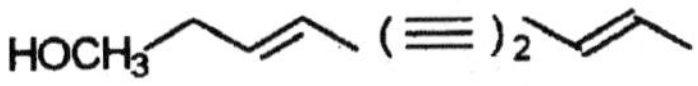 HOCH$_3$—CH=CH—(≡)$_2$—CH=CH—	红花	对德雷疫霉菌：12
Momilactone A	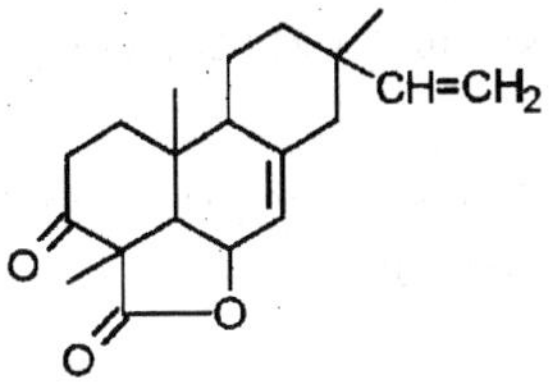	水稻	对稻瘟病菌有活性
Momilactone B	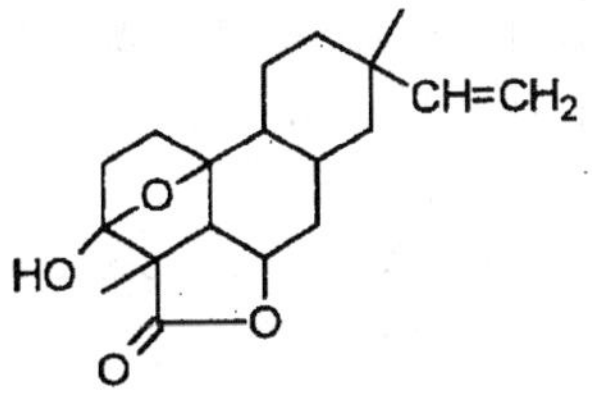	水稻	同上
兰花醇 Orohinol	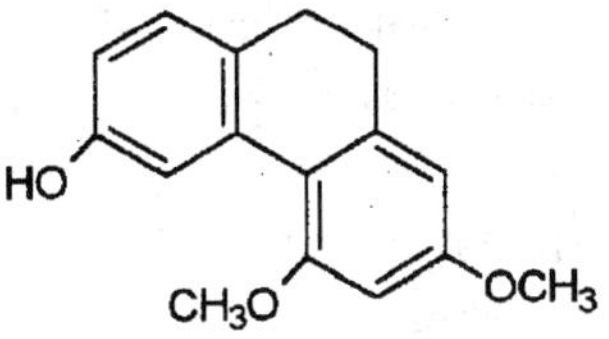	兰花	

植物防卫素作为杀菌剂品种极少获得实际应用,大概有以下几方面的原因:(1)抑菌活性不高,远不如人工合成的内吸杀菌剂。有许多植物防卫素在体外具有中等或较高的抑菌活性,但在体内却无抑菌活性。(2)缺乏内吸性,对已感染的植物也无治疗作用,大多数对植物尚有程度不同的药害。(3)多数植物防卫素不太稳定,在田间易被水解。(4)人工合成有一定难度且成本高。由此看来,植物防卫素的作用,不仅仅是单一的防卫素本身的孤立作用,很可能是当它纳入整个植物防卫体系后,才显示出它们的整体作用。虽然作为杀菌药剂品种的开发目前尚未得到令人满意的结果,但它对植物生理学和药剂毒理学的研究,还是有一定重要意义的。

参 考 文 献

[1] 山本出,深见顺一主编,程天恩等译,农药的设计与开发指南(第一分册),化学工业出版社,1988,331 页。

[2] 丰田　荣,农技研报告,C-18,59(1966)。

[3] A. Kaars Seijpesteijn, Metabolic Inhibiors, ed. by R. M. Hochster et al. , Vol. 2, Academic Press. p. 39 (1963).

[4] W. N. Aldridge, et al. , J. Biochem. ,**61**,406(1955).

[5] J. Kahana,et al. ,J. Microbiol. Serol. , **33**,427(1967).

[6] M. S. Rose,et al. , J. Biochem. , **127**,51(1972).

[7] M. Stockdale, et al. , Eur. J. Biochem. , **15**,342(1970).

[8] R. M. Johnstone, Metabolic Znhibitors, ed. by R. M. Hochster, et al. , Vol. 2 Academic Press. p. 99 (1963).

[9] J. L. Webb,Enzymes and Metabolic Inhibitors, Vol. 3, Academic Press, 1966.

[10] J. J. Gordon, et al. , J. Biochem. , **42**,337(1948).

[11] E. S. Barron, T. P. Singer, J. Biol. Chem. , **157**,221(1945).

[12] T. P. Singer,et al. , J. Biol. Chem. , **157**,241 (1945).

[13] O. K. Reiss, et al. , J. Biol. Chem. , **231**,557 (1958).

[14] O. K. Reiss, et al. , J. Biol. Chem. , **233**, 789 (1958).

[15] R. G. Owens, et al. , Contrib. Boyce Thompson Inst. , **22**, 241 (1964).

[16] W. Chefurka, Enzymologia, **18**,209 (1957).

[17] R. G. Owens, Fungicides, ed. by Torgeson, Vol. 2, Academic Press, New York, p. 147, 1969.

[18] L. Hellerman, et al. , J. Biol. Chem. , **107**, 241 (1934).

[19] P. Zuman, et al. , Tetrahedron, **1**, 289 (1957).

[20] 山本出,深见顺一主编,程天恩等译,农药的设计与开发指南(第四册),化学工业出版社,1988,225 页。

[21] G. Vincent, H. D. Sisler, Physiol. Plant, **21**,1249 (1968).

[22] 华南农学院,植物化学保护,农业出版社,1983,216 页。

[23] G. P. Glusker, The Enzymes, ed. by P. D. Boyer, Vol. 5, Academic Press, New York, London, p. 413,(1971).

[24] R. G. Owens, et al. , Contrib. Bontrib. Boyce Thomspson Inst. , **19**,463(1958).

[25] Y. Okimoto, et al. , Ann. Phytopath. Soc. Japan, **28**, 209, 250(1963).

[26] D. E. Mathre, Phytopathology, **60**,671(1970).

[27] D. E. Mathre, Pest. Biochem. Physiol. , **1**,216(1971).

[28] R. A. Peters, Advances in Enzymol. , **18**,113(1957).

[29] M. S. Rose, W. N. Aldridge, J. Biochem. , **127**. 51(1972).

[30] G. A. White, Biochem. Biophys. Res. Comm. , **44**, 1212(1971).

[31] J. T. Urich, D. E. Mathre, J. Bacteriol. , **110**, 628(1972).

[32] J. S. Rieske, Antibiotics, ed. by D. Gottlied and P. D. Shaw, Vol. 1, Springer-Verlag Berlin, p. 542, (1967).

[33] D. E. Mathre, Phytopathology, **60**, 671(1970).

[34] D. E. Mathre, Pestic. Biochem. Physiol. , **1**,216(1971).

[35] N. N. Ragsdalev, H. D. Sisler, Phytopathology, **60**,1422(1970).

[36] S,G. Georgopoulos, V. Vomvovanni, Herbicides Fungicides, Formulation Cheimistry,ed. by A. S. Dahori, Proc. Ind. Int. IUPAC Congress, Vol. 5,p. 337, (1972).

[37] B. G. Tweedy, N. Turner, Contrib. Boyce Thompson Inst. , **23**,255(1966).

[38] B. G. Tweedy, Fungicide, ed. by D. C. Torgeson, Vol. 2, Academic Press, New York, London, p. 119, (1964).

[39] M. J. Selwyn,et al. , Eur. J. Biochem. , **14**, 120 (1970).

[40] C. H. Hemker, W. C. Hulsmann, Biochem. Biophys. Acta, **48**,221(1961).

[41] J. Hivicky, J. E. Casida, Biochem. Pharmacol. , **18**,1389(1969).

[42] T. Watanabe, Y. Sekizawa, Ann. Phytopath. Soc. Japan, **35**, 208(1969).

[43] H. Nishimura, et al., J. Antibioties, Ser. A, **17**,11(1964).

[44] A. Endo, T. Misato, Biochem. Biophys. Res. Comm., **37**,718(1969).

[45] A. Endo et al., Nippon Nogei Kagaku Kaishi,**44**,356(1969).

[46] V. Braum, K. Hantke, Ann. Rew. Biochem., **43**,89(1974).

[47] 江口　润等,[日]植病,**34**,280(1968).

[48] H. Hori,et al., Antibiotics, **27A**, 260(1974).

[49] H. Hori,et al., J. Pesticide Sci., **1**,31(1976).

[50] A. Endo,et al., J. Bacteriol., **104**,189(1970).

[51] 堰　正夫,日本農薬会誌,**1**,339(1976).

[52] Bartanicki-Carcia, E. Lippman, J. General Microbiol., **71**,301(1972).

[53] F. A. Keller, E. Cabib, J. Biol. Chem. Soc., **65**,658(1934).

[54] M. Hori,et al., Agr. Biol. Chem., **38**,691(1974).

[55] T. Macda,et al., Agr. Biol. Chem., **34**,700(1970).

[56] M. A. deWaard, Hinosan. Neth. J. Pl. Path., **78**,186(1972).

[57] M. A. deWaard, Meded. Landbouwhogschool Wageningen, Nederland **74-14**, 1(1974).

[58] J. M. van Cutsem, D. Thienpont, Chemotherapy, **17**, 392(1972).

[59] H. van den Bossche, Biochem. Pharmacol.,**23**,887(1974).

[60] D. Gottlieb, P. Shaw, Ann. Rew. Phytopathol.,**8**,371(1970).

[61] S. Aaronson, Proc. Soc. Exp. Biol. Med., **136**, 61(1971).

[62] C. G. Elliot, J. Gen. Microbiol., **56**, 331(1969).

[63] J. M. T. Hamilton, Chemotherapy, **18**, 154(1973).

[64] G. Matolosv, et al., Pestic. Sci., **4**, 267(1973).

[65] N. N. Ragsdale, H. D. Sisler, Biochem. Biophys. Res. Commun., **46**, 2048(1972).

[66] N. N. Ragsdale, H. D. Sisler, Pestic. Biochem. Physiol., **3**,20(1973).

[67] N. N. Ragsdale, Biochem. Biophys. Acta, **380**,81(1975).

[68] J. L. Sherald, et al., Pestic. Sci., **4**,719(1973).

[69] J. L. Sherald, H. D. Sisler, Pestic. Biochem. Physiol.,**5**,477(1975).

[70] T. Kato, Agr. Biol. Chem., **39**,169(1975).

[71] T. Kato, Neth. J. Plant Pathol., 83, Suppl 1,(1977).

[72] V. W. Cochrane, Physiology of Fungi,p. 155,(1958).

[73] H. Buchenauer, Pesticide Biochem. Physiol., **7**,309(1977).

[74] P. Gadher, et al., Pestic. Biochem. Physiol., **19**, 1(1983).

[75] M. J. Henry, H. D. Sisler, Pestic. Biochem. Physiol., **22**,262(1984).

[76] P. Gadher, et al., Pestic. Biochem. Physiol., **19**, 1(1983).

[77] M. J. Henry, H. D. Sisler, Pestic. Biochem. Physiol. Sci.,**22**, 262(1984).

[78] J. B. Shive, H. D. Sisler, Plant Physiol., **57**,15(1976).

[79] H. Forster, et al., Z. Pflanzenkrankh. Pflanzenschutz.,**87**,473(1980).

[80] B. Sugavanam, Pestic. Sci.,**15**, 296(1984).

[81] G. P. Clemons, H. D. Sisler, Pestic. Biochem. Physiol., **1**,32(1971).

[83] L. Kumari, et al.,J. Gen. Microbiol.,**88**,245 (1975).

[84] H. R. Kataria,R. K. Grover, Ann. Microbiol. (Inst. Pasteur), **127A**,297(1976).

[85] R. S. Hammerschlag, H. D. Sisler, Pestic. Biochem. Physiol.,**2**,123(1972).

[86] 沈同,王镜岩,生物化学(上册),高等教育出版社,1990,329 页。

[87] 华南农学院,植物化学保护,农业出版社,1983,220 页。

[88] D. Kerridge, J. Gen. Microbiol. , **19**,497(1958).

[89] M. R. Siegel, H. D. Sissler, Biochim. Biochem. Biophys. Acta. , **87**,70(1964).

[90] M. R. Siegel, H. D. Sisler, Nature, Lond. , **200**,675(1963).

[91] M. R. Siegel, H. D. Sisler, Biochim. Biophys. Acta, **103**,558(1965).

[92] H. L. Ennis, M. Lubin, Science,**146**, 1474(1964).

[93] F. O. Wettstein, et al. , Biochim. Biophys. Acta,**87**,525(1964).

[94] H. D. Sisler, M. R. Siegel, Antibiotics, Vol. 1, Mechanisms of action (ed. D. Gottlieb and P. D. Shaw) p. 283. (1967).

[95] D. E. Mathre, J. Agr. Fd. Chem. , **19**, 872(1971).

[96] P. Brookes,Chemotherapy of Cancer, ed. by P. A. Plattner, Elsevier, p. 32, 1964.

[97] J. Skoda,Progress in Nucleic acid Research, ed. by J. N. Davidson, Vol. II ,p. 147,1963.

[98] R. E. F. Matthews, J. D. Smith, Advances in Virus Res. , **2**,31(1954).

[99] H. D. Sisler, Ann. Rev. Phytopath. ,**7**,311(1969).

[100] S. S. Raw, A. P. Grollman, Biochem. Biophys. Res. Comm. , **29**,296(1967).

[101] N. Tanaka, J. Biochem. (Tokyo),**60**,429(1966).

[102] A. Okuyama,Biochem. Biophys. Res. Comm. , **43**,196(1971).

[103] D. Vazquez, Biochem. Biophys. Res. Comm. , **15**,464(1964).

[104] Z. Vogel, J. Mol. Biol. , **60**,339(1971).

[105] T. Kinoshita, et al. , J. Antibiotics,**23**, 288(1970).

[106] H. T. Shigeura, C. N. Gordon, Biochemistry,**2**,1132(1963).

[107] G. P. Clemons, H. D. Sisler, Phytopathology,**59**,705(1969).

[108] M. Chiba, F. Doornbos, Bull. Environm. Contam. Toxicol. , **11**, 273(1974).

[109] F. J. Baude, et al. , J. Agr. Food Chem. , **22**,413(1974).

[110] Z. Soled, et al. , Phytopathology, **62**,1007(1973).

[111] A. Helweg, Tidsskr. Planteavl. , **77**,232(1973).

[112] M. R. Siegel. , Phytopathology, **65**,219(1975).

[113] P. G. C. Douch, Xenobiotica, **4**,457(1973).

[114] D. J. Tocco, et al. , Toxicol. Appl. Pharmocol. , **9**,31(1966).

[115] D. C. Erwin, Pl. Prot. Bull. F. A. O. , **18**,73(1970).

[116] M. C. Wang, et al. , Pestic. Physiol. Biochem. , **1**,188(1971).

[117] L. E. Gray, J. B. Sinclair, Phytopathology, **61**,523(1971).

[118] A. Ben-Aziz, V. Aharondon, Pestic. Biochem. Physiol. ,**4**,120(1974).

[119] T. A. Jaob, et al. , J. Agr. Food Chem. , **23**,704(1975).

[120] W. J. A Vandenheuvel, et al. , Biomed. Mass Spectrom, **1**, 190(1974).

[121] N. Aharouson, U. Kafkafi, J. Agr. Food Chem. , **23**,720(1975).

[122] A. Frank, Acta Pharmacol. Toxicol. 29, Suppl 2,1(1971).

[123] J. W. Vonk, et al. , Pestic. Sci. , **2**,160(1971).

[124] Y. Yasuda, et al. , Ann. Phytopath. Soc. , Japan,**39**,49(1973).

[125] T. Noguchi, Environmental Toxicology of Pesticides, 607(1972).

[126] H. Buchenauer, et al. , Pestic. Science, **4**,343(1973).

[127] A. Matta, I. A. Gentile, Meded. Fac. Landbouwwetensch. Rijksumiv. Gent. , **36**,1151(1971).

[128] J. W. Vonk, B. Mihanovic, Neth. J. Pl. Path. ,83,(1977).

[129] P. G. C. Douch, Xenobiotica,**4**,457(1974).

[130] Y. Soeda, et al. , Agr. Biol. Chem. ,**36** 931(1972).

[131] W. T. Chin, et al., Agric. Food Chem., **18**, 709(1970).

[132] M. Snel, L. V. Edgington, Phytopathology, **60**, 1708(1970).

[133] L. Newby, B. G. Tweedy, Phytopathology, **60**, 6(1970).

[134] D. E. Briggs, et al., Pestic. Science, **5**, 599(1974).

[135] R. H. Waring, Xenobiotica, **3**, 65(1974).

[136] H. Lyr, et al., Zeitschr. Allg. Mikrobiol., **14**, 313(1974).

[137] A. W. Wolkoff, et al., Anal. Chem., **47**, 754(1975).

[138] P. R. Wollnofer, Arch. Mikrobiol., **64**, 319(1969).

[139] P. R. Wollnofer, G. Engehard, Arch. Mikrobiol., **80**, 315 (1971).

[140] G. Engelhard, et al., Appl. Micribiol., **26**, 709(1973).

[141] P. R. Wollnofer, et al., J. Agr. Food. Chem., **20**, 20(1972).

[142] H. Oeser, et al., Pesticides, 557~561(ed. F. Coulston and F. Korte), Stuttgart: Georg Thieme Verlag, 1975.

[143] M. A. deWaard, Medhanisms of action the organophosphorus fungicide pyrazophos. **74-14**, 1(1974).

[144] S. Gorbach, et al., Pesticides, p. 840(ed. F. Coulston and F. Korte). Stuttgart: Georg Thieme Verlag. 1975.

[145] I. Ueyman, et al., Agr. Biol. Chem., **37**, 1543(1973).

[146] Y. Uesugi, C. Tomizawa, Agr. Biol. Chem., **35**, 941(1971).

[147] Y. Uesugi, et al., Environmental toxicology of pesticides, p. 327~339(1972).

[148] I. Ueyama, I. Takase, Agr. Biol. Chem., **39**, 1719(1975).

[149] H. Yamamoto, et al., Agr. Biol. Chem., **37**, 1553(1973).

[150] C. Tomizawa, Y. Uesugi, Agr. Biol. Chem., **36**, 294(1972).

[151] T. Masuda, J. Kanazawa, Agr. Biol. Chem., **37**, 2931(1973).

[152] A. Calderbank, Acta Phytopathol. Acad. Scient. Hungar., **6**, 355(1971).

[153] P. Slade, et al., Proc. 2nd Intern. Congr. Pestic. Chem., Tel-Aviv., p. 295(1971).

[154] H. Bratt, et al., Food Cosmet. Toxicol., **10**, 489(1972).

[155] I. R. Hill, D. J. Arnold, Proc. 7th Br. Insectic. Fungic. Conf., **1**, 47(1973).

[156] G. Teal, B. D. Cavall, Proc. 8th Br. Insectic. Fungic. Conf., **1**, p. 25(1975).

[157] D. Kost, E. Gurfinkel, J. Chromatogr., **108**, 207(1975).

[158] S. Otto, N. Drescher, Proc. 7th Br. Insectic. Fungic. Conf., p. 57(1973).

[159] R. H. Waring, M. S. Wolfe, Pestic. Science, **6**, 169(1975).

[160] D. D. Hawkins, et al., Pestic. Science, **5**, 535(1974).

[161] A. Fuchs, W. Ost, Arch. Envirinm. Contam. Toxicol., **4**, 30(1976).

[162] E. A. Pieroh, et al., Reports and Information, Section Ⅲ. Chemical control. Intern. Plant Protection Congress, Moscow, Part I., p. 575, (1975).

[163] J. Iwan, D. Goller, 3rd. Int. Congr. Pesticide Chemistry, p. 135(abs)(1974).

[164] Maya Gasztonyi, Gyula Josepovits, Pestic. Sci., **15**, 48(1984).

[165] Naohiko Isobe, et al., J. Pesticide Sci., **10**, 475(1985).

[166] P. Dureja, S. Walia, Toxicol. Environ. Chem., **36**(1-2), 15(1992).

[167] 荒木隆男等, 土と微生物, **2**, 4(1961).

[168] 南开大学元素所, 杀菌剂(下)(内部资料), 1977, 238 页。

[169] R. C. Rhodes, et al., J. Agric. Food Chem., **19**, 745(1971).

[170] R. C. Rhodes, H. L. Peace, J. Agric. Food Chem., **19**, 750(1971).

[171] M. V. Wiese, J. M. Vargas, Pestic. Biochem. Physiol. **3**, 214(1973).

[172] G. D. Thorn, Pestic. Biochem. Physiol. , **3**,137(1973).

[173] 南开大学元素所,杀菌剂(下)(内部资料),1977,221 页。

[174] A. F. Gropov, N. NMel'nikov, Russ. Chem. Revs. , **42**,772(1973).

[175] B. G. van den Bos, Rec. Trav. Chim. Pays-Bas, **79**,1129(1960).

[176] A. Tempel, et al. , Neth. J. Pl. Path. , **74**,133(1968).

[177] T. Maeda, Agr. Biol. Chem. , **34**,700(1970).

[178] J. Dekker, A. Rev. Microbiol. , **17** ,243(1963).

[179] J. F. Grove, Griseofulvin. Quart. Rev. , **17**,1(1963).

[180] B. Von Schmeling, et al. , Int. Congr. Pl. p. 227(abs.),(1970).

[181] B. Von Schmeling, et al. , Science N. Y. ,**152**,659(1966).

[182] D. E. Mathre, J. Agr. Fd. Chem. , **19**, 872(1971).

[183] B. Jank, F. Grossmann, Pestic. Sci. , **2**,43(1971).

[184] E. H. Pommer, J. Kradel, Proc. 5th Br. Insectic. Fungic. Conf. , **2**,563(1969).

[185] P. ten Haken, C. L. Dunn, Proc. 6th Br. Insectic. Fungic. Conf. , **2**,453(1971).

[186] G. A. White, G. D. Thorn, Pestic. Biochem. Physiol. , **5**,380(1975).

[187] R. A. Martin, L. V. Edgington, Pestic. Biochem. Physiol. , **17**,1(1982).

[188] W. Hubele, et al. , Pesticide Chemistry, Human Welfare and the Environment, Vol. 1, Pergamon Press, p. 233, 1983.

[189] E. H. Pommer, Pestic. Sci. , **15**,285(1984).

[190] G. A. Carter, et al. , Ann. Appl. Biol. , **70**,233(1972).

[191] Y. Funaki, et al. , J. Pesticide Sci. , **9**,229(1984).

[192] H. Takano, et al. , J. Pesticide Sci. , **11**,373(1986).

[193] C. W. Pluijgers, A. Kaars Sijpestijn, Ann. Appl. Biol. **57**,465(1966).

[194] A. Fuchs, et al. , Pestic. Sci. , **14**,272(1983).

[195] C. Vagel, et al. , 5th Int. Congr. Pestic. Chem. Main Topic Iib-4,IUPAC Kvito, (1982).

[196] W. Kramer, et al. , Pestic. Chem. , Human Welfare and the Environment (Proc. 5th IUPAC, Pestic. Congr. , Kyoto, 1982), Vol. 1(P. Doyle, T. Dujita, Eds.) Pergamon, Oxford, p. 223(1983).

[197] B. C. Baldwin, T. E. Wiggins, Pestic. Sci. , **15**,156(1984).

[198] B. Sugavanam, Pestic. Sci. ,**15**,296(1984).

[199] 高山,千代藏,《化学》增刊(日),p. 167(1986).

[200] 江藤守総,農薬の生有机化学と分子設計,新日本印刷株式会社,1985,p445.

[201] K. Huang, et al. , J. Antibiotics(Tokyo),A,**17**,71(1964).

[202] A. Kappas, S. G. Gorgopoulos, Genetics, **66**,617(1970).

[203] J. Dekker, Conversion of 6-azauracil in sensitive and resistant strains of Cladosporium cucumerum. Mechanism of action of fungicides and antibioties (ed. W. Girbardt), p. 333, Berlin: Akademine-Ver-lag(1967).

[204] H. M. Dekhuijzen, J. Dekker, Pesticide Biochem. Physiol. , **1**,11(1971).

[205] R. S. Hammerschlag, H. D. Sisler, Pestic. Biochem. Physiol. , **3**,42(1973).

[206] L. C. Davidse, Aspergillas nidulans, Systemfungizide, p. 137(1975a).

[207] D. Cooper, et al. , J. Mol. Biol. , **26**,347(1967).

[208] G. Helser, et al. , E. Coli . Nature, New Biology, Cond. **233**, 12(1971).

[209] D. Lewis, Nature, Lond. , **200**,151(1963).

[210] S. G. Geogopoulos, H. D. Sisler, J. Bacteriol. , **103**,745(1970).

[211] S. G. Georgopoulos, et al. , Pestic. Physiol. , **5**,543(1975).

[212] J. Dekker, Proc. 6th Br. Insectic Fungic. Conf. , **3**,715(1971).

[213] L. C. Davidse, Peatic. Viochem. Physiol. , **3**,317(1973).

[214] S. G. Georgopoulos, et al. , Pestic. Biochem. Physiol. , **5**,543(1975).

[215] S. G. Georgopoulos, B. N. Ziogas, Abstr. Int. Symp. on Internal Therapy of Plants, p. 13,(1976).

[216] S. G. Georgopoulos, H. C. Sisler, J. Bacteriol. , **103**,745(1970).

[217] N. N. Ragsdale, Biochem. Biophys. Acta. , **380**,81(1975).

[218] N. N. Ragsdale, H. D. Sisler, Pestic. Biochem. Physiol. , **3**,20(1973).

[219] J. L. Sherald, et al. , Pestic. , **4**, 719(1973).

[220] J. L. Sherald, H. O. Sisler, Pestic. Biochem. Physiol. , **5**,477(1975).

[221] T. Kato, et al. , Agr. Biol. Chem. , **40**,2379(1976).

[222] T. Kato, et al. , Agr. Biol. Chem. , **38**, 2377(1974).

[223] T. Kato, et al. , Agr. Biol. Chem. , **39**,169(1975).

[224] A. Fuchs, C. A. Drandarevski, Nath. J. Pl. Path. , **82**,85(1976).

[225] A. Fuchs, et al. , Abstr. Int. Symp. on Internal Therapy of Plantsi, p. 12,1976.

[226] V. E. Vomvoyanni, S. G. Georgopouliy, Phytopathology, **56**,1330(1966).

[227] J. M. van Tuyl, Abstr. Int. Symp. on Internal Therapy of Plants,45(1976).

[228] H. Buchenauer, Pestic. Biochem. Physiol. , **7**,309(1977).

[229] 上杉康彦,片桐政子,福永一夫,農技研報告 C,**23**,93(1969).

[230] Y. Uesugi, et al. , Agr. Biol. Chem. ,**38**,907(1974).

[231] R. J. Threlfall, J. Gen. Microbiol. , **52**,35(1968).

[232] J. M. van Tuyl, Med. Landbouwh. Wageningen. , 77-2,1(1977).

[233] D. Priest, R. K. S. Wood, Ann, Appl. Biol. , **49**,445(1961).

[234] R. K. Webster, et al. , Phytopathology, **60**,1489(1970).

[235] S. G. Georgopoulos, et al. , Can. J. Botany. , **43**,765(1965).

[236] R. W. Tillman, H. D. Sisler, Phytopathology, **63**,219(1973).

[237] T. L. Helser, et al. , Nature New Biology, **235**(53),6(1972).

[238] A. Okuyama, et al. , Biochem. Biophys. Res. Com. , **60**,1163(1974).

[239] K. T. Huang, J. Antibiotics. , A**17**,71(1964).

[240] Y. T. 尼尼,P. N. 萨普里尔,杀菌剂防治植物病害,上海科学技术出版社,1988,8~25 页。

[241] E. S. Salmon, et al. , J. Agric. Sci. , **7**,473(1916).

[242] G. D. Sxhafer, Michigan. Agric. Exp. Sta. , Tech. Bull. 11,(1911);21,(1915).

[243] 华南农学院,植物化学保护,农业出版社,1983,240 页。

[244] E. G. Sharvelle, The Nature and Uses of Moden Fungicides, p. 65~68,1953.

[245] H. Martin, Ann. Appl. Biol. , **19**,98(1932).

[246] A. Millardet, J. Agric. Prat. , **49**,513(1885).

[247] 化工部农药技术情报中心站,农药工业(化工产品品种基础资料),下册,1977,593~624 页。

[248] C. L. Masong, Phytopathology, **38**,740(1948).

[249] D. Powell, Phytopathology, **36**,572(1946).

[250] H. Martin, Pesticide Manual, 5th Ed. , p. 395(1977).

[251] J. H. Muncie, W. F. Morofsky, Am. Potato J. , **26**,287(1949).

[252] P. G. Benignus, Ind. engng Chem. , **40**,1426(1948).

[253] W. I. Illman, Xan. J. Res. Sect. F. ,**26**,311(1948).

[254] G. J. M. van der Kerk, J. G. A. Luijten, J. Appl. Chem. , **4**,314(1954);**6**,56(1956).

[255] J. Meisner, K. R. S. Ascher, Z. Pflanzenkr. , **72**,458(1965).

[256] H. Martin, Pesticide Manual, 5th Ed. ,p. 271(1977).

[257] W. E. Allison, et al. , J. Econ. Ent. , **61**,1254(1968).

[258] G. W. Pearce, et al. , J. Am. Chem. Soe. , **58**,1104(1936);**59**,1258(1937).

[259] Hokko Chemical Industry Co. , Japan, 6797(1963).

[260] H. 马丁编,北京农药二厂译,农药品种手册,化学工业出版社,1976,205 页。

[261] Ihara Agricultural Chemical Co. , Japan, 6797(1963).

[262] 同[247],p. 645, 1970.

[263] 同[247],p. 646, 1970.

[264] 华南农学院,植物化学保护,农业出版社,1983,239 页。

[265] 长 正雄,イヘラ農薬研報特 1 号,p. 85,1962.

[266] M. Kado, et al. , Ann. Phytopathol. Soc. Japan, **30**,109(1965).

[267] E,Yoshinaga, et al. , Ann. Phytopathol. Soc. Japan, **30**,307(1965).

[268] E. Yoshinaga, Proc. 5th Br. Insectic. Fungic. Conf. , **2**,593(1996).

[269] H. Martin, Pesticide Manual, 5th Ed. , p. 40(1974).

[270] H. Scheinpflung, H. F. Jung, Pflanzensch. Nachr. Bayer, **21**,79(1968).

[271] H. Martin, Pesticide Manual, 4th Ed. , p. 235(1974).

[272] S. J. B. Hay, Proc. 6th Br. Insectic. Fungic. Conf. ,**1**,134(1971).

[273] M. A. de Waard, Meded. Landbouwhogeschool Wageningen, Nederland **74**-14,1(1974).

[274] H. Martin, The Pesticide Manual, p. 226,1974.

[275] H. Tolkmith, Nature, Lond. , **211**, 522(1966).

[276] Japan Pesticide Information, **41**,21~25(1982).

[277] Kato Toshiro, et al. , Ger. Offen. , 2501040(1975).

[278] D. J. Willams, Proc. Br. Crop. Conf. Pests. Dis. , p. 565(1977).

[279] Abblard, Jean, et al. , Ger. Offen. , 2751035(1978).

[280] 南开大学元素有机化学研究所编译,国外农药进展,化学工业出版社,1976,97 页。

[281] 南开大学元素有机化学研究所,稻枯磷小试总结报告,1981。

[282] 南开大学元素有机化学研究所,克菌壮中试报告,1985。

[283] H. Martin, Pesticide Manual. , 5th Ed. , p. 376(1977).

[284] A. J. Overman, D. S. Burgis, Proc. Florida state hort. Soc. , **69**,250(1956).

[285] Robert, O. ,Beauchamp, Jr. , et al. , U. S. 2861091(1958);C. A. **53**,4643(1959).

[286] H. Martin, Pesticide Manual, 4th Ed. , p. 520(1941).

[287] Albert J. Gracia, U. S. 2229562(1941);C. A. **35**,2906(1941).

[288] M. C. Goldsworthy, et al. , J. Agric. Res. , **66**,227(1943).

[289] H. Martin, Pesticide Manual, 4th Ed. , p. 276(1974).

[290] H. Martin, Pesticide Manual, 5th Ed. , p. 512(1977).

[291] W. H. Tisdale, A. L. Flenner, Ind. engng. Chem. , **34**,501(1942).

[292] Adolf Frank, Ferdinand Grewe, Brit. P. 948649 (1943).

[293] A. E. Dimod, et al. , Phytopathology,**33**,1095(1943).

[294] Elmer A. Fike, U. S. 2844623(1958);C. A. **52**,19001d(1958).

[295] J. M. Heuberger, T. F. Manns, Phytopathology, **33**,1111(1943).

[296] R. B. Smith, et al. , J. Pharmac. exp. Ther. , **109**,159(1953).

[297] R. A. Ludwig, et al. , Can .J. Bot. , **33**,42(1955).

[298] Raymond J. Sobatzki, U. S. 2974156(1961);C. A. **55**,15819b(1961).

[299] H. Goeldner, Pflanzenschutz-Nachr. , "Bayer"**16**,49(1963).

［300］H. Martin, Pesticide Manual, 4th Ed. , p. 429(1974).

［301］Rohm & Haas Co. Belg. 617407(1963);C. A. **58**,10678(1963).

［302］H. Martin, Pesticide Manual, 4th Ed. , p. 323(1974).

［303］Earl W. Cummings, U. S. 3085046(1963);C. A. **59**,10090(1063).

［304］M. Delepine, Bull. Soc. Chim. , **15**,891(1987).

［305］Joseph T. Bashour, U. S. 2743211(1956);C. A. **50**,11598(1956).

［306］南开大学元素所,杀菌剂(上)(内部资料),1977,24 页。

［307］H. 马丁编,北京农药二厂译,农药品种手册,化学工业出版社,1976,311 页。

［308］Farbenfabriken Bayer-A. G. ,Brit. 789273(1958);C. A. **52**,14708e(1958).

［309］J. R. Geigy, Swiss 360987(1962);C. A. **58**,12470e(1963).

［310］Z. Miroslav, Czech. 101214(1960);C. A. **59**,11258(1963).

［311］H. Martin, Pesticide Manual, 4th Ed. ,p. 77(1974).

［312］H. Martin, Pesticide Manual, 4th Ed. , p. 280(1974).

［313］W. D. Thomas, et al. , Phytopathology, **52**,1962(1962).

［314］H. Yersin, C. R. Acad, Agric. , **31**,24(1945).

［315］I. G. Farbenindustrie AG,DRP 682048.

［316］R. M. Bimber, Ger. Offen. 1958595(1973).

［317］N. J. Turner, et al. , Contrb. Boyce Thompson Inst. , **22**,303(1964).

［318］K. Aoki, H. Yamada, Japan Pesticide Information, **36**,32(1979).

［319］M. R. Siegel, H. D. Sisler, Ed. Antifungal Compounds,Vol. 1,Marcel Dekker, INC. ,p. 142,1977.

［320］N. D. Fulton, Plant Dis. , Rep. ,**55**, 307(1971).

［321］R. H. Lttrell, et al. , Plant Dis. Rep. ,**53**,913(1969).

［322］H. Martin, Pesticide Manual, 5th Ed. , p. 361(1977).

［323］U. Ewald, P. W. Frochberger, Ger. 1028828(1958);C. A. **54**,13528(1960).

［324］南开大学元素所,杀菌剂(上)(内部资料),1977,34 页。

［325］江藤守総,農薬の生有机化学と分子設計(日),新日本印刷株式会社,1977,445～461 页。

［326］Ozaki,Toshiaki, et al. , Ger. Offen. 1812206(1969).

［327］Sato, Katsumi, et al. , JP 45-40525(1970);C. A. **74**, 100023f(1971).

［328］K. W. Eichhorn, et al. , Z. Pflanzenkr. Pflanzenschulz. , **85**,449(1978).

［329］E,H. Pommer, D. Mangold, Meded. Fac. Landbouwwet. , Rijksuniv. Gent, **40**, 713(1975).

［330］今月の農薬,25(5),122(1981).

［331］H. Scholz, Eur. Pat. Appl. Ep 56966(1982);C. A. **97**, 216158(1982).

［332］J. Hattori, Japan Pesticide Information, **29** 16(1967);C. A. **87**,128584(1977).

［333］Y. Hisada, et al. , Nippon Noyaku Gakkaishi, **1**,145(1976);C. A. **85**,154955(1976).

［334］Y. Hisada, et al. , Nippon Noyaku Gakkaish, **1**,201(1976);C. A. ,**86**,951(1977).

［335］Y. Hisada, et al. , Neth. J. Plant Pathol. , **83**,71(1977);C. A. **90**,81943(1979).

［336］N. Kameda, et al. , U. S. 4082849(1978).

［337］C. Takayama, Pestic. Biochem. Physiol. , **12**,163(1979).

［338］Sumitomo Kagoku(Osaka),**2**,16(1981);C. A. **96**,137756(1982).

［339］L. L. McCoy, J. Org. Chem. ,**25**,2078(1960).

［340］Sumitomo Chemical Co. Ltd. , Jp 5702272(1982);C. A. **96**,19953m(1982).

［341］Kumia Chemical Industry Co. Ltd. and Mitsubishi Chemical Industries Co. Ltd. , Japan Pesticide Information, No. **34**,26(1978).

［342］G. Bonse, et al. , Eur. Pat. Appl. Ep 45907(1982);C. A. **97**,6143(1982).

[343] L. Burgaud, et al. , Proc. Br. Insectcic. Fungic. Conf. , 2, 645(1975); C. A. 86,38462(1977).

[344] R. Faur, Def. Veg. , 30, 124, 126, 128(1976);C. A. 85,10196(1976).

[345] L. J. Penrose, et al. , Phytopathol. Z. , 88,153(1977).

[346] W. I. French, Proc. Fla. State Hortic. Soc. , 89, 271(1976).

[347] G. Gros, Fr. Demande FR 2494268(1982); C. A. 98,17669(1983).

[348] E. H. Pommer, B. Zeeh, Meded. Fac. Landbouwwet. , Rijksuniv. Gent, 47, 935(1982);C. A. 98, 102505(1983).

[349] D. E. Dougherty, et al. , Plant Dis. , 67, 312(1983);C. A. 98,17669(1983).

[350] M. Bisach, et al. , Vignevini, 9,39(1982);C. A. 98,138872(1983).

[351] V. Di Toro, U. S. 4342773(1982); C. A. 97,198190(1982).

[352] T. Staub, et al. , Pflanzenkr. Pflanzenschuts. , 85,162(1978).

[353] T. R. Young, et al. , Proc. Fla. State Hortic. Soc. , 90,327(1977);C. A. 89,101598(1978).

[354] R. G. O'Brien, Plant Dis. Rep. , 62,277(1978).

[355] H. Moser, Ger. Offen. 259944(1974);C. A. 81,25414(1974).

[356] N. Moser, Swiss 603042(1978);C. A. 90,1689(1979).

[357] P. A. Urech, et al. , Proc. Br. Crop. Conf. -Pests Dis. , 2,623(1977).

[358] J. H. Smith, et al. , Proc. Br. Crop. Prot. Conf. -Pests Dis. , 2,633(1977).

[359] D. H. Benson, Phytopathology, 69,174(1979).

[360] M. N. Venugopal, et al. , Indian J. Agric. Sci. , 48,537(1978).

[361] A. Hubele, GB. 1500581(1975).

[362] H. Moser, GB. 1445287(1973);C. A. 81,25414(1974).

[363] F. Bennington, R. D. Morin, J. Org. Chem. , 26,194(1961).

[364] J. Marcus, et al. , Rev. Chim. (Bucharest), 7,109(1976).

[365] H. Adof, Ger. Offen. 2513788(1975);C. A. 84,17120(1976).

[366] E. Ammerman, E. H. Pommer Int. Congr. Plant. Prot. Conf. 10th, 1,431(1983); C. A. 102,57645 (1985).

[367] Harr Jost, et al. , Ger. Offen. 3030026(1981);C. A. 95,1897w(1980).

[368] Meded. Fac. Landbouwwet. Rijksuniv. Gent, 48,541(1983).

[369] H. Martin, The Pesticide Manual, 9th ed. ,p. 635~636(1991).

[370] Bosone Enrico, et al. , Ger. Offen. 2903612(1979);C. A. 92,41601q(1980).

[371] L. C. Davidse, et al. , Phytatr. Phytopharm. , 30,235(1981).

[372] A. Kerlenaar, Pestic. Biochem. Physiol. , 16,1(1981).

[373] D. J. Fisher, A. L. Hayes, Pestic. Sci. , 13,330(1982).

[374] L. C. Davidse, et al. , Exp. Mycol. , 7,344(1983).

[375] Y. Cohen, et al. , Phytopathology, 69, 645(1979).

[376] T. H. Staub, et al. , J. Plant Dis. Prot. , 87,83(1980).

[377] E. W. B. Ward, et al. , Phytopathology, 70,738(1980).

[378] W. P. Ter Host, E. L. Fengng, Chem. , 35,1255(1943).

[379] H. Martin, Pesticide Manual,4th Ed. , p. 90,1977.

[380] W. P. Ter Horst, U. S. 2346772(1944);C. A. 39,1246(1945).

[381] Svenska Oljeslager, Aktiebolaget, Brit. 854977(1961);C. A. 55,11382(1961).

[382] H. Tobler, U. S. 128843; C. A. 13,451(1919).

[383] J. M. Selden, et al. , Brit. 170022;C. A. 16,1137(1922).

[384] J. Berker, et al. , Pric. 2nd Br. Insectic. Fungic. Conf. ,351,1963.

[385] M. Joseph, et al., S. African 6706023(1968);C. A. **70**,46822(1964).

[386] C. S. Scanley, Fr. 1545133(1968);C. A. **71**,112400(1969).

[387] H. Hatanka, et al., Japan. Kakai, **74**, 133330(1974);C. A. **82**,139323(1975).

[388] I. M. Polyakov, Mezhdunar. Kongr. Zashch. Rast., **35**, 232(1972);C. A. **83**,38619(1975).

[389] 郭奇珍,有机硫杀菌剂,农业出版社,1962,120 页。

[390] I. M. Polyakov, Mezhdunar. Kongr. Zashch. Rast., [Dokl],8th,**2**,134(1975);C. A. **88**,147255 (1978).

[391] Farbwerke Hoechst A-G., Ger. 836646(1952);C. A. **49**,15958(1955).

[392] 化工部农药技术情报中心站,农药工业(化工产品品种基础资料)(下册),1970,682 页。

[393] M. L. Pilido, Fitopatiologia, **4**, 19(1969);C. A. **77**,71234(1972).

[394] M. L. Pilido, PANS, **20**,251(1974).

[395] W. Ohin, et al., J. Agr. Food Chem., **18**,709(1970).

[396] W. Ohin, et al., J. Agr. Food Chem., **18**,731(1970).

[397] M. Snel, et al., Phytopathology, **60**,1708(1970).

[398] W. T. Chin, et al., Pro. 5th Br. Insectic. Fungic. Conf., **2**,322(1969).

[399] E. I. Andreeva, Khim. Sel. Khoz., **10**,112(1972);C. A. **77**,15365(1972).

[400] G. Richard, et al., Proc. 5th Br. Insectic. Fungic. Conf., **1**,45(1969).

[401] R. C. F. Macer, et al., Proc. 5th Br. Insectic. Fungic. Conf., **1**,55(1969).

[402] B. V. Schemeking, et al., Science, **152**,659(1966).

[403] M. Snel, et al., Phytopathology, **58**,1068(1968).

[404] L. V. Edgingtion, et al., Science, **153**,307(1966).

[405] L. V. Edgingtion, et al., Cand. landt Dis. Survey, **47**,28(1967).

[406] L. V. Edgingtion, et al., Phytopathology, **56**,876(1966).

[407] L. V. Edgingtion, et al., Can. J. Plant Sci., **46**,336(1966).

[408] J. R. Hardison, Crop Sci., **6**,384(1966).

[409] J. A. Blackman, Gungicide and Nematocide Test Results, p. 210(1970).

[410] M. Snel,et al., Phytopathology, **59**,1050(1969).

[411] M. Snel, et al., Phytopathology, **58**,1068(1968).

[412] C. S. R. Venkata, Phytopoathology, **59**,125(1964).

[413] B. V. Schmelling, Fr. 1477062(1967); C. A. **68**,9583m(1968).

[414] G. S. Pande, et al., Ger. Offer. 2158312(1972);C. A. **77**,126649m(1972).

[415] B. Thomas, et al., Pestic. Sci., **2**,43(1971).

[416] E. H. Pommer, Proceedings of 2nd International IUPAC congress of Pesticide Chemistry, Vol. V,397 (1972).

[417] P. T. Haken, et al., Meded. Fac. Landbwentensch. Rijksumiv. Gent, **36**,79(1971).

[418] E. H. Pommer, et al., Proc. 5th Br. Insectic. Fungic. Conf., **2**,563(1969).

[419] 南开大学元素所,杀菌剂(上)(内部资料),1977,122~123 页。

[420] Ger. Offen. 2019535(1971);C. A. **76**,46068(1971).

[421] A. H. M. Kirby, PANS, **18**,1(1972).

[422] M. Snel, et al., Phytopathology, **60**,1164(1970).

[423] J. R. Hardison, Phytopathology, **61**,1369(1971).

[424] W. A. F. Hagborg, Can. J. Plant Sci., **50**,631(1970).

[425] D. E. Mathre, Pestic. Biochem. Physiol., **1**,216(1971).

[426] G. A. White, Bioche. Res. Commun., **44**,1212(1971).

[427] D. E. Mathre, Phytopathology, **60**,671(1970).

[428] Georgopoulos, S. G. , et al. , Pestic. Physiol. , **5**,543(1975).

[429] H. Lyr, et al. , Zum Problem der. Sekejtuvetat siwie der Struktur-Rezeptor Beziehungen von Carboxin und seinen Analogen; Systemfungizide(eds H. Lyr and C. Poter),p. 153(1975).

[430] J. L. Sherald, H. D. Sisler, Plant Physiol. , **46**,180(1970).

[431] G. A. White, B. D. Thorn, Pestic. Biochem. Physiol. , **5**,380(1975).

[432] P. Schicke, et al. , Proe. 5th Br. Insectic. Fungic. Conf. , **2**,569(1969).

[433] G. A. Cater, et al. , Ann, Appl. Biol. ,**70**,233(1972).

[434] W. Ost, et al. , Ger. Offen. 190142(1969);C. A. **72**,3053s(1970).

[435] K. Vogeler, Pfanzenschutz-Nachr,"Bayer",**22**,284(1969).

[436] J. Demecko, et al. , Agrochemia, **17**,205(1977).

[437] L. A. Summers, Experientia, **31**,875(1975).

[438] J. V. Gramlich, et al. , Proc. 5th Br. Insectic. Fungic. Conf. , **2**,576(1969).

[439] H. Darpoux, et al. , Phytiat. -Phytopharm. , **20**,81(1971).

[440] J. Bourdin, et al. , Phytiat. -Phytopharm. , **20**,95(1971).

[441] R. T. Burchill, et al. , Plant Pathol. , **20**, 173(1971).

[442] R. Lafon, et al. , Phytiat-Phytopharm. ,**20**,125(1971).

[443] P. L. Thayer, et al. , Plant Dis. Reptr. , **56**,45(1972).

[444] R. Agulhon, Phytiat-Phytopharm. , **20**,117(1971).

[445] J. D. Davenport, Fr. 1569940(1969);C. A. **72**,1007456(1970).

[446] J. D. Davenport, et al. , Brit. Amended, 1218623(1971).

[447] Z. Banihashemi, et al. , Plant Dis. Reptr. , **56**,45(1972).

[448] D. Rui, Mdede. Fac. Landbouwwetensch. Rijksuniv. Gent. , **36**,1202(1971).

[449] A. C. Leopold, Plant Phytopath. , **48**,537(1971).

[450] H. Buchenaur, E. Grossmann, Neth. J. Plant Pathol. , **83**,Suppl. 1. (1977).

[451] GB. 1218623(1971).

[452] H. Martin, Pesticide Manual, 9th ed. , p. 625(1991).

[453] P. L. Thayer, et al. , Phytopathology, **57**,833(1967).

[454] W. L. Wright, Chem. Spec. Mfr. Ass. , Proc. Annu. Meet. , **55**,147(1968).

[455] J. W. Whaley, et al. , Phytopathology, **57**,836(1967).

[456] R. L. Noveroske, Ger. Offen. 2333797(1974).

[457] J. F. Knaudd, Plant Dis. Rep. , **58**,1100(1974);C. A. **82**,107405(1975).

[458] G. S. Taylar, et al. , Plant Dis. Rep. , **59**,434(1975).

[459] M. E. Stanghellini, et al. , Plant. Dis. Rep. , **59**,559(1975).

[460] J. F. Knauss, Plant Dis. Rep. , **59**,637(1975).

[461] J. L. Starr, et al. , Plant Dis. Rep. , **60**,390(1976).

[462] G. C. Papavizas, et al. , Plant Dis. Rep. , **60**,484(1976).

[463] R. E. Mcloy, et al. , Plant Dis. Rep. , **60**,680(1976).

[464] J. L. McTntyre, R. J. Lukens, Plant Dis. Rep. , **61**,366(1977).

[465] R. L. Noveroske, Phytopathology, **65**,22(1975).

[466] H. A. J. Hoithink, et al. , Phytopathology,**65**,69(1975).

[467] J. F. Knauss, Down Earth, **30**,25(1975).

[468] J. F. Knauss, Proc. Fla. State Hortic. Soc. ,**88**,5699(1976).

[469] R. L. Noveroske, U. S. P. 4062962(1977).

[470] A. L. Bertus, et al. , Phytopathol. Z. ,**92**,266(1978).

[471] T. R. Faechner, et al. , Can. J. Plant Sci. , **58**,891(1978).

[472] R. W. Marsh,Systemic Fungicides,Ed. Longman,p. 156,1977.

[473] R. W. Marsh,Systemic Fungicide,Ed. Longman,p. 70,1977.

[474] M. R. Siegel, H. D. Sisler,Antifungal Compounds,Mareel Dekker, INC. , p. 79~80,1977.

[475] Sijpesteijin, A. K. ,et al. ,Meded. Lanb. Hogesch. Gent,**23**,824(1958).

[476] D. T. Stanton, et al. , J. Agric. Food Chem. , **31**,451(1983).

[477] G. Rosenbaum,Ger. Offen. 2833013(1979);C. A. **91**,74473(1979).

[478] Fr. P. 977687(1952);C. A. **47**,11260c(1953).

[479] G. Mohr,et al. , Mededel. Rijksfak. Wetensch. Gent,**33**,1293(1968).

[480] T. Kato,et al. , Agr. Biol. Chem. ,**38**,2377(1974).

[481] R. S. Elias, et al. ,Nature(Lond.),**219**,1160(1968).

[482] M. J. Geoghegan,Proc. 5th Br. Insectic. Fungic. Conf. ,**2**,333c(1969).

[483] M. R. Siegel, H. D. Sisler,Antifungal compounds, Vol. 2,Ed. Marcel Dekker, INC. , p. 369~370, 1977.

[484] D. E. G. Irvine, B. Knights,Pollution and the Use of Chemicals in Agriculture,London Butterworths, p. 38,1974.

[485] B. A. Colbourne, et al. , Ger. Offen. 2008876(1970).

[486] J. R. Finney, Proc. 8th Br. Insectic. Fungic. Conf. ,**2**,667(1975).

[487] G. Lorenzini,Not. Mal. Pinate,**90**,331(1974).

[488] G. Teal,et al. , Proc. Vr. Insectic. Fungic. Conf. , **1**,25(1975).

[489] A. M. Cole, et al. , Ger. Offen. 265312(1977);C. A. **87**,152257(1977).

[490] B. L. Putoo, et al. , Pesticide, **12**,21(1978);C. A. **89**,141719(1978).

[491] M. C. Shephard,et al. , Ger. Offen. 2003348(1971);C. A. **74**,100078c(1971).

[492] G. E. Frioland, et al. , Plant Dis. Reptr. , **56**,737(1972).

[493] W. Pfleiderer, et al. , Ann. **657**,149(1962);C. A. **58**,1453d(1963).

[494] P. R. Dridcoll, U. S. P. 3627891(1971);C. A. **76**,85841c(1972).

[495] Fr. P. 2035489(1970);C. A. **75**,76843w(1971).

[496] P. Slade, et al. , Proc. 2nd. International IUPAC Congress of Pesticide, Vol. Ⅴ,295(1972).

[497] K. J. Bent, Ann. Appl. Biol. , **60**,251(1967).

[498] A. Calderbank, Acta Phytopathol. Acad. Scient. Hungar, **6**,355(1971).

[499] E. H. Pommer, et al. , Proc. 5th Br. Insectic. Conf. , **2**,347(1969).

[500] W. Sanne, et al. , Ger. Offen. 1164152(1964);C. A. **61**,13321B(1964).

[501] E. H. Pommer, J. Kradel,Meded. Rijksfaculteit Landbouw. Wetenschappen. Gent,**32**,735(1967).

[502] J. Kradel, et al. , Proc. 5th Br. Insectic. Fungic. Conf. , **2**,16(1969).

[503] A. M. M. Kirby,PANS,**18**,1(1972).

[504] Pfiffner Albert,et al. , Ger. Offen. 2752135(1978);C. A. **89**,197339j(1978).

[505] S. Bissbort, et al. , Meded. Fac. Landbouwwet. Rijksuniv. Gent,**44**,487(1979).

[506] H. Maitin,The Pesticide Manual, 9th ed. ,p. 296,1991.

[507] S. Bissbort, et al. , Meded. Fac. Landbouwwet. , Rijksuniv. Gent, 56(26),599(1991);C. A. **116**, 100998(1991).

[508] E. H. Pommer,Pesticide Sci. , **15**,285(1984).

[509] K. H. Konig, et al. , Angew. Chem(Int. Ed.),**4**,336(1965).

[510] A. Kaars Sijpesteijn, Systemic Fungicides, Ed. by Marsh, R. W. Longman,London,p. 153,1977.

[511] H. Bergmann, et al. , Systemfungizide, p. 183,1975.

[512] D. J. Fisher, Pestic. Sci. **5**,219(1974).

[513] H. Buchenauer,Proc. 8th Intern. Plant Prot. Cong. Moscow, **3**,94(1975).

[514] U. S. P. 2540170(1951);C. A. **45** ,4872(1951).

[515] R. W. Marsh, Systemic Fungicides, Ed Longman, p. 133,1977.

[516] M. R. Siegel, H. D. Sisler,Ed. Antifugal Compounds,Vol. 1,Marcel Dekker, INC. , p. 335,1977.

[517] 南开大学元素所,杀菌剂(上)(内部资料),1977,75 页。

[518] L. V. Edgington, Phytopathology, **61**,42,(1971).

[519] J. Kokosinsk, B. Hancyk, Pr. Inst. Prem. Org. , **5**,1(1973).

[520] P. E. Frohberger, et al. , Ger. 1209699(1966);C. A. **64**,14900g(1966).

[521] A. Jagielski,et al. , Biul. Inst. Ochr. Posl. , **50**,207(1971).

[522] G. Schuhmann, Nachrichtenbl. Deut. Pflanzenschutzdiestes (Btunswick),**20**,1(1968).

[523] R. Weidenhagen, Ber. **69**, 2271(1936).

[524] H. J. Robison, et al. , Journal of Invest. Dermatology, **42**,479(1964).

[525] K. E. Weinke, et al. , Proc. 5th Br. Insactic. Fungic. Conf. , **2**,340(1969).

[526] V. J. Grenda, et al. , J. Org. Chem. **30**,259(1965).

[527] G. J. Bollen, et al. , Neth. J. Plant Pathol. , **76**,299(1970).

[528] J. W. Eckert, World Review of Pest Control, **8**,116(1969).

[529] W. A. Maxwell, et al. , Appl. Microbiol. , **21**,944(1971).

[530] H. Martin, Pesticide Manual, 4th Ed. , p. 34(1974).

[531] G. P. Clemons, et al. , Phytopathology, **59**,7051(1969).

[532] C. A. Peterson, et al. , J. Agric. Food Chem. **17**,808(1961).

[533] H. L. Klopping, U. S. 2933504(1960);C. A. **55**,9431f(1961).

[534] H. L. Klopping, U. S. 2933502(1960);C. A. **55**,3617g(1961).

[535] W. W. Kilgore, et al. , Vull. Environ. Contam. Toxicol. , **5**,67(1970).

[536] J. C. Pionnat, Arn. Phytopathol. , **3**,207(1971).

[537] W. Daum, et al. , Brit. 1228108(1971);C. A. **75**,36053g(1971).

[538] O. Katsumade, et al. , Noyaku Kenkyn, **19**,51(1973).

[539] A. H. M. Kirby, PANS,**18**,1(1972).

[540] J. E. Moore, Ger. Offen. 2128013(1971).

[541] M. A. Sanin, Khim. Sredstva Zashch. Rast. ,**5**,103(1975).

[542] V. L. Abelentsev, et al. , Khim. Sel'sk. Khoz. , **16**,23(1978).

[543] N. M. Golyshin, et al. , Brot. 1385123(1975);C. A. **83**,58830(1975).

[544] M. Borzsonyi, et al. , Int. J. Cancar, **15**,830(1975).

[545] S. P. Raychaudhuri, Ed. Advance in Mycology and Plant Pathology,p. 287,(1975).

[546] J. E. Moore, U. S. 3732241(1973);C. A. **79**,53335(1973).

[547] Ger. Offen. 1806123(1970); C. A. **71**,70347(1970).

[548] E. Aelbers, Meded. Rijksfac. Landbouwwet. , Gent, **36**,126(1971).

[549] Y. Soeda, et al. , Agr. Biol. Chem. , **36**,817(1972).

[550] J. W. Vonk, A. Kaas, Sijpesteijn, Pestic. Sci. , **2**,160(1971).

[551] T. Matsumura, et al. , Ed. Envoronmetal Toxicology of Pesticides, Academic Press, p. 607(1972).

[552] H. Martin, Pesticide Manual, 5th Ed. , p. 50,(1977).

[553] N. N. Nel'mikov, et al. , U. S. S. R. 6308559(1981);C. A. **95**,133160(1981).

[554] G. P. Clemons, H. D. Sisler, Phytopathology, **59**,705(1969).

[555] H. A. Selling, et al. , Chem. and Ind. , p. 1625(1970).

[556] G. J. Bollen, G. Scholten, Neth. J. Pl. Path. ,77,83(1971).

[557] R. S. Hammerschlag, H. D. Sisler, Pestic. Biochem. Physicol. , **2**,123(1972).

[558] R. S. Hammerschlag, H. D. Sisler, Pestic. Biochem. Physicol. , **3**,42(1973).

[559] J. R. Decallonne, et al. , Pestic. Sci. , **6**,113(1975).

[560] M. Eto, Organophosphorus Pesticides; Organic and Biological Chemistry, CRC Press, Cleveland, U. S. A. (1974).

[561] H. Buchenauer, Pestic. Biochem. Physiol. , **7**,309(1977).

[562] H. Buchenauer, Pflanzenschutz. -Nachr. ,**29**,266(1976);C. A. **89**,85649(1978).

[563] R. Siebert, Pflanzenschutz. -Nachr. , **29**,303(1977);C. A. **87**,85650(1978).

[564] F. Michel, et al. , Def. Veg. **31**,97(1977);C. A. **87**,99134(1977).

[565] W. K. Rowleg, et al. , Proc. Vr. Crop. Prot. Conf. -Pests Dis. **1**,17(1977).

[566] R. K. Varma, et al. , Pesticides, 13(24),38(1976);C. A. **92**,210035(1980).

[567] D. K. Strydom, G. E. Honeyborne, Hortseiende, **16**,51(1981).

[568] H. Buchenauer, Pestic. Sci. , **9**,507(1978).

[569] P. E. Frohberger, Pflanzenschutz. -Nachr. , **31**,11(1978);C. A. **92**,105641(1980).

[570] A. C. Wainwright, et al. , Proc. Br. Crop. Prot. Conf. -Pests Dis. , **2**,565(1976).

[571] W. Branckes, et al. , Pflanzenschuta. -Nachr. , **32**,1(1979).

[572] P. Kraus, Pflanzenschutz. -Nachr. , **32**,17(1979).

[573] K. S. Yoder, Plant Dis. , **66**,580(1982);C. A. **97**,67629(1982).

[574] F. Michel, Def. Veg. ,**57**,206(1983);C. A. **99**,199620(1983).

[575] G. Holma, Vaextskyddsrapp. , Jordbrul,**28**,31(1984);C. A. **101**,34416(1984).

[576] Mitt. Biol. Bundesanstalt. Lnadu. -Forstwirtsch. , Berlin-Dahlen. ,**232**,196(1986).

[577] Holmwood Graham,et al. , Ger. Offen. DE 3018866(1981);C. A. **96**,69004d (1982).

[578] H. Martin, The Pesticide Manial, 9th ed. , p. 785(1991).

[579] K. J. Bent, A. M. Skidmore, Proc. Br. Crop Prot. Conf. -Pests Dis. ,Vol. 2, p. 477~484(1979).

[580] D. J. I. Jacobson, Proc. N. Z. Weed Pest Control Conf. 35th, 199(1982);C. A. **94**,966k(1981).

[581] Hoffman, Jacob M. Jr. , U. S. 449780(1985);C. A. **102**,220907r(1985).

[582] H. Martin,The Pesticide Manual, 9th ed. , p. 261(1991).

[583] P. J. Froggatt,et al. , Monogr. -Br. Plant Growth Regul. Group, 7,71(1982);C. A. **99**,65785(1983).

[584] Nihon Tokushu Noyaku Seizo K. K. , Japn. Kokai. Tokyo Koho JP 56-61302(1981);C. A. **95**,92365 (1981).

[585] Sumitomo Chemical Co. Ltd. , JP 82-93966;C. A. **98**,16697s(1983).

[586] Izumi,Kazuo. ,et al. , JP 86-143304;C. A. **105**,221005u(1986).

[587] Funaki, Yuji,et al. , EP 54431(1982);C. A. **97**,216186(1982).

[588] H. Martin,The Pesticide Manual,9th ed. p. 854,(1991).

[589] Toshiyuki, Katagi, et al. , J. Pesticide Sci. , **12**,627~633(1987).

[590] Plant Cell Physiol. ,**25**,611(1984).

[591] Takahachi and Soshir, et al. , Phytochemistry,**17**(8),1201(1978).

[592] H. Takano, et al. , J. Pestic. Sci. , **8**,575(1983);C. A. **101**,18930(1984).

[593] Y. Funaki,et al. , J. Pestic. Sci. , **9**,229(1984); C. A. **102**,619468(1985).

[594] H. Martin,The Pesticide Manual,9th ed. p. 301(1991).

[595] Sumitomo Chemical Co. Ltd. , JP 57-102872(1982);C. A. **98**,16696r(1983).

[596] Elbe,Hans Ludwig et al. , Ger. Offen. DE. 314467(1983);C. A. **99**,53766e(1983).

[597] D. B. Suncan, Biometrics, **11**,1(1955).

[598] D. A. Harries, Outlook on Agrculture, **8**,275(1975).

[599] J. C. Zaboks,et al. , Weed Research,**14**,415(1974).

[600] Parry,Keith Peter,et al. , EP. 15756(1980);C. A. **94**,103388c(1981).

[601] H. Martin,The Pesticide,Manual,9th,ed. ,p. 470(1991).

[602] Jones, Raymond Vincent Heavon et al. , EP 110536(1984);C. A. **101**,170862(1985).

[603] H. Martin,The Pesticide Manual,9th ed. ,p. 215(1991).

[604] US 4664696(1987).

[605] Schaub Fritz,Ger. Offen. DE 3406993(1984);C. A. **102**,62240m(1985).

[606] R. V. H. Jones,et al. ,Eur. Pat. Appl. EP 110536(1984).

[607] T. Staub,et al. , IX Int. Congr. Plant Prot. ,Washington,310(1979).

[608] J. V. Gestek,et al. , Pestic. Sci. , **11**(1). 95(1980).

[609] H. Martin,The Pesticide Manual,9th ed. ,p. 724,(1991).

[610] P. Urech,et al. , Proc. Br. Crop Prot. Conf. -Pests Dis. ed. 2,p. 508(1979).

[611] Van Reet, Gustaaf et al. , Ger. Offen. 2551560(1976);C. A. **85**,94368f(1976).

[612] J. M. Smith , J. Speich,Proc. Br. Crop Prot. Dis. 11th,(1),219(1981).

[613] J. D. Froyd,et al. , Phytopathology,**66**,1135(1976).

[614] M. C. Tokousbalides,et al. , Pestic. Bioche,. Physiol. ,**8**,26(1978).

[615] H. Martin,The Pesticide Manual, 9th ed. ,p. 424,(1991).

[616] Proc. Br. Crop Prot. Conf. -Pests and Dis. , Vol. 1,p. 413(1984).

[617] 高骏侠译,农药译丛,**10**(3),19(1988).

[618] H. Buchenauer,Pestic. Biochem. Physio. ,**8**,15(1978).

[619] R. S. Kelley, A. L. Jones, Phytopathology,**71**,737(1981).

[620] F. J. Dchwinn, P. A. Urech,Abstracts 9th International Congress of Plant Protection,p. 310,Washigtion D. C. ,1979.

[621] Keith Chamberlain,et al. , Pestic. Sci. ,**31**(2),185(1991).

[622] Heeres,Jan,et al. , Ger. Offen. 2735872(1978);C. A. ,**88**,190842p(1978).

[623] H. Martin, The Pesticide Manual,9th ed. ,p. 450(1991).

[624] Corbet,Jean Pirre,et al. ,EP 258160(1988).

[625] H. Martin,The Pesticide Manual,9th ed. ,p. 490(1991).

[626] Ohyama,Hiroshi,et al. ,Ger. Offen. DE 3238306(1983);C. A. **99**,88203w(1983).

[627] Hokko Chemical Industry Co. Ltd. ,JP 59-62506(1984);C. A. **101**,85668a(1984).

[628] H. Martin, The Pesticide Manual,9th ed. ,p. 804(1991).

[629] Okimura, Nobuo,et al. ,JP 62-169773(1987);C. A. **108**,37843b(1988).

[630] Proc. Brighton Crop Prot. Conf. -Pests Dis. ,Vol. 2,p. 519(1988).

[631] Abstr. 9th Anna. Meeting Pestic. Sci. Soc. Jpn. ,p. 120,1984.

[632] H. Martin,The Pesticide Manual,9th ed. 601(1991).

[633] G. A. Miller,et al. , Ger. Offen. 2604047(1976);C. A. **86**,1093r(1977).

[634] Proc. Br. Crop Port-Pests and Dis. ,Vol. 1,p. 55(1986).

[635] H. Martin,The Pesticide Manual,9th ed. , p. 157(1991).

[636] S. H. Shaber,et al. , Ger. Offen. 3721786(1988);C. A. **108**,200219p(1988).

[637] H. Martin,The Pesticide Manual,9th ed. ,p. 1140. (1991).

[638] Greiner Alfred, et al. , FR. 2597868(1987);C. A. **108**,217777s(1988).

[639] H. Martin,The Pesticide Manual,9th ed. , p. 43(1991).

［640］J. Van Gestel，Pestic. Sci. ，**11**(1)，95(1980).

［641］沙家骏等，国外新农药品种手册，化学工业出版社，1992，257 页。

［642］杜英娟等，中国化工学会农学会第六届年会论文集，三唑类农药的最新进展，15～23 页，(1994)。

［643］刘中法等，含唑基衍生物的合成及生物活性(南开大学元素所硕士研究生毕业论文集)，4～77 页，(1994)。

［644］S. Kamimura，et al. ，Phytopathology，**64**，1273(1974).

［645］W. H. Read，Wld. Rew. Pest Control，**5**，45(1966).

［646］M. J. Gerghegan，Proc. Br. Insectic. Fungic. Conf. 4th，451(1967).

［647］南开大学元素所，多霉净小试技术鉴定，1976。

［648］T. Watanabe，J. Pesticide Sci. ，**2**，355(1979).

［649］T. Watanabe，et al. ， J. Pesticide Sci. ，**4**，53(1979).

［650］O. Takao，Jpn. Pesticide Inf. ，**37**，37(1980)；C. A. **95**，36930(1981).

［651］Y. Suzuki，et al. ，Japan Kokai 78-66424(1978)；C. A. **89**，158760(1979).

［652］S. Pawirosoemardjo，Menara Perkebunan，45，81(1977)；C. A. **91**，33964(1979).

［653］水上武幸等，今月の農薬，**3**，22(1971).

［654］Yakushiji Kunithito, et al. ， Takeda Kunkyusho Ho，**29**，178(1970). C. A. **73**，54951m(1970).

［655］水上武幸等，植物防疫，**26**(2)，52(1972).

［656］水上武幸，今月の農薬，**16**(3)，60(1972).

［657］Giichi Funatsukuri，et al. ，JP 20944(1966)；C. A. **66**，46430f(1967).

［658］Xiao Bangkiangetal, Sichuan Yixueyuan Xuebao，**15**，6(1984)；C. A. **100**，204736(1984).

［659］Okada Yoshiyuki，et al. ， JP 71-33954(1971)；C. A. **76**，3868u(1972).

［660］P. I. Wakae，et al. ， Ger. Offen. 1923939(1969)；C. Λ. **72**，121546c(1970).

［661］J. E. Wheeler，et al. ， Phytopathology，**60**，561(1970).

［662］A. L. Bertus，et al. ， Plant Dis. Rep. ，**58**，437(1974).

［663］G. J. Muller，et al. ， Plant Dis. Rep. ，**56**，554(1974).

［664］A. S. Al-Beldawo，et al. ， Phytopathology，**59**，68(1969).

［665］R. W. Marsh，Ed. Suste，oc Fimgocodes，Longman，**155**，p. 17(1977).

［666］G. C. Papavizas，et al. ，Phytopathology，**68**，1167(1978).

［667］H. Martin，The Pesticide Manual，6th Ed. p. 136(1979).

［668］B. Cation，Plant Disease Reptr. ，**41**，1092(1957).

［669］W. S. Calting，et al. ， Abstr. lst Congr. Plant Pathology，London，p. 27(1968).

［670］R. J. Stipes， et al. ， Phytopathology，**60**，1018(1970).

［671］南开大学元素所，杀菌剂(上)，1977，203 页。

［672］F. Araki，et al. ， Proc. 8th Br. Indectic. Fungic. Conf. ，**2**，715(1975).

［673］C. N. Wolf，et al. ， Science，N. Y. ，**121**，61(1955).

［674］堀正侃，今月の農薬，**4**，50(1967).

［675］H. Martin，The Pesticide Manual，5th Ed. p. 19(1964).

［676］马誉，抗生素，人民卫生出版社，1965。

［677］戴自英，实用抗菌素学，第一版，上海人民出版社，1977。

［678］王岳、方金瑞，抗生素，科学出版社，1988。

［679］L. P. Garod，et al. ， Antibiotic and Chemotherapy，4th Edition，Churchill Livingstone，1973.

［680］S. G. Georgopoulos，et al. ， Ann. Rev. Phytopathology，**5**，109(1967).

［681］J. Kuiper，Nature(Lond.)，**208**，1219(1965).

［682］K. Fukunaga，et al. ， Bull. Agr. Chem. Soc. Japan，**19**，181(1955).

[683] N. Otake,et al. , The Structure of blasticdins. , Tetrahedron Letters,**19**,1411(1965).

[684] H. Umezawa,et al. , J. Antibiotics (Tokyo)Ser. A. ,**18**,101(1965).

[685] Y. Suhara,et al. , Tetrahedron Letters,**12**,1239(1966).

[686] A. J. Lemin , J. H. Ford,For. Science,**6**,306(1960).

[687] T. Okuda,et al. , Chem. Pharm. Ball. (Tokyo),**6**,328(1958).

[688] K. V. Rao , W. P. Cullen,J. Am. Chem. Soc. ,**82**,1127(1960).

[689] S. Sutzuki,et al. , J. Antibiotcs(Tokyo)Ser. A. ,**11**,81(1958).

[690] L. Isono,et al. , Agr. Biol. Chem. ,**31**,190(1967).

[691] A. Endo , T. Misato,Biochem. Biophys. Res. Comm. ,**37**,718(1969).

[692] A. E. Oxford , et al. , J. Biochem. ,**33**,240(1967).

[693] P. W. Brian,et al. , Nature, Lond. ,**167**,347(1951).

[694] S. H. Crowdy,et al. , J. Exp. Bot. ,**7**,42(1956).

[695] J. F. Grove, Griseofulvin. Quart. Rev. ,**17**,1(1963).

[696] J. W. Michell,et al. , Phytopathology,**44**,25(1954).

[697] A. G. Winter, L. Willeke, Naturwissenschaften,**38**,457(1951).

[698] K. O. Muller, et al. , Nature. Lond. , **174**,878(1954).

[699] R. Crosse, et al. , Ann. Oppl. Bio. , **48**,270(1960).

[700] 沈同、王镜岩,生物化学(第二版)(上),高等教育出版社,1990,430 页。

[701] S. Suzuki,et al. , J. Antibiotics(Tokyo). Ser. A. ,**11**,81(1958).

[702] 薬学雑誌(日),**79**,1510～1513(1959);C. A. **54**,21314d(1960).

[703] 日特公(昭)35-18443(1960);C. A. **55**,21473g(1961).

[704] D. Kerridge,J. Gen. Microbiol. , **19**,479(1958).

[705] M. R. Siegel, H. D. Sisler, Nature. Lond. ,**200**,675(1963).

[706] M. R. Siegel, H. D. Sisler, Biochem. Biophys. Acta,**87**,70(1964).

[707] M. R. Siegel, H. D. Sisler, Biochem. Biophys. Acta,**103**,558(1965).

[708] H. L. Ennis , M. Lubin,Science,**146**,1474(1964).

[709] F. O. Wettstein,et al. , Biochem. Biophys. Acta,**87**,525(1964).

[710] M. A. EI-Nakeeb,et al. , J. Bacteriol. ,**39**,557(1965).

[711] A. Okuyama, et al. , Biochem. Biophys. Res. Comm. ,**43**,196(1971).

[712] T. Misato,et al. , The therapeutic action of blasticidin-S, Ann. Phytopath. Soc. Japan,**24**,302(1959).

[713] T. Misato,Blasticidin-S. Antibiotics, Vol. 1, Mechanisms of action (eds D. Gottlieb and P. D. Shaw),
p. 434,New York:Springer,1971.

[714] H. D. Sisler, M. R. Siegel, Antibiotics. Vol. 1, Mechanisms of action (eds D. Gottlieb and P. D.
Shaw),p. 283,New York:Springer,1971.

[715] 沈同、王镜岩,生物化学(第二版)(上),高等教育出版社,1990,389 页。

[716] N. Ohta,et al. , Agr. Biol. Chem. , **34**,1224(1970).

[717] T. Faweett,et al. , Annual Review of Phytopathology,**8**,403(1970).

[718] W. R. Phelps,et al. , Plant Dis. Reptr. , **50**,736(1966).

[719] Z. Kiraly,et al. , Phytopathology,**52**,171(1962).

[720] J. Dekker, Neth. J. Plant Pathol. , **75**,182(1969).

[721] J. R. Valenta, Phytopathology,**52**,1030(1962).

[722] J. C. Hughes, et al. , Phytopathology,**50**,398(1960).

[723] D. C. Erwin, et al. , Phytopathology,**66**,283,(1979).

[724] D. C. Erwin,et al. , Phytopathology,**69**,283(1979).

[725] K. Namedov, Tsitol Genet. , **10**,262(1976);C. A. **88**,1405(1978).

[726] E. W. B. Ward,et al. , Phytopathology,**65**,168(1975).

[727] S. M. EI-Wazeri, S. A. EI-Sayed, Egypt. J. Hortic. **4**,157(1977).

[728] A. J. Birch,et al. , Tetrahedron Letters,**5**,673(1962).

[729] C. W. L. Bevan,et al. , J. Chem. Soc. Supl. ,**2**,599(1964).

[730] A. Stoessl,et al. , Chem. Ind. , 703(1974).

[731] C. H. Faceett, D. M. Spencer, Ann. Rew. Phytopathol. , **16**,403(1978).

[732] Chemical Engineering News,Vol. 63,**21**,46(1985).

[733] I. A. Cruickshank,et al. , Life Sci. ,**7**,499(1968).

[734] J. M. M. Cruickshank,Ann. Rev. Phytopathol. **1**,351(1963)

[735]J. Kuc , Wold Rev. Pest Control, **7**,176(1968)

[736] J. A. M. Cruickshank, D. R. Perrin, Aust. J. Biol. Sci. ,**16**,111(1963).

4

除草剂

4.1　通　　论

4.1.1　除草剂的重要作用

杂草同农作物争夺阳光、水分及土壤中的养分,严重地影响了作物的生长与发育,降低了作物的产量和质量。许多杂草还是农作物病菌、病毒和害虫的宿主,易引起病虫害在作物中蔓延,因此,杂草的防除在农作物生产中起着重要的作用。随着社会生产力的发展,迫切需要消除杂草的地方还不只局限于农田,其它如排灌系统、航道、机场、油田、露天仓库、工业区、道路两旁、森林甚至公园等地的杂草均会妨碍安全卫生和生产,影响环境的整洁。因此,杂草的危害不仅涉及农业生产,也影响到国民经济的许多部门。

农田杂草在长期的自然选择中,形成了独特的生物学特性,如结实能力强,种子数量多,传播途径广泛,生长能力强以及具有多种繁殖方式等,这些特性无疑对除草造成很大的困难。

目前,世界各地区由于杂草危害造成作物的损失率,北美为 $11\%\sim15\%$,亚洲、欧洲及南美洲为 $10\%\sim20\%$,前苏联为 $15\%\sim20\%$,对于农业落后的国家,这个数值还要大[1]。

人工除草在农业生产中是一项高强度的体力劳动,每年要耗用大量劳动力,因为在农忙季节一旦除草不及时,很易造成草荒而导致巨大损失。用化学药剂代替人工除草,是我国农业机械化、现代化的迫切需要和必然趋势。化学除草是一项重要的技术革新措施,它可杀死杂草而不伤害作物,能把杂草连根彻底消灭,并能在土壤中保持一段较长时间,继续发挥药效,不让杂草滋生。化学除草不但可省大量劳动力,增产增收,并且有利于农业机械化的发展和耕作栽培技术的革新。例如,机械耕地虽好,但由于强化透气,使腐殖质减少,免耕或少耕则能提高土壤中腐殖质的含量,有助于减少土壤养分的流失,这些农业革新措施没有除草剂的配合是不可能的。

使用除草剂能大大减少防除杂草的时间、劳力和成本。例如,在日本由于除草剂的发展,在水稻这一最有代表性作物田中的除草工时正在逐年下降(见表 4—1)[2]。

表 4—1　日本应用除草剂在水稻田中的经济效益

年次	每0.1公顷除草所需时间 A	每小时的劳动价值 B	每0.1公顷所用除草剂费用 C	每0.1公顷所节省的劳力(与1949年比) D		每0.1公顷所用的除草费用(与1949年比) E		日本全部水稻田经济效益	
								劳力节省	经费节省
	小时	日元	日元	人	%	日元	%	百万人	亿日元
1949	50.56	26.5	0	(6.32)					
1960	26.8	51.3	62	2.95	47	1159	45	95	362
1970	13.0	194.2	335	4.69	74	6959	71	133	1974
1980	6.0	329.3	2719	5.57	88	34235	82	131	3045
1984	4.7	959.7	3083	5.73	91	40929	84	132	9414
1985	4.3	982.1	3216	5.73	91	42216	85	133	9785

注:D=6.32−A/8　E=B×(50.56−A)−C　(A、B、C选自日本水稻生产费用调查报告)

　　由于除草剂对农业的增产增收具有重大意义,世界上除草剂的销售额在农药中所占比例日益增大。1986 年世界除草剂市场占农药总市场的 44％。90 年代初,除草剂需要量达 77 亿美元,占农药销售总额的 65％。

　　我国杂草的危害亦十分严重[3],据近年估算,因杂草造成的作物损失约为 1750 万吨/年,损失率平均为 13.4％。全国稻田主要杂草危害面为 1.3×10^7 ha,占水稻播种面积的 48％,严重危害面积 3.8×10^6 ha,占水稻播种面积的 11.1％,年损失稻谷达 1000 万吨以上;小麦每年受杂草危害的面积约 1×10^8 ha,占小麦播种面积的 30％,其中严重危害面积 2.7×10^7 ha,占麦类播种面积的 8％,年损失产量约 400 万吨,损失率达 15％;杂粮作物草害面积近 6.7×10^7 ha,其中严重危害面积 1.3×10^7 ha,年损失产量约 250 万吨,损失率为 10.4％;棉花草害面积约 2.2×10^7 ha,严重危害面积 1.3×10^6 ha,年损失皮棉 25 万担,损失率达 14.8％;大豆草害面积约 2×10^7 ha,严重危害面积约 6.7×10^6 ha,年损失产量约 50 万吨,损失率为 19.4％;水果、蔬菜等因杂草危害,年损失折合人民币 80 亿元。其它经济作物,如油菜、花生、甘蔗、甜菜、桑及茶等,也有不同程度的草害。

　　作物田中的杂草使作物的产量大大减少,以野燕麦为例,由表 4－2 可以看出它对小麦产量的严重影响。

表 4－2　我国野燕麦对小麦产量的影响

每平方米野燕麦株数	17	23	74	84	210	288
小麦相应的减产率(％)	10.7	24.9	37.5	48.2	52.6	81.2

　　近年来,除草剂的使用在我国农业上也带来了巨大的经济效益。例如,据广东省从化县城郊镇东风乡调查,1987 年在 14 公顷水稻直播田使用除草剂进行化学除草,用药费加上人工施药费共计 104.85 元/公顷,而用人工除草,每公顷需用 375 个工,每个工每天费用 4.5 元,每公顷共需 1687.5 元,54 公顷共节省 8.5 万元。又如,据广州市白云区图岗镇调查,1987 年在 20 公顷移栽水稻田中使用 50％丁草胺进行化学除草,每公顷用药 1.5 千克,用药费 37.5 元,加上人工施药费共 38.7 元。而人工除草每公顷需 30 个工,按每个工每天费用 3.3 元计,共需费用 99 元,化学除草比人工除草每公顷节省 60.3 元,20 公顷共节省 1206 元。

4.1.2　除草剂的发展概况[3～5]

　　很难准确地考察除草是什么时候开始的。据记载,人类早在开始耕作时期就认识到杂草的危害,并用各种简单的工具同杂草作斗争。直到大约上世纪中叶,人们发现某些化学品对植物有杀灭作用,从而显示出用化学品除草的可能性。这种发现是受到化学药品防治植物病虫害的启示。

　　1895 年,法国葡萄种植者 M. L. Bonnet 观察到从葡萄杆滴落下来的 $CuSO_4 \cdot H_2O$ 喷洒液对野胡萝卜及芥末有杀灭作用,并于第 2 年在燕麦地喷洒,紧接着法国、英国均用硫酸铜大面积选择性防除野胡萝卜和芥末。这一偶然发现是农田化学除草的开端。在同一时期,美、英、法、德等国除了使用硫酸铜外,还使用硫酸亚铁、氯酸钠、硫酸及砷化物等无机化合物除草。直到 30 年代初,这一阶段人类使用的除草剂都是无机的金属盐和酸,它们的除草作用主要是依靠其腐蚀性,因此,用量大,选择性差,杀草谱窄,成本高以及使用麻烦。

　　第一个有机除草剂是 1932 年在法国发现的二硝酚(DNOC,2-甲基-4,6-二硝基酚)。二硝酚其实在 1892 年就在水果种植地作为杀虫剂使用,其除草性能的发现类似于硫酸铜的发现,也是当人们观察到树下的双子叶植物滴上二硝酚后很快枯死的现象时才发现的。二硝酚的发现使除草剂进入了有机化合物的领域。虽然这些化合物的选择性不强,仅能局部杀死杂草植株,不能斩草除根,但却使除草剂向前迈进了一步。

　　1942 年,内吸传导性除草剂 2,4-滴(2,4-二氯苯氧乙酸)的发现在除草剂发展中开创了新纪元。它不仅除草效果好,杀草谱广,而且对单双子叶植物具有显著的选择性,因而迅速在农业生产中大面积使用。在这一重大突破的影响下,大大促进了除草剂的发展,开创了除草剂工业这一新领域,世界上许多化学公司竞相开发新的除草剂,促进了多种新型除草剂的合成及筛选。

　　回顾除草剂的发展史,50 年来总的趋势是向着高效低毒、选择性强、杀草谱广的方向发展。当前全世界生产的除草剂多达 300 种以上,特别是近年来有多种超低用量、新作用点、高选择性的除草剂相继出现,这些超高效除草剂对提高农业生产率、保护生态环境,具有极为重要的意义。随着除草剂新品种的不断出现,也创造了多种多样的新剂型,一些农药公司致力于剂型的研究与改进,使之既能充分发挥其杀草活性,又能达到安全、方便、经济和省力的目的。创造的新型剂型有颗粒剂、微粒剂、大粒剂、超低容量喷雾剂、胶悬剂、浓乳剂、控制释放剂等。

　　使用技术是除草剂发挥效果的关键问题,如何使用最少的药剂而发挥最大效力的除草效果,是应用研究中的一大课题。目前创造了控制雾滴喷雾、静电喷雾、带状喷雾、土表下施药、通过灌溉系统施药等技术,既减少了用药量、控制了雾滴的漂移,又提高了工效与药效,同时也减轻了对环境的污染。另外,施药器械的改进也将对药效的发挥起着重要的作用。

　　欧美各国随着工业发展,农场兼并,耕地面积扩大,农业劳动力减少,劳动工资高涨,以及增施肥料引起杂草危害加剧,使除草剂的使用面积迅速扩大。许多国家由于耕作栽培制度的改革,特别是少耕法与免耕法的应用,也促进了除草剂使用面积的扩大。

　　随着除草剂使用面积的扩大、使用技术的提高,目前,日益趋向于除草剂之间的混用除草剂与其它农药的混用以及除草剂安全剂及增效剂的应用。这些措施,有利于各药剂间取长补短,降低用量,提高和延长药效,减少药剂在作物与土壤中的残留,增强作物对气候的适应性,扩大杀草谱,提高对作物的安全性等等。1978 年,世界各大农药公司推荐的除草剂有 80% 以上是混合制剂,特别在 50 年代后期,发现某些除草剂之间有拮抗作用后,开始了除草剂解毒剂或作物安全剂的使用,但是所有解毒剂几乎都是针对某一类除草剂而发挥解毒作用的。

　　我国除草剂的生产开始于 50 年代中期,1978 年以来,由于农业政策的调整,农村商品经济有了很大的发展,乡镇企业的兴起和多种经营的开展,农村劳力有了更多的出路,因此,许多地方使用除草剂都有了较快的发展,防治面积不断增加(表 4—3)。

表 4—3　我国化学除草面积的增长情况

年份	1983	1984	1985	1986	1987	1988
亿亩	0.7	1.0	1.3	1.6	2.0	2.5

　　与此同时,化学除草剂的生产也有了较快的增长。1986 年除草剂产量达 1.54 万吨(有效成分),约占当年农药总产量的 8%,生产品种约 30 个。我国农田化学除草尚处在初级阶段。1987 年农田化学除草面积为 2 亿亩,仅占播种面积的 4.7%,而英、美、日等发达国家,除草剂生产约占农药市场的 50% 左右,农田化学除草率一般在 80% 左右。日本水田化学除草率达 100%,由此可见,我国化学除草还有待于大力发展。

4.1.3　除草剂的分类

除草剂可以根据使用时期、植物吸收方法、使用范围、作用方式以及化学结构等不同角度进行分类。

由植物根部吸收的除草剂称为土壤处理除草剂。由植物茎叶吸收的除草剂则称为叶面处理除草剂。叶面处理除草剂中,其药效仅显示在直接与药剂接触的植物组织上,称为触杀性除草剂;而药剂被植物吸收后,可在植物体内运转的,也就是说吸收位置与作用位置不同的,称为内吸性或传导性除草剂。

除草剂的使用时期也是有效防除杂草的一个重要因素,按在作物不同的生长时期施药,除草剂可分为播前(pro-sowing)、苗前(pre-emergence)、苗后(post-emergence)三种,人们可根据防除对象的性质及生长期来选择除草剂的类型。土壤处理剂一般用于杂草发芽前或杂草发芽后,而叶面处理剂则只用于杂草发芽之后。

根据除草剂的应用范围,可分为灭生性除草剂及选择性除草剂两种,前者可将作物全部杀死,适用于工业区、铁路沿线、航道等地除草。当然,此时理想的除草剂应具有较长的残留作用,以避免多次处理的麻烦。而在农田中使用灭生性除草剂,则只能选择在播后苗前、移栽前或播种以后,如作物已出苗,则必须采取保护性措施。要求药效持续期要适当,以避免伤害后长出来的作物。选择性除草剂则对杂草有很高的选择性,而作物对它却有很好的耐药性。

按除草剂的应用特征进行分类,虽便于实际应用,但均无严格的界线,如许多除草剂既可被叶面吸收,也可被根部吸收;有的除草剂有触杀作用,但也具有传导性质;有的除草剂可在多个生长期使用;增加选择性除草剂的使用剂量,同样也可产生灭生性的结果。

根据除草剂的作用方式不同,可分为光合作用抑制剂、呼吸作用抑制剂、生物合成抑制剂(如抑制氨基酸、蛋白质、叶绿素、胡萝卜素、类脂等的合成)、生长抑制剂(如抑制细胞分裂与伸长)等等。

按化学结构分类,是化学工作者常用的方法,目前的除草剂可按结构分为10余类。本书将按化学结构分类予以讨论。

4.1.4　除草剂的研究开发过程

除草剂新品种的开发过程如图4-1所示[7],图中每个项目均不容忽视,生物测定、制剂配方及安全性研究与化合物的合成一样,都是极为重要的环节。一般药剂生物活性的表现与活性减退受多种因素的影响,例如土壤类型、气候、栽种方法、植物种类及代谢情况等。为了消除失活因素,使药剂充分发挥作用,就要依靠制剂配方的研究。对现有除草剂扩大适用范围,也是研究制剂部门的工作。

世界上很多国家规定,除草剂与其它农药一样,在商品化前需履行登记手续,得到政府有关部门的批准,方可进入市场。登记时,必须上报该化合物的急性及慢性毒性数据,对人类环境及非目标生物的安全性评价结果。另外,还必须掌握残留分析方法,提出食物中残留药物的最大容许浓度——即每百万份(重量)食物中所含残留药物的份数。

我国政府为了保护环境,保障人民健康,促进农林牧渔业的发展,加强农药管理,以使在我国使用的农药符合高效、安全及经济的原则,也于1982年发布了《农药登记规定》。

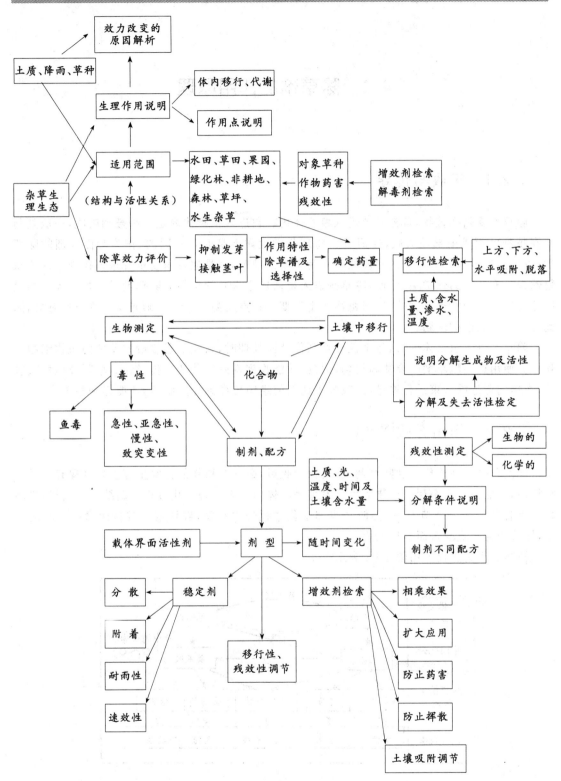

图4-1 除草剂新品种的研制开发

由此可见,要完成一个除草剂的开发,所需成本是很高昂的,因此,要求新产品要有极高的应用价值。最近,趋向于开发茎叶处理剂,用量低、选择性高、低毒的新化合物亦十分引人注目。

4.2   除草剂的作用原理

4.2.1   吸收与传导

除草剂要杀死植物,首先必须进入植物体内。它进入植物体内是一种被动吸收,一般是药剂在植物叶面或根部被吸收,这两者在物理化学性质上是非常不同的,作为叶面处理的除草剂,主要是通过叶片表皮上的角质层。作为土壤处理剂,则是通过植物根部进入体内。由于植物幼根没有特殊的保护层,因此,除草剂进入根内比进入叶片容易。除草剂进入植物体内的速度除与其本身的特性有关外,还与植物各生育期的特点及温度、水分、阳光及土壤类型有关,因此是一个很复杂的问题。

除草剂进入植物体内后,触杀性除草剂作叶面处理时,只能引起接触到药剂的植物细胞的死亡。使用这类除草剂时要喷施均匀、周到,才能收到良好的药效。传导性除草剂被植物吸收后,在体内通过维管束进行输导,由吸收了药剂的组织传导到分生组织,才能起到触杀作用。

4.2.2   作用方式[8~13]

无论是触杀性或传导性除草剂,被植物吸收后,必须对植物的正常生理生化过程起某种干扰作用,才能把植物杀死。植物的生长发育是其体内许多生理生化过程协调统一的结果,当除草剂干扰其中某一环节时,就会使其生理生化过程失去平衡,破坏植物维持生命所必须的功能,导致植物严重受害而最后死亡。

植物的代谢过程可用图 4—2 表示[11]。

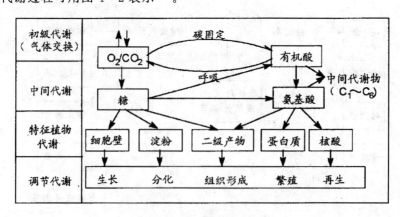

图 4—2   植物代谢过程简图

除草剂破坏植物的生物化学过程是十分复杂的,但至今了解尚十分贫乏。目前关于除草剂对光合作用及呼吸作用的影响研究得较深入,这两种初级代谢作用与植物的能量平衡密切相关,实验表明,除草剂对基本生化过程的破坏主要发生在中间代谢过程、植物特征代谢过程及调节代谢过程中。破坏初级代谢常常仅在植物形态上或植物正常的生理行为上发生偏差,而破坏核酸及蛋白质的合成则会影响植物的分化、繁殖与再生。另外,除草剂对细胞结构的破坏(如对细胞膜的破坏)或抑制次级代谢产物(如类脂、类胡萝卜素)的合成,也会使残存下来的植物体的生存能力严重削弱。

在很多情况下,除草剂的杀草效果不能归因于单独的某种生理过程,而可能是同时干扰多种完全不同的代谢过程,这主要决定于药剂的浓度。但是,一般说来,有可能是对其中的某一功能的破坏占主要地位,并表现出植物受害的急性症状,或通过某一主要过程而导致其它生理过程受阻等。

目前对除草剂的杀草机制尚未完全了解,现就已知情况介绍如下。

4.2.2.1 光合作用抑制剂

生物界活动所消耗的物质和能量主要是由光合作用来积累,所有动植物的细胞结构及生存所必需的复杂分子,都来源于光合作用的产物及环境中的微生物。光合作用在温血动物体内并不发生,因此抑制光合作用的除草剂对温血动物的毒性很低。光合作用是绿色植物利用光能将所吸收的二氧化碳同化为有机物并释放出氧的过程,植物在进行光合作用时,可将光能转变成化学能:

$$CO_2+H_2O \xrightarrow[\text{叶绿体}]{hv} C_6H_{12}O_6+6O_2$$

这一反应过程是由一系列复杂的生物物理及生物化学过程来完成的。虽然从 19 世纪中叶,人们就已认识到植物可吸收二氧化碳,但直到近 10 年来,对各反应步骤才研究得比较深入,这是本世纪生物化学的伟大成就之一。一般把发生在叶绿体内的光合作用分成光反应和暗反应两大阶段:

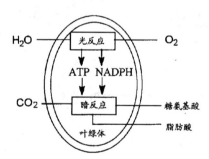

实验证明,叶绿体内的光合作用可分成下列几个步骤:

(1)叶绿体内的色素(通常由叶绿素 a 及 b 所组成)被吸收的光量子所激活。

(2)将贮藏在"激活了的色素"中的能量,在光系统 I 及 II 中经过一系列的电子传递,转变成化学能,在水光解过程中,将氧化型辅酶 II(NADP⁺)还原成还原型辅酶 II(NADPH):

$$NADP^{\oplus}+H_2O \xrightarrow{hv} NADPH+1/2O_2+H^{\oplus}$$

与此反应相偶联的是 ADP 与无机磷酸盐(Pa)形成 ATP:

$$ADP+Pa \xrightarrow{hv} ATP$$

(3)将贮存在 NADPH 及 ATP 中的能量,消耗在后面不直接依赖光的反应,即固定和还原二氧化碳的反应——暗反应。

　　图 4—3 表示了叶绿体中光合作用电子传递时的氧化还原电位图,图中 D_I 及 D_{II} 分别表示光系统 I 及光系统 II 中的电子给予体,A I 及 A II 分别表示光系统 I 及 II 中的电子接受体。Cytf:Cytochrome f,细胞色素 f(血红素蛋白;E_0 为 +0.36V);Fd:Ferredoxin,铁氧化还原蛋白(非血红素铁氧化还原蛋白,相对分子质量约 11000,E_0 为 −0.42V);Fp:Fd-NADP$^+$,氧化还原酶(黄素蛋白,E_0 为 −0.4V);PC:Plastocyanin,质体蓝素(铜蛋白,相对分子质量约 22000,E_0 为 +0.36V);PQ:Plastoquinone,质体醌。

　　如图 4—3 所示,光系统 I、II 及各种电子载体(如质体醌、细胞色素、质体蓝素、铁氧化还原蛋白等)组成了电子传递链,它们将水光解所释放出的电子传递给 NADP$^+$,每还原一分子 NADP$^+$ 为 NADPH 需要两个电子,并同时形成 ATP。ATP 的合成包括在两个光系统中,称为非循环光合磷酸化(noncyclic photophorylation)。近来的研究表明,每两个电子不是形成一分子 ATP,而是约 4/3 分子 ATP。相反,仅光系统 I 是包含在循环的光合磷酸化过程中,这一过程也发生在光的影响下,但与开链的电子传递系统无关。

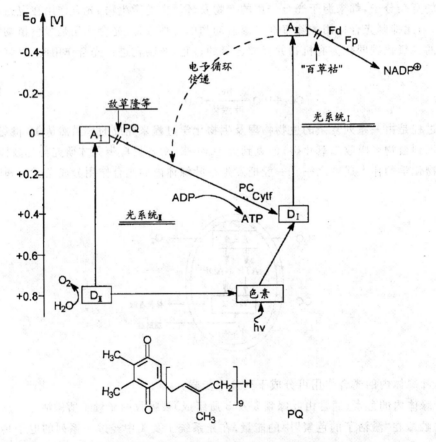

图 4—3　光合作用电子传递氧化还原电位

　　所有具有抑制光合作用活性的化合物都是破坏了光反应或阻断了光合作用过程中的电子传递。光合作用抑制剂可分为:(1)白化除草剂;(2)电子传递抑制剂;(3)能量传递抑制剂;(4)与化合物自由基 H_2O_2 的形成有关。其中研究最多的是电子传递抑制剂。

　　近年来通过紫色菌(purple bacteria)模拟、同位素示踪、分子图形学及有关除草剂抗性机制的研究,已逐步弄清:光系统 Ⅱ 反应中心包含两个同系的相对分子质量为 3.2×10^4 和 3.4×10^4 的蛋白,分别称为 D_1 和 D_2 多肽,它们在叶绿体的类囊体膜上分别与光系统 Ⅱ 系统中电子传递起重要作用的质体醌 Q_B 和 Q_A 相结合(见图 4—4)。除草剂的作用是置换了与 D_1 多肽相结合的质体醌 Q_B,从而阻碍了电子由 Q_A 向 Q_B 的正常传递[14~17]。

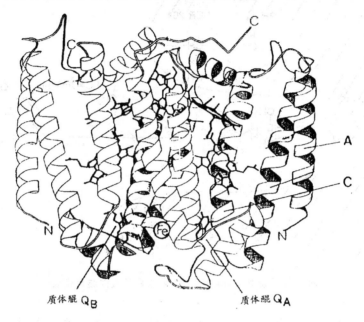

图 4—4 质体醌与 D 蛋白结合模型

基于一定的实验基础,1991 年 K. G. Tietjen 等利用分子图形学的方法设计了质体醌 Q_B 与 D_1 蛋白结合的部分三维结构模型(见图 4—5)。

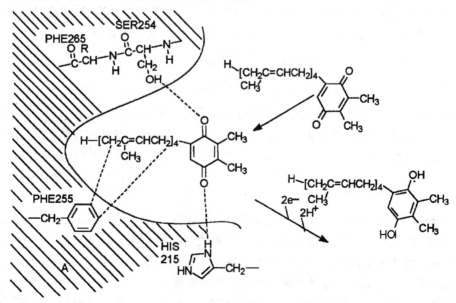

图 4—5 质体醌 Q_B 与 D_1 蛋白的氢键结合模型

　　除草剂的作用可能就是取代了质体醌 Q_B。除草剂阿特拉津与 D_1 蛋白相结合的分子模型见图 4-6。

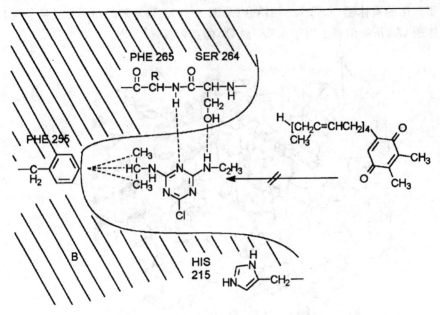

图 4-6　除草剂阿特拉津与 D_1 蛋白的氢键结合模型

　　光系统 Ⅱ 反应中心除了相对分子质量为 $3.2×10^4$ 和 $3.4×10^4$ 的蛋白外,还有相对分子质量为 $4.3×10^4$ 和 $4.7×10^4$ 的蛋白,它们有可能是酚类除草剂的结合部位。

　　不同类型的抑制光系统 Ⅱ 的化合物可以有不完全相同的结合部位,如阿特拉津与敌草隆即使都是进攻 Q_B 蛋白,而它们的受体位置可能是共同的,但也可能是自身所独有的。

　　1937 年,Hill 发现只要在叶绿体的制备液中加入一电子接受体 A(Hill 试剂:铁氰酸钾,$NADP^+$,可还原的染料等),那么,在这离体叶绿体中即可发生水的光解反应:

$$H_2O+A \xrightarrow{\text{光、叶绿体}} AH_2+1/2\ O_2$$

$$4Fe^{3+}+2H_2O \xrightarrow{\text{光、叶绿体}} 4Fe^{2+}+2H^++O_2$$

　　Hill 反应对于进一步弄清最初的光合成过程具有极大的贡献,现作为一种离体的方法,来定量测定光合作用抑制剂的活性大小。通常用抑制 50% Hill 反应所需浓度表示该化学物质抑制光合作用的强度。

4.2.2.2　呼吸作用抑制剂

　　呼吸系统在动植物体内均存在,但它与光合作用对除草剂的重要性相比就差一些了。植物的呼吸过程是将以蛋白质、碳水化合物及脂肪等形式存在的化学能转变成另一种化学能的形式,从而作为生物体内生物化学反应的动力。呼吸作用可由图 4-7 表示。整个呼吸过程可以分为四部分,每一部分又由一系列复杂的单一过程所组成。

　　(1)将蛋白质、碳水化合物及脂肪经过它们的单一成分(氨基酸、六碳糖、五碳糖、脂肪酸、甘油)转变成乙酰辅酶 A(Acetyl-CoA)。

　　(2)随着乙酰辅酶 A 在柠檬酸循环(Krebs cycle)中被氧化而形成还原型的烟酰胺腺嘌呤

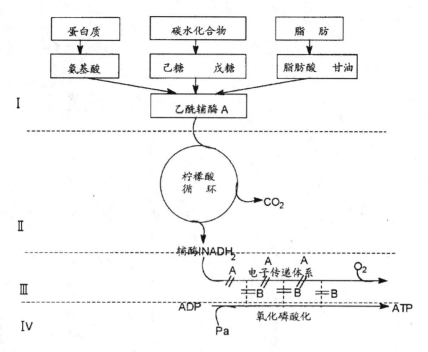

图 4-7   植物呼吸作用简图

二核苷酸($NADH_2$)。

(3)氧化还原作用中电子由 $NADH_2$ 经电子传递链上的一系列电子传递物而传递给氧。

(4)与电子传递相偶联的能量梯度传递链中,由 ADP 与无机磷酸盐形成 ATP 时将贮存的能量释放出来,每一分子 $NADH_2$ 可形成 3 分子 ATP,这一过程称为氧化磷酸化作用。

除草剂对植物呼吸作用的影响,主要在后面两步,在线粒体中进行。已证实线粒体是一种亚细胞结构,除草剂的作用或者是阻断线粒体的电子传递(A),从而抑制了呼吸作用;或者是通过阻断与电子传递(B)相偶联的氧化磷酸化反应。后一种情况呼吸作用并未受到抑制,而只是没有能量产生,许多除草剂如二硝基酚及卤代酚就是这种情况。只有少数几种商品化的除草剂如 Nitrofen[除草醚,2,4-二氯-1-(4-硝基苯氧基)-苯]才能观察到阻断电子传递链的作用,这种除草剂可以阻断线粒体的电子传递链,同时它还可通过光活化降解黄素类色素而起到光合作用抑制剂的作用。

4.2.2.3   抑制生物合成

(1)类胡萝卜素

叶绿体中的类胡萝卜素具有双重作用,一方面它们在光合作用中作为光吸收体;另一方面则作为保护性物质,降低三线态叶绿素或单线态氧的激发,后者的能量可能是由三线态叶绿素取得的。虽然叶绿体内含有一系列的类胡萝卜素、色素等,但胡萝卜素(如 α-胡萝卜素及 β-胡萝卜素)及叶黄素类(如叶黄素、玉米黄素、紫黄素)等的精确作用尚未完全了解,目前仅知缺少类胡萝卜素将增加植物对光氧化进攻的敏感性。一些除草剂可抑制类胡萝卜素的生物合成,类胡萝卜素的生物合成途径见图 4-8。已知除草剂的作用有:1)脱氢酶抑制剂,2)环化抑制剂。

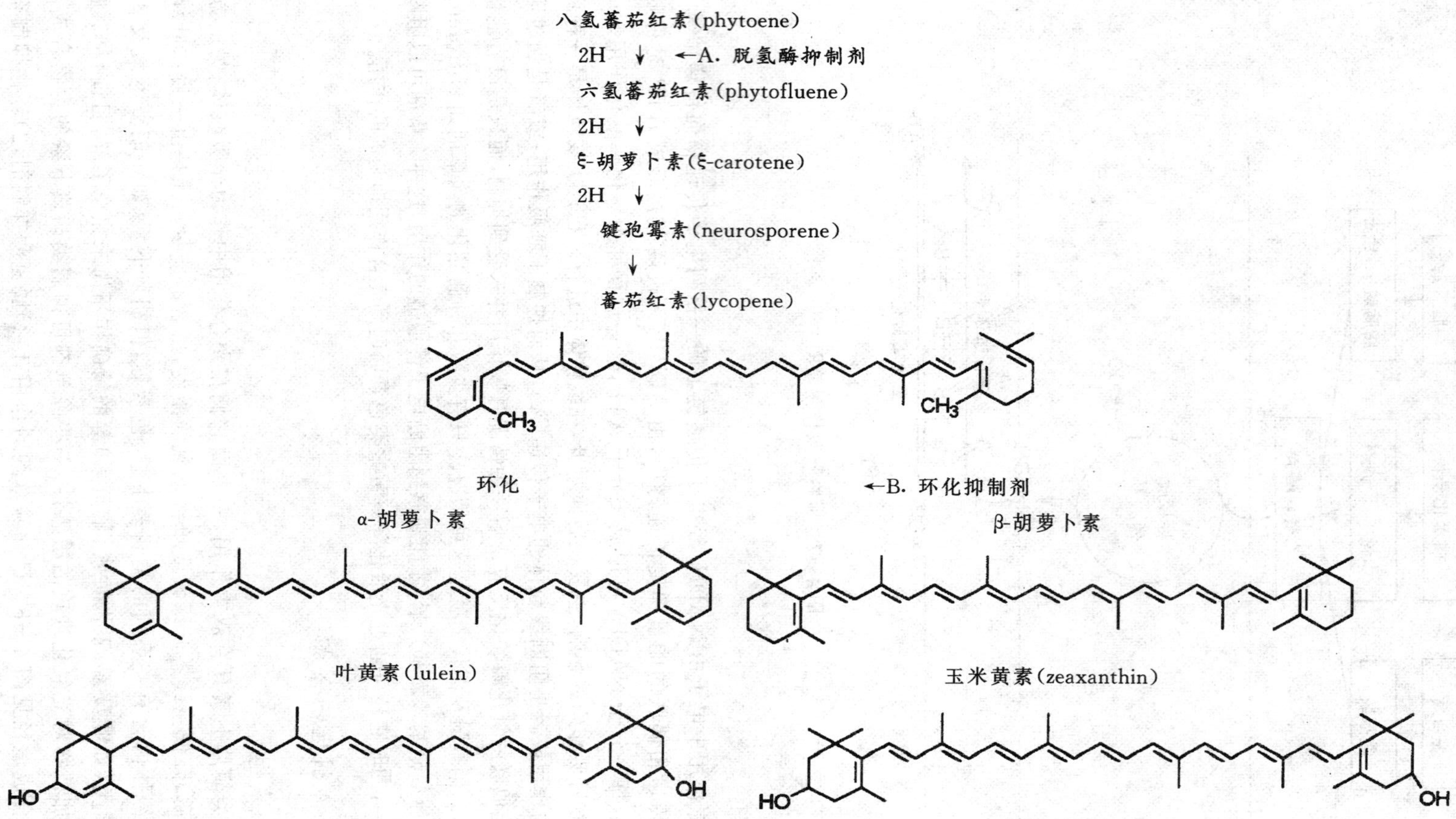

八氢蕃茄红素(phytoene)
2H ↓ ←A. 脱氢酶抑制剂
六氢蕃茄红素(phytofluene)
2H ↓
ξ-胡萝卜素(ξ-carotene)
2H ↓
链孢霉素(neurosporene)
↓
蕃茄红素(lycopene)
CH3
CH3
环化
←B. 环化抑制剂
α-胡萝卜素
β-胡萝卜素
叶黄素(lulein)
玉米黄素(zeaxanthin)
HO
OH
HO
OH

图 4—8 植物体内类胡萝卜素的生物合成途径

　　典型的类胡萝卜素生物合成抑制剂如 melflurazon，可使小麦幼苗在暗生长时体内八氢蕃茄红素含量增加而六氢蕃茄红素的含量降低。而杀草强则可抑制蕃茄红素环化成 α-及 β-胡萝卜素。

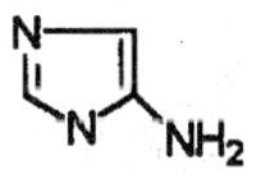

杀草强 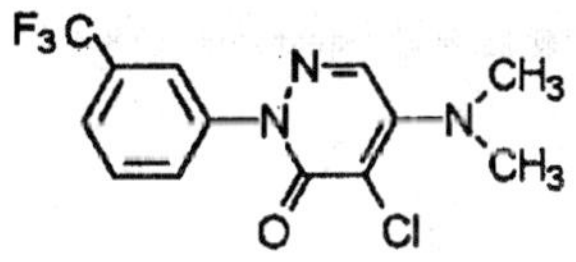　　　　　　　　　　　Melflurazon

其它具有抑制脱氢酶作用的除草剂如：

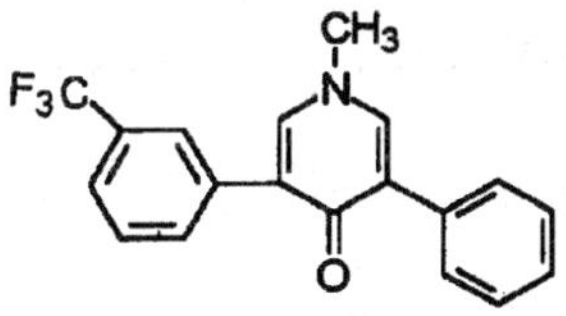

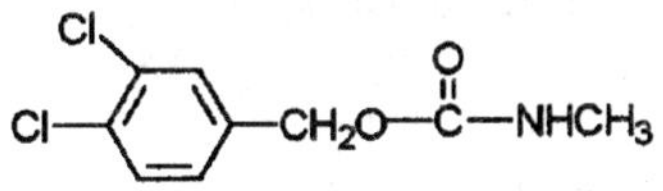

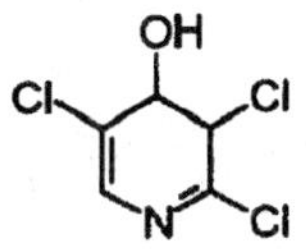

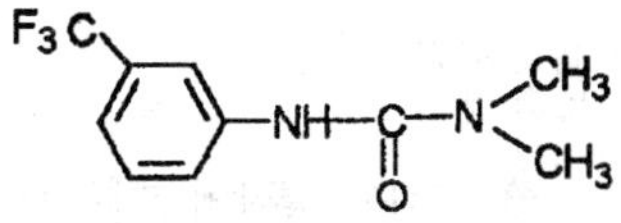

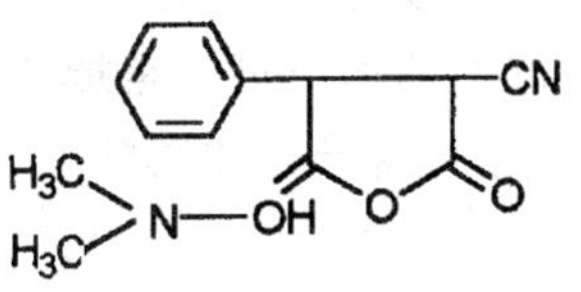

（2）类脂

　　植物体的腊质及角质层可保护植物完整的表面，它们是一些长碳链的酯〔由长碳链脂肪酸（$>C_{32}$）与伯醇生成〕及长碳链的烷烃（$C_{21}\sim C_{32}$）。这些长碳链的烷烃有可能是通过相应的脂肪酸脱羧而得，因此，任何破坏脂肪酸延长的体系都将干扰角质的发育，从而使植物对病原体的进攻比较敏感，水份易于流失，同时也便于除草剂的渗透，如硫代氨基甲酸酯类除草剂 EPTC：

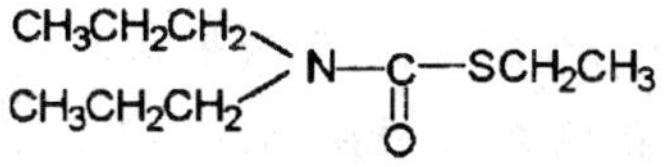

可减少洋白菜叶子角质层腊质的沉积，EPTC 阻碍了乙酯转变为长碳链的烷烃（C_{31}）及仲醇，而只有短碳链的类脂物积存。现已证实，这是由于抑制了多种能延长碳链的酶的作用所致。图 4－9 为植物体内除草剂干扰脂肪酸生物合成的可能途径。

　　虽然抑制脂肪酸延长反应是硫代氨基甲酸酯类除草剂的初始作用位置，但是也表明它能

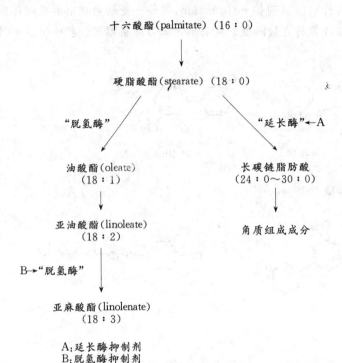

图4-9 植物体内除草剂干扰脂肪酸合成的可能途径

降低叶绿体及叶片不饱和脂肪酸特别是亚麻酸的水平。后者是叶绿体膜半乳糖脂的主要成分。

目前已知某些哒嗪酮类除草剂在类胡萝卜素的合成上具有抑制作用,当苯环上CF₃取代基去除后则可抑制不饱和脂肪酸的合成,特别是在叶绿体膜半乳糖脂中降低了亚麻酸与亚油酸二者的比例,同时证实了脂肪酸脱氢酶是作用位置。该化合物的副作用是降低了幼苗对寒冷的抗性,这可能是由于阻碍了亚麻酸的形成,而亚麻酸的形成可能是抵抗严寒的先决条件。因此,我们可以明显地看出膜中脂肪酸组成的任何变化都将导致非正常膜的形成,从而造成细胞的机能障碍。

melflurazon苯环去CF₃后的化合物

(3)芳香氨基酸

仅存在于植物及微生物体内的莽草酸途径,可导致形成某些基本的氨基酸及一系列其它的次级产物,如类黄酮(flavonaies)及花色素(authocyanims)。已对能抑制这一途径的化合物进行了种种研究,特别是对催化莽草酸脱氢生成脱氢莽草酸的酶研究较多。生物合成芳香氨基酸的莽草酸途径如图4-10所示。芳香氨基酸是次级代谢作用的起始物质,可形成如黄酮、木质素及丹宁等。

1971年开发成功的苗后除草剂草基膦(glyphosate)可抑制芳香氨基酸的合成,其主要作用如下式:

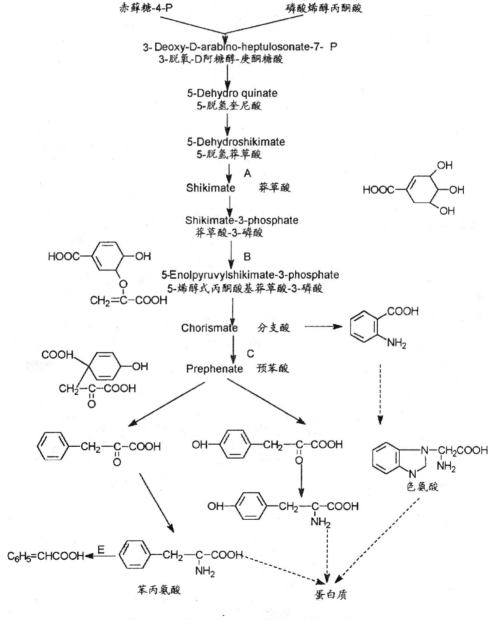

（4）支链氨基酸

支链氨基酸是植物体内蛋白质合成的重要物质,其生物合成受阻,则导致蛋白质合成停

图 4—10　芳香氨基酸生物合成的莽草酸途径

图中 A、B、C、D、E 分别表示各种酶

止,从而使植物生长严重受害直至死亡。支链氨基酸在植物体内的合成途径见图 4—11。近来发展起来的超高效除草剂,磺酰脲类化合物,就是抑制了合成途径中的 ALS 酶(乙酰乳酸合成酶,acetolactate synthase)。人们在大肠杆菌、酵母菌中发现了多达 6 种的 ALS 同功酶,并提取与纯化了同功酶 ALS I 和 ALS II,它们系由两个大的(相对分子质量为 6×10^4)与两个小的(相对分子质量为 9.7×10^3)亚单位所组成,而有关植物体内 ALS 的亚单位组成尚未阐明。ALS II 对除草剂的敏感性最大,但只为高等植物中酶的 1/10。

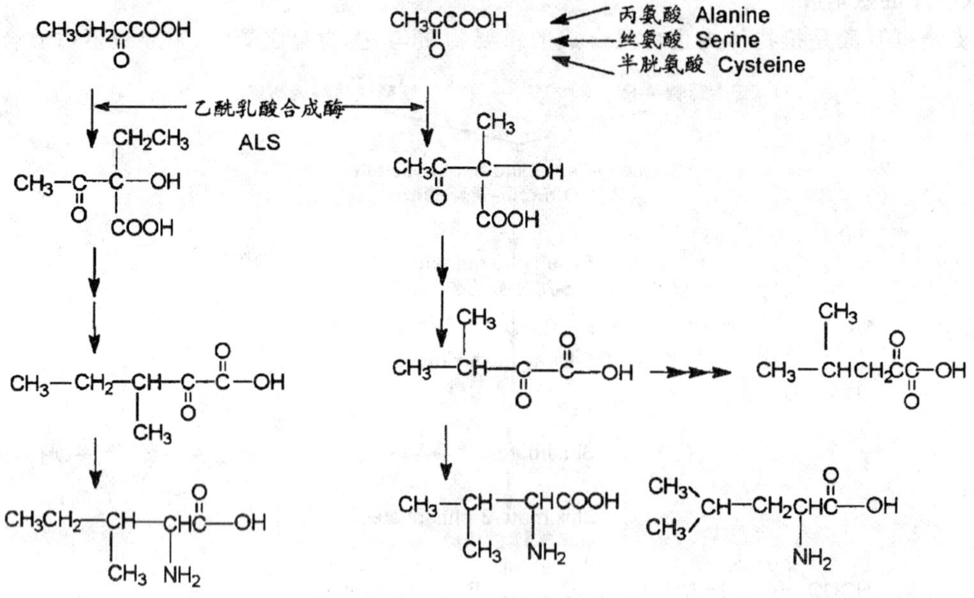

图 4—11 植物体内支链氨基酸合成途径

ALS 是固定于高等植物叶绿体中的酶,在金属离子 Mg^{2+} 或 Mn^{2+} 的活化作用下,ALS 与硫胺焦磷酸徐徐形成可逆络合物,催化丙酮酸或丁酮酸缩合,而磺酰脲类除草剂则可截留酶的硫胺焦磷酸。

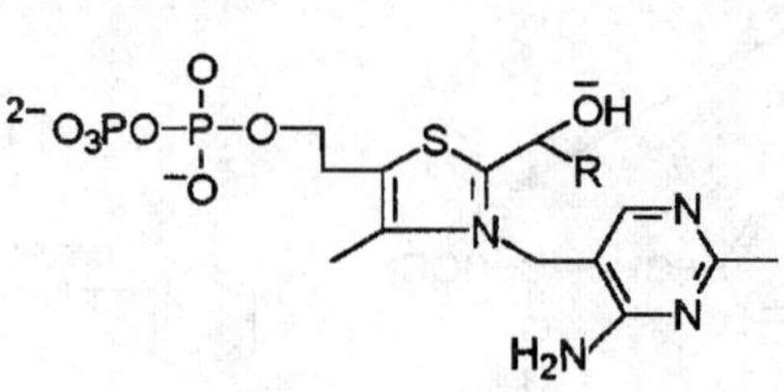

HETPP

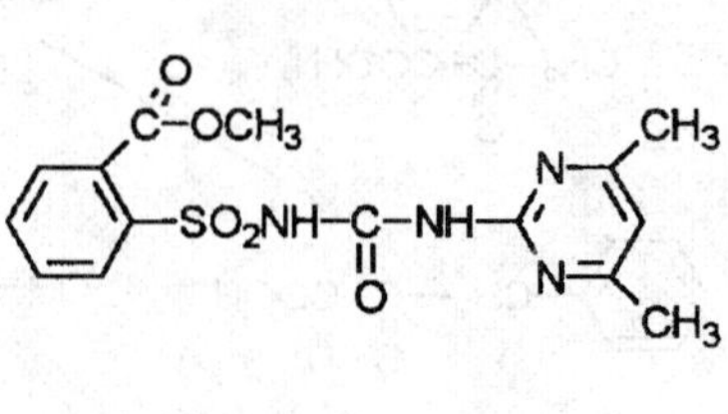

甲磺嘧隆

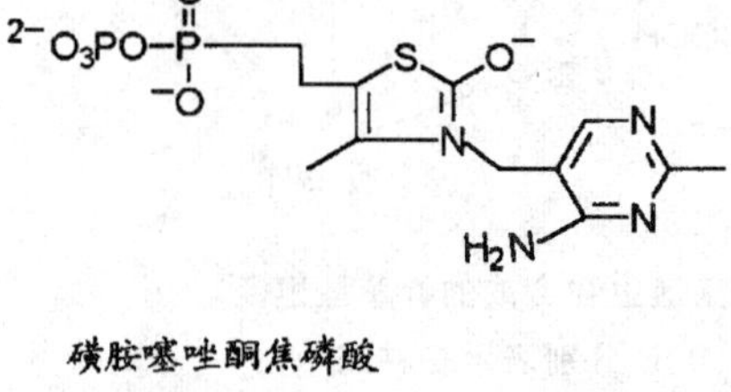

磺胺噻唑酮焦磷酸

通过化学骤冷技术,已获得了 ALS 产生的中间产物 HETPP;磺酰脲类除草剂甲磺嘧隆与 ALS 的辅因子——硫胺焦磷酸的结构相似,可认为,除草剂是 ALS 反应中间产物的类似物。

现已发现多种 ALS 抑制剂,但其作用点未必完全相似。

(5)蛋白质合成

除许多除草剂可抑制基本氨基酸的合成,从而抑制蛋白质的合成外,某些除草剂还可抑制多肽的形成,如氯代乙酰胺类除草剂:

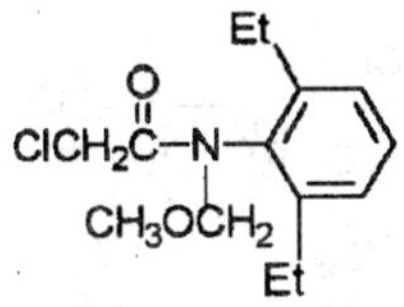

(a)甲草胺(拉索) 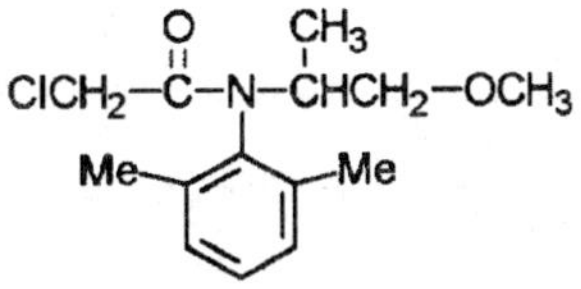　　　　(b)

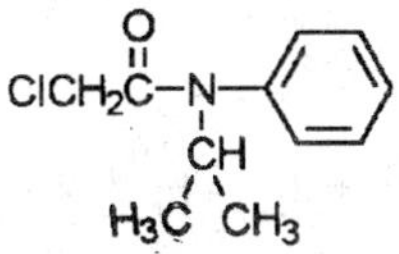

(c) 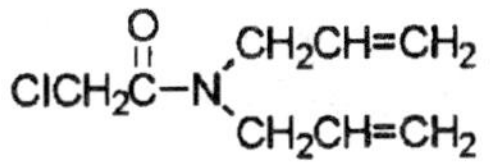　　　　(d)

化合物(c)不仅可限制植物的 ATP 合成或呼吸作用,而且直接影响蛋白质自身的生物合成,这类除草剂的作用据认为可能是抑制了氨基酸的活化,详细机制尚在研究中。

4.2.2.4　抑制生长

(1)细胞分裂抑制剂

一些除草剂可导致 DNA 合成受阻而抑制了细胞的分裂。在细胞生长周期中,有丝分裂是细胞分裂后期染色体分离的序曲,甲基胺草磷可以通过减少微管蛋白 RNA 而阻止微管蛋白的形成。另外,微管的聚合受 Ca^{2+} 的影响,因此,Ca^{2+} 浓度增加,微管将发生解聚。二硝基苯胺类、氨基甲酸酯类及胺草膦类除草剂可以减少 Ca^{2+} 的吸收,因此,如果细胞质中 Ca^{2+} 浓度增加,那么微管形成将受到抑制:

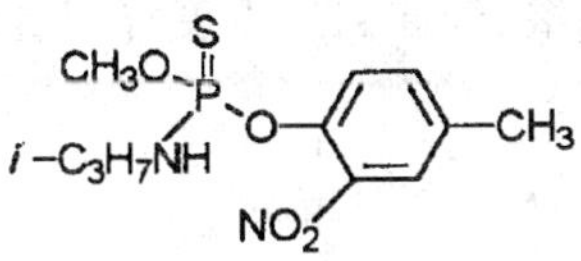

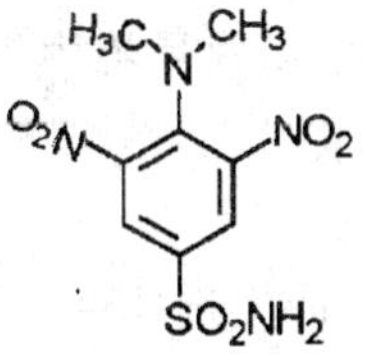

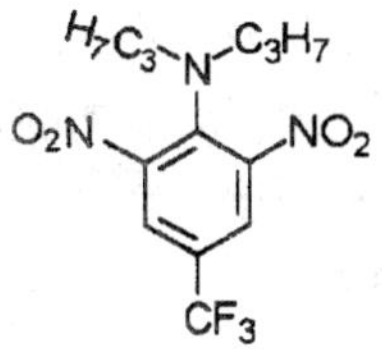

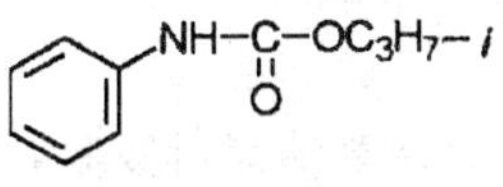

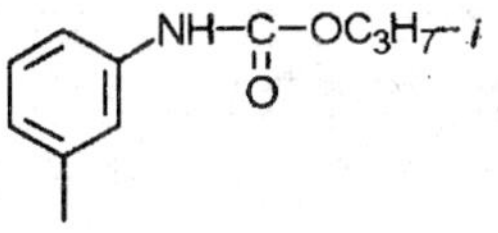

近来发现磺酰脲类除草剂如氯磺隆也有抑制细胞分裂的作用。

(2)细胞伸长抑制剂

一些除草剂除可抑制细胞分裂外,还可以通过抑制细胞伸长及扩展来抑制植物生长,特别

是一些防除野燕麦的除草剂,如:

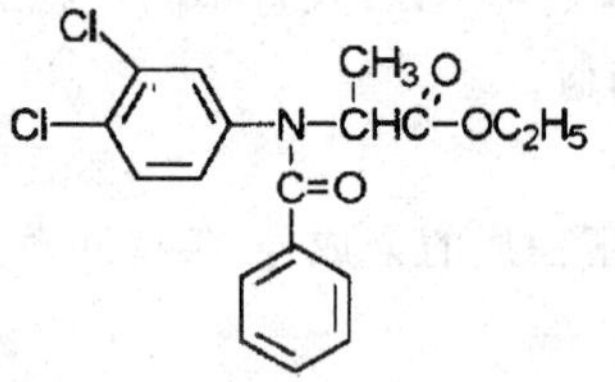

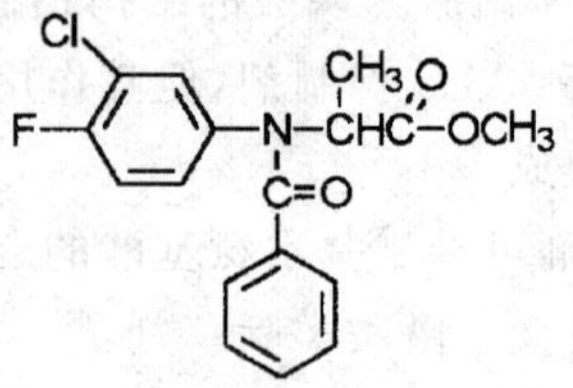

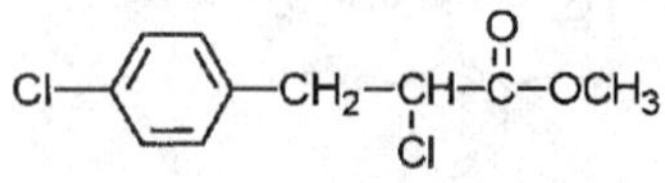

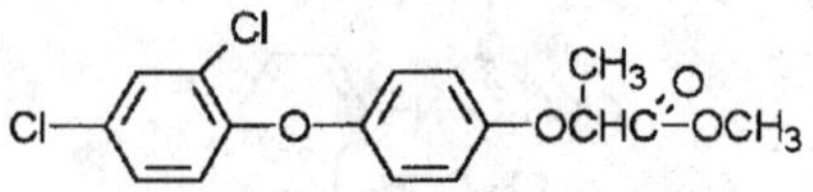

这些除草剂作用在杂草茎尖的细胞导致生长发育迟缓,因此不利于与作物竞争。这些除草剂的选择性作用主要依赖于所用化合物经酯酶水解脱酯,然后由叶经韧皮部传导至茎尖。

4.2.2.5　生长素型除草剂

这类除草剂中最主要的是 2,4-D、2,4,5-T 等苯氧羧酸类化合物及苯甲酸类化合物,如:

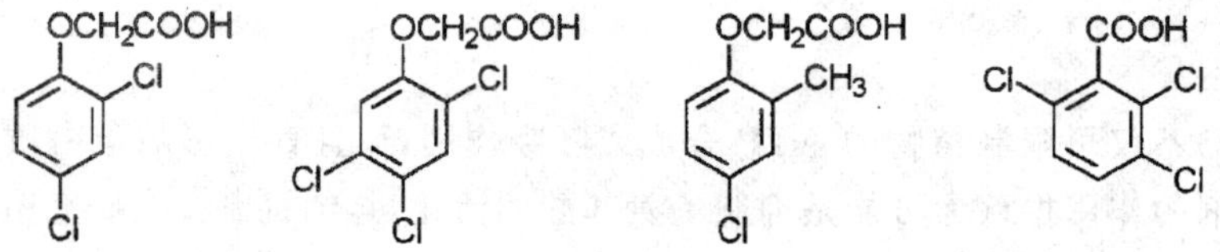

一般认为这类除草剂是模拟天然生长素吲哚乙酸 IAA 的作用,只是植物超剂量吸收药剂(约 1000 倍)时而造成了危害。这类除草剂造成植物形态畸型如茎加长、次生根及愈伤组织生长但却阻碍叶片的发育,严重地破坏了正常的生理过程。生长的变异是调节代谢的基本功能的变化。许多学者指出,生长素型除草剂主要是导致 RNA、蛋白质及核糖体编码的改变。

4.2.3　选择性机理

除草剂对作物及杂草间产生选择性,达到"草死苗活"的效果,是由化合物的一系列性质,与植物的接触方式,作用的生物化学因素以及环境因素如土壤、气候、光、温度等综合因素所决定的。选择性的产生有:

(1)位差选择

利用作物与杂草根系分布深浅不同产生选择性。

(2)时差选择

利用作物与杂草发芽时间的不同产生选择性。

以上两种方法可以使土壤处理除草剂仅被位于土壤上层的杂草幼芽所吸收,相应的作物种子处于较深的土层,不致受害。当然这些选择性产生的条件是所用的除草剂必须在土壤中的移动性极小。一般来说,在水中溶解度低的物质,就较难淋溶到较深层的土壤中去。另一方面,药剂与土壤的相互作用也具有重要的影响,土壤的性质也可决定除草剂吸附力的大小,粘土及腐殖质的含量将起重要的作用,它们将决定土壤的阳离子交换能力。

（3）生理的选择

由于植物结构形态上的差异，可造成杂草与作物对茎叶处理除草剂吸收程度的不同，禾本科植物表面角质及腊质较厚，叶片狭窄而直立，因此喷上去的药液因不易沾附而吸收得较少，抗药性增强；而双子叶植物角质及腊质较薄，叶片宽大，叶子角生角度大，药剂吸附的机会就多，易于渗透到植物体内，抗药性变弱。

抑制光合作用的除草剂用作土壤处理剂时，药剂必须由根部吸收后传导到植物绿色部分的作用位置，因此，杂草与作物间对药剂的不同的传导速度也将导致药剂分布的差异而具有选择性。

（4）生物化学性的选择

因除草剂在杂草与作物内的解毒作用不同，通过快速的代谢如酶促或非酶促的羟基化，氧化脱甲基化，与糖、氨基酸形成非毒性的结合物等等，都是属于生物化学因素造成的选择性，是否存在这些活性机制将决定某一植物对药剂的敏感性或抗性。另外，有些药剂是到植物体内才代谢成急性毒物的，也属此类。生物化学的选择性还与药剂的性质有关，这将在以后的章节中具体讨论。

4.3   苯氧羧酸类

4.3.1   概述

Kögl 及其同事于 1934 年发现苯氧羧酸类化合物与天然生长素吲哚-3-乙酸（IAA）一样，可以促进细胞的伸长，但是它们在植物体内并不像 IAA 那样能快速的代谢。后来发现 α-萘乙酸及 β-萘氧乙酸也有同样的作用，从而引起了对这类物质植物生长调节作用的研究兴趣。1942 年 Zimmermann 及 Hitchcock 指出，某些含氯的苯氧乙酸如 2,4-D（2,4-二氯苯氧乙酸）比天然生长素 IAA 具有更高的活性，却又不像 IAA 那样可在植物体内自身调节、代谢、降解，从而导致植物造成致命的异常生长，最终营养耗尽而死亡。这一发现真正开创了有机除草剂工业的新纪元。到第二次世界大战末，2,4-D、MCPA（2-甲基-4-氯苯氧乙酸）及 2,4,5-T（2,4,5-三氯苯氧乙酸）已商品化。我国除草剂工业的发展也是由这类除草剂开始的。2,4-D 发现至今已有 50 余年，但仍占有重要的地位。

这类除草剂对阔叶杂草（双子叶植物）的活性高于谷物及禾本科杂草（单子叶植物），这种选择性部分是由于喷雾时药剂较易附着于阔叶植物较粗糙的叶表面，部分则由于传导及降解速度的不同。但是对两类植物致命的重要性差异，目前还不很清楚。2,4-D、MCPA 主要用于谷物田中除阔叶草，2,4,5-T 则对许多木本植物也有效。

2-苯氧丙酸类除草剂，主要用来防除某些苯氧乙酸不能防除的杂草，而 4-苯氧丁酸则由于它在植物体内具有 β-氧化作用从而具有较好的选择性，对于某些易被低浓度苯氧乙酸所伤害的作物，则以 4-苯氧丁酸衍生物较为安全，它甚至可用于多种豆科作物田中除草。

苯氧乙酸类除草剂在环境中易被降解，使用多年均未发现它对环境及公共卫生有何危害。然而，1969 年发现 2,4,5-T 有致畸作用后，该药目前在某些国家包括我国在内已禁止使用。其实致畸物质并不是 2,4,5-T 本身，而是在制备中间体氯代苯酚时生成的副产物——氯代二噁因。2,4,5-T 所需中间体 2,4,5-三氯苯酚系由四氯苯在激烈条件下水解制得，此时极易生成二噁因及其它不纯物,其中 2,3,7,8-四氯二苯骈-P-二噁因(2,3,7,8-Tetrachlorodibenzo-P-dioxin,I)是氯代苯骈二噁因中毒性最高的,它对豚鼠及白兔的 LD_{50} 分别为 $6\mu g/kg$ 及 $115\mu g/kg$[18]。

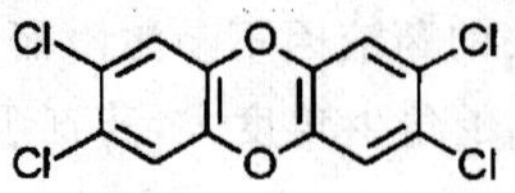

(I)

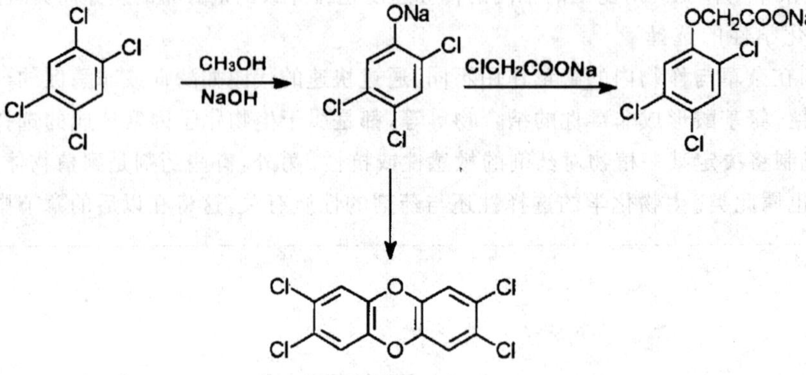

实验证明,2,4,5-T 在正常使用剂量的条件下,其所含二噁因的浓度不足以对人类和环境造成危害,因此欧洲、东南亚仍在广泛使用。

苯氧羧酸类除草剂主要品种见表 4—4。

4.3.2　合成方法及性质

该类除草剂普遍采用的合成方法有两种:一是先氯化后缩合,二是先缩合后氯化。例如 2,4-滴丁酯可采用先氯化后缩合的方法[23,24]:

氯化:

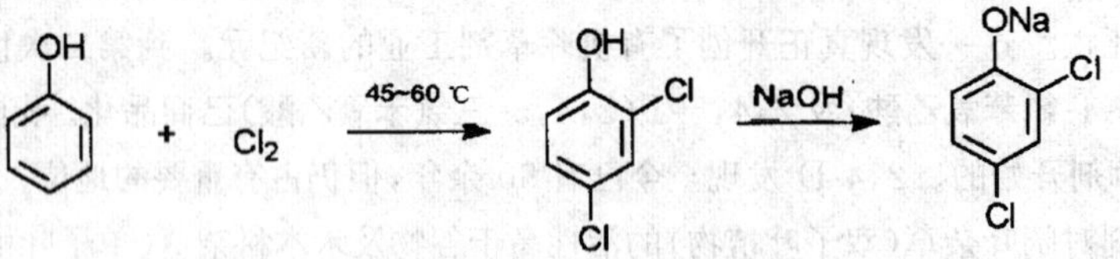

缩合:

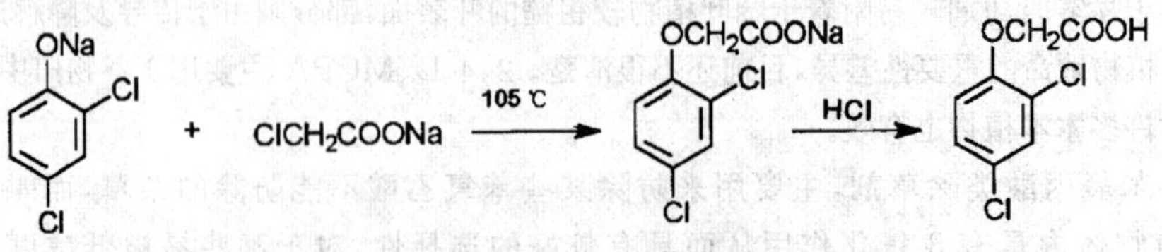

酯化:

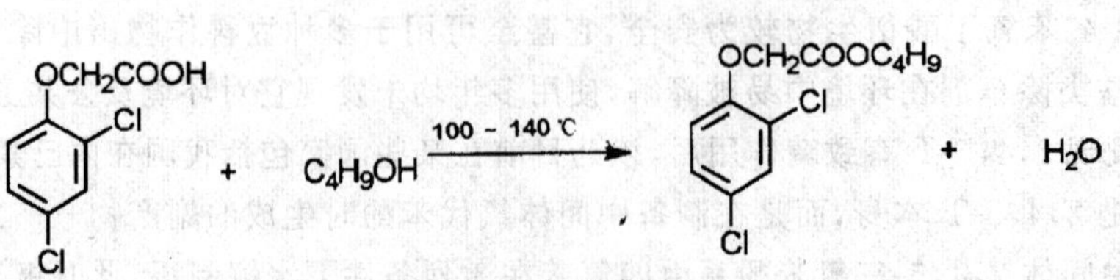

表 4-4　苯氧羧酸类除草剂

通用名	结构式	物化性质	LD₅₀(mg/kg)(大鼠口服)	应用范围	使用剂量 (kg/ha)	剂型
2,4-滴 2,4-D	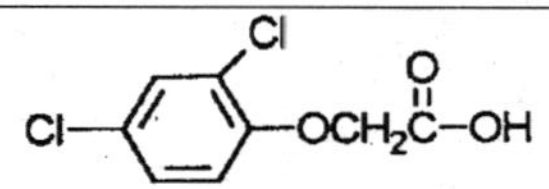	mp.140℃ s.620mg/L(25℃)	370(酸) 666~805(钠盐)	小麦,大麦,水稻,玉米,高粱除阔叶草	0.3~1.2	30%钠盐水溶液,72%丁酯乳油
2,4-滴丁酸 2,4-DB	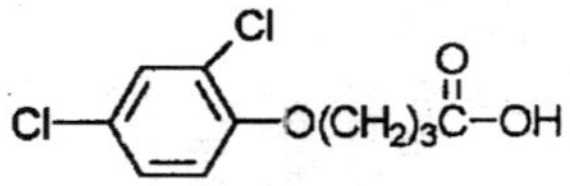	mp.120℃~121℃ s.46mg/L(25℃)	1960	苜蓿,大豆,亚麻,豌豆,蚕豆,花生,胡萝卜	0.37~2.25	40%铵盐乳油
2,4,5-涕 2,4,5-T	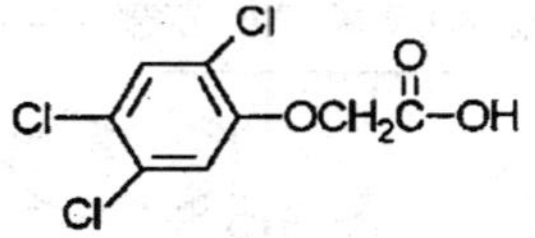	mp.154℃~155℃ s.150ml/L(25℃)	300~500	交通线,建筑物除木本植物及阔叶作物	木本植物100ppm 非耕地4~10	40%乳油,铵盐水剂,颗粒剂
2,4-滴丙酸 2,4-DP	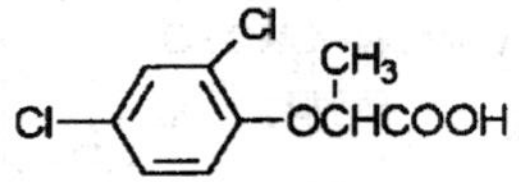	mp.117℃~118℃ s.350mg/L(25℃)	800	运动场,草坪,及对2,4-D有抗性时	0.8~2.5	盐的水溶液酯的乳油
2甲4氯 MCPA	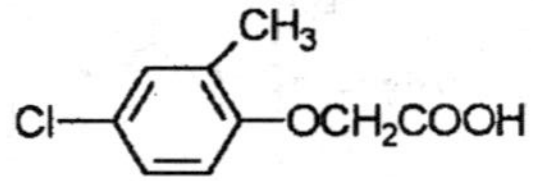	mp.118℃~119℃ s.825mg/L(室温)	1160	同2,4-D	0.23~1.5	20%钠盐原粉或水剂
2甲4氯丁酸 MCPB	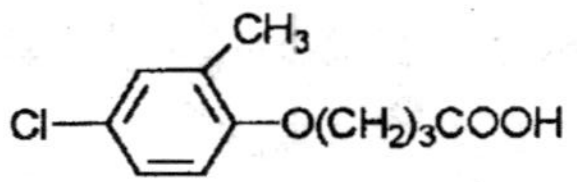	mp.99℃~100℃ s.44mg/L(室温)	680~700	同2,4-DB,水稻中2,4-D,MCPA安全较安全	水稻:0.3~0.5 其它:0.56~1.8	9%乙酯可湿性粉剂,乳油或水剂
2甲4氯丙酸 MCPP	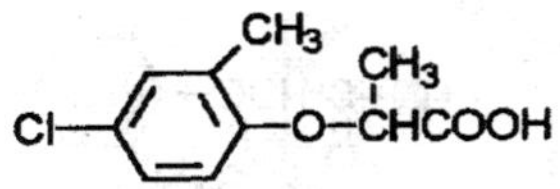	mp.94℃~95℃ s.620mg/L(20℃)	930	同2,4-D	0.8~2.5	盐的水溶液酯的乳油

通用名	结构式	物化性质	LD_{50}(mg/kg)(大鼠口服)	应用范围	使用剂量(kg/ha)	剂型
除草佳 MCPCA	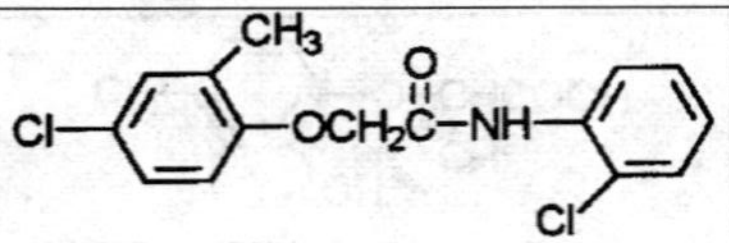	mp. 111℃~113℃ s. 3mg/L(20℃)	260	稻田，一年生禾本科杂草及阔叶草	0.5~0.8	25%颗粒剂
酚硫杀 (Phenothiol)	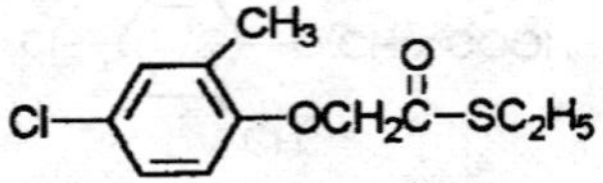	mp. 41℃~42℃ s. 2~3mg/L(25℃)	811(雄小鼠)			1.4%颗粒剂
Caproanilide	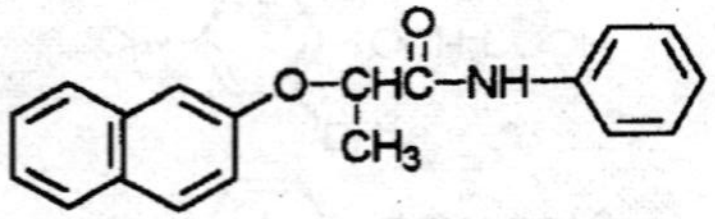	mp. 127℃~128℃ 微溶于水	>15000	水田，一年生及多年生阔叶草	3	10%颗粒剂
草萘胺 (napropamid)	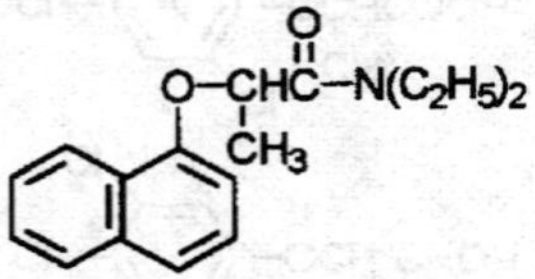	mp. 69.5℃ s. 73mg/L(20℃)	>5000	果园，葡萄园，蔬菜，观赏植物除禾本科及阔叶草	2~4(土壤处理) 3~6(苗前土表)	浓乳剂 50%可湿性粉剂，10%颗粒剂

在本表及以下表中 mp. 熔点；bp. 沸点；s. 水中溶解度；括号内为温度

先缩合后氯化的例子如 2 甲 4 氯的制备：

缩合：

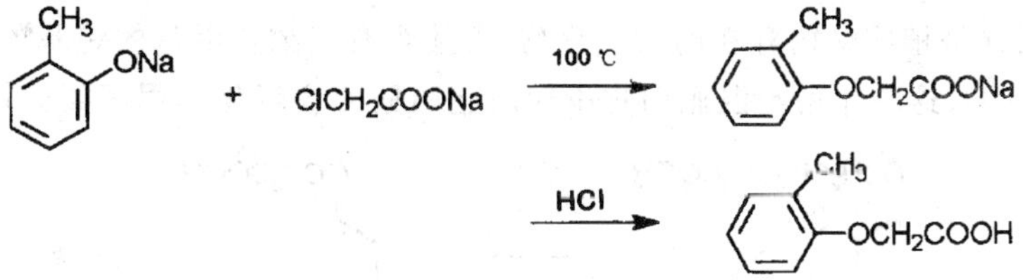

氯化：

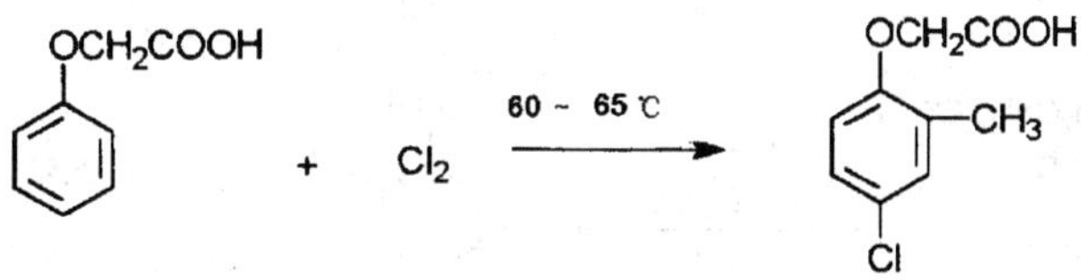

缩合反应在碱性介质中进行，pH10～12 及反应温度在 105℃左右有利于产物的生成[19、20]。

苯氧丁酸的合成则以 γ-丁内酯为原料[21、22]：

苯氧羧酸类除草剂，由于在分子内具有相当大的亲脂性成分，故在水中的溶解度极低，其酸性较其母酸强，形成盐后溶解度大大增加。因此一般水溶性制剂均采用盐的形式，金属盐、铵盐、有机胺盐均可使用，但是，2,4-D 及 MCPA 的镁盐及钙盐在水中的溶解度远小于其钠盐及钾盐，故在配制水溶液时切不可用硬水。美国主要使用 2,4-D，而英国则用 MCPA，其主要原因是英国可以从煤焦油中获得原料邻甲酚之故。

苯氧羧酸类化合物在水溶液中可因光照而分解，在有阳光或紫外光存在时，2,4-D 的光解包括：醚键断裂，环上氯原子被取代形成 1,2,4-苯三酚，然后，很快地被继续氧化成类腐植酸。其过程如下[25]：

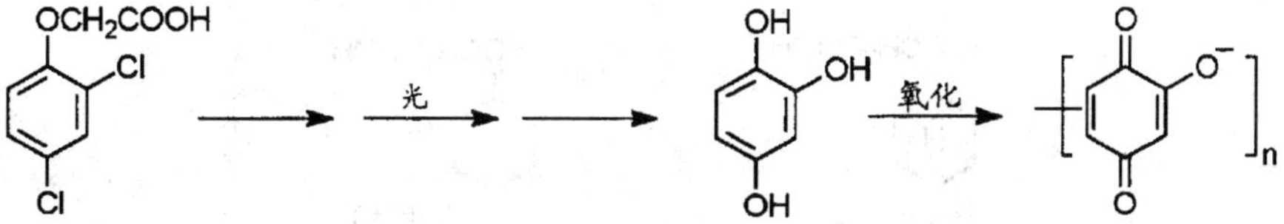

4.3.3　结构与活性的关系[26]：

经过几十年的研究，对苯氧烷基羧酸类除草剂进行了结构与活性的研究，提出各种不同的理论，企图总结其结构与活性的关系，但是总不断有新的化合物出现，打破了原先建立的规律，这对进一步弄清其作用机制及与受体反应理论将有重要意义。根据现有的知识对这类化合物的结构要求为：

(1)需要一个酸性集团，如−COOH 或很快能转变成−COOH 的集团，但是−C(O)SH，−SO₃H，−OSO₂OH，−P(O)(OH)H，−P(O)(OH)₂，−CH=NO−OH 均具有低活性。

(2)侧链的长度:英国伦敦大学 Wain 对一系列 ω-苯氧烷基羧酸研究发现,侧链上亚甲基的数目与除草活性密切相关,当侧链上具有奇数个亚甲基时是有活性的,而为偶数时基本无活性。研究表明这是植物体内存在的β-氧化酶,可使含有奇数亚甲基的烷基羧酸衍生物氧化成具有活性的 2,4-D,这一作用与温血动物中代谢脂肪酸的β-氧化作用相类似,如:

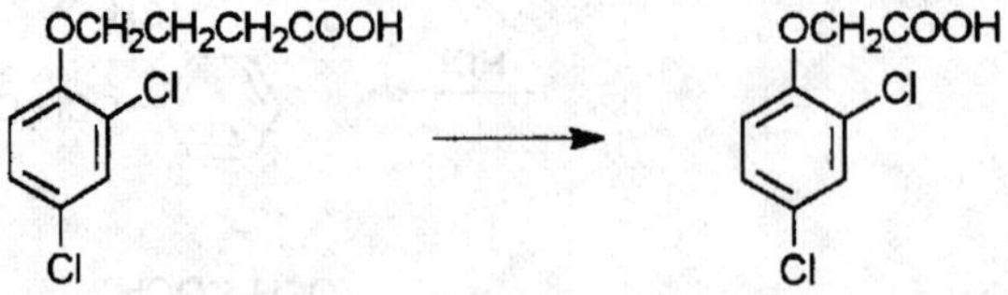

(有活性)

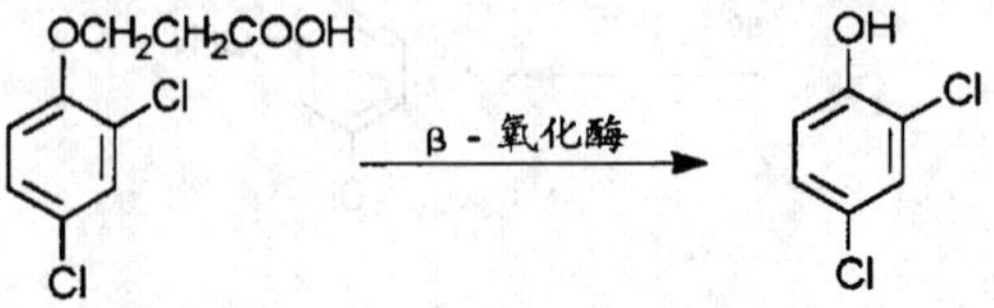

(无活性)

Wain 发现,不同种类植物β-氧化酶的作用能力有很大差别,这就提供了一个选择性机制。许多豆科植物对苯氧丁酸类除草剂之所以有抗性,主要是它们体内缺少β-氧化酶,不能使之在体内转变成有活性的苯氧乙酸类化合物。

(3)α-氢的作用:苯氧烷基羧酸侧链上α-氢对活性有重要影响,若无α-氢,如 2-苯氧异丁酸则完全无活性。

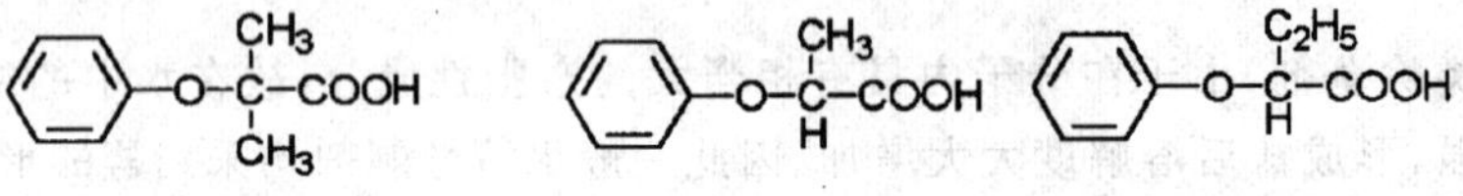

(无活性) (有活性)

当有一个烷基引入后,则引入了手性碳,现已知右旋体活性较左旋体的活性高,这表明药物与受体空间一定有一种特殊的结合方式。

(4)环及其取代基:研究表明,与侧链相连的环上至少需要一个不饱和键,苯环上在 2,4-位引入取代基往往可以增加活性,而2,4,6-三取代物则几乎无活性,2,6-或3,5-位具有氯原

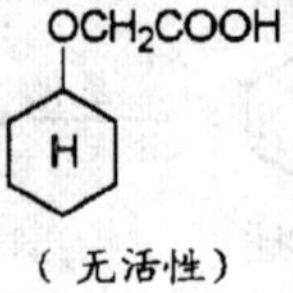

(无活性)

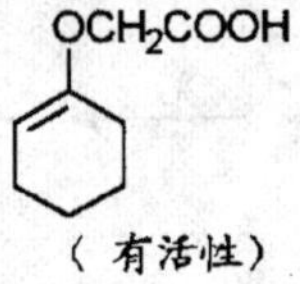

(有活性)

子的取代衍生物也很少有活性,一般认为邻位必须有一个氢原子存在,但是 2,4-二氯-6-氟代苯氧乙酸却具有相当的活性。后来人们发现,这可能与侧链能否自由旋转有关,2,4,6-三氯苯氧乙酸之所以无活性,是由于苯环上两个邻位氯原子的位阻限制了带有羧基侧链的自由旋转;而 2,4-二氯或 2,4-二氯-6-氟苯氧乙酸则由于氢及氟原子较小,一个氯原子不会影响侧链的旋转。但是,苯环上至少需要保留一个氢原子才能具有活性。2,4-D 与受体的反应可能如下式进行:

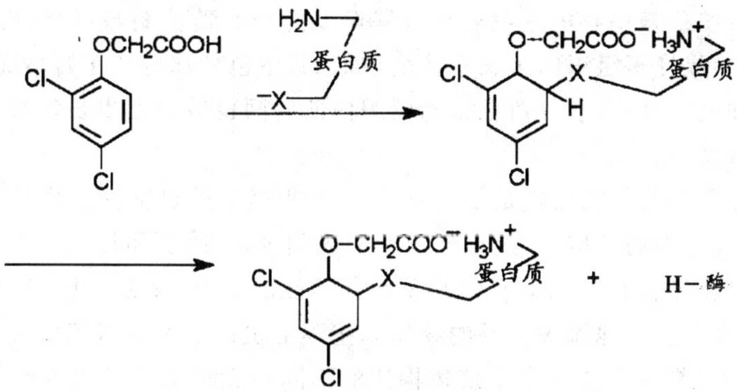

（5）平面结构：过去认为生长素类化合物需要至少含一个不饱和键的环状结构。但是，自从发现二硫代氨基甲酸酯类化合物亦具有生长素活性后，修正为分子内需要具有一平面结构。二硫代氨基甲酸酯经内部电子转移亦可具有平面结构：

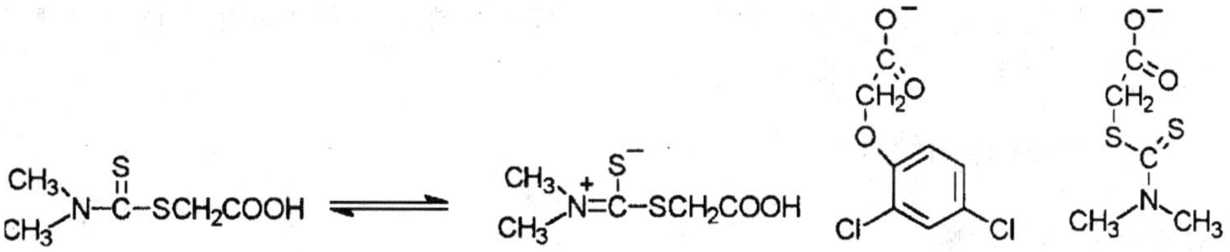

（6）分子内羧基与平面的关系：羧基负离子与分子平面正电荷部分距离需在 0.55nm 左右（Thimann 理论）[27]。

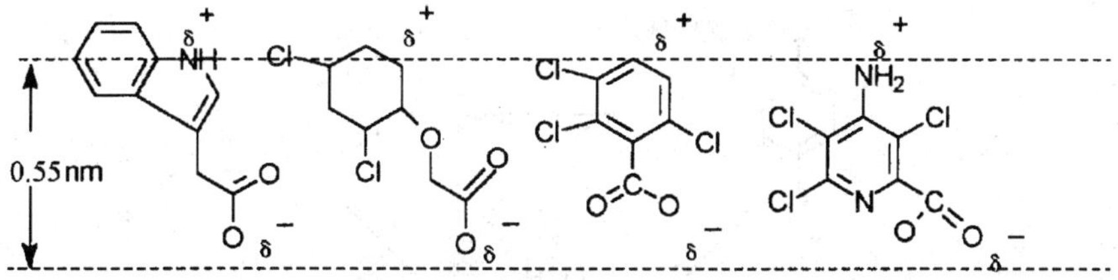

上图解释了各种不同的具有生长素活性物质正负电荷的情况，这一理论很好地解释了，为什么 2-氯吲哚乙酸的活性高于 IAA，那是因为氯原子的引入增加了 IAA 氮原子上的正电荷，在 2,4-D 分子中，2,4 两位的二个氯原子增加了结合部分苯环 6 位上的正电荷，若 6 位还有氯原子，则阻断了与受体的结合。因此，2,4,6-三氯苯氧乙酸则无活性。

目前，虽然对生长素类除草剂与受体原初反应的详细机制还不甚清楚，但是从结构与活性的关系来看，生长素类化合物具有一个共同的作用方式及共同的受体位置这一点是肯定的。

4.3.4 作用方式及降解[26]

4.3.4.1 作用方式

苯氧烷基羧酸类化合物在植物组织以及分子水平上的作用类似于天然生长素 IAA，然而，控制植物生长的内源生长素与具有除草作用的苯氧烷基羧酸之间有着重要的区别，前者在不同植物组织内的浓度被植物的生物合成及降解反应小心地控制与调节,而后者的浓度却不可被植物所调节,导致许多组织内生长素浓度增加,其中包括那些在正常情况下生长素浓度应较低的地方也是如此。另外,它存留在植物组织内的时间也较天然生长素长得多,结果必然是破坏了植物的正常发育。

苯氧羧酸类除草剂的特征效应是使植物的茎-主根基轴的过度快速增长,这种刺激作用导致细胞肿胀,韧皮部分裂而被破坏,过早地开始形成侧生根,减少和扰乱了正常根及叶的生成,植物的死亡可能是由于植物吸收器官如叶及幼芽功能的衰退,除去直接抑制其发育或使之反常发育外,这些器官还快速地流失必要的物质到茎轴上快速增长的组织中去。

这类除草剂的选择性主要决定于植物构造的不同和除草剂传导速度的不同,它破坏双子叶植物的韧皮部,导致反常的由除草剂引起的组织增生。这在单子叶植物中则可避免,因为单子叶植物的韧皮部分散在维管束中,被保护性的厚壁组织系统所围绕,同时单子叶植物的维管束中的形成层与中柱鞘对生长素不敏感,也可能是一个重要的抗性因素。从传导情况来看,单子叶植物将叶面施用的除草剂从吸收部位运转开去所受限制比双子叶植物大,单子叶植物的茎与嫩叶之间的居间分生组织是除草剂输送的一个障碍。在一些单子叶植物体内快速地代谢苯氧羧酸除草剂也是对这些化合物产生抗性的保证。

4.3.4.2 降解作用[26]

(1)在植物体内的降解

早在 50 年代,人们就对这类除草剂在植物体内的降解作用有了不少认识,如侧链断裂,降解成相应的酚,2,4-D 可转变成 2,4-二氯苯酚。其侧链的降解有两种不同的机制,某些植物以两个碳原子为单位失去侧链,而另一些则可能经过一假定的中间体而逐步降解。

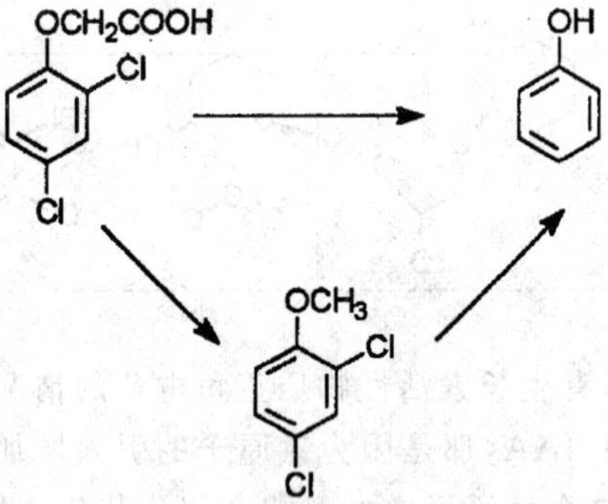

高级脂肪酸衍生物还可进行侧链的 β-氧化降解,在对 $C_2 \sim C_8$ 的 2,4-二氯苯氧脂肪酸同系物的研究中发现,苯氧乙酸是活性单元,丁酸、己酸及辛酸衍生物具有活性,是由于植物体内的β-氧化作用,使之降解成相应的乙酸衍生物的结果。而丙酸、戊酸、庚酸等衍生物则降解为 2,4-二氯苯酚的碳酸单酯,最终代谢成没有生物活性的二氧化碳及 2,4-二氯苯酚:

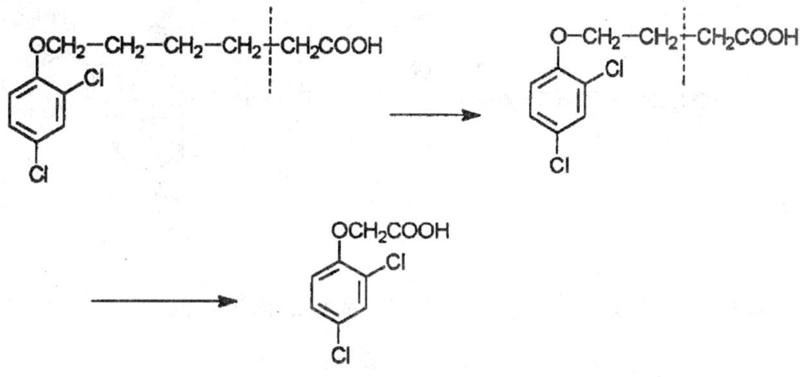

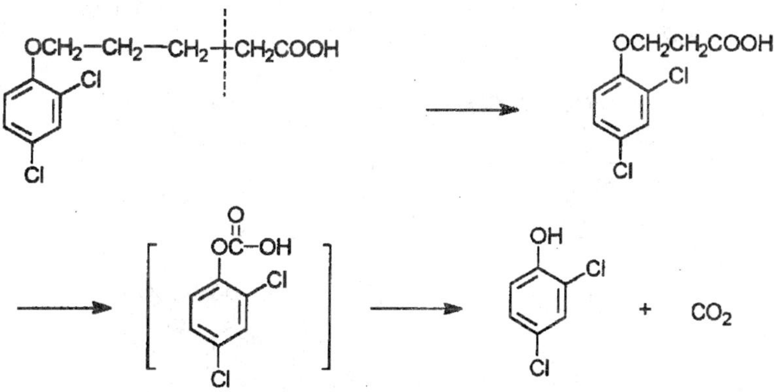

β-氧化作用是在植物体内 HSCoA、ATP、FAD 等作用下进行的：

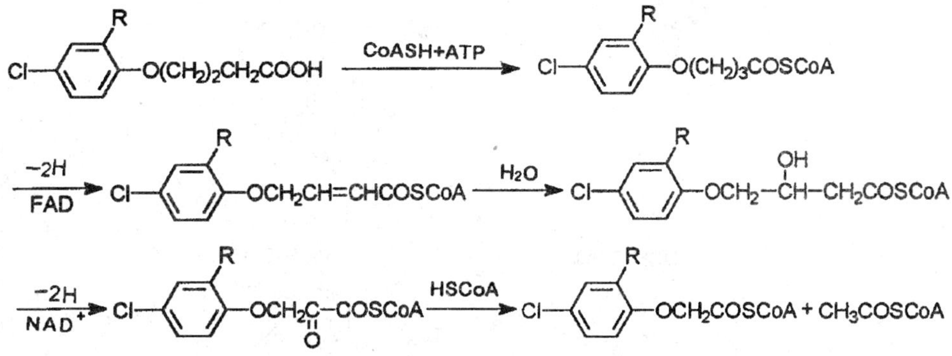

$$\text{Cl}-\langle\text{R}\rangle-\text{O(CH}_2)_2\text{CH}_2\text{COOH} \xrightarrow{\text{CoASH+ATP}} \text{Cl}-\langle\text{R}\rangle-\text{O(CH}_2)_3\text{COSCoA}$$

$$\xrightarrow[\text{FAD}]{-2H} \text{Cl}-\langle\text{R}\rangle-\text{OCH}_2\text{CH=CHCOSCoA} \xrightarrow{\text{H}_2\text{O}} \text{Cl}-\langle\text{R}\rangle-\text{OCH}_2-\overset{\text{OH}}{\text{CH}}-\text{CH}_2\text{COSCoA}$$

$$\xrightarrow[\text{NAD}^+]{-2H} \text{Cl}-\langle\text{R}\rangle-\text{OCH}_2-\overset{\text{O}}{\text{C}}-\text{COSCoA} \xrightarrow{\text{HSCoA}} \text{Cl}-\langle\text{R}\rangle-\text{OCH}_2\text{COSCoA} + \text{CH}_3\text{COSCoA}$$

R = CH$_3$, Cl

乙酰辅酶 A 是新陈代谢的调节者,它的发现及结构测定是有机化学的一项重大成就,对生物化学发展起了重要作用,其结构如下：

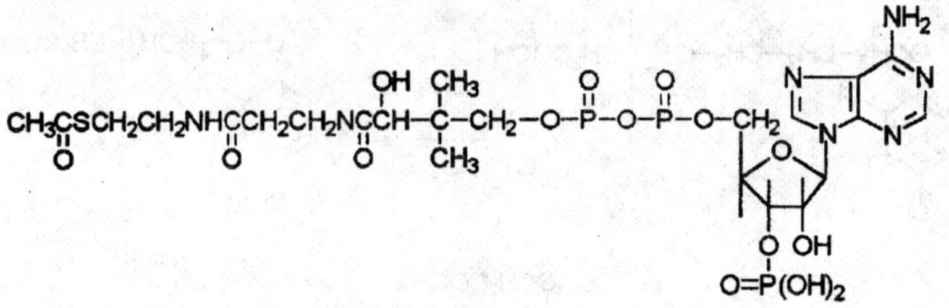

植物体内，苯氧羧酸类化合物苯环上还可发生相应的羟基化作用，如：

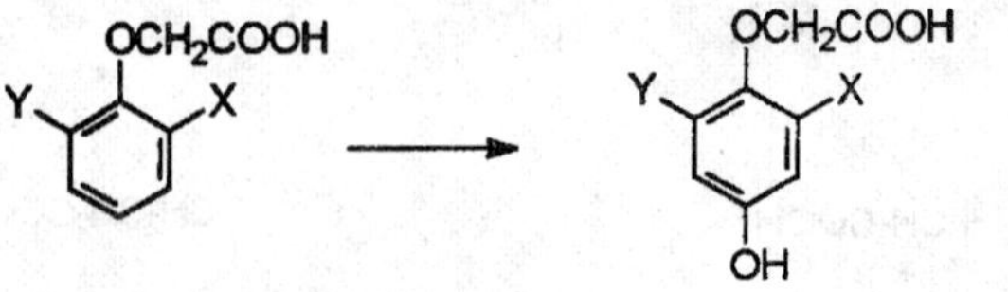

(X、Y = Cl 或 H)

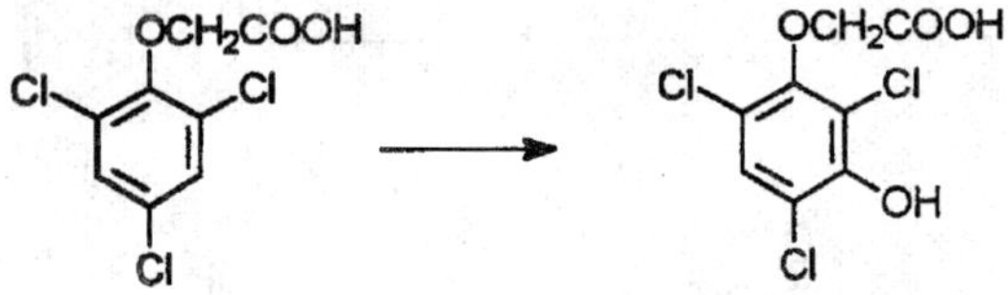

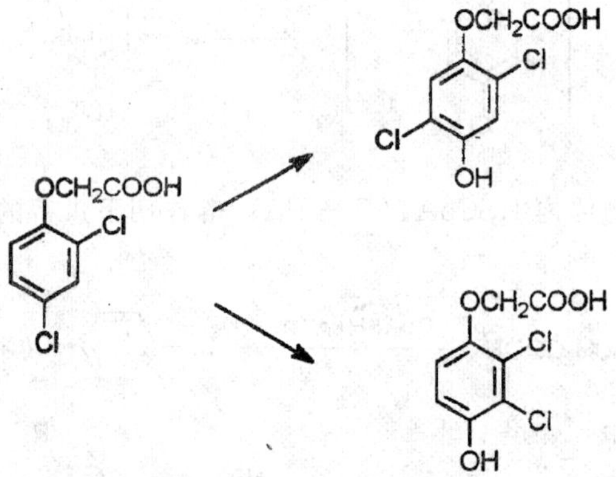

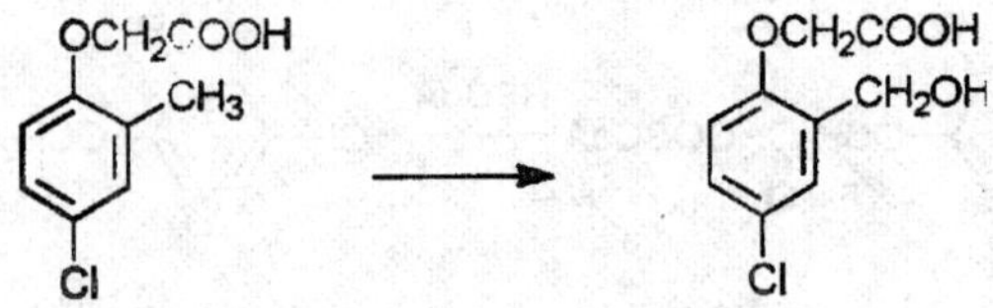

在羟基化过程中，有时还伴随着发生氯原子的移位，苯环上羟基化后，可与葡萄糖轭合，生成相应酚的葡萄糖苷，如：

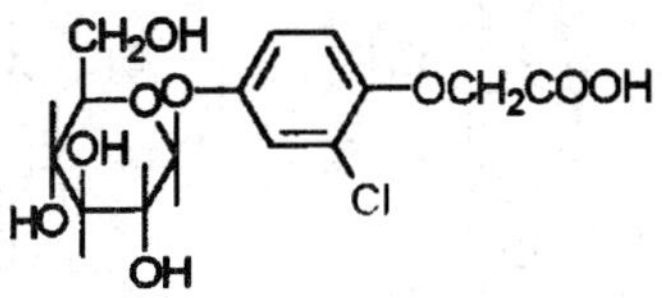

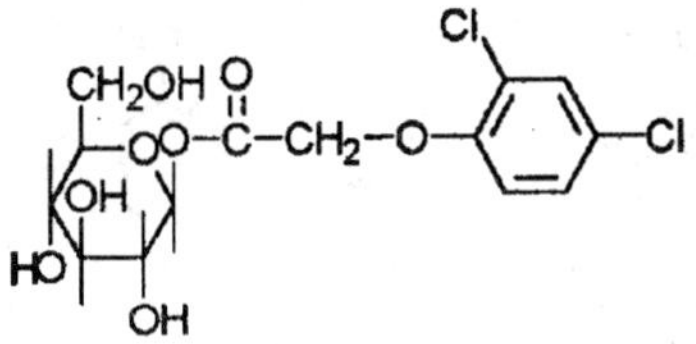

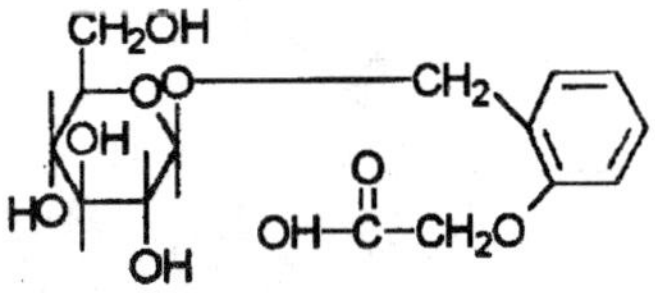

也可与各种氨基酸形成轭合物,已检出的如:

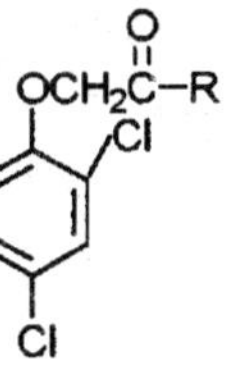

R = 丙氨酸 谷氨酸 缬氨酸 苯丙氨酸
亮氨酸 色氨酸 天门冬氨酸等

苯氧羧酸类化合物在植物体内除发生上述降解外,用同位素标记的方法还发现有开环的化合物及其它一些未鉴定出的化合物存在。

(2)在动物体内的降解

苯氧羧酸类化合物可由动物尿中迅速排出,排泄速度依赖于化合物的不同而有一些差异,如用剂量为 125mg/kg 苯氧乙酸或 2-氯苯氧乙酸喂养白兔,6 小时后可排出 44%~72%,而 4-氯苯氧乙酸则仅能排泄 13%~15%,但是 24 小时后,三种化合物则有 70% 以上可排出体外。苯氧羧酸酯在动物体内首先是迅速水解成羧酸,其高级脂肪酸衍生物在动物体内的 β-氧化作用是很有限的,例如分别用 4-苯氧丁酸及 6-苯氧己酸喂养白兔,在其尿中所检出的苯氧乙酸的含量分别为 13%~38% 及 20%~23%,而更多的是以苯氧丁酸的形式排出体外。

成人口服 2,4,5-T,剂量为 5mg/kg 时,约 6 小时后,在血液中检出的含量最高,以后逐渐下降,在 96 小时内约 88% 的药剂可由尿中排出,粪便中约排出原药的 2%。极高剂量时,人体会在冷或热的环境中失去保持体温的能力,这种动态平衡丧失的原因尚不清楚。

(3)在土壤中的降解

通过对 2,4-D、MCPA 及 2,4,5-T 在土壤中的降解研究表明,在有利于降解的条件下,2,4-D 大约在用药后 2~3 周消失,而其它两种除草剂消失的速度较缓慢,MCPA 大约要六周后才能消失。温度、湿度及土壤中所含的其它有机质将有利于这类除草剂的降解。研究表明,这类除草剂是通过土壤中的微生物而降解的,微生物降解这类化合物的途径包括侧链断裂、苯环羟基化、脱卤以及苯环的裂解。不同种类的微生物可以完成一种或多种反应,同时苯氧羧酸类化合物抗微生物降解的能力也因其化学结构而异。2,4-D 在土壤中被微生物降解的过程可能为:

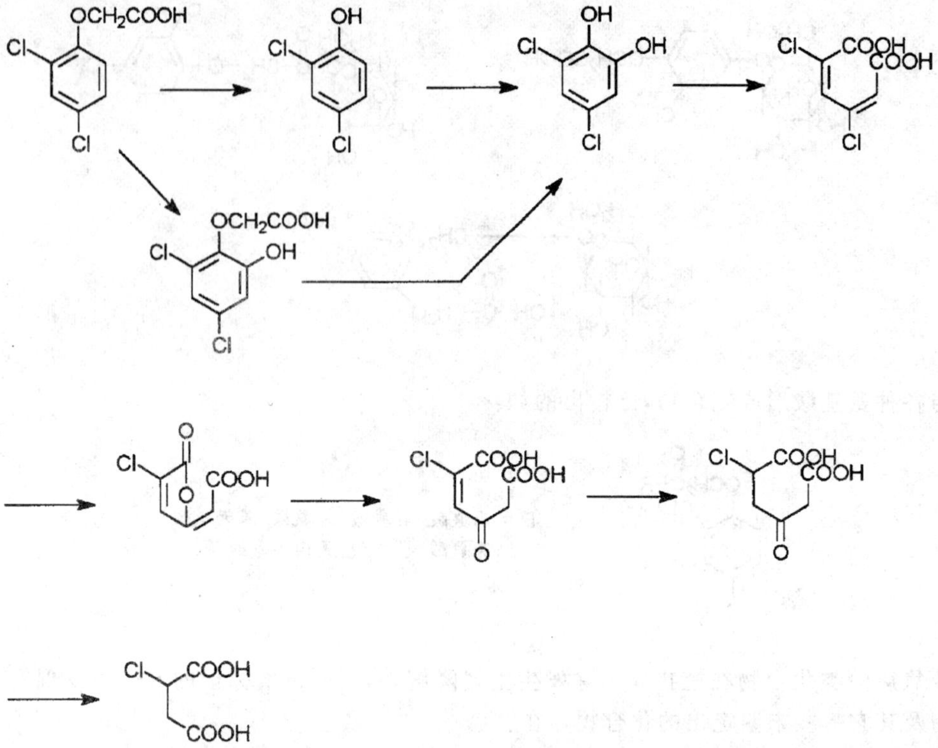

4.4 羧酸及其衍生物

4.4.1 苯甲酸及其衍生物

4.4.1.1 概述

卤代苯甲酸、苯甲酰胺、苯腈以及对苯二甲酸及其衍生物均具有除草活性,早在 1942 年,Zimmermann 等就指出这类化合物具有植物生长调节活性[28]。

在苯甲酸类化合物中,20 世纪 50 年代,2,4,6-三氯苯甲酸(草芽平,TBA)就被推荐作为非选择性除草剂以防除深根性有害的阔叶植物,其中包括木本、藤木及灌木,后又推荐用于谷物地中防除某些阔叶杂草[29]。1956 年,研究者对一系列硝基取代的氯代苯甲酸进行了除草活性的测定,发现地草平(dinoben,3-硝基-2,5-二氯苯甲酸)是一有效的选择性苗前除草剂[30],可用于大豆田中防除一年生阔叶及禾本科杂草。1958 年发现其还原产物 3-氨基-2,5-二氯苯甲酸(豆科威,chloramben)则更具选择性,特别是对大豆的耐药性有显著提高[31]。2-甲氧基-3,6-二氯苯甲酸(麦草畏,dicamba)是 60 年代开发的除草剂[32],可在苗前或苗后防除一年生阔叶及禾本科杂草,也可用于防除对苯氧羧酸类有抗性的阔叶杂草及灌木。

2,6-二氯苯腈(dichlobenil)及 2,6-二氯硫代苯甲酰胺(chlorthiamide)对萌发的种子、块茎及幼苗均有效,主要用于选择性地防除一年生及多年生杂草[33]。

碘苯腈(Ioxynil)及溴苯腈(bromoxynil)的除草活性是 Wain 等于 1959 年发现的[34]，这两类除草剂可在秋天及春天使用，对于秋播作物的杂草防除特别有效，并可防除某些对苯氧羧酸无效的阔叶杂草。

敌草索(DCPA，四氯对苯二甲酸二甲酯)及其类似物主要用于草坪、观赏植物及作物田中防除一年生禾本科及某些阔叶杂草[35]。

这类化合物中主要的除草剂品种见表 4-5。

4.4.1.2 合成方法及其化学性质

2,3,6-三氯苯甲酸可由甲苯为原料制得，反应过程中所用的邻氯甲苯是由其对位异构体中分馏出来的，进一步氯化可得 60% 所需的 2,3,6-三氯甲苯，然后氧化而得产物。4-氯苯甲酸、2,6-二氯苯甲酸及 2,3,5,6-四氯苯甲酸均几乎无活性，这些副产物往往在工业上为得到高纯度的理想产物造成困难[36]，用对甲苯磺酰氯直接氯化，则可得纯 2,3,6-三氯甲苯[37]：

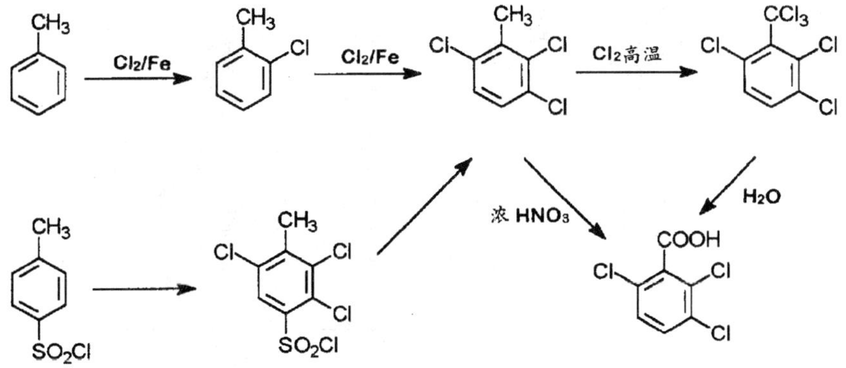

用 1,2,3,4-四氯苯作原料与氰化亚铜于碱催化下，于 180℃ 反应，可制得 2,3,6-三氯苯腈及 2,3,4-三氯苯腈的混合物，水解后生成相应的酸，采用乙酸丁酯或乙酸戊酯作溶剂，可因TBA 在溶剂中溶解度较大，而分离出高含量的产品[37]：

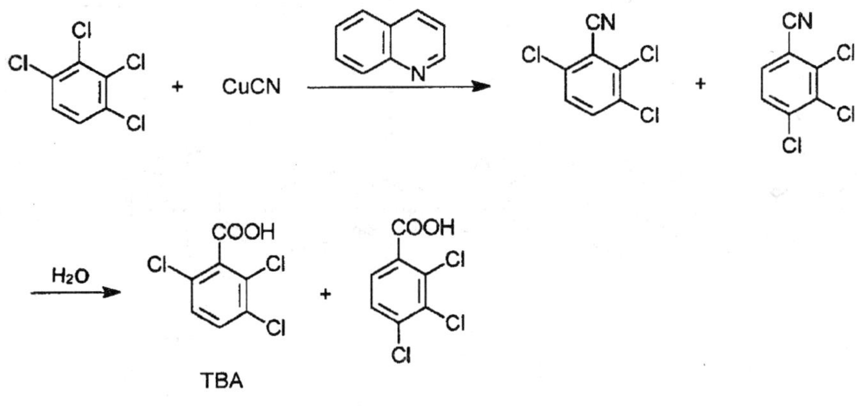

豆科威的结合方法为[38]：

表 4—5　苯甲酸类除草剂

通用名	结构式	物化性质	LD$_{50}$(mg/kg)(大鼠口服)	应用范围	使用剂量(kg/ha)	剂型
草芽平 TBA	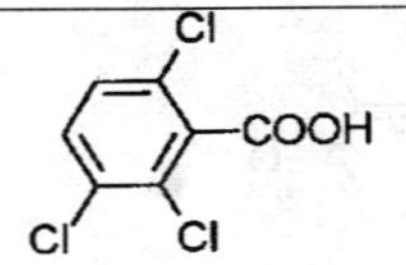	mp.125℃~126℃ 不溶于水	750~1000	非农耕地除除一年生阔叶及多年生杂草	苗前土壤及苗后茎叶 2~4	24%二甲胺水溶液
豆科威 chloramben	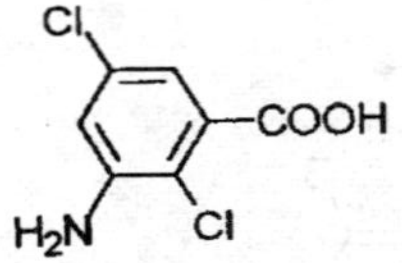	mp.200℃~201℃ s.700mg/L(25℃)	3160~3500	大豆,菜豆,棉花,洋葱,甜菜等防除一年生杂草	苗前土壤处理 2~4.5	20%钠盐水溶液,10%颗粒剂,乳油
地草平 dinoben	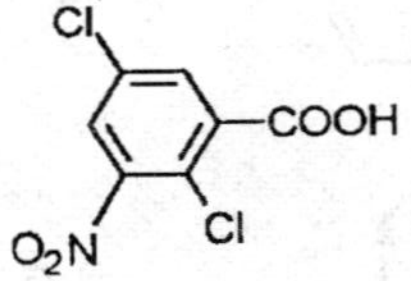	mp.200℃~201℃ s.易溶于水	3500	大豆,花生,向日葵,胡萝卜等防除一年生杂草	播后苗前土壤处理 1.5~2.0	水溶剂,颗粒剂
麦草畏 dicamba	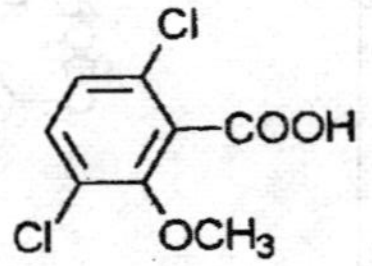	mp.114℃~116℃ s.6.5g/L(25℃)	2900±800	麦类,玉米,高粱,非耕地灌木丛防除非叶,木本灌木	麦类抽穗前,禾本科生育期,茎叶处理 0.5~1.0,土壤处理 0.5~3.0	48.2%二甲胺盐,40%二甲胺盐,40%乳油,5%,10%颗粒剂
杀草畏 tricamba	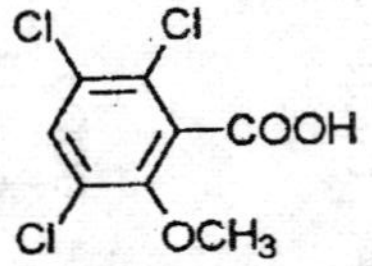	mp.137℃~139℃ s.微溶于水	970	麦类及草坪防除一年生阔叶草,也可防除灌木	苗前或苗后 0.5~3	乳剂
敌草腈 dichlobenil	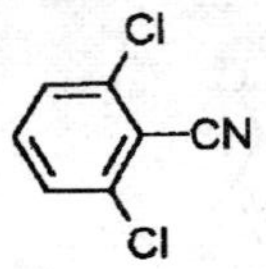	mp.145℃~146℃ s.18mg/L(20℃)	3160	稻田,果树防除一年生及多年生杂草	稻田苗后1,果树及其它作物 2.5~10	45%可湿性粉剂,6.75%颗粒剂
草克乐 chlorthiamide	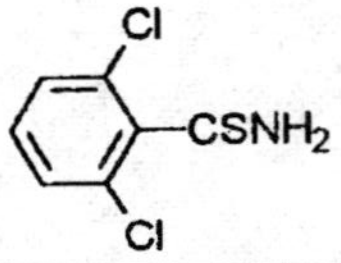	mp.151℃~152℃ s.950mg/L(21℃)	757	果园,观赏植物和非耕地使用	非耕地 17~34,果园 6~12,观赏植物 6	50%可湿性粉剂,7.5%,15%颗粒剂

通用名	结构式	物化性质	LD$_{50}$(mg/kg)(大鼠口服)	应用范围	使用剂量(kg/ha)	剂型
碘苯腈 loxynil	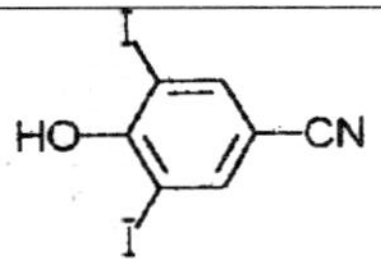 (结构式)	mp. 212℃~213℃ s. 50mg/L(25℃)	110	谷物田防除阔叶杂草,蚕豆,花生,胡萝卜	茎叶喷雾 0.4~0.8	碱金属盐水剂
辛酸碘苯腈 ioxyioloctanoate	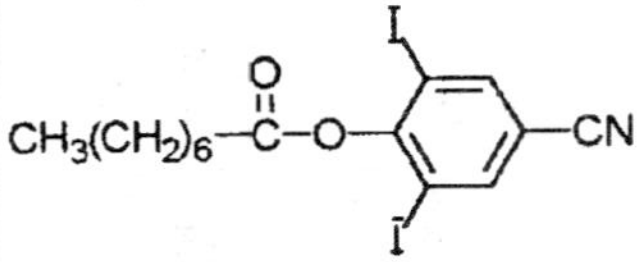 CH$_3$(CH$_2$)$_6$—C—O—	mp. 58℃~60℃ s. 不溶于水	390	谷物,甜菜,洋葱田防除一年生阔叶杂草	苗后茎叶 0.3~0.75	乳剂
溴苯腈 bromoxynil	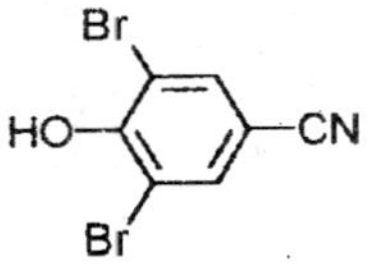 (结构式)	mp. 194℃~195℃ s. 130mg/L(21℃)	2500	麦类,亚麻和非耕地防除一年生阔叶杂草	苗后茎叶处理 0.5~1.5	碱金属盐水剂
溴苯腈辛酸酯 bromoxynil octanoate	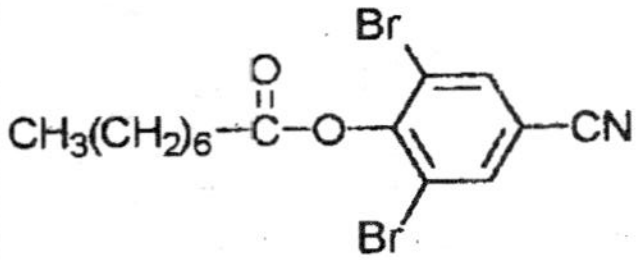 CH$_3$(CH$_2$)$_6$—C—O—	mp. 45℃~46℃ s. 不溶于水	250	谷物田除一年生阔叶杂草	苗后 0.25~0.5	乳油
敌草索 DCPA	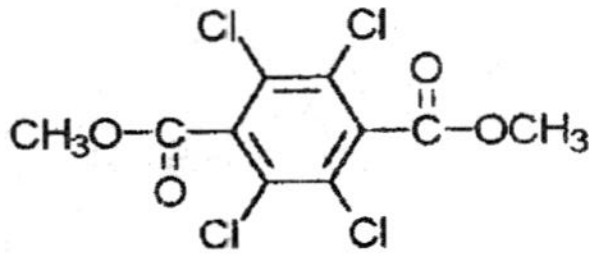 CH$_3$O—C— …—C—OCH$_3$	mp. 156℃ s. <0.5mg/L(25℃)	3000	玉米,棉花,大豆,蔬菜防除一年生禾本科及阔叶草	苗前 6~14	75%可湿性粉剂,2.5%,5%颗粒剂
敌草死 glenbar	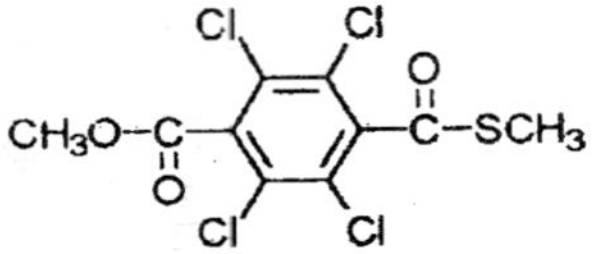 CH$_3$O—C— …—C—SCH$_3$	mp. 161℃~162℃ s. 5mg/L(22℃)	3300	水稻,花生,棉花,大豆,蔬菜防除一年生杂草	苗前 2~8	

mp. 熔点;s. 水中溶解度;括号内为温度

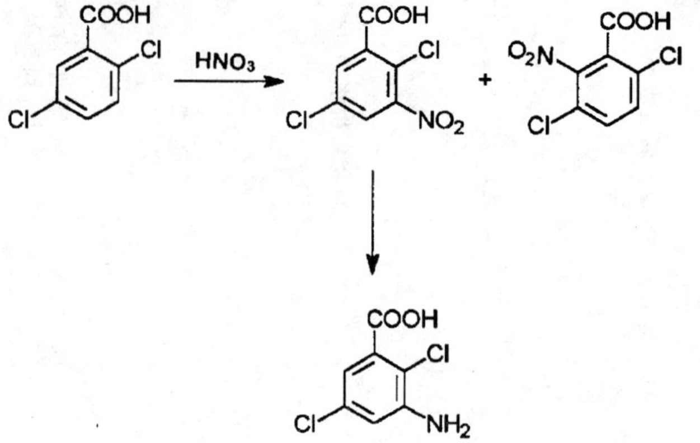

麦草畏则以 1,2,4-三氯苯为原料制得[39]：

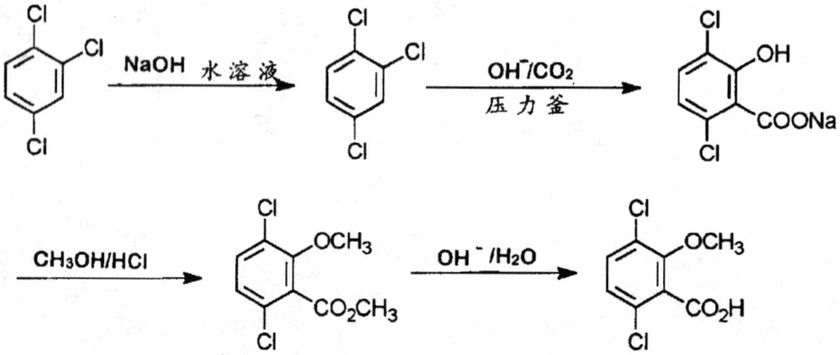

敌草腈(2,6-二氯苯腈)的合成方法为[40]：

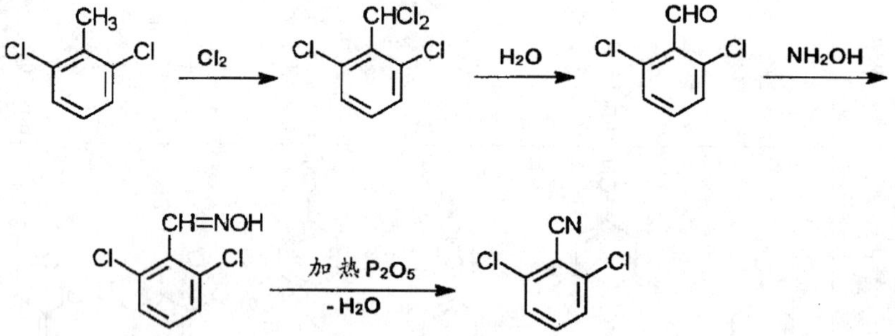

该产物也可以 2-氯-6-硝基苯腈为原料,即在反应器中加入 2-氯-6-硝基苯腈,以邻二氯苯为溶剂加热至 160℃,搅拌下通入 90%(V)氯化氢及 10%(V)氯气的混合气体,冷却后用石油醚处理,即可得产品,收率 80%：

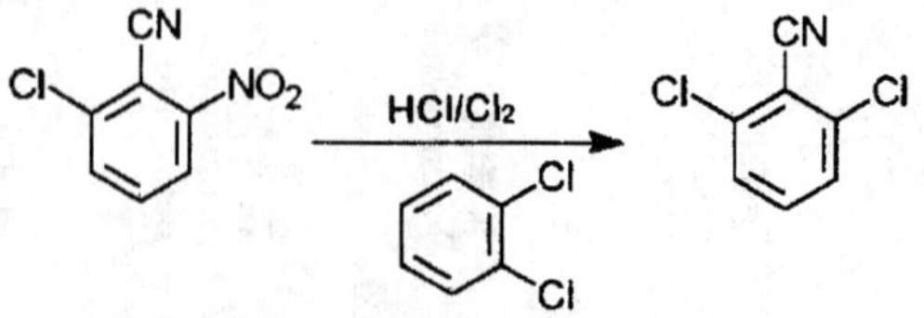

敌草腈中通入硫化氢则可生成草克乐[40]：

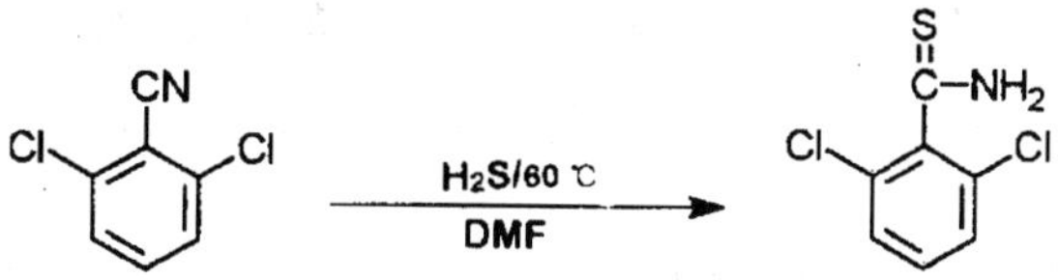

敌草索(DCPA)则以对苯二甲酸或对二甲苯为原料：

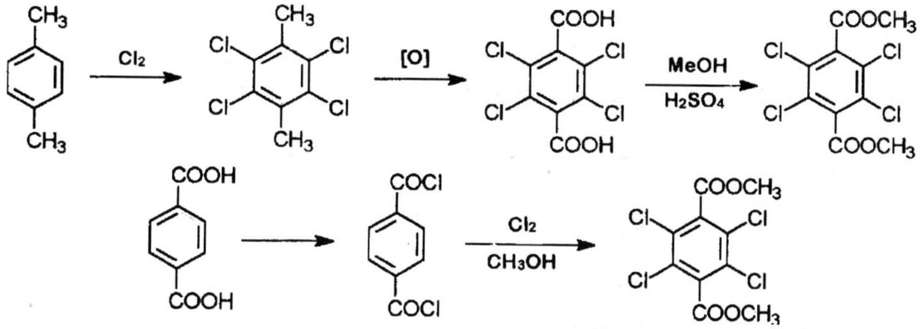

TBA 及麦草畏对氧化及水解稳定，在紫外光照射下，TBA 的甲醇溶液中可检出 2,6-二氯苯甲酸及 3-氯苯甲酸，在环境中 TBA 的水溶液对光解是稳定的。

豆科威则可被光迅速分解，其光解产物主要是 2-位脱氯的产物[41]：

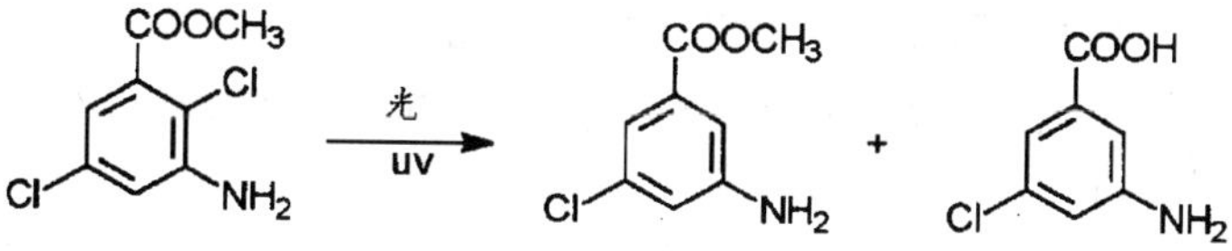

在大气条件下，豆科威的水溶液迅速变为棕色，溶液中含有氯离子及复杂的多聚体与氧化产物的混合物。

草克乐具有较大的水溶性，但其挥发性远低于敌草腈。草克乐在日光、热及酸性条件下极为稳定，但在碱性水溶液中极易转变成敌草腈。敌草腈对热及日光均稳定，并不被酸碱介质所水解，在强酸或强碱溶液中则水解成为 2,6-二氯苯甲酰胺：

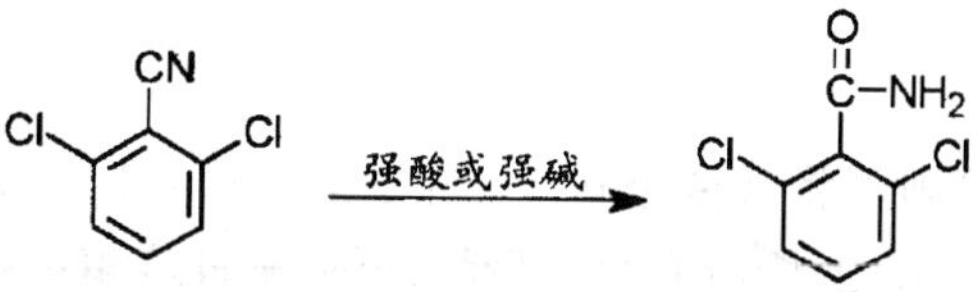

后者进一步水解成 2,6-二氯苯甲酸是很困难的，这主要是由于邻位氯原子的空间阻碍作用[42]。敌草腈的甲醇溶液在紫外光照射下，可发生脱氯反应，生成 2-氯苯腈或苯腈：

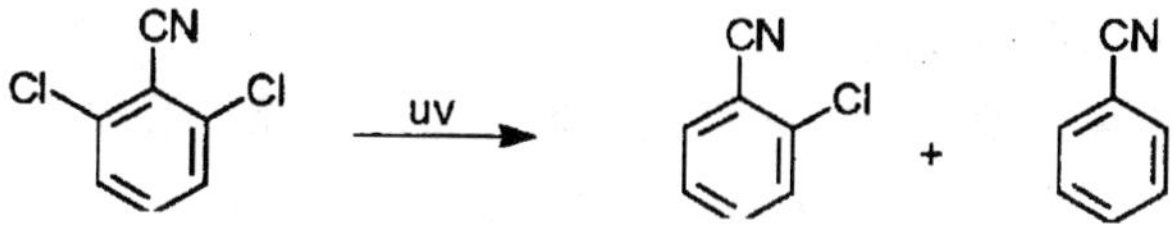

碘苯腈及溴苯腈相对来说是较强的有机酸，pKa 值为 4，这是由于分子中羟基对位及邻位分别有电负性的氰基及卤原子的缘故。当用温热的浓硫酸作用或用强碱作用，这二种除草剂

可水解成相应的酰胺，延长处理时间可形成少量相应的苯甲酸[43]：

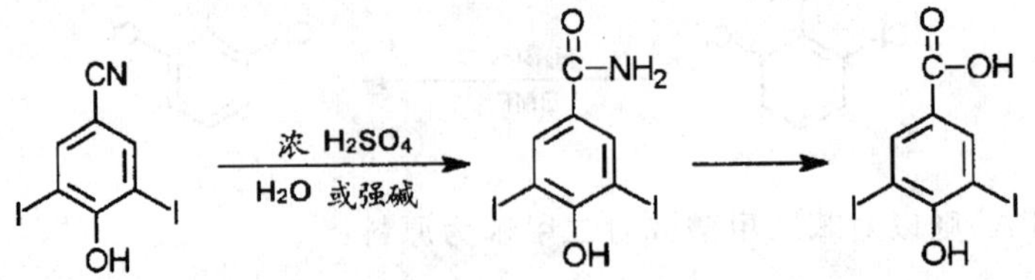

在氧化条件下可有少量碘析出，碘苯腈在紫外光照射及加热下，可被含有钠盐的碱溶液迅速分解，析出碘及碘离子，碘苯腈的苯溶液在紫外光照射下，则发生游离基反应[44]：

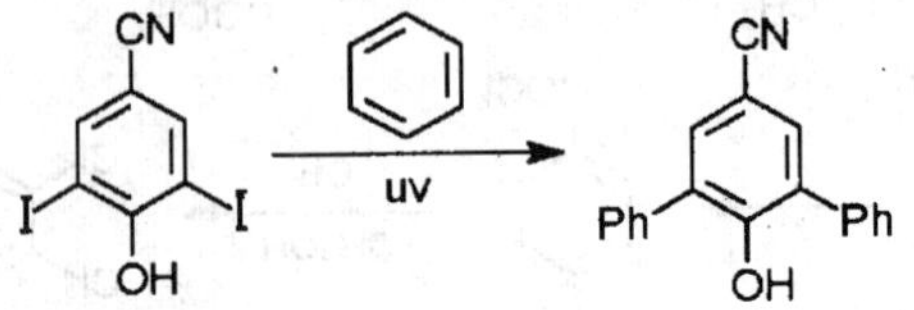

4.4.1.3 作用方式及选择性

TBA 极易被植物吸收并向上和向下运转，它具有强的形态效应，在植物体内的作用与类生长素化合物相似，它能抑制植物顶端的生长及叶的形成，并显著地引起细胞的伸长。TBA 可以导致植物组织增殖及水果单性结实，减少不定根的形成。同时，TBA 可破坏 IAA 的运转，TBA 还是一个相对弱的氧化磷酸化及 Hill 反应的抑制剂。

尽管一般认为 TBA 为一非选择性除草剂，但不同植物对它仍具有不同的敏感性，这可能是由于根的吸收及叶片的传递能力上有所不同而造成的。

豆科威极易被种子、幼苗及植物的根吸收，Rieder 指出，大豆种子对豆科威的吸收是可逆的。同位素研究表明，大豆等抗性植物的根部虽然可吸收大量的豆科威，但其传递到茎中却是很少的，这是因为豆科威被大豆吸收后与葡萄糖轭合后被固定：

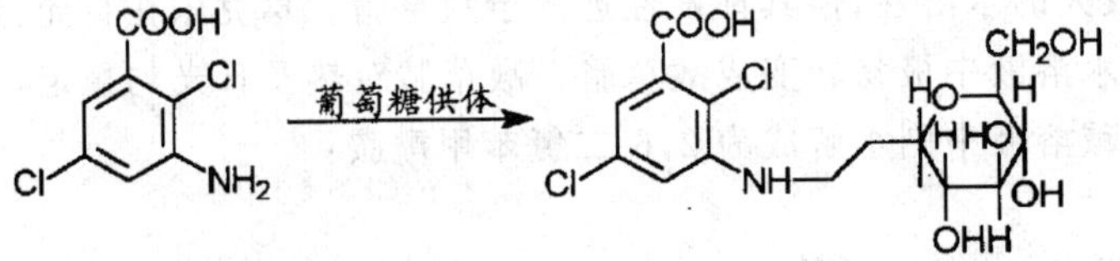

而敏感植物如大麦、黄瓜等则可将其传递到叶片中去，因为其体内的葡糖苷含量低。

豆科威及地草坪是有效的生长调节剂，两者均可抑制许多植物根及茎的伸长和生长，在低浓度下(0.01～0.02ppm)可像生长素一样促进生长。

麦草畏也极易被植物的根及叶吸收，根部吸收后可传递到其它组织中去。这类化合物也是有效的植物生长调节剂，能改变植物根茎叶的发育，引起叶片的畸型、增加分枝、使叶柄和茎部弯曲以及异常开花等多种形态效应。

麦草畏的选择性主要来源于植物体内除草剂分布的差异以及吸收、传导和代谢速率的差异。

敌草腈常吸收和积累在植物的根部，然后在木质部内随蒸腾流向上传导，在有利的浓度梯度下，根吸收的敌草腈可排泄返回到营养液中去，植物的地上部分也可吸收和运转敌草腈。

敌草腈是有效的植物生长抑制剂，对萌发的种子及旺盛分裂的分生组织特别有毒，伤害的症状常常包括组织肿大、生长点白化和死亡及茎部易脆断。敌草腈及草克乐的苯酚代谢产物3-羟基或4-羟基2,6-二氯苯腈显示出除草活性,它们是氧化磷酸化的有效抑制剂及解偶联剂。

一般说来,敌草腈及草克乐是仅有少量选择性的苗前除草剂,深播作物对苗前处理的敌草腈有较强的抗性。

虽然碘苯腈及溴苯腈一般被认为是叶面触杀除草剂,但也能被吸收和运转。它们的触杀作用是迅速的,但也可观察到较慢的内吸效应和对种子萌发的抑制作用。

已发现3,5-二卤代-4-羟基苯腈类除草剂对蛋白质合成、电子传递、离体线粒体和离体叶绿体的氧化磷酸化和光合磷酸化、蛋白质水解酶和淀粉水解酶的激素调节、RNA的生物合成、CO_2的固定以及类脂的生物合成均有影响,其作用方式是复杂的。

碘苯腈类除草剂的选择性应归因于许多不同的因素,其中包括吸收、传导、降解及活性部位的敏感性等,禾本科植物与阔叶杂草两者形态上的差异是主要因素。

植物的幼苗极易吸收敌草索,并主要是上行传导,但较有限,导致药剂在处理点附近局部集中。

敌草索严重地抑制出土的幼苗的生长,伤害植物的分生组织,其中包括根尖、茎、居间分生组织及维管束形成层。

敌草索的选择性是由于植物的某些特定组织直接接触除草剂后,产生不同的吸收和运转传递而引起的,它在土壤中的位置略明显地影响其选择性。

4.4.1.4 降解与代谢[45]

(1)草芽平(TBA)

TBA在植物体内不易代谢,用^{3}H TBA处理蚕豆、玉米及大麦,研究发现使用81小时后,大约90%的TBA未发生变化,而与蛋白质形成轭合物的仅占10%。

TBA在土壤中有可能积累,田间研究表明,TBA用量为9kg/ha时,持效期至少在18个月以上,它还极易被淋溶至土壤深处,若在土表施药,可在土壤3.3m深处发现。TBA也可在土壤中挥发,这在土壤湿度低温度又高的情况下发生。微生物可以降解TBA,其降解途径可能为:

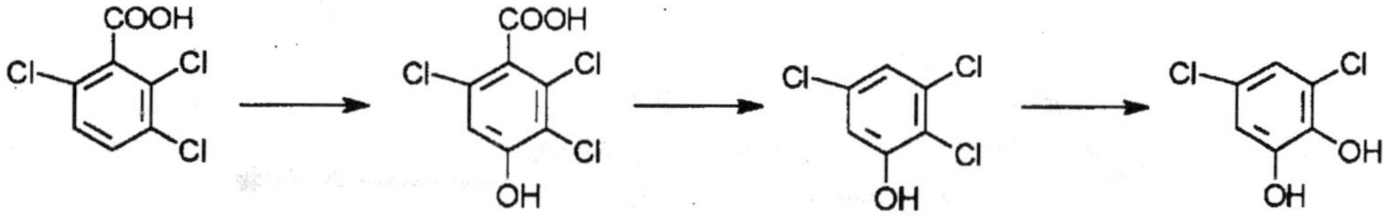

一系列的研究表明,动物体内TBA极易被代谢和排泄,用同位素技术研究表明,大约72%～75%由尿排出,24%～28%由粪便排出。

(2)豆科威

豆科威在植物体内的代谢途径是形成可溶于甲醇的轭合物及不溶的残留物,前者主要是形成糖苷,这是一种酶促溶解的生物合成(UDPG为尿苷二磷酸葡糖):

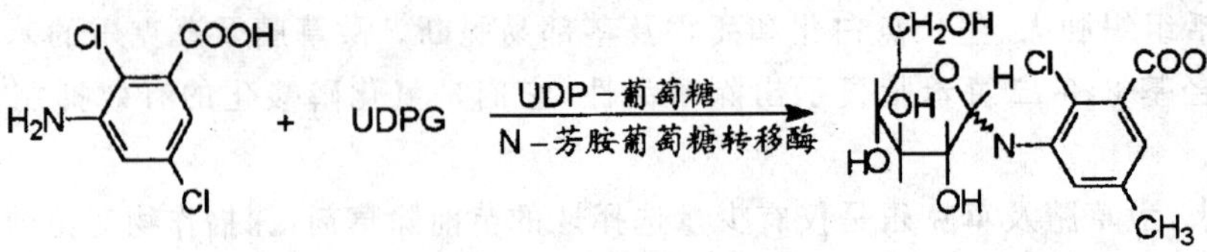

地草平及豆科威在高等植物中的代谢如下：

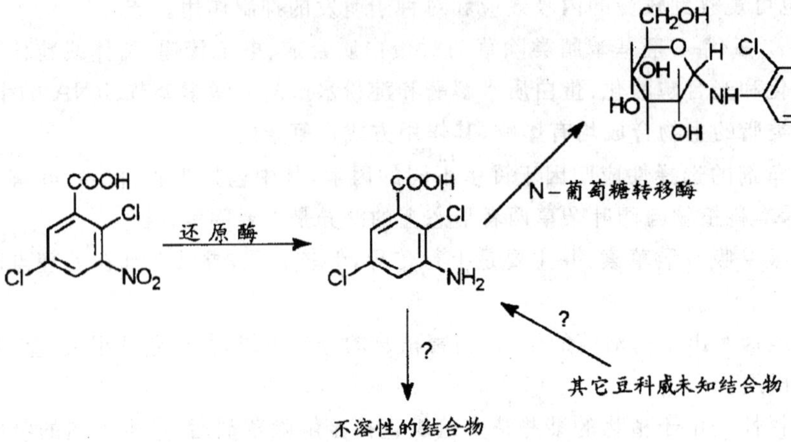

苗前施用于土壤表面的豆科威，光化学降解预期是首要的因素，微生物降解也是豆科威在土壤中失去活性的重要原因。

豆科威可由动物体内快速排泄，其中 88% 从尿中排出，5% 由粪便中排出，在尿中的豆科威大约有 18% 是以轭合物的形式存在。

（3）麦草畏

麦草畏在高等植物体内的代谢途径为：

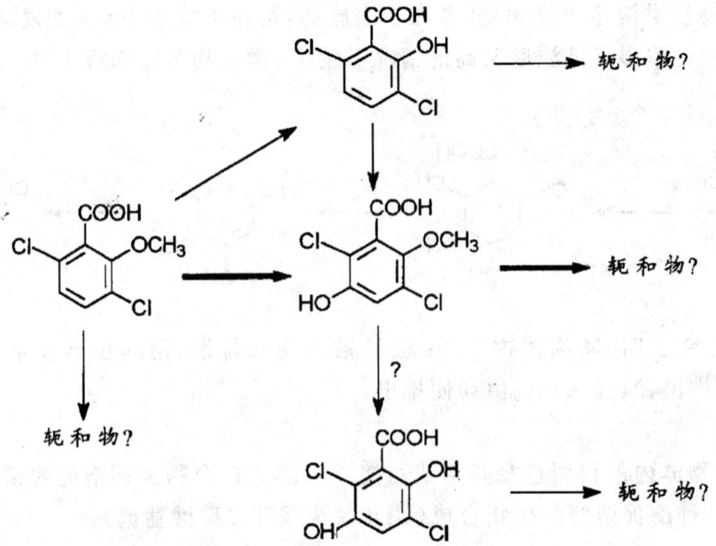

麦草畏在土壤中具有较大的移动性，微生物降解是麦草畏在土壤中持效期的主要决定因素。有关这类除草剂在动物体内的行为研究较少，对 ^{14}C 标记的麦草畏研究表明，它可很快地

从大鼠的尿中排出。

(4)敌草腈与草克乐

敌草腈在植物体内代谢的基本途径是苯环上的羟基化,形成 3-羟基及 4-羟基-2,6-二氯苯腈,并随之与植物体内的成分形成不溶的轭合物,其主要途径为:

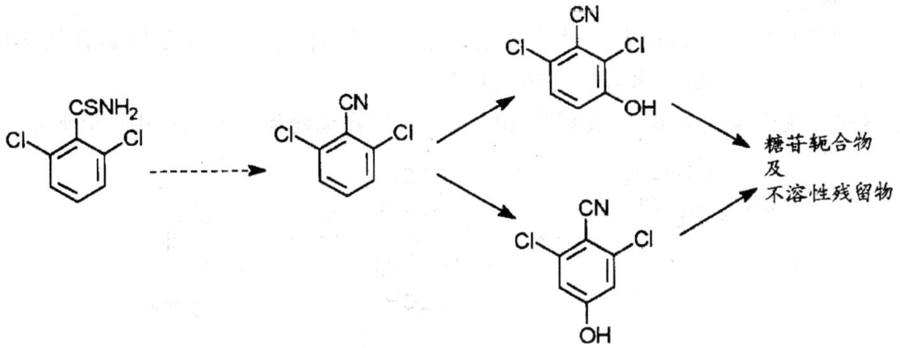

敌草腈在土壤中的半衰期可由数周到数月,这一变化主要决定于敌草腈在各种不同性质土壤中的挥发性及其分配系数、剂型、应用剂量、环境条件及土壤处理的方法。土表处理、高温、有风及土壤中有机质低则半衰期短。2,6-二氯苯甲酰胺是敌草腈在土壤中降解的主要产物:

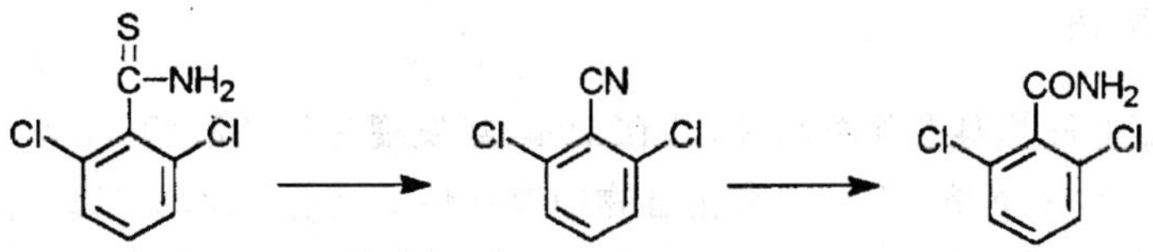

有关该化合物在动物体的降解作用研究得很少,它们在大鼠体内的转变情况如下:

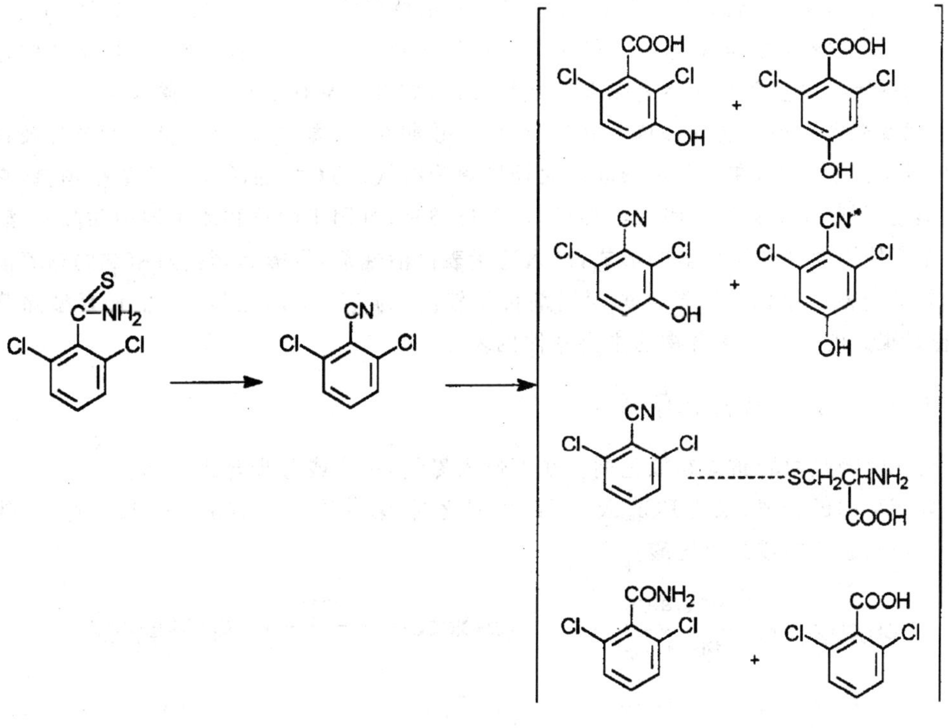

(5)碘苯腈与溴苯腈

碘苯腈与溴苯腈在植物体内的降解作用了解甚少，根部吸收研究提供了碘苯腈析出碘形成苯甲酸的间接证明，这两种除草剂在土壤中的半衰期低于两周。在动物体内的代谢也很少有人了解，对用溴苯腈饲喂的奶牛的研究表明，从牛奶及牛粪中均未检出原药。

(6)敌草索

敌草索的单甲酯或游离酸曾从植物叶组织中检出过，但未必就能证明是在植物体内降解的产物，很有可能是在土壤中水解后为植物所吸收的。

敌草索在土壤中缓慢降解，半衰期为100天。它们在动物体内及土壤中的降解途径可能为：

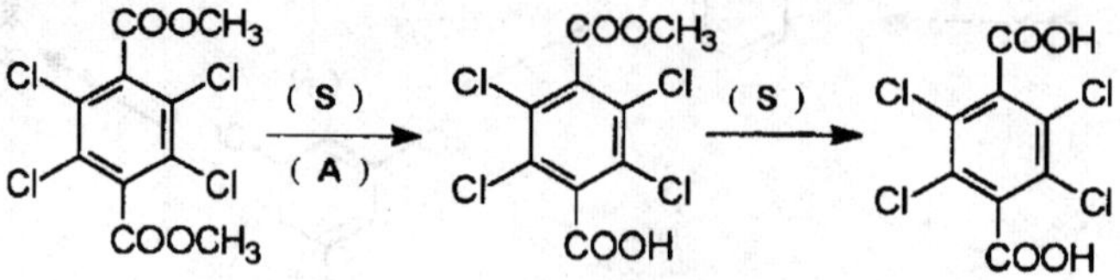

S: 在土壤中　　A: 在动物体内

4.4.2 氯代脂肪酸类

4.4.2.1 概述

一系列氯代脂肪酸均具有除草活性，如在1944年发现三氯乙酸(TCA)[46]，1951年发现2,2-二氯丙酸(dalapon，茅草枯)[47]。此类化合物中有活性的还有2,2,3-三氯丙酸，2,3-二氯异丁酸及2,2-二氯丁酸等。从结构上分析，α-位氯原子的取代是这类化合物具有除草活性重要而必须的条件，氯原子取代在其它位置或用其它卤原子置换氯原子均无活性，活性最高的是2,2-二氯丙酸，随着碳链的加长活性逐渐下降，2,2-二氯戊酸活性很低，而2,2-二氯己酸则无活性。

2,2-二氯丙酸是由Dow化学公司开发为除草剂的，它是一种内吸型禾本科杂草的选择性除草剂，对一年生及多年生禾本科杂草有选择毒性，如对茅草有很好的防除作用。它也可用于土豆、甜菜及胡萝卜地中防除莎草及其它杂草，持效期6～8周。它极易被植物的叶片及根部吸收，而传导至植物各部，在杂草生长旺盛时期则更为有效。TCA的活性比茅草枯稍差，它只是一个土壤处理剂，不能被叶片吸收与传导，但价格便宜，可用于豌豆和甜菜地中防除野燕麦。这两类除草剂使用时往往制成盐的形式，加入适量表面活性剂，可提高药剂对植株的粘着能力而更好地发挥药效。这两种除草剂的使用剂量均较高，为11～33 kg/ha，与生长素型除草剂相比，用量是很大的。这类化合物的主要品种见表4－6。

4.4.2.2 合成及其化学性质

该类化合物是由脂肪酸在催化剂存在下通入氯气，一步或分步合成[47,48]。

例如茅草枯的合成，采用PCl_5及S_2Cl_2作催化剂，第一阶段在105℃～110℃通氯，然后在165℃～170℃通氯制成二氯丙酸：

$$CH_3CH_2COOH \xrightarrow[Cl_2\ \ 110\,^{\circ}C]{PCl_5,\ S_2Cl_2} CH_3CHClCOOH \xrightarrow{170\,^{\circ}C} CH_3CCl_2\,COOH$$

表 4—6 氯代脂肪酸类除草剂

通用名	结构式	物化性质	LD₅₀(mg/kg)(大鼠口服)	应用范围	使用剂量及时期 (kg/ha)	剂型
一氯乙酸 monoxone	$ClCH_2COOH$ (Na)	钠盐 s. 850g/L(20℃)	650	蔬菜地防除一年生杂草	种子处理 苗后	钠盐可湿性粉
三氯乙酸 TCA	Cl_3CCOOH (Na)	mp. 56℃~58℃ s. 10kg/L(25℃)	3200~5000	马铃薯、甘蔗、亚麻、甜菜、棉花、果树及非耕地除一年生及多年生杂草	播前,播后,苗前一年生杂草 5~7,多年生 30~50	颗粒剂,钠盐水溶液,可湿性粉剂
茅草枯 dalapon	CH_3CCl_2COOH (Na)	mp. 166.5℃ s. 钠盐 900g/L (25℃)	9330	橡胶园、果园、茶园、林地及非耕地除一年生及多年生杂草	杂草出苗后 1~15	80%可湿性粉剂,40%水溶液
四氟丙酸钠 tetrapion	CHF_2CF_2COOH (Na)	mp. 133℃~135℃ s. 33kg/L(20℃)	11900	甘蔗及非耕地防除一年生及多年生杂草	苗前 3~6	
燕麦酯 bidisin	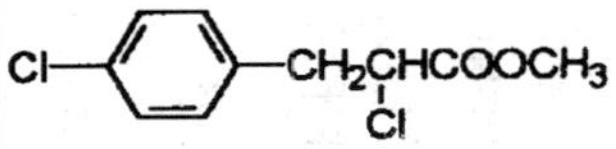 $CH_2CHClCOOCH_3$ Cl	mp. 110℃~113℃ s. 40mg/L(20℃)	1190~1390	麦田防除野燕麦	叶面处理 4	50%,80%乳油
伐草克 Fenac	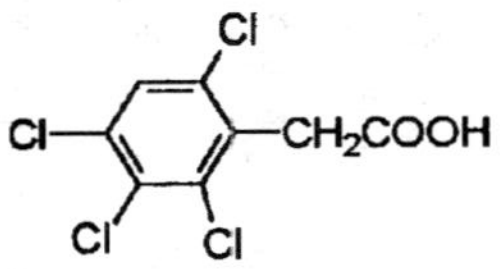 CH_2COOH Cl Cl Cl	mp. 156℃ s. 200mg/kg(28℃)	1780	玉米、甘蔗除一年生及多年生杂草	播后苗前 2.25~4.5 非耕地 3.9~19.5	水剂 钠盐水剂

其反应机理是：

$$CH_3CH_2COOH \xrightarrow{PCl_5} CH_3CH_2COCl \xrightarrow{互变异构} CH_3CH=C\overset{OH}{\underset{Cl}{}} \xrightarrow{Cl_2}$$

$$\longrightarrow CH_3CH-C\overset{OH}{\underset{Cl}{\overset{Cl}{|}}} \xrightarrow{-HCl} CH_3CHClCOCl \xrightarrow{互变异构} CH_3CCl=C\overset{OH}{\underset{Cl}{}}$$

$$\xrightarrow{Cl_2} CH_3CCl_2-C\overset{OH}{\underset{Cl}{\overset{Cl}{|}}} \xrightarrow{HCl} CH_3CCl_2COCl$$

$$CH_3CCl_2COCl + CH_3CH_2COOH \longrightarrow CH_3CCl_2COOH + CH_3CH_2COCl$$

氯代脂肪酸呈强酸性,酸性较其母酸还强,这是由于氯原子取代的结果。这些酸的 pKa 值如表 4-7 所示

表 4-7　氯代乙酸及丙酸的 pKa 值[49,50]

乙酸系列	pKa	丙酸系列	pKa
CH_3COOH	4.76	CH_3CH_2COOH	4.88
$ClCH_2COOH$	2.81	$CH_3ClCHCOOH$	2.80
$Cl_2CHCOOH$	1.29	$ClCH_2CH_2COOH$	4.10
Cl_3CCOOH	0.08	$ClCH_2CHClCOOH$	1.71
		CH_3CCl_2COOH	1.53

在水溶液中,TCA 在室温下分解:

$$CCl_3COOH \longrightarrow CHCl_3 + CO_2$$

干燥的的茅草枯钠盐稳定,但在水溶液中则分解为丙酮酸:

$$CH_3CCl_2COONa + H_2O \longrightarrow CH_3\overset{O}{\overset{\|}{C}}COOH + NaCl$$

此反应在酸性条件下并不发生,20℃以下进行得也很慢。

4.4.2.3　作用方式[52]

氯代脂肪酸在高等植物细胞水平的确切作用机理还不清楚,但是这类除草剂的植物毒性效应是极为相似的,它们均引起植物缺绿及典型的生长调节效应[51]。三氯乙酸被杂草根部吸收后,会引起形成效应,表现出严重的生理紊乱。茅草枯则可被叶子或根部吸收,并引起形成效应。TCA 具有明显的触杀毒性,这样毒性与药剂不能从叶中运转出来有关。高剂量时,茅草枯的急性毒性与 TCA 相似,药剂随营养物质因输导组织的破坏而不能进入植物全身,反而影响了药效的发挥。

曾认为许多生长的效应是由氯代脂肪酸类除草剂引起的,但它们的确切作用及其生物化学仍是不清楚的。氯代脂肪酸虽是生长调节剂,但却不是生长素型的刺激剂。许多植物的生理

过程都受到氯代脂肪酸的影响,但很可能抑制的不是一个途径.如可引起植物叶子表面蜡质数量降低,特别是类脂的生物合成,影响氮代谢,干扰泛酸的代谢等.在高等植物中,对氯代脂肪酸毒性的一般解释远远不能令人满意,可能茅草枯及其有关化合物在不同的植物体内和几种结构相似的代谢物,如β-丙氨酸、泛解酸、丙酮酸等相竞争.

4.4.2.4　降解与代谢

高等植物不易代谢茅草枯及 TCA,茅草枯在植物体内大部分是以原药吸收、运转和积累的,对其它氯代脂肪酸在高等植物体内的降解的研究几乎未见有文献报道.

若用茅草枯喂养动物,动物很快地以原药的形式从尿中排出体外.茅草枯在牛奶中的残留远低于 1% 的喂养量,用同位素标记法测出奶中有茅草枯及氯离子,后者的量比前者高出许多,这可能是由于茅草枯在体内水解成丙酮酸,然后进一步分解成乙酸及二氧化碳之故.

茅草枯及 TCA 在土壤中可被微生物所降解,但 TCA 的降解速度低于茅草枯,温暖与潮湿的条件有利于它们的降解.α,α-二氯丁酸在土壤中的降解速度更为缓慢,最终均将变成二氧化碳和氯离子.

4.5　脲、酰胺及氨基甲酸酯类

4.5.1　脲类

4.5.1.1　概述

取代脲类除草剂是二次大战后发现和发展起来的.1946~1949 年期间,自从 Thompson 等报导一系列不同的脲类衍生物具有生物活性,并对其进行进一步研究后[54],1951 年杜邦公司开发了第一个脲类除草剂——灭草隆[54].现在大约有 20 余个品种在市场上出售,合成了数以千计的各类衍生物,并进行了除草活性的测定.

这类除草剂中最早商品化的是如下结构的脲类衍生物:

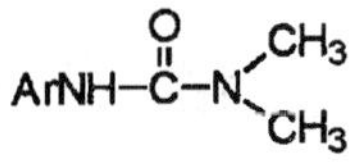

$$ArNH-\overset{\overset{\text{O}}{\|}}{C}-N\overset{CH_3}{\underset{CH_3}{\diagup}}$$

其中 Ar 为氯代或非氯代苯基,如非草隆(fenuron)、敌草隆(diuron)、伏草隆(fluometuron)、绿麦隆(chlorotoluron)等.

在脲的 1,1-二甲基部分用 1-甲基或 1-丁基取代,如草不隆(neburon),其除草活性降低,但选择性却增加,可用于谷物地除草.

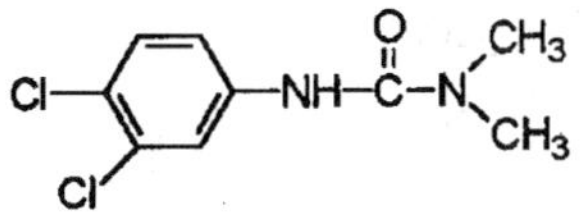

敌草隆 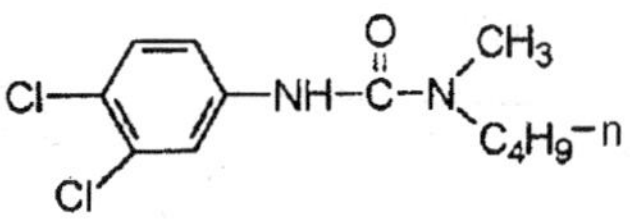　　　　　　　　　　　　　草不隆

当用 1-甲氧基取代 1-甲基后,则开发出利谷隆(linuron):

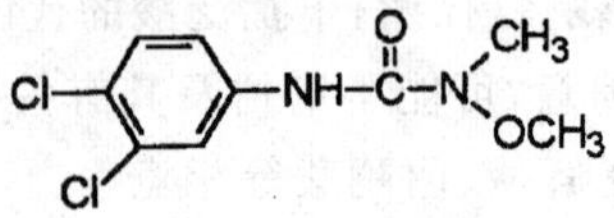

这类化合物由于甲氧基的引入,与 1,1-二甲基脲的活性有了很大的差别。如敌草隆为灭生性除草剂,在土壤中持效期相对较长,而 1-甲基 1-甲氧基衍生物利谷隆则对某些重要作物有极好的选择性,在土壤中的持效期短。

用甲氧基取代敌草隆苯环上的氯原子,即如下结构:

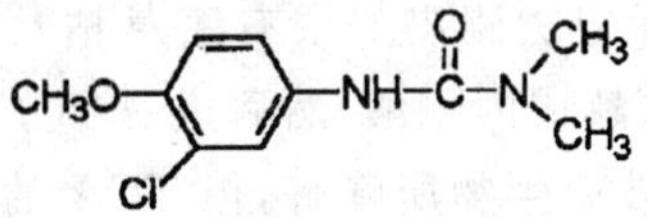

则引起除草活性的降低,选择性增加,持效期缩短。

50 年代末至 60 年代初,人们曾尝试用饱和环烃代替脲类分子中的苯环,这类化合物已商品化的是:

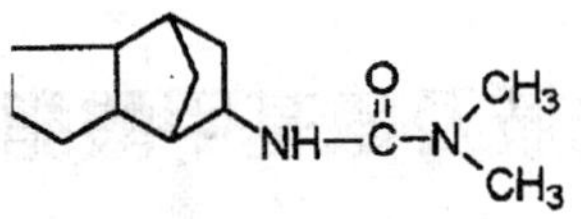

Noruron

在结构上的进一步变化是用一杂环系来代替分子中的苯环,这类化合物往往具有较好的选择性,如:

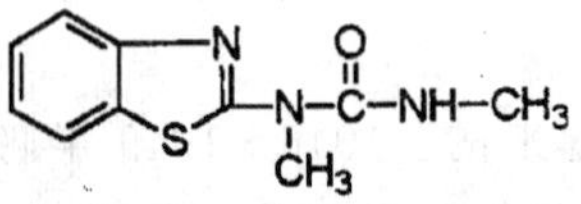

Methabenzthiazuron

这类除草剂都是光合作用抑制剂,其中重要品种见表 4-8。

4.5.1.2 合成方法及化学性质

脲类化合物的合成,工业生产上一般采用光气法,先生成芳基异氰酸酯,然后再与相应的胺反应,例如利谷隆的合成[55]:

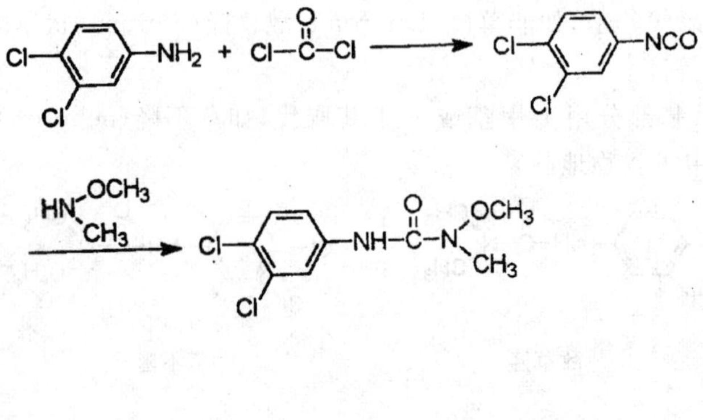

表 4-8 脲类除草剂

通用名	结构式	物化性质	LD₅₀(mg/kg)(大鼠口服)	应用范围	使用剂量(kg/ha)	剂型
非草隆 Fenuron	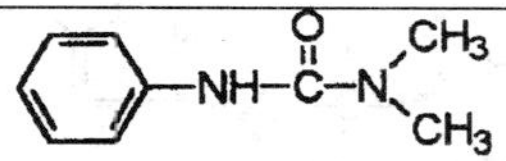	mp.134℃~136℃ s.3.85g/L(25℃)	6400	非耕地灭生性除草	苗前或苗后1.5~30	25%,85%可湿性粉剂,25%颗粒剂
灭草隆 monuron	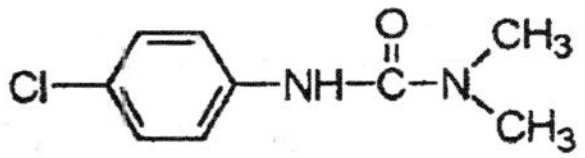	mp.174℃~175℃ s.230mg/L(25℃)	3700	棉花,花生,果园,橡胶园及非耕地防除一年生深根草及灌木	苗前,苗后土壤处理,作物0.75~1.5,非耕地9~30	25%,50%可湿性粉剂
敌草隆 Diuron	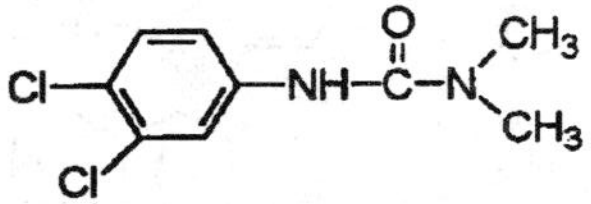	mp.158℃~159℃ s.42mg/L(25℃)	3400	棉花,玉米,高粱,小麦,大麦,水稻,茶,果园及非耕地除草	旱田0.6~4.8 水田0.15~0.4	25%,80%可湿性粉剂
绿麦隆 chlorotoluron	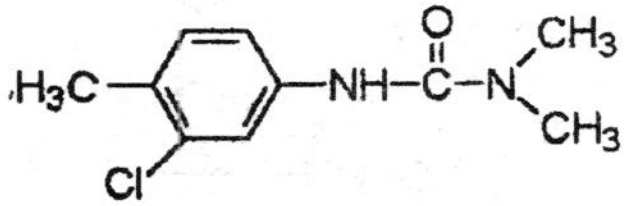	mp.147℃~148℃ s.70mg/L(20℃)	>10000	麦田防除一年生禾本科及阔叶杂草	苗前或苗后0.75~1.2	25%,50%可湿性粉剂
伏草隆 Fluometuron	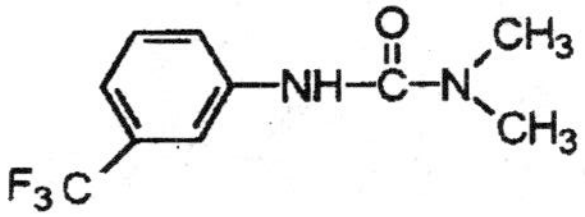	mp.163℃~165℃ s.150mg/L(20℃)	>8000	棉花,甘蔗,玉米,果园,林木及非耕地除草	播后,苗前或苗后0.2~2.5	50%,80%可湿性粉剂
异丙隆 isoproturon	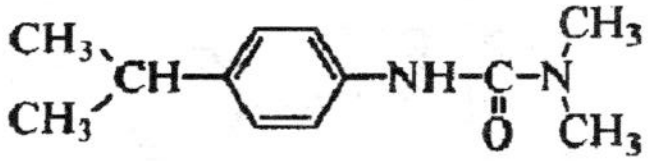	mp.151℃~153℃ s.70mg/L(20℃)	1826	麦类,蔬菜,大豆,棉花,花生除草	播后,苗前,苗后1.5~2.25	75%可湿性粉剂
甲氧隆 metoxuron	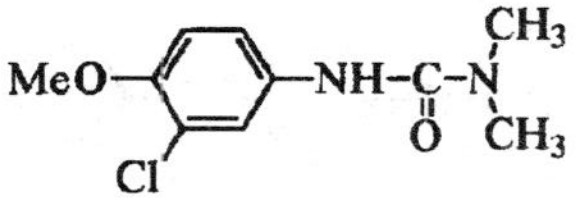	mp.126℃~127℃ s.678mg/L(24℃)	3200	麦田防除一年生杂草	播后,苗前,苗后2.5~4	80%可湿性粉剂
对氟隆 parafluron	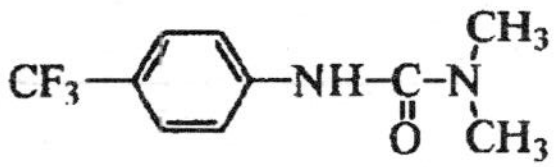	mp.183℃~185℃ s.22mg/L(25℃)		甜菜地除草,也可用于果园及种植园	甜菜0.5~1 果园2~4	可湿性粉剂

通用名	结构式	物化性质	LD$_{50}$ (mg/kg)（大鼠口服）	应用范围	使用剂量（kg/ha）	剂型
枯草隆 chloroxuron	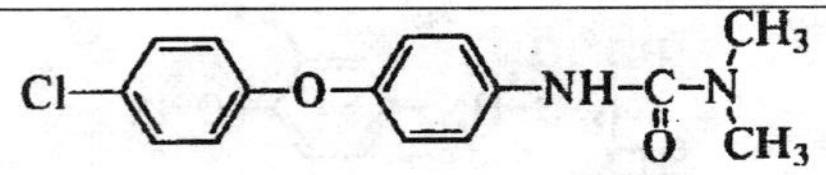 （结构式）	mp. 151℃～152℃ s. 3.7mg/L(20℃)	>3000	草莓、大豆、胡萝卜、洋葱、豌豆除草	苗前苗后 2～9	50%可湿性粉剂
环秀隆 cycluron	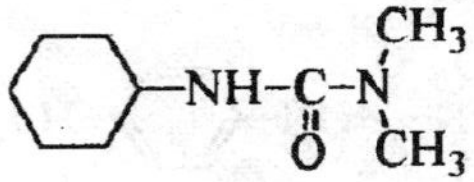 （结构式）	mp. 138℃～152℃ s. 0.11%(20℃)	>3000	草莓、大豆、蔬菜等防除一年生杂草	苗前或苗后 2～9	50%可湿性粉剂
枯秀隆 difenoxuron	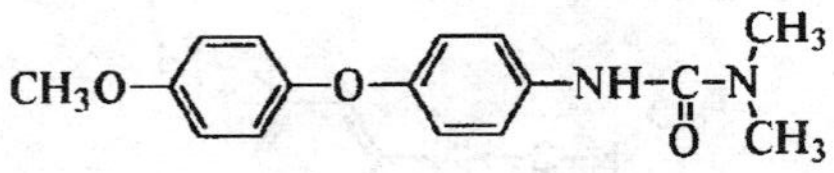 （结构式）	mp. 138℃～139℃ s. 20mg/L(20℃)	>1000	洋葱、谷物、大豆、苜蓿防除野燕麦及一年生杂草	苗后或苗前	可湿性粉剂
异草完隆 isonoruron	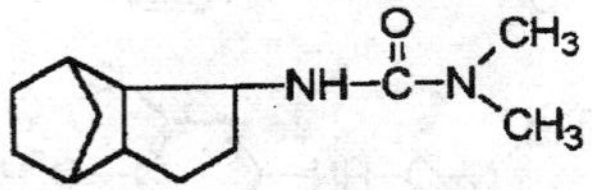 （结构式）	mp. 150℃～180℃ s. 220mg/L(20℃)	500	甘蔗、麦类、棉花防除一年生杂草	苗后或苗前 1～3	混剂
草完隆 noruron	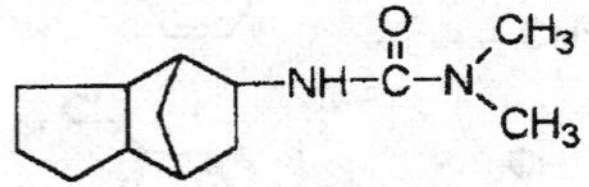 （结构式）	m. 171℃～172℃ s. 150mg/L(25℃)	1476～2000	棉花、高粱、大豆、蔬菜防除一年生杂草	苗前 0.75～4	80%可湿性粉剂 颗粒剂
苯胺酰草隆 SN-40624	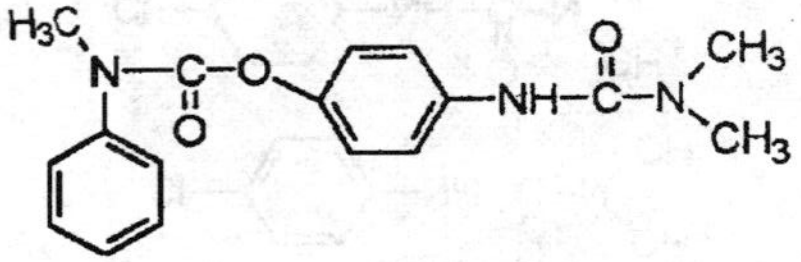 （结构式）	mp. 138℃～139℃ s. 90mg/L	2400～3300	旱田、园林	土壤处理 0.1～0.2	
异恶隆 isouron	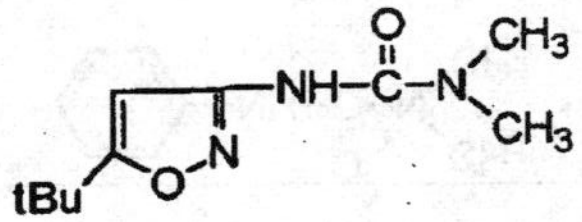 （结构式）	mp. 119℃～120℃ s. 708mg/L(20℃)	630	旱田、非耕地、林地、草坪防除一年生杂草	土壤处理 4～10	50%可湿性粉剂 1.4%粉剂
绿谷隆 monolinuron	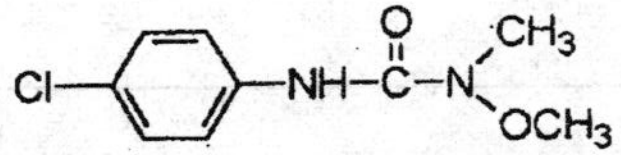 （结构式）	mp. 79℃～80℃ s. 580mg/L(20℃)	2250	大豆、亚麻、玉米、芦笋等除一年生杂草	土壤处理 0.5～2	50%可湿性粉剂

通用名	结构式	物化性质	LD₅₀(mg/kg)(大鼠口服)	应用范围	使用剂量(kg/ha)	剂型
利谷隆 linuron	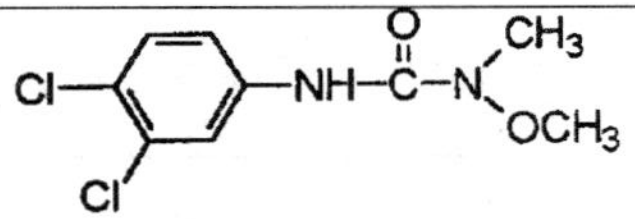	mp. 93℃～94℃ s. 75mg/L(20℃)	9000	玉米,大豆,棉花,小麦,果园及非耕地水田除一年生杂草	旱田 0.5～3 水田 0.38～0.55	25%,50%可湿性粉剂
绿秀隆 chlorbromuron	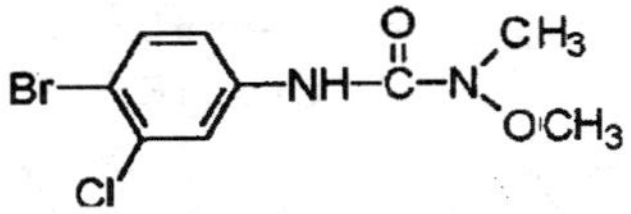	mp. 94℃～96℃ s. 50mg/L(20℃)	>5000	玉米,棉花,大豆,蕃茄防除一年生杂草	苗前或苗后 0.4～1.8	50%可湿性粉剂
秀谷隆 metobromuron	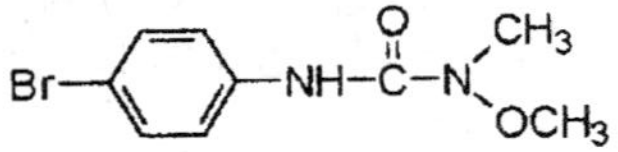	mp. 95℃～96℃ s. 330mg/L(20℃)	2500	莱豆,马铃薯,向日葵防除一年生杂草	苗前 1.5～2.0	50%可湿性粉剂
苯谷隆 S-3552	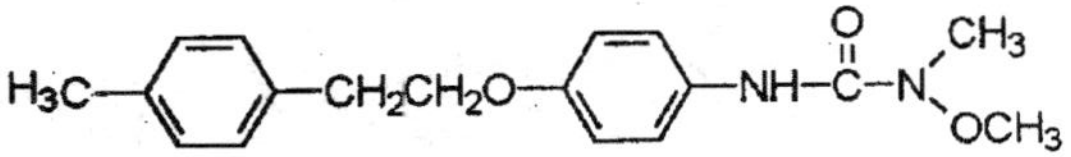	mp. 82℃～83℃ s. 2～3mg/L(20℃)		大豆,防除一年生阔叶杂草	苗后 0.75	50%可湿性粉剂
甲氧杀草隆 SK-85	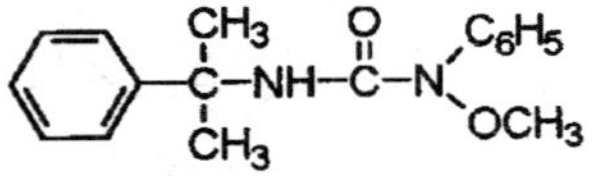	mp. 75.2℃ s. 79mg/L(20℃)	1070(小鼠)	旱田,草坪防治莎草,水蜈蚣	苗前,苗后 2.5～7.5	80%可湿性粉剂
草不隆 neburon	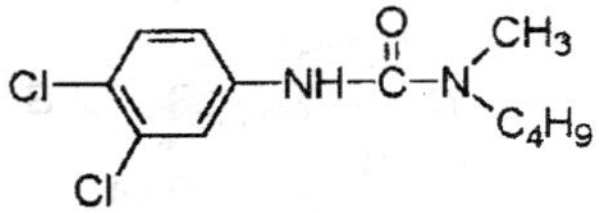	mp. 101℃～103℃ s. 4.8mg/L(24℃)	>11000	林地,果园,花生,小麦等防除一年生杂草	苗前 2～3	60%可湿性粉剂,颗粒剂
播土隆 buturon	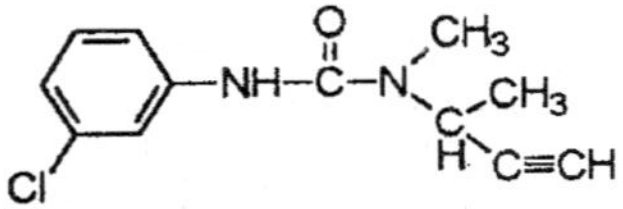	mp. 145℃～146℃ s. 30mg/L(20℃)	3000	谷物,果园防除一年生杂草	苗前 1～3	50%可湿性粉剂
嗪草隆 Benzthiazuron	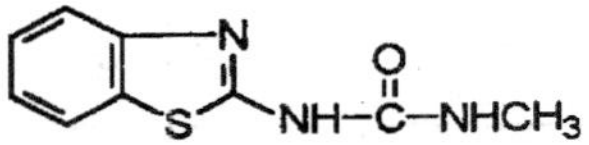	mp. 287℃(d) s. 12mg/L(20℃)	1280	甜菜地防除一年生杂草	苗前 4～8	80%可湿性粉剂

通用名	结构式	物化性质	LD$_{50}$(mg/kg)(大鼠口服)	应用范围	使用剂量(kg/ha)	剂型
甲基苯噻隆 methabenz thiazuron	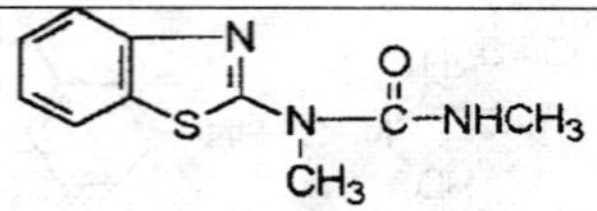	mp. 119℃～120℃ s. 59mg/L(20℃)	2500	麦类、蚕豆、豌豆防除一年生杂草	苗前或苗后1～3	70%可湿性粉剂
特丁赛草隆 Tebuthiuron	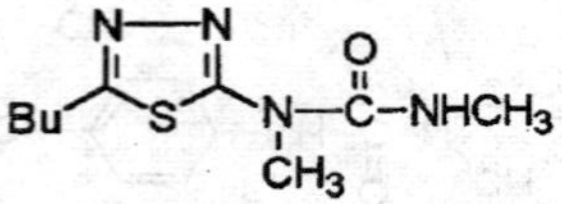	mp. 161℃～164℃ s. 2.5g/L(25℃)	500～600	甘蔗、非耕地防除一年及多年生杂草	苗前、苗后2～6	80%可湿性粉剂
噻氟隆 Thiazfluron	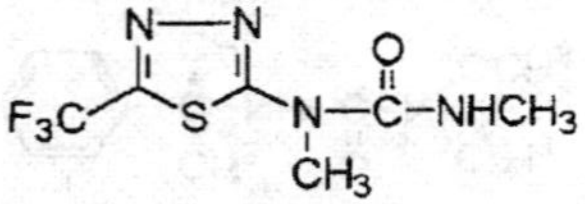	mp. 132℃～134℃ s. 2.1g/L(20℃)	278	非耕地及工业区防除一年生及多年生杂草	苗前2～12	80%可湿性粉剂，5%颗粒剂
环草隆 Siduron	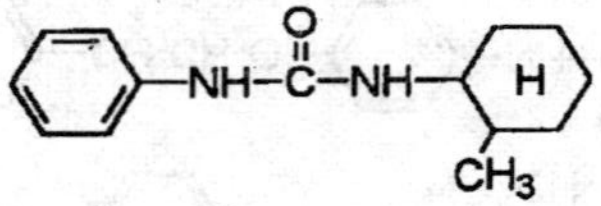	mp. 133℃～138℃ s. 18mg/L(25℃)	>500	谷物、棉花、花生、甜菜除一年生禾本科杂草	苗前2～7	50%可湿性粉剂
杀草隆 dimuron	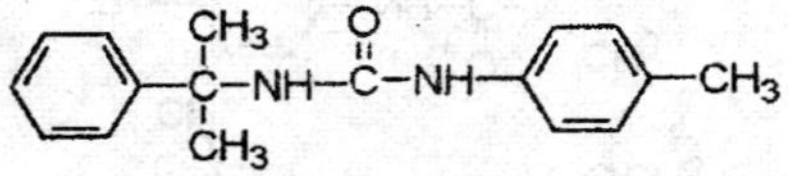	mp. 203℃ s. 1.3mg/L(20℃)	4000	水稻、小麦、玉米、大豆、棉花防除牛毛毡及异型莎草	苗前、水田2.25～3旱田4～7	50%，70%可湿性粉剂
综合隆 dichloroduron	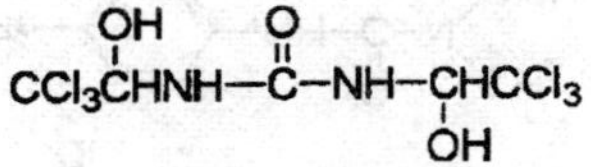	mp. 144℃～146℃ s. 47.5mg/L(20℃)	6800	甜菜、棉花、烟草、马铃薯除一年生杂草	苗前	可湿性粉剂

反应在一惰性溶剂如二甲苯、氯苯等中进行,收率可大于 90%。

芳基异氰酸酯也可在室温与甲氧基胺反应,然后在甲醇及氢氧化钠水溶液中用硫酸二甲酯进行甲基化反应[56]:

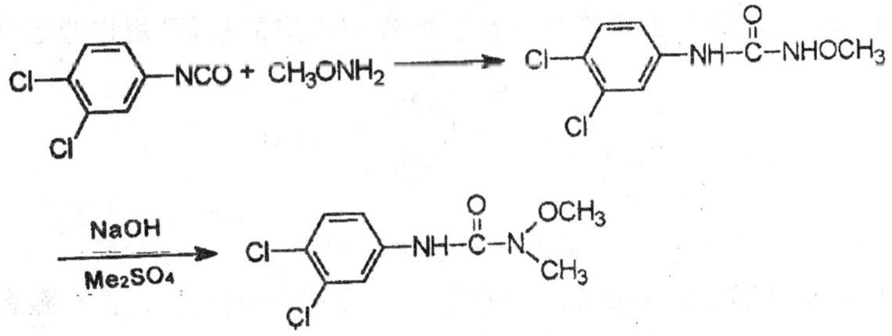

芳基异氰酸酯还可与羟胺盐酸盐反应,再进行甲基化[57],收率84%:

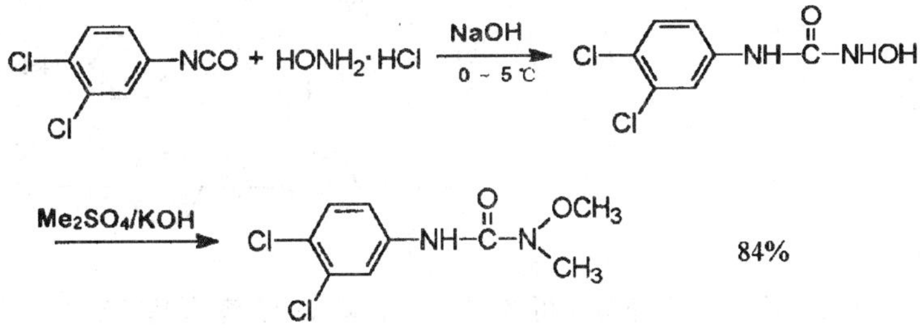

还可先用光气与脂肪胺反应,再与芳香胺缩合[58],收率可达 92%:

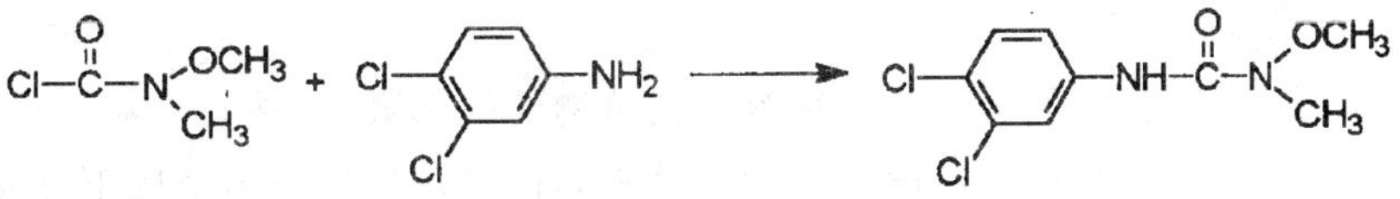

也可以采用后氯化法:

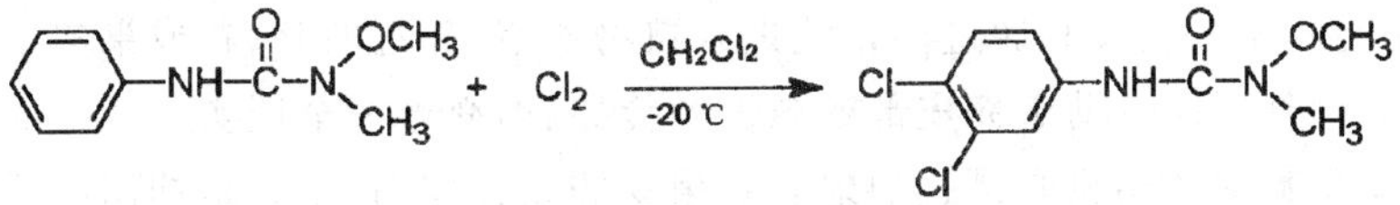

还有一种方法是采用三氯乙酰氯为原料:

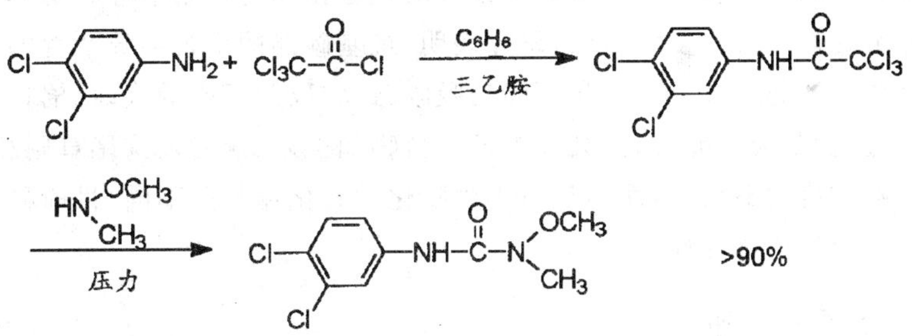

脲类化合物是稳定的,但在酸或碱性条件下回流,可发生水解反应,最终形成二氧化碳和相应的胺:

$$F_3C\text{—}\langle\text{环}\rangle\text{—NH—}\overset{O}{\overset{\|}{C}}\text{—N(CH}_3)_2 \xrightarrow{H_2O} F_3C\text{—}\langle\text{环}\rangle\text{—NH}_2 + CO_2 + NH(CH_3)_2$$

脲与强酸作用生成盐,非草隆及灭草隆与三氯乙酸作用生成的盐,可用作非选择性除草剂:

$$\langle\text{环}\rangle\text{—NH—}\overset{O}{\overset{\|}{C}}\text{—N}\overset{CH_3}{\underset{CH_3}{<}}\cdot CCl_3COOH$$

脲类衍生物的氮原子上还可发生亚硝化及酰化反应。

灭草隆、敌草隆、草不隆、非草隆等脲类除草剂均可被光分解[59]。枯草隆在紫外光下照射13 小时,可分解 90% 以上;当利谷隆和灭草隆的水溶液暴露于阳光下,它们芳环上 4 位卤素均可被羟基取代,同时发生脱甲基化反应[69]:

$$Cl\text{—}\langle\text{环}\rangle\text{—O—}\langle\text{环}\rangle\text{—NH—}\overset{O}{\overset{\|}{C}}\text{—N(CH}_3)_2 \xrightarrow{h\gamma} Cl\text{—}\langle\text{环}\rangle\text{—O—}\langle\text{环}\rangle\text{—NH—}\overset{O}{\overset{\|}{C}}\text{—NH}_2$$

$$+ Cl\text{—}\langle\text{环}\rangle\text{—O—}\langle\text{环}\rangle\text{—NH—}\overset{O}{\overset{\|}{C}}\text{—NHCH}_3$$

在"需氧"条件下,照射灭草隆的水溶液,可生成 3-(4-氯-2-羟基苯基)-1,1-二甲基脲、1,3-双(对氯苯基)脲和一些氧化物及聚合物。

4.5.1.3　作用方式[61]

迄今的研究认为,所有的脲类化合物很容易被植物的根部吸收,并易于随着蒸腾流传导到植物的茎及叶中,但吸收量与运转速度因植物品种不同而异。当将药剂施用于叶面时,不同药物渗透入角质及表皮层的程度也不相同。加入表面活性剂可以改善药物的进入,一部分药物不仅到达进行光合作用的叶肉细胞,而且到达植物的导管或叶脉,然而很少或几乎没有进入植物的韧皮部,因此药物实际上没有通过同化流进入植物的茎、邻近的叶、花或果实中。

某些表面活性剂可能有助于韧皮部或向下的传导,但尚未完全证实。

取代脲类除草剂的作用机制是强烈地影响植物的光合作用,主要是抑制电子的传递过程。

结构与活性研究表明,环取代基的疏水性对苯基脲类化合物的抑制效力是最重要的,苯环上的取代基是通过影响化合物的疏水性来增强其对光合作用的抑制活性。而 1,1-二烷基侧链的疏水性对于脲类的作用没有多大帮助,研究表明,烷基碳链的增长导致活性的降低。

关于脲类除草剂的选择性主要来自不同的吸收、运转以及不同的代谢。棉花具有明显的降解灭草隆、敌草隆及伏草隆的能力,而某些单子叶植物如玉米、燕麦及狗尾草则相反,但是代谢的速度是由于降解的速度造成的,而不是由于生物化学转化途径的不同。目前科学的资料还不足以完全解释某些脲类的选择性。

4.5.1.4　降解与代谢

脲类化合物被动植物或微生物代谢主要可分为两方面,一是通过氧化、还原或羟基化反应,生成相对极性较大有生物化学反应活性的基团(如—NH$_2$、—OH 及—COOH);另一方面是这些基团进一步与动植物或微生物的内源物质相结合。迄今已证明的第一类作用如 N-脱甲基化、N-脱甲氧基化、环的羟基化、环上取代基的氧化及形成苯胺等；第二类作用则包括苯胺的乙酰化、葡糖苷、葡糖苷酸等：

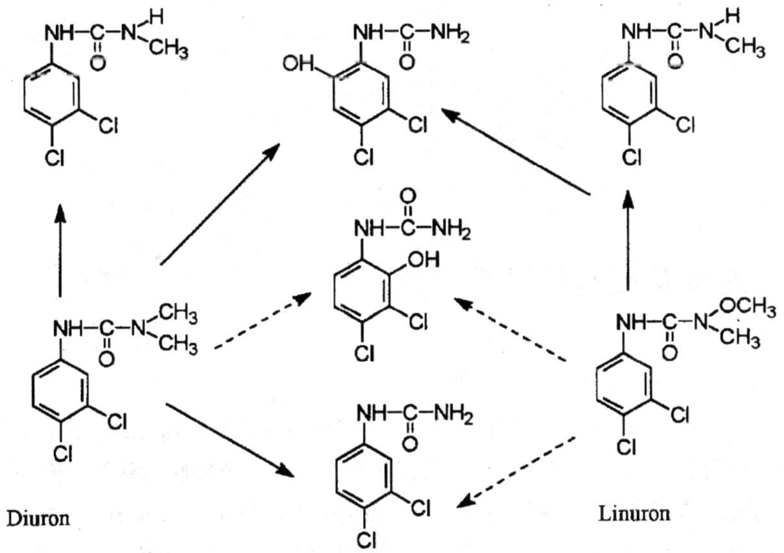

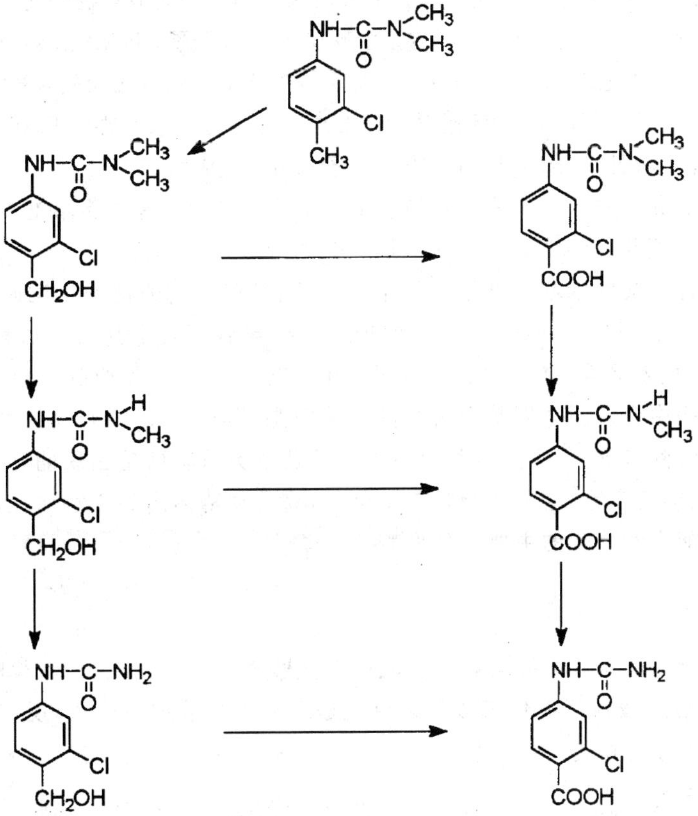

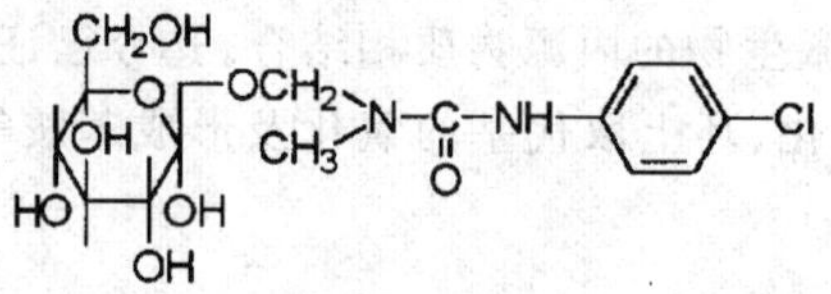

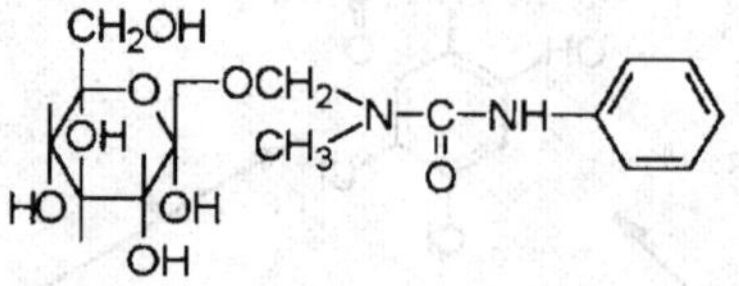

4.5.2　酰胺及氨基甲酸酯类

4.5.2.1　概述

酰胺类除草剂是除草剂中较为重要的一类,从生理活性及化学结构方面考虑,可将它们进一步分为酰芳胺类及氯代乙酰胺类。前者是于 1956 年发现著名的水稻选择性除草剂敌稗(N-(3,4-二氯)苯基丙酰胺)后而逐渐发展起来的,后者作为第一个商品化的除草剂则是 CDAA(N,N-二烯丙基-α-氯代乙酰胺)。它也是 1956 年开发的品种,主要用于玉米及大豆田中苗前防除禾本科杂草。毒草胺(N-异丙基 N-苯基-α-氯代乙酰胺)则是 1965 年开发的品种,它是为了设计能在广泛的气候及地理条件下适用的品种中筛选出来的,该除草剂在光照及砂壤土中特别有效,克服了 CDAA 在砂壤土中易于淋溶而无效的缺点,同时杀草谱也较 CDAA 广。1969 年以后,美国 Monsanto 公司先后开发了甲草胺、丁草胺及乙草胺等品种,这类除草剂在今日市场上占有重要地位,其中丁草胺主要用于防除水稻田中一年生杂草及牛毛毡,由于它选择性好、药效高、价格较低,为全世界广泛应用。

氨基甲酸酯类化合物是一类具有广谱生物活性的化合物,这类除草剂具有低毒以及在土壤中残效期相对较短并且较易为非靶标生物降解的特点[62,63]。1929 年 Frisen 首先观察到苯基氨基甲酸乙酯能抑制某些禾本科杂草根的生长,从而发现了它的植物生长调节性质。1945 年 PPG 公司开发了苯胺灵(propham),这一成功的发现,导致开发了其它苯基氨基甲酸酯类除草剂,如:氯苯胺灵、燕麦灵等,其作用点是阻碍细胞核的有丝分裂和抑制蛋白质的合成,也能抑制光合作用。结构中含有两个氨基甲酰基的甜菜宁是 Shering 公司开发的可防除藜科杂草而对同科甜菜无害的除草剂。苯磺酰氨基甲酸酯类的黄草灵可阻碍蛋白质的合成,防除多年生杂草,如蕨、狗牙根、羊蹄草等。这类化合物在土壤、植物及动物体内的降解途径也是比较清楚的。酰胺及氨基甲酸酯类除草剂的主要品种见表 4—9。

4.5.2.2　合成及性质

酰胺类化合物多由相应的酸与各种不同的取代胺直接加热生成,如敌稗的生产,工业上多用丙酸与 3,4-二氯苯胺在三氯化磷或氯化亚硫酰存在下直接加热合成,反应以氯苯或苯为溶剂,90℃反应 3～4 小时即得产品[64,65]。

表 4—9 酰胺及氨基甲酸酯类除草剂

通用名	结构式	物化性质	LD_{50}(mg/kg)(大鼠口服)	应用范围	使用剂量(kg/ha)	剂型
敌稗 propanil	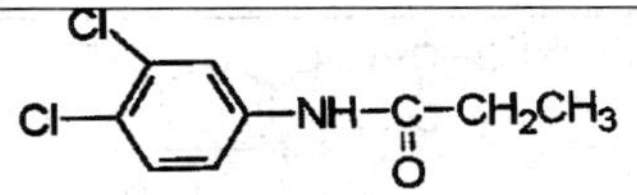 (3,4-二氯苯基)—NH-C(=O)-CH₂CH₃	mp.92℃~93℃ s.225mg/L(25℃)	1384	水稻,马铃薯田除稗草	茎叶处理 2.1~4.5	20%乳油
克草尔 karsil	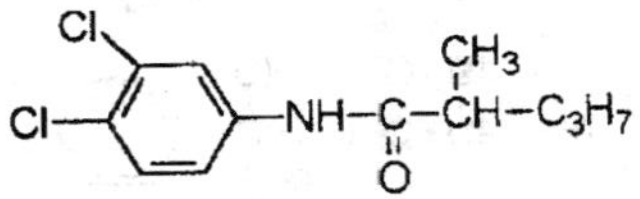 (3,4-二氯苯基)—NH-C(=O)-CH(CH₃)-CH-C₃H₇	mp.108℃~109℃	>10000	芹菜,胡萝卜,草莓地除阔叶草		乳油
环草胺 cypromid	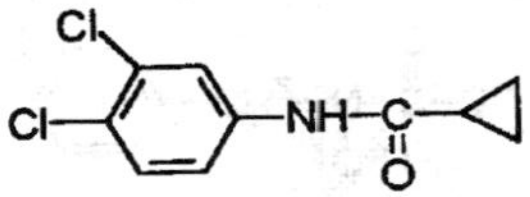 (3,4-二氯苯基)—NH-C(=O)-环丙基	mp.131℃ s<100mg/L(20℃)	218~900	玉米,棉花阔叶草及莠草	接触型叶面处理	50%可湿性粉剂,乳油
疏草灵 pentanchlor	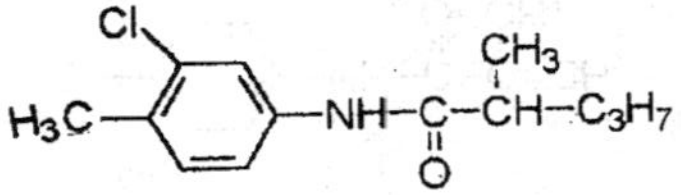 (3-氯-4-甲基苯基)—NH-C(=O)-CH(CH₃)-CH-C₃H₇	mp.85℃~86℃ s.8~9mg/L(20℃)	>10000	蔬菜,草莓地除阔叶草	苗后接触型叶面处理剂 3.3~4.4	乳剂,可湿性粉剂
新燕灵 benzol-propethyl	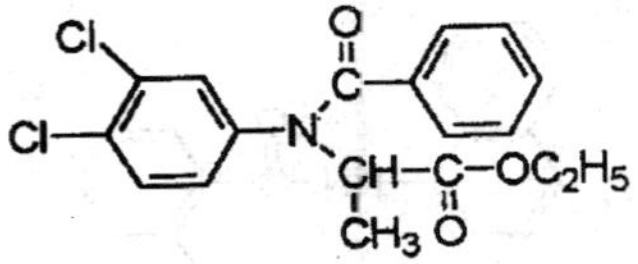 (3,4-二氯苯基)—N(C(=O)苯基)-CH(CH₃)-C(=O)-OC₂H₅	mp.70℃~71℃ s.20mg/L(25℃)	1555	麦田,菜豆,甜菜除野燕麦	苗后 0.9~4.9	20%乳油
麦草伏 Flamprop-methyl	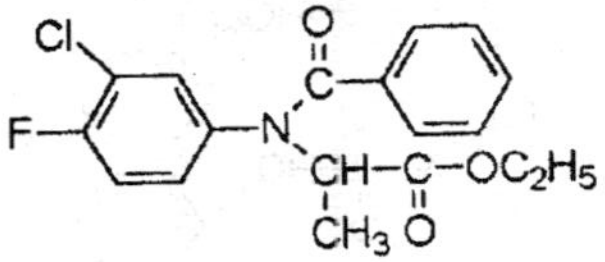 (3-氯-4-氟苯基)—N(C(=O)苯基)-CH(CH₃)-C(=O)-OCH₃	mp.81℃~82℃ s.35mg/L(20℃)	>50000	小麦,大麦,谷物除野燕麦	苗后 0.45~0.6	乳油
拿草特 propyzamide	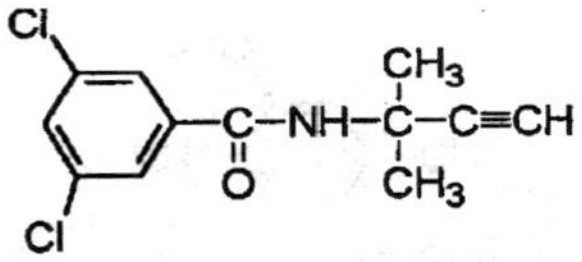 (3,5-二氯苯基)-C(=O)-NH-C(CH₃)₂-C≡CH	mp.155℃~156℃ s.15mg/L(25℃)	8350	苜蓿,豆科植物除一年生及多年生草	苗后,苗前 0.56~2.3	50%可湿性粉剂
杀草剂 monalide	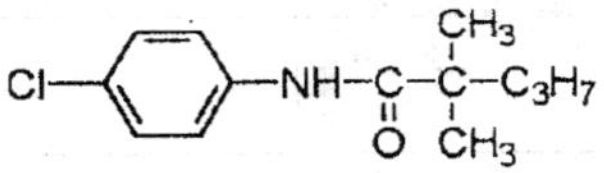 (4-氯苯基)—NH-C(=O)-C(CH₃)₂-C₃H₇	mp.87℃~88℃ s.22.8mg/L(23℃)	4000	豆类,马铃薯,洋葱地除阔叶草	触杀型叶面处理 4	20%乳油,50%可湿性粉剂

通用名	结构式	物化性质	LD₅₀(mg/kg)(大鼠口服)	应用范围	使用剂量(kg/ha)	剂型
伏草胺 mefluidid	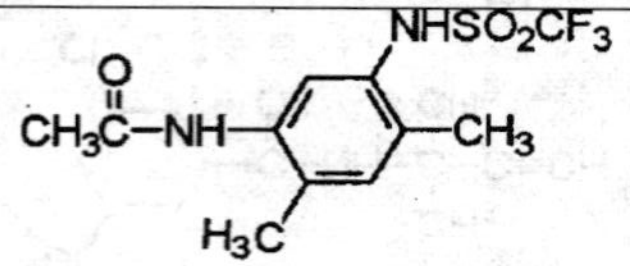 (结构式)	mp.183℃~184℃ s.130mg/L(22℃)	633	大豆田除禾本科及阔叶杂草	苗后应用	二乙醇胺盐
草乃敌 diphenamide	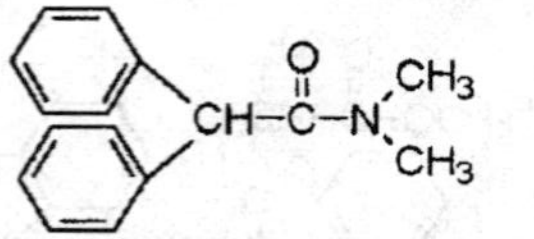 (结构式)	mp.134.5℃~135.5℃ s.260mg/L(27℃)	1250~3000	马铃薯,花生,草莓,蔬菜除一年生阔叶及莎草	苗前 4.48~8.96	80%可湿性粉剂,5%颗粒剂
抑草生 napthalam	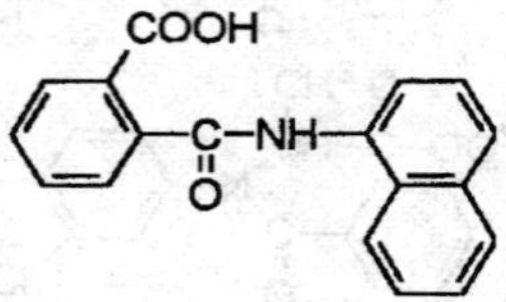 (结构式)	mp.185℃ s<0.02%	8200	南瓜,黄瓜,苗圃,棉花,豆类除草	苗前 2~10	90%可湿性粉剂,23%钠盐水溶液,10%颗粒剂
地快乐 dicryl	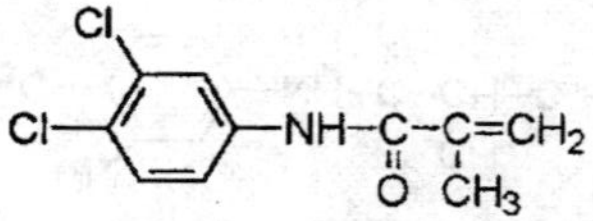 (结构式)	mp.127℃~128℃	1800~3100	棉花,玉米,胡萝卜地除草	苗后 4~5	乳剂
牧草胺 tebutam	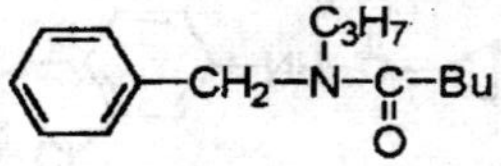 (结构式)	bp.95℃~97℃/10Pa s.0.79mg/L(25℃)	2050	大豆,棉花,马铃薯,油菜,花生除禾本科草	苗前	
bromobutide	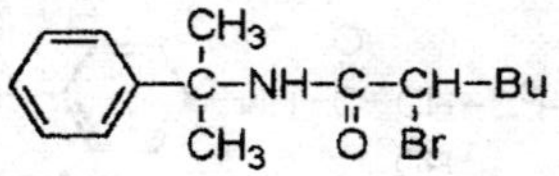 (结构式)	mp.180℃ s.3.54mg/L(25℃)	5000	水稻田除一年生及多年生草	苗前,苗后,0.1~0.2	与其它除草剂制成颗粒剂
麦草克 CMPT	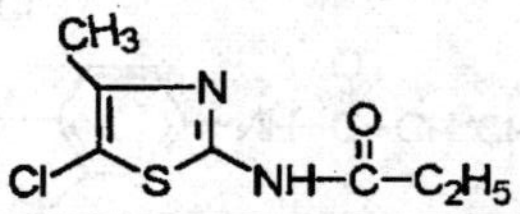 (结构式)	mp.158℃~160℃ s.18mg/L(21℃)	2080(小鼠)	麦田防除一年生杂草	苗后接触型 2~4	50%可湿性粉剂

通用名	结构式	物化性质	LD_{50}(mg/kg)(大鼠口服)	应用范围	使用剂量(kg/ha)	剂型
吡氟草胺 diflufenican	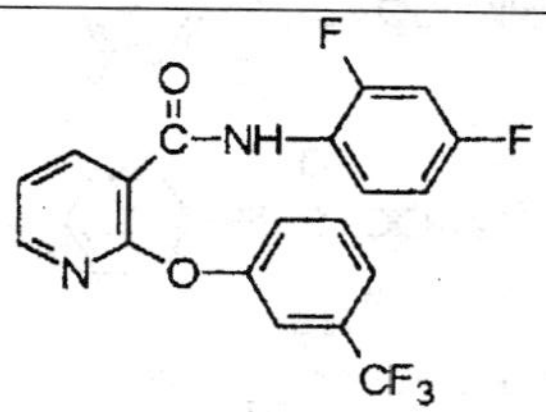	mp. 161℃～162℃ s. 0.05mg/L	>2000	谷类作物除多种难除杂草	苗前,苗后 0.062～0.25	与取代脲类除草剂混用
isoxaben	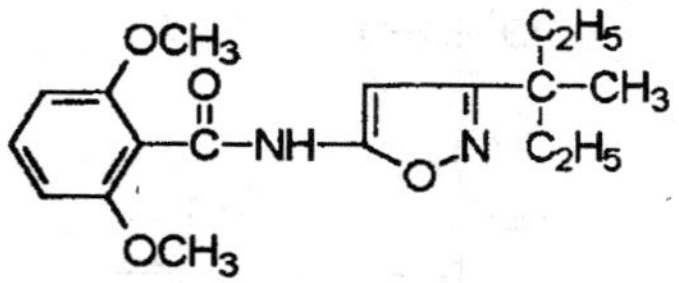	mp. 176℃～179℃ s. 2.0mg/L(25℃)	>10000	麦类作物除一年生阔叶草	苗前	50%悬浮剂
草毒死 CDAA		bp. 92℃/2.7×10^{-1}mPa s. 1.97%(25℃)	>750	玉米,甘蔗,甜菜除一年生禾本科杂草	苗前或苗后 3.36～6.74	50%乳油, 20%颗粒剂
毒草胺 propachlor	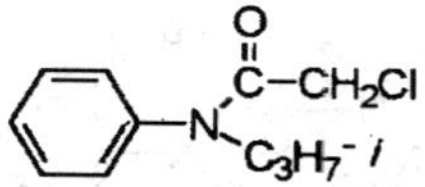	mp. 77℃ s. 700mg/L(20℃)	710	玉米,大豆,棉花及蔬菜除一年生杂草	苗前 3.5～5	60%可湿性粉剂, 20%颗粒剂
甲草胺 Alachlor	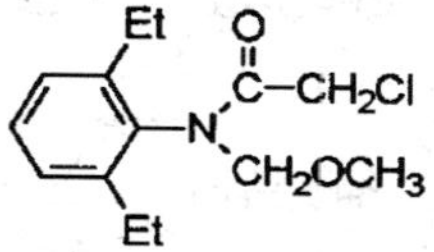	mp. 39℃～42℃ s. 240mg/L(20℃)	1800	棉花,大豆,玉米,蕃茄,甘蔗,花生除一年生草	苗前 1～2	43%乳油 10%颗粒剂
丁草胺 butachlor	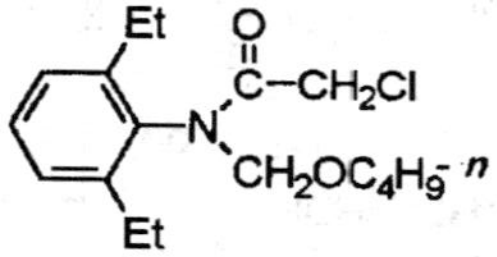	bp. 156℃/6.5×10^{-3}mPa s. 20mg/L(20℃)	3300	稻田除一年禾本科杂草,莎草及阔叶草,旱田亦可用	苗前 1～3	60%乳油 5%颗粒剂
乙草胺 acetochlor	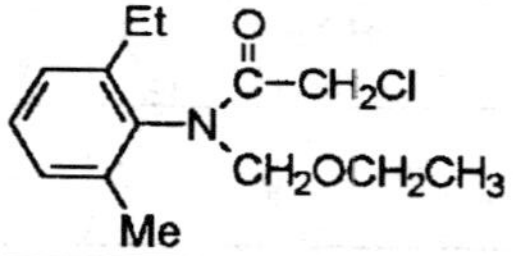	mp. 70℃ bp.>200℃ s. 398mg/L(20℃)	2953	大豆,花生,玉米,甘蔗除一年生杂草	苗前 1.6～2.1	86%乳油

通用名	结　构　式	物化性质	LD$_{50}$(mg/kg)(大鼠口服)	应　用　范　围	使用剂量(kg/ha)	剂　型
异丙甲草胺 metolachlor	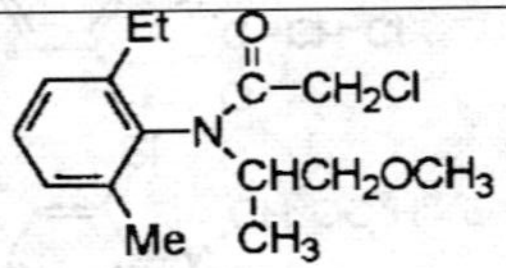 （结构式）	bp.100℃/1.3×10⁻⁴mPa s.530mg/L(20℃)	2780	玉米,大豆,花生,甘蔗,棉花等除一年生杂草	苗前 1~2	50%,72%,96%乳油
异丁草胺 detachlor	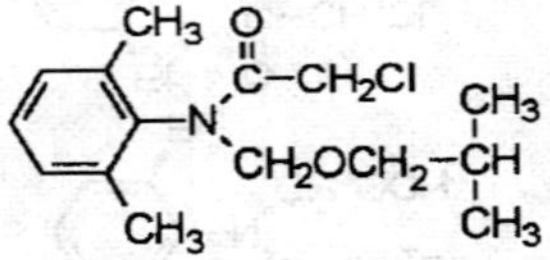 （结构式）	bp.135℃~140℃	1775	甜菜,大豆,花生,玉米除一年生杂草	苗前	乳油; 20%颗粒剂
metazachlor	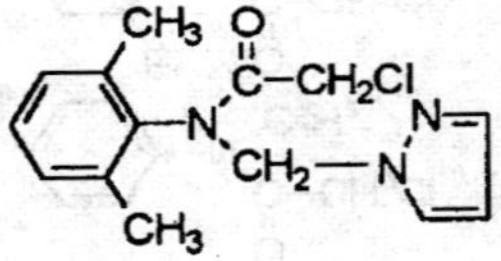 （结构式）	mp.~85℃ s.0.2%(20℃)	2150	油菜,大豆,甜菜除一年生禾本科杂草及阔叶草	苗前	
lab114257	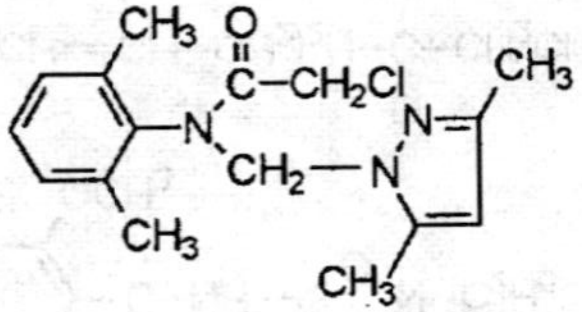 （结构式）		10100	棉花,油菜,马铃薯,大豆等除一年生杂草	苗前	
广草胺 prynachlor	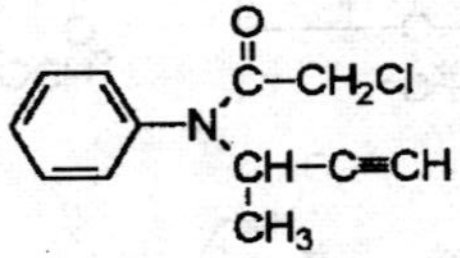 （结构式）	mp.40℃~47℃ s.500mg/L(20℃)	11170	油菜,白菜,洋葱等地除一年生草	苗前	乳油; 20%颗粒剂
苯胺灵 propham	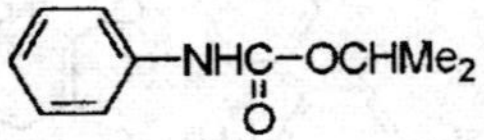 （结构式）	mp.87℃~88℃ s.250mg/L(20℃)	5000	甜菜,大豆,棉花,烟草,蔬菜地除一年生杂草	苗前,苗后 2~5	20%乳剂,10%,15%颗粒剂,50%,75%可湿性粉剂
氯苯胺灵 chlorpropham	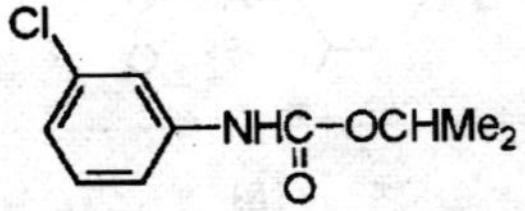 （结构式）	mp.41℃ bp.274℃(d) s.88mg/L(20℃)	5000~7500	苜蓿,小麦,玉米,大豆,向日葵,甜菜地除一年生杂草	苗后及秋冬季 2~4	40%乳油,2%,4%,5%,8%,10%颗粒剂

续表

通用名	结 构 式	物化性质	LD₅₀(mg/kg)(大鼠口服)	应 用 范 围	使 用 剂 量 (kg/ha)	剂 型
灭草灵 swep	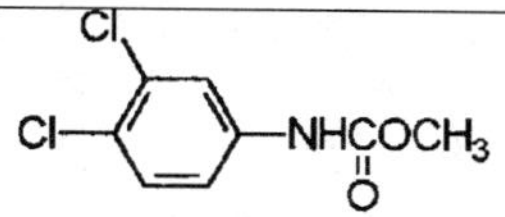	mp. 112℃~114℃	550	稻田除稗草	苗前,苗后 2.7~4.5	25%,50%可湿性粉剂,20%乳油,10%粉剂
燕麦灵 barben	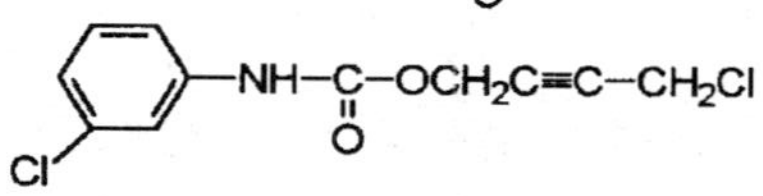	mp. 75℃~76℃ s.11mg/L(25℃)	1350	麦类,油菜,甜菜,亚麻除野燕麦	苗后 0.24~0.6	10%~25%乳油
黄草灵 asalam	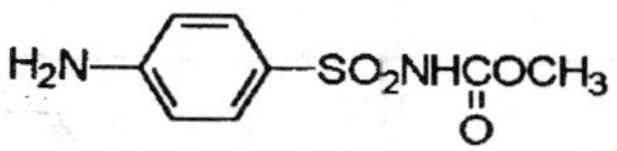	mp. 143℃~144℃ s.0.5%(25℃)	5000	甘蔗,果园,橡胶园,亚麻,棉花,非耕地除一年生及多年生杂草	苗前,苗后 2~5	80%可湿性粉剂,40%钠盐水溶液
甜菜安 desmedipham	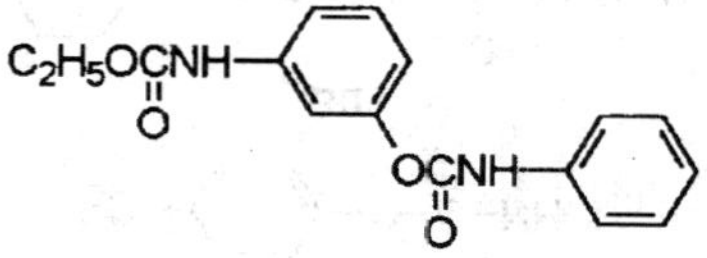	mp.120℃ s.7mg/L(20℃)	>9600	甜菜地除一年生杂草	苗后 1~1.5	乳剂
甜菜宁 phenmedipham	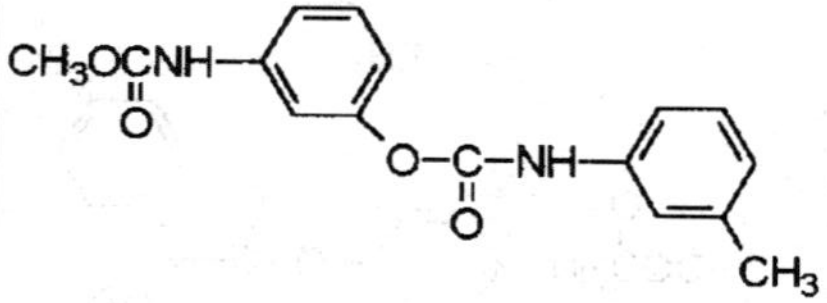	mp.143℃~144℃ s.<10mg/L(25℃)	>8000	甜菜地除一年生杂草	苗后 0.5~1.5	乳剂
卡草灵 karbutilate	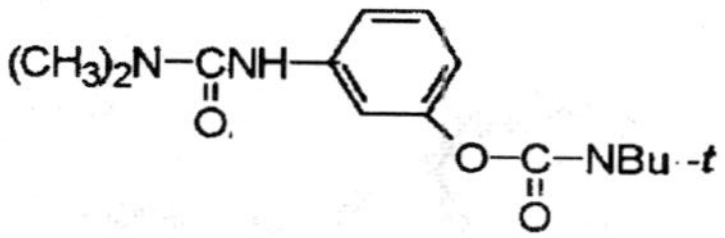	mp.176℃ s.325mg/L(25℃)	3000	非耕地除一年生及多年生杂草	2~10	80%可湿性粉剂,4%,10%颗粒剂
棉胺宁 phenisopham	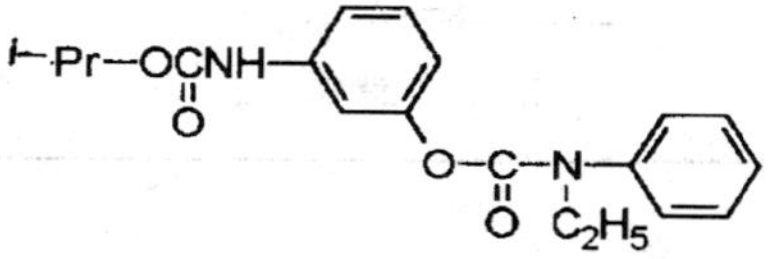	mp.109℃~111℃	>4000	棉田除阔叶草	苗后	15%乳油

通用名	结构式	物化性质	LD$_{50}$(mg/kg)(大鼠口服)	应用范围	使用剂量(kg/ha)	剂型
异丙阔叶宁 R-11913	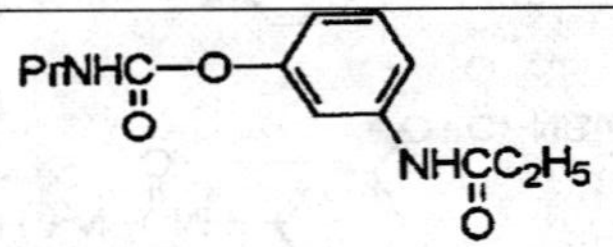	mp.168℃ s.15mg/L	4640	旱田、甜菜除一年生杂草	苗后、苗前 1～2	可湿性粉剂
阔叶宁 SN-40454	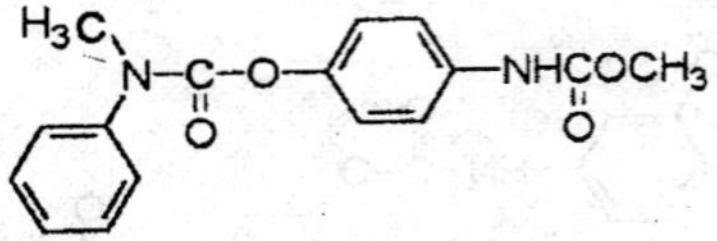	mp.124℃	>4000	花生、大豆、棉花除阔叶草	苗后、苗前 1.5～4	乳油、可湿性粉剂
芽根灵 terbacarb	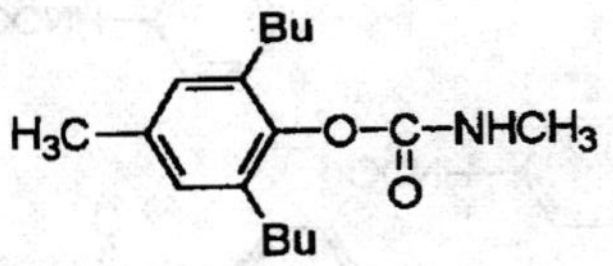	mp.200℃～201℃ s.6～7mg/L(25℃)	>34600	定植草坪防除一年生禾本科杂草	苗前 5～10	80%可湿性粉剂、5%颗粒剂
长杀草 carbetamid	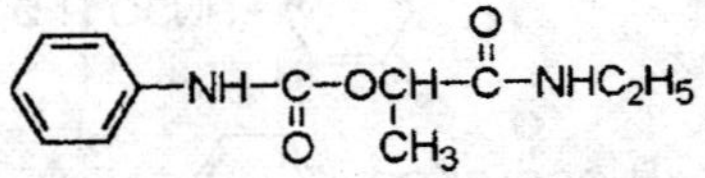	mp.119℃ s.3.5g/L(20℃)	11000	苜蓿、油菜除一年生草	1～2	30%、70%可湿性粉剂

原料 3,4-二氯苯胺是将对硝基氯苯氯化再还原制得:

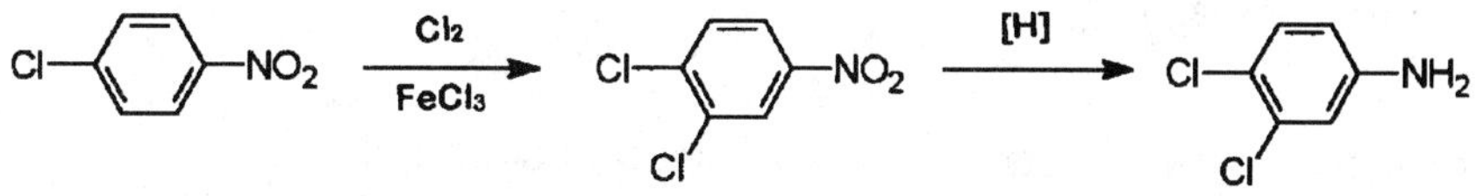

毒草胺可由苯胺与氯代异丙烷在压力下加热先生成 N-异丙基苯胺的盐酸盐,再与氯代乙酰氯在 100℃反应[65]。

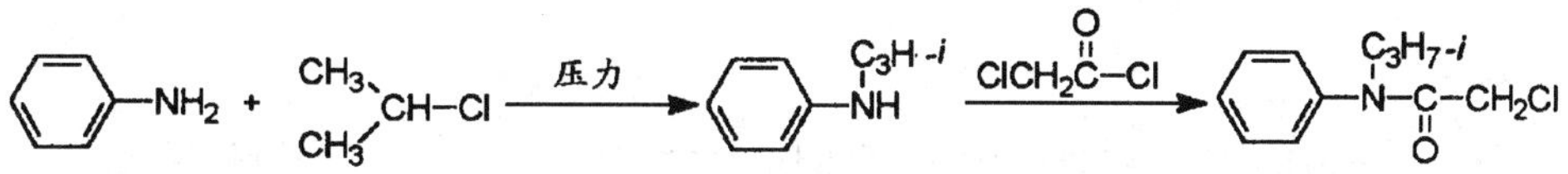

或者由 N-异丙基苯胺与氯乙酸在三氯氧磷或光气作用下直接加热,均可得到高收率的产品[67]。

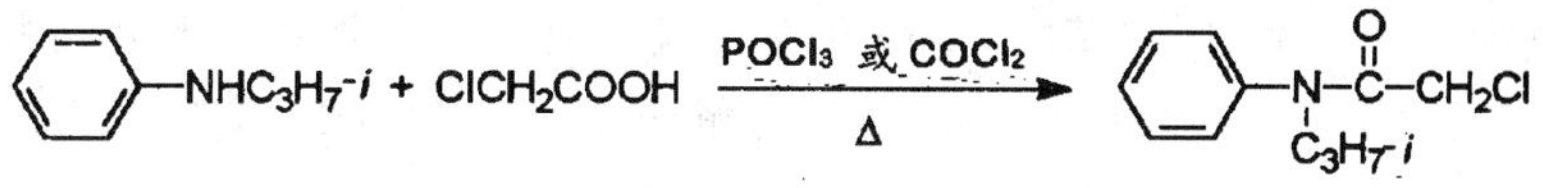

丁草胺类除草剂的合成,以丁草胺为例,它是通过 2,6-二乙基苯胺首先与甲醛作用生成亚胺,然后用氯代乙酰氯加成,所得产物再与丁醇缩合而得[68、69]:

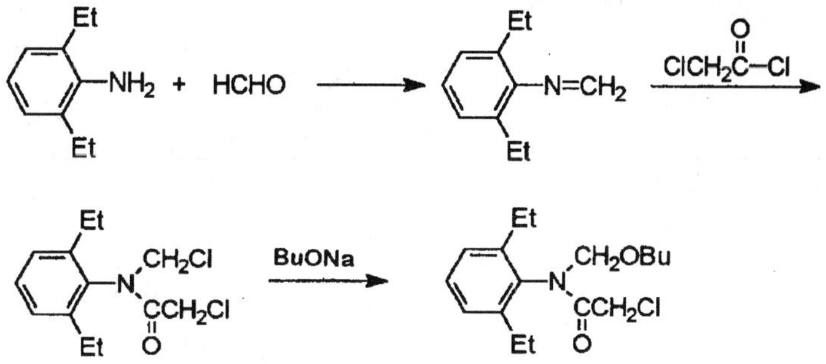

氨基甲酸酯可由异氰酸酯或氯甲酸酯来合成:

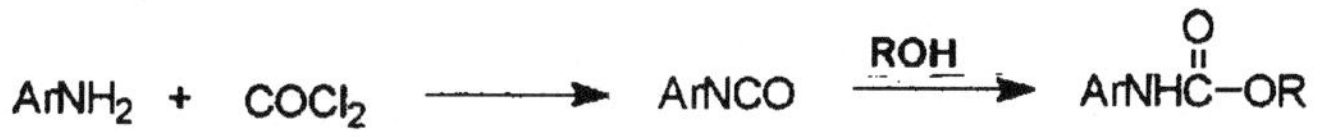

燕麦灵的合成方法是将间氯苯基异氰酸酯与 1,4-丁炔二醇反应,然后再将游离的羟基与氯化亚硫酰反应而得[70]:

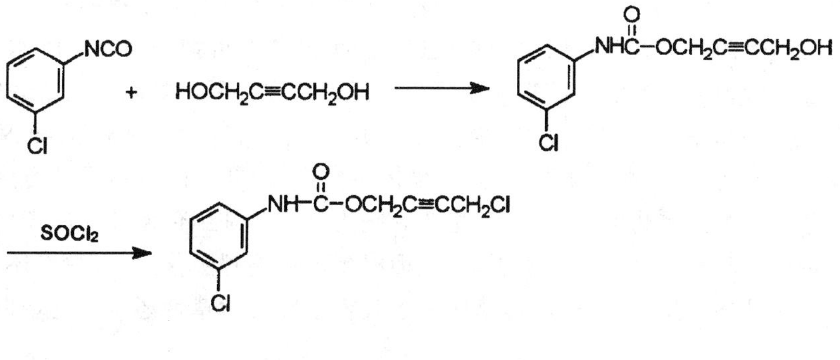

但该合成方法需经中间体异氰酸间氯苯酯,反应条件苛刻、收率低。为避免中间体异氰酸酯,可采用下面的合成路线:

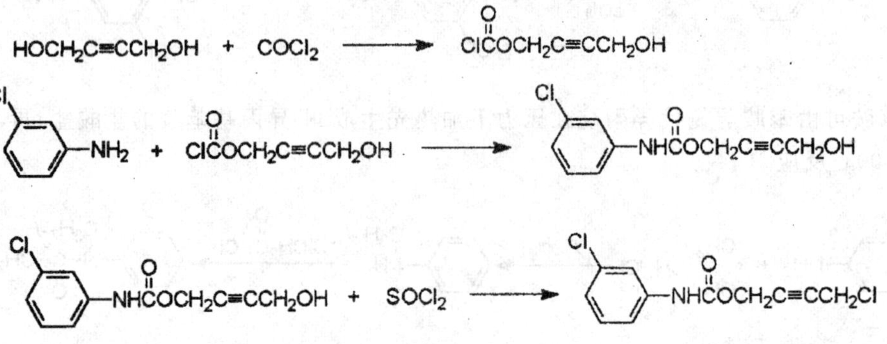

酰胺类化合物均较稳定,需在强烈的条件下才能被水解。草乃敌在水溶液中被紫外光照射后,通常光解成为二苯基甲醇、二苯酮,也曾发现有苯甲酸产生。敌稗在水溶液中被光解时,连接在苯环上的氯原子可逐步被氢或羟基置换,水解时生成 3-氯苯胺和 3,4-二氯苯胺,接着被氧化偶联为 $3,3',4,4'$-四氯偶氮苯,也曾得到过腐殖酸聚合物。

氨基甲酸酯类化合物与酰胺类化合物均具有 $N-C(O)-$ 键,它们在除草剂中具有相似的作用,当质子进攻氮原子时,两者的作用相似,因此在代谢降解途径中也很相似,但是氨基甲酸酯由于有酯基存在,因此较易水解,例如:

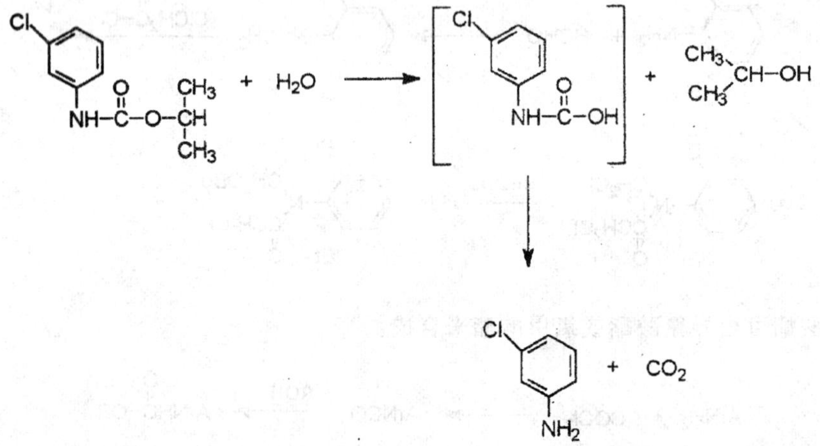

4.5.2.3 作用方式及选择性

酰胺类除草剂多数为土壤处理剂,其中单子叶植物的主要吸收部位是幼芽,而双子叶植物则主要通过根部吸收,其次是幼芽。氯代乙酸胺类除草剂可严重地抑制植物幼芽或根的生长。酰胺类除草剂对植物的呼吸有明显的抑制作用,已证明 CDAA 可抑制植物呼吸作用中某些含硫氢基酶的活性。敌稗可抑制酵母菌呼吸循环中电子的传递。酰胺类除草剂的一些品种作为电子传递抑制剂、解偶联剂等可对植物的光合作用产生抑制,如高浓度的异丙草胺(10^{-4} mol/L)可显著地抑制小球藻的光合作用,但叶绿体一旦形成,其机能就不受异丙草胺的影响。敌稗的杀草原理在于抑制植物的光合作用,主要影响光系统 II 细胞色素 553 的还原,但是不能把抑制光合作用作为敌稗的唯一杀草机制。除上面提到的影响呼吸作用外,敌稗还对敏感植物的亚细胞成分具有破环作用。甲草胺、毒草胺等氯代乙酰胺类除草剂还可抑制蛋白质的合成,特别是抑制赤霉酸所诱导的蛋白酶和 α-淀粉酶的形成。对植物膜的影响是氯代乙酰胺类除草剂的另一重要作用机制,异丙草胺可伤害新形成的细胞器的膜,破环膜的结构和生物化学状况,从而抑制了组织内养分的传导而导致生长受到抑制。

氨基甲酸酯类除草剂因品种不同,吸收部位存在着差距,土壤处理的品种主要通过植物的幼根与幼芽吸收药剂,叶面处理的品种则通过茎叶吸收。不论是哪种方式吸收,药剂往往都向植物的分生组织生长点传导。大多数氨基甲酸酯类除草剂均严重抑制顶芽及其它分生组织的发育,这类化合物大都可抑制植物的氧化磷酸化作用、RNA 合成、蛋白质合成及抑制光合作用。

酰胺类除草剂的选择性主要来源于它们在作物与杂草间吸收与传导的差异,体内降解的差异以及利用使用时位差的选择性。敌稗是水稻田中的高选择性除草剂,水稻对它具有极高的抗性,其原因在于水稻体内含有较高量的芳酰胺水解酶,可迅速降解敌稗,但是稗草降解敌稗的能力则很差[71]。水稻的这种降解能力因株龄而异,其中 3～5 叶期酶的活性逐渐提高。新燕灵本身对植物无毒性,必须在植物体内转变为相应的酸后才能发挥除草作用,在大麦及小麦体内这种转变十分缓慢,但野燕麦却极易水解酯成为有毒性的相应的酸,从而造成麦类作物与野燕麦间的选择性。

氨基甲酸酯类化合物的选择性,主要依赖于它们在植物体内代谢速度的差异。

4.5.2.4 降解与代谢

酰胺类化合物在植物体内的降解包括 N-脱烷基化作用、水解、氧化及轭合作用。如敌稗在植物体内的降解:

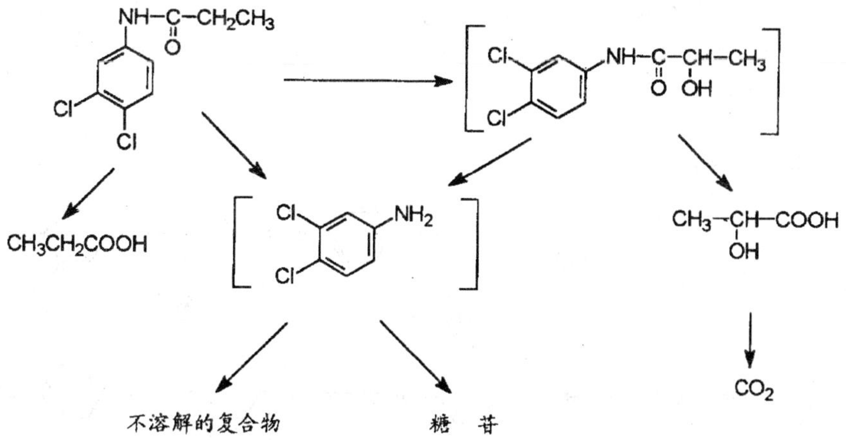

CDAA 在高等植物体内的降解为[72]:

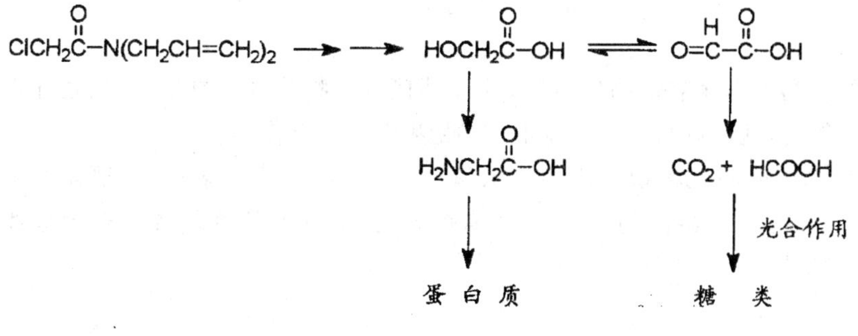

在土壤中,微生物几乎能水解所有的酰替苯胺,成为相应的苯胺。土壤中真菌降解甲草胺类化合物包括羟基化脱卤、苯环上 6 位乙基脱氢、氮原子的脱烷基化、脱甲氧基等反应,其降解途径如下[73]:

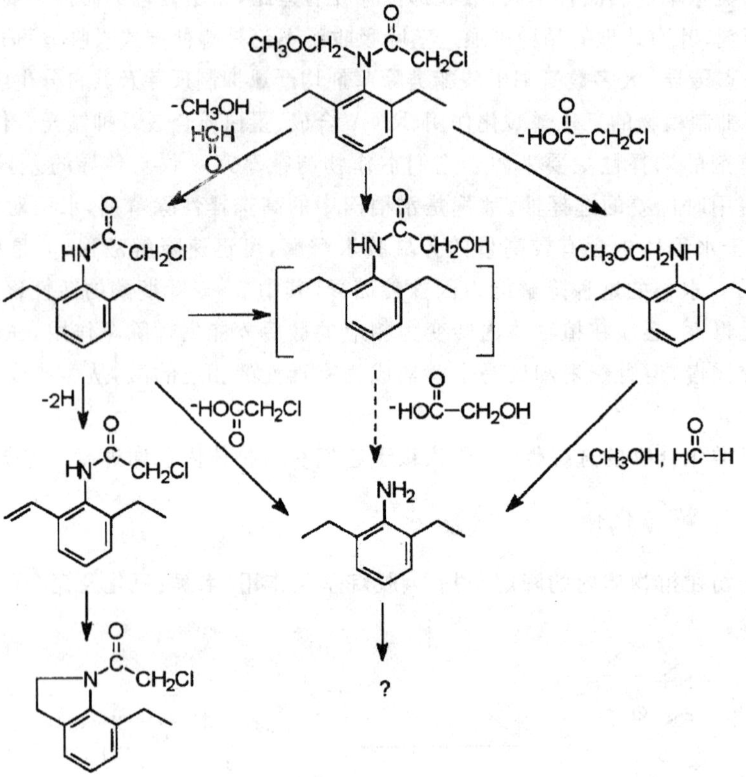

敌稗的降解过程为:

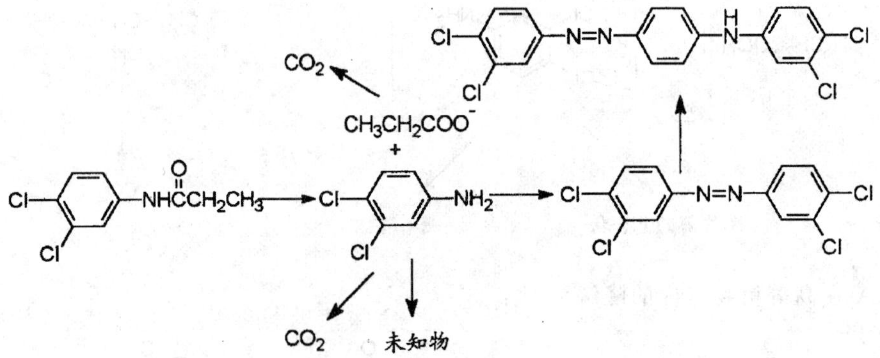

酰胺类除草剂可迅速被动物体吸收,并以其代谢产物从尿中排出,有时由于酰胺键在动物体内有抗水解作用,此时则可能发生氧化、脱烷基化和轭合作用。

N-芳基氨基甲酸酯在植物体内不易水解[74],如 swep(灭草灵)在水稻体内主要是与木质素形成复合物,仅有少量游离的 3,4-二氯苯胺形成,苯胺灵及氯苯胺灵在大豆体内主要先经羟基化形成糖苷[75]:

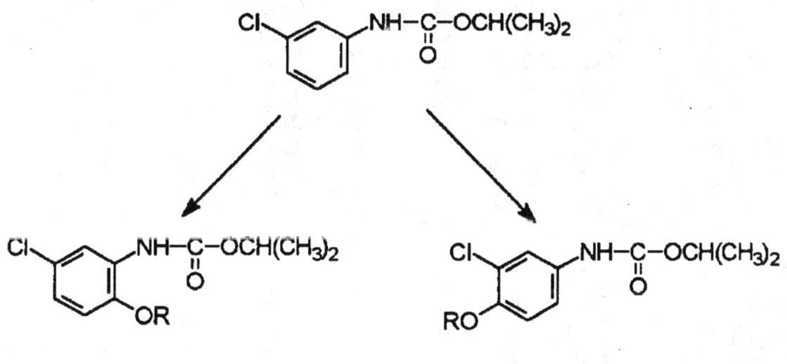

R=H 或 glycoside

微生物降解也是氨基甲酸酯类除草剂降解的主要原因,如氯苯胺灵被降解的可能途径为:

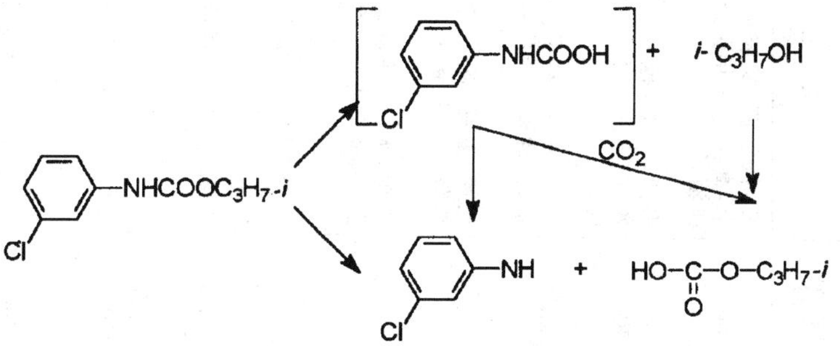

氨基甲酸酯类除草剂可被动物的肠迅速吸收和代谢,主要代谢产物从尿中排出,氧化与轭合是主要途径,酯键的水解有时是次要的。

4.6　均三氮苯类

4.6.1　概述

均三嗪类化合物的除草活性是 J. R. Geigy 公司的一个研究小组于 1952 年发现的,1954年发表的第一个专利包括了 2-氯-2-甲氧基及 2-甲硫基-4,6-双(烷氨基)均三嗪三类化合物,这些化合物的除草活性及选择性于 1955 年首次发表[76、77]。至此,以三嗪为骨架的化合物逐步引起了人们的关注,这类化合物至今仍为有价值的旱田除草剂,如阿特拉津(atrazine)、西玛津(simazine)、扑草净(prometryne)及莠灭净(ametryne)等在全世界广泛使用,其中尤以用于玉米田的阿特拉津最为突出。这类除草剂中较重要的品种列于表 4-10 中。

均三嗪类除草剂与脲类除草剂相似,在高剂量时为灭生性除草剂(5~20kg/ha),可用于工业区、道路旁等非农田地除草,低剂量时则可作为选择性除草剂(1~4kg/ha),用于玉米、棉花、高粱、甘蔗及其它作物田中。这类除草剂主要通过杂草的根部吸收药剂后变黄而死亡。由于它们的水溶性极差,在土壤中不易淋溶至较深的部位,因此对于深根作物的影响很小。

表 4—10 均三嗪类除草剂

通用名	结构式 R	R¹	R²	物化性质	LD$_{50}$(mg/kg)(大鼠口服)	应用范围	使用剂量 (kg/ha)	剂型
西玛津 simazine	Cl	C$_2$H$_5$NH	C$_2$H$_5$NH	mp. 225℃~227℃ s. 5mg/L(20℃)	>5000	果园、甘蔗、橡胶园、茶园、玉米、高粱除一年生杂草及水生植物	苗前 0.5~3 非耕地 5~10	50%,80%可湿性粉剂,4%~10%颗粒剂
阿特拉津 atrazine	Cl	C$_2$H$_5$NH	i-C$_3$H$_7$NH	mp. 173℃~175℃ s. 700mg/L(27℃)	3080	果园、甘蔗、橡胶园、茶园、玉米、高粱除一年生杂草及水生植物	苗前 1~1.5 非耕地 5~10	50%,80%可湿性粉剂,40%胶悬剂,4%~20%颗粒剂
扑灭津 propazine	Cl	i-C$_3$H$_7$NH	i-C$_3$H$_7$NH	mp. 212℃~214℃ s. 8.6mg/L(20℃)	5000	玉米、高粱、谷子、胡萝卜、芥菜、苗圃除一年生杂草	苗前 0.5~3	50%,80%可湿性粉剂、颗粒剂
特丁津 terbuthylazine	Cl	C$_2$H$_5$NH	t-BuNH	mp. 177℃~179℃ s. 8.5mg/L(20℃)	1845~2160	葡萄、蚕豆、谷类、森林及非耕地除一年生杂草	苗前或苗后 0.5~2	50%,80%可湿性粉剂
草达津 trietazine	Cl	C$_2$H$_5$NH	(C$_2$H$_5$)$_2$N	mp. 100℃~101℃ s. 20mg/L(20℃)	2830~4000	花生、大豆、马铃薯、烟草、豌豆、胡萝卜等除一年生杂草	苗前 1.5~4.5	50%可湿性粉剂
草净津 cyanazine	Cl	C$_2$H$_5$NH	NC-C(CH$_3$)$_2$-NH	mp. 166℃~166.7℃ s. 171mg/L(25℃)	182	玉米田除一年生杂草	苗前 0.5~3	50%胶悬剂,80%可湿性粉剂,9%颗粒剂
环草津 cyprazine	Cl	i-C$_3$H$_7$NH	△-NH	mp. 167℃~169℃ s. 195mg/L(20℃)	1400	玉米、高粱、甘蔗除一年生杂草	苗后 0.75~2	乳剂
环丙青津 procyazine	Cl	△-NH	NC-C(CH$_3$)$_2$-NH	mp. 168℃ s. 300mg/L(20℃)	290	玉米除一年生杂草		
甘草津 eglinazine-ethyl	Cl	C$_2$H$_5$NH	C$_2$H$_5$OCCH$_2$NH (O)	mp. 228℃~230℃ s. 300mg/L(25℃)	>10000	谷类、防除一年生杂草	苗前 3	
扑草津 proglinazine	Cl	i-C$_3$H$_7$NH	C$_2$H$_5$OCCH$_2$NH (O)	mp. 110℃~112℃ s. 750mg/L(25℃)	>8000	玉米除阔叶杂草	苗前 4	50%可湿性粉剂
敌草净 desmetryne	SCH$_3$	CH$_3$NH	i-C$_3$H$_7$NH	mp. 84℃~86℃ s. 580mg/L(20℃)	1390	玉米、大豆、水稻、油菜除一年生杂草	苗前、苗后 0.5~1.5	25%可湿性粉剂

通用名	结构式 R	R¹	R²	物化性质	LD₅₀(mg/kg)(大鼠口服)	应用范围	使用剂量(kg/ha)	剂型
西草净 simetryne	SCH_3,	C_2H_5NH,	C_2H_5NH	mp.82℃~82.5℃ s.450mg/L(20℃)	750	水稻,玉米,麦类,豆类,花生,蔬菜除一年生杂草	水田 0.6~0.75 旱田 0.75~2.25	25%,50%可湿性粉剂
莠灭净 ametryne	SCH_3,	C_2H_5NH,	$i\text{-}C_3H_7NH$	mp.84℃~86℃ s.185mg/L(20℃)	1110	玉米,大豆,甘蔗,果园除一年生及多年生杂草	苗前,苗后 2~4	可湿性粉剂
盖草净 methoprotryne	SCH_3, $i\text{-}C_3H_7NH$,	$CH_3O(CH_2)_3NH$		mp.68℃~70℃ s.320mg/L(20℃)	>5000	大豆,玉米,花生,棉花除一年生杂草	苗前,苗后 1~3	可湿性粉剂
扑草净 pronutryne	SCH_3,	$i\text{-}C_3H_7NH$,	$i\text{-}C_3H_7NH$	mp.118℃~120℃ s.48mg/L(20℃)	3750	蚕豆,玉米,马铃薯,观赏性植物除一年生杂草	0.37~0.9	5%,10%,50%,80%可湿性粉剂,25%乳油,1.5%颗粒剂
叠氮净 aziprotryne	SCH_3,	N_3,	$i\text{-}C_3H_7NH$	mp.95℃ s.75mg/L(25℃)	3600~5833	大豆,棉花除一年生杂草	苗前,苗后 0.25~2	50%可湿性粉剂
杀草净 dipropetryne	SC_2H_5,	$i\text{-}C_3H_7NH$,	$i\text{-}C_3H_7NH$	mp.104℃~106℃ s.16mg/L(20℃)	4050	棉花,西瓜,大豆除一年生杂草	苗前 2~3 苗后 0.5~1.5	80%可湿性粉剂,50%胶悬剂
莠去通 atratone	OCH_3,	C_2H_5NH,	$i\text{-}C_3H_7NH$	mp.94℃~96℃ s.1800mg/L(20℃)	1465~2400	非耕地灭生性除草	苗前,苗后 5~10	50%乳油,25%乳油
扑灭通 prometone	OCH_3,	$i\text{-}C_3H_7NH$,	$i\text{-}C_3H_7NH$	mp.91℃~92℃ s.750mg/L(25℃)	2980	非耕地防除一年生杂草		50%可湿性粉剂
仲丁通 secbumetone	OCH_3,	C_2H_5NH,	$C_2H_5CH(CH_3)NH$	m.86℃~88℃ s.620mg/L(25℃)	2680	非耕地防除一年生杂草	1.5~8	50%可湿性粉剂
特丁通 terbumetone	OCH_3,	C_2H_5NH,	$(CH_3)_3C\text{-}NH$	mp.123℃~124℃ s.130mg/L(20℃)	483	果树,森林,非耕地除一年生及多年生杂草	3~10	可湿性粉剂

不少人研究了这类化合物的结构与活性的关系后指出，与三嗪环上两个碳原子相连的两个氮原子是必备条件，少一则无除草活性；用其它取代基如其它的卤原子或卤代烷基取代这类除草剂 2-位上的氯原子、甲氧基或甲硫基，均得到没有实用价值的化合物，但是叠氮化合物却是例外，其中尤以叠氮净(2-甲硫基-4-叠氮基-6-异丙氨基-均三嗪)具有较高的活性，该分子中同时含有甲硫基及叠氮基。

N-烷氨基的变化可以增大此类化合物的生物活性及降解能力的变化范围。如 2-氯-4,6-双(烷氨基)均三嗪的除草活性随氨基上碳原子数目增加而降低，含 2～3 个碳原子时活性最高，而含两个不同烷氨基的衍生物的活性比含有两个相同烷氨基衍生物的活性高，在烷氨基上引入烷氧基、烷基、环丙基以及腈基等，具有较高的活性。

4.6.2 合成方法及性质

均三嗪类化合物是以三聚氯氰为原料合成的[78]，三聚氯氰的三个氯原子可以被胺、酚、醇及硫醇等取代，其中两个氯原子较活泼，若仅需取代其中一个氯原子时，需控制反应条件，将温度控制在−15℃～0℃之间，在等当量缚酸剂存在下进行反应。取代第二个、第三个氯原子时，要将温度提高到 20℃～60℃之间，在缚酸剂存在下进行反应，即使以两种不同的胺取代三聚氯氰中的两个氯原子，亦可得到纯度好、收率高的非对称胺基取代物。

一般地说，不同取代胺使用的顺序对反应的影响不大，但一些碱性较低、空间障碍较大的胺，则只能与三聚氯氰中的一个氯原子反应。2-氯-4,6-双烷氨基均三嗪中剩余的氯原子在缚酸剂存在下与甲醇或甲硫醇共热，则可被甲氧基或甲硫基所取代[79]。

$$Cl_2 + NaCN \longrightarrow CNCl + NaCl$$

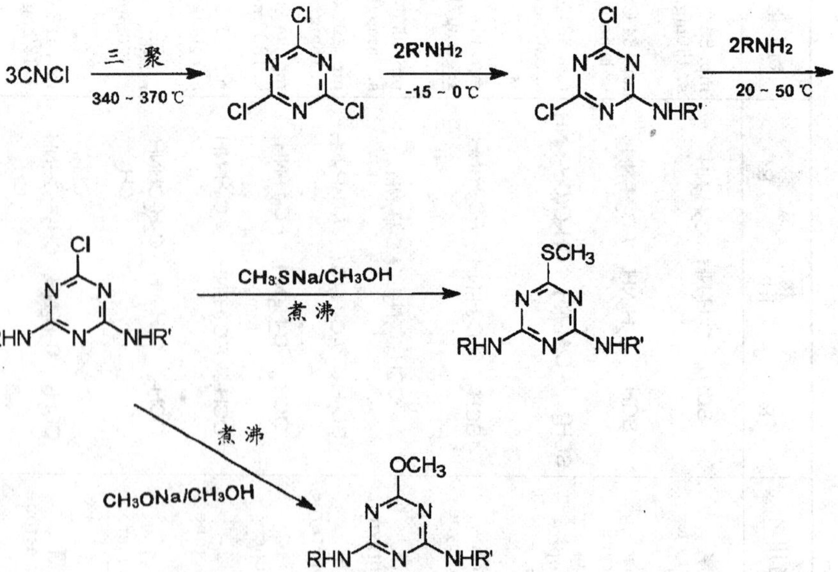

例如阿特拉津，工业上的制法是首先将三聚氯氰溶解在溶剂中，0℃～5℃下与等摩尔乙胺在碳酸氢钠存在下作用，然后提高温度至 40℃左右，在碳酸氢钠存在下与异丙胺作用即可得产品[80]。

均三嗪类除草剂 2-位上的氯原子可以被各种亲核试剂所置换，2-氯、2-甲氧基或 2-甲硫基化合物均可被水解形成 2-羟基衍生物，但值得注意的是它主要是以酮式的结构存在，此结构可由红外光谱所证明：

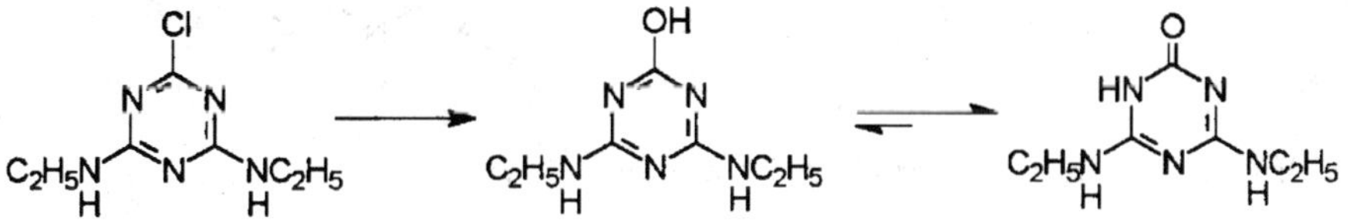

而此类化合物不易与甲基化试剂反应生成甲氧基化合物，但是其相应的硫类似物，则易于与甲基化试剂反应：

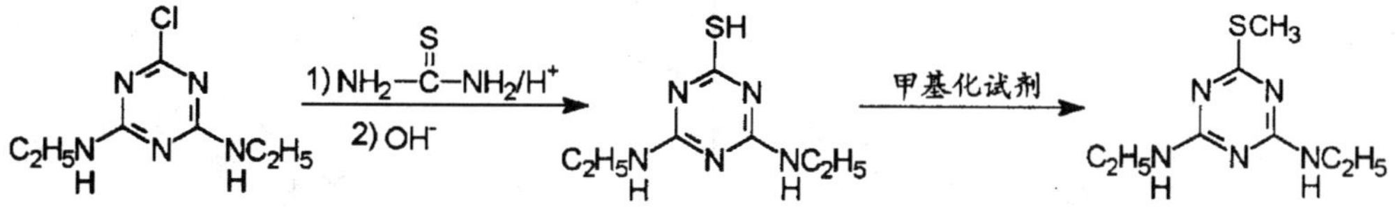

值得一提的是，在三嗪环上的氯原子可与三乙胺反应，生成季胺盐类化合物，它具有极高的反应活性，可作为反应中间体进一步与亲核试剂，如硫醇、KCN、NaN_3 等反应，比直接用 2-氯衍生物反应容易进行。

均三嗪环化学性质稳定，这是由于 π 电子像苯环一样分布在整个环上，但是由于氮原子的电负性大于碳原子，因此，三嗪环上的 π 电子实际上是局限于氮原子附近，而不是分布在整个环上，所以均三嗪的芳香性低于苯环：

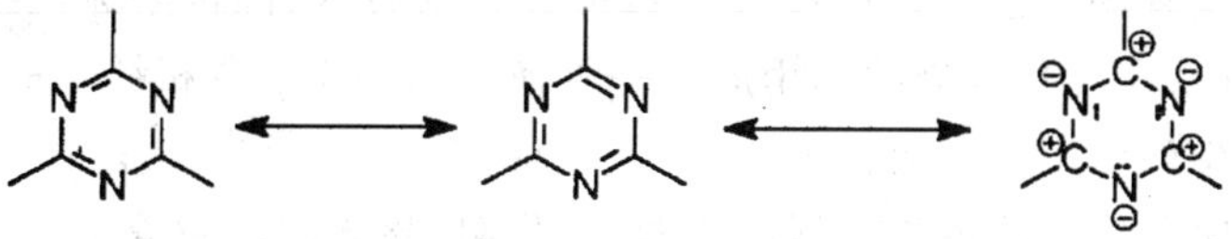

另外，该环还受到 C_2、C_4、C_6-位上取代基的诱导共轭效应的影响。综合以上因素，决定了这类化合物的物理化学性质。由于环上碳原子相对地缺乏电子，使它们易受到亲核试剂的进攻，而当碳上连有吸电子取代基氯原子时，这种进攻更加易于进行，当碳上有给电子取代基如胺时，则使环上电子云密度增加，亲核试剂的进攻受到阻碍。以上很好地解释了三聚氯氰的反应性能。

近年来的研究表明，均三嗪类衍生物易被紫外光所分解，根据不同的实验条件可得不同的产物。环上 2-位首先受到影响，在水溶液中，2-氯衍生物可生成 2-羟基衍生物，而在醇溶液中则生成 2-烷氧基衍生物：

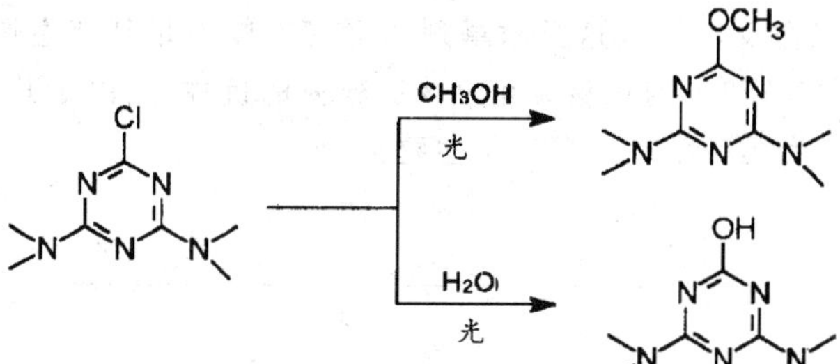

在同样条件下,2-甲氧基及 2-羟基衍生物不进一步光解,而 2-甲硫基衍生物则可被还原:

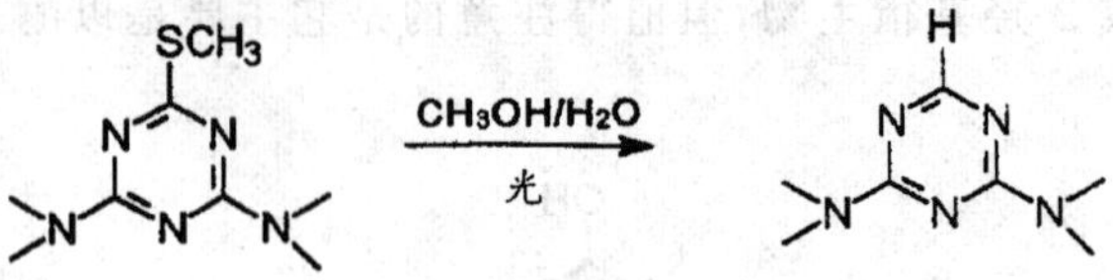

220nm 光照西玛津的甲醇溶液,则光解反应如下[81]:

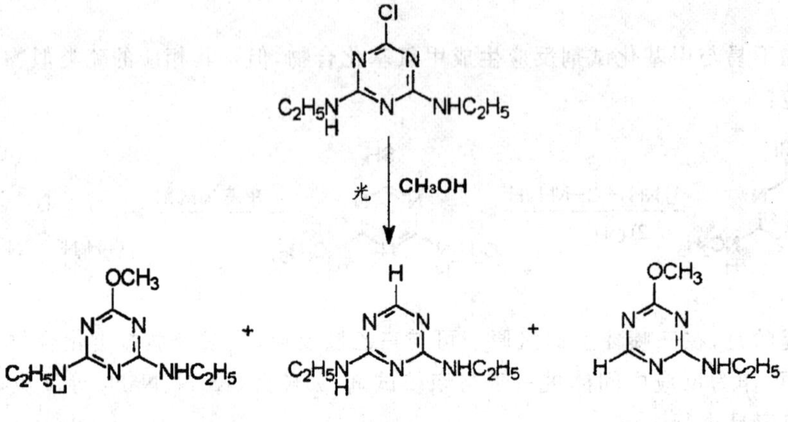

4.6.3　作用方式、降解与代谢[82]

均三嗪类化合物与脲类化合物一样,可干扰植物的光合作用,抑制作用是通过抑制光系统Ⅱ中的电子传递来实现的。近年来通过 X 射线晶体衍射技术、同位素标记技术及紫色菌模拟等先进技术,基本弄清这类化合物的作用原理是置换了与 QB 蛋白相结合的质体醌,从而阻断了后者在电子传递中的作用而造成伤害的。

均三嗪类化合物还可影响植物激素的代谢、氮代谢、核酸的代谢等。

均三嗪类除草剂的选择性,主要决定于植物的吸收、运转及解毒的机能。土壤处理除草剂对于植物的生物效果,主要是由化合物对土壤的吸附性,及其在土壤水相的可溶性之间存在的动力学平衡来支配的。由于均三嗪类化合物具有较强的吸附作用,因而选择性地杀死植物,主要体现在深根植物与浅根杂草之间,2-甲氧基均三嗪类化合物一般具有最大的水溶性,因而显示出较差的选择性,2-甲硫基均三嗪类化合物由于具有其它一些性质,如经叶面施用时,它具有较高蒸气压和较高的杀植物活性,因此显示出较大的选择方面的可变性,它们可作苗前或苗后除草。研究指出,均三嗪类化合物的选择性与植物对药剂的吸收与运转也没有什么关系,看不出敏感植物与抗性植物间的差别。

植物通过专一的代谢反应解除这类除草剂的毒害的能力是其产生选择性的另一必要因素。玉米对西玛津、阿特拉津等均三嗪类化合物有较高的抗性,是由于其体内的 DIMBOA 可以催化这类除草剂水解为无活性的 3-羟基衍生物:

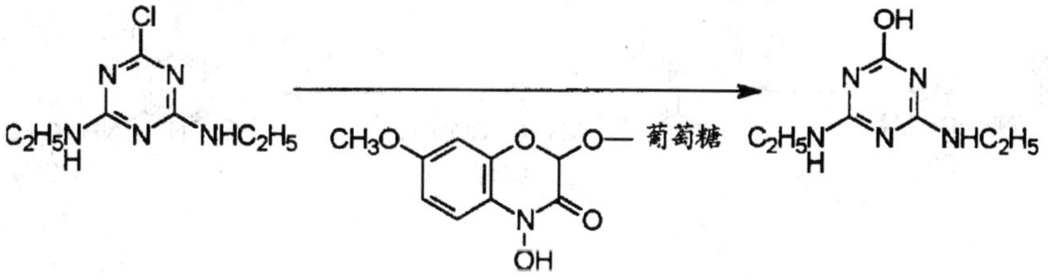

DIMBOA

这是一类非酶促反应。而目前对 2-甲氧基及 2-甲硫基均三嗪类化合物水解机制的了解尚很少。

在根部未被水解的 2-氯代三嗪被输送到叶部，被叶片吸收后还可通过与谷胱甘肽结合而起解毒作用，这是一个由谷胱甘肽-8-转移酶催化的反应。这种酶只有在抗性植物如高粱、玉米、甘蔗和一些禾本科杂草中才有活性，而敏感植物中没有这种酶。

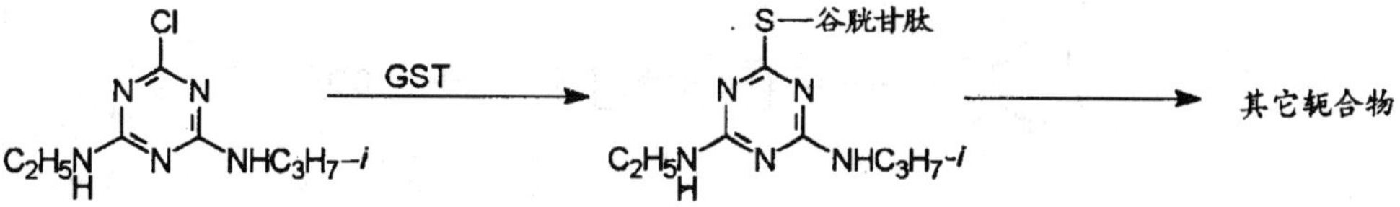

GST: 谷胱甘肽转移酶 (glutazhione-s-transferase)

谷胱甘肽(glutathione)的结构式如下：

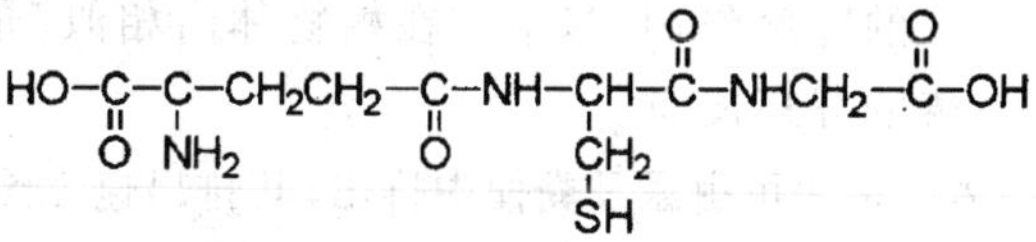

氧化降解反应如 N-脱烷基作用，在这类除草剂的选择性中也起着重要作用，这些降解产物的活性比原化合物小，它们还可进一步被降解。

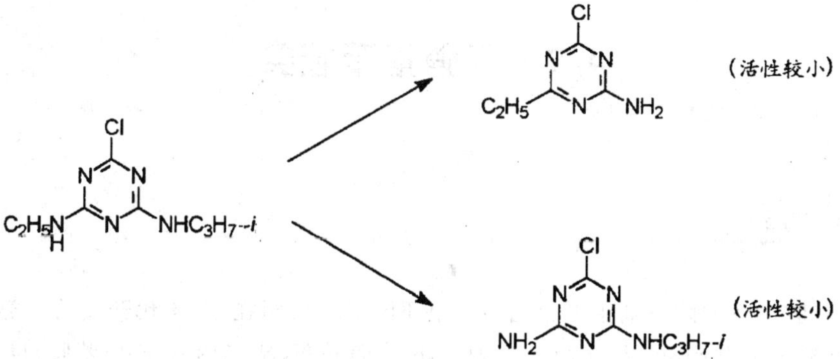

（活性较小）

（活性较小）

均三嗪类化合物在植物体内的降解过程是产生选择性的重要机制，如前所述。此外，如烷基侧链的氧化：

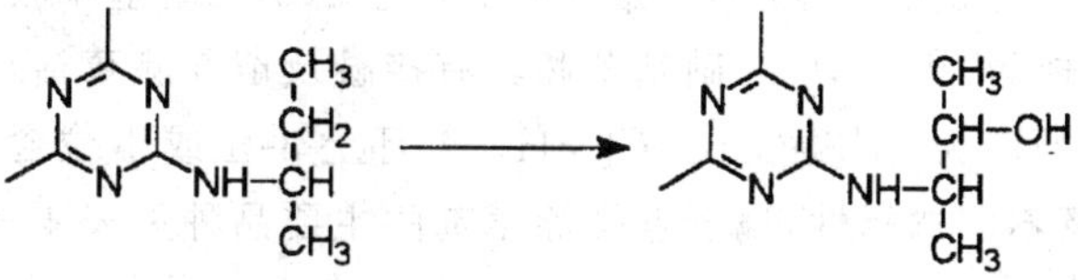

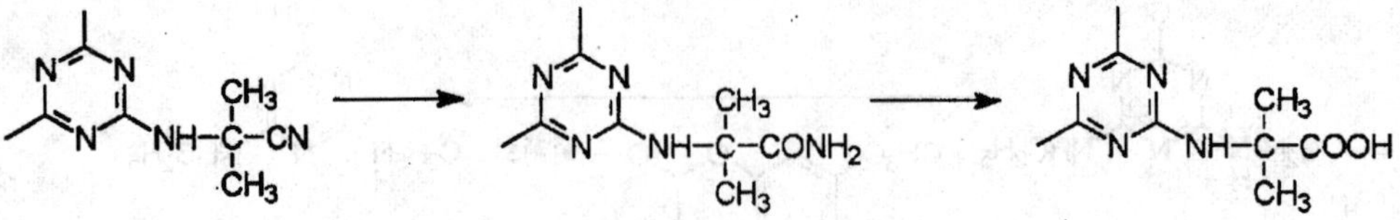

脱胺反应:

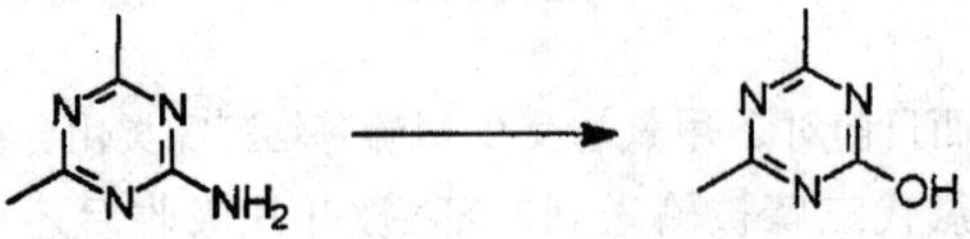

三嗪环的断裂:

双胍可能是其中间体:

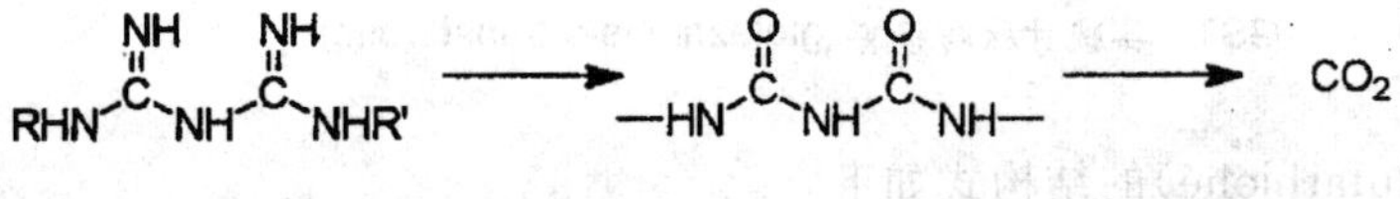

　　均三嗪类除草剂在土壤中的降解作用,基本与在植物体内相似,亦发生 2-位水解、N-脱烷基化、侧链氧化、脱胺以及三嗪的开环反应。

　　均三嗪类除草剂在动物体内很快可由尿及粪便中排出,其排出速度因化合物而异,一般排出所用剂量 50％的时间大约是 12～16 小时,其在动物体内的降解途径与其在土壤及植物中相似。

4.7　二硝基苯胺类

4.7.1　概述

　　二硝基苯胺类系列除草剂主要是由意大利 Eli.lilly 公司在 60 年代开发的一类重要的除草剂,特别是氟乐灵(Trifluralin,α,α,α-三氟-2,6-二硝基 N,N-二丙基-P-甲苯胺)自 1964 年登记后,一直成为世界上最主要的除草剂品种之一。

　　二硝基苯胺作为染料中间体已有很长的时间,含有取代基的二硝基苯胺作为杀菌剂也曾有过报道,关于其植物毒性是从 1955 年开始发现的[83]。2,6-二硝基苯胺衍生物最具有除草活性,则是由 Alder 等发现的[84]。2,6-二硝基苯胺具有接触及苗前除草活性,4-位取代基可以影响分子活性的强度,其顺序为 $CF_3 > CH_3 > Cl > H$。苯环上 3-位或 4-位含有不同取代基即形成各种不同的除草活性及不同选择性,属于这类除草剂的主要品种见表 4—11。

表 4—11 二硝基苯胺类除草剂

通用名	结构式	物化性质	LD_{50}(mg/kg)(大鼠口服)	应用范围	使用剂量(kg/ha)	剂型
氟乐灵 Trifluralin	F_3C—苯环—$N(C_3H_7)_2$, NO_2, NO_2	mp. 48℃~49℃ bp. 96℃~97℃/3.2×10^{-1}mPa s. 0.1~0.3mg/L (22℃)	>10000	旱田(花生,大豆,棉花,麦类,果园)除一年生杂草	苗前 0.5~1	48%乳剂,25%,50%可湿性粉剂
胺乐灵 Dipropalin	H_3C—苯环—$N(C_3H_7)_2$, NO_2, NO_2	mp. 42℃ bp. 118℃/1.3×10^{-2} mPa s. 304mg/L(27℃)	3600 (小鼠)	玉米,棉花,大豆,甘蔗,甜菜,花生等除一年生杂草	苗前 1	乳油
异乐灵 isopropalin	i-Pr—苯环—$N(C_3H_7)_2$, NO_2, NO_2	s. 0.1mg/L(20℃)	>5000	烟草,番茄等田除一年生杂草	苗前 1.2~2.5	60%,72%乳油
磺乐灵 nitralin	CH_3SO_2—苯环—$N(C_3H_7)_2$, NO_2, NO_2	mp. 151℃~152℃ s. 0.6mg/L(22℃)	>2000	棉花,大豆,花生,烟草,小麦,油菜田除一年生杂草	苗前 0.6~2	75%可湿性粉剂,42.5%乳油
黄草消 oryzalin	NH_2SO_2—苯环—$N(C_3H_7)_2$, NO_2, NO_2	mp. 141℃~142℃ s. 2.4mg/L(25℃)	>10000	棉花,大豆,花生,烟草,小麦,油菜田除一年生杂草	苗前 1~2	75%可湿性粉剂
prodiamine	F_3C—苯环—$N(C_3H_7)_2$, NO_2, NO_2, H_2N	mp. 124℃ s. 0.013mg/L(25℃)	>5000	谷物及非耕地除一年生杂草	苗前	
敌乐胺 dinitramine	F_3C—苯环—$N(C_2H_5)_2$, NO_2, NO_2, H_2N	mp. 98℃~99℃ s. 1mg/L(26℃)	3000	棉花,大豆,花生,蔬菜地防除一年生杂草	苗前 0.4~0.7	25%乳油

通用名	结构式	物化性质	LD$_{50}$(mg/kg)(大鼠口服)	应用范围	使用剂量(kg/ha)	剂型
氟草胺 benfluralin		mp. 65℃～66℃ s. 70mg/L(25℃)	>10000	花生，烟草，苜蓿，草坪除一年生杂草	苗前 0.75～1.35	15%乳油，2.5%颗粒剂
环丙氟灵 profluralin		mp. 32℃ s. 0.1mg/L(20℃)	10000	棉花，豆类，果园，蔬菜除一年生杂草	苗前 0.75～1.5	50%乳油
乙丁烯氟灵 ethalfluralin		mp. 55℃～56℃ s. 0.2mg/L(25℃)	10000	棉花，大豆，花生除一年生杂草	苗前 1	乳油
氟硝草 fluchloralin		mp. 42℃～43℃	1550	棉花，花生，豆科，蔬菜等除一年生杂草	苗前	40%乳油
双丁乐灵 butralin		mp. 59℃～61℃ s. 1mg/L(25℃)	2500	棉花，豆类，烟草等除一年生杂草	苗前 0.5～2.25	40%乳油
二甲戊乐灵 pendimethalin		mp. 56℃～57℃ s. 0.3mg/L(20℃)	1250	棉花，大豆，花生，水稻，玉米除一年生杂草	苗前 0.6～2	33%，50%乳油，3%，5%，10%颗粒剂

4.7.2 合成方法及性质

这类化合物的合成方法以氟乐灵为例[85、86]：

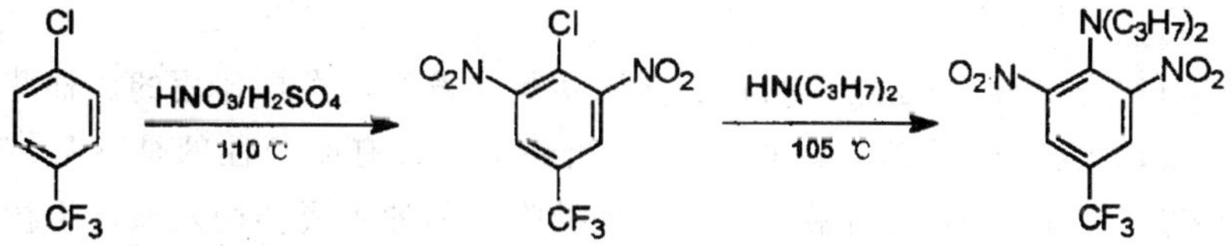

这类化合物生产中的关键问题是对三氟甲基氯苯的合成及控制产品中亚硝胺衍生物的含量问题。对三氟甲基氯苯一般采用下法生产[87、88]：

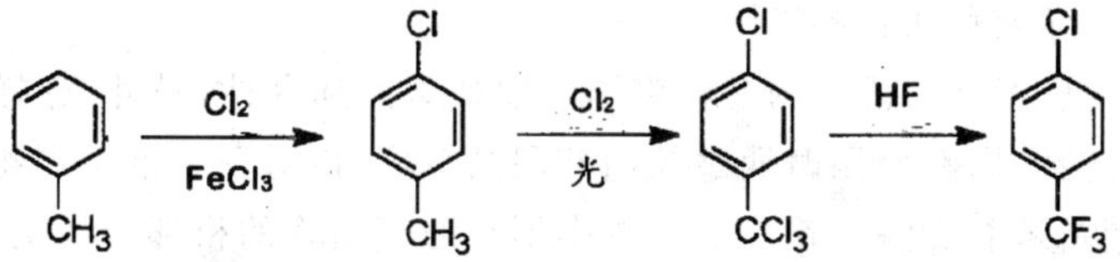

二硝基苯胺类除草剂多为橙红色固体，水溶性极低，易溶于有机溶剂中，微有挥发性。由于此类化合物蒸气压高，见光易分解，因此需将药剂混入土壤中使之减少挥发和光分解，以保证得到较高的药效。苯环上1,4-位取代基的种类及分子量的大小决定了化合物蒸气压的高低。在土壤温度较高的情况下，用蒸气压低的品种比较合适。值得特别指出的是，这类除草剂对光解非常敏感，当氟乐灵在有机溶剂中或硅胶板上受到照射后，即发生脱烷基化，形成苯骈咪唑衍生物，其光解过程为[89]：

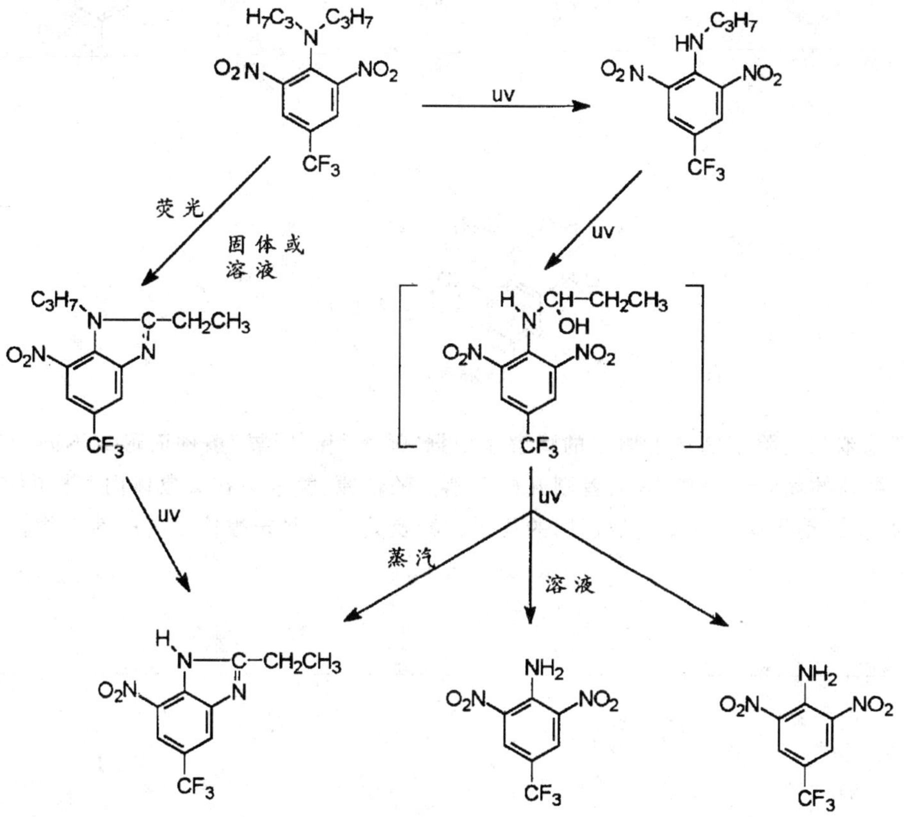

其它二硝基苯胺类除草剂亦有相似的性质。光化学反应路线依赖于介质和光的波长。

4.7.3　作用方式、降解与代谢

氟乐灵及其有关化合物是通过抑制根及茎的生长与发育而发挥作用的。棉花苗用氟乐灵处理后，根尖肿胀、次生根的形成受到抑制，对这类除草剂最有耐药性的是芥菜、花生、大豆和棉花，敏感的植物有燕麦、石茅及高粱。氟乐灵等类除草剂的主要作用是通过干扰纺锤体的机能而抑制细胞分裂中期的有丝分裂[90]。用氟乐灵处理过的玉米根尖中蛋白质、DNA 及 RNA 的总含量降低，至今对这类化合物的作用方式尚未完全了解。

二硝基苯胺类除草剂不能由植物的根部运转到其它部位，各种植物所含不同的类脂成分可能会影响它们对氟乐灵的敏感性[91]。

2,6-二硝基苯胺分子上取代基的变化将影响取代基的选择性，另外，选择性也可由除草剂混入土壤的深度来达到，即在使用时通过控制药层的深度，以避免药剂与作物的根部接触。

一般来说，二硝基苯胺类除草剂施于土壤中不易通过植物的根部传导至地上部分，其代谢产物在植物的叶片、种子、果实中并未检出，但在某些植物根的外层或外皮中检出其残留物，如在胡萝卜上检出的氟乐灵的量决定于果实的大小及氟乐灵埋入土壤的剂量及深度，其降解产物为：

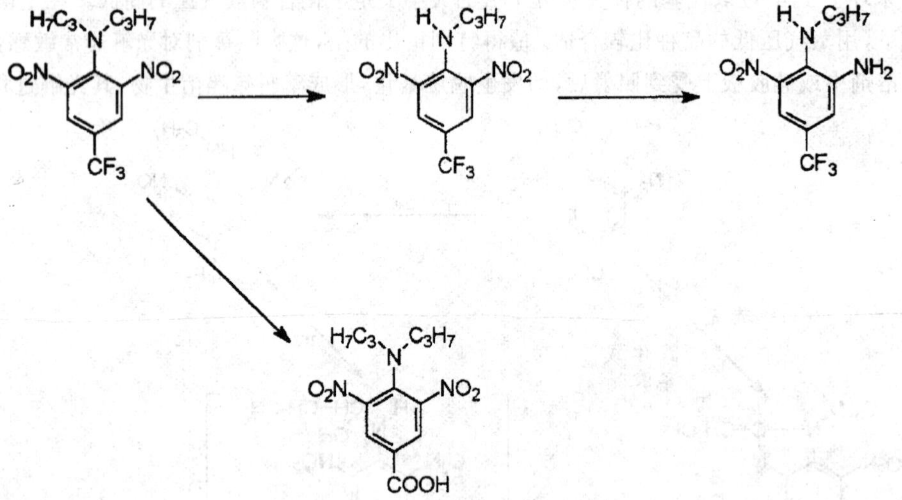

二硝基苯胺类除草剂在土壤中的降解系根据"需氧"和"厌氧"条件而形成不同的产物，前者进行一系列的氧化脱烷基化，后者则开始于硝基的还原。氟乐灵在大鼠体内可检出还原及脱烷基产物，反雏动物体内主要是被还原的代谢产物及其它一些未被检出的极性产物。

4.8　硫代氨基甲酸酯类

4.8.1　概述

硫代氨基甲酸酯类化合物是 1954 年以后发展起来的一类除草剂,其通式为:

$$\begin{matrix} R \\ R \end{matrix} N-\underset{\underset{O}{\|}}{C}-S-R'$$

R＝烷基,环烷基　　R′＝烷基,烯基,苄基等

其中第一个品种是 Stauffer 公司开发的菌达灭(EPTC,R＝C_3H_7-n,R′＝C_2H_5),用于防除一年生禾本科杂草及许多阔叶草,低剂量时对香附子亦有明显的抑制作用,但对蚕豆及马铃薯却没有伤害。1960 年前后,Monsanto 公司先后开发了燕麦敌一号(diallate,R＝i-C_3H_7,R′＝$-CH_2CCl{=}CHCl$ 及燕麦畏(triallate,R＝i-C_3H_7,R′＝$-CH_2CCl{=}CCl_2$),两者均是优良的麦田防除野燕麦的旱田除草剂。1965 年日本研究成功水田除草剂杀草丹(benthiocarb,R＝C_2H_5,R′＝$P-ClC_6H_4CH_2-$),在除草剂市场上占有重要地位。美国开发的禾大壮(molinate,R＝$-(CH_2)_6-$,R′＝C_2H_5),也是水田除草的优良品种,每年均有大吨位的产品远销世界各地。

关于这类化合物的构效关系研究表明,硫赶代化合物的除草活性较相应的硫逐代或二硫代衍生物高,一般说来,R＝C_2H_5 的活性高于 R＝i-C_3H_7[92],而其亚砜类衍生物的活性要比硫代氨基甲酸酯类高得多[93]。日本杉山弘成总结了 S-苄基硫代氨基甲酸酯类化合物结构与活性的一般规律[94],指出苯环上以对位氯原子取代活性最高。

该类除草剂的主要品种见表 4-12。

4.8.2　合成方法及性质

硫代氨基甲酸酯类化合物的合成方法有光气法和氧硫化碳法:

(1)光气法:

$$Cl-\underset{\underset{O}{\|}}{C}-Cl \ + \ HN\begin{matrix}R\\R\end{matrix} \longrightarrow Cl\underset{\underset{O}{\|}}{C}-N\begin{matrix}R\\R\end{matrix}$$

$$R'SNa \ + \ Cl\underset{\underset{O}{\|}}{C}-N\begin{matrix}R\\R\end{matrix} \xrightarrow{二甲苯} \begin{matrix}R\\R\end{matrix}N-\underset{\underset{O}{\|}}{C}-S-R'$$

该法收率在 30%～90% 之间。

表 4—12　硫代氨基甲酸酯类除草剂

通用名	结构式	物化性质	LD₅₀(mg/kg)(大鼠口服)	应用范围	使用剂量(kg/ha)	剂型
菌达灭 EPTC	$CH_3CH_2CH_2\!\!>\!\!N-\underset{\underset{O}{\parallel}}{C}SC_2H_5$（$CH_3CH_2CH_2$）	bp. 127℃/3.6mPa s. 370mg/L(20℃)	1630	豆类,棉花,玉米,亚麻,甜菜等除一年生杂草	苗前或苗后 1~3	70%乳剂,5%~25%颗粒剂
苏达灭 butylate	$(CH_3)_2CHCH_2\!\!>\!\!N-\underset{\underset{O}{\parallel}}{C}SC_2H_5$（$(CH_3)_2CHCH_2$）	bp. 137℃~138℃/3.7mPa s. 45mg/L(25℃)	4600	玉米及蔬菜地除一年生、多年生杂草	苗前或苗后 2~4.5	67%乳剂,10%颗粒剂
克草猛 pebulate	$C_4H_9\!\!>\!\!N-\underset{\underset{O}{\parallel}}{C}SC_3H_7$（$C_2H_5$）	bp. 142℃/3.5mPa s. 60mg/L(20℃)	1120	蔬菜,玉米,花生,大豆除莎草及一年生杂草	苗前 2~6	70%乳剂,10%颗粒剂
灭草猛 vernolate	$CH_3CH_2CH_2\!\!>\!\!N-\underset{\underset{O}{\parallel}}{C}SC_3H_7$（$CH_3CH_2CH_2$）	bp. 140℃/3.5mPa s. 90mg/L(20℃)	1780	大豆,花生,烟草,马铃薯除一年生杂草	苗前 2~2.5	70%乳剂,5%~10%颗粒剂
燕麦敌一号 diallate	$i\text{-}C_3H_7\!\!>\!\!N-\underset{\underset{O}{\parallel}}{C}SCH_2CCl\!=\!CHCl$（$i\text{-}C_3H_7$）	mp. 25℃~30℃ bp. 150℃/1.5mPa	395	麦田防除野燕麦及鼠尾,看麦娘等杂草	苗前,苗后 0.75~1.5	40%~60%乳油,10%颗粒剂,10%可湿性粉剂
燕麦畏 triallate	$i\text{-}C_3H_7\!\!>\!\!N-\underset{\underset{O}{\parallel}}{C}SCH_2CCl\!=\!CCl_2$（$i\text{-}C_3H_7$）	mp. 29℃~30℃ bp. 117℃/5.3×10⁻²mPa s. 4mg/L(20℃)	2165	麦田防除野燕麦及鼠尾,看麦娘等杂草	苗前,苗后 0.75~1.5	40%乳油,10%颗粒剂
环草特 cycloate	$\overset{C_2H_5}{\underset{}{}}N-\underset{\underset{O}{\parallel}}{C}-SC_2H_5$（环己基）	bp. 145℃~146℃/1.7mPa s. 100mg/L(20℃)	3100	甜菜,菠菜地除一年生杂草及莎草	苗前 2~4	10%颗粒剂,74%乳油
禾大壮 molinate	（哌啶基）$N-\underset{\underset{O}{\parallel}}{C}-SC_2H_5$	bp. 202℃/117mPa s. 900mg/L(21℃)	720	主要用于水稻田除稗草	苗后 1.5~3.75	74%乳油,10%颗粒剂

通用名	结 构 式	物 化 性 质	LD$_{50}$(mg/kg)（大鼠口服）	应 用 范 围	使 用 剂 量 (kg/ha)	剂 型
仲草丹 tiocarbazil	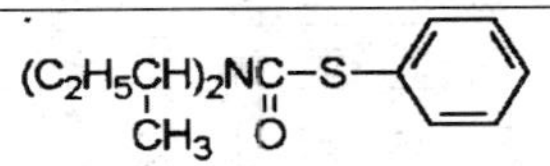 (C$_2$H$_5$CH)$_2$NC–S– 苯基 / CH$_3$ ‖O	液体 s. 2. 5mg/L(30℃)	>10000	水田除稗、芒稷及莎草	苗后 4	50—70%乳油，5%颗粒剂
杀草丹 benthiocarb	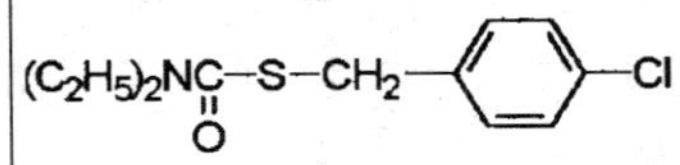 (C$_2$H$_5$)$_2$NC–S–CH$_2$– 苯基–Cl ‖O	mp. 3.3℃ bp. 120℃~129℃/ 1.1×10^{-2}mPa s. 27. 5mg/L(20℃)	1300	水稻，棉花，大豆，花生，甜菜地防除一年杂草	苗前，苗后 1. 5	7%粉剂，10%颗粒剂，5%乳剂
旱草丹 orthobencarb	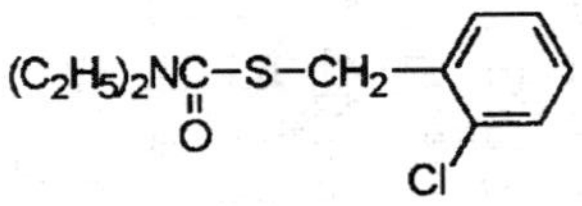 (C$_2$H$_5$)$_2$NC–S–CH$_2$– 苯基–Cl ‖O	bp. 136℃~140℃/ 5.3×10^{-3}mPa	1000	草坪，大豆，棉花，麦类，玉米地除一年生杂草	苗前 3~4	50%乳油
哌草丹 dimepiperate	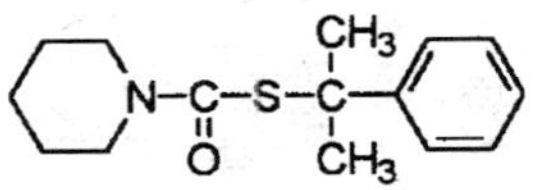 哌啶–N–C–S–C(CH$_3$)$_2$– 苯基 ‖O	mp. 38℃~39℃ bp. 160℃~165℃/ 1.3×10^{-1}mPa s. 32mg/L(25℃)	946	水稻田除稗草	苗后 0. 05~0. 75	7%颗粒剂，50%乳油
草克死 sulfallate	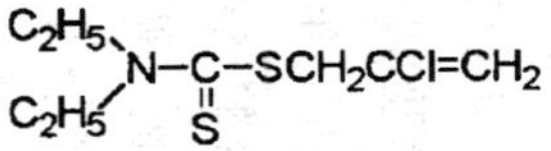 C$_2$H$_5$ / C$_2$H$_5$ N–C–SCH$_2$CCl=CH$_2$ ‖S	bp. 128℃/1. 7 × 10^{-1}mPa s. 100mg/L(25℃)	350	蔬菜，玉米，大豆田除一年生杂草	苗前 2~6	70%乳油，10%颗粒剂

光气也可以先和硫醇反应,然后再和胺反应:

$$R'SH + Cl-\overset{\overset{\displaystyle O}{\|}}{C}-Cl \longrightarrow R'S-\overset{\overset{\displaystyle O}{\|}}{C}-Cl \xrightarrow{R_2NH} \overset{\displaystyle R}{\underset{\displaystyle R}{N}}-\overset{\overset{\displaystyle O}{\|}}{C}-S-R'$$

该法生产收率在 53%～84% 之间。

(2)氧硫化碳法:

$$\overset{\displaystyle R}{\underset{\displaystyle R}{N}}H + COS \xrightarrow{NaOH} \overset{\displaystyle R}{\underset{\displaystyle R}{N}}-\overset{\overset{\displaystyle O}{\|}}{C}-SNa \xrightarrow{R'Cl} \overset{\displaystyle R}{\underset{\displaystyle R}{N}}-\overset{\overset{\displaystyle O}{\|}}{C}-SR'$$

该法对于活泼氯衍生物较为有利,反应一般在 0℃～5℃将 COS 气体通入胺的氢氧化钠溶液中,充分反应后,加入活泼氯化物,逐渐升温至 50℃～60℃约 30 小时,即可得到 70%～90% 收率的产品。燕麦敌一号、杀草丹等除草剂在工业上均可用此法合成。该法的关键是 COS 的合成,工业上 COS 的合成方法为:

$$CO + S \xrightarrow[\text{催化剂}]{\text{高温}} COS$$

硫代氨基甲酸酯类化合物一般为具有一定气味的液体或低熔点固体,可与多种有机溶剂混合,在水中溶解度较低,一般较稳定,无腐蚀性。鉴于此类化合物具有一定的挥发性,可从湿土表面挥发,因此在施药后需迅速拌入土内。菌达灭在弱酸弱碱介质中不易水解,草克死在紫外光照射下不分解。

4.8.3　作用方式、降解与代谢

绝大多数硫代氨基甲酸酯类除草剂均是在苗前用土壤处理法施用的,在种子萌发时,植物可通过种子吸收药剂,此外,植物的根部可以吸收药剂并传导至叶部,而植物的芽鞘也可吸收药剂后传导至根部,可见这类除草剂具有良好的内吸传导性。

有关这类化合物作用机制的研究还很有限,根据有关研究,已知它们主要是干扰类脂物的形成,从而影响膜的完整性。此外,也曾有人研究过 EPTC 在光合作用、呼吸作用、乙酸代谢、糖代谢中的作用等。从受害植物的状况看,主要是抑制植物生长,对幼芽的抑制作用比对根严重,这种抑制作用主要是由于植物分生组织遭到抑制,亦即细胞分裂受抑制的结果。

硫代氨基甲酸酯类除草剂自身的选择性是很低的,使用时主要是依靠位差选择,稗草对禾大壮的吸收量大于水稻 3 倍,这是造成两者选择性的原因之一,同时药剂在稗草内传导的速度也快于水稻。杀草丹在水稻与稗草间产生选择性在于它在两者体内降解的速度不同,在水稻体内降解较为迅速。

用同位素标记研究了 EPTC 在植物体内的降解,一般认为它们在植物体内水解生成硫醇、二氧化碳和二烷基胺[95],硫醇再进一步断去硫原子。

硫代氨基甲酸酯在土壤中的降解也可发生脱烷基,已证明可通过土壤中的微生物依以下途径降解:

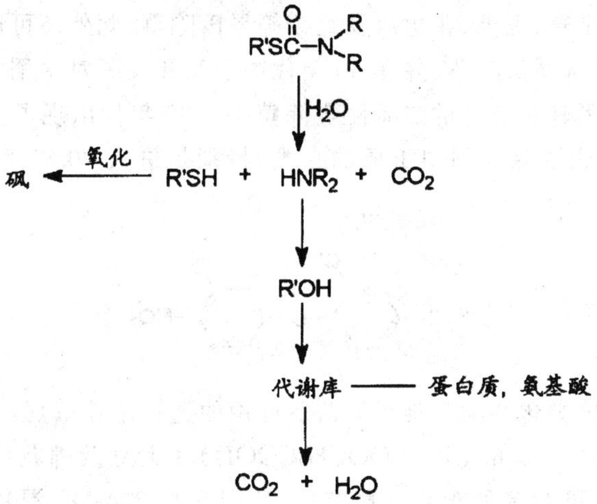

$$R'S\overset{\overset{O}{\|}}{C}-N\overset{R}{\underset{R}{\big\langle}}$$

（代谢途径示意图，含 H_2O、氧化、砜、$R'SH$ + HNR_2 + CO_2、$R'OH$、代谢库 —— 蛋白质，氨基酸、CO_2 + H_2O）

Fang 等[96]考查了同位素标记的克草猛(pebulate)在大鼠体内的分布、消失及代谢，指出大约 55%是以 CO_2 的形式放出、23%由尿中排出、5%由粪便排出，该化合物可以被大鼠吸收并分布于全身，其中以肝脏及血液中含量最高，在动物体内的半衰期约为 2～3.6 天。研究表明这类除草剂在动物体内水解仍为主要途径，亦曾从大鼠的尿中检出过硫代氨基甲酸酯的轭合物，这表明分子中必定有脂肪侧链或 N-烷基的羟基化作用发生。但这些轭合物的性质及药剂在生物体内的降解途径还需进一步研究。

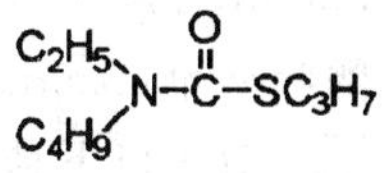

$$C_2H_5\overset{}{\underset{C_4H_9}{\big\rangle}}N-\overset{\overset{O}{\|}}{C}-SC_3H_7$$

克草猛

4.9 醚 类

4.9.1 二苯醚类

4.9.1.1 概述

1960年Rohm&Haas公司首先发现了除草醚的除草活性，这是在酚类除草剂基础上发展起来的旱田选择性除草剂。酚类除草剂品种少(本书不作专门介绍)，主要品种是五氯酚

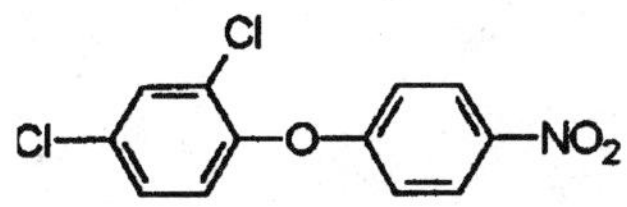

除草醚

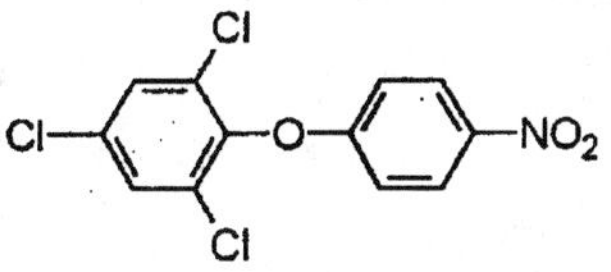

草枯醚

(钠)，它是 1941 年发现，1950 年日本三井化学公司等开发为稻田除草剂。五氯酚钠主要应用

于水稻田,还可应用于小麦、豆类、花生以及蔬菜等旱田除草,此外还可以杀灭钉螺。后来日本又将除草醚成功地用于水稻田除草,并在60年代中期又开发了对水稻安全的草枯醚。在此同时,瑞士和美国也开发了其它类型的二苯醚类除草剂。70年代出现了生物活性比除草醚高十几倍的若干新品种,形成了除草剂中重要的一类,特别是进入80年代后,先后开发了以通式为:

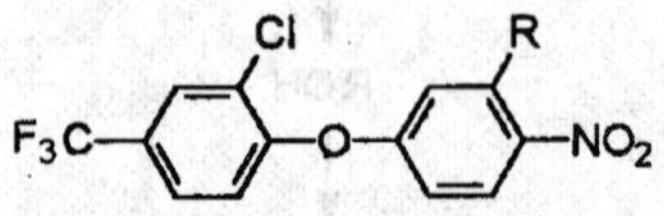

的一系列高效除草剂。这类化合物为难得的苗后使用的选择性除草剂,特别可用于大豆田内苗后防除阔叶杂草,例如RH-0265(R=COOCH₂COOH)在大豆及棉花田中苗后施用,在0.125~0.25kg/ha的剂量下可对多种阔叶杂草有效,特别是与2,4-DB混用,可防治难治的苍耳;Lactofen施用量为苗后0.02kg/ha,苗前0.15kg/ha,可防除难治的苍耳、问荆、牵牛花等主要阔叶杂草,Baudur在用量为2.4~2.7kg/ha时对西欧多种杂草均有效。

对于以下结构的化合物进行结构与活性关系的研究表明,A环上邻、对位具有取代基的化合物,如除草醚、草枯醚等是需光的,即其毒性的发挥需在光的作用下;而A苯环间位上具有取代基的化合物,如间草醚等即使在黑暗中也能具有活性。

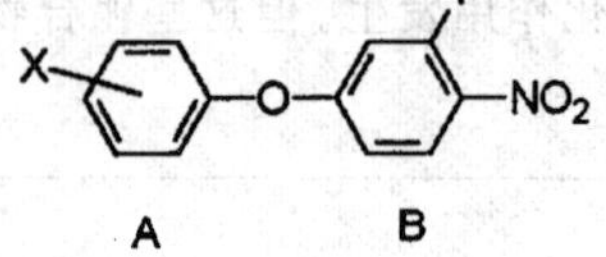

这类除草剂的主要品种见表4—13及表4—14。

表 4-13 二苯醚类除草剂

通用名	结构式	物化性质	LD$_{50}$(mg/kg)(大鼠口服)	应用范围	使用剂量(kg/ha)	剂型
除草醚 nitrofen	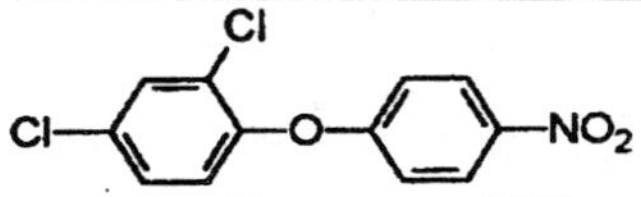	mp. 70℃~71℃ s. 0.7~1.2mg/L (25℃)	2680	水稻,蔬菜,花生,棉花,大豆除一年生杂草	苗前,苗后 2.24~6.72	25%乳油,50%可湿性粉剂,5%~10%颗粒剂
氯硝醚 chlomethoxynil	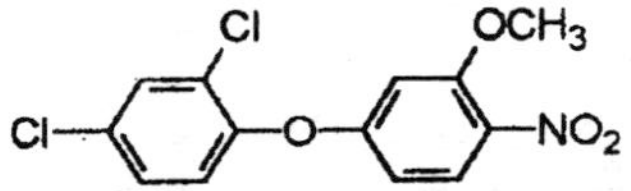	mp. 113℃~114℃ s. 0.3mg/L(25℃)	33000	水稻,小麦,花生,蔬菜除一年生杂草	苗前 2.1~3	7%颗粒剂,4%可湿性粉剂
草枯醚 chlornitrofen	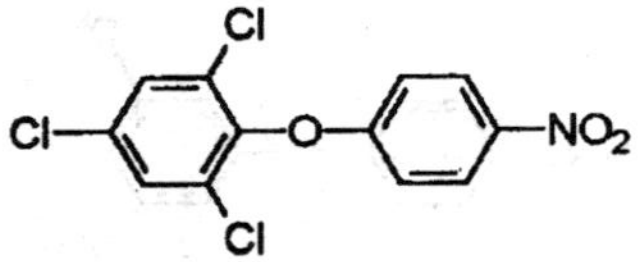	mp. 107℃ s. 0.3mg/L(30℃)	11800	水稻,蔬菜除一年生杂草	苗前,苗后 1.5~3.4	20%乳油,20%粉剂,2.7%颗粒剂
氯草醚 CFNP	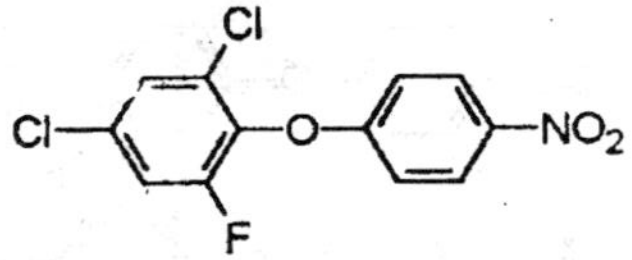	mp. 67℃~68℃ s. 0.66mg/L(23℃)	2890	旱田除一年生杂草,对菟丝子有特效	0.5	25%乳剂
乙氧氟草醚 oxyfluorfen	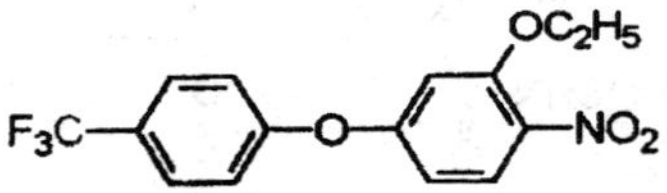	mp. 84℃~85℃ s. 0.1mg/L(25℃)	>5000	大豆,玉米,棉花,水稻除一年生杂草	苗前,苗后 0.045~0.09	24%乳油,0.5%颗粒剂

通用名	结构式	物化性质	LD$_{50}$(mg/kg)(大鼠口服)	应用范围	使用剂量(kg/ha)	剂型
三氟羧草醚 acifluorfen	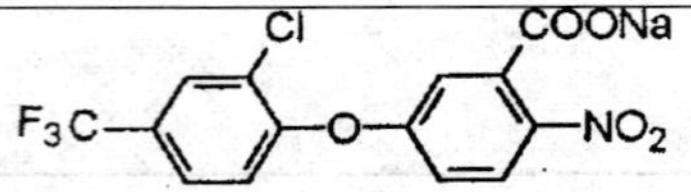 (结构式)	mp. 240℃	1540	大豆,花生,水稻,果园除一年生杂草	苗前 0.24~0.48	24%水剂
虎威 fomesafen	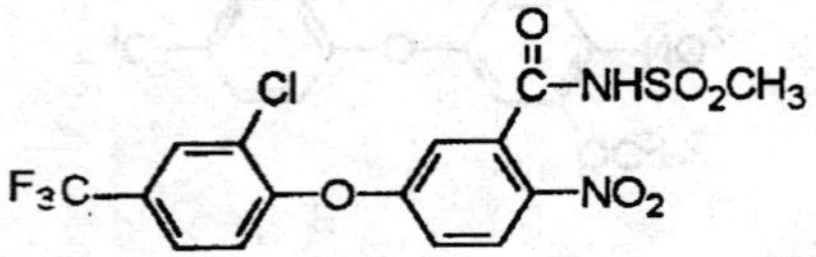 (结构式)	mp. 220℃~221℃ s.>10mg/L(20℃)	1600	大豆田除阔叶杂草有特效	苗前、苗后 0.23~0.46	25%水剂
间草醚 TOPE	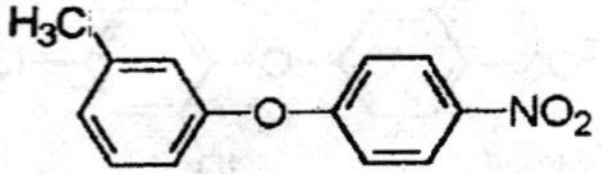 (结构式)	mp. 63℃ s.5mg/L(25℃)	1700	水稻田除一年生杂草	苗后 0.3~0.6	25%乳油,15%颗粒剂
二甲硝醚 DMNP	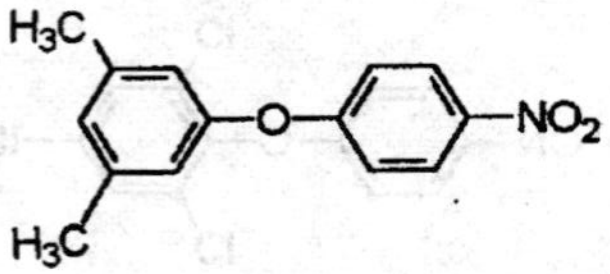 (结构式)	mp. 80℃~81℃ s.1mg/L(20℃)	3450	麦田除一年生杂草	苗前 18~24L/ha	25%乳油

表 4—14　F_3C—(苯环,含Cl)—O—(苯环,含R,NO_2)型除草剂

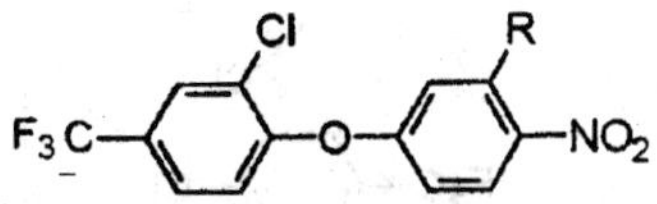

代　　号	R	生产厂家
RH-0265	—COOCH$_2$COOH	Rhom & Hass(1981)
PPG-1013	—C(CH$_3$)=NOCH$_2$COOCH$_3$	PPG(1981)
PP-748(halosafen)	CONHSO$_2$C$_2$H$_5$	ICI(1985)
（Ⅲ）	—P(=O)(OEt)OEt	Ciba-Geigy(1986)
nitrofluorfen (Goal)	H	石原产业
oryfluorfen	OC$_2$H$_5$	Rhom & Hass
acifluorfen	CO$_2$Na	Rhom & Hass
HW-863	OCOCH(CH$_3$)$_2$	Rhom & Hass
MT-124	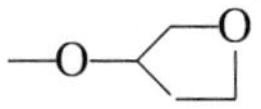 —O—(四氢呋喃基)	三井车庄
fomesafen	CONHSO$_2$CH$_3$	ICI
CGA-84446	—O—CH(CH$_3$)COOC$_2$H$_4$OCH$_3$	Ciba-Geigy
RH-5205	—O—CH(CH$_3$)COOC$_2$H$_5$	Rhom & Hass
RH-8817	COOC$_2$H$_5$	Rhom & Hass
PPG-844 lactofen	COOCH(CH$_3$)COOC$_2$H$_5$	PPG

4.9.1.2　合成方法及其性质

这类化合物的合成方法以除草醚为例[97]：

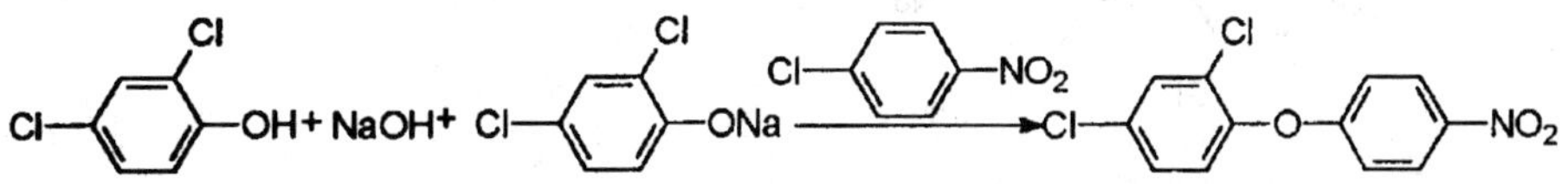

首先将 2,4-二氯苯酚形成钠盐后，再在 200℃ 与对氯硝基苯共热，即可得产品。

对于苯环上含有三氟甲基的一类化合物如羧氧草醚(Blazer)的合成方法有[98~101]：

(1)

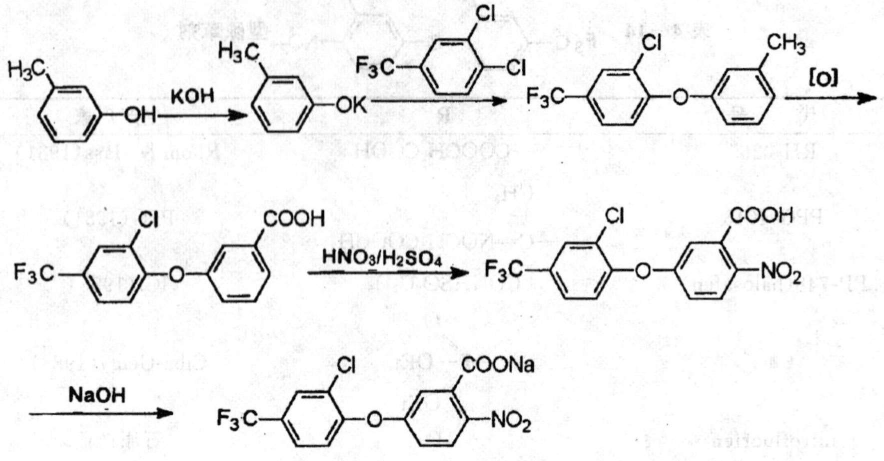

(2)

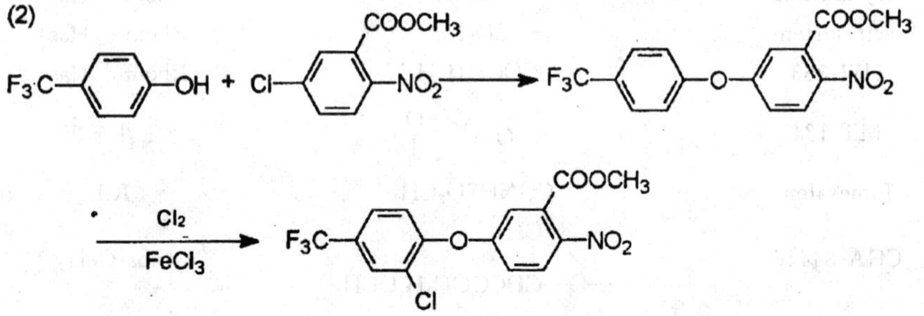

(3)

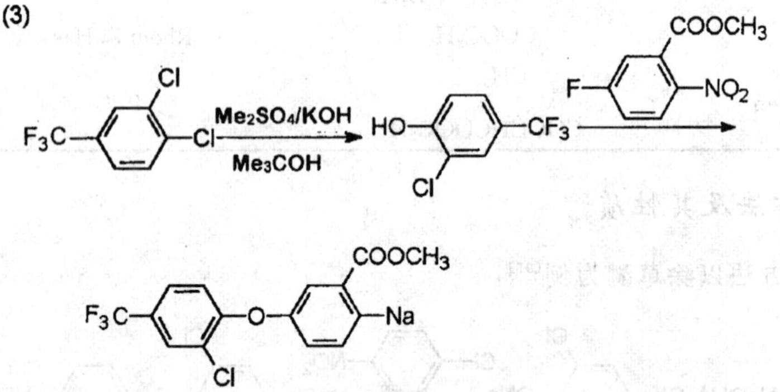

二苯醚类化合物大都为固体,在水中的溶解度极低,但在有机溶剂,如乙醇、丙酮、苯中均有一定的溶解度,所采用的剂型常为浓乳剂或可湿性粉剂。

4.9.1.3 作用方式及降解[103]

除草醚等二苯醚类化合物可以被植物的根部吸收,但很少向茎叶传导,除草醚处理植物后,在光照下才能发挥作用,其特点是光照数小时后,植物黄化而枯死,因而称为需光型除草剂。近年来从生物化学的角度研究表明,在 $10^{-5} \sim 10^{-4}$ mol/L 浓度下,可阻碍植物呼吸系统的电子传递、促使生物体成分过氧化、抑制 ATP 合成酶、阻碍胡萝卜素的合成以及对发生乙烯的影响等[102],其作用机制如图 4—12 所示:

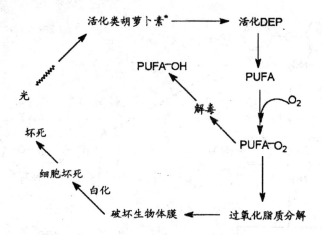

图 4－12 二苯醚类除草剂的作用机制

DEP，acifluorfen   PUFA，多元不饱和脂肪酸自由基

活化 DEP 的反应如下：

由图中可知，光首先激发了植物体内的色素，从而活化了除草剂 DEP，造成生物膜组成成分多元不饱和脂肪酸的氧化，最终分解成短碳链的化合物，而引起细胞坏死。

关于二苯醚类化合物的选择性机制尚未充分研究，通常认为与呼吸传导、代谢速度及在植物体内的轭合程度有关。

二苯醚类化合物在生物体内相对比较稳定，绝大多数二苯醚类除草剂均具有硝基，它们均可被还原成胺基，此外也可发生醚键断裂、开环、脱氯、苯环羟基化等一系列常见的降解反应[104]。

例如消草醚（fluorodifen）在高等植物中的降解途径，如图 4—13 所示。

二苯醚类化合物在土壤中的降解也极为有限，在水田降解速度较旱田快，最终也是发生醚键的断裂，降解产物被土壤吸附或进一步降解成为 CO_2。

二苯醚类化合物在动物体内的代谢研究得很少，在白兔体内主要是以 4-羟基二苯醚的葡萄糖苷的形成排出体外。以 5ppm 除草醚喂牛，未曾从牛乳、牛尿及粪便中检出二苯醚的残留物及其代谢物 P-氨基苯基-2,4-二氯苯基醚。

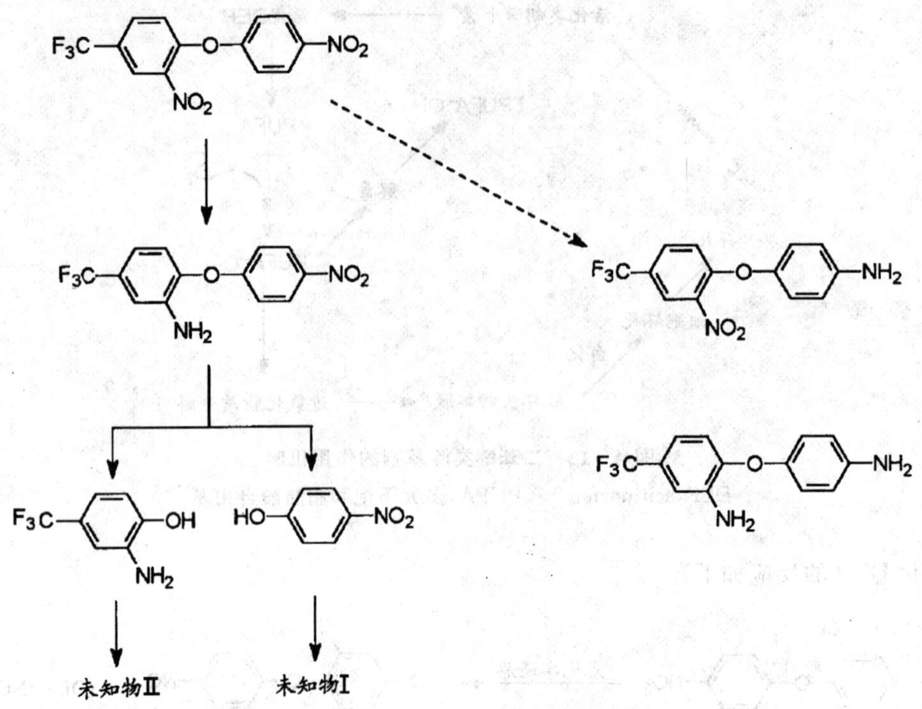

图 4－13　消草醚在高等植物中可能的降解途径

4.9.2　芳氧苯氧羧酸酯类

4.9.2.1　概述

芳氧苯氧羧酸类衍生物是一类防治禾本科杂草的新除草剂[106]，它是德国 Hochest 公司及日本结合 2,4-D 类苯氧羧酸类除草剂及二苯醚类除草剂的结构特点而设计开发成功的新品种，其结构通式为：

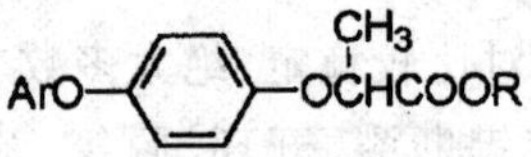

Ar = 取代苯基或杂环基

2,4-D 苯氧羧酸类是生长型除阔叶杂草的除草剂，它们在植物体内具有很好的传导性质；除草醚等二苯醚类化合物对杂草有很好的防除效果，但其缺点是无内吸传导性。二者的结合，即在苯氧羧酸的苯环对位引入苯氧基、喹啉氧基、喹噁啉氧基、苯并咪唑氧基、苯并噁唑氧基等杂环氧基取代时，化合物产生高度的防治禾本科杂草活性和抗生长素活性。这类化合物的主要品种见表 4—15。

α-未取代的苯氧基苯氧丙酸甲酯无活性，其中以 2,4-二氯及 4-三氟甲基活性较高。将苯氧基改为各种含 N、O、S 的苯并杂环化合物后，活性均有很大提高，如禾草克及威霸，均可用于阔叶作物中防除禾本科杂草，对多种多年生杂草也有效，用量也很低，已发展成为另一类重要

表 4—15 芳氧苯氧丙酸类除草剂

通用名	结构式	物化性质	LD$_{50}$(mg/kg)(大鼠口服)	应用范围	使用剂量(kg/ha)	剂型
禾草灵 dichlofop-methyl	Cl–C$_6$H$_3$(Cl)–O–C$_6$H$_4$–O–CH(CH$_3$)COOCH$_3$	mp. 39℃~41℃ bp.175~176/1.3×10^{-2} mPa s. 3mg/kg(20℃)	563	麦田，大豆，花生等除一年生杂草	苗后 麦田 0.5~1.1 双子叶作物 1~1.5	36%或28% 乳油
稳杀得 fluazifopbutyl	F$_3$C–吡啶–O–C$_6$H$_4$–O–CH(CH$_3$)COOC$_4$H$_9$	bp. 170℃/6.7×10^{-2} mPa s. 2mg/L(20℃)	3328	阔叶植物田中除一年生杂草	苗后 一年生 0.12~0.35 多年生 0.35~0.67	15%或35% 乳油
盖草能 heloxyfop-methyl	Cl–C$_6$H$_2$(Cl)(F$_3$C)–吡啶–O–C$_6$H$_4$–O–CH(CH$_3$)COOCH$_3$	mp. 55℃~57℃ s. 93mg/L(25℃)	393	阔叶作物田中除一年生及多年生杂草	苗后 一年生 0.065~0.13 多年生 0.13~0.27	24%乳油
禾草克 quizalofop-ethyl	Cl–喹喔啉–O–C$_6$H$_4$–O–CH(CH$_3$)COOC$_2$H$_5$	mp. 91.7℃~92.1℃ bp. 220℃/2.6×10^{-2} mPa s. <0.2mg/L(20℃)	1480~1670	阔叶作物田中除一年生及多年生杂草	苗后 一年生 0.045~0.15 多年生 0.20~0.375	10%乳油，20%，3%胶悬剂
威霸 whip	Cl–苯并恶唑–O–C$_6$H$_4$–O–CH(CH$_3$)COOC$_2$H$_5$	mp. 84℃~85℃ s. 0.9mg/L(25℃)	2500	阔叶作物田中除一年生及多年生杂草	苗后	
噻唑禾草克 fenthiapropethyl	Cl–苯并噻唑–O–C$_6$H$_4$–O–CH(CH$_3$)COOC$_2$H$_5$	mp. 56℃~57℃ s. 0.8mg/L(25℃)	919~970	阔叶作物田中除一年生及多年生杂草	苗后 0.18~0.24	20%乳油

mp. 熔点；bp. 沸点；s. 水中溶解度；括号内为温度

的旱田除草剂。

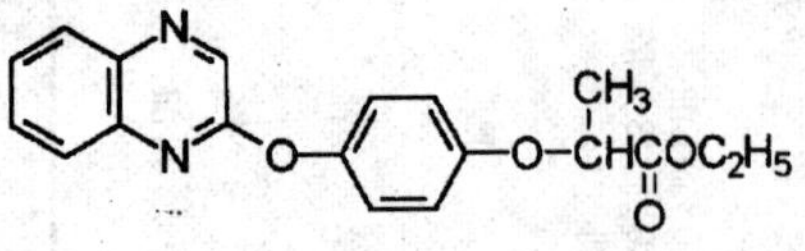

禾草克
quinofop - ethyl

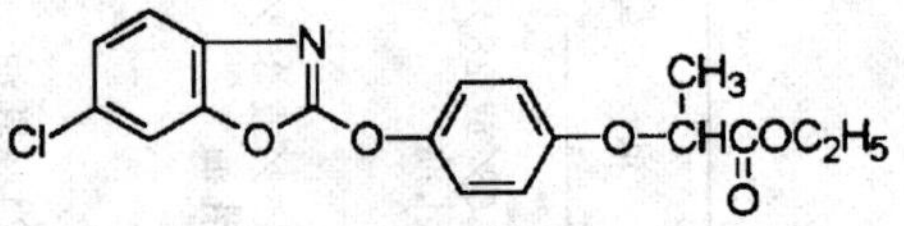

威　霸
fenoxaprop - ethyl

4.9.2.2　合成方法

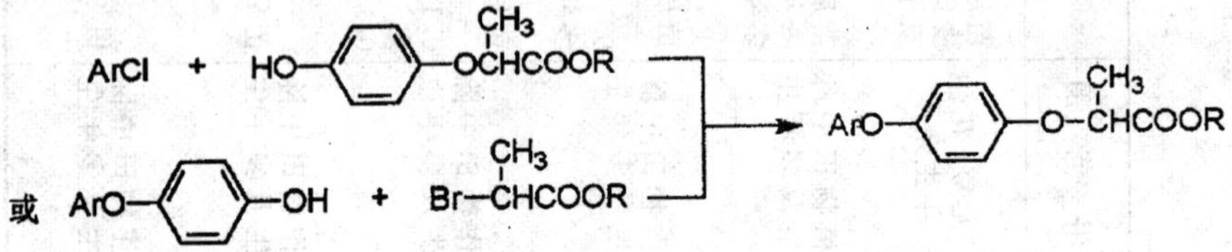

合成中涉及到各种杂环的合成,如威霸分子中的苯并噁唑环的合成方法为[107~109]:

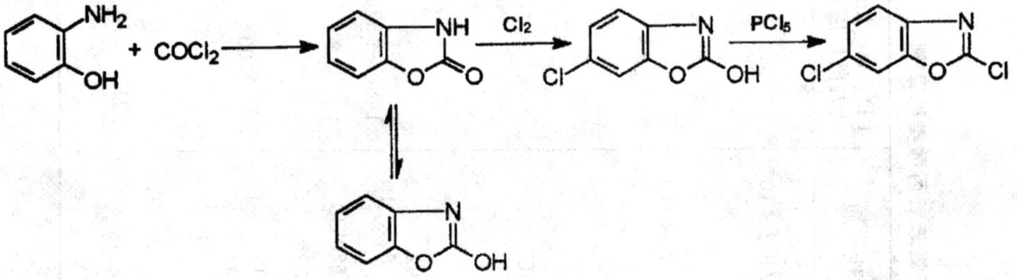

禾草克所需中间体的合成方法为:

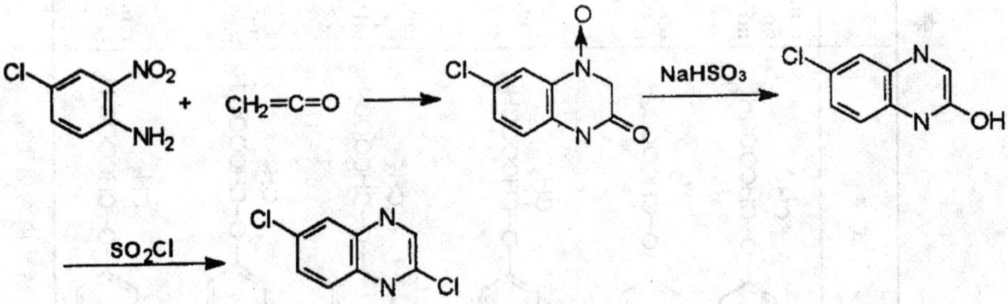

这类化合物分子中具有手性碳,因此两种光学异构体在植物体内的活性是有差别的,R 型具有除草活性,目前世界上已有这类光学异构体的除草剂上市。不对称合成这类除草剂一般是从光学活性的乳酸开始[110]:

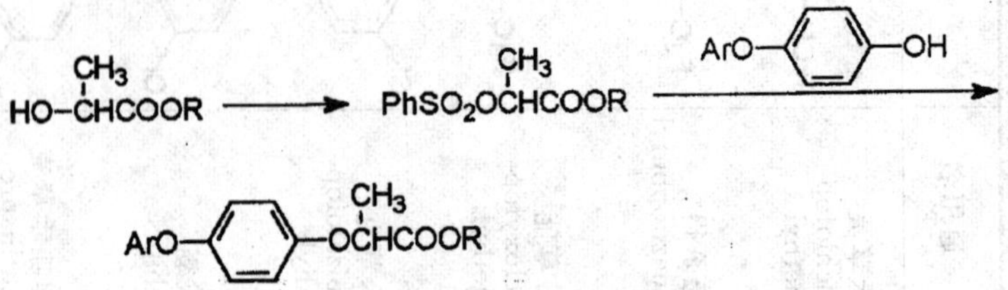

4.9.2.3 作用方式及降解

这类除草剂的挥发性较低,可被植物的根、茎、叶吸收,叶面处理时,对幼芽有强烈的抑制作用,土壤处理时,则通过胚芽鞘、根等组织进入植物体内。这类除草剂被植物吸收后,迅速水解为酸,然后向高度代谢活性部位传导。环境条件影响除草剂在植物体内的传导,气温较高时传导较为迅速,湿度对传导速度的影响较小,促进光合作用产物运转的条件将有利于这类药剂的传导。

该类除草剂主要抑制植物的生长和对细胞超微结构的破坏,从而导致植物死亡。这类除草剂在单、双子叶植物之间具有良好的选择性。一般吸收与传导不是造成选择性的原因,而是植物吸收药剂后,在植物体内水解及其后的降解速度才是选择性的根本原因。抗性植物的降解作用包括苯环上的羟基化作用及丙酸部分的降解,酸及其降解产物与细胞成分轭合为芳基葡萄糖苷等。

威霸在大豆体内的降解过程为[111]:

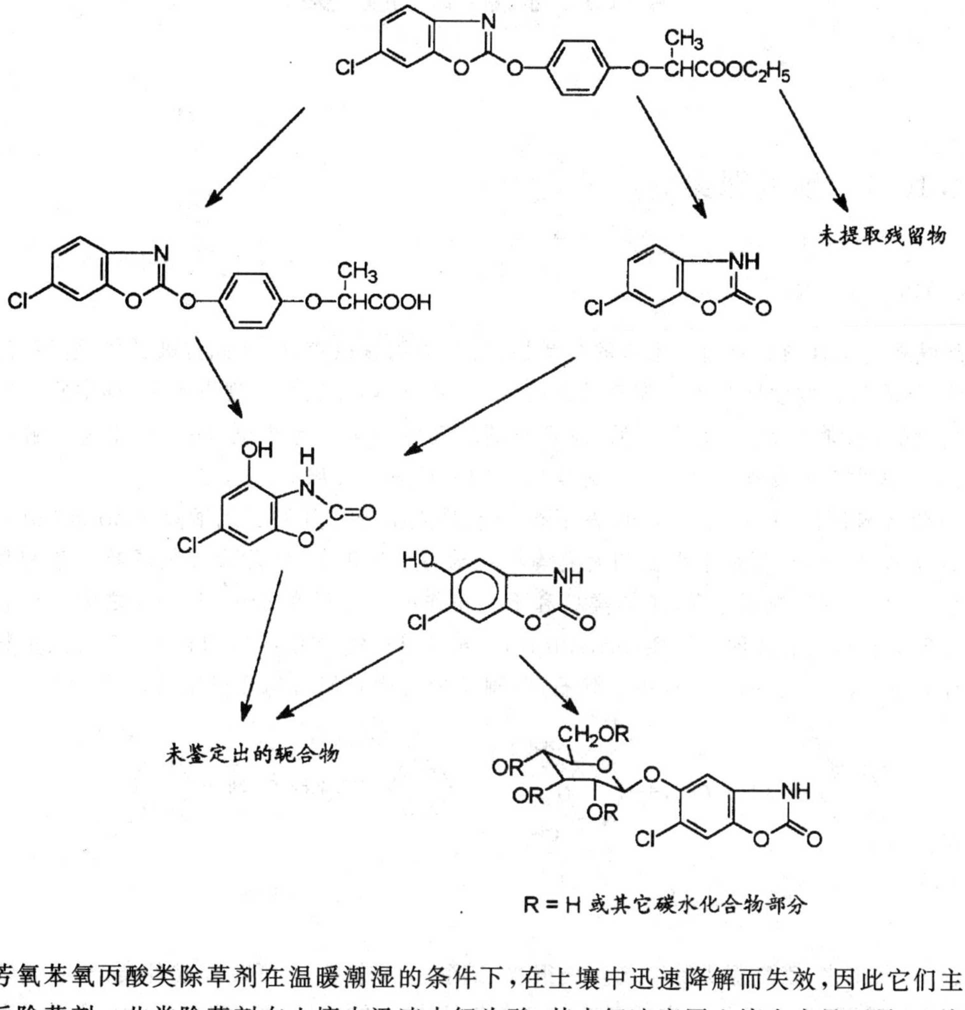

R = H 或其它碳水化合物部分

芳氧苯氧丙酸类除草剂在温暖潮湿的条件下,在土壤中迅速降解而失效,因此它们主要用作苗后除草剂。此类除草剂在土壤中迅速水解为酸,其水解速度因土壤含水量而异,土壤中的微生物可以使无活性的 S 体转变成有活性的 R 体,其过程为[112]:

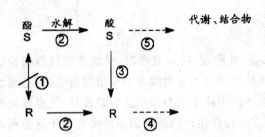

①在土壤中可进行,但在植物体内不进行
②在土壤及植物体内均快速进行
③在土壤中较易进行(2 日后 R∶S＝3∶1)
④在土壤中及植物体内均重要
⑤在植物体内重要
R:活性体　　　　　　S:非活性体

因此,这类除草剂在苗后茎叶处理时,R 体活性为其消旋体活性的两倍,但在苗前土壤处理时,活性则无差别。

4.10　磺酰脲(胺)类

4.10.1　磺酰脲类

4.10.1.1　概述

磺酰脲类化合物具有前所未有的高活性,每公顷用量以克计,从此打破了传统品种的用药量界线,使除草剂的发展步入了超高效的时代。另外,从环境保护的观点来看,磺酰脲类除草剂不仅剂量极低、杀草谱广、选择性强,而且对哺乳动物的毒性也极低,在环境中易分解不易积累,因此可认为它的发现是除草剂品种发展中的一项重大突破。

70 年代末期,杜邦公司 Leviott 及 Finnerty 最先报导并开发了氯磺隆(chlorsulfuron),代号为 DPX-W4189,它可用于小麦和大麦等小粒禾谷作物田中,防除大多数阔叶杂草和某些禾本科杂草,使用剂量根据杂草、土壤类型和下茬轮作的情况可在 5～35kg/ha 之间。接着杜邦公司又开发了第二个品种甲磺隆(metsulfuron-methyl),代号为 DPX-T5648,它对大多数农作物没有选择性,特别适用于草坪中防除石茅(阿拉伯高粱),但对狗牙根无效。

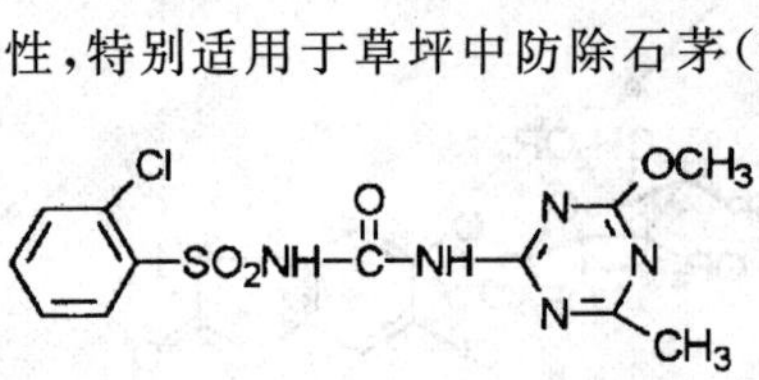

氯磺隆 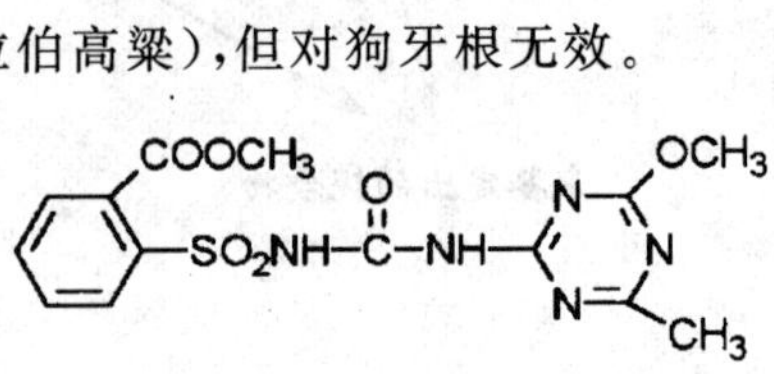　　　　　　　　　　　　　　　　甲磺隆

近 10 余年来,磺酰脲类除草剂发展很快,磺酰基所连苯环,可改变成各类杂环,三嗪环亦可改变成嘧啶环衍生物,从而先后开发了多个各具特色的超高效除草剂新品种,主要品种见表 4—16。

表 4-16 磺酰脲类除草剂

通用名	结构式	物化性质	LD$_{50}$(mg/kg)(大鼠口服)	应用范围	使用剂量(kg/ha)	剂型
氯磺隆 chlorsulfuron	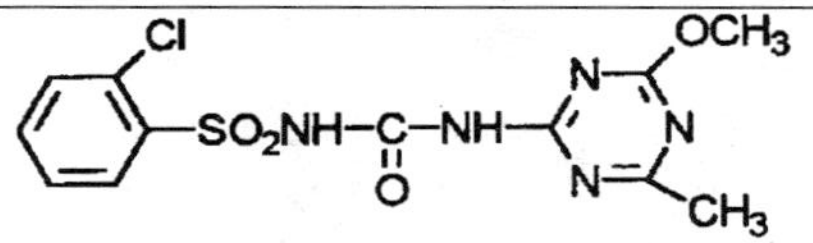	mp.174℃~178℃ s.0.03g/100 ml(pH5), 2.79g/100ml(pH7)	5545	麦田,亚麻除一年生及多年生杂草	苗前或苗后 0.008~0.03	可湿性粉剂,胶悬剂,乳剂
甲磺隆 metsulfuron-methyl	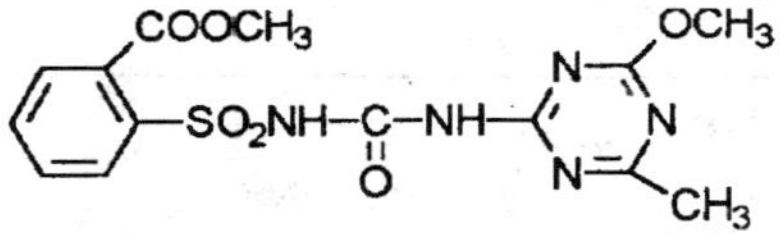	mp.163℃~166℃ s.270mg/L(pH4.59) 9500mg/L(pH6.11)	>10985	小麦,大麦除一年生杂草及野燕麦	苗前或苗后 0.004~0.008	颗粒剂,可湿性粉剂
农得时 bensulfuron methyl	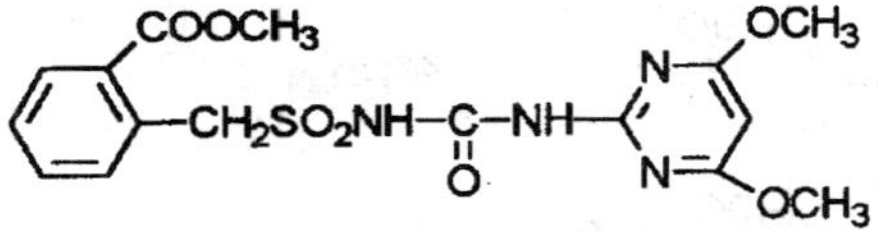	mp.185℃~188℃ s.2.9mg/L(25℃)	>10985	水稻田除一年生阔叶草及莎草	苗后 一年生 0.02~0.05 多年生 0.04~0.1	颗粒剂,可湿性粉剂
豆草隆 classic	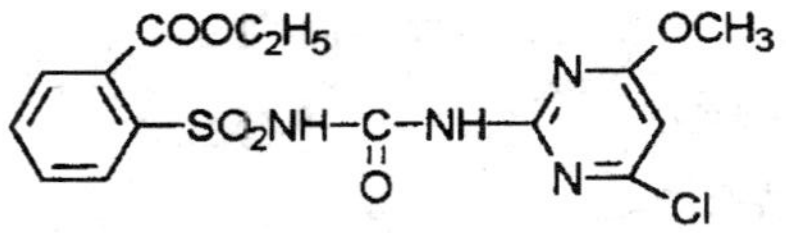	mp.186℃ s.25℃:11mg/L(pH5) 1200mg/L(pH7)	4120	大豆田除一年生阔叶及禾本科杂草	0.002~0.004	乳剂
阔叶净 express	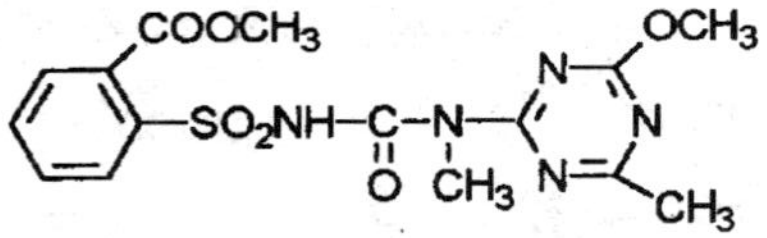	mp.141℃ s.28mg/L(pH4) 50mg/L(pH5) 280mg/L(pH6)	>5000	麦田除一年生杂草及多年生杂草	苗后 一年生 0.032 多年生 0.001~0.035	干悬浮剂
阔叶散 harmony	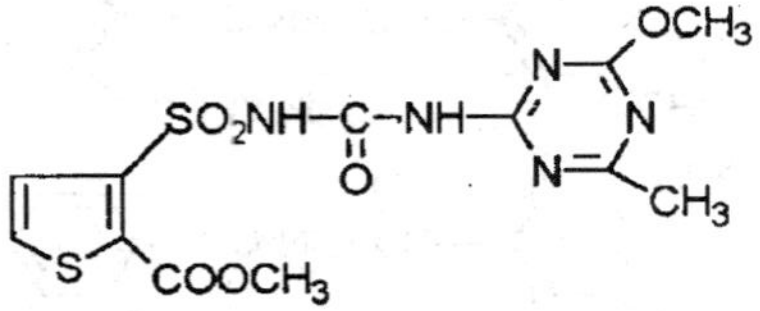	mp.186℃ s.25℃:24mg/L(pH4) 260μg/L(pH5) 2400μg/L(pH6)	>5000	麦田及大豆除一年生杂草	苗后 0.008~0.035	干悬浮剂
草克星 NC-311	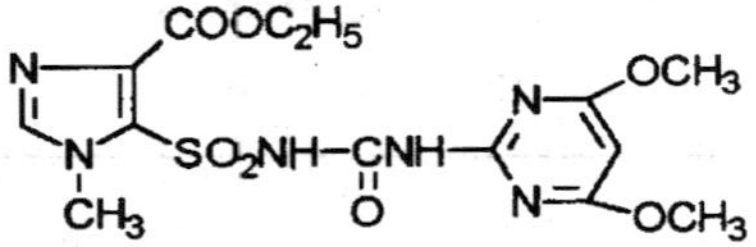		>5000	水稻田除一年生杂草及莎草	苗前或苗后 0.02~0.05	

通用名	结构式	物化性质	LD$_{50}$(mg/kg)（大鼠口服）	应用范围	使用剂量（kg/ha）	剂型
嘧黄隆 sulfometurone methyl	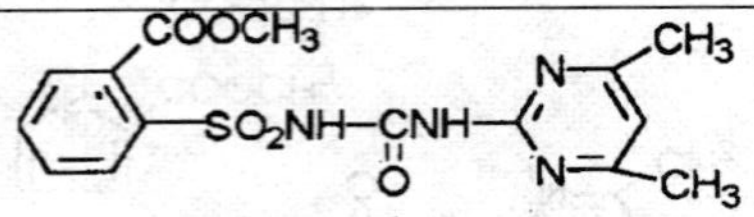	s. 8mg/L（25℃,pH=5）300mg/L（25℃,pH=10）	5000	果园,草场,森林,非耕地除一年生及多年生杂草	苗前或苗后 0.07~0.84	75%水分散剂
CGA.131036	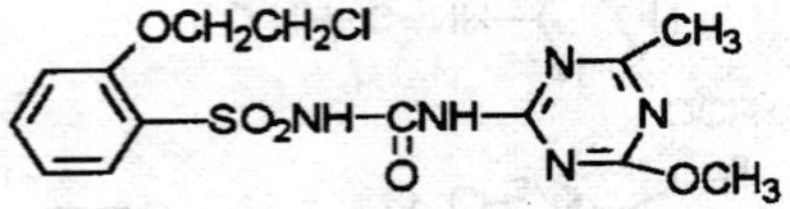	mp.186℃ s.40mg/L（pH5）1500mg/L（pH7）		麦类防除阔叶杂草	0.01~0.02	
胺苯黄隆 DPXA-7881	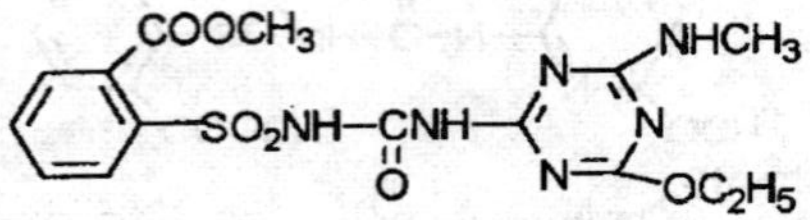	mp.194℃~196℃ s.50mg/L（pH6）	11000	油菜地除禾本科及阔叶杂草	0.01~0.04	颗粒剂,可湿性粉剂
氟嘧黄隆 primisulfuron	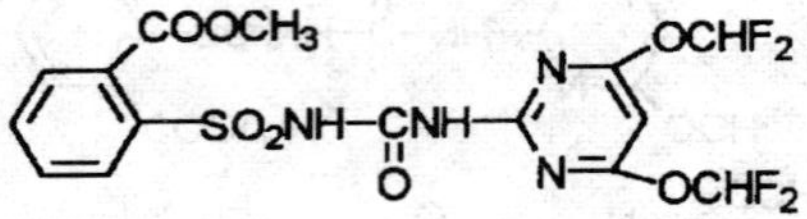	mp.203.1℃ s.20℃: 3.3mg/L（pH=5）243mg/L（pH=7）3g/L（pH=9）		玉米地用	0.01~0.04	
烟嘧黄隆 nicofulfuron	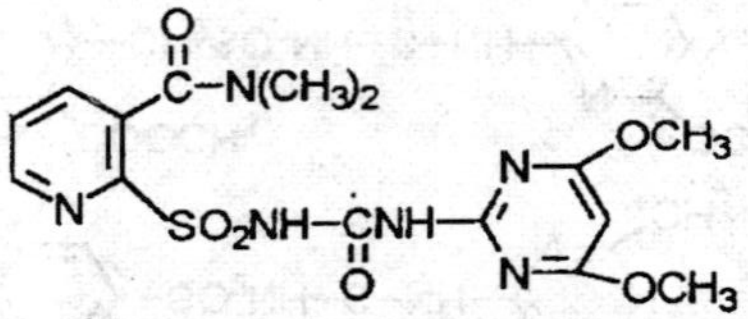	mp.172℃~173℃ s.400mg/L（pH=5）20g/L（pH=7）39.2g/L（pH=9）		玉米地用		水分散颗粒剂

4.10.1.2 合成方法及性质

该类除草剂的合成,一般以芳基磺酰胺为起始原料,主要通过以下方法实现磺酰脲的制备:

(1)磺酰胺首先与光气或草酰氯反应生成磺酰基异氰酸酯,然后再与三嗪等杂环胺反应[113~118]:

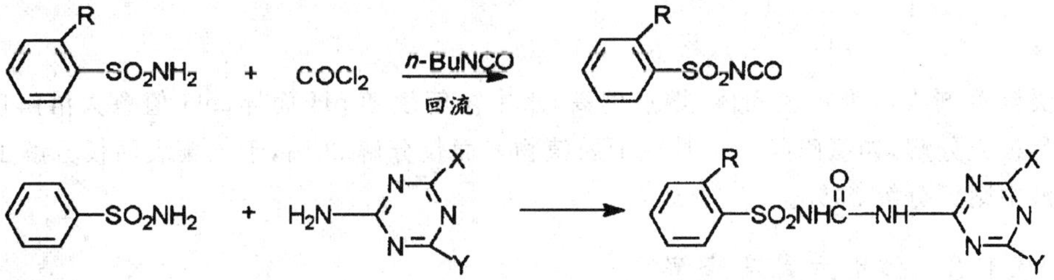

(2)磺酰胺首先与氯甲酸酯反应生成磺酰基氨基甲酸酯,然后再与杂环胺反应[119、120]:

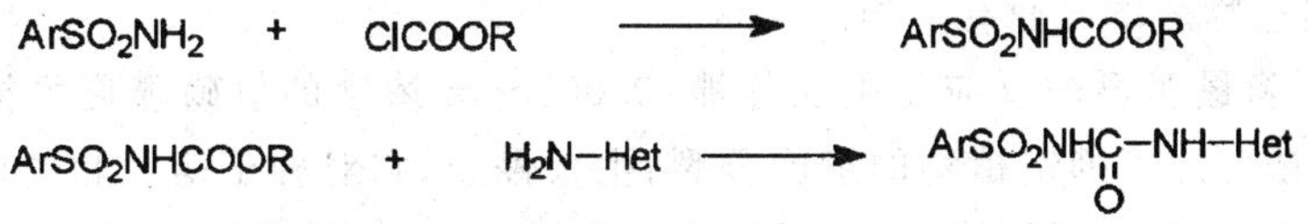

$$ArSO_2NH_2 + ClCOOR \longrightarrow ArSO_2NHCOOR$$

$$ArSO_2NHCOOR + H_2N-Het \longrightarrow ArSO_2NHC(O)-NH-Het$$

式中 R 一般为甲基或苯基。

(3)磺酰胺直接与杂环异氰酸酯反应[121]:

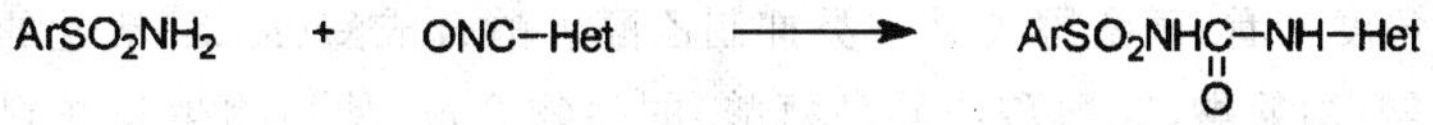

$$ArSO_2NH_2 + ONC-Het \longrightarrow ArSO_2NHC(O)-NH-Het$$

(4)磺酰胺直接与氨基甲酸甲酯或苯酯反应[122、123]:

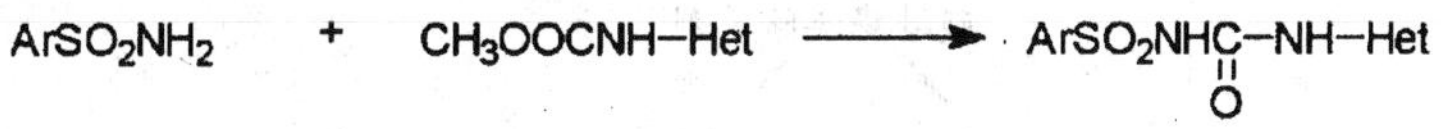

$$ArSO_2NH_2 + CH_3OOCNH-Het \longrightarrow ArSO_2NHC(O)-NH-Het$$

(5)磺酰胺直接与杂环氨基甲酰氯反应[124]:

$$ArSO_2NH_2 + Cl-C(O)-NH-Het \longrightarrow ArSO_2NHC(O)-NH-Het$$

(6)磺酰胺直接与三氯乙酰胺反应[125],这是一种非光气法:

$$ArSO_2NH_2 + Cl_3-C(O)-NH-Het \longrightarrow ArSO_2NHC(O)-NH-Het$$

可见起始原料芳基磺酰胺的合成是非常重要的,如氯磺隆所需磺酰胺的合成[126]:

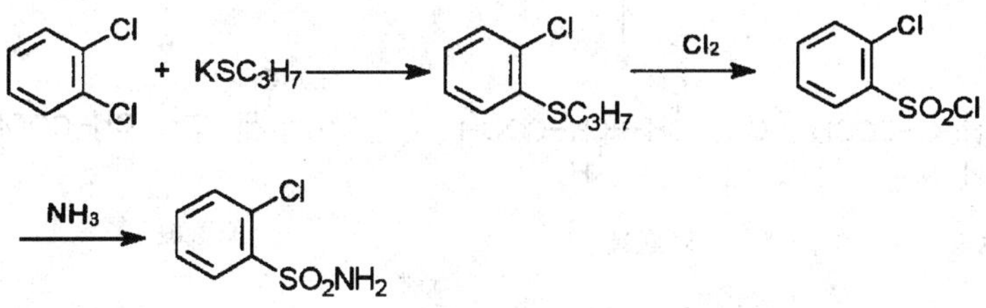

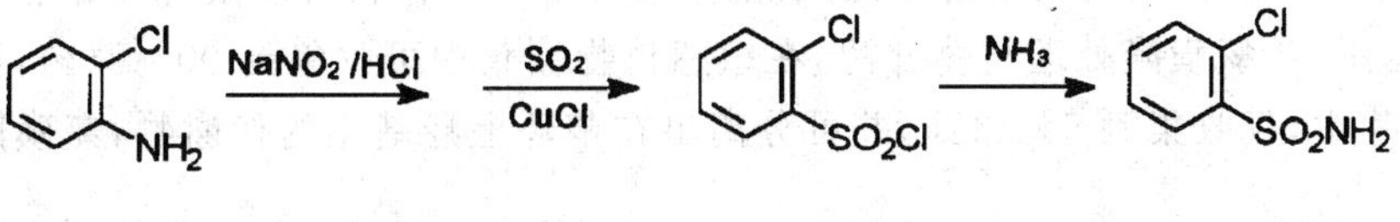

甲磺隆所需磺酰胺的合成,以糖精为原料[127]:

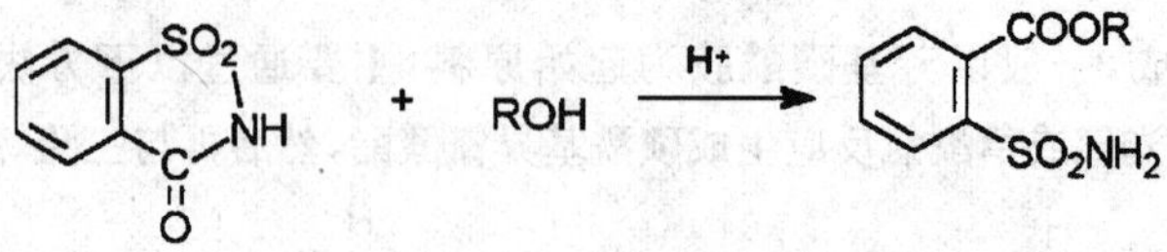

这类除草剂大多为白色固体,熔点偏高,水中溶解度随 pH 而异,pH 值愈大溶解度愈高,它们不易被光分解,如氯磺隆一个月在干燥植物表面仅分解 30%,于土壤表面仅分解 15%,但在水溶液中则可分解 90%。

4.10.1.3 作用方式及降解

磺酰脲类除草剂可通过植物的根、茎、叶吸收,在体内向上或向下传导,迅速分布全身。这种传导作用将因植物的不同而有差异。

植物对氯磺隆最明显的反应是生长停滞,0.001ppm 浓度的氯磺隆便可抑制玉米根的生长,1×10^{-9}mol 浓度即可抑制植物的细胞分裂,生长停止,它对种子萌发和幼苗生长均有抑制作用,对植物的其它生命过程,如光合作用、呼吸作用、细胞伸长、蛋白质及核酸的合成均无直接的影响,如高剂量使用氯磺隆时,所表现出对光合作用的抑制只是它的次生效应[128],敏感植物缓缓致死,表现为失绿、叶脉退色、顶芽枯萎直致死亡。

从生理生化角度来看,磺酰脲类是一类抑制乙酰乳酸合成酶(ALS)活性的除草剂,从而它抑制了支链氨基酸(缬氨酸、亮氨酸与异亮氨酸)的生物合成,使植物生长受到抑制,下式表示了支链氨基酸的合成及磺酰脲类作用点的情况:

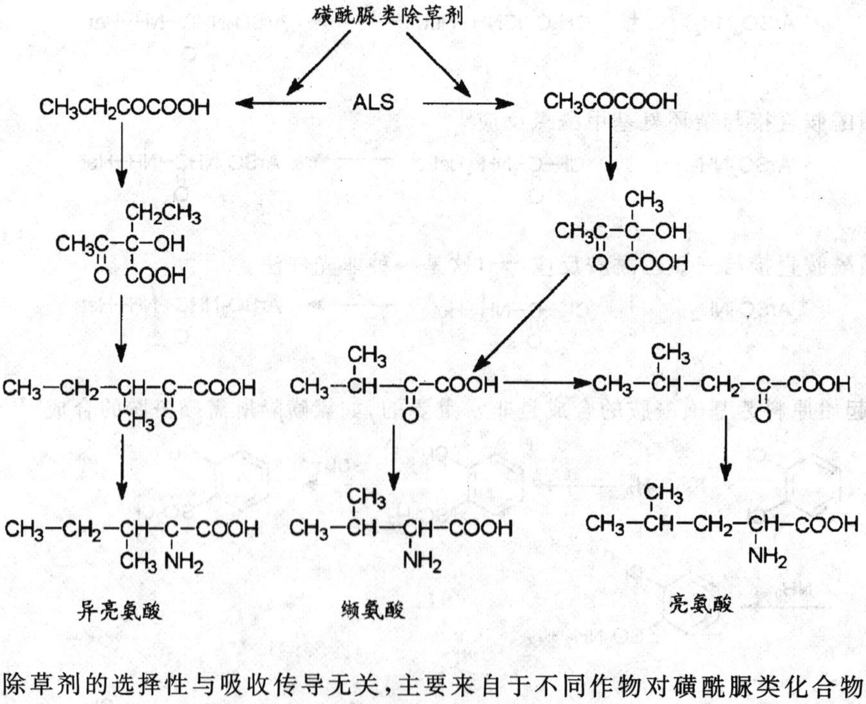

磺酰脲类除草剂的选择性与吸收传导无关,主要来自于不同作物对磺酰脲类化合物具有不同的代谢能力,用 ^{14}C 氯磺隆处理植物叶片,在敏感植物甜菜中可收集到 90% 原药,而在抗性植物如小麦叶片中,仅收集到 5% 原药,并可分离出在苯环上羟基化的代谢物,氯磺隆在小麦叶

片中的半衰期只有 2～3h,这种高速度的代谢,是小麦具有很强抗性的原因所在。

下式表示了抗性植物对各种磺酰脲除草剂的代谢情况[129]:

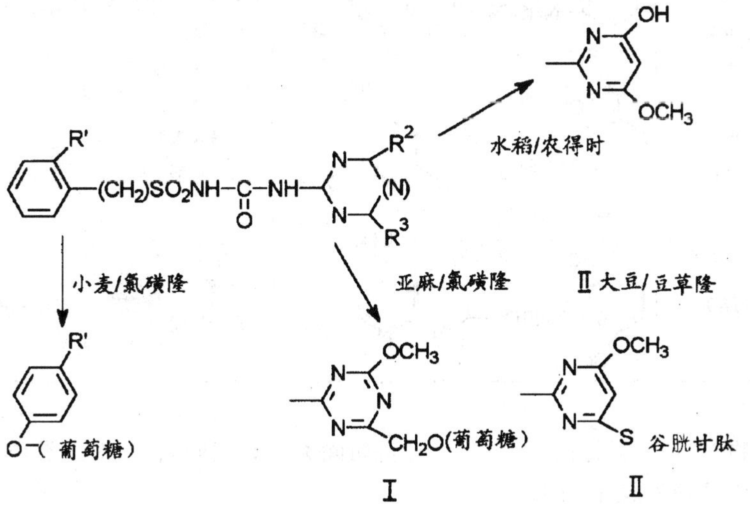

磺酰脲类除草剂在土壤中的吸附力小、淋溶性强,在土壤中主要是通过非酶水解而消失,但其降解受环境的影响很大,特别是土壤的 pH 值与含水量可导致降解速度有很大的差异,土壤的 pH 值为 5～6 时,药剂分子大部呈中性,当 pH 值高时,药剂以离子形式存在,水解作用缓慢。土壤含水量增加,降解作用加强,当含水量从 25％增加到 50％时,氯磺隆的降解速度提高 46％。

磺酰脲类除草剂在土壤中的持效期因品种、用量、地区、使用时期及环境而异,其中氯磺隆的持效期最长,不同作物对土壤中残留氯磺隆的反应差异也很大,甜菜受害浓度比小麦低 1000 倍,玉米也较为敏感。

4.10.2 磺酰胺类

由于磺酰脲类及后来发现的咪唑啉酮类除草剂所具有的超高活性以及所具有的相同的作用方式——都是 ALS 抑制剂,引起了农药研究者的极大关注,促使他们进一步开发新的具有同样作用方式的高效除草剂。美国 DOW 化学公司 W. L. Kleschick 等首先将磺酰脲中的脲羰基(C=O)用碳氮键代替,合成了以下一系列具有良好除草活性的化合物[130]:

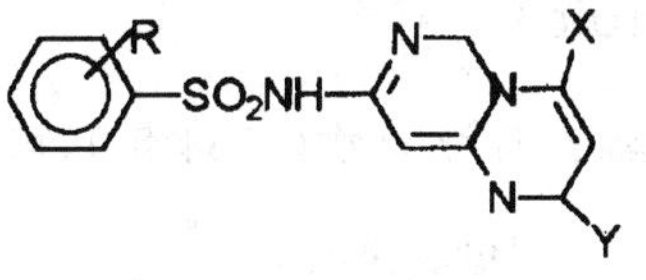

后来从合成方面考虑,将磺酰基与氨基对调,推出下表中值得商品化的品种[131]:

通用名	结构式	应用范围	使用剂量
Flumetsulam (DE-498)	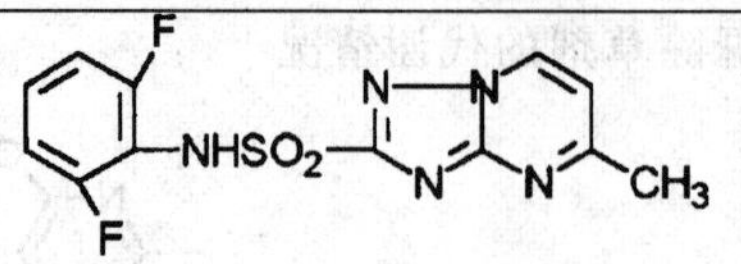	小麦,大麦,大豆,玉米	9～20g/ha
Eclipse (DE-511)	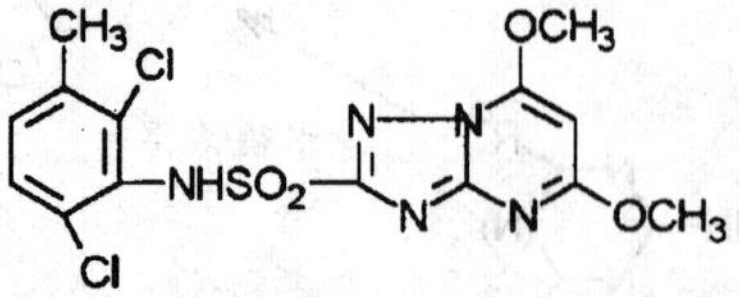	小麦,大麦,玉米,水稻	5～15g/ha
TP-4189	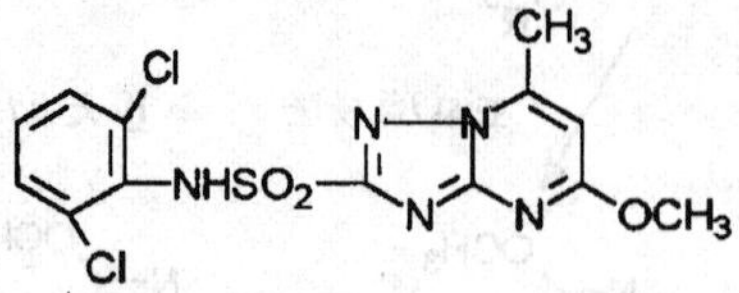	小麦,大麦,玉米,水稻	10～30g/ha

这些化合物是 ALS 强抑制剂,苗前处理可防除大多数阔叶杂草,对麦类作物安全。磺酰脲类除草剂的主要品种见表 4—16。

4.11 杂环类

4.11.1 概述

许多杂环化合物均具有很好的生物活性,其中尤以含氮杂环化合物在除草剂中的品种最为丰富,现将其主要品种列于表 4—17 中。

为了方便,按其主要品种分别叙述如下。

4.11.2 五元含氮杂环化合物

4.11.2.1 杀草强(amitrole)

杀草强是最早使用的五元含氮杂环化合物(1954 年),可由甲酸与氨基胍缩合而得[132,133]:

杀草强曾广泛用于农业及工业上除草,但后来发现可能导致大鼠发生甲状腺肿瘤,目前已禁止在粮食作物上使用,但它是一个优秀的传导性、非选择性除草剂,现常用在休闲地防除多年生杂草如匍匐冰草等。杂环类除草剂的主要品种见表 4—17。

表 4-17 杂环类除草剂

通用名	结构式	物化性质	LD$_{50}$(mg/kg)(大鼠口服)	应用范围	使用剂量(kg/ha)	剂型
杀草强 amitrole	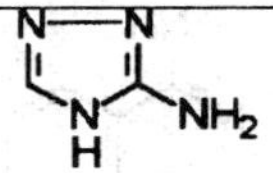	mp.159℃ s.280g/L(25℃)	25000	灭生性除草剂,果园除深根阔叶草及白茅	苗后	50%及90%水溶性粉剂
恶草灵 oxadiazon	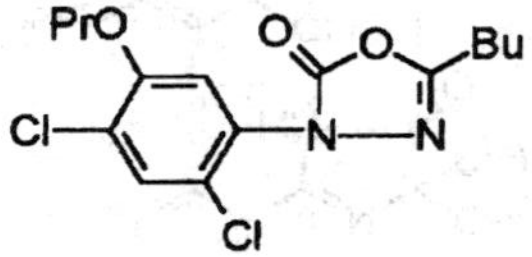	mp.90℃ s.0.7ppm(20℃)	8000	水稻,花生,棉花,果园,蔬菜田除单子叶杂草	苗前或苗后 稻田0.6~1.2 果园2	25%,12%乳油,2%颗粒剂
灭草定 methazole	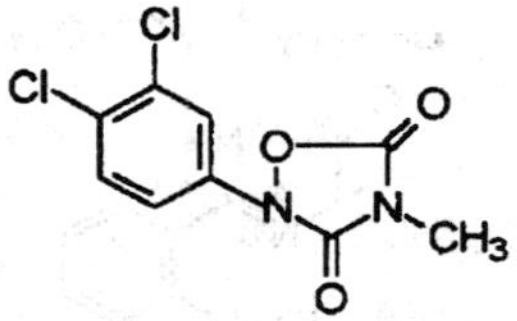	mp.123℃~124℃ s.1.5mg/L(25℃)	1350	大豆,棉花,花生,果园除单双子叶杂草	苗前或苗后 1.5~10	可湿性粉剂,颗粒剂
燕麦枯 difenzoquat	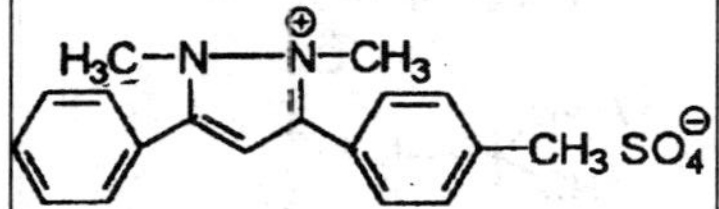	mp.155℃~157℃ s.76%(25℃)	580	麦类作物田防除野燕麦	苗后 1~1.5	65%可湿性粉剂
吡唑特 pyrazolate	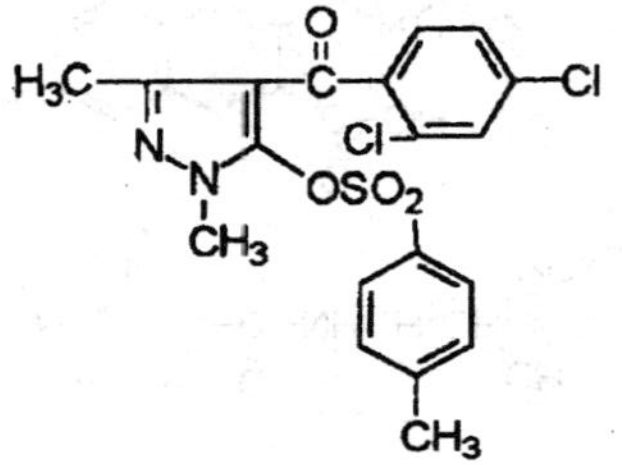	mp.117℃~118℃ s.0.056mg/L(25℃)	10233	水稻田除稗及莎草,可用于直播水稻	播前或插秧前 0.3~0.4	10%颗粒剂
苯草唑 pyrazoxyfen	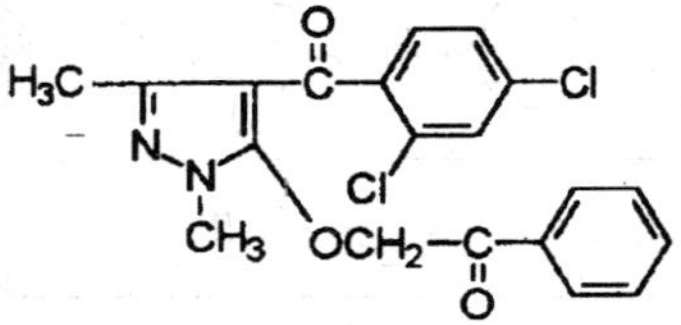	mp.111℃~112℃ s.0.9mg/L(20℃)	1690	稻田除一年生及多年生杂草	苗前或苗后 3	混剂

通用名	结构式	物化性质	LD₅₀(mg/kg)(大鼠口服)	应用范围	使用剂量(kg/ha)	剂型
command	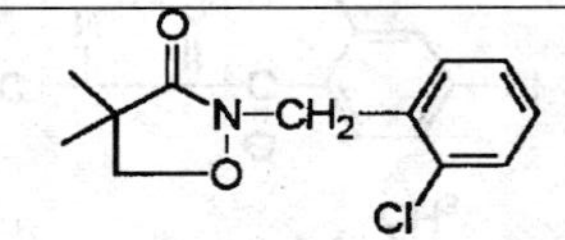	s. 1.1g/L(25℃)	1369	大豆,花生,马铃薯	0.6~1.5	63.3%乳油
丁脒胺 isocarbamide	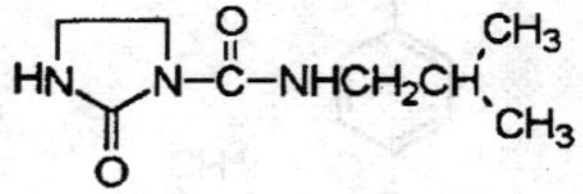	mp. 95℃~96℃ s. 1.3g/L(20℃)	>2500	甜菜地除草	苗前 3.4	混剂
灭草喹 scepter	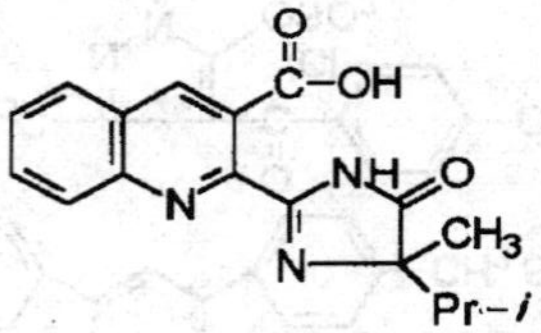	mp. 219℃~222℃ s. 60mg/L(25℃)	5000	大豆,烟草,苜蓿田广谱除草	苗后 0.14~0.28	乳剂
咪草烟 imazethapyr	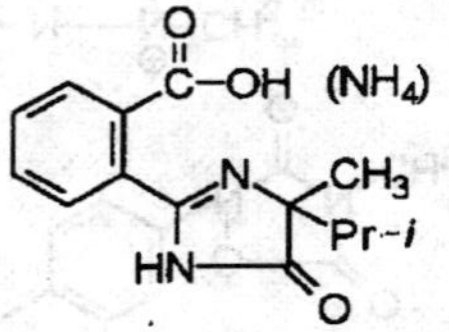	mp. 169℃~173℃ s. 1.4g/L(25℃)	>5000	大豆田除禾本科杂草及阔叶杂草	芽前 0.036~0.14 芽后 0.19~0.24	5%水剂
Assert	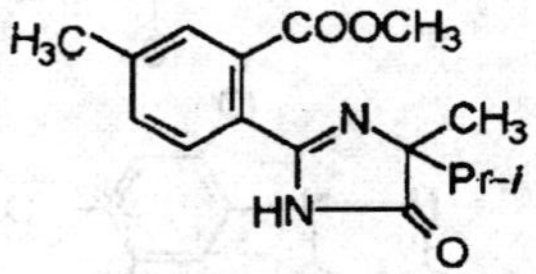	mp. 113℃~122℃ s. 1.3g/L(100℃)	>5000	向日葵,麦类除野燕麦,芥,荠麦等杂草	苗后野燕麦1~4叶期 0.3~0.75	乳剂
pursuit	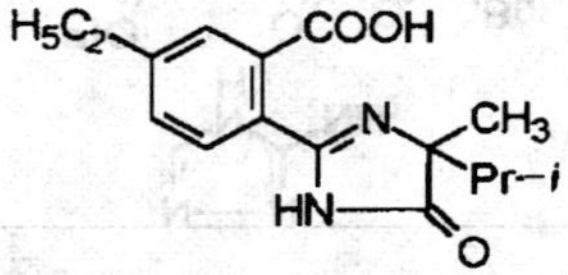	mp. 169℃~173℃ s. 1.4g/L(25℃)	>5000	豆类,花生,苜蓿地除一年生及多年生杂草	苗前或苗后 0.3~0.75	水剂

通用名	结构式	物化性质	LD_{50}(mg/kg)(大鼠口服)	应用范围	使用剂量(kg/ha)	剂型
灭草烟 imazapyr	(结构式)	mp.128℃~130℃ s.9.74g/L(15℃)	>5000	灭生性除草	0.5~2	乳剂
草除灵 benazolin	(结构式)	mp.193℃ s.0.06%(20℃)	3000	大豆,棉花,花生禾本科杂草	苗后 4~6	30%钾盐水剂
灭草荒 PH40—21	(结构式)	mp.131℃~132℃ s.2mg/L(20℃)	1620	玉米,棉花,大豆,花生,水稻田除一年生杂草	苗前	50%可湿性粉剂,10%颗粒剂
呋草黄 ethofumesate	(结构式)	mp.70℃~72℃ s.0.05g/L(25℃)	>2000	水稻,甜菜,蔬菜及烟草地除一年生杂草	苗前 1~4	20%乳剂
菁莠定 pidloram	(结构式)	mp.215℃(d) s.4300mg/L(25℃)	8200	灭生性除草	苗前或苗后 2.24~8.96	22.5%乳油,10%颗粒剂
绿草定 triclopyr	(结构式)	mp.148℃~150℃ s.435mg/L(25℃)	715	非耕地除禾本杂草	苗前或苗后 1~3	
二氯(吡啶酸) DOWCO-290	(结构式)	mp.151℃~152℃ s.1000mg/kg(20℃)	4300~5000	蔬菜,甜菜地除一年生杂草	苗后 0.1~0.22	乳油

通用名	结构式	物化性质	LD₅₀(mg/kg)(大鼠口服)	应用范围	使用剂量(kg/ha)	剂型
氟啶酮 fluridone	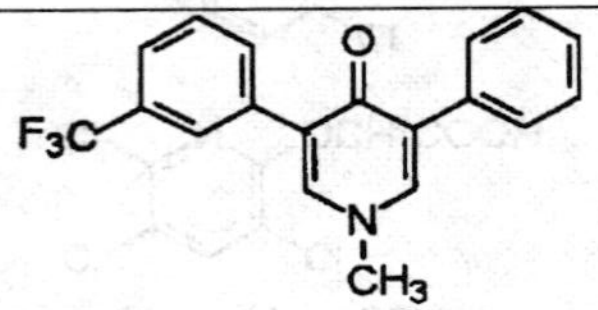	mp. 154℃～155℃	>10000	梢花地除一年生杂草		水悬剂，颗粒剂
哒草醚 credazine	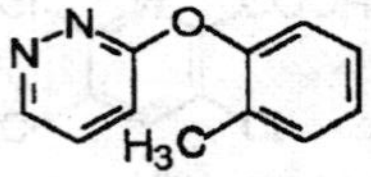	mp. 78℃ s. 2000mg/L(20℃)	3090	水稻，蕃茄地除一年生杂草	苗前 2～3	50%可湿性粉剂
特草定 perbacil	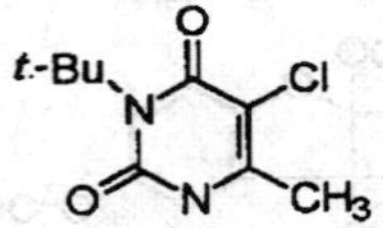	mp. 175℃～177℃ s. 710mg/L(25℃)	5000～7500	灭生性除草，亦可用于甘蔗及果园	苗前 1～4	80%可湿性粉剂
异草定 isocil	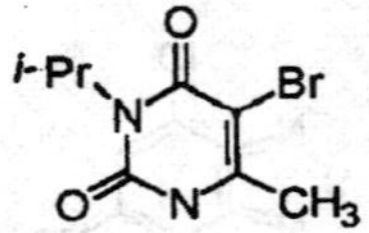	mp. 158℃～159℃ s. 2150mg/L(25℃)	3400	灭生性除草，果园，花生地除一年生及多年生杂草	苗前或苗后 2.8～11.2	50%及80%可湿性粉剂
除草定 bromacil	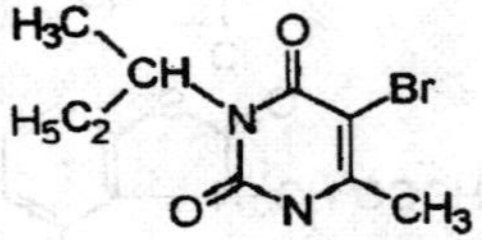	mp. 158℃～159℃ s. 815mg/L(25℃)	5200	灭生性除草	苗前 果园 1～8 非耕地 0.5～15	80%可湿性粉剂
环草定 lenacil	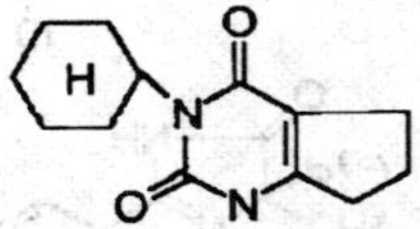	mp. 315℃～317℃ s. 8mg/L(25℃)	>11000	用于甜菜，蔬菜，柑桔地，亦可作灭生性除草	苗前 甜菜 0.6～1.2 蔬菜 1.0～2.0	80%可湿性粉剂
杀草敏 pyrazon	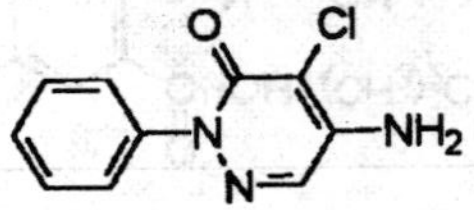	mp. 207℃ s. 400mg/L(20℃)	3300	甜菜，萝卜，蔬菜地除双子叶杂草	苗前，苗后 3.75～4.5	50%～80%可湿性粉剂
溴杀草敏 brompyrazone	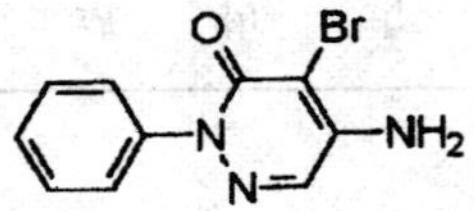	mp. 223℃～224℃ s. 0.02%(20℃)	>60000	甜菜，玉米，水稻，谷物除一年生杂草	苗前 0.8～1.5	可湿性粉剂

通用名	结构式	物化性质	LD_{50}(mg/kg)(大鼠口服)	应用范围	使用剂量(kg/ha)	剂型
达草灭 norflurazon		mp. 177℃ s. 28mg/L(25℃)	9300	棉田除一年生杂草	苗前 0.6~2	80%可湿性粉剂
二甲达草灭 metflurazon		mp. 153℃	9100	棉花,大豆,高粱除一年生杂草	苗前 1~4	
草恶嗪 bentranil		mp. 123℃~124℃ s. 6mg/L(20℃)	1600	玉米,稻田,马铃薯	苗后 1~2	
苯达松 bentazon		mp. 137℃~139℃ s. 500mg/kg(20℃)	1100	水稻,玉米,棉花,花生,麦类,大豆除阔叶杂草	苗后 1.2~1.5	50%可湿性粉剂,50%乳油,48%水剂
哒草特 pyridate		mp. 20℃~25℃ s. 1.5mg/L(20℃)	2000	谷物,花生除一年生杂草	苗后	可湿性粉剂
环嗪酮 DPX-3674		mp. 115℃~117℃ s. 3.3%(25℃)	1690	灭生性除草		

通用名	结构式	物化性质	LD_{50}(mg/kg)(大鼠口服)	应用范围	使用剂量(kg/ha)	剂型
弹胂草 isomethiozin		mp.154℃~156℃ s.0.1%(20℃)	10000	谷物地除双子叶杂草	苗后	
苯嗪草酮 metamitron		mp.167℃~169℃ s.1860mg/L(10℃)	1447	甜菜地除双子叶杂草	苗前或苗后	
乙嗪草酮 ethiozin		mp.93.7℃ s.0.34mg/L(20℃)	1280~2470	谷物地除一年生杂草	苗前或苗后	50%可湿性粉剂
赛克津 metribuzin		mp.125℃~128℃ s.1200(20℃)	2200	大豆,马铃薯,蕃茄,甜菜地除一年生杂草	苗前或苗后 0.35~0.5	35%,70%可湿性粉剂
百草枯 paraquat		mp.300℃(d)	150	果园及经济作物除草,亦可用于水稻,玉米,棉花	苗后 果园 0.6~0.9 玉米 0.75 水稻 1.125~1.75	20%水剂
敌草快 diquat		mp.300℃ s.70%(25℃)	400~440	果园,种子植物干燥剂,棉花及马铃薯催干	成熟或收获前 0.45~0.6 果园 0.9	20%水剂

低剂量的杀草强具有刺激植物生长作用,但高浓度时则可使植物缺绿而死亡。杀草强极易被植物的根及叶吸收,并通过木质部及韧皮部传导。

杀草强除草的原初位置是干扰类胡萝卜素的生物合成,缺少类胡萝卜素将使植物叶片中的叶绿素遭到光氧化作用的破坏,而出现缺绿的症状。

4.11.2.2 吡唑类

吡唑特(pyrazolate)是日本三共公司 1973 年发现并于 1980 年登记的田间除草剂,其结构为:

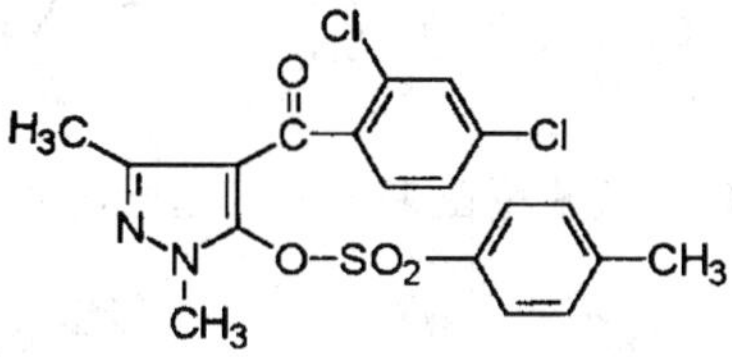

吡唑特对水稻非常安全,是直播水稻田优良的除草剂,可与许多除草剂混配,具有增效作用,其活性物质为 4-(2,4-二氯苯甲酰)-1,3-二甲基-5-羟基吡唑。分子中的羟基与对甲基苯磺酸形成酯后可具有缓释作用,以便以适当的速度释放其活性物质。吡唑特遇水分解后,生成的活性物质被杂草幼芽及根部吸收,抑制杂草叶绿素的生物合成[134]。

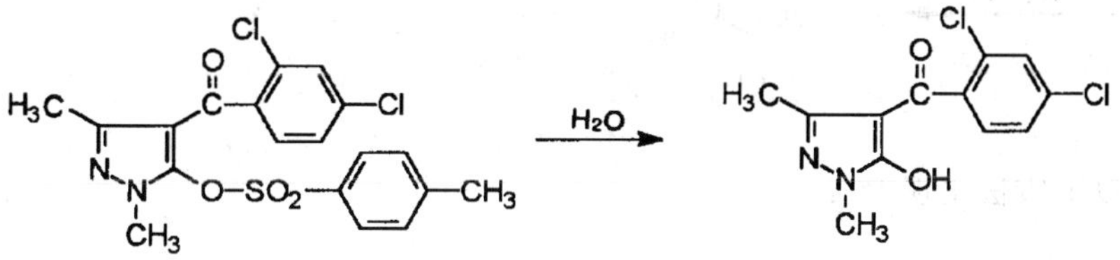

自从吡唑特开发成功后,又有 3 个品种在日本开发成功,它们的特征是可以防除水田多年生杂草,如苄草特(pyrazoxyfen),可使这类药剂防除多年生杂草的活性提高,杀草谱变广,NC-310 的活性比吡唑特提高 2～3 倍。

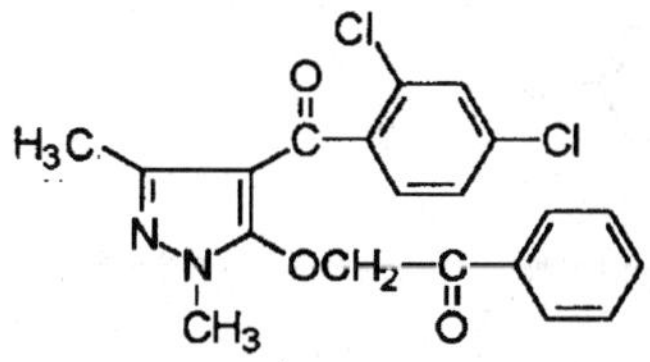

pyrazoxyfen

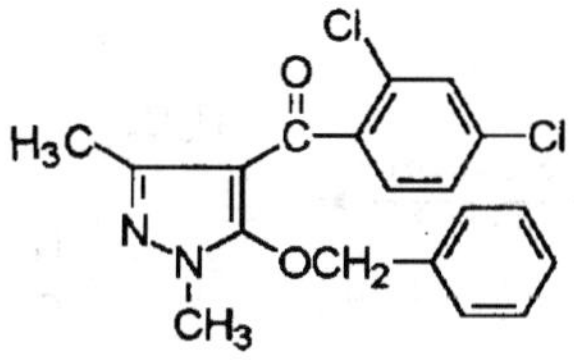

NC-310

吡唑特的合成方法为[134～136]:

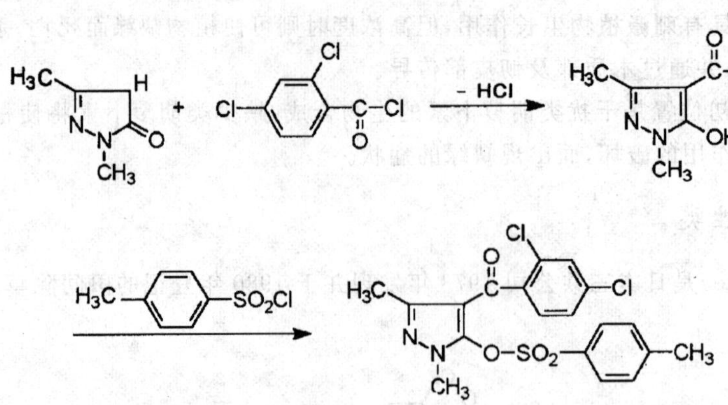

中间体 1,3-二甲基-4-(2,4-二氯苯甲酰基)-5-羟基吡唑可通过转位反应来完成[137]。

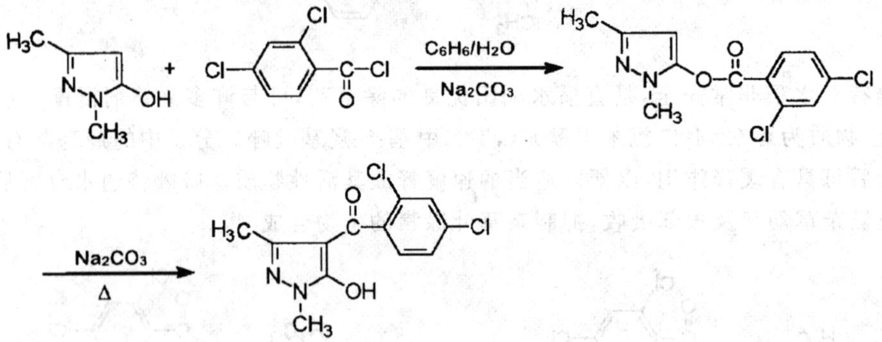

或者用以下方法实现[138]：

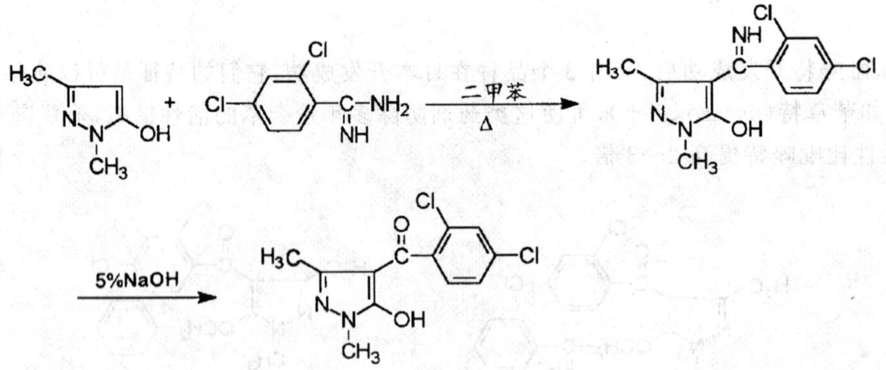

4.11.2.3 咪唑啉酮类

咪唑啉酮类除草剂是继磺酰脲类除草剂上市 3 年后,由美国氰胺公司开发的一类高效广谱低毒的除草剂,它们与磺酰脲类除草剂一样,主要是抑制 ALS,从而抑制侧链氨基酸的生物合成。

这类除草剂目前已有几个商品化的品种,其中 Assert 可在麦田中防除野燕麦、雀麦等杂草,用量为 0.5~1.0kg/ha,对大麦、小麦及玉米均显示出较好的选择性;Scepter 可用于大豆田除草,用量为 140~280g/ha,也可用于烟草、咖啡、豌豆及花生等作物田中,有效地防除禾本科及阔叶杂草;Arcenal 为非选择性除草剂,用于铁路、公路、工厂、仓库及灌水渠道,用量为

0.5～2kg/ha，可防除大多数一年生及多年生草本及木本植物；而咪草烟是该类除草剂中活性最高的，在大豆田以 75～105 g/ha 剂量可防除一年生禾本科杂草和阔叶杂草。

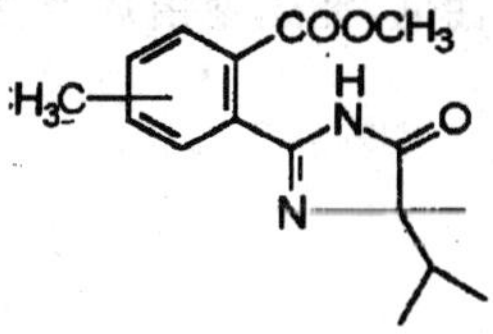

Assert

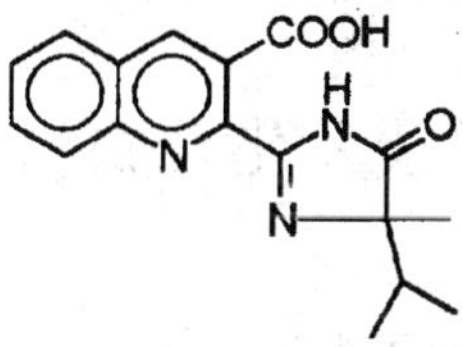

Scepter

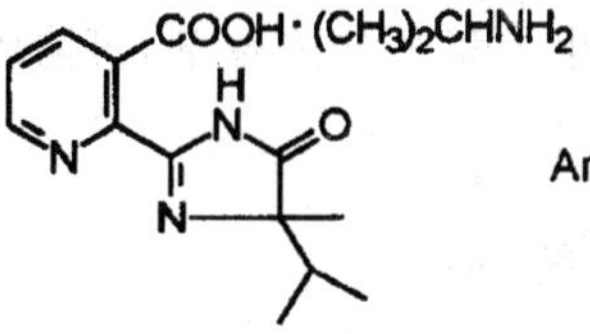

Arcenal

此类化合物的合成方法以 Arcenal 为例[139]：

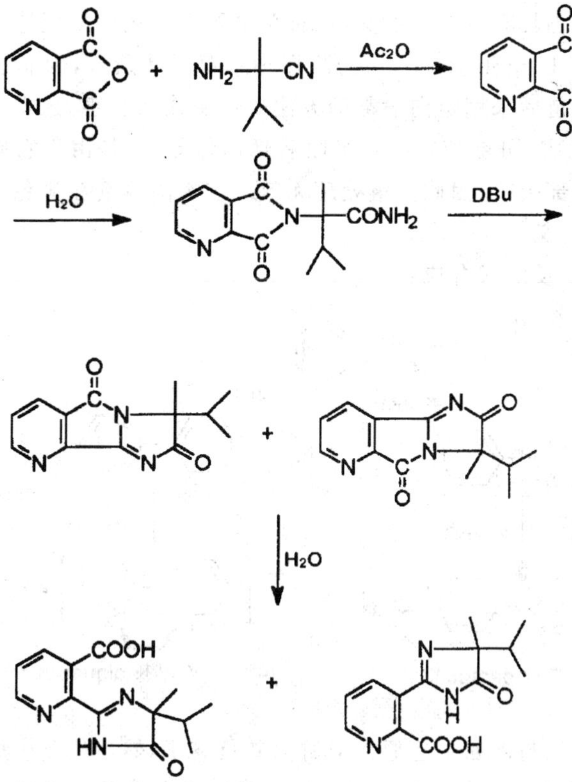

这类除草剂可被植物茎叶及根系迅速吸收，在木质部或韧皮部中传导，积累于分生组织中，表现出杂草顶端分生组织坏死，故既可作土壤处理剂，亦可作茎叶处理剂。它们的作用机制与磺酰脲类除草剂一样，主要是抑制 ALS，从而抑制带支链氨基酸的生物合成。将玉米细胞进行悬浮培养实验证明，在咪唑啉酮类除草剂影响下，大多数氨基酸的数量增多或保持原有水平，而缬氨酸、亮氨酸及异亮氨酸的含量则明显下降，加入外源氨基酸，则可使这种抑制作用发生逆转，催化这些氨基酸合成的 ALS 活性显著下降。这类化合物分子中存在手性碳，实验证

明,R 体的活性大约是其外消旋体的 3 倍。这类化合物真正有活性的是羧酸,甲酯在植物体内水解成羧酸后才发生作用,这里可因水解速度的不同而造成一定的选择性,而羧酸则是没有选择性的。它们所使用的剂型一般为水剂,它们对温血动物的毒性低,能迅速由尿及粪便排出。

4.11.3　六元杂环化合物

4.11.3.1　联吡啶类化合物

许多吡啶衍生物均有生物活性,如青草定是属于生长素型的除草剂,可防除多年生杂草。

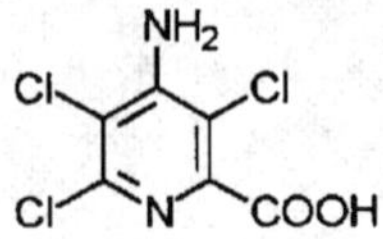

青草定

联吡啶类除草剂中最重要的是敌草快与百草枯,虽然是 1958 年开发的品种,但由于它们在除草性能上的特点,至今仍具有重要的意义,如百草枯至今使用面积仍达数千公顷。其作用特点是杀草谱广,用量在 1.12kg/ha 以下,可防除多种单双子叶杂草,为非选择性除草剂在作物播前或苗前使用,也可在苗后采用定向喷雾的方法来避免作物受害。这类除草剂作用特别迅速,1~2 小时便产生明显药害,可被植物叶片吸收后迅速传导,但是由于它们对土壤的吸附力极强,因而不易被植物的根部吸收,因此土壤处理无效。这类除草剂在避免土壤侵蚀严重地区的免耕法实施中具有重要意义。

联吡啶类化合物按以下反应式合成:

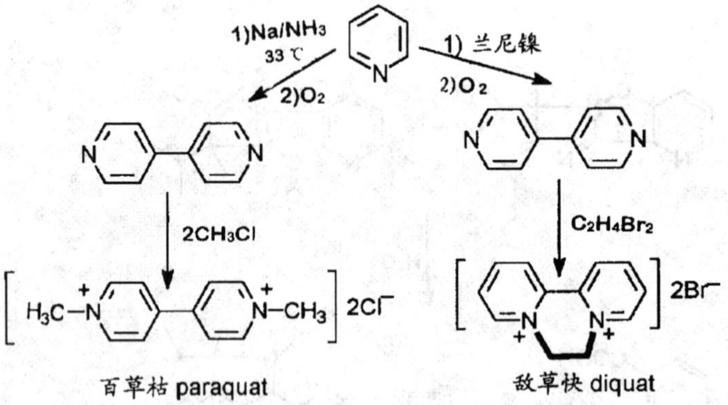

以吡啶为原料,在金属钠与液氨中还原生成游离基负离子,然后氧化生成 4,4′-联吡啶,若用兰尼镍还原,则生成 2,2′-联吡啶[140~145]。这一反应是工业上采用游离基反应的实例:

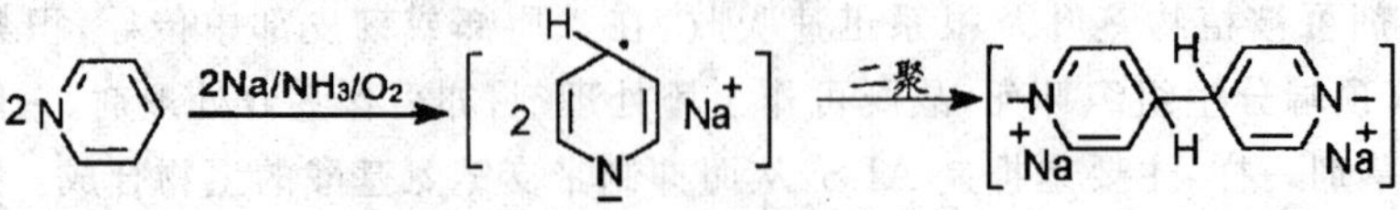

4,4′-联吡啶双季胺盐在还原反应中形成一深颜色的溶液,该颜色来自可溶于水的单电子游离基,反应是可逆的。这种游离基通过奇数电子在共轭体系中的离域化,是相当稳定的,ESR

（顺磁共振）测定表明,氮原子上具有较高的电子密度,而邻位及间位碳原子上则具有较低但却几乎相等的电荷密度。

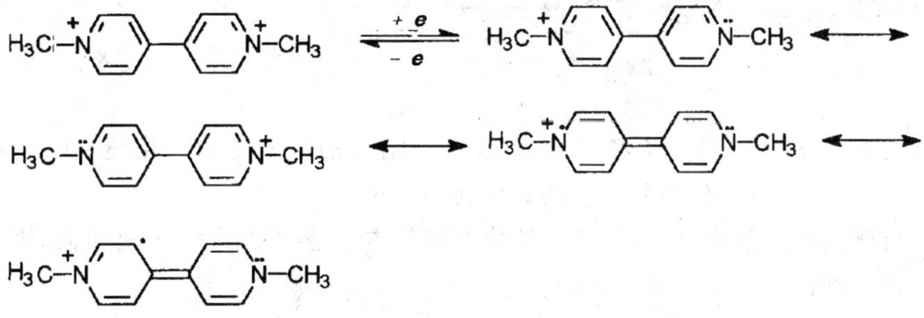

百草枯及敌草快在酸性溶液中极为稳定,但在碱性条件下则不稳定,敌草快在 pH9～12 即分解,百草枯较敌草快要稳定些,pH12 以上才发生分解,在 pH10 以上由于形成游离基离子而产生蓝色,这是由于在碱性条件下脱甲基而最终形成一带颜色的游离基之故。

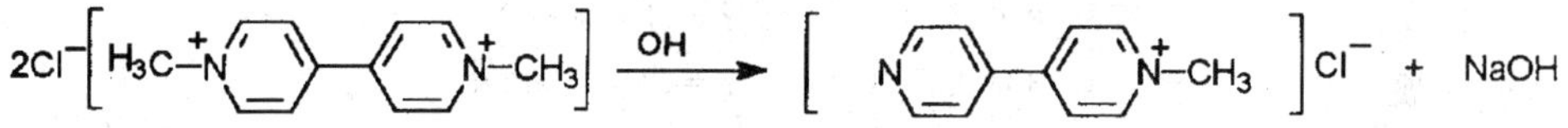

百草枯的稀溶液遭紫外光照射时,可引起迅速的降解作用,主要形成 4-羧基-1-甲基吡啶正离子及甲胺。

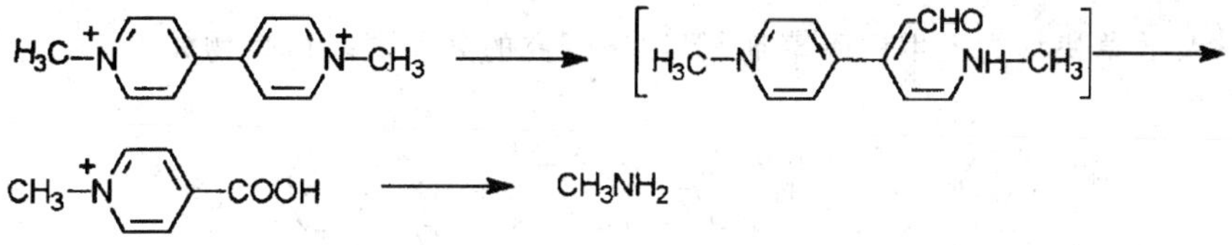

但当反应是无氧条件时,则将形成聚合物,敌草快光解则形成如下的化合物:

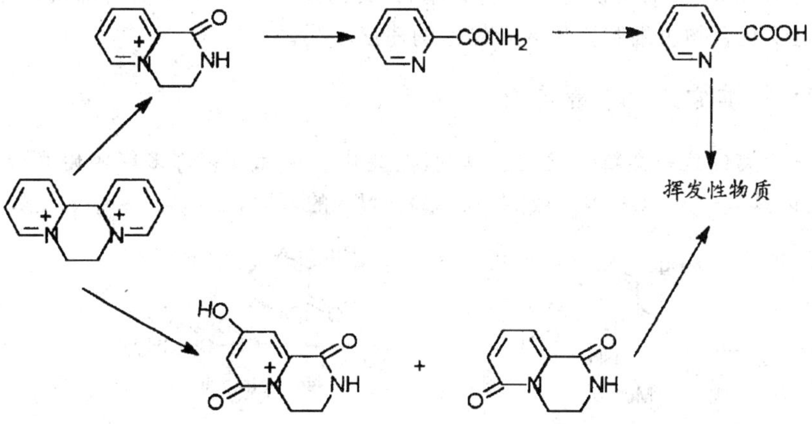

联吡啶类除草剂活性的发挥与其还原反应形成自由基的能力有关,药剂形成自由基的能力是发挥除草剂的活性所必需的,研究表明,这类除草剂在溶液中完全离解成离子,若在叶绿体中当进行光合作用时,百草枯正离子被还原成相对稳定的水溶性游离基,在有氧存在时,这种游离基又被氧化成原来的正离子,并生成过氧化氢,后者可能是最终破坏植物组织的毒

剂[146]。

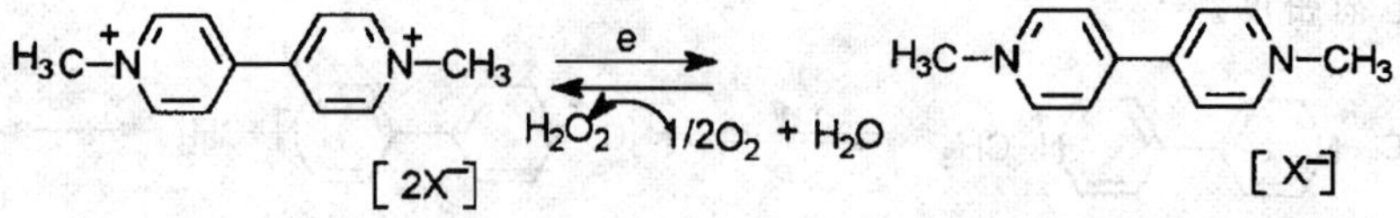

$$[2X^-] \qquad\qquad [X^-]$$

这类化合物的氧化还原电位经测定,具有除草活性的化合物的氧化还原电位在$-300\sim-500mV$之间,相当于铁氧化还原蛋白的氧化还原电位。

从结构与活性的关系研究表明,联吡啶两个环基本上是共平面的,若是扭曲,则失去活性,如下面两组化合物:

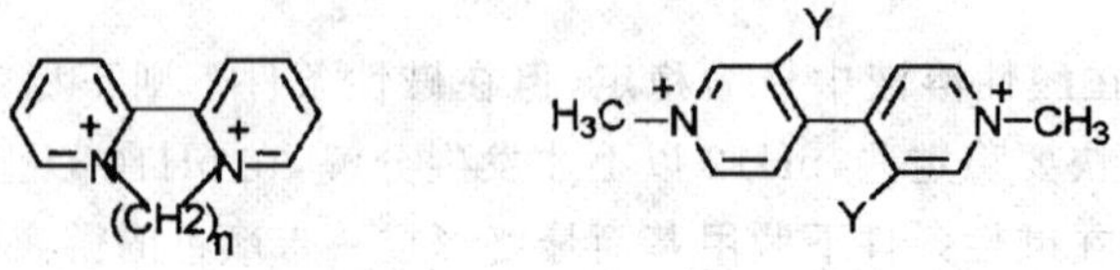

n=2 有活性	Y=H 有活性
n=3 活性降低	Y=CH₃ 或 alkyl
n=4 无活性	无活性

n>2 及 Y 不为 H 时,均会影响两个环的共面性,从而不能形成因离域化而稳定的游离基,就不能产生活性。

百草枯及敌草快均为灭生性除草剂,但后来研究的某些羰基衍生物如:

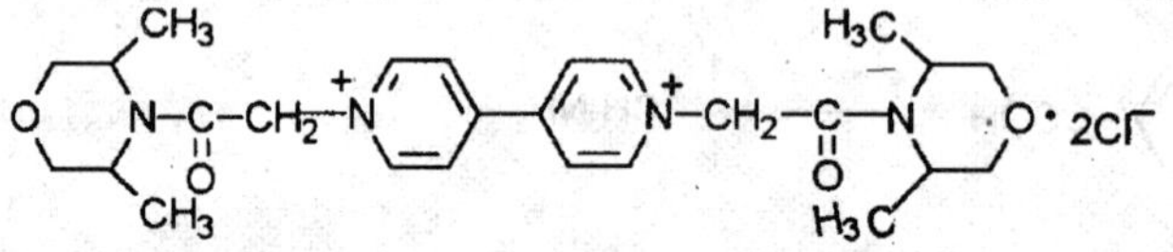

则对阔叶植物活性极高,而不伤害禾本科杂草,因此可在谷物田中苗后防除阔叶杂草,这种选择性可能决定于化合物由细胞质传入叶绿素的速度不同。

4.11.3.2 其它六元含氮杂环

非对称三嗪类也是一类新开发的除草剂,这些化合物和其它许多能阻碍光合作用的除草剂一样,也大都具有$-N=C-N=$或$N-C(O)-N=$的基团,如:

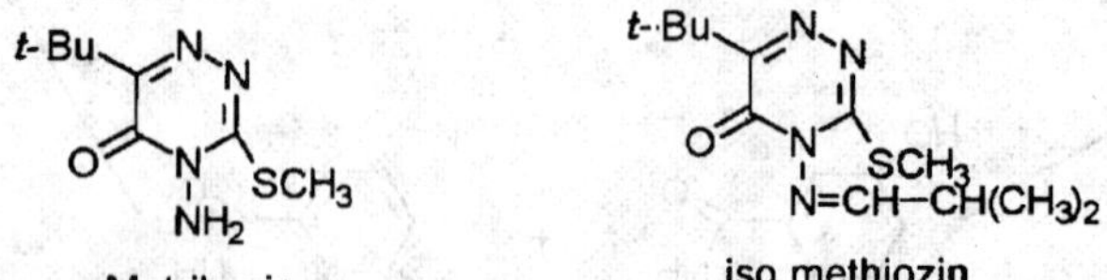

Metribuzin   iso methiozin

一系列 N-取代苯基哒嗪酮也显示出除草活性,如杀草敏(pyrazon)5-氨基-4-氯-2-苯基哒嗪-3-酮,它的合成方法为:

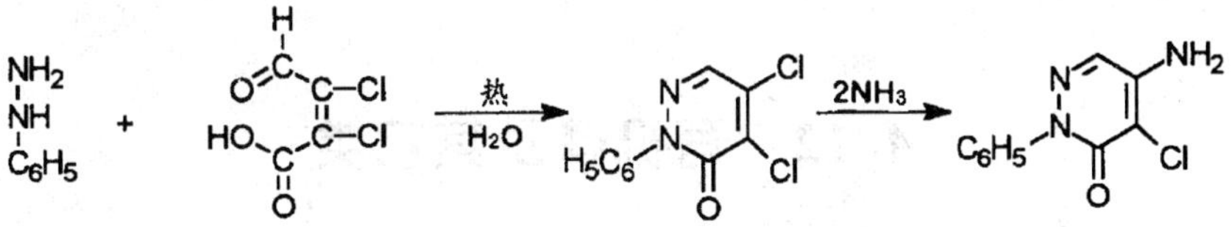

杀草敏(pyrazon)为一土壤处理除草剂,可在甜菜地中苗前或苗后使用,它对甜菜具有的选择性,是由于这类作物在体内具有解毒作用,代谢成为无毒的氨基葡萄糖轭合物。

一些取代的脲嘧啶也是除草剂,如:

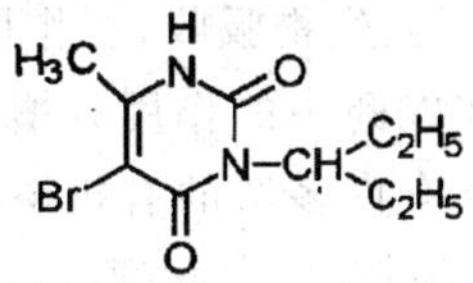

bromacil

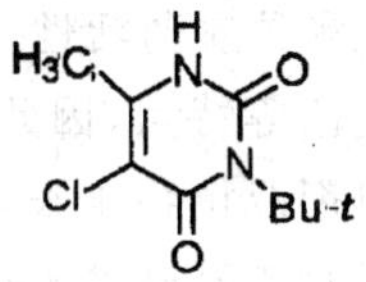

terbacil

除草定(bromacil)为灭生性除草剂,可在工业区使用,用量为 21kg/ha,在甘蔗田中用量为 2.2～6.6kg/ha,可作选择性除草剂使用。特草定(terbacil)可用于甘蔗及果园中防除一年生及多年生杂草,用量为 1.4～4.4kg/ha。以上这些除草剂均是光合作用抑制剂。

苯达松是一含有 N,S 杂原子的苯并杂环化合物,其结构为:

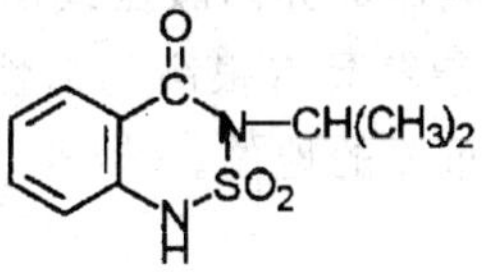

苯达松是防除水旱田难除杂草的芽后除草剂,对作物安全,可在麦类、水稻、大豆、花生及牧场中除阔叶杂草,为世界主要除草剂品种之一,其生产工艺为:

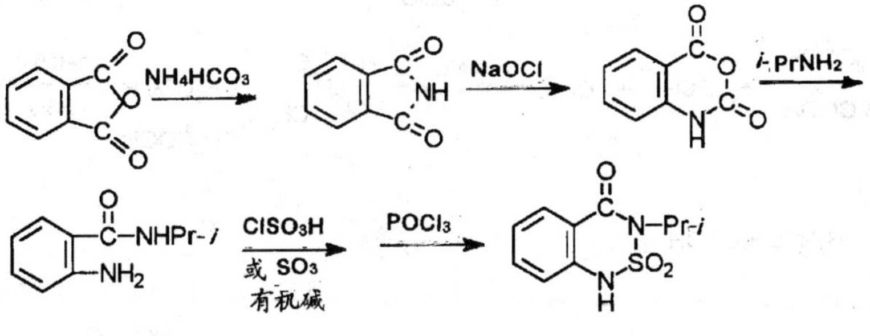

4.12 有机磷及其它类

4.12.1 有机磷类

有机磷化合物具有多种农药活性，由于它们易于被生物吸收，在作用部位具有较好的化学反应亲和性以及易于代谢等特点，因此，几十年来在农药中的作用有增无减，目前除可用作杀虫剂外，在除草剂、杀菌剂及植物生长调节剂领域都有许多新的有机磷品种出现，由于四配位磷原子可以与4个不同的基团组成无数不同的化合物，今后在此领域内，高活性物质的发现仍然是大有希望的。有机磷类除草剂主要品种见表4—18。

4.12.1.1 草甘膦

草甘膦（$(HO)_2P(O)—CH_2NHCH_2COOH$）是70年代初由Monsanto公司开发的非选择性内吸传导型茎叶处理除草剂，通常使用时均将其制成异丙胺盐或钠盐。草甘膦极易被植物叶片吸收并传导至植物全身，它对一年生及多年生杂草具有很高的活性，鉴于它的优异除草性能，致使其在近20年来始终在国际市场上占有极重要的地位。

草甘膦的合成方法主要有三种：

(1)第一种方法

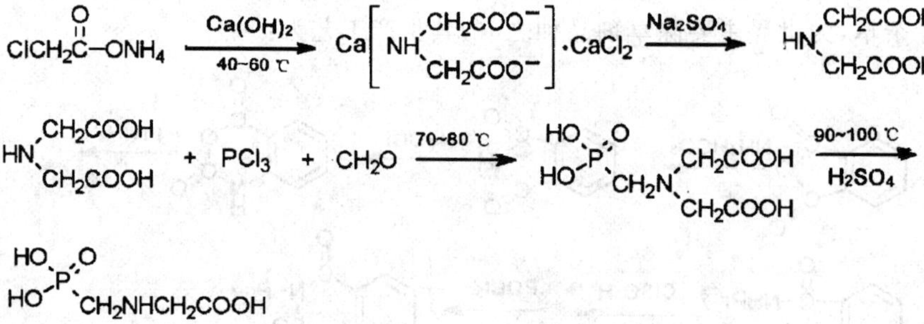

或者

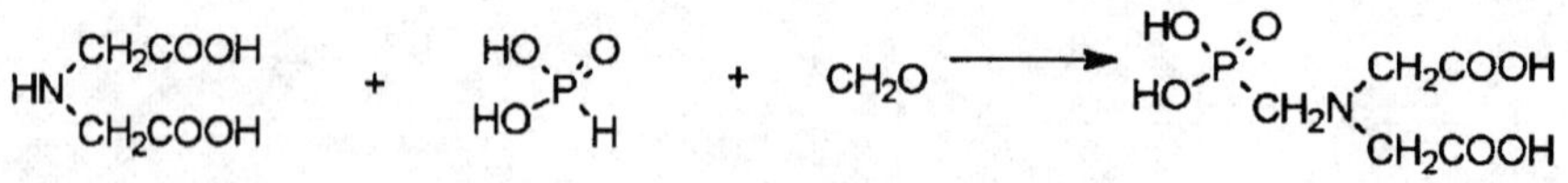

该法的收率约为60%[147、148]，产品纯度低，三废多是其缺点。

(2)第二种方法

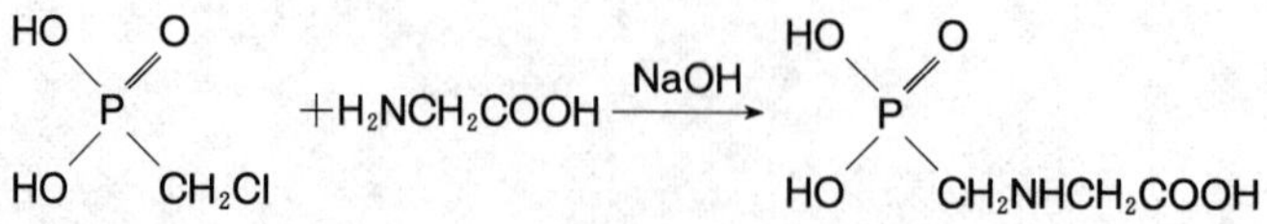

该法是在氢氧化钠水溶液中回流完成的[149]。

表 4－18　有机磷类除草剂

通用名	结构式	物化性质	LD₅₀ (mg/kg)(大鼠口服)	应用范围	使用剂量 (kg/ha)	剂型
草甘膦 glyphosate	(结构式) HO-P(=O)(OH)-CH₂NHCH₂COOH	mp. ~230℃(d) s. 1.2%(25℃)	4320	非选择性叶面处理防除一年生及多年生杂草	播前，播后，苗前 0.75～5.6	10%钠盐水剂，40%异丙胺盐水剂
双丙氨膦 bialaphos	(结构式) H₃C-P(=O)(OH)-CH₂CH₂CHC(=O)-NH-CH(CH₃)-C(=O)-NH-CH(CH₃)-C(=O)-O⁻ Na⁺ [NH₂]	mp. 160℃(d) 易溶于水	268	非选择性茎叶处理，果园，非耕地除一年及多年生杂草	播前，播后，苗前 1～1.5	32%水剂
草丁膦 glufosinate	(结构式) NH₄O-P(=O)(H₃C)-CH₂CH₂-CH(NH₂)-C(=O)-OH	易溶于水	431	非选择性茎叶处理，果园，森林，牧场等灭生性除草	植物生长旺盛期 0.9～1.2	20%水剂
胺草磷 amiprophos	(结构式) C₂H₅O-P(=S)(i-C₃H₇NH)-O-苯环(CH₃, NO₂)	mp. 51℃～53℃ s. 20ppm	720	水旱田除一年生杂草	苗前或苗后 1.5～2	乳剂，颗粒剂
甲基胺草磷 amiprophosmethyl	(结构式) CH₃O-P(=S)(i-C₃H₇NH)-O-苯环(CH₃, NO₂)	mp. 64℃～65℃ s. 10ppm	1200	水旱田除一年生杂草	土壤处理 0.75～1.5	60%可湿性粉剂，乳剂
克蔓磷 cremart	(结构式) C₂H₅O-P(=S)(BuNH)-O-苯环(CH₃, NO₂)	棕色液体 s. 5.1mg/L(20℃)	630－790	水旱田除一年生杂草	土壤处理 1～2.5	50%乳剂
哌草磷 piperophos	(结构式) (C₃H₇O)₂P(=O)-SCH₂C(=O)-N哌啶环(CH₃)	液体 s. 25mg/L(20℃)	3～4	水田除一年生杂草，莎草，与激素型除草剂混用	苗后 1～1.65	50%乳剂
莎稗磷 anilofos	(结构式) (CH₃O)₂P(=S)-SCH₂C(=O)-N(i-C₃H₇)-苯环(Cl)	mp. 50℃～51℃ s. 13.6mg/L(20℃)	427	水稻移栽田除一年生杂草，莎草	苗前，苗后 0.3～0.6	30%乳油，1.5%颗粒剂

(3)第三种方法

$$(RO)_2\overset{\displaystyle O}{\overset{\displaystyle \|}{P}}{-}H \; + \; CH_2O \; + \; NH_2CH_2COOH \longrightarrow \overset{\displaystyle RO}{\underset{\displaystyle RO}{\diagdown}}\overset{\displaystyle O}{\overset{\displaystyle \|}{P}}\diagdown CH_2NHCH_2COOH$$

$$\xrightarrow[\text{H}_2\text{O}]{\text{H}^+} \overset{\displaystyle HO}{\underset{\displaystyle HO}{\diagdown}}\overset{\displaystyle O}{\overset{\displaystyle \|}{P}}\diagdown CH_2NHCH_2COOH$$

该法[150、151]具有收率高,纯度好的优点。反应以 $C_1 \sim C_4$ 醇为溶剂,叔胺作催化剂,例如:在三乙胺存在下,甘氨酸首先和聚甲醛形成 N,N-二羟甲基甘氨酸,然后加入亚磷酸酯加热至 115℃,1.5h,得到收率大于 80%,纯度高于 95% 的产品。

草甘膦主要是阻碍芳香氨基酸的生物合成,即苯丙氨酸、酪氨酸及色氨酸的合成,这可通过向培养叶片中加入这些氨基酸可克服其作用而得到证实。

草甘膦是干扰这一生物合成的酶促反应,从而影响芳香氨基酸的生物合成,导致莽草酸在生物体内的积累。

目前对草甘膦具有抗性植物的培养亦正在研究,生物化学家从微生物中筛选出体内含有 EPSP 过量的菌种,将其有关基因导入到烟草组织中,从而培养出能耐草甘膦的烟草植株[154、155]。

草甘膦在高等植物中降解十分缓慢,曾测试出其代谢物为氨基甲基膦酸及甲氨基乙酸,正由于草甘膦在植物体内具有高度的运转性能、缓慢的降解性能及高度的植物毒性,决定了它是一个理想的防除多年生杂草的除草剂[152、153]。

近年来发现草甘膦的一些新的衍生物亦具有很高的除草活性,如 1983 年 Stauffer 公司开发 的 草 硫 膦(sulphosate) $\left[\overset{\displaystyle HO}{\underset{\displaystyle O}{\diagdown}}\overset{\displaystyle O}{\overset{\displaystyle \|}{P}}\diagdown CH_2NHCH_2COOH\right]^{-} \cdot (CH_3)_3\overset{+}{S}$ 及 草 砜 膦(SC-0545)

$\left[\overset{\displaystyle HO}{\underset{\displaystyle O}{\diagdown}}\overset{\displaystyle O}{\overset{\displaystyle \|}{P}}\diagdown CH_2NHCH_2COOH\right]^{-} \cdot (CH_3)_3S{=}O$ 均有很好的防除多年生杂草的作用。

4.12.1.2 双丙氨磷

80 年代初,日本明治制果公司由放线菌中分离出一种自然界稀有的含有 C—P—C 键结合的化合物,它是一个含有两分子丙氨酸的膦肽化合物,称之为双丙氨磷(bialaphos)。

双丙氨磷

该化合物具有显著的除草活性,作用比草甘膦快,具有内吸性,其杀草机制主要是抑制植物体内谷氨酰胺合成酶(GS)的抑制作用,故又称为遗传工程除草剂(Genetically Engineered Herbicide)[157]。实验证明,用双丙氨磷处理植物 24 小时,植物体内谷氨酰胺含量下降,若在其中加入谷氨酰胺则可降低其除草作用[158]。另外,用双丙氨磷处理植物后,植物体内游离氨含量显著增加,因此氨中毒也是造成植物受害的重要因素。双丙氨磷的作用在无光照时将大大减弱。

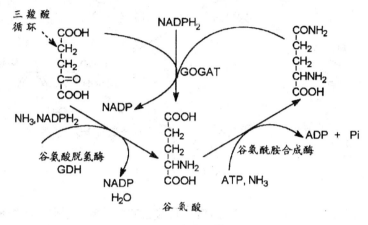

图 4—14 三羧酸循环图

GOGAT:谷氨酰胺-酮基戊二酸氨基转移酶

从三羧酸循环图中还可以发现,GOGAT 是谷氨酰胺及谷氨酸循环中另一重要的酶,目前虽然还没有发现抑制它的除草剂,但是它对植物生长的影响要比 GS 大,是开发新除草剂值得注意的新靶标[153]。近来发现 tabtoxin[159] 及 L-methionine-S-sulphoxinine[160] 均有抑制 GS 的作用,它们的结构与双丙氨磷具有一定的相似性。

tabtoxin

methionine-S-sulphoxinine

双丙氨磷为微生物代谢物质,合成方法较复杂,目前用发酵法生产。

4.12.1.3 硫代磷酰胺酯类

70 年代,日本发现硫代磷酰胺类化合物具有很高的除草活性,开发了胺草磷、克蔓磷等品种[161]。这类化合物可以防除一年生禾本科及阔叶杂草,水旱田均可使用。结构与活性关系的研究表明,分子中芳基邻位的硝基是显示除草活性的必要基团。

胺草磷

克蔓磷

　　由于分子中具有一手性磷原子,可形成一对光学异构体,它们的除草活性是不相同的,一般左旋体较其右旋体活性高出 3～4 倍[162]。

　　这类化合物的合成方法,以克蔓磷为例,表示如下:

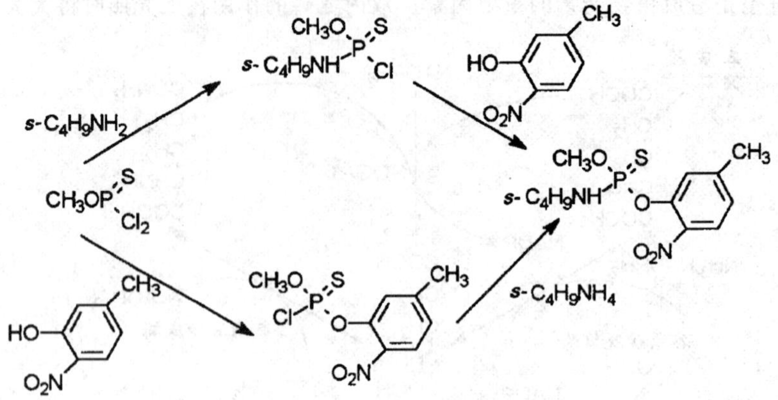

　　硫代磷酰胺酯类除草剂热稳定性良好,但对光的稳定性较差。它们在酸性水溶液中稳定,但在碱性水溶液中易分解,在 40℃,pH10.3 时,克蔓磷在水溶液中的半衰期为 4 天。

　　关于这类除草剂的作用方式,至今尚有许多不清之处,但主要是阻碍细胞数的增加,细胞肿胀,其中 DNA 的含量成倍增加。据观察,可能是药剂在 DNA 合成后期细胞分裂的过程中,直接阻碍了与细胞分裂有关的代谢过程[163]。

　　以克蔓磷为例,这类化合物在大鼠及植物体内的代谢过程可能为[164]:

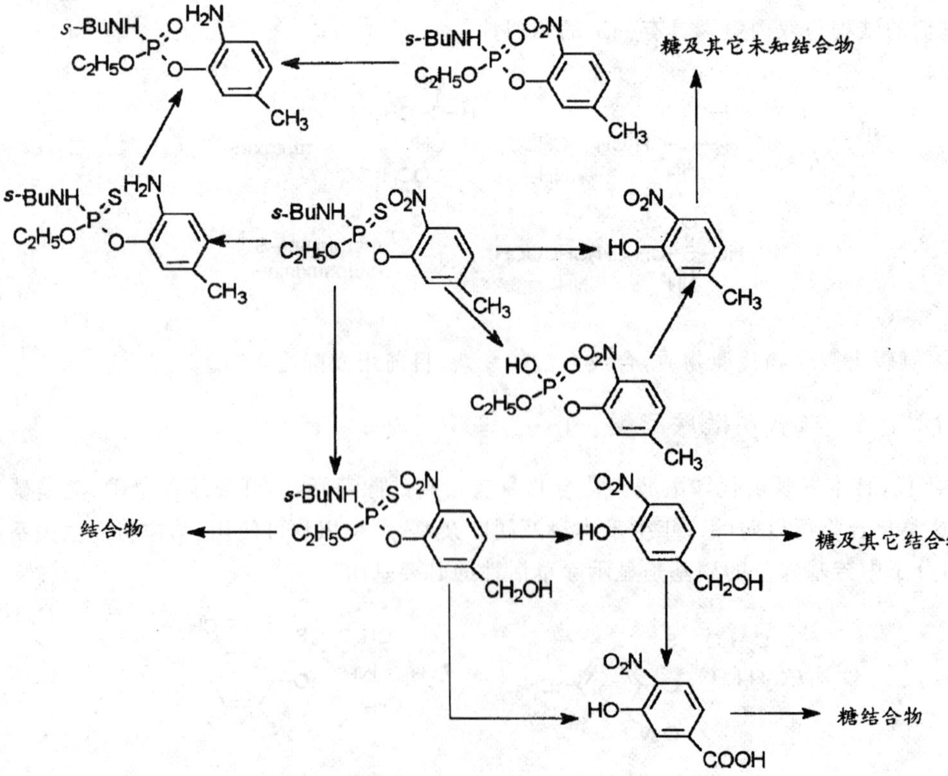

克蔓磷在土壤中可进一步分解成 CO_2，残留低，在动物体内投药 24 小时后可排出 87％以上。

4.12.1.4　二硫代磷酸酯类

哌草磷和莎稗磷属二硫代磷酸酯类衍生物，这两种除草剂可在水田中除草，它们均有很好的效果，目前广泛应用的阿威罗生（Avirosan）是 4 份哌草磷与 1 份戊草净〔4-(1,2-二甲基)丙氨基 2-乙氨基-6-甲硫基均三嗪〕的混剂，莎稗磷是 Hoechest 公司开发的品种。它们的合成方法为[165]：

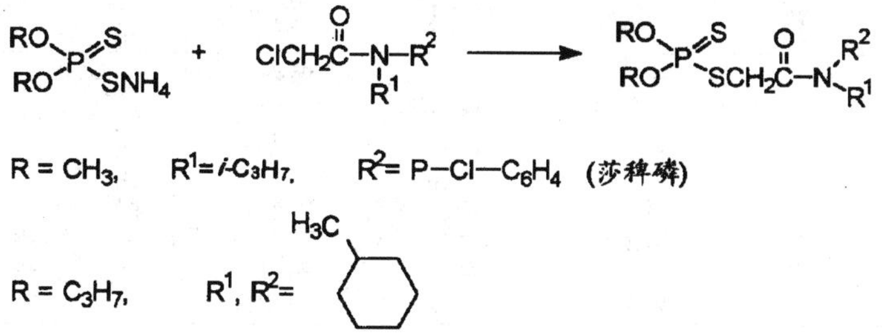

$$R = CH_3, \quad R^1 = i\text{-}C_3H_7, \quad R^2 = P\text{-}Cl\text{-}C_6H_4 \quad (莎稗磷)$$

$$R = C_3H_7, \quad R^1, R^2 =$$

莎稗磷首先是通过植物根部吸收，进一步传导至新长的幼芽及叶片，可抑制细胞分裂与伸长，目前对杂草死亡的生理作用尚不清楚。

4.12.2　其它类

除前面所述除草剂外，还有一些较重要的品种。主要品种见表 4—19，属其它类除草剂。

4.12.2.1　1,3-环己二酮衍生物

环己烯 1,3-二酮衍生物是一类具有选择性的内吸传导型茎叶处理剂，禾草灭（alloxydim）是日本曹达公司在这类除草剂中首先开发的品种，1979 年，该公司又开发了拿捕净，它除像禾草灭一样对阔叶作物十分安全外，还具有用量低、可防除多年生杂草的特点。研究这类化合物结构与关系发现，1,3-环己二酮 5 位上取代基对活性有重要影响。1985 年 BASF 开发的噻草酮（cycloxydim）在西欧及美洲使用，除可防除大部分一年生禾本科杂草外，对多年生杂草也有很高的活性，这类药剂能迅速地被禾本科杂草所吸收，并移动至顶端和分生组织，破坏分生组织的细胞分裂。

拿捕净的合成方法如下[166、167]：

表 4—19 其它类除草剂

通用名	结构式	物化性质	LD_{50}(mg/kg)(大鼠口服)	应用范围	使用剂量(kg/ha)	剂型
去草酮 methoxypheone		mp. 62℃~62.5℃ s. 2mg/L(20℃)	>4000	水稻、大豆田除一年生杂草	水稻 2~3 大豆 3.5~5	颗粒剂
神草烯 TCE-styrene		bp. 83℃/1.3×10^{-1} mPa s. 12mg/L	8530	水田除阔叶杂草	水田 0.19~0.75 旱田 3.75~7.5	乳剂 颗粒剂
禾草灭 alloxydin		mp. >185.5℃	>2200	阔叶作物中除禾本科杂草	苗后	75%水剂
拿捕净 sethoxydim		bp. >90℃/5.3×10^{-6} mPa s. 2.5mg/L(pH=4) 4700mg/L(pH=7)	5600	阔叶作物中除禾本科及多年生杂草	苗后 一年生 0.2~0.5 多年生 0.5~1	乳油 可湿性粉剂
仙治 cinmethylin		bp. 313℃ s. 63mg/L(20℃)	1600	水稻、甘蔗、花生、棉花、大豆除一年生杂草	苗后 土表 0.75~1.25	乳剂
氯酸钠 sodium chlorate	NaClO$_3$	mp. 248℃ s. 79g/L(0℃)	1200	非耕地灭生性除草	49.5~99	原粉 70%粉剂 25%颗粒剂
多硼酸钠 sodium polyborate	Na$_2$B$_8$O$_{13}$·4H$_2$O	s. 10.5g/L(20℃)	5300	灭生性	4.8~25	
硼砂 borax	Na$_2$B$_4$O$_7$·10H$_2$O	s. 5.14g/L(20℃)	2600~5140	灭生性	200	原药
氨基磺酸钠 AMS	NH$_2$—S(=O)(=O)—ONH$_4$	mp. 125℃	3900	非耕地除草、灌木及木本植物有效	50~125	原药

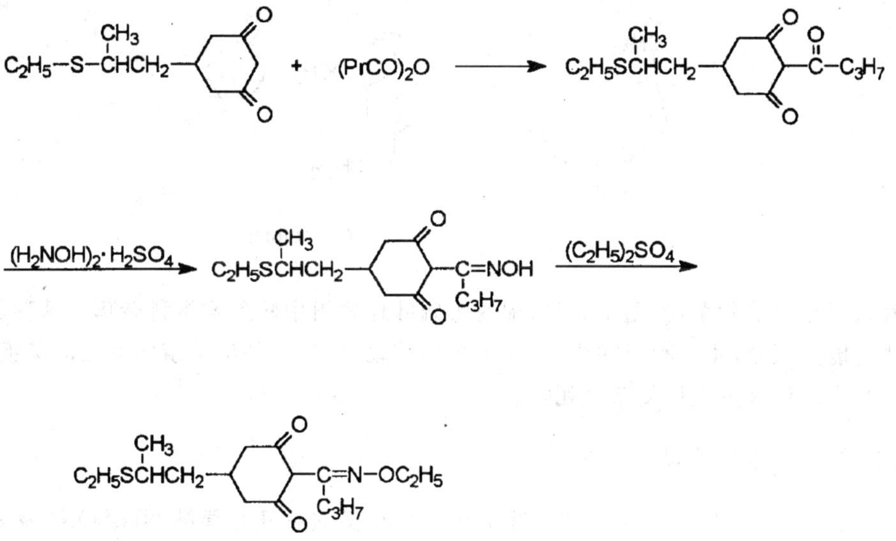

这类化合物近年来的新品种如:

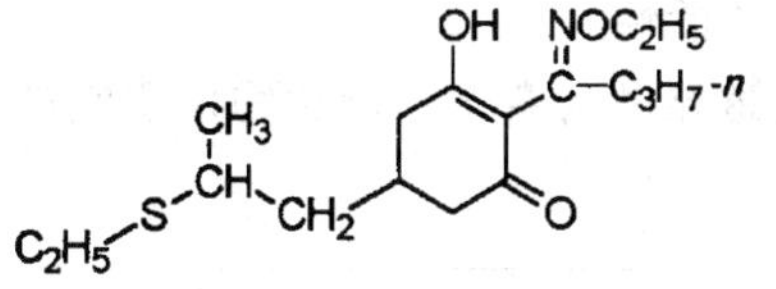

Sethoxydin 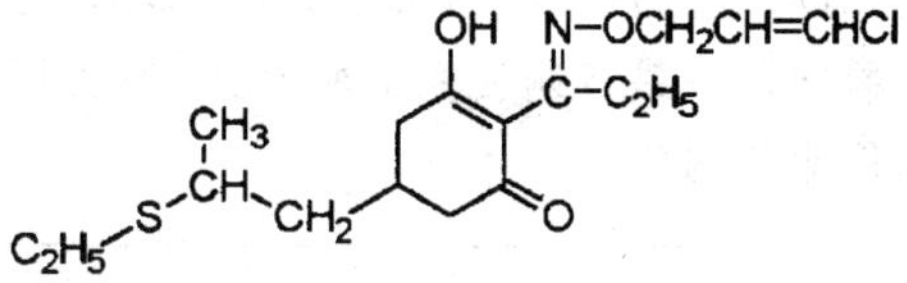　　　　　　　　　Select

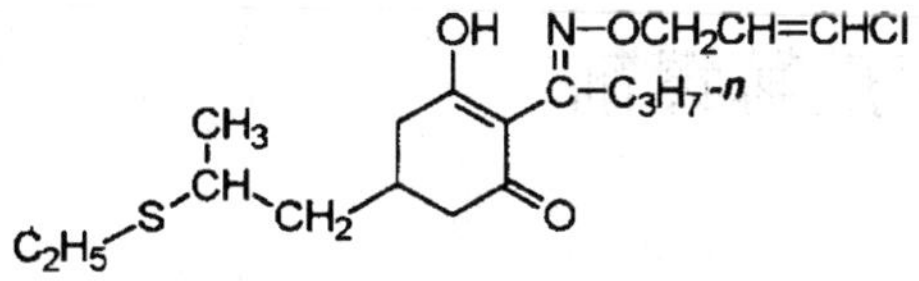

Selectone 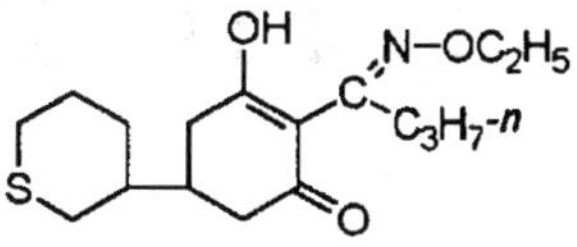　　　　　　　　　Focus

　　Selectone 结构与拿捕净相似,杀草谱相同,但活性却更高[168]。烯草酮(Select)作为土壤处理剂效果也很好[169],噻草酮(cycloxydim)的用量为 $0.1\sim0.15kg/ha$[170],在西欧和美国用来防除大部分一年生杂草,对多年生杂草也有较好的效果。

　　这类除草剂不抑制种子发芽,禾本科杂草的根及茎叶均能吸收药剂,并向上向下传导至茎叶处后,药剂被迅速吸收,通过韧皮部向分生组织传导。不同植物的吸收与传导存在着差异,它们药效的发挥较为缓慢,全部显现活性,一般需要较长时间。

　　拿捕净对光、热不稳定,在土壤中残效期短,易淋溶,降解迅速,干燥土壤中,2周内活性全部丧失,而在湿润土壤中残效期可达 4 周。

4.12.2.2　仙治

　　1982 年 Shell 公司开发的仙治(cinmethylin)[171],具有与植物性抑制剂 Cinole 相似的基本结构。

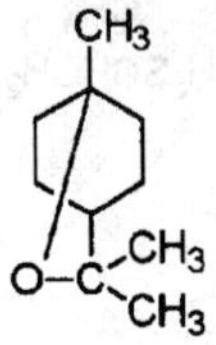

Cinole 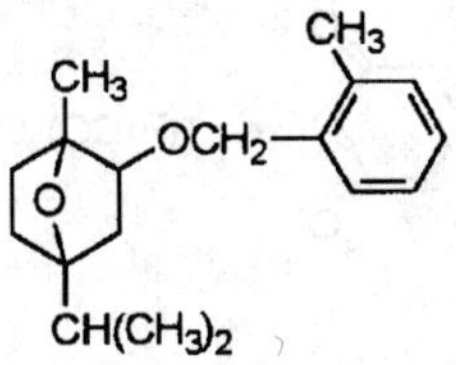   Cinmethlin

它是一种选择性芽前除草剂,用于大豆、棉花等阔叶作物田中防除禾本科杂草。这种药剂在土壤中的吸附能力很强,主要存留在土表,在土中的移动性极小。仙治被植物幼根幼芽吸收后,抑制根芽生长点的细胞分裂而使杂草死亡。

4.12.2.3 无机除草剂

很多无机化合物均可用作除草剂,近年来应用较多的是氨基磺酸 NH_2SO_3H 及氨基磺酸铵 $NH_2SO_3NH_4$,这两种化合物吸潮后易被水解。各种硼化合物亦可作除草剂,如带有 10 个结晶水的四硼酸钠(Borax,$NaB_4O_7 \cdot 10H_2O$)为非选择性除草剂,不仅对野生动物及鱼类毒性低,而且有阻燃的性质。偏硼酸钠($NaBO_2$)也具有相似的活性。

氯酸钠是一最普遍使用的脱叶剂,也曾用于防除铁道路基的杂草。砷化物由于它的毒性,现已不作除草剂使用。

4.13 除草剂解毒剂

除草剂广泛使用后,常会引起残留毒性对后荐作物的危害,过量使用、误用及异常气候条件也可导致药害,近来出现的一些高效品种,由于其选择性差,不能在敏感作物田中使用,影响了应用范围。为了解决除草剂给作物带来的伤害,从 60 年代末逐渐开展了除草剂解毒剂的研究。

关于"解毒剂"(antidotes)一词,至今尚有不同意见。有人认为它易与人类使用除草剂中毒后之解毒混淆,因此提出以"安全剂"(safener)或"拮抗剂"(antagonist)来代替。至今在文献中这三个词均有人使用。

最早提出解毒剂这一概念的是 Hoffmann[172],他在 1947 年偶然发现 2,4,6-三氨苯氧乙酸对在蕃茄上使用的 2,4-D 有解毒作用,后来发现 2,4-D 用于小麦上对燕麦灵有解毒作用,直到 1969 年他发现萘二甲酸酐(NA)对于多种除草剂具有解毒作用后[173],才开始商品化,付诸实际应用。用重量的 0.5% 的 NA 处理玉米种子时,可以避免菌达灭(EPTC)的药害。

现将目前国际上已商品化的解毒剂主要品种介绍如下:

4.13.1 萘二甲酸酐(NA)

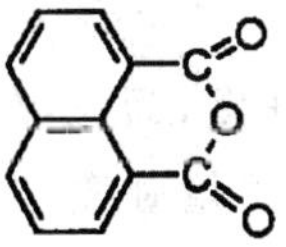

此药剂是最早开发的第一个化学解毒剂,系 1972 年由 Culf Oil 公司进行商品化,商品名为"protect",可使玉米在喷施大剂量菌达灭(EPTC)或其它硫代氨基甲酸酯类除草剂时获得安全保护。硫代氨基甲酸酯类除草剂主要是抑制叶绿体中不饱和脂肪酸的生物合成,而 NA 则可阻碍这种抑制作用,从而防止所造成的药害[174]。在 NA 存在时,即使使用 8 倍剂量的氯磺隆,仍然对玉米有保护作用。如使用其它除草剂,用量可超过常量的 2～4 倍。其作用原理有时是加速了除草剂在植株内的降解速度。

4.13.2 N,N-二烯丙基-2,2-二氯乙酰胺(R-25788)

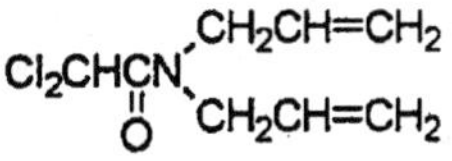

这是美国原 Stauffer 公司开发的[175],主要用作玉米的生理选择性解毒剂,可用于解除那些结构与 R-25788 相类似的各类除草剂对玉米的毒性。目前已商品化的品种:如与 EPTC 复配的制剂,商品名称为 Eraclicane,它可用作种衣剂,也可作土壤处理剂。R-25788 对其它作物如高粱、水稻、小麦、大麦及豆类仅有较低的保护水平。除草剂与植物体内谷胱甘肽轭合,有可能丧失毒性,R-25788 的作用之一是可以增加植物体内谷胱甘肽的含量及提高谷胱甘肽 S-转移酶的活性,从而对玉米产生保护作用。下式为谷胱甘肽与甲草胺轭合物结构:

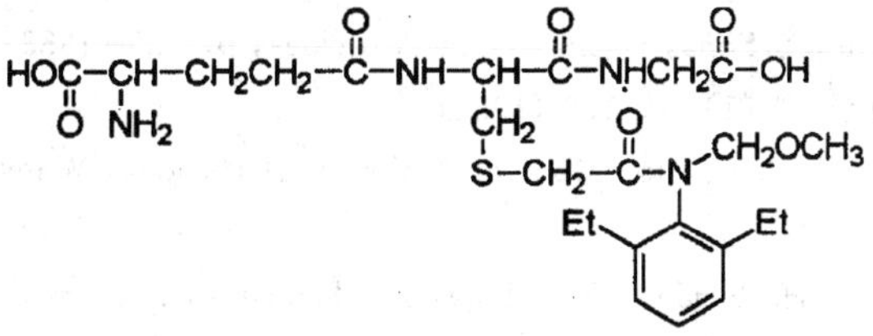

由于 R-25788 能使玉米的抗药性提高,所以就可以施用较高剂量除草剂以取得较好的效果,特别是欧洲玉米地中由于广泛应用 2,4-滴与均三氮苯除草剂,造成抗性杂草时,就很有必要提高玉米的选择性。

4.13.3 氰基甲氧基亚氨基-苯基-乙腈(CGA43089 cyometrinil)

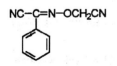

该药剂由 Ciba-Geigy 公司开发[176],用作种衣剂,在使用异丙甲草胺时保护高粱,它可使高粱胚芽鞘对异丙甲草胺的吸收下降,防止异丙甲草胺导致高粱幼苗叶片蜡质衰退。

4.13.4　1-(2,4-二氯苯基)-5-三氯甲基-1H-1,2,4-三唑-3-甲酸乙酯(fenchlorazole-ethyl，Hoe 70542)[117]

该品种于 1989 年商品化，由 Hoechst A. G. 开发，为三唑类除草剂解毒剂，与威霸(fenoxaprop-ethyl)混用，可增强麦类作物对除草剂的抗性，该混剂即为著名的小麦高效除草剂骠马。该解毒剂的作用是加速威霸在植株体内的降解作用，而不影响除草活性。

有关解毒剂的研究工作还是初始阶段，从实质上讲，它不过是除草剂的一种辅助手段，但考虑到扩大现有除草剂的应用以及非选择性除草剂在耕地上利用的可能性，它将成为除草剂领域中的一个重要课题。

参 考 文 献

[1] 近内诚登，植物の化学調節，**17**(1)，1 (1982)．

[2] 荻本宏，化学经济，p. 20 (1988)．

[3] 农牧渔业部农垦局农业处编，中国农垦农田杂草及防除，农业出版社，1987。

[4] 若林攻，日本農薬学会誌，12 (1)，p. 152～159 (1987)．

[5] Alan, D. Dodge, Pestic. Sci. , **20**, p. 301～313 (1987)．

[6] K. H. Bucheled, John Wiley & Sons, Chemistry of Pesticides, p. 325 (1983)．

[7] 近内誠登，日本農薬学会誌，**9** (1)，p. 169 (1984)．

[8] F. M. Ashton, F. M. and A. S. Crafts. Mode of Action of Herbicides, Wiley. Interscience, New York, 1973．

[9] L. J. Audua. D. T. ed. , Herbicide: Physiology, Biochemistry, Ecology, 2nd, Academic Press, Inc. New York, 1976．

[10] P. C. Kearney, D. D. Kaufmaneds, Herbicide: Chemistry Degradation and Mode of Action, Vol. 1～2, Marcelbekker Inc. , New York and Basel, 1975．

[11] K. H. Buchel, ed. , Chemistry of Pesticides, p. 328, John Wiley & Sons, (1983)．

[12] A. D. Dodge, The Mode of Action of Herbicides, in D. H. Hutson and T. R. Roberts edited Progress in Pesticide Biochemistry and Toxicology, p. 163～197(1983)．

[13] 安田康等，新農薬の開発と市場展望，シーエムシー編輯出版(1987)．

[14] K. G. Tiejen, et al. , Pestic. Sci. **31**, p. 65～72 (1991)．

[15] A. Trebse, Pesticide Chemistry Proceeding of The 7th International Congress of Chemistry (IUPAC) Hamburg 1990, ed. Hclmut Frehse p. 111～120．

[16] Mazur & Falco, Plant Resistant to Photosynthesis Inhibitors, The Development of Herbicide Resistant Crops. Annu. Rev. , Plant Physiol. Plant Mol. Biol. , **40**, p. 441～470 (1989)．

[17] E. P. Fuerst, M. A. Norman, Weed Science, **39**, p. 458～464 (1991)．

[18] B. A. Schwetz, et al. , in E. H. Blair, ed. Adv. Chem. Ser. , **120**, p. 55 (1973)．

[19] R. Potoruiy, J. Am. Chem. Soc. , **63**, p. 1768 (1941)．

[20] R. P. Steinkoenig, C. E. Entemann, U. S. P. 3257453 (1966)；C. A. **65**, 7104F (1996)．

[21] B. J. Heywood, Brit. P. 739513 (1958); C. A. **52**, 19001F (1958).

[22] B. J. Heywood, Brit. P. 739514 (1958); C. A. **52**, 19002B (1958).

[23] Richard H. F. Manske, U. S. P. 2471575 (1949); C. A. **43**, 7509 (1949).

[24] M. J. Skeeters, U. S. P. 2740810 (1956); C. A. **50**, 9682d (1956).

[25] D. G. Crosby, A. S. Wong, J. Agric. Food Chem. , **21**, 1052 (1973).

[26] M. A. Loos, in P. C. Kearney et al.', ed. Herbicides Chemistry, Degradation and Mode of Action, 2nd edition, Marcel Dekker Inc. New York and Basel, p. 61〜97 (1969).

[27] R. Cremlyn, Pesticides Preparation and Mode of Action, p. 145 (1979).

[28] M. H. Zimmerman, A. E. Hitchcock, Contr. Boyce Fhompson Inst. , **12**, p. 321〜343 (1942).

[29] J. D. Fryer, S. A. Evans eds. Weed Control Handbook, 5th edn. Blackwell, Oxford (1968).

[30] N. N. Melnikov, Chemistry of Pesticides Residue Rev. , **36**, 147 (1971).

[31] British Crop Protection Council, Pesticide Manual 2nd ed. (H. Martin ed.), Worchester, England, (1971).

[32] Velsicol Chemical Corp. , General Bulletin No. 521〜522, March (1967).

[33] H. Koopman, J. Paams, Nature, **186**, 89 (1960).

[34] R. L. Wain, Nature, **200**, 28 (1963).

[35] R. F. Lisdemann (Diamond Alkai Co.), U. S. Pat. 2923634 (1960).

[36] T. A. Girard, D. X. Klein (Heyden New Port Chemical Corp.), U. S. Pat. 2848470 (1958).

[37] D. X. Klein, T. D. Girard (Heyden Newport Chemical Crop.), U. S. Pat. 3009942.

[38] Max. T. Goebel (Du Pont de Nemours, E. I. and Co.) U. S. 3391185 (1968).

[39] S. B. Richter (Velsicol Chemical Corp), U. S. 3013054 (1961); Brit. 901553 (1963).

[40] J. Yates (to Shell Research Ltd), Brit. 987253 (1961).

[41] T. J. Sheets, Weeds, **11**, 186 (1963).

[42] D. J. Foster, D. E. Reed. Jr. , J. Org. Chem. , **26**, 252 (1961).

[43] K. Carpenter, et al. , Weed Res. , **4**, 175 (1964).

[44] E. N. Ugochukwu, R. L. Wain, Chem. Ind. (London), 35 (1965).

[45] D. S. Frear, in P. C. Kearney et al. , ed Herbicide Chemistry, Degradation and Mode of Action, 2nd ed. Marcel Dekker. Inc. New York and Basel(1971).

[46] E. W. Bousquet, U. S. 2393086 (1944).

[47] K. C. Barrous, U. S. 2642354 (1951).

[48] H. Marayama, K. Kubo, et al. , (Tekkosha Co. Ltd) Japan 6817164 (1968).

[49] L. F. Fieser, M. Fieser, Advanced Organic Chemistry, Reinhold New York, p. 360(1961).

[50] P. C. Kiarney, et al. , Adv. Pest. Control. Des. , **6**, 1 (1965).

[51] A. S. Crafts, H. Drever, Weeds, **8**, 12 (1960).

[52] C. L. Foy, in P. C. Kearney and D. D. Kaufamn, Herbicides Chemistry, Degradation and Mode of Action, 2nd ed. Maral Dekker, Inc. , p. 432〜444(1975).

[53] H. E. Thompson, C. P. Swanson, A. G. Norman, Bot Gaz. , **107**, 476 (1946).

[54] C. W. Todd (E. I. du Pont de Nemours & Co. , Inc), U. S. 2, 655, 444〜447 (1953).

[55] O. Sherer, P. Heller, (Farbwerk Hoechst Akt. Ges) Ger. 1028986 (1958).

[56] O. Sherer, et al. , (Farbwek Hoechst A-G). Ger. 1189980 (1965).

[57] E. E. Gilbert, E. J. Rumanowski (Allied Chemical Corp.), Fr. 1320068 (1963).

[58] N. Makisami, et al. , (Shionogi and Co. Ltd.) Jpn. Kakai, Tokyo Koho 7903039 (1979).

[59] L. S. Jordan, C. W. Coggins, et al. , Weeds, **12**, 1(1964).

[60] J. D. Rosen, et al. , J. Agro. Food Chem. , **17**, 206 (1969).

［61］ H. Geissbuhler，H. Martin，et al.，in P. C. Kearney et al.，edited. Herbicides Chemistry，Degradation and Mode of Action，Marcel Dekker Inc. New York and Basel(1975).

［62］ D. D. Kaufman，J. Agro. Food Chem.，**15**，582 (1967).

［63］ G. D. Paulson，et al.，J. Agr. Food Chem.，**20**，867 (1972).

［64］ Hodogaya Chemical Co. Ltd.，Japan，21239 (1964)

［65］ Farben Farbriken Bayer，A. G.，Fr. 1339155 (1963).

［66］ Matolcsy，G.，Bordas，B. Hung. Teljes. 69811 (1973)；C. A. **80**，82439p(1984).

［67］ Ungvarsky，C.，et al. Czech. P. 146232 (1972)；C. A. **78**，124073f (1973).

［68］ V. Christian，A. Rudolf.，Ger. P. 2328340 (1973)；C. A. **80**，82440g (1974).

［69］ G. V. Walter，B. D. Eugene，Ger. P. 2247765 (1973)；C. A. **79**，31506e (1973).

［70］ T. R. Hopkins，J. W. Pullen，USP. 3203949 (1965)；C. A. **64**，645b(1966).

［71］ G. G. Still，Nature，**216**，p. 799～800 (1967).

［72］ E. Jaworski，J. Agr. Food Chem.，**12**，33 (1964).

［73］ J. M. Tiredje，M. L. Hagedorn，J. Agr. Food Chem.，**23**，77 (1975).

［74］ G. N. Prendeville，et al.，Weed Sci. **16**，432 (1968).

［75］ G. G. Still，et al.，Pestic. Biochem. Physiol.，**3**，87(1973).

［76］ A. Gast，E. Knüsli，H. Gysin，Experientia，**11**，107 (1955).

［77］ A. Gast，E. Knüsli，H. Gysin，Experientia，**12**，146 (1956).

［78］ J. T. Thdurston，et al.，J. Am. Chem. Soc.，**73**，2981 (1951).

［79］ C. T. Harris，et al.，Advan. Pest Control Res. **8**，1 (1968).

［80］ H. Gyain，E. Knusli，Swiss Pat. 329277；342784；3422785 (1954)；U. S. 2891855 (1955).

［81］ J. R. Plimmer，Residue Rev.，**33**，64 (1970).

［82］ H. O. Esser，G. J. Marco，in P. C. Kearney et al.，ed. Herbicides：Chemistry，Degradation and Mode of Action，2nd. edition，Marcel Dekker. Inc. New York and Bassel，p. 129～208(1975).

［83］ Plant Regulators，CBCC positive pata，series 2，National Research Council，Washington，D. C. June 1955.

［84］ E. F. Alder，et al.，Proc. North Central Weed Control Conf.，**17**，23 (1960).

［85］ B. Mario，Ger. P，2746787 (1978)；C. A. **89**，59768x (1978).

［86］ M. Lesterl，U. S. P. 3686230 (1972)；C. A. **77**，139792t (1972).

［87］ W. B. Ligett，U. S. P. 2654789 (1953)；C. A. **48**，12799a (1954).

［88］ Hooker Chemical Corp. Neth. P. 6509522 (1966)；C. A. **65**，10527e (1966).

［89］ C. J. Soderquist，et al.，J. Agri. Food Chem.，**23**，304 (1975).

［90］ R. C. Brian，Rep. Sgmp. Physicochem Biophys. Pancl. Soc. Chem. Ind.，**42**，1502 (1969).

［91］ J. L. Hilton，et al.，Weed Sci.，**20**，290 (1972).

［92］ T. J. Giacobbe，et，al.，J. Agric. Food Chem.，**25**，p. 320～323 (1977).

［93］ J. E. Casida，et al.，Science，**184**，573 (1974).

［94］ 杉山弘成，有机合成化学协会誌，**38**，p. 555～563 (1980).

［95］ S. C. Fang，M. George，Plant Physiol. Suppl. 37，XXVI (1962).

［96］ S. C. Fang，M. George，et al.，J. Agri. Food Chem.，**12**，37 (1964).

［97］ H. F. Wilson，D. H. McRae，U. S. P. 3080225 (1963)；C. A. **59**，2114a(1963).

［98］ J. W. Orrin，Eur. P. 19388 (1980)；C. A. 94，156538h (1981).

［99］ E. R. William，T. R. James，Eur. P. 22610 (1981)；C. A. **94**，208557k(1981).

［100］ G. Thomas，J. T. Grace，Ger. P. 3227846 (1983)；C. A. **98**，160424t(1983).

［101］ Swithenbank，C. Braz. Pedido PL BR 8207541 (1984)；C. A. **102**，45626z (1985).

［102］Orr，G.L.，F.D.Hess，Plant Physiology，**69**，p.502～527(1982).

［103］吉岡俊人，新農薬の開発と市場展望，シーエムシー編集部，p.122～161 (1987).

［104］H.Ohyama，S.Kuwatsuka，日本農薬学会誌，**3**，p.401～410 (1978).

［105］E.F.Eastin，Plant Physiol.，**44**，1397 (1969).

［106］坂田五常等，日本農薬学会誌，**10**(1)，p.61～67(1985).

［107］Petrov，S.F.，et al.，U.S.S.R.P.384824 (1973)；C.A.**79**，92195z (1973).

［108］A.Otto，P.Theodor，Ger.P 3337043 (1985)；C.A.**104**，19409c(1986).

［109］Nissan Chemical Industries，Ltd. Japan P.57197270 (1980)；C.A.**98**，198276j(1983).

［110］James，H.，H.Chan，et al.，J.Agric. Food Chem.，**23** (5)，1008 (1975).

［111］O.O.Wink，et al.，J.Agric. Food Chem.，**32** (2)，p.187～192 (1984).

［112］J.S.Peek，et al.，Proc. BCPC-Weeds，p.789～796 (1985).

［113］W.Lothar，et al.，Ger.P.3709340 (1988)；C.A.**110**，114854b (1989).

［114］Franz.J.F.，et al.，J.Org.Chem.，**29**,2592(1964).

［115］M.Rudolf，et al.，Ger.P.3151450 (1983)；C.A.**99**,139979p(1983).

［116］M.Rudolf，et al.，Eur.P.91593 (1983)；C.A.**100**，51606t (1984).

［117］L.G.Edward，Eur.P.74282 (1983)；C.A.**99**，122494d (1983).

［118］A.J.Benjamin，Jr.，L.George，Eur.P.35893 (1981)；C.A.**96**，69044s (1982).

［119］Stephens，J.A.，U.S.P.3577375(1968)；C.A.**69**，106252g (1968).

［120］M.Willy，F.Werner，Eur.P.44809 (1982)；C.A.**96**，217888n (1982).

［121］G.Wolfgang，et al.，Ger.P.2027436 (1971)；C.A.**76**，99535g (1972).

［122］P.W.Christian，Eur.P.73627 (1983)；C.A.**99**，70753r (1983).

［123］H.J.Volney，et al.，Eur.P.187489 (1986)；C.A.**107**，7205g (1987).

［124］M.Fritz，et al.，Ger.P.4005116 (1991)；C.A.**115**，231712t (1991).

［125］E.Zoltan，et al.，Ger.P.2213602 (1972)；C.A.**78**，3988z (1973).

［126］J.A.Dwayne，Eur.P.94821 (1983)；C.A.**100**，120671z (1984).

［127］H.C.Lee，Eur.P.162723 (1985)；C.A.**104**，207313r (1986).

［128］T.B.Ray，Pesticide Biochem. Physiol. Vol.17，p.10～17 (1982).

［129］吉崗俊人，新農薬の開発と市場展望，シーエムシー編集部，p.122～161 (1987).

［130］Percival，A.，Pestic. Sci.，**31**，569(1991).

［131］Kleschick，W.A.，et al.，Eur.P.142152 (1985)；C.A.**103**，196117f (1985).

［132］C.Ainsworth，Org. Synth.，**40**，99 (1960).

［133］Allen，W.W.，U.S.P.2670282 (1954)；C.A.**48**，6642d (1954).

［134］K.Kawakubo，et al.，Plant Physiol.，**64**，774～776 (1979).

［135］Matsui，Takashi，et al.，Japan.P.76138672 (1976)；C.A.**87**，39475e (1977).

［136］Nagai，Shigeyoshi et al.，Japan.P.79151969 (1979)；C.A.**93**，26437t (1980).

［137］Konotsune，Takuo，et al.，Ger.P.2627223 (1976)；C.A.**86**，106580e (1977).

［138］Jojima，Teruomi，et al.，Japan.P.76146464 (1976)；C.A.**87**，23270y (1977).

［139］Stepek，W.J.，Nigro，M.M.S.，African ZA 8402266 (1985)；C.A.**105**，148198c (1986).

［140］Imperial Chemical Industries Ltd.，Belg.P.622407 (1963)；C.A.**59**，9999h (1963).

［141］Imperial Chemical Industries Ltd.，Neth.P.6603415 (1966)；C.A.**66**，28674j (1967).

［142］Imperial Chemical Industries Ltd.，Fr.P.1356547 (1964)；Fr.P.1357238 (1964)；C.A.**61**，8282E，4325B (1964).

［143］R.C.Brian，et al.，Brit.P.813532 (1959)；C.A.**55**，4541h (1961).

［144］R.J.Fielden，et al.，Brit.P.785732 (1957)；C.A.**52**，6707G (1958).

[145] R. F. Homet，Brit P. 857501 (1960)；C. A. **55**,12430D(1961).

[146] Floyd M. Ashton，Alden S. Crafts，Mode of Action of Herbicides，p. 192，Wiley. Interseience Publication，New York，London，Sydney，Toronto (1973).

[147] E. Sandor, et al. , Hung. Teljes. P. 19480 (1981)；C. A. **95**, 203331t (1981).

[148] S. L. Richarol, Ger. P. 2314134 (1973)；C. A. **80**, 3794z (1974).

[149] Fleming, Georg L. , M. R. John, Ger. P. 2139291 (1972)；C. A. **76**, 154820y (1972).

[150] Konotsune, Takuo, Kawakubo, Katsuhiko, Ger. P. 2513750 (1975)；C. A. **84**, 59449r (1976).

[151] Konotsune, Takuo, et al. , Ger. P. 2627227 (1976)；C. A. **86**, 106580e (1977).

[152] A. S. Crafts, Mode of Action of Herbicides, 2 Edition, John Wiley and Sons Inc. , p. 249 (1981).

[153] 若林攻,日本農薬学会誌, **12** (1), 153 (1987).

[154] R. Fraley, et al. , Abst. WSSA. **25**, 78 (1985).

[155] G. A. Thompson, et al. , Abst. WSSA. **25**, 78 (1985).

[156] A. M. Turmail, T. N. Jordan. , J. Proc. NCWCC. **39**, p. 98～99 (1984).

[157] Y. Konodo, T. Shomura, et al. , Report of Meiji Seika Kaisha, **13**, 34 (1973).

[158] K. J Tachibana, et al. , J. Pesticide Sci. **11**, p. 27～31 (1986).

[159] J. G. Turner, et al. , Physiol. Plant Pathol. , **20**, p. 223～233 (1982).

[160] M. Leason, et al. , Phytochem. , **21** (4), p. 855～857 (1982).

[161] M. Ueda, Hapan Pestic. Inform. , **23**, p. 23(1975).

[162] 大川秀印,農薬誌, **1**, 325 (1976).

[163] 炭田精造,上田実,植物の化学調節,Vol. 10 (1), p. 32～36 (1975).

[164] K. Mihara, et al. , J. Pestic. Sci. **1**, 207～218 (1976).

[165] M. Schuler, Ger. P. 1122935 (1962)；C. A. **57**, 11101c (1962).

[166] Luo, T. ,Belg. P. 891190 (1982)；C. A. **97**,38561z (1982).

[167] Jpn. Kokai Tokkyo Koho, 8168660 (1981).

[168] E. L. Knate, et al. , Res. Rep. NCRCC. , p. 270 (1985).

[169] Cheoron Chem. Comp. , Techn. Inform. Bull. (1985).

[170] J. S. Pect, et al. , Proc. BCPC-Weeds, p. 789～796 (1985).

[171] 大川秀印,農薬誌,**1**, 325 (1976).

[172] O. L. Hoffmann, Plant Physiol. , **28**, 622 (1953).

[173] O. L. Hoffmann, et al. , Proc. N. C. Weed Control Conf. , **17**, 20 (1960).

[174] R. E. Wilkinson, et al. , Weed Sci. , **23**, 100 (1974).

[175] Stauffer Chemical Company, Technical Information, Agricultural Research Centre, Stauffer Chemical Company, A-10414, (1972).

[176] J. F. Ellis, et al. , Weed Sci. , **28** (1),p. 1～5 (1980).

[177] Proc. Brighton Crop Prot. Conf. weeds ,Vol. 1,p. 77～82 (1989).

5

植物生长调节剂

5.1 引　言

　　植物种子的发芽、茎叶及根的伸长、开花、结实、种子的休眠等不同生长阶段的连续与交替,是一个十分复杂的过程,但却是按照一定的生命循环进行着,这种循环由遗传信息精密地操作和控制,即由内源生长调节物质来发挥作用。这些生长过程还受外部条件巧妙地调节,如光照、温度、水分等的变化将导致植物内部生长调节物质的质和量发生变化,巧妙地调节了植物的生长、分化、代谢。一些化学物质也可调节植物的生长过程。植物生长调节剂可分为内源性及外源性两种,前者一般称为植物激素(plant hormones),后者称为植物生长调节剂(plant growth regulators),是人工合成的化学物质,它们在植物体内不一定存在,但却具有与植物激素相似的作用,也能调节植物的生长发育过程。

　　植物生长调节物质与除草剂之间进行严格的区分是有一定困难的,这里所指的植物生长调节剂是那些能影响植物生长,但却不会使植物致死的物质,因此,“调节生长型除草剂”当排除在外。典型的内源植物生长调节剂如乙烯,在高剂量使用时亦可杀死植物;而某些除草剂在低剂量使用时,亦能对植物的生长及生理活动产生有益的作用(如用光合作用抑制剂来增加植物中蛋白质的含量)。

　　植物生长调节物质的研究开始于1928年生长素的发现。1934年Kögl检定出第一个天然激素3-吲哚乙酸(IAA)。赤霉素的植物生理作用也是20年代由日本人报导的。后来相继发现了其它内源植物激素:乙烯(1962年),细胞分裂素(1964年),脱落酸(1965年)。与此同时,也相继发现一些化合物具有明显的植物生理调节作用,它们或者是与内源植物激素有相似的作用,或者是具有拮抗作用。

　　现在,植物生长调节剂已发展成为农药中的一类。杀虫剂、杀菌剂和除草剂都是用来防治作物的外敌、改善作物的生长环境的;而植物生长调节剂则是直接地作用于作物,控制作物的生长向着有利于人类的方向发展,因此,对于农作物的增产、增收、改良品质均具有十分重要的作用。

　　至今世界农药市场中,植物生长调节剂的销售额约为9亿美元,占世界农药销售额(138亿美元)的6.5%。最近,随着世界人口增长与粮食危机这一矛盾日益尖锐,作为可与育种相匹敌的,大幅度提高农业生产技术的化学品——植物生长调节剂愈来愈受到人们的重视。

5.2　天然植物激素

　　迄今发现的植物激素有生长素、赤霉素、细胞分裂素、脱落酸和乙烯,这是目前发现的被公认的五大类植物激素。有人把最近发现的油菜素内酯认为是第六类植物激素。

5.2.1 生长素

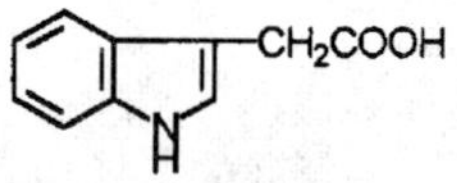

植物激素中最古老的是生长素,最初由荷兰人从人尿中分离出此物质,经检定为 3-吲哚乙酸(IAA)。

IAA

它普遍存在于各种植物体内,在根、茎、叶及花果中均存在,只是含量甚微。它的作用是促进茎细胞的伸长及促进插条生根,其生物化学基础及作用方式尚不清楚,但其作用可能包括使细胞壁松弛以利于细胞的伸长。植物体内的色氨酸经氧化脱氨、脱羧即产生吲哚乙酸:

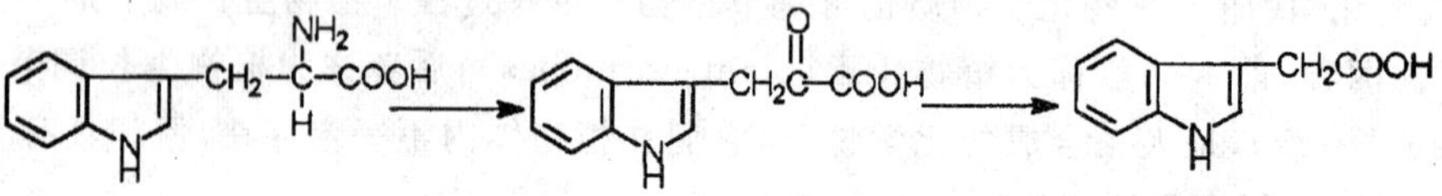

当然,这是一个较复杂的生物合成过程。而且,其在不断合成的同时也不断地被分解而失去活性,这就是植物的自身调节。

除 3-吲哚乙酸外,已发现的天然生长素还有 4-氯吲哚乙酸、吲哚乙腈及对羟基苯乙酸、苯乙酰胺等。

5.2.2 赤霉素

1926 年日本人黑泽发现水稻恶苗病可引起稻苗徒长,这是受恶苗病感染之故。1938 年日本东京大学农学部薮田首次从水稻恶苗病菌中提取得到晶体,称之为赤霉素(gibberellin)。战后,这一研究引起了世界的重视,积极开展这一方面的研究,从多种植物未成熟的种子内分离出 70 余种结构稍有变化的赤霉素,如:

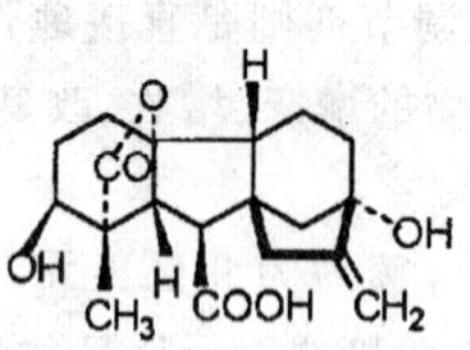

GA₁

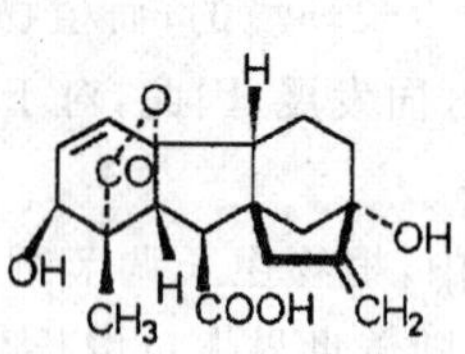

GA₃

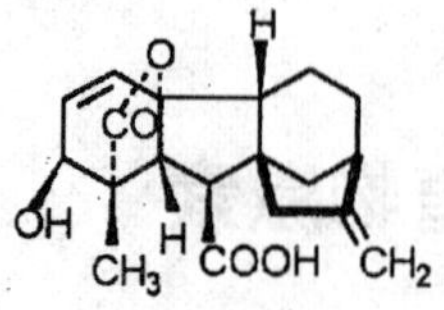

GA₇

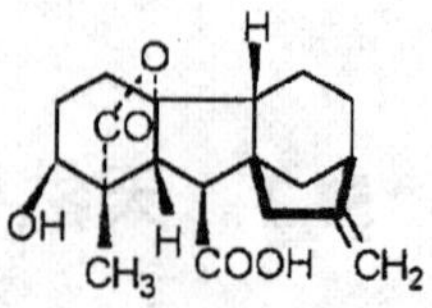

GA₄

其中有实用价值的是 GA₃。赤霉素可以促进细胞分裂及伸长,引起发芽种子中酶的生物合成,使矮小的突变株生长正常化,促进叶的伸长及生长,并可诱导开花。赤霉素也可通过改变植物生长素水平来起作用,控制细胞的伸长。赤霉素并不影响根的生长,却能打破芽及种子的休眠。

5.2.3 细胞分裂素

细胞分裂素(cytokinin)在高等植物中普遍存在,特别是在根茎尖、萌发及未成熟的种子中,它的作用是促进植物的细胞分裂,延缓叶绿素的降解及其它老化过程。全部内源细胞分裂素都是腺嘌呤的衍生物,其中最主要的是 1955 年发现的激动素和后来发现的玉米素。

将烟草茎切片置于含有生长素的培养基上培养,在切片处有细胞块或愈伤组织形成,从中分离出"Kinetin",即激动素,其化学名称为 6-呋喃甲基氨基嘌呤。后来又从玉米愈伤组织内分离出"Zeatin",即玉米素,其化学名称为 6-(4-羟基-3-甲基-2-丁烯氨基)嘌呤:

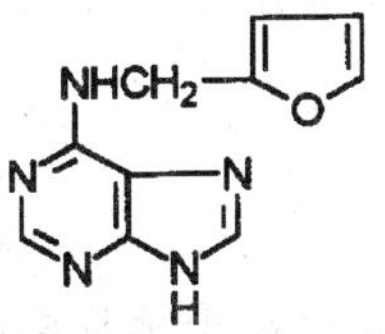

Kinetin 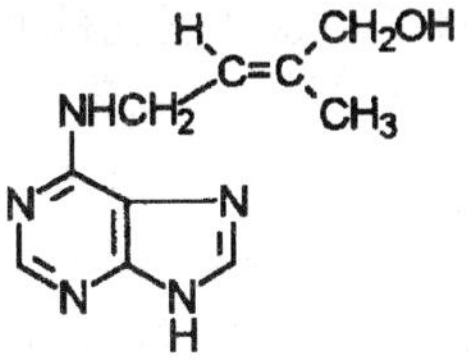   **Zeatin**

以后又陆续分离出十余种类似的物质,例如:

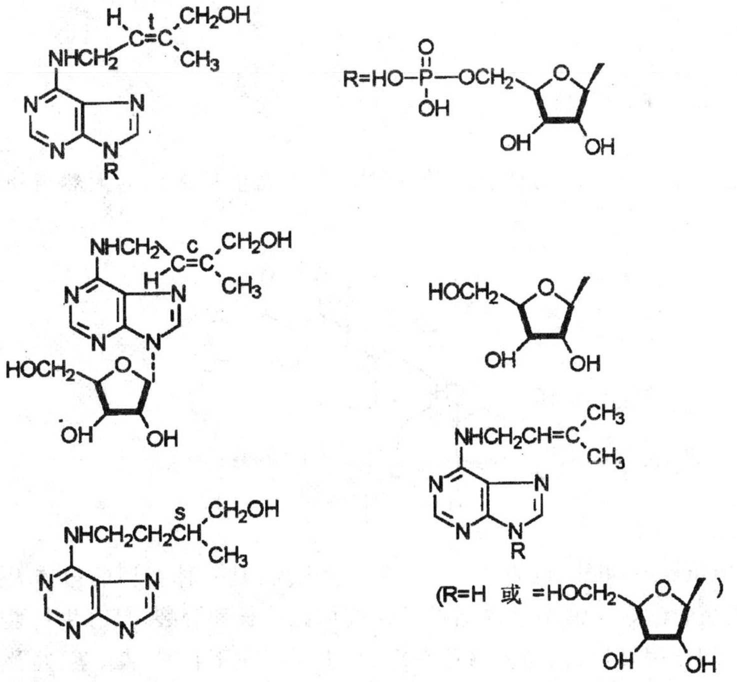

(R=H 或 =HOCH$_2$)

5.2.4 脱落酸

棉花开花结果后有大量的落果现象,1964 年,美国人从将要脱落的棉铃中分离出一种物质，称为 abscisin Ⅱ，译为脱落素 Ⅱ。同时，英国人分离出能引起树木新芽休眠的物质，称为 dormin，译为休眠素，其结构与 abscisin Ⅱ 完全相同。在 1967 年第六届国际植物生理会议上，决定统一将其称为 abscisic acid（ABA），即脱落酸。

天然存在的 ABA 是 s-ABA，其结构为：

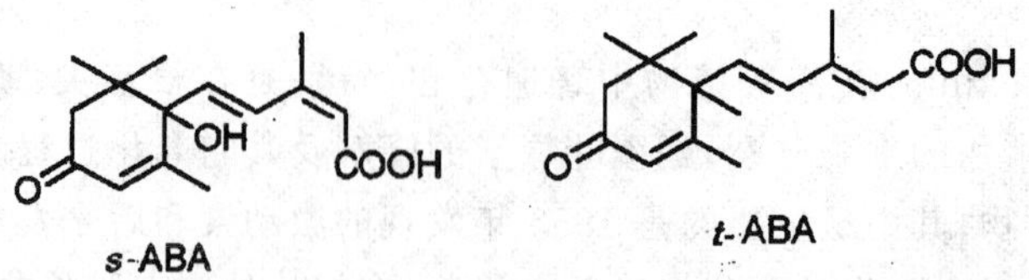

这两种化合物都具有大致相同的活性。种子、芽、块根的休眠与脱落酸的使用有密切的关系，脱落酸作用于无伤植物时可使其生长受到显著的抑制。它与前 3 种植物激素不同，是一种抑制型的植物激素，它还可抑制植物气孔的开闭，调节水分的蒸发。

5.2.5　乙烯

乙烯（CH₂＝CH₂）是结构最简单的植物激素，普遍存在于植物的根、茎、叶、花、果实中，是植物的代谢产物。乙烯可以抑制生长，促进开花、脱花及脱叶、催熟果实。本世纪初，人们就观察到乙烯催熟的现象，在过去很长一段时期并不把它看作植物激素，直到 60 年代确认植物体内存在乙烯，乙烯才被认为是植物激素，近年来已研究出一些化合物可以在植物体内释放出乙烯。

5.2.6　油菜素内酯

油菜素内酯[3,4]是 1970 年初被发现的一种具有极高生理活性的天然植物激素，其结构如下：

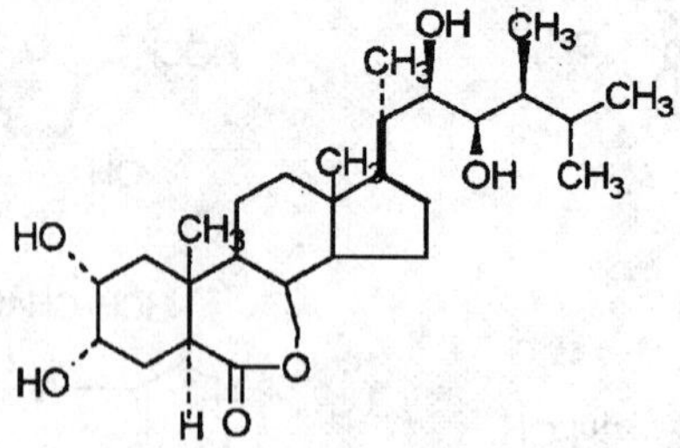

油菜素内酯（brassinolide）也叫油菜素、芸苔素内酯，是一种新型的甾体天然植物激素，有人称之为第六类植物激素。油菜素内酯可以促进细胞伸长和分裂，具有生长素、赤霉素及细胞分裂素的部分生理作用，但在植物体内存在极少，主要存在于花粉、花、茎、叶及种子内，在花粉中较多，也只有约十亿分之一。油菜素内酯是植物激素中生理活性最高的一种，具有广阔的应用前景，用0.1ppm的油菜素内酯喷洒小麦、玉米及水稻等作物，便可增产10％以上。

5.3 实用植物生长调节剂

5.3.1 生长素型植物生长调节剂

生长素的作用是疏松细胞壁,使细胞伸长,促进细胞生长。应用于生产中,生长素可促进插条生根,果实膨大,防止落花、落果,提高作物产量。

天然存在的生长素也可以人工合成[5、6],例如吲哚乙酸可按下式合成:

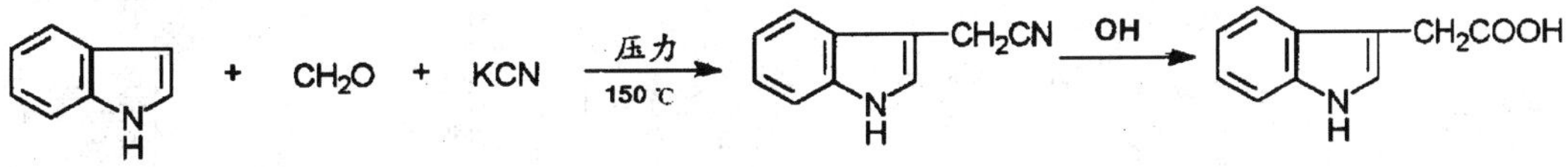

人们除了合成天然生长素外,还大量合成了非天然生长素,即生长素型植物生长调节剂,它们也具有与吲哚乙酸相似的活性,可以促进根系生长,促进开花、着果,促进果实肥大,达到增产的目的,主要品种列于表5—1中。

吲哚乙酸在水溶液中不稳定,在酸性介质中极不稳定,易被强光破坏,在植物体内也易被吲哚乙酸氧化酶所分解。但吲哚丁酸难溶于水,对酸稳定,也不易被植物中的氧化酶分解,而是代谢为吲哚乙酸。吲哚丁酸不易在植物体内运转,只在处理部位促进形成层细胞分裂,促进根系生长,因此只用于插条生根,提高成活率,不能用于植物叶部。

制备吲哚丁酸的主要原料是吲哚、乙基碘化镁、氯代丁腈[7、8]:

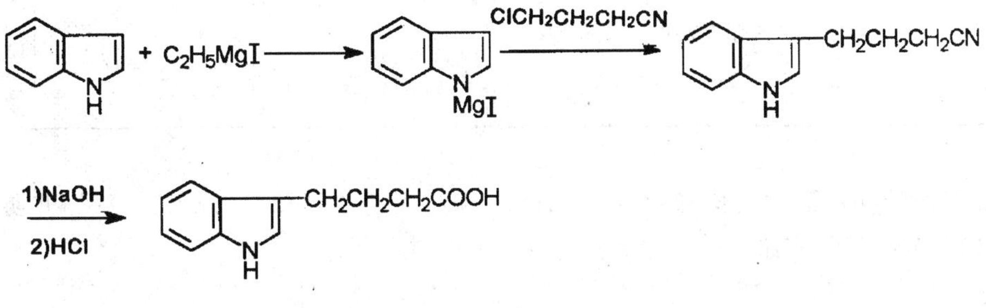

也可以用 γ-丁内酯一步合成:[9]

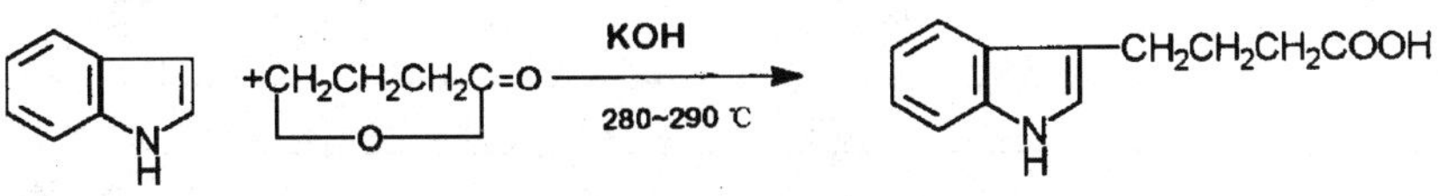

表 5－1　某些生长素

名　称	结　构　式	物化性质	毒　性	主要用途
吲哚丁酸 IBA	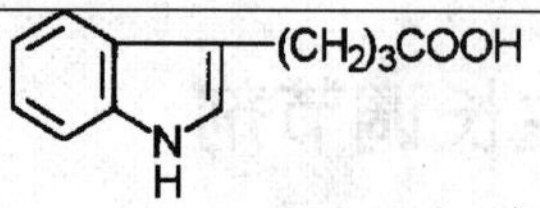 (CH₂)₃COOH（吲哚环，NH）	mp. 123℃～125℃ 不溶于水，溶于醇、醚	LD₅₀100mg/kg（小鼠注射）对人畜低毒	促进插条生根
吲熟酯 Ethychlozate	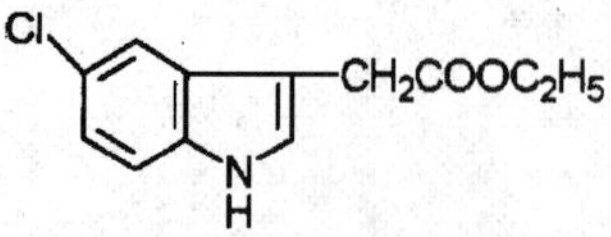 CH₂COOC₂H₅（5-氯吲哚）	mp. 75.7℃～77.6℃ 难溶于水，易溶于醇、酯等有机物	LD₅₀ 4800mg/kg（雄大鼠）或 1580mg/kg（雄小鼠）	促进桔子成熟及插条生根
萘乙酸 NAA	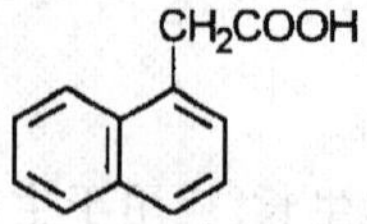 CH₂COOH（萘环）	mp. 130℃ s. 420mg/L（20℃）	LD₅₀1000～5900mg/kg（大鼠），670mg/kg（小鼠）	促进菠萝开花，防止落果，插枝生根
萘乙酰胺 NAD	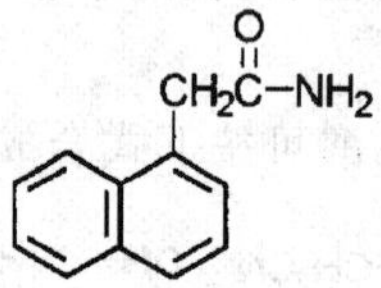 CH₂CONH₂（萘环）	mp. 182℃～184℃ 溶于热水、乙醚、苯中	LD₅₀1000mg/kg	花木、烟草插枝移栽时，促进根的生长
萘氧乙酸 BNOA	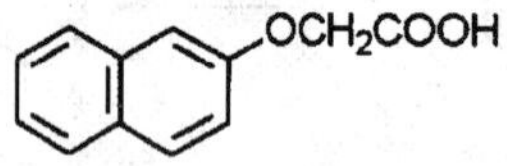 OCH₂COOH（萘环）	mp. 155℃～156℃ 难溶于水	低毒	促进着果及成长
增产灵	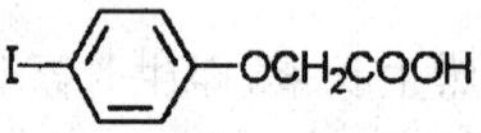 I—（苯环）—OCH₂COOH	mp. 154℃～156℃ 难溶于水，易溶于醇、醚	LD₅₀1872mg/kg（小鼠）	使大豆、水稻等增产
防落素 4-CPA	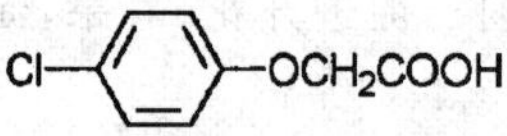 Cl—（苯环）—OCH₂COOH	mp. 157℃～158℃ 微溶于水，易溶于醇、酯	LD₅₀2000mg/kg（大鼠），1690mg/kg（小鼠）	改进蕃茄着果率及疏果
氯苯氧丙酸	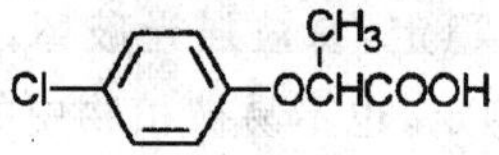 Cl—（苯环）—OCHCOOH(CH₃)			促进着果及成长
调果酸 choprop	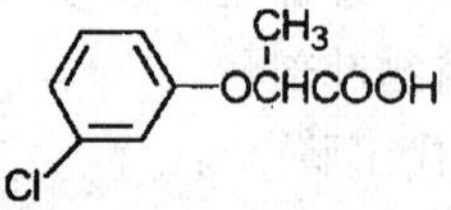 Cl—（苯环）—OCHCOOH(CH₃)	mp. 117.5℃～118.1℃ s. 350mg/L（20℃）易溶于大多数有机溶剂	LD₅₀ 3360mg/kg（雄大鼠经口）	增加菠萝等果实
座果酸 choxylonac	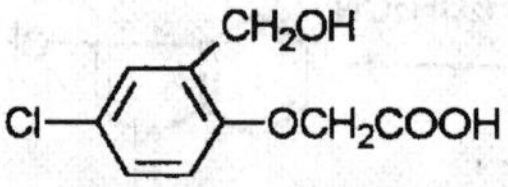 Cl—（苯环，CH₂OH）—OCH₂COOH	mp. 148℃ s. 2g/L（H₂O）	LD₅₀75000mg/kg（大、小鼠经口）	提高蕃茄、茄子等座果率

　　萘乙酸是吲哚乙酸的类似物，浓度为 15ppm 时，用于苹果和梨的疏花、疏果，并防止采前落果，它的合成有以下方法[10]：

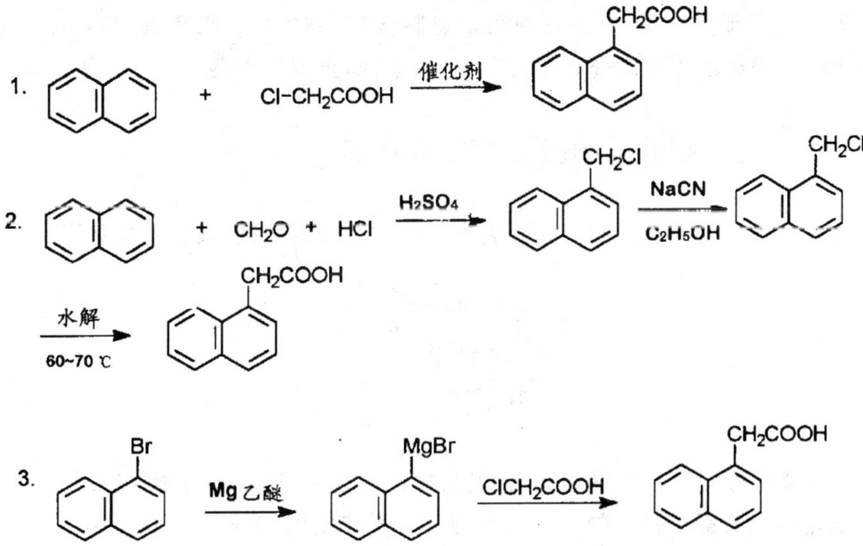

1.

2.

3.

而中间体 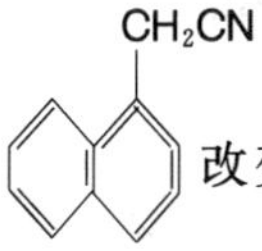 改变水解条件可形成另一植物生长调节剂萘乙酰胺[11、12]：

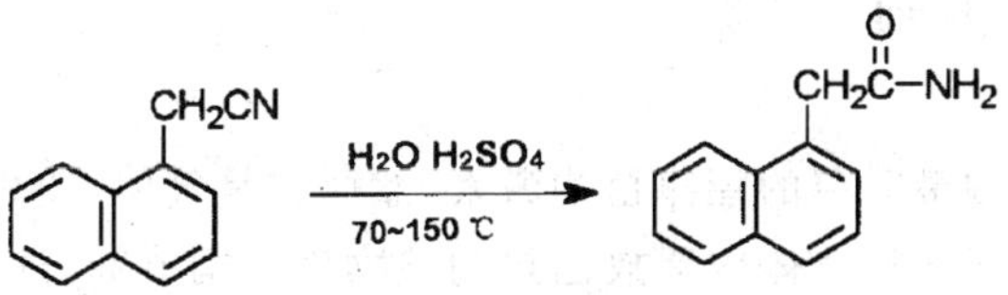

座果酸是茄子和蕃茄花期施用的座果剂，使果实大小均匀，它是由除草剂 2 甲 4 氯作原料按下式合成的[13]：

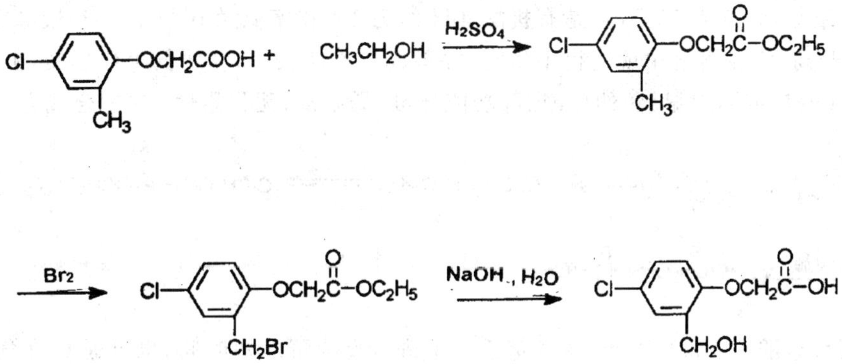

5.3.2　赤霉素（九二〇）

赤霉素主要通过发酵来生产，其中以 GA_3 为主，也有 GA_4 及 GA_7 的混合物，最近改良了发酵法，可以单一生产 GA_4。

赤霉素主要用途是种植无核葡萄，促进成熟及果实肥大，在盛花期两周前，开花后 10 天，用 100ppm 溶液浸渍处理两次，即可使葡萄无核，成熟期提前 2～3 周。赤霉素对谷物种子的 α-

淀粉酶的生物合成有促进作用,所以在啤酒工业制备麦芽时,用赤霉素处理,可以提高麦芽的 α-淀粉酶的活性。赤霉素还可促进开花,提高座果率,防止棉铃脱落。

5.3.3 细胞分裂素类植物生长调节剂

6-苄基氨基嘌呤是人工合成的细胞分裂素类植物生长调节剂,其结构式如下:

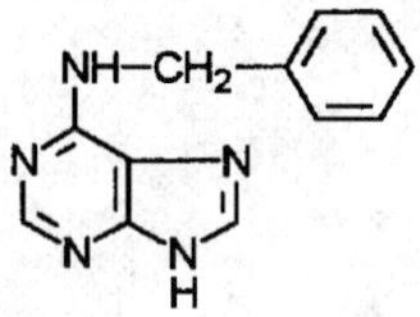

6-苄基氨基嘌呤可促进苹果果实增长,提高柑桔座果率,还用于蔬菜保鲜。

近年来发现合成的脲类衍生物也具有细胞分裂素的作用,例如:

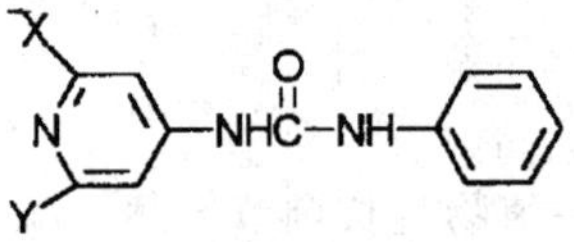

X=H, Y=CH₃, Cl, Br,F;
X=CH₃,Y=Cl;
X=Y=Cl;

5.3.4 乙烯发生剂

如前所述,乙烯是结构最简单的催熟植物激素,然而它是气体,使用很不方便,很难应用于生产,于是人们又合成了能在植物体内释放乙烯的植物生长调节剂,这就是乙烯发生剂。

5.3.4.1 乙烯利

乙烯利的通用名称是 ethephon,化学名称为 2-氯乙基膦酸,结构式为 $Cl-C_2H_4PO(OH)_2$,纯品为无色结晶,熔点为 75℃,它是有机酸,pH 约为 1。在室温及 pH3 以下时较稳定,随着温度及 pH 值升高,它在溶液中就变得不稳定,并释放出乙烯。乙烯利属低毒化学品,小白鼠 LD_{50}为 5110mg/kg(口服),对鼠、兔的血液、肝功能低毒,低胎毒,无积累性。它的合成方法如下[14]:

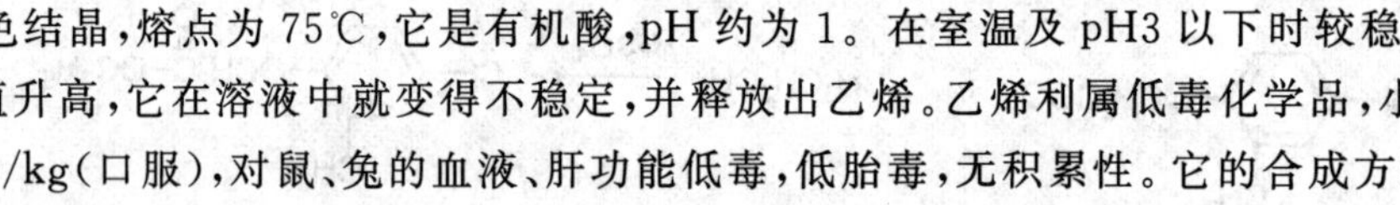

水解用浓盐酸在 100℃进行,在一定压力下进行反应可缩短时间,也可通 HCl 气于 175℃进行反应。

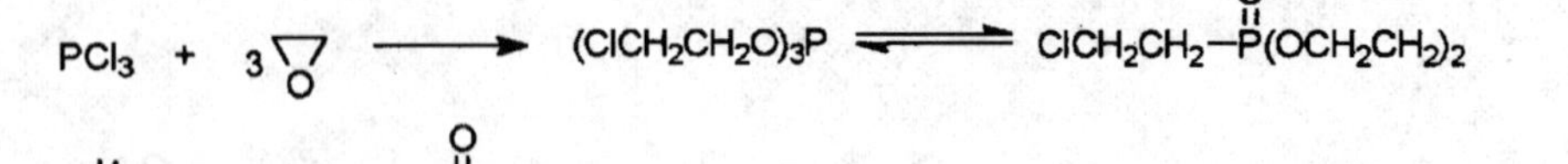

乙烯利能被植物迅速吸收,并被运转,在植物的细胞液(pH>4.1)里逐渐被分解并释放出乙烯:

$$ClCH_2 \overset{\frown}{C}H_2 \overset{O}{\underset{}{P}}(OH)_2 \xrightarrow[-HCl]{植物体内} HPO_3 + CH_2{=}CH_2$$

5.3.4.2　乙二膦酸

乙二膦酸又名 EDPA，化学名称为 1,2-次乙基二膦酸（1,2-ethanediylbisphosphonic acid），其结构式是：

$$(HO)_2\overset{O}{\underset{}{P}}{-}CH_2 - CH_2{-}\overset{O}{\underset{}{P}}(OH)_2$$

它是熔点为 220℃～223℃ 的白色晶体，其水溶液为酸性，被植物吸收后逐渐被分解并释放出乙烯，另一分解产物是磷酸。主要用于水果、棉花催熟。它的合成方法如下[15]：

$$(ClCH_2CH_2O)_3P + 2(PhO)_3P \xrightarrow{220\sim280\,℃} (PhO)_2\overset{O}{\underset{}{P}}CH_2CH_2\overset{O}{\underset{}{P}}(OPh)_2$$

$$\xrightarrow[140\sim150\,℃]{HCl} (HO)_2\overset{O}{\underset{}{P}}{-}CH_2CH_2{-}\overset{O}{\underset{}{P}}(OH)_2$$

5.3.4.3　含硅化合物

Ciba-Geigy 公司于 1972 年开发了一种含硅的可以释放乙烯的化合物——双-(苄氧基)-2-氯乙基甲基硅烷，它可以作为桃子及其它果树的疏果剂，其结构式为：

$$(\langle\text{Ph}\rangle{-}CH_2O)_2\overset{CH_3}{\underset{}{Si}}{-}CH_2CH_2Cl$$

和乙烯利一样，这一新结构的含硅化合物在有水存在时，逐渐被分解而放出乙烯，这是由于形成了极强的 Si＝O 键：

$$(\langle\text{Ph}\rangle{-}CH_2O)_2\overset{CH_3}{\underset{}{Si}}{-}CH_2CH_2Cl \xrightarrow[-PHCH_2OH]{H_2O} \langle\text{Ph}\rangle{-}CH_2O{-}\overset{CH_3}{\underset{OH}{Si}}{-}CH_2 \overset{\frown}{} CH_2{-}Cl$$

$$\xrightarrow{-HCl} CH_2{=}CH_2 + \langle\text{Ph}\rangle{-}CH_2O{-}\overset{CH_3}{\underset{}{Si}}{=}O$$

乙烯是一种天然激素，它的主要作用是促进老化，这一作用是乙烯所专有，有关类似物如丙烯则几乎无活性。

5.3.5　植物生长抑制剂

如前所述，脱落酸能显著抑制植物生长，但合成的类似物由于价格昂贵尚未应用于生产，目前人工合成的并已应用于生产的生长抑制剂，结构不同，数量也很多，对其主要品种现分述如下。

5.3.5.1 抑芽醚（M-2）

抑芽醚是 1939 年开发的抑制剂，它的化学名称是 α-萘甲基甲醚，结构式为：

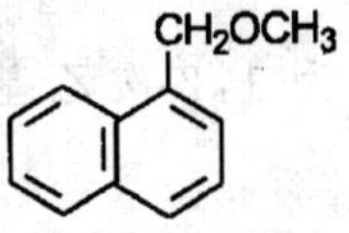

它是以萘、甲醛、甲醇为原料合成的[16]：

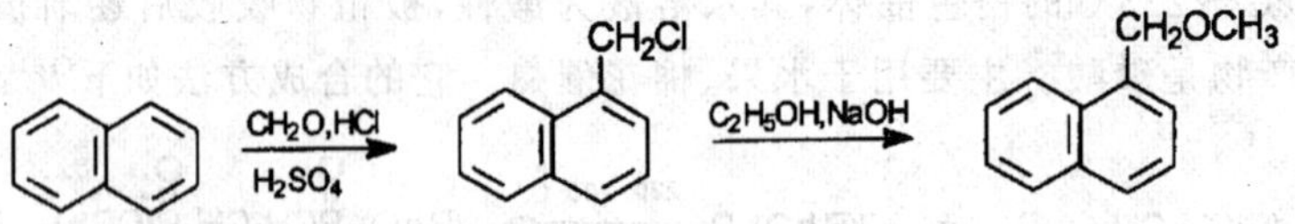

抑芽醚的主要用途是抑制马铃薯发芽。

5.3.5.2 抑芽丹（MH）

抑芽丹是 1949 年开发的最早使用的抑制剂，它可由顺丁烯二酸酐与肼缩合而得[17]：

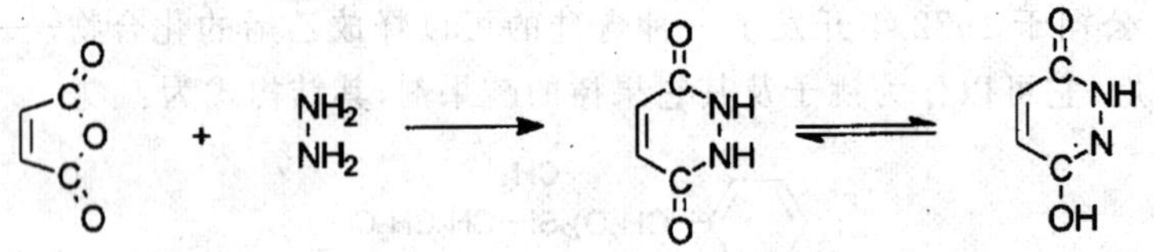

抑芽丹是抑制被处理植物新生组织的细胞分裂，但不影响细胞扩大。作为一种矮化剂，它可以降低杂草生长的速度，抑制烟草及某些树木根的生长，防止洋葱、马铃薯储藏时发芽。

5.3.5.3 矮壮素（CCC）

矮壮素是美国氰胺公司 1957 年开发的品种，化学名称为(2-氯乙基)三甲基氯化铵，纯品为白色结晶固体，熔点为 245℃（分解），易溶于水，在中性或酸性介质中稳定，但在碱性介质中不稳定。矮壮素是由下面的方法合成的[18]：

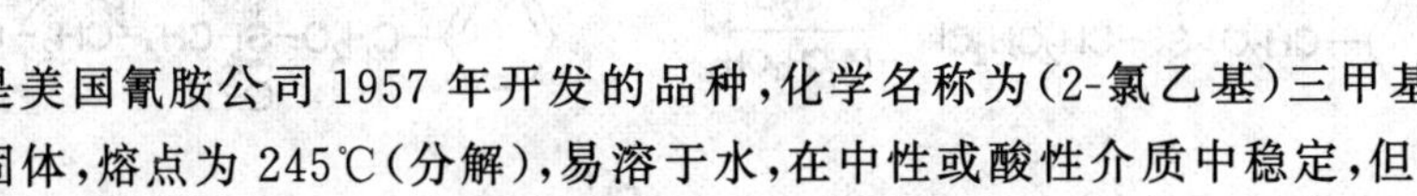

矮壮素是植物生长抑制剂，可以使被处理的植物茎部缩短，减少节间距。从而使植株变矮，茎杆变粗，叶色变绿，叶片加宽、加厚，增加抗倒伏能力，有利于机械化收获。此外允许使用更多的肥料，增加抗虫、抗病的能力，因此广泛应用于小麦、稻、棉花、烟草、玉米等作物，还可防止棉花落铃，增加马铃薯及甘薯的产量。

矮壮素延缓生长的性质可能是由于抑制了赤霉素的生物合成，已证明矮壮素可以抑制稻恶苗病菌产生赤霉素，因此，矮壮素对高等植物的作用是竞争性地抑制赤霉素的作用。矮壮素抑制细胞伸长，而不抑制细胞分裂。

5.3.5.4　矮健素

矮健素是南开大学元素有机化学研究所于 1970 年开发的品种,是利用生产环氧氯丙烷的副产物研制成的一种新植物生长抑制剂。它的化学名称是(2-氯丙烯基)三甲基氯化铵,其化学物理性质与矮壮素相似。它的合成方法也同于矮壮素的合成[19]:

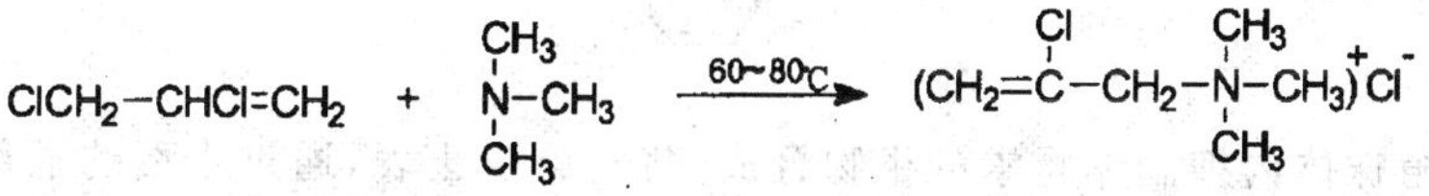

$$ClCH_2-CHCl=CH_2 \; + \; \underset{CH_3}{\overset{CH_3}{N}}-CH_3 \xrightarrow{60\sim80℃} (CH_2=C\overset{Cl}{\mid}-CH_2-\overset{CH_3}{\underset{CH_3}{N}}-CH_3)^+Cl^-$$

2,3-二氯丙烯是生产环氧氯丙烷的 1,2,3-三氯丙烷与氢氧化钠进行消除反应制得的:

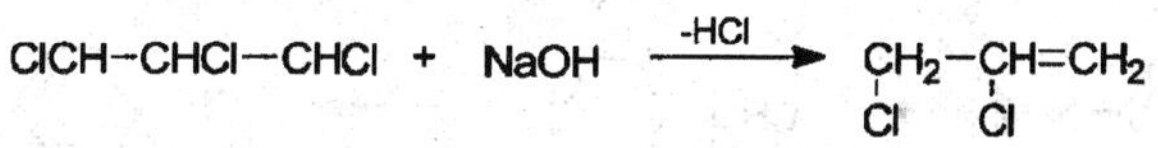

$$ClCH-CHCl-CHCl \; + \; NaOH \xrightarrow{-HCl} \underset{Cl}{CH_2}-\underset{Cl}{CH}=CH_2$$

反应可在乙醇或水溶液中进行,也可用固碱反应。

同样,矮健素在植物体内的作用只抑制植物细胞伸长,而不抑制细胞分裂,可使植株变矮,茎秆增粗,可防止麦类倒伏,防止棉花徒长,减少蕾铃脱落,一般可使小麦增产 10%～30%,棉花增产 11%～33%。

5.3.5.5　抗倒酯(CGA163935)

抗倒酯是 Ciba-Geigy 公司 80 年代开发的植物生长调节剂,化学名称为 4-环丙基(羟基)亚甲基-3,5-二氯代环己烷羧酸乙酯,结构式如下:

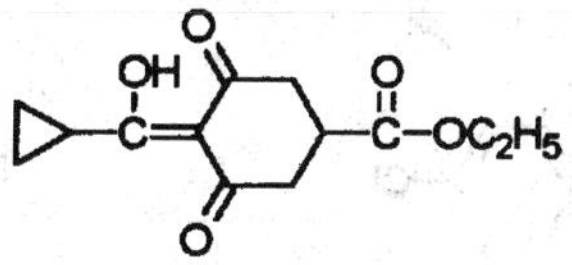

它按下面反应式合成[20]:

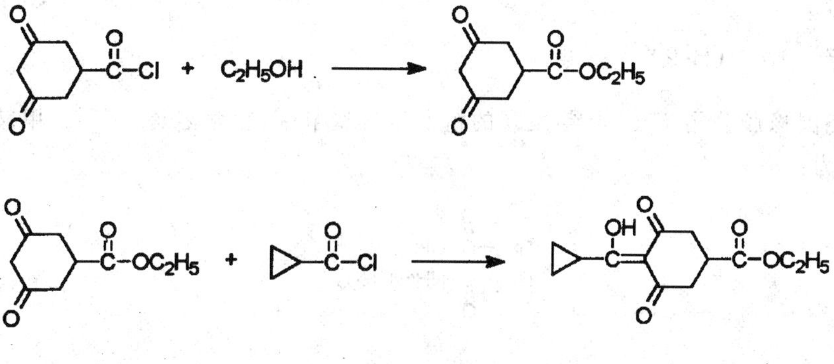

抗倒酯是生长抑制剂,被植物叶部吸收后可传导到枝条,减少节间距,抗倒伏,应用于禾谷类作物、水稻和草皮上。

5.3.5.6　抗倒胺(inabenfide)

抗倒胺是日本在 80 年代开发的专门用于抗水稻倒伏的植物生长抑制剂,它的化学名称是

4′-氯-2′-(α-羟基苄基)异菸酰替苯胺,其结构式如下:

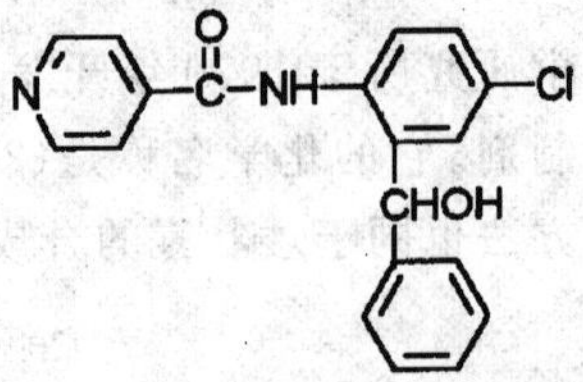

抗倒胺在水稻植株体内抑制赤霉素的生物合成,将它施于土表,通过水稻的根部吸收,能够缩短稻杆的长度及上部叶长度,提高抗倒伏能力,同时增加千粒重和穗数,从而提高产量。其合成方法如下[21、22]:

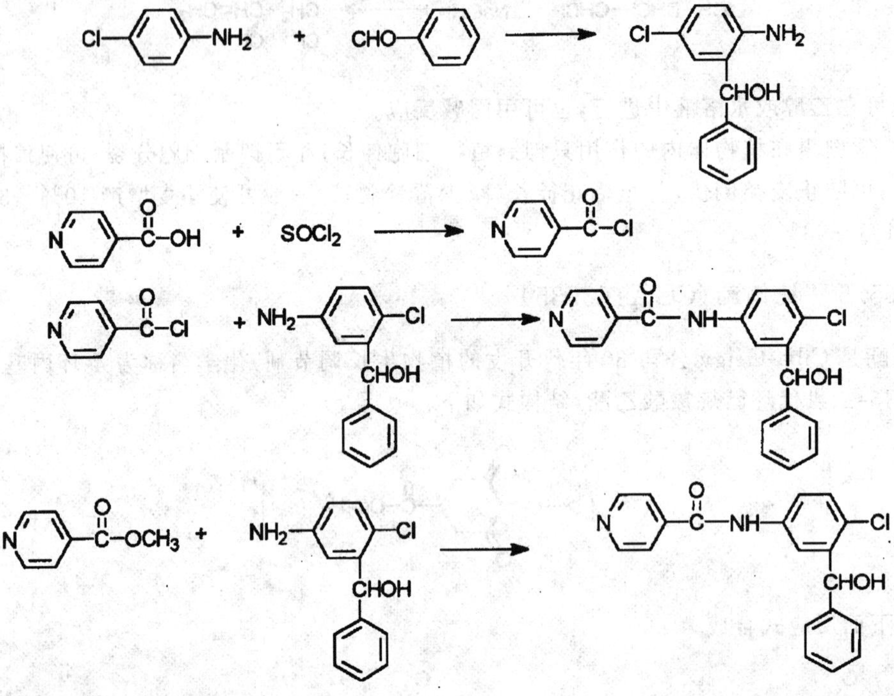

5.3.5.7　比久(B-9)

比久是美国橡胶公司于 1960 年发现的植物生长调节剂,化学名称为 N-二甲胺基琥珀酰胺酸,结构式为:

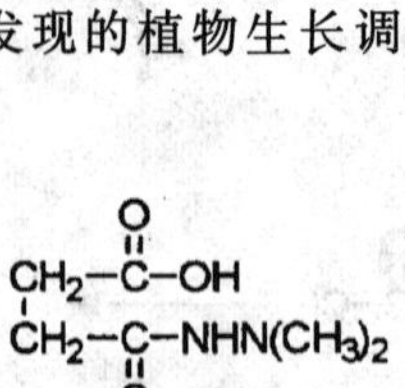

它是由丁二酸酐与 N,N-二甲基肼反应而制备的[23]:

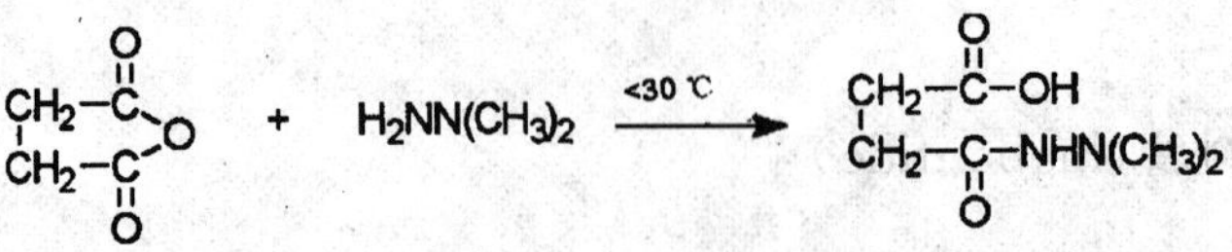

丁二酸酐是由丁二酸脱水制得：

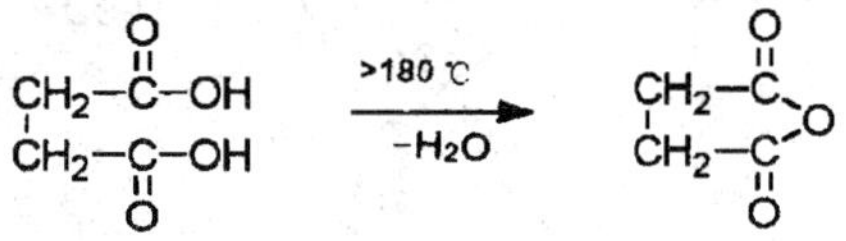

比久可以被植株的根、茎、叶吸收，并可在植株体内运转，抑制细胞分裂素和生长素的活性，从而抑制细胞分化，使纵向细胞变短，横向细胞增大，从而使植株变矮，很可能是干扰了赤霉素的生物合成。比久用于幼树新梢生长的抑制，使苹果树节间缩短，枝条增粗，叶片增厚，树冠矮化，同时还促进花芽分化，增加开花数量，使苹果幼树早结果。比久对桃树、梨幼树具有同样的效果，可提高葡萄的座果率及防止葡萄掉粒，还可防止马铃薯及花生徒长。比久还可应用于花卉，例如使菊花植株矮化，株型紧凑，使之更适于室内栽培。比久应用于蔬菜，例如叶面喷洒黄瓜、蕃茄幼苗，可延缓茎叶生长，缩短节间，矮壮植株，增强抗旱、抗寒的能力。

5.3.5.8 棉花脱叶剂

早在 50 年代美国就开发了两个棉花脱叶剂，即脱叶磷（DEF）及脱叶亚磷（merphos），它们的化学名称分别为 S,S,S-三丁基-三硫赶磷酸酯及 S,S,S-三丁基-三硫赶亚磷酸酯，结构式分别为 $(C_4H_9S)_3P=O$ 及 $(C_4H_9S)_3P$，二者对酸稳定，在碱性环境中水解。它们分别由下法合成[24]：

$$C_4H_9SH \quad + \quad POCl_3 \longrightarrow (C_4H_9S)_3P=O$$

$$C_4H_9SH \quad + \quad PCl_3 \longrightarrow (C_4H_9S)_3P$$

5.3.5.9 西力特（naptalam）

西力特是 1949 年发现其有除草作用及植物生长调节作用的。它可以影响植物正常根的向地性及茎的向光性，调节植物形态。它是由邻苯二甲酸酐和 α-萘胺合成而得[25、26]：

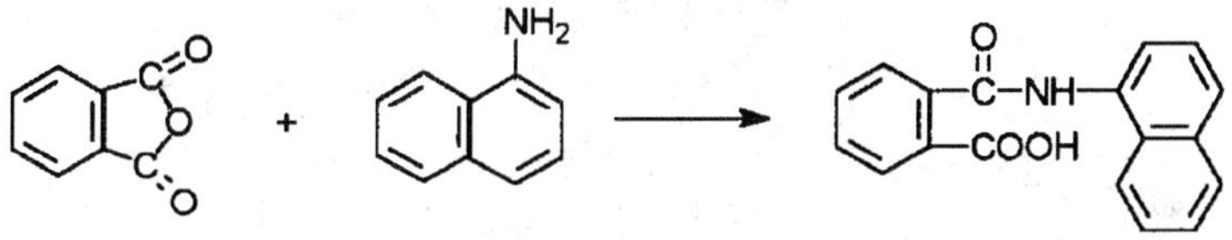

5.3.5.10 整形素等芴类衍生物

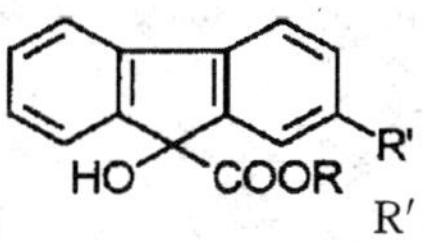

chloflurecol	R′=Cl,R=H
chloflurecol-methyl（整形素）	R′=Cl,R=CH₃
flurecol-butyl	R′=H,R=C₄H₉

整形素等芴类衍生物抑制植物顶端分生组织细胞的有丝分裂，影响植物正常根的向地性及茎的向光性。这些化合物主要用来调节植物的形态，其作用可能是导致植物体内生长素的重新分布，干扰吲哚乙酸的传递。

芴类化合物的合成方法为[27]：

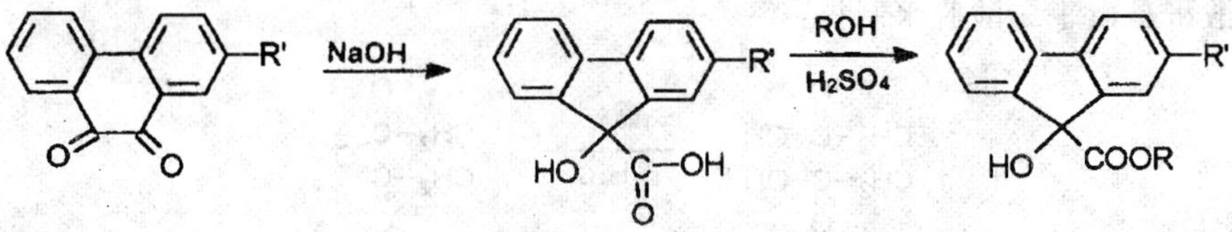

5.3.5.11　三环苯嘧醇(ancymidol)

三环苯嘧醇是 Eli-Lilly 公司于 1971 年开发的植物生长延缓剂,它可以降低植物茎部的节间距。该化合物的作用可因加入赤霉素而逆转,由此可以看出它是干扰赤霉素的生物合成。它可延长温室各种花卉(如菊花、一品红、百合花等)的花期至 5 周以上,它的合成方法如下[28,29]:

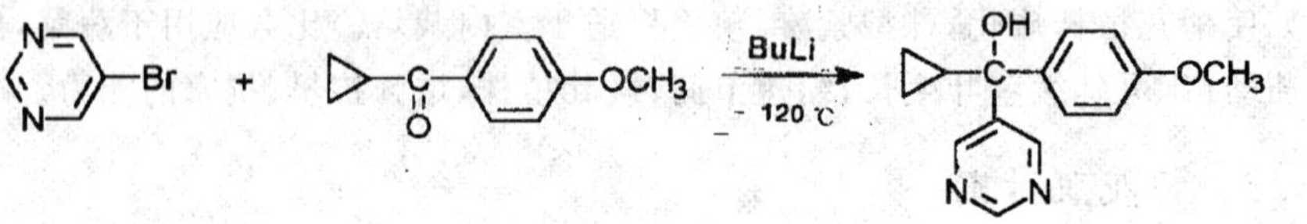

5.3.5.12　三唑类衍生物

三唑类化合物最初是为了筛选杀菌剂而合成的,但同时进行的除草试验中,发现这类化合物对多种植物显示出矮化作用,从而启发人们有可能将它们作为抗倒伏剂。于是近年来开发了重要的三唑类植物生长抑制剂,例如烯效唑(S-3307D)、多效唑(PP333)及抑芽唑(NTN-820)等重要品种,其共同点都是赤霉素生物合成的抑制剂,使植物矮化。

(1)多效唑(PP333)

多效唑的化学名称为(2RS,3RS)-1-(4-氯苯基)-4,4-二甲基-2-(1H-1,2,4-三唑-1-基)戊-3-醇,结构式为:

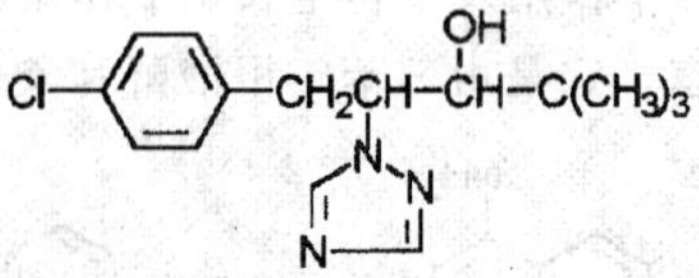

它的合成方法如下[30,31]:

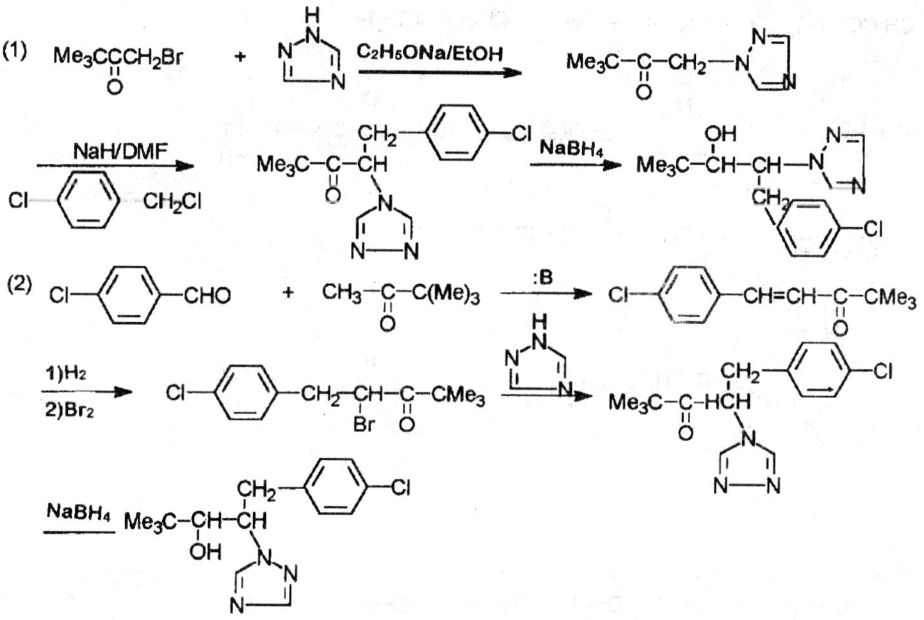

(1) Me_3CCCH_2Br + [triazole NH] $\xrightarrow{C_2H_5ONa/EtOH}$ $Me_3C\text{-}C\text{-}CH_2\text{-}N$[triazole] （O）

$\xrightarrow{NaH/DMF}$ Cl—〈〉—CH$_2$Cl →

$Me_3C\text{-}C\text{-}CH$（含对氯苄基及三唑基）$\xrightarrow{NaBH_4}$ 产物（OH, 三唑基, 间氯苄基）

(2) Cl—〈〉—CHO + $CH_3\text{-}C\text{-}C(Me)_3$ $\xrightarrow{:B}$ Cl—〈〉—CH=CH-C-CCMe_3（O）

$\xrightarrow{1)H_2 \ 2)Br_2}$ Cl—〈〉—CH$_2$-CH-C-CCMe_3（Br, O）

+ [triazole NH] → $Me_3C\text{-}C\text{-}CH$（对氯苄基, 三唑基）

$\xrightarrow{NaBH_4}$ $Me_3C\text{-}CH\text{-}CH$（对氯苄基, OH, 三唑基）

　　多效唑易被植物的根、茎、叶吸收，并通过木质部运转到接近顶部的分生组织，减缓植物细胞的伸长和分裂，从而减慢植物生长速度，使茎秆缩短，植物矮化，防止倒伏，提高产量。用于水稻、麦类、棉花、果树、蔬菜以及观赏植物都有显著效果。多效唑是植物生长抑制剂，但又可通过使用赤霉素使其逆转。多效唑还是杀菌剂，可防治锈病和白粉病。

　　(2) 烯效唑(S-3307D)

　　烯效唑的化学结构有 4 种异构体，业已证明(E)-体活性最高：

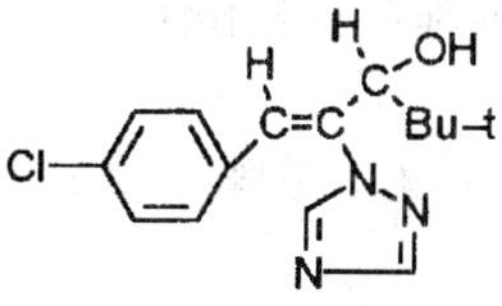

(Z)-(R) 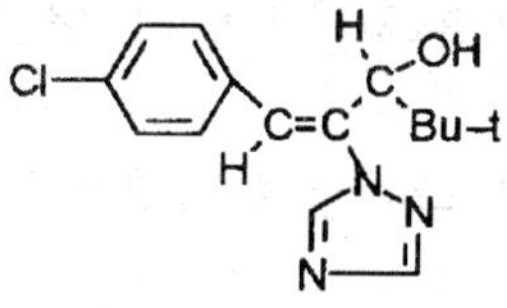　　　　(E)-(R) 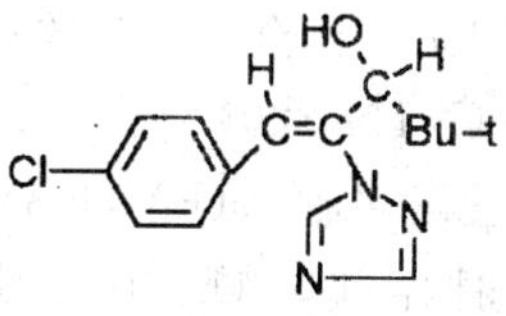　　　　(Z)-(S)

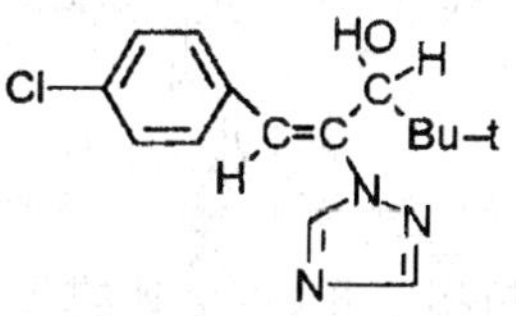

(E)-(S)

　　烯效唑的合成方法如下[32]：

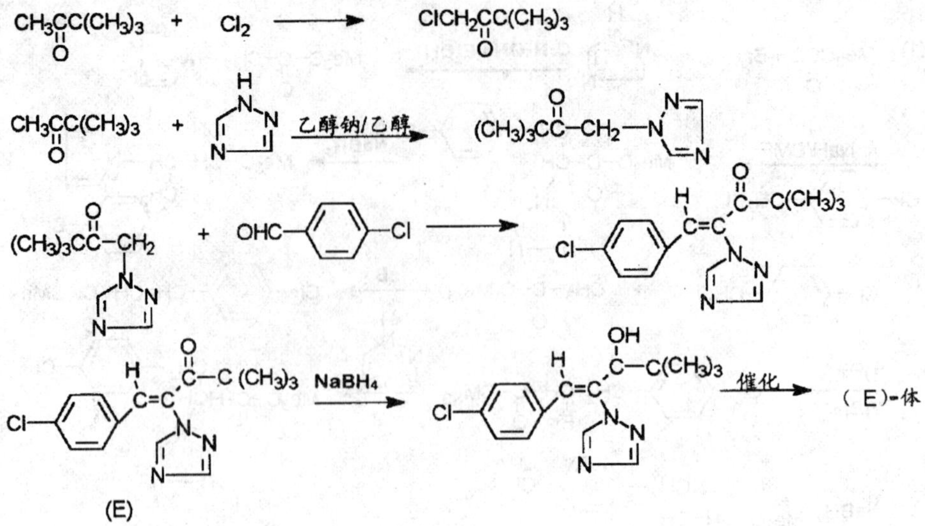

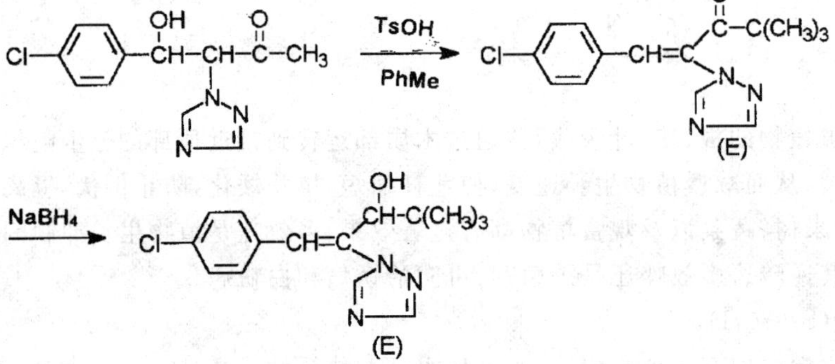

烯效唑的抑制生长作用同多效唑,对单、双子叶植物均有强烈的抑制生长作用。

(3)抑芽唑(NTN-820)

抑芽唑的化学名称为(E)-(RS)-1-环己基-4,4-二甲基-2-(1H-1,2,4-三唑-1-基)戊-1-烯-3-醇,它也有 4 种异构体,(E)-体活性最高:

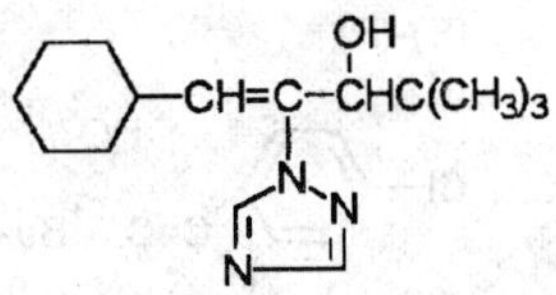

抑芽唑的合成方法也是从频哪酮开始,得到的 Z-和 E-酮通过胺催化剂异构为 E-异构体,然后再还原为抑芽唑[33]:

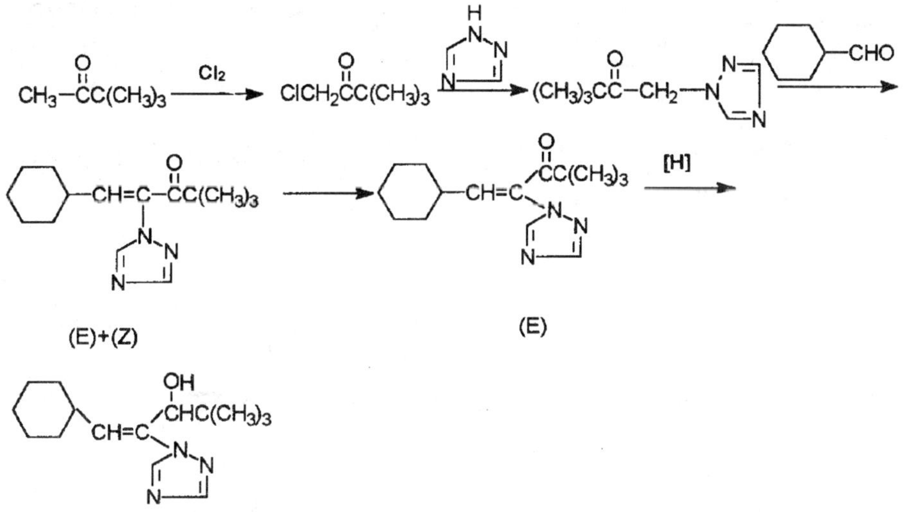

抑芽唑是赤霉素生物合成抑制剂，主要抑制茎杆生长，不抑制根部生长，通过根、叶吸收可抑制双子叶植物生长，只有通过根吸收才能抑制单子叶植物生长。抑芽唑同样具有杀菌作用。

5.3.6　其它植物生长调节剂

5.3.6.1　增产醇(784-1)

增产醇的化学名称为 3-(α-吡啶基)丙醇，化学结构式为：

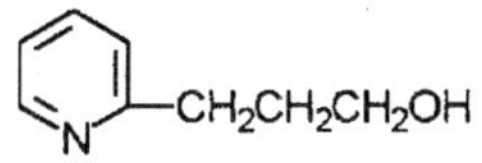

增产醇的增产效果是 1972 年美国 Allied 化学公司最早报导的[34]，1978 年南开大学元素有机化学研究所改进其合成方法，并使其应用在大豆、花生等作物，开发成为一种商品化知名产品。增产醇应用于花生，可提早出苗，提高出苗率，增加茎粗，提高饱果率；用于大豆也有同样结果，总的特点是抑制营养生长，促进生殖生长。增产醇还可应用于西瓜、玉米、小麦、水稻及果树等作物上。它的合成方法为[35]：

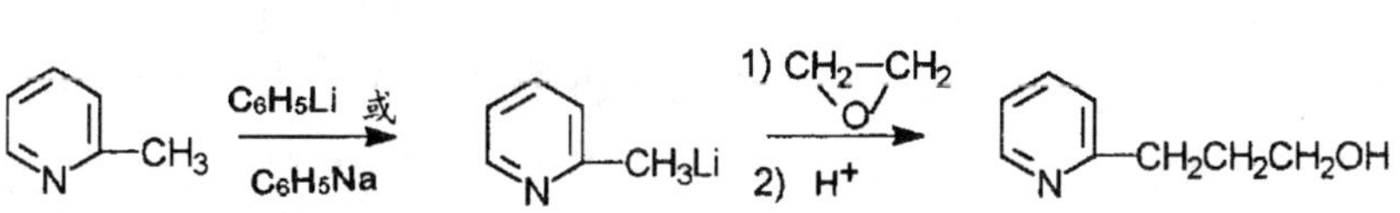

5.3.6.2　三十烷醇(TAL)

三十烷醇通用名称为 Ariacontanol，化学名称为正三十烷醇。1975 年美国密执安大学园艺学系 Ries, S. K. 从苜蓿叶中首先分离出三十烷醇，并发现其植物活性。试验证明，三十烷醇应用于小麦、玉米及大豆等作物，一般可增产 10% 左右。它的制备是从许多植物蜡和虫蜡，如蜂蜡中提取出来的。文献报导的合成方法是从二十四烷酸[36]或从环十二烷烯开始的[36]。例如，从环十二烷烯开始的合成路线是：

$$+ \ O\text{—}NH \longrightarrow O\text{—}N\text{—} \xrightarrow{CH_3(CH_2)_{16}COCl,\ Et_3N}$$

$$CH_3(CH_2)_5\text{—}CO\text{—} \xrightarrow[N_2H_4]{KOH} CH_3(CH_2)_{28}COOH \xrightarrow{Me_2S\ BH_3} CH_3(CH_2)_{29}OH$$

参 考 文 献

[1] K. H. Buchel, ed. Chemistry of Pesticides, A Wiley Intersince Publication, John Wiley &. Sons, New York (1983).

[2] R. Cremlyn, Pesticides Preparation and Mode of Action, (1979).

[3] Marumo, Shingo; Wad, Kojiro Shokubutsu no Kagaku Chosetsu. 1981, **16** (2), 149～157 (Japan); C. A. **97**, 121907n(1982).

[4] Suntory, Ltd. , Japan. P. **82**, 70900 (1982); C. A. **97**, 163330z(1982).

[5] Sankyo Co. , Japan. P. 161544(1944); C. A. **43**, 2236g (1949).

[6] Karl Bauer, Hans Andersag, U. S. P. 2222344 (1940); C. A. **35**, 18074 (1941).

[7] H. E. Fritz, U. S. P. 3051723 (1962); C. A. **57**, 13727g (1962).

[8] Kinziro Tamari, J. Agr. Chem. SOC. Japan, 16, 340-344 (1940); C. A. **34**, 69396 (1940).

[9] F. N. Stepanov, U. S. S. R. P. 66681 (1964); C. A. **61**, 13284h (1964).

[10] A. wolfram, et. al. , U. S. P. 1951686 (1934); C. A. **28**, 34233 (1934).

[11] V. Migrdichian, U. S. P. 2331711 (1944); C. A. **38**, 15345 (1944); Brit. P. 568264 (1945); C. A. **41**, 3582c(1947).

[12] W. Wenner, U. S. P. 2489348 (1949); C. A. **44**, 2559d (1950).

[13] J. Metivier, Fr. P. 1268627 (1960); C. A. **56**, 14169g (1962).

[14] Randall, D. I. , Stahl, C. R. , Ger. P. 1815999 (1969); C. A. **71**, 124668j (1969).

[15] Sommer, Klaus, Ger. P. 2158765 (1973); C. A. **79**, 53558a (1973).

[16] Farbenfabriken Bayer, Ger. P. 810199 (1951); C. A. **47**, 6596b (1953).

[17] W. D. Harris, D. L. Schoene, U. S. P. 2575954 (1951); C. A. **46**, 6161g (1952).

[18] R. Schoenbeck, et. al. , Austrian. P. 246116 (1966); C. A. **64**, 17422b (1966).

[19] 南开大学元素有机化学研究所,农药研究报告选集(1949～1979),科学技术文献出版社,重庆,p. 448～451(1981)。

[20] Brunner, H. G. , Eur. P. 126713 (1984); C. A. **102**, 112934p (1985).

[21] Shirakawa, Norio, et. al. , Eur. P. 48998 (1982); C. A. **97**, 23639g (1982).

[22] Shirakawa, Norio, et. al. Journal of Pesticide Science (Japan), **15**(2), 283～294 (1990).

[23] United States Rubber Co. , Neth. P. 6401247 (1964); C. A. **63**, 15464h (1965).

[24] K. H. Rattenbury, J. R. Costello, U. S. P. 2493107; C. A. **54**, 20876e (1960).

[25] A. E. Smith, O. L. Hoffmann, U. S. P. 2556664 (1951); C. A. **45**, 8194c (1951).

[26] A. E. Smith, A. W. Feldman, U. S. P. 2701760 (1955); C. A. **49**, 6536i (1955); U. S. P. 2893855 (1959); C. A. **53**, 18371 (1959).

[27] H. Gilman, R. D. Gorsich, J. Org. Chem. , **23**, 550～551(1958); C. A. **52**, 17207f (1958).

[28] Elliott, R. , et. al. Eur. P. 272813 (1988); C. A. **110**, 8250k (1989).

[29] Hirsch, K. S. , Brit P. 2134388 (1984); C. A. **102**, 12360e (1986).

[30] Balasubramanyan, S. , et al. , Ger. P. 2737489 (1978); C. A. **88**, 184647n (1978).

[31] Balasubramanyan, S. , Pesti. Sci. , **15**(3), 296～302 (1984).

[32] Funaki, Yuji, et. al. , Eur. P. 54431 (1982); C. A. **97**, 216186r (1982).

[33] K. lüssen, W. Reiser, Pestic. Sci. , **19** (2), 153～164 (1987).

[34] Ku, Han San, Ger. P. 2333429 (1974); C. A. **81**, 34554w (1974).

[35] 杨石先,陈茹玉等,中国专利,851025870 (1985).

[36] Welebir, A. J. , U. S. P. 4167641 (1979); C. A. **92**, 6074g (1980).

[37] Parker, D. K. , Eur. P. 64021 (1982); C. A. **100**, 191354j (1983).

6

农药剂型与助剂

6.1 农药剂型

6.1.1 引言

农药剂型是指农药原药经过加工使之成为可用适当的器械应用的制成品。这种将原药变成使用形态的过程称为农药加工或农药制剂化。作为研究农药加工的农药制剂学,其主要任务就是研究农药使用性能设计和施用形式、配制理论和配方组成,以及制作技术和生产工艺、质量控制和质量指标与生物效果的关系等。本章不可能对农药制剂学作全面的论述,仅就农药剂型与助剂两方面,从化学角度予以介绍。

有效使用现代农药,最关键的问题是如何使药剂均匀分布于施用对象上。通常,施药时每公顷地需用常规有机农药有效成分的量是几百克,而现代超高效农药,如溴氰菊酯杀虫剂、草克星除草剂、氟硅唑杀菌剂等,每公顷用量只有十几克。据估算,以每公顷用有效成分150g 计,如果所有作物叶面上都能均匀地分布上药剂,则每平方厘米叶面上的有效成分只有 1.5×10^{-7}g,这么少的剂量要施布在如此大的面积上,而且要做到均匀分布,如果直接使用农药原药是不可能做到的,所以农药在使用前必需加工成一定剂型,经过稀释,采用适当的器械和施药方法,才能收到良好的防治效果。

农药施布的目标物如虫、菌、植物(包括作物与杂草)等,都有一层表皮组织,具有阻止药剂进入其体内的作用。昆虫的表皮含有一层蜡质,这类物质与水无亲合力,不易被水润湿。而任何一种药剂由体壁进入虫体时,必须在昆虫体壁润湿展布,否则将会从昆虫体表流失。昆虫未经骨化的膜状组织,如节间膜、触角、足基部及部分昆虫的翅等部位,药剂较易进入。昆虫表皮可以视为一个油/水(或蜡/水)的两相结构,上表皮代表油相,原表皮代表水相。当昆虫接触药剂以后,药剂溶于上表皮的蜡质层,然后按药剂的油/水分配系数进入原表皮层。在杀虫剂中,亲水性强且易溶于水的药剂,因不能溶于表皮的蜡质层而不能穿透表皮,所以这类药剂的触杀活性极小。脂溶性的药剂能溶于蜡质层,较易穿透上表皮。但能否继续穿透原表皮,则决定于药剂是否有一定的水溶性。此外,昆虫表皮中还有一种孔道组织,该组织有利于药剂向虫体内渗透。

植物叶的表皮外层主要是蜡质,内层主要是角质,角质层下面与细胞壁相邻接。由于药剂的亲水性与亲脂性的差别,所以渗入植物体内的程度也会有区别。植物根的表皮缺少蜡质和角质,因此容易吸收极性大的化合物。

从上述对农药目标物的表皮结构的简单介绍中可以看出,为使药剂能被虫或植物更好地附着、吸收、传导,也需要对原药进行加工,调节极性,使之能更好地发挥作用。除此之外,根据使用方法的不同,也要求有不同的加工剂型。

农药的使用方法是在掌握防治对象的发生发展规律、自然环境因素、药剂种类和剂型等特点的基础上确定的。常用的施药方法有:

喷雾法 农药以水溶液、悬浮液或乳状液的形式用专门的器械(喷雾器)、机器及飞机撒布到植物上。农药剂型中,除超低容量喷雾剂不需加水稀释而可直接喷洒外,液态可供使用的其它农药剂型,如乳剂、可湿性粉剂、水溶剂、胶悬剂以及可溶性粉剂等,均需加水调配成乳液、悬浮液、胶体液或溶液后才能供喷雾使用。影响喷雾质量的主要因素是:①药械对药液分散程度的影响;②液剂的物理化学性能对其沉积的影响,特别是液体的表面张力对药液分散程度的影响较大;③农药目标物的表面结构对药剂沉积量影响较大,如有茸毛或较厚蜡质层的植物叶面不易被液体润湿,不同昆虫体壁的湿展性差异有时也很大;④所用水质的好坏对药剂性能的影响,水质好坏主要是指水的硬度(Ca^{2+}、Mg^{2+}离子的含量),硬水会降低乳液和悬浮液的稳定性。

喷粉法 药剂以细粉状或粉状形式用专门器械(喷粉器)、机器及飞机撒布到植物上。良好的喷粉技术能使较多量的药粉在植物上均匀而持久地沉积。影响喷粉质量的因素有:①喷粉药械性能的影响,喷粉器在单位时间内的喷粉量应均衡稳定;②环境因素的影响,如风力、风向、上升气流、降雨、作物上的露水等;③粉剂的某些物理性能,如受潮、絮结等现象也会影响喷粉质量。

拌种法 用细粉或液状药剂与种子拌匀,使每粒种子外表均匀覆盖一层药剂,防止种子受病原菌和地下害虫的侵害,具内吸活性的药剂还可以防治幼苗期的病虫害。拌种时需要严格掌握适当的剂量,药量过大会造成药害。

熏蒸法 药剂以气体或蒸气的形式弥散于害虫、害物或病害病原体周围的空气中,使有害生物中毒。该法宜于在高大茂密作物及仓库中应用。

毒饵法 将药剂与害物食物一起做成毒饵,放于害物出没的地方,常用于地下害虫和害鼠的防治。

土壤施药法 将药剂施于土壤中,也称土壤消毒法,常用于具熏蒸作用或内吸活性的药剂,主要用于地下害虫、线虫和杂草的防治。具内吸活性的药剂也可防治其它害虫和病害。土壤中的某些无机物、有机物及雨水,往往造成药剂被吸附、分解或流失。

除上述几种常用的施药方法之外,浸渍法、浇灌法以及撒毒土法有时也在防治时应用。

农药从原药到药剂与防治对象发生反应,通常需经过三个过程(见图6—1)。首先,将原药加工成一定剂型,经稀释,使之成为可供一定施药方法应用的制剂,称为稀释过程;随后用一定的施药方法将稀释后的制剂均匀撒布于作物、土壤、水面或空气中,称为撒布过程;最后,制剂有效成分经溶解、气化、吸收、传导渗入昆虫、植物、微生物体表或内部组织,当到达作用部位后就会产生防治效果,称为扩散过程。为了提高扩散过程的效率,要求制剂中有效成分的溶出、气化、膜渗透性能要好。根据原药的性质和使用对象而设计制造的不同剂型的制剂,往往可以满足上述要求。

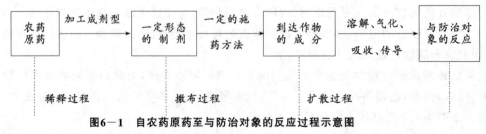

图6—1 自农药原药至与防治对象的反应过程示意图

农药剂型的分类方法较多,若按有效成分释放特性分类,可分为自由释放型和控制释放型。大多数常规农药剂型如粉剂、粒剂、乳剂、油剂、水剂等均属自由释放型,控制释放型主要是各种类型的缓释剂,包括物理型和化学型两类。若按施药方法分,可分为直接施用、用水稀释后施用和特殊施用三类。直接施用的剂型有粉剂、粒剂、毒饵、化学型缓释剂、大多数物理型缓释剂、油剂以及超低容量喷雾剂等。稀释后施用的剂型有可湿性粉剂、悬浮剂、乳剂、水剂等。特殊施用的剂型,有借助于加热使用的烟剂、烟熏剂、蚊香,有借助于压缩气体使用的气雾剂以及某些物理型缓释剂、各种熏蒸性片剂、蜡块剂等。最简单而便当的分类方法是按制剂的物态来分,我们可以将农药剂型分为固体剂型(干剂型)和液体剂型(湿剂型)两类。表 6—1 列举了这种分类方法,本章将主要采用此分类法。

表 6—1　按物态分类农药剂型[4~6]

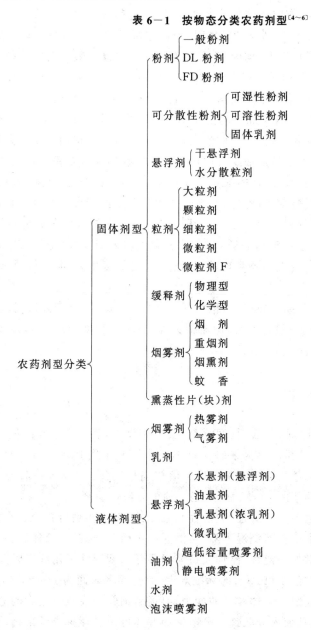

尽管目前世界上已有 50 多种农药剂型,我国生产和研究的剂型也已达 20 多种,但最重要的还是乳剂、粉剂、可湿性粉剂和粒剂。这四类剂型工艺成熟,产量大,应用广,是最基本的农药

剂型。后来发展起来的超低容量喷雾剂、悬浮剂、干悬浮剂、可溶性粉剂、烟雾剂、热雾剂、气雾剂、种衣剂以及控制释放剂和缓释剂等,目前在农药制剂中所占比重不大,适用的农药品种范围尚有一定局限,正处于发展之中。

6.1.2　粉剂

将原药、大量的填料(载体)及适当的稳定剂一起混合粉碎,所得到的一种干剂型称为粉剂。粉剂助剂除填料和稳定剂外,有时还要加抗结块剂、防静电剂和防尘防漂移剂。粉剂含有效成分一般在 10% 以下,大多数在 0.5%～5% 之间,因此它可以直接用器械喷粉或用飞机撒布。考察粉剂最重要的性能指标是细度、均匀度、稳定性和吐粉性。一般粉剂的粒径(细度)为 5～74 μm,平均粒径 44 μm,能通过 300～325 目筛的应达 98% 左右。粉剂的细度是衡量其优劣的一个重要指标,也是影响防治效果的重要因素。粒径在 10～30 μm 者不仅有好的附着力,而且也增加了对生物体的接触面积;小于 2 μm 者,由于本身易团聚而使附着力下降,粒径过大附着力也显著下降。粉剂是一种较老的剂型,在防治上曾起过重要作用,特别在需要大面积快速覆盖防治时,更能显示它的优越性。粉剂加工时所用稀释剂(填料)如滑石粉、粘土、硅胶等,资源丰富,便宜易得,故加工成本较低。粉剂的缺点是易漂流损失,污染环境;沉降性、粘着性差,不耐风吹雨打,农药回收率低,用药量大;此外,粉剂有效成分含量低,包装、贮藏、运输费用高。

除一般粉剂外,还有一种 FD 粉剂(Flo-Dust),即超微粉剂,它是将原药和助剂混合经超细粉碎而成的一种干制剂,粒径都在 5 μm 以下,有效成分含量与粉剂大致相同。FD 粉剂颗粒极小,喷洒后能任意漂移,易于附着在作物和防治对象上,且覆盖面积大,防治效果好,主要用于温室防治病虫害。

另一种所谓 DL 粉剂(Drift-Less Dust),即粗粉剂,是除去了 10 μm 以下微粉,粉径为 44～105 μm 的粉剂。由于它的颗粒比一般粉剂大,漂流损失少,在农作物生长后期喷洒,较易到达植株下部,污染范围小,但价格略高于粉剂。

6.1.3　可湿性粉剂[7]

它是将原药、填料、表面活性剂(分散剂、润湿剂)及其它助剂(稳定剂、抗结块剂、防漂移剂、掺合剂、展着剂)等一起混合并粉碎得很细的一种农药干剂型。它可用水稀释后形成稳定的可供喷雾的悬浮液。在形态上它类似于粉剂,但含量较高(25%～90%),一般粒径为 5～44 μm,在使用上它类似于乳剂,可用水分散、稀释,是一种可分散性粉剂。

对可湿性粉剂的性能要求主要有润湿性、分散性和悬浮性。润湿性是指微粉被水润湿的能力,它包括两方面,一是药粉在水中自然润湿下降,不漂浮在水面;二是药剂稀释后的悬浮液对防治对象表面的润湿能力。为增加润湿性,需加入适当润湿剂。润湿性可用润湿时间表示,时间越短,润湿性越好。联合国粮农组织(FAO)的标准规定,完全润湿时间为 1～2min。分散性是指悬浮于水中的药粒保持分散成细微个体粒子的能力。要提高细粒子在悬浮液中的分散性,就必须克服团聚现象,其主要手段是加入分散剂。分散性的好坏可用悬浮率高低来衡量,悬浮率越高,分散性越好。悬浮性是指分散的药粒在悬浮液中保持悬浮一定时间的能力。影响悬浮性的主要因素是粒径大小和粒谱(粒径分布)宽窄。粒径越小,粒谱越窄,悬浮性越好。除此之外,选择合适的分散剂,也可以提高悬浮性。悬浮性可用悬浮率表示,悬浮率可通过实验测定,计算公式如下：

$$悬浮率 = \frac{W_0 \cdot C_0 - W_1 \cdot C_1}{W_0 \cdot C_0 \times 0.9} \times 100\%$$

式中：W_0——试样重(g)，C_0——试样中有效成分含量$(\%)$，W_1——抽出上层 9/10 悬浮液后余下 1/10 沉降物干重(g)，C_1——沉降物中有效成分含量$(\%)$。FAO 规定悬浮率的标准为 $50\% \sim 90\%$。

除上述三个主要性能之外，影响可湿性粉剂的其它因素还有药粒细度、药粉的流动性、水分含量、贮藏稳定性、起泡性等。

可湿性粉剂的优点在于加工成本较低，作为固体制剂贮运安全、方便，有效成分含量高。由于它是兑水稀释后喷雾使用，因此在防治效果上优于粉剂，几乎与乳剂相当。

在可分散性粉剂中，除可湿性粉剂之外，近年来开发的新剂型如固体乳剂、可溶性粉剂也可归入此类。这两种固体剂型加上可归类于悬浮剂的干悬浮剂和水分散粒剂，其防治效果有时甚至优于可湿性粉剂，但这四类固体剂型的细度可以比可湿性粉剂粗，克服了可湿性粉剂在生产中存在的对粉碎设备要求较高的问题。同时，这些剂型不用溶剂和其它危险品，包装上不用难于处理的玻璃瓶，克服了乳剂的缺点。因此，可湿性粉剂向可分散性、可乳化性、高悬浮性的粉粒状新剂型发展，是今后研究开发的方向。

6.1.4 粒剂

粒剂是将原药与载体、粘着剂、分散剂、润湿剂、稳定剂等助剂混合造粒所得到的一种固体剂型。造粒工艺主要有 3 种：一是浸渍法，用筛选的粒状载体与液体原药或原药溶液均匀混合，使有效成分吸附在颗粒上。二是包衣法，以非吸油性粒状载体为核心，将原药借包衣剂和粘合剂覆于载体表面。三是捏合法，将原药、助剂和粉状载体均匀混合，加入适量水捏合，通过挤出造粒机制成一定大小的颗粒，然后干燥、筛分而得到柱状或球状颗粒剂。不同方法制得的粒剂性能有所不同，按使用来分，可分为崩解型和不崩解型两类。也可以根据粒径大小和使用特性将粒剂分为若干种（见表 6—2）。

表 6—2 粒剂类型[6,8]

剂 型 名 称	剂 型 特 征	粒径大小(μm)
大粒剂	利于水溶性农药施用的大型粒剂	$2000 \sim 6000$
颗粒剂	直接使用的流动性颗粒	$297 \sim 2500$
细粒剂	直接使用的流动性颗粒	$297 \sim 1860$
微粒剂	利于均匀撒布的小型粒剂	$100 \sim 600$
微粒剂 F	细致划分的粒剂	$63 \sim 210$
可溶性粒剂	有效成分可溶于施用量水中的粒状制剂	
水分散粒剂	加水后可崩解，分散成悬浮液的粒状制剂	

粒剂的性能如细度、均匀度、贮藏稳定性、硬度、崩解性等是衡量其优劣的重要指标。其有效成分含量一般为 $5\% \sim 20\%$，可直接施撒或喷撒于水面或土壤中。常用于防治地下害虫及宿根性杂草等。

粒剂的特点是方向性强，便于降落，施撒时无粉尘飞扬，对环境和作物污染小，对植物茎叶不附着，避免了直接接触而产生药害。更重要的是，它可以控制药剂的释放速度，变高毒原药为低毒制剂,使用安全,并使药剂的残效期延长。尽管粒剂的加工成本比粉剂高,但由于其性能和防治效果比粉剂好,因此受到广泛重视,已成为主要的农药剂型之一。

6.1.5 缓释剂[9]

将原药贮存于一种高分子物质中,控制药剂按必要剂量,在特定时间内,持续稳定地到达需要防治的目标物上,这种技术称为控制释放技术。由原药、高分子化合物及其它助剂组成的,能控制药剂缓慢释放的剂型称为缓释剂。缓释剂的优点在于:①减少了环境中光、空气、水和微生物对原药的分解,减少挥发、流失的可能性,并改变了释放性能,从而使残效期延长,用药量减少,施药间隔拉大,省工省药;②由于缓释剂的控制释放措施,使高毒农药低毒化,降低了急性毒性,减轻了残留及刺激气味,减少了对环境的污染和对作物的药害,从而扩大了农药的应用范围;③通过缓释技术处理,改善了药剂的物理性能,减少漂移,使液体农药固体化,贮存、运输、使用和最后处理都很简便。缓释剂分为物理型和化学型(表6-3),物理型中又分为不均匀系统的贮存体和整体系统的均一体。利用包裹、掩蔽、吸附等原理,将原药贮存于高分子化合物之中的不均一体系如微胶囊剂、包结化合物、多层制品等是有外层保护的,称为控制膜系统;而空心纤维、吸附性载体及发泡体等多孔性制品无控制膜包覆,故称为开放式系统。所谓均一体,是指在适宜温度条件下,将原药均匀溶解或分散于高分子化合物或弹性基质中,形成固溶体(凝胶体)和分散体,或者将原药与高分子化合物混为一体,制成高分子化合物与原药的复合体。上述缓释剂的形成主要依靠高分子化合物与原药间的物理结合来完成,所以统称为物理型缓释剂。如果原药与高分子化合物之间是通过化学反应结合成的缓释剂,则称为化学型缓释剂。缓释剂可用喷撒施药(如微胶囊浆状制剂和粉剂、包结化合物的可湿性粉剂等)方法,也可以用类似于片、块、粒剂的施药方法,放置于防除场所、密闭空间或埋于土壤、粮食中等。下面简单介绍几种较为成熟的缓释剂。

表 6-3 缓释剂的分类

物理型缓释剂	贮存体	封闭式	微胶囊剂
			包结化合物
			多层制品
		开放式	空心纤维
			吸附体
			发泡体
	均一体		固溶体
			分散体
			复合体
化学型缓释剂			自身聚合体
			直接结合体
			架桥结合体
			络合体

(1)微胶囊剂

用物理或化学的方法使原药分散成几微米到几百微米的微粒,然后用高分子化合物包裹和固定起来,形成具有一定包覆强度,能控制释放原药的半透膜胶囊。微胶囊剂由囊核(有效成分)和囊皮组成。囊皮常用的高分子化合物有聚酰胺、聚脲、聚酯、纤维素和胶类[10,11]。制造微胶囊剂时,要根据该药的稳定性、挥发性、释放特性和施药环境的特殊要求,选用适当的囊皮材料和成囊方法。

制造微胶囊可采用物理法(锅式涂层法、空气悬浮涂层法、喷雾干燥涂层法、静电定向沉积法及多孔离心挤压法),物理化学法(相分离法、液中干燥法、融解分散冷却法及内包物交换法)和化学法(界面聚合法、凝聚相分离法、飞行中成囊法、原地聚合法及液中包覆法)。在农药微胶囊剂生产中应用最多的是界面聚合法和凝聚相分离法。

界面聚合法 以囊核物为分散相,以分散介质为连续相,在界面上发生聚合、缩聚反应,生成的高分子半透膜,将分散的囊核微粒包裹起来,此法称为界面聚合法。制造时,先将疏水性原药或原药的溶液高度分散悬浮于含单体 A 的水相中,然后在强烈搅拌下加入脂溶性单体 B,在水和疏水性微粒界面上迅速发生聚合反应,在原药微粒表面生成聚合物包裹膜,经固化后成为坚固的农药微囊。常用的单体与成囊聚合物如图 6—2 所示。主要化学反应如下:

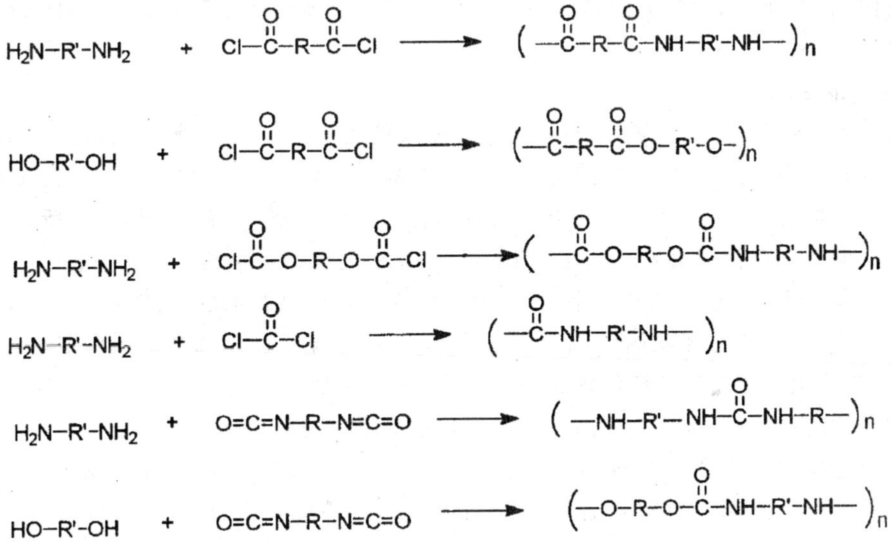

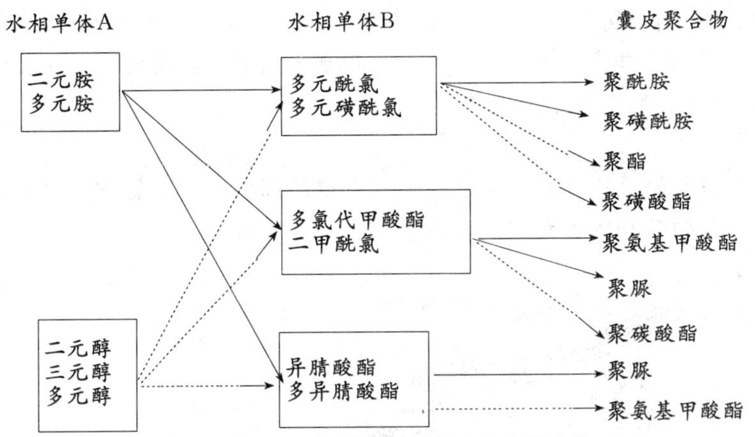

图6—2 水、油相中单体和成囊聚合物

微胶囊制法举例(马拉硫磷微胶囊):500ml 塑料瓶中加入 300ml 0.5%聚乙烯醇水溶液(分散剂)和 6 滴消泡剂 B。在高速(20000r/min)搅拌下加入 29.8g 马拉硫磷原药、13g 壬酰氯、

2g 聚亚甲基聚苯基异腈酸酯,然后加入 20g 二亚乙基乙基三胺、10g 碳酸钠及 100ml 蒸馏水。加料后减速搅拌 1h,静置 1h,过滤,真空干燥,得到聚酰胺、聚脲共聚物为囊皮,粒径小于 1mm 的马拉硫磷微胶囊。

凝聚相分离法[12] 此法包括三个步骤:①形成互不混溶的三个化学相:囊核物分散在囊皮与液体介质组成的溶液中,利用降温、盐析、不相容的溶剂式聚合物或用诱发聚合物的相反电荷作用等方法,使囊皮物从液相中分离出来,成为另相液体;②囊皮物在囊上沉积:囊皮物在凝聚成小滴过程中表面积减少,使界面总自由能降低,促进囊皮物在囊核上的吸着、扩展和沉积;③囊皮固化:用加温、交联或去溶剂法使之固化,形成各自独立的微囊。该方法所用原料多为各种纤维素、明胶,能根据原料的性质选用相应的凝聚分离方法。下面简述利用盐析凝聚分离法制造马拉硫磷微胶囊的过程[13]:在 500r/min 速度搅拌下于 40℃将油溶性马拉硫磷分散在 1％海藻胶水溶液中,然后迅速降温并减速至 400r/min,搅拌,使海藻胶吸附和凝聚在分散的马拉硫磷微粒表面,用铵盐调节海藻胶囊皮的厚度,在 pH 值中性条件下用 0.25mol/L 氯化钙使囊皮固化,得到产率为 90％马拉硫磷微胶囊。其囊皮强度和化学稳定性均符合要求,总释放时间可达 32 天。

(2)包结化合物

原药分子通过氢键、范德华力、自由电子授受及偶极矩感应、极化等作用,与另外的化合物形成不同空间结构的新的分子化合物。分子化合物的形成只与参与化合物的形状、长度、大小、空间排布及数量有关,而没有固定的结合比、生成常数及平衡常数等。但形成的新分子化合物的理化性质与原化合物有很大的差异。例如,环糊精就是包结化合物很好的材料。β-环糊精(β-CD)是 7 个葡萄糖分子连成的环形空腔式化合物,空腔外部属亲水性,内部具亲油性,内径 $6×10^{-10}～1×10^{-9}$m。空腔能与进入内部的气、液、固等许多疏水性化合物形成包结化合物,即分子胶囊。该包结化合物改变了被包物的理化性质,如挥发性、稳定性、溶解性、气味和颜色等,起到了保护和控制释放作用,从而提高了被包物的稳定性,延长了残效期,降低了毒性等。以敌敌畏的包结化合物为例,1 份 β-环糊精与 1.7 份水搅匀,加入 0.25 份敌敌畏(敌敌畏与 β-环糊精的分子比是 1∶5),充分搅拌混合后,再加入 13.5 份水,搅匀即生成沉淀。过滤、干燥,可得与 β-环糊精等分子的敌敌畏不挥发粉末。包结化合物与其它固体原药一样,可继续加工成常规剂型和其它缓释剂,如敌敌畏包结化合物加入 5％分散剂,配成 500～1000ppm 的悬浮液,对室内麦苗粘虫防治效果良好,残效期在 40 天以上,室外残效期在 20 天以上。防治稻飞虱的效果达 90％以上,残效期 17 天,而对照乳油仅有 3 天残效期。

(3)多层制品

由富集着原药的多孔性纤维制品或高聚物的贮药层和决定药剂扩散速度的膜层构成。根据使用要求可制成薄片、条带、包装袋等各种形式,其结构如图 6-3 所示。

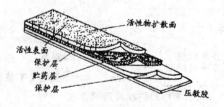

图 6-3 多层制品结构示意图

该剂型使用灵活,携带方便,安全,残效长。主要用于卫生害虫、织物害虫防治,亦可用于医院垫被等。常选用驱避剂、昆虫激素、性引诱剂做成此种剂型,其中引诱剂与杀虫剂混用效果最佳,但该剂型在农业上难以大面积应用。

（4）空心纤维

属无控制膜的贮存系统,即利用空心纤维的毛细管的吸附性来保持和控制药剂的释放。其结构是由充满了活性成分的合成空心纤维平行排列并粘附在支承带上（图6-4）。顺着带隔段封闭,使用时切断成施药单元。药液从切口蒸发出来以发挥生物活性（图6-5）。

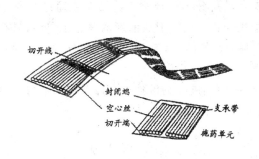
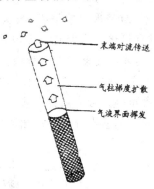

图6-4　空心纤维施药带　　　　图6-5　空心纤维释放机制

（5）吸附性制品

将药剂吸附于无机、有机或天然吸附性载体中作为贮存体,然后涂以控制性外膜。常用吸附性载体有氧化铝、膨润土、沸石、硅藻土、锯末、离子交换树脂或合成的粒状载体。外膜或阻滞性物质有聚烯烃类、蜡类或蜡质乳剂等。该制剂可采用包膜法或浸渍法[14]成型。例如采用浸渍法,将20g敌敌畏、18g邻苯二甲酸二乙酯、0.4g甲氧基苯乙烯、1.6g乙烯基苯乙烯混合,将360g多孔性氧化铝片浸渍于上述混合物中,即成敌敌畏缓释剂。

（6）均一体

在适宜的温度下,将原药均匀地分散或溶解于高分子聚合物或弹性基质（橡胶）中,形成固溶体、凝胶体和分散体,然后按使用的需要加工成型,制成块、粒、粉、棒条、板、膜、发泡体等缓释剂,也可以制成植物种植器材、支架以及生产或生活器具[15]。此类剂型使用方便,一剂多用,残效持久;而且大多数原料易得,制法简单,用途广泛,是很有发展前途的一类缓释剂。在制作过程中应考虑塑料软化温度与农药的稳定性以及农药溶解度与塑料相容性等问题。加工方法有热成型法和冷成型法两种,下面列举几种常见的剂型。

固溶体和分散体　乐果缓释粒剂:取乐果20～40份,石蜡1～2份,沥青5～10份和其它添加剂,在85℃以下混熔、造粒、冷却固化而成缓释型粒剂。克百威块剂:取聚酰胺树脂3份放入金属容器中熔化,加入克百威1份,搅拌混匀,倒入成型器中,制成1cm宽、2～8cm长的小块,残效期长达1年。

凝胶体　敌敌畏凝胶制剂:75%敌敌畏、10%丙烯酸与聚烯丙基蔗糖共聚的羧乙基酸性聚合物、10%纤维素醋酸酯（平均乙酰量39.3%）和5%邻苯二甲酸二丁酯混合后,慢慢凝胶化,在148.9℃处理25min即成。残效期达3个月。

膜剂　在高压聚乙烯与10%线型聚乙烯混合料中加入适量混合型表面活性剂、抗氧化剂和除草剂,用吹塑法制成含扑草净、绿麦隆、除草醚、甲草胺、乙草胺、丁草胺、克草胺等除草剂地膜,产品稳定性好,毒性低,无刺激性,用于田间 70 天后,95% 的有效物可释放出来。

发泡体[11] 双硫磷发泡体:聚氯乙烯 40～45 份、邻苯二甲酸二丁酯 40～45 份、双硫磷 5 份、乳化剂(Triton 100)10 份(也可不加)、碳酸氢铵 1 份、柠檬酸 3 份及水 1 份混合,放入 0.75cm 厚的铅模中,加热至 130℃ 保持 12min,使之熔化、发泡,冷后即可,用于水中灭蚊,残效期长达 20 周。

(7)化学型缓释剂[16]

这类缓释剂主要是利用原药本身的活性基团(如 COOH、OH、SH、NH₂),在不破坏原化学结构的条件下,自身聚合或缩聚,与天然或合成高分子化合物直接结合或通过桥联(交联)结合,与无机或有机化合物生成络合物或分子化合物。这样形成的新的高分子农药,只有在使用的自然环境中,才能逐渐发生化学或生物降解,释放出有效剂量的活性成分,显示生物活性。按高分子农药的主要联结方式,举例分述如下:

原药自身聚(缩)合成高分子农药 水中防污剂砷酸钠单独或在硫黄存在下熔融脱水生成无机酸酐。此药剂遇水分解释放出有效成分,即:

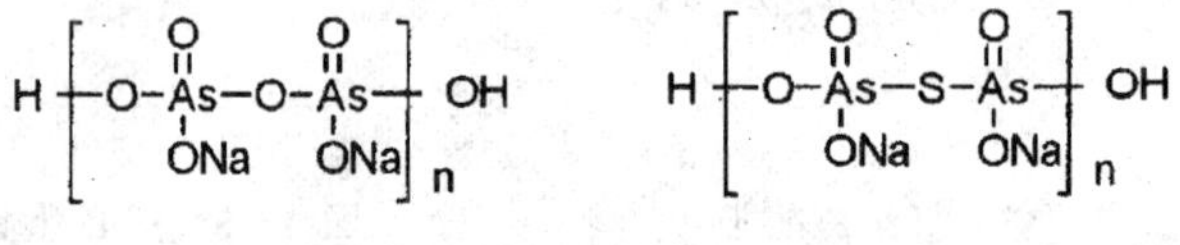

释放速度即为高分子末端的分解速度。末端数、分枝数越多,聚合度越低,则释放速度越快。所以初期防污效果好,随时间的延续效力急速下降。但在高分子链中含 5%～10% 硫时,30 天内仍能保持效力。如下具有双功能基的化合物也可取得很好的效果:

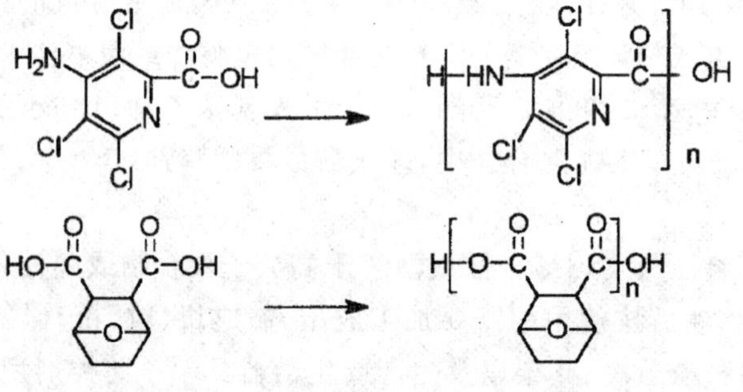

原药与高分子化合物直接结合 当原药与高聚物中含有 OH、SH、NH₂、NH、CHO 或羧酸、磺酸、磷酸以及它们的酰胺、酰亚胺等基团时,两者可以发生化学结合,形成具有缓释作用的高分子农药。常用的高聚物主要是天然的农、林、副、渔的副产物,如树皮、锯末、牛皮纸、纸浆、玉米芯、麦皮、米糠、甘蔗渣、鱼粉、甲壳质、海藻朊酸等。例如含羧基的原药与天然纤维素结合:

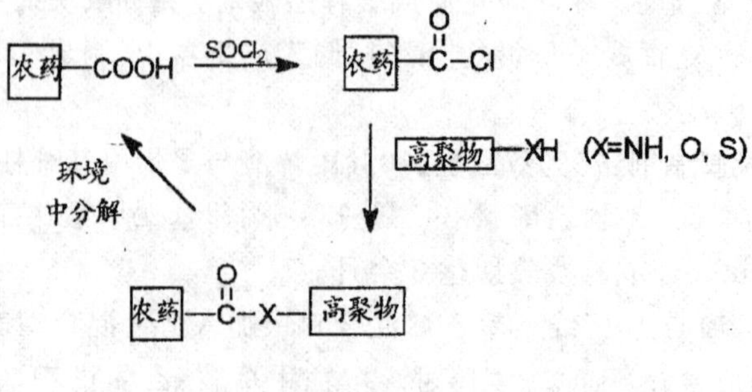

以 2,4-滴树皮纤维素的制备为例:

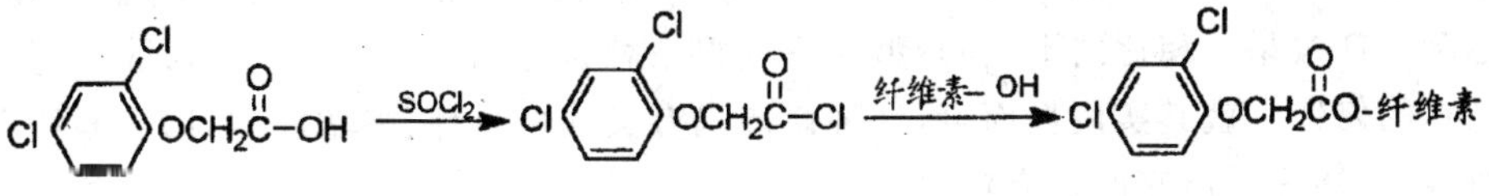

取 10g 树皮纤维或牛皮纸木质素、木质素磺酸盐,加到 100ml 吡啶中,加入 10g2,4-滴酰氯,回流一昼夜,蒸去溶剂,用冰水洗涤,干燥,得 2,4-滴纤维酯。这种剂型在 45 天之内仅释放出 30%~50% 的有效成分。

含羧基的原药,如 2,2-二氯丙酸钠与尿素形成可水解的尿素聚合物:

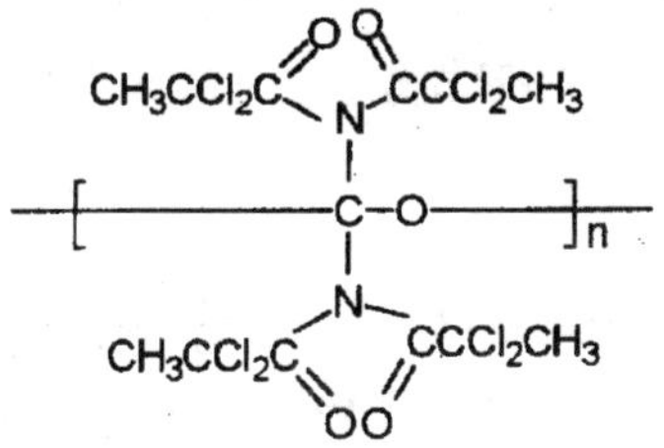

取 0.204kg 尿素溶于醇/水(3:7)混合溶剂中,加入 0.018kg 肉桂醛和 1.8kg 2,2-二氯丙酸钠,用水稀释至 3.8L,混匀后即生成红棕色聚合物,蒸去溶剂得粘稠物,加热至 80℃可增加分子量,亦可加表面活性剂改善物理性能。

按照同样原理,原药中若含有 OH、SH、NH$_2$ 等基团时,可以将高聚物酰氯化,然后与原药进行化学结合:

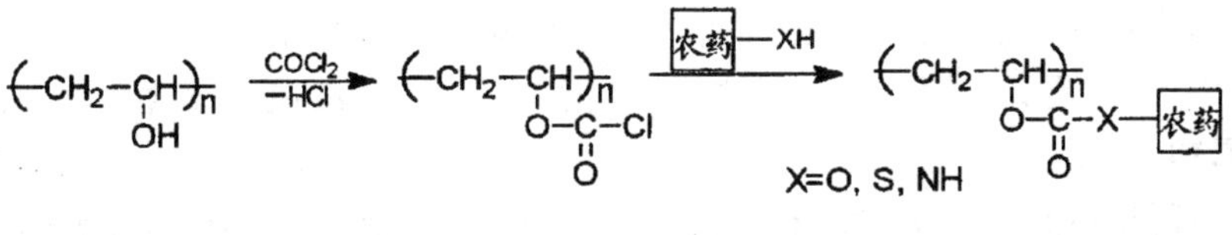

通过交联(桥联)剂与高分子结合 当原药中含有 OH、SH、NH$_2$ 等基团时,可先与活泼的交联剂结合,再与高聚物生成新的高分子农药。常用的交联剂有 POCl$_3$、PCl$_3$、PSCl$_3$、COCl$_2$、SOCl$_2$、三聚氯氰、甲醛等。如杀虫脒与甲醛、尿素反应,得到固体物,残效期延长[17]。190g 尿素溶于 160g 37%甲醛中,在 40℃以下搅拌,加入杀虫脒 1g 和少量硫酸,使 pH 值降至 4.5,搅拌数分钟,固化,80℃下干燥,得 200g 产品。

与无机或有机化合物形成络合物或分子化合物 例如敌敌钙是将 2 或 4mol 敌敌畏(DDV)与 1molCaCl$_2$ 反应,生成新的固体物,使水溶性、稳定性、残效期增加,而毒性、气味降低,改善了原药性能,扩大了应用范围。其反应如下:

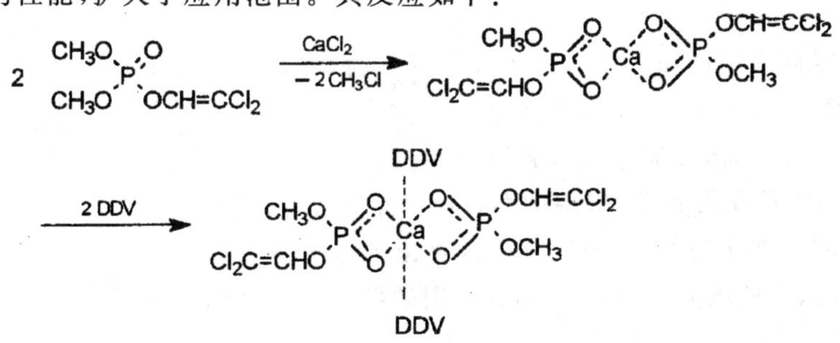

　　化学缓释剂在原料、能耗、时间和技术方面的投入并不亚于合成一种新药剂,其结果还不一定达到预期效果。相比之下,物理型缓释剂得来容易。化学型缓释剂的形成,也是进行农药化学结构的修饰。就其实用性而言,这种修饰只有实现多品种、多功能、多用途的结合,才有经济竞争性,才能显示出它的特有威力。

6.1.6　烟雾剂

　　通常把 $0.5\sim5\mu m$ 的固体微粒分散悬浮于气体中的分散体系称为烟,把 $1\sim50\mu m$ 的液体微粒分散悬浮于气体中的分散体系称为雾。当固体原药溶于有机溶剂中加热挥发时,往往同时形成烟和雾。能形成烟或雾以及同时形成烟、雾的剂型称为烟雾剂。下面介绍几类重要的烟雾剂。

　　(1)烟剂

　　用适当的热源使易挥发或升华的药剂迅速气化、弥漫空际,并维持到一定时间的剂型。除有效成分外,烟剂所用的主要助剂有燃料(如木粉、木炭、煤粉、淀粉、硫黄等)、助燃剂(即氧化剂,如氯酸盐、硝酸盐等)和发烟剂(如氯化铵、碳酸氢铵、萘、六氯苯等)。对烟剂中有效成分的要求,除高效、低毒、无药害之外,还要求在 600℃ 以下短时处理不燃烧、不分解,而能迅速升华、气化出成烟率高的烟云,并且在常温和高温下不与添加物发生不利反应。一般有效成分含量为 5%～15%。除一般烟剂外,根据使用要求还可以制成重烟剂(即在烟剂中加入密度大的发烟剂,使产生的烟云不易上升)、烟熏剂(即在短时间内放出大量浓烟的烟剂)和蚊香(即比一般烟剂发烟缓慢、柔和,多具特殊的色、香、味,但无刺激性异味)。烟剂适用于森林、果树、甘蔗等高杆作物的病虫害防治,更宜于温室、库房、货物、车船、家庭、山洞、峡谷等地方应用。主要优点是药剂分散均匀、周到,效果好;使用省力、简便;安全无残毒;还可改善高湿度的小环境。

　　(2)热雾剂

　　将液体药剂溶解在具有适当闪点和粘度的溶剂中,再添加其它助剂,如助溶剂、粘着剂、闪点和粘度调节剂、稳定剂,有时还有增效剂等制成液体剂型。使用时必须借助烟雾机将此制剂定量地压送至烟化管内,与高温高速气流混合,被喷至大气中而迅速挥发并形成直径为几微米至几十微米的液体微粒,分散悬浮于空气中,形成雾状。若有效成分为固体,当有机溶剂挥发时,形成 $0.3\sim2.0\mu m$ 的固体微粒分散悬浮于空气中,成为烟状。将这两种形式的制剂统称为热雾剂。这种借助热高速气流产生的雾粒很细,极具飘悬能力,可送至很高很远的距离,但也易受风力和上升气流影响,所以热雾剂主要用于仓库、森林、果园,也可用于卫生防疫,特别是地下水道杀灭蚊、蝇幼虫。

　　(3)气雾剂

　　依靠耐压容器中的压缩气体或液体气化的压力,将容器中特定用途的内容物喷射成气溶胶。其雾化原理是低沸点抛射剂产生的蒸气压,将容器中的液体部分通过浸入管压至阀门,当阀门启开后,液体物立即自阀门小孔喷出成雾。雾中的抛射剂立即气化,将制剂变成 $1\sim50\mu m$ 的微粒分散于空气中,而容器内未喷出的抛射剂也立即气化,仍保持容器原有的压力(见图 6-6)。常用的抛射剂有氟利昂和

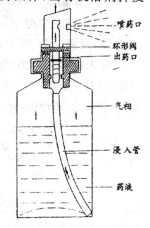

　　　喷药口
　　　环形阀
　　　出药口

　　　气相

　　　浸入管

　　　药液

图 6-6　气雾罐结构示意

液化石油气。有效成分可配制成溶液、乳液或悬浮液。气雾剂体积小,制剂包装、贮存和喷雾使用同一器具,携带方便、操作简单、灵活快速、文雅精致,适用于多种成雾形式的内容物。主要用于防治室内卫生害虫、库房、温室病虫、鼠害及家畜、家禽体外寄生虫等,效果好,安全,效率高。国内现用于家庭卫生害虫防治的气雾剂多为三氯杀虫酯与拟除虫菊酯的混配制剂。速效和残效兼备,杀虫谱较广,并具有增效和延缓抗药性产生的作用。

6.1.7 熏蒸剂

在常温下易挥发、气化、升华或与空气中的水、二氧化碳反应生成具有生物活性的分子态物质的药剂称为熏蒸剂。它与烟雾剂有几乎相同的优点,区别在于不用外界热源,而是靠自身的挥发、气化和升华放出有效成分而发生药效。理想的熏蒸剂应具备:对保护对象无腐蚀、变质、药害和残毒,不留气味;对人畜有警戒气味,毒性不宜过高;不易燃烧和爆炸;渗透性强,使用前不易变化;原料易得,生产容易,贮存、运输、使用方便。作为熏蒸剂使用的品种有气体、液体和固体3类(见表6—4)。它们并非完全具备上述理想条件,特别是某些气体或液体熏蒸剂,挥发快,毒性大,贮运、使用不安全,使用时要求苛刻,且易引起药害,有些现已很少使用或不用。对于那些挥发性大的生物活性物质,通过加工调整挥发性和释放速度,使之符合使用要求。这种加工后的熏蒸剂称为熏蒸性制剂,按作用原理和制作方法可分为两类:

表6—4 常见熏蒸剂品种

气体	$HCN,CH_3Br,PH_3,COCl_2,SO_2,Cl_2,N_2,NH_3,H_2S,CH_2O,SO_2F_2,CO_2$
液体	氯化苦(CCl_3NO_2),二溴乙烷,二溴氯丙烷,二氯乙烷,CCl_4,三氯乙腈,CS_2,环氧丙烷,丙烯腈,乙醇,敌敌畏
固体	$AlP,Zn_3P_2,Ca_3P_2,Ca(CN)_2$,萘,樟脑,对二氯苯,多聚甲醛,偶氮苯

(1)化学型

例如:①磷化物与空气中水分反应生成磷化氢;②重亚硫酸盐在空气中潮解、氧化放出SO_2;③漂白粉及其它含氯消毒剂吸水放出氯气和新生态氧;④聚甲醛降解放出甲醛;⑤过氧化钙水解放出氧等。

(2)物理型

例如:①敌敌畏蜡块、塑料块;②萘、樟脑、对二氯苯等防蛀药块、丸;③固体乙醇;④驱避性块、丸制剂等。

上述熏蒸性药剂常制成片、块、丸剂,称为熏蒸性片(块)剂。

熏蒸性片(块)剂 此剂型的特点是剂量准确,使用时勿需称量,操作方便,产品物理化学性质稳定。但要加工成型,需增加制作工序,同时还要考虑使用时的再分散和控制有效成分最适宜的释放速度。关于其组成,除有效成分之外,尚有填料或吸附剂、粘合剂、助流动剂、润滑剂、抗粘着剂、崩解剂、香料、色素等。虽然要根据有效成分的性质和对分散释放的要求来选择助剂品种,但为了加工成型,粘合剂、润滑剂和填料是不可少的,常用填料有:陶土、皂土、滑石粉、石膏、硅藻土、白炭黑、硅酸镁铝、磷酸钙、淀粉等。润滑剂主要有硬脂酸、滑石粉、蜡、淀粉。粘合剂主要为各种纤维素、聚乙烯醇、硬脂酸、松香、沥青、牛脂、塑料、橡胶等。例如磷化铝片的主要成分是磷化铝66%,氨基甲酸铵25%～30%,石蜡4%,硬脂酸镁(或滑石粉)2%～5%,

有时还添加 $0.1\%\sim0.3\%$ 苯胺或吡啶防止磷化铝自燃。又如焦亚硫酸钠($Na_2S_2O_5$)片剂制作时需加入 SO_2 释放抑制剂、粘合剂(淀粉浆)、填料(硬脂酸钙),捏合造粒压片,包装于聚乙烯薄膜中,使用时用针扎孔,放于装水果的聚乙烯袋中,由于耗氧和放出 SO_2,从而起到杀菌保鲜作用,有效期可达半年。

6.1.8 乳剂

将原药与有机溶剂、乳化剂按配方比例溶解调制成均相的液体制剂称为乳剂或浮油。乳剂所用加工助剂除溶剂和乳化剂外,有时还需加分散剂、稳定剂、防漂移剂、展着剂和增效剂。乳剂最重要的性能是乳化分散性、分散液的稳定性及贮存稳定性。乳化分散性即乳化性,是指在水中能自动分散成均匀的乳液的性质,其粒径约为 $1\sim5\mu m$。这种分散于水中、表面积很大的微粒,一般要求它在一定时间内不要沉降下来,如沉降太快,说明分散液的稳定性(乳液稳定性)不佳。贮存稳定性是指乳剂在贮存过程中由于受热、冷、空气、水分等影响而使原药含量下降的程度,下降越少则稳定性越好。除此之外,乳剂的展着性和混用性也是其重要性能。

配制乳剂的关键是选择适当的溶剂和乳化剂,使原药溶液与乳化剂的亲水油平衡值(HLB 值)调至相符,这样才能得到稳定的乳油。乳剂有效成分含量一般为 $20\%\sim50\%$,但近年来也出现了一些高达 $80\%\sim90\%$ 的高浓度乳剂和 10% 以下的超高效农药的稀乳剂。

乳剂中有效成分分布均匀,适于液态喷洒,一般需用水稀释后施用,可用一般器械或飞机喷洒。其药液在作物上或虫、菌体表易于润湿、展着和渗透,能较充分地发挥其药效。特别是在作物茎叶上喷施内吸剂时,不仅药效高、残效期长,而且还速效。所以乳剂仍然是四大剂型中最为重要的一种,尤其在我国,乳剂的产量占农药剂型总产量的 80%。乳剂的缺点主要是对包装、贮运要求高,溶剂和乳化剂使用量大,不够安全。

6.1.9 悬浮剂

借助于各种助剂,通过研磨或高速搅拌,使原药(分散相)均匀地分散于分散介质——水或有机溶剂(连续相)中,形成一种颗粒极细、高悬浮、可流动的液体制剂,此剂型称为悬浮剂。悬浮剂常用的助剂有润湿剂、分散助悬剂、增粘剂、稳定剂、防冻剂等。悬浮剂的粒径比可湿性粉剂还细,一般控制在 $0.5\sim5\mu m$。

悬浮剂可根据分散相和连续相的不同来分类(表 6—5)。以原药颗粒为分散相,以水为连

表 6—5 悬浮剂的分类

分散相	连续相或稀释剂	
	水	有机溶剂(油)
固体微粒	水悬剂(悬浮剂)	油悬剂
	干悬浮剂	干油悬剂
液体微滴	乳悬剂(浓乳剂)	油悬剂

续相的分散体系称为水悬剂,它是研究和应用最多的一种体系。通常未特别指明的悬浮剂,就是指水悬剂。它是将水溶性较低而熔点较高(一般大于 $60℃$)的固体原药,加入适当的助剂和水,经砂磨机湿法磨制而成。以有机溶剂或矿物油为分散介质(连续相)的悬浮剂称为油悬剂,

使用时也用有机溶剂或矿物油稀释喷洒。不含水或其它液体分散介质,而又能在水或油类溶剂中形成悬浮剂的粉、粒或片状物,称为干悬浮剂或干油悬剂。干悬浮剂是一种可用水分散稀释的固体剂型,在可湿性粉剂中曾提到过。将亲油性液体原药或低熔点固体原药溶液的微粒分散于水中的悬浮体,称为乳悬剂或浓乳剂。在探索非溶剂化的剂型中,曾发现在水/表面活性剂/油(包括有效成分)组成的三元体系中加入高级醇之后,可自然地形成透明的可溶性体系,由于所形成的乳状液粒径极小($0.01\sim0.1\mu m$),故称为微乳剂。这也是一种悬浮剂。

悬浮剂的优点在于:①药效好,由于被分散的固体原药平均粒径仅 $2\sim3\mu m$,粒度范围小,分布均匀,撒布后覆盖面积大,均匀周到,附着力强。因此药效较同剂量的可湿性粉剂高,与同剂量乳油相近而残效期稍长。②生产、使用安全,成本低,易于推广。由于不使用溶剂,不但降低了成本,而且减少了燃烧、刺激毒害、空气污染、作物药害的可能性。③施用方便,除能直接用水稀释进行常量和低量喷雾外,还可用飞机或地面超低容量喷雾。

6.1.10 超低容量喷雾剂

指一种专供超低容量喷雾器械施用的油剂。超低容量喷雾器型号很多,大小不一。有手持式、背负式,也有用飞机、拖拉机等机载式。通过机械的旋转离心雾化或液压雾化,使药液分散成很细的雾滴,从而用少量的药液,获得很高的雾滴覆盖密度,收到良好的防治效果。与常规喷雾技术相比,超低容量喷雾的特点是:①喷量少。施药量为 $0.9\sim4.5$L/ha,仅为常规喷雾($600\sim900$L/ha)的 1%左右。②浓度高。药液浓度一般为百分之几十,比常规喷雾高几百倍。③雾滴细。雾滴粒径为 $70\sim100\mu m$,而常规喷雾多在 $200\sim300\mu m$。④工效高。由于雾滴小,可借风力进行漂移性喷雾,比常规大雾滴针对性喷雾工效高数十倍。⑤采用高沸点油质载体(稀释剂),而常规喷雾主要用水稀释。⑥药效高,持效长并耐雨水冲刷。

适于超低容量喷雾的剂型,如超低容量油剂、超低容量静电油剂、油悬剂等,它们所用助剂均以溶剂为主,有的还需辅以其它助剂,如增溶剂、降低药害剂、减粘剂、抗静电剂等。溶剂用量通常占这类剂型总重量 50%以上,对某些超高效农药品种甚至高达 99%以上(如 0.5%溴氰菊酯超低容量油剂)。因此,溶剂的选择是配制超低容量喷雾剂的关键。这类剂型的主要技术性能指标,如挥发性、溶解性、植物安全性、粘度、闪点、相对密度、表面张力、毒性、化学稳定性等,在很大程度上取决于溶剂的物理化学性质。通常要求溶剂挥发性低,沸点高,对原药溶解性好,粘度较低,不产生植物药害的物质,如乙二醇、一缩和二缩乙二醇混合物、多烷基苯、多烷基萘、煤油、柴油、植物油等。

超低容量静电油剂是专供静电喷雾技术使用的一种剂型。其原理是在喷雾器械上设有诱导带电或电晕带电装置,使从喷雾口雾化飞出的药剂微粒带有与被保护作物相反的电荷,带电药物微粒沿电力线飞向作物表面,并均匀而牢固地附着于作物的各个部分。超低容量静电油剂的组成,除原药和溶剂之外,还需加入抗静电剂,主要用于调整药液的介电常数和导电率,以便使药液在电场力作用下,能雾化成一定粒度的带电雾滴。

6.1.11 水剂

凡是能溶于水的原药,均能用水和适当的表面活性剂调制成一定浓度的水剂。用水浸泡提取的天然植物性农药往往制成水剂施用。我国开发的杀虫双也曾以水剂出售。水剂的品种很少,主要原因在于许多能溶于水的药剂,在水中往往不够稳定,容易分解,不利于长期贮存。

6.1.12 混配剂型

上面讨论的各类剂型均只含单一的有效成分,而农药的混配剂型(简称混剂)是指两种或两种以上的农药有效成分经加工制成的剂型。它主要是利用农药间的增效作用、药剂在生物活性方面的选择性和理化性质的差异,互为补充,取长补短而加工成的一类剂型,有粉剂、粒剂或其它剂型,但更常见的是乳剂。混剂的作用是多方面的,包括提高药效、延缓抗性、改善药剂性能(如稳定性、溶解性等)以及某些特点的取长补短,如速效与持效、高毒与低毒、广谱性与选择性、内吸性与触杀性、新品种与老品种、价格高与低等。实践表明,混剂在一药多用、节省劳力、降低成本、提高老品种应用效果诸方面已有明显成效。它是解决农药加工和应用中多种矛盾的简易而有效的办法,也是农药制剂多样化的重要支柱,因此受到国内外农药行业的重视,发展迅速。

混剂可根据防治的需要进行同类农药的混配,也可以是杀虫剂与杀菌剂或者它们分别与除草剂、植物生长调节剂等混配,所以混剂的种类是多种多样的。但混剂决不是乱混乱配,否则有可能造成药害、中毒、失效等许多不良后果。两种或两种以上农药相混的过程看起来十分简单,但其发生的物理、化学变化及生物效应却是很复杂的,至今并不完全清楚。混配之前应对单剂的理化性质和生物特性有所了解,按预期目的混配,先进行试验,证明有益无害后方可推广应用。

虽然目前在混剂的配制上尚无成熟、系统的理论可作指导,但在实践中积累的一些经验和原则还是可以借鉴的。根据这些经验,在混配时主要应考虑以下几方面:①从农药的作用机制考虑,不同作用机制的农药混配,可扩大药剂对目标物的作用点和作用方式,可能有增效和延缓抗性的作用;②从改善药剂的内吸传导性考虑,内吸传导性能的改善往往会增加药效和延长残效期;③从扩大防治谱、增加兼治考虑,这样可以做到一药多用,减少用药次数,节省劳力;④从增加对某种重要防治对象的毒力考虑,这样可以针对高抗性难治病虫草害寻找高效的混配药剂,解决防治中的难题。

实践表明,不同化学结构、不同作用机制和不同生物特性的具有负交互抗性的新、老农药品种的混合,常可使新品种延长使用寿命,使老品种获得新生。如有机磷、拟除虫菊酯、氨基甲酸酯、甲脒类、沙蚕毒类、灭幼脲类杀虫剂之间的混配,内吸性杀菌剂与保护性杀菌剂之间的混配,不同作用机制除草剂的混配,化学农药与生物农药之间的混配等,都有可能增加活性、降低抗性。某些经过跨世纪药效考验的,不产生抗性或抗性增长很慢的品种,如波尔多液、硫黄、石硫合剂等;也有对其它药剂有不同程度增效作用的品种,如异稻瘟净、苯硫磷、敌敌畏、久效磷、马拉松、稻丰散、N-丙基氨基甲酸酯、毒杀芬等,上述这些具有综合性能的品种,在混配剂型中可发挥它们的作用。

长期使用混剂也会提高对天敌的杀伤力,同时还可能产生高适应性的害虫种群,增加抵抗大多数化学农药的能力,这是应该引起注意的。混剂不是灵丹妙药,只有采取科学的态度和方法才是有益的。

6.2　农药助剂

6.2.1　引言

农药助剂[18]是化学农药加工剂型中除有效成分之外所使用的各种辅助剂的总称。助剂本身一般没有生物活性，但在剂型配方中或施药中是不可缺少的添加物。每种农药助剂都有特定的功能。使用助剂总的目的是为了最大限度地发挥药效或有助于安全施药，具体而言，它有四方面的作用：

①**分散作用**　农药加工有多种目的，但首先是为了分散。把每公顷用量只有几十克甚至几克的原药均匀地分散到广阔的田地或防治对象上去，不借助于助剂是不可能实现的。

②**充分发挥药效**　有些农药必须同时使用配套助剂才能保证药效，如草甘磷等除草剂必须使用配套的润湿剂、渗透剂和安全剂才能使用。有些农药使用适合的助剂可使药效明显提高，如马拉硫磷使用展着剂 Triton CST，调节磷使用农乳 100 号、吐温 80、渗透剂 T-X 等。

③**满足应用技术的特殊性能要求**　例如：超低容量喷雾技术对剂型载体（稀释剂）及药害减轻剂有特殊要求；发泡喷雾法对起泡剂和泡沫稳定剂有专门要求；控制释放技术对囊皮及悬浮助剂等有特殊考虑；静电喷雾技术则需要既满足超低容量喷雾要求的性能，又要具有专有的抗静电剂系统；农药/液体化肥联合施用是一项省时、经济的技术，要求制剂有良好的相容性或使用专门的掺合剂等。以上这些先进的应用技术，只有借助于各种性能的助剂，才能使之实用化。

④**保证安全**　例如：加入抗蒸腾剂和防漂移剂，可减少农药漂移对邻近敏感作物、人、畜等的危害；加入特殊臭味的拒食助剂、特殊颜料，可向人们发出警告，避免误食或中毒；有些缺少选择性的除草剂，为保证作物免遭药害，常需配合安全剂（解毒）一同施用。

通常，可根据农药助剂在农药剂型和施用中所起的作用，将它们分为四类：

①为了农药有效成分的分散，包括分散剂、乳化剂、溶剂、稀释剂、载体、填料等。

②有助于发挥药效、延长药效和增强药效，包括稳定剂、控制释放助剂、增效剂等。

③有助于被处理对象接触和吸收农药有效成分，包括润湿剂、渗透剂、展着剂、粘着剂等。

④增进安全性和方便使用，包括防漂移剂、药害减轻剂、安全剂、解毒剂、消泡剂、警戒色等。

农药助剂的主体是表面活性剂，它的特点是品种多、适应性广，在农药加工中得到了广泛的应用，所以也可以将农药助剂分为表面活性剂和非表面活性剂两类。属于表面活性剂类的助剂有：分散剂、乳化剂、润湿剂、渗透剂、展着剂、粘着剂、消泡剂、抗泡剂、抗絮凝、增粘剂、触变剂，以及某些稳定剂、发泡剂等。属于非表面活性剂类的助剂有：稀释剂、载体、填料、溶剂、抗结块剂、防静电剂、警戒色、药害减轻剂、安全剂、解毒剂、抗冻剂、pH 调节剂、防腐剂、熏蒸助剂、推进剂、增效剂等。

6.2.2 农药用表面活性剂

6.2.2.1 表面活性剂基本概念[19]

表面活性剂是由极性基团(亲水基)和非极性基团(亲油基)所组成的一类有机物。它在低浓度时能吸附在体系的表面或界面上,有效地改变表面或界面自由能,降低表面或界面张力以及改变表面或界面的其它性质。

常用表面活性剂的亲水基可分为弱亲水基:醚键—CH_2—O—CH_2—、酯键—$COOCH_2$—、芳基醚键 —⬡—O—CH_2— 等;强亲水基:羟基—OH、羧基—COOH、酰胺基—CONH—、巯基—SH 等;很强亲水基:磺酸基—SO_3H、硫酸基—OSO_3H、氨基—NH_2、季铵基 $\overset{+}{N}$、磷酸基=P(O)OH、—P(O)(OH)$_2$ 等。

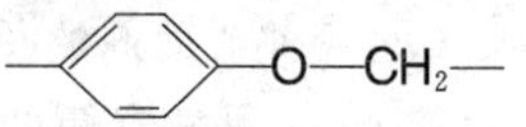

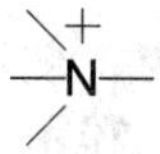

常用表面活性剂的亲油基中,强亲油基有:烷烃基—$CH_2(CH_2)_nCH_3$、苯基 ⬡、烷苯基 ⬡—R、萘基 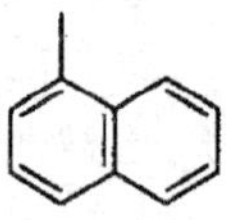 、烷基萘 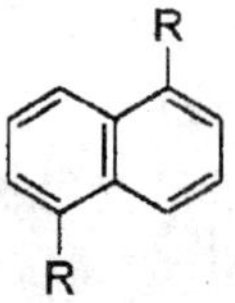 、芳基苯 Ar 以及各种芳基甲醛缩合物,如 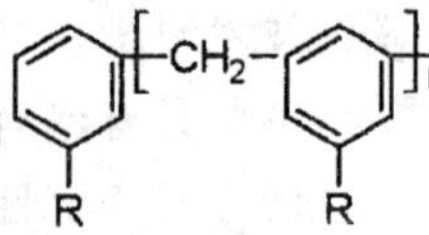 等;弱亲油基有:环氧丙烷或环氧丁烷聚合物,如:

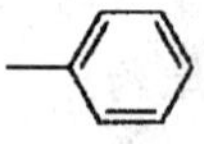

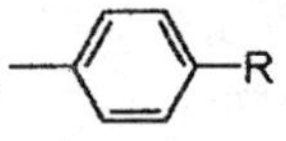

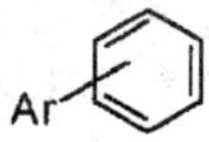

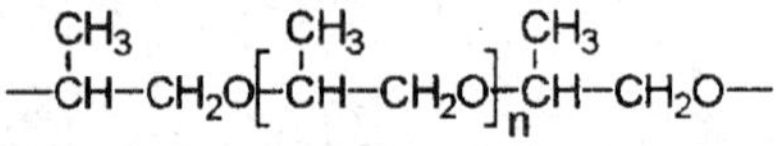

$$—CH—CH_2O\left[CH—CH_2O\right]_nCH—CH_2O—$$
$$\quad CH_3 \qquad CH_3 \qquad CH_3$$

表面活性剂的分类常用离子分类法,可分为非离子型和离子型(包括阴离子型、阳离子型和两性离子型)。在农药用表面活性剂中,非离子型和阴离子型应用较多,最为重要。

临界胶束浓度(CMC) 表面活性剂的基本特性,其一是在液体界面上选择吸附和分子取向,定向排列在界面上;其二是数量达到临界胶束浓度(CMC)以上时形成胶囊(束),CMC 是指表面活性剂溶液的特定浓度范围。在此浓度范围内,溶液的若干物化性质(如表面张力、界面张力、当量电导、电导率、渗透压等)发生突变(图 6-7)。在溶液中它们的基本特征如图 6-8所示。

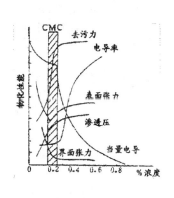

图6-7　十二烷基硫酸钠水溶液物化性质曲线

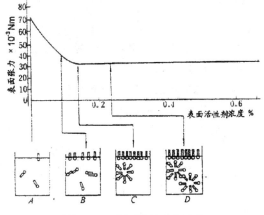

图6-8　表面活性剂的溶液

图中 A、B 代表未达 CMC 浓度时溶液中的分子状态，C、D 是已达 CMC 时的分子状况。由此可见，CMC 是表面活性剂在液面形成单分子膜达到饱和时的特征数值，也是表面活性剂在液内稳定化趋向发展及各种形状胶束形成的新起点。对农药用表面活性剂来说，只有达到 CMC 后，这些表面活性剂胶束才能对包括农药原药在内的许多物质起明显的分散、乳化、增溶等作用。每种表面活性剂都有其 CMC 值，但随测定方法不同而有些差别。农药常用表面活性剂的 CMC 值见文献〔20〕。

亲油亲水平衡值（HLB）　是指分子中亲水性和亲油性之间的相对强度，即分子中亲水基团和亲油基团所具有的综合亲水亲油效应。HLB 值可通过经验或半经验的公式计算求得，也可根据实验测定，但不同结构类型的表面活性剂所用方法不同[21]。已发现表面活性剂的 HLB 值几乎与它们所有的物化性质有直接或间接关系，如极性、介电常数、溶解性、CMC 值、两相中的分配系数、表面和界面张力、折光率、界面粘度和吸附性等等。表面活性剂的 HLB 值与其应用性能，如润湿渗透性、乳化性、分散性、增溶性、去污性、乳状液转相温度等也有关系。由于每种表面活性剂都有一个特定的 HLB 值范围，由此即可大体了解其可能用途（表6-6）。

表6-6　表面活性剂 HLB 值范围与用途的关系

用途	HLB 值	用途	HLB 值
消泡剂	1.5～3	O/W 乳化剂	8～18
W/O 乳化剂	3.5～6	洗涤剂	13～15
润湿剂	7～9	增溶剂	15～18

6.2.2.2　非离子表面活性剂

由亲水基和亲油基组成的非离子表面活性剂在油或水体系中均不会离解成带电离子，而是以中性分子状态或胶束状态应用的。这种结构特点决定了它们在酸、碱或盐介质中均较稳定，使用时可与离子型或其它非离子型化合物复配组合，对硬水不敏感，热稳定性、耐气候性和贮运安全性都较好。此类表面活性剂在农药助剂中应用最广，品种最多，包括乳化剂、分散剂、润湿剂、渗透剂、喷雾助剂、化学稳定剂和悬浮助剂等。

非离子表面活性剂按分子中亲水基种类和结构可分为：

（1）**醚类**　如烷基酚聚氧乙烯醚（R）$_k$ArO－（EO）$_n$H、苄基酚聚氧乙烯醚（PhCH$_2$）$_k$ArO（EO）$_n$H、苯乙基酚聚氧乙烯醚 Ph（CH$_3$）CHArO（EO）$_n$H、脂肪醇聚氧乙烯醚 RO（EO）$_n$H、脂肪

醇聚氧乙烯聚氧丙烯醚 $RO(PO)_x(EO)_yH$、苯乙基酚聚氧乙烯聚氧丙烯醚〔$Ph(CH_3)CH$〕$_kArO$ $-(EO)_n(PO)_m(EO)_pH$(EPE 型)和〔$Ph(CH_3)CH$〕$_kArO(PO)_q(EO)_r(PO)_sH$(PEP 型)。

（2）**酯类**　脂肪酸聚氧乙烯醚单酯和双酯 $RCOO(EO)_nH$ 和 $RCOO(EO)_nOCR$。此类中用于农药助剂的主要是蓖麻油环氧乙烷加成物、松香酸环氧乙烷加成物、山梨醇脂肪酸酯及其环氧乙烷加成物、甘油聚氧乙烯聚氧丙烯醚脂肪酸酯等。

（3）**酰胺类**　脂肪酰胺聚氧乙烯醚 $RCONH(EO)_nH$、$RCON$〔$(EO)_nH$〕〔$(EO)_mH$〕。

（4）**胺类**　脂肪胺聚氧乙烯醚 $RNH(EO)_nH$ 及 RN〔$(EO)_nH$〕〔$(EO)_mH$〕。

非离子表面活性剂通常都含有聚氧乙烯（EO）或聚氧丙烯（PO）以及两者的混合结构单元，所以它们的合成方法，一般是由醇、酸、胺、酰胺等含活泼氢的亲油基中间体与环氧乙烷或环氧丙烷发生加成聚合或嵌段共聚而制得。亲油基中间体 RXH 与环氧乙烷的加成聚合反应需在 120℃～200℃、1.5～5.0kg/cm²(0.15～0.5MPa)压力及碱催化剂存在下进行。

$$RXH + n\ \overset{O}{CH_2\text{—}CH_2} \longrightarrow Rx(CH_2CH_2O)_n H$$

6.2.2.3　阴离子表面活性剂

由离子性亲水基和油溶性亲油基组成的阴离子表面活性剂在水相或油相中会离解成阴离子和阳离子。其分散、乳化、润湿、渗透、悬浮等功能是由负离子部分或带负电荷离子群体来实现的。分子结构的这种特点决定了大部分阴离子表面活性剂是油溶性的。它们可以单独使用，更多是与非离子或与其它阴离子表面活性剂联合使用，一般不与阳离子或两性离子表面活性剂联用。在品种和用量上，阴离子表面活性剂目前是农药助剂中仅次于非离子型的一类重要表面活性剂。

阴离子表面活性剂可分为四类，每类主要品种类型如下：

（1）**磺酸盐**　$-C\text{-}SO_3^- M^+$

烷基苯磺酸盐　$SO_3^- M^+$

烷基萘磺酸盐　$R_n$$SO_3^- M^+$

烷基磺酸盐　$RSO_3^- M^+$

烷基丁二酸酯磺酸盐　$M^+SO_3^- - \overset{CH_2COOR}{\underset{}{CHCOOR}}$

烷基二苯醚磺酸盐　$R-$$SO_3^- M^+$

萘基甲醛缩合物磺酸盐　$M^+SO_3^-$$SO_3^- M^+$

N-甲基脂肪酰胺牛磺酸盐　$RCONCH_2CH_2SO_3^- M^+$
　　　　　　　　　　　　　　$\underset{CH_3}{|}$

（2）**硫酸盐**　$—O—SO_3^- M^+$

硫酸化蓖麻油　$\diagdown CO—SO_3^- M^+$

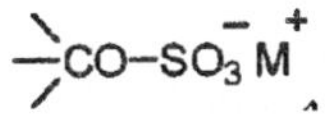

脂肪醇硫酸盐　$RO—SO_3^- M^+$

脂肪醇聚氧乙烯醚硫酸盐　$RO(EO)_n SO_3^- M^+$

烷基酚聚氧乙烯醚硫酸盐　$R—\langle\bigcirc\rangle—O(EO)_n SO_3^- M^+$

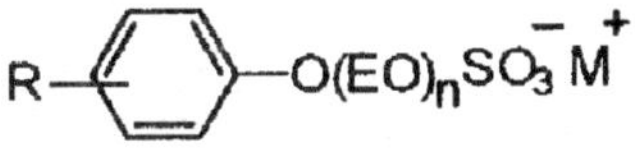

苯乙基酚聚氧乙烯醚硫酸盐　$Ph(CH_3)CH—\langle\bigcirc\rangle—O(EO)_n SO_3^- M^+$

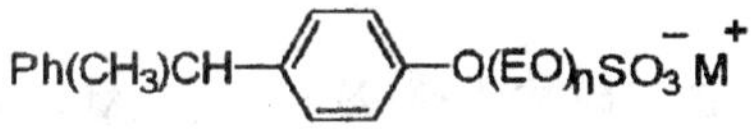

（3）**磷酸及亚磷酸盐**

烷基酚聚氧乙烯醚磷酸盐　$\left[R—\langle\bigcirc\rangle—O(EO)_n \right]_k P(O)(OM)_{3-k}$

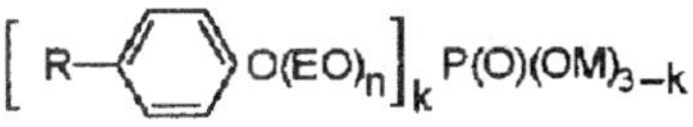

烷基聚氧乙烯醚磷酸盐　$\left[RO(EO)_n \right]_k P(O)(OM)_{3-k}$

芳烷基酚聚氧乙烯醚磷酸盐　$\left[(Ar(CH_3)CH)_m—\langle\bigcirc\rangle—O(EO)_n \right]_k P(O)(OM)_{3-k}$

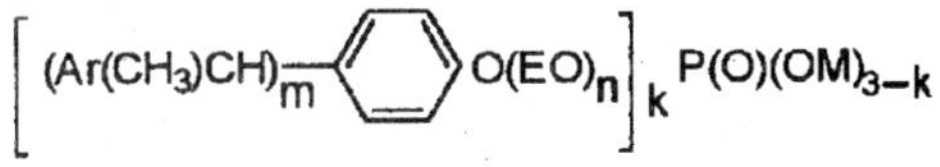

脂肪酸聚氧乙烯醚磷酸盐　$\left[RCOO(EO)_n \right]_k P(O)(OM)_{3-k}$

烷基或芳基磷酸盐　$(RO)_k P(O)(OM)_{3-k}$

烷基聚氧乙烯醚亚磷酸盐　$\left[RO(EO)_n \right]_k P(O)(OM)_{3-k}$

（4）**脂肪羧酸盐**

用于农药的品种很少。

以上四类阴离子表面活性剂，除脂肪羧酸盐外，其余三类的合成主要是用各种亲油基结构的长链烃、含杂原子的长链烃、芳香烃、含杂原子的芳香烃以及多环天然原料等，通过磺化、硫酸化或磷酸化来制备。

磺化　磺酸基（$—SO_3H$）或磺酰氯基（$—SO_2Cl$）取代碳原子上的一个氢原子，形成 C—S 键。农药助剂中的磺化反应主要是用直接磺化法，个别也有用加成磺化法的。常用的磺化剂有浓硫酸、三氧化硫、氯磺酸、二氧化硫/氯气、二氧化硫/氧气等。芳烃的磺化反应如下：

$$Ar—H + H_2SO_4\ (98\%) \rightleftharpoons Ar\text{-}SO_3H\ .\ + H_2O$$

$$Ar—H + SO_3 \longrightarrow Ar—SO_3H$$

$$Ar—H + ClSO_3H \longrightarrow Ar—SO_3H + HCl$$

$$Ar—SO_3H + ClSO_3H \rightleftharpoons Ar—SO_2Cl + H_2SO_4$$

脂肪烃一般不能用三氧化硫或其水合物进行反应，而是采用二氧化硫加氯或氧的方法：

$$R-H + SO_2 + Cl_2 \xrightarrow{h\gamma} R-SO_2Cl + HCl$$

$$R-H + SO_2 + \frac{1}{2}O_2 \xrightarrow{h\gamma} R-SO_3H$$

烯烃可以与亚硫酸氢钠发生加成磺化：

$$\begin{array}{c} CHCOOC_8H_{17} \\ \parallel \\ CHCOOC_8H_{17} \end{array} + NaHSO_3 \xrightarrow[110\sim120℃]{水} \begin{array}{c} CH_2COOC_8H_{17} \\ NaSO_3 \cdot CHCOOC_8H_{17} \end{array}$$

硫酸化　含羟基化合物与硫酸化剂（浓硫酸、三氧化硫、氯磺酸等）反应生成硫酸酯盐。与磺化不同之处在于此反应中形成 C－O－S 键而不是 C－S 键。主要反应类型有：

$$RR'C-OH + SO_3 \longrightarrow RR'C-O-SO_3H$$

$$R-\langle\rangle-O(EO)_nCH_2CH_2OH + SO_3 \longrightarrow R-\langle\rangle-O(EO)_nCH_2CH_2-O-SO_3H$$

$$R-\langle\rangle-O(EO)_nCH_2CH_2OH + H_2NSO_3H \longrightarrow R-\langle\rangle-O(EO)_nCH_2CH_2-O-SO_3^-{}^+NH_4$$

$$R-\langle\rangle-O(EO)_nCH_2CH_2OH + ClSO_3H \longrightarrow R-\langle\rangle-O(EO)_nCH_2CH_2-O-SO_3H + HCl$$

磷酸化　磷酸化剂（浓磷酸、五氧化二磷、多磷酸、三氯氧磷等）与含羟基化合物反应生成磷酸单酯、双酯。在此过程中形成 C－O－P 键。不同的磷酸化剂往往得到不同组成和性能的产物。所以要根据所预期产物的性能和组成来选择磷酰化剂和反应物的摩尔比。用五氧化二磷的反应主要得到单酯与双酯混合物：

$$R-\langle\rangle-O(EO)_nH + P_2O_5 \xrightarrow{\Delta} R-\langle\rangle-O(EO)_nP(O)(OH)_2 +$$

$$\left(R-\langle\rangle-O(EO)_n\right)_2P(O)OH$$

若用三氯氧磷主要得到三酯：

$$3RO(EO)_nH + POCl_3 \xrightarrow{\Delta} \left[RO(EO)_n\right]_3P=O + 3HCl$$

用焦磷酸的反应主要得到单酯：

$$RO(EO)_nH + (HO)_2P(O)-O-P(O)(OH)_2 \longrightarrow RO(EO)_nP(O)(OH)_2 + H_3PO_4$$

6.2.2.4　阳离子表面活性剂

由离子性亲水基及亲油基组成,在水相或油相中可电离成阳离子和阴离子。起分散、乳化、润湿作用的是阳离子部分或离子群体。大部分为油溶性助剂,可与各种非离子及阳离子助剂组合并用。一般不与阴离子或两性离子助剂联用。由于阳离子表面活性剂性能较特殊,价格较贵,在农药中应用较少。

阳离子表面活性剂主要属于各种季铵盐类,重要的有:

(1)**烷基季铵盐**

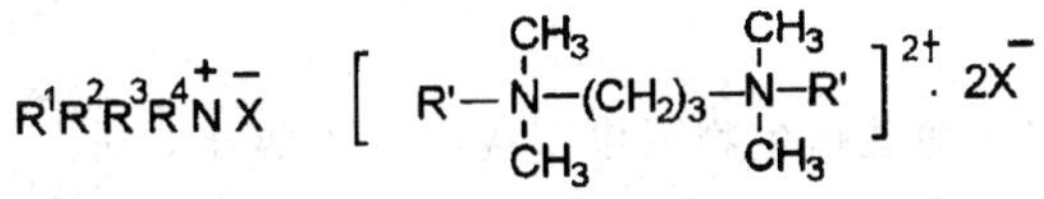

$$R^1R^2R^3R^4\overset{+}{N}\ X^- \qquad \left[R'-\overset{\overset{CH_3}{|}}{\underset{\underset{CH_3}{|}}{N}}-(CH_2)_3-\overset{\overset{CH_3}{|}}{\underset{\underset{CH_3}{|}}{N}}-R' \right]^{2+}\cdot 2X^-$$

(2)**含杂原子的烷基季铵盐**

$$R'-\overset{\overset{(EO)_xH}{|}}{\underset{\underset{CH_3}{|}}{N^+}}\ (EO)_yH \quad X^- \qquad\qquad RCONH(CH_2)_3-\overset{\overset{CH_3}{|}}{\underset{\underset{CH_3}{|}}{N^+}}-CH_2CH_2OH\ \ X^-$$

(3)**烷基苄基季铵盐**

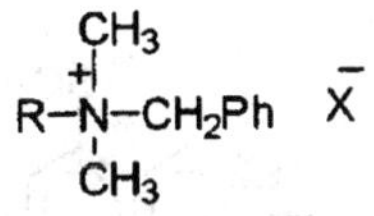

$$R-\overset{\overset{CH_3}{|}}{\underset{\underset{CH_3}{|}}{N^+}}-CH_2Ph \quad X^-$$

(4)**含氮杂环季铵盐**

$$\langle\overset{+}{N}-R\ X^-$$

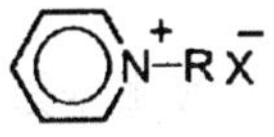

所有季铵盐均可通过叔胺与卤代烷的季铵化反应制得:

$$R^1R^2R^3N\ +\ R^4X\ \longrightarrow\ R^1R^2R^3\overset{+}{N}R^4\ X^-$$

6.2.2.5　高分子表面活性剂

表面活性剂的相对分子质量一般均在2000以内,大多数品种在1000以内。习惯上把相对分子质量高于2000的称为高分子表面活性剂。这类化合物已成为农药助剂中的重要成员之一,广泛用作分散剂、乳化剂、润湿剂、悬浮助剂、喷雾助剂及特种用途助剂。

从来源上高分子表面活性剂可分为天然与合成两类,天然产物如藻朊酸盐、茶枯、皂角粉、纸浆废液等,已有很久的应用历史。合成产物可分为:

非离子型　烷基酚、芳烷基酚或烷基芳基酚甲醛缩合物聚氧乙烯醚,聚乙烯醇,聚氧烷烯乙二醇醚等。

阴离子型　聚丙烯酸(钠)和聚丙烯酰胺、烷基酚聚氧乙烯醚甲醛缩合物硫酸盐、萘磺酸甲醛缩合物、黄原酸胶、木质素磺酸盐、羧甲基纤维素等。

非离子型品种的合成主要是用各种酚与甲醛的缩合产物与环氧乙烷发生加成聚合反应,

如烷基酚甲醛缩合物聚氧乙烯醚的合成：

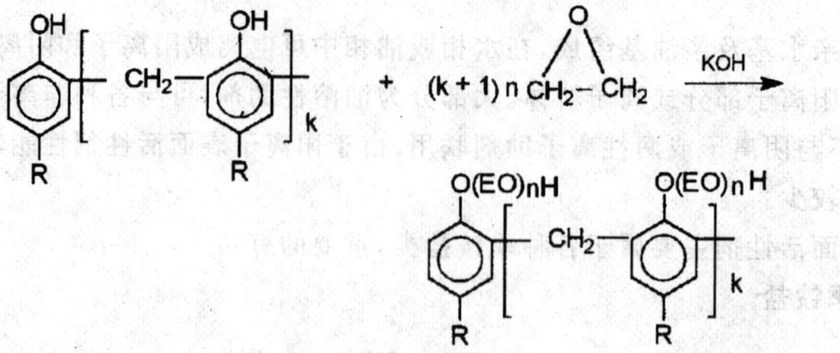

在阴离子型产品中聚丙烯酸衍生物可以直接由单体聚合得到：

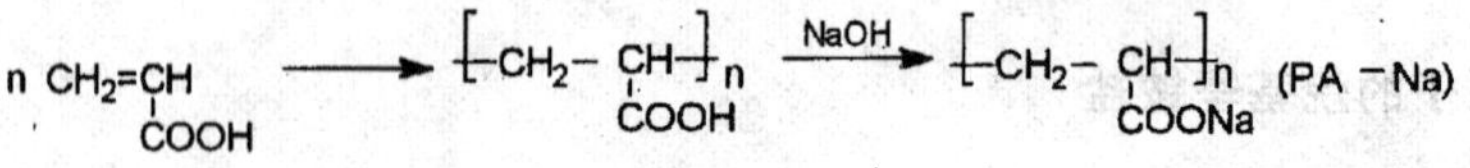

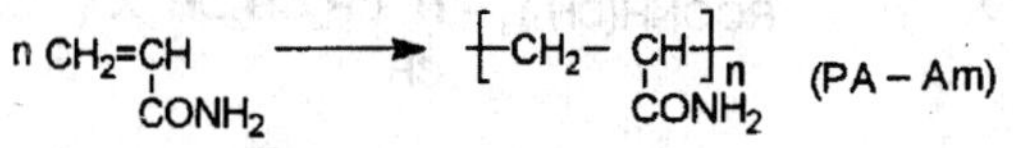

萘磺酸甲醛缩合物的合成方法如下：

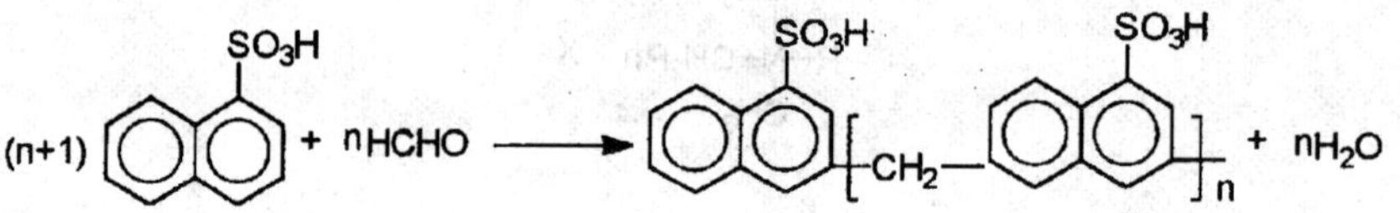

6.2.2.6 两性离子表面活性剂

在分子中同时含有正负两种离子，主要有氨基酸型和磷脂型。在农药用助剂中，它们主要用作乳化分散剂和喷雾助剂。由于成本较高和性能限制，目前应用品种较少。

在氨基酸型中主要是甜菜碱及其类似物。甜菜碱结构为 $(CH_3)_3\overset{+}{N}-CH_2COO^-$，其类似物的合成方法如下：

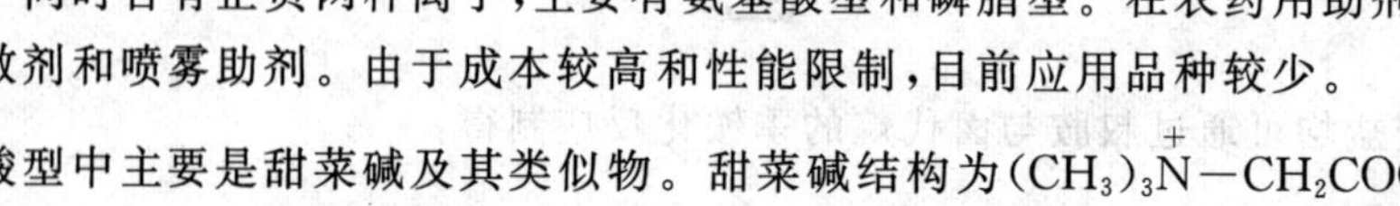

类似品种还有

磷脂型产品主要来自大豆油生产的副产物——工业卵磷脂，其主要成分为：

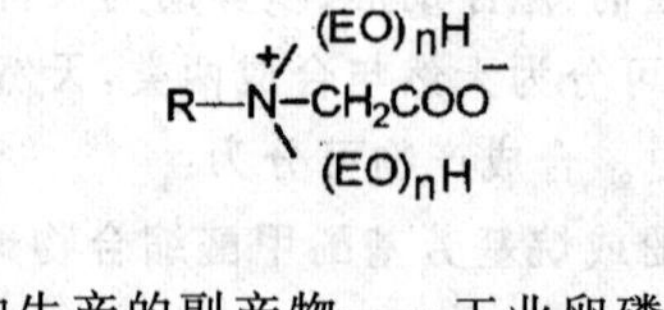

6.2.3 分散剂

分散剂是能降低分散体系中固体或液体粒子聚集的物质。现代农药剂型产品多种多样,但实际上都是含农药有效成分的分散体系。制备这些分散体系必须用分散剂,所以农药加工和应用离不开分散剂。

在农药分散体系中,主要有两种类型,其一是固体微粒分散在液体介质中,重要的代表是悬浮液,它涉及各类悬浮剂、可湿性粉剂、可溶性粉剂和水分散性粒剂等;其二是液体微滴分散在液体介质中,重要的代表是乳状液(将在后面加以讨论)。除此之外,还有属液/液分散的溶液体系(主要剂型有水剂、油剂、溶液剂、超低容量喷雾剂、静电喷雾剂等),以及属气/液分散的泡沫体系(如泡沫喷雾剂)。

所谓分散作用是指产生分散系统的过程。农药的分散作用主要是通过分散剂在液/液和固/液界面上的各类吸附作用[如离子交换吸附、离子对吸附、氢键形成吸附、π电子极化吸附、色散力(引力)吸附、憎水作用吸附等],使分散粒子带上负电荷,并在溶剂化条件下形成静电场,使带同种电荷的粒子互相排斥。同时,由于分散剂牢固地吸附在分散微粒上,构成位阻障碍,这样都可以减少絮凝和沉降,增加分散体系的稳定性。分散过程通常由以下三个步骤构成:

①**润湿** 在分散剂存在下,将固体外部表面润湿,并从内部表面取代空气;

②**团簇固体和凝集体的分裂** 润湿了表面及其内部的固体,随后发生分裂和分散,这时粒子的电荷和表面张力作用成为重要因素;

③**分散体系形成、稳定和破坏同时发生** 粒子间相互碰撞是不可避免的,结果使粒子密度下降,絮凝、沉降、结晶生长增加,这是破坏的主要因素。为保持稳定,抗拒破坏,在粒子间需要一定的相斥力。通过分散剂的作用使粒子带上电荷并形成位阻障碍的吸附层,就能提供这种相斥力。这就是分散剂作用的基本原理。

在农药助剂中,以分散作用为主要功能的除分散剂外,还有乳化剂、溶剂、悬浮剂、载体、填料、抗结块剂、某些喷雾助剂等。农药加工与应用对分散剂的基本性能要求有:在水和各种液体介质中的快速分散性、自动分散性或自崩解性、长期存放分散稳定性、贮运和堆放不结块、不起尘或少起尘等。

农药分散剂按化学结构可分为阴离子型、非离子型、阳离子型和两性离子型四类。其中以阴离子型和非离子型分散剂应用最广、品种最多,其次以两种或几种单剂制成的复配分散剂也是较重要的一类。常用农药分散剂品种见文献〔22〕,下面是典型的分散剂产品实例:

①萘磺酸甲醛缩合物钠盐

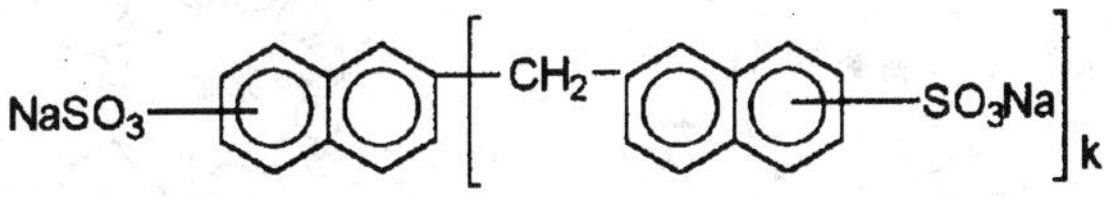

②甲酚甲醛缩合物磺酸钠盐

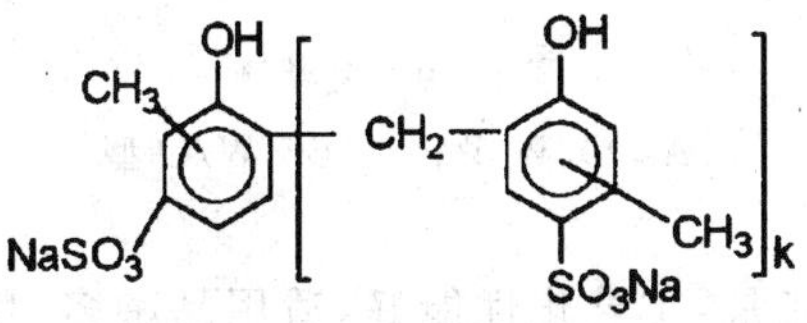

③烷基酚聚氧乙烯醚甲醛缩合物硫酸盐

④木质素磺酸钠 M-9 及合成木质素磺酸钠 MS。M-9 是脱糖并分级的产品,MS 是木材亚硫酸盐法纸浆废液经一系列处理制成的水溶性产品。

6.2.4 乳化剂

乳化剂是制备乳状液并赋予它一个最低稳定度所用的物质,是必不可少的组分。而乳状液是一个多相体系,其中至少有一种液体以液珠的形式均匀地分散于一个不和它混合的液体之中。液珠的直径一般大于 $0.1\mu m$。此种体系皆有一个最低的稳定度,这个稳定度可因有表面活性剂或固体粉末的存在而大大增加[23]。严格地讲,乳化剂也是分散剂,这两者有时是很难区分的。不过在应用对象上和分散体系类型上是有区别的。乳化剂是指用于液/液体系的乳状液,而分散剂常指用于固/液体系的悬浮液。在应用方式上,乳化剂常用复配剂,而分散剂多用单剂或现场联用。前者为液态,后者主要为固态。

两种互不相溶的液体,通过机械方式或加入乳化剂,使一种液体以 $0.05\sim50\mu m$ 粒径的微粒分散于另一液体中,形成乳状液,此过程称为乳化作用。经验表明,单纯用机械能量如搅拌、均化器、胶体磨等得到的乳状液是很不稳定的体系,静置后油水很快分离,无实用价值。要制备稳定的有实用价值的乳状液,必须加入起乳化作用的表面活性剂(乳化剂)。乳化剂加入后,其亲水基朝向水相,亲油基朝向油相,在界面上定向排列,形成界面保护膜层,降低了界面张力。这不仅使乳化作用易于进行,而且已分散的油滴表面的乳化剂保护膜阻止了油滴重新聚集,从而使乳状液稳定性增加。这就是乳化剂的乳化作用。

农药乳状液基本上分为两种类型,一种是水包油型(O/W 型),此时油是分散相,水是连续相,这是化学农药乳状液的基本类型。农药乳油、浓乳剂、固体乳剂、微乳剂及水悬剂等施用时都是这种类型的乳状液(图 6-9A)。另一种是油包水型(W/O 型),此时水为分散相,油为连续相(图 6-9B),农药反转型乳油就是这种乳状液。

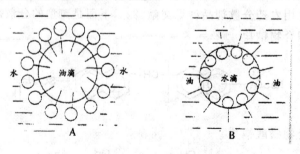

图 6-9 乳状液
A O/W型; B W/O型

乳化剂应具备的基本性能是:①乳化性能好,适用品种多,用量少,能配制高含量制剂;②

与原药、溶剂及其它组分有良好的互溶性,低温时不分层或析出结晶、沉淀;③对水质硬度、温度以及稀释液的有效成分浓度有广泛的适应能力,所配制剂在稀释时,自动或稍加搅拌便能形成适当粒径的、稳定性符合要求的乳状液;④粘度低,流动性好,闪点较高,生产管理和使用方便、安全;⑤所配乳油在规定温度下贮存 2 年后,制剂含量合格,性能稳定,不分层、不沉淀,兑水稀释仍符合要求。

　　制备农药乳油和乳状液的中心坏节是选择乳化剂。虽然乳状液理论已很成熟[23],但选择乳化剂至今仍然只有一半靠理论指导,另一半还靠经验和实验方法。其中最有效的是以表面活性剂亲水亲油平衡值(HLB)为基准的方法[24]。该法的基本点是:每种乳化剂都有一个特定的 HLB 值范围;每种乳状液对乳化剂 HLB 值也要求有一个定值,例如 O/W 型需要的乳化剂 HLB 值常在 8～18,W/O 型为 3.5～6;被乳化系统要求的 HLB 值与所选乳化剂系统具有的 HLB 值相等时,通常可获得最佳乳化效果。现已积累了一些农药、溶剂、乳化剂单剂和复配剂的 HLB 值可供查阅[25]。

　　乳化剂按化学结构可分为:

　　①非离子型　其中醚型主要是各种酚的环氧乙烷加成物,酯型主要是脂肪酸、蓖麻油、松香酸、多元醇等的环氧乙烷加成物,端羟基封闭型是指各类非离子型含聚氧乙烯醚链的端羟基被芳基、烷基、氨基甲酸等不活泼元素或基团取代的产物,其它类型包括各类酚聚氧乙烯(或丙烯)醚的甲醛缩合物;

　　②阴离子型　其乳化作用功能远不如非离子型,主要品种仍然是烷基苯磺酸钙盐,其它如硫酸盐、磷酸盐也有部分应用;

　　③阳离子型;

　　④两性离子型。

　　后两类乳化剂的研究和应用还是近十几年的事。以上分类基本上与表面活性剂的分类是一致的(见 6.2.2.2～6.2.2.6)。文献[26]中列出了四大类乳化剂中 79 个重要的品种。重要的复配乳化剂和专用乳化剂品种可在文献[27]中查到。

6.2.5　润湿剂和渗透剂

　　润湿剂是指能降低液/固界面张力,增加液体对固体表面的接触,使其能润湿或加速润湿过程的物质。渗透剂是指促进药液渗透到处理对象内部,或是增强药液透过处理表面进入生物体内部的能力的润湿剂。两者虽有本质差别,但因农药加工和应用均需这两种性能,并且确有兼具两者性能的助剂存在,而实际效果又很难将两者区分,因此将其放在一起讨论。

　　不管何种施药技术,若要处理对象接触并吸收药剂才能发挥药效,那么这种接触和吸收状况总是与药液能否顺利在处理对象表面附着、持留、润湿、展布和渗透直接相关。由于植物茎叶表面及害虫体表常有一层疏水性很强的蜡质层,水很难润湿,而且大多数原药不溶或难溶于水。因此,正如实践经验表明的那样,有无润湿剂、渗透剂或以它们为基础的其它助剂的存在,施用效果完全不一样。实际上在农药剂型中,如可湿性粉剂、粒剂、悬浮剂、溶液剂、可湿性粒剂、固体乳剂等,以及在应用技术需要的各种喷雾助剂中,润湿剂和渗透剂均为必要组分。

　　润湿作用是指固体表面被液体覆盖的过程。在此过程中,润湿剂溶液以固/液界面取代被处理对象原来的固/气界面。取代的动力是由于润湿剂降低了表(界)面张力。因此,润湿剂的润湿能力除受自身结构因素的影响之外,与固/液界面张力密切相关。界面张力越小,固体表面越易被润湿。

渗透作用又称浸透作用,是指能增强药液穿过表层进入物质内部的能力。和润湿作用一样,它也是通过液体在固体表面上的行为来考察的。农药助剂中的润湿剂、渗透剂、展着剂等,其渗透作用是一项基本性能指标。它也是通过降低液体表面张力和固/液界面张力来实现的。

农药润湿剂和渗透剂可分为两大类:

(1)天然产物

① 皂素:一种糖苷,属环戊烷菲衍生物(图 6—10)。常用品种有茶枯(含皂素 13%)、皂角(含皂素 10%)、无串子(含皂素 24.4%),均为植物提取物。② 亚硫酸纸浆废液:有效成分为木质素磺酸钠。③ 动物皮、角、骨、毛、血等的水解胶体液。

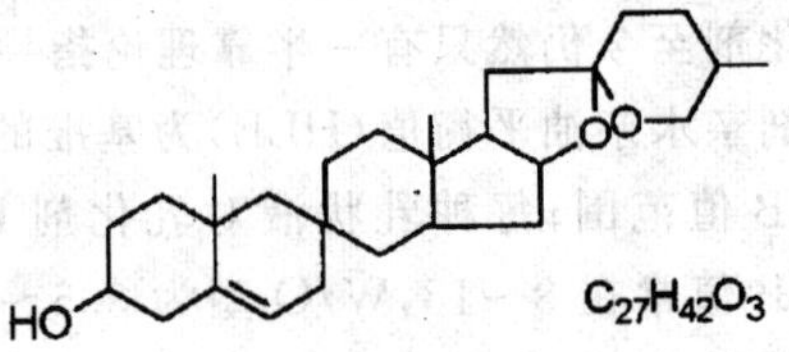

(2)合成产品

图 6—10 皂素

主要是阴离子、非离子两类表面活性剂[28]。阴离子型主要有:烷基硫酸盐 $R-OSO_3M$、α-烯烃磺酸盐 $RCH=CHCH_2-SO_3Na$、烷基苯磺酸盐 $R-\langle\rangle-SO_3M$、烷基丁二酸酯磺酸盐 $\underset{SO_3Na}{ROOCCH_2CHCOOR}$、聚氧乙烯醚丁二酸单酯磺酸盐 $RO(EO)_nCOCH-CH_2COONa \atop SO_3Na$、脂肪酰胺 N-甲基牛磺酸钠 $RCON(CH_3)CH_2SO_3Na$、脂肪醇聚氧乙烯醚硫酸盐 $RO(EO)_n-SO_3Na$、烷基酚聚氧乙烯醚硫酸钠 $R-\langle\rangle-O(EO)_n-SO_3Na$、烷基萘磺酸钠 $R-\langle\langle\rangle\rangle-SO_3Na$、脂肪酸或酯的磺酸钠,如月桂酸乙酯磺酸钠。非离子型有:烷基酚聚氧乙烯醚 $R-\langle\rangle-O(EO)_nH$、脂肪醇聚氧乙烯醚 $RO(EO)_nH$ 等。

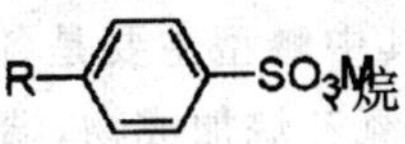

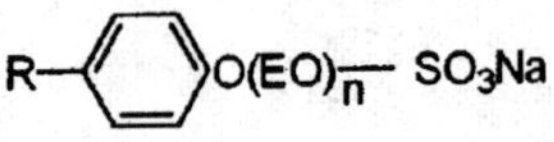

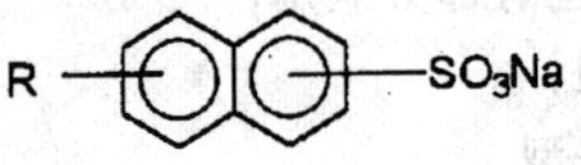

6.2.6 喷雾助剂

6.2.6.1 作用和分类

农药喷雾助剂是指喷雾施药中应用的助剂的总称。它服务于高效、安全和经济用药的总目标。在各种农药剂型中,采用喷雾施药的占绝大多数。但目前的喷雾施药技术普遍存在农药有效利用率极低的问题。对杀虫剂田间喷施后的药剂分布调查表明,真正达到害虫的药量不到施药量的 1%,99%的药量不仅未发挥作用,而且会对环境造成污染。改变这种状况的有效途径是提高加工制剂质量,采用适当的喷雾助剂,研究施药技术。这些措施极大地推动了喷雾助剂的研究和开发。

喷雾助剂概括起来有以下作用:①润湿叶面和害虫;②改善喷雾液的蒸发速度;③改进喷雾沉降物的耐气候性;④增进渗透性和传导性能;⑤调整喷雾液和沉降物的 pH 值;⑥改善沉降物的均匀性;⑦解决混合物的相容性;⑧有助于对作物的安全性;⑨降低漂移。

喷雾助剂可根据其功能分为四类:①增进药剂的润湿、渗透和粘着性,如展着剂、润湿剂、渗透剂等;②具有或活化生物活性的助剂,如活化剂、某些表面活性剂和油类;③改进药液应用技术,有助于安全和经济施药的助剂,如防漂移剂、发泡剂、抗泡剂、掺合剂等;④其它特殊性能助剂。

以下将分别介绍展着剂、防漂移剂、发泡剂、抗泡剂和掺合剂。

6.2.6.2 展着剂

展着剂是一种在给定体积时,能增加在固体上或另一液体上的覆盖面积的液体物质。它是一类综合性能助剂,这些性能包括润湿、渗透、展着、粘着、固着、成膜等,有时还包括一些特殊性能,如抗蒸腾、低泡、增效、延效、降低药害、易于生物降解等。

根据主要功能和应用特点,展着剂可分为两类:

①**通用展着剂** 用以提高药液润湿、渗透、展布、粘着等性能,主要用于乳剂、可湿性粉剂、水悬剂和溶液剂,喷施时临时添加,通常由展着剂活性组分(基剂)、溶剂、水和其它添加剂组成。

②**特种展着剂** 性能专一,其组成变化较大,大体上也包括基剂、溶剂、水三部分。可直接参与制剂加工,赋予制剂某种特性,使用方便,效果好,如阳离子水溶性除草剂用展着剂、植物生长调节剂抑芽丹 MH 专用展着剂[29]、低公害易生物降解展着剂[30]、增效展着剂、防蒸发和防漂移展着剂[31]、脱叶用展着剂、低泡性液体和固体展着剂等。

展着剂的基剂是决定展着剂性能和用途的关键组分,现代展着剂的基剂均由农药表面活性剂充当,主要是非离子型和阴离子型两类,阳离子型和两性离子型应用很少[32]。

6.2.6.3 防漂移剂

农药漂移是指喷施农药时,由于种种原因使药剂未能达到处理区内或目标物上的现象。此外,在粉剂、粒剂等固体剂型加工过程中也会有粉尘漂移产生。现今施药技术中的洒、喷、弥雾、气雾都有漂移问题,尤其是喷施粉剂、乳剂、悬浮剂、超低容量剂、气溶胶、烟剂、熏蒸剂等时漂移时常发生。而航空施药中的漂移比地面施药更为严重。防漂移剂和防漂移技术的应用,为减少农药漂移收到了很好的效果。下面分别介绍几类重要的防漂移剂和防漂移技术。

(1)喷雾防漂移剂

喷雾漂移的产生是由于某些喷雾器械(如空气弥雾器)和液滴的自然蒸发形成过多细小粒子,容易随气流和阵风发生漂移。所以喷雾防漂移剂首先从选择适当的剂型、控制过快气化、减少蒸发损失等方面考虑,研究不稀释直接喷施的乳油、不漂移乳油及高浓度防漂移制剂[33]。其次也可在喷雾液中加入减缓气化、防止蒸发的抗蒸腾剂[34],增加液滴粒径、减少细粒比例、提高粘度的增稠剂[35],有助于在处理对象上沉积的沉积剂[36]。这些通称为喷雾防漂移剂,它们中大多数为表面活性剂。

(2)发泡剂及泡沫喷雾技术[37,38]

在制剂中加入起泡剂,施药时以泡沫形式喷出,使喷雾液与植物表面有更多的接触,并且隔绝表面,降低蒸发速度,从而减少喷雾漂移,提高药效。这种技术除使用含起泡剂的剂型之外,还需特制的喷嘴和泡沫发生器配合使用。发泡喷雾原理如图 6—11 所示。

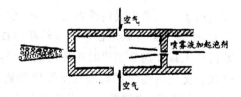

图 6—11 发泡喷雾原理

发泡剂的活性组分主要由阴离子型和非离子型两类表面活性剂承担,有时也用有机发泡剂如偶氮类化合物。发泡剂的组成,除活性组分外,还需加入二元醇、醚等溶剂和水,有时还需加入泡沫稳定剂。

（3）静电喷雾技术及助剂

静电喷雾又称静电控制雾滴技术。它是由专门装置（图6－12）和专用剂型组成的一种新的喷雾技术。其优点是雾滴带正电荷，方向性好，雾滴粒谱窄（30～50μm），覆盖率高，叶的正反面均有好的覆盖率；降低漂移。静电喷雾剂型主要

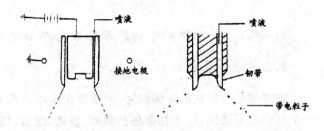

图6－12　静电喷雾喷嘴示意图和雾滴形成示意图

为油剂，也有少部分W/O型乳剂[39]。基本性能要求是具抗静电性（阻抗为$10^6\sim10^{10}\Omega$）和一定粘度（$1\sim50\times10^{-3}$Pa·s）。因此在加工时，需要选择合适的助剂。其中溶剂和稀释剂常用植物油、矿物油等非极性物质；而抗静电剂专用的尚很少，主要是借用固体剂型加工、纺织、印染、塑料等行业的抗静电剂，使用的其它助剂也要求尽可能具有一定的抗静电性能。除此之外，还有一种带电荷喷雾助剂，它的使用可使雾滴带正电荷，而无需使用特殊的静电喷雾器来使雾滴带电，这类助剂尚在研究之中，如美国的Bivert助剂[40]。

（4）防尘剂

是指用于固体剂型加工的工艺防尘剂。主要用于减轻粉剂、可湿性粉剂、各种粒剂在加工过程和施药时因粉尘漂移而产生的对环境和人体的污染。当然，防尘剂的加入只是一种辅助措施，需要工艺设备的密切配合方能产生好的效果。常用工艺防尘剂有：①多元醇[41]　如二乙二醇、二丙二醇、丙三醇等；②酸性磷酸酯[42]　主要是磷酸单酯和二酯的环氧丙烷、环氧乙烷加成物$RO(EO)_n(PO)_mP(O)(OH)_2$和$ROP(O)[O(EO)_n(PO)_m](OH)$；③丙三醇环氧乙烷和环氧丙烷加成物[43,44]；④动植物油脂及脂肪酸酯类[45~49]。

6.2.6.4　抗泡剂和消泡剂

抗泡剂重在抑制系统发泡和泡沫的积累，一般在未起泡前预先加入。消泡剂侧重于使产生的泡沫迅速破灭，一般在工艺过程中逐渐加入。农药行业中需抗（消）泡的场合，一是在液剂加工包装时，二是在施药中配制喷雾液时。农用抗（消）泡剂的必要性能有：对起泡液不溶或难溶，对起泡物亲和性小，扩展性好，形成的泡沫易浮于水面，无化学反应性，不挥发等。目前抗（消）泡剂种类很多，如油脂、脂肪酸、酯、醇、醚、磷酸酯、胺、酰胺、金属皂、硫酸盐、有机硅等[50]。其中有机硅酮应用效果较为突出，常以乳状液的形式应用[51]。

6.2.6.5　掺合剂

农药掺合剂（又称配伍剂或偶合剂）是一类有助于农药、化肥、微量元素之间相容性的物质。用于加工农药混剂或农药/化肥、农药/微量元素等复合制剂，也可用于农药/化肥或农药/化肥/微量元素等联用技术。这种联用技术也称农药桶混应用技术，因为农药与化肥或微量元素再加上掺合剂是使用时在桶内混好后再行喷施的。复合制剂或联用技术如果不使用掺合剂，往往会造成这些不同物理化学性质的物质（农药、化肥、微量元素等）产生物理的、化学的或生物的不相容性，也就是产生明显有害的物理变化或化学反应，影响生物活性的发挥或产生有害的生物效应。

根据应用情况，掺合剂可分为复合制剂配方用和喷雾联用两种类型。它们均由表面活性剂组成，前者主要用阴离子/阴离子及非离子/阴离子两类表面活性剂复配物，后者常用阴离子/

阴离子复配物。

6.2.7 悬浮助剂

悬浮剂是一类较新的剂型,种类较多,从分散介质来看可分为水基性和油基性两类。在水基性中又有悬浮液和乳状液两种分散体系。目前应用最多的是水悬剂(即一般悬浮剂或胶悬剂)、水分散粒剂和油悬剂。这类剂型对助剂性能的基本要求是:在大量水存在下,助剂对原药不分解也不促分解;对酸、碱和水解稳定;具好的分散性和防凝聚性;具好的稀释性和对施药技术(包括桶混)的适应性。对固体悬浮剂(如水分散粒剂)来说,对助剂的要求除上述几点外还应包括:好的润湿性和粘结性,适合造粒;好的崩解性和自动分散性等。为满足上述要求,需要多种助剂相配合。悬浮剂所用助剂不但品种多,而且质量也要求高。所用助剂包括润湿剂、分散剂、乳化剂、渗透剂、溶剂、粘度调节剂、悬浮稳定剂、抗凝聚剂、抗结块剂、抗结晶剂、防冻剂、酸度调节剂、消(抗)泡剂、警戒色等。这些助剂通称为悬浮助剂。其中部分是通用助剂,而相当一部分是专为各类悬浮剂设计开发的。国内外各类悬浮助剂的品种见文献[52]。下面介绍在悬浮助剂中具有重要地位的几类助剂。

(1)**分散剂和乳化剂**

在悬浮液(固体原药分散在液体中)时,主要考虑分散剂的选择,在乳状液(液体原药分散在液体中)时主要考虑乳化剂的选择。常用乳化剂和分散剂多为阴离子型及非离子型表面活性剂,如烷基芳基酚聚氧乙烯醚[53]、聚氯乙烯聚氧丙烯嵌段共聚物[54~57]、聚氧乙烯醚磷酸酯及其盐[58]、烷基酚聚氧乙烯醚甲醛缩合物丁二酸单酯磺酸盐[59,60]等。在许多复配分散剂和乳化剂品种中,以阴离子/非离子复配物最重要,大多数是为水基性悬浮剂专门设计或合成的[52]。

(2)**润湿剂**

主要用于水分散粒剂等固体悬浮剂。常用的有以下几类:烷基萘磺酸盐、脂肪酰胺N-甲基牛磺酸盐、烷基硫酸盐、烷基苯磺酸盐、烷基芳基聚氧乙烯醚硫酸盐、脂肪醇聚氧乙烯醚等。

(3)**粘度调节剂**

悬浮剂要求有适当粘度(0.25~0.1Pa·s),粘度太低对阻止和延缓粒子重力沉降现象不利。粘度调节剂能提高分散介质粘度,降低粒子沉降速度,有利于提高分散体系(悬浮液和乳状液)的稳定性,以及防止或延缓絮凝、沉降和结块现象。常用粘度调节剂主要是水溶性高分子化合物和水溶性树脂。其中阿拉伯胶、酪朊、西黄蓍胶、黄原酸胶、甲基纤维素、羧甲基纤维素、羟乙基纤维素、羟丙基纤维素等为天然产物,丙烯酸钠、部分皂化聚乙烯醇、聚乙烯吡咯烷酮、聚丙烯酸钠、无水丁二酸/苯乙烯共聚物、无水丁二酸/异丁烯共聚物、聚乙烯醋酸酯等为合成产物。黄原酸胶和部分皂化聚乙烯醇应用普遍,性能良好[61~64]。

(4)**悬浮稳定剂**

又称为助悬剂,与粘度调节剂一样,也是用于解决悬浮剂的物理稳定性的。从广义而言,它应包括胶体保护、抗沉降、防结晶析出、抗絮凝、可控触变、增稠等性能。合成悬浮稳定剂中,最常用的是:①表面活性剂,如丁醇聚氧乙烯醚磷酸酯及其盐[65]、烷基酚聚氧乙烯醚磷酸酯[66]、大豆油酰胺聚氧乙烯醚、牛磺酰胺聚氧乙烯醚、硬脂酸酰胺聚氧乙烯醚[67]、磺酸钠及其它复配物等;②水溶性或分散性高分子接枝共聚物和嵌段共聚物,如环氧乙烷/环氧丙烷嵌段共聚物[52],非晶性树脂与丁烯二酸、丙烯酸和醋酸乙烯等反应制得的变性树脂、丙烯酸与丙烯酸酯共聚物[68]、聚甘油酯、丙烯酰胺和丙烯酸酯共聚物[69]等。天然悬浮稳定剂(包括前述部分粘度调节剂在内)主要有两个重要产品:黄原酸胶和硅酸镁铝。后者为无机物,具有可控触变、用量低、价格廉、安全等优点。

(5)**防冻剂**

水悬剂中存在相当量的水,贮存和运输过程中若受冷凝固会破坏其性能,所以需加入防冻剂。常用防冻剂有二醇及二醇单醚,有时也采用尿素。

(6)**粘结剂**

主要用于固体悬浮剂,有利于成型造粒。大多数高分子分散剂都具有一定粘结性,如聚羧酸钠。此外还可选用水溶性树脂和聚合物,如阿拉伯胶、甲基纤维素、聚乙烯醇、聚乙二醇醚、部分水解淀粉、聚乙烯吡咯烷酮、葡萄糖、果糖、尿素等。粘结剂与上述粘度调节剂和悬浮稳定剂有许多相同之处,有些是可以通用的。

6.2.8 稳定剂

影响农药原药和剂型的因素多种多样,提高它们的稳定性的途径也是多方面的,在此主要从应用稳定性助剂方面考虑。农药稳定剂是具有延缓和阻止原药及加工剂型的化学和物理性能自发劣化趋势的各种助剂的总称。其主要功能有两方面:一是保持和增强产品的物理及物化性能,包括防结晶、抗絮凝、抗沉降、防结块、防硬水等,属此类的助剂称为物理稳定剂;二是保持和增强化学性能,特别是防止有效成分的分解,包括防分解、减活化、抗氧化、防紫外线、耐酸碱等,属此类的助剂称为化学稳定剂。

60年代,随着有机磷农药的大发展,稳定剂的开发应用也日趋普遍。在现今应用的稳定剂中,一大部分为表面活性剂。它已用于各类农药的各种剂型,在液体制剂中,常充当具有稳定性能的乳化剂、分散剂、润湿剂、渗透剂、悬浮助剂等角色;在固体剂型中,常扮演具有稳定性能的分散剂、润湿剂、防漂移剂、防尘剂以及物理性能改进剂角色。市售表面活性稳定剂主要有两种形式——单体和以表面活性剂为基础的复配物。其中,属阴离子型的磷酸酯表面活性稳定剂品种最为突出[70],如磷酸酯环氧乙烷加成物(包括单酯和双酯)、亚磷酸及亚磷酸酯环氧乙烷加成物(包括三酯和双酯)、烷基胺磷酸酯环氧乙烷加成物等。其它阴离子型稳定剂包括硫酸盐、酯及其环氧乙烷加成物[71]和磺酸盐酯及磺酰胺[72~75]。非离子型稳定剂包括醚、酯、胺的环氧乙烷加成物及其端基封闭物和环氧乙烷、环氧丙烷嵌段共聚物[68~71、76~80]。属于阳离子型的品种只有季胺盐类的几个品种[81、82]。

第二类稳定剂是溶剂稳定剂,它们是一类具有稳定作用的溶剂和载体,主要用于液体制剂,如乳剂、溶液剂、超低容量喷雾剂、水悬剂、油悬剂、静电喷雾剂等,专用性较强,常与其它稳定剂联用。其在制剂中的功能,除稳定作用外,还有溶剂、助溶剂和其它作用。已应用的溶剂稳定剂有芳香烃类、醇、聚醇、醚、醚醇、酮、酯等。

第三类为其它类型稳定剂,具有重要性的是环氧化植物油、环氧化脂肪酸酯和其它有机环氧化物。由于稳定剂专用性强,结构类型较多,在此不一一列举。

6.2.9 溶剂

在此讨论的溶剂是指农药剂型加工和应用技术中所用溶剂、液体稀释剂或载体的总称。在液体剂型如乳剂、水悬剂、油悬剂、溶液剂、超低容量喷雾剂、静电喷雾剂中需用溶剂;在固体剂型中,如粉剂、乳粉、干悬浮剂、水分散粒剂等,也需要溶剂作为工艺助剂或组分。现代农药应用技术中几乎都需要稀释剂或载体,除水以外,溶剂也是最常用的稀释剂或载体。所以农药溶剂是大多数剂型加工和施药技术中不可缺少的原料,是一类重要的助剂。

农药溶剂的主要作用有:①溶解、分散和稀释农药活性成分,调整制剂含量;②增强和改善制剂加工性能,如降低粘度、提高流动性;③赋予制剂稳定性能,如降低毒性、减少药害、降低挥发性、减少漂移和污染、增加稳定性等;④制备具有特定性能的单剂、混剂和与其它农业化学品的复合制剂,这些性能包括增效作用和增强制剂展布、润湿和渗透作用,有利药效发挥。

常用溶剂品种有如下几大类:①芳烃:苯、甲苯、二甲苯、萘、重芳烃、柴油芳烃等;②脂肪烃:煤油、白油、机油、柴油、液体石蜡、重油等;③醇:甲醇、乙醇、丙醇、丁醇、异丙醇、异丁醇、甘油、乙二醇、高级脂肪醇等;④酯:蓖麻油甲酯、醋酸酯、芳香酸酯等;⑤酮:环己酮、丁酮、丙酮、苯乙酮、异佛尔酮、甲基异丁基酮等;⑥醚:乙二醇醚、丙二醇醚、聚乙二醇、聚丙二醇、二氧六环等;⑦卤代烃:二氯二氟甲烷、四氯化碳、二氯乙烯、三氯乙烷、氯苯等;⑧植物油:菜子油、棉子油、葵子油、松节油等。除此之外,二甲亚砜、二甲基甲酰胺、烷基酚等也有应用。

6.2.10 固体填料及载体

填料及载体是固体剂型中使用的惰性固形添加物。载体是指吸附能力较强、能吸附和负载液体原液(含低熔点原药)的固形物;填料的吸附能力较弱,主要起稀释、填充作用。两者无严格界限,只是主要功能有所侧重。使用填料及载体的目的主要是将农药原药、助剂均匀地吸附、分散到载体的粒子表面,使农药稀释成均匀的混合物。填料与载体主要用于各种粉剂、粒剂及可湿性粉剂。

固体填料及载体按其来源可分为四类,即矿物、植物、合成物和工业废弃物。它们各自适用的加工剂型见表6—7。常用的有以下几种:

①**粘土** 属硅酸盐类化合物,种类较多,如高岭土(瓷土)、膨润土(斑脱岩)、陶土等,同一种类因产地不同,组分不一致,性质也各异。其来源广泛,价格低廉,用量大,但对原药稳定性的影响最为严重。

②**滑石和叶蜡石** 属硅酸盐类化合物,易粉碎、不易吸潮和结块,具叶片结构,流动性好。堆积密度大于粘土,吸附容量和化学活性均小于粘土,价格比粘土高。

③**硅藻土** 一种单细胞水生藻类植物(硅藻)的生物化学沉积岩(化石),主要成分为SiO_2,由硅组成的蜂房状晶体,有大量微孔,比表面积大,吸附容量也大,堆积密度小,是良好的农药填料与载体,价格便宜。

④**白炭黑** 由硅酸钠与盐酸反应制得的人工合成水合二氧化硅,含SiO_2 85%以上,白色蓬松粉末,粒子极微细,质轻、密度小,比表面积大,吸油率高,适合高浓度可湿性粉剂,价格较贵。

⑤**炉渣粉** 锅炉用煤粉燃烧后所余炉灰,组成与煤的品种有关,耐贮存,价格低廉。

尽管填料和载体不具生物活性,但它们的性能将直接影响加工剂型的产品性能和贮存、使用效果,因此填料及载体要根据原药的性质和剂型的要求来选择,其次还要考虑原料易得,价格便宜等因素。一般来说,可湿性粉剂因有效成分含量高,价值高,可选吸附容量大的载体;而粉剂有效成分低,价值低,应选化学活性小、价廉的载体。对有机磷农药应主要考虑加工剂型的贮存稳定性,需选化学活性较低的载体。在选择填料和载体时,要着重考察如下几种主要性能:

表 6—7 农药载体类型及适用加工剂型

类别		名称	可湿性粉剂	粉剂	颗粒剂
矿物性惰性物质	硅酸盐类	陶土	✓	✓	✓
		凹凸棒土	✓	✓	✓
		高岭土	✓	✓	✓
		膨润土	✓	✓	✓
		活性白土	✓		
		蛭石		✓	✓
		滑石	✓	✓	
		沸石			✓
	碳酸盐类	石灰石、方解石		✓	✓
	硫酸盐类	石膏	✓	✓	✓
	磷酸盐类	磷灰石			✓
	氧化物类	硅藻土	✓	✓	
		硅砂			✓
		海、河砂			✓
	火山玻璃质熔岩类	多孔珍珠岩			✓
		浮石		✓	✓
	煤类	泥煤	✓	✓	
		褐煤	✓	✓	
植物性惰性物质		玉米棒芯、胡桃壳、果壳、稻壳、麦麸、木屑等			✓
合成的惰性物质		沉淀碳酸钙		✓	✓
		沉淀硅酸钙	✓	✓	✓
		白炭黑	✓	✓	
		硅胶	✓		
工业废弃物		高炉矿渣			✓
		煤矸石			✓
		碎砖粒			✓
		碱性木质素	✓		
		磷矿尾砂	✓	✓	✓

注：✓为合适

①**吸附容量** 是指单位重量载体吸附原药及助剂达饱和点前仍能保持产品的分散性和流动性的吸附量（mg/g）。载体吸附容量与自身结构有关，通常，硅藻土、膨润土、凹凸棒土、白炭黑吸附容量大，陶土、高岭土次之，滑石、叶蜡石较小。

②**流动性** 好的流动性有利于加工操作和产品包装。流动性与粒径大小、粒谱分布有关，特别是与粒子形状有关，纤维状、片状结晶的滑石流动性好，不规则状的硅藻土流动性差，一般有如下顺序：滑石＞凹凸棒土＞叶蜡石＞高岭土＞硅藻土。

③**堆积密度** 即表观密度或容重，是指单位容积内所容纳的粉体重量。堆积密度小，吸油率大，悬浮性好，可加工高浓度剂型，但堆积密度过小，会增加加工过程粉尘飞散。

④**细度** 对制剂性能影响较大，应符合制剂要求，保证有效成分均匀分布。

⑤**活性** 即载体的表面活性，一般活性高吸附性能也高，过高的活性会降低原药的稳定性。活性较高的有活性白土、膨润土、高岭土、硅藻土等，活性较低的有滑石、凹凸棒土、碳酸钙等。

6.2.11 增效剂[83~85]

能增加杀虫剂的药效而自身一般是没有活性的一类化合物称为增效剂。其主要作用是减少昂贵杀虫剂的用量和减缓害虫的抗性。早在 40 年代,国外已开始研究 DDT 和除虫菊的增效剂,60 年代氨基甲酸酯与有机磷两类杀虫剂增效剂的研究也引起了重视,但成效并不显著。直至目前,除个别例子外,增效剂主要还是应用在杀虫剂方面,特别是对拟除虫菊酯的应用是卓有成效的。下面介绍几类重要的增效剂品种。

(1)**胡椒基化合物**

此类化合物均含 3,4-亚甲二氧苄基(胡椒基),是增效剂中品种最多、应用最广的一类,其代表品种有增效醚 **1**、增效砜 **2**、增效酯 **3**、增效醛 **4**。它们的主要增效对象是拟除虫菊酯,对某些氨基甲酸酯和有机磷杀虫剂有时也有增效作用。胡椒基增效剂的作用机制尚未有一致的定论,但大多倾向于认为是抑制昆虫体内的多功能氧化酶(mfo)系统,以减少其对杀虫剂的解毒作用[86]。

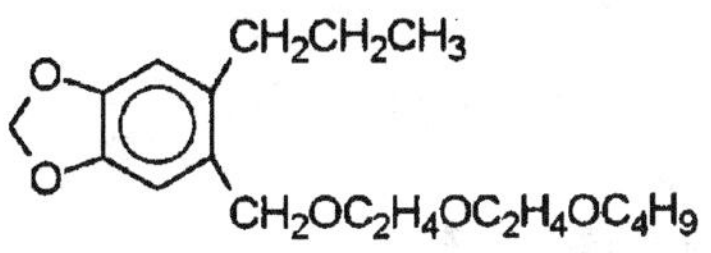

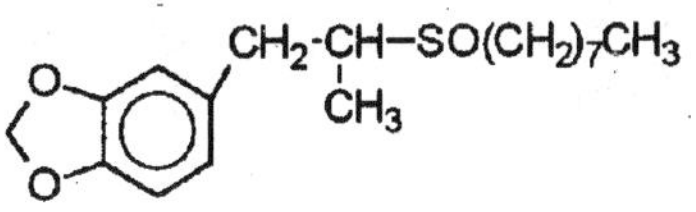

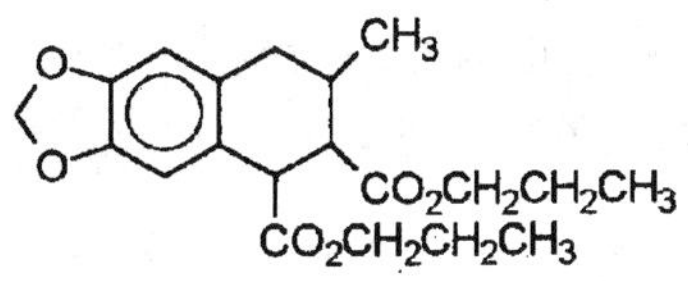

在胡椒基类增效剂的合成中,重要的中间体为黄樟素 **5** 和胡椒醛 **6**。下面是增效醚 **1** 和增效醛 **4** 的合成方法:

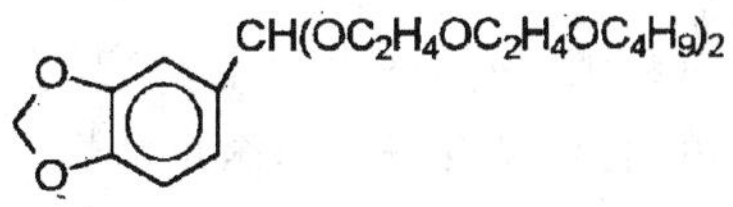

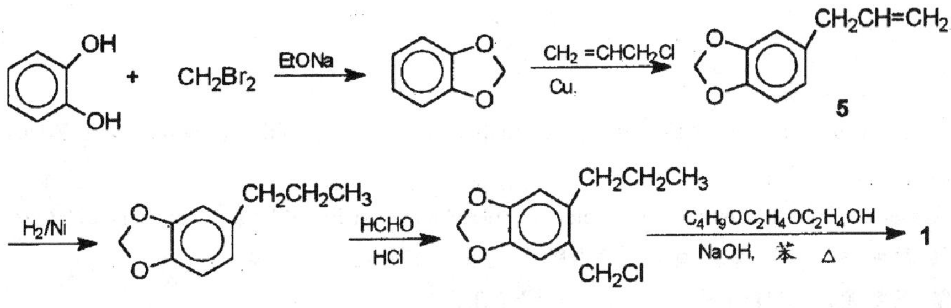

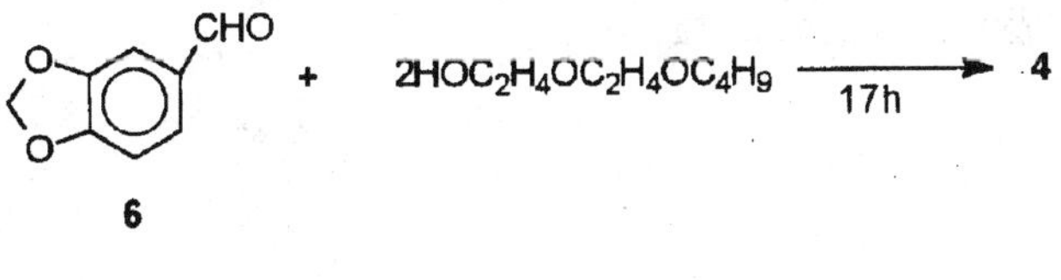

(2)**有机磷酸酯**

主要有以下 3 个品种:

①三苯磷:(PhO)$_3$P=O,为马拉硫磷的专用增效剂,对少数其它有机磷杀虫剂如杀螟硫磷也有增效作用,对大多数杀虫剂不增效。

②三丁磷(脱叶磷):(BuS)$_3$P=O,原来作为棉花脱叶剂应用,后来发现它对磷酸酯类杀虫剂有增效作用。此外对菊酯及 DDT 均有增效作用,是一种较广谱的增效剂。

③增效磷：(EtO)₂P(S)OPh，国外曾报导增效磷对家蝇体内多功能氧化酶和羧酸酯酶有抑制作用[87]，后来中国科学院动物所进行了合成，并开发了其在增效剂方面的应用。它是一种广谱性的农药增效剂，主要用于有机磷和拟除虫菊酯杀虫剂，对抗性害虫的增效活性明显。

（3）其它增效剂

①八氯二丙醚：(Cl₃CCHClCH₂)₂O，对多种拟除虫菊酯、天然除虫菊素以及某些氨基甲酸酯如西维因、巴沙等有增效作用。特别是在蚊香中使用，可大大提高除虫菊酯的药效。其合成方法如下：

$$ClCH=CCl_2 + (CH_2O)_x \xrightarrow[30\sim35\,^\circ C]{AlCl_3,\ CH_2Cl_2} (Cl_3CCHClCH_2)_2O + HCl$$

②增效胺：

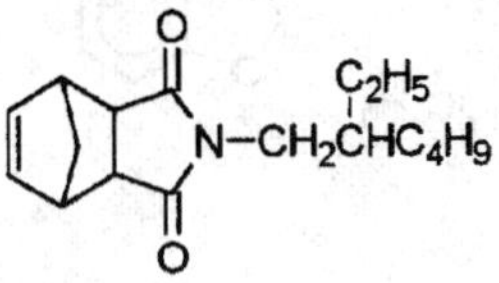

主要用作拟除虫菊酯（包括除虫菊素）和氨基甲酸酯杀虫剂的增效剂，并对除虫菊素和烯丙菊酯起稳定剂作用，它还具有一定的杀虫活性。其合成方法如下：

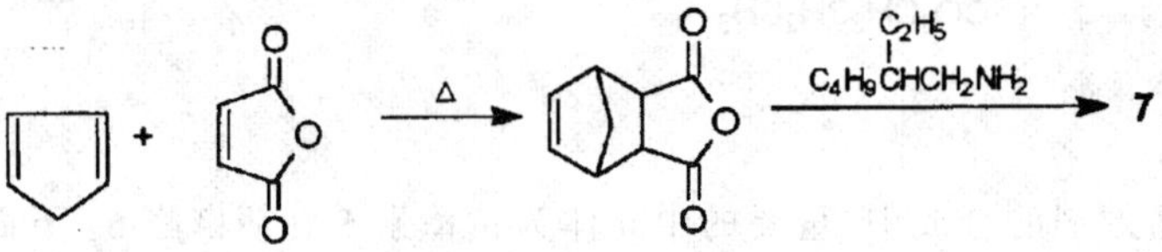

参 考 文 献

[1] H. Niessen, Chemistry of Pesticides (K. H. Büchel, Ed.), John Wiley & Sons, New York, p. 406～413, (1983).

[2] K. A. Hassal, The Chemistry of Pesticides, The Macmillan Press Ltd., London, p. 22～45, (1982).

[3] 钱旭红，简明农药化学，华东理工大学出版社，上海，1994，123～138页。

[4] 蒋志坚，马毓龙，可湿性粉剂，化学工业出版社，北京，1991，2页。

[5] 周本新等，农药新剂型，化学工业出版社，北京，1994，3页。

[6] 王君奎，农药译丛，**6**(5)，55(1984)。

[7] 同[4]，1～22页。

[8] 同[5]，485～490页。

[9] 同[5]，397～484页。

[10] 王君奎，张纯娟译，农药制剂学，化学工业出版社，北京，1982，165～174页。

[11] 辻孝三，化学と工業，**56**(7)，232～238(1982)。

[12] 北京医学院药学系等译，工业药剂学的理论和实践，化学工业出版社，北京，1984，362～365页。

[13] 李富新等，农药学会第五届年会论文集，1989，215～218页。

[14] 沈阳化工研究院，农药工业，NO.3，75(1976)。

[15] 柴内一郎，日特公昭，61-137804(1986)。

[16] 辻孝三,日本農薬学会誌,**7**,539(1982)。

[17] 中村荣之,日特公昭,47-3998(1972)。

[18] 王早骧,农药助剂,化学工业出版社,北京,1994。

[19] 刘程主编,表面活性剂应用大全(修订版),北京工业大学出版社,北京,1994,24～103 页。

[20] 同[18],19 页。

[21] 同[18],42～49 页。

[22] 同[18],303～314 页。

[23] P. 贝歇尔著,北京大学化学系胶体化学教研室译,乳状液(理论与实践)(修订版),科学出版社,北京,1978。

[24] 刘德荣编著,表面活性剂的合成与应用,四川科技出版社,成都,1987,256～260 页。

[25] 同[18],445～453 页。

[26] 同[18],382～395 页。

[27] 同[18],426～453 页。

[28] 同[18],583～599 页。

[29] O. Yuzuro, et al. , Japan. P. 79-147922;C. A. , **92**,141807(1980).

[30] Y. Uragami,et al. , Japan. P. 77-151729; C. A. , **88**,147516(1978).

[31] A. Aoki,et al. , Japan. P. 79-147929;C. A. ,**92**,123454(1980).

[32] 同[18],625～644 页。

[33] F. E. Phipps, et al. , Can. P. 1155675(1983);C. A. ,**100**,47087(1984).

[34] H. Fransch,et al. , Ger. P. 2205590(1973);C. A. ,**79**,133665(1973).

[35] A. Belfanti, et al. , Ger. P. 3239809(1983);C. A. ,**99**,100975(1983).

[36] Aim Inter. Chem. Corp. , Farm Chem. ,**140**(11),108(1977).

[37] C. G. Mcwhorter, et al. , Weed Sci. , **18**(4),500(1970).

[38] D. W. Bintner, Use of Foam Application to Reduce Drift, Winter Mtg Am. Soc. , Ag-Eng,1971. p. 71～675.

[39] 同[18],685～688 页。

[40] Stull Corp. , Farm Chem. , **146**(4),57(1983).

[41] H. Takehara, et al. , Japan. P. 78-23382;C. A. **89**,175050(1978).

[42] T. Kainuma, et al. , Japan. P. 80-43035;C. A. ,**93**,63643(1980).

[43] Snyo Chem. Ind. Ltd. , Japan. P. 80-141402;C. A. ,**94**,98001(1981).

[44] Kumiai Chem. Ind. Co.Ltd. ,Japan.P. 85-48904;C. A. ,**103**,33509(1985).

[45] M. Kaneko, et al. , Japan. P. 79-160753;C. A. ,**92**,175793(1980).

[46] K. Sakemi, et al. , Japan. P. 79-67034;C. A. ,**91**,103764(1979).

[47] Hokko Chem. Ind. Co.Ltd. , Japan. P. 82-159701;C. A. ,**98**,48708(1983).

[48] Hokko Chem. Ind. Co.Ltd. , Japan. P. 82-159702;C. A. ,**98**,48709(1983).

[49] Y. Nakamura, et al. , Japan. P. 82-109707;C. A. ,**98**,8095(1983).

[50] 伊藤克一,表面,**8**(12),818(1970).

[51] C. Watabe,et al. , Japan.P. 85-204701;C. A. ,**104**,83832(1986).

[52] 同[18],818～839 页。

[53] H. Hausmann,et al. , Ger. P. 3235612(1984);C. A. ,**101**,25400(1984).

[54] D. Kleuser,et al. , Ger. P. 2909158(1980);C. A. ,**93**,232744(1980).

[55] F. J. LeClair, et al. ,Eur. P. 63867(1983);C. A. ,**98**,84905(1983); Eur. P. 62453(1983);C. A. ,**98**,29693(1983).

[56] T. M. Kaneko,Eur. P. 51195(1982);C. A. ,**97**, 74345(1982).

[57] Dow Chem. Co. ,Japan. P. 59-110605;C. A. **101**,224838(1984).

[58] J. C. Bachelot,et al. , Eur. P. 33291(1983);C. A. ,**95**,163933(1981).

[59] M. Grossman,et al. , Ger. P. 2132405(1973);C. A. ,**78**,107010(1973).

[60] K. Maeda,et al. ,Ger. P. 3324499(1985);C. A. ,**102**,108272(1985).

[61] Y. Okamoto,et al. , Ger. P. 2936265(1980);C. A. ,**92**,210215(1980).

[62] Sumitomo Chem. Co. Ltd. ,Japan. P. 81-120608;C. A. **96**,16094(1982).

[63] H. Fuyama,et al. ,Japan. P. 85-185705;C. A. ,**104**,47189(1986).

[64] K. Odawara, Fr. P. 2568451(1986); C. A. ,**105**,74419(1986).

[65] P. L. Linder,Ger. P. 2251072(1973);C. A. ,**79**,101708(1973).

[66] B. N. Devisetty,et al. ,U. S. P. 4224049(1980);C. A. , **94**,59808(1981).

[67] T. Takei,et al. ,Japan. P. 78-109946;C. A. ,**90**,82183(1979).

[68] Toa Gosei Chem. Ind. Co. ,Japan. P. 83-72501;C. A. ,**99**,83743(1983).

[69] G. A. Weber,et al. ,Eur. P. 69573(1983);C. A. ,**98**,174866(1983).

[70] 同[18],783～789 页。

[71] H. Hatano,et al. ,Japan. P. 79-107525;C. A. ,**92**,1662(1980).

[72] A. Dal Mero,et al. ,Eur. P. 62861(1982);C. A. ,**98**,84873(1983).

[73] Toho Chem. Ind. Co. Ltd. ,Japan. P. 83-24506;C. A. ,**98**,174877(1983).

[74] Toho Chem. Ind. Co. Ltd. ,Japan. P. 85-126201;C. A. ,**103**,208945(1985).

[75] H. Schluckwerder,et al. ,Ger. (East)P. 223624(1985);C. A. , **104**,16541(1986).

[76] Kao Corp. Japan. P. 85-84201;C. A. ,**103**,100428(1985).

[77] E. Nakamura,et al. ,Japan. P. 79-107521;C. A. ,**92**,17171(1980).

[78] W. Stenger,et al. ,Ger. P. 2503768 (1976);C. A. ,**85**, 138644(1976).

[79] A. Molnar,et al. ,WO. P. 82-04055(1982);C. A. ,**98**,156427(1983).

[80] P. Furlan,et al. ,Fr. P. 2474818(1981);C. A. ,**96**, 29979(1982).

[81] R. R. Ford,et al. ,Ger. P. 2506834(1975); C. A. ,**84**,1241,(1976).

[82] Meiji Seika Kaisha Ltd. ,Japan. P. 85-4112;C. A. ,**103**,33487(1985).

[83] 南开大学元素有机化学研究所,国外农药进展,石油化学工业出版社,北京 1976,130～137 页。

[84] 化工部农药情报中心站,国外农药品种手册(三),沈阳化工研究院,沈阳,1981,651～664 页。

[85] 程暄生,殷先友,叶亚辉,拟除虫菊酯类杀虫剂及增效剂品种手册,江苏农药研究所,南京,1993,305～368 页。

[86] J. E. Casida, J. Agr. Food Chem. ,**18**(5),753(1970).

[87] F. J. Oppenoorth, Toxicol. ,Biodegradn. Efficacy Livest. Pestic. , Proc. Advam. Study Inst. ,1970, p. 73～92;C. A. **80**,141709(1972).